MESSAGGI DALLA LUNA

La Trilogia

Paola Elena Ferri

Il mondo è imploso. Violenti fenomeni atmosferici hanno distrutto gran parte del Pianeta Terra, riducendo gli esseri umani a poche migliaia di superstiti che, con fatica, hanno ricostruito ciò che è rimasto quasi intatto. Raccogliendone i cocci, molti di essi hanno sacrificato la loro stessa vita. Solo dopo molti secoli di arsura e fame, i primi germogli di nuovi fiori hanno cominciato a schiudersi nuovamente. Ora, dopo molte centinaia di anni, le civiltà hanno ricostruito le memorie del passato, ma hanno perso quasi tutto ciò che la tecnologia aveva permesso loro di conquistare. Una nuova Era ha riportato la storia indietro nel tempo, e tutto ciò che una volta era simbolo di evoluzione, ora è solo un ricordo di ciò che tutti noi saremmo potuti essere, se solo non avessimo desiderato sempre di più, costringendo la Natura a ribellarsi.

Non esistono più religioni, né governi, e nemmeno il denaro ha più valore. Tutto è cominciato di nuovo, come se fosse stata concessa una seconda occasione. Al mondo appartengono solo i ricordi e le storie tramandate nel corso dei secoli.

Ed io? Da dove venissi o chi fossi... questo era il mistero che avvolgeva la mia storia. Una storia che va oltre i confini del Pianeta.

Swaynn

3

L'ISOLA
DELLE VERGINI

Capitolo 1

Uno

Il mio passato è immerso nel buio, in un'assenza di sensazioni ed emozioni che si trasformano in attimi concitati. I pochi ricordi che ancora conservo nella mia anima sembrano dissolversi in un passato più sognato, che vissuto davvero. La felicità e la spensieratezza di quand'ero bambina ha lasciato il posto a una compostezza quasi innaturale, e ogni emozione è sapientemente controllata, così come mi è stato insegnato.

Avevo circa cinque anni, quando qualcuno mi ha strappata da un luogo di cui non ho ricordato nulla, per molto tempo. Non ricordo se avessi avuto un padre o una madre: ricordo solo lo strappo che ha lacerato la mia anima, e l'incapacità di gridare, poiché qualcuno me lo impediva. Sono stata condotta su un'isola posta proprio al centro di un lago molto grande, molto calmo e silenzioso. Ho vaghi ricordi anche del viaggio. C'erano molte donne, nel carro, con me. Alcune di loro indossavano tuniche candide e veli; altre erano vestite come delle guerriere. Solo una di loro indossava un abito molto lungo, color smeraldo, decorato d'oro, così come d'oro era il suo velo che la avvolgeva sino ai piedi. Vedevo a malapena il suo viso, e i suoi occhi erano celati da quella coltre impenetrabile, da cui sporgevano riccioli biondi, divisi al centro da una scriminatura ordinata. Il viaggio si è svolto nel silenzio assoluto. Con me c'erano altre bambine, che sicuramente parlavano altre lingue. Lo potevo comprendere dai loro abiti, così diversi dai miei, dalle loro pettinature e dal colore della pelle. Ci guardavamo con paura, senza capire che cosa stesse accadendo, e senza sapere dove stessimo andando. Le poche soste concesse sono state quelle relative ai bisogni corporali, ma nessuna di noi ha toccato cibo, né acqua. Durante queste fermate obbligate, altre bambine salivano nel grande carro trainato da molti cavalli. Alla fine, se non ricordo male, saremo state circa una ventina, così diverse l'una dall'altra, ma accomunate da un'unica emozione: la paura. Il carro non era aperto, quindi nessuna di noi poteva vedere che cosa accadesse al di fuori di esso. Ogni tanto sentivamo la pioggia cadere sul tetto di tela pesante, e il freddo era pungente, un nemico da cui non riuscivamo a fuggire. Poi, d'improvviso, la pioggia cessava, ma quel freddo innaturale continuava a permanere senza pietà. Poteva essere primavera inoltrata, o l'inizio dell'estate... non lo ricordo. Ricordo solo che, ad un certo punto, dopo moltissime ore trascorse sedute su panche di legno molto duro, ci siamo avvicinate alla riva di un corso d'acqua.

"Moryrd." Ha detto la donna vestita da guerriera. E' stata la prima parola che abbiamo udito, dall'inizio del viaggio. Una parola pronunciata quasi dal profondo di un'anima che sicuramente combatteva da molto tempo, e che aveva perso la dolcezza tipica di una donna. Una parola che ci insegnava il nome del lago presso il quale eravamo giunte.

Poi, noi bambine siamo state bendate. Tutte, senza nessuna eccezione. Nessuna di noi ha opposto resistenza: ci limitavamo a tremare, senza sapere che cosa stesse accadendo. Solo ora sono consapevole del fatto che chi ci stava portando via da casa nostra non volesse farci vedere la strada che stavamo per percorrere, su un'enorme imbarcazione che ha accolto l'intero carro trainato dai cavalli. Non dovevamo vedere la strada che ci avrebbe condotte dalla riva all'isola: non dovevamo conoscerne il tragitto, poiché il luogo in cui eravamo destinate a rimanere sarebbe stato la nostra sola dimora, per molti anni. Per qualcuna, forse, anche l'unica. Non sarebbe stato prudente far sì che delle bambine strappate dal loro mondo ricordassero come tornare indietro, sebbene, intorno a noi, non ci fosse che acqua, solo acqua, un lago enorme che poteva somigliare quasi ad un piccolo oceano, se solo lo avessimo visto, in quel momento. Ma lo avremmo visto dopo, e, inizialmente, ci saremmo chieste dove fossero i confini.

Abbiamo compreso che stavamo viaggiando sull'imbarcazione dai movimenti ondeggianti che, ogni tanto, ci facevano sobbalzare. I cavalli erano così agitati da provocare degli spostamenti di peso che ci atterrivano. Sembrava che il lago fosse un elemento di disturbo per il loro equilibrio interiore, e che esercitasse sul loro istinto animale una forza misteriosa. Forse, qualcuna di noi bambine sentiva lo stomaco sobbalzare, con un senso di nausea che ci avrebbe indotte a vomitare, se la tensione non fosse stata così alta da impedirci persino di respirare. Non ricordo di aver sentito alcun rumore particolare, nemmeno un gemito... nulla. Tutte noi siamo rimaste in silenzio, mentre l'imbarcazione si muoveva lentamente, e il tempo sembrava non avere mai fine. Ad un certo punto, è stato come se toccassimo una riva spigolosa. Non ci siamo fermate dolcemente, ma all'improvviso, e con uno scossone che ci ha spaventate ancora di più. Poi, come se nulla fosse accaduto, i cavalli hanno ricominciato a galoppare velocemente verso una direzione che non conoscevamo. Nessuno ci ha tolto le bende dagli occhi, così ci tenevamo saldamente attaccate alle nostre panche di legno... o, almeno, questo era ciò che facevo io. Credo, tuttavia, che anche le altre bambine non avessero la forza di pensare ad altro: eravamo tutte così piccole e indifese... come avremmo potuto comprendere ciò che ci stava accadendo?

Il carro ha proceduto per molto tempo ancora, finché si è fermato. Una ad una, noi bambine siamo state aiutate a scendere e a muoverci verso una direzione, tenendoci per mano, per non perderci. Quando la benda è stata tolta dai nostri occhi, ci siamo ritrovate in una grotta illuminata dalla luce di molte candele. Con noi c'era solo la signora bionda, attorniata da altre giovani ragazze vestite di bianco, incappucciate e silenziose. Siamo state prese e svestite dei nostri abiti, e alcune di queste figure velate hanno cominciato a rasarci completamente i capelli. Le ciocche ricadevano a terra, e nessuna di noi aveva la forza di protestare. Ci hanno rasato anche le ciglia e le sopracciglia, con lame piccole, ma molto affilate. Poi, ci hanno condotte verso un altro punto della grotta, immerso nella penombra, dove abbiamo visto una grande pozza d'acqua cristallina. L'acqua scaturiva dalla roccia, e non capivamo come potesse essere possibile. Le figure ammantate ci hanno portate dentro la pozza, sussurrando parole a noi incomprensibili. Sembrava un rituale di purificazione ma ricordo solo che l'acqua era molto fredda, e, dopo un'intera giornata trascorsa nell'ansia e nella fame non appagata, la mia testa ha cominciato a confondersi. Qualcuno dev'essersi accorto, perché sono stata tenuta ben salda, per impedirmi di cadere. Non ricordo chi sia stato, né perché l'abbia fatto. L'unica cosa che avevo compreso era che nessuna di noi fosse stata rinchiusa in quel luogo per morire, ma per qualcos'altro che non avremmo potuto intuire, se non con il passare degli anni. Ci sono state consegnate tuniche di lino e biancheria pulita. Poi, la donna con l'abito color smeraldo, ha abbassato il velo che le nascondeva il viso, e tutte noi siamo rimaste affascinate dal candore della sua pelle. Ricordo di aver pensato di avere di fronte a me una creatura ultraterrena, con riccioli biondi e lunghi, gli occhi chiari e le labbra naturalmente rosate. Non potevamo immaginare la sua età, anche a causa della fioca luce della grotta, ma, quando ci ha parlato, il suono della sua voce è stato dolce e soave come una carezza sul capo di ciascuna di noi:

"Iasha." Ha detto, solamente, indicando se stessa. L'ha ripetuto più volte, guardandoci una ad una, e noi abbiamo compreso che quello fosse il suo nome. Annuivamo, e lei sorrideva, poi ha accarezzato le nostre testoline calve, sfiorandoci una ad una e ci ha affidate a ragazze molto giovani, anch'esse rasate, e vestite di tuniche candide. La nostra casa sarebbe stata quella grotta dai mille cunicoli, per molto tempo. Avremmo vissuto nella penombra, finché i nostri sensi non si fossero affinati. Ma, questo, lo avremmo scoperto solo col tempo, poiché, quella sera, nessuna di noi mangiò, né dormì.

Sin da subito, siamo state divise in due gruppi da dieci, e messe a dormire in grossi spazi scavati nella roccia, dove il terreno era insolitamente liscio. C'erano dieci lettini di legno, con un'imbottitura molto alta e soffice, come le coperte di colori neutri. L'illuminazione era naturale, di giorno, ma di notte, da fessure di cui non capivamo la provenienza, la luce della luna e delle stelle filtrava come se mille specchi d'acqua ne riflettessero il bagliore sulle pareti. Quando il tempo non era clemente, accendevamo le nostre candele, e un piccolo camino scavato nella roccia ci scaldava durante le stagioni più fredde. Avevamo a nostra disposizione anche dei tavoli di legno, con sedie intagliate finemente. Lì, su quei tavoli, avremmo passato il nostro primo, lungo periodo di apprendimento, dove avremmo imparato simboli e suoni di una lingua sconosciuta a noi tutte. Come insegnanti, c'erano due di quelle giovani ragazze rasate che ci avevano accompagnate nella nostra grande camerata. Ciascuna di loro conosceva la lingua che parlavamo, ma noi non conoscevamo la loro. Ma ricordo che imparare questo linguaggio mi era sembrato particolarmente facile, ed era come se avessi parlato solo in quel modo, sin da quando avevo memoria. Nessuno ci impediva di pronunciare i suoni che avevamo imparato nel luogo da cui provenivamo, ma, da che ricordo, nessuna di noi ha mai più parlato nella sua lingua d'origine.

Le nostre giornate iniziavano molto presto. Ciascuna di noi era affiancata da una giovane ragazza, e tutte, una ad una, venivamo condotte all'acqua purificatrice. Quindi ci venivano consegnati dei fiori freschi e bellissimi, che dovevamo portare tutte insieme, in un unico gruppo, presso un antro seminascosto e abbastanza lontano, dove una musica soave sembrava provenire dal cielo, e candele bianche e dorate ardevano incessantemente, giorno e notte. Due figure ammantate provvedevano, a turno, a mantenere viva la fiamma e a sostituire le candele, prima che esse si consumassero. Posavamo i fiori su foglie molto grandi e spesse, di colore verde scuro, che ricoprivano una sorta di altare in avorio, intagliato con grande meticolosità. Mi perdevo spesso a guardare le miniature, senza conoscerne il significato. Non sapevo nemmeno a cosa o a chi fosse dedicato quell'altare. L'antro era piccolo, e noi venti, insieme alle nostre accompagnatrici, ci stipavamo con difficoltà. Stavamo sedute a lungo, inginocchiandoci, ma tenendo la testa costantemente rivolta verso l'alto, verso una fessura che, con qualsiasi condizione atmosferica, lasciava passare una scia di luce molto particolare, tendente al blu. Man mano che apprendevamo la nuova lingua, venivamo a conoscenza di tutti i gesti che stavamo compiendo. Per esempio, il rito della purificazione era necessario, affinché, sin dalle prime luci dell'alba, il nostro corpo fosse libero da ogni veleno che i pensieri potevano accumulare durante la notte, insieme a quelli del giorno trascorso. Non eravamo le uniche, a portare i fiori in quel piccolo antro, ma, a turno, altre bambine compivano lo stesso rito, a qualsiasi ora del giorno e della notte. Col senno di poi, credo che fossimo le più fortunate, poiché, dopo quella rigida disciplina, in cui nessuno poteva parlare, avevamo la possibilità fare colazione, conversando tra di noi. Questa avveniva in un'altra apertura della grotta, dove un grosso tavolo di pietra troneggiava al centro, circondato da seggiolini di legno, sormontati da un cuscino molto morbido. Non mancava il camino intagliato nella roccia, la cui apertura dava sul mondo esterno che noi non potevamo vedere, ed esso era davvero molto grande, poiché la stanza di pietra doveva accogliere molte creature. Solo dopo un certo periodo mi è stato detto che questo non era l'unico luogo in cui si consumavano i pasti principali, e che, nella caverna, ne esistevano altri due, dove altre bambine compivano i nostri stessi gesti. Le giovani ragazze mangiavano con noi, ma stando in piedi, poiché il loro pasto era sempre molto veloce e frugale.

Dopo il primo periodo di smarrimento, quando cominciavamo a conoscere un po' meglio la nuova lingua, io e le altre bambine abbiamo avuto modo di conoscerci un po' di più, ma, come in un incantesimo, ci ricordavamo solo il nostro nome. Il nostro passato sembrava essere stato rimosso, cancellato, come se non fosse mai esistito.

In modo particolare, c'era una bambina che aveva attratto la mia attenzione: nonostante il suo capo fosse completamente rasato, una leggera peluria bionda ricopriva la pelle molto sottile del suo viso paffuto, sebbene non avesse una corporatura robusta. I suoi occhi erano azzurri, e sembravano costantemente spaventati da qualcosa che nessuna di noi riusciva a vedere. Quando abbiamo imparato i primi rudimenti di quella lingua a noi sconosciuta, la prima cosa che le ho chiesto, durante una cena, è stato il suo nome.

"Mi chiamo Detia." Aveva risposto, con esitazione. Poi mi aveva chiesto come mi chiamassi io.

"Swaynn." Le ho risposto, semplicemente.

Nessuna delle due aveva detto altro, ma, dopo quel momento, siamo entrate in grande sintonia, tant'è che, quando le ragazze hanno cominciato a dividerci in coppia, inevitabilmente, io e lei siamo state reclutate insieme, per ogni attività svolta nel tempo, nonostante continuassimo a dormire nel grande dormitorio insieme ad altre otto bambine. Crescevamo, e, lentamente, ci venivano assegnati dei compiti diversi. Io e Detia, dopo il rito della meditazione silenziosa, non eravamo destinate a fare subito colazione: dovevamo recarci presso un altro antro della grande grotta e prenderci cura di fiori particolari che crescevano spontaneamente, tra le rocce.

"Sono i Fiori del Tempo." Ci era stato spiegato da una delle ragazze vestite di bianco. "Nascono solo in particolari momenti, e solo ogni quattro anni, poiché questo è il ciclo della loro vita. Quando muoiono, non sempre rinascono immediatamente: a volte è necessario attendere giorni e notti, senza mai muoversi da qui, poiché il primo germoglio dev'essere curato subito, o morirà, e il Fiore non crescerà mai. In quel punto si creerà una crepa nella roccia, ed essa attirerà gli animali dall'esterno che potrebbero cibarsi degli altri Fiori. Per questo, è importante che essi vengano costantemente nutriti dall'acqua della Fonte della Vita."

"Che cos'è, la Fonte della Vita?" Avevo chiesto, con la mia naturale curiosità.

"E' un'acqua purissima che sgorga in un luogo posto al centro dell'isola." Mi era stato risposto. "Essa possiede delle particolarità che la rendono unica, nell'intero Pianeta. Le Guardiane, a turno, proteggono quel luogo sacro, affinché nessuno possa mai profanarlo. E' l'unico nutrimento che i Fiori del Tempo possano avere, poiché un'acqua qualsiasi li farebbe appassire. Per questo è importante che qualcuno la custodisca."

Con l'ingenuità tipica di una bambina, avevo posto un'altra domanda. Ero sempre io, a parlare, perché Detia era molto timida e non avrebbe mai osato chiedere qualcosa, anche quando questa fosse stata molto importante, per lei:

"Ma perché questi Fiori devono essere nutriti?" Avevo chiesto. "Non profumano nemmeno, e sono bianchi. Nessuno li vorrebbe mai."

"Sono bianchi ora, ma poi si tingeranno di colori diversi, e saranno colti e portati ai piedi dell'altare. Sì, Swaynn, questi sono i Fiori che ogni giorno sfiorate con le vostre mani purificate dall'acqua, la stessa acqua che proviene dalla Fonte e che penetra attraverso la roccia."

"Ma questi non bastano, per tutte noi…" Avevo osservato. In effetti, per quanto particolari fossero, non sembravano altro che pochi ciuffetti posti tra piccole fessure.

"Ora sono pochi, ma, quando cresceranno, si moltiplicheranno ogni giorno, finché saranno così numerosi da poter essere conservati in grandi quantità, presso un altro luogo di questa zona dell'isola. I Fiori recisi saranno in grado di sopravvivere per quattro anni, senza seccarsi o appassire mai, e al loro posto ne cresceranno altri. Per questo, prendersene cura è così importante."

"E la Fonte della Vita nasce da una grotta come questa?"

9

"No. Solo questa parte dell'isola è costituita da caverne. Noi viviamo nel luogo più spirituale, chiamato Mosbury, presieduto da Iasha, colei che guida tutte noi. Qui apprendiamo la conoscenza più importante, quella che ci permetterà di elevare le nostre anime e di continuare il cammino della meditazione per il resto delle nostre vite. Qualcuna sarà scelta per un compito importante, e abiterà per sempre in queste caverne che noi chiamiamo *Antri dello Spirito*, poiché qui vengono aperte le porte dell'inconscio e convogliate le energie delle vibrazioni più elevate."

Avevo guardato Detia, che continuava a rimanere in silenzio, pur ascoltando con interesse tutte le risposte con cui la ragazza appagava le mie continue domande. Era curioso come l'altra compagna rimanesse in silenzio, allo stesso in cui faceva la mia: era come se avessimo uno specchio di fronte a noi. Uno specchio che rifletteva l'immagine di quello che saremmo diventate, un giorno.

La mia capacità di apprendimento della nuova lingua diventava sempre più veloce, e all'età di soli sei anni ero già in grado di formulare discorsi complessi, così come di scriverli. Anche l'intuito seguiva il passo, e il desiderio di conoscenza non era da meno. Così, non soddisfatta di tutte le risposte che avevo ricevuto fino a quel momento, ne ho rivolta un'altra, l'ultima, prima che mi fosse imposto di rimanere in silenzio di nuovo:

"Come si chiama, quest'isola?" Avevo chiesto, con curiosità.

"Devi imparare la pazienza, Swaynn." Mi era stato detto, con pacatezza, ma in modo fermo. "Ogni cosa sarà spiegata al momento opportuno. Ma, poiché il tuo rendimento è eccellente e il lavoro che svolgi con Detia denota dedizione e impegno, soddisferò questa tua esigenza di sapere. Poi, però, riprenderai a svolgere ciò che ti compete, senza pronunciare più alcuna parola, finché non ti sarà concesso."

In quel momento, l'altra giovane si era avvicinata a lei, con molta solennità e lentezza. Le due ragazze vestite di bianco, col capo rasato come il nostro, si erano prese per mano, come se volessero stabilire una connessione tra di loro. Dopo aver chiuso gli occhi ed emesso un respiro profondo, all'unisono, avevano risposto così:

"Quest'isola è il luogo in cui le prescelte apprendono e trovano la via. E' il luogo in cui la virtù è il valore più nobile per cui combattere, il tesoro da custodire gelosamente, poiché non potrà essere ceduto come un oggetto, e non ha prezzo. Questa è l'Isola delle Vergini, e qui, noi tutte impariamo a mantenere intatto ciò che è stato perduto, nei secoli: il rispetto per ciò che siamo e per ciò che rappresentiamo, l'immagine stessa della vita che siamo in grado di dare, in qualsiasi forma."

L'Isola delle Vergini. Ora conoscevo il suo nome. Ma ero ancora troppo piccola per capire che cosa rappresentasse e comportasse. Troppo piccola per capire perché io fossi stata scelta tra altre bambine. In silenzio, io e Detia abbiamo cominciato a prenderci cura dei Fiori del Tempio. Lo avremmo fatto per un altro anno, prima di essere assegnate ad un'altra mansione. E la nostra amicizia, intanto, cresceva, sebbene il nostro destino avesse già in serbo, per noi, due strade completamente diverse...

***

Non sapevo che tipo di religione fosse, quella che praticavamo. Non facevamo altro che offrire i Fiori del tempo e prendercene cura, a turno, in silenzio. Qualcun altro cantava al posto nostro, e non comprendevamo quella lingua ancora più misteriosa, eppure così familiare. Camminavamo con i nostri piedi nudi che, ad ogni passo, diventavano sempre più forti, e imparavamo a rasarci da sole i capelli, ogni volta in cui crescevano in modo troppo evidente. Detia era più fortunata di me: la sua peluria bionda passava quasi inosservata, mentre la mia zazzera scura era continuamente tenuta sotto controllo dalle giovani ragazze che ci istruivano.

All'età di sette anni, sempre insieme a Detia, dopo un lungo periodo di penombra, ho visto la luce del sole per la prima volta, e quasi ne sono rimasta abbagliata. Era giunta voce a Iasha, colei che presiedeva Mosbury, di qualcosa che mi riguardava e che nessuno voleva spiegarmi. L'unica cosa che sapevo era che la mia spiritualità sembrava più elevata di quella delle altre ospiti di quella zona dell'isola, e che avrei dovuto affinare altre mie capacità di cui ero all'oscuro.

Così, condotta per mano da una delle figure velate, sono uscita dalla caverna e ho messo piede, per la prima volta, su un suolo diverso da quello che avevo conosciuto fino a quel momento.

Per evitare che i miei occhi subissero un trauma troppo forte, una benda scura ha avvolto la mia testa, finché la luce, gradualmente, tornava ad essermi amica. Quando ho potuto vedere, mi sono resa conto che Detia non era con me, e che, al posto della giovane che mi aveva tenuta per mano, c'erano altre ragazze, con un copricapo azzurro, come la loro tunica. Anch'esse erano molto giovani, e mi attendevano presso un luogo roccioso ma ricco di erba e piante che crescevano, affondando le radici alle pietrose polverose.

Non capivo ancora come esse potessero trarre nutrimento dalla nuda terra e dalle rocce, e, ancora di più, non capivo il motivo per cui mi trovavo da sola, in quel luogo poco distante dall'immensa caverna, di cui solo in quel momento potevo a malapena scorgere le dimensioni. Ma, mentre cercavo di intravederne i confini nascosti da quella vegetazione così particolare, le giovani facevano cerchio intorno a me, impedendomi di guardare oltre. In silenzio, esse mi circondavano, senza toccarmi e senza farmi del male, ma costringendomi a muovermi verso la direzione in cui si spostavano: il centro di quel bosco insolito, dove l'immobilità del suolo era interrotta dalla vivacità di quegli alberi forti e rigogliosi. Mentre ci addentravamo, la vegetazione diventava sempre più fitta, ed io mi accorgevo che, una ad una, le ragazze vestite d'azzurro scomparivano senza lasciare traccia, come camaleonti che si mimetizzano nell'ambiente circostante. Alla fine, solo tre di loro sono giunte con me presso un villaggio molto piccolo, con solo una decina di case intagliate nella roccia. Sono stata condotta verso quella più grande che aveva il tetto dello stesso colore degli abiti delle mie accompagnatrici, che, dopo aver bussato al pesante portone di legno brunito, mi hanno lasciata sola, senza sapere che cosa potesse aspettarmi. Mi guardavo intorno, ma, oltre, alle casette che sembravano abitate, non c'era che polvere mescolata al verde degli alberi, i cui rami scossi dal vento creavano un fruscio intenso, simile allo stormire delle cicale. Il sole brillava intensamente, e l'aria era pervasa da una vibrazione di cui non comprendevo l'origine. Ma la porta che si apriva improvvisamente di fronte a me mi distoglieva dal mio desiderio di curiosare qua e là, per quel villaggio fatto di nulla, eppure palesemente vivo: di fronte a me, c'era Iasha, insieme ad un'altra donna con i capelli lunghi e rossi, gli occhi nocciola, e le sopracciglia regolari, dalla forma simile a quelle delle ali di un gabbiano. Indossava una tunica azzurra, lunga fino ai piedi, stretta in vita da una fasciatura alta, anch'essa azzurra. Senza pronunciare parola, con lo sguardo m'invitavano a entrare, ed io obbedivo, mantenendo il silenzio ed esitando come solo una bambina può fare, di fronte a qualcosa di cui non conosce le origini. Una volta entrata nella casetta, sono rimasta colpita dalla vivacità dei colori che davano vita alle pareti intagliate nella roccia, colori che si delineavano in forme stilizzate e raffiguranti donne a cavallo, donne intente a suonare particolari strumenti, e donne in preghiera. Avrei voluto guardarmi più attorno, ma la donna con i capelli rossi mi ha subito parlato:

"Mi chiamo Yrila." Ha detto, con un tono di voce fermo, ma molto etereo, quasi impalpabile. "E tu sei Swaynn Osery di Vegar, già lo so. Ho sentito parlare di te, e mi è stato riferito che il tuo grado di elevazione spirituale supera di gran lunga quello di tutte le altre bambine della tua età."

Ho guardato Iasha, che annuiva, sorridendo, ad ogni parola di Yrila. Non riuscivo a fare a meno di notare la differenza tra le due donne: nonostante fossero entrambe molto alte e molto belle, le vibrazioni che emanavano erano completamente diverse. Iasha era una creatura quasi impalpabile, e, quando non indossava il velo, il suo viso pallidissimo sembrava trasparente, a tratti; Yrila appariva quieta, nel suo fascino impenetrabile, eppure, da lei, ricevevo le sensazioni più forti e contrastanti. Assorta nei miei pensieri da bambina che cercava di comprendere, non ho risposto. Non pensavo nemmeno di dover dire qualcosa, a dire il vero. Ero così abituata a rimanere in silenzio e ad obbedire, che mi sembrava quasi impossibile poter esprimere un concetto. Notando la mia esitazione Yrila ha continuato a parlare:

"Sei stata condotta qui, poiché possiedi delle capacità che altre non mostrano. Qui siamo al confine tra Mosbury, il centro spirituale dell'Isola delle Vergini, ed Echgara, il regno delle Arti. Solo dieci bambine e ragazze hanno la possibilità di accedervi. Esse sono le prescelte, poiché sono in grado di sviluppare delle potenzialità in più. Per questo sei qui, e rimarrai in questa casa, finché il tuo addestramento non sarà completo."

"Devo lasciare gli Antri dello Spirito?" Avevo chiesto, ritrovando la voce.

"Sì." Aveva risposto Iasha, con dolcezza. "Ma anche qui continuerai ad approfondire la tua spiritualità."

"Non dovrò prendermi cura dei Fiori del Tempo?"

"Qui non crescono, Swaynn." Mi aveva risposto Yrila. "Come hai potuto vedere, la ricchezza di questo luogo è rappresentata da questi alberi che affondano le loro radici nella pietra, nella quale scorre la linfa che permette loro di vivere."

"La Fonte della Vita?"

"No, Swaynn. Questo è un altro tipo di nutrimento. Gli alberi sopravvivono grazie alle vibrazioni che stai avvertendo da quando sei entrata. Sono le vibrazioni generate dalla musica e dal canto che altre, come te, stanno eseguendo nelle altre nove case."

"Ma io non sento alcun suono…"

"Queste case sono state realizzate in modo tale da non permettere che alcun suono venga percepito da orecchio umano… o di altre creature viventi sul Pianeta. Chi canta deve imparare a comunicare con l'anima ogni parola, ogni nota, affinché questo canto si trasformi e diventi vibrazione invisibile. Gli alberi lo avvertiranno, e prospereranno donando ombra e frescura, ma anche frutti prelibati di cui ogni allieva si ciba a colazione. Sono frutti che non nutrono solo il corpo, ma anche l'anima, poiché il dono del canto viene ripagato con la stessa moneta, una moneta che non vale la carta di cui è fatta, ma l'essenza di qualcosa che solo le prescelte possono comprendere."

"Come farò a coltivare la mia spiritualità e ad imparare la musica, al tempo stesso?"

"Ti sveglierai alla mattina, come hai sempre fatto, e ti dirigerai in un luogo non molto lontano da qui." Aveva risposto Iasha. "E' un luogo che, all'alba, viene illuminato da una luce azzurra, molto tenue e visibile solo dalle prescelte. Questa luce indicherà la direzione. Tu ti recherai lì, e ascolterai il canto delle altre prescelte. Lo canterai insieme a loro, anche se non lo comprenderai, poiché verranno ripetute sempre le stesse parole. Quando il canto sarà finito, rimarrai lì finché la luce azzurra scomparirà, ma nessuno può sapere a priori quando accadrà: a volte non chiede che qualche minuto; altre volte impone una presenza costante per ore, con qualsiasi condizione atmosferica. Più il clima è severo, più la luce permane, per temprare la forza di volontà delle prescelte."

"Ma se prenderò freddo… come riuscirò, a cantare?"

"Swaynn, piccola…" Aveva risposto Yrila. "Echgara è il luogo in cui s'imparano le Arti, anche quella della guarigione. Quindi non dovrai preoccuparti per questo. Devi solo ricordare che qui inizierai la tua preparazione, ed è una terra di confine, poiché le prescelte mostrano un'evoluzione maggiore. Tu, ora, sei quella che possiede molto più di ogni altra, ed è per questo che ti è stata riservata questa casa, la più importante. Ma non sappiamo ancora se il tuo destino sia a Echgara o altrove. Ogni giorno che passa, i tuoi doni aumentano, e, presto, tutto questo potrebbe non bastarti più."

"Io mi sento sempre uguale…" Avevo osservato, semplicemente.

"E questo è un bene, poiché non sarai tentata dalla superbia." Aveva risposto Iasha.

"Ma sarò sola! Detia non può venire con me?"

"Il destino di Detia è un altro, Swaynn. Tu devi seguire il tuo, e lei non può stare al tuo passo. Non ne avrebbe la forza."

"La tua solitudine non sarà mai completa." Aveva aggiunto Yrila. "Ci saranno molte ragazze di Echgara ad insegnarti ciò che devi sapere. Spesso sarai così stanca da voler desiderare il silenzio. E' per questo, che il bosco sembra immerso nell'assenza di suoni: perché la tua giornata sarà così piena di musica e parole da cercare la quiete, di sera, seduta sul gradino della porta della tua casa. Guarderai il cielo stellato, e la forza creatrice dell'ispirazione entrerà in te, plasmando la tua arte. Col tempo comprenderai. Non ti dare pensiero, ora, poiché oggi ti preparerai a ciò che farai già da domani. Noi ti salutiamo qui, anima eletta. Presto qualcuno si occuperà di te."

Inchinandosi, le due donne mi hanno sorriso ancora una volta, poi, insieme, sono uscite da quella casa che ora mi sembrava troppo grande, per una bambina come me. Rimasta sola, mi sono rifugiata su un divanetto posto vicino al camino acceso. Sono rimasta lì, senza muovermi, per molto tempo. Non avvertivo alcun pensiero e non provavo emozioni: semplicemente stavo lì, con le braccia intorno alle mie ginocchia, e, sopra di esse, il mio mento rimaneva immobile, senza tremare nemmeno per un secondo. La solitudine cui ero abituata non mi spaventava. L'unica cosa che non comprendevo era il perché fossi lì, e che cosa avrei dovuto aspettarmi. Solo quando la luce del giorno ha cominciato ad attenuarsi, e il cielo ha cambiato colore, qualcuno ha bussato alla mia porta. Quando ho aperto, due giovani vestite d'azzurro, con quel copricapo simile ad un turbante, si sono avvicinate a me, in silenzio. Tra le mani portavano abiti nuovi, e ciò che mi aveva colpito era la vivacità dei colori, anche mescolati insieme in una stessa tunica. Non vi erano pantaloni, ma anche per me era previsto che indossassi un copricapo, e il suo colore non era azzurro, come quello delle giovani, ma bianco, come l'abito che ancora indossavo.

In un viavai che sembrava non avere fine, le due ragazze mi rifornivano di calzari, biancheria intima, cibo, e tutto quello di cui potevo avere bisogno, cose di prima necessità. Poi, prima di andarsene, una di loro mi ha parlato:

"Per questa sera dovrai badare a te stessa, Swaynn di Vegar." Mi ha detto, con voce ferma. "Hai ciò che ti occorre per nutrirti e dissetarti, per vestirti e per mantenere vivo il fuoco del camino. Le notti, qui, sono molto fredde, ma non ti mancherà mai la legna per continuare a far vivere la fiamma. Il calore avvolgerà tutta la casa, e la brace arderà finché la tua meditazione non sarà conclusa. Solo allora ti sarà concesso pulire il camino, depositando la cenere nel contenitore che trovi dalla parte opposta di questa porta, dietro la casa. Ci sarà qualcuno che provvederà a svuotarlo, tutti i giorni, e anche a te toccherà questo compito, prima o poi. A meno che tu non sia destinata ad altro, poiché nulla è certo, se sei qui."

"Ma cosa dovrò fare, poi? Chi m'insegnerà?" Ho chiesto, con ansia.

"Domani tutto sarà chiaro. Non devi far altro che obbedire e continuare a rasare il tuo capo. Indosserai gli abiti che ti sono stati consegnati, e cingerai la tua testa con il turbante. Non c'è bisogno che qualcuno t'insegni come fare: dentro di te hai già la comprensione di molte cose. Segui l'istinto e saprai cosa fare."

"Ma se avrò bisogno d'aiuto? Devo rivolgermi a voi? Non so nemmeno come vi chiamate…"

"Non abbiamo il permesso di rivelare i nostri nomi, Swaynn. Noi conosciamo il tuo, poiché così è stato stabilito. Tu, ora, sei il centro del nostro operato, così come sono le altre nove prescelte. Ma ciò che sei va oltre le nostre comprensioni umane. Non guardare a noi come coloro che ti sosterranno in questo tuo cammino. Noi saremo solo al servizio delle regole che dobbiamo seguire, affinché la tua strada possa svelarsi. Vedrai molti volti avvicendarsi al tuo cospetto, ma non ti sarà possibile stabilire un rapporto con nessuno, poiché questo luogo, per te, è solo un passaggio verso qualcosa che scoprirai con la disciplina, la meditazione, lo studio delle Arti. Ora ti salutiamo, piccola anima. Possa tu riposare serenamente, questa notte. Da domani, tutto assumerà un significato diverso, per te."

Sono rimasta sola, mentre calava la sera, e il fuoco cominciava a spegnersi, lentamente. Un brivido correva lungo la mia schiena, quando sono uscita a prendere la legna che serviva per ravvivare la fiamma. Poi, quando il calore è tornato ad avvolgermi, ho lavato il viso usando l'acqua della bacinella posta poco distante. La casa era costituita dalla piccola sala in cui troneggiava il grande camino, poi c'era una piccola stanza da letto, una zona cucina in cui non mancava nulla, un bagno. Mi sono accorta che c'era anche acqua corrente e ho avvertito lo stupore crescere in me, insieme ad un senso di conquista che mi rendeva più sopportabile la permanenza in quel luogo che non avevo mai visto prima. Un sistema di condutture poste internamente alle mura convogliava il calore del camino in tutte le stanze della casa, e l'illuminazione sembrava riportare le tracce di ciò che un tempo era rappresentato dalla corrente elettrica. Potevo vederlo dai segni di quelle che, un tempo, forse, erano state le ciabatte di cui avevo sentito parlare… quando e dove, non ricordavo più.

Ma, in quel momento, l'unica fonte d'illuminazione era data dalle lanterne ad olio che ardevano in tutte le stanze, creando un'atmosfera calda e accogliente.

Non avevo fame, ma ero stanca. Non volevo che il camino si spegnesse, ma non sapevo come fare, per tener viva la fiamma. Così, ho deciso di accoccolarmi sul morbido tappeto posto proprio di fronte al fuoco, avvolgendomi con le coperte rubate dal letto della camera.

Quella notte avrei dormito lì. Ero sicura che, comunque, non avrei chiuso occhio, quindi, tanto valeva tenersi pronti per quando la legna cominciava a bruciare troppo rapidamente. Sono rimasta sveglia a lungo, a guardare le fiamme guizzare. Solo dopo essermi assicurata che ci fosse abbastanza combustibile, ho cominciato ad avvertire un senso di stanchezza che mi ha fatta assopire, lentamente. Ricordo solo di aver guardato fuori dalla finestra e di aver visto la luce della luna piena risplendere come mai avevo visto. Così, cullata dal calore del camino e incantata dalla luce di quella sfera così magica, sono scivolata in un sonno piacevole e profondo. Un altro passo importante della mia vita stava per compiersi.

***

"Ti prego, signora… suona per me… Ti prego…"
Guardo l'uomo che giace su un letto, da molti giorni, ormai. Il suo nome è Orud, e non ho compreso da dove egli venga. Sembra un pirata, un avventuriero, o, comunque, qualcuno abituato a vivere di espedienti. Non so nemmeno come abbia fatto ad arrivare fin qui, su quest'isola proibita a tutti coloro che non appartengono al genere femminile. Mi è stato chiesto di prendermi cura di lui, e ho obbedito. L'ordine è stato dato da Munn, la Signora di questo luogo, ma non in modo diretto: nessuna, si dice, gode del privilegio di poterle parlare, se non tramite messaggi e codici che sto imparando anch'io. E' un linguaggio che parte dalle profondità più recondite della Natura, ed è costituito da simboli scritti sul terreno, o versi simili a quelli degli animali. Spesso, però, per chi, come me, è stata addestrata alle Arti, a Echgara, bastano le semplici vibrazioni prodotte dal canto o dal suono del Chrein, uno strumento musicale molto simile alla cetra che si suonava millenni addietro.
Ricordo ancora il momento in cui mi è stato detto che avrei dovuto imparare a costruirne uno. Era passato poco tempo, da quando avevo preso possesso della casa presso il Confine. La prima notte era stata la più dura, ma, all'alba, la luce azzurra era comparsa così com'era stato detto. Da quel momento in poi, avevo imparato a seguirla ovunque essa mi conducesse, e non si trattava mai dello stesso luogo. Ci trovavamo, comunque, sempre in piccole radure, nel bosco, e ogni volta mi sorprendevo dell'atteggiamento delle altre nove prescelte, molto diverso dal mio. Innanzitutto, non avevamo tutte la stessa età. A quanto avevo compreso, io ero la più giovane di tutte loro, che mi guardavano con curiosità, ma anche con una certa forma di deferenza. Mi accorgevo che, tra di noi, c'era anche una giovane donna con i capelli lunghi, sciolti sulle spalle, vestita di nero, sempre. La luce conferiva una sfumatura azzurra alla sua chioma, e non riuscivo a comprendere quale fosse il colore naturale che vi si celasse. Poteva avere circa trent'anni, eppure sembrava che la vita l'avesse segnata in modo così indelebile, da averla resa più consapevole e molto più adulta di quanto, in realtà, non fosse.
Mi chiedevo spesso che cosa ci facesse lì, ancora, dopo tanto tempo. Ma, nonostante i molteplici sguardi incuriositi che si posavano su di lei, la donna non sembrava vivere la situazione come se si sentisse fuori luogo. Avrei compreso dopo chi ella rappresentasse, almeno per me. Non sono mai riuscita ad avvicinare nessuna delle altre prescelte. Insieme a noi, le giovani vestite d'azzurro ci impedivano di creare dei legami, tenendoci impegnate a fare sempre qualcosa, o a meditare. Avrei voluto parlare con qualcuna di loro, ma ogni tentativo di approccio veniva stroncato sul nascere.

Sin dall'inizio della mia permanenza nella casa, subito dopo la meditazione che poteva durare molte ore, la prima cosa che facevo era studiare insieme ad una coppia di giovani vestite d'azzurro, che cambiavano ogni giorno. Questo serviva per impedire l'instaurarsi di una conoscenza più approfondita, ed io mi stupivo ogni volta di quante esse fossero. Probabilmente erano le giovani di Echgara che avevano il compito di formare le prescelte, nelle loro nozioni basilari. Insieme allo studio che proseguivo da quando avevo lasciato gli Antri dello spirito di Mosbury, cominciavo ad essere introdotta verso un linguaggio nuovo, quello della musica, e della sua forma scritta. La tradizione millenaria era stata conservata, e l'uso del pentagramma era stato ripristinato. Un tempo, le tecnologie avevano quasi cancellato la sua presenza da coloro che si definivano "artisti", ma, dopo i cataclismi e la lenta rinascita, tutto ciò che aveva contribuito a rendere possibile la creazione degli automatismi era stato ripristinato.

Non scrivevo con i mezzi di cui, un tempo, l'essere umano era dotato, ma utilizzavo una piccola cannula, con una punta a forma di cono, aperta solo quel tanto che bastava per far uscire la mistura scura ricavata dalla cenere dei camini che, tutte le mattine, era portata via da addette specializzate. Esse la riutilizzavano, miscelandola con altri ingredienti e rendendone il tratto indelebile. I colori venivano aggiunti successivamente, ed erano prelevati direttamente da ciò che offriva la natura. Nulla era più creato in modo artificiale, poiché, ormai era chiaro per tutti, l'abuso di conoscenza avrebbe potuto causare l'ennesimo squilibrio in un sistema già fragile, di suo. Apprendevo la notazione dei tempi molto antichi, quando il tono era suddiviso in nove commi, e quindi la rielaborazione di Bach, con i suoi toni e i semitoni, le scale diatoniche, le tonalità maggiori e minori, per poi addentrarmi in tutti i tipi di notazione esistenti sulla Terra fino a poco prima della sua implosione. Conosceva la cultura dei Popoli che avevano abitato il Pianeta, il loro modo di concepire le Arti, e apprendevo linguaggi differenti che riuscivo a comprendere con estrema rapidità. Così, dopo un anno di studio intenso, un anno trascorso tra i luoghi indicati dalla luce azzurra e la casa, dove la mia istruzione ampliava le sue conoscenze, la donna dai capelli azzurri è giunta a me. E' successo dopo una meditazione più lunga del solito. Mi ero ritirata nella casetta, dove qualcuno aveva provveduto a portare quella che doveva essere la mia colazione, anche se un po' più abbondante, giacché non avrei avuto il tempo per pranzare. Subito dopo aver mangiato, mi sono preparata per lo studio quotidiano, e qualcuno aveva bussato alla mia porta. Solitamente, questa era aperta, di giorno, affinché chi si prendesse cura della mia mente potesse entrare senza restrizioni. Questo bussare mi aveva incuriosita, poiché era insolito. Quando sono andata ad aprire, ho visto lei, con un abito lungo fino ai piedi, cangiante. Mi colpiva la sfumatura che andava dal rosso al verde, ogni volta in cui la donna si muoveva. La stoffa sembrava simile al velluto, ma aveva una consistenza molto più leggera. Per la prima volta, dopo un anno, non la vedevo indossare qualcosa di nero, e questo cambiamento mi sorprendeva. Non potevo vedere il colore dei suoi capelli, poiché un velo dello stesso colore del vestito copriva la chioma, interamente. Potevo solo scorgere il suo viso e i suoi occhi grandi e chiari, il suo viso simile ad un triangolo con la punta verso il basso, le labbra sottili.

"Mi chiamo Aire." Mi aveva detto, semplicemente, con voce chiara ma gentile. "Sono qui per insegnarti a cantare nella lingua di Echgara, Swaynn di Vegar. T'insegnerò anche a costruire il tuo Chrein, lo strumento che ti apparterrà per sempre e che non muterà mai, nel corso della tua vita."

Ero rimasta ad osservarla, senza sapere cosa fare. Quando mi ha sorriso, rivolgendo lo sguardo verso i libri su cui stavo già iniziando a leggere quella che avrebbe dovuto essere la lezione della giornata, ho compreso che attendeva solo che io le permettessi di entrare. Mi sono messa su un lato, e l'ho fatta passare. Ad ogni suo passo, il suo abito frusciava in modo molto particolare: sembrava che anche quel bisbiglio producesse vibrazioni sonore che si sprigionavano per tutta la casa. Col tempo, avrei visto molti abiti simili, cangianti e ricchi di sfumature complementari tra di loro, ma mai in tinta unita, e ognuno di essi produceva una vibrazione diversa, come se questi abiti possedessero un'identità che andava oltre il concetto puramente umano e l'essenza tangibile.

"Chiudi la porta, Swaynn." Mi aveva detto, una volta entrata. "Imparerai a far sì che la tua voce giunga fino all'anima di chi è in ascolto, poiché l'orecchio umano è spesso ingannevole. Ti ho sentita intonare i canti del mattino, e, pur non conoscendone il significato, ne hai compreso la perfetta pronuncia. Questo significa che la conoscenza è già viva in te, e che dev'essere solo risvegliata."

Mi ero accorta in quel momento che, sulle sue spalle, c'era una sorta di sacca nera, sagomata, di media grandezza. L'aveva posata per terra e ne aveva estratto il contenuto:

"Questo è il mio Chrein." Aveva detto, mostrandomi lo strumento. "Ora, però, non concentrarti su di esso, poiché quello che costruirai per te non dovrà essere uguale. Noi conoscitrice delle Arti personalizziamo tutto ciò che realizziamo con le nostre mani, e il nostro lavoro dev'essere la firma che lasciamo in testamento a coloro che verranno dopo di noi."

Fingevo di ascoltare le sue parole, ma i miei occhi non riuscivano a staccarsi dal Chrein. Avevo già sentito parlare di due strumenti antichissimi: la cetra e la lira. Il Chrein poteva essere una via di mezzo tra i due.

"Swaynn..." La voce di Aire era un rimprovero gentile. "Ti stai distraendo ed io lo avverto. Non pensare, ora, a ciò che ti sarà chiesto di fare poi."

"Ho già visto un oggetto come questo, da qualche parte, signora." Avevo risposto con voce assente, come se fossi sospesa in una sorta di trance.

La donna era rimasta a guardarmi, in silenzio, per pochi istanti. Forse cercava di comprendere che cosa si stesse agitando nella mia anima, o, semplicemente, cercava un modo per farmi desistere dal nutrire i miei pensieri che si facevano più pesanti, man mano che il tempo passava. Così, alla fine, aveva deciso di assecondare la mia curiosità, spiegandomi ciò che desideravo sapere:

"Come puoi vedere, Swaynn,", aveva cominciato a spiegarmi "è uno strumento di medie dimensioni. Può essere trasportato sulle spalle, dentro un contenitore di stoffa come quello che vedi, a meno che non ne venga costruito un esemplare più grande. In questo caso, ci sarà sempre bisogno di un supporto tramite il quale portarlo con sé, senza il pericolo di danneggiarlo." Aveva avvicinato a me il Chrein, per facilitare la comprensione di quello che m'indicava con le parole. "E' costituito da una cassa di risonanza in legno, di forma trapezoidale, con profilo arrotondato e direttamente prolungato nei due bracci laterali, tagliati nello stesso pezzo di legno. La parte più alta è attraversata dal giogo ed è collegata da una sorta di spirale alla parte mediana, nella quale sono due montanti ricurvi d'ineguale misura. Le corde sono costituite da budello di montone e sono collegate alla cassa per mezzo di una cordiera e di un ponticello. Sono tese su un giogo che viene fatto ruotare mediante due chiavi sistemate alle estremità. Stringendo o allentando queste ultime, si tendono o allentano anche le corde che hanno uguale lunghezza. In questo modo, la differenza di suono è data dal diverso spessore che le caratterizza e dalla loro tensione. La corda più spessa dà pertanto il suono più grave, mentre quella più sottile dà un suono più acuto. La tensione è regolata dai piroli sistemati sul giogo."

Dopo avermi fissata a lungo, per comprendere quanto le sue parole mi confondessero o mi aiutassero, aveva ripreso a parlare:

"Poiché, a volte, lo strumento ha un peso notevole, si può utilizzare una cintura in cuoio che, fissata da un'estremità ad un perno inserito davanti alla cassa di risonanza, consente di mantenere il Chrein in posizione verticale, infilando II polso sinistro nell'altra estremità della cintura."

"Quante corde può avere?" Le avevo chiesto, rapita.

"Dipende, Swaynn." Mi aveva risposto, con pazienza. "Un'allieva comincia con cinque o otto corde, in base al suo grado di comprensione. Si può continuare con questo numero, oppure aumentarlo, fino ad un massimo di trenta corde. In ogni caso, oltre che con il semplice tocco delle dita, esse possono essere suonate con l'ausilio di un plettro, realizzato con materiali diversi: il legno, l'osso, l'avorio, il metallo… ma può capitare che qualcuna scelga una pietra preziosa, come lo smeraldo. La forma di quest'oggetto è molto varia, e può essere a bastoncello, a linguetta, a petalo. In ogni caso, esso termina con un uncino che assume la forma di una "T" o di una freccia, un uncino che percuote le corde, per farle risuonare. Pensi che la tua curiosità sia stata soddisfatta, ora, e che possiamo cominciare con il canto? E credi di ricordare tutto quello che ti ho detto, di averlo compreso a fondo?"

L'avevo guardata con sottomissione: nonostante avessi compreso, non riuscivo a ricordare un solo dato tecnico che mi era stato spiegato. Lo avrei imparato col tempo, e ricordato dopo anni di pratica. Ma, in quel momento, l'unica cosa cui pensavo era di poterne avere uno anch'io.

Aire mi aveva guardata di rimando, sorridendo: percepivo che, in qualche modo, riusciva ad entrare nella mia mente e a "sentire" i miei pensieri. Credevo che avrebbe voluto inferire sulla mia superba ignoranza, invece, sorridendo, aveva deposto il Chrein nella sua custodia, e poi si era rivolta nuovamente a me: "Da tempo canti cose di cui non comprendi il significato." Mi aveva detto, con pacatezza. "Eppure, sin da subito, hai imparato il suono delle sillabe che pronunci. Ti sei accorta che cambiano tutte le mattine?"

Mi sono risvegliata, di colpo, come da un sonno profondo:

"Sì." Avevo risposto, semplicemente.

"Sillabe che si ripetono… ma ogni volta cambiano."

"Sì." Avevo ripetuto.

"E ti sei mai chiesta perché?"

"Ho sempre pensato di dover solo imparare. Ascolto e ripeto. Sbaglio, forse?"

"Non sbagli nulla, Swaynn." Aveva detto Aire, sorridendo. "Ma è bene che tu ti ponga delle domande, ogni tanto, senza accettare tutto come se tu dovessi solo eseguire degli ordini. Non è da te. Lo hai visto anche prima. Tu vorresti di più, ma ti adegui. Non hai mai desiderato comprendere il significato del canto?"

"A volte… sì." Avevo risposto, timidamente. "Ma mi è stato detto che avrei imparato col tempo un nuovo linguaggio, così com'è accaduto quando sono stata portata sull'Isola delle Vergini."

"Ora ti svelo un segreto, bambina. Quello che le giovani di Echgara intonano è un canto fatto di sillabe che non hanno alcun senso compiuto. Solo la melodia viene scritta, ma non esiste un testo. Queste sillabe vengono ripetute all'infinito, più volte… te ne sei accorta?"

"Sì…"

"Così dev'essere, poiché è necessario arrivare ad uno stato mentale in cui non ci sono più pensieri, ma solo automatismi."

"Che cosa significa?"

"Significa che ripetere molte volte un suono porta ad una vibrazione, ma non ad un'azione attiva della volontà. Per questo, quando vi sono molte sillabe, il canto dura più a lungo: è necessario interiorizzare ogni suono, fino ad impararlo a memoria e a ripeterlo meccanicamente. La ripetizione ossessiva induce a una sorta di torpore mentale, finché ogni pensiero, dubbio o preoccupazione sono spazzati via, e rimane il vuoto necessario affinché lo studio possa colmare l'improvvisa recettività che si crea, alla fine. Riesci a seguirmi, Swaynn?"

"Non saprei…" Avevo risposto, esitante. Poi, avevo chiesto: "Come fanno, queste ragazze, a sapere quali sillabe cantare ogni mattina? Le leggono da qualche parte e le imparano a memoria? Studiano anche loro?"

"Studiano, sì, ma non leggono alcun testo. A turno, ciascuna di loro è chiamata a proporre il suo canto personale, e questo avviene con l'esercizio, la vocalità e la pratica. Il giorno prima della meditazione, una di loro passa l'intera giornata a suonare il suo Chrein e a cantare, finché le vibrazioni si creano da sole, tra le sue labbra. Quando riesce a ricordarle, come se fossero entrate in lei in modo indelebile, le trascrive su un pentagramma, e le propone alle giovani che si occuperanno delle prescelte, la mattina successiva. Essa insegnerà loro la sua canzone prima che per tutta l'isola giunga il momento di andare a dormire, ma si limita ad abbozzarne la melodia, affinché le giovani possano riconoscerla ma senza impararla subito: perderebbe in spontaneità. La luce sveglia le Ancelle prima delle prescelte, ed esse si dirigono nel luogo indicato. Lì, la ragazza che ha composto la sua canzone, inizierà il canto, e le altre, una ad una, la seguiranno. Quando tutte avranno imparato, la luce si sposterà sulle prescelte, ed esse arriveranno dove le giovani già cantano da un po'. Comprendi ciò che dico, Swaynn?"

"Comprendo, ma... non dormono mai?"

"Dormono, sì: questo servizio è svolto su turni. Gruppi di Ancelle si susseguono, di settimana in settimana. Se anche tu dovrai svolgere questo compito, comprenderai. Altrimenti, ti dedicherai ad altro. Ma perché mi guardi con perplessità?" Mi aveva chiesto, accorgendosi del cambiamento che non avevo saputo gestire e mascherare. "C'è qualcosa che non condividi?"

"Le prescelte... sono dieci?" Avevo chiesto, di rimando, per confermare a me stessa di aver capito bene.

"Sono dieci, certo."

"Ma se tu sei qui, ad insegnare a me... non fai più parte di queste?"

"E' un'ottima osservazione, Swaynn. Io ho completato il mio percorso, ed ora mi è stata affidata questa missione: insegnare a te. Da domani, un'altra prescelta prenderà il mio posto."

"Quindi... anche per me arriverà il momento in cui lascerò il gruppo?"

"Arriverà, ma non posso dirti come e quando, poiché ciascuno ha il suo destino. L'unica cosa certa è che, fino a quando non raggiungerete l'età in cui il vostro corpo sarà in grado di generare un'altra vita, vi sarà chiesto di studiare, obbedire, imparare, e rasarvi il capo e il corpo. In genere, grazie all'influenza della Luna sull'isola, la vostra maturazione arriverà quando compirete quattordici anni. A volte, però, per qualcuna, questo momento è anticipato; per qualcun'altra, è posticipato. In questo caso, Munn, la Signora dell'Isola, deciderà cosa fare. Ma ora non pensarci, poiché non è ancora arrivato il tuo tempo. Tutto ciò che ti è chiesto di fare, adesso, è seguire i miei insegnamenti. Canterai con me, finché la tua voce comincerà a vibrare con la Natura, e, solo poi, costruirai il tuo Chrein. Non posso dirti quanto tempo ci metterai, poiché dipende da te e dalla tua voglia di imparare. Mi comprendi, bambina?"

Avevo annuito, anche se tutto sembrava molto confuso. Tutto ciò che mi si chiedeva di rispettare era il tempo: quello sarebbe stato determinante. Bruciare le tappe non mi avrebbe aiutato. Rallentare il passo non mi avrebbe giovato.

Avrei dovuto imparare a conoscere i miei ritmi, le mie possibilità e i miei limiti. Solo così, avrei potuto scoprire le mie potenzialità.

"Mia signora... ti prego... canta per me..."

Mi volto verso Orud, che giace ancora nel suo misero letto, ed è troppo debole e sofferente, per riuscire anche solo a mangiare da solo. Un uomo dalla pelle scurita dal sole, quasi raggrinzita, che mostra più anni di quanti, forse, ne abbia... un uomo cui mancano molti denti, che porta una bandana simile a quella di molti Pirati... un uomo che aggrotta la fronte ferita e contorce il viso quadrato in una smorfia di dolore.

Detergo il sudore che gli imperla la fronte e prendo il mio Chrein. Intonerò, per lui, il canto delle sillabe. Il Gham. Gli impedirò di pensare al dolore che trafigge il suo corpo martoriato, dalle cui ferite esce ancora sangue, nonostante siano passati molti giorni, dal suo ricovero. In molte dicono che non si riprenderà e che la sua fine è vicina. Ma io so che non è così.

***

La Fonte della Vita ha origine presso una zona ben definita, al centro dell'Isola delle Vergini, ed è custodita dalle Guardiane. Dopo molti anni trascorsi quaggiù, nonostante io sia riconosciuta come una figura autorevole, non sono ancora riuscita a scoprire in quale luogo sia nascosta la sorgente.

Tuttavia, nel mio intenso peregrinare, e grazie al mio costante desiderio di conoscenza, ho compreso dove trarre parte della sua forza, senza recarmi presso gli Antri dello Spirito. L'ho scoperto per caso, una volta, molti anni fa, quando, passando presso un bosco che costeggiava Mosbury, ho trovato un piccolo ruscello nascosto tra le rocce di un pendio poco scosceso. Assetata, mi sono fermata a sorseggiare un poco di quell'acqua pulita e dolce, e ho avvertito, dentro di me, una forza diversa, molto intensa, che vibrava con la mia essenza, come in un canto molto simile al Gham. Ho scoperto, così, che la Fonte della Vita può estendersi per un raggio ancora più ampio di quello che avessi potuto immaginare, e che le sue acque si trovano ovunque, anche nei luoghi più banali: l'importante è essere in grado di riconoscerle. E, per questo, è necessario aver intrapreso un cammino molto impegnativo, mantenendolo costante, nel tempo.

Credo che Munn, la Signora dell'isola, avesse percepito le mie sensazioni, poiché lei è in perfetta sintonia con la Natura e con tutto ciò che ne fa parte. Pensavo che mi avrebbe ripresa o costretta a soffocare nell'oblio la mia scoperta, ma non è accaduto nulla. Ho tenuto nascosto il mio segreto a lungo, cercando di capire se altre, oltre a me, fossero a conoscenza di tutto questo. Guardavo i loro occhi, quando si parlava della Fonte, e cercavo di coglierne ogni sfumatura, senza successo: era come se vedessi uno sguardo spento, una luce che non si accendeva, e che mi faceva capire che la mia interlocutrice era all'oscuro di tutto, o che, in qualche modo, l'avesse dimenticato. Quella luce si è accesa solo negli occhi di Iasha, Yrila e Ahona, rispettivamente la Signora dello Spirito, la Signora delle Arti e la Signora della Vittoria. Credo, comunque, di aver intravisto qualcosa anche in Aire, una volta, ma l'insegnante della mia infanzia presso il Confine tra Mosbury ed Echgara ha subito distolto lo sguardo, come se avesse percepito la forza della mia mente che cercava di penetrare la sua.

Per aiutare Orud a superare questa sua condizione di precarietà fisica, è necessario che io mi rifornisca di quest'acqua, e che la mescoli con i tesori nascosti della Natura. L'Arte della Guarigione mi è stata impartita dal momento in cui ho compiuto dieci anni. Prima, ho dovuto studiare il ritmo, la danza, e unire il tutto al canto, e non è stato facile, poiché mi è stato chiesto di imparare le tradizioni dei Popoli che hanno abitato la Terra, prima che essa implodesse.

Nonostante le tecnologie avanzate, non era rimasto quasi nulla delle scoperte che avevano segnato la Storia, se non ciò che serviva all'essere umano, per ricominciare. So che, in alcuni luoghi, sussistono ancora dei mezzi di comunicazione che, tuttavia, sull'Isola delle Vergini non sono ammessi. Qui, tutto è mantenuto in modo tale da non essere mai contaminato o alterato, come la virtù per eccellenza: la verginità di una donna. Per questo, le bambine che vengono portate in questo luogo devono rinunciare all'attaccamento verso la propria femminilità: per non cadere in tentazione di usarla come un'arma, bensì come un mezzo per ricostruire ciò che un tempo è stato distrutto. Ci si rasa i capelli e tutti i peli del corpo, indossando tuniche modeste, finché non si raggiunge la maturazione sessuale. Da quel momento in poi, dacché si è in grado di concepire un figlio, le scelte si fanno ancora più oculate, e la meditazione imparata negli anni precedenti viene in aiuto alla razionalità, quando gli ormoni ci rendono troppo fragili ed emotive.

La mia maestra nell'Arte della Guarigione si chiamava Meeg. Mi aveva colpita sin da subito, poiché sembrava davvero molto vecchia, con la sua pelle rugosa, il viso scavato, il corpo magro, avvolto da un abito pesante, sempre di colore nero. I suoi lunghi capelli bianchi erano coperti da un velo di tulle ingiallito dal tempo, e gli occhi dal colore sbiadito sembravano non avere più ciglia. Nonostante questa sua apparente fragilità, Meeg era una donna forte, dall'essenza quasi indistruttibile, e possedeva una vastità di conoscenze che abbracciavano l'intera isola, estendendosi anche oltre. Solo dopo molti anni ho scoperto che aveva vissuto anche in altri luoghi del Pianeta, vedendo con i suoi occhi le condizioni in cui essi riversavano, e portando il suo aiuto presso le Popolazioni che non riuscivano a curarsi da sole. E ho scoperto anche la sua età: aveva superato i cento anni di vita, e ne avrebbe aggiunti molti altri, con una lucidità mentale e una presenza di spirito che la annoveravano tra le "prescelte predilette".

Credo sia ancora viva oggi, che sono passati più di quindici anni, dal nostro primo incontro. Non sono più riuscita ad avere l'onore di parlare con lei, poiché sono stata ritenuta idonea a prendere decisioni in completa autonomia.

Sono qui, ora, accanto a Orud. Vedo le sue carni marcire lentamente, ogni giorno che passa. Vedo lo sguardo infossarsi sempre di più, mentre le ferite emanano un odore così intenso da provocare conati di vomito in chiunque tenti di avvicinarsi a lui, per aiutarmi a curarlo.

Io non provo nulla. Il mio unico pensiero è mantenerlo in vita, poiché ho molto, da chiedergli. So che il mio accanimento è visto con perplessità dalle altre Vergini, poiché sono convinte che non vi sia alcuna speranza... ma io non demordo, soprattutto considerando il fatto che ad un uomo sia stato concesso di rimanere sull'Isola delle Vergini così a lungo: nessuno, prima di lui, vi aveva messo piede, se non fosse appartenuto ad un solo sesso. Quello femminile.

Questo strappo alla regola m'incuriosisce, ma quando ho chiesto spiegazioni, non ho ricevuto alcuna risposta. Sembra che nemmeno le altre vergini sappiano chi egli sia e come mai sia qui. Forse, Iasha, Yrila e Ahona, e magari Munn stessa, sanno più di quanto sembri. Eppure non fiatano. Munn non trasmette alcun messaggio chiaro, al riguardo, se non quello di continuare a perseverare. E' l'unica, credo, a continuare ad avere la certezza di un miglioramento delle condizioni di salute di quest'uomo venuto da lontano. Lo aiuto a sollevarsi un poco, poi gli faccio bere il miscuglio di erbe e acqua attinta da un ruscello in cui scorre la Fonte della Vita. La bevanda non ha un cattivo sapore, poiché vi ho aggiunto qualche seme di cacao tostato e sminuzzato. Il cacao, in questo luogo, è stato preservato per secoli, finché la pianta si è adattata al clima e ha cominciato a germogliare. Siamo tra le poche a custodirne i frutti prelibati, in tutto il Pianeta, e molti Popoli ne fanno spesso richiesta. Non possiamo accontentarli tutti, perciò viene fatta una scelta, secondo dei criteri ben precisi, imposti dalle Signore dello Spirito, delle Arti e della Vittoria.

Orud si lascia aiutare, e beve lentamente, con estrema fatica. Ad ogni suo movimento, un liquido giallo e puzzolente esce dalle sue piaghe. Le altre Vergini voltano lo sguardo, allontanandosi. Alcune resistono perché viene loro imposto di farlo, ma, alla fine, vanno quasi tutte a vomitare. Io sono l'unica a non avere alcuna reazione, poiché è così: non provo disgusto, e nemmeno pietà. Credo che un uomo non dovrebbe essere qui, e non condivido il fatto di averlo accolto sull'isola. E' chiaramente un tipaccio che vive di espedienti, e non sono affatto sicura che conosca il significato della parola "virtù". E' probabile che, se stesse meglio, tenterebbe un approccio almeno con una di noi, e, sebbene tutte siamo state addestrate nell'Arte della Difesa, forse, qualcuna potrebbe arrendersi, per paura. Ci vuole coraggio ad opporsi ad un uomo, quando si vive con sole donne, per così tanti anni. Così, almeno, potrebbe sembrare. Eppure, se si mettono in pratica tutte le protezioni imparate nel tempo, si è in grado di rimanere distaccati da tutto ciò che è materiale, carnale, impuro. Solo poche di noi, al compiere dei quattordici anni, e dopo aver raggiunto la maturità sessuale, vengono istruite in modo diverso e destinate ad essere date in mogli a uomini che non conoscono.

Estraggo il mio Chrein dalla custodia, pronta per intonare il mio canto. Mi accorgo che Orud lo guarda attentamente, come fa sempre. Ogni volta, per lui, dev'essere una scoperta nuova, oppure lo strumento esercita un fascino irresistibile, così com'è stato anche per me, la prima volta in cui l'ho visto. Ci ho messo anni, per costruirlo come volevo. E, in questi anni, ogni pezzo che andava al suo posto lo rendeva sempre più mio. Come mi aveva detto Aire. Il mio Chrein appartiene a quelli di grosse dimensioni, e non può essere portato in spalla. Ho dotato la custodia di un supporto rigido e delle rotelle, per poterlo muovere con facilità. L'interno è imbottito, per evitare che lo strumento subisca danni, quando ci sono piccole buche sulla strada. La cassa di risonanza è in legno di abete rosso. Ho arrotondato il profilo, decorandolo d'oro puro, ma i due bracci laterali non sono tagliati nello stesso pezzo di legno: essi sono stati ricavati da un altro blocco che ha subito una lavorazione diversa, ed appaiono come "vetrificati". Questo trattamento rende il suono molto particolare e mai uguale a se stesso. Nella parte più alta, vi sono miniature in avorio che io stessa ho realizzato, con pazienza e molto, molto tempo. Esse rappresentano pezzi della mia vita su quest'isola, e, in alcune zone, recano scritte di cui non conosco né la provenienza né il significato, ma ne ho sempre portato il ricordo con me, da tempo immemore. Le corde sono collegate alla cassa per mezzo di una cordiera in ebano e di un ponticello, fatto dello stesso materiale. Le chiavi che tirano le corde sono state ricavate da un unico e grande osso che io stessa ho levigato. La cintura che mi consente di mantenere il Chrein verticale è in cuoio, finemente rifinito con ricami in oro. Anche questi li ho curati personalmente, e sono stati molto difficili da realizzare: l'ago era molto lungo ed estremamente appuntito, e mi ha ferita molte volte. Meeg aveva dovuto prendersi cura delle mie dita martoriate, e questo l'aveva seccata moltissimo: secondo lei, era una cosa inutile sprecare tanto tempo per la costruzione di uno strumento musicale che poteva essere suonato solo sull'Isola delle Vergini. Il fatto di saper cantare e leggere uno spartito sarebbe dovuto bastarmi. Io mi facevo medicare, rimanendo in silenzio, senza dirle che le vibrazioni del canto, unite a quelle del Chrein, avevano un potere di guarigione molto forte, se riprodotte con la giusta intenzione. Aire insisteva moltissimo, su questo punto: mi faceva ripetere tante volte lo stesso esercizio, suonato o cantato, finché la mia anima si univa alla vibrazione, fondendosi con essa, e l'effetto del suono si espandeva, protraendosi fuori dalla casa e raggiungendo le anime delle altre nove prescelte. Sin da subito sapevo quante corde avrei voluto avere: almeno venti. Ora ne ho aggiunte altre quattro, ma è probabile che il numero possa aumentare, fino a toccare il massimo consentito di trenta. Un complesso sistema posto al di sotto del ponticello mi permette di alzare la corda pizzicata, semplicemente premendo una piccola leva posta nella parte inferiore. Così facendo, posso alterare il suono, creando effetti molto simili a quelli del violino. Sono una delle poche suonatrici che ha scelto di utilizzare sia una notazione diatonica che cromatica, ma mantenendo anche gli antichi commi. Orud mi osserva con avidità, mentre intono il Gham, accompagnandomi col mio plettro in smeraldo. Mi osserva sempre con quello sguardo a metà, rimanendo in silenzio per tutto il tempo, e, talvolta, emozionandosi come un bambino.   La mia intenzione è quella di provocare una vibrazione costante che, unita al potere curativo del mio miscuglio naturale, possa infondere nuova vita in quel corpo così martoriato. Ma Orud percepisce solamente l'effetto più superficiale del mio canto, e, ogni volta che finisco, con quella sua voce roca e cavernosa, ripete sempre le stesse parole:

"Sembri un angelo, bella signora. Vorrei poterti sentire per sempre..."

In genere non rispondo. Mi limito a riporre il Chrein nella sua custodia e a bere dell'acqua che possa rinfrescare la mia gola. Parlare con estranei è proibito, soprattutto se di sesso maschile. Ma non mi è stata imposta alcuna restrizione, con questo pirata che sembra godere di privilegi che non gli spettano, così, per la prima volta, dopo molto tempo, mi rivolgo a lui, con voce ferma:

"Dovreste portarmi rispetto, Orud. I vostri complimenti non sono musica per le mie orecchie, ma fastidio per ciò che rappresento."

Il suo sguardo cambia. Sentirmi parlare l'ha scosso, evidentemente.

Pensava, forse, che io fossi muta?

"Dovete scusarmi…" Mi dice, con voce esitante. "I miei modi non sono quelli di un gentiluomo…"

"Ma parlate la mia stessa lingua." Lo interrompo, fissandolo, quasi con sfida. "E dovrebbe essere il contrario. Com'è possibile che un avventuriero come voi conosca un linguaggio sacro? Le parole che pronunciate diventano come sale che brucia sulle vostre stesse ferite."

Orud deglutisce:

"Vi chiedo ancora perdono, signora, se vi ho causato imbarazzo." Mormora, con un filo di voce. "Avete ragione voi: sono un poco di buono, un disgraziato che vive con ciò che trova, ma non ho mai rubato né mancato di rispetto alla vostra lingua."

"Tuttavia la conoscete. E mi chiedo con quale diritto. Voi non dovreste nemmeno essere qui."

"La Signora dell'isola… è stata lei, a concedermelo…"

"L'avete vista?"

"No. Le giovani che mi hanno trovato alla deriva, hanno detto che mi era stato accordato il permesso di essere curato da voi, signora, e che colei che governa l'isola non avrebbe ostacolato tutto questo. Non so altro, credetemi."

"Sapete parlare come me, e lo sapete fare piuttosto bene. Voi sapete dove siete? Ne avete idea, Orud?"

"Sono sull'Isola delle Vergini, signora. L'isola che in molti conoscono e che per molti è proibita, poiché non dev'essere contaminata dalla corruzione del mondo. Se conosco la vostra lingua, è solo perché mi è stato permesso da colui che servo."

"Nessuno conosce le nostre tradizioni. Nessuno può arrogarsi il diritto di rubare ciò che non gli appartiene!"

"Non vi ho rubato nulla, signora… Vi sto dicendo la verità…"

"Qual è il nome del vostro padrone, Orud? Con quale diritto pronuncia e insegna ciò che non può?"

"Io lo servo… ma non è il mio padrone."

"Vi ho fatto una domanda. Rispondete."

"Il tono della vostra voce è pacato, ma dai vostri occhi escono fiamme, signora… Voi sembrate provenire dal Paradiso, se volete, ma potete essere più spietata di tutti i diavoli dell'Inferno…"

"Non fatemi ripetere ciò che vi ho chiesto."

Dopo un lungo istante di esitazione, Orud risponde con voce tremante:

"Athorm. Athorm Dralt di Kelenda. E' il suo nome e la sua provenienza. Ma non so dove sia, ora, signora, poiché ero da solo, quando sono stato attaccato."

"Attaccato? Da chi?"

"Alcune zone di questo Pianeta sono abitate da esseri umani che hanno subìto delle modificazioni, nel corso dei secoli. Tutto ciò che la Terra ha spurgato li ha infettati profondamente, ed essi vagano senza ordine, alla ricerca di nuove vittime, per creare un'epidemia. Stavo tornando da un mio viaggio, sulla mia imbarcazione, quando sono stato vittima di un agguato. Ho cercato di difendermi come potevo, ma, come vedete, il mio corpo non ha resistito, ed ora sto morendo."

"Tornavate da una vostra scorribanda, Orud?"

"Fa differenza? Non sono che un relitto, ormai. So che non provate pietà, per me, così come nessuno ne prova per questi essere umani che hanno perso anche un'identità. I loro volti sono maschere di pus, e l'odore che emanano non è così diverso dal mio. E so bene che è disgustoso. Per questo vi sono grato, signora, per l'aiuto che mi date, sebbene sia sgradito, come la mia presenza, qui."

Rimango in silenzio e lo guardo attentamente: sta dicendo la verità.

Mi accorgo anche che, mentre parliamo, l'effetto della mia cura sta già operando.

"Mi chiamo Swaynn." Gli dico, con tono incolore. "Sono solo una delle tante Vergini che abitano l'isola, quindi rivolgetevi a me usando il mio nome, per cortesia. In quanto a voi, non morirete. Per questo, sarete in debito con me."

"Non... morirò?"

"No. La cura che vi sto somministrando sta facendo effetto, e presto starete bene. Potrete andarvene, quindi, ma mi farete il favore di non rivelare a nessuno quello che avete visto e vissuto qui. Vi dimenticherete di me e del mio canto, e non tornerete. Per nessun motivo. Datemi la vostra parola ora, Orud, poiché è questo il momento in cui avrà più valore."

L'uomo non riesce a staccarmi gli occhi di dosso. E' come se non riuscisse a capacitarsi di qualcosa. E, infatti, mi chiede:

"Quanti anni avete, Swaynn?"

"Venticinque." Rispondo, imperturbabile.

"Così giovane... e così austera. E così diversa, quando cantate..."

"Ma ora non lo sto facendo. E voi mi dovete la promessa che vi ho chiesto."

"Credo che sia la Signora dell'isola, a dover decidere. Non voi..."

"Allora non sfidatela, e siate grato per ciò che avete ricevuto. Ora datemi la vostra parola, ed io vi darò la mia che, tra qualche giorno, sarete in grado di andarvene sulle vostre gambe."

Orud esita. Non comprende e non crede alle mie parole. Perché dovrebbe farlo? Ho già sentito parlare di questi esseri umani modificati che vagano come schegge impazzite, alla ricerca di qualcuno da infettare. So bene che, una volta attaccato, un altro essere umano non ha possibilità di sopravvivere a lungo. Così, perché un poco di buono come Orud, dovrebbe mantenere una promessa di cui, forse, non conosce neppure il significato?

Eppure, dopo un lungo conflitto interiore, lo vedo abbassare lo sguardo, e, con voce mesta. Mormora:

"Vi do la mia parola che se avverrà ciò che dite, io non mi avvicinerò mai più all'Isola delle Vergini. Vi do la mia parola di non raccontare nulla a colui che servo, e di onorare la vita che mi restituirete."

"Molto bene." Concludo, sorridendo in modo così inaspettato da provocare in lui un sussulto. "Ora dormite, Orud. Più tardi tornerò a cantare per voi."

Mi allontano per attingere altra acqua da una delle sorgenti nascoste, appartenenti alla Fonte della Vita, mentre sento il suo sguardo cupo accompagnarmi finché non scompaio definitivamente dalla sua vista…

***

Sono passati due anni, da quando l'uomo ha lasciato l'Isola delle Vergini. Mentre lui se ne andava, Detia faceva ritorno. Incinta. E' tornata dopo anni di maltrattamenti subìti da suo marito, un uomo che, da solo, è riuscito a ricostruire una vasta zona di terra, in cui nessuno aveva provveduto ad una bonifica, prima di lui, e vi aveva creato un campo fertile da cui trarre sostentamento. Col tempo, rintracciando pezzi di tecnologie ormai in disuso, era riuscito a costruire un complesso sistema di comunicazione che si estendeva – e tuttora si estende – in tutto il globo. L'ultima volta in cui avevo visto la mia più cara amica d'infanzia, è stato quando ho compiuto dodici anni. Io trascorrevo la mia ultima mattinata dedicata alla meditazione, presso il confine tra Mosbury ed Echgara. Proprio a Echgara, da due anni, avevo iniziato a risiedere in modo stabile, poiché la conoscenza delle mie Arti si era talmente affinata da avermi permesso di essere accettata in quel luogo pieno di musica, colori e poesia. Laggiù, le giovani non indossavano il turbante, ma lasciavano i capelli sciolti sulle spalle. I loro abiti erano variopinti, e indossavano scarpe e monili d'oro puro.

A me, tuttavia, non era stato concesso il privilegio di lasciarmi crescere i capelli, né di indossare gioielli, poiché la mia formazione non era completa, e, benché fossi molto precoce, questo non significava che potessi adagiarmi su una facile conquista. Trascorrevo le mie mattine ancora presso il confine, per conservare la pratica della meditazione che non avrei più perso negli anni, ma, come deciso da Yrila, e concesso da Iasha, non era più necessario che io continuassi ancora ad adeguarmi alle prescelte, poiché il mio sapere le metteva, in imbarazzo, in qualche modo, sebbene io non me ne rendessi conto. Si rendeva, così, necessario trovare la mia sostituta, ed io l'avrei vista solo la mattina della mia ultima meditazione di gruppo. E' così, che ho rivisto Detia. L'ho riconosciuta, nonostante fossero passati alcuni anni. E lei ha riconosciuto me. Ci siamo rivolte un sorriso reciproco, ma ci è stato proibito di avvicinarci l'una all'altra: io me ne stavo andando, e lei stava entrando al posto mio. Contava solo questo.

Dopo quella mattina, ho trascorso altri due anni a Echgara, dove si pensava che dovessi terminare il mio percorso, quando avessi compiuto quattordici anni. Ma le cose sono andate diversamente. A dispetto di quanto ci si aspettasse, la mia

28

maturità sessuale tardava a sopraggiungere, e bisognava fare in fretta, a prendere una decisione: le altre ragazze avevano già mostrato le loro capacità, e sarebbero state assegnate a dei compiti specifici, oppure preparate per essere date in spose a uomini con cui non vi era amore, ma la necessità di ripopolare un mondo, portandone una nuova visione, più completa, più consapevole. Sapevo che Detia avrebbe seguito questa indicazione, poiché la stessa Munn, tramite i suoi inconfondibili segnali che io ero riuscita a captare, ne aveva impartito preciso ordine. Avevo riconosciuto il suono che corrispondeva al nome della mia giovane amica, e avevo compreso il messaggio che la riguardava: avrebbe sposato Yoser Nym di Verdrad, già adulto e dall'avvenire promettente. Lui stesso aveva fatto richiesta di avere una delle Vergini, accanto a sé, come sposa e compagna di vita, e, grazie alla sua grande influenza, era riuscito a penetrare attraverso le fitte barriere che circondano l'isola, facendo recapitare una missiva.

Non si sa come... ma riuscì nel suo intento. Non ho mai compreso come non si fosse riuscito a vedere i suoi modi rozzi, sin dall'inizio della conoscenza con la sua futura sposa. Li percepivo io, solo dalle vibrazioni che i suoi messaggi recavano con sé: possibile che la Signora dell'Isola non fosse in grado di avvertire le medesime sensazioni? Mentre Detia andava incontro al suo destino, io ero ancora alla ricerca del mio. Iasha e Yrila erano molto soddisfatte dei miei progressi, in tutti i campi che riuscivo ad abbracciare. Entrambe speravano, in cuor loro, di potermi tenere presso le terre di cui erano le Signore, ma il ritardo del mio sviluppo non poteva non passare inosservata. Così, considerando che la mia femminilità potesse aver subito una sorta di alterazione, dovuta a qualcosa che nemmeno loro sapevano spiegarsi – o, almeno, questo era ciò che mi sembrava – si erano trovate costrette a prendere una decisione che solo poche Vergini erano riuscite a conquistare: avrei imparato anche a combattere, e sarei stata mandata a Nather, dove Ahona, colei che governava quella parte dell'isola, mi attendeva già da tempo.

Avevo già trascorso nove anni a studiare ciò che mi veniva imposto, sebbene mai con durezza. Ci voleva un carro solo per me, per trasportare il materiale che avevo realizzato, in tutto quel tempo: meditazioni, studi dei vari linguaggi, alfabeti, canzoni, disegni, scritti di ogni tipo... e il mio Chrein, che aveva completato la sua costruzione. Non sarei comunque stata più costretta a rasarmi i capelli, le ciglia e le sopracciglia. Avevo raggiunto l'età in cui tutto poteva accadere, e, per me, l'ignoto si faceva sempre più oscuro. Avevo lasciato la variopinta Echgara con un po' di malinconia: mi sarebbero mancati il frastuono, il colore, il ritmo, le danze, e tutte le arti che avrei continuato a praticare, ma da sola. Non avevo stretto amicizie con nessuna delle prescelte, al confine, e nemmeno con le Vergini che brulicavano in Echgara. Nonostante questo, però, le connessioni silenziose che si erano create con la pratica del canto e della musica avevano assunto una connotazione diversa, quasi intima, sebbene impalpabile e fisicamente distante.

Ho attraversato luoghi che non avrei mai immaginato di poter vedere, e che, comunque, non avrei potuto guardare, poiché il tempo a mia disposizione non era mai stato sufficiente per addentrarmi in quella zona così ricca di paesaggi meravigliosi, di cascate cristalline, prati verdi, colline degradanti. Dovevo studiare da mattina a sera, senza sosta alcuna, e quando finivo di svolgere i miei compiti, riuscivo a ritagliarmi solo un piccolo attimo solo per me, tenendo il viso rivolto verso il cielo notturno pieno di stelle, mentre la luna splendeva con il suo alone di mistero che affascinava tutte le artiste di Echgara. Quando mi era stato permesso di lasciare il confine, avevo iniziato a convivere con altre Vergini, di età differenti, che avevano mansioni diverse o che studiavano per conto proprio, in altri luoghi. Sapevamo dell'esistenza reciproca, ma avevamo appena il tempo di salutarci quando riuscivamo a vederci. Nulla di più. Nonostante l'arte ci venisse insegnata per comunicare, tra di noi non vi erano dialoghi: le emozioni dovevano essere riservate a ciò di cui ci dovevamo occupare. Null'altro era contemplato. Questo era il compito di chi praticava le arti: dare, senza aspettarsi di ricevere nulla, in cambio. E, per far questo, dovevamo imparare sin da subito a rinunciare ai rapporti interpersonali che avrebbero inquinato la purezza delle nostre opere dettate dalla Virtù.

Mentre mi avvicinavo a Nather, scortata dalle due Ancelle che erano venute a prendermi per condurmi laggiù, vedevo che il paesaggio mutava. La poesia di ciò che era prima, diventava essenzialità nei dettagli, minimalismo allo stato puro, nonostante non mancasse nulla. Non era un luogo desolato come il confine, e nemmeno roccioso come Mosbury, eppure presentava una sua identità ben precisa, nel suo verde austero.

I colori di Echgara lasciavano spazio a tutto ciò che serviva alle Guerriere per sopravvivere, ma senza eccedere in nulla. A Nather non vi erano edifici che sprizzavano vitalità ma accampamenti quasi militari, alternati a baracche di legno e altre in pietra. Colpiva subito il fatto che ci fosse acqua corrente in qualsiasi abitazione, persino nelle tende di juta grezza, e quel poco di elettricità tuttora esistente, seppur bandita in tutta l'isola, serviva ad alimentare la luce in alcuni piccoli gruppi boscosi. Mi era già stato spiegato in precedenza che questo serviva ad abituare le Guerriere alla luce artificiale che rimaneva accesa solo in determinati momenti del giorno o della notte, ma che non erano mai fissi. Qualcuna di noi si sarebbe dovuta scontrare con il resto del mondo, forse, e si sarebbe dovuta preparare a ciò che l'attendeva fuori dall'isola. L'addestramento era iniziato sin dal primo giorno. In quanto nuova, l'unico rifugio che mi spettava era una tenda di medie dimensioni, in cui era collegato un complesso idrico che mi permetteva di utilizzare una piccola vasca di pietra, posta internamente, con un buco nella parte inferiore, che permetteva lo scarico. C'erano tre lanterne ad olio, ma anche numerose candele accatastate in un lato, ordinatamente. Il letto era costituito da un giaciglio posto direttamente su una sorta di pavimento in pietra levigata, e, per mia fortuna, era imbottito in modo sufficiente da permettermi sonni tranquilli. La tenda era abbastanza alta, e il mio Chrein poteva trovarvi un riparo comodo. C'era anche dello spazio in cui riporre una parte di ciò che mi apparteneva, soprattutto le cose di prima necessità. Il resto era stato sistemato in un grosso baule di legno, posto subito fuori dalla tenda. I bisogni corporali potevano essere espletati in un bagno in comune per quelle che, come me, erano le ultime arrivate. Secoli addietro, si era deciso di tornare ai tempi in cui i servizi erano scolpiti nella pietra, mantenendo un buco per l'uscita delle scorie. Fortunatamente, tuttavia, era stata mantenuta l'acqua corrente che portava i rifiuti organici, tramite un sistema di condutture nascoste, in luoghi in cui essi potevano fungere da concime per alcuni tipi di piantagioni. Questi alberi non producono frutti, ma i fiori che sbocciano nelle stagioni più calde emanano un profumo intenso, e il loro candore è in netto contrasto con le sostanze da cui traggono nutrimento.

Avevo abbandonato le tuniche. Tutte le Guerriere indossavano la stessa uniforme, indistintamente: una sorta di reggiseno rinforzato e pantaloni lunghi fino al ginocchio, aderenti. L'uniforme era di color argento, ed era costituita da un materiale che è stato creato nel corso dei secoli: un materiale leggero da indossare, ma resistente, rigido come un'armatura. I nostri calzari erano costituiti da stivali che avvolgevano tutta la gamba, fino al ginocchio, dove si allargavano, fino ad avvolgere tutta l'articolazione. Anch'essi molto comodi e agevoli, erano realizzati con un materiale impermeabile, di colore scuro, simile all'antracite, ma bordati d'argento, ed erano resistenti a qualsiasi tipo di urto. Non mi sentivo a mio agio, vestita così. Non all'inizio. Pensavo che una Guerriera dovesse indossare qualcosa che potesse proteggerla maggiormente dall'attacco di eventuali nemici, e quando avevo fatto presente la mia perplessità, mi era stato risposto così:

"Non ti troverai a combattere contro chi pensi tu, Swaynn."

Era stata proprio Ahona, la Signora di Nather, a parlarmi. Non era molto alta, e la sua pelle era scurita dal tempo e dal sole cui non si sottraeva mai. Aveva i capelli neri e corti, leggermente striati di bianco, e gli occhi color nocciola, piccoli ma penetranti. Mi aveva colpito il suo naso aquilino, che, insieme ai suoi tratti spigolosi, la faceva apparire poco femminile. Eppure conservava in sé un fascino che avrebbe attratto molti uomini. Non potevo averne la certezza, poiché non ne avevo conosciuto alcuno, ma avevo la netta sensazione che la sua Virtù fosse stata messa alla prova molte volte: lo percepivo dalle vibrazioni che emanava, dai pensieri che giungevano alla mia mente, come parole nascoste al mondo ma chiare alla mia anima.

"Nather è il luogo in cui s'insegna a combattere per vincere." Aveva continuato, con la sua voce forte e decisa. "Non s'imparerà mai ad attaccare, salvo nel caso in cui non vi sia alcuna possibilità. Qui s'impara ad utilizzare quanto è stato appreso nel corso degli anni, renderlo un'arma potente, senza il bisogno di maneggiare troppi orpelli. Sono ammessi solo la spada e l'arco, con qualche eccezione, poiché non tutte le Guerriere possiedono la capacità di saper valutare che cosa usare in un determinato contesto: il discernimento si ottiene solo con la ricerca di un equilibrio interiore che non può, né deve mai essere attaccato dalle paure. Il rischio di arrendersi all'insicurezza porta inevitabilmente alla resa, e noi non ce lo possiamo permettere! Siamo le depositarie delle tradizioni più antiche, le scelte tra le prescelte, ed è nostro dover far sì che nulla più diventi preda dell'avidità umana!"

Mentre gli anni passavano, ed io apprendevo nuove conoscenze, i miei capelli crescevano e il mio corpo subiva una metamorfosi: non ero più la bambina prelevata da un luogo di cui non ricordava quasi più nulla, spaventata dall'ignoto e da qualcosa di più grande di lei. Stavo diventando una Guerriera consapevole di ciò che la sua anima aveva appreso, e di qualcosa di più, oltre a ciò che le era stato rivelato. Cavalcavo, sguainavo la spada, miravo il bersaglio con le mie frecce... e poi tornavo nella mia tenda, suonando il Chrein e cantando le mie canzoni. Scrivevo molto, soprattutto i pensieri e le riflessioni che scaturivano dall'osservazione distaccata di ogni cosa. Stavo imparando a dominare le emozioni, nonostante la luna cominciasse ad esercitare una certa influenza, in me, più che in ogni altra Vergine dell'isola. Sapevo che le Signore delle Tre Terre discutevano del mio strano caso, senza riuscire a venirne a capo. E sapevo anche che avevano tentato di rivolgersi a Munn, più volte, ma invano: la Signora dell'isola continuava a tacere nel suo luogo celato in modo impeccabile.

Il mio sviluppo fisico è giunto solo al compimento dei miei diciotto anni. Ero troppo vecchia, per iniziare un percorso che mi avrebbe insegnato ad essere una sposa. Al tempo stesso, sapevo molte più cose di tutte le prescelte che avevano trascorso gli anni della loro fanciullezza e adolescenza sull'Isola delle Vergini. E, mentre si discuteva che cosa fare di me, il tempo passava, inesorabilmente.

I ricordi si spezzano al grido di un bambino. Vedo Detia rincorrere Isay per tutto il cortile, fino al giardino pieno di fiori: suo figlio non ha preso nulla, da lei, né il carattere, né l'aspetto fisico. Detia è esile, quasi eterea, e ha i capelli biondi e lunghi, con boccoli simili a quelli delle bambole con cui le figlie femmine giocavano, molto tempo fa. I suoi occhi sono chiari, e si perdono nel pallore del suo viso e nel candore delle sue ciglia. Isay deve aver preso dal padre, Yoser Nym di Verdrad, perché i suoi capelli hanno un colore simile al pelo di un topo bruciato, e gli occhi hanno una sfumatura indefinibile, come se qualcuno avesse preso della brace ancora ardente e l'avesse posta nelle sue iridi. E' più alto di un bambino della sua età, già piuttosto tonico nei muscoli delle sue gambette.

Anche Detia e suo figlio hanno rappresentato un'eccezione, sull'isola: le Vergini che sono date in sposa a coloro che ne fanno richiesta non possono più tornare indietro, per nessun motivo. Nemmeno per una questione di vita o di morte. Esse devono dimenticare la strada del ritorno, ma non gli insegnamenti, poiché sono stati impartiti appositamente per fare della Vergine ciò che doveva essere nella sua vita futura.

"Lascialo correre, Detia!" Esclamo a gran voce, rivolta verso la giovane madre. "Non può andare molto lontano. Le Ancelle gli impediranno di oltrepassare i confini."

Detia guarda me e Isay, esitando. Poi decide di ascoltarmi, e cammina verso di me, senza perdere d'occhio suo figlio. Quando mi è vicina, la sua voce è poco più di un sussurro:

"E' già un miracolo che possiamo rimanere ancora qui." Mi dice, piano. "Anche tu, Swaynn... non dovresti urlare tanto. Sai che non è permesso."

"Osservo le regole da più di ventidue anni, Detia." Replico, asciutta. "Ma se sei tanto preoccupata per me, non rimaniamo qui, a parlare. Andiamo sulla riva del Lago Moryrd."

"Io non posso..."

"Puoi, perché sei con me, ora, e sei sotto la mia responsabilità. Lascia che tuo figlio vada dove desidera: ci sarà sempre qualcuna che lo riporterà qui, dove potrai trovarlo. E non avere paura che soffra la tua mancanza: ci sono molte cose che potrebbero catturare la sua attenzione, in questa zona dell'isola."

Detia mi guarda con esitazione, poi decide di seguirmi. Rimaniamo in silenzio, mentre percorriamo la stradina nascosta tra due grossi edifici in pietra, e che conduce al lago. Mi è stato concesso di raggiungere la riva quando ho completato l'intera formazione: ho studiato tutto ciò che riguardava la mente, lo spirito, le arti, il combattimento. So parlare diverse lingue, oltre a quella ufficiale dell'isola, e conosco le tradizioni di tutti i Popoli che hanno abitato il Pianeta, sin dagli albori. Non ho un ruolo definito, all'interno di questo gineceo, eppure ci si rivolge a me come se facessi parte di una casta speciale, di cui nessuna potrebbe ancora decidere un nome esatto. A volte presto servizio a Mosbury, altre volte a Echgara, e altre ancora a Nather. Meeg, che è ancora viva, nonostante sembri uno scheletro ambulante, mi chiede spesso consigli su nuovi rimedi che la sua mente sta ancora studiando. Credo che nessuna sia arrivata a sopravvivere così tanto, prima d'ora. La sua lucidità è impressionante, e il suo passo è ancora fermo, come se il tempo si fermasse ogni volta in cui lei decide di passare all'azione.

Io e Detia raggiungiamo la riva del lago, senza aver incontrato nessuna delle Vergini, sul nostro cammino. Mi accorgo del suo stupore silenzioso, quando mi siedo sulla sabbia, togliendo i calzari: nemmeno questo ci era mai stato permesso. Solo ordinato. Le faccio cenno di sedersi accanto a me, e la mia fermezza riesce a far breccia nel muro della sua ritrosia.

"Come ci riesci, Swaynn?" Mi chiede, guardandomi a malapena.

"A fare cosa?" Chiedo di rimando, chiudendo gli occhi, e lasciando che la brezza luminosa accarezzi la mia pelle.

"Non hai paura di nulla. I tuoi capelli sono sciolti sulle spalle, e sono così... neri! Non fraintendermi, non ho nulla contro i tuoi capelli, ma... credevo che ci fossero delle leggi, e che dovessero essere rispettate..."

"La mia condizione particolare mi rende un caso unico." Rispondo, quasi con indifferenza. "Non posso più essere data in moglie a nessuno, e nemmeno posso diffondere ciò che so nel resto del Pianeta: le mie conoscenze oscurerebbero le convinzioni umane, e la mia capacità nel combattere spaventerebbe un uomo."

"Ma non vesti come una Vergine di Nather..."

"Faccio parte dell'isola... ma senza farne parte. I miei abiti cambiano ogni giorno, in conformità a dove sono chiamata. Ma, come oggi, quando ho dei momenti per me, scelgo questi abiti."

"Una blusa bianca, stretta in vita, così scollata... e una gonna lunga... completamente nera..."

La guardo, rivolgendole un sorriso duro:

"Scollata... Vedi degli uomini, in giro, qui, Detia?" Le chiedo, con sarcasmo.

"Non ne ho mai visti, sull'isola. Ma, dopo averli conosciuti, credo che in molti potrebbero innamorarsi di te."

"Non ho interesse di piacere a un uomo. E i miei lineamenti sono spigolosi, non sono come i tuoi, delicati come il petalo di un fiore."

Detia arrossisce lievemente:

"Lo credi davvero? Pensi che io possa essere una donna gradevole?"

"Sai bene che qui non ci è nascosto nulla. Perché un uomo dovrebbe rivolgere ad altre le attenzioni che potrebbe rivolgere a te?"

Detia arrossisce di nuovo:

"Sei gentile..." Mormora, timidamente. Poi, il suo viso si fa serio: "Sfortunatamente, Yoser non ha mai badato alla fragilità della mia anima, e ha violato senza alcun pudore la mia Virtù più grande. Se tu l'avessi visto, Swaynn... nessuno potrebbe credere a ciò che un uomo è capace di fare! Eppure io l'ho vissuto sulla mia pelle, e sono riuscita a scappare per un soffio! Non ricordavo la strada, ma la tua vibrazione è giunta a me, come una voce limpida. Ti ho sentita e ho ricordato. Poi sono stata accolta di nuovo qui, e mi è sembrato di rinascere a nuova vita. Ma forse... ho pensato di averti udita, e, invece, non eri tu? Hai mai pensato a me, Swaynn?"

La guardo, divertita:

"Chi volevi che fosse?" Le chiedo, ridendo. "Certo, che ero io, a pensarti! Mi domandavo come stessi e che cosa ricordassi di quest'isola, della vita che hai trascorso qui. Prima che tu tornassi, ho avuto la sensazione che ci fosse qualcosa di strano che tormentava la mia anima. Non riuscivo a dormire e non comprendevo il motivo di quelle vibrazioni negative. Poi, una notte, tutto è diventato chiaro. E, la mattina dopo, eri qui."

"Non so come avrei fatto a ritrovare la strada, se tu non mi avessi guidata." Detia pone la sua mano sul mio braccio, istintivamente. "Ho capito che il nostro legame non potrà mai spezzarsi, perché nessuna distanza ci separerà davvero. E ho capito anche che, per quanto io ami mio figlio, non ci sarà mai nessuno, nella mia vita, che possa contare più di te."

"Non dire cose di cui non conosci il significato, Detia. Tu sei madre, ora, e sai che questa realtà è più forte di qualsiasi desiderio egoistico. Non conosco la motivazione per la quale Munn abbia permesso il tuo ritorno, né perché io sia ancora qui e viva in una casa mia, dove ho tutto ciò che mi serve. So con certezza, però, che un giorno ti sarà chiesto di lasciare di nuovo quest'isola, poiché la tua vita si deve svolgere altrove. Forse non con Yoser Nym di Verdrad, ma sicuramente con un altro uomo."

"Oh, no, Swaynn, io non voglio sposarmi più! Non sai quanto sia terribile sottostare al volere di chi calpesta la tua dignità!"

"Forse, la prossima volta sarà quella buona."

"Preferirei che non ci fosse una prossima volta."

"Non dipende solo da te."

"Swaynn… gli uomini mi fanno paura, adesso!"

"Una volta è stato qui uno di loro… un pirata, un avventuriero, un contrabbandiere… non saprei dirti che cosa fosse. Era ridotto male, e – chissà perché – Munn ha permesso che egli fosse curato qui, in quest'isola. E da me!"

"Un malvivente? Ti ha fatto del male?"

"Come avrebbe potuto farlo? Era più morto che vivo. Gli ho chiesto di non fare ritorno mai più, qui, ma non so se manterrà la promessa. Conosce la nostra lingua."

"E com'è possibile?"

"Gli è stata insegnata da quello che lui considera come il suo superiore: Athorm Dralt di Kelenda. Ne hai mai sentito parlare, Detia?"

La vedo arrossire di nuovo e la guardo, sorpresa.

"L'ho visto una volta…" Sussurra, quasi come se si vergognasse a raccontarlo. "Mio marito lo conosceva molto bene e una volta ha organizzato una festa, in cui gli invitati mi sono sembrati… poco educati, insomma. Beh, Yoser me l'ha presentato ed io l'ho visto. Swaynn… è un uomo dal fascino irresistibile. E' circondato sempre da molte persone che vedono in lui un dio in terra, e la sua fama lo precede, ovunque egli vada. Non c'è donna che lui non riesca a conquistare, così come le terre che invade insieme ai suoi uomini. Le sue ricchezze sono impossibili da stimare. Credo che nessuno al mondo possieda tanto quanto lui… a parte Yoser, ovviamente."

"E quest'uomo ha affascinato anche te, per caso?"

Detia arrossisce per l'ennesima volta:

"Ha modi gentili… ed è pericoloso proprio per questo. E tu… hai salvato la vita di un suo subordinato?"

"Ho solo evitato che un essere umano morisse, nulla di più. Ho fatto ciò che mi è stato ordinato, e ho cercato di essere all'altezza delle aspettative."

"Tu sei sempre all'altezza. E ora sai anche combattere come un uomo."

Rimango in silenzio per un breve istante. Poi le dico:

"Quando Ahona ci ha detto che avremmo dovuto lottare contro ciò che non ci saremmo mai aspettate, non ci ho creduto. Sì, so battermi e so come difendermi, ma, più di tutto, Detia, io ho visto…"

La mia amica mi rivolge uno sguardo interrogativo:

"Che cos'hai visto? Sangue? Morte? Distruzione?"

"Più di quella che già esiste? No, non quello. Ho visto altro, e vedo sempre più cose che sfuggono all'occhio umano. Persino le Vergini dell'isola non sono in grado di vedere, e non so per quale motivo io abbai ricevuto questo dono… o questa condanna."

"Così mi spaventi…"

"Non dovresti avere paura. Tu non sei stata scelta per combattere, ma per dare la vita. Ciascuno di noi ha una sua missione, e la tua non comprendere il dover vivere di paure. Non saresti riuscita a percepire le mie vibrazioni, altrimenti."

"Ma... quello che hai visto..."

"Quello che vedo. E che vedo anche ora, nonostante tutto possa apparire calmo, immobile, come le acque di questo lago. E tutto è cominciato pochi anni dopo il mio ingresso a Nather. Era notte, una notte scura e senza stelle. La luna si era nascosta dietro ad un cielo che sembrava irreale, ed io mi stringevo nelle coperte del letto posto sul terreno, dentro la tenda che era stata costruita appositamente per me."

Mentre Detia viene scossa da un brivido di freddo, la mia voce diventa sempre più profonda e cupa:

"Ho visto solo un fulmine." Dico. "Uno, non di più. E il vento ha aperto la tenda, all'improvviso, distruggendo i lacci che tenevano uniti i bordi, saldamente. L'ho visto. Era lì, di fronte a me. Io non potevo muovermi, né gridare, né chiedere aiuto, poiché nessuna avrebbe potuto udirmi, e nemmeno aiutarmi."

"Che cos'hai visto, Swaynn?" Mi chiede Detia, ansimando.

La fisso negli occhi. La mia voce è ferma, incolore, quasi priva di ogni emozione, quando le rispondo:

"Ho visto lo Spettro..."

***

"Swaynn..."

Un soffio di vento gelido fa sobbalzare Tif, la gatta bianca che vive con me da due anni. I suoi occhi di smeraldo fissano un punto preciso, come se riuscissero a vedere qualcosa, nell'oscurità di questa notte. Il camino è acceso, e le finestre sono chiuse. Chiudo ancora gli occhi, nonostante Tif rimanga in stato di allerta.

"Swaynn..."

Di nuovo quel sussurro incorporeo, quell'alito freddo che conosco molto bene. La mia gatta sibila piano, senza scappare. Le accarezzo distrattamente il dorso, girandomi verso quella voce.

"Non te ne andrai mai, vero?" Chiedo, ad alta voce.

Di fronte a me, proprio ai piedi del mio letto, una figura eterea, di cui è impossibile stabilire l'identità sessuale, emana bagliori che oscillano tra il giallo e il verde fosforescente. Non ha contorni ben delineati, e sembra sbiadire in continuazione, senza, tuttavia, scomparire mai.

"E' giunto il tempo, Swaynn..." Le parole giungono al mio orecchio come un fruscio. Nonostante l'ambiente non sia molto grande, quella voce che non conosce suono sembra provenire da una caverna, ed echeggia moltiplicandosi all'infinito, prima di dissolversi.

"Me lo ripeti da molti anni, ormai." Dico, senza provare alcun timore. "Eppure non me ne hai mai spiegato il motivo."

"Non è compito mio spiegare qualcosa che devi comprendere da sola." Sussurra lo Spettro, galleggiando nel vuoto. Sembra avere un mantello, ma non ne posso avere la certezza.

"La prima volta in cui ti ho visto, ho avuto paura." Dico, avvolgendomi con una vestaglia. "Ma, poi, non hai turbato le mie notti per molti mesi, così ho pensato di aver avuto un'allucinazione. Invece ti ho rivisto ancora, e, ancora è passato altro tempo, durante il quale ho maturato l'idea che tu potessi essere solo una proiezione della mia mente."

"Tutto ciò che vedi... è solo una proiezione, dunque?" Sussurra la sagoma incorporea. "Anche ciò che le altre donne di quest'isola non vedono?"

"Non so chi tu sia, né cosa tu voglia da me." Mi alzo e vado verso lo Spettro. Non mi supera di molto, in altezza, ma i suoi piedi senza contorni non poggiano sul pavimento, così mi sovrasta di circa un metro. "Trova la pace in un altro luogo. Ovunque... ma non qui."

"Non è possibile, Swaynn..." Sibila. "Quest'isola ci appartiene."

"A te? E' una tua proprietà? Qualcuno ha profanato il luogo della tua morte?"

"Chi ti dice che io sia un'anima trapassata?"

"Non posso toccarti, e neppure sentire che voce hai. La tua luce ha qualcosa di soprannaturale. Appari e scompari quando ti pare. Pretendi e non dici. Che cosa dovrei pensare? Che tu sia un ologramma, forse? Se così fosse, non sarei l'unica a vederti, non ti pare?"

"Swaynn Osery di Vegar è abile con le parole... molto abile. Ma noi conosciamo i suoi giochi..."

"Voi... Tu parli sempre di te al plurale?"

"Tu sai quanti siamo, Swaynn. Tu ci vedi."

"No. Io vedo solo te."

"Tu vedi me in questa forma, così come vedi altro, in modo diverso. Ma sai bene che le due realtà coesistono."

"Iasha, la Signora dello Spirito, colei che governa Mosbury... non ti vede. Eppure possiede capacità che nemmeno io potrò mai apprendere, nel corso di una vita."

"Lei vede ciò che ha imparato a vedere. Ciò che *vuole* vedere. E sceglie deliberatamente di ignorare ciò che non sa spiegarsi."

"Yrila, la Signora delle Arti, colei che governa Echgara... non ti vede. Eppure, chi è dotato di una sensibilità artistica così spiccata, sviluppa un sesto senso che solo i gatti come Tif possono avere."

"Non puoi paragonare un essere umano ad un felino, soprattutto quando l'essere umano è così limitato. Lei conosce l'arte dell'esteriorità, e sceglie deliberatamente di non voler comprendere il sesto senso."

"Ahona, la Signora della Vittoria, colei che governa Nather... non ti vede. Eppure combatte contro le ombre."

"Lei ha trascorso troppi anni alla ricerca dell'oscurità. Così tanti, da non essere più in grado di saperla riconoscere. Combatte, ma solo ciò che conosce. Sceglie deliberatamente di non sfidare ciò che non ha mai voluto affrontare."

"E che cosa mi dici, di Munn? La Signora dell'isola non può non percepirti."

"Noi rispettiamo la sua volontà di non comunicare direttamente con le sue Vergini. Così, non risponderò alla tua domanda."

"Ora te ne andrai, come sempre. Non è vero?"

"Me ne andrò, sì... ma ricorda ciò che ho detto. E' giunto il tempo..."

"Il tempo per cosa? Non lo dici mai!"

"Lui tornerà..."

"Lui... chi?"

"La tua amica se ne andrà presto. Lascia questo luogo... o conquistalo!"

La sua immagine sbiadisce sempre di più.

"Che cosa intendi dire?" Gli chiedo ancora, cercando di prolungare la conversazione. "Chi tornerà? Dove verrà mandata, Detia? E perché dovrei abbandonare l'Isola delle Vergini? Rispondimi, Spettro!"

"Il tempo è giunto, Swaynn..." Sussurra la luce fioca che si dissolve rapidamente. "Ci rivedremo ancora..."

In un soffio gelido, torna l'oscurità, nella stanza, illuminata dalle fiamme del camino e dalla luce delle stelle che hanno ripreso a splendere. Tif, la mia gatta bianca, è rimasta acciambellata sul letto per tutto il tempo in cui si è svolta la conversazione. Immaginata o meno.

Mentre mi rimetto sotto le coperte, le accarezzo il muso e lei si lascia coccolare, facendo le fusa. Come se nulla fosse accaduto.

Ho smesso di chiedermi quanto la mia immaginazione giocasse dei brutti scherzi, Ho smesso di rimanere sveglia ancora a lungo, per cercare di capire. Ora il sonno giunge rapidamente, e la mente prende il distacco da ciò che non so spiegarmi.

Trascorrerò la giornata a Nather, come mi è stato chiesto da Ahona. Così, mi sveglio di buon'ora e indosso l'uniforme delle Guerriere. Mi avvolgo nel mantello che mi protegge dal freddo del mattino e salgo sul mio cavallo, un purosangue dal pelo candido, che mi è stato donato dalla Signora della Vittoria, nel giorno del mio ventesimo compleanno. La mia casa è in quello che può essere considerato il centro dell'Isola delle Vergini, ma, al tempo stesso, si trova in una zona periferica. Il nucleo appartiene a Munn e a tutto ciò cui non è possibile accedere, ed è sorvegliato giorno e notte dalle Guardiane, Vergini altamente specializzate in tutti i campi, che rimangono in costante silenzio, per prestare attenzione anche al minimo rumore, percepibile o meno. Questa zona di confine si chiama Isula, e vi possono abitare solo poche prescelte. Io sono una di queste poche, e questo fa di me una creatura diversa, che in molte temono. A parte Detia, con la quale riesco a parlare quasi ogni giorno, nei ritagli del mio tempo, non ho molti altri contatti. Le mie giornate sono frenetiche, e il poco tempo che mi rimane lo dedico a ciò che più mi rilassa, e al silenzio della notte, nella quale amo ascoltare il canto dei grilli rivolto alla luna.

Quando arrivo a Nather, mi accorgo subito che c'è qualcosa di strano, nell'aria: le Guerriere, sia le giovani apprendiste sia le donne più esperte, sembrano in fibrillazione. Si stanno già allenando dall'alba, ma sembrano distratte da pensieri cupi. Al mio arrivo, lo sguardo di Ahona muta espressione, e scorgo il sollievo nei suoi occhi. La guardo anch'io, con aria interrogativa, e lei mi fa capire che ne parleremo dopo l'esercitazione. Così, sistemo il mio cavallo vicino a quello delle altre insegnanti e mi butto nella mischia, per circa quattro ore, durante le quali alterniamo momenti di profonda meditazione, ad altri, in cui tiriamo con l'arco o ci sfidiamo con la spada e la sciabola. Le Guerriere preferiscono non avere nulla a che fare con armi da fuoco, ma alcune di esse sono costrette ad impugnare anche quelle. Anche a me è toccato lo stesso obbligo, e non ho potuto sottrarmi. Vedo la stessa paura negli occhi delle giovani allieve, e Ahona mi rivolge uno sguardo carico di sottintesi, che colgo appena.

Da quando l'ho conosciuta, mi sembra cambiata più di qualsiasi altra Vergine dell'isola. I suoi capelli sono ancora scuri, ma l'argento si è tramutato in un bianco quasi accecante, e notevolmente preponderante. La donna sembra più vecchia della sua età, e non ha ancora cinquant'anni! E' così insolito vedere un declino così rapido, ora che l'aspettativa media della vita si è allungata di molto, nonostante l'umanità abbia dovuto ricominciare daccapo la sua esistenza.

Gli esseri umani, prima dell'implosione terrestre, erano riusciti a trovare il modo di vivere almeno fino a cent'anni, mantenendosi in ottima salute e conservando una spiccata lucidità mentale. Prima di dover ripristinare ciò che era stato distrutto, si dice che ci siano stati uomini o donne che abbiano campato fino ai centocinquant'anni. Qualcuno, forse, è riuscito a spingersi oltre, alterando il DNA ed intervenendo con la tecnologia, direttamente sul corpo. Esseri a metà tra l'umano e il cibernetico non erano usuali, quando, sulla Terra, si è raggiunto l'apice delle scoperte. Il divario tra le Popolazioni più abbienti e quelle più povere si era fatto sempre più netto. Eppure, quando la Natura si è ribellata allo strapotere dell'uomo, sono state proprio le genti più provate dalla fame e dalla povertà, a sopravvivere con più determinazione. Anno dopo anno, ma anche giorno dopo giorno, le civiltà più evolute si estinguevano, inspiegabilmente, mentre quelle relegate ai margini del mondo rifiorivano, portando alla luce secoli di tradizioni mai sopite. La privazione di tutto le aveva portate a sopportare i momenti più duri della Storia, ed esse avevano avuto la meglio sui governanti delle Nazioni che, senza farsi alcuno scrupolo, impostavano l'intera esistenza sulla ricerca del successo, sulla competizione, sul desiderio di prevalere. La fame di ricchezze si è trasformata in fame reale… e quasi nessuno è riuscito a sopportare questo stato d'improvvisa indigenza.

Ahona ha una discendenza antica, che fa parte di quei Popoli che sono riusciti a sopravvivere, poiché abituati alle dure prove. La vedo combattere da anni con la sofferenza nascosta nel suo cuore, e con il desiderio di trovare un riscatto. Ho la sensazione che sia costantemente insoddisfatta di sé, forse perché vorrebbe qualcosa di più che non riesce ad avere. Non l'ho mai vista combattere guerre contro nemici reali: il suo insegnamento è puramente dimostrativo. La sua forza mi sembra diminuire ogni anno che passa, come se la mia volontà fosse in grado di piegare la sua… o come se, in qualche modo, lei subisse una parte di me di cui non sono a conoscenza.

E' sera, quando l'esercitazione ha termine. Le giovani allieve sono stanchissime, così come lo sono stata anch'io, anni fa, quando cominciavo a muovere i primi passi nell'arte del combattimento. Le vedo allontanarsi, scortate dalle ragazze a loro assegnate, in silenzio, troppo stremate, per riuscire a pronunciare anche solo una parola. Quando faranno ritorno nelle proprie dimore, qualsiasi esse siano, desidereranno solamente togliersi di dosso quell'uniforme, correre nel bagno in comune, lasciare che l'acqua calda e profumata lavi i loro corpi glabri, e poi cenare con quel poco che riusciranno a mangiare. Si sveglieranno affamate, di notte, e solo in quel momento ingoieranno avidamente tutto quello che è stato messo a loro disposizione. Mentre le ragazze si allontanano, io mi avvicino ad Ahona. Il suo sguardo assorto mi fa capire che avrebbe bisogno di parlare con qualcuno di cui potersi fidare, ma, nonostante le sue Guerriere le siano accanto, per accordarsi sull'esercitazione del giorno dopo, le parole escono meccanicamente dalle sue labbra, come se stesse ripetendo un copione collaudato da anni. Solo dopo aver congedato le altre Vergini, si volta verso di me. Mi passa il suo mantello pesante, invitandomi ad avvolgervi il mio corpo sudato. Obbedisco e mi stringo addosso quel tessuto piacevolmente caldo e asciutto, mentre Ahona continua a guardarmi, in silenzio.

Anche la notte è silenziosa. Dalla piccola radura collineggiante, è possibile vedere Nather quasi per intero. Piccole luci costeggiano i vicoli e gli accampamenti, e il cielo è illuminato da miliardi di stelle che pulsano ad intermittenza. La luna è circondata da un alone soffuso, ed è molto grande. Si racconta che, migliaia di anni fa, dalla Terra apparisse più piccola, e che gli sconvolgimenti che hanno causato cataclismi devastanti abbiano attratto il Satellite, avvicinandolo pericolosamente. Con la ricostruzione, la luna è uscita dal campo magnetico terrestre, evitando il pericolo di una collisione. Sicuramente, però, la sua luce è diventata più intensa, e, nelle notti di plenilunio, l'atmosfera è quasi magica.

"Anche se non parli, la tensione si avverte, Ahona." Le dico, fissandola negli occhi.

"So che le vibrazioni sono percepite dalle prescelte e dalle Guerriere, ma so anche che non potrei spiegare loro ciò che si agita nel mio cuore." Mi risponde, quasi mormorando. "Non credo che comprenderebbero."

"Che cosa sta accadendo?" Le chiedo, avvicinandomi di più. "Pensi di poterti fidare, di me, se ti faccio questa domanda?"

"Chi non potrebbe farlo, Swaynn? Sei stata la migliore tra tutte le Vergini giunte fin qui, sin da subito! Non c'è nulla che non potresti capire, e questo ti pone in una condizione difficile. Io lo so."

"Sono abituata alla solitudine, e non mi fa paura. Ma tu sembri spaventata, ed io mi chiedo che cosa possa pesare così tanto, sul tuo cuore."

Ahona sospira:

"Speravo che l'Isola delle Vergini potesse rimanere per sempre un luogo sicuro, una terra in cui riportare la vita, mantenendone intatte le tradizioni. Speravo che nulla potesse accadere, che non ci fossero cambiamenti imprevisti, e che tutte noi potessimo continuare ad essere simili agli Angeli del Paradiso perduto..."

"Questo luogo è in pericolo?"

"So solo che le Larve stanno mietendo più vittime di quanto si potesse mai pensare."

"Le Larve?" Chiedo, senza capire.

"Così noi chiamiamo gli esseri umani che hanno subito delle alterazioni fisiche e psichiche e che trascorrono il tempo della loro breve vita nel tentativo di infettare quanti più sopravvissuti riescano. E' il loro unico desiderio, poiché non possono sperare di cambiare la condizione in cui si trovano. Così, coltivando quei vizi che noi cerchiamo di combattere strenuamente, non fanno che cercare nuove prede, per poterle uccidere e godere di un finto riscatto che li appaga solo per pochi istanti. Poi, non avendo altri scopi, si rimettono in viaggio, per appagare la loro fame di vendetta."

"Vendetta contro chi? Non è colpa di nessuno, se si trovano in quella situazione. Possono solo accusare chi ha vissuto nel passato, non cercare di devastare chi prova a ricostruire un presente."

"E' quello che cerchiamo di insegnare a tutte le prescelte, Swaynn, ma esse non comprendono appieno. Tu possiedi doti che vanno oltre le aspettative di chi ha fatto sì che tu fossi portata in questa terra."

"Munn?"

"Questo non possiamo saperlo. Circa ventitré anni fa, io ero poco più giovane di quanto tu lo sia ora, e già ero stata messa a capo di Nather. Sono stata scelta, così come lo sei stata tu. C'era un'altra Vergine, al mio posto, ma era molto vecchia e cominciava a indebolirsi. Io ero già molto forte, e particolarmente adatta per ricoprire questo ruolo. Così, a soli venticinque anni, mi sono trovata a governare questa parte dell'isola, dedicata al combattimento, alla vittoria, al raggiungimento degli obiettivi..."

"E hai lavorato con impegno, dedizione... Non ti sei risparmiata mai."

"No, perché sapevo che stavo battendomi per una giusta causa. Ma ora, le cose stanno cambiando. Presto arriveranno le prime donne, insieme ai loro bambini, contaminati entrambi dalle Larve, e l'isola sarà costretta ad aprire loro le porte, per prestare il soccorso che meritano. Temo, però, che arriveranno anche altri uomini, oltre a quello di cui ti sei occupata tu, circa tre anni fa."

"Orud?"

"Orud... E l'hai guarito. Non sappiamo come tu abbia fatto, né mai nessuna di noi ha osato chiederlo. Ma credo che dovrai spezzare il segreto, affinché il maggior numero di Vergini possa essere d'aiuto alle vittime di questi esseri senza scrupoli."

"E basterà? Non sento calare il peso dal tuo cuore. C'è dell'altro?"

Ahona esita per un attimo. Poi decide di rispondermi:

"Vorrei poterti dire che sarà sufficiente, ma è come se ci fosse qualcosa che non riesco a comprendere, e che sta lottando con tutte le sue forze, per prendere possesso dell'isola. E non è finita. Detia è stata chiesta in sposa, da colui che temiamo più di qualsiasi altro uomo."

"Può esserci qualcuno peggiore di Yoser Nym di Verdrad? Detia ha rischiato la vita, e non solo la sua, ma anche quella del bambino che aveva in grembo. Eppure, nessuno aveva percepito la pericolosità di quest'uomo. Nessuno... tranne me. Ma non sono stata ascoltata."

"Mi dispiace, Swaynn. Tu possiedi capacità superiori, ma, anche se anche noi fossimo riuscite a comprendere la verità delle tue paure, non avremmo potuto fare nulla: gli ordini venivano da Munn, e non potevamo opporre resistenza."

"Ora, però, dici che quest'uomo sarà ancora più pericoloso di Yoser... Deduco che la richiesta non sarà accettata..."

"Credo, invece, che Detia gli sarà data in sposa. Quando io, Yrila e Iasha ne abbiamo discusso, abbiamo sentito chiaramente il permesso inespresso di Munn. Temendo di aver compreso male, ciascuna di noi si è recata da colei che governava la sua terra, prima di cedere l'incarico a Vergini più giovani e forti, e la risposta è stata la stessa: se così è stato stabilito, così avverrà. Detia dovrà sposare Athorm di Kelenda."

"Ancora lui!" Esclamo, irritata. "Prima giunge uno dei suoi uomini, qui, profanando la nostra lingua e la sacralità di questo luogo, con la sua presenza! Poi vengo a scoprire che Yoser intratteneva rapporti di dubbia moralità con questo fantomatico personaggio! Infine tu mi dici che, ora, lui, oltre a prendersi con la forza tutto ciò che desidera, pretende anche di avere Detia... proprio lei! Non è strano, tutto questo, Ahona?"

"E' strano, e, proprio per questo, pericoloso. Ho la netta sensazione che ci sia in atto una cospirazione contro l'Isola delle Vergini. L'avidità umana non ha cessato di esistere e ora vuole portarsi via anche l'unico pezzo di cielo rimasto incorrotto... Fatichiamo tanto, per aiutare le giovani allieve a mantenere intatta la propria Virtù, insegnando loro il significato che essa comporta, e poi... continuiamo a vederci costrette a combattere contro chi cerca di distruggere i valori perduti già troppe volte. Noi non vogliamo che l'essere umano cada di nuovo nella tentazione che l'ha portato quasi ad annientare se stesso. Eppure assistiamo ad una storia che si ripete, senza riuscire a comprenderne il motivo."

Pongo una mano sulla sua spalla, istintivamente:

"Non dimenticare che l'Isola delle Vergini è riuscita a sopravvivere a lungo, anche nei momenti in cui la situazione sembrava disperata." Le dico, con voce rassicurante. "Sei una combattente, Ahona. Lo sei sempre stata. Forse sei solo stanca di dare e hai bisogno di avere qualcosa anche per te. Le Guerriere non si sposano? Io credo che tu possa essere ancora gradita agli occhi di un uomo."

La maestra della mia giovinezza mi rivolge uno sguardo malinconico:

"Non cerco la compagnia di un uomo, per essere felice." Mormora. "Se dovessi chiedere qualcosa per me, mi accontenterei di un solo istante con te, Swaynn..."

La guardo, senza capire. Ahona mi attira a sé, afferrando la mia mano, e mi accarezza il viso, ancora bagnato di sudore:

"Mi basterebbe un tuo bacio." Sussurra, avvicinando il mio viso al suo. "Uno solo, Swaynn. Un tuo bacio, per sentire la forza rinascere dentro di me…"

Le sue labbra sfiorano appena le mie, ma io la allontano da me, con forza. La guardo severamente, ed è come se io mi elevassi da terra, come se la sovrastassi col peso della mia collera:

"Parli di virtù, e poi vieni meno a ciò che insegni!" Le dico, con freddezza. "Per impedire che la tua anima possa macchiarsi, farò finta che tutto questo sia stato frutto della debolezza di un momento, e che il tuo errore non si ripeterà mai più. Riprendi il tuo mantello, Ahona: voglio continuare ad essere un esempio da seguire, e non una creatura simile a quelle Larve umane che si nutrono delle fragilità altrui. Buonanotte!"

Me ne vado, senza voltarmi. Lo Spettro aveva ragione…. Oppure, queste coincidenze sono solo il frutto di una mia proiezione, di una consapevolezza che ancora non so ancora di avere. Ma non posso permettermi di lasciarmi dominare dalla confusione: non è questo, che ho imparato. Percepisco lo stato di profonda costernazione di Ahona, anche quando mi allontano in groppa al mio cavallo, e persino quando giungo a casa mia. Così, prima di terminare la mia giornata, passo diverse ore a cantare il Gham, accompagnata dal suono del Chrein, finché il sonno giunge inesorabile, ed io mi addormento sulla sedia, appoggiata allo strumento. Il fuoco del camino scoppietta, accompagnandomi verso l'alba di un nuovo giorno.

***

Meeg abita poco distante da me, in una casa di legno, con le stanze poste su due livelli. A Isula ci sono molti vicoli, molto stretti, dove si può passare solo a piedi, poiché i carri hanno dimensioni troppo grandi. E' vietato passeggiare a cavallo, per non sporcare le strade, ma, soprattutto, perché è importante mantenere dei ritmi naturali, senza cedere alle velocità e alla fretta che hanno portato il mondo molto vicino alla distruzione, già una volta. Ho deciso di far visita a quella che è stata la mia maestra nell'arte della guarigione, per parlare con lei delle sensazioni che mi hanno pervasa quando ho visto gli sguardi delle Guerriere di Nather. Ho evitato, però, di fare anche solo un cenno alla conversazione che c'è stata tra me e Ahona: la donna gode pur sempre di una sua rispettabilità che non voglio intaccare, e non è mia intenzione porla in cattiva luce di fronte alle altre abitanti dell'isola. Meeg mi ha accolta con il solito fare burbero che la contraddistingue. Il suo viso era ancora più rugoso dell'ultima volta i cui ci siamo viste, ma i suoi occhi erano vivi, e il suo passo, fermo. Ancora prima che io parlassi, mi ha fatto un cenno stizzito, come se non volesse sentire, e ha borbottato:

"Quando c'è un problema, qui, vengono tutti a parlare con me! Come se io avessi sempre la risposta in tasca! Ma non ho nulla da dirvi, Swaynn, più di quanto non sappiate già, e, comunque, non è a me, che dovete rivolgervi."

"E chi, se non voi, può conoscere tutto ciò che questa terra ha passato?" Ho chiesto, cercando di comprendere le sue parole. "Chi, se non voi, è in grado di spiegare la paura che serpeggia tra le Vergini dell'isola? Avete conosciuto il mondo, sapete a cosa stiamo andando incontro. Con chi dovrei parlarne, se non con voi?"

"Quanti anni avete, ora, Swaynn?"

"Ventotto."

"Siete in grado di rendervi conto del livello delle vostre conoscenze?"

"Non completamente."

"Beh, allora permettetemi di dirvi che, se io vi considerassi incapace o inconsapevole, vi darei del tu, come quando eravate solo una giovane allieva. Ma siete diventata molto di più, ora, e ciò che sapete lo dovete al vostro impegno, ma soprattutto, alle vostre doti fuori da comune. Coloro cui mi rifiuto di dare una mano, in seconda istanza si precipitano da voi, e voi siete in grado di risolvere ciò che per me comincia ad essere un peso, e non più una speranza."

"Ma anch'io ho bisogno di risposte, e non posso rimanere sull'uscio, in attesa di un vostro consiglio."

"Non rimarrete. Sono io, a dirvi di andarvene. Troverete da sola le risposte che cercate. Ora, se non vi dispiace, torno alle mie faccende."

Ho atteso qualche istante, nella speranza che mi lasciasse passare, ma invano. In silenzio, mi sono voltata e me ne sono andata, mentre Meeg sbatteva violentemente la porta alle mie spalle.

Sono tornata verso casa, ma ho deciso di non entrare. Avrei passeggiato un po', per distogliere la mia attenzione dai pensieri cupi che attraversavano la mia anima.

Poco oltre casa mia, c'è un piccolo parco, dove le pochissime Vergini ammesse a Isula possono trascorrere il tempo libero che hanno a disposizione. In genere, tuttavia, questo tempo è talmente irrisorio da non permettere lunghe passeggiate o permanenze che superino la mezz'ora. Anch'io, come le altre, ho sempre molte cose cui pensare, impegni da portare a termine, consigli da elargire, e devo anche riuscire a trovare il momento adatto per meditare, suonare il Chrein, cantare il Gham e comporre. Così, è abbastanza normale ritrovarsi da sole, in quel parco ricoperto di verde chiaro, con panchine di legno poste ai lati, dove si cammina su un terreno costituito da pietre levigate. Al centro del piccolo parco c'è uno stagno, dove pesci rossi nuotano allegramente e un paio di cigni candidi sfiora la superficie dell'acqua non eccessivamente alta. Immergo la mano, chinandomi, e creo delle increspature che sembrano gorgheggiare. Vorrei potermi fermare più a lungo, ma la giornata incalza, e devo godere dell'attimo. Avverto appena un fruscio alle mie spalle, e una voce cristallina, molto sottile, esclamare:

"Swaynn! Tu sei Swaynn Osery di Vegar, non è così?"

44

Mi volto verso quella voce femminile così insolitamente limpida: una giovane donna, più o meno della mia età, è comparsa all'improvviso dietro di me.

Mi alzo, per osservarla meglio: è alta quasi quanto me, ha i capelli castano ramati, dolcemente mossi e sciolti sulle spalle; gli occhi sono verdi, con un taglio leggermente obliquo; il viso è molto ben proporzionato, come il corpo fasciato da una tunica verde smeraldo, fatta di un materiale molto simile al velluto, e cinta sulla vita da un corsetto dello stesso colore. Non riesco a vedere i piedi.

"Sono io." Le rispondo, sorpresa. "Ci conosciamo?"

"Non ci siamo mai incontrate." Risponde la sconosciuta, sorridendo. "Ma chi non conosce te, Swaynn?"

"Non pensavo di essere una leggenda." Osservo, sospettosa.

"Sei un esempio per molte. Ma lascia che mi presenti: mi chiamo Saima e presto servizio presso il luogo in cui risiede Munn."

"Tu... la conosci?" Le chiedo, sorpresa.

"Non direttamente, no. Svolgo semplicemente servizio come sua messaggera."

"Pensavo che i suoi messaggi fossero trasmessi in altro modo..."

"Anche, Swaynn. In alcuni casi, tuttavia, la Signora si serve di me."

La guardo attentamente, cercando di capire se sta mentendo. E' come se i suoi pensieri fossero schermati, o, più inspiegabilmente... inesistenti. Non ho mai incontrato una Vergine in grado di nascondersi così alle mie perlustrazioni mentali: tutte le bambine e le giovani donne che abitano in questo luogo, prima o poi, abbassano le loro difese, ed io riesco a percepire le loro vibrazioni.

"E' la prima volta che mi capita di trovare una Vergine, in questo parco." Le dico, avvicinandomi a lei. "Soprattutto, è la prima volta che una messaggera di Munn si rivolge a me."

"Prima o poi doveva capitare." Risponde Saima, sorridendo. "E per me è un piacere. Ma ti vedo pensierosa, sorella cara: come mai?"

Non so se risponderle o tenere per me le mie domande. Dopotutto, non l'ho mai vista in vita mia. Decido di aggirare l'ostacolo:

"Credo che tu dovresti sapere più cose di me, Saima." Le dico, con voce ferma. "Se non c'è nulla di cui preoccuparsi, allora, non ci sarà alcun motivo che m'impedisca di proseguire con la mia strada. Non trovi?"

La donna mi parla come se non avesse udito le mie ultime parole:

"Detia è stata ufficialmente chiesta in moglie da Athorm Dralt di Kelenda. A quanto ne so, la tua più cara amica ha accettato."

Reprimo con fatica un gesto di stizza:

"Lo conosce appena!" Esclamo, indignata. Poi le chiedo: "Munn acconsentirà?"

"L'ha già fatto. Il matrimonio sarà celebrato sull'Isola delle Vergini, come richiesto da colui che prenderà in moglie la madre di Isay."

"Questo è un sacrilegio!" Ora sono davvero furente. "Un uomo che porta con sé la fama di una vita dissipata... un uomo senza alcun valore... un uomo che ha stretto affari con Yoser Nym di Verdrad, colui che non ha mostrato alcun rispetto verso la sua sposa... Una cosa del genere non può essere permessa!"

"Eppure è così, Swaynn. Munn non si è opposta. Così, avverrà ciò che ho detto."

"Non puoi esserne certa."

"Quando non vi sono proibizioni, vi sono solo certezze."

Abbasso lo sguardo per impedire alla collera di esplodere. Questa non è l'isola in cui la Virtù è insegnata come se fosse il primo valore da seguire? Non è, forse, questo, l'ideale che si prefigge di elevare come uno stendardo, dopo la desolazione in cui il mondo corrotto è caduto, inesorabilmente?

Eppure, all'improvviso, nulla sembra avere più senso. L'arrivo di Orud, il ritorno di Detia, il tentativo di seduzione da parte di Ahona, la celebrazione di un matrimonio dannato... A che cosa è servito impegnarmi con tutte le mie forze, per così tanti anni, cercando di mantenere integra la mia dignità, se poi, senza una spiegazione logica, tutto sembra iniziare ad inquinarsi?

"Comprendo come ti senti, Swaynn." Mi dice Saima. "So che vorresti poter fare qualcosa. E' per questo che sono molte, le Vergini che sperano in un tuo intervento. Tu sei l'unica che potrebbe sovvertire le sorti di quest'isola."

"Io? Non sono che un'allieva!"

"Le tue conoscenze si stanno intensificando, e così vale anche per la tua forza."

"Fammi capire bene, Saima: secondo te, io dovrei cercare di conquistare l'Isola delle Vergini? Se pensi che io desideri farlo, ti sbagli. Sin dall'inizio ho seguito le regole, prima perché non ne conoscevo altre, poi perché ho creduto in tutto ciò che imparavo. Non ho alcuna intenzione di impormi, solo per soddisfare un capriccio di bambine o ragazze che non sanno lottare da sole, per ciò in cui credono!"

"Sei coerente, e questo ti fa onore. E' questo che ti rende diversa, agli occhi di chi ti guarda. Tu sai vedere oltre. Lo sappiamo molto bene..."

La fisso intensamente:

"Sappiamo... cosa? E chi sa?"

Saima mi rivolge uno sguardo enigmatico:

"Quest'isola è molto grande Swaynn." Mi dice, con una voce che sembra provenire da lontano. "Troppo grande, per essere un piccolo lembo di terra posto al centro di un vasto lago. Non vi sono monti, qui, a delinearne i limiti. L'avevi notato? Tu sei tra le poche prescelte che possono passeggiare sulla riva di Moryrd."

"La riva del lago. Sì."

"Del lago... Nei tuoi lunghi anni di studio, hai conosciuto la geografia antica, e quella che c'era sulla Terra, prima della sua implosione. Dimmi, Swaynn: quanti laghi hai conosciuto, così vasti da perdersi oltre l'orizzonte?"

Ripasso velocemente tutte le nozioni che ho immagazzinato, e poi rispondo:

"Nessuno. Ma queste acque sono calme e l'acqua è dolce."

"Le cose sono mutate, ma non si può cambiare l'essenza, dacché essa è, e sarà sempre..."

"Che cosa intendi dire, Saima? Il lago Moryrd... sarebbe un mare, in realtà?"

"Un mare... potrebbe anche essere. Tu che cosa pensi?"

"Prova che ciò che affermi è la verità! Oppure taci! Stai violando le leggi di quest'isola, Saima, e il fatto che tu lavori per Munn rende la cosa ancora più grave!"

La donna mi sorride, dolcemente:

"Non prendere le mie parole come una sfida, Swaynn." Mi dice, cogliendo un piccolo fiore rosato. "Siamo tutti parte di qualcosa che è più grande di noi e che non comprendiamo mai fino in fondo. Come questo fiore: è piccolo, quasi insignificante… eppure, in questo prato verde, il suo colore lo rende simile ad una firma. E questa firma è ciò che gli Avi ci hanno lasciato in eredità, ciò per cui hanno combattuto. Ciò per cui sono morti. Noi abbiamo il dovere di difendere ciò che è sacro, ma anche di saper guardare oltre ciò che appare. Tu sai vedere, ma non credi sufficientemente in te stessa. Il velo cade dai tuoi occhi, con maggiore intensità, ogni giorno che passa. Le domande nella tua mente diventano un groviglio che nessuno può dipanare, se non tu. Chiedi aiuto a coloro che dovrebbero saperne più di te, ma ne rimani delusa, poiché sembrano ignorare o desiderare di non sapere. In realtà, tutto ciò che ti occorre è già dentro di te. Non devi fare altro che scoprirlo."

Mi porge il piccolo fiore ed io lo prendo tra le mani. E' l'unica nota di colore nel mio abbigliamento che conosce solo sfumature di bianco o nero. Sfioro i petali delicati, e avverto la vibrazione della Natura entrare nel mio corpo, diventare musica, e la mia anima sembra danzare, librandosi verso l'alto, verso l'infinito… fino a toccare il cielo.

Ma soffoco queste sensazioni, non appena mi rendo conto che potrebbero farmi abbassare le difese. Dopotutto, per la prima volta, da quando sono qui, mi ritrovo a parlare con una sconosciuta, l'unica Vergine che io abbia mai incontrato in questo parco. L'unica, tra le più strette seguaci di Munn, che abbia deciso di raccontarmi cose che potrebbero corrispondere alla realtà, oppure solo ad una fantasia malata.

"Sai molte cose, di me." Osservo, guardinga. "Mi domando se anche le altre abitanti dell'isola sappiano altrettanto."

"Credo che tu conosca già la risposta, Swaynn."

La guardo ancora, cercando di comprendere chi ho davanti:

"Chi sei, *realmente*, Saima?" Le chiedo.

Mi guarda a sua volta, tendendo la mano per riavere il fiore:

"Perché mi fai questa domanda?" Mi chiede. "Desideravi sapere, ed io ti ho detto ciò che potrebbe farti riflettere. Ora sta a te trarre delle conclusioni. Ma devi affrettarti, perché il tempo passa, e, presto, dovrai prendere una decisione. E' necessario che quest'isola venga restituita a chi godeva del diritto di proprietà, o altre calamità si abbatteranno, su questa terra circondata dal mare…"

"Moryrd è un lago." Insisto, restituendole il piccolo fiore. "Sono già stata messa alla prova sulle mie certezze sin da quando ero solo una bambina. Ho già risposto a molte domande che cercavano di confondermi, solo per rinforzare gli ideali e i valori in cui dovevo credere e per cui dovevo combattere. Perciò, ti ringrazio per la buona fede con cui cerchi di rendere ancora più forte la mia determinazione, ma come già sai, altri l'hanno fatto prima di te. Credo, anzi, che sia giunta l'ora del nostro congedo. Devi tornare dalla divinità che servi, così come io devo riprendere il normale corso della mia vita."

"Munn non è una divinità, Swaynn." Mormora Saima. "Questa non è l'isola della fede. E, per ciò che riguarda Moryrd... a suo tempo comprenderai. Guarda nello stagno: i due cigni sfiorano l'acqua lentamente, e si direbbe che essi non possiedano zampe palmate. Eppure, la loro danza aggraziata nasconde un tramestio nascosto, quasi goffo, che, tuttavia, passa in secondo piano, rispetto a ciò che appare. Non trovi anche tu che sia così?"

Guardo verso la direzione che mi viene indicata e, per un attimo, rimango affascinata dalla leggerezza con la quale i due splendidi uccelli si muovono.

Quando mi volto verso Saima, mi accorgo di essere sola: è come se la donna fosse scomparsa, così com'era venuta. Non ho avvertito alcun rumore, né i passi di nessuno allontanarsi: com'è possibile, tutto questo? Cammino velocemente verso l'uscita del parco, pensando di poter vedere la sua sagoma percorrere i viottoli che si snodano numerosi... ma non c'è nessuno.

La mia giornata trascorre a Mosbury, dove sono stata chiamata per insegnare a nuove allieve come prendersi cura dei Fiori del Tempo. Sono l'unica Vergine dell'isola cui è permesso accedere negli Antri dello Spirito lasciando i capelli sciolti sulle spalle, pur indossando una tunica bianca, lunga fino ai piedi nudi. Vedo la stessa espressione di quando ero approdata sull'isola, per la prima volta, negli occhi di queste bambine spaventate, ma la mia mente è altrove: penso continuamente a chi ho incontrato, alla conversazione che ho avuto, alle cose che mi sono state dette. E penso anche a quella sparizione improvvisa, simile solo a quella dello Spettro che, periodicamente, torna a farmi visita.

Nessuno scorge in me l'inquietudine che nascondo in una parte segreta della mia anima. Ho imparato a rendere inaccessibile la mia mente, lasciando che solo un piccolo spiraglio possa essere accessibile a poche Vergini che ritengo meritevoli, in grado di comprendere. Forse questo è uno dei motivi per i quali non sono mai stata mandata via da questo luogo e sono trattata con un rispetto che ritengo eccessivo, a volte. Quando la giornata si conclude, lascio Mosbury, ma, prima di fare ritorno a casa, decido di dirigermi verso la riva del lago Moryrd. Una volta arrivata, rimango in piedi a guardare l'orizzonte che si perde nell'infinito. Che Saima avesse ragione?

Non ho il Chrein con me e non posso intonare una melodia. Ma posso comunque creare una vibrazione che parte dalla mia anima e si espande fino a toccare il cielo e l'acqua, come se essi si fondessero insieme. Percepisco la stretta connessione con la Natura e chiudo gli occhi, lasciando che sia il vento, a parlare. Una brezza leggera e tiepida sfiora il mio viso, e i miei piedi sono lambiti da una dolce risacca che non eccede mai, nel suo moto lento e costante. L'Isola delle Vergini è incastonata nel mare? E allora, perché quest'acqua non profuma di salsedine? Nei miei lunghi anni di studio, ho imparato quale fosse la differenza tra fiumi, laghi, mari, oceani, e ne ho compreso il profondo significato, sebbene io non abbia visto altro che questa terra, dove la mia vita trascorre, ormai, da ventitré anni. Mi chino sulla sabbia, riaprendo gli occhi, e affondo le mani in quella graniglia leggera e delicata, insolitamente candida. E' tiepida, e, sebbene il sole sia tramontato da un pezzo, non comprendo il motivo di questo calore che continua a persistere. In effetti, sono tante, le cose che non so spiegarmi, ora.

La luna è già alta, nel cielo, e il suo spicchio illumina la notte stellata e silenziosa. Non vi sono altri rumori, se non il leggero andare e venire di piccole onde e il fruscio della brezza che scompiglia lievemente i miei capelli. Poi, come un eco lontano, dal profondo della mia anima giunge un suono, ed è un suono profondo, cupo, che rimbomba sempre più forte… e, all'improvviso, una sagoma luminosa appare sul pelo dell'acqua, lontana, come un miraggio o un'allucinazione. Sembra la sagoma di una barca, ma è molto più grande di quella con cui le Vergini bambine vengono trasportate fino all'isola e le giovani donne fanno ritorno nel mondo, le une e le altre, entrambe bendate sugli occhi, affinché la strada non possa essere mai riconosciuta. E mi sovvengono immagini di secoli trascorsi, dove grosse navi solcavano i mari, sia per diletto che per necessità. E questo suono roboante sembra essere simile a quello delle sirene di cui ho letto sui libri, e che si è perso, nel tempo.

L'immagine si svela a me solo per qualche istante. Poi scompare. Nel cielo, come apparso dal nulla, vedo volare un gabbiano a bassa quota, che scivola fin sopra la mia testa, e poi si dirige verso l'orizzonte, perdendosi nella scia delle stelle.

Una nuova consapevolezza si fa largo nella mia anima: Saima diceva la verità… E' possibile che sia davvero così: l'Isola delle Vergini si trova in mezzo al mare. Ed è un mare che nasconde i suoi segreti nel più profondo dei suoi abissi, poiché questo mistero, sulla Terra, non può essere spiegato.

Perché mi sembra di non riconoscere il mondo di cui faccio parte? A volte mi sento come se fossi un'aliena. Nonostante io sia stimata per la mia straordinarietà, ne pago un caro prezzo: la solitudine. E le domande rimangono sospese, poiché nessuno sa più cose di me, quaggiù. Dovrei sentirmi migliore?

***

"Isay, lascia stare la gattina di Swaynn! Non è un giocattolo!"
La voce di Detia mi costringe a voltarmi verso la scena che si presenta ai miei occhi: il bimbetto sta cercando di prendere in braccio Tif, senza successo, sebbene lei non si allontani mai con paura. Penso seriamente che la mia amica non sappia imporsi con suo figlio. Non è un bambino stupido, anzi: i suoi occhi rivelano un'intelligenza sorprendente. E' per questo che si permette di fare di testa sua, ignorando le regole e comportandosi come più gli piace.

Detia e Isay sono venuti a stare a casa mia, da quando ciò che mi è stato rivelato ha cominciato a diventare realtà: le Larve hanno causato una vera e propria epidemia in molti luoghi del Pianeta, e la gente che è venuta a conoscenza della leggendaria Isola delle Vergini ha cominciato ad affluire da ogni parte del globo. Senza sapere come giungere fin qui, e lasciandosi guidare dalla disperazione, uomini e donne contaminati hanno cercato di trovare la strada, basandosi sui racconti di chi vi aveva vissuto – le Vergini che sono state reintegrate nella vita normale – ma, essendo privi di ogni riferimento, hanno vagato a lungo in ogni dove, prima di essere trovati dalle Sentinelle dell'Isola.

Solo donne e bambini hanno avuto il permesso di accedere. Gli uomini hanno ricevuto il divieto, qualunque fossero le loro condizioni psico-fisiche. Non si sa che fine abbiano fatto, ma noi Vergini non possiamo chiedere di più di ciò che ci viene detto. Prima che l'esodo assumesse tali proporzioni, le Signore delle Tre Terre si sono riunite e hanno meditato per giorni e notti, digiunando, cantando, lasciando che le loro vibrazioni interiori si connettessero con quelle di Munn che, silenziosamente, le ispirava sul da farsi. Alla fine, io e Meeg siamo state convocate per prime, affinché ci preparassimo ad accogliere le sventurate nel migliore dei modi. In via del tutto eccezionale, anche Aire è stata convocata con noi, soprattutto per recare conforto, senza, tuttavia, avere null'altro a che fare con chi cominciava ad approdare sull'isola. A quanto pare, nonostante le sue doti incontestabili, ella non possiede delle caratteristiche fondamentali che le possano permettere di fare più di ciò che sa. Mi è sembrata invecchiata più del dovuto, dopo anni in cui non la vedevo, come se un peso troppo grande per lei l'avesse schiacciata, facendola sfiorire rapidamente. Non ho potuto avvicinarla, poiché, dopo l'incontro, le Signore delle Tre Terre hanno desiderato conferire con me sola, come se io rappresentassi un quarto elemento, quello che mancava loro, per prendere delle decisioni. Non è stato necessario parlare. Ho compreso subito che avrei dovuto prendere Detia e suo figlio, per portarli con me, in un luogo sicuro. Ho compreso, anche, che mi sarei trovata nella situazione in cui avrei dovuto agire da sola, poiché, fino ad ora, sono stata l'unica a essere riuscita a salvare un uomo, Orud, strappandolo alla morte. L'unica cosa che mi è stata detta con parole chiare riguardava il luogo in cui le vittime delle Larve sarebbero state condotte, un luogo a cavallo tra Mosbury ed Echgara... il luogo del confine. Tutti gli addestramenti delle prescelte che abitavano in quel luogo, quindi, venivano sospesi fino a nuovo ordine, e le Vergini, bambine o giovani donne, sarebbero state indirizzate senza alcun indugio a Nather, dove avrebbero iniziato un nuovo ciclo della loro vita, insieme alle Guerriere. La decisione è stata presa – non senza dolore – all'unanimità: dopotutto, nell'isola, coloro che conoscono le arti della battaglia sono in numero minore rispetto alle altre Vergini. Esse avrebbero dovuto condurre le sventurate in questo luogo, facendo sì che cadessero nell'oblio, per non ricordare mai la strada che avevano percorso, nemmeno se fossero guarite completamente. Ho domandato come fosse possibile, giacché le stesse Vergini non conoscono il Lago Moryrd, né dove esso conduca. Mi è stato risposto che Ahona avrebbe guidato ogni spedizione, utilizzando le arti di cui anch'ella è a conoscenza, per rendere cieche le sue Guerriere, obliando i loro ricordi, non appena avessero rimesso piede sull'isola. E lo stesso sarebbe valso anche nel caso di guarigioni complete: chi è del mondo dovrà tornare nel mondo, nello stesso mondo in cui è giunto sull'Isola delle Vergini. Così mi è stato detto. Questo significava che altre Guerriere avrebbero provveduto a ricondurre le sopravvissute sulla rotta del mondo in cui vivevano, dimenticandosi persino dove si fossero trovate fino a quel momento.

Tif salta improvvisamente in braccio a me, distogliendomi dai miei pensieri. La appoggio di nuovo a terra, mentre Isay continua a rincorrerla, invano.

"Obbedisci, ho detto!" Esclama Detia, esasperata. Decido di intervenire, parlando con calma:

"Lascialo fare, Detia." Le dico. "Se Tif dovesse stufarsi, lo graffierà. Allora, lui smetterà di darle fastidio."

"Preferirei non si arrivasse a tanto…" Mormora la mia amica, con tono dimesso.

"Mi dispiace darti tanti pensieri, Swaynn. Ci hai accolti in casa tua, costretta dalle Signore delle Tre Terre, e ora devi anche badare a noi, per tutto… Vorrei essere una madre migliore, riuscire ad impormi quando è necessario, ma sembra che tu sia molto più brava di me…"

"Mi è tutto più facile solo perché Isay non è figlio mio." Rispondo, tranquillamente. "In ogni caso, se anche non mi fosse stato imposto di tenervi con me, l'avrei fatto di mia spontanea volontà. Finché starete qui, non vi accadrà nulla. C'è spazio per tutti, e il cibo non manca. Solo, devi provvedere tu, all'istruzione di tuo figlio: l'eccezione che vi è stata concessa non vi permette, tuttavia, di poter avere una maestra che sia in grado di dedicare a lui il suo tempo. Sta giungendo un tempo in cui molte di noi saranno impegnate ad accudire quante più persone possano, e, inevitabilmente, alcune cose cambieranno."

"Vorrei potervi essere utile, ma sono un peso anche in questo." Detia sospira. "Come se non bastasse, sei costretta ad uscire da casa tua, per suonare il tuo Chrein e cantare il Gham…"

"Mi piace stare sulla riva del Lago Moryrd, quando è notte. Sono sola, e lontana dalle abitazioni delle Vergini. Il mio canto non spezza il loro sonno, né turba il ciclo del loro lavoro. Forse, anche tu dovresti riprendere in mano il tuo strumento, Detia, e cantare ninne nanne a Isay. La luna è favorevole: potrebbe aiutarti a cullarlo, quando si rifiuta di dormire."

"Io non sono brava come te, Swaynn… la mia formazione è durata poco. A quattordici anni, il mio destino è stato deciso. Avrei usato l'arte, ma solo come contorno ad una vita strutturata in modo completamente diverso."

"Non mi hai mai detto come ti hanno preparata a diventare una moglie, né come tu abbia vissuto nel mondo."

Detia sospira ancora:

"Non c'è molto da dire, in verità, e ricordo ben poco. Sapevo che Yoser aveva chiesto di avere una Vergine, in sposa, e che la scelta era caduta su di me. Ho imparato tutto ciò che riguardava il suo modo di vivere, ho approfondito gli usi e i costumi del luogo in cui sarei dovuta andare, e anche la lingua. Ci era già stata insegnata, in realtà, ma ho dovuto studiarla e comprenderla come se mi fosse appartenuta da sempre. Io non ho le tue stesse capacità, Swaynn, e i miei ricordi sembrano avvolti da una strana nebbia. Non ho una buona memoria, e non sono portata a nulla, in particolare. Forse è per questo che Munn ha deciso di lasciarmi andare: perché non avevo le doti che potevano fare di me una Vergine speciale, come tu sei."

"Non dire sciocchezze, Detia! Non sei l'unica ad aver seguito un destino diverso. Ma sei l'unica ad essere tornata qui."

"Sì, ed è stata la mia fortuna. Ma credo che, se tu non avessi consolidato il tuo legame con me, nonostante la distanza, forse non avrei avuto il permesso di tornare. Sai, quando mi dici che chi verrà qui dimenticherà... è così, Swaynn: succederà. E' successo anche a me. Anch'io ho dimenticato, ma il tuo viso non è mai stato cancellato dalla mia mente e dal mio cuore. Non so nemmeno perché questo sia stato concesso... Qui, i rapporti non vengono mai favoriti, e, se si creano, accade sempre qualcosa che contribuisce a romperli. E' come se si desiderasse che ciascuna impari, ma per se stessa, non per condividere con altre piccole Vergini."

"Perciò... non ricordi come sei stata condotta a Verdrad?"

"No. Tutto avviene come quando, da bambine, si giunge qua. Ricordo solo di essere stata bendata, poi mi sono trovata laggiù, nel mondo, senza sapere come, e senza ricordare quasi nulla degli anni trascorsi qui."

La guardo, incuriosita:

"E com'è, il mondo, Detia?" Le chiedo, con interesse. "E' davvero tanto diverso? O hai dimenticato anche quello?"

Mi siedo sul morbido tappeto posto di fronte al camino, e le faccio cenno di sedersi accanto a me. Detia obbedisce, mentre Isay, che non è riuscito ad acciuffare Tif, sembra calmarsi. Il bimbetto si accoccola sulle gambe della madre, con gli occhi visibilmente appesantiti dal sonno. Detia gli accarezza i capelli, quando mi parla:

"Non è possibile dimenticare, Swaynn." Mi dice, sommessamente. "Sì, tutto è davvero molto diverso. Sull'Isola delle Vergini si vive come sospesi nel tempo, e si è protetti da qualcosa d'impalpabile e che, comunque, ci impedisce di vedere al di là di ciò che ci circonda. Ci vengono impartiti degli ordini, obbediamo, e tutto va bene. Ma, nel mondo... nel mondo, anche se obbedisci, non sei premiata, e non ci sono gratificazioni, per ogni sforzo che fai. Tutto è scontato, e, almeno a Verdrad, sembra che la lezione del passato non sia stata sufficiente. Yoser è riuscito a ripristinare molte tecnologie che gli esseri umani avevano abbandonato, ed io non sapevo nulla di ciò che mi mostrava. Cercavo di apprendere, ma non capivo. Sai, Swaynn, dov'ero io si poteva comunicare con altre parti del mondo, utilizzando ciò che è stato ripristinato delle vecchie civiltà. Non si usa la mente, e tutto è artificiale. Anche gli esseri umani. Sì... anche loro. Ne ho visti tanti, e anche Yoser aveva un occhio ricostruito, col quale riusciva a vedere cose lontanissime, catalogandole e immagazzinandole nella memoria di dispositivi di cui avevo letto solo sui libri. E' impressionante... ed io lo temevo. All'inizio, tutto sembrava promettere bene. Ma poi..."

52

"Perché hai accettato di sposare Athorm Dralt?" le chiedo, a bruciapelo. "Gli esseri umani non osservano a leggi che impongono di mantenere un'unione sancita da esse?"

"Nulla è com'era molti secoli fa. Le unioni si sciolgono semplicemente andando via di casa per almeno tre mesi. E così io avevo fatto. Poi ho scoperto di essere incinta, e mi sono sentita smarrita. E' stato allora che il legame con te mi ha condotta qui."

"Perché hai accettato di sposare Athorm, Detia?" Le chiedo di nuovo. "Lui vuole celebrare il matrimonio qui. E Munn ha acconsentito. Come fa, lui, a conoscere l'accesso all'Isola delle Vergini? Che cosa sai, di lui?"

Cade il silenzio, per un lungo istante. Poi, Detia risponde quasi sussurrando:

"Anch'io mi sono posta la stessa domanda, Swaynn. Non so davvero come lui conosca la strada... eppure è così! Athorm sa come arrivare qua, conosce la lingua che ci viene insegnata da quando siamo bambine e potrebbe chiedere persino di vivere insieme alle Vergini, se lo volesse. Ma detesta profondamente l'Isola e le sue tradizioni. Se fosse per lui, l'avrebbe già fatta sprofondare nelle acque del Lago Moryrd. Forse vuole lanciare una sfida a Munn... o, forse, vuole bearsi della compagnia di tante bellissime giovani. Non so risponderti. Non so nemmeno perché la Signora dell'Isola gli permetta di farsi beffe di lei. Ho accettato la sua proposta perché voglio dare un padre a Isay..."

"Un padre... Athorm? Detia, sei fuggita da Yoser, per cadere tra le braccia di un uomo ancora peggiore del tuo ex marito?"

La donna mi guarda, arrossendo lievemente:

"So che può sembrare strano." Mormora. "Lo è anche per me. Ma tu non l'hai mai visto. Non hai mai avuto modo di parlargli. Ogni donna cadrebbe ai suoi piedi, se lui lo desiderasse. Nonostante la fama che egli porta con sé, il suo fascino è irresistibile. E' quasi impossibile contraddirlo, anche quando la verità è palese. La sua mente è forte... quasi quanto la tua, Swaynn. Anzi... a dire il vero, non trovo differenza, tra di voi."

"Ma la trovo io." Replico, asciutta. "Ed è una differenza che possediamo tutte noi, Vergini dell'isola: non cediamo ai compromessi. Mi chiedo come possa farlo tu."

Detia sospira, continuando ad accarezzare Isay che dorme placidamente:

"E' ciò che credi tu, amica mia." Mi dice, con una voce che è poco più di un sussurro. "Forse... forse tu potresti davvero farcela, nel mondo, senza lasciarti corrompere da esso. Forse la tua permanenza prolungata ha un senso, poiché ti ha resa ciò che sei: forte, integerrima, pulita."

La afferro per un braccio, istintivamente:

"Se ce la posso fare io, ce la possono fare tutti!" Esclamo, con veemenza.

La mia voce è risuonata nella stanza come il rombo di un tuono. Isay apre gli occhi per qualche istante, come se fosse stato svegliato da un letargo durato secoli. Mi guarda con sorpresa, ma non sembra avere paura. Detia lo stringe tra le braccia, cullandolo, finché il bimbetto si addormenta di nuovo. Poi, si rivolge a me, nuovamente, parlando sottovoce:

"Purtroppo non è così." Dice, tristemente. "Forse è per questo che non si può tornare in questo luogo: una volta giunte nel mondo, le Vergini ne vengono inevitabilmente contaminate. Tu possiedi doti che nessun'altra ha manifestato, Swaynn, e per te, sicuramente, ci saranno grandi cose. Perché non sei cambiata, e non cambierai: la tua volontà è forte, e sarà il tuo scudo. Ora, però, non voglio darti altri pensieri. Porto Isay nella sua stanza. Starò con lui, se si sveglierà. Suonerai il tuo Chrein, stanotte?"

"Oggi no." Rispondo, rialzandomi. "Stanno approdando alte sventurate, e la riva non è sgombra."

"Come lo sai?"

"Lo sento."

Non diciamo altro. Detia si alza, prendendo in braccio il bambino che continua a dormire e mi saluta con un lieve cenno del capo. Ricambio il saluto e li guardo allontanarsi nella penombra della sera. Mi ritiro anch'io, nella mia camera, e Tif mi segue, trotterellando ai miei piedi. Dal mio letto posso osservare il tappeto stellato del cielo terso, oltre alla grande finestra ad arco posta su un lato della stanza. C'è un'altra finestra, sul lato opposto, che dà sul fossato circondato di alberi e che impedisce la vista di ciò che sta al di là: la dimora di Munn.

Il camino crepita di fronte al mio letto, e le fiamme illuminano dolcemente la stanza, avvolgendola con un tepore che mi fa addormentare rapidamente. Accanto a me, Tif si è acciambellata com'è solita fare.

"Swaynn..."

Un alito gelido scivola sul mio viso, destandomi di colpo. Conosco molto bene quella sensazione, ma decido di non darle importanza. Chiudo gli occhi, nuovamente, cercando di riaddormentarmi.

"Swaynn..."

Il sussurro etereo echeggia più intensamente. Accanto a me, Tif emette un flebile miagolio, infastidita da quella sensazione sgradevole. Ancora una volta, non volgo il mio sguardo nella direzione da cui il suono proviene, e mi stringo addosso le coperte, con forza.

"Swaynn!"

Una folata di vento freddo irrompe nella mia stanza, facendo quasi spegnere il fuoco. Mi siedo di colpo, trovandomi faccia a faccia con la sagoma spettrale. Il tono imperioso con cui mi ha chiamata non ammette repliche: lo capisco dalla grossa quantità di raggi verdastri che quel corpo luminoso produce.

"Non puoi continuare così!" Esclamo, spaventata e irritata, al tempo stesso.

Lo Spettro arretra lentamente, rimpicciolendosi e tornando ad assumere le sembianze che ben conosco:

"Il tempo è arrivato, Swaynn..." La voce incorporea echeggia nell'intera stanza, rimbalzando da una parete all'altra. L'alito gelido mi avvolge completamente, e le fiamme del camino assumono un colore sinistro. Fumo denso si alza dalla legna, senza invadere la camera. Tutto sembra un monito.

"Il tempo... per cosa?" Chiedo, rabbrividendo per il freddo.

"Il tempo di difendere questo luogo. O per conquistarlo. Non puoi più aspettare, Swaynn… Lui sta arrivando…" Il sussurro giunge chiaro alle mie orecchie. Mi sembra persino di poterlo toccare.

"Lui? Lui… chi? Forse parli di Athorm?"

"La tua amica…"

"Detia?"

"La tua amica…" Ripete lo Spettro, deformandosi. "Stai attenta a lei, Swaynn… nel suo cuore crescerà il germe dell'odio verso di te, e cercherà di ucciderti… Stai attenta, Swaynn…"

"Non lo farebbe mai!" Esclamo, con decisione. "Detia ha il cuore buono ed è incapace di fare del male ad una mosca!"

"Dai cuori bianchi puoi vedere le macchie, Swaynn… Il lato oscuro della luna si cela all'occhio dell'essere umano, e nessuno riesce a vederne i crateri…"

Guardo da una parte all'altra della stanza: nonostante lo spettro continui ad aleggiare di fronte a me, la sua voce sembra provenire da ogni dove.

"Che cosa intendi dire?" Chiedo, ad alta voce, mentre mi sembra di essere risucchiata in un vortice invisibile.

"Quest'isola ci appartiene…" Continua lo Spettro, sussurrando piano. "Difendila o conquistala… ma non lasciare che ci venga strappata via…"

"Non so come fare!" Esclamo, sentendomi svenire.

"Lei vorrà ucciderti…"

Sono le ultime parole che riesco a sentire, prima di scivolare lentamente sui cuscini. L'oblio mi avvolge, insieme ad una tenebra che non avevo mai visto prima.

***

Il confine tra Mosbury ed Echgara sembra un campo di battaglia. Ovunque mi giri, non vedo che tende costruite di fretta, nelle quali donne e bambini lottano con tutte le loro forze, per rimanere in vita. Per ordine di Munn, le Signore delle Tre Terre respingeranno tutti gli uomini che cercheranno rifugio sull'isola. Sono ammessi solo bambini maschi, fino ai cinque anni d'età. Tutti gli altri seguiranno il loro destino, finché non periranno nelle acque di Moryrd, o ovunque essi si trovino. Aire va da una tenda all'altra, cercando di portare sollievo col suo canto, ma appare sempre più stanca ogni giorno che passa. I suoi capelli sono grigi, e la bellezza di un tempo sembra sfiorita. A volte mi ritrovo a pensare che Meeg dimostri meno anni di quanti ne abbia colei che è stata la mia prima maestra nelle arti musicali, e la cosa mi sorprende sempre, anche se, forse, non dovrei stupirmi tanto: dopotutto, Aire non ha approfondito l'arte della guarigione, e le sue conoscenze sono limitate.

Yrila, la Signora di Echgara, arriva ogni giorno con almeno una ventina delle sue Vergini vestite di colori vivaci, di qualsiasi età. Esse hanno il compito di intrattenere i bambini, cercando di far ritrovare loro quel sorriso che si spegne nei loro occhi orribilmente ricoperti di muco. Meeg le unge con un suo preparato alchemico, prima che le giovani artiste inizino a svolgere i loro compiti quotidiani, e questo rimedio sembra funzionare: nonostante i giorni passino, e, con essi, giungano sempre nuove creature infette, le Vergini non sembrano accusare alcun sintomo che desti la preoccupazione di un'epidemia nell'isola. Col tempo, comprendo che questo preparato svolge solo un'azione preventiva, ma non può contrastare la cancrena fisica e psicologica di chi è già stato contaminato dalle Larve.

Mi rendo sempre più conto del peso delle aspettative che tutte ripongono in me, unica Vergine che è riuscita a curare e guarire l'unico uomo cui è stato concesso di rimanere sull'isola. In silenzio, svolgo i compiti che mi vengono affidati, senza svelare nulla di ciò che so, poiché non sono sicura che la Fonte della Vita possa bastare a risanare tutte queste anime. Sarebbe opportuno che tutte le Vergini fossero in grado di suonare il Chrein e di intonare il Gham, ma non c'è il tempo per insegnare a chi non sa ciò che s'impara con anni di studio intenso.

Da quando tutto questo è iniziato, abbiamo assistito ad una decina di casi che non hanno superato i momenti più critici. Quelle morti mi hanno lasciato nel cuore un senso di sgomento: e se avessi parlato?, mi ritrovo a chiedermi. Se avessi svelato in che modo ho guarito Orud? Forse, qualcuno sarebbe potuto sopravvivere? O, forse, il destino era già segnato?

A volte mi avvicino alle sorgenti nascoste, con delle sacche da riempire, ma accade sempre qualcosa che m'impedisce di avvicinarmi all'acqua. Sembra che io non possa in alcun modo rendere partecipi coloro che stanno dedicando tutto il loro tempo nella cura di donne e bambini che non conoscono una parola, della nostra lingua. Così, ci rivolgiamo a loro solo con sguardi e sorrisi, poiché non ci è stato accordato il permesso di parlare utilizzando il loro linguaggio, che noi tutte conosciamo. Inaspettatamente, mi trovo spesso a non condividere la condotta scelta dalle Signore delle Tre Terre, nonostante esse affermino di avere il pieno appoggio di Munn. In una situazione come questa, le sole tende di fortuna non sono sufficienti, poiché di notte cala il freddo, e, soprattutto in quest'ultimo periodo, il vento si è intensificato. Eppure, nessuno pensa a costruire ripari più sicuri, o a cedere parte della propria abitazione a chi giace nella sfortuna. E, pensando questo, mi riferisco a chi, come me, abita a Isula, dove vi sono case vuote, in pietra bianca, pronte per essere usate, e lasciate desolatamente a se stesse. Se io non stessi ospitando Detia e Isay, non avrei nessun problema ad accogliere parte di queste anime sventurate: la mia casa è grande, e può ospitare fino a venti vittime delle terribili Larve. Basterebbe solo sistemare le cose in modo tale da creare spazio per altri letti, magari in paglia, con cuscini e morbide coperte... So che chi percepisce i miei pensieri disapprova, ma non escludo di farlo, un giorno, se dovesse rendersi necessario. Poi, però, penso alla mia amica e a suo figlio, e nessuno dei due conserva in sé nemmeno un piccolo frammento di questa terra. In effetti, a parte il richiamo del legame che – tra l'altro – veniva solo da me, Detia non ha percepito ancora altro. Ricorda la lingua, e tutto ciò che le è stato insegnato nello studio della teoria, ma sembra aver perso la più piccola cognizione delle mattinate passate a meditare, presso il luogo in cui, ora, giacciono esseri umani che lottano contro la morte.

Ogni tanto ripenso alle parole dello Spettro, e mi chiedo quanto di vero possa esserci. Fino ad ora, gran parte di quanto mi ha profetizzato si è avverato, ma non riesco ad immaginare un odio tale da portare la mia migliore amica a desiderare la mia morte. Non c'è nulla che ci divide, e le nostre vite sono così diverse da non creare nessun attrito, tra di noi.

Le rive di Moryrd, di notte, non sono più così deserte e silenziose: a qualsiasi ora, le Guardiane avvistano imbarcazioni malridotte avvicinarsi nell'area dell'isola, ed esse devono essere pronte per accogliere chi ancora è in grado di respirare. Così, non posso più rifugiarmi laggiù, per suonare il Chrein e comporre. Anch'io devo rendermi disponibile in qualsiasi momento, poiché sono la Vergine più anziana, oltre alle Signore delle Tre Terre, Aire e Meeg, e colei che sa ancora più delle altre. Posso godere solo di alcuni ritagli di tempo, durante i quali accudisco il mio cavallo, mi prendo cura di Tif e mi accerto che Detia e Isay stiano bene.

Solo dopo molti giorni trascorsi vicina a donne e bambini maleodoranti, ho cominciato a percepire un ritmo ben preciso, nella mia giornata. Ho compreso che, in qualche modo, gli attimi in cui potevo ritenermi libera si ripetevano sempre alla stessa ora, o di giorno o di notte, o in entrambi i casi. Così, per prima cosa, ho cominciato a recarmi presso alcuni piccoli ruscelli, apparentemente insignificanti, ma nei quali ho percepito sin da subito un'intensa attività nascosta, vibrazioni simili a quelle prodotte dal Gham ma ancora più amplificate. Ho riempito piccole borracce fatte con lo stomaco di alcuni animali, sono corsa presso il confine tra Mosbury ed Ecghara, mi sono introdotta nelle tende delle umane infette e ho scambiato l'acqua di alcune di loro con quella che io stessa avevo raccolto. Nessuna delle Vergini presenti mi ha fermata, vedendomi arrivare a cavallo, e camminare in silenzio, senza neppure guardarle negli occhi: quando porto con me l'acqua della Fonte è come se un velo oscurasse i loro occhi, ed essere vedessero ciò che non desta alcun sospetto. Ho somministrato l'acqua sempre alle stesse persone, scelte tra ragazze, giovani donne, donne mature e bambini, per una settimana intera. Ho lasciato che, di giorno, le Vergini artiste suonassero e cantassero, per amplificare le vibrazioni, e ho notato un netto miglioramento nelle malate, rispetto a coloro che sono state curate con i soli rimedi di Meeg. Nessuna ha saputo spiegarsi come queste creature sventurate stiano miracolosamente uscendo dalla situazione disastrosa in cui sono giunte fin qui. Io continuo a comportarmi come se nulla fosse, e non mi confido neppure con Detia, che già sa molto, tranne che della mia ultima conversazione con lo Spettro. Credo, tuttavia, che Munn sia al corrente di ciò che sto operando nel silenzio delle mie giornate, e nelle notti in cui nessuna delle Vergini ha il tempo per badare a me. Anche Meeg mi guarda in modo diverso, ma non parla. E' molto probabile che abbia intuito qualcosa, ma che rispetti il mio desiderio di non divulgare ciò che ho compiuto.

Con l'avvento delle prime guarigioni e il ritorno a casa di chi ha ritrovato una situazione stabile nel corpo e nella mente, mi sento incoraggiata nel proseguire la mia missione segreta. Attingo alla Fonte non appena posso, e cerco in tutti i modi di distribuire l'acqua a quante più persone mi sia possibile. C'è una cosa, però, che procede a rilento: la vibrazione prodotta dai Chrein, che non suonano come dovrebbero. Vergini novelline hanno imparato nozioni rudimentali e si esprimono come possono, e non tutte le artiste sono state formate anche nello spirito, così come lo sono stata io, e neppure nella conoscenza dell'arte antica della guarigione. Per ottenere la giusta vibrazione, è necessario che anima, spirito, corpo e mente siano in perfetto equilibrio, e che, attraverso il Gham, vengano composte liriche che possano risuonare con intensità, fino a produrre un cero e proprio attacco all'azione venefica delle Larve. Io stessa faccio fatica a trovare un luogo in cui potermi esprimere musicalmente, e vado alla disperata ricerca del mio spazio, che, per ora, è invaso da Detia e suo figlio. Così, mi ritrovo a vagare senza una mèta precisa, trascinando con me il Chrein, mentre i giorni passano e la speranza si affievolisce. Ma, una notte, quando ormai il sole è calato e il cielo si tinge di blu, camminando silenziosamente lungo i sentieri dell'Isola delle Vergini, mi sembra di scorgere una figura che riconosco: sì, è Saima, e si sta dirigendo verso Mosbury, nel punto in cui gli Antri dello Spirito giungono al termine, lasciando il posto ad una scogliera molto alta, a strapiombo sul Lago Moryrd. Cerco di chiamare la donna, senza alzare la voce, per non farmi sentire dalle altre abitanti dell'isola ma Saima si allontana lievemente, come se sfiorasse il suolo, sollevandosi appena da esso. Una nebbiolina leggera si forma sul terreno, impedendomi di vedere i suoi piedi nascosti dal suo abito colore della notte e dal suo lungo mantello argentato.

La seguo, trascinando il Chrein con fatica, dopo una giornata intera dedicata all'assistenza di chi ha trovato ricovero presso il confine, e il suo passo svelto e lieve sembra volermi condurre da qualche parte. Non so come, ma ho la certezza che lei non sia qui per caso. Che Munn abbia ascoltato la mia richiesta silenziosa e abbia deciso di darmi un segno? Non mi rimane che seguire Saima, mentre sale verso la scogliera, fino ad arrivare nel punto più alto, dove nessuna Vergine ha mai osato salire. Anch'io esito per un po', poi mi faccio coraggio e riprendo a camminare. Le rocce sono più appuntite, e il cammino si fa duro. Se non avessi pesanti calzari, i miei piedi si ferirebbero su quelle guglie taglienti. Sono costretta a fermarmi più volte, per impedire che il Chrein s'incastri in qualche buca nascosta, e si rovini irrimediabilmente. Dopo una di queste soste, la più prolungata di tutte, quando riprendo a camminare, mi accorgo che Saima è scomparsa, come dissolta nel nulla. Un'altra volta... Non ho più alcun riferimento, ma non posso tornare indietro. Non ho fatto tanta strada, solo per vedere la mia tunica bianca inzaccherata e strappata in più punti. E, inoltre, questo mi sembra un buon posto dove potermi fermare, riposarmi, e poi cantare la mia canzone. Guardo il cielo, cercando di interpretarne i segni: le stelle sono luminose, e la luce della luna è così intensa da togliere il velo dai miei occhi e permettermi di vedere. Vedere....

Sì. Ora vedo estendersi una striscia di terra che nessun'altra Vergine è in grado di vedere, se non io. Vedo le luci dell'isola splendere, calde e avvolgenti, e riesco a scorgere il luogo precluso a tutte noi, il luogo più sacro posto al centro di questa terra che mi ha accolta quand'ero una bambina: vedo la grande cupola che custodisce la dimora di Munn, una cupola molto alta, fatta di un materiale molto simile al cristallo, con la parte superiore tempestata di smeraldi e finemente decorata d'oro. La struttura portante della cupola è in avorio, un avorio così candido da riflettere la luce della luna e delle stelle, così da sembrare cangiante, anche nelle notti in cui la luna si nasconde ai miei occhi.

E sento… Sento voci, risate di bambini, passi veloci di gente che vive e pulsa nel cuore di quest'isola che è essa stessa il segreto più misterioso, impossibile da comprendere. So di essere l'unica, qui, a sentire, a vedere ombre luminose antropomorfe, vivere come se non vi fosse alcun limite tra lo spazio e il tempo. So che nessuno mi crederebbe, se raccontassi ciò che vedo e sento, anche quando il sole sorge, e di fronte a me non si estende solo la ricca vegetazione dell'isola, ma un vero e proprio complesso di case, strade, vie, con edifici molto alti, uomini e donne che camminano, mescolandosi tra le Vergini ignare, insieme a tutto ciò che era un tempo e che, ora non c'è più. E non potrei raccontare delle visioni delle maree che si alzano, con i loro cavalloni, la spuma che s'infrange contro gli scogli, mentre i gabbiani volano in alto, nel cielo, e navi di dimensioni davvero gigantesche solcano l'acqua di quello che mi è stato presentato come un lago. Perché so. Sì, io so che Moryrd, in realtà, è davvero un vasto mare, dove quest'isola rappresenta quasi un sogno, per chi viene dal resto del globo.

Mi siedo sulla roccia, lasciandomi cullare dalla brezza e da questo silenzio che non mi spaventa affatto. Estraggo il mio Chrein dalla sua custodia, con delicatezza, e mi accerto che non vi sia nulla di rotto. Poi, mi sistemo su una roccia levigata e comincio a sfiorare quelle corde che, stanotte, sembrano risuonare con più forza, come se il mio desiderio di amplificare le vibrazioni guaritrici si rendesse concreto e diventasse reale.

Dapprima esitante, poi con più coraggio, comincio ad intonare il Gham. Quindi, mentre la mia essenza si connette più profondamente con la natura e con la luce di questa luna quasi materna, le parole cominciano a sgorgare come l'acqua di una fontana zampillante, dalla mia anima. Intono una cantilena, quasi una nenia infantile, nella speranza che la freschezza e il candore dei fanciulli che vedo chiaramente possa raggiungere il corpo e l'anima di coloro che soffrono nella sventura, affinché l'acqua della Fonte della Vita si accenda, e restituisca vigore a quelle membra stanche e devastate, a quelle anime che diventano, ogni giorno, più fredde…

"Voglio giocare ancora
Fammi giocare ancora
Senza pensare più a nulla
Solo saltando qua e là

Lascio alle spalle i miei anni
Voglio soltanto giocare
Seguimi, gioca con me
Corriamo nelle pozzanghere
Saltiamo senza una regola
Ridiamo senza un perché

Noi sfideremo i pericoli
Saremo sempre invincibili
Come bambini che volano
Volano ancora più su
Ora dimentica il buio
Esci dalla tua prigione
Seguimi, gioca con me
Saremo come le rondini
Andremo oltre le nuvole
Non torneremo mai più"

Mentre intono la mia canzoncina apparentemente innocua, piano piano, avverto un suono che si avvicina lentamente, come se provenisse da un luogo remoto. Non ci faccio caso, poiché, sul primo momento, penso che possa essere una delle mie visioni e non voglio nutrirla, in questa notte magica. Così continuo a cantare, due, tre, quattro, infinite volte la stessa melodia, con le stesse parole. Poi, come se mi stessi risvegliando da un lungo letargo, mi rendo conto che il suono è alle mie spalle, e segue la mia canzone, interagendo con essa, in modo… perfetto. Mi blocco, di colpo. Ora so di che cosa si tratta: quel suono così limpido e soave non può che provenire da uno strumento molto raro e altrettanto prezioso, poiché fa parte del patrimonio storico dell'Isola delle Vergini.

"Un Thraryd?" Mormoro, quasi come se lo stessi chiedendo a me stessa.

"Sì." Risponde una voce alle mie spalle. "E' proprio ciò che pensate."

Mi alzo di scatto, non appena quella voce inconfondibilmente maschile mi scuote dal dolce torpore in cui mi stavo lasciando cullare.

"Chi siete? E che cosa fate, qui?" Esclamo, allarmata. Lo stato sognante di poco prima non ha ancora tolto il velo dai miei occhi. Sono vulnerabile.

"State tranquilla, signora." Risponde la voce, con una gentilezza che cela una sfumatura decisa. "Non sono qui per farvi del male."

"Voi siete un uomo! E gli uomini non sono ammessi, qui!" Rispondo con veemenza, mentre cerco di tornare in me.

"Vi ripeto che non sono qui per farvi del male." Continua quella voce pacata.

"Solo, la vostra musica e la vostra voce mi hanno incantato e non ho potuto fare a meno di unirmi alla musica che risuona nell'aria come un concerto di fate e fauni. Vi chiedo scusa se vi ho causato disturbo."

Il velo cade di colpo, dai miei occhi. Di fronte a me c'è un uomo, molto alto e di bell'aspetto. La luce della luna illumina i suoi capelli castani, più lunghi di quelli che in genere gli uomini di cui ho studiato usano portare, e scompigliati dalla brezza leggera. Anche i suoi occhi sono castani, ma c'è una sfumatura particolare che a volte li fa sembrare ambrati, altre volte simili alla brace di un fuoco che non si spegne. Indossa una camicia nera, con un colletto molto ampio, e anche i pantaloni sono scuri. Il mantello e gli stivali, tuttavia, hanno un colore più o meno simile all'antracite, e sembrano fatti dello stesso materiale.

"Chi siete?" Chiedo ancora, questa volta con tono sorpreso.

L'uomo sorride. Comprendo che la mia ingenuità lo diverte, ma comincio a percepire la forza del suo spirito:

"Volete davvero sapere il mio nome?" Mi chiede, continuando a sorridere. "Oppure vi state chiedendo come io sia riuscito a giungere fin qui?"

Il suo eloquio mi confonde. Non sono abituata a sentirmi parlare con così tanta franchezza. Ma, soprattutto…

"Come conoscete la nostra lingua?" Gli chiedo, sospettosa. "E come siete riuscito ad entrare in possesso del Thraryd?"

"Già… Il Thraryd…" Lo sconosciuto lo stringe tra le mani per un attimo. Poi, come se comprendesse la mia richiesta silenziosa, me lo porge. "Uno strumento a fiato, l'unione tra due reperti di secoli fa… Un oggetto a metà tra un'ocarina e un flauto, costituito dal guscio legnoso di un frutto cavo… il Mys…"

Lo guardo, affascinata. Non oso nemmeno sfiorarlo:

"Come fate ad averlo voi?" Chiedo all'uomo, senza staccare gli occhi di dosso dallo strumento. "Come fate a disporre di qualcosa che appartiene a questo luogo, da millenni?" All'improvviso, lo fisso negli occhi: "Ma non avete ancora risposto alla mia domanda: come conoscete la nostra lingua?"

Lo vedo ridere sommessamente. E' chiaro: ride di me. Ma non c'è sarcasmo, nella sua voce, quando mi parla:

"Perché fate domande di cui conoscete la risposta, Swaynn Osery di Vegar?" Mi chiede. "Eppure, io vi ho riconosciuta subito: solo voi potevate inoltrarvi fin qua, a quest'ora, per cantare la vostra canzone, nel tentativo di salvare quelle vite umane. Perché è questo, che state cercando di fare, non è vero?"

Lo guardo, con stupore:

"Voi… sapete?" Gli chiedo, esitante.

"Swaynn. Tornate in voi. La vostra anima è in grado di darvi le risposte che già conosce. Siete in grado di vedere ciò che ad altri è proibito. Non continuate a lasciarvi ingannare dalle apparenze."

La voce ferma dell'uomo ha un effetto immediato.

Era chiaro. Perché non ci avevo pensato prima? Eppure, tutto aveva un senso… ma io ho preferito ignorare la voce che urlava forte, dentro di me.

"Siete voi…" Mormoro, sbiancando in volto. "Siete Athorm Dralt di Kelenda…"

"Sono io." Risponde l'interpellato, senza alcuna esitazione. "Credevo che avreste compreso sin da quando il suono del Thraryd vi ha raggiunta, da lontano. Eppure avete continuato ad ignorare ciò che la vostra anima vi stava gridando. Ho sentito molto parlare di voi, Swaynn, ma stanotte non ho visto ciò che credevo di vedere."

Ritrovo le forze e scaglio su di lui la mia rabbia:

"Non… osate dire a me come devo essere!" Sibilo, puntandogli un dito contro. "Potete spadroneggiare con i vostri contrabbandieri in altri luoghi del mondo, se volete, ma non qui! Questa terra è sacra, e voi non avete alcun diritto di calpestarla, così come non vi è concesso sfiorare oggetti che non vi appartengono! State, inoltre, calpestando un suolo dedicato allo Spirito, e i vostri stivali non sono abbastanza puliti, per posarsi su queste rocce…"

"Come non lo è la vostra gonna." M'interrompe, guardando il mio abito sporco e logoro. La sua sfrontatezza mi irrita ancora di più:

"Credo che il mio lavoro non possa essere affatto paragonato al vostro!" Esclamo, con veemenza. "Il sudiciume che portate con voi è di ben altra fattura e si sposa benissimo col vostro atteggiamento di falsa cortesia!"

"Sposarsi… In effetti, presto, qui, ci sarà un matrimonio…"

"Credete? Oh, no, non avete idea di ciò che state attirando sulla vostra insolenza!"

"Eppure nessuno mi ha proibito nulla, qui, Swaynn. Volete, forse, farlo voi, ora?"

"Se necessario… sì. E sono pronta a battermi, se servirà."

"Pronta anche a morire, quindi…"

"Lo ripeto: sì, se servirà. Ma non detterete legge sull'Isola delle Vergini! Se pensavate di poter avere tutto, vi sbagliavate: non avevate ancora incontrato *me*!"

Athorm sorride di nuovo:

"Ora riconosco ciò che si dice di voi: fiera, indomabile… e incosciente. Non sapete con chi avete a che fare…"

"Non lusingatevi tanto, Athorm. Non avete visto che una minima parte di ciò che sono. E non mi fate paura."

"Eppure non sembravate così sicura di voi, prima…"

Mentre sto per scaraventargli in faccia altre parole di fuoco, l'uomo m'interrompe con un gesto della mano. Ma non rimango zitta per quel movimento imperioso: sulle dita che hanno tenuto stretto il Thraryd, si è formata una patina leggera, dorata, che un raggio lunare sfiora rapidamente, come un bagliore improvviso in un cielo terso.

Mi ricompongo, cercando di ritrovare la calma:

"Andatevene, Athorm." Gli dico, con voce ferma. "La vostra presenza non è gradita, qui."

Per un attimo che sembra eterno temo che rimarrà ancora a lungo, solo per il gusto di provocarmi. Poi, inaspettatamente, lo vedo chinarsi in un gesto di saluto reverenziale, e non comprendo se il suo atteggiamento sia sincero o se, per l'ennesima volta, si stia prendendo gioco di me.

"E' stato un piacere conoscervi, Swaynn." Mi dice, allontanandosi lentamente. "Per il momento soddisferò la vostra richiesta, ma non siate troppo sicura di voi: non siete nessuno, per potervi arrogare alcun diritto, qui. Dopotutto, nemmeno voi siete la Signora di questa terra. O sbaglio?"

Senza lasciarmi il tempo di rispondere, mi volta le spalle e se ne va, scomparendo nell'oscurità di una notte che mi avvolge con un vento più freddo. Lui tornerà presto... Ancora una volta, lo Spettro diceva la verità.

***

Non ho raccontato a Detia dell'incontro con Athorm. E, nonostante lui sia qui, lei non sembra averlo incontrato affatto. Lo capirei, se fosse così. Ma mi sembra troppo tranquilla, tropo impegnata a trascorrere le sue giornate con Isay, per dedicarsi a pensieri di altro tipo. Se l'avesse anche solo sfiorato con lo sguardo, i suoi occhi avrebbero un'altra luce. Lo so, come so che nutre per lui qualcosa che va al di là della semplice curiosità. Io ho sentito la sua forza. E' entrata nel mio sangue, con violenza. Detia aveva ragione: è un uomo dallo spirito forte, e, se fosse una delle Vergini dell'isola, mi fermerei volentieri a conversare. Ma è un uomo, e agli uomini è proibito giungere fin qui. O, almeno... questo è ciò che credevo. Non comprendo questa inversione di rotta. Le regole non sono state create per essere seguite? Eppure, non capisco come mai, tra tanti uomini che sono stati allontanati, benché gravemente malridotti, ad Athorm non sia stato posto alcun divieto. Lui che nemmeno ama quest'isola... Io l'ho percepito immediatamente. Ho sentito la sua disapprovazione, nel guardare la terra che i suoi piedi profani calpestavano. Ho avvertito la vibrazione negativa che scaturiva dalla sua anima. Lui odia l'Isola delle Vergini. Non la odia apertamente, ma dentro di lui, è come se una folgore si stesse preparando, per abbattersi contro questo lembo di terra isolato dal resto del mondo. Quindi... perché permettergli di accedere, se le sue intenzioni sono malvage?

Mentre mi preparo per accompagnare Detia e Isay a fare un giro in un luogo vicino a Nather, un piccolo pezzo di terra dedicato all'equitazione, con molti cavalli che, senza dubbio, il bambino gradirà, penso alle anime sventurate giunte fin qui che, lentamente, si stanno risvegliando. Presto, quando saranno in grado di rimettersi in piedi, sarà loro imposto l'oblio, affinché, nel tornare verso casa, o ovunque vogliano andare, non possano mai più ricordare il luogo in cui hanno ricevuto le cure che hanno permesso la guarigione. Possiedo altri due cavalli, oltre a quello che ha iniziato a vivere con me, in questa casa. Lascio il più docile a Detia, che, col figlio in braccio, mi seguirà, cavalcando sul suo dorso. Ci dirigiamo a passo lento verso il luogo in cui le Guerriere si radunano quando desiderano trovare sollievo dalle esercitazioni. Là, è possibile cavalcare senza pensare a nulla, solo per il puro piacere di farlo, ed è una sensazione di libertà che non ha eguali. Quando giungiamo a destinazione, Isay rimane immediatamente affascinato da quello spazio aperto, così verde e vasto, da perdersi, quasi, all'infinito. Aiuto Detia a scendere da cavallo, e conduco i due verso l'Ancella addetta alla custodia di questo luogo. Non è mai la stessa: a turno, le addette si danno il cambio, silenziosamente, senza pronunciare parola, nemmeno nei confronti di chi si rivolge a loro per domandare un cavallo. L'Ancella veste in modo semplice, ma non indossa una tunica lunga: ha una blusa scura, come i suoi pantaloni e gli stivali, fatti di un materiale molto pesante e resistente. E' un tipo di materiale che esiste solo sull'Isola delle Vergini, e in nessun'altra parte del pianeta. Mi rendo conto che Detia ha perso la dimestichezza con la comunicazione tra le Vergini, così, sono io a dialogare con l'Ancella, attraverso un codice che solo le abitanti dell'isola conoscono. La giovane (avrà poco meno di vent'anni) sparisce per un attimo e poi torna con un pony, un esemplare che, ormai, si trova solo in alcune parti del globo, poiché, nei secoli, è stato considerato insignificante e senza alcuna utilità. Nonostante questa mancanza di fiducia, questa specie è riuscita a sopravvivere ai cataclismi grazie alle sue piccole dimensioni, e si è riprodotta, senza estinguersi. La conservazione dei pony, per merito delle Vergini che sono state reintrodotte nel mondo, ha permesso che essi aumentassero di numero anche in luoghi dove non erano più nemmeno nominati nelle favole. Aiuto Isay a salire sull'animale, mentre Detia si premura che il bimbetto si sistemi nel modo corretto. Per un po', lei terrà il pony per le redini, facendo abituare il figlio alla passeggiata. Li vedo girare in tondo, nel piccolo recinto poco distante, e sorrido, pensando che l'unica a sembrare fuori luogo è proprio la mia amica: cammina goffamente, come se avesse paura di muoversi e fare un passo sbagliato, mentre Isay rimane impettito sul suo piccolo destriero, sorridendo senza sosta e salutandomi con la mano. Godo dell'attimo di pausa che mi è stato concesso, e nutro entrambi i miei cavalli con il fieno migliore. Poi li striglio a dovere e con più calma, rispetto alle settimane appena trascorse: ora che la situazione con le vittime delle Larve sembra essersi stabilizzata, non sembra che la mia presenza possa essere necessaria in modo urgente, sebbene, di notte, io continui ad intrufolarmi nelle tende, portando acqua nuova, per poi dirigermi verso la scogliera al limite degli Antri dello Spirito per cantare le mie canzoni. La vibrazione dev'essere mantenuta viva in modo costante e continuo, e il suono non può essere spezzato. Non ho più visto nessuno, dopo quella prima notte trascorsa in quel luogo. La solitudine e il silenzio sono la mia unica compagnia, quando le stelle cominciano ad accendersi e la luna diffonde la sua luce su Moryrd. La superficie dell'acqua s'increspa lievemente, quando inizio a cantare, come se anch'essa reagisse agli stimoli sonori. Un soffio di vento freddo mi scuote dai miei pensieri. La giornata è soleggiata, e il tepore è gradevole. Il cielo è terso e il clima è mite. Forse il vento sta cambiando direzione, e deve ancora trovare un suo equilibrio.

Mi siedo sull'erba, guardando le foglie sui rami degli alberi, da cui filtra il sole. Il profumo della resina giunge alle mie narici con forza, ed io respiro a pieni polmoni quella fragranza, ma quella sensazione di pace interiore viene scossa da un'altra folata di vento gelido, così violenta, quanto improvvisa.

"Swaynn…"

Quel sussurro… quella voce incorporea… Com'è possibile, in pieno giorno?

Mi guardo intorno, per cercare di capire se sono vittima di un'allucinazione uditiva, e non vedo nulla. Ma la sensazione di freddo aumenta, ed è come se una mano ghiacciata si posasse sulla mia fronte, facendomi rabbrividire.

"Sali a cavallo, Swaynn…" Continua la voce che solo io sembro sentire: Detia e Isay continuano a girare in tondo, parlando tra di loro e sorridendosi a vicenda.

"Dove sei?" Mormoro tra me e me, cercando di non farmi sentire.

"Sali a cavallo, Swayn…" Ripete la voce, avvicinandosi ancora di più alle mie orecchie. Come un automa, mi alzo e mi dirigo verso il mio purosangue che sembra aspettarmi. Monto in sella, continuando a mormorare sottovoce:

"Dove devo andare?"

"Segui la strada… Segui il sentiero…"

Mi guardo intorno: vedo solo prati e il terreno da cui siamo arrivate, brullo e calpestato da molti zoccoli.

"Non c'è nessun sentiero." Mormoro, guardando Detia con la coda dell'occhio. Sembra che la mia amica non si stia accorgendo di nulla: continua a condurre Isay nel recinto delle cavallerizze principianti, e nemmeno il bambino mostra curiosità in ciò che sto compiendo.

"Torneranno con l'altro cavallo…" Sussurra la voce alle mie orecchie. "Vai, Swayn… Segui il sentiero…"

"Non vedo nulla!" Mormoro, irritata. La sensazione di freddo s'intensifica all'improvviso, e brividi corrono sulla mia pelle, quando la voce incorporea insiste:

"Il sentiero… Apri gli occhi, Swaynn…"

Mi sento frastornata. Non capisco e non so dove io debba guardare. Avverto un senso di concitazione, ma sono bloccata: non c'è alcun sentiero, di fronte a me. Non c'è nulla. Solo verde, un verde immenso, una distesa che non sembra avere fine…

… E, a un tratto, è come se dal cielo cadesse un velo. Scivolando con grazia, il velo scopre un paesaggio completamente diverso, con un ampio sentiero di sassi piccoli e bianchi, affiancato da campi di grano dorato. Due filari di cipressi seguono il limitare del sentiero che delimita il confine col campo di grano.

Dove sono? Questa non è l'isola in cui ho sempre vissuto! Che cosa sta accadendo?

"Il sentiero…" Incalza la voce.

Con un lieve movimento delle redini, faccio partire il mio cavallo. Passeggiamo lentamente, mentre la mia attenzione è catturata da tutto ciò che mi circonda: non c'è più il prato verde, non ci sono più Detia, Isay, l'Ancella e il suo maneggio, non ci sono i grossi alberi che creano zone d'ombra, dove il sole filtra, senza bruciare. Ora c'è una vasta distesa di grano, e il sentiero bianco su cui il mio cavallo posa gli zoccoli lascia intravedere una sagoma, all'orizzonte. Una sagoma che non credo di aver mai visto.

Un'improvvisa folata di vento gelido fa impennare il purosangue che, come attratto da qualcosa di irresistibile, parte al galoppo. Sono costretta a tenermi saldamente attaccata alle redini e a stringere le ginocchia contro i suoi fianchi, per reggermi, in questa folle corsa. Non ho nemmeno più la possibilità di guardarmi intorno, perché il vento è sferzante, e i miei occhi devono rimanere socchiusi per non essere investiti dalla polvere che si solleva. Sembra essere passato molto tempo quando, di colpo, il mio cavallo comincia a rallentare la sua corsa e si mette a passeggiare, pur continuando ad andare avanti. Riesco, finalmente, a sedermi sulla sella. Il mio stupore è grande quado, di fronte ai miei occhi, vedo innalzarsi quello che da tutte le Vergini dell'isola è considerata la dimora di Munn. Non solo vedo la cupola, ma anche le mura di avorio che la elevano molto in alto, e solo ora mi rendo conto di quanto la scogliera sia a strapiombo su quello che è considerato come un lago.

"Non posso andare, lì!" Esclamo ad alta voce, sperando di essere ascoltata. All'improvviso, il mio cavallo si ferma. Tento di farlo muovere, ma inutilmente. Scendo dalla sella, cercando di tirarlo con le redini, ma non fa un passo.

Un rumore mi costringe a guardarmi intorno: ci sono moltissimi altri cavalli già sellati e legati alle numerose palizzate che circondano la struttura immensa e circolare. Questo luogo è popolato da Guerriere?, penso, notando i paraocchi in oro che indossano i purosangue, accessori tipici della zona di Nather.

"Entra!"

La voce dello Spettro è imperiosa, e la forza del vento gelido mi spinge verso l'immensa dimora di Munn. Non vedo porte, ma solo mura circolari, intarsiate nell'avorio e ricche di decorazioni dorate, con smeraldi quasi ovunque. Sono sicura che la cupola sia davvero rivestita di quella pietra preziosa che sembra abbondare. Il vento mi porta quasi contro la struttura, ed io temo che mi scaglierà contro quelle guglie appuntite. Poi, improvvisamente, esso cessa di soffiare, e di fronte a me si apre un varco poco più alto, con volta arcuata, e quella che vedo non è una porta in vetro trasparente, ma una materia sconosciuta, cangiante e perlescente, con un movimento ondulatorio simile al calore che si alza dal terreno in un giorno afoso. Esito per un lungo istante, prima di avvertire di nuovo quel vento impetuoso che, come una grossa mano invisibile, mi scaraventa dentro quella sostanza impalpabile.

Mi ritrovo, improvvisamente, in una grossa sala, un'aula magna rivestita completamente di velluto rosso. Non vi sono né porte né finestre: la luce che filtra è incanalata dal cupolone in smeraldo che convoglia i raggi del sole all'interno, facendoli rimbalzare da un lato all'altro della stanza, dove alcuni specchi riflettono il bagliore, diffondendolo ovunque. Sui gradini imbottiti, che ascendono gradualmente, sono sedute molte Vergini, quasi tutte Guerriere; tra di loro, però, vi sono anche alcune Vergini di Ecghara e qualcuna di Mosbury. Tutte indossano un mantello che ha lo stesso colore delle pareti e dei gradini, un rosso acceso che sembra voler incutere soggezione.

Mi trovo proprio al centro della sala, circondata da tutti quei volti che mi osservano in silenzio, come in attesa. Non capisco che cosa stia accadendo, ma vedo che, dal nulla, verso di me cominciano ad avanzare le Signore delle Tre Terre.

"Iasha, Yrila, Ahona!" Esclamo, camminando velocemente verso di loro. "Dove siamo, e che cosa sta succedendo?"

"Questo devi dircelo tu, Swaynn." Risponde Iasha. Poi, le tre donne si fanno in disparte e avanza una figura femminile vestita completamente da un unico pezzo di stoffa di velluto rosso, che le cinge il corpo, fino a nasconderle i piedi, e anche il capo, celandone i capelli. Scorso solo il viso e le mani, la cui pelle è molto bianca. Gli occhi sono chiarissimi, e le ciglia sembrano non esserci, tanto sono trasparenti. E' una donna dall'aspetto giovanile, ma non mi stupirei se celasse un'età più adulta di quanto sembri, nonostante non vi sia cenno di rughe. Al suo arrivo, tutte le Vergini presenti si alzano in piedi, ed io non comprendo. Guardo la sconosciuta, cercando di trovare una risposta, ma vedo solo le Signore delle Tre Terre arretrare.

"Swaynn Osery di Vegar." Dice la donna vestita di rosso, con voce sottile ma decisa. "Chi ti ha condotta fin qui, e come sei riuscita ad entrare?"

La guardo, senza capire. Ma decido di non rivelare ciò che ho visto:

"Con chi ho il piacere di parlare?" Chiedo, cercando di prendere tempo. La donna alza la mano:

"Sono io, a fare le domande, qui." Dice, con fermezza. "Ora dimmi: come sei riuscita, ad entrare?"

"Non ci credereste e, comunque, non saprei neppure spiegarvelo." Rispondo, senza mentire, ma omettendo una parte della verità. "Ma tutte voi sembravate aspettarmi." Osservo.

Iasha, Yrila, Ahona si scambiano un'occhiata veloce, poi la sconosciuta parla di nuovo:

"Non ti stavamo aspettando. Ma ora sei qui, e forse non è un caso. Così potrai darci le spiegazioni che ti hanno portata a compiere simili gesti."

Continuo a non capire:

"Spiegazioni?" Chiedo, sempre più perplessa. "Voi siete Munn?"

La mia domanda diretta suscita un brusio tra le Vergini presenti. La donna ottiene il silenzio semplicemente alzando una mano:

"Io rappresento colei che governa questo luogo sacro." Dice, con voce solenne. "Colei che ha visto e udito ciò che hai compiuto. Tu hai celato la tua conoscenza per molto tempo. Praticavi nel silenzio una forma alta di guarigione che a noi non è data a sapere, ma che la Signora dell'Isola ha percepito. Prima che tu giungessi qua, era stata indetta un'assemblea, poiché le Vergini hanno compreso di essere state raggirate da te."

"Raggirate?" Chiedo, con stupore. "E che cos'ho fatto mai?"

"Sai bene a cosa mi riferisco. Di giorno agivi nell'obbedienza, ma di notte curavi all'insaputa di chi spendeva tutto il suo tempo accanto alle creature sventurate."

"Ah. Quello…" E' chiaro. Doveva saltare fuori, prima o poi.

"E' tutto ciò che hai da dire?" Incalza la donna.

"Ho solo salvato delle vite umane." Rispondo, con decisione.

"Ma l'hai fatto senza condividere il tuo sapere."

"Non ero sicura se avrebbe funzionato."

"Eppure avevi guarito un uomo, qualche anno fa... Lo avevi fatto nello stesso modo?"

La fisso negli occhi e rispondo:

"Sì."

Torna il brusio, nella sala. La donna vestita di rosso alza la mano, per l'ennesima volta, e torna il silenzio:

"Spero che tu ti renda conto del grave torto che hai commesso nei confronti di noi tutte, nel custodire un tale sapere per usarlo a tuo uso personale." Dice, e, mentre parla, vedo che le presenti annuiscono silenziosamente.

"Non ho fatto nulla, per me." Replico, senza esitazione. "Non è colpa mia, se non siete state capaci di vedere ciò che era alla portata di tutte e che non è mai stato celato agli occhi di nessuna."

"Stai diventando arrogante, Swaynn, e questo non va bene!" La voce sottile si è trasformata: ora sembra quasi profonda, cavernosa, come se provenisse dalle viscere della Terra. "Per questo, tutte noi, nel nome di Munn, ti chiediamo di parlare, ora, e di rivelarci i tuoi segreti."

"Vi state sbagliando, signora." Il mio tono di voce è calmo e non tradisce timore. "Ciò che non è segreto per me, non lo è nemmeno per voi. Basta saper ascoltare. Ma sembra che, con tutto questo silenzio, le orecchie di coloro che abitano in quest'isola si siano abituate al nulla."

"Stai sfidando l'autorità, Swaynn!"

"E come? Tacendovi ciò che sareste in grado di comprendere, se voleste? Ho svolto il compito che mi è stato assegnato, e ho obbedito alle leggi, senza oppormi. Ho osato, ma solo per salvare delle vite umane. Ho taciuto, perché nessuno avrebbe potuto garantire che le mie cure avrebbero prodotto un effetto positivo. Dopotutto, le avevo sperimentate sull'unico caso che si era presentato qui. Un uomo. E... a tal proposito... Se proprio volete parlare di regole, non comprendo come mai i mariti e i figli più grandi, nonché i fratelli, gli zii, i cugini di sesso maschile non siano stati accolti con la stessa benevolenza, sull'isola. Non comprendo perché un contrabbandiere sia riuscito a giungere fin qui, pochi anni fa, senza che nessuno l'abbia fermato. Non comprendo come egli conoscesse la lingua delle Vergini. E non comprendo come la Signora dell'Isola possa permettere ad un malvivente come Athorm di Kelenda, di presentarsi qui, come se egli fosse il padrone, pretendendo una Vergine, violando il suolo di questa terra sacra e ottenendo che il suo matrimonio si celebri dove nessun ogni umano di sesso maschile è stato rifiutato, benché al limite delle sue forze e bisognoso di cure. Quindi, vi prego di non parlare di regole a me, proprio voi, che rappresentate Munn, la quale decide in conformità a parametri che mi sono decisamente oscuri!"

Cade il silenzio. Un silenzio quasi irreale.

Per la prima volta, dopo quasi ventiquattro anni vissuti su quest'isola, ho avuto l'ardire di alzare la voce di fronte a qualcuno che mi è superiore. Un affronto che, fino a pochi anni fa, o anche mesi, non avrei mai pensato di poter commettere. La donna vestita di rosso mi guarda con espressione severa:

"Non ti è permesso discutere gli ordini." Dice piano, ma con un tono che non cela il peso delle parole che sta pronunciando. "Non ti è permesso contraddire il volere di chi ti ha accolta come una figlia e che ancora provvede a te, solo perché non hai avuto la possibilità di vivere al di fuori di questo luogo, né, tantomeno, di raggiungere un livello sociale, tale da lasciarti libera di esprimere apertamente la tua improvvisa voglia di anarchia. Non ti è permesso fare paragoni, e nemmeno chiedere più di quanto già sai. Ma pretendi di essere più di ciò che sei, e la tua superbia non è mai stata domata. Questa era la preoccupazione più grande di Munn: pensare che le tue doti potessero, un giorno, sovrastarti e renderti simile agli esseri umani che hanno quasi distrutto la Terra. Sei stata protetta, accudita, istruita, per molti anni. E ora, non solo ti rifiuti di condividere con le tue sorelle ciò che sai, ma ti concedi il diritto di assurgerti a capo di ciò che non possiedi, come non possiedi il diritto di replica!"

"Parlate degli esseri umani… e avete permesso che morissero in molti, solo perché non erano di sesso femminile!"

"Gli uomini portano in sé il germe della distruzione! Permettere loro di rimanere significherebbe vedere distrutto questo luogo!"

"Parlate di vita… ma l'avete distrutta a coloro che sono stati respinti, solo per le vostre sciocche paure! E vi siete scordate come tutte voi siete venute al mondo! Perché permettete ad alcune Vergini di tornare nel luogo da cui sono venute, per darle in spose a uomini che neppure conoscete, se odiate questi stessi esseri umani, senza i quali la vita di ciascuna di noi non potrebbe mai esistere?"

Le Signore delle tre Terre mi osservano con preoccupazione, mista ad un rimprovero implicito. Le anime presenti alla scena rimangono col fiato sospeso, in silenzio… in attesa.

Colei che rappresenta Munn continua a guardarmi, senza sbattere gli occhi. Quella fissità irreale provoca in me un senso di disagio che cerco di reprimere, con successo.

"Swaynn di Vegar." Dice, infine. "La tua arroganza ha rivelato ciò che sei e che nessuna di noi dovrà mai essere. Verrai punita, per questo. Quindi, per alleviare le tue pene, t'invito, per l'ultima volta, a condividere con tutte noi le tue conoscenze, affinché la guarigione non sia solamente un tuo possesso, ma un dono gratuito da consegnare tra le mani di chi ha conosciuto la sventura."

La guardo dritta negli occhi, senza abbassare lo sguardo, e dico, con voce ferma:

"Lo farò quando avrete richiamato tutti gli uomini che sono stati cacciati da questo luogo, affinché questo dono possa essere d'aiuto anche per loro."

"Osi porre condizioni? Osi sfidare la collera di Munn?"

"Se necessario… sì."

Le mie parole suscitano reazioni di sdegno tra le Vergini. Sono uscite dalle mie labbra senza che riuscissi a fermarle, e solo ora mi rendo conto dell'effetto che esse hanno prodotto. La signora vestita di rosso punta un dito contro di me e dice con voce imperiosa:

"Poiché hai disobbedito e hai osato contraddire colei che ti ha cresciuta come una figlia, sarai punita in modo esemplare, affinché il tuo castigo sia d'esempio per coloro che, tentate, non siano in grado di resistere alla superbia! E se sfiderai ancora le leggi, contrapponendoti alla sacralità di questo luogo, sarai bandita per sempre, condannata all'oblio e costretta a vagare senza più memoria, alla ricerca di un rifugio in cui trascorrere il resto della tua vita!"

"Ora basta!"

La voce tonante, proveniente dalle mie spalle, lascia tutte noi sgomente. Mi volto anch'io per guardare Athorm entrare in quest'enorme aula, vestito come quando l'ho visto quella notte, presso la scogliera. Il mio stupore è pari a quello di tutte le Vergini presenti. Si avvicina lentamente, con occhi fiammeggianti. Il suo mantello color antracite è un affronto come lo sono state le mie parole. Ma anche lui non ha paura, e continua ad avanzare, fino a raggiungere il centro della sala, ponendosi accanto a me. Solo ora mi accorgo di quanto sia alto e imponente, e anche del fascino particolare che emana ad ogni suo passo.

Le Signore delle Tre Terre si scambiano uno sguardo preoccupato, mentre colei che parla per conto di Munn lo squadra senza timore:

"Voi non avete ritegno." Gli dice, e la sua voce è tornata sottile.

"E voi non avete cuore." Replica lui, asciutto.

"Siete complice di Swaynn, forse?"

"Non credo che la migliore delle vostre Vergini sia così facilmente corruttibile."

"E' opera tua, quindi, Swaynn? Sei riuscita ad incantare quest'uomo?"

"Se ci fosse un ultimo essere umano sulla Terra, oltre a me, e se questi fosse lui, non lo degnerei di alcuna attenzione."

"Quindi, Athorm… Vi siete introdotto con l'inganno e avete deciso di interrompere una giusta sentenza?"

"Voi lasciate troppe porte aperte, mie care signore." Replica l'uomo, con un sorriso beffardo. "E ciò che stavate per fare vi avrebbe condotte alla perdita definitiva di quest'isola ridicola."

"Come osate?" Esclama Ahona, subito trattenuta da Yrila e Iasha.

"La verità fa male." Continua Athorm, avvicinandosi alla donna vestita di rosso che, vicina a lui, sembra quasi scomparire. Lei lo guarda con vergogna e disprezzo, mentre lui continua a sorridere con un'espressione di scherno dipinta sul viso. Poi, facendosi più serio, riprende a parlare: "Credo, tuttavia, che tutti noi potremmo trovare un giusto accordo, affinché le cose non degenerino e la vostra reputazione sia salva."

"Che cosa intendete dire?"

"Suvvia, bella signora… chi di voi non ha mai anche solo pensato che la tanto chiacchierata Swaynn di Vegar rappresentasse un gesto beffardo del destino? Nessun marito, nessuna prospettiva… troppo esperta per essere moglie, troppo colta per poterle tenere testa. Così è stato più facile nasconderla qui, per anni, per evitare che vedesse il mondo per come realmente è fatto."

70

"State facendo illazioni che non possiamo tollerare! Uscite da qui, subito!"

"Sarò felice di farlo, e non mi vedrete più, se lo desiderate, ma… ad una condizione."

Lo guardiamo tutte, in attesa di sapere quale possa essere la sua richiesta. Le sue parole sono entrate nel mio cuore come una stilettata. Forse, dentro di me, avevo già pensato che a Munn convenisse tenermi con sé, piuttosto che lasciarmi libera, per le stesse motivazioni che Athorm ha addotto. Poi, però, avevo deciso di scacciare da me quel pensiero insopportabile.

"Ponete condizioni? Voi?" Chiede colei che rappresenta la Signora dell'Isola.

"Solo una, come vi ho detto. E credo che non potrete rifiutare, poiché la riterrete utile, quanto lo è per me."

"Parlate, dunque!"

"Lo farò solo quando Swaynn uscirà da questa sala, per fare ritorno a casa, senza essere seguita. Da nessuna di voi."

Dopo un attimo di silenzio, e con evidente fastidio, la donna alza la mano, in cenno di assenso:

"E sia!" Dice.

Subito, due Guerriere sono al mio fianco, e, quasi con la forza, mi costringono a seguirle. Uscirò da un'altra porta, questo è certo. Vorrei sapere che cosa chiederà Athorm, ma non mi è possibile rimanere. Lo vedo seguirmi con lo sguardo, prima che un grosso muro portante lo nasconda alla mia vista. Il portone principale si apre di fronte ai miei occhi e la luce del sole m'invade, quasi accecandomi. Il rumore forte alle mie spalle mi riporta alla realtà: i campi di grano sono scomparsi. C'è solo il verde, tanto verde da sembrare irreale, e il mio cavallo che mi aspetta. Da solo. Come me.

***

Sono passati tre giorni. Tre giorni in cui sono stata costretta a rimanere chiusa in casa, senza farmi vedere da nessuno, per non perpetuare l'onta in cui ho gettato l'intera isola, sebbene vi siano ancora alcune Vergini ignare di chi io sia o di che cosa abbia fatto. Anche Detia ha saputo. Mi è rimasta vicina, in questi giorni di clausura, senza farmi pesare il fatto di essere la più diversa tra le diverse in tutto il pianeta. Isay ha cominciato a pronunciare qualche parola, esprimendosi nella lingua di questo luogo lontano dal mondo. E' strano come Detia, nonostante abbia dimenticato quasi ogni cosa delle tradizioni che ci sono state insegnate, ricordi ancora molto bene simboli e significati di questa forma di comunicazione tipica dell'Isola delle Vergini.

In questi giorni ho avuto la possibilità di esercitarmi col Chrein, cantando anche il Gham, alla luce del sole: la mia presenza al confine non è gradita, quindi ho potuto dedicarmi all'arte che più amo, senza dover cercare un altro luogo in cui trovare ispirazione. La mia amica è riuscita ad intonare qualcosa con me, e Isay mi guarda estasiato, ogni volta che gli canto una canzoncina inventata sul momento, solo per lui. Il cibo che avevo in dispensa è bastato per tutti, e ne ho ancora parecchio in una piccola stanza posta appena sopra le fondamenta della mia casa. Là, il fresco mantiene gli alimenti in ottime condizioni per molti giorni, anche se non mi è possibile avere del ghiaccio come si usava secoli addietro, quando l'essere umano lo utilizzava per la conservazione di alcuni cibi. In compenso, qui si usa ancora il sale, ma anche l'olio, la cera d'api e il miele.

Riguardo al giorno dell'onta, Detia mi ha raccontato che, quando sono sparita dal campo, nessuno si era accorto della mia assenza, se non ad un certo punto, quando il mio secondo cavallo aveva cominciato a nitrire nervosamente. Solo allora la mia amica ha cominciato a cercarmi, preoccupata. E' stata l'Ancella, a rincuorarla, con un conforto silenzioso e fatto di gesti, ma privo di parole. Così, madre e figlio sono montati in sella, cercandomi ovunque, finchè mi hanno trovata qui, a casa mia, profondamente addormentata.

Io non ho memoria di quello che è successo quando sono uscita dalla sala in cui si è svolto il breve interrogatorio. Ricordo solo di essere stata quasi trascinata fuori a forza, di aver cavalcato velocemente, senza mai voltarmi indietro o guardarmi intorno, e di aver aperto la porta di casa. Non ricordo altro. Devo essermi addormentata di colpo, perché non mi sono nemmeno accorta dell'arrivo concitato di Detia.

Mentre ci accingiamo a preparare la tavola per pranzare, avvertiamo un rumore di zoccoli che si fa sempre più vino. Di solito i rumori sono più attutiti, ma i cavalli devono essere almeno tre o quattro, e stanno galoppando velocemente, proprio in direzione della mia casa. Io e Detia ci guardiamo senza capire che cosa stia accadendo: di solito, questo luogo è molto silenzioso, poiché non vi passa quasi nessuno. Questo rumore forte sembra echeggiare ancora più intensamente, e avverto una vibrazione strana dentro di me. E' come se Munn stessa stesse comunicando, con il suo linguaggio particolare che solo poche Vergini sanno interpretare. Tre colpi forti e ravvicinati provengono dalla porta di legno di quercia. Chi potrebbe essere?

"Isay, stai seduto composto e non fare i capricci, intesi?" Gli dice Detia, accompagnandomi all'ingresso. La sorpresa è grande, quando, di fronte a noi, ci sono le Signore delle Tre Terre, e con esse, una Vergine che potrebbe riassumere tutte le qualità delle zone in cui l'isola è divisa: ha i capelli corti e biondi, gli occhi scuri, ed è vestita come una Guerriera, ma con colori vivaci. Un mantello e un turbante azzurro, con calzari dello stesso colore, completano il suo vestiario. Il suo cavallo è bianco, simbolo della purezza dello spirito di Mosbury.

C'è ancora un'altra persona: la donna vestita di rosso che mi ha giudicata e minacciata, nell'aula magna della dimora di Munn. Questa volta, però, il colore del suo indumento costituito da un unico pezzo è colore dell'argento. Anche questo è un simbolo di guerra. Questo significa che la visita ha un carattere ufficiale e che è stata presa una decisione.

"Swaynn Osery di Vegar!" Esclama la Vergine Guerriera.

"Sono io!" Rispondo, prontamente, avvicinandomi a lei, ma mi blocca immediatamente, esclamando:

"Non fate un altro passo! Siamo giunte qui per comunicarvi l'ordine che la stesa Munn ha fatto pervenire alle sue Ancelle. Ora state in silenzio e ascoltate attentamente."

Arretro di un passo, obbedendo al comando. Detia mi è accanto e mi stringe la mano. La messaggera srotola un foglio in papiro e comincia a leggere:

"Swaynn Osery di Vegar, accolta nell'Isola delle Vergini circa ventiquattro anni fa. All'età di cinque anni siete stata affidata alle nostre amorevoli cure. Per volere della Signora dell'Isola, vista la grave onta che avete compiuto ai danni delle vostre sorelle, unita alla mancanza di condivisione di ciò che non può appartenere ad una sola persona, ma all'intera comunità, siete stata punita con una clausura di tre giorni, una grazia che vi è stata concessa in virtù della richiesta giunta da parte di Athorm Dralt di Kelenda. Dopo un'attenta osservazione dei dettagli che tale richiesta comporta, così è stato deciso: voi sarete la sua legittima sposa, perché così vuole la legge dell'isola. Avendo voi compiuto ventinove anni, e facendo ancora parte di coloro che hanno mantenuto intatta la loro Virtù, siete in possesso di tutti i requisiti per contrarre il matrimonio." La donna riarrotola il papiro, aggiungendo: "Lascerete l'isola oggi stesso, al calare del sole. Preparatevi per partire e dimenticare."

"Un momento!" Esclama Detia. "State commettendo un errore! Athorm a chiesto *me*, in sposa, e non Swaynn! La Signora dell'isola ha anche accettato che il matrimonio si celebrasse qui!"

"Così è stato deciso." Ribadisce la Vergine messaggera. "Detia di Verdrad, poiché essa è ancora la tua patria, potete scegliere se tornare con colui che fu vostro marito o se rimanere qui. Per sempre. Senza mai più vedere il mondo."

"Io... non capisco! Devo riprendermi un uomo che mi maltrattava, solo perché i piani di Munn sono cambiati?"

"Osate ribellarvi a lei, Detia?"

La mia amica ammutolisce: no, lei non riuscirebbe mai a fare una cosa simile. La vedo abbassare lo sguardo, mentre mormora così piano da rendere quasi incomprensibili le sue parole:

"Se dovessi scegliere di rimanere qui... dove potrei andare?"

"Prendereste possesso della casa di Swaynn, subito dopo la sua partenza. Così è deciso."

"No. Nulla è stato deciso." Intervengo, con veemenza. "Io non sono il burattino di nessuno. Preferisco essere bandita per sempre dall'isola e vagare nell'oblio, piuttosto che diventare la sposa di Athorm!"

E' la signora vestita d'argento, ad intervenire con la sua voce sottile ma ferma:

"Non hai ancora capito che non puoi scegliere, Swaynn? Questo è il volere di Munn ed è un miracolo che tu sia riuscita a trovare uno sposo. Sei molto cambiata, da quando eri bambina, e questo l'abbiamo notato. Hai smesso di essere docile, obbediente e servizievole e sei più forte di tutte le Guerriere messe insieme. Nessun altro uomo ha avanzato richieste per te, poiché hai smesso di accondiscendere e hai cominciato a pretendere la tua indipendenza. Bene, è ciò che avrai. Ma con Athorm Dralt, e in nessun altro modo."

Con un cenno del capo, invita le altre Vergini a seguirla, e il piccolo gruppo torna indietro, molto rapidamente.

Una volta rimaste sole, io e Detia ci guardiamo. Gli occhi della mia amica sono colmi di lacrime e sentimenti contrastanti si agitano nel suo cuore. Capisco la sua rabbia nei miei confronti che va a scontrarsi contro l'affetto consolidato nel tempo. Ci vuole un po' di tempo, prima che lei riprenda il controllo di se stessa. Solo dopo profondi respiri, riesce a farmi una dola domanda:

"Perché?"

Sembrerebbe una domanda banale, ma racchiude in sé una quantità infinita di mille altre domande inespresse.

"Io sono vittima quanto lo sei tu." Le dico, rientrando in casa. Lei mi segue, agitandosi:

"Ma tu l'hai visto! E lui ha voluto *te*! Te, capisci? Mi aveva fatto una promessa, e ora…"

"Ora dovresti aver compreso quanto valgono le sue parole."

"A me non interessa ciò che pensi tu, di lui!" Per la prima volta, in questi lunghi anni, la sento alzare la voce. "Che cosa gli hai fatto, per attirare la sua attenzione? Come l'hai affascinato?"

"Non ho fatto nulla di ciò che pensi, Detia!" Esclamo, esasperata. "Sono stata mandata via dall'aula magna prima che venisse fatta quella proposta di cui ho appreso solo oggi! E, se avessi saputo, avrei accettato la punizione più dura, l'oblio, l'emarginazione!"

"Chi accetterebbe mai un castigo, Swaynn? Chi, dopo aver conosciuto Athorm?"

La afferro per le spalle, stringendola lievemente:

"Torna in te, amica mia!" Le dico, con tono deciso. "Nessuno ti costringe a vedere il bene in quell'uomo, ma non puoi credere davvero a ciò che dici! Io ho respinto anche Ahona, ricordalo! E non ho concesso a Orud di rivolgersi a me con eccessiva confidenza! E, quando ho visto Athorm, ai confini degli Antri dello Spirito…"

"Tu… L'avevi già incontrato? E non me l'hai detto?"

"Non te l'ho detto… solo perché sapevo che tu eri promessa a lui. Ma non è stato un incontro piacevole, affatto! Avevi ragione tu: la sua mente è forte. Ma non ha piegato la mia!"

Detia si allontana da me, piangendo:

"Perché dovrei crederti?" Mi chiede, quasi gridando. "Mi hai taciuto questo… e ora dovrei pensare che tu sia solo una vittima? Potresti averlo sedotto, per quanto mi riguarda!"

"Non essere sciocca, e nemmeno così cieca! Tu puoi sentire ancora la mia Virtù. Io non l'ho mai persa, nemmeno col pensiero!"

Spaventato dal nostro tono di voce, Isay comincia a piagnucolare. Detia smette di ansimare ansiosamente e corre verso il bimbetto, prendendolo in braccio e cercando di calmarlo. Io rimango in silenzio, immobile, e penso a come colei che è sempre stata la mia più cara amica possa avere una così bassa opinione di me. Il tempo trascorso nel mondo l'ha resa così dura, così incapace di guardare al di là delle apparenze? Possibile che continui a difendere un uomo che conosce appena, per scagliarsi contro di me? E perché Athorm ha deciso di essere l'artefice di questa situazione? In cuor suo, probabilmente, sapeva che avrebbe potuto causarla. E l'ha fatto, volontariamente. L'ha fatto per mettere Detia contro di me, per allontanarla, per farle credere qualcosa che non fa parte dei miei valori.

Attendo ancora qualche minuto, sperando che la donna mi rivolga di nuovo la parola. Ma, dopo aver calmato Isay, mi rivolge un'occhiata di muto rimprovero e si ritira nella sua camera. Rimasta sola, penso al modo con cui potrei fuggire. Potrei prendere il mio cavallo, nascondere Tif in una sacca... ma il Chrein? Troppo ingombrante per poterlo sollevare, e troppo appariscente per non dare nell'occhio. E dove potrei rifugiarmi? Non conosco che quest'isola, e le vibrazioni prodotte dalla mia essenza sarebbero sicuramente avvertite da Munn, così come io percepisco le sue.

Cammino avanti e indietro per la stanza, cercando di pensare ad una strategia attuabile. Tutto è molto più difficile di quanto non sembri, a meno che... a meno che, io non utilizzi una tecnica che mi è stata insegnata quando, da bambina, vivevo nelle grotte degli Antri dello Spirito. Ricordo che una giovane mi aveva accennato qualcosa che mi era sembrato irrealizzabile, ma che, evidentemente, corrispondeva a realtà, giacché, dopo quella volta, non l'ho mai più vista. Potrei tentare. Ma dovrei recarmi alle grotte e avvicinarmi ai Fiori del Tempo, per coglierne uno. Credo che potrei farcela, ma devo aspettare che giunga la sera. Ma devo agire prima che per me giunga il tempo di partire. Trascorro il resto della giornata fingendo di preparare i miei pochi bagagli. Lo faccio per non destare alcun sospetto e per disturbare le vibrazioni che la mia mente produce. Questo disturbo impedirà a Munn di percepire i miei piani.

Detia si fa vedere il meno possibile e quando m'incrocia mi rivolge uno sguardo veloce, pieno di tristezza e delusione. Cerco sempre di parlarle, ma si allontana da me, come se rifiutasse alcun contatto. Isay vorrebbe giocare, e cerca di corrermi incontro non appena mi vede, ma la madre glielo proibisce. Il bimbo urla e fa i capricci, ma non può fare di testa sua. Così, nel silenzio e nella più completa solitudine, continuo la mia farsa, mentre i pensieri corrono sul filo del rasoio. Quando i raggi del sole cominciano ad attenuarsi, e le prime ombre coprono questo lembo di terra, sento che sta per giungere il momento, per me, di mettere in atto ciò che ho deciso. Così, mentre finisco di sistemare le ultime cose, mi accingo a portare con me tutto ciò che mi servirà: una piccola borraccia contenente acqua della Fonte della Vita, un pugnale speciale, l'unico che possa recidere i Fiori del Tempo, poiché, nonostante la loro delicatezza, essi sono inestirpabili, e un paio di pietre focaie che ho trovato nei pressi dell'altare, quando ancora ero a Mosbury.

Un alito gelido sfiora il mio viso, e rabbrividisco. Non adesso!, penso stizzita. Qualunque cosa tu abbia da dirmi, io non ti ascolterò! Continuo a muovermi febbrilmente, avvolgendomi in un mantello cangiante, che mi è stato regalato da Aire, anni fa, quando ancora ero una sua piccola allieva. Il mantello possiede delle caratteristiche particolari: quando è giorno, riflette sfumature che vanno dal rosso al verde, mescolandosi con una leggerezza così soave da catturare l'attenzione di chiunque lo guardi; quando è sera, si comporta come la pelle di un camaleonte, riuscendo a far mimetizzare chi lo indossa, confondendolo con l'ambiente circostante. L'ho indossato poche volte, in questi anni, e solo per la semplice curiosità di vedere quanto fosse vero ciò che mi era stato detto. Ogni volta ho costatato che le parole di Aire erano veritiere: era davvero impossibile notarmi, quando il sole cominciava a tramontare. Tutte le mie cose sono state radunate vicino alla porta di casa, come se davvero mi stessi preparando per il mio viaggio verso il mondo che non ricordavo. Ma le mie intenzioni sono ben altre, e ho intenzione di approfittare del silenzio in cui Detia si è chiusa, così come si è chiusa nella sua stanza, insieme ad Isay. Quando apro la porta, una brezza gelida mi fa rabbrividire. Il cielo è terso, e promette un'altra bella giornata. Una giornata che potrei rivedere, domani, chissà dove, in quest'isola. Così, avvolgendomi nel mio mantello, mi dirigo verso il mio cavallo che sembra aspettarmi da ore. Armeggio con la sella, montandola a dovere, e poi imbriglio il purosangue, sistemando le staffe.

Non manca più nulla. Ora posso portare a termine ciò per cui sono qui.

"Se fossi in voi, non lo farei."

La voce alle mie spalle mi fa sussultare. Mi volto, e vedo Athorm, proprio dietro di me. Non so da dove sia sbucato, e non so nemmeno da quanto tempo stia assistendo alla scena. Non ho avvertito il minimo rumore, se non la sua voce, così mi chiedo se la sua presenza sia reale o se sia un'altra delle mie allucinazioni.

"Pensate di essere l'unica, a conoscere certi trucchetti?" Mi chiede, allontanando le briglie dalle mie mani.

"Come osate spiarmi?" Gli chiedo, di rimando, infastidita dalla sua invadenza.

"Non me ne sono mai andato, da quanto le vostre *Signore* sono giunte da voi, per annunciarvi la vostra partenza. Per quel poco che sono riuscito a comprendere, credo che abbiate organizzato tutto, affinché la vostra *amica* non sospetti nulla."

"Siete irritante, Athorm, così come lo è il vostro sarcasmo! Avete architettato tutto per allontanarmi dall'unica persona con la quale io abbia mai legato, in questi lunghi anni! Una persona che voi dovevate sposare ma che, all'ultimo, avete deciso di abbandonare!"

"Vi ho solo salvato da una punizione che non meritavate, Swaynn. Credo di meritare la vostra gratitudine, e non il vostro astio."

"Ed io credo che voi abbiate un'importanza eccessiva, per le Vergini di quest'isola, *signore*. Esse vi temono più di quanto dovrebbero fare con Munn, e voi vi prendete gioco di loro. Siete persino riuscito ad entrare in un luogo proibito a noi tutte, e mi chiedo come abbiate fatto!"

"Dite? Eppure non eravamo soli, in quella grande sala. Non c'erano centinaia di giovani donne e ragazze pronte a condannarvi, Swaynn? Se quel luogo era proibito, come mai voi siete stata l'unica a non aver ricevuto un invito ufficiale, mentre si cospirava alle vostre spalle, e chi vi giudicava non era colei che governa l'isola, bensì le sue marionette? Inoltre, per ciò che riguarda il mio ingresso... non credo che voi possiate giudicarmi, visto che vi siete palesata in un modo a dir poco insolito?"

"Voi eravate già lì?"

"Ha importanza? Conoscete già ciò che si dice di me. Perché vi stupite, dunque? Perché, invece, sottovalutate l'atteggiamento che hanno avuto contro di voi le vostre simili?"

"Esistono delle leggi. Ed io ho disobbedito. Se eravate presente, l'avrete sicuramente compreso. Ma, forse, per voi, la trasgressione fa parte della vostra normalità..."

"Forse..." Dice Athorm, con un sorriso beffardo. "Ma vedo che anche voi avete smesso di amare quelle regole che tanto avete seguito. Non stavate cercando di scappare, Swaynn?"

"La cosa non vi riguarda!"

"Mi riguarda, invece, visto che partirete con me, per diventare mia moglie."

Gli rivolgo uno sguardo di sfida:

"Credete davvero che mi lascerò comprare da voi, Athorm? Non sono una di quelle donne senza valori che amate portare nel vostro letto, poiché è questo che si dice di voi!"

"Non siamo ancora sposati e siete già gelosa?"

"Voi non mi avrete mai! Mettetevelo bene in testa! Fate ritorno alla vostra terra, dove gli usi e i costumi sono a voi più consoni e lasciate in pace me!"

"Non posso farlo, mia cara. Non posso lasciarvi andare dove volete, poiché ora appartenete a me."

"Io appartengo a quest'isola. E qui rimarrò, dovesse essere l'ultima notte che passerò in questo luogo!"

"Non mi lasciate scelta, Swaynn."

Lo guardo, cercando di comprendere che cosa voglia dire. Cerco di entrare nella sua mente, ma è come se un muro mi rimbalzasse in continuazione. Così, stanca di parlare, mi giro di scatto verso il mio cavallo e metto un piede nella staffa. All'improvviso, una benda nera viene posta sui miei occhi, ed io non riesco più a vedere. Tento di ribellarmi, ma un odore acre e penetrante giunge alle mie narici. So di che cosa si tratta. E so che non c'è più nulla che io possa fare. Mi sento cadere, mentre l'oblio spegne la mia mente e il mio corpo. Non vedo. Non sento. Il tempo si è fermato. C'è solo silenzio. Silenzio e oscurità.

***

C'è musica. Una musica lontana. Una musica che non ho mai sentito, sull'Isola delle Vergini. Sembra una di quelle musiche che, secoli fa, suonavano i gitani, spostandosi da un posto all'altro. La testa mi duole e mi sento come se avessi dormito per giorni. Avverto un leggero tocco sul mio viso e vedo Tif che strofina il suo musetto contro di me. La accarezzo tenendo gli occhi chiusi e lei mi ricambia con fusa in gran quantità. Poi, di colpo, apro gli occhi: man mano che i sensi cominciano a riaccendersi, divento consapevole degli ultimi istanti che hanno preceduto il mio svenimento e mi rendo conto di non essere più a casa mia. Mi guardo intorno, e vedo un ambiente nuovo. Non saprei nemmeno come spiegarlo. Il mio letto è diverso, e sento che non è imbottito di paglia e ovatta, ma di qualcosa di molto più rigido, che, ad ogni mio movimento, emette un suono stridulo. Vicino a me c'è un piccolo mobiletto, con un cassettino vuoto. Sopra questo mobiletto mi sembra di riconoscere un tipo d'illuminazione molto diffusa, secoli fa. L'energia elettrica è stata ripristinata? C'è anche una sorta di guardaroba in legno, di fronte a me, e il mio Chrein è stato posto in un angolo della piccola, insieme alle cose che avevo radunato, per fingere la mia partenza.

Avverto calore, ma non so da dove provenga: non vedo camini, e il pavimento è fatto di un materiale che non permetterebbe il passaggio del calore, attraverso lo stesso sistema di condutture che convogliava aria calda, in quella che era la mia casa, sull'Isola delle Vergini.

... Ma io ricordo! Ricordo tutto! Credevo che avrei perso la memoria, che l'oblio calasse sulla mia mente e i miei pensieri, ma sbagliavo! Ogni cosa, dal mio arrivo, fino all'oscurità indotta da qualcosa che mi ha neutralizzata, insieme al cloroformio, tipico della razza umana.

Guardo gli indumenti che ho indosso e mi rendo conto che qualcuno deve avermi svestita e cambiata, mentre dormivo. Ora indosso una delle mie tuniche lunghe, color avorio, di tessuto leggero ma coprente, con un leggero scollo rotondo. Le maniche sono strette fino ai polsi.

L'ultima persona che ho visto è stata Athorm: possibile che sia stato lui? E dove mi trovo? C'è una piccola finestra tonda, posta su un muro della stanza. Mi alzo, con fatica e, a piedi nudi, mi dirigo verso quel vetro trasparente, privo di tende e orpelli. Il pavimento è gelido e duro, e mi sembra di camminare su tanti spilli appuntiti. Raggiungo la piccola finestra e cerco di guardare fuori: acqua, tanta acqua. Acqua, e onde che s'infrangono su quello che dev'essere lo scafo di un'imbarcazione diversa da quelle che ho sempre visto.

Cerco di far ritorno verso il letto, sul quale Tif rimane tranquillamente acciambellata. Vicino, sono stati messi i calzari che indossavo prima dell'agguato, così li indosso, e mi avvolgo nel mantello posto su una sedia. Voglio rendermi conto di dove sono finita, e da dove arrivi questa musica con un ritmo incalzante.

Mi dirigo verso la porta e noto che c'è una maniglia simile a quelle che si usavano molti secoli fa. E' in ottone, e quel contatto freddo mi fa rabbrividire. Scatta qualcosa, ed esco. Mi ritrovo in un corridoio lungo, che presenta molte porte. Per la prima volta, nella mia vita, vedo la luce artificiale e i suoi colori illuminare i miei passi, dall'alto. Non so da dove provenga, perché non vi sono quegli oggetti chiamati lampadine che solo alcuni luoghi della Terra hanno continuato ad utilizzare. Cammino, e fatico a reggermi in piedi. L'imbarcazione ondeggia parecchio, e spesso mi trovo costretta ad appoggiarmi alle pareti. Anch'esse sono fatte di un materiale che non ho mai visto, e che mi sembra innaturale: non sono fatte di legno, e nemmeno di pietra; non vedo fango, né canne e nemmeno paglia o foglie. Tutto è così nuovo, e mi fa sentire stordita.

Avanzo seguendo la musica, fino ad arrivare a scalini molto ampi e rivestiti di velluto rosso, al termine dei quali c'è un grosso portone in bronzo, aperto per metà. La luce del sole entra con violenza, e l'odore forte dell'acqua salmastra sale fino alle mie narici, quando comincio a salire. Arrivo al termine di questa scalinata quasi senza fiato, e, appoggiandomi al portone, esco. Di fronte a me, su quello che sembra essere il ponte di una grossa nave, c'è un gruppo di quattro persone, una donna e tre uomini che danzano e cantano, suonando strumenti che non ho mai visto prima. Riconosco solo delle percussioni suonate da un uomo robusto e tozzo, con una camicia troppo piccola, per la sua stazza. Il sudore scivola copioso sul suo viso, impregnando una coltre di barba nera, e anche le ascelle presentano chiazze vistose. Eppure, lui non sembra farci caso. Rimango lì, ferma, a guardarli, e mi sembrano così diversi da me, con quei vestiti così simili a quelli dei nomadi che un tempo popolavano il pianeta, con la pelle scurita dal sole, e una leggerezza dell'essere che sembra non conoscere alcuna preoccupazione. Ma il continuo ondeggiare dell'immensa imbarcazione mi provoca un improvviso capogiro, ed io cado a terra, urtando contro un secchio di metallo e facendolo rotolare. La musica e le danze cessano di colpo, e i quattro si voltano verso di me. Ci guardiamo a vicenda, senza sapere che cosa dire. L'imbarazzo è evidente, e così pesante da poterlo quasi toccare. I loro sguardi guardano altrove, ora, esattamente dietro di me. Mi sento sollevare e rimettere in piedi e riconosco la forza di Athorm che mi sostiene. Lo guardo anch'io, e qui, tra le onde di qualcosa che sembra essere un mare agitato dal vento che soffia con forza, mi sembra che i suoi occhi abbiano una luce diversa: è come se tutto l'odio che sull'isola portava con sé una coltre di oscurità, ora, avesse lasciato il posto ad un equilibrio interiore, una forza simile a quella che avevo già percepito, ma con una sfumatura differente. Quando mi parla, non si esprime col linguaggio usato dalle Vergini, ma attraverso un'altra lingua che, per mia fortuna, ho avuto la possibilità di studiare:

"Dovresti stare a letto, Swaynn." Mi dice, con voce ferma. "Hai dormito per quasi tre giorni e non hai mangiato nulla. Il mare può giocare brutti scherzi a chi non ha mai cavalcato le onde."

"Sto bene…" Mormoro, nella sua lingua. E', forse, proprio il mio modo di esprimermi così simile al loro che porta i quattro ad emettere un respiro di sollievo: probabilmente temevano che io non potessi comprenderli o che lanciassi su di loro delle maledizioni.

"Oh, beh…" Borbotta l'ometto grosso, con la barba unta e la camicia scolorita e piena di chiazze di sudore. "Forse, la signora è stata solo svegliata dal volume della nostra musica. In effetti… è probabile che abbiamo esagerato un pochino…"

"Allora state più attenti, Oughm." Replica Athorm, con severità. "Swaynn è un'ospite di riguardo, su questa nave, e presto sarà la mia sposa. Datele il tempo di ambientarsi."

L'uomo si avvicina a me, ed io mi aggrappo ad Athorm, come se cercassi protezione. Lui mi rivolge uno sguardo stupito: forse si aspettava che io potessi avere il cuore freddo come il ghiaccio e l'anima così arida da non conoscere la paura?

"Sono desolato, signora." Dice il tipo sudaticcio e puzzolente, inchinandosi in modo sgraziato. "Permettetemi di presentarmi: io sono Oughm, e sono felice di fare la vostra conoscenza. Perdonateci se vi abbiamo mancato di rispetto, ma non l'abbiamo fatto intenzionalmente. Siamo zingari dei mari, e spesso dimentichiamo le buone maniere."

"Dimentichi di presentare anche noi!" Protesta l'unica donna del piccolo gruppo. Anche lei si avvicina ed io mi sento ancora più vulnerabile: non sono che una manciata di esseri umani come me, ma la mia lontananza dal mondo da cui provengo mi ha resa aliena. Athorm mi sostiene con forza, ed io trovo in lui un'àncora cui aggrapparmi. Inaspettatamente.

"Io sono Moraya." Mi dice l'unica donna della ciurma. Potrebbe avere circa trentacinque anni. I suoi capelli sono lunghi, neri e ricci, quasi crespi. La pelle è brunita dal sole, e gli occhi sono grigi, ma non troppo appariscenti. Ha un modo di fare deciso, e indossa una bandana, degli appariscenti orecchini tondi alle orecchie e monili vari, anche sulle caviglie. Veste come un'antica gitana, e ha i piedi nudi. La sua gonna è corta, e supera di poco il ginocchio. "Se me lo permetti, vorrei darti del tu. Non amo l'eccessiva formalità, e non riuscirei a parlarti in modo diverso da come ti parlo ora. Sempre che non ti dia fastidio."

"Per me va bene… Moraya. Ma voi non abbiatene a male, se non potrò ricambiare il vostro modo di fare e se non contraccambierò." Rispondo, cominciando a sentirmi leggermente meglio. Pensavo che avrei avuto difficoltà nel comprendere una lingua nuova, ma mi rendo conto di riuscire a seguire ogni discorso e a rispondere fluentemente… come se non avessi fatto altro, in questi lunghi anni passati sull'Isola delle Vergini.

La donna si acciglia immediatamente dopo aver udito le mie parole:

"Dopo essermi presa cura di te in questi giorni, pensavo di meritare ben altro!" Esclama, alterata.

"Swaynn non poteva sapere e non hai il permesso di pretendere, Moraya!" Replica Athorm, con sguardo duro. "Non dimenticare mai chi comanda, qui."

Lo sguardo grigio si abbassa e il viso brunito avvampa: so che Moraya vorrebbe rispondere. Lo avverto. Ma non lo fa, perché, evidentemente, è solo una sottoposta. Così, inghiottendo il suo orgoglio, si rivolge a me nuovamente, con voce più dimessa:

"Vi chiedo scusa, signora. Oughm ha ragione: siamo gente che non conosce una fissa dimora, e che non segue le regole di nessuno, se non quelle cui sottostiamo volontariamente su questa nave."

"Non scusatevi." Le rispondo, con cortesia. "Apprezzo la sincerità e vi ringrazio di esservi presa cura di me. Non sono abituata al vostro mondo, e nemmeno alle vostre usanze. Perciò, non consideratemi come se io contassi più di voi, perché non è così: tutti noi dobbiamo imparare a conoscerci, a condividere il nostro passato che ci ha resi quello che siamo. Credevo che avrei dimenticato, quando mi fossi trovata lontana dall'isola da cui provengo, ma i ricordi mi seguono come se fossero la mia stessa ombra, e credo che non mi abbandoneranno mai."

I quattro mi guardano in silenzio, come se non fossero abituati a sentire un altro essere umano parlare nel modo con cui mi esprimo. Comprendo che viviamo l'arte come se essa avesse per ciascuno un messaggio diverso, così com'è diverso il nostro modo di fare.

"Da quattro anni... Sì, da quattro anni desideravo ascoltare ancora questo modo di parlare, così poetico e incantevole..."

Riconosco subito la voce maschile che si è avvicinata da un altro punto della nave:

"Orud!" Esclamo, sorpresa nel vederlo in perfetta salute, anche se il suo aspetto fisico non è mutato, ma la sua energia è forte, come se le Larve non lo avessero mai intaccato.

"Sì, signora, sono io." L'uomo s'inchina lievemente, come ha imparato a fare sulla mia isola, ogni volta che una Vergine gli si avvicinava per prendersi cura di lui. Mi parla nella lingua dei suoi compagni di viaggio ma, a differenza di loro, benché il suo aspetto sembri decisamente più losco, sa perfettamente come comportarsi di fronte ad una prescelta. E continua a parlarmi: "Mi avete salvato la vita, e mi avete detto che avrei dimenticato, che non avrei mai più dovuto avvicinarmi a quel luogo che voi considerate sacro... Ho rispettato il vostro desiderio e non ho mai più fatto ritorno, nemmeno per ringraziarvi. Ma il nostro capitano mi ha ricordato ogni singolo giorno che, se sono vivo, è solo grazie a voi. E questo non l'ho mai scordato."

Guardo Athorm, sorpresa: come poteva sapere che io mi ero presa cura di Orud? Dopotutto, questi era giunto all'isola da solo, e molto malridotto. Non riusciva neppure a respirare e si pensava che sarebbe morto nel giro di un paio di giorni. Invece, non solo si era salvato, ma era stato in grado di comunicare, in qualche modo, al suo capo, ciò che, probabilmente, aveva ricordato per pochi istanti. E Athorm... lo aveva costretto a non dimenticare. Quindi a non rispettare ciò che avevo chiesto espressamente.

Perché?

Il mare continua ad avventarsi contro la nave. Nessuno dei presenti sembra essere intimorito da questi continui flutti, anche perché il sole è alto, nel cielo terso, e, a parte il vento tiepido, non sembra esserci presagio di cattivo tempo.

Ma io non sono avvezza a questi ondeggiamenti, e un altro capogiro m'indebolisce.

Athorm mi sorregge immediatamente, poi mi solleva, prendendomi tra le sue braccia. Non posso accettare che un uomo si prenda queste confidenze: ora ricordo perfettamente di essere stata trascinata qui con l'inganno, e il senso di costrizione m'inquieta. Cerco di staccarmi da Athorm, ma lui non mi permette di muovermi:

"Non fate la bambina e tornate a riposare!" Mi dice, abbassando la voce. Orud si avvicina in modo tale da porsi tra noi e i quattro, e si rivolge a me, quasi sussurrando:

"Il capitano ha ragione, signora. Presto saremo a Kelenda, e avrete bisogno di essere in forze, per sopravvivere in un mondo che non conoscete. Avevate ragione voi: siamo gentaglia, persone che vivono di espedienti e che combattono contro le regole sbagliate di una società che ci sta portando nuovamente all'autodistruzione. Non abbiamo una dimora fissa, non ci leghiamo a nulla e a nessuno. Ma voi non siete una donna comune e, per quanto possiate disprezzarci, ci sarà sempre qualcosa che fa di voi un essere umano simile a noi, perché siete una combattente e non avete paura di sfidare le leggi, quando vi sembrano ipocrite e assurde. Perciò, per quanto riguarda me, avete la mia parola che sarete trattata con rispetto e lealtà, poiché il mio debito con voi è grande."

"Avrei voluto conoscere anche gli altri." Mormoro, stancamente.

"Avrete modo di parlare anche con loro. Ma ora dovete riposare, signora."

Le parole di Orud, e il tono con cui le pronuncia, allentano la morsa che stringe il mio petto. Annuisco, silenziosamente. Poi, Athorm mi riporta in quella che è la mia stanza, e lo fa senza dire una parola, senza neppure guardarmi.

I suoi occhi sono impenetrabili, come la sua mente. La sua camicia, leggermente aperta sul petto, è nera e aderente, come i pantaloni. Cintura e stivali hanno una sfumatura ambrata, e presentano disegni ed iscrizioni che non comprendo. Non riconosco nemmeno il materiale con cui sono fatti. Tutto, di quest'uomo, parla di segreti taciuti, che m'inquietano.

Quando arriviamo vicino al mio letto, Tif mi accoglie con uno sbadiglio, ed io cerco di divincolarmi:

"Lasciatemi, ora." Dico ad Athorm. "Posso fare da sola."

"Non siate sciocca." Replica, secco. "Chi credete che vi abbia portata qui, quando siete svenuta?"

"Non è stata Moraya, ad occuparsi di me?" Chiedo, con lo stesso tono di voce.

"Sì, l'ha fatto. Ma, di certo, non è mai stata in grado di spostarvi da un luogo all'altro, Swaynn."

Rimango in silenzio, quando mi adagia sul letto, ma non riesco a tacere, quando comincia a rimboccarmi le coperte:

"Potreste evitare di trattarmi come una bambina?" Gli chiedo, con sarcasmo.

"Se smettete di comportarvi come tale." E' la sua risposta.

"Se volevate una donna più docile, avreste dovuto mantenere la vostra parola con Detia." Replico, quasi con noncuranza, mentre mi sistemo sotto le coperte, levandomi il mantello.

"Una Vergine vale l'altra."

Lo guardo, con sfida:

"Allora avete fatto la scelta sbagliata." Gli dico.

Athorm, che stava abbandonando la stanza, torna sui suoi passi. Senza nemmeno chiedermi il permesso, si siede sul mio letto, in modo tale da impedirmi di muovermi. Tif non sembra avere nessuna reazione: continua ad osservare la scena, sonnecchiando.

"Ascoltatemi bene, Swaynn." Mi dice l'uomo. "Poiché siete in grado di capire, se volete. Ma dovete dimenticare tutti quegli schemi mentali che vi hanno assurdamente imposto su quella dannata isola, per accettare una realtà diversa da quella che vi hanno raccontato. La scelta sulla vostra amica non è venuta da me, ma mi è stata imposta. Come e da chi... questo non vi deve riguardare. Non ho mai desiderato cercare una Vergine della terra dalla quale provenite, poiché le donne non mi sono mai mancate e, se avessi voluto, avrei potuto sposarmi con chiunque, in qualsiasi momento lo avessi desiderato. Il caso, però, ha voluto che io sentissi parlare di voi, ancora prima di conoscervi. Poi, quella notte, presso la scogliera, vi ho incontrata. Solo allora ho capito che vi stavo cercando. Vi cercavo, perché mi serve una combattente. E voi lo siete."

"Una combattente... Quanti anni avete, Athorm?"

"Trentacinque."

"Trentacinque anni... E, con l'esperienza che avete acquisito nel corso degli anni, non avete compreso la differenza tra un'arte e l'altra? Io sono solo un'artista. Nient'altro. Voi stesso l'avete costatato."

"Avete salvato la vita di un mio sottoposto, sapendo che, con molta probabilità, sarebbe tornato alla sua vita fatta di espedienti, ruberie e battaglie. Lo avete fatto di vostra iniziativa, quando tutte le altre abitanti dell'isola già prevedevano la sua morte. Ma voi avete lottato. Lo avete fatto anche per tutte le altre vittime che hanno beneficiato della vostra tenacia. E non vi siete tirata indietro nemmeno per difendere le vostre idee di fronte alla donna che ha l'incarico più alto, subito dopo la Signora della vostra isola. Lo avete fatto pur consapevole dei rischi. Swaynn... Voi incantate col vostro canto e la vostra musica, ma affondate colpi con la lama tagliente del vostro spirito. E' per questo che vi ho scelta: perché, come il vostro cavallo, siete pura, forte e indomabile."

"Il mio cavallo è qui?"

"Si trova nella stiva, insieme a quelli dell'equipaggio."

Passo una mano sulla fronte, stancamente. Il mio stomaco vuoto è sottoposto a sollecitazioni cui non sono abituata. Athorm se ne accorge e mi dice:

"Non è niente, Swaynn. State solo soffrendo di mal di mare. Non siete abituata a questi viaggi lunghi. Avete ricordi della vostra vita precedente a quella che avete trascorso sull'isola?"

"Pochi, radi e confusi." Rispondo, sospirando. "So solo che vengo da Vegar e che il mio cognome è Osery. Ma laggiù contava solo il nome, poiché non è mai stato necessario distinguerci, a meno che non vi fosse un motivo particolare."

"Eravate un numero. Come le altre. Ma non lo sarete più."

Lo guardo:

"Dovrei ringraziarvi, per questo?" Gli chiedo, stancamente. "Credete di avermi davvero liberato da una prigione? Perché, se è così, spero vi rendiate conto che mi state solo trasferendo verso un'altra forma di schiavitù: quella che voi stesso m'imponete."

"Non avrete bisogno di chiedermi il permesso di essere ciò che siete, Swaynn." Risponde Athorm, con un'insolita gentilezza. "Il fatto che mi siate promessa vi rende diversa agli occhi degli altri, e libera, benché crediate il contrario. Io seguo il vessillo della libertà che questo mondo crede di aver ritrovato, ma che continua a mettere in discussione, ogni giorno."

Lo guardo dritto negli occhi:

"E non sarò costretta a stare intimamente con voi, giusto?" Gli chiedo.

"Non è mia abitudine prendere una donna con la forza." Risponde, con un tono quasi di sfida. "Ma non preoccupatevi: la vostra... *virtù* sarà rispettata e mai violata, se è ciò che desiderate. Dopotutto, non mi stupirebbe che, in qualche modo, la vostra permanenza tra molte donne vi abbia spinta a desiderare creature del vostro stesso sesso..."

Ripenso ad Ahona, al suo approccio nei miei confronti e al netto rifiuto che le ho posto, così gli rispondo seccamente:

"Non so che idea vi siete fatto dell'isola, Athorm, ma so che cosa non vi permetto di pensare di me. L'unione tra esseri umani dello stesso sesso era contemplata già in tempi molto antichi. Anzi, era persino considerata la normalità. Detto questo, non fatevi strane idee: non mi sono mai concessa a nessuno, né a uomini, né a donne, ma, se lo desiderate, potete chiedere a chi opera nel campo della medicina, qualcuno di vostra fiducia, e che possa attestare che ciò che sostengo corrisponde a verità."

"Vi fareste toccare da un uomo, quindi, per darmi la prova della vostra verginità?"

"Toglietevi quel sorrisetto beffardo dalle labbra! L'arte della guarigione è sacra tanto quanto la spiritualità e lo spirito creativo."

"Sorrido... per la vostra ingenuità. Il mondo non è quello in cui avete vissuto fino ad ora, e ve ne accorgerete presto. Ma non temete: non ho bisogno di prove, per credervi: mi basta sentire quello che dire, per capire che non sapete nulla, della vita reale. Questo vi fa onore. Troppe Vergini si sono concesse prima di contrarre il matrimonio cui erano destinate. Non fate quella faccia: credevate davvero che, una volta uscite dall'isola, le promesse spose si fossero mantenute integre fino all'ufficialità dell'unione?"

"Questo è ciò che ci è stato insegnato. Questo è il nostro vessillo."

Athorm mi guarda, sorridendo ancora. Prima che la mia irritazione mi porti a compiere gesti di cui potrei pentirmi, lui si alza dal mio letto e si dirige verso la porta. Prima di uscire, però, di gira un'ultima volta, per rivolgermi le sue ultime parole:

"Ve l'ho detto, Swaynn: siete un'ingenua."

Poi se ne va, mentre un brivido di freddo corre sulla mia pelle, e l'alito gelido che ben conosco si tramuta in parole sussurrate al mio orecchio da una voce che non ha corpo, né forma:
"L'isola è nostra… Difendila… o conquistala!"

***

Non avrei mai potuto immaginare come potesse essere Kelenda, nemmeno con lo studio più approfondito che resistesse al tempo. Quando abbiamo attraccato, ho rivisto il piccolo gruppo che avevo incontrato sul ponte, ma, oltre a quello, ho costatato il numero impressionante di uomini che compongono l'equipaggio: saranno circa trecento persone, uomini e donne, di qualunque età e di qualsiasi provenienza. Tutti, però, parlano nella lingua che hanno imparato a Kelenda, il luogo che mi accoglie, dopo molti giorni di navigazione. I primi ad essere sbarcati sono stati i cavalli. Un'infinità di animali, gestiti da un gruppo di persone del posto. Il mio cavallo, insieme a quello di Athorm, è stato preso in consegna da Orud stesso, sceso prima di tutti e pronto a servire il suo capo. Mi sono stati imposti abiti tipici del luogo, ma ho rifiutato: non appartenendo ancora a Kelenda, non ne vedevo l'utilità. Così, ho indossato un abito color smeraldo, di velluto, con la gonna lunga fino ai piedi, la scollatura quadrata e bordata d'oro, le maniche strette fino al gomito e poi svasate, anch'esse bordate in filigrana dorata. Il corsetto che aderisce al busto ha un colore simile all'avorio, ma è cangiante come la madreperla. Anche il mantello e i calzari sono dello stesso colore. Ho raccolto i capelli in una crocchia, e ho indossato una coroncina di perle che passa dalla fronte alla nuca, fino a congiungersi con una miniatura tipica dell'Isola delle Vergini, anch'essa di smeraldo. Ho pettinato Tif finché il suo pelo non è diventato morbido e setoso, e l'ho posta nella sacca in cui lei ama stare, solitamente. Ho insistito per essere io, a portarla con me, senza lasciarla in mano a degli sconosciuti.
Anche Athorm ha cambiato abiti. Al posto dei suoi completi neri, questa volta, ha scelto un'uniforme che non ho mai visto, bianca, con ricche finiture dorate. Anche il mantello e gli stivali avevano lo stesso colore. Solo i capelli e gli occhi rendevano viva la sua figura quasi eterea, così in contrasto con ciò che egli rappresenta, non solo per quella terra.
Quando siamo scesi dalla nave, mi sono resa conto di quanto fosse immensa, scura, come colui che la guida, e fatta di un materiale che non conosco e di cui non si è parlato nemmeno nei libri che ho letto presso l'isola, durante i lunghi anni di apprendimento. E, sempre solo dopo, ho visto quella terra che conserva i rudimenti delle antiche tradizioni, ma che include anche invenzioni tecnologiche notevolmente avanzate, quindi mai del tutto abbandonate, nei secoli: c'è chi si muove a cavallo e chi, invece, scivola in sospensione su mezzi di cui solo i libri di narrativa parlavano, ma che, invece, erano divenuti realtà. Case costruite in pietra, legno, cemento, alternate a edifici possenti, ricchi di ponti che salgono sempre verso l'alto, poiché questa terra culmina con

un'altura, dove sorge la capitale: Kelk. La gente ci ha guardati con rispetto e timore, e ho compreso la contraddizione di opinioni con cui Athorm viene giudicato: c'è chi lo vede come un malfattore arricchitosi con l'inganno, un avventuriero privo di scrupoli, un ladro, un adescatore di giovani donne... e c'è chi lo vede come un eroe, un esempio da seguire, un simbolo. Ho potuto verificare la veridicità delle parole di Detia: Athorm è amato o odiato, ma non lascia indifferenti. E ho compreso il motivo per il quale la mia amica ha potuto sentirsi attratta da lui: proprio per questa sua ambivalenza che lo porta ad essere ora un nemico, ora l'alleato più fedele. Ma ho notato un'altra cosa: la gente di Kelenda è rimasta affascinata anche dalla mia presenza. Secondo ciò che mi ha detto Orud, questo popolo attendeva una delle Vergini dell'isola segreta da molti secoli, e la mia diversità è stata sin da subito così evidente da lasciare tutti a bocca aperta.

Durante il viaggio ho potuto conoscere anche gli altri due uomini che avevo visto cantare e suonare sul ponte: uno è Smuz, di circa quarant'anni, alto e magro, con i capelli corti e biondi e un ciuffo sulla sommità del capo, gli occhi piccoli color topo, il viso lungo e con la barba incolta. Anche lui ha una bandana, ma la tiene stretta al collo. Ha sempre un piccolo sigaro in bocca, a volte acceso e a volte spento. E' taciturno, umorale e burbero, ma prende la vita come viene, senza farsi troppe illusioni, e si scioglie solo quando suona la sua antichissima fisarmonica, di cui nessuno conosce l'origine. L'avrà rubata in una delle sue scorribande, questo è certo. L'altro uomo si chiama Tom, e ha cinquantacinque anni. E' completamente calvo, ma le sue sopracciglia grigie sono folte e rendono i suoi occhi dal colore sbiadito ancora più sinistri. La sua pelle è molto flaccida e completamente rovinata dal sole. Ha antichi tatuaggi presenti un po' ovunque, e tiene la bandana stretta al polso. Di lui si dice che sia uno spietato omicida e i suoi occhi sembrano sempre studiare a fondo i suoi interlocutori, quasi per cercare i loro punti deboli. Ma si trasforma ogni volta che canta, e, stranamente, ha una voce molto bella e piacevole da ascoltare.

Quando ho cominciato a riprendermi, ho avuto modo di rivolgere qualche parola con i quattro che hanno il permesso di affiancare Athorm, poiché, come Orud, gli hanno sempre dimostrato lealtà, in qualsiasi circostanza. Tuttavia, le differenze tra di noi si sono dimostrate sin da subito così profonde, da impedirci di comunicare. Inoltre, io non sono mai stata abituata a stare in mezzo a tanta gente promiscua, e in questo modo. Sono sempre stata abituata al silenzio e alla riflessione, e non ho l'istinto di avvicinarmi a qualcuno, per instaurare un rapporto interpersonale.

La rigida educazione che ho ricevuto sull'isola mi ha resa una donna introversa, di poche parole, e parca di sorrisi, ma non vorrei essere diversa, poiché questo mio modo d'essere mi contraddistingue da chi abita nel mondo da quando è nato. Io, dal mondo, sono stata strappata troppo presto, per sentirne la mancanza. Non sono ancora riuscita a suonare il Chrein, né a intonare il Gham, ma non è stato facile abituarmi alla vita di mare. Quando ho trovato un equilibrio, siamo giunti a destinazione.

E' stato stabilito che io abiti nella dimora di Athorm, che, si dice, comprenda gran parte di Kelk, la capitale. Non dormirò con lui, né ora, né dopo il matrimonio: questo è ciò che ho chiesto, permettendogli, tuttavia, di placare i suoi appetiti sessuali con chi meglio crede. Non amandolo, e non desiderando quest'unione, l'idea di saperlo tra le braccia di altre donne non provoca in me nessun effetto. Non potrei nemmeno sperare nella fedeltà, poiché Athorm è notoriamente un donnaiolo, e sarebbe da sciocchi pretendere qualcosa che lui non potrebbe mai darmi. D'altronde, io gli ho ribadito la sua promessa: se ha desiderato, per me, la libertà, allora sarà obbligato a mantenere la parola data, qualunque cosa comporti.

Sarò la prima sposa Vergine di Kelenda, e dell'isola dalla quale provengo, poiché è così che voglio perpetuare la mia Virtù.

Così, mentre ora muovo i miei primi passi in quella terra sconosciuta, mi viene comunicato da Orud, il portavoce ufficiale, che non ci dirigeremo subito a Kelk, ma che faremo una tappa presso la sede dei funzionari più in vista di Kelenda, poco lontano dal luogo di attracco. Questo è un passaggio obbligatorio, poiché la mia presenza dev'essere immediatamente ufficializzata.

A differenza di altri abitanti, noi tutti ci spostiamo con i nostri cavalli, e la moltitudine che scende dalla nave è tale da radunare una folla immensa. Ci facciamo largo tra esseri umani che si stipano letteralmente, cercando di frenare i cavalli, affinché, nella ressa, non si spaventino e non si avventino su questi folli. Tif si nasconde nella sacca, infastidita da tanta agitazione. Anch'io vorrei sparire dietro uno dei viottoli rimasti ancora com'erano un tempo, ma non posso. Vedo che Oughm, Moraya, Smuz e Tom si pongono intorno a me, per impedire che qualche fanatico compia gesti inconsulti. Non avrei mai pensato che una rappresentante dell'Isola delle Vergini potesse creare tanta confusione, con la sua sola e silenziosa presenza. Giungiamo a destinazione con fatica e dopo un tempo che mi sembra infinito, e veniamo invitati a lasciare i cavalli a chi se ne prenderò cura. Qui, le stalle sono ampie e illuminate, piene di fieno che viene caricato ad intermittenza, acqua corrente che non smette mai di sgorgare da fontane di ottone e addetti pronti a strigliare le bestie, fino a rendere il pelo lucido e impeccabile. In base a ciò che Orud mi ha detto, ci sono due tipi di sistemazioni: le stalle "provvisorie", quelle dedicate ai visitatori che si servono ancora di questo "mezzo di trasporto", e quelle di proprietà, spesso sopraelevate, funzionanti con un complesso sistema di ascensori. Ed è sempre un ascensore, completamente in vetro, tranne il pavimento, sempre in ottone, a trasportarci verso un piano alto dell'enorme complesso denominato "Sede Centrale". Questo edificio costruito circa cinquemila anni dopo la nascita di colui che è stato chiamato "il Cristo" si estende praticamente per tutta Kelenda, delimitandone i confini. Ma vi è una parte, in particolare, che si sviluppa in altezza, dove alti funzionari provenienti anche da molto lontano si riuniscono per discutere sulle sorti delle popolazioni rimaste in vita sulla Terra, ma, soprattutto, sulle possibilità di unioni matrimoniali con le abitanti dell'Isola delle Vergini.

Guardo intorno a me, e tutto mi sembra un'allucinazione ancora più forte di quelle che rendono le mie notti insonni: la Natura sopravvive con caparbietà, ancora una volta, ma questo popolo ha portato avanti tutte le scoperte tecnologiche compiute nel corso dei secoli, ripristinandole e avanzandole.

Il mio modo di vestire suscita sguardi di stupore, in mezzo a tutti quei funzionari, uomini e donne, che indossano uniformi attillate e di colore simile all'alluminio, con i risvolti dalla sfumatura nera. Tutti hanno un distintivo appuntato sul petto, stivali fatti con una lega simile all'acciaio, e le donne si differenziano dagli uomini per il trucco leggero ma deciso, e una lunga coda di cavallo. In effetti, non ho ancora visto una donna con i capelli corti. Forse, questo è l'unico indizio di una femminilità negata che questi personaggi dall'incarico importante possono concedersi. Rimango ancora in silenzio, finché arriviamo presso una sala immensa, ancora più grande dell'aula magna presso la quale è stato deciso il mio destino. Siamo all'interno dell'edificio torreggiante, con molti gironi, dai quali funzionari di ogni tipo sono già in attesa da ore. Aspettavano solo noi.

Athorm e qualcuno dei suoi uomini, insieme ai quattro che, evidentemente, hanno il compito di prendersi cura di me, insieme ad Orud, conversano poco con alcuni personaggi che parlano di argomenti che non comprendo. Forse usano termini tecnici che non mi sono stati insegnati. Di fatto, comunque, i sorrisi sono parchi, e la formalità è evidente. Giungiamo presso un palco già allestito per noi, e sediamo sulle sedie che ci sono state riservate. Quando arriviamo, il rumore di tutte quelle persone che si sporgono per guardarci è quasi assordante. Non sono abituata a tanto fracasso. Tif è sempre più nascosta dentro la mia sacca, sebbene mantenga la sua silenziosa compostezza. Una donna si avvicina ad un piccolo podio sormontato da un leggio e da quello che mi viene descritto da Orud come un "microfono di nuova generazione". Avevo già sentito parlare di questi congegni, e li avevo anche visti in foto. Ma non avevo mai saputo che la tecnologia fosse progredita a tal punto.

La donna, dal viso affilato e dagli occhi di ghiaccio comincia a parlare, e la sua voce è così amplificata da stridere nelle mie orecchie:

"Signori." Dice. "Alti funzionari, colleghi, amici. Per Kelenda, oggi è un giorno memorabile. Oggi, una Vergine dell'Isola della Luna è giunta a noi, per congiungersi in matrimonio con un nostro rappresentante dei mari: Athorm Dralt."

Le sue parole vengono sottolineate da un applauso fragoroso. Guardo Orud, interrogativamente, e gli chiedo sottovoce:

"L'Isola della Luna?"

"E' così che viene chiamata, qui, e nel resto del mondo." Mi spiega, sussurrando anche lui.

Decido di non replicare, e di ascoltare la donna che riprende il suo discorso:

"Da secoli attendevamo un segno, e la nostra costanza è stata premiata. La conoscenza profonda di queste Vergini, com'è noto a tutti, riesce persino a far fronte alla piaga che gli esseri umani modificati stanno spandendo, come un'epidemia. Molte donne, però, si sono salvate, proprio grazie all'apertura di quell'accesso rimasto segreto per millenni. Non sappiamo ancora come siano giunte fin lì, né ci sono stati raccontati i dettagli, poiché, a quanto sembra, è stata operata un'azione di oblio consapevole che ha rimosso i loro ricordi. Ma poco importa, poiché, ora, una rappresentante dell'isola è qui con noi. Sappiamo che molte delle Vergini hanno dimenticato, una volta giunte nel mondo in cui continuiamo ad abitare, ma colei che ci ha concesso la sua presenza sembra appartenere ad un ordine diverso. Possiamo vedere tutti come ella si mostri a noi: lo fa come nessun'altra Vergine ha fatto, prima d'ora. Molti degli uomini presenti nella Sede Centrale ci hanno raccontato di aver accolto giovani spaesate, insicure, quasi spaventate, e vestite come il luogo presso il quale sarebbero state condotte. Sin da subito, hanno adottato le usanze a loro richieste e non hanno mostrato la sicurezza che possiede questa Vergine. Posso, quindi, affermare con sicurezza che siamo sulla strada giusta per difendere il pianeta e custodirne le tradizioni, ripopolandolo e rendendolo prospero, come un tempo!"

Altri applausi si levano, ancora più fragorosi. Vorrei dire loro di smettere, ma, se lo facessi, scatenerei il panico. Così continuo a sopportare quel discorso lungo e noioso, fatto di parole e povero di contenuti, quando, all'improvviso, tutti i suoni si attutiscono e una sensazione di freddo s'impadronisce di me.

Che cosa vuoi?, penso, senza aprire bocca. Un alito gelido sfiora le mie orecchie:

"Difendila... o conquistala..."

Non è il momento, vattene!, ordino mentalmente, scorgendo un lieve bagliore verde materializzarsi e poi sparire di fronte ai miei occhi.

"Lei cercherà di ucciderti..." Dice ancora la voce incorporea. Poi, di colpo, sparisce, e tutti i rumori di prima tornano normali. Mi accorgo che la donna mi sta guardando: comprendo dagli sguardi di tutti che mi sta invitando ad alzarmi.

Obbedisco in silenzio, e, ad ogni mio passo segue un movimento di qualcuno che fa di tutto per vedermi. Lo percepisco chiaramente: anche tra i gironi posti più in alto c'è qualcuno che, con un aggeggio molto simile ad un binocolo, cerca di vedere il mio viso.

Quando raggiungo il microfono, il silenzio cala improvvisamente.

Mi guardo intorno, per cercare di catturare il più possibile l'attenzione dei presenti. Poi, con voce chiara e decisa, comincio a parlare:

"Mi chiamo Swaynn Osery, e vengo da Vegar. Poiché quella è la mia terra natia." Segue un brusio che zittisco subito. "Sono presente a me stessa e possiedo ciò che voi desiderate. Ma non sono un oggetto, né una bambola di cui possiate disporre a vostro piacimento. E ho intenzione di dimostrarvelo. Ora."

Mi giro verso Orud e gli chiedo:

"Il Chrein è con voi, qui?"

Orud mi guarda sorpreso:

"Sì, ma..."

"Portamelo." Gli ordino, interrompendolo.

L'uomo si alza dalla sedia e si allontana per qualche istante, mentre c'è di nuovo brusio, per quel fuori programma inaspettato. Athorm non ha smesso di guardarmi, da quando ho iniziato a parlare. Non ha mai mostrato timore, né alcun tipo di preoccupazione verso ciò che avrei potuto dire. Sta realmente rispettando la parola data: io sono libera. E sono libera di dire anche ciò che penso. Orud fa ritorno velocemente, trasportando il pesante strumento, con tutta la delicatezza possibile. E' incredibile come riesca a fare attenzione, considerando i modi grezzi cui è avvezzo. Quando estraggo il Chrein dal fodero, il suono del pubblico presente sembra diventare ancora più assordante. Ma non sento i loro movimenti: percepisco i loro pensieri, come se essi giungessero a me in modo quasi tangibile. Sono come interferenze nelle mie vibrazioni che, ora, ho il dovere di ripristinare. Così, in quell'atmosfera che non fa parte di me, comincio a sfiorare le corde che risuonano all'infinito, senza alcun ausilio artificiale. E, dopo aver suonato una melodia, intono il Gham, sfiorando note acute e basse, con salti d'intervallo improponibili per u normale essere umano. Non è una questione di ultrasuoni o infrasuoni: solo alcune creature viventi sono in grado di emetterli, ed esse fanno parte del mondo animale. Ciò che conta è l'intenzione, il pathos, la comunicazione che s'instaura con chi ascolta, e l'improvvisazione consapevole. Continuo per molto tempo, convogliando tutte quelle anime in una dimensione quasi onirica. Nessuno si scompone. Nessuno dà cenni d'insofferenza. Tutti rimangono incantati da qualcosa che non hanno mai sentito. Solo dopo molto tempo, avverto un altro suono, un suono che mi è familiare, poiché si è già unito a me, sull'isola: è Athorm, che accompagna la mia melodia con il Thraryd. Questa musica improvvisata sembra giungere fino al cielo, riportando le vibrazioni ad un ordine che donerà pace a coloro che hanno assistito a questa esibizione. E poi, all'improvviso, il suono del Thraryd tace, e Athorm intona il Gham insieme a me. La sua voce unita alla mia risuona ancora più intensamente, creando armonici che echeggiano ovunque, in questa sala immensa. Continuiamo ancora per un po', finché percepisco la sensazione netta di dover terminare. Quando torna il silenzio, sento che altri applausi stanno per scrosciare, copiosamente, ma, con un cenno della mano, impedisco a tutti di compiere il benché minimo movimento.

"Rimanete così, per non disturbare il canto che i vostri cuori hanno riconosciuto, poiché ogni altro suono potrebbe confondervi e disorientarvi." Mormoro, al microfono.

Nessuno osa fare nulla. Depongo il Chrein nella sua custodia e m'inchino, in segno di saluto. Poi, senza chiedere il permesso a nessuno, mi allontano dalla sala, seguita da Athorm e dai suoi uomini. Il silenzio permane anche quando l'ascensore di vetro ci riporta a terra, dove prenderemo di nuovo i nostri cavalli e ci dirigeremo a Kelk. Quando saliamo sui nostri purosangue, incontro per caso lo sguardo di Athorm. Mi sta fissando, e non so che cosa stia pensando. Il ricordo di quella fusione di anime nella magia della musica fa sgorgare sulle mie labbra un lieve sorriso, e l'uomo ricambia, come se avessimo raggiunto una sorta di comunicazione silenziosa tra di noi. Ma il momento è spezzato dalla sensazione di freddo che attanaglia nuovamente le mie viscere, mentre la voce incorporea sussurra alle mie orecchie:

"Lei vorrà ucciderti…"

In quel momento, vedo passare un uomo, un altro funzionario, che si è precipitato fuori dalla sala, solo per vedermi. Non appena mi scorge, noto la sua statura molto alta, il suo corpo magro e il viso aquilino. Ha i capelli neri, con fili d'argento qua è la, corti. Il suo sguardo incontra il mio, per un istante. Non lo conosco, ma è come se l'avessi già visto.

Dopo avermi vista, l'uomo ritorna dentro, senza dire o fare nulla. Quest'atteggiamento insolito m'incuriosisce e non posso fare a meno di avvicinarmi ad Athorm, chiedendogli chi egli sia.

"Quello è Yoser Nym di Verdrad." E' la risposta, che mi fa rabbrividire. "Non dirmi che non l'avevi capito…" Poi, Athorm fa cenno a tutti di seguirlo.

Quando arriviamo a Kelk, il sole sta già per tramontare.

***

Sono ormai diversi giorni che vivo nella casa di Athorm. Il resto del suo equipaggio, poiché sono tutti uomini di mare, risiede stabilmente nella nave. Solo alcuni si sono fermati a Kelenda, ma rimanendo sempre sulla costa. Orud, Moraya, Oughm, Smuz e Tom, invece, hanno il permesso di soggiornare nella dimora del loro capo, tutti in camere diverse. L'edificio è davvero immenso, e sembra essere stato ricavato da un antichissimo castello, ma con aggeggi tecnologici decisamente all'avanguardia. La prima volta in cui ho messo piede nella mia stanza – una stanza in cui, sull'isola, avrei potuto mangiare, dormire, vivere, studiare e cantare – sono rimasta sveglia per quasi tutta la notte, osservando con attenzione tutto quello che mi circondava. Ho giocato con gli interruttori della luce, ho acceso e spento molte volte quello che un tempo era chiamato "televisore" e che, nel corso dei secoli, ha subito delle modifiche notevoli (racchiuso nella parete, esce non appena si preme il pulsante apposito di un telecomando che controlla più oggetti), mi sono lavata nel bagno privato in marmo rosa e ho conosciuto un altro mezzo di comunicazione che riprendeva l'idea di un telefono, ma che ha modificato l'aspetto, diventando un'auricolare molto piccola che funziona al solo comando della voce. Basta dire: "Chiama!", oppure "Spegni!", o altro ancora, e tutto avviene all'istante. C'è un gran divario, tra il popolo di Kelenda: una parte vive in case simili a quella di Athorm, anche se di dimensioni notevolmente ridotte; altri continuano a vivere come io stessa avevo scelto sull'isola, e non possono permettersi diavolerie tecnologiche, se non quelle strettamente necessarie. Povertà e ricchezza continuano a coesistere, e quest'attrito diventa sempre più forte. Nonostante tante vicissitudini, l'essere umano continua la sua lotta di potere, e, spesso, rimpiango la mia vita in quel luogo dimenticato dal mondo, dove la vita era più essenziale.

Mi chiedo molte volte come mai io continui a ricordare, a differenza delle altre Vergini che hanno lasciato l'isola, per avventurarsi verso un altro tipo di vita. I giorni passano, ma la mia memoria è sempre viva. Forse, dovrei capire come io sia stata trascinata via, la notte in cui mi è stato teso l'agguato. Forse, tutto il mistero è legato a quel momento. Non ho più visto Yoser, né ho desiderato parlarne ad alcuno. Il legame con Detia è ancora molto forte, dentro di me: ho l'impressione che lei mi pensi, in qualche modo, anche se non riesco a comprendere il suo sentimento prevalente. La sua rabbia mi ha seguita a lungo, sin dal mio viaggio sulla nave; poi, qualcosa è mutato, ma è come se ci fossero interferenze importanti che m'impediscono di percepire la vibrazione in modo chiaro.

Così, fino a questo momento, sono rimasta perlopiù rintanata nella mia stanza, a scrivere e a suonare, seppur scambiando qualche parola necessaria con chi su rivolgeva a me, e, soprattutto, con chi serve Athorm, come se egli fosse un antico Re dal potere incontrastato. A quanto sembra, secondo ciò che mi è stato fatto capire da Orud stesso, il mio promesso sposo ha raggiunto la posizione sociale in cui si trova soprattutto grazie alle varie scorribande che lui stesso ha organizzato, insieme al suo equipaggio. Hanno depredato luoghi in cui la vita era ormai agli sgoccioli, espandendo i confini di Kelenda. Solo per questo, e per nessun altro motivo, la gente che lo odia, lo tollera: per timore di subire la stessa sorte, e perché, con le sue conquiste, ha portato grandi ricchezze su questa terra sospesa a metà tra il passato e il futuro. Gli abitanti delle zone colonizzate sono stati condotti qui, diventandone cittadini a tutti gli effetti. Hanno imparato la lingua, le abitudini, e sono riusciti a costruirsi un'attività lavorativa, molto modesta, ma sempre gradita, poiché ripropone antiche usanze dei tempi passati, quando la Terra era ancora un pianeta fiorente e ricco di risorse.

Tra i lavori più umili c'è sicuramente quello dei servitori. Molti potenti, soprattutto Alti Funzionari, sfruttano e sottopagano i loro sottoposti, considerandoli peggio degli schiavi, agli albori dell'umanità. Queste persone schive sopportano senza dire nulla, come se non avessero nessuna alternativa, e, in un certo senso, è proprio così: le loro radici sono state estirpate, e ora sono come alberi che chiedono solo un altro terreno cui attecchire, per trarre il nutrimento, la prima fonte di sostentamento. Così, non possono permettersi di ribellarsi o imporsi, poiché perderebbero quel poco che sono riusciti ad ottenere, con enorme fatica. Fortunatamente, Athorm non sembra essere un padrone che abusa del suo potere. Di fatto, è spesso assente da casa, impegnato in chissà quali affari e, forse, anche con donne di facili costumi. Il corso degli anni non ha mutato la prostituzione, anzi, l'ha favorita e legalizzata, insieme a molte altre cose che potessero regalare un piacere effimero, in tanta desolazione. Anche ora che il pianeta ha cominciato a riprendere vita, queste abitudini non sono scomparse. Anche questo, alla fine, è considerato un lavoro su cui la Sede Centrale applica tasse, come per qualsiasi lavoro svolto a Kelenda.

Non sono abituata ad essere servita, e mi sento sempre in colpa, quando qualcuno mi sistema il letto o si prende cura degli oggettini che appartengono a Tif. Mi sento a disagio anche quando trovo il mio cavallo già strigliato a dovere, nutrito e idratato, pronto per essere cavalcato. Ma la cosa che non sopporto è che qualcuno metta mano sui miei vestiti, sui miei scritti, sul Chrein, su tutto ciò che mi riguarda in prima persona. Così, dopo una lunga contrattazione, ho accettato di essere servita a tavola, ma ho ottenuto il permesso di potermi occupare da sola di me stessa. Lo faccio già da molti anni, e non voglio rinunciare alla mia indipendenza. L'immensa dimora di Athorm si affaccia sul mare, poiché si trova a ridosso del culmine di Kelk. C'è un grande giardino pieno di fiori colorati e profumatissimi, curati, ogni giorno, con dedizione e amore dai giardinieri. Nel giardino c'è anche una fontana posta al livello del suolo, così da sembrare un piccolo stagno recintato; al suo centro, si erge una struttura cuneiforme, in bronzo, intagliata finemente e recante simboli che non ho mai visto: non so se appartengano a questa terra, a un'antica civiltà o ad altro. Mi limito ad osservarli, così come osservo le estremità a forma di falce lunare, da cui esce altra acqua, quella potabile. La cosa che mi ha stupita sin da subito è la stata percezione di un fenomeno ondulatorio, quella vibrazione tipica dell'Isola delle Vergini, tramite la quale Munn comunica e che anche la musica esprime- Ma poi, ho pensato che Athorm sa suonare il Thraryd, il rarissimo strumento a fiato che, nei secoli passati, faceva parte della tradizione legata all'isola: se egli lo possiede, possiede anche parte della vibrazione della terra da cui provengo.

La curiosità nei miei confronti non è scemata, anzi, sembra essere aumentata esponenzialmente. Moraya mi ha spiegato che, sulla Terra, nessun'altra Vergine dell'isola, a parte me, è mai riuscita a tornare in piena consapevolezza. Inoltre, io continuo a mantenere le abitudini che ho imparato, come se nulla fosse mutato, tranne l'ambiente circostante. Il suono del Chrein e il mio canto si diffondono per tutta Kelenda, quando chiudo gli occhi e comincio a pizzicare quelle corde. Sembra che la vibrazione sia percepita a livello emotivo, e, ogni volta, una sensazione di pace e serenità invade l'anima di chi è colpito da quest'onda sonora. Solo dopo molti giorni, Athorm si presenta a me. Anche questa volta indossa un'uniforme completamente bianca, ma con i risvolti bordati di nero e finemente decorati in oro. Il suo mantello è di velluto nero, come gli stivali, e questa eleganza fuori da ogni contesto e tempo stride con l'immagine che ho sempre avuto, di lui. Solo il suo viso incorniciato dai capelli selvaggiamente in disordine, e quel suo sguardo dalla sfumatura particolare ed enigmatica, m'impediscono di comprendere chi sia quell'uomo che, un giorno, diventerà mio marito, in un matrimonio di facciata.

"Preparatevi." Mi dice, bruscamente. "E indossate qualcosa che si confaccia ad un evento importante."

"Il giorno è arrivato?" Gli chiedo, fingendomi calma.

"No. Ma saprete tutto quando sarete pronta."

Se ne va, senza aggiungere altro. Rimasta sola, mi assicuro che la porta sia chiusa. Questa è una delle poche cose che apprezzo, da quando ho lasciato l'isola: poter avere un mio spazio privato in cui posso decidere se far entrare o no una persona, è rassicurante. Fino ad ora non mi era capitato: le Signore potevano entrare e uscire persino dalla mia casa, a Isula, senza trovare barriere che le ostacolassero. Indosso un abito di velluto blu, e lo faccio perché anche parte degli abiti di Athorm sono fatti dello stesso materiale: il fatto che io decida di richiamarlo darà il segnale a qualsiasi persona che io riconosco l'unione cui sono stata costretta a cedere. Lui potrà avere molte amanti, se lo vorrà, ma avrà una sola moglie. Scelgo un corsetto bianco, bordato d'oro, da stringere in vita, e sistemo dei fiori dello stesso colore tra i capelli raccolti in una crocchia morbida. Qui si ha l'abitudine di truccarsi, e ho dovuto imparare in fretta anch'io. Ma scelgo colori naturali e non troppo appariscenti, che esaltino il mio incarnato molto pallido e le labbra, senza eccedere. Indosso alcuni miei monili d'oro, sia ai polsi, che al collo, che alle caviglie; mi assicuro che Tif sia al suo solito posto, tranquilla. Poi esco dalla stanza, dove c'è già Athorm, ad aspettarmi.

"Ditemi, dunque." Gli chiedo. "Così sono adeguata?"

"Voi siete sempre adeguata." Mi risponde, con un sorriso beffardo. "La vostra perfezione è quasi innaturale."

"Quando devo fare qualcosa, cerco di farla al meglio. Ora, posso sapere dove mi state portando?"

"Ve lo dirò mentre andiamo. Seguitemi, o vi perderete."

Penso che stia scherzando, ma mi devo ricredere: stiamo scendendo da un altro lato di quell'immensa dimora, probabilmente un'uscita secondaria, e ci sono talmente tanti corridoi da confondere persino una persona come me, abituata ad orientarmi, basandomi solo sul mio sesto senso. Quando, finalmente, raggiungiamo l'esterno, ad aspettarci, c'è un mezzo che mi è nuovo e che non è mai stato citato nei libri che ho studiato: assomiglia ad una delle vetture che si usavano millenni addietro, ma non ha le ruote, ha una forma oblunga, e i finestrini sono oscurati. E' un mezzo di dimensioni notevoli, e che rimane sospeso a mezz'aria, come se stesse galleggiando. Non vedo fumo, quindi è probabile che la combustione che secoli fa aveva causato gravi squilibri nell'ecosistema, ora, si stata sostituita con un altro tipo di energia.

"Utilizza l'anidride carbonica che noi emettiamo col respiro." Spiega Athorm, vedendomi fissare quel veicolo che non conosco. "Attraverso un sistema propulsore che trae energia dal sole, viene trasformata in carburante. Una macchina molto costosa, Swaynn. Spero che sia di vostro gradimento."

Lo sportello in acciaio si alza e comprendo il motivo di quelle dimensioni: Orud, Moraya, Oughm, Smuz e Tom sono già dentro che ci aspettano. Indossano tute simili a quelle dei Funzionari della Sede Centrale, ma sembrano state modificate, come se ciascuno avesse voluto personalizzare la propria. Tutti, comunque, indossano la bandana al collo, anche Oughm. Solo Orud porta un copricapo simile ad un turbante, e noto anche che ha sistemato i denti.

"Vogliamo entrare?" Chiede Athorm, tendendomi il braccio cui aggrapparmi. Annuisco silenziosamente, e salgo sulla vettura sospesa. Poi sale anche lui. Mentre gli altri sono seduti in uno scompartimento a parte, noi siamo in quello che dà verso la direzione che seguiremo. C'è un altro piccolo vano, di fronte a noi. Potrebbe essere quello dove siede il conducente, ma non mi sembra di aver visto nessuno, nella parte anteriore, appuntita.

"Andiamo." Il comando di Athorm è espresso a voce bassa ma perentoria. L'azione propulsiva è così immediata da farmi comprendere come mai i vetri siano oscurati: se riuscissimo a vedere fuori, in questo momento, è probabile che noi tutti daremmo di stomaco. Ci muoviamo così rapidamente da pensare che potremmo anche superare la velocità della luce, se volessimo.

"Va tutto bene, Swaynn?" Mi chiede Athorm, rivolgendomi un'occhiata veloce.

"Come fate a vivere così?" Gli chiedo, di rimando. "*Questo* è innaturale."

"Cerco di viverci il meno possibile, infatti."

"Come mai gli altri sono relegati dietro di noi?" Gli chiedo, cambiando argomento.

"E' già una fortuna, per loro, essere qui." E' la laconica risposta.

"Volete avere la cortesia di dirmi dove stiamo andando, ora?"

Athorm mi guarda in modo enigmatico. Poi torna a fissare un punto indefinito di fronte a lui:

"Vi è stato detto che vi ho chiesta in moglie. Vi è stato detto che, oltre a voi e alla vostra amica Detia, in passato, ho fatto domanda per avere altre Vergini?"

Lo guardo stupita:

"No." Rispondo. "Avete avuto altre mogli, Athorm?"

Lo vedo sorridere. Ma sembra quasi un sorriso amaro:

"Non credo che cambierebbe qualcosa, saperlo, in questo momento." Mi dice con tono neutro. "Potreste anche non avere l'obbligo di sposarmi, Swaynn."

"Che cosa intendete dire?"

"Tutto sta a voi. Ma lo capirete presto. Siamo arrivati."

Già arrivati. Non sono passati che pochi istanti…

La vettura si apre e usciamo. Ci troviamo di fronte alla Sede Centrale, ma l'ingresso è diverso. Noto solo ora che, in parte, questa struttura ricorda la dimora di Munn, sebbene sia fatta in materiale diverso.

Mi rendo conto che siamo attesi, quando un usciere ci accoglie con poche parole, pronunciate in modo sbrigativo:

"Vi stanno aspettando."

Athorm annuisce con il capo, poi ci conduce verso un altro ascensore, diverso da quello che abbiamo preso la prima volta in cui sono stata qui. Questo è molto più simile ad una piccola stanza senza mobili, ma con molte luci poste su un pannello laterale. Athorm sfiora appena una di quelle luci e l'ascensore si muove immediatamente, con la stessa velocità del mezzo di trasporto con cui siamo arrivati. La cosa strana è che nessuno di noi perde l'equilibrio, come se una forza ci tenesse con i piedi ben ancorati al pavimento.

Passano pochi secondi e la porta si riapre. Da un piccolo antro che funge come una sorta di galleria molto corta, raggiungiamo una sorta di laboratorio immerso in una luce artificiale leggermente tendente al verde. Ci sono molti Alti Funzionari. Lo capisco da come sono vestiti: indossano le tute che li contraddistinguono, ma sono graduate.

Una donna alta, con i capelli neri raccolti in una coda di cavallo, mi viene subito incontro:

"Benvenuta Swaynn." Mi dice, con voce decisa. "E' un piacere vedervi da vicino. Il mio nome è Chrel Dralt, e presso la Sede Centrale ricopro il grado più alto tra tutti gli Alti Funzionari. Solo ad alcuni di essi è stato permesso di assistere a ciò che accadrà oggi. Mio fratello vi ha già raccontato della prova che dovrete superare?"

Fratello? Prova? Tutto si è svolto così rapidamente da non avermi dato il tempo neppure di rendermi conto di dove io sia. Poi guardo Athorm e sussulto: Dralt… è anche il suo cognome! Quindi lui è il fratello del Funzionario più importante di Kelenda?

Il mio silenzio viene preso per una risposta, così Chrel continua a parlare:

"Credo di intuire che siate all'oscuro di tutto. Quindi sarò io, a spiegarvi. Seguitemi, Swaynn: gli altri vi faranno spazio, e si porranno ai lati della sala. Non siamo che venti persone: avrete la possibilità di muovervi come meglio credete."

La seguo, continuando a non capire. E' poco più alta di me e cammina in modo fiero. In qualche modo mi ricorda Ahona, nel suo periodo di massimo splendore. Athorm e gli altri si pongono verso i muri del laboratorio, lasciando scoperto il centro, dove, in un grosso cilindro di cristallo che sorge su un supporto dorato e s'innalza fino al soffitto, vi è una pietra scura, levigata, dalla forma ovale. La luce verde proviene proprio da essa, ma vedo l'origine di quel fascio luminoso. Mentre i presenti rimangono lontani, Chrel ed io ci avviciniamo a questa teca. E' sempre lei, a parlare:

"Questa è la prova a cui vi sottoporrete, Swaynn. Il suo esito determinerà la vostra sorte, e da essa dipenderà il vostro matrimonio."

"Quindi, se fallisco, non dovrò sposarmi?" Chiedo, quasi speranzosa.

"Non dovrete, no." Risponde Chrel, guardandomi con sufficienza. "Ma andrete incontro ad un destino ben peggiore di un'unione combinata. Prima di voi, altre vergini sono state sottoposte a questa prova, per decidere chi, tra di loro, potesse contrarre un matrimonio con Athorm, e tutte hanno fallito."

"E che cos'è successo, a queste donne?" Chiedo, quasi con timore.

"Così com'erano giunte qua confuse e disorientate, esse si sono smarrite, ancora di più. Hanno persino dimenticato il loro nome. Nessuna di loro è riuscita a superare la prova della Pietra Lunare."

"La Pietra Lunare?"

"E' quella che vedete. Si dice che un meteorite abbia colpito la luna e che da essa si sia staccata questa pietra molto particolare. E' stata trovata con questa forma, come se qualcuno l'avesse plasmata. E' lunga circa trenta centimetri e larga poco meno della metà, simmetricamente. Chi l'ha maneggiata è uscito di senno e si è suicidato. Anche il grande ricercatore che l'ha portata qui, secoli fa, è morto, dopo averla posta dentro la teca. La mattina dopo, il suo corpo è stato trovato qui, sul pavimento, e la pietra emanava questa luce che voi vedete e di cui nessuno conosce l'origine. Si è detto che solo una Vergine dell'Isola della

Luna potesse anche solo sfiorarla, ma nessuna di coloro che sono giunte qui è riuscita a farlo."

"Che fine hanno fatto, quelle donne?"

"Sono tornate a vivere una vita semplice, nei luoghi del pianeta in cui la condizione dell'essere umano è tornata quasi ai tempi dei Greci. Esse non avevano nemmeno più memoria del linguaggio che avevano appreso, prima di giungere qui. Così hanno scelto la condizione che ricordava loro quella che, comunemente, si potrebbe definire *casa*. Forse, un retaggio delle loro memorie le ha spinte a fare questa scelta, anziché porre fine alla loro vita o di morire come tutti gli altri esseri umani."

La guardo con fermezza:

"Noi Vergini manteniamo un istinto di auto-conservazione che ci porta a scegliere sempre l'alternativa che ci permette di sopravvivere." Spiego, mentre qualcuno dei presenti prende appunti. "Ci viene insegnato da quando siamo bambine ed è destinato a rimanere con noi, poiché non portiamo la distruzione, ma la costruzione, e non il caos, ma il cosmo."

Chrel mi guarda in modo diverso:

"Voi non siete come le altre, Swaynn." Mi dice, sempre col suo tono deciso. "Esse non parlavano come sapete fare voi. Erano spaventate, ma voi dimostrate una sicurezza che nemmeno il guerriero più potente potrebbe avere, di fronte al nemico più terribile."

"Le spade sono forgiate in modo diverso. Non tutte sono destinate ad uccidere."

Cade il silenzio, per un attimo infinito. Poi, Chrel riprende la parola:

"Allora mostrate chi siete. Avvicinatevi alla Pietra Lunare e appoggiate le mani sul cristallo. In base a ciò che avverrà, il vostro destino sarà segnato."

Si allontana anche lei, lasciandomi da sola, di fronte a quella sagoma sinistra, dal colore tanto simile allo Spettro che si manifesta a me, nei momenti più insoliti. Guardo Athorm, ma la sua espressione è immobile, come se fosse diventato di pietra. I suoi sottoposti sembrano attendere con trepidazione. Tutti gli altri mi fissano, pronti a documentare ciò che vedranno, con qualsiasi mezzo a loro disposizione. E, tra di loro, scorgo ancora Yoser.

Forse è proprio la vista di colui che ha abusato della mia più cara amica, a darmi lo stimolo che mi porta ad avvicinarmi alla teca. In silenzio, appoggio le mani sul cristallo: è freddo, liscio, ma non sento assolutamente nulla. Continuo ad ispezionarlo, girandovi intorno, mentre sento il peso di molti sguardi su di me. So bene che la maggior parte di loro crede che nemmeno io sarò in grado di ottenere qualcosa… che cosa, poi… non so. Sono anche consapevole del rischio che dovrò correre: sarei libera da questo vincolo indesiderato, ma schiava di un oblio ancora peggiore di quello che le Vergini conoscono, una volta che lasciano l'isola. Le mie mani scivolano sempre più velocemente, mentre comincio a captare qualcosa. Chi è presente si rende conto che il momento è giunto. Averto il desiderio di fare qualche passo in più, per assistere alla scena più da vicino e, al tempo stesso, il limite posto dalla censura.

Il vetro è freddo... sempre più freddo... come un alito di vento ghiacciato, il soffio della voce incorporea che mi avvolge con un eco che sembra provenire da lontano, parole confuse che diventano nitide solo quando giungono alle mie orecchie:

"La maschera del tempo nasconde le sue reali fattezze... Swaynn... Chi può arrogarsi il diritto di essere immortale, quando la vita deve seguire il suo corso, con un inizio e una fine? Chi può spodestare i legittimi proprietari di un luogo usurpato con l'inganno? Lei cercherà di ucciderti... Swaynn... La menzogna bussa già alla tua porta... La terra è nostra. Difendila... o conquistala"

Il soffio di vento scompare, e le mie mani fanno presa con il cristallo. I miei occhi si chiudono, all'istante. Sono attratta da quella pietra che sembra legarmi a sé, come se la mia anima le appartenesse e fosse legata a lei, tramite un cordone ombelicale inscindibile.

Avvolgo la teca, come se stessi abbracciando un essere vivente. Un calore intenso si sprigiona dal centro del mio petto e si fonde con quello della Pietra Lunare. Le nostre essenze diventano una sola essenza.

Sono immobile... ma è come se riuscissi a vedermi da varie prospettive, soprattutto dall'alto. Mi sento come se mi stessi moltiplicando all'infinito, fino ad espandere ciò che ho dentro, verso il cielo e anche oltre.

Poi, una vibrazione lontana giunge nella mia anima, ed io seguo quell'eco, come quando una madre prende per mano il suo bambino, per aiutarlo a camminare. Intono il Gham, unendomi a quella voce che solo io posso sentire, e la frequenza prodotta dal mio canto s'intensifica, sembra penetrare quel cristallo infrangibile, finché colpisce la pietra, con la forza di una bomba.

La sala s'illumina di una luce verde, molto forte. La vedo attraverso i miei occhi chiusi, e sento il panico serpeggiare tra i presenti, ma le loro voci giungono attutite, alle mie orecchie. Un senso di piacevole tepore pervade il mio corpo, e il Gham si trasforma in parole che canto nella lingua di Kelenda:

"Il gitano cantava la sua notte alla luna
Mentre in cielo brillava il suo sguardo incontrava
Ed un bacio scambiato come portafortuna
Era già innamorato, dal suo sguardo stregato
Ma la notte volava ed il giorno tornava
La tristezza uccideva, il gitano soffriva
Ma una notte lontana piovve da far paura
Fu nascosta la luna da una nuvola scura
Il gitano sperduto corse per ore ed ore
A cercare un aiuto per trovare il suo amore
Ma la notte ghiacciata, silenziosa, ovattata
Tenne il mondo a sé stretto nel calore di un letto
E vagò senza sosta, senza avere risposta
Finché cadde stremato sul crudele selciato
Il gitano cantava la sua notte alla luna

Mentre in cielo brillava il suo sguardo incontrava
Or la luna già sorge e già un giorno è passato
Ma nessuno più canta al satellite amato
E per sempre il silenzio ha fermato quel cuore
Questo è il canto gitano d'impossibile amore"

Mentre la luce diminuisce d'intensità e quella sensazione di forte legame si scioglie, torno in me, cantando ancora le ultime parole:
"Questo è il canto gitano d'impossibile amore..."
Quando riapro gli occhi, tutto sembra essere tornato com'era prima. Solo, la luce ha smesso di illuminare la stanza, e la Pietra Lunare ha creato, sulla sua superficie, dei simboli a me sconosciuti. Silenziosamente, quasi guidata dall'istinto, sfioro un punto ben preciso posto sulla base dorata, e, di colpo, il cristallo diventa dapprima una cortina di nebbia densa, poi del fumo bianco e leggero, quindi scompare. Afferro la pietra con entrambe le mani e la poro ai presenti, che arretrano, spaventati. Solo Athorm non sembra scosso, e mi sorride. Rimango con la pietra stretta tra le mani, per lunghi attimi. Poi, Chrel si avvicina a me, facendosi coraggio, tenta di sfiorare l'oggetto. Mi ritraggo, istintivamente, quasi se volessi proteggere ciò che ho appena liberato.
La sorella di Athorm si ricompone e mi guarda a lungo, prima di parlare. Poi si rivolge ai presenti e, con voce solenne, dice:
"Siete testimoni di ciò che è avvenuto e che non si è mai visto, prima d'ora, in nessun luogo popolato del pianeta: la Vergine è giunta, ed è qui con noi. Il suo nome è Swaynn. Questo è il segno che attendevamo: il segno che permetterà di sigillare un'unione voluta dal destino. E il matrimonio sarà celebrato fra tre mesi, a partire da oggi." Poi si rivolge a me e mi chiede: "Potete darmi la Pietra Lunare, ora?"
"No." Le rispondo con fermezza. "Essa mi appartiene, come io appartengo a lei."
"Volete, dunque, sottrarre a questa terra un tesoro che ha custodito per molti secoli?" la voce diventa dura, all'improvviso.
"Credo che essa abbia custodito voi, per molti secoli, e non il contrario."
Chrel vorrebbe replicare nuovamente, ma Athorm si fa avanti, zittendola con un gesto della mano:
"La Pietra Lunare appartiene a Swaynn, di diritto." Esclama, con decisione. "E poiché lei diventerà mia moglie, nessuno potrà mai sottrarla a Kelenda." Poi si rivolge a me, chiedendomi più dolcemente: "Per voi va bene, Swaynn?"
Annuisco, senza parlare. Athorm guarda Chrel, ma nei suoi occhi non vedo l'affetto che dovrebbe esserci tra due fratelli:
"Non credo che ci sia bisogno di aggiungere altro." Le dice, con voce priva di emozione.
L'irritazione di Chrel è evidente, ma è altrettanto evidente quanto lei sia in grado di saper gestire l'istinto. Ricomponendosi, torna ad essere ciò che è stata fin dall'inizio: colei che è a capo dei più Alti Funzionari di Kelenda e dintorni,

implacabile e razionale, pronta ad affrontare qualunque evoluzione delle cose. Questo è ciò che sento.

"E sia." Dice, quasi in un sibilo.

Athorm mette una mano sulla mia spalla e questo gesto d'intimità mi giunge così inaspettato da sorprendermi:

"Andiamo." Mi dice, con un tono rassicurante. "Valuteremo il da farsi quando torneremo a Kelk."

Annuisco ancora, senza parlare. I miei occhi incrociano lo sguardo sfuggente di Yoser, mentre una brezza gelida sfiora il mio viso per un breve attimo, prima di dissolversi nell'eco della sua voce incorporea:

"Swaynn…"

***

E' passato un mese, da quando sono stata messa alla prova. La Pietra Lunare mi è stata concessa, ma solo grazie all'intervento di Athorm. Le sue parole hanno rappresentato una garanzia: poiché io diventerò sua moglie, la Pietra rimarrà a Kelenda, e non troverà altra collocazione. Nessuno, oltretutto, a parte me, potrebbe toccarla. Ci hanno provato Oughm e Moraya, spinti dalla curiosità, ma si sono ustionati non appena hanno sfiorato la superficie levigata. Athorm non ha mai nemmeno chiesto di vederla, mostrando quasi un assoluto disinteresse. Si è limitato a indicarmi dove riporla – una cassaforte inserita nel muro della mia stanza, che riconosce le mie impronte digitali e l'iride dei miei occhi. Poi, improvvisamente, se n'è andato, insieme al suo equipaggio e al piccolo gruppo che ha il permesso di affiancarlo. Non so dove sia stato, né che cos'abbia fatto. Ho avuto modo di parlare con i servitori che, vedendo in me una donna abituata a vivere in ristrettezze, si sono sentiti più a loro agio e hanno cominciato a rispondermi, ma senza violare il patto di segretezza sancito con il loro padrone.

Ho saputo di Chrel, e del fatto che sia la sorella maggiore di Athorm. Come lei stessa ha affermato, ricopre un incarico molto importante, all'interno della Sede Centrale. In pratica, tutto ciò che viene deciso per Kelenda passa da lei. Gli altri Funzionari che fanno da vice governano le varie città dell'intera regione, nonché comuni limitrofi e altri luoghi conquistati da Athorm e il suo equipaggio. Tra i Funzionari, c'è anche Yoser Nym di Verdrad, una terra piccola, ma con grandi risorse, sfruttate appieno dall'uomo, grazie alle sue vaste conoscenze tecnologiche. Sembra anche che tutta la rete rimasta sul pianeta sia gestita da lui in persona e dai suoi sottoposti. Anche la casa di Athorm è stata organizzata da Yoser, così come tutte le diavolerie che essa contiene. I due sono molto amici, pur essendo molto diversi tra loro, non solo fisicamente. Li accomuna, però, una sorta di determinazione che li porta a desiderare di avere tutto ciò che desiderano. E, fino ad ora, entrambi hanno sempre vinto.

Il fatto che molte Vergini abbiano fallito con la Pietra Lunare non è mai stato considerato una sconfitta, da Athorm: poter godere della libertà, per lui, ha rappresentato la vita. Le donne non gli sono mai mancate, sebbene nessuna di esse sia mai riuscita ad avere il suo amore. Ho saputo, inoltre, che ha rischiato la vita, ma l'accaduto è talmente secretato da non essere di dominio pubblico. Solo Chrel conosce la verità, e pochi altri. Ma nessuno sa chi essi siano, né quale sia il segreto custodito così gelosamente. Si sa solo che Yoser Nym non sia rimasto all'oscuro dell'accaduto e che, in qualche modo, egli sia stato direttamente coinvolto nella vicenda. Come... i servitori di Athorm non hanno saputo rispondere, poiché realmente ignari di ogni cosa: prima di quell'evento, erano altri, a prestare servizio in questa casa immensa. Subito dopo, essi sono stati allontanati e dislocati chissà dove.

Ma ho saputo qualcosa anche su Detia: a quanto pare, la mia amica non ha incontrato Athorm solo una volta, come mi aveva sempre detto, ma più volte, soprattutto durante le riunioni tra Funzionari. Sembra, anche che lei fosse stata ammessa all'interno del gruppo scelto, in virtù della sua sensibilità spiccata che le permetteva di valutare tutte le soluzioni possibili. Non si sa se sia stata allontanata o se abbia deciso di farlo volontariamente: di fatto, anche la sua sorte sembra essere un segreto. Yoser conosce il tipo di rapporto che mi lega a lei, ma non sembra aver timore, né il suo sguardo rivela un atteggiamento mentale potenzialmente distruttivo. Si dice anche che la moglie l'abbia lasciato di sua iniziativa, ma senza fuggire, come lei mi ha raccontato, invece. Non mostrava segni di percosse, né si è mai trovata in pericolo di vita. Come mai Detia mi ha raccontato una versione completamente diversa? Ci sono molti interrogativi ai quali non so dare risposta. Il primo tra questi coinvolge la Pietra Lunare che custodisco nella cassaforte, adagiata su un panno di velluto nero. Non comprendo il nesso tra l'Isola delle Vergini e l'oggetto dai simboli indecifrabili. Non so nemmeno perché io sia riuscita ad ottenerne il possesso, distruggendo la protezione che impediva ogni tentativo di manipolazione. Persino i servitori di Athorm si rifiutano di parlarne: non sanno molto, al riguardo, ma anche se sapessero – così mi hanno risposto – preferirebbero dimenticare, pur di non doverne mai parlare. Non so, quindi, chi di loro sappia qualcosa e chi, invece, non voglia conoscere nemmeno il minimo dettaglio della leggenda che avvolge la Pietra. Da quando l'ho liberata, essa non ha più ricostruito il suo scudo, ma non ne ha bisogno: chi decide di provare a sfiorarla viene scoraggiato immediatamente.

In questo mese trascorso da sola, ho avuto modo anche di imparare alcuni usi e costumi del luogo che, nei miei studi, non erano stati riportati. Non sarebbe nemmeno stato necessario, giacché le Vergini con un destino matrimoniale venivano formate appositamente per il luogo dove sarebbero state accolte come mogli di un uomo dalla posizione sociale decisamente elevata. Si trattava di imparare tutto ciò che riguardava la terra in cui sarebbero andate a vivere, una volta lasciata l'isola. Al contrario, io non avevo ancora raggiunto la maturazione sessuale, così ho spaziato in tutti i campi legati in modo specifico all'isola, poiché, forse, si pensava che dovessi trascorrere il resto della mia vita in quel luogo, e in nessun altro. Ma, ora, sono qui. E voglio apprendere, per poter argomentare con cognizione di causa.

Alcune donne che si occupano quotidianamente della buona tenuta della casa, anche quando il loro padrone è assente, mi hanno mostrato gli abiti che le popolane meno abbienti usano indossare: sembrano modelli a cavallo tra il diciannovesimo e il ventesimo dopo colui che è stato chiamato "il Cristo", ma molte donne scelgono di mantenere le loro tradizioni. Ho provato qualcuno di quei capi: sembro una donna di Kelenda, sicuramente non di estrazione sociale adeguata a colui che sposerà, ma non vi è distinzione tra me e una cittadina di Kelk. E' così, che passo il mio tempo: conversando con la gente semplice, poiché è la più importante depositaria delle tradizioni che non muoiono mai. Al tempo stesso, scrivo e compongo, canto molto e leggo libri. Molti abitanti di Kelk utilizzano altri sistemi, per informarsi, sistemi legati alla tecnologia. Ma c'è chi, come me, ama ciò che si può toccare, e, fortunatamente, vi sono ancora piccole botteghe, dove le antiche usanze vengono tramandate. Ma, per ogni acquisto, sono costretta a chiedere ai sottoposti di Athorm, per non essere riconosciuta e fermata, studiata come se fossi un fenomeno da baraccone e ispezionata fin dentro la mia anima.

Qui, i soldi continuano a girare, ma in modo diverso. Un complesso sistema di transazioni automatiche preleva direttamente dal conto corrente del popolo. Ci sono molti modi, per pagare, ma, non avendo dimestichezza con i soldi – sull'isola non era questa, la merce di scambio, e, a dire il vero, nessuno pagava nessun altro, ma condivideva – non posso fare altro che affidarmi a chi conosce questo mondo più di quanto ne sappia io. Athorm ha impartito l'ordine di far sì che io abbia tutto ciò di cui possa avere bisogno, e, di sua iniziativa, ha provveduto a donarmi parte del suo patrimonio, benché io ne sapessi nulla. Sono stati sempre i servitori, a dirmelo, solo quando lui è partito, sapendo che, se fosse rimasto, avrei rifiutato.

A volte mi sento in una prigione e rimpiango gli Antri dello Spirito che, inizialmente, mi sembravano insopportabili. E questo silenzio è molto più difficile da sopportare, poiché è privo di ogni contenuto. L'idea di rimanere relegata qui per il resto della mia vita non mi alletta affatto. Ma non so come tornare indietro, perché non ho visto nemmeno come io sia stata trascinata via dall'isola.

Questa notte ho faticato a prendere sonno. Mi sembrava che Detia mi fosse vicina, e che stesse male. Ho creduto di sentire la sua voce che mi chiamava, disperatamente, ma io non sapevo come raggiungerla. Mi sono addormentata solo quando stava per albeggiare e, per una volta, ho deciso di non alzarmi di buon'ora: nonostante il sole sia alto, nel cielo, non sembra esserci vita, in questo luogo pieno di rumore. Già... rumore. Un rumore insopportabile mi ha svegliata comunque. Un rumore proveniente dal giardino. Una vibrazione così forte da spaventare persino Tif, che si è rintanata sotto le coperte.

Mi alzo e mi lavo velocemente, Quando mi rendo conto che il rumore non cessa. Indosso la camicia bianca e la gonna lunga, di velluto blu scuro, che avevo provato il giorno prima e che fa parte degli abiti più informali delle donne di ceto medio, quindi inferiore rispetto a quello in cui io mi troverò a vivere dopo il matrimonio. Mi scaravento per il lungo corridoio che porta all'ampia scalinata che scende sull'enorme ingresso della casa e, seguita dallo sguardo perplesso di due servitori che passano di lì per caso, esco immediatamente in giardino, tappandomi le orecchie come posso e correndo verso il punto in cui il rumore è più forte. Mi basta alzare la testa per accorgermi che qualcuno sta lavorando sul più alto degli alberi che conducono verso un bosco, sempre di proprietà. Cerco di farmi notare, sbracciandomi, ma nessuno mi vede.

"Per favore…" Esclamo. Ma la mia voce si perde in quel frastuono che mi dilania i timpani. Finché, ad un certo punto, spazientita, urlo a gran voce:

"Ora basta!"

Il suono echeggia in modo sorprendente. Il rumore cessa di colpo. Dal fogliame che nasconde i rami posti almeno e tre metri da terra, sbuca il faccione di Oughm che, riconoscendomi, grida:

"Ehi, Smuz! C'è Swaynn!"

Dal fogliame posto più in alto, fa capolino anche lui che, a sua volta, tuona con voce possente:

"Capo! C'è Swaynn!"

La mia meraviglia è grande quando, ad un'altezza non inferiore a dieci metri da terra, Athorm si sporge verso l'esterno. Quando mi vede, anche lui si mette a gridare:

"Scusate, Swaynn. Facevamo troppo rumore, forse?"

"Ma che cosa fate lì?" Chiedo. "Volete farvi male?"

"Siamo indistruttibili!" Esclama Oughm, brandendo una motosega come se fosse una spada.

"Potreste esserlo con qualcosa di più… convenzionale?" Grido, per farmi sentire da tutti. "Con un'ascia… per esempio?"

Le risate fragorose mi fanno intuire che le mie parole devono essere sembrate sciocche e ingenue.

"Ora scendiamo, Swaynn, non preoccupatevi!" Dice Athorm, dall'alto. "Riprenderemo più tardi, e troveremo il modo di non recarvi disturbo!"

Oughm e Smuz borbottano tra di loro, mentre eseguono l'ordine del loro capo. Quando i tre sono a terra, noto i loro abiti sporchi e lo stesso Athorm ha una blusa grigia strappata in più punti. Tutti sono a piedi nudi.

"Non è sicuramente il modo con cui farsi vedere da una signora…" Mormora Smuz, evidentemente imbarazzato di fronte a me.

"No, certo." Anche Oughm arrossisce, quando mi vede vestita come una donna di Kelk.

"Bene, allora." Dice Athorm, rivolgendosi ai due. "Mettete via questi oggetti rumorosi e cercate delle asce: si torna a lavorare come nel passato." Poi si rivolge a me: "In quanto a voi, Swaynn, se il mio aspetto non vi ripugna, vorrei potervi parlare. Solo io e voi."

"A dire il vero, signore, sembrate più umano, e la cosa non mi ripugna affatto. Anzi, credo che toglierò anch'io le mie scarpe, così non sarete il solo a camminare a piedi nudi." Mentre parlo, sfilo i calzari che ho indossato velocemente, prima di scendere, sotto gli occhi stupiti di tutti. Athorm è costretto a richiamarli, prima che essi si decidano di eseguire l'ordine. Poi, quando siamo rimasti soli, si avvicina a me e mi dice:

"Siete incantevole, vestita così, Swaynn. Pensavo che non avreste mai accettato le usanze di Kelk."

"Vi state prendendo gioco di me?"

"Affatto. Passeggiamo un po'… volete?"

Annuisco e comincio a camminare accanto a lui, tenendo le scarpe strette nelle dita di una mano. Il silenzio improvviso fa sembrare questa cittadina meno rumorosa, anche se la dimora di Athorm sorge nel luogo considerato più tranquillo. Camminiamo un po', prima di giungere presso la fontana circolare. Una volta giunti, Athorm si siede sull'erba, facendomi cenno di fare altrettanto.

Mi siedo anch'io, e, per un lungo istante rimaniamo in silenzio. Mi sento in imbarazzo e non so se anche per lui sia lo stesso. Ma è il primo a rompere il ghiaccio:

"Vorrei chiedervi un favore, se per voi non è un disturbo."

"Ditemi."

"Considerato che tra due mesi diventerete mia moglie… che cosa pensereste se vi chiedessi di accorciare le distanze e di darci del tu, per cominciare?"

"Non saprei…" Rispondo, sovrappensiero. "Non sono abituata a concedere la mia confidenza a persone che non conosco, sebbene io sia costretta ad unirmi a loro…"

"Conosciamoci, dunque." Risponde Athorm, guardandomi. E nei suoi occhi non leggo sarcasmo, né inganno. "Chiedetemi quello che volete, ma smettete di usare tanta reverenza con me. Smetti… Swaynn. Comprendo la tua ritrosia nel volermi concedere la tua fiducia, e anche l'assenza di emozioni che ti porta a desiderare di essere altrove…"

"Dove siete stato?" Lo interrompo, senza lasciarlo finire di parlare. Il mio tono è brusco, così cerco di correggerlo "Dove sei stato… Athorm?"

Mi sorride:

"Benché si possa pensare il contrario… non ho compiuto azioni di cui tu debba vergognarti per me." Risponde. "So qual è la tua opinione: l'hai manifestata più volte, anche apertamente. Ma posso assicurarti che non ho intenzione di sposarmi avendo sulle spalle cose irrisolte o che possano nuocere alla mia famiglia. Non voglio essere un cattivo esempio, per i miei figli."

"Figli… Tu hai accettato le mie condizioni. Quindi, credo che ti stia riferendo ad altri eredi sparsi per il mondo…"

Athorm ride:

"Non ho mai nascosto di avere un debole per le donne ma… Swaynn! Non sono un irresponsabile: ci sono molti metodi che impediscono ad una donna di rimanere incinta!"

"Allora sarai molto preparato, sull'argomento."

Athorm ride ancora. Com'è diverso da quell'uomo ombroso che ho conosciuto sull'isola e che, a malapena, mi rivolgeva il saluto, fino ad un mese fa:

"Se tu fossi innamorata di me, potrei pensare che sei gelosa." Esclama. "Ma poiché so che non è così, credo che tu ti stia basando su un'idea sbagliata che qualcuno ha contribuito a fomentare nella tua anima. Ma…" Torna serio. "Non ti sono state raccontate solo menzogne. Ho vissuto di espedienti per molti anni. E' rimasto ben poco, di ciò che un tempo era la Terra, e tutti cercano di prendersi quello che possono, per sopravvivere. Ho commesso azioni di cui nessuno andrebbe fiero, ma non avrei potuto fare diversamente. Questo mondo non è come l'isola su cui voi Vergini vivete, ovattata e lontana dalla realtà: è una lotta continua, dove l'essere umano non ha mai smesso di cercare quel potere che non avrà mai, sebbene si sforzi continuamente di ottenerlo. Il pericolo costante è quello di ricadere in un secondo tentativo di autodistruzione, ed è per questo che esistono persone disposte ad andare contro ad ogni sistema, se scoprono delle falle, in esso."

"Anche tu lo combatti, vero?"

"Non sono un anarchico, benché si possa pensare questo. Credo nella libertà e nel rispetto, e così come li chiedo per me, li concedo anche per chi è come me. Anche tu vivi di questi ideali, Swaynn, anche se in un modo diverso. E' per questo che la mia scelta è caduta su di te, quando ti ho vista sull'isola."

Lo guardo dritto negli occhi:

"Perché, Athorm? Perché hai chiesto di avere Detia e poi l'hai umiliata così?" Gli chiedo. "Hai distrutto tutte le sue aspettative. Lei ha anche un bambino, un figlio che suo marito Yoser non ha voluto. Come farà, a trovare qualcun altro che la prenda in sposa?"

"Questo è ciò che ti ha detto? Credo che ti abbia omesso alcune cose, allora. O, molto probabilmente, così come vi accade ogni volta in cui andate e tornate dall'isola, le è stato imposto di dimenticare e di ricordare solo ciò che fa comodo all'entità invisibile che vi governa, trattandovi come delle marionette, privandovi di ciò che potete avere e che non potrete conoscere, se non cancellando ogni minima traccia di un ricordo. Non guardarmi così, Swaynn. Ti ricordi dei tuoi genitori, forse? Della tua vita, prima di essere portata sull'isola? Della tua infanzia?"

Rimango in silenzio. Non ricordo assolutamente nulla. Tutto si perde in una sorta di nebbia che confonde i miei pensieri e che cela i volti di chi mi ha partorita e cresciuta nei primi anni della mia vita. Non so chi sia mio padre, né ricordo il profumo di mia madre. Conosco solo il nome del luogo da cui provengo, perché sull'isola l'hanno citato spesso, ma non so nulla di più.

Guardo Athorm e gli rispondo tristemente:

"Ho cercato a lungo notizie che riguardassero il luogo da cui provenivo, ma nessuno dei libri riportava la storia di Vegar. Credo che questa censura fosse contemplata per tutta noi: nemmeno le altre Vergini riuscivano più a trovare riferimenti sulla loro terra natia. Forse, ora che sono qui, potrò saperne di più. Forse, con la vostra tecnologia, riuscirò a rivedere il luogo in cui sono nata. Non è così, Athorm?"

Mi guarda a lungo, in silenzio, prima di rispondermi. Poi mi dice:

"Se, da un lato, l'Isola della Luna impone l'oblio, dall'altro, conserva un patrimonio storico che l'essere umano ha distrutto, nel corso dei secoli. Mi dispiace, Swaynn: nemmeno la tecnologia più avanzata potrà riportarti laggiù. Chi vive nel mondo sa che, quando una bambina viene prelevata dalla sua terra natale per essere educata come una Vergine, allora, significa che il luogo da cui proviene sarà presto conquistato, raso al suolo, distrutto… oppure si fonderà con un'altra terra e ne diventerà un dominio, un possesso. E, una volta che ciò avviene, tutto ciò che faceva parte della tradizione di quel luogo viene cancellato dalla storia."

"Allora io non ho più radici…" Concludo, sospirando e stringendo le ginocchia al petto. Athorm pone una mano sulla mia spalla:

"Sei una Vergine dell'Isola della Luna, Swaynn." Mi dice, con tono rassicurante. "Queste sono le tue radici, ora. E, per la gente di questo pianeta, significa molto."

"Perché usate quel nome, per chiamare l'isola?" Gli chiedo. "E perché è così importante avere qualcuno che proviene da essa, in moglie? E che nesso c'è, con la Pietra Lunare?"

"Non posso risponderti, riguardo al nome. Ci sono cose che devi scoprire da sola, col tempo. Gli esseri umani conoscono solo una parte della verità. Io la conosco interamente. Ma non chiedermi di più. Non ora. Ti prometto che saprai, ma devi avere pazienza. E, per ciò che riguarda il desiderio di avere in sposa una Vergine… c'è sempre un'intenzione precisa. Nel caso di Kelenda, tutti stavano aspettando la prescelta che fosse in grado di spezzare la forte protezione che circondava la Pietra Lunare. Prima di te, ci sono state molte altre Vergini che hanno fallito, come Chrel ti ha già detto."

"Tutte promesse in sposa a te?"

"Sì."

"Allora ci avrai fatto l'abitudine…"

Athorm ritira la mano:

"Non ci si abitua mai, credimi." Mi dice, e il suo sguardo è sincero. "Non sono così cinico come potresti pensare. Non mi sono mai abituato allo stato di confusione in cui le Vergini cadevano, dopo avere solo sfiorato la teca. Quegli sguardi, quegli occhi… la follia le trasformava, portandole ad essere come bambine che avevano scordato persino il loro nome, e che mi guardavano come se cercassero quei genitori che avevano perso per sempre. La maggior parte di loro è stata affidata alla cura di persone semplici che, con pazienza, le hanno riportate ad uno stato di consapevolezza. Ma tutto ciò che faceva parte dei loro ricordi è stato definitivamente cancellato."

"Perché hai scelto Detia?" Chiedo ancora. "Perché, se poi l'hai rifiutata?"

"Le mie motivazioni… sono poco importanti. Ti basti sapere che aveva fatto parte dei Funzionari della Sede Centrale, un incarico molto importante, cui solo in pochi possono accedere. Ma ho conosciuto te, e ho sentito la tua forza. Ho compreso il legame che ti univa a lei: è stato *quello*, a darle la forza di tornare. Sei stata *tu*, a segnarle la strada per il ritorno, anche se lei non ricorda nulla. Una

Vergine con tale potere era sicuramente in grado di superare una prova da tutti considerata impossibile. Detia avrebbe fallito, e suo figlio sarebbe cresciuto da solo. Non potevo strappare una madre ad un bambino così piccolo: io so che cosa si prova. E anche tu sai."

Annuisco, e mi sembra di vederlo con occhi diversi. Tutto quello che pensavo di lui si sta sgretolando, di fronte ad una realtà che non avevo previsto.

"E' stato un bel gesto, da parte tua." Gli dico, e questa volta sono io ad appoggiare una mano sulla sua spalla, istintivamente. Athorm la stringe tra le sue, e la sfiora con un bacio casto, rispettoso. Non avverto violenza, né imbarazzo. Non sento minata la mia Virtù e non provo neppure ansia, quando lui mi dice:

"Ne valeva la pena."

Poi, si alza, tendendomi la mano. La stringo, con esitazione, e mi lascio condurre verso la sua dimora. Camminiamo in silenzio, immersi nei nostri pensieri. Il sole scalda il mio viso e la brezza è piacevole. Poco lontano, si sentono i primi colpi di ascia sferrati da Smuz e Oughm.

Athorm si unisce a loro, dopo essersi chinato di fronte a me, in segno di rispetto. Tutto potrebbe sembrare sorprendentemente piacevole, se solo un soffio gelido non sfiorasse la mia pelle, facendomi rabbrividire, mentre la tanto temuta voce incorporea sussurra alle mie orecchie, insistentemente, una sola parola:

"Inganno…"

***

I giorni passano in fretta, ed io comincio ad integrarmi sempre di più con questa nuova realtà. Il mio spirito di adattamento mi aiuta a conoscere ogni piccolo dettaglio che potrebbe sfuggirmi, se Athorm stesso non si prodigasse nel farmi soffermare su qualcosa che, ai miei occhi, appare meno importante. So che, molti secoli fa, i matrimoni venivano organizzati con largo anticipo, ma questo non vale, per la città di Kelk: tutto avviene di fronte alle cariche più in vista tra gli Alti Funzionari, ed è colei che possiede il grado più alto, cioè Chrel, a presiedere all'evento e a celebrare il rito. Non è previsto un ricevimento come si usava molto tempo fa: tutto si concentra in pochi minuti, come se il matrimonio non avesse che un'importanza esclusivamente formale. E non esiste più nemmeno differenza tra un matrimonio religioso e un'unione di fatto: le ultime riserve sono state abolite appena prima dell'implosione terrestre, e la tradizione antica non è più stata ripristinata. Qui non vige una legge religiosa, poiché sono tante, le fedi professate: l'eterogeneità della popolazione è tale da non richiedere la costruzione di edifici dedicati al culto. Al tempo stesso, la libertà di poter seguire il proprio credo è assoluta, e ciascuno, in qualsiasi momento della giornata, rivolge le sue preghiere alla divinità che adora, ovunque si trovi, anche al lavoro. Nessuno ha il diritto di interrompere questa orazione, nemmeno in caso di estrema urgenza. Solo i parenti più stretti del fedele hanno la possibilità di interagire, se necessario, ma unicamente riguardo a questioni davvero importanti. Il tempo per la preghiera, tuttavia, è limitato: non più di mezz'ora, per massimo tre volte al giorno. Così come esiste il diritto di godere di questo privilegio, al tempo stesso, esiste il dovere di osservare l'orario: chi sgarra, per tre volte, perde la possibilità di pregare secondo la tradizione del popolo da cui proviene, ed è costretto a farlo nei ritagli di tempo che, per un lavoratore di ceto più basso, sono davvero pochi.

C'è un netto divario tra chi possiede molto e chi sopravvive a stento: la divisione in caste è evidente, anche solo camminando per le strade della città. Indossare abiti di Kelk e nascondere parzialmente il mio viso con un velo mi aiutano a confondermi tra la folla, senza destare sospetti né attirare l'attenzione. Questo mi permette di fermarmi a guardare come scorre la vita, in questo luogo, e come viene scandita nelle varie ore della giornata. Sono riuscita persino a recarmi da sola presso il mercato che si tiene per due volte alla settimana: gente di ogni parte del pianeta accorre per vendere i suoi prodotti, mantenendo viva quest'usanza che non si è mai estinta insieme ad altre usanze ormai dimenticate. Mi colpiscono gli orologi, posti quasi ovunque: con una tecnologia molto avanzata, essi indicano data, ora, temperatura, ma diffondono anche le ultime notizie, la musica, e, a volte, anche filmati per chi attende i mezzi di trasporto comuni. Anche questi si muovono in sospensione, e, in base al numero di passeggeri che trasportano, possono essere più o meno grandi.

Da quando è tornato, Athorm non è più ripartito. Lui e i suoi sottoposti più fedeli sono rimasti a terra, mentre gli altri sono ripartiti, momentaneamente da soli. E' stato delegato un responsabile provvisorio, e questo, a quanto mi è stato detto, può accadere spesso, durante l'anno. Tutto dipende dalla missione che bisogna compiere e dalla necessità di avere presente o meno il capitano.

I membri del piccolo gruppo rimasto a terra mi hanno raccontato in modo vago le scorribande che sono state effettuate in passato: a quanto pare, sembra essere vera la storia delle ruberie e dell'arricchimento grazie ad espedienti di bassa lega. Athorm non ha negato nemmeno il suo coinvolgimento in alcuni omicidi. Grazie alle terre conquistate e agli immensi patrimoni strappati ai legittimi proprietari, tutti loro hanno giocato d'astuzia, dando una piccola parte del bottino a Kelk e a tutta la terra di Kelenda. Questo ha fatto sì che nessuno di loro fosse punito per i reati commessi, poiché, nonostante le apparenze, non vi sono uomini altrettanto coraggiosi (o incoscienti) da rischiare la vita e la reputazione in nome della conquista. A quanto pare, oltretutto, questi avventurieri senza scrupoli non si sono mai fermati a terra per più di pochi giorni. Il fatto che siano a Kelk da un mese, quindi, mi stupisce. Così, un giorno, ho chiesto ad Athorm quale fosse la ragione per la quale essi avessero deciso di rimanere così a lungo, e lui mi ha risposto così:

"E' semplice, Swaynn: il matrimonio è alle porte. E' un evento troppo importante, per perdersi anche solo un giorno di preparativi."

"Preparativi?" Ho domandato. "Pensavo che non fosse considerato un avvenimento importante. E, comunque, io non sto facendo nulla di più di quanto già facessi."

"Di solito, infatti, un matrimonio è considerato un appuntamento come un altro, sul calendario di Kelk. Ma, in questo caso, si sta realizzando il sogno che tutta Kelenda custodiva da secoli: l'arrivo dell'unica Vergine in grado di toccare la Pietra Lunare senza morire o perdere il senno e la sua unione con un massimo esponente di questa terra."

"Credevo che la persona più in vista fosse Chrel." Ho osservato.

"Essere più in vista non significa avere più influenza." Mi è stato risposto. "Mia sorella indossa solo un'uniforme diversa, ma non potrebbe esercitare il suo potere senza il contributo che io stesso ho dato a Kelenda. L'incarico che lei ricopre era stato proposto a me, ma ho rifiutato: non posso sottostare a delle leggi che, spesso, non condivido, e non sono nato per gestire un solo popolo, ma più di uno, contemporaneamente. Molte terre mi appartengono, e sono affidate a me. Se io avessi accettato, avrei perso ogni diritto su di esse, per dedicarmi unicamente alla burocrazia E non era affatto ciò che desideravo. Sarebbe bastato poco, inoltre, per farmi perdere anche un incarico di apparenza: un minimo errore mi sarebbe costato caro. Ed io non posso garantire a nessuno che sarò l'uomo perfetto, il simbolo dei valori più nobili, poiché non riconosco altri valori se non quello della libertà."

"Una libertà che perderai, non appena il matrimonio diventerà effettivo."

"Così come accadrà a te. Ma questo è un prezzo che pago volentieri, considerando la ricompensa in palio."

"Già… una Vergine, anzi, *la* Vergine. Colei che, possedendo la Pietra Lunare, ha dimostrato qualcosa che ancora mi sfugge…"

"La verità sfugge a molti, anche quando è sotto ai loro occhi. Ma questo avviene solo perché non la si vuole guardare in faccia. Se l'essere umano cominciasse a vedere le cose per come sono realmente, comprenderebbe più di quanto possa mai pensare. Eppure, quasi nessuno si sofferma sui dettagli, così perde il tutto."

"Un avventuriero che sa filosofare… un mix esplosivo, davvero. Ora comprendo come tu sia riuscito a conquistare terre, beni e ricchezze: le studi a fondo, finché non impari a conoscerle, e poi affondi il pugnale. Tessi la tela come un ragno velenoso e attendi le tue prede con astuzia."

"Così mi fai sembrare un mostro, Swaynn. Anch'io ho un'anima."

"Ma la nascondi molto bene. La tua mente è impenetrabile."

"Anche la tua. E' inutile bussare alla tua porta, sapendo che non aprirai."

In quel momento, i colpi d'ascia dei suoi tre uomini avevano destato la mia attenzione:

"Come mai hai deciso di abbattere gli alberi?" Gli ho chiesto.

"L'ho fatto per te, Swaynn." Mi ha risposto.

"Per me?" Ho domandato, senza capire.

"Questa casa ti rende prigioniera, ed io lo posso capire più di quanto tu possa immaginare. Così, ho pensato che ricreare un ambiente simile a quello in cui hai vissuto per molti anni, ti avrebbe reso la permanenza qui meno difficile."

"E' stato… un pensiero gentile. Ma non eri costretto a farlo…"

"Tu sei stata costretta ad accettare questo matrimonio. Io, tutti noi, questa terra… siamo in debito nei tuoi confronti."

"Non ho fatto nulla per cui dobbiate sentirvi così."

"Non ancora. Ma lo farai."

Dopo questa frase, sono rimasta in silenzio. Non ho chiesto più nulla. Col passare dei giorni ho conosciuto anche le storie del gruppo dei più fedeli alleati di Athorm. La prima a parlarmi è stata Moraya. Anche lei viene da una terra che è stata distrutta e conquistata, dallo stesso Athorm. Apparteneva ad una stirpe che si stava ormai estinguendo, un popolo di nomadi che, casualmente, si era stanziato in un luogo apparentemente prospero e ricco di colori. Questi artisti da strada avevano creduto di poter trovare la fonte prima dell'arte, la scintilla dell'ispirazione che sgorgava copiosamente, come acqua di fonte, ovunque lo sguardo si posasse. Ma l'inganno dell'apparenza era durato poco: dapprima alluvioni, poi aridità e carestia, causarono la morte di molte persone innocenti, e le poche rimaste rimasero senza riferimenti e guide, poiché quelle originarie erano cadute in preda alle piaghe che non avevano lasciato scampo. Così, se da una parte l'arrivo di Athorm aveva causato la resa al suolo di tutto ciò che era rimasto, dall'altra, aveva dato la possibilità ai sopravvissuti di ricostruirsi una vita altrove. Molti di loro si trasferirono a Kelenda, nelle sue regioni e città, e altre furono dislocate altrove. Moraya aveva scelto di seguire l'uomo che aveva portato distruzione e vita, poiché libera da ogni legame: nessuno dei suoi parenti era riuscito a sopravvivere, e lei, abituata a cavarsela da sola da molto tempo, non sarebbe mai riuscita a rimanere ferma in un luogo che rappresentava un nuovo inizio, ma anche l'ennesima delusione. Più o meno insieme a Moraya, anche Oughm si è integrato tra i sottoposti di Athorm. Era figlio di marinai e marinaio lui stesso. La sua casa era il mare e non aveva quasi mai toccato terra. Dopo violenti cataclismi, però, le navi erano state in gran parte affondate, così, i superstiti, avevano deciso di fermarsi sulla terraferma, per qualche tempo, almeno finché i feriti non avessero recuperato le forze. Ma, una volta toccata la costa, un violento tornado si era abbattuto proprio sull'isola in cui questo popolo di mare confidava, con tutte le sue forze. Così, il novanta percento delle navi restanti fu spazzato via, insieme ai marinai che, invano, avevano cercato di trovare un rifugio. Athorm non avrebbe trovato alcuna difficoltà nell'imporre il suo dominio sui sopravvissuti. Senza più una casa, né una meta, essi avevano cominciato ad arrendersi, poiché incapaci di condurre una vita sulla terraferma: non conoscevano le usanze, né sapevano come trovare cibo e ristoro. Solo i più forti riuscirono a resistere fino all'arrivo di Athorm. Tutti loro divennero equipaggio della sua nave, e Oughm si mostrò sin da subito il più capace nel comprendere i segni del cielo e dell'acqua, oltre a manifestare rare doti di strategia. Di Smuz si sa poco, forse perché è il più taciturno di tutti. Sta molto per i fatti suoi, scomparendo alla vista di chi lo cerca, quando non vuole farsi trovare. Si dice che provenga da un popolo che ha origini antichissime e che viveva in luoghi molto freddi. Quando i ghiacci hanno cominciato a sciogliersi, molte di quelle terre sono state inondate, all'improvviso. I popoli che le abitavano si sono trovati a dover far fronte a temperature molto alte, cui il loro corpo non era abituato. La scarsa capacità di adattamento ha fatto sì che molti di essi non riuscissero a sopportare gli sbalzi termici, diventando preda di malattie tipiche dei popoli che abitavano nelle zone più calde del pianeta. La mancanza di cure specifiche e l'impossibilità di comunicare con altre civiltà – le continue inondazioni causavano blackout che mettevano fuori uso tutti i tipi di tecnologie esistenti – causarono l'isolamento, e, con esso, la scomparsa inesorabile di migliaia di esseri umani. Quando Athorm raggiunse quei luoghi, i sopravvissuti erano così disperati da arrivare persino a procurarsi la morte, pur di non dover più sopportare la condizione in cui si trovavano. Molti di essi rimasero a Kelenda, altri furono trasferiti su altre terre, e Smuz, che si era distinto tra tutti, per il semplice fatto di essere riuscito ad adattarsi, fu integrato nel gruppo dei collaboratori più stretti che il colonizzatore stava creando. Tom è cresciuto presso gente dedita a vivere di espedienti, gente senza scrupoli e senza valori, abituata a spostarsi in ogni dove, per uccidere e conquistare. Questo popolo di assassini è riuscito a campare per molti secoli, proprio in virtù dell'incapacità di distinguere il bene dal male, e scegliendo sempre quest'ultimo. La loro attività raggiunse il culmine subito dopo i cataclismi che avevano sconvolto il pianeta: i superstiti faticavano a campare, e questi avvoltoi con aspetto umano si aggiravano sui disgraziati, facendone facili prede. Cominciarono ad indebolirsi con l'avvento delle Larve, gli esseri umani geneticamente modificati, che sterminarono molti di questi malviventi, causando epidemie. Solo pochi riuscirono a sopravvivere, e dovettero piegarsi a nuove regole dettate da coloro che li avevano tratti in scampo da questi virus in forma umana. Quando Athorm li conobbe, decise di averli nel suo equipaggio. Tutti, nessuno escluso. Aveva bisogno di gente abituata ad uccidere senza provare sensi di colpa. Scelse Tom tra i suoi più fedeli collaboratori perché questi era sopravvissuto miracolosamente all'epidemia, e, occasionalmente, era in grado di mostrare anche il suo lato più nobile, sebbene preferisse mantenerlo segreto ai più. Di Orud, il braccio destro di Athorm, non sono riuscita a scoprire molto. Direi, anzi, di non conoscere quasi nulla, della sua vita passata, tranne quella parte legata all'Isola delle Vergini, dove io stessa sono riuscita a salvarlo dal virus letale causato dalle Larve. Sono riuscita solamente a capire che, in qualche modo, il suo destino s'incrocia con quello di Yoser Nym, il quale, a sua volta, è legato ad Athorm, sia dal punto di vista lavorativo che umano. Di quest'ultimo, però, non so nulla. Tutto è tenuto segreto e la mente impenetrabile del mio futuro sposo non lascia spazio ad ipotesi e teorie.

Col passare dei giorni, la casa comincia ad essere popolata di professionisti che si occuperanno della realizzazione del mio abito nuziale. Inizialmente mi sono rifiutata di indossare un abito di Kelk: avrei voluto poter mantenere la mia tradizione e utilizzare la migliore delle mie tuniche, ma mi è stato sconsigliato. Posso avere la libertà di scegliere come impiegare il mio tempo, chi frequentare, dove andare e anche di non condividere mai il letto con Athorm, ma la rigida legge di Kelenda impone che ogni straniero si unisca in matrimonio con abiti appartenenti a questa terra, poiché di essa farà parte. Per sempre. Così, a malincuore e con grande fatica, sono stata costretta ad accettare quest'obbligo indesiderato, al quale nemmeno Athorm potrà opporsi. *Mal comune, mezzo gaudio*, si diceva, un tempo. Ed è un detto più attuale che mai. Quando non siamo occupati in queste frivolezze, io, lui, e il piccolo gruppo, ci riuniamo nella grande sala creata per accogliere ospiti importanti, ma usata raramente, per suonare e cantare insieme. Moraya danza ed io imparo, ogni giorno sempre di più, ad integrare ciò che già so a ciò che sto imparando a conoscere e ad apprezzare. Il Chrein si adegua alla perfezione alle molte melodie delle varie tradizioni che Athorm conosce alla perfezione. Nessun luogo del pianeta sembra essergli sconosciuto, così come nessun linguaggio: se non fosse un uomo, sarebbe sicuramente un grande maestro, sull'Isola delle Vergini. La giornata termina con la cena e con noi due che continuiamo a suonare e cantare, spesso in giardino, ma, ultimamente, anche nella mia stanza. Quando il sonno comincia a farsi sentire, Athorm si alza, mi bacia la mano e, inchinandosi in segno di saluto, se ne va.

Sembra un periodo molto tranquillo. Troppo. E' come se stessi vivendo nel silenzio che anticipa l'arrivo di una tempesta. Anche lo Spettro non mi sta parlando. Tutto sembra scorrere liscio, senza intoppo ... Eppure, cos'è che m'inquieta così tanto? Cos'è, che mi rende sospettosa, in questo clima di serenità apparente?

Ho incontrato Chrel Dralt, la sorella di Athorm, quando è venuta a fargli visita. Una visita brevissima, con il solo scopo di discutere riguardo alcuni dettagli sul matrimonio. Quando mi ha vista vestita come una popolana di Kelk, mi ha guardata quasi con disprezzo. Avverto dell'astio che non comprendo: dopotutto, non le ho fatto nulla, né le ho mai causato motivo di vergogna. Il racconto della Vergine che è riuscita a dominare lo scudo di protezione della Pietra Lunare sta facendo il giro del pianeta, e Kelenda attrae molti visitatori, pronti a spendere qualsiasi somma, pur di avere anche un solo contatto con me. Questi contatti, tuttavia, non saranno permessi se non dopo il matrimonio, e la folla si sta letteralmente assiepando per tutte le città di questa terra. Chrel ha lo sguardo duro, ed è evidente che non provi alcun affetto verso suo fratello. Non comprendo questa distanza tra i due, ma preferisco non fare domande: quando si sfiora l'argomento, Athorm si chiude nel silenzio e sembra celare un fastidio che potrebbe esplodere da un momento all'altro, se solo trovasse lo spazio per uscire.

Sono i sogni, a disturbarmi. Vedo l'Isola e avverto sempre la stessa voce: è quella di Detia, e mi chiama, disperatamente. Mi sveglio affannata, mentre il sogno si dissolve nel nulla, lasciandomi perplessa e piena di dubbi. Il fatto che non si ripresenti durante il giorno mi fa pensare che, forse, io stia temendo per un'amica verso la quale provo sensi di colpa. Così, mi rimetto a dormire, tenendo Tif vicina a me, mentre le sue fusa mi aiutano a riprendere quel sonno interrotto. A volte, in questi ultimi giorni, mi ritrovo ad aprire la cassaforte e a cercare di comprendere quella pietra nera, perfettamente levigata. Quando la osservo, mi sembra che i simboli incisi s'illuminino di un tenue bagliore verde. Sfioro quelle incisioni createsi dopo l'apertura della teca, ma non avverto nulla, nemmeno una vibrazione. Anche oggi, la mia mano scivola velocemente sulla pietra ma quella sensazione provata il giorno in cui sono stata messa alla prova sembra essersi dissolta. Mi sembra di stringere un pezzo di roccia fredda e priva di vita, e mi domando se tutto sia stato compiuto. Forse, l'unica cosa che c'era da fare, alla fine, era quella: liberare la Pietra Lunare dal suo scudo, dimostrando, così, di essere all'altezza di una situazione che ancora mi sfugge. Eppure... quei simboli formatisi subito dopo il mio intervento istintivo mi fanno pensare che ci sia qualcosa di più. E credo che ci sia una sola persona in grado di aiutarmi a capire. Così, avvolgo l'oggetto alieno nella mia sacca ed esco dalla stanza. La stanza di Athorm non è molto distante, e cammino velocemente in quella direzione. Non sono mai stata da lui, prima d'ora, e non so che tipo di congegni abbia attuato, per preservare se stesso da incursioni desiderate. Quando giungo alla porta blindata, mi fermo e attendo. Non posso bussare, perché lo spessore è notevole, e non posso nemmeno entrare, perché incorrerei in qualche rischio, sicuramente. Sulla destra, noto un rilevatore d'impronte digitali e lettura dell'iride, molto simile a quello della mia cassaforte. Lo sfioro lievemente, e avverto il freddo dell'acciaio. Poi, all'improvviso, una voce metallica annuncia:

"Swaynn Osery."

Dopo pochi istanti, la porta si apre e Athorm mi guarda con evidente stupore.

"Posso parlarti?" Gli chiedo, timidamente.

"Certo, Swaynn. Entra." Mi risponde, facendomi strada. La porta si chiude automaticamente alle mie spalle. Non guardo la stanza immensa che si presenta di fronte a me, ma noto che le finestre sono molto grandi, e la luce entra ovunque. Cosa insolita, considerando chi ho davanti. "Va tutto bene?" Mi chiede, con attenzione.

I suoi abiti sono simili a quelli che indossava quando l'ho incontrato per la prima volta sulla scogliera, sull'Isola delle Vergini. Estraggo la pietra dalla sacca e la allungo sotto i suoi occhi:

"Tu conosci molti linguaggi." Gli dico, sentendomi in soggezione. Sembra ancora più alto rispetto al solito, ed io mi sento minuscola. "Aiutami a comprendere cosa c'è scritto."

Athorm guarda la pietra, poi guarda me:

"Non posso farlo, Swaynn." Mi dice. "Lei appartiene a te."

"La fontana del tuo giardino... ha simboli simili."

"Pura coincidenza." Dice, voltandomi le spalle e allontanandosi. Lo seguo, insistentemente, e mi pongo di fronte a lui:

"No, non lo è, ed io lo sento!" Esclamo, continuando a porgergli la pietra. "Almeno, aiutami a comprendere in quale luogo hai trovato quella scultura conica: potrebbe aiutarmi a risalire al significato di queste incisioni!"

Athorm mi guarda a lungo, in silenzio. Poi, sorridendo, mi accarezza il braccio:

"Swaynn." Mi dice, con affetto sincero. "Vieni da una terra che conserva le tradizioni più antiche e svela i simboli che nessuno saprà mai decifrare. Nemmeno la tecnologia, per quanto avanzata possa essere. Ci sono domande che, spesso, rimangono senza risposta, fino alla fine. E credo che sia giusto così. Tu non trovi?"

Si avvicina a me e sfiora la mia fronte con un bacio. Non è, quel gesto, a suscitare stupore in me. Ciò che mi colpisce profondamente è vedere la sua mano scivolare dal mio braccio, fino a posarsi sulla pietra. Ma lui rimane illeso.

***

Mancano solo tre giorni, al matrimonio. Tutto è praticamente pronto. Dopo l'ennesima prova di tre abiti, tra i quali dovrò scegliere quello più adatto a me, crollo in un sonno profondo. Inizialmente, un senso di pace invade la mi anima: le cose stanno volgendo al termine, poi non dovrò più sottostare a questi continui supplizi che minano il mio spazio vitale. Questa consapevolezza mi alleggerisce l'anima, tormentata da qualche giorno, senza motivi apparenti. Ma poi, il sonno comincia ad essere tormentato dai soliti incubi. Improvvisamente, tutto diventa scuro, e un'atmosfera densa, pesante, mi soffoca. Avverto una voce lontana che mi chiama, ma non so chi sia, né che cosa voglia da me. Ci sono solo ombre e un senso di angoscia che non mi lascia in pace. All'improvviso, un piccolo puntino luminoso comincia a rischiarare il buio fitto. C'è una sagoma, all'orizzonte, ma non riesco a distinguerne i contorni: ombre e luci si fondono insieme a grida soffocate, ed io non so più a cosa devo prestare attenzione. Lentamente, il puntino luminoso diventa più grande, e assume le sembianze di una donna. E' una donna bionda, disperata, spaventata... e grida il mio nome...

E' Detia! Detia, che, avvicinandosi a me, tende le braccia, in un estremo tentativo. Il suo viso è una smorfia di dolore, un tormento interiore che la piega, fino ad inginocchiarsi. E continua ripetere le stesse parole, come se cercasse di farle giungere a me, sempre più forti:

"Swaynn... Ti prego, aiutami... Swaynn... Aiutami..."

Ma io non riesco a farlo. Sono immobile, chiusa in una bolla scura che si alza nel cielo della notte, dove le stelle pulsano ad intermittenza. Io volo verso l'alto e Detia mi segue con lo sguardo implorante, tendendo sempre di più le braccia verso di me...

"Swaynn!"

Mi sveglio di soprassalto, sudata e affannata. Stringo la coperta tra le dita, mentre la luce del primo pomeriggio è ancora forte, nella stanza.

"Swaynn!" Ripete la voce, accanto a me. Alzo lo sguardo e vedo Athorm. Credo di avere un aspetto stravolto, perché lui mi chiede subito:

"Che cosa sta succedendo? Ti ho sentita gridare. Hai fatto un brutto sogno?"

Mi aggrappo a lui, quasi in preda ad una crisi isterica:

"Devo andare, Athorm!" Esclamo, nervosamente. "Devo tornare all'isola! Detia ha bisogno di me! C'è qualcosa che non va, lo avverto ogni giorno sempre di più!"

"Ne sei certa?" Mi chiede, con evidente apprensione.

"Prima di oggi pensavo che fosse solo una mia paura." Rispondo, ansimando. "Ma ora non ho più alcun dubbio: Detia è nei guai, e ha bisogno di me. Ed io devo andare, devo tornare là!"

"Swaynn... Dobbiamo sposarci fra tre giorni..."

Lo guardo, stringendo convulsamente il tessuto della sua camicia scura:

"E' l'unica famiglia che mi è rimasta..." Gli dico, quasi supplicandolo. "La mia unica, vera sorella..."

Anche Athorm mi guarda a lungo, senza parlare. Poi mi stringe a sé, accarezzandomi i capelli. Il mio respiro affannoso comincia a placare la sua ansia, e un senso di tranquillità pervade la mia anima. Il silenzio dura a lungo, molto a lungo. Entrambi stiamo prendendo una decisione che manderà all'aria tutti i piani.

"E' così importante, per te?" Mi chiede, quasi mormorando.

Alzo la testa e lo guardo dritto negli occhi:

"Non è così, che si fa, in una famiglia? Non ci si prende cura, l'uno dell'altro?" Gli chiedo. "Non ho più un padre, né una madre, e ho smarrito le mie radici. Ho ricominciato più volte, e ogni volta la mia vita è cambiata, senza mai darmi l'opportunità di stabilire un legame con nessuno... tranne che con Detia. Lei mi sta chiamando, ed io non posso fingere di non sentire. Mi dispiace far saltare un evento per il quale tutta la tua terra si è preparata per tre mesi, e mi dispiace deludere la gente venuta da ogni dove... ma loro... non rappresentano nulla, per me. Non devo nulla, a loro. Neppure tu."

"Vuoi annullare tutto, Swaynn?"

"Voglio solo aiutare Detia, e quando saprò che lei sta meglio, allora, tornerò. Ti lascio tutto: il Chrein, Tif, il mio cavallo... tutto quello che ho scritto e tutto ciò che mi appartiene. Ti lascio anche la Pietra Lunare. Ti lascio tutto, per garantirti il mio ritorno. Allora, se ancora lo vorrai, io manterrò la promessa e ti sposerò. Ma se deciderai di non aspettarmi... capirò, e non ti chiederò nulla: tutto ciò che ti lascio sarà tuo e potrai disporne come vorrai."

Athorm mi prende il viso tra le mani:

"Io ho scelto te." Mi dice, con fermezza. "E ciò che vuoi darmi in pegno per onorare la tua promessa rimarrà qui ad aspettarti, finché non tornerai. Ma devi darmi la tua parola che questo avverrà. Fallo ora, Swaynn."

"Ti do la mia parola."

"Ripeti la tua promessa. Dimmi che tornerai."

"Te lo prometto, Athorm. Non dimenticherò." Dico, in un sussurro.

"Allora devi promettere anche che sarai prudente. Dovrai stare attenta che nessuno ti veda o che ti riconosca. Dovrai agire in fretta, con astuzia, e senza lasciarti distrarre da tutto ciò che non ti è chiaro. Non cercare spiegazioni, se avrai dei dubbi. Non voltarti indietro, se il tuo nemico ti chiamerà disperatamente. Per le Vergini, ora, sei un sovversivo, e, poiché sei stata promessa a me, non ti è permesso tornare indietro. Per questo, dovrai essere più invisibile che mai e limitarti a fare ciò per cui metti a rischio la tua vita. Ti darò la mia spada e il mio cavallo: entrambi portano dei sigilli che confondono le vibrazioni strettamente connesse tra di loro, spezzandole e creando confusione. Questo disturbo ti darà un vantaggio, ma i tuoi giorni saranno contati, perché, prima o poi, sarai scoperta. Fa' che ciò non accada, o potresti ritrovarti in balia di un oblio ben più grande di quello destinato a coloro che non hanno saputo distruggere lo scudo della Pietra Lunare."

Annuisco, stringendo le sue mani che continuano a tenere il mio viso:

"Grazie." Mormoro. "Grazie, Athorm... Perdonami, se ti ho deluso. Ma non riuscirei ad essere serena, se fingessi di non aver sentito nulla. Non riuscirei a vivere in pace, perché avrei tradito Detia due volte..."

Athorm abbassa lo sguardo. Sembra combattuto tra mille pensieri che si agitano nel suo cuore e nella sua mente. Così come io non mi sono mai mostrata così vulnerabile a lui, allo stesso modo, anche lui sta manifestando una parte di sé che fino ad ora è stata nascosta da un atteggiamento di grande distacco.

"Non potrai tornare indietro da sola." Dice, alla fine. "Non puoi permetterti di trovare la strada. Ti porterò io, fin là, e, quando il tuo compito sarà terminato, io lo capirò."

"E come farai?"

Athorm sorride:

"E' molto semplice, Swaynn." Risponde. "Ma per te potrebbe essere un prezzo troppo alto, da pagare. Devo avere il tuo permesso."

"So che non mi farai del male." Gli dico, senza indugio. "Per questo, io ti concedo il permesso che mi chiedi."

Athorm mi guarda senza parlare. Poi mi stringe a sé, con grande cautela, come se temesse di rompere una piccola statua piena di crepe, pronta a spaccarsi con il solo soffio del vento. Con una mano, alza il mio viso e lo avvicina alle sue labbra. Mi bacia, silenziosamente e delicatamente. Non avverto sensazioni di violenza, né un'invasione interiore che non desidero. Così, lascio che lui mi baci, mentre il mondo, lentamente, si allontana, e i suoni si attutiscono...

... E piombo di nuovo nell'oscurità.

Quando riapro gli occhi, sono stesa sulla riva del Lago Moryrd. Il sole sta calando, e l'odore che per tanti anni ho imparato a conoscere sale alle mie narici, ancora una volta. Mi siedo, quasi sussultando: sono sull'Isola delle Vergini, arrivata non so come, e nemmeno in quanto tempo! Credo di stare sognando, ma la sabbia sotto le dita delle mie mani è più reale che mai. Alzo lo sguardo e vedo il cavallo di Athorm di fronte a me, come in attesa di un mio comando. Strettamente agganciata alla sella, c'è la spada che mi è stata promessa, e una sacca che, a quanto pare, sembra contenere lo stretto necessario per la mia permanenza.

Istintivamente, guardo come sono vestita, e mi sorprendo nel costatare che indosso lo stesso abito che avevo a Kelk, prima di giungere qua. In aggiunta ad esso ho solo un mantello scuro che mi avvolge quasi completamente. E' come se fossero passati pochi istanti, poiché la sensazione di avere le labbra di Athorm posate sulle mie è ancora viva. Mi alzo, e avverto immediatamente le vibrazioni dell'Isola. E' necessario che io schermi la mia mente, per impedire a Munn di raggiungermi, anche se sono consapevole del fatto che la Signora di questa terra sia in grado di captare i segnali della natura. E la natura parla, comunica, diffonde il suo messaggio con la velocità di un battito di ciglia.

Salgo sul cavallo e mi guardo intorno: non sembrano esserci Vergini, in questo momento, ma è meglio che io copra il mio viso col cappuccio, per non destare sospetti. Faccio affidamento sulle parole di Athorm: le vibrazioni della spada e del cavallo dovrebbero disturbare il segnale che invio anche senza volerlo. Dovrei mettermi in contatto con Detia, in qualche modo, ma, se lo facessi, i miei pensieri sarebbero captati immediatamente. Cerco di rimanere calma, per non lasciarmi prendere dall'ansia, e provo a ricreare la condizione onirica di cui la mia amica si è servita, per chiamarmi a sé. All'improvviso, la mia concentrazione è disturbata da un bagliore rosato in movimento, poco lontano da qui. Alzo lo sguardo e, con mia grande sorpresa, vedo la figura di Saima camminare lentamente, poco lontano da qui. Non viene verso di me: si dirige da un'altra parte. E' vestita come sempre, ma è come se emanasse una luce simile a quella che tinge il cielo al tramonto.

Forse dovrei nascondermi: se lei opera ancora presso la dimora di Munn, allora, ha la facoltà di percepire la mia presenza anche da qui. Poi, dentro di me, si fa strada un'intuizione: e se Saima mi stesse indicando la strada? Dopotutto, non ha risposto già due volte alle mie domande silenziose?

Decido di seguirla, mantenendomi rigorosamente nascosta nel fogliame. La donna cammina come se fosse sollevata dal terreno, molto lentamente e senza mai farsi perdere. La sua luce mi fa strada anche quando l'oscurità comincia ad avvolgere il paesaggio. Non sono più abituata all'assenza di fonti artificiali, così, i miei occhi faticano un po', prima di cominciare a vedere ancora. Ma quando la vista si appanna, la luce di Saima splende più forte, come se cercasse di supplire alle mie insicurezze.

Non ho la sensazione di essere vittima di un inganno visivo. Non temo neppure che qualcuno mi stia tendendo una trappola. E' come se si stesse aprendo un corridoio, un sentiero nel quale mi è permesso accedere per andare da Detia. Anche intorno a me, ho l'impressione di vedere una sorta di cupola rosata e trasparente, uno scudo invisibile che mi avvolge per impedire che altre Vergini possano avvertire le mie vibrazioni. Saima continua a camminare, ed io la seguo rimanendo poco distante, mentre l'oscurità avvolge completamente il paesaggio circostante. Non so quanto tempo stia passando: qui non ci sono orologi ed io ho quasi dimenticato la capacità di saper leggere i segni della natura. Sembrava impossibile che potesse capitare anche a me, eppure è successo: senza che io me ne rendessi conto, i ritmi di Kelk mi sono entrati nel sangue quasi prepotentemente, e ora, passo dopo passo, mi sto rieducando lentamente a ciò che ho lasciato, poco più di tre mesi fa. L'andamento lento di Saima mi aiuta a riprendere quel contatto che ho perso parzialmente, ma che riesco a ripristinare sempre di più, come se, ad ogni minuto, la mia essenza riconoscesse il passato che non è mai morto dentro di me.

Sto attraversando le Tre Terre, tagliandole trasversalmente, come se fossi guidata attraverso una scorciatoia sicura, e, a un certo punto, dopo un lungo cammino, comincio a riconoscere il paesaggio che porta a Isula. E' strano non aver incontrato nessuna Vergine, sul mio cammino: è come se qualcuno o qualcosa volesse farmi arrivare da Detia sana e salva. Possibile che Munn abbia accettato la mia presenza? O, forse, il fatto che io porti con me qualcosa che appartiene ad Athorm rappresenta un lasciapassare di cui non conosco l'origine né il motivo? La luce rosata di Saima comincia ad affievolirsi. Mi chiedo da dove tragga tanta forza nel camminare così a lungo. Ma, soprattutto, mi chiedo se questa donna sia reale o solo una mia allucinazione, un miraggio di questo luogo o un altro scherzo dello Spettro. All'improvviso, la luce si spegne completamente, e Saima scompare nel nulla, in un attimo. Vorrei cercare di capire come sia potuto accadere, ma mi tornano in mente le parole di Athorm: non distrarti nel voler trovare una spiegazione. Così, comincio a guardarmi intorno e, nell'oscurità, riconosco la sagoma di quella che un tempo era la mia casa. Dalle finestre esce una luce fioca, come se le lanterne fossero state sostituite da semplici candele, e dal comignolo esce del fumo: il camino è acceso, quindi qualcuno è ancora sveglio. Se Detia abita ancora in quella casa, allora, sono giunta a destinazione. La cupola rosata, sebbene molto meno luminosa di prima, è sempre intorno a me. Scendo da cavallo e lo lego alla staccionata posta sul retro, dove gli sguardi indiscreti non possono accedere, poiché, oltre gli alberi, vi è la dimora di Munn, luogo considerato sacro ed inviolabile. Mi dirigo verso la porta d'ingresso. So che potrei entrare senza indugio, poiché, se tutto è rimasto invariato, il chiavistello è obbligatorio solo in determinati momenti, nella vita di una Vergine, altrimenti le case devono rimanere aperte, in segno di fiducia e sottomissione. Busso piano, cercando di non far risuonare i colpi per tutta l'isola. La porta si apre dopo qualche istante, e appare Detia. E' scarmigliata, ha profonde occhiaie viola sotto gli occhi e il suo aspetto è molto sciupato. Non ho bisogno di togliermi il cappuccio, poiché lei mi riconosce subito e mi abbraccia:

"Ero sicura che saresti riuscita a sentirmi!" Esclama, felice e angosciata, al tempo stesso. Poi si allontana, per permettermi di entrare in casa. "Non rimanere sulla porta." Mi dice, con apprensione. "Non è consigliabile, per te."

Entro, e, finalmente, libero il viso dal cappuccio pesante, sciogliendo i lacci del mantello.

"E' di Athorm, vero?" Mi chiede Detia, vedendolo e vedendo anche la spada che stringo tra le mani.

Annuisco, senza parlare. E' lei, a farlo per me:

"In qualche modo, ti ha protetta. Ma… fatti vedere, Swaynn: sei splendida! Sei più bella di quando vivevi qui, e già allora il tuo fascino era irresistibile. Ma adesso… sei così diversa."

"Anche tu sei diversa, Detia." Le dico, scorgendo alcuni capelli bianchi nella sua chioma bionda. "Ma che cos'è successo? Che cosa ti ha ridotta, in questo stato?"

Il suo sguardo si vela di grande tristezza:

"Isay…"

"Tuo figlio…"

"Sì. Dopo che sei scomparsa, le donne e i bambini che sono sopravvissuti all'attacco delle Larve, grazie al tuo aiuto, sono state rimandate nelle loro terre. Le hai guarite tutte, in qualche modo, poiché, dopo di loro, non vi sono stati più arrivi. Ma alcune Vergini sono state contagiate. Erano le Vergini che ti hanno ostacolata più di tutte… anche le Signore delle Tre Terre non sono riuscite ad evitare il contagio. Le abitanti dell'isola in grado di poter prestare il loro aiuto sono state chiamate a collaborare per un fine comune: guarire quelle che erano state colpite dal virus letale. Anch'io sono stata costretta a prestare servizio, così ho chiesto a Meeg di occuparsi di Isay, durante la mia assenza. Le nostre cure, tuttavia, non sono servite a nulla: tutte le Vergini infettate dal morbo sono peggiorate, e le loro tossine hanno inquinato tutto, persino l'acqua. L'acqua che ha bevuto Isay…"

"Ma non è possibile!" Esclamo, con voce così forte da rischiare di farmi scoprire. Poi, abbassando il tono, continuo a parlare: "Meeg non avrebbe mai dato da bere un'acqua infetta a tuo figlio."

"No, infatti non l'ha fatto. Ma ne aveva prelevato un campione, per studiarne gli effetti, e, malauguratamente, l'ha lasciato sul tavolo. Così, Isay ha pensato che si trattasse di acqua potabile… e l'ha bevuta."

"Ed è rimasto contagiato…"

"Sì…" Dice Detia, tristemente. "Meeg ha cercato di curarlo con tutti i mezzi di cui disponeva, ma inutilmente."

"Tu non sei stata infettata?"

"No, e mi sono chiesta tante volte come mai non mi fosse accaduto nulla. Ma nemmeno Meeg si è ammalata, nonostante sia rimasta per molto tempo accanto a Isay. Però si è stancata molto, e ora non ha più l'energia di un tempo. I suoi rimedi non sono più efficaci, nemmeno per una ferita superficiale. Le sue forze sono state letteralmente risucchiate da Isay. Così com'è accaduto alle Vergini contagiate… Esse non sono guarite, ma non sono neanche morte. Ad un certo punto, semplicemente, hanno cominciato ad alzarsi dai letti in cui erano state poste, e, senza una spiegazione logica, hanno lasciato l'isola, portandosi via quanto potevano. Sono ancora più pericolose delle Larve, Swaynn, poiché possiedono capacità molto superiori dell'essere umano. Per questo, temo per il mondo: perché credo che si stiano dirigendo verso gli esseri umani, con l'intento di vendicarsi per il torto subìto."

"Non ho trovato nessuno, sul mio cammino…"

"Perché le Vergini che ancora sono rimaste intatte, di notte, si rinchiudono nelle loro case. Hanno persino montato delle serrature! Ma non servono a nulla, Swaynn: se una delle infette decide di entrare… sa come farlo, e non trova impedimenti. Per questo, non ha senso che io mi chiuda in casa: se loro lo volessero, potrebbero trovarmi in qualsiasi momento e fare di me ciò che vogliono. Ma a me non importa: io voglio solo che Isay stia bene. E' per questo, che ti ho chiamata… E spero di non aver distrutto i tuoi piani… Tu dovevi sposarti…"

"Posso vedere tuo figlio?" Le chiedo, interrompendola. Detia annuisce, silenziosamente, e mi fa strada verso la stanza in cui si trova il bambino. L'odore diventa sempre più insopportabile, man mano che mi avvicino a lui. Quando raggiungo la stanza, Detia si fa da parte, per lasciarmi passare. Io mi dirigo verso il letto, dove un fagottino nascosto da molte coperte giace, quasi rantolando. Prendo una delle candele poste sopra un mobile e la avvicino al viso. Trattengo a stento una smorfia di orrore, quando vedo il suo viso deformato da piaghe maleodoranti e suppuranti. Ma l'aspetto, seppure sia terribile, non è nulla, rispetto a ciò che sento dentro: è come se qualcosa stesse cercando di scavare dentro di me, per svuotarmi completamente. Come le Vergini, anche il bambino possiede doti fuori dal comune, e le sta usando per sopravvivere, cibandosi dell'energia vitale di chi gli sta accanto. Guardo Detia che è rimasta in piedi, immobile, quasi senza respirare, in attesa di un mio responso:

"E' stata inquinata tutta l'acqua presente sull'isola?" Le chiedo, temendo il peggio.

"Non tutta." Risponde Detia, in un soffio. "Ma è stata razionata. Le Ancelle la distribuiscono ogni mattina, suddividendosi in varie zone. C'è sempre molta ressa, e, prima di riuscire ad avere quel poco stabilito equamente per ciascuna di noi, bisogna stare a lungo ad aspettare."

"E chi bada a lui, quando tu attendi la tua razione?"

"Nessuno… ma nessuno avrebbe mai il coraggio di avvicinarsi, per paura di un contagio."

Mi alzo, andando verso di lei:

"Vai a riposare, ora, Detia." Le dico, con tono rassicurante. "Mi occupo io, di lui, ora. Svegliati prima che puoi e cerca di arrivare presto nel luogo in cui l'acqua è distribuita. Il resto… lo valuteremo."

"Ti ringrazio, Swaynn. Perdonami per il mio atteggiamento. Ho pensato che te ne fossi andata per causa mia, perché sono stata un'egoista…"

"Ne riparleremo. Ora va'."

Detia s'inchina con devozione e affetto e mi lascia da sola, nella stanza, con Isay. Guardo il bambino, e rabbrividisco: il suo viso sembra essere una massa di fumo che emana bagliori verdastri e sinistri. Anche la sua voce non è più quella di prima: al posto del rantolo lamentoso tipicamente infantile, un sospiro profondo e cavernoso alita vento gelido e maleodorante sul mio viso. E' un sussurro senza senso che diventa sempre più chiaro. E riesco a sentire queste parole:

"Cercherà di ucciderti, Swaynn… questa terra è nostra… Difendila… o conquistala… o sarà distrutta per sempre…"

La situazione è più ardua di quanto pensassi. L'Isola delle Vergini sta vivendo il periodo più difficile della storia. Le Signore delle Tre terre si sono allontanate, scomparse chissà dove, insieme ad un vero e proprio esercito di molte altre Vergini contaminate dalle Larve. Eppure, la vita continua come sempre, grazie all'organizzazione di coloro che sono rimaste intatte e che si prodigano, ogni giorno, per rispristinare l'equilibrio spezzato. La presenza silenziosa di Munn aleggia più che mai quasi ovunque, ma è come se io fossi riparata da uno scudo invisibile che mi permette di non essere scoperta. So che il merito è di Athorm, ma non riesco a spiegarmi il perché. Tuttavia, come lui stesso mi ha ordinato, continuo a censurarmi e a non chiedere più di ciò che vedo e tocco, ogni giorno, da molti giorni, ormai.

Isay non migliora e non peggiora. Il suo potere è forte, e spesso sono costretta ad impedire a Detia di avvicinarsi a lui: lei è troppo vulnerabile, soprattutto perché è maggiormente coinvolta, e non è in grado di schermarsi come dovrebbe. Ora che io sono qui con lei, il suo aspetto migliora di giorno in giorno, ma il suo sguardo è triste, stanco e segnato da rughe che non dovrebbero essere così spietate sul viso di una donna di soli ventinove anni. L'aspettativa della vita si è allungata, e i trent'anni di adesso equivalgono ai quindici di molti secoli fa. E questa è un'altra cosa che non so spiegarmi: perché è stato deciso che le Vergini si preparassero per una vita matrimoniale già a soli quattordici anni?

L'acqua che la mia amica porta a casa tutti i giorni non è sufficiente per riuscire a creare una vibrazione. E' come se la Fonte della Vita stesse preservando se stessa, impedendo alle sue sorgenti di sgorgare come poco tempo fa. Io stessa, di notte, ho tentato di trovare i luoghi cui attingevo a piene mani, senza successo. Inoltre, non ho il Chrein con me, e il solo canto del Gham non è sufficiente. Detia ha dimenticato come suonare e usare il suo strumento sarebbe inutile: è fermo da troppo tempo, ed è come se avesse perso l'anima. Ora, sembra solo un bell'oggetto da ornamento, un oggetto vecchio, poiché mai curato, che potrebbe anche essere bruciato nel camino, se non rappresentasse un simbolo importante, per le Vergini dell'isola.

Sarebbe stato inutile anche svelare a Detia il segreto che mi aveva permesso di guarire le donne e i bambini che erano approdati, dopo l'epidemia scatenata dalle Larve: illuderla non farebbe altro che spegnere ancora di più la sua anima già fin troppo provata, e le sue forze verrebbero subito risucchiate da Isay, trasformato in un vero e proprio vampiro energetico. Non ho più nemmeno alcun dubbio che lo Spettro, in qualche modo, si stia impossessando di lui. Più di una volta ha usato le sue labbra, per parlarmi, nei momenti in cui Detia era assente, e tutte le volte ha ripetuto le stesse cose. Così, durante l'ultima conversazione, ho deciso di dare una svolta alle sue intenzioni, dirigendo l'attenzione su un altro punto che mi sta a cuore.

"Hai detto che Detia mi odiava e che mi avrebbe uccisa. Ma, questa volta, ti sei sbagliato. Sei *tu* che stai uccidendo suo figlio!" L'ho rimproverato aspramente.

"Le cose… sono cambiate…" E' stata la risposta.

"Quindi il destino non è prestabilito." Ho osservato. "E nemmeno tu puoi avere la certezza di ciò che affermi."

"Le situazioni… hanno preso una piega diversa… Tutto può essere… ma certe cose non possono cambiare…"

"Che cos'è che non può cambiare?"

"Ciò che si è instaurato… ciò che è iniziato… dev'essere portato a compimento…"

"Ti proibisco di fare del male al piccolo! Piuttosto, lo ucciderò con le mie mani!"

"Il bambino… è un canale aperto… Uno dei pochi di mezzi di comunicazione ancora esistenti in questo luogo… Gli altri… sono stati sterminati… Gli antenati, le loro tradizioni, le battaglie che hanno vinto e perso… sono state dimenticate… Questa terra è nostra… Noi ce la riprenderemo… Perciò, devi difenderla o conquistarla… o sarà distrutta…"

"Ma di *chi* parli? Quanti siete? *Chi* siete?"

"Siamo gli spiriti… di chi ha vissuto in questo luogo… I legittimi proprietari… Spodestati, vilipesi, rinnegati… mortificati…"

"Dove siete, ora? Quanti siete? Siete anime senza un luogo in cui dirigervi?"

"Non siamo… così lontani… Siamo voci… suoni… sussurri…"

"E che tipo di guerra volete dichiarare? E a chi?"

"La guerra… agli usurpatori… a chi ha violato questo luogo…"

"Avete intenzione di uccidere?"

"Non ce ne sarà bisogno, Swaynn… Questa terra… sorge su un vulcano… un vulcano spento… ma, un giorno… si risveglierà…"

"Un'isola vulcanica? Ma come può essere? Non è che un pezzo di terra in mezzo a un grande lago!"

"Tu sai… Nulla è come appare… Comprenderai…"

"C'è un modo per evitare tutto questo?"

"Difendi questo luogo… Conquistalo… Ed esso non sarà distrutto…"

"Non sono nata per governare! Sono qui per caso!"

"Sei una prescelta… Comprenderai…"

"In questo momento voglio comprendere come posso guarire questo bambino. O hai intenzione di servirtene finché la tua vendetta non si sarà compiuta?"

"Non siamo demoni… Swaynn… Cerchiamo solo un modo… per poter comunicare… Qualcuno… che ci ascolti… Ma non siamo la causa… di ciò che è accaduto… alle Vergini che hanno tradito…"

"Allora lascialo in pace! Lascialo, perché dev'essere guarito!"

"Tu puoi guarirlo… Swaynn… Trova la strada… Lui tornerà… Lui sa… Tu comprenderai…"

"Di chi parli? Lui… chi? Quale strada devo trovare? Ho cercato per tutta l'isola, ma non c'è più niente! E Detia si sta struggendo per suo figlio!"

"Lui ha scelto... Lui ha accordato il permesso... Lui ha accettato... Senza di lui, non avremmo... comunicato..."

"Non andartene! Dimmi di più!"

"Tu sai... Tutto sarà svelato... Tu comprenderai... Lui sarà libero..."

Dopo queste ultime parole, il sussurro si è dissolto nel nulla, insieme al bagliore verde. E' tornato il volto segnato del povero bambino, immolatosi consapevolmente, per dare la possibilità a voci incorporee di potersi far ascoltare... da me. E' me, che aspettavano. E' me, che volevano.

Ma per cosa?

Non ho detto nulla a Detia, riguardo a ciò che mi è stato rivelato. Non avrebbe compreso, e nemmeno io so come Isay abbia avuto la consapevolezza delle responsabilità che il suo gesto gli avrebbe imposto. Così piccolo... eppure così elevato. Ma con lei ho affrontato un altro discorso. L'ho fatto in un momento in cui il bambino sembrava avere un attimo di pace, così mi sono recata da Detia, intenta a tessere, e le ho chiesto, a bruciapelo:

"Perché non mi hai detto di essere stata tra i Funzionari della Sede Centrale?"

Lei mi ha guardato, con sincero stupore:

"Io... che cosa?" Mi ha chiesto, senza capire.

"Quand'eri sposata con Yoser sei stata scelta come Funzionario speciale. Perché non me l'hai mai detto?"

"Ma io ti ho raccontato tutto, Swaynn! Tutto ciò che ho vissuto... lo sai!"

"Ho ascoltato due versioni molto contrastanti tra di loro. Sembrerebbe che tu abbia ricoperto un incarico molto importante e che, in realtà, nessuno sia a conoscenza dei motivi che ti hanno indotta ad allontanarti da tuo marito."

"Mi picchiava, Swaynn! Questo è tutto!"

"Ho avuto modo di guardarlo in faccia. E' un tipo strano, molto enigmatico. Ma non mi dà l'impressione di essere un violento. E sono in molti, a sostenere che lui non ti abbia mai neppure sfiorata con un dito."

"Ma sono giunta fin qui piena di lividi, graffi, ferite...! Ci sono cose che non si possono dimenticare!"

"Ti ricordi anche quando e come hai deciso di andartene? Ti ricordi cos'è successo il giorno in cui sei fuggita?"

"Mi ha picchiata, come sempre... ed ero incinta. Non potevo permettere che uccidesse il bambino."

Mi sono messa di fronte a lei, scrutandola a fondo:

"Davvero non ricordi nulla, della tua vita nel mondo?" Le ho chiesto, guardandola così intensamente da penetrarle l'anima con la sola forza del mio sguardo.

"Ti ho detto tutto, Swaynn, davvero!" Ha risposto, immediatamente. "Tutto ciò che ricordo di aver vissuto... tu lo sai! Perché dovrei mentirti? Perché dovrei accusare un innocente? Se non sbaglio, tu hai accettato di sposare un uomo che detestavi e che consideravi un mostro. Ma ora, dopo più di tre mesi passati nella sua terra, e altri due sull'Isola delle Vergini, la tua opinione su di lui è cambiata. Dovrei, forse, pensare che mi nascondi qualcosa o che tu mi abbia mentito fino ad ora? Ti avevo sempre detto che Athorm non era come pensavi, ma non mi hai mai creduto. Perché dovrei mentirti su Yoser?"

Già… perché avrebbe dovuto farlo?

"E riguardo al viaggio di ritorno? Ricordi come sei riuscita a raggiungere l'isola?"

"Sai già tutto. Ho avvertito il legame che ho stretto con te e mi sono aggrappata a quello. Il resto… non lo ricordo. So solo che, ad un certo punto, mi sono trovata su una piccola barca, proprio vicino alla riva. Non ricordo altro e non ho ricordato nemmeno a distanza di anni. Puoi comprendermi, Swaynn: anche tu non sai spiegarti come ti sei trovata sull'isola, all'improvviso, con un cavallo non tuo, senza il tuo Chrein, e con tutti i sigilli di Athorm…"

Non ho insistito. La sincerità traspariva in ogni sua parola, e anche nello sguardo. E non potevo biasimarla, se non riusciva a ricordare o a spiegarsi qualcosa che nemmeno io sono ancora riuscita a comprendere.

Col passare dei giorni, nella mia anima si è fatta strada un'emozione che non pensavo di poter mai provare: la nostalgia. Per la prima volta nella mia vita, sento che qualcosa mi manca, e quel qualcosa risiede a Kelk, dove sarei dovuta essere, ora, accanto all'uomo che mi era stato imposto di sposare, contro la mia volontà. E che, ora, forse, mi avrà dimenticata.

Mi ritrovo a passeggiare col suo cavallo, nelle notti illuminate dalla sola luce delle stelle, e mi sembra di sentire il suono della sua voce o la melodia del Thraryd che accompagnava i miei canti. Che cosa staranno facendo, ora, lui e i suoi compagni di viaggio? Dove saranno? E che cosa starà dicendo, Chrel, dopo che ho mandato all'aria un matrimonio tanto atteso? Qui non ci sono mezzi di comunicazione. Quello che un tempo consideravo una Virtù, ora è divenuto quasi un peso. Ci sono momenti in cui vorrei girarmi e vedere ancora il suo sguardo ombroso che s'illumina quando vado verso di lui. Non so che tipo di emozione possa essere, questa. Non saprei nemmeno se definirla *amore*, poiché non ne conosco il suo significato più profondo: dopotutto, non ero che una bambina, quando sono stata strappata alla terra che non esiste più, per essere affidata alle cure e all'istruzione di una casta chiusa, ormai disgregata.

A volte provo invidia nei confronti di Detia: lei ha conosciuto il significato di un legame diverso da quello che potrà mai esserci tra due Vergini cresciute nella stessa isola, quella che, nel mondo, è chiamata *Isola della Luna*. Credo che abbia imparato ad amare Yoser, e lo credo davvero, perché la Virtù, per una donna cresciuta in questo luogo, è il suo possesso più grande. Anche le Vergini che hanno scordato la strada per fare ritorno fin qui, e tutti gli usi e i costumi, le tradizioni, il linguaggio… non hanno mai dimenticato il valore di ciò che avevano conservato intatto per lo sposo cui avrebbero dedicato la loro vita. E Detia era una di quelle che credeva ancora di più nella forza di questo simbolo, anche quando non ci siamo viste per anni. Percepivo comunque i suoi pensieri: per questo, sono sicura che non si sarebbe mai concessa ad un uomo verso il quale non provava nulla, se non repulsione. Se poi è stata scelta per far parte dei Funzionari, allora, deve aver dimostrato qualche dote particolare che le ha permesso di distinguersi in mezzo ad altre donne. Non ha nemmeno dimenticato la lingua parlata sull'isola, né la differenza tra le Tre Terre, il loro significato simbolico e l'importanza che hanno sempre rivestito.

Athorm mi aveva detto che quest'isola, ora, è la terra nella quale io trovo le mie radici. Eppure, gli avvenimenti che l'hanno sconvolta, la stanno rendendo a me estranea, come se nulla fosse mutato, ma, al tempo stesso, questo stesso luogo avesse deciso di svelare una parte di sé che molte non sanno ancora vedere.

Sento ancora quelle voci e vedo visi sbiaditi di bambini vestiti con tanti colori, come se avessero rubato la tavolozza all'arcobaleno; avverto nenie molto antiche cantate intorno ad un falò, dove le danze continuano incessantemente fino all'alba; vedo uomini e donne coabitare in questa stessa terra che ha selezionato il genere, nei secoli, portandosi rispetto reciproco, e senza alcuna pretesa, senza desiderio di rivalsa, senza competizione... solo felicità.

Una nuova *terra promessa* che l'essere umano invidia, poiché sono sempre state poche, le prescelte, cui era permesso poter accedere, per imparare ciò che egli stesso aveva distrutto e scordato. Un tempo che sembrava fermarsi, eterno, e che, ciclicamente, con il suo ordine prestabilito, riproponeva con estrema precisione ciò che fu ma che continuerà ad esistere, finché esisterà anche solo un essere umano disposto a crederci...

.. E, mentre mi perdo in questi pensieri, ricordo i miei primi anni trascorsi presso gli Antri dello Spirito, a Mosbury, dove ora sono rimaste solo poche Vergini, intente solo a prendersi cura, nonostante tutto, dei Fiori del Tempo...

I Fiori del Tempo! Perché non ci ho pensato prima?

Laddove la Fonte della Vita aveva occultato le sue sorgenti, ora, potrebbe esserci una nuova speranza!

Così, avvolta dal mantello scuro, parto al galoppo, mentre la giornata volge al tramonto, un tramonto che potrebbe segnare l'inizio di un nuovo ciclo, quello della rinascita, oppure determinarne la fine.

Cavalco velocemente, incurante degli sguardi perplessi delle poche Vergini che incontro sulla mia strada. Cavalco ancora, anche quando il tramonto rosso fuoco lascia il posto all'oscurità infinita e silenziosa, interrotta solo dal suono sottile del lento fluire di Moryrd, il lago che – in realtà – è un mare dalle origini sconosciute e che nasconde segreti impenetrabili, così come segreto è il passaggio da un mondo all'altro. Segreto e repentino, veloce come un bacio rubato...

Cavalco ancora, fino a raggiungere Mosbury, dove, appena prima delle caverne, lascio il cavallo, legandolo ad un albero poco distante. Nessuno gli farà del male, poiché, in qualche modo, sembra essere protetto da una sorta di magia impenetrabile, come la mente di colui che l'ha domato.

Tenendo la spada stretta tra le mani, mi avvolgo nel mantello e corro dentro le caverne. I miei passi risuonano prepotentemente, mentre Vergini vestite di bianco mi osservano senza quasi vedermi, come se fossi invisibile.

So già dove voglio andare: mi recherò presso il luogo in cui, da bambina, i Fiori crescevano tra le rocce, e li vedevo crescere, tingersi di colori magnifici, profumare intensamente, per poi morire e rinascere ancora. E' lì, che sono diretta. E' lì che spero di poter avere la risposta che cerco.

Il suono dei miei passi veloci è come attutito. Le vibrazioni sono disturbate dalla presenza di questa spada che reca simboli di cui non conosco la provenienza, né il significato. Guidata dall'istinto, mi sembra quasi di volare in quei luoghi dove, dapprima, ho imparato e poi ho insegnato. E, finalmente, giungo nei pressi delle rocce così a lungo studiate, dove il tempo si dilatava e sembrava non voler finire mai. E questa sensazione non spaventava, anzi, rendeva quei luoghi magici e ricchi di parole non dette, pensieri che si tramutavano in sensazioni e suoni che diventavano percezioni.

Ci sono ancora le due Vergini che devono prendersi cura dei Fiori, affinché essi siano nutriti in qualsiasi momento della giornata. Presto vi sarà un'altra coppia di ragazze che si daranno il cambio, e ciò che vedo mi dà una speranza in più: i Fiori del tempo hanno assunto una colorazione rosata. Questo significa che la loro forza vitale è stata spinta al massimo e che, presto, si tingeranno di rosso. Un colore simile al sangue che dona nutrimento a noi tutti…

Basta un colpo solo. Non posso permettermi di sbagliare.

So bene che i Fiori non devono essere recisi, poiché essi hanno un ciclo ben definito che devono compiere fino alla fine, ma ho bisogno dei semi contenuti nei pistilli. Se io riuscissi ad averne anche solo due o tre, potrei piantarli a Isula, irrigarli continuamente con l'acqua che Detia porta a casa ogni giorno, nella speranza di veder nascere il germoglio che potrebbe guarire Isay.

Così, eccomi qua, di fronte alle due Vergini che non sembrano neppure vedermi. Esse sono leggermente scostate dalle rocce, poiché stanno attendendo il cambio. C'è abbastanza spazio, per me, per introdurmi in quel vano e fare ciò che devo.

Avanzo, con determinazione, e il mio passo diventa felpato come quello di un felino. Avanzo, e tutto sembra scomparire: ci sono solo loro, quei Fiori che rappresentano l'ultimo tentativo, per me, per cercare di restituire l'anima a quel bambino che l'ha momentaneamente soffocata, per fare spazio alle voci incorporee.

Sono di fronte ai Fiori, e non c'è molto tempo. Estraggo la spada dal fodero, e il bagliore tenue che essa emana attrae per un attimo l'attenzione delle due giovani. Poi, con decisione, sferro un fendente proprio alla base di uno dei Fiori e accade ciò che non avevo previsto: la spada rimbalza, come se avesse colpito della gomma molto resistente, senza neppure scalfirla. Faccio un secondo tentativo, ma anch'esso non ottiene alcun risultato. Con ansia crescente, provo a conficcare la spada nella fenditura della roccia, ma la punta viene ostacolata da uno schermo invisibile, una protezione impenetrabile che m'impedisce di portare a termine l'obiettivo che mi ero prefissata.

E, tutto questo, avviene senza che nessuna delle Vergini presenti si accorga di nulla.

Sconsolata, torno sui miei passi, consapevole del fatto di aver provato il tutto e per tutto, ma invano. Esco dalla caverna con l'atteggiamento di chi ha subìto una terribile sconfitta e mi dirigo verso il cavallo di Athorm, composto ed attento, come se mi stesse aspettando.

"Andiamo, amico mio..." Mormoro tristemente, sapendo che mi porterà fino ad Isula, senza che io gli debba dire dove andare.

Ed è adesso, che sento ancora più forte, dentro di me, il peso di una solitudine che non riesco più a reggere. Colui che sarebbe dovuto essere il mio sposo ma che non vedo da circa tre mesi mi aveva detto che mi avrebbe aspettata finché non avessi portato a termine ciò che dovevo. Ma non vi sarà altro termine che la sconfitta, poiché non mi è possibile fare nulla, se non sentire il bisogno di averlo accanto... e non so neppure io il perché.

Mi lascio condurre dal cavallo, rimanendo immobile sulla sella. Mi sento come se fossi prigioniera di un'armatura di pietra che non ho desiderato ma che mi sia stata imposta. Ormai, chi io sia e quale sia il mio compito su questa terra o nel mondo degli esseri umani... non lo so più.

So solo che, al mio ritorno, dovrò trovare il momento giusto per comunicare a Detia la mia incapacità di guarire il figlio che lei tanto ama, e le causerò un'altra delusione, dopo quella in cui si è trovata a subire, quando è venuta a conoscenza che il suo promesso sposo avesse scelto me, al posto suo.

Passo la punta delle dita sulle labbra, nel punto in cui Athorm mi aveva baciata, mesi fa. Senza imporsi, lasciandomi libera, e senza chiedermi nulla, se non il superamento di una stupida prova, quell'uomo è riuscito a penetrare attraverso le mie barriere, ed ora il suo ricordo è più vivo che mai, nel mio sangue.

"Dove sei, Athorm?" Mormoro, prossima alle lacrime. "Ho bisogno di te... Dove sei?"

Ma c'è solo il vento a rispondere alla mia domanda. Ed è un vento freddo, intriso di nulla, in un luogo dove la vita dovrebbe pulsare ma che, a malapena, riesce ancora ad andare avanti. Dove sei? E non vi è alcuna risposta. Le stelle illuminano il mio cammino, ma per me, questa notte, esiste solo la severa oscurità di cui non riesco ad intravedere la fine...

***

"Dormi tranquillo e fai sogni d'oro
La luna nel cielo ti cullerà
Senti le stelle che cantano in coro
Ed io insieme a loro... in che modo... chissà
Dormi sereno accanto al mio cuore
Che batte per te e che mai cesserà
Perché non c'è fine per ciò che è l'amore
Nessuna distanza ci dividerà
Dormi tu, fragile. Dormi, bambino
Con gli occhi sgranati su ciò che sarà
Nessuno sa cosa riserva il destino
Nessuna speranza ci preserverà

Dai pianti e i dolori che porta la vita
E dalla fatica di credere in sé
Qualcuno vorrebbe sai farla finita
Ma poi non ci riesce e non sa perché
Così sogna adesso che in cielo la luna
Risplende pacata e serena per te
La notte ti culli e ti porti fortuna
Ti doni la gioia terrena, se c'è
Dormi tranquillo e fai sogni d'oro
C'è qualcuno che su di te veglierà
Le stelle ti avvolgano di un dolce coro
Che nessuna guerra zittire riuscirà
Dormi tu, fragile. Dormi bambino...
Dormi tu, fragile. Dormi bambino..."

Da diverse notti, ormai, canto questa canzoncina che ho composto per Isay. Col permesso di Detia, ho cominciato a suonare il suo vecchio Chrein, e, con me, lo strumento sembra aver ripreso vita, nonostante sia molto malandato. Suono e canto, e poi canto solamente, tenendo il bambino in braccio, per tutta la notte. Mi riposo alle prime luci dell'alba, quando Isay sembra cominciare ad avvertire sollievo e si addormenta tra le mie braccia. Solo allora lo depongo nuovamente nel suo letto, addormentandomi spesso su una sedia vicina o con il viso appoggiato sulle braccia incrociate e affondate nelle coperte che lo avvolgono. Detia non mi sveglia mai troppo presto, ma mi lascia dormire finché le forze tornano ed io sono pronta per affrontare un'altra dura giornata. Quella appena passata, tuttavia, è stata una notte molto strana. Isay sembrava inquieto, inizialmente, ma poi ho visto il suo viso deformato dal virus distendersi più del solito. Quando anch'io ho chiuso gli occhi, ho avuto la sensazione di udire una melodia nel vento, e ho pensato che lo Spettro volesse burlarsi di me. Ma ero troppo stanca per badarci, così mi sono addormentata profondamente. E ora sono qui, con la testa sprofondata nelle mie stesse braccia, desiderando di poter dormire sempre così, finché, aprendo gli occhi, scoprirò che era tutto solo un incubo, e non un'amara realtà.

"Swaynn!" La voce di Detia mi distoglie da questo stato di beatitudine. "Svegliati!"

Bofonchio qualcosa, ma non faccio altro. Ho bisogno di recuperare il sonno, almeno per un'ora o due. Ma la donna non vuole lasciarmi in pace:

"Swaynn!" Mi scrolla lievemente, poi con più forza, finché sono costretta ad alzare il viso e chiederle stancamente:

"Che cosa c'è, Detia?"

"Guarda Isay!" Esclama, con un'espressione negli occhi che non so decifrare.

Mi alzo e mi avvicino al bambino. La mia sorpresa è grande nel vedere che, nonostante il virus sia ancora presente nel suo corpo, il suo viso comincia ad intravvedersi attraverso quella maschera purulenta e sinistra. Anche il suo respiro non è più simile ad un rantolo, ma si è fatto più lento e regolare.

"Sta meglio, vero, Swaynn?" Mi chiede Detia, con apprensione.

"Direi. Di sì." Rispondo, stupita quanto lei.

"La tua canzone… l'hai suonata in modo così soave, stanotte… Isay stava già meglio, dopo la prima volta in cui l'hai cantata, ma questa notte il tuo suono era diverso…"

"Stanotte non ho nemmeno toccato il Chrein, Detia. Ho solo cantato."

"Ma io ti ho sentita. E' vero, non suonavi il Chrein, ma un altro strumento. A proposito, Swaynn: posso vederlo? Come hai fatto a costruirlo?"

La guardo, senza capire:

"Non ho nulla, con me, Detia." Le dico, pensando che stiamo impazzendo entrambe.

"Eppure ti ho sentita…" Mi dice lei, guardandomi con la sessa paura. "Suonavi la melodia della tua canzone…"

"Ti assicuro che ho solo cantato."

"E chi suonava?"

Sono sempre più preoccupata per lei:

"Forse hai sognato, Detia." Le dico. "Sei stanca anche tu."

"Sono stanca, ma ci sento bene, Swaynn. Ho sentito come se il vento stesse suonando la tua canzone…"

"Il vento… sì. Anch'io ho avuto questa sensazione. Allora non ho sentito solo io."

"No, ma… quindi, non ero tu?"

Sto per risponderle, quando, all'improvviso, mi sembra di avvertire una strana vibrazione, nell'aria. E' una vibrazione che entra nella mia anima e la fa risuonare.

"Devo uscire." Dico, come in una sorta di trance. "Devo andare."

"Dove devi andare?" Chiede Detia, seguendomi. Preoccupata.

"Devo seguire il segno." Continuo, afferrando il mantello e avviandomi verso la porta.

"Quale segno, Swaynn? Sono in apprensione, ora…"

"Devo andare." Ripeto ancora, senza sentire altro che questo richiamo forte cui non posso resistere. Monto sul cavallo e seguo la direzione del suono che diventa sempre più forte, man mano che mi avvicino alla fonte. Nel mio cuore custodisco una speranza segreta, ma non voglio illudermi, dopo più di quattro mesi passati a cercare di rianimare un corpo che continua a lottare, forse inutilmente. Galoppo a briglia sciolta, dirigendomi senza indugio verso quel suono che sta diventando sempre più chiaro: è la melodia della canzone con cui, da molte notti, sto cullando Isay, nella speranza che parole e musica siano almeno di conforto in quell'atroce sofferenza. Non vedo nulla e non sento altro che quella vibrazione che invade tutto il mio essere. Non bado al tempo, né al fatto di essere in disordine e spettinata, dopo giorni di grande fatica. Ho solo un obiettivo: raggiungere chi sta suonando la mia melodia, scandendola in modo perfetto e unico. Raggiungo Mosbury, e m'inoltro oltre gli Antri dello Spirito, dove l'eco si amplifica sempre di più, come se volesse espandersi in tutta l'isola. Lascio il cavallo poco distante, poiché non può arrampicarsi sulla scogliera. Nessuno lo ruberà, né gli sarà fatto del male: ormai ho capito che entrambi siamo protetti da una coltre speciale e inspiegabile che ci rende invisibili agli occhi delle Vergini e della stessa Signora dell'Isola. Salgo velocemente, senza curarmi del vestito che si strappa, né faccio caso ai tagli che gli scogli affilati mi procurano su mani e piedi, e poi mi guardo intorno. Non mi ci vuole molto per vedere la sagoma che si staglia sull'azzurro del cielo terso, e che suona il Thraryd in un modo inconfondibile.

"Athorm!" Esclamo, correndo verso l'uomo vestito di nero, con mantello e stivali dorati, che riflettono i raggi del sole creando un'aura particolare intorno alla sua figura. Lui smette di suonare e sorride, mentre mi lancio tra le sue braccia, stringendolo e baciandolo molte e molte volte. Anche Athorm mi stringe a sé, sollevandomi un poco per compensare la differenza delle nostre altezze. Poi mi dice:

"Mi chiedevo quanto ancora ci avresti messo, prima di riconoscermi. Sono qui da giorni, ormai, e non te ne sei nemmeno accorta…"

"Da giorni…" Mormoro, stupita. "No, ero talmente impegnata… E ora sono in condizioni pietose…"

Athorm mi bacia ancora, e lascio che il tempo passi, senza pensare più a nulla. Gli dico solo: "Mi sei mancato tanto..."

Lui mi guarda, sorpreso e sorridente:

"Ti sono mancato?" Mi chiede, divertito. "Allora hai cambiato idea sull'uomo che disprezzavi tanto?"

Sorrido anch'io:

"Non conoscevo l'uomo, ma quello che si diceva di lui." Rispondo. "Ed è stato un grave errore lasciarmi condizionare dal pregiudizio."

Athorm mi accarezza i capelli:

"Forse non hai sbagliato, Swaynn. Se tu non avessi pensato male di me, avresti commesso degli errori, e non saresti stata lucida nelle tue scelte."

"Ma ti ho deluso… Ti ho detto che sarei tornata e non l'ho fatto…"

"Mi hai chiamato. Io ho sentito. Questo non è un ritorno, forse?"

"Credevo che tu mi avessi dimenticata. Ne avresti avuto il diritto."

"Ti avevo dato la mia parola. E ho fatto la scelta giusta, a quanto pare." Mi stringe ancora una volta e mi bacia. Ogni bacio diventa sempre più appassionato, e in me comincia a nascere qualcosa che non pensavo di poter mai desiderare. Credo che anche Athorm provi le stesse sensazioni, e che anche lui si domandi fino a che punto possa spingersi. E' lui, a fermarsi, nonostante sia evidente che desideri altro, e mi chiede:

"Quello che sentivi… era vero? Detia aveva bisogno di te?"

"Sì, ma…" Divento improvvisamente triste. "Non sono riuscita ad aiutarla. La situazione è già abbastanza compromessa, qui, sull'isola, e alcune Vergini sono state infettate dagli esseri umani modificati. Non sono morte, ma ora vagano per il mondo, rappresentando un grave pericolo per chi verrà in contatto con loro. Isay, il figlio di Detia, è stato colpito dal morbo, ma non solo da quello. Credevo di poterlo guarire come avevo fatto con le donne e i bambini che sono approdati qui... come ho fatto anche con Orud. Ma il rimedio è stato celato dall'isola stessa, e non sono nemmeno riuscita a trovare un'alternativa valida. Così ho composto la ninna nanna, e tu... l'hai sentita?"

"Io ti ho sentita quando mi hai chiamato, e ti ho sentita anche dopo. Avrei voluto manifestare la mia presenza, ma temevo di distrarti. La malinconia della tua voce era così dolcemente struggente da commuovermi, ogni volta. Così, ho desiderato ascoltarti quanto più potessi."

"E, alla fine, l'hai suonata... Questa notte eri tu..."

"Ero io."

Gli accarezzo il viso, e i suoi occhi s'illuminano, risplendendo come la luce delle stelle, nell'oscurità profonda di un'iride di brace. Ci baciamo ancora una volta, ed è chiaro ciò che entrambi vorremmo. Tutti i miei buoni propositi riguardo alla Virtù e alla volontà ferma di poterla esercitare sembrano sgretolarsi, alla luce di ciò che è accaduto, negli ultimi tempi. Mi sciolgo da quell'abbraccio, per spezzare il desiderio che ci pervade l'anima, e gli chiedo, in un sussurro:

"Com'è l'ha presa, Chrel? E gli Alti Funzionari? Sono molto adirati, con me?"

"Con te no. Con me sì: avrei dovuto importi di rimanere."

"Mi dispiace che tu abbia avuto dei problemi a causa mia."

"Mi avevi dato la tua parola che avresti mantenuto la tua promessa: anche se fosse passata una vita, sapevo che l'avresti mantenuta. Non potevano sapere ciò che avevi percepito, né io avrei mai permesso che accadesse. Erano cose che avevi confidato a me, e non avrei mai potuto violare i tuoi segreti, mancandoti di rispetto."

"Sei stato gentile."

"Ho fatto solo ciò che sentivo. Ma come sta, ora, il figlio di Detia? C'è qualcosa che io possa fare per lui, secondo te?"

Rimango sovrappensiero per un attimo, poi dico:

"Forse. Ma dovresti vederlo, prima. C'è dell'altro, in lui, ma non saprei come spiegarti senza sembrare assurda."

"Non sei mai stata assurda, Swaynn: tutto quello che hai detto o fatto si è sempre rivelato veritiero. Portami da lui, se Detia non avverte disprezzo nei miei confronti."

"Non credo che lei ti detesti. E' solo preoccupata per Isay. E per me."

"Posso capirla. Sei stanca hai bisogno di dormire. Ora non pensare più a ciò che devi fare. Io sono con te e ti aiuterò."

Gli sorrido, grata per le sue parole.

"Il tuo cavallo è qui con me." Gli dico, giocherellando con i suoi capelli. "Ed io ti sto sporcando con la sabbia e il sangue delle mie ferite... scusami."

Athorm prende la mia mano e bacia il taglio profondo:

"Andiamo allora." Mi sussurra, rassicurante.

Scendiamo insieme, con attenzione. Athorm mi sorregge, poiché non riesco più a far leva sui palmi delle mie mani. Poi, quando raggiungiamo il suo cavallo, salta in sella e mi aiuta a salire davanti a lui. Non c'è bisogno che io gli dica dove sia la casa: lo sa già. E lo sa anche il suo purosangue che comincia a galoppare velocemente, dirigendosi verso Isula.

Cavalchiamo in silenzio, poiché tutto è già stato detto. Ora c'è un problema concreto da risolvere, che, se protratto nel tempo, potrebbe impedirmi di tornare a Kelk nell'immediato futuro. Così, consci di questa possibilità, cerchiamo di concentrare le nostre energie sui segnali che speriamo di poter ricevere.

Arriviamo presso quella che era la mia casa più velocemente di quanto io ci abbia messo per trovare Athorm presso la scogliera. Lui scende da cavallo e mi aiuta a posare i miei piedi feriti che cominciano a dolere per lo sforzo, ed irrompiamo nella dimora in cui Detia sta scaldando dell'acqua sulla brace rovente del camino. Sul primo momento, la donna sobbalza dallo spavento. Poi, tranquillizzandosi, ci viene incontro sorridente:

"Athorm!" Esclama, con sincero affetto. "Avrei dovuto immaginare che foste voi! Quando ho visto Swaynn diventare sempre più malinconica, ho immaginato che, prima o poi, avrebbe cercato di ristabilire il legame che avete costruito col tempo. E voi siete riuscito a sentirla."

Athorm s'inchina in segno di rispetto e le bacia la mano, dicendo:

"Spero che non serbiate più alcun rancore nei miei confronti, Detia. Swaynn vi considera come una sorella e farebbe di tutto, pur di compiacervi. Anche mettersi contro di me, se fosse necessario."

"Ma non lo sarà affatto!" Risponde la mia amica, arrossendo lievemente. "Avete fatto la scelta giusta, e me ne sono resa conto in questi ultimi mesi. Io non sarei mai riuscita a sopravvivere, senza il suo aiuto. Lei è la più forte. Lo è sempre stata, sin da quando eravamo bambine. E le donne come lei sono destinate a compiere grandi imprese."

"Se fosse così, Detia, saresti riuscita a guarire tuo figlio." Le dico, tristemente.

"L'hai mantenuto in vita fino ad ora, e sembra migliorare di giorno in giorno. Forse è il mio cuore di madre, a sperarlo, ma è così che lo vedo."

"Posso vederlo anch'io, Detia?" Le chiede Athorm.

"Certamente. Ma devo avvisarvi: non è uno spettacolo gradevole."

"Voi lo vedete tutti i giorni, eppure non ne siete disgustata. E non ditemi che il motivo è perché siete sua madre: conosco molte madri che troverebbero il proprio figlio ripugnante, solo perché i suoi occhi non sono azzurri come avrebbero desiderato. Quindi, vi prego, portatemi da lui."

Detia arrossisce di nuovo, poi fa strada a entrambi verso la stanza in cui giace il bambino.

"E' qui." Dice, aprendo la porta. Athorm si toglie il mantello e me lo porge, ed io lo seguo, mentre si avvicina a Isay. Lo guarda senza mostrare alcuna emozione. Non comprendo che cosa stia pensando, né quali sentimenti si agitino nel suo cuore, ma ho la netta sensazione che anch'egli sia riuscito a vedere ciò che io ho visto. Mi guarda, senza dire nulla, poi torna a guardare Isay, con grande attenzione. Lo sfiora con delicatezza, e il bambino, inspiegabilmente, non si lamenta, né si sveglia. Athorm s'inginocchia per guardarlo dritto negli occhi, e temo che questo gesto possa scatenare il fastidio che lo Spettro ha sempre mostrato ogni volta in cui tentavo di farlo io. Ma, ancora una volta, non vi sono reazioni.

Così, si alza, e, rivolgendosi a me e Detia, dice:

"Dovete portarlo a Kelenda. Lì troverà la cura per ciò che lo sta divorando."

"Sì…" Mormora Detia. "Forse, laggiù, voi e Swaynn potrete aiutarlo come qui non sembra più essere possibile fare…"

"Non mi sono spiegato bene." Ribadisce Athorm, con fermezza. "Dovrete venire entrambe con me, e lasciare quest'isola. Non siete al sicuro, qui."

Allora ha visto!, penso, senza lasciar trapelare la mia preoccupazione.

"Anch'io?" Domanda Detia. "No, non potrei farcela… Sono fuggita da un uomo che mi ha quasi uccisa: non voglio tornare nel mondo degli esseri umani. C'è troppa cattiveria. Non sopravvivrei."

Athorm mi rivolge uno sguardo interrogativo ed io gli rispondo:

"Lei non ricorda nulla." Lui annuisce, facendomi intendere di aver compreso, e si rivolge ancora alla donna:

"Se rimanete qui, Detia, anche Swaynn lo farà. E il nostro matrimonio non potrà essere celebrato."

La frase sembra colpire profondamente la mia amica. La vedo in preda a pensieri e sensazioni contrastanti tra di loro, e la sua lotta interiore è così evidente da poter persino essere toccata, se fosse fatta di materia. Alla fine, dice:

"Avete ragione, Athorm. Swaynn farebbe questo ed altro, per me. L'ha dimostrato venendo qua, lasciandovi solo e spezzando la promessa. Sarei profondamente egoista se non lo riconoscessi. Questi mesi, per lei, sono stati terribili, come potete vedere. Ha permesso a me di riposare e non si è risparmiata, nemmeno quando avrebbe potuto lasciar correre e tornare nel luogo cui apparterrà per sempre, quando diventerà vostra moglie. Per questo… sì, verrò con voi. E vi ringrazio per tutto quello che state facendo, per me e per mio figlio. E per Swaynn…"

"La mia nave sarà pronta domani all'alba." Dice Athorm. "Portate solo lo stretto necessario, poiché non avrete bisogno d'altro."

"Grazie, davvero." Dice Detia, con gli occhi pieni di lacrime. "Voi e Swaynn siete stati buoni, con me, ed io vi ho ripagati con la collera e la presunzione. Perdonatemi, tutti e due, se potete…"

Athorm le pone una mano sulla spalla:

"Non siate troppo severa con voi stessa. Chiunque, al vostro posto, avrebbe fatto lo stesso. Ma non dovete preoccuparvi, perché tutto è passato. Bisogna pensare al domani, ora, e vi pregherei di far riposare Swaynn, o non reggerà la navigazione."

"Non sono tornata qui con la tua nave, però…" osservo. Lo vedo sorridere:

"No, è vero. Ci sarà un momento in cui non potrete più vedere nulla, ma voi già sapete che dev'essere così. Ma ora, Swaynn, devi riposare."

"Athorm ha ragione." Dice Detia. "Prendi l'acqua che ho portato a casa e usala per farti un bagno come si deve. Ti sei sacrificata già abbastanza, per noi. Ora devi pensare a te stessa, o non potremo andare da nessuna parte."

"Va bene, farò come dite! Ma… posso fidarmi a lasciarvi soli?"

Athorm ride sommessamente e mi bacia così a lungo da far arrossire Detia. Con la coda dell'occhio la vedo cercare un punto dove posare lo sguardo, in grande imbarazzo:

"Starò fuori a controllare che nessuno venga a darvi fastidio." Dice poi il mio promesso sposo.

Rassicurata dalla sua presenza e dalle parole che ha appena pronunciato, approfitto di questo momento di calma per lavarmi con l'acqua che Detia ha fatto scaldare, aggiungendone dell'altra più fresca, nella piccola vasca annessa alla mia stanza. Non ci sono quasi mai stata, qui, da quando sono tornata sull'isola. Mi lascio cullare dal profumo di foglie di menta e bacche di vaniglia, mentre sento il mio corpo rilassarsi, e una sensazione di sonno profondo mi avvolge come in un abbraccio materno, quando, avvolta solo di una tunica bianca e leggera, m'infilo sotto le coperte, addormentandomi di colpo.

E' un sonno senza sogni, il mio, pesante e lunghissimo, dal quale mi sveglio solo sporadicamente. Poi mi giro sull'altro lato e riprendo a dormire, senza neppure accorgermi delle ore che passano, inesorabili. Dimentico persino di mangiare, ma il mio stomaco, ultimamente, era così aggrovigliato da impedirmi di ingoiare anche solo un goccio d'acqua. Così, non sento neppure la fame, e assecondo il grande bisogno di ritemprare le forze che mi sono state sottratte in questi lunghi mesi. Dormo, finché una voce sussurra al mio orecchio, dicendo il mio nome:

"Swaynn…"

Potrebbe essere lo Spettro, ma il soffio è caldo, e non avverto sensazioni di angoscia. Apro gli occhi, lentamente, e vedo Athorm accanto a me:

"E' già ora di partire?" Chiedo, biascicando le parole.

"No, Swaynn. E' solo arrivata sera, e Detia è già andata a dormire. Mi ha chiesto dove volessi stare, ed io le ho risposto che mi sarei sistemato appena fuori dalla vostra casa. Ma lei ha insistito che io dormissi qui, con te. Non ha voluto sentire ragioni."

"Ma non siamo ancora sposati, Athorm!"

Lui si siede accanto a me, guardandomi negli occhi:

"Ho bisogno di sapere se sei abbastanza lucida da comprendere quello che sto per dirti."

Lo guardo, interrogativamente:

"Lo sono, Athorm. Sono solo molto stanca, ma riesco a sostenere una conversazione, se hai bisogno di parlarmi."

Lo vedo esitare per un attimo. Poi, prendendomi una mano tra le sue, mi parla sottovoce:

"Fino ad oggi, sei stata costretta a sposarmi, poiché io te l'ho chiesto e mi è stato concesso. So che onoreresti la parola che mi hai dato, ma voglio sciogliere questo vincolo."

Mi siedo, preoccupata:

"Non vuoi più sposarmi?" Gli chiedo, senza capire.

"Voglio solo che la motivazione che ti spinge a farlo sia un'altra, e non quella dettata da un obbligo, solo perché non hai alternative. Ti sto chiedendo di sposarmi perché mi ami, e non perché ti è stato imposto. Voglio che tu possa essere libera di scegliere."

"Amore..." Sussurro, con un filo di voce. "Non ne ho conosciuto molto, nella mia vita..."

"Lo so. Voglio proprio per questo che tu sia sicura. Credimi, Swaynn: potrei pretendere che tu mi debba sposare domani stesso, se volessi, ma non è ciò che desidero davvero. Le mie aspettative sono cambiate. Non ho più bisogno di una Vergine che perpetui le sue conoscenze a Kelk, ma di una donna che sappia ciò che prova."

"Athorm... credo che molte donne potrebbero innamorarsi di te..."

"Ma io non voglio altre donne. Io voglio te."

Lo guardo, senza parlare. I suoi occhi scivolano dal mio viso alla mia tunica, e solo ora mi rendo conto della trasparenza dell'abito che indosso. Imbarazzata, rimbocco le coperte fino al collo. Athorm si avvicina e sposta i miei capelli scarmigliati, baciandomi sul collo, lievemente. Una sensazione di calore pervade il mio corpo: vorrei dirgli di smettere, ma, allo stesso tempo, vorrei che continuasse.

"La Virtù..." Sussurro, voltando il viso verso quello di Athorm. Lui sussurra a sua volta:

"Combattere per un nobile ideale è una di quelle imprese straordinarie di cui Detia ti parlava, oggi. Ma diventarne schiavi... ne vale la pena, Swaynn?" Poi riprende a baciarmi, mentre le sue mani scivolano sulle coperte, allontanandole, e poi salgono sulla tunica, fino a sciogliere i lacci che la tengono chiusa anteriormente.

"Fermami ora." Mi dice, quasi sperando che io lo faccia. "Fermami, prima che tu possa odiarmi per ciò che sto per fare..."

Vorrei dire qualcosa, ma le parole mi muoiono in gola. La tunica viene sfilata con estrema facilità, e il mio corpo rimane nudo di fronte a quegli occhi che sembrano parlare.

"Ho paura, Athorm..." Riesco solo a dire, pensando alla mia totale inesperienza.

"Anch'io, Swaynn..." Lentamente, anche lui toglie i suoi vestiti. E' la prima volta che vedo un uomo nudo. Nemmeno Orud si è mostrato a me, così. Ma è Athorm che vedo, ora. E' lui, che desidero. "Hai già conosciuto molte donne..." Sussurro, allungo un braccio verso di lui, per attirarlo a me.

"Mai con una Vergine. Mai con te." Il suo corpo si posa sul mio, lievemente. Mentre ci baciamo con passione crescente, la sua virilità s'insinua nella mia parte più intima, e il dolore che sento è forte, così com'è forte il desiderio che ho di lui. E, dopo il dolore, giunge una nuova sensazione, ancora più forte. I nostri corpi cominciano a muoversi insieme, nella danza dei sensi che può distruggere o costruire. E' così, che facciamo l'amore, in questa notte stellata. E' così che ci addormentiamo: abbracciati, in silenzio. Appagati.

***

Alle prime luci dell'alba, siamo già pronti per partire. Detia tiene stretto a sé Isay, che, fortunatamente, sembra ancora dormire. Ad attenderci, ci sono Oughm, Moraya, Smuz, Tom e Orud, seduti in sella sui loro cavalli. Ce n'è uno in più: lì monterà Athorm, poiché il suo è già destinato a me. Nel vedermi, i cinque non nascondono la loro felicità, ma faccio loro segno di non dire nulla, di non fiatare: siamo già molti, e ci sono uomini che si sono intrufolati chissà come, su un'isola destinata agli esseri umani di sesso femminile. In più, a quanto parte, l'intero equipaggio della nave è pronto ad intervenire in qualsiasi momento, se si dovesse rendere necessario. Detia guarda quei volti con timore. Benché essi sappiano chi lei sia, la donna sembra non riconoscerli. E' strano come riesca a ricordare solo Athorm e Yoser, mentre abbia dimenticato chi siano gli altri personaggi. Procediamo con molta cautela, avvolti dallo stesso mantello scuro che sembra interferire con le vibrazioni dell'isola. Fino ad ora, in più di quattro mesi, nessuno mi ha riconosciuta, e, a malapena, solo chi possiede una sensibilità più sviluppata ha avvertito la mia presenza, ma senza capire chi io fossi. Tuttavia, prima di metterci in marcia, Athorm ha voluto che io rimanessi accanto a Detia, e, ad entrambe, ha rivolto la seguente richiesta:
"Create uno scudo di difesa. Voi lo potete fare."
"No, io no…" Aveva risposto Detia, realmente in grosse difficoltà.
"Nemmeno io so farlo, Athorm." Avevo detto, condividendo le parole della mia più cara amica. Ma lui aveva insistito:
"Swaynn: ciò che hai dentro è ciò che hai anche fuori. Agisci in modo in verso: non chiuderti, ma apriti. In questo modo, il raggio della schermatura sarà più ampio."
Non aveva aggiunto altro, ma si era limitato a comandare l'inizio dell'avanzata. Mi ci è voluto un po' di tempo, prima di riuscire a concentrarmi e a comprendere ciò che mi aveva suggerito: avrei dovuto immaginare di espellere quel *tappo* che mi permette di chiudere il canale, e radunarne i pezzi, immaginando di porli uno vicino all'altro, come una cupola. Temevo che non sarei mai riuscita a farlo, ma, alla fine, ho percepito chiaramente l'attimo in cui una strana energia fluiva da dentro di me, proiettandosi verso l'esterno, e proteggendo sia me sia Detia.
Dobbiamo avanzare con molta prudenza, per non attirare l'attenzione delle poche Vergini che incontriamo sulla strada. Non so come sia possibile, ma i fedeli collaboratori di Athorm riescono a passare inosservati, così come il loro capo. E' come se tutti loro possedessero delle frequenze che disturbano quelle

naturali dell'Isola delle Vergini, e riescono a celarsi nel paesaggio circostante, come camaleonti. Ogni tanto, solo io e Detia rischiamo di essere scoperte, e questo a causa della sua grande paura che percepisco in modo sempre più violento: è come un'onda anomala che va ad impattare persino contro il mio scudo.

"Stai calma, o ci scopriranno". Le sussurro, sbrigativamente.

"Non ci riesco, Swaynn." Mi risponde, con voce spezzata dal terrore.

"Pensa a tuo figlio: vuoi che te lo portino via? Che gli facciano del male?"

"No, affatto…"

"Allora domina la tua paura, perché potrebbe nuocergli."

Le mie parole sembrano sortire l'effetto sperato. Avverto chiaramente il suo sforzo per non lasciarsi affondare nella preoccupazione, facendo appello al suo istinto materno. Così, possiamo proseguire con più attenzione.

Gli zoccoli dei cavalli risuonano in modo sinistro. Ho una strana sensazione. Le mie energie proiettate verso l'esterno captano vibrazioni sgradevoli, ma non posso permettermi di approfondire di quale natura esse siano. Se lo facessi, renderei palese la nostra fuga, e vanificherei anche la protezione che i seguaci di Athorm ci stanno assicurando.

Stringo la spada che lui mi ha lasciato, istintivamente, quando un soffio di vento freddo sfiora il mio viso. Non avverto la solita voce, ma non è un buon presagio. Le Vergini che incontriamo sul cammino sembrano guardarsi intorno, quasi con timore. Non credo che questo sia imputabile a noi. Credo, invece, che anch'esse stiano percependo qualcosa che non va. Vorrei parlarne con Athorm, ma una mia sola parola potrebbe spaventare Detia e creare uno scompenso nello scudo, così mi limito a guardarlo, sperando che egli mi veda. Ma continua ad avanzare, come se la sua attenzione fosse rivolta unicamente a ciò che sta compiendo, quasi dimenticandosi della mia presenza.

Ci vuole molto tempo, prima di giungere sulla riva. Avanziamo in luoghi che non ho quasi mai visto, nascosti in boschi ricoperti di un fitto fogliame che sembra volerci nascondere. A volte il sentiero è così stretto da indurci ad avanzare uno per volta, ed è sempre Athorm, a muoversi per primo. Orud chiude la fila, pronto ad avvisare nel caso in cui qualcosa di anomalo dovesse accadere. Non ci fermiamo mai, nemmeno per una breve sosta. Procediamo lentamente proprio per evitare che eventuali scossoni possano dare fastidio a Isay, e, quindi, svegliarlo. Giungiamo presso la riva di Moryrd quando il sole è già alto, nel cielo, ed è quasi l'ora del pranzo. Non vedo la nave, all'orizzonte. Non so dove sia ormeggiata. Athorm alza lo sguardo, improvvisamente: anche lui sta percependo qualcosa che non va. Fa segno a tutti di fermarsi e di rimanere immobili. Da poco lontano, vediamo giungere delle sagome a cavallo, e sono sagome scure, simili ad ombre, figure insolite sull'isola. Solo quando sono più vicine, riconosco in loro un gruppo di Vergini guidate dalle Signore delle Tre Terre. Inorridisco, trattenendo il fiato: riesco a scorgere i loro volti, ma sono deformati da uno sguardo feroce e da un ghigno che non ha nulla di umano. Sono tutte vestite di nero, e, quando avanzano, sollevano polvere scura che blocca il respiro nei polmoni. Vedo Detia inorridire e, per un attimo, temo che si metta a urlare. Fortunatamente riesce a trattenersi, anche se la sua paura sta sottraendo molta energia allo scudo protettivo. Le Vergini simili a ombre si fermano proprio a pochi passi da noi. Vedo Ahona fare un cenno alle sue seguaci, come per comunicare loro di prestare attenzione, poiché qualcosa è sul loro cammino. Guardo Athorm, e lui annuisce, facendomi intendere di continuare a rimanere ferma, immobile, senza dire nulla.

Quelle che un tempo furono le Signore delle Tre Terre portano con loro nubi grigie e dense che si ammassano sulle nostre teste. La loro capacità percettiva sembra essere ancora più forte di prima, ed è evidente che abbiano la certezza di avere di fronte delle presenze che si stanno celando dietro ad un'illusione.

Ahona avanza da sola, col suo sguardo duro, gli occhi fiammeggianti, il corpo ricoperto di cicatrici che fumano, come se un processo di cauterizzazione continuasse a perpetuarsi, rigenerando i suoi tessuti che, attaccati dal morbo delle Larve, se esse non fossero ciò che sono, si disintegrerebbero orribilmente.

La guerriera conduce il suo cavallo dal manto nero proprio nella direzione che porta verso me e Detia. Porto istintivamente la mano sull'impugnatura della spada, mentre Athorm fa cenno ai suoi di stare pronti ad attaccare. Ahona continua ad avanzare, finché si ferma di fronte a me. Cerco di rimanere imperturbabile, concentrandomi al massimo sulla forza dello scudo che ci rende trasparenti agli occhi di chi abita l'isola. La mia calma impedisce al cuore di accelerare i battiti e al respiro di farsi più affannoso. Così, la donna si limita ad annusare l'aria, senza riuscire a vedermi, e, con un gesto di stizza, si allontana. Poi, però, ci ripensa, e torna indietro. Questa volta, però, si dirige verso Detia, l'anello più debole del gruppo. Vedo la mia amica sbiancare in volto e vorrei gridarle di chiudere gli occhi, senza guardare. Forse i miei pensieri vengono captati, perché, istintivamente, la vedo fare ciò che deve. Questo gesto apparentemente banale riesce a mantenere costante il suo flusso energetico e ad impedire allo scudo di assottigliarsi. Così, Ahona, annusando nuovamente l'aria, indietreggia nuovamente, borbottando qualcosa che non riesco a comprendere.

Non ci resta che aspettare che le Vergini oscure si allontanino da noi, per andarcene, ma non riesco a smettere di chiedermi che cosa sarà, dell'isola, una volta in mano a loro. Allo stesso modo, non posso permettermi di perdermi dietro a pensieri che potrebbero deconcentrarmi, quindi accantono le mie paure, per dedicarmi esclusivamente al compito che Athorm mi ha affidato.

Avverto una sensazione di freddo, quando le Vergini oscure si allontanano, emettendo dei suoni che non hanno nulla, di umano. Sembra che abbiano deciso di lasciar stare... ma, all'improvviso, accade qualcosa. Isay si sveglia, e comincia ad agitarsi. I suoi movimenti generano un disturbo che non so gestire, e le Vergini oscure sono come richiamate da qualcosa che conoscono. Aumento la forza, cercando di consolidare il muto invisibile che si pone tra noi e loro, ma Isay muta il suo sguardo. Detia non può vederlo, poiché impegnata a cercare di tenerlo fermo, mentre lui si rivolge a me, con un ghigno malefico e gli occhi che emanano un bagliore verde. E' un attimo. Emette un grido forte, stridulo. Che provoca un rumore simile a un vetro che si spacca, andando in mille pezzi: il suo urlo è riuscito a cogliermi di sorpresa e a spezzare il sottile scudo che, con tanta fatica, sono riuscita a mantenere intatto fino ad ora. Siamo tutti vulnerabili, adesso. E siamo visibili. Le Signore delle Tre Terre si muovono all'unisono, dirigendosi verso Detia. Io, Athorm e gli altri la affianchiamo subito, pronti a contrattaccare. Una schiera di Vergini oscure segue chi le guida, e tutte vanno verso la madre di Isay, che, nel frattempo, è tornato a dormire, come se ciò che doveva compiere fosse stato fatto. Le guerriere delle tenebre sguainano le loro spade arrugginite, cosparse di sangue rappreso: quante vittime hanno già ucciso?, mi chiedo, sgranando gli occhi per lo stupore. Quando un primo fendente viene scagliato, Ahona si trova bloccata dalla spada che stringo tra le mani: comprendo che il mantello mi sta rendendo ancora invisibile, in qualche modo, o vista come parte di un paesaggio che si sta ingrigendo. Detia indossa lo stesso mantello, ma Isay no. Questo rende la donna vulnerabile e ancora più evidente, a causa del terrore che le fa disperdere l'energia che ha in corpo. Le Vergini oscure la stanno già risucchiando, come fa una sanguisuga posta su un corpo pieno di sangue. Muovo la spada, colpendo il cavallo di Ahona su un fianco. Il destriero s'impenna, e la guerriera cade a terra, subito soccorsa dalle sue seguaci. Si rialza subito, ansimante di rabbia, e, con voce tonante, grida: "Swaynn!"

Parto all'attacco, e, con me, anche Athorm e i suoi uomini. Non mi fa piacere uccidere coloro mi sono state compagne e altre cui ho insegnato ciò che sapevo, ma per indebolire le Signore delle Tre Terre è necessario puntare al loro esercito dirompente, seppur contenuto. Orud rimane accanto a Detia, difendendola da ogni attacco, mentre tutti noi ci buttiamo nella mischia, uccidendo e ferendo gravemente le sagome simili ad ombre che ricadono a terra, raggrinzendo come fogli di carta a contatto col fuoco. La nostra forza sta nell'impossibilità di essere visti per come siamo. E' evidente che i loro occhi non siano abituati a ciò che percepiscono, e le vibrazioni che emaniamo sono diverse. Funziona come con i pipistrelli: anch'esse sembrano diventate cieche, capaci solo di agire in base a onde che giungono ai loro sensi alterati. Ahona ruba subito un cavallo rimasto abbandonato e che continua a galoppare, mentre le altre due Signore oscure la seguono, dirigendosi verso la mischia. Con un grido che non comprendo, riescono a far cessare il rumore delle sagome urlanti, e queste ripiegano, fuggendo verso le nubi grigie. Non ci è chiaro quello che stia accadendo, finché non le vedo lanciarsi insieme contro Detia. Gli occhi di Isay s'illuminano nuovamente, e quella maledetta sensazione di freddo penetra nuovamente nella mia anima. Orud si scaglia contro le tre anime oscure, mentre io, Athorm e gli altri corriamo in sua difesa. L'attacco è più difficile del previsto: queste Vergini contaminate hanno poteri che non immaginavo potessero avere, e schivano i colpi con rapidità, benché esse siano in numero inferiore al nostro. Non mi accorgo che, nella concitazione, esse stanno avvicinandosi sempre più a Detia, finché non sono ai suoi fianchi e la circondano, pronte a colpire.

"Swaynn!" Tuona di nuovo Ahona, con voce cavernosa. "Manifesta ora la tua presenza, o la tua cara amica morirà!"

Guardo Athorm, e lui scuote la testa, per impedirmi di fare qualcosa.

"Non stiamo scherzando, Swaynn!" Fa eco Yrila, e la sua voce ha perso quella sfumatura melodiosa che aveva un tempo. Non c'è più nulla, di colorato, in lei. Anche i suoi occhi e i suoi capelli sono grigi come la cenere.

Rimango ferma ancora, come in attesa di un segno che non arriva. Ed è in quel momento, che si fa avanti Iasha, colei che governava Mosbury e gli Antri dello Spirito. Lei, che un tempo era bionda e delicata come un giglio, ora è scura e possente, come una nube densa di fumo nero che si attacca ai polmoni, solidificandosi e rendendo impossibile respirare:

"Molto bene, Swaynn!" Grida, con voce stridula. "Lascia a me il piacere di essere la prima a colpire questa donna!"

Sta per avventarsi contro Detia, quando esclamo:

"Ferma!" Il suo braccio rimane bloccato quasi vicino al collo della madre di Isay, mentre io mi tolgo il mantello, rivelandomi per ciò che sono. "E' me, che volete. Perciò, combattete contro di me, non contro di lei: non vi ha fatto nulla!"

Le tre Vergini oscure scoppiano in una risata fragorosa e, all'improvviso, generano un vortice di polvere nera che le avvolge completamente. Il vortice viene verso di me, ed io tengo la spada pronta a colpire. Quando il cortice scompare, mi trovo circondata: tre grosse spade sono puntate contro di me. Se mi muovessi, mi potrei ferire.

"Pagherai, per non aver dato a noi tutte ciò che ti avevamo chiesto: il segreto della cura." Dice Yrila.

"Pagherai, per aver violato una zona a te proibita, non una ma più e più volte, assurgendoti a capo di una comunità che non ti apparteneva." Dice Iasha.

"Pagherai, per non avermi concesso l'unica cosa che ti avevo chiesto di darmi e che mi hai negato!" dice Ahona.

Mentre stanno per sferrare i colpi, anche gli altri si levano i mantelli, e questo gesto distrae le tre donne. Ne approfitto per disarcionare Yrila, posta proprio davanti a me, e per farmi largo, cercando di fuggire dalle altre. Gli uomini di Athorm devono combattere insieme, per distruggere colei che governava le Arti e che sembra essere invulnerabile. Io mi destreggio con Iasha e Ahona che non smettono di starmi addosso. Riesco a colpire anche il cavallo di quella che era la Signora dello Spirito, che cade a terra, in una nuvola di polvere e poi combatto contro Ahona, sicuramente la più forte delle tre.

Viene sollevata molta polvere e tutto si svolge in pochi, frenetici istanti. Le armi si confondono, alleati e nemici si ammassano e un'atmosfera densa e pesante avvolge il paesaggio. Ormai tutti combattiamo a terra, poiché solo Detia è rimasta a cavallo. Con la coda dell'occhio mi accerto che Isay non le faccia del male, ma è probabile che la parte legata a lei gli impedisca di compiere azioni che mi porterebbero a tentare di ucciderlo. Così, continuo a combattere contro la rabbia cieca di Ahona, e solo ora mi rendo conto di quanto abbia contato, per lei, il mio rifiuto. Questa rabbia che non conosce limiti è proporzionabile al sentimento che la donna poteva aver provato per me, e cui io non ho corrisposto. Si abbatte con ferocia contro di me, sferrando innumerevoli colpi dai quali mi difendo con altrettanta rapidità. Se fossimo in un altro luogo della terra, è probabile che la gente si fermerebbe a guardarci, chiedendosi chi noi possiamo essere, poiché i nostri movimenti non hanno quasi nulla, di umano. Dopo un lungo combattimento, nonostante io cominci a sentirmi stanca, siamo ancora più in guerra di prima, mentre gli altri continuano a combattere contro Yrila e Iasha che, contrariamente ad Ahona, sembrano dare segno di volersi arrendere. Se colei che è diventata la loro guida cedesse, forse la seguirebbero. Ma Ahona non conosce fatica, e riesce a ferirmi un braccio. La vedo sorridere, con la certezza di aver vinto, ma mi avvento contro di lei, disarmandola e lasciandola stupefatta. La punta della mia spada è contro la sua gola, ora, e tutto sembra fermarsi. Anche il combattimento alle mie spalle subisce una battuta d'arresto. Tutti attendono che una delle due faccia una mossa, ma io rimango ferma, ansimando, recuperando quelle forze che stavano venendo a mancare. Ed è solo in quel momento che il viso di Ahona si trasforma: il grigiore polveroso di poco prima si dissolve, ed io riconosco quel viso che ho rispettato e seguito, onorato e servito, senza mai dubitare un solo attimo della sua forza interiore… che, evidentemente, era solo un bluff.

"Swaynn…" Mi dice, e la sua voce è tornata ad essere quella di un tempo. "Sei diventata una donna forte e coraggiosa, e ti batti come una vera Guerriera. Mi hai disarmata, come vedi, e ora devi compiere l'ultimo atto, affinché di me si dica che non sono morta fuggendo, ma combattendo. Perciò, affonda la spada e non indugiare."

La punta della mia arma è contro la sua gola. Sto per spingere, ma la vista di quel volto mi frena: sto per ammazzare una delle Vergini che mi hanno insegnato tutto ciò che so… Pensavo che non ci fosse più alcuna speranza, per lei, ma ora che i suoi occhi mi guardano come un tempo, tutta quella sicurezza sta vacillando. La mia mano trema. Poi, abbasso l'arma:

"Non posso farlo, Ahona." Le dico. "Non posso ucciderti. Ti sei già uccisa da sola, quando hai deciso di arrenderti ala tenebra. Non posso uccidere un'anima già morta."

"Ma puoi darle pace." Controbatte la donna. "Perciò… fallo. Dammi quella pace che non avrò mai."

La guardo ancora per un istante, poi le ripeto:

"Non posso. Tu sei mia sorella. Sei mia madre. Sei mia amica. Sei la mia famiglia. Non posso sterminare chi è parte delle mie radici."

Rimetto la spada nel fodero e le tendo una mano, per aiutarla ad alzarsi, quando la voce di Detia spezza quell'atmosfera irreale:

"Attenta, Swaynn!" Urla. "E' una trappola!"

Non faccio nemmeno in tempo ad accorgermene. Ahona afferra di nuovo la sua spada e si scaglia contro di me. Ma interviene Athorm, che, senza la sua arma più potente, riesce a fermarla con la sola forza delle sue braccia. La donna lo guarda con odio, come si odia colui o colei che ha strappato il cuore dell'oggetto d'amore dell'innamorato respinto, e cerca di ucciderlo. M'intrometto tra i due, sfoderando nuovamente la spada, ma, con un colpo secco, Ahona riesce a disarmarmi.

Tutto il resto si svolge nella frazione di pochissimi istanti. Io sono disarmata, e sotto tiro. La punta della spada di Ahona viene scagliata contro di me, ma Athorm s'interpone tra me e l'arma, e rimane colpito alla schiena. La spada lo trafigge da parte a parte: la punta esce dal petto ed io emetto un grido. Ma Athorm mi spinge via, correndo in avanti, per liberarsi dall'arma, mentre riesce a raccogliere la spada che mi è stata scagliata a terra, prima che la donna si avventi come una furia contro di me, un'altra volta.

L'ultima immagine che vedo è Athorm che colpisce la Vergine oscura in pieno petto, ma, al tempo stesso, anche lei fa altrettanto, e, di nuovo, la spada penetra nel suo corpo, uscendo dalla schiena.

Ahona non cade nemmeno a terra. Un vento fortissimo si alza, e, lentamente, in un rantolo agghiacciante, il suo corpo si riduce in polvere, insieme a quello delle altre due Vergini oscure. Solo quando la polvere è stata spazzata completamente, il paesaggio torna ad essere immerso nella luce del giorno.

Ma Athorm è stato gravemente colpito, ed io corro verso di lui che, nel frattempo, ha estratto la spada del suo corpo, gettandola a terra. Lo vedo barcollare, anche se non c'è sangue, se non poche gocce sparse sui suoi vestiti, ma potrebbero non essere neppure le sue. Lui mi guarda, ansimando. Un ronzio fastidioso giunge alle mie orecchie, ed io le copro, istintivamente. Sento solo la sua voce che esclama con forza:

"Orud!"

Poi l'oscurità mi avvolge ed io non vedo più nulla.

***

Il braccio ferito mi brucia molto. Nel dormiveglia, porto istintivamente l'altra mano sulla zona che mi duole, ma una voce imperiosa mi ferma:

"Swaynn, no! Non toccatevi!"

Mi agito e cerco di aprire gli occhi, ma la luce artificiale m'infastidisce.

Luce artificiale? Ma dove sono?

Apro la bocca, come se cercassi di inghiottire l'aria. La mia gola è arsa dalla polvere che ho mangiato durante il combattimento. Giro il viso verso la voce che mi ha parlato e vedo Orud, vestito con l'uniforme di Funzionario speciale.

"Detia..." Mormoro, cercando di mettermi a sedere. L'uomo mi aiuta a sollevarmi, e mi accorgo che, di fronte a me, ci sono anche tutti gli altri più stretti collaboratori di Athorm, vestiti nello stesso modo.

"Sta dormendo, non preoccupatevi." Mi risponde Moraya, con un'espressione molto seria. La stessa espressione che hanno tutti...

Mi guardo intorno e mi sembra di essere dentro un laboratorio pieno di luci, aggeggi elettronici e congegni che non conosco. Io stessa indosso un indumento simile alle tuniche bianche dell'Isola delle Vergini, ma sembra fatto di un materiale plastico, lucido e appiccicoso.

"Dove ci troviamo?" Chiedo ancora, cominciando ad abituarmi a quella nuova realtà.

"A Verdrad." Risponde Oughm, con uno sguardo preoccupato.

"A Verdrad?" Non riesco a crederci. "Perché siamo qui? E dov'è, Isay? E Athorm? Che cosa gli è successo?"

I ricordi tornano alla spicciolata, e la mia ansia diventa sempre più forte.

"State calma, Swaynn." Mi dice Orud. "Agitarvi non vi farà bene."

"Voglio sapere che cos'è stato di Athorm, ho detto!" Esclamo, perentoria. "E ditemi la verità, perché capirò, se state mentendo!"

Li guardo tutti, uno per uno, e li vedo esitare. E' come se ciascuno di loro si aspettasse che sia l'altro, a parlare. Il loro imbarazzo è evidente, e non può esserci che una sola spiegazione:

"E' morto." Mormoro, impietrita. "Athorm è morto..."

Ancora nessuno di decide a rispondere.

"Parlate, maledizione!" Grido così forte da farli sobbalzare.

Dei passi veloci si avvicinano alla porta. Quando si apre, la mia sorpresa è grande, nel veder entrare Yoser Nym. Riconosco il suo viso aquilino anche dietro gli occhiali che indossa e il suo camice bianco, simile a quello di un medico degli anni che furono, mi lascia perplessa.

"Che cosa succede, qui?" Chiede, con una voce molto profonda. Il suo registro è così basso da sfiorare l'infrasuono, e, al tempo stesso così ricco di armonici, da rimbombare per la stanza.

"E' quello che vorrei sapere!" Esclamo, con rabbia mista a disperazione. "Perché mi trovo qui? E perché *voi* siete qui? E perché nessuno si degna di dirmi qualcosa sulle condizioni di Athorm? Se è morto, perché è stato portato in questo luogo? Perché non siamo a Kelk? Fatemi capire, Yoser!"

"Dovete stare calma."

"Gliel'ho detto anch'io..." Mormora Orud. "Ma potete comprenderla..."

"Se non parlate ora, mi alzerò in piedi e vi manderò in tilt queste vostre dannate apparecchiature!" Minaccio, furiosamente, con uno sguardo che potrebbe fulminare chiunque si trovasse sulla mia traiettoria, in questo momento.

"Non dubito che potreste farlo." Dice Yoser, venendo verso di me e puntandomi uno strano aggeggio che emette una luce rossa. "Le vostre pupille reagiscono normalmente. Vi svegliate con molta rapidità, Swaynn."

"Allora siate rapido anche voi." Sibilo velenosamente. L'uomo non sembra spaventato dal mio atteggiamento, e, mentre mi osserva, parla quasi distrattamente:

"Athorm mi aveva parlato del vostro caratterino. Non si sbagliava affatto."

"Smettetela di tergiversare e siate chiaro, almeno voi!"

Mi guarda per un solo istante, mentre pronuncia queste parole:

"Ve l'ho già detto: Athorm mi aveva messo in guardia su una vostra possibile reazione." Poi, mettendo via tutti i suoi strumenti, si allontana dalla stanza, dicendo: "Spiegate voi la situazione, Orud. Forse, questa donna ha bisogno di sentire la verità da qualcuno di cui si fidi." Prima di chiudere la porta, aggiunge solo: "L'importante è che non vi mettiate a gridare: c'è un bambino molto grave che stiamo cercando di curare e non vorremmo che si svegliasse. Reagisce in modo decisamente... insolito."

Troppe cose da capire. Troppe. Guardo Orud, con furia crescente e il vecchio, sospirando, si decide a parlare:

"Accetto di buon grado di poter essere io, a spiegare, poiché voi mi avete salvato la vita, Swaynn. Ma è difficile spiegare, così come credo sarà difficile comprendere. Prima di tutto, sappiate che Athorm non è morto. Egli è vivo, ma era necessario approdare a Verdrad, per guarire le sue ferite."

"E' vivo... Ma come può essere? La spada l'ha trapassato... Io l'ho visto. L'ho toccato..."

"E avete avvertito uno strano rumore, vero?"

"Sì... uno strano ronzio..."

"Era il suo cuore, Swaynn."

Lo guardo, perplessa e incredula:

"Mi state prendendo in giro?" Chiedo, infastidita. "Sappiate che non è divertente."

"Non lo è per nessuno, Swaynn." Dice Moraya, introducendosi nel discorso e avvicinandosi al mio letto. Il suo sguardo interrogativo mi fa capire che vorrebbe sedersi ed io annuisco. E' sempre Orud, a continuare la spiegazione:

"E' la verità. Il suo cuore è stato colpito e trapassato."

"Ma non è morto..."

"No."

"Fantastica spiegazione, Orud." Osservo, asciutta. "Ora mi direte che tutti voi siete in grado di volare, vero?"

"Magari fosse così!" Esclama Smuz, con lo sguardo rivolto verso l'alto. Il suo intervento mi sorprende, poiché egli è sempre molto taciturno. Per questo, le sue parole hanno più peso, per me, ora. Lo invito a continuare con un cenno della mano, e Smuz non potrebbe essere più diretto: "Il cuore di Athorm è fatto d'acciaio, altre leghe metalliche e fili elettrici. E questo vale per tutti noi, poiché anche il nostro corpo ha subìto delle modifiche cibernetiche... tranne Orud. Lui mantiene intatte le sue caratteristiche originali."

Deglutisco, senza riuscire a credere a quelle parole:

"Athorm... è un androide?" Chiedo, e la mia voce è poco più di un sussurro.

"E' un uomo, poiché è nato con un corpo fatto di sangue e carne." Risponde Tom, svelandosi in uno dei suoi pochi momenti di grande delicatezza interiore. "Ma, per molte cose che ha dovuto vivere e superare, il suo cuore è stato sostituito con un elemento elettronico tecnologicamente avanzato che solo Yoser Nym è stato in grado di ideare e realizzare, nella sua lunga esperienza e grazie alle sue vaste conoscenze."

"Volete dirmi che..."

144

"… che, tecnicamente, Athorm Dralt di Kelenda può essere considerato un immortale. Come tutti noi."

Guardo Oughm, che ha appena dato la risposta che più temevo:

"Immortale…" Mormoro, sentendo la testa che gira ancora più violentemente che nel vortice creato dalle tre Vergini oscure. "E come può essere possibile… Quanti anni ha, davvero, allora?"

"Nessuno lo sa. Per lui, il tempo si è fermato. Come per Yoser. Come per noi."

"Anche Yoser…"

"Lo scopritore doveva testare le sue tecnologie su se stesso, prima di sottoporre altre vite umane a dei rischi troppo grandi."

Mi devo appoggiare al cuscino. Tutto è troppo, ma, al tempo stesso, non è abbastanza.

"Che cos'è successo, ad Athorm? Perché è diventato… ciò che è?"

"Noi non lo sappiamo." Risponde Tom. "Viveva già da molti anni, prima di incontrare noi. E abbiamo perso il conto, ormai. Un secolo… Un millennio… Non fa differenza."

"Siete gli unici, Tom? O a Kelenda ce ne sono altri? Perché non so proprio come spiegarmi il fatto che lui abbia una sorella ancora in vita."

"Dovete sempre chiedere a lui." Risponde Moraya. "Questo è un segreto che noi sappiamo solo in parte e che non possiamo svelare. Se dovessimo andare contro gli ordini, il controllo dei nostri sistemi metterebbe subito in allarme una serie d'istituzioni, e saremmo costretti a dimenticare. Resettare i ricordi. Nemmeno noi sappiamo come, ma Yoser sì. E noi vogliamo ricordare. Swaynn… non siamo stati scelti solo perché siamo riusciti a sopravvivere a grandi carestie, guerre, attacchi nemici, ma soprattutto perché ci siamo sottoposti volontariamente agli esperimenti di questo grande scienziato. Il più grande, poiché è solo grazie a lui, se l'essere umano è riuscito a ripristinare ciò che sembrava proibito."

"Siete stati cavie…"

"Nessuno ci ha costretti." Dice Smuz. "L'abbiamo fatto volontariamente. Ciascuno di noi aveva riportato lesioni molto gravi, ma, al tempo stesso, aveva sviluppato doti che altri non mostravano. Non c'è stato il tentativo, da parte di Yoser, di creare il *super uomo*, ma solo quello di conservarlo, dargli una possibilità in più rispetto ad altri… Athorm ci ha consegnato un incarico di grande responsabilità, facendo sì che tutti noi cercassimo di perpetuare tutto ciò che di buono esisteva, nel mondo. E così abbiamo sempre fatto. Veniamo da popoli che vivevano di espedienti, ma, quando il mondo si è trovato in uno stato di grave indigenza, tutti gli esseri umani si sono trasformati in avvoltoi. Solamente, chi ha avuto tutto ciò per cui abbiamo lottato… se n'è dimenticato. Così, siamo visti come avventurieri, malviventi, pirati, persone senza valori. E noi lasciamo che il mondo pensi ciò che vuole, poiché non è nostro compito entrare in guerra."

"Ma com'è possibile?" Chiedo. "Anche Athorm ha confermato di avere persino ucciso…"

E' Orud, a rispondere:

"Molti secoli fa, oltre a subire il fascino dello sciacallaggio, l'essere umano si è trovato ai tempi in cui vissero Caino e Abele, la cui storia è scritta nel libro sacro dei Cristiani, chiamato *Bibbia*. I membri della stessa famiglia arrivavano ad ammazzarsi, anche solo per avere un pezzo di pane. Ma non tutti hanno ucciso per avidità: molti hanno dovuto difendersi, o sarebbero morti. Hanno pagato a caro prezzo, poiché credevano ancora nei valori più nobili come il rispetto, la libertà, la condivisione… e si sono trovati a dover portare avanti questi stessi ideali, volenti o nolenti, o il pianeta sarebbe finito ancora in mano a esseri umani senza scrupoli, pronti a renderlo simile a un giocattolo… o a una bomba ad orologeria."

"E, alla fine, sono stati gli esseri umani, a diventare pupazzi telecomandati…" Osservo, amaramente.

"Noi non siamo burattini in mano a qualcuno che ci manovra, Swaynn." Spiega Oughm. "L'unico controllo che ci è imposto è quello legato a delle regole precise che dobbiamo rispettare, perché potrebbero sconvolgere chi non è in grado di comprendere. Ma voi potete."

"Voi quattro… siete gli unici, ad aver subìto delle… modifiche?"

"Molti degli uomini dell'equipaggio hanno potuto sostituire qualche piccola parte del suo corpo, ma senza incidere sulla lunghezza della sua vita. Molti altri esseri umani godono di questo privilegio: c'è chi ha occhi artificiali, poiché nato cieco e ora può vedere, c'è chi ha subìto la sostituzione degli arti, a causa di gravi amputazioni o perché nato senza di essi; c'è chi riesce a sentire, parlare, comunicare. Ma, anch'essi, seguono un ciclo vitale naturale, poiché non è stata data loro altra possibilità. Vivere per sempre non è facile, Swaynn, e bisogna avere una tempra forte, per riuscirci."

"Un ciclo vitale naturale…" Mormoro, ripetendo quelle parole. "Ecco perché Athorm poteva permettersi di avere molte donne… senza riprodursi…"

"No, Swaynn, noi siamo come tutti gli esseri umani." Replica Moraya, sorridendo. "Possiamo avere figli, perché la tecnologia ci permette di replicare le cellule all'infinito. Anche il ciclo mestruale, sebbene non sia piacevole sopportarlo per tanto tempo. Semplicemente, cerchiamo di non legarci a nessuno, poiché sapremo che non vivrà abbastanza a lungo…"

"Moraya!" La rimprovera Tom, aspramente. E' chiaro che si stia riferendo a me. Ed è chiaro che abbia capito a cosa io alludessi: perché chiedermi in sposa, sapendo che io non sarò mai un'immortale?

Fingo di ignorare quello che è stato detto e mi rivolgo a Orud:

"E voi?" Chiedo, cercando di capire qualcosa in più di quell'uomo così enigmatico. "Non avete proprio nulla che vi renda simile ai vostri compagni di avventura?"

"La vanità maschile…" Risponde, quasi imbarazzato. "Ho accettato di farmi rifare i denti… ma, per il resto, non c'è nulla, in me, di meccanico."

"E da quanto conoscete il vostro capo?"

"Da molto tempo."

"Molto tempo… e quanti anni avete, Orud?"

"Troppi, forse. Ma sono ancora forte, non preoccupatevi."

"Io credo che anche voi abbiate un segreto. Ma non volete confessarlo. Non è così?" Chiedo agli altri. Li vedo abbassare lo sguardo, come se preferissero tacere. Ed è sempre Smuz a rompere il ghiaccio:

"Abbiamo informazioni incomplete anche su questo, Swaynn, e non possiamo divulgarle. Solo Athorm può decidere quando e come parlarne. Noi possiamo solo dire che il mondo non è più quello di una volta, e che ci sono misteri che noi stessi non comprendiamo, pur sembrando dotati di caratteristiche che ci rendono *speciali*. Abbiamo i limiti che hanno tutti. Anche voi, Swaynn, siete considerata una *diversa*, nel mondo. Mostrate capacità che nessun'altra Vergine ha mai mostrato prima d'ora, e il tempo, per voi, sembra non passare. Ricordate fatti e situazioni, parole, visi, comprendete concetti di cui noi non sappiamo nemmeno il significato… Parlate molte lingue, suonate e cantate divinamente, e le vostre melodie sembrano avere particolari effetti su chiunque le ascolti. Non siete anche voi una creatura *speciale*?"

Rimango in silenzio, colpita dalla sua ultima affermazione. Il braccio mi brucia e provo sempre la tentazione di sfiorarlo:

"Il mio corpo è stato trattato come il vostro?" Chiedo, senza riuscire a nascondere una smorfia di dolore.

"No. Siete stata curata come un qualsiasi essere umano. Anche se non lo siete affatto."

Guardo Orud, senza capire:

"Che cosa volete dire?"

L'uomo sembra rendersi conto solo ora delle parole che ha pronunciato. Lo vedo deglutire un paio di volte, prima di rispondermi:

"Voi avete vissuto in quell'isola per molti anni, Swaynn." Mormora, con poca convinzione. "E' inevitabile che il vostro DNA abbia subìto delle modifiche. Ma non sono uno scienziato e non so più di quanto mi sia stato detto. Vi conviene parlare con Yoser, per capire di più: lui potrà darvi tutte le informazioni di cui avete bisogno."

"Non me la contate giusta." Osservo, guardinga. "Ma, ditemi di Detia: lei sa?"

"Non sappiamo quali ricordi siano rimasti nella sua mente. Non si è ancora svegliata, ma aveva bisogno di molto riposo. Potremo sapere solo dopo che avrà aperto gli occhi."

"Ditemi ancora, Orud: come siamo giunti, qui? Con quale mezzo di trasporto? E da quanto tempo siamo su Verdrad?"

"Siamo qui da qualche giorno, ormai. Per il resto… Noi non possiamo dire di più, Swaynn. Avete visto la nave, ed essa esiste davvero. Non l'avete sognata."

"… Ma non è tutto, vero?"

"Dovrete parlarne con Athorm." Risponde Moraya. La guardo negli occhi, per capire se la sua risposta sarà sincera:

"Siete o siete stata innamorata di lui?" Le chiedo, a bruciapelo. La vedo stringersi nelle spalle:

"Credo che ogni donna potrebbe innamorarsi di Athorm, Swaynn. Ma, dopo così tanti anni trascorsi con lui, siamo tutti così uniti da non vederci in modo diverso se non come fratelli e sorelle. Non abbiamo mai avuto una relazione. Si è sempre comportato correttamente con chi portava in salvo dalle terre prossime alla distruzione. Abbiamo conosciuto qualche donna che gli ha destato particolare interesse, ma, in virtù del fatto che non avrebbero mai potuto vivere un'intera vita insieme, non credo di averlo visto mai coltivare un rapporto troppo a fondo. Questo… prima di conoscere voi."

"Non credo che abbia fatto un buon affare. E solo ora comprendo le sue ultime parole, al riguardo. Ma, ditemi: è possibile parlare con lui? Dove si trova, ora?"

"E' possibile, e lo farete." Risponde Orud. "Ma oggi no. Dovete ancora riprendervi dalla lotta. La spada di Ahona era arrugginita e non siete stata contagiata dal morbo per chissà quale miracolo… ma è una ferita profonda, e voi eravate molto provata dal tempo trascorso accanto a quel bambino che nessuno sa come guarire. E anche Athorm deve riprendersi. E' comunque un essere umano, e prova il dolore che voi stessa provate. Il danno era molto esteso, e per un soffio non ha leso organi fatti di carne. Sarà lui a cercarvi: questo mi ha detto di riferirvi. Datevi tempo entrambi per pensare e accettare. Certe cose sono più complicate di un combattimento all'ultimo sangue contro chi ci ha cresciuti e ci ha insegnato tutto ciò che sappiamo."

Credo che abbia ragione. Comincio a sentirmi molto stanca, e le cose a cui devo pensare sono davvero troppe, per poterle affrontare in una volta sola.

Appoggio la testa contro il cuscino, sospirando:

"Lasciatemi sola, vi prego." Ordino a tutti. "Credo che possiate comprendere come io mi senta ora."

"Lo comprendiamo e lo rispettiamo." Dice Smuz. "Noi rimarremo comunque a vostra disposizione, Swaynn. Chiamateci ogni volta in cui avrete bisogno."

Gli sorrido, per la prima volta:

"Grazie, amico mio."

S'inchinano tutti, in segno di saluto rispettoso. Poi se ne vanno dalla stanza, lasciandomi in preda a pensieri e sensazioni contrastanti. Tutto è così insopportabile che non oppongo resistenza quando Yoser viene a controllare il mio stato e decide di somministrarmi un sedativo per evitare che la mia mente mi privi dell'energia di cui ho bisogno. Scivolo in un sonno senza sogni. E non voglio altro.

***

Sono passati già tre giorni dalla rivelazione. Tre giorni, durante i quali ho preferito che i fedeli collaboratori di Athorm non mi spiegassero più nulla.

Volevo rimanere sola, avere la possibilità di metabolizzare questa nuova situazione che mi ha colpita profondamente. Ho lasciato che fosse solo Yoser a recarsi nella stanza in cui sono ricoverata, per accertarsi delle mie condizioni e fare il suo lavoro. Anche con lui, comunque, la conversazione è stata povera e quasi assente. Solo il terzo giorno mi ha detto che Detia non si era ancora svegliata, ma che fosse meglio così. Ha aggiunto anche che, qualora io e gli altri fossimo tornati a Kelenda, lei non ci avrebbe potuti seguire. Non ho chiesto il motivo di questa decisione: non lo avrei potuto sostenere, qualunque esso potesse essere. L'unica cosa di cui avevo la certezza era l'assoluta buona fede di Yoser. Questo mi ha fatto capire che tutti i maltrattamenti di cui la mia amica mi aveva sempre parlato nascondessero, in realtà, qualcosa che ancora devo scoprire, ma che credo sia molto diverso dalla versione dei fatti che lei mi ha raccontato. Anche in questo caso, però, ho ritenuto che Detia non avesse mentito, ma che fosse stata in qualche modo condizionata e forse anche protetta. Ho dormito molto e mangiato poco: dopo mesi trascorsi a curare Isay, il mio stomaco si è chiuso. Alla luce degli ultimi accadimenti, inoltre, la mia mente era troppo satura per riuscire a ritrovare un minimo di serenità.

Così, anche oggi, i miei occhi sono chiusi. Ormai mi sono abituata alla luce artificiale, agli orologi, ai rumori dei macchinari che ogni tanto vengono utilizzati per verificare le mie condizioni fisiche. Dopo ogni visita, tuttavia, Yoser non mi ha mai detto altro che la solita frase:

"State migliorando rapidamente. Presto potrete uscire."

Eppure, nei suoi occhi, vedevo qualcosa che non riuscivo a comprendere, una sorta di stupore celato che non trovava alcuna risposta logica. Nonostante questo stato di evidente sorpresa, lo scienziato non mi ha mai rivolto alcuna domanda, né io mi sono sentita di porgliene. I miei occhi sono ancora chiusi, quando la porta si apre. Sono abituata alle incursioni fatte a qualsiasi ora. Oltre a Yoser ci sono un paio di suoi assistenti che si dedicano alla cura della mia persona, un uomo e una donna vestiti di bianco, con una mascherina perennemente indossata sul viso e un modo di fare molto strano, quasi asettico. Non mi stupirei se anch'essi fossero androidi molto ben programmati.

"Swaynn."

Avrei voluto che la visita fosse effettuata in silenzio. Avrei voluto tenere gli occhi chiusi. Ma il suono inconfondibile di quella voce m'induce a volgermi verso l'uomo che mi sta parlando: Athorm è in piedi di fronte a me, con una fasciatura che s'intravvede da sotto la sua camicia blu, con disegni molto particolari e ovaleggianti. Il tessuto è leggero, e trattenuto in vita da pantaloni color antracite. Un abbigliamento molto insolito, per uno come lui. Mi metto a sedere, arretrando ad ogni suo passo, e questo mio atteggiamento lo induce a fermarsi:

"Hai così tanta paura dell'uomo di cui ti sei innamorata?" Mi chiede con voce molto bassa, affaticata.

"Non ci si può innamorare di una macchina." Replico, con freddezza.

Mi rivolge un sorriso amaro, poi avanza di nuovo, incurante del mio continuo arretrare, sempre più attaccata al cuscino, in cerca di una protezione. Non mi chiede il permesso di sedersi sul mio letto: lo fa e basta. Poi si avvicina al mio viso, sussurrando:

149

"Le macchine non provano dolore, Swaynn. Non hanno paura. Non soffrono. Non amano. Non provano nulla. Le macchine non baciano. Non abbracciano. Non accarezzano. Non fanno l'amore." Si avvicina ancora di più, sfiorandomi l'orecchio e sussurrando: "Le macchine non hanno ovuli, né sperma. Non provano desiderio. Non sentono niente."

Lo fisso, dritto negli occhi:

"Le macchine non muoiono." Sibilo. Anche lui mi guarda e mormora:

"Ora mi stai ferendo, Swaynn. Mandami via, se vuoi. Disprezzami. Ma non trattarmi come se non avessi un cuore."

"Ho sentito molto bene il rumore del tuo cuore." Dico, spaventata. "Non potrò mai dimenticarlo. Mai."

Athorm abbassa lo sguardo, per un lungo istante. Poi mi prende la mano e la porta sul suo viso, dicendo:

"Toccami. La mia pelle è come la tua. Il mio sangue scorre caldo, nelle mie vene. Guardami, Swaynn e dimmi che cosa vedi."

"Vedo... un viso molto ben riprodotto."

"Ora basta." Il sussurro di Athorm diventa più deciso. "Guardami davvero e descrivi ciò che vedi. Non dirmi ciò che pensi possa essere: basati solo su ciò che vedi e che tocchi."

Il tono della sua voce m'induce a guardarlo come chiede. Sotto la mia mano, il suo viso è leggermente più ruvido, poiché un accenno di barba incolta punge lievemente le mie dita. Ma avverto il calore, come l'ho avvertito tante volte.

"Parlami." Mi dice di nuovo. Con vice esitante, comincio a rispondere:

"Vedo... un volto dalla forma quasi ovale, ma con la mandibola leggermente pronunciata... Vedo dei capelli castani, con riflessi dorati, anzi no... non saprei... Vedo due occhi dal taglio orizzontale e dal colore simile alla brace del camino... vedo un naso proporzionato, con una leggera gobba sul dorso... e due labbra perfettamente disegnate..."

"Molto bene, Swaynn." Mormora Athorm, annuendo con il capo. "Ora dimmi che cosa senti." Fa scivolare la mia mano sul suo petto, e la mia paura cresce... fino a trasformarsi in stupore: il battito del suo cuore non è diverso da quello di ogni essere umano, e quel ronzio sinistro che ricordo di aver sentito dopo il suo ferimento è scomparso.

"Sento... una pulsazione. Regolare. Ritmica." Sussurro, mentre l'ansia di poco prima comincia a diminuire.

"Spostami la fasciatura, Swaynn."

Lo guardo senza capire. E lui ripete:

"Spostala. Fallo e basta."

Aiutandomi anche con l'altro braccio, quello ferito, abbasso delicatamente la benda che ricopre quasi tutta la parte sinistra del suo petto, ma anche lo sterno. Appare una grossa cicatrice suturata da punti simili a quelli che sono stati messi anche a me.

Athorm apre la sua camicia, trattenuta da lacci, e si toglie tutta la fasciatura. Con stupore, seguo con le dita il segno di due grosse cicatrici, nelle zone del corpo in cui la lama della spada di Ahona è penetrata per ben due volte. Non conto nemmeno le suture: sono numerosissime, e le ferite sono circondate da un colore violaceo, simile a quello che si forma insieme ai lividi. La mia mano indugia su quei punti e Athorm indietreggia:

"Swaynn." Mormora, sorridendo. "Il colpo è stato forte e sento ancora dolore. Non cercare di capire quanto io riesca a tollerarlo: le mie terminazioni nervose sono ancora più sensibili delle tue, poiché non ho solo quelle controllate da un circuito. Ho anche le mie. E la lama è passata vicina a un'arteria che alimenta il mio cuore artificiale."

"Ti avrebbero comunque riparato…"

"Non parlarmi come se io fossi fatto di acciaio. Potrei morire anch'io, se decidessi di rifiutare l'aiuto di Yoser. Ma non ho intenzione di morire proprio ora."

"Perché? Che cosa cambia, rispetto al tuo passato?"

"Ci sei tu. Ricordi quando ti ho detto che non saresti più stata costretta a sposarmi, se non per amore? Ebbene, te lo ripeterò anche ora, perché il mio desiderio è ancora vivo. Io ti voglio accanto, come mia sposa. Ma non voglio obbligarti ad esserlo, se non provi nulla o se pensi che io possa non conoscere un sentimento o un'emozione."

Lo guardo di nuovo, e mi sento confusa:

"E' che…" Sussurro, quasi impercettibilmente. "Ho paura, Athorm."

"Di che cos'hai paura, Swaynn?"

"Tu vivrai in eterno. Io morirò, come tutti gli altri esseri umani."

Mi prende il viso tra le mani, e, per un attimo, indietreggio. Poi, il calore del suo sguardo riesce a sciogliere il nodo che si è formato nella mia mente e comincio a rilassarmi, quando mi parla:

"Sei una Vergine dell'Isola della Luna. Se *la* Vergine, Swaynn. Questo non dimenticarlo. E non dimenticare il motivo per il quale ho scelto te, al posto di Detia o di un'altra donna: come ti ho detto, sapevo che saresti stata in grado di sciogliere lo scudo della Pietra Lunare che nessun'altra era riuscita nemmeno a scalfire. Quando hai detto a Chrel che era stata proprio la pietra, a custodire Kelenda, hai detto una grande verità: grazie ad essa, il tempo, in quella terra, si è fermato, come se tutto fosse rimasto sospeso in un infinito presente. Per questo, nonostante siano passati secoli, mia sorella è ancora in vita, nonostante lei sia un essere umano come gli altri. Per questo il popolo è invecchiato di un solo giorno, in tanti anni. Per questo la gente di altre terre si è assicurata di poter assistere ad un evento unico e raro, nella storia di questo pianeta."

"La Pietra Lunare ha fermato il tempo… e ha reso immortale l'intera popolazione di Kelenda…" Mormoro, cominciando a capire. Athorm annuisce, ed io continuo: "La mia presenza e il successo della mia prova non erano finalizzati solo al matrimonio con te, ma a qualcosa di più…"

"E' così, Swaynn. Quest'unione serviva a garantire il perpetuarsi di una vita che non avrebbe mai conosciuto una fine, a meno che un abitante decidesse di seguire il ciclo naturale, lasciando per sempre quella terra e ciò che essa porta con sé."

"Perché mai un essere umano dovrebbe desiderare di vivere in eterno? L'età si è già alzata notevolmente. Perché protrarla fino a desiderare di vivere per sempre in questo mondo imperfetto?"

"Per il potere, la gloria, la popolarità. Per tutto quello che ha causato l'implosione di un mondo che pretendeva ancora di più di quanto già avesse. Gli errori si possono cancellare, e si ricomincia ogni giorno un nuovo copione, cambiando solo le azioni che hanno causato l'errore. Il desiderio di perfezione può portare alla morte anche in vita, Swaynn."

"Perché hai permesso a Yoser di modificare il tuo corpo? Tu non hai bisogno di Kelenda, né della Pietra Lunare."

"No, non ne ho bisogno." Risponde, sospirando. "E' per questo che ho scelto il mare: perché volevo allontanarmi da tutto ciò che mi ricordava la mia condizione di eternità. E non ho chiesto a Yoser di rendermi immortale, ma solo di salvarmi la vita, quando ho rischiato di perderla per salvare delle vite... a cui tenevo in modo particolare."

"Non sapevi che sarebbe diventato impossibile morire, per te, una volta che il tuo corpo fosse stato potenziato?"

"Non era ciò cui aspiravo. Non ne avevo bisogno. Io combattevo per ricordare all'essere umano gli errori che sono stati commessi in passato, e per impedire che fossero ripetuti ancora una volta. Ma, ad un certo punto, ho compreso che non sarebbe servito. Non potevo amare nessuno, poiché avrei causato sofferenza in chi se ne sarebbe andato, prima di me. Così ho scelto la libertà da ogni tipo di vincolo, chiedendomi a che cosa fosse servito lasciare che io vivessi per sempre... finché ho incontrato te. Solo allora ho sentito che attendere non era stato vano, poiché, finalmente, avrei avuto accanto qualcuno che avrebbe potuto condividere con me più cose di quante io potessi immaginare."

"Athorm... io non sono immortale."

Lui sorride di nuovo:

"Swaynn... Ti sei mai chiesta perché molte persone desiderassero tanto poter raggiungere la tua isola?"

"Sì. E ho capito che esse cercavano di riportare in vita il Paradiso perduto."

"E' così. Ma non è solo quello. Hai quasi trent'anni, ma il tuo aspetto è fresco, come se il tempo non l'avesse intaccato. Dimmi una cosa: hai mai vissuto attimi in cui ti sembrava che il tempo si dilatasse, quando vivevi sull'isola?"

"Sì, ma ho sempre pensato che così dovesse essere."

"Quanti anni hai trascorso, laggiù?"

"Ventitré... più o meno."

"Quante cose hai appreso? E perché la tua sorte non è stata simile a quella delle altre Vergini?"

"Ho appreso molto. Il resto... credo sia stato legato al fatto che, all'età di quattordici anni, io non avevo ancora manifestato il segno della mia maturità sessuale. Come se il tempo…" Lo guardo negli occhi, sorpresa. "… si fosse fermato…"

"Già." Annuisce, sorridendo. "Come se si fosse fermato. Com'è successo a Kelenda, dove la gente ha smesso di invecchiare, di colpo. Anche quella era la *nuova terra promessa*. Una terra in cui poter gettare le basi per un futuro migliore. E così capitava anche a te: come Detia ha detto, sei nata per compiere grandi imprese, e le grandi imprese richiedono sacrificio, dedizione… tempo. E ti è stato concesso. Per questo ho pensato che tu potessi abituarti ai ritmi infiniti di Kelk: perché avevi già vissuto una vita lunga e piena, senza che te ne rendessi conto. Mentre per gli altri il tempo passava, per me e per te tutto rimaneva quasi uguale, ogni giorno. Le ore erano lunghe come giorni, i giorni come le settimane, le settimane come i mesi…"

"Come conosci quell'isola? Come fai a sapere tutte queste cose, Athorm? Come sai arrivarci, quando nessun altro essere umano ci è mai riuscito, da solo? E perché ho continuato a vedere cose che nessun altro vedeva, oltre a me? Perché sentivo quei suoni, quelle voci…"

"… Quelle voci che ti sembrava urlassero solo una cosa, con forza, insistentemente: *questa terra è nostra. Difendila, o conquistala.*"

Lo guardo, sorpresa:

"Questo… è ciò che gridavano… ma tu, come lo sai?"

"Vorrei raccontarti una storia, se me lo permetti." Mi dice, coprendo le ferite con la fasciatura e richiudendo la camicia. "Ma vorrei farlo tenendoti tra le mie braccia. Accetta solo se sei sicura dei tuoi sentimenti: questa è l'unica condizione che ti pongo."

Pongo una mano sul suo viso, istintivamente:

"Hai il mio permesso, Athorm."

Mi sorride e si siede accanto a me, stringendomi tra le braccia e facendomi appoggiare la testa sulla sua spalla. Sento il battito del suo cuore, e diventa sempre più umano ad ogni pulsazione. Mentre mi stringe, accarezzandomi i capelli, Athorm comincia a raccontare:

"Come tutte le fiabe, anche questa comincia con *C'era una volta*… E c'era una volta, lassù, nel cielo, l'Uomo della Luna. Non era nato lì, ma i suoi genitori vi arrivarono sul Satellite da un pianeta ormai prossimo alla distruzione. Sua madre lo partorì in uno dei lunghissimi giorni freddi e bui cui, ormai, lei e il marito si erano abituati. E i loro occhi divennero ciechi, man mano che l'oscurità li avvolgeva, inesorabilmente, mentre il tempo passava. Il bambino nacque, ma, a differenza dei suoi genitori che persero anche l'uso degli altri quattro sensi, egli li possedeva tutti, come se li avesse ricevuti in eredità, insieme ad un altro senso, il sesto, che gli permetteva di imparare da solo ciò che nessun altro poteva insegnargli. I suoi genitori divennero presto simili ad ombre e spettri, trascorrendo le loro giornate a guardare le stelle del cielo, senza badare al figlio che cresceva insieme ad altre creature con cui entrava in contatto. Il piccolo sapeva vedere oltre ciò che a chiunque sarebbe apparso un luogo freddo e grigio, senza traccia di vita, poiché il senso che gli era stato donato sin dalla nascita gli permetteva di vedere ogni piccola sfumatura, dalla quale scaturivano simboli e colori di cui imparò il significato. Le altre creature del cielo gli insegnarono tutto ciò che sapevano, creando per lui un luogo che potesse essere simile a quello che i suoi genitori erano stati costretti a lasciare. Così, quando fu più grande, si recò presso di loro, pieno di entusiasmo, per mostrare ciò che i suoi amici celesti avevano fatto per lui, affinché anch'essi potessero ricominciare a vedere, sentire, assaporare, toccare, annusare... ma i due coniugi, ormai, si erano abituati all'oscurità; così, spaventati da tanta meraviglia, se ne andarono e lo lasciarono solo in quel luogo troppo grande per lui. Inizialmente, il ragazzo si scoraggiò e pensò che fosse giusto smettere di illudersi, perdendo il suo tempo a credere in ciò che non esisteva. Poi, percependo il bisogno di altre creature viventi di trovare un posto che potessero chiamare *casa*, cominciò ad invitarle a rimanere. Fu così che il satellite popolò quel lato della luna che è sempre nascosto nell'ombra. Quando divenne uomo, cominciò a sentire il bisogno di amare come non era riuscito a fare, nella sua vita. Cercò per lunghi anni l'anima che potesse congiungersi a lui, ma trovò solo altre creature che cercavano un posto in cui stare. Egli le accolse tutte. Poi, stanco di sperare, decise che, se nell'Universo esisteva colei che lo avrebbe amato per ciò che era, e non per ciò che rappresentava o che possedeva, allora, quest'anima avrebbe dovuto manifestarsi in modo eclatante, affinché egli potesse riconoscerla. Decise anche che l'avrebbe messa a capo del luogo in cui la vita, ormai, prosperava e cresceva da sola, senza che ci fosse bisogno della sua presenza. Ma aspettò invano, poiché nessuna donna si presentò. E ancora adesso, a distanza di molti e molti secoli, l'Uomo della Luna trascorre le sue giornate lassù, da solo, in attesa di un segno che possa ridargli speranza. La vita gli aveva dato molto, ma gli aveva tolto altrettanto. Questo era il prezzo da pagare per aver ricevuto tanti doni, forse troppi: la solitudine."

Rimane in silenzio, ed io mi lascio cullare dal suo respiro lento e regolare. Poi alzo lo sguardo e gli dico:

"Non avevo mai sentito questa storia. E' così, che finisce?"

"Forse." Risponde Athorm, assorto nei suoi pensieri. "O, forse, è così che ne inizia un'altra. Non è, forse, così, Swaynn? Alla fine, noi tutti non facciamo altro che scrivere la storia di ciò che eravamo e di ciò che saremo, con le azioni, i pensieri, e tutto ciò che fa parte della nostra vita. O, forse, non siamo che attori pronti ad interpretare l'ennesima parte di uno stesso copione."

"E' una visione malinconica, la tua..."

"Ma realista. Poiché anch'io, come quell'uomo, cerco la mia casa, in quest'oceano sconfinato di libertà infinita. E la libertà, spesso, è la forma più sottile e subdola della schiavitù. Avere tutto o troppo ti porta inevitabilmente a non desiderare più nulla. Così cominci ad amare il limite, la fine, la morte e la rinascita, o tutto ciò che può avere delle regole, poiché l'infinito è diventato troppo grande e persino nella pioggia ritrovi il senso per andare avanti, tornare alla realtà... pensare che sei solo un essere umano come tanti altri e che non hai nulla di più che possa farti sentire diverso." Mi guarda, e il velo di tristezza che prima era calato sui suoi occhi, ora ha lasciato il posto al sorriso. Gli sorrido anch'io, sentendo ogni paura svanire. Poi torno alla realtà in cui mi trovo immersa e appoggio di nuovo la mia testa sulla sua spalla. Athorm mi solleva il viso e mi bacia, ed io lascio che accada, perché, in fondo, è solo ciò che desidero. Dopo un lungo istante, lo guardo intensamente negli occhi e le parole sgorgano da sole, dalle mie labbra:

"Ti amo, Athorm. "Gli dico.

"Ti amo anch'io, Swaynn."

Mi bacia ancora, e nel suo bacio c'è la passione della nostra prima volta insieme, un ricordo di pochi giorni fa che si lega ad eventi che vorrei poter cancellare, ma che chiedono una soluzione. La esigono.

Ma adesso no. Adesso ci siamo io e lui, e non ci importa nemmeno delle nostre ferite, delle cicatrici, dei punti di sutura… della nostra imperfezione. Così com'è successo la prima volta, anche ora lo invito a posarsi su di me, come la pioggia primaverile che sfiora il suolo, per dargli nuova vita. Facciamo l'amore in quella stanza piena di oggetti meccanici e freddi. Drammaticamente umani.

***

Sono passati solo altri due giorni ma Athorm ha deciso di ripartire per Kelenda. Ha convocato tutti noi nella stanza in cui sono ricoverata, e ha comunicato la sua decisione, anche di fronte a Yoser. Questi ha disapprovato: secondo lui, né io né Athorm siamo abbastanza in forze da imbarcarci, ma le sue perplessità non sono state prese in considerazione. Alla fine, messo alle strette, ha acconsentito a dimetterci, con la raccomandazione di non commettere azioni che potrebbero mettere a rischio la nostra vita. Ha aggiunto che non ci sarà bisogno di tornare da lui per togliere i punti: questi si riassorbiranno da soli, poiché sono stati realizzati con un materiale simile al tessuto epidermico, quindi tollerato dal corpo umano. Curiosamente, quando gli ho chiesto di comunicarmi gli esiti dei test che ha voluto eseguire su di me, non ha proferito parola, limitandosi a fare un gesto con la mano come per dire che la cosa non doveva riguardarmi.

Riguardo a Detia, la mia cara amica non si è ancora svegliata, ma Yoser mi ha detto che non dovevo preoccuparmi e che fosse stato meglio così. Ha aggiunto che, nel suo caso, lei dovrà rimanere a Verdrad finché non riaprirà gli occhi. Quando gli ho espresso le mie perplessità, senza far alcun cenno su quanto Detia aveva sempre sostenuto, non mi è sembrato sorpreso. Tuttavia, ha insistito sul fatto che fosse importante che lei non si muovesse dal luogo cui ancora apparteneva, poiché, in realtà, il matrimonio non è stato sciolto affatto. Athorm è intervenuto a favore dell'amico, dicendosi d'accordo con lui, ma ha chiesto di portare con noi Isay, che, nel frattempo, si è risvegliato e ha manifestato reazioni talmente incontenibili da richiedere più volte una sedazione. Essendo figlio di una Vergine, anch'egli possiede doti particolari e il morbo lo sta trasformando, come ha trasformato alcuni abitanti dell'isola. Yoser ha acconsentito, ed io mi sono domandata come un padre potesse rinunciare così al proprio figlio, senza nemmeno opporre resistenza. Ma non ho aperto bocca, perché Athorm aveva detto sin dall'inizio che il bambino doveva essere portato fino a Kelenda. Questa tappa forzata è solo un incidente di percorso: la nostra mèta è un'altra. Così ci imbarchiamo sulla nave immensa attraccata nel porto. Solo dopo essere salita, a distanza di pochi giorni dal mio arrivo, vedo una parte di quella terra non tanto lontana da Kelenda, e osservo con stupore l'intricata rete tecnologica che collega molte strutture a forma conica. Tanto acciaio stride con la fitta presenza della natura, e, al tempo stesso, fa sembrare che tutto possa rinascere anche nei luoghi più impensabili. Così come i Fiori del Tempo germogliavano e sbocciavano tra le rocce degli Antri dello Spirito...

Salpiamo, ed io vado verso la poppa della nave per guardare quella terra che si allontana lentamente. Mi sembra di abbandonare Detia al suo destino, e mi sento in colpa. Athorm si accorge della mia preoccupazione e mi viene vicino:

"C'è un motivo per tutto." Mi dice, ponendo un braccio sulle mie spalle. "La rivedrai, Swaynn. Abbi fiducia."

"So che la rivedrò. Lo sento." Replico, appoggiandomi a lui. "Ma è così difficile pensare che la persona a cui sono stata più vicina possa avere i ricordi confusi... Fino a poco tempo fa pensavo che Yoser fosse un barbaro assassino, ma ora tutto è stato messo in discussione. Perché Detia avrebbe dovuto raccontarmi qualcosa che non è mai accaduto? Io ho visto i lividi, le ferite... Non può esserseli procurata da sola."

"No, hai ragione. Sarebbe assurdo pensare che lei abbia accusato suo marito di aver fatto qualcosa di cui, in realtà, non aveva alcuna colpa."

Lo guardo:

"Allora... se lei non ha mentito, e se anche lui è nel giusto... qual è, la verità?"

"Forse potrai saperla quando Detia si sarà svegliata, Swaynn. Ora dobbiamo pensare a Isay. Lui è riuscito a svuotarla completamente di molte energie, e ha svuotato anche te. Ma tu sei forte, e ti riprenderai. Detia si lascia coinvolgere troppo, e questo la rende vulnerabile."

"Che cosa pensi che potremmo fare, per lui?"

"Quando giungeremo a Kelk ci penseremo. Vieni a riposare, ora. Non devi affaticarti."

Mentre ci accingiamo a scendere sottocoperta, vediamo Oughm correre verso di noi, trafelato. Tiene in mano un foglio in vello e lo scuote animatamente:

"Comunicazioni!" Annuncia, ansimando. "Comunicazioni importanti!"

Athorm afferra il foglio che gli viene quasi lanciato tra le mani e lo legge velocemente, in silenzio. Poi me lo porge, commentando con sarcasmo:

"Credo che ci aspetterà un comitato di benvenuto."

Prendo il messaggio e leggo:

"*Comunicazione da parte dell'Altissimo Funzionario Chrel Dralt di Kelenda, Governatrice di Kelk e delle terre connesse alla città.*

Destinatario: Athorm Dralt, Funzionario Speciale di Kelenda e Condottiero delle Forze dei Mari. Messaggio: Fratello mio, grande è la mia gioia nel sapere che ti sei ristabilito e che stai per fare ritorno insieme alla tua promessa sposa,

Swaynn Osery di Vegar. Mi duole informarti, tuttavia, dell'incresciosa situazione in cui la città si sta trovando. Un'armata di sole donne in armatura sta tentando di conquistare la nostra terra da ormai tre giorni. Esse sembrano possedere conoscenze che vanno al di là della nostra avanzata tecnologia, ed interferiscono con i nostri dispositivi, rendendoli inutilizzabili. Non hanno dichiarato guerra, ma non sappiamo che cosa esse vogliano: la loro lingua, per noi, è incomprensibile. Attendiamo con ansia il tuo ritorno per armare le nostre truppe e agire. Fai buon viaggio.
Chrel Dralt, A.F."

Guardo Athorm:
"Sono loro." Dico. "Sono le Vergini oscure. Sono arrivate fino a Kelenda, e, sicuramente, sono lì per me."
Lui annuisce:
"Se sono riuscite a trovare la strada, significa che sono guidate da qualcuno che sa come muoversi. E non mi stupirei di vedere le tre care *signore* ancora vive."
"Ahona è stata colpita a morte." Osservo, meditabonda. "Si sono dissolte nel vento che ha spazzato via la polvere. Non possono essere ancora vive."
"Hanno guidato le Vergini per molti anni, Swaynn, ricordalo. Possiedono capacità che gli esseri umani non conoscono. Il male non muore così facilmente, ma le tenebre non possono fare nulla contro la luce."
"Hai qualche idea?"
"Forse. O forse mi fido di te e di ciò che farai."
"Io non so che cosa potrei fare. Le vergini non hanno mai combattuto indossando armature."
"Questo è il motivo che mi fa pensare ad un loro punto debole. Probabilmente, senza quelle armature sarebbero facilmente attaccabili."
Rimaniamo sovrappensiero per qualche istante, mentre Oughm attende con impazienza un segno dal suo capitano. Alla fine, Athorm dice:
"Seguimi, Swaynn. Oughm, avvisa gli altri e di' loro che li aspetto nella sala delle mappe."
"Sarà fatto!"
Obbedisco agli ordini, e altrettanto fa il suo sottoposto. Athorm cammina a passo veloce verso una stanza sottocoperta, situata al termine del lungo corridoio rivestito di legno di noce. Quando entriamo, rimango sbalordita dalle notevoli dimensioni e dal soffitto molto alto. Per accedervi, siamo scesi ulteriormente, e questo significa che siamo molto vicini all'acqua. Contro i muri ci sono librerie piene di tomi di ogni tipo, scritti in tutte le lingue del mondo, e anche oltre, probabilmente. In alto è riprodotto il cielo in miniatura, con tutte le sue costellazioni. Il pavimento rappresenta la Terra per com'è fatta oggi, disegnata in piano.
Accorrono tutti, mentre Athorm impugna un bastone lungo e finemente intagliato. Con gli stessi simboli che sono incisi nella fontana della sua dimora e sulla superficie della Pietra Lunare…

"Se le guerriere sono arrivate fino alle porte di Kelenda", spiega "significa che sono passate da Verdrad prima del nostro arrivo laggiù. Viaggiano a cavallo e saranno sicuramente passate attraverso l'entroterra, per non essere avvistate sui mari. Sono riuscite ad infiltrarsi a Torb, per poi raggiungere i confini di Vorch e penetrare fin dentro le sue mura. Ma nessuno è riuscito ad avvistarle, nonostante i numerosi rilevatori di frequenze speciali posti lungo l'itinerario. Se questi congegni ad alta definizione hanno fallito, allora, esse li hanno messi fuori uso, in qualche modo. Swaynn!" Esclama, rivolgendosi a me con decisione. "Tu hai abitato sull'isola per molti anni. Esiste un modo per connettersi alla fitta rete della tecnologia senza rimanerne disturbati?"

"In base a ciò che ho sempre saputo, nessuna delle Vergini è mai riuscita a trovare la strada, una volta lontana dall'isola. Tutte si dimenticano la loro vita precedente, e non ricordano mai più la direzione per tornare indietro."

"Ma con una preparazione particolare, sarebbe possibile, anche solo per ipotesi, che esse possano trovare un modo per inviare segnali di disturbo?"

Esito. Mi sto trovando nella stessa situazione in cui ho dovuto subire l'attacco delle Vergini, quando mi sono rifiutata di svelare loro il segreto che mi aveva permesso di curare e guarire Orud e le altre creature che erano approdate all'isola, dopo essere state attaccate dalle Larve. Avverto la stessa impazienza nell'atteggiamento di chi mi è intorno ora, e la mia confusione cresce. Ma Athorm rimane calmo, e mi parla di nuovo, più dolcemente:

"Sei tra amici, Swaynn." Mi dice. "Quello che dirai non salverà solo la tua vita, ma anche quella di molte altre anime innocenti. Non posso obbligarti a parlare, se non vuoi, né ti condannerò, se non lo farai. Ma ogni tua più piccola informazione ci può essere d'aiuto, per guadagnare terreno. Tu stessa hai potuto costatare la forza di queste ombre che camminano. Non desideri che il mondo conosca solo la parte buona del luogo in cui hai vissuto? E' la tua terra, dopotutto. E la devi difendere, anche dai pregiudizi."

Questa terra è nostra... Difendila... o conquistala!

Quante volte ho già sentito queste parole? Tante, troppe volte. E ho sempre pensato che lo Spettro parlasse di spiriti che, come lui, non avevano trovato pace. Ora comincio a pensare quanto sia attuale questo messaggio e la responsabilità che mi deriva dal fatto di essere stata la scelta tra le scelte. Come diceva Athorm, *la* Vergine. Non sono ancora a conoscenza di quello che comporta avere qualcosa che è nato con me e che rappresenta la mia normalità, ma è evidente che nulla è scontato, ma tutto ha un senso.

C'è solo una cosa che non capisco. Per questo gli domando:

"Pensavo che tu odiassi l'isola. Perché, ora, vuoi che io la preservi?"

Athorm non sembra sorpreso da questa domanda. Con i suoi vestiti scuri e il mantello che avvolge quasi interamente il suo corpo, potrebbe sembrare un angelo del male, così come pensavo che fosse. Ma, evidentemente. Mi sbagliavo. E lui risponde così:

"Perché è la tua terra, Swaynn. E se ti amo, allora, amo anche ciò che è parte di te. Non voglio prendermi cura di te a metà, ma completamente. Per questo ti chiedo se esista un modo per creare un disturbo che possa confondere la comunicazione silenziosa che c'è tra le Vergini oscure. Forse il tuo intervento potrebbe salvare anche chi ha regalato la sua anima all'oscurità."

Esito ancora, e l'impazienza dei presenti è sempre più tangibile. Solo Athom e Orud riescono a mantenere la calma. Gli altri mi comunicano le stesse sensazioni delle donne che presenziavano presso la grande sala in cui io sono stata giudicata. Potrei mantenere il silenzio: dopotutto, chi è in grado di garantirmi che le mie informazioni siano recepite e usate correttamente, senza colpi bassi? Poi, però, penso che Athorm ha rischiato la vita per me, e, sebbene il suo cuore, come altre parti del suo corpo, sia un oggetto meccanico, questo non lo avrebbe salvato se Yoser non fosse intervenuto. Così, decido di parlare:

"Quando Orud è giunto sull'isola, dopo essere stato attaccato dalle Larve, ho cercato a lungo una cura che potesse almeno alleviargli le sofferenze. Le altre Vergini erano sicure che sarebbe morto e che non vi era nessuna speranza che potesse sopravvivere troppo a lungo. Ma... mi sono ricordata di una cosa. Laggiù, nel luogo in cui vive colei che governa l'isola, scorre una sorgente dalle qualità particolari. Questa è chiamata *Fonte della Vita*, ed è un'acqua purissima che sgorga in un luogo custodito dalle Guardiane, allora addestrate da Ahona. Nessuno poteva accedervi... ma io ho trovato delle sorgenti nascoste in tutta l'isola che si rivelavano a me, attraverso delle vibrazioni... diverse."

"Vibrazioni?" Chiede Oughm, senza capire.

"Non è facile spiegare... Sull'isola, come avete potuto vedere, non esiste molta tecnologia, Ci sono solo alcuni luoghi che mantengono qualche residuo lasciato dall'uomo, molti secoli fa. In generale, però, la prima cosa che viene insegnata è la meditazione profonda, una connessione con tutto ciò che è natura e che nasconde in sé i messaggi di Munn... o, almeno, questo è ciò che sono riuscita a percepire."

"Chi è Munn?" Chiede Moraya.

"E' la Signora dell'isola. Non so se sia un'entità o una Vergine con doti particolarmente eccezionali. Di fatto, nessuno l'ha mai vista. Vive proprio al centro dell'isola, dove le Tre Terre s'incontrano. La sua dimora è un luogo inviolabile. Nessuno riesce a comunicare con lei, ma lei può diffondere i suoi messaggi in molti modi, soprattutto con le Arti. Ma non solo. Tutto ciò che ha a che fare con la natura, possiede un linguaggio in codice che nessuna delle Vergini, a parte me, è riuscita a decifrare. Non saprei nemmeno spiegarvi in che modo avvenga la comunicazione, perché dovrei parlarvi esclusivamente di *percezioni*, e, se non le avete mai provate, è difficile potervi spiegare."

"Io comprendo ciò che dici, Swaynn." Mi dice Athorm, sorridendo. "Vai avanti. Ti ascoltiamo."

Comincio a camminare per lo spazio, senza accorgermi di essere proprio sulla mappa della Terra, e continuo a raccontare ciò che ho vissuto in prima persona:

"Munn si serve di un linguaggio molto sottile che nel mondo dell'essere umano rimane spesso inascoltato. Per sentirlo, infatti, è necessario possedere un equilibrio interiore quasi perfetto, poiché tutti noi siamo come... *antenne*, che captano diverse frequenze. Cerco di utilizzare dei termini che vi possano far comprendere meglio. Ho avuto modo di vedere come vive il mondo che ha mantenuto intatta la sua tecnologia e mi sono resa conto di quanto questo pianeta sia tuttora immerso in una fitta rete di messaggi subliminali. La cosa peggiore è che nessuno si rende conto di quanto queste onde siano forti, sia a livello mentale sia fisico, ma anche spirituale. Io stessa, dopo pochi mesi trascorsi a Kelk, ho faticato a ritrovare quel ritmo silenzioso tipico dell'isola. I miei occhi erano velati dall'oscurità, poiché la luce artificiale mi era entrata nel sangue prepotentemente, spazzando via più di ventitré anni passati a studiare nel silenzio o circondata solo da musica e canto. Ma, altrettanto rapidamente, sono riuscita a ritrovare quella parte di me strettamente connessa all'infinito."

"Io continuo a non capire." Dice Tom. "Sono discorsi poetici, ma qual è il segreto che hanno cercato così tanto di strappare dalle vostre labbra?"

"La Fonte della Vita, Tom…" Gli dico, avvicinandomi a lui. "La sua acqua reagisce alle vibrazioni prodotte dal suono del Chrein e dal canto del Gham."

"E' la musica che producevate col vostro strano strumento, Swaynn?" Mi chiede Moraya. "Ed è quella strana melodia di cui non ho mai capito il senso?"

"E' quello." Rispondo, annuendo. "Quando ho cercato di curare Orud, ho compreso che l'acqua della Fonte reagiva alle stimolazioni sonore… ma non a tutte. Poiché essa è sacra, pura, perfetta, non può essere sottoposta a rumori forti, pensieri negativi… guerre. E' così che ho curato e guarito anche le donne e i bambini che sono approdati all'isola, dopo essere stati vittima delle Larve. Somministravo loro di nascosto l'acqua che trovavo nelle sorgenti nascoste che si rivelavano a me attraverso particolari vibrazioni, e suonavo per gran parte della notte, seduta sulla scogliera al limite degli Antri dello Spirito. Non potevo avvicinare tutte le vittime dell'epidemia, poiché altre Vergini si prendevano cura di loro e le regole dovevano essere osservate. E poi non avevo la certezza che ciò che aveva funzionato con Orud potesse funzionare anche con tutte quelle persone. Ma così è stato, finché le Signore delle Tre Terre si sono insospettite e mi hanno messa con le spalle al muro: dovevo dire loro quello che avevo scoperto, o sarei stata bandita dall'isola, condannata all'oblio… dimenticata. Ed è stato allora che Athorm è intervenuto a mio favore." Gli rivolgo un sorriso, e lui ricambia, avvicinandosi a me e posando una mano sulla mia spalla.

"Quindi il segreto è dato dalla somma delle vibrazioni sonore con quelle proprie di quest'acqua particolare?" Chiede Smuz, meditabondo.

"Sì." Gli rispondo. "Ma non è così semplice, come vi ho detto. Solo quell'acqua e solo quella determinata onda sonora producono un effetto particolare, come se ripristinasse l'equilibrio cellulare, portando alla guarigione. Come avvenga, non saprei dirvelo. Ma funziona. Avrei voluto poter fare lo stesso con Isay, ma non avevo il mio Chrein, con me, e la Fonte della Vita ha nascosto tutte le sue sorgenti per preservare se stessa. Ho cercato un rimedio nei Fiori del tempo ma credo che non mi abbiano riconosciuta: le vibrazioni della spada di Athorm devono aver destato l'istinto di autoconservazione, ed essi non hanno percepito le mie reali intenzioni."

"Parlate di queste cose come se fossero vive… ma sono inanimate, Swaynn!"

Fulmino Tom con lo sguardo:

"Se solo voi sapeste che cosa stanno causando le parole che avete appena pronunciato, vi sentireste male. Ogni cosa che diciamo, ogni nostra azione… tutto si ripercuote all'esterno, creando una frequenza che si espande all'infinito. Più rumore facciamo, più quest'onda è disturbata. Questo potrebbe essere positivo se essa fosse pericolosa, ma se parliamo della Fonte della Vita e del Gham, non possiamo che rimanere in silenzio affinché la vibrazione prodotta sia il più possibile pulita."

"Signori." Interviene Orud. "Posso assicurarvi che ciò che dice è vero. Io l'ho vissuto sulla mia pelle. Se Swaynn non avesse trascorso le sue giornate dandomi da bere quell'acqua e cantando per me, sarei morto. Ma sono ancora qui, con tutti voi."

"Io ci credo." Dice Moraya. "Swaynn, non sarebbe possibile ricreare una situazione simile anche in tutta Kelenda?"

"Ho il Chrein e posso intonare il Gham, e Athorm può accompagnarmi col suono del Thraryd, ma mi manca l'acqua. Kelenda è immersa in miliardi di vibrazioni, e il solo canto non basta."

"Ma ogni volta che cantate, chi ascolta si sente sempre più sereno…"

"Swaynn ha ragione." Dice Athorm. "Noi tutti siamo i primi a trovarci più a nostro agio quando siamo in mare, rispetto a quando rimaniamo nella nostra terra. Abbiamo vissuto così a lungo da riuscire ad affinare quella parte di noi che dovremmo riscoprire. E possiamo riuscirci, se vogliamo. Ma dobbiamo crederci fino in fondo. Per questo chiedo a tutti voi: vi sentite pronti?"

"Noi siamo sempre pronti, capitano." Risponde Smuz. "E anch'io credo in Swaynn. Ma se il segreto è quello che ci è stato raccontato, noi soli riusciremo mai a ricreare la stessa condizione?"

Guardo Athorm e credo che abbia in mente qualcosa. Lo capisco dalle sue parole:

"Credo che Swaynn troverà la soluzione."

I suoi uomini si guardano l'uno con l'altro e, lentamente, sembra che la forza del loro capo riesca a penetrare nella loro corazza di dubbi.

"Io sono a vostra disposizione." Dice Orud, inchinandosi a me.

"Anch'io." Dice Moraya.

"Ci sono anch'io!" Esclama Oughm, con ritrovato entusiasmo.

"Non mi tiro indietro." Afferma Smuz.

Rimane un'ultima voce, da ascoltare: quella di Tom. E, dopo un attimo di esitazione, anche lui si unisce al gruppo:

"Sono con voi."

"Bene, allora." Conclude Athorm. "Andate a prepararvi, e poi date il cambio a chi si sta occupando di Isay: quando attraccheremo, lui cercherà nuovamente di attirare l'attenzione delle guerriere e non possiamo permettere che accada.

Dobbiamo riuscire a portarlo a Kelk, ma prestando molta attenzione: sono sicuro che tutte le vie d'accesso saranno già state presidiate, quindi dovremo trovare un modo per evitare la schiera nemica. Andate, ora!"

Tutti obbediscono, e, quando rimaniamo soli, mi avvicino ad Athorm, pensierosa:

"Posso vagliare tutte le soluzioni che mi verranno in mente, ma non so se saranno sufficienti."

Lui mi prende il viso tra le mani:

"Swaynn. Che cosa penseresti se ti dicessi che ho ciò che ti occorre?"

Lo guardo, stupita. I suoi occhi sembrano fiamme ardenti. E, in quelle fiamme, credo di aver trovato la soluzione.

***

E' quasi arrivato il momento. Stiamo per giungere a Kelenda. Non riesco ad addormentarmi. Avverto una sensazione di ansia alla bocca dello stomaco e sono sicura che non venga da dentro di me. E' come se le Vergini oscure riuscissero a diffondere la loro energia pesante persino sul mare, in questa notte che sta volgendo alla fine.

"Swaynn, che cosa c'è?" Mi chiede Athorm, percependo il mio stato di agitazione. Mi giro verso di lui, e appoggio la testa sul suo petto. Non ha più senso dormire separati dopo tutto quello che è successo e, ormai, tutte le mie convinzioni, i miei schemi mentali, il mio ordine, sono stati completamente messi sottosopra.

"Ho la sensazione che questo sia l'ennesimo momento di quiete che precede la tempesta." Mormoro, aggrappandomi a lui. "Tutto è successo così in fretta, da quando mi sono allontanata dall'isola, sia la prima volta sia la seconda. Ho rischiato di perderti e di perdere anche ogni punto di riferimento. Alla fine, credo che la mia paura più grande sia questa: smarrirmi, non riuscire a controllare gli avvenimenti... sebbene io sia consapevole che nessuno possa farlo, in realtà. Ma ero così abituata a tutte le regole che ho seguito per filo e per segno sin da quando ero una bambina... E, ora, è come se qualcosa mi stesse chiamando a compiere un passo che non mi sento in grado di affrontare."

Athorm mi abbraccia e mi bacia:

"Nessuno è mai davvero pronto, Swaynn." Mi dice, dolcemente. "Pensare di poter vivere in un mondo perfetto è sicuramente un sogno bellissimo, ma il risveglio non è mai indolore. Eppure, qualsiasi difficoltà non può e non deve distruggere i nostri sogni, poiché sono questi, a tenerci in vita e a renderci ciò che siamo."

"Eppure tu sembri sempre così calmo, così equilibrato, in qualsiasi situazione... Niente ti turba, e riesci a trovare la speranza anche dove sembra non esserci più."

"Quando trascorri così tanti anni nel mondo devi imparare a farlo, se vuoi continuare a lottare per quello in cui credi. Ma non è necessario essere immortali per comprendere quanto sia importante tutto ciò che accade, nel bene e nel male: le gioie e i dolori sono tracce che segnano il nostro percorso, una bussola perfetta che ci impedisce di perdere la rotta verso la nostra mèta finale."

Gli accarezzo il viso, sorridendo:

"Sei un poeta!" Dico, scherzosamente. Anche Athorm sorride:

"Sono solo realista. E cerco di trovare tutto ciò che di positivo questa vita possa offrire."

"E' bello, da parte tua."

"E' più bello condividerlo con te."

Mi prende la mano e la stringe tra le sue, chinandosi su di me:

"Sposami, Swaynn." Mi dice, con una dolcezza così profonda da toccare la mia anima. "Diventa mia moglie. Ma non perché sei costretta: sposami perché lo vuoi anche tu."

Sorrido ancora, mentre gli chiedo:

"Penserai queste cose anche quando io sarò vecchia e tu invecchierai di un solo giorno?"

"Nessuno può sapere davvero che cosa sarà del futuro. Ho aspettato molto a lungo, prima di trovare la donna giusta. Ora che l'ho trovata, non voglio perderla. Il resto… si vedrà. Sposami, Swaynn. Se mi ami come io ti amo…"

"Certo che ti sposo, Athorm." Rispondo, dimenticando, per un istante, tutte le preoccupazioni e le ansie che fino a poco prima si agitavano nel mio cuore. "Ti sposo perché ti amo e continuerò ad amarti, qualunque cosa accadrà."

Athorm mi bacia e facciamo l'amore, a lungo, rimanendo abbracciati fino alle prime luci dell'alba. Solo allora ci alziamo per prepararci a ciò che dovremo affrontare. E la prima cosa che io dovrò fare sarà recarmi da Isay, per valutarne le condizioni.

Il bambino è tenuto strettamente sotto controllo da uomini dell'equipaggio dotati di particolari apparecchiature a occhi e orecchie, e armature resistenti ad ogni tipo di rilevatore. E' sedato, ma anche la sedazione è controllata meticolosamente: il corpo appartiene comunque ad un piccolo essere umano e bisogna tenere conto dell'eventualità che possa tornare normale. Per questo, già sin d'ora è necessario utilizzare diverse metodiche che impediscano l'insorgere di eventuali futuri effetti collaterali indesiderati. La porta si apre solo con un riconoscimento dell'iride e le impronte digitali. Con questa tecnologia così avanzata, sarebbe impossibile contraffare i segni di riconoscimento distintivi di ciascun essere umano, ma ci sono anche meccanismi speciali che impediscono l'accesso ad androidi non identificati o creature di dubbia natura. Quando faccio il mio ingresso nella camera in cui dieci uomini sono intorno al bambino bloccato nel letto, avverto immediatamente la sua reazione interiore. Con un cenno della testa, chiedo agli uomini di uscire e di lasciarmi sola con Isay. Nessuno ha il permesso di farlo, tranne me. Gli uomini dell'equipaggio sono stati avvisati del pericolo che potrebbero correre se si lasciassero distrarre in qualsiasi modo, anche il più banale. Non è permesso uscire dalla stanza, se non per lasciare il posto ad altri dieci che entrano insieme, ponendosi subito in cerchio, attorno al letto del bambino. In questo modo essi permettono agli altri di uscire contemporaneamente, senza disperdersi. Quando rimango sola con Isay, avverto immediatamente quella sensazione di freddo che conosco fin troppo bene. Le cure di Yoser gli hanno permesso di ritrovare un aspetto quasi normale, e i segni fisici del virus sembrano essere stati quasi completamente debellati. La pelle rosata e la posizione tipicamente infantile potrebbero ingannare chiunque, ma non me.

"E' inutile che tu finga." Gli dico, con voce decisa. "So che ci sei."

Un sussurro simile ad un soffio gelido giunge alle mie orecchie:

"Ti sei legata a lui... Swayn..."

"Non credo che questo ti riguardi. A meno che tu non abbia altro da profetizzare."

"Tu sai... Noi rivendichiamo ciò che ci appartiene... Hai lasciato quel luogo in balìa di un pericolo imminente... Il vulcano si risveglierà e l'isola sarà distrutta..."

Fisso quegli occhi che emanano bagliori verdi:

"E' ciò che vuoi davvero?" Gli chiedo. "E' ciò che volete? Volete davvero fare a pezzi qualcosa che ritenete vostro?"

"Se sarà necessario... sì..."

"E come farete? Vi servirete di altri corpi?"

"Che importanza ha, Swaynn? In fondo... tu non tornerai mai più in quel luogo... Tu e la tua amica... siete state... preservate..."

"Il bambino è ancora in mano tua, però. Devi andartene, e lasciarlo in pace."

"Io non ho ancora ricevuto... la mia parte..."

"Non avrete mai pace finché continuerete a cercare vendetta. Hai scelto me per attuare i tuoi piani, e credevo che non sarebbe stato coinvolto nessun altro. Ma tu sei servito di un bambino e questo non è giusto."

"Si è offerto... spontaneamente..."

"Ti sei chiesto che cosa sarà di lui, se un giorno lo lascerai in pace? Sta subendo dei trattamenti che stroncherebbero il fisico di una persona adulta dopo soli tre giorni! Non sopravvivrà, quando lo ridurrai come un guscio vuoto. E' questo, che vuoi?"

"Noi sopportiamo da secoli... millenni... e abbiamo bisogno di comunicare..."

"Ed io ti ascolto da anni, ormai."

"Tu senti... ma non ascolti..."

Mi avvicino a Isay e mi pongo di fronte a lui che rimane allungato in posizione fetale, mentre bocca e occhi sembrano possedere una vita propria:

"Ti sto ascoltando ora." Dico allo Spettro. "Parlami."

Un sussurro simile ad un grosso sospiro giunge alle mie orecchie e mi avvolge completamente. Poi, la voce incorporea riprende a parlare:

"Loro... conquisteranno la terra..."

"Quale terra? L'isola?"

"No... la terra..."

"Kelenda?"

"Kelenda…"

"Dimmi come posso fermarle."

"Quella terra… si è già persa… molti secoli fa…"

"Dimmi che cosa possa impedire che le Vergini oscure conquistino un luogo su cui non hanno alcun diritto."

"Loro… hanno già usurpato… hanno già rubato… Lo rifaranno…"

"Tu sai già come fermarle. Ma non lo vuoi dire."

"Non potrei più parlare… Non potrei più chiedere…"

"Ma avresti la pace."

"Noi… vogliamo il nostro riscatto…"

"Se ti promettessi che lo avrai… Se ti dessi la mia parola che tutto ciò che hai sempre chiesto, sarà ottenuto…"

"Le promesse ci hanno stancati… In troppi hanno promesso…"

"Tu mi hai scelta perché sapevi che avrei potuto aiutarti. Altrimenti, non saresti ancora qui a parlare con me."

"Il tempo passa… come se noi tutti… fossimo ancora vivi…"

"Ma voi non finirete mai nel nulla!" esclamo, inginocchiandomi di fronte a Isay. "Nessuno di voi sarà dimenticato!"

"I nostri nomi… le nostre storie… tutto è stato cancellato…"

"Io lo riporterò alla luce!"

"Non manterrai la promessa…"

Stringo istintivamente la mano del bambino, fissandolo in quegli occhi sinistri: "Invece lo farò."

I sospiri aumentano, mentre una forza misteriosa passa da me al piccolo. Non ho mai provato una sensazione simile e non saprei nemmeno come spiegarla. E' come se mi stesse sottraendo energia, ma non mi sento svuotata, come accadeva, invece, sull'isola. Potrei descrivere ciò che sento come un meccanismo che si mette in moto dopo essere rimasto fermo molto a lungo. Come il flusso dell'acqua che scorre, tornando sempre alla sorgente, per poi riprendere il suo corso, di nuovo. Con un grosso sospiro, la voce sussurra:

"Swaynn… noi ti crediamo… fai ciò che devi e dacci la pace… Riprendi possesso di ciò che ci appartiene…"

Gli occhi di Isay si chiudono. Il piccolo sembra immerso in un sonno profondo. Le mie mani stringono ancora la sua, ormai completamente abbandonata. La appoggio con delicatezza al letto e mi assicuro che lo Spettro abbia davvero concesso una tregua. Rimango immobile per qualche istante, senza quasi fiatare. La sensazione di freddo è scomparsa e l'atmosfera sembra meno pesante di prima. So che lo Spettro continuerà ad essere presente finché non gli avrò dato ciò che vuole, ma, per ora, tutto ciò che voglio, è il silenzio. Entrare a Kelk portando con noi una simile bomba a orologeria sarebbe sicuramente un rischio: non voglio che si ripeta la scena che ci ha portato a vedere in faccia le Vergini oscure.

Mi avvicino alla porta e, quando si apre, i dieci uomini entrano immediatamente, ponendosi intorno al bambino.

"Preparatelo." Dico loro. "Assicuratevi che nessuno vi segua, quando me lo porterete."

Rispondono con un deciso cenno del capo ed io esco dalla stanza. Mi avvio sul ponte della nave, dove i fedeli collaboratori di Athorm attendono, insieme all'equipaggio. Indossiamo tutti il mantello nero che, a quanto pare, sembra avere ancora la capacità di influire sulle vibrazioni percepite dalle Vergini oscure. Ho saputo che è stato proprio Yoser ad idearlo, per mimetizzare chiunque lo indossi e renderlo, in qualche modo, "invisibile". Questo non significa che la nostra presenza non sarà percepita, poiché la gente di Kelenda e di Verdrad conosce l'uso di questi mantelli speciali; tuttavia, sembra che gli esseri umani modificati, gli androidi e altri casi eccezionali siano in qualche modo "disturbati" dalle onde emesse da piccoli marchingegni posti sul bordo inferiore, e intrecciati al tessuto. Questi apparecchi sono indistruttibili e difficilmente attaccabili: chiunque cercasse di strappare il mantello a chi lo indossa, genererebbe un campo elettromagnetico di tale intensità da rimanere privo di vista e udito per giorni, anche settimane. Solo il derubato sarebbe preservato. Giunge Athorm, in grande uniforme bianca, come il suo mantello e gli stivali. Ha una spada diversa montata sulla cintura, poiché io ho la sua. Non mi stupirebbe sapere che anche quella sia opera di Yoser, creata appositamente per l'amico.

"Tu non indossi il mantello nero." Gli dico, pensando alla pericolosità della situazione in cui potrebbe trovarsi.

"Non preoccuparti, Swaynn." Mi risponde sorridendo. Poi si rivolge a tutti noi e agli uomini dell'equipaggio che si uniranno per permetterci di arrivare a Kelk: "Siate pronti. Non attraccheremo al porto, perché è presidiato. Verremo calati insieme a barche più piccole e giungeremo a riva, proprio sotto gli occhi delle guerriere delle tenebre. Ci sono dei cavalli già pronti per noi, e useremo quelli. Dovrete fare di tutto affinché nessuna delle Vergini oscure si avvicini a Swaynn, che porterà Isay con sé. Puntiamo a Kelk, senza indugio."

"Ma così facendo le attireremo dentro la città!" Protesta Oughm. Athorm gli rivolge un sorriso beffardo:

"E' proprio ciò che voglio." Risponde, con decisione.

La sua cintura sembra avere molti piccoli pulsanti. Ne ho la certezza quando Athorm ne schiaccia uno, e subito appaiono i trenta uomini scelti per sorvegliare Isay, vestiti ancora con la loro armatura spessa e con quella cuffia strana che copre occhi, naso e bocca. Portano con loro una piccola teca con le pareti molto spesse e fatte di una particolare lega metallica che non conosco. Quando si avvicinano, vedo che, nel suo interno, in posizione fetale, c'è il piccolo Isay che sembra dormire. La parte superiore è chiusa da un vetro infrangibile.

"Ma riesce a respirare?" Chiedo, preoccupata.

"C'è ossigeno." Risponde Athorm. "Il bambino non subirà alcun danno." Quindi si rivolge a tutti i suoi sottoposti, pronti ad eseguire gli ordini. "Disponetevi sulle barche e seguite le istruzioni di Orud. Io e Swaynn ci imbarcheremo con lui, quando tutti voi sarete scesi dalla nave. Userete i remi, perché i motori disturberebbero la comunicazione. Non disperdetevi e aspettate istruzioni, quando giungeremo a riva."

Gli uomini obbediscono subito, coordinati dalla mente saggia di Orud, mentre io e Athorm ci dirigiamo verso la barca a noi riservata. I trenta uomini in armatura ci seguono, portando la teca dove Isay sembra dormire tranquillo, ed io chiedo:

"Quell'affare mi sembra pesante. Come lo porterò fino a Kelk, se dovrò cavalcare?"

"Una volta arrivati nel porto, la teca sarà aperta e tu lo prenderai con te." Mi risponde senza perdere di vista gli altri che si stanno imbarcando.

"Ma sarà rischioso!" Esclamo, con preoccupazione. "Se lui dovesse fare qualcosa di terribilmente stupido… attirerà le Vergini oscure!"

Athorm mi rivolge uno sguardo enigmatico:

"Non sei riuscita a giungere a un accordo con lui?"

Rimango zitta. Lui non era presente nella stanza, e non è tipo da ascoltare le conversazioni altrui. E' già la seconda volta che il suo riferimento allo Spettro mi fa pensare che, in qualche modo, Athorm sappia. Ma non c'è molto tempo da perdere nel cercare spiegazioni proprio ora. Così rimango zitta, in attesa che anche l'ultima delle barche sia stata calata. Quindi arriva Orud e, insieme, ci poniamo sull'ultima, simile alle altre ma differente nel colore e nel materiale usato. Non è in legno, e non riesco a capire cosa possa essere, sebbene, dalle vibrazioni, io riesca a percepire che si tratta di una sostanza viva e presente nella natura. E' colorata di nero, ma credo che questa non sia una semplice scelta estetica: quella vernice lucida emana altri tipi di vibrazioni che giungono alle mie orecchie come suoni acuti, simili a quelli dei gabbiani e dei delfini, i mammiferi che ho avuto modo di conoscere grazie alla tecnologia di Kelk.

"Andiamo." Dice Athorm. Io e Orud saliamo sulla barca, mentre gli uomini aiutano il loro capitano a sistemarvi all'interno anche la teca in cui Isay dorme placidamente. Appena la teca viene appoggiata, le corde che trattengono la piccola imbarcazione sembrano messe sotto pressione da un grosso peso. Mi chiedo come faremo a muoverci senza andare a fondo.

Anche Athorm sale e fa segno ai suoi uomini di farci scendere. Mentre osservo i fianchi della nave, mi chiedo come mai non sia stato scelto un metodo tecnologicamente più avanzato, per calare le barche. E' uno dei tanti misteri che circondano la figura di Athorm e dei suoi più fedeli collaboratori, e, al tempo stesso, è il segno evidente di un uomo che vorrebbe mantenere il più possibile inalterato l'equilibrio degli Elementi.

Scivoliamo lentamente, e mi accorgo che il sole è coperto da nuvole, oggi. Non sono una persona superstiziosa, e non mi sento di dare una connotazione negativa alla presenza di questi cavalloni che corrono rapidamente, come in balia di un vento più forte di quello che soffia sul mare. Ho imparato che la natura agisce seguendo una sua logica e che noi dobbiamo solo imparare a rispettarla, seguendone le poche regole che ci impone. Ed esse non ci rendono mai schiavi.

Quando sfioriamo la superficie dell'acqua, la piccola barca non affonda più di quanto credessi. Forse, anche questo è uno dei tanti motivi per i quali a noi è stata riservata un'imbarcazione diversa da quella degli altri.

Mi assicuro che Isay sia stato sistemato alla perfezione, e vedo il bambino continuare a dormire placidamente, come cullato dalle braccia materne di cui non ho saputo più nulla. Nonostante la comunicazione con Yoser non sia mai stata interrotta, non mi sono state date risposte su Detia e su un suo possibile risveglio.

Orud si appresta a remare, mentre Athorm si alza in piedi, sguainando la spada che emette bagliori sinistri. Lo fa per attirare l'attenzione di tutte le piccole imbarcazioni nelle quali vi sono alcuni dei membri del suo equipaggio. Tenendo la spada con la punta verso l'alto, si rivolge a me, senza guardarmi:

"Crea uno scudo, Swaynn." Ordina. "Proteggi tutti noi."

"Non so se sono in grado di poterlo fare." Replico, pensando che la cosa sia impossibile. "La volta scorsa c'era Detia con me, e qui mi trovo in un luogo che non conosco."

"Sai anche tu che Detia non possiede la tua stessa forza e che lo scudo che avete creato sull'isola era alimentato da te. Non devi far altro che ripetere le stesse azioni, concentrarti sul tutto ciò che hai dentro e portarlo all'esterno."

"Posso provarci, Athorm, ma non posso garantirti che ci riuscirò."

Mi guarda, sorridendo:

"Ho fiducia in te." Mi dice, con voce decisa. "La natura è ovunque, Swaynn. Non dimenticarlo mai."

Torna a guardare dritto verso di sé, rimanendo in attesa.

Chiudo gli occhi, cercando di ristabilire l'equilibrio tra corpo, mente e spirito, e, con mio stupore, mi accorgo che il flusso dell'energia sta scorrendo ancora più velocemente di qualche giorno fa. Probabilmente, il riposo mi ha giovato. E anche il fatto che lo Spettro si sia acquietato mi permette di concentrare le forze su me stessa.

Porto le mani sul cuore, istintivamente, dove una forte sensazione di calore mi pervade. La natura è ovunque... e ora si trova proprio qui, al centro del mio petto. Raccolgo queste vibrazioni intense e allargo lievemente le mani, come se volessi spandere petali leggeri sul pelo dell'acqua. In un istante, percepisco la netta sensazione di essere riuscita a ricreare quello scudo che sull'isola aveva richiesto uno sforzo ben maggiore.

Athorm abbassa la spada e si rivolge a Orud.

"Ora."

Il fedele compagno, dopo aver udito l'ordine, comincia a remare, e le altre imbarcazioni si muovono contemporaneamente a noi.

Non c'è bisogno di avvicinarsi alla costa, per capire che il luogo è presidiato da una schiera di Vergini o scure che stanno in attesa da chissà quanto tempo. Mi basta vedere quelle nuvole dense e grigie, cariche di elettricità e polvere, per capire che l'unica cosa da fare è continuare a rimanere calma e concentrata.

Avanziamo lentamente, in questo mare increspato da un vento che sembra volerci riportare indietro, finché raggiungiamo la riva.

Non immaginavo che le Vergini oscure potessero essere ancora più di prima. Come può essere successo? L'isola si è svuotata, forse? Sarà rimasta qualcun'ancora incorrotta, o tutto sta andando come aveva profetizzato lo Spettro?

Guardo la teca in cui Isay continua a dormire, temendo il peggio. Questo è il momento cruciale, perché dovrò prenderlo in braccio e portarlo a cavallo insieme a me, fino a Kelk. E' un lungo cammino non esente da rischi e questo è un momento particolarmente delicato. Quello che mi colpisce maggiormente è vedere come le Signore delle Tre Terre siano ancora in vita, come Athorm aveva presupposto. Io stessa sono stata testimone della sconfitta di Ahona, e credevo che il suo corpo si fosse dissolto nel nulla… ma, ora, mi devo ricredere. Tutte le barche sono arrivate ed io sto mantenendo lo scudo protettivo da molto tempo. Le vergini oscure sono di fronte a noi, a pochi passi, sedute in sella ai loro cavalli neri e pronte ad attaccare. Non ci vedono, ma è evidente che sentano un odore diverso, nell'aria. Lo capisco da come muovono quelle narici sempre più simili a quelli degli animali feroci che ad esseri umani.

Athorm mi sfiora la spalla, facendomi capire che il momento è giunto. Annuisco, cercando di soffocare la spirale d'ansia che attanaglia le mie viscere. Il nostro capitano tocca uno dei pulsanti posti sulla sua cintura e la teca si apre, senza far rumore. Afferro Isay, immediatamente, perché non possiamo eseguire quest'operazione sulla terraferma: quella piccola prigione è tropo pesante da portare, e bisogna agire ora, prima che sia troppo tardi.

Devo mantenere intatto lo scudo e impedire al bambino di svegliarsi, mentre scendo dall'imbarcazione e mi dirigo sulla riva, camminando in mezzo a quel nugolo di donne fatte di polvere e oscurità, e lo stesso devono fare tutti gli altri che stanno partecipando alla missione.

I cavalli sono nascosti poco più avanti, come ordinato dallo stesso Athorm alla Sede Centrale. Loro non godono di alcuna protezione, perciò si è reso necessario dislocarli in luoghi diversi. A tutti noi è stato detto dove trovare il destriero che ci compete e sappiamo già, dove dirigerci. Camminiamo lentamente, per non perderci di vista e per non lasciarci sopraffare da emozioni negative, quali la paura o l'insicurezza. E' impressionante come ci sembri di passare attraverso spettri neri, senza che essi riescano a percepirci, nonostante si rendano conto che qualcosa è mutato.

Sono ormai vicina al cavallo su cui dovrò montare, quando gli occhi di Isay cominciano ad aprirsi. Dalla fessura ancora semi chiusa esce un lieve bagliore verdastro che alcune delle Vergini oscure riescono ad avvertire, in qualche modo, sotto forma di sottili vibrazioni. Non posso lasciarmi prendere dal panico, anche se le guerriere nemiche cominciano ad agitarsi. Porto le mie vibrazioni al massimo, consolidando lo scudo, cosicché io possa sussurrare al bambino:

"Ti ho fatto una promessa. Ma anche tu devi mantenere la tua parola."

Il suono della voce incorporea è quasi un sibilo:

"Non dimenticare... Swaynn... Se fallisci... distruggeremo l'isola, e anche questa terra..."

"Non lo dimenticherò. Ma se tutto andasse come desideri, tu e gli altri Spettri dovrete lasciare per sempre tutti i canali aperti in cui vi siete intrufolati."

"Lo faremo... quando avremo ottenuto ciò che vogliamo."

"Allora devi lasciarmi andare avanti, perché così sarai tu a rovinare tutto."

Con un profondo sospiro, la voce pronuncia le sue ultime parole:

"Va bene... Swaynn... Ma ricorda... Noi non siamo Spettri... Siamo le voci degli antenati che chiedono ciò... che è stato loro rubato... Per questo... fa' ciò che devi..."

Gli occhi di Isay si chiudono nuovamente, e le Vergini oscure sembrano disorientate. Io posso raggiungere il mio cavallo e montarvi sopra. E questo sarà il momento in cui, quando tutti noi partiremo al galoppo, tutte le schiere nemiche ci seguiranno fino a Kelk, sotto lo sguardo atterrito degli abitanti che continuano a vederci ma che sono stati invitati a non dire nulla per non rovinare la missione. In realtà, i cittadini ancora in giro sono davvero pochi, poiché quasi tutti si sono chiusi nelle loro case schermate da onde elettromagnetiche che fungono da arma di difesa.

Tutti i sottoposti di Athorm sono dotati di un congegno particolare che darà loro il segnale di salire a cavallo e di partire al galoppo. Io non ho nulla, con me, perché quando il segnale sarà dato e i cavalli cominceranno a correre, lo scudo protettivo si disattiverà e solo allora potrò montare anch'io. Questa strategia è stata decisa all'ultimo momento, per far sì che le guerriere oscure siano distratte dal movimento ed io possa avere il tempo di salire con il bambino in braccio. Isay ha quattro anni, ormai, e, se sopravvivrà, diventerà alto come il padre, poiché lo è già.

Lo scudo scompare all'improvviso: è arrivato il momento. Orde di Vergini delle tenebre si avventano contro gli uomini che si dirigono a Kelk, poi mi muovo anch'io, stringendo a me Isay e tenendomi stretta al purosangue. Seguirò una strada secondaria, posta nella natura, tra i sentieri dei boschi, dove gli abitanti del luogo amano fermarsi per respirare un'aria diversa. Ma, in questo momento, non c'è anima viva.

Cavalco velocemente, mantenendo la rotta che mi è stata indicata. Mi lascio guidare da ciò che ho appreso e anche dall'istinto, quando avverto che, nei paraggi, c'è una vibrazione poco sicura. Galoppo e lungo, mantenendo i sensi accesi, nell'impossibilità di ricostituire lo scudo: una volta distrutto, bisogna aspettare un bel po', prima di tentare nuovamente. Le energie devono cambiare insieme alle vibrazioni, o precorrere i tempi non servirà a nulla.

So che Athorm e i suoi collaboratori più fidati stanno facendo il possibile per evitare che una sola di quelle creature possa avvicinarsi. Per questo hanno preso alcune delle tuniche che indossavo sull'isola: l'odore familiare di quegli indumenti darà credere loro che io sia in mezzo agli uomini dell'equipaggio che stanno rischiando la vita per coprirmi.

Continuo a cambiare strada, poiché la situazione era davvero come diceva Chrel: queste ombre sono ovunque, e la loro presenza sta tingendo di scuro anche questa terra verde e ricca di vita. Finalmente riesco a trovare la strada libera, e la percorro il più velocemente possibile, mentre Isay continua a dormire placidamente. Dopo molto tempo, però, la mia attenzione è distratta da un bagliore rosa che proviene da una piccola radura poco distante. Conosco quel bagliore. Non so se sia una trappola, perché quest'imprevisto non era stato calcolato.

"Swaynn." Dice una voce che conosco molto bene. Dalla radura vedo Saima, vestita come sempre, avanzare verso di me. Il suo viso non è cambiato e non vi sono tracce di oscurità nel suo sorriso.

"Che cosa ci fai, qua?" Le chiedo, allarmata.

Camminando lentamente, la messaggera di Munn si avvicina a me:

"Non temere, Swaynn." Mi dice, continuando a sorridere. "Non sono venuta per portare distruzione e morte. Sono qui per un altro motivo, e credo che tu sappia di che cosa stia parlando."

"Come hai raggiunto Kelenda?" Le chiedo, sospettosa.

"L'Isola delle vergini possiede molti collegamenti, Swaynn. Questi conducono verso alcuni luoghi ben precisi, e questa terra costituisce il fulcro delle reti comunicanti, insieme a Verdrad."

"Come ci sei arrivata?"

"Nello stesso modo in cui anche tu sei giunta qua, la prima volta. Ma non è importante che tu sappia, poiché io sono stata mandata da Munn solo per impedirti di commettere qualcosa che potrebbe causare la distruzione dell'isola."

"Non capisco. Io la sto salvando, Saima!"

"Se vuoi salvarla davvero, non farlo, Swaynn. Non usare la Pietra Lunare."

Rimango in silenzio per un lungo istante. Com'è possibile che Munn sia riuscita a captare da lontano le mie intenzioni? Esse non sono mai state dichiarate apertamente, ma solo accennate con un codice ben preciso. Ma, soprattutto…

"Se io non la usassi, non manterrei la parola data. E se mancassi alla promessa, questa terra sarà distrutta, insieme all'isola."

"La pietra appartiene a coloro che l'hanno custodita per millenni. Appartiene alle Vergini. "

"Allora la riporterò quando tutto questo sarà finito."

"Sarà troppo tardi, Swaynn. Il vulcano si sarà già risvegliato."

"Saima…" Mormoro, cercando di non far caso alle vibrazioni sinistre che provengono da Isay. "Ogni cosa deve seguire il suo destino. Tu sei qui, ora, e se anche l'isola dovesse essere rasa al suolo, questo non significa che la tradizione tramandata dalle Vergini non possa essere portata in un altro luogo. Dopotutto, anche le Tre Terre non hanno più le loro guide, ormai, poiché esse sono qui, e tutto ciò che mi hanno insegnato non è che un ricordo rimasto dentro di me. Io possiedo tutta la conoscenza, e forse comincio a capire il motivo per cui tutto questo è avvenuto. Il destino ha voluto che la prescelta perpetuasse i ricordi della storia umana qualora il luogo da cui la Vergine proveniva fosse andato distrutto. Io sono il contenitore di tutti gli insegnamenti. Sono il libro che non è stato mai scritto, poiché ci vorrebbero più di mille anni, per farlo. Non è così, forse?"

"E sacrificheresti la terra che ti ha dato tutto ciò che sai, solo per liberare degli Spettri senza anima che non manterranno mai la parola data?"

Gli occhi di Isay stanno per riaprirsi, ed io mi affretto a rispondere:

"Io non sono più sicura che sia così, Saima. Sapevi, e non hai detto nulla, fino ad oggi. Credevo di essere l'unica, a vedere, ma mi sbagliavo. Tutte le Vergini vedevano, ma, pensando che si trattasse di una tentazione, preferivano accecarsi da sole con censure che non sono mai simbolo di libertà o di ordine, bensì di schiavitù peggiori di un inganno."

"Così... dopo tutto ciò che ho fatto per te... dopo quello che Munn stessa ha fatto per te, per proteggerti... tu ci volti le spalle."

"Se ci fosse un'alternativa meno dolorosa sceglierei quella. Ma come io sono riuscita ad adattarmi ad una vita diversa, nel mondo degli esseri umani, pur mantenendo intatte le mie conoscenze, allo stesso modo può rinascere una nuova isola, migliore di quella di prima. Un'isola in cui il passato e il futuro si possano incontrare in un infinito presente. Perché è così che funziona, non è vero?"

Saima sorride:

"Non posso costringerti a fare ciò che ti chiedo, Swaynn." Mi dice, dolcemente. "Ti chiedo solo di ricordare le parole che hai appena pronunciato, perché, un giorno, forse, dovrai fare una scelta ancora più difficile. Ora vai e porta a termine ciò che hai iniziato."

La vedo allontanarsi di nuovo nella radura, mentre gli occhi di Isay si chiudono di nuovo. Riparto al galoppo, decisa a non fermarmi più. Corro sempre più velocemente, col vento che sferza il mio viso e la spalla che ancora duole, nonostante i punti si stiano riassorbendo. Galoppo finché, davanti ai miei occhi, riconosco i confini che conducono a Kelk.

La ressa tra le Vergini oscure e gli uomini di Athorm è tale da sembrare un muro di polvere e mantelli scuri. Ed io devo farmi largo tra di loro...

Decido di scendere da cavallo e di percorrere a piedi l'ultimo tratto che conduce alla dimora del mio futuro sposo. Quando giungo in prossimità della ressa, dove non si respira che fumo denso, tutto sembra fermarsi: le Vergini oscure e i guerrieri mi guardano, in silenzio. Avanzo lentamente, e, ad ogni mio passo, si apre un varco di fronte a me. Tutti rimangono immobili, con gli occhi sgranati, mentre io passo oltre e mi dirigo proprio al centro del giardino, dove la fontana dalla forma conica emette zampilli di acqua freschissima. Un'acqua trasparente, pulita. Un'acqua che era sempre stata lì, sotto i miei occhi.

Non ho bisogno di salire, per prendere il Chrein: il piano prevedeva che Orud e Athorm si staccassero dal gruppo e mi portassero lo strumento nel punto in cui mi trovo ora. Così, mi basta solo tirarlo fuori dalla siepe in cui è stato nascosto, coperto dal mantello nero che Athorm non aveva indossato... e solo ora ne comprendo il motivo: le vibrazioni che esso produce avrebbero impedito alle Vergini oscure di captarne la presenza.

Vedo le Signore delle Tre Terre avanzare. Tutto si svolge con estrema lentezza, una lentezza innaturale in cui mi sembra di aver vissuto troppo a lungo. Manca solo la Pietra Lunare e solo io posso prelevarla dalla cassaforte in cui è custodita.

Il mio stupore è grande, quando vedo Orud uscire da una delle porte, stringendo a sé l'oggetto. Mentre l'uomo si avvicina a me per porgermi la pietra, le tre Vergini sembrano volersi avventare su di me, ma, all'improvviso, gli occhi di Isay si aprono e, dalla sua bocca, esce un fumo verde, luminoso, che ferma la loro avanzata. Il bambino è in piedi, di fronte a me, e mi dà le spalle. Comprendo che lo Spettro ha fatto la sua scelta: lui tratterrà le guerriere nemiche finché non avrò portato a compimento ciò che sto per fare.

Con un cenno del capo, chiamo accanto a me Athorm, Moraya, Oughm, Smuz e Tom e, insieme, cominciamo a suonare. La musica ha un effetto immediato sulle Vergini oscure che sembrano come colpite da un rumore troppo intenso da sopportare. Continuiamo ancora, e ancora, e il Gham si trasforma in un'improvvisazione fatta di tradizioni diverse che si fondono tra di loro: ciascuno di noi canta le melodie che fanno parte della sua storia, e gli altri si uniscono, danzando e suonando, finché accade ciò che speravo: sulla struttura conica posta proprio al centro della fontana, i simboli di cui non conosco il significato s'illuminano e dalle bocche l'acqua comincia a zampillare verso l'alto, fino a colpire l'orda di ombre ormai in preda alla paura. Solo quando l'acqua ha cominciato a sciogliere gran parte della polvere che le avvolge, afferro la Pietra Lunare. Isay si volta verso di me ed io lo guardo, in attesa di una sua risposta.

"Fai ciò che devi... Swaynn di Vegar... Noi ci fidiamo di te..."

Alzo la Pietra Lunare e lascio che l'acqua la bagni, mentre la musica continua, alle mie spalle. I simboli che sono incisi sulla superficie levigata s'illuminano di un intenso bagliore verde fosforescente e, all'improvviso, una grossa luce ci avvolge completamente, impedendoci di vedere per alcuni secondi. Poi, di colpo, tutto cessa. La luce si spegne e l'acqua torna a zampillare come sempre. Cala il silenzio, quando ci accorgiamo che tutte le Vergini sono scomparse. Tutte. Non è rimasto nulla di loro, nemmeno la polvere.

E, di fronte a me, Isay è a terra.

Athorm corre verso il bambino e si china su di lui. Poi mi guarda e dice:

"Respira. E' vivo. Ce l'hai fatta, Swaynn."

Depongo la pietra a terra, poiché non mi serve più e corro anch'io verso il piccolo che sbatte le palpebre, senza capire. I suoi occhi sono tornati quelli di un tempo, e non vi è più alcuna traccia del morbo che l'ha colpito, né dello spirito che l'ha posseduto. Quando mi vede, mi rivolge un sorriso e allarga le manine:

"Swaynn!" Esclama, con la sua voce infantile. Saltella gioiosamente verso di me e mi abbraccia, accoccolandosi sulle mie ginocchia. Mi appoggio ad Athorm, esausta, e lui mi sostiene con forza.

Ho molte domande da porre, ma tutte le mie energie sono state usate per mantenere intatto lo scudo protettivo e per resistere alle numerose tentazioni contro le quali ho dovuto combattere.

Perdo i sensi, quasi senza accorgermene. L'ultima immagine che vedo è una nuvola grigia che si dissolve in piccole luci rosate, simili alla madreperla. Ed io rimango così, incantata da ciò che vedo, mentre qualcosa d'impalpabile scava una voragine dentro di me, lasciandomi senza forze, come incapace di respirare. L'oscurità m'inghiotte ed io non riesco più ad opporre resistenza...

***

Il mio sonno è spezzato dagli allegri schiamazzi di Isay che gira per tutte le stanze, urlando gioiosamente. Ormai sembra essere tornato normale, e non vi è più alcuna traccia di ciò che fino a un giorno fa, lo aveva ridotto ad essere come un guscio vuoto, riempito da voci incorporee che, fortunatamente, non l'hanno fagocitato. Nonostante tutto quello che è successo, il suo visetto è paffuto e florido, come se si fosse appena svegliato da un sonno ristoratore.

"No, no, Isay, qui non si può stare!" Esclama Orud, acchiappando il bambino non appena questi fa irruzione nella mia stanza. "Scusatemi, Swaynn, ma è incontenibile..."

Mi metto a sedere, faticosamente:

"Non fa nulla, Orud." Gli dico, sorridendo. "Lasciategli fare ciò che vuole. Non è mai stato indisciplinato e ha solo bisogno di tornare ad essere come l'ho conosciuto: allegro e avventuroso."

L'uomo annuisce e allenta la stretta delle sue mani intorno ai polsi di Isay che trotterella felicemente, incurante di chiunque sia sulla sua strada. In fondo, tutto è nuovo, per lui, e non vede l'ora di esplorare questo mondo che non ha mai conosciuto davvero. Il sistema di controllo delle porte, inoltre, dopo l'intenso campo magnetico che è stato generato, ha smesso di funzionare, e sarà necessario procedere manualmente finché non sarà ripristinato.

Mi rivolgo ancora a Orud:

"Vi prego, sedetevi accanto a me." Gli dico, accompagnando le mie parole con un gesto della mano. "Non fate caso a Isay: non è un bambino maleducato e non entra mai nei discorsi degli adulti. Dopo aver giocato con Tif, uscirà dalla stanza e voi non riuscirete a fermarlo. Non riuscivamo nemmeno io e sua madre, rincorrendolo in due."

Mentre gli parlo, lui prende una sedia e si pone accanto a me, mantenendo una rispettosa distanza:

"Immagino di sapere il motivo per cui volete parlarmi, Swaynn." Mi dice, pensieroso. "E sono pronto a rispondere alle vostre domande, poiché Athorm me l'ha permesso."

"E' così, Orud. Sapete anche di che cosa vi voglio parlare, credo." L'uomo guarda Isay, un po' in apprensione, e io comprendo quello che si agita nel suo cuore: "Non temete di confidarvi di fronte a lui." Gli dico, cercando di rassicurarlo. "Lui capisce più di quanto non possiate immaginare ma sa quali siano i limiti. Non c'è più nulla che possa mettere in pericolo il suo corpo e la sua anima."

"Se voi lo percepite, vi credo, Swaynn. Volete sapere della Pietra Lunare, vero?"

"Sì. Già una volta ho visto Athorm sfiorarne la superficie senza rimanerne colpito. Allora non gli ho fatto domande ma credo che sia arrivato il momento giusto per capire. Come siete riuscito a penetrare attraverso il sistema di controllo? Ma, soprattutto, com'è stato possibile che un essere umano come voi sia stato in grado di portare la pietra a mani nude, senza risentirne?"

"Quando mi avere curato... Io conoscevo la strada per arrivare all'isola. La conoscevo perché, per quanto possa sembrare assurdo, io e il piccolo Isay non siamo poi così diversi."

"Voi non siete una persona qualunque. Non è così, Orud?"

"E' così." Ammette l'uomo, sospirando. "Io sono il frutto dell'unione con una Vergine e un essere umano. Ho acquisito mole doti che mia madre possedeva e che mio padre ha ostacolato con tutte le sue forze."

"Quanti anni avete, amico mio?"

"Tanti. Troppi, forse. Ho vissuto molto, e molto ho dato, poiché così mi ha insegnato mia madre. Ma, dopo aver compiuto sedici anni, sono stato cacciato da casa da mio padre che non tollerava le mie stranezze. E' così che ho conosciuto Athorm. Lui non era diverso da com'è adesso... forse aveva vissuto meno, e il suo modo di fare era più allegro, fresco... quasi giovanile. Ma non aveva un'età, e questo mi fu chiaro sin da subito. Non so come riuscì a convincermi. Vivevo per la strada e dormivo, dove capitava. Non facevo parte né di un mondo né di un altro. Non sapevo dove andare, né cosa fare. Così accettai quell'aiuto che sembrava essere arrivato da chissà dove e mi unii a quell'uomo misterioso che si proponeva di mantenere l'equilibrio della natura e il rispetto tra gli esseri umani, e che, per questo, era considerato un sovversivo: tutti pensavano che Athorm Dralt fosse un avventuriero, un malfattore, un ladro, perché ovunque andasse le terre presso le quali approdava, poco dopo, venivano rase al suolo o conquistate. La sua figura è sempre stata associata a quella di usurpatore, mentre, in realtà, egli non faceva altro che raccogliere i superstiti e portarli dove avrebbero trovato un luogo sicuro da poter chiamare *casa*, anche se io decisi sin da subito di mettermi al suo servizio, pronto a sostenerlo nelle sue battaglie."

"Eppure, alcuni degli altri suoi più fidati collaboratori hanno un passato oscuro..."

"Athorm li ha solo salvati da ciò che potevano diventare, se avessero continuato a vivere nella società di cui facevano parte. Tutti e quattro erano già stati emarginati dai loro stessi conterranei, solo perché presentavano malformazioni fisiche che li rendevano poco interessanti. Ma avevano sviluppato altre doti ed è stato su quelle che Athorm ha fatto leva, trovando in loro un piccolo gruppo di persone che avrebbero potuto dare ancora di più, dopo essersi sottoposte all'intervento di Yoser Nym di Verdrad."

"Torniamo a voi, Orud. Se eravate in grado di toccare la Pietra Lunare, perché non avete cercato di liberarla dal suo scudo protettivo?"

"Io possiedo il sangue dell'isola delle Vergini solo a metà. Per il resto, faccio parte della razza umana. Era necessario che una Vergine incorrotta nella sua Virtù e forte nello spirito sciogliesse la maledizione in cui la pietra aveva ridotto Kelenda."

"Maledizione?"

"Come voi avete detto quel giorno... era la Pietra Lunare a prendersi cura di questa terra e di chi vi abita. E l'ha fatto per molti secoli. Il tempo è rimasto come sospeso, e nessuno più è invecchiato. Chi desiderava riprendere il ciclo naturale della sua vita, doveva abbandonare questo luogo, senza potervi fare ritorno. L'avidità umana ha fatto il resto: da un lato, si desiderava conoscere la *Prescelta*; dall'altro, si temeva che la pietra avrebbe smesso di regalare i suoi benefici influssi, una volta liberata. Athorm era stato designato sin dall'inizio come colui che avrebbe condotto la Vergine a Kelenda, ed è anche per questo che sono stato mandato sull'isola: per valutare l'operato di chi si sarebbe cura di me."

"Fatemi capire, Orud: vi siete lasciato contagiare *volontariamente* dalle Larve, solo per testare di persona quale potesse essere la Vergine adatta?"

"Sono stato contagiato poiché il mio sangue non è completamente umano. Le Larve colpiscono prevalentemente chi è imparentato con un'abitante dell'isola, o chi ne fa parte. Come è successo per le Signore delle Tre Terre."

"Quindi... le Larve non colpiscono tutti gli esseri umani, a prescindere..."

"No. Solo chi possiede quelle caratteristiche che potrebbero potenziare l'effetto malefico che portano con sé."

"Ma siamo esseri umani anche noi, Orud. Anch'io faccio parte di questo pianeta. Ho solo imparato ad usare le mie potenzialità, nulla di più."

L'uomo sorride amaramente:

"Vorrei potervi dire di più, ma le mie conoscenze sono in parte limitate e, d'altro canto, ci sono cose che non spetta a me dirvi. Ma capirete, non preoccupatevi. Voi ora sapete che cosa sono e potete comprendere il motivo per cui la Pietra Lunare non ha sortito alcun effetto su di me."

"Forse potreste dirmi quale nesso ci sia tra la pietra e l'Isola delle Vergini. Ancora non ho compreso. Saima mi ha detto che essa appartiene a quel luogo..."

"Saima?"

"La messaggera di Munn. Non ne avete mai sentito parlare?"

"Io appartengo al genere maschile e agli uomini non è permesso accedere a certi segreti."

"Ma siete stato accolto e curato. Altri uomini sono stati mandati via, Orud. Voi no."

Vedo che sta per rispondermi, quando, nella stanza, irrompe Athorm. Credo che indossi un'altra uniforme: lo capisco dai motivi dorati che bordano il suo abito di velluto blu. Anche il mantello è dello stesso colore, tranne gli stivali, neri e lucidi, con i simboli tipici di questa terra.

Comprendo che lui è qui in veste ufficiale quando mi dice:

"Gli Alti Funzionari della Sede Centrale desiderano vederti. Preparati al più presto, Swaynn."

Se ne va, senza aggiungere altro e senza nemmeno degnare di uno sguardo il piccolo Isay che è corso incontro a lui, festosamente. Anche Orud sembra sorpreso da quest'atteggiamento distaccato e si affretta a prendere il bambino, per portarlo a chi se ne occuperà. S'inchina lievemente, in segno di saluto, poi esce con Isay. Sono ancora molto stanca e, soprattutto, stupita di quello che è appena accaduto. Athorm non mi ha neppure degnata di uno sguardo. Mi sembra essere tornato come quando l'ho conosciuto molti mesi fa. Mi alzo, mi lavo velocemente e indosso un abito che è stato realizzato appositamente per me dai professionisti più in gamba di Kelk. E' costituito da una sottogonna in raso nero e un abito aderente, in velluto rosso, che si apre a V rovesciata dalla vita in giù, lasciando intravvedere il prezioso tessuto. Pettino i capelli, lasciandoli sciolti, e indosso i pochi monili d'oro che mi sono rimasti dell'isola. Poi, camminando a fatica, mi dirigo verso l'uscita, dove trovo Athorm ad aspettarmi, insieme ai suoi collaboratori più fedeli vestiti con le loro uniformi. Il silenzio glaciale col quale lui mi accoglie mi colpisce profondamente. Saliamo sul veicolo che ci ha già portati alla Sede Centrale il giorno in cui sono stata sottoposta alla prova, e, arriviamo in un attimo. Ma quell'attimo trascorso nel silenzio sembra eterno e pesante, ancora più angosciante dell'atmosfera che si respirava quando le Vergini oscure ci hanno attaccati. L'uscere ci accoglie e ci conduce verso la sala in cui sono stata accolta la prima volta in cui ho messo piede su questa terra. Mentre ci dirigiamo verso quello spazio immenso, dove tutti i Funzionari si ritrovano per discutere di faccende importanti, mi sembra di vedere i visi che già conosco, ma è come se fossero invecchiati, nonostante sia passato un solo giorno dalla liberazione delle guerriere delle ombre. Al nostro arrivo, mi rendo conto che siamo attesi da un po', o, forse, si stava parlando proprio di noi. Mentre avanziamo verso il palco, rimango colpita dall'aspetto di Chrel: i suoi capelli stanno diventando grigi, e il suo viso è segnato da piccole rughe che non ho mai visto.

"Salite solo voi, Swaynn Osey di Vegar." Ordina, facendo fermare gli altri.

Esito per un istante, poi obbedisco al suo comando. Quando mi trovo vicina a lei, mi sembra che sia anche meno alta di quando l'ho conosciuta. Vorrei poterle parlare, ma mi precede subito, e il microfono panoramico diffonde a tutti i Funzionari presenti in sala la sua voce decisa:

"Vi abbiamo accolta con benevolenza, poiché sareste diventata la moglie di Athorm Dralt, e vi abbiamo offerto tutto il nostro appoggio e il nostro affetto. Ma voi avete lasciato il vostro futuro marito tre giorni prima delle nozze, dopo che tutto era già stato preparato per sancire il patto della vostra unione."

"Il motivo per cui…"

"Non dovete interrompere chi rappresenta l'autorità!" Mi zittisce Chrel, con astio malcelato. Poi, cercando di ricomporsi, continua a parlare: "Non vi è stata fatta alcuna colpa, poiché Athorm si è prestato come garante a favore vostro. Così abbiamo atteso il vostro ritorno, con fiducia. Ma voi avete protratto la vostra permanenza sull'Isola della Luna per più di quattro mesi e poi avete messo in pericolo non solo la vita del nostro Condottiero, ma anche quella del nostro popolo che si è trovato assediato dalle vostre simili! Esse hanno presidiato le coste e parte delle nostre terre per molti giorni, ma abbiamo sopportato anche questo, poiché ci è stato riferito che stavate per fare ritorno insieme ad Athorm. Ma è avvenuto ciò che non sarebbe mai dovuto accadere: avete usato la Pietra Lunare per soddisfare il vostro egoismo, e ora, non solo Kelk, ma l'intera terra di Kelenda sta patendo per colpa vostra!"

"Perdonatemi se v'interrompo, Chrel, ma non ho agito per me stessa. Quelle ombre avrebbero causato morte e distruzione sulla vostra terra, e non solo loro…"

"Guardateci, Swaynn! Vi abbiamo lasciato il pieno possesso della pietra, poiché questo era ciò che doveva essere fatto, ma non vi abbiamo accordato il permesso di usarla!"

"Non sapevo che mi sarebbe servita a qualcosa, né di questa regola…"

"Di questo incolpiamo Athorm e i suoi compagni, poiché essi sapevano e hanno taciuto. E si sono uniti a voi, come vostri complici. Ma voi avete passato molti anni della vostra vita sull'Isola della Luna! Voi e solo voi! Avreste dovuto sapere quanto quella pietra avesse valore, per noi! Guardateci: stiamo invecchiando rapidamente e potremmo morire da un momento all'altro! Dovete restituirci subito ciò che è in vostro possesso: solo così, le vostre colpe saranno cancellate."

Il tempo è rimasto come sospeso… Così mi aveva detto Athorm, riguardo a Kelenda. E così mi ha confermato Orud, durante la nostra conversazione. E' probabile che la Pietra Lunare abbia sprigionato tutta la sua energia per distruggere le schiere oscure e ora il processo d'invecchiamento ha ripreso il suo corso. Anzi, lo sta accelerando.

"Mi dispiace essere testimone di quello che vi sta accadendo." Mormoro, contrita. "Ma non posso restituirvi ciò che non vi appartiene."

Un brusio scrosciante accompagna le mie parole. Chrel zittisce tutti, con il solo cenno della mano:

"Signori, fate silenzio!" Esclama, mentre tutti i presenti obbediscono al suo comando. Poi si rivolge a me: "In quanto a voi, osate avere la presunzione di sapere che cosa sia giusto o sbagliato in una terra che vi ha trattato come se foste un'ospite di riguardo?"

"Ringrazio mille volte per tutto ciò che ho ricevuto qui." Rispondo, con sincera reverenza. "Ma questo non ha nulla a che fare con il luogo in cui deve tornare la Pietra Lunare. Essa appartiene di diritto all'isola dalla quale provengo e dev'essere restituita."

"Ci condannerete a morte!"

"Tutti moriremo, prima o poi, Chrel. Il punto è capire quanto riusciamo a farcene una ragione."

I suoi occhi sembrano frecce di fuoco che la donna vorrebbe scagliare contro di me. C'è silenzio, molto silenzio. Tutti rimangono in attesa di una parola che possa spezzare questa spasmodica attesa che li sta uccidendo ad ogni minuto che passa. Non voglio guardare nessuno. Credevo di aver portato di nuovo la serenità, su questa terra, ma è evidente che mi sbagliavo.

Chrel cambia di colpo espressione e mi rivolge un sorriso enigmatico, come se stesse per calare il suo asso. E, in effetti, è così:

"Credete di poter avere ancora voce in capitolo, qui, Swaynn." Dice, con la voce piena di rancore e sarcasmo. "Ma mi duole informarvi che non potrete più decidere nulla per voi stessa. Oggi, colui che sarebbe dovuto essere il vostro sposo ha ritirato la sua richiesta di matrimonio. E' così: Athorm Dralt non vi sposerà. Questo fa di voi un'estranea che non potrà più fare parte di Kelenda. Pertanto, con il potere che mi è stato conferito, vi ordino la restituzione di tutti i beni che vi sono stati dati al vostro arrivo."

Solo ora rivolgo uno sguardo ad Athorm, seduto in prima fila. I suoi occhi sono di nuovo impenetrabili. Il suo viso sembra una maschera di pietra. Stento a riconoscere l'uomo che avevo imparato ad amare e che ora mi sembra di non aver mai conosciuto.

"Restituirò tutto ciò che vi appartiene, Chrel, eccetto la Pietra Lunare." Dico ad alta voce, cosicché tutti possano sentirmi.

"Allora non mi sono spiegata." Continua la donna. "Voi non godete più di alcun diritto, qui!"

"Ho compreso perfettamente e non ho intenzione di disobbedirvi. Ma non posso lasciarvi ciò che avete custodito troppo a lungo, poiché è parte della terra da cui provengo, e ad essa deve tornare. E' la promessa che ho fatto a chi rappresenta colei che governa la mia patria e intendo onorarla."

"Voi non potete avanzare pretese! Vi proibisco di mettere in atto i vostri propositi sovversivi!"

"Ora basta, Chrel!" Esclama una voce femminile, nascosta tra gli Alti Funzionari a cui è permesso assistere allo stesso livello in cui parla colei che gode dei più alti privilegi.

"Chi ha parlato?" Chiede la donna, cercando di scrutare tra la folla. Con mia somma sorpresa, Detia avanza verso il palco. Indossa l'uniforme di Funzionario speciale con i colori di Verdrad, e il suo aspetto è più vivo che mai.

"Voi!" Sibila Chrel. "Avete lasciato vostro marito per tornare in quell'isola maledetta e ora pretendete di imporre la vostra voce! E con quale autorità lo fate?"

"Con la mia." Anche Yoser avanza verso il palco. "La Pietra Lunare spetta di diritto a Swaynn Osey di Vegar, la quale è stata l'unica ad essere riuscita a gestire un così grande potere. Giacché la legittima proprietaria è stata riconosciuta come tale, ella gode di ogni diritto. Il popolo di Verdrad ha votato all'unanimità: nessuno appoggerà Kelenda in quest'assurda lotta contro il tempo, poiché esso non può essere fermato."

"Parlate proprio voi! Voi!" Chrel è sempre più fuori di sé. Ma Yoser continua a parlare con molta calma:

"Sì. Proprio io, che ho cercato di domare l'eternità, per poi accorgermi che può diventare una dannazione."

"Vostra moglie è riuscita a plagiarvi, dunque!"

E' Detia, ad intervenire:

"Io devo tutto a Yoser che ha sopportato per anni la mia ingiusta collera. E, invece, egli ha fatto sì che io dimenticassi ciò che era stato chiaro sin dall'inizio: solo la Vergine più forte avrebbe avuto la capacità di distruggere lo scudo che proteggeva la pietra. Così facendo, ella ne avrebbe acquisito la legittima proprietà. Era questo, che volevo comunicare a Swaynn, poiché sapevo che questa Vergine poteva essere solo lei. Ma, contro di me, è iniziata una persecuzione che Yoser mi ha aiutato a dimenticare, cancellando i miei ricordi e ingannandomi con altri: sapeva che, se io l'avessi odiato, non avrei fatto ritorno qui. E ci è riuscito. Ma dopo l'agguato delle guerriere oscure... ho ricordato. In qualità di Funzionario speciale, chiedo che la Pietra Lunare sia ceduta a Swaynn Osery, affinché ella ne faccia ciò che vuole. Non lo chiede solo il popolo di Verdrad, ma tutte le terre ad essa connesse. Siamo pronti a presentare le firme di tutti coloro che sono stati allontanati da Kelenda solo perché volevano vivere una vita seguendone il ciclo naturale. Sono più di quante voi non immaginiate. E, se voi tentaste di fermarle, esse diventeranno ancora più pericolose di qualsiasi nemico contro il quale potreste trovarvi a combattere. Perciò, Chrel, v'invitiamo a ritirare le vostre pretese e a farvi da parte, affinché il tempo ricominci a scorrere come deve, a Kelenda e in tutto il resto del pianeta."

E' tornato il silenzio, in questa immensa struttura. Chrel Dralt sembra boccheggiare: è stata appena firmata la sua condanna a morte. Senza i suoi alleati più importanti, questa terra è destinata a soccombere, in ogni caso. La donna fa appello a tutta la sua dignità per pronunciare parole strozzate:

"Questo è un tradimento... Voi non potete... Non avete alcun diritto..."

"E' vero: noi non abbiamo nessun diritto di pretendere ciò che non ci appartiene." Dice Yoser. "Per questo, siamo pronti ad entrare in guerra contro di voi, se non restituirete la Pietra Lunare a coloro cui è stata usurpata con l'inganno."

Chrel lo guarda, sbiancando in viso. Poi si volge verso di me e, con uno sguardo che va ben oltre la follia, si avventa contro di me, prendendomi per le spalle e scuotendomi violentemente:

"Non vi è bastato portarci via ciò che abbiamo custodito per molti secoli!" Esclama, con voce sempre più roca e stridula. "Ora state innescando una guerra! Ma chi siete? Che cosa volete, da noi? Perché siete venuta qui?"

"Chrel!"

Athorm e i suoi compagni si alzano all'unisono. E' il loro capo, a prendere la parola:

"Chiedo a tutti i Funzionari speciali di concedermi udienza privata riguardo al futuro di Swaynn Osery. Ora."

Chrel lo guarda con gli occhi sgranati, per qualche istante. Poi, qualcosa nello sguardo di lui sembra sortire un effetto e la donna si ricompone:

"Sta bene. Chiedo agli altri Funzionari di uscire dalla Sede e di attendere. Chiedo anche ai custodi di condurre Swaynn fuori da qui e di assicurarsi che non tenti di fuggire finché non sarà presa una decisione."

Immediatamente, coloro che non fanno parte dei Funzionari speciali si alzano e se ne vanno, in perfetto ordine. Io vengo scortata in una stanza poco lontana ma completamente insonorizzata. E' una piccola sala d'attesa dove il rosso scuro è il colore dominante, dalle poltrone, alla moquette, alla tappezzeria. L'unica fonte di luce naturale viene da una finestra posta sul lato opposto della porta d'ingresso, ma non è possibile accedervi, poiché alcuni uomini fidati vi si pongono davanti, così come altri impediscono che io possa uscire o tentare di farlo.

Mi siedo su una di quelle poche poltroncine, sbattendo le palpebre per il fastidio causato dall'improvviso cambio di luce. Qui ci sono piccoli faretti incassati nel soffitto che danno un'atmosfera calda, teoricamente accogliente e famigliare, ma, in realtà, fredda e pesante come il silenzio che mi avvolge. Non immaginavo che sarebbe finita così. Solo poche ore fa tutto sembrava come sempre, e Orud è riuscito anche a spiegarmi molte cose. Athorm sembrava amarmi ancora e nulla lasciava presagire che io dovessi ritrovarmi sotto accusa, ancora una volta. Sono attimi eterni, quelli in cui sono immersa. Attimi in cui chi è qui con me per impedire la mia fuga mi guarda con severità, come se io fossi la criminale più pericolosa nel mondo. Il tempo passa ed io rimango immobile, in silenzio. Mi sento come se stessi aspettando la decisione sulla condanna alla galera o la libertà. Tutto è irreale, insopportabile... Athorm ha persino annullato il matrimonio, e l'ha fatto senza nemmeno consultarmi, in segreto, comportandosi fino alla fine come un bugiardo che mi ha ingannata per portarmi a letto. Avrei dovuto essere più forte, non cedere alle sue lusinghe: tutti sappiamo che cosa comporti il concedersi con eccessiva facilità. Chi ottiene quella parte di noi che cediamo senza alcun indugio, sa che potrà avere altro, in qualsiasi momento, e, per questo, perde interesse nel volerci realmente. Ed io ci sono cascata in pieno, forse perché non ho mai conosciuto un uomo, in vita mia, tranne lui. La solitudine forzata cui sono stata sottoposta sin da quando ero bambina ha pesato sulle mie scelte, influenzando le mie emozioni. Non sono stata capace di gestire me stessa, così come mi era stato insegnato, e ora ne sto pagando le conseguenze.

Il tempo continua a passare, ed io non alzo neppure la testa. Perché dovrei farlo? Per vedere quei volti che si stanno augurando ciò che temo? So perfettamente che, in questo momento, la gente di Kelenda vuole riavere quello che aveva perso, e lo posso capire. Ma, così come ho promesso allo Spettro di fare ciò che mi ha chiesto, allo stesso tempo, in cuor mio, ho dato la mia parola a Saima che la Pietra Lunare sarebbe tornata all'isola, poiché ad essa appartiene.

Passa ancora molto, prima che la porta si spalanchi.

Un messo accompagnato da altri tre custodi fa irruzione nella saletta e, con voce forte, proclama:

"Per ordine di Chrel Dralt e per volere del popolo di Kelenda, Swaynn Osery di Vegar sarà allontanata da questa terra per sempre e condotta a Verdrad. Porterà con sé solo quello che le appartiene e lascerà tutto ciò che ha ricevuto, dal primo giorno in cui ella ha fatto il suo ingresso qui. La sentenza ha effetto immediato ed è incontestabile. Alzatevi, Swaynn: siete già attesa per essere condotta nel luogo che si è offerto di ospitarvi. Se tenterete di fuggire, chi vi scorterà fino all'uscita di Kelenda ha il permesso di uccidervi."

***

Chiusa nella mia stanza, osservo la pioggia cadere copiosamente e rigare il vetro, creando disegni curiosi che guardo ormai da ore. Sono a Verdrad, poiché questa è stata la richiesta di Athorm, alla fine: giacché Yoser e Detia hanno parteggiato contro Kelenda, per causa mia, allora essi si sono resi automaticamente disponibili ad accogliermi nella loro terra traditrice. Ovviamente, senza la Pietra Lunare. L'oggetto del contendere è rimasto in quel luogo che ben presto finirà nel nulla, salvo che la gente di altri luoghi vicini non decida di ripopolare quella terra destinata a desertificarsi. Ma i popoli, ormai, sono venuti a conoscenza di ciò che è accaduto, e ora hanno paura anche solo ad avvicinarsi. Preferiscono prendere il mare, pur di non dover attraversare l'entroterra e magari essere contagiati dagli influssi di questo strano maleficio. In realtà, tutto scorre come deve, giacché la fonte della vita immortale ha smesso di proteggere la terra da cui ha cercato di difendersi, chiudendosi in una teca impenetrabile. Tif miagola lievemente e si struscia contro il mio vestito. Ho dovuto lasciare a Kelenda anche l'abbigliamento fatto su misura per me, insieme a tutti i privilegi che Athorm aveva predisposto a mio favore. Ora indosso l'abito di questa mia nuova patria che vive di tecnologia: alla fine, sono stata costretta ad indossare quella tuta argentata che non avrei mai voluto nemmeno sfiorare, ma così vogliono le usanze. Gli stranieri che vengono da altre terre devono passare un periodo variabile con quest'orrenda tuta addosso, poiché essa rileva eventuali anomali che potrebbero insorgere, in caso, per esempio, di un mio tentativo di fuga.

Accarezzo la mia gatta, distrattamente. E' già passato quasi un mese dalla mia partenza e non ho saputo più nulla, di Athorm, né lui mi ha cercata o è passato a trovarmi. Nonostante sia molto amico di Yoser, colui che l'ha reso praticamente immortale, sembra che la mia presenza sia un ottimo motivo per dimenticarsene. Questa stanza è fredda come appare dall'esterno, piena di tecnologia, immersa nella luce artificiale per gran parte della giornata. Tutto è sempre uguale, monotono, senza anima. Tutto sembra vivere in un mondo ancora più a parte, se paragonato al mio stile di vita sull'Isola delle Vergini. Qui, gli abitanti non amano la vita all'aperto, e passano il loro tempo lavorando o dedicandosi ad attività virtuali che li porta ad estraniarsi sempre di più. I contatti umani sono sporadici, sebbene vi sia rispetto. Il mio arrivo non ha destato scalpore, né ha attratto folle di curiosi. La passività sembra essere la normale condizione di vita di questo popolo che dedica la sua vita allo studio di nuove tecnologie e mezzi di comunicazione. Anche Isay è stato rimandato a Verdrad ma questa decisione è stata presa soprattutto perché sua madre è presente a se stessa, ora, e ricorda ogni cosa del suo tempo trascorso con l'incarico di Funzionario speciale. Anche il suo aspetto è mutato, sin dal momento in cui si è alzata in piedi, presso la Sede Centrale di Kelenda: ora il suo viso è più pieno, il colorito è tornato ad apparire rosato come un tempo, e i suoi lunghi capelli biondi hanno smesso di ingrigirsi. Detia sembra rinata, anche se non abbiamo ancora avuto modo di parlare a tu per tu. Qualunque decisione venga presa, è comunicata in modo ufficiale di fronte ad un piccolo gruppo di Funzionari scelti, dove l'unica cosa che riesco a fare è guardare negli occhi la mia amica e vedendo in lei una persona diversa da quella che era sull'isola. Ora sembra sicura di sé, decisa, forte e determinata. E' tornata con Yoser, e il loro rapporto sembra più vivo che mai. Lo comprendo dagli sguardi che si lanciano, quando i loro occhi s'incontrano, ed io mi chiedo se ciò che avevo provato per Athorm non si fosse trattato di un abbaglio.

Mi guardo intorno, per l'ennesima volta. La mia stanza non è piccola, ma posso solo dormirci e godere di un bagno personale. Il resto della mia vita si svolge presso una piccola biblioteca posta al piano più alto di questo edificio, dove sono conservati ancora gli ultimi esemplari di testi antichi scritti e stampati. Ora, la tecnologia vuole che tutto sia consultabile facilmente, col solo comando vocale dato ad un computer costantemente acceso, giorno e notte, che si autoalimenta con l'energia sprigionata dal suo stesso calore. Il computer gestisce ogni cosa, persino la chiusura delle stanze, in modo automatico. Se si desidera diversamente bisogna cambiare alcune impostazioni, ma io non comprendo quasi nulla di questi mezzi di comunicazione e gestione, né ho voglia di mettermi a studiarne il funzionamento.

Nella piccola biblioteca mi vengono serviti colazione, pranzo e cena, e ho diritto ad alcune pause concordate. Insieme a me c'è sempre qualcuno che mi tiene costantemente d'occhio, per evitare che io possa tentare la fuga o altro. Non servirebbe a nulla sprecare il mio tempo per cercare di far capire loro che non ho più un luogo dove andare e che non desidero fuggire, ma solo trovare un posto che io possa chiamare casa, anche se so che questo potrebbe non essere possibile per molto tempo. Non sto più suonando il Chrein e non ho nemmeno più una ragione per la quale dover cantare. Tutto quello che avevo progettato, tutti i miei sogni e le speranze sembrano essere andati in fumo. Ho cambiato la mia vita più di una volta, e, ogni volta, ho investito tutte le mie aspettative, fidandomi di chi incontravo e condividendo, come mi era stato insegnato a fare. Quando ho tenuto nascosto qualcosa, l'ho fatto unicamente poiché non era sicura della sua buona riuscita. Non ho mai desiderato tenere ciò che sapevo solo per me. Anche quando insegnavo alle giovani allieve dell'Isola delle

Vergini, non mi limitavo a trasferire le nozioni che avevo imparato, ma cercavo di integrarle con l'esperienza, anche quando non era richiesto.

La lingua parlata a Verdrad è molto simile a un dialetto che ho avuto modo di imparare a Kelk, quindi riesco a comprendere chi mi parla senza alcuna difficoltà e a sostenere una conversazione piuttosto lunga. Ogni tanto, qualcuno entra in biblioteca e mi chiede un consiglio su qualche libro che io possa ritenere interessante. In genere si tratta di nostalgici, uomini e donne di qualsiasi età che, forse, nella loro storia, hanno qualche antenato di cui si sono perse le tracce e che, prima, era considerato quasi come un modello da imitare. Nessuno mi ha mai riconosciuta per la Vergine che è riuscita a distruggere lo scudo di cristallo della Pietra Lunare custodita a Kelenda. I miei abiti e i capelli raccolti costantemente in una lunga coda di cavallo mi hanno resa sempre più simile a chi abita questo mondo, e, forse, le poche tracce dell'isola che ancora vivevano dentro di me sono andate perse. Anche oggi mi accingo a raggiungere il posto in cui presto il mio servizio. Subito fuori dalla mia porta c'è sempre qualcuno pronto a scortarmi, come se ancora in me fosse viva l'idea di pensare ad una fuga. Anche quando finisco il mio turno, la scorta è presente. Sono prigioniera più di quanto lo fossi mai stata, in passato. Un senso di apatia e di solitudine mi attanaglia spesso lo stomaco provocandomi forti nausee che non riesco a dominare. Qui non esistono rimedi che possano assomigliare a qualcosa che ho avuto modo di studiare, nel corso dei miei lunghi anni di apprendimento, così mi trovo costretta a sopportare in silenzio, per non chiedere aiuto e lasciarmi fagocitare completamente da questo sistema che mi sta soffocando.

Quando arrivo alla porta della biblioteca, la scorta si assicura che io entri, poi rimane appostata fuori. C'è sempre un uomo che è riconosciuto da tutti come il responsabile a tutti gli effetti di questo piccolo tesoro nascosto in mezzo a tanta tecnologia, un signore di poche parole, anche se disponibile a spiegare ciò che non conosco. E' stato chiaro sin da subito che qualcuno gli ha imposto il divieto di parlarmi, salvo riguardo al lavoro, anche se dai suoi occhi comprendo una sorta di solidarietà che mi riscalda il cuore. Ha baffi grigi che coprono tutti il labbro superiore e sempre un paio di occhialini sul naso. E' un uomo robusto, taciturno, eppure con una gentilezza ed eleganza che traspaiono qualunque cosa faccia. Veste in modo molto semplice, come gli antichi bibliotecari, e sa sempre dove poter trovare un libro di cui tutti pensavano aver perso ogni traccia.

Se fosse stato permesso avere uomini, sull'Isola delle Vergini, lui sarebbe sicuramente stato un degno depositario della cultura presente in quel luogo, dove le tradizioni vengono raccolte e custodite. Mi ritrovo spesso, a guardarlo, durante le mie giornate interminabili. Lui non si accorge di me, preso dalle letture nelle quali s'immerge completamente. Mi chiedo che cosa pensi e che vita faccia, quando torna a casa sua. Sempre ammesso che ce l'abbia. Qui a Verdrad vi sono molti edifici composti solo da ampie camere dotate di quanto necessario per la prima necessità, ma i pasti si svolgono in punti comuni, dove ciascuno non ha che l'imbarazzo della scelta, tra i menu. Non si fanno file, e tutto è ordinato. Basta semplicemente sfiorare un tasto posto su un pannello all'ingresso degli enormi saloni in cui sedersi, indicando il piatto che si desidera mangiare, e questo arriva dopo pochi minuti. Anche qui girano soldi, ed io ho dovuto accettare il lavoro che mi è stato offerto anche per dichiarare di avere un mio guadagno personale. Sono stata dotata di una tessera che attesta il luogo in cui lavoro e i privilegi che mi spettano. Funziona così per tutti, anche se non ho ancora compreso come utilizzare questo tassello che sembra fatto di plastica, ma, in realtà, si tratta di una lega resistente e in grado di trasmettere informazioni di ogni tipo ad antenne speciali poste un po' ovunque. Esse convogliano i dati ad apparecchiature altamente specializzate che catalogano immediatamente tutto ciò che riguarda la persona in questione. Di fatto, Verdrad controlla totalmente chiunque vi abiti.

La mattina trascorre come sempre, e giunge l'ora del pranzo. Non ho fame, così trovo una scusa per rimanere nella biblioteca. Berrò un po' d'acqua e mangerò della frutta più tardi, se ne avrò voglia, ma ora avverto solo il desiderio di rimanere da sola, in quella biblioteca che profuma di casa, una casa che io non ho più. La scorta rimane alle mie calcagna senza mai abbandonarmi, qualsiasi cosa faccia. Così, anche in questo caso, nonostante io mi trovi da sola in quel luogo poco frequentato, non sono libera di poter girare per l'edificio come vorrei poter fare da qualche tempo, e passo la mia pausa leggendo uno dei tanti libri scritti in una lingua che mi è stata insegnata ma che ancora devo scoprire. La mia attenzione, però, oggi è distratta da un vocio appena fuori dalla porta. E' strano sentire parlare, poiché vige la regola del silenzio… eppure è così. Dopo pochi istanti, Yoser Nym fa il suo ingresso, vestito col suo camice da laboratorio che copre la veste di Alto Funzionario. Al suo arrivo, mi alzo in segno di saluto, ma lui fa cenno con la mano di non scomodarmi. Poi prende una sedia e si mette di fronte a me, sul lato opposto della scrivania che mi è stata riservata. In questo mese ho imparato anche ad usare un modello di computer particolarmente avanzato, costituito unicamente da uno schermo trasparente che si accende al solo contatto con le mie dita.

"Non ci si vede da un po', Swaynn." Mi dice Yoser, con la sua voce profonda. "Come state? Vi trovate bene, qui?"

"Non mi manca nulla, come sapete. Eccetto la libertà." Rispondo, con una lieve sfumatura di rabbia nella mia voce. "Dovreste avere capito che mi trovo in una situazione di non ritorno, eppure continuate a mandare soldati che mi stanno col fiato sul collo, senza che io possa fare un passo, se non con loro alle mie spalle."

"E' solo una questione di forma che presto non dovrete più sopportare." Mi risponde, minimizzando la cosa.

"Per volere di chi?" Chiedo, asciutta.

"Non distruggetevi così la vita, Swaynn." Risponde Yoser, con una calma talmente irreale da irritarmi. "Da quando siete giunta a Verdrad sembrate in preda a preoccupazioni che non fanno parte di voi."

"E chi ve l'ha detto? Detia, forse? L'ha detto in un momento in cui si è risvegliato l'interesse nei miei riguardi o solo perché le faccio pena? Dopotutto, le parti si sono invertite: ora è lei, che comanda."

"Siete ingiusta. Valutate senza sapere. Ma posso capire il vostro stato d'animo e non vi biasimo per le vostre parole. Se ci tenete a saperlo, è il vostro responsabile ad aggiornarmi sulle vostre condizioni di salute. Vi vede stanca e pensierosa e non toccate cibo da giorni."

"Il mio lavoro non risente di alcun cambiamento e voi lo sapete bene."

"Infatti, nessuno si è mai lamentato. Siete competente e precisa, e da quando siete arrivata, l'interesse verso la storia dell'essere umano è aumentato. In questa biblioteca non ci metteva più piede nessuno, tant'è che si stava pensando di smantellarla definitivamente. Ora, però, sembra che le cose stiano cambiando e sarebbe un peccato demolire quella parte che potrebbe portare via con sé per sempre qualcosa che si può trovare solo in pochi luoghi nel mondo. E oltre."

"Allora, come ricompensa, potreste far sì che io possa muovermi liberamente, Yoser?"

"Non è possibile, ora. Ma vi prometto che farò del mio meglio per togliervi questo fardello. Vi sta portando via troppe energie. Credo che dobbiate fare una pausa, o la vostra salute ne risentirà."

"E che importa? Mi trovo in un luogo, dove non voglio stare, a fare ciò che non fa parte di me, solo perché da qualunque parte mi avessero offerto una casa, ho ricevuto un ordine di allontanamento! La salute non è di certo al primo posto, tra i miei pensieri. Tra l'altro, attendo ancora gli esiti dei test che voi mi faceste, e che non ho ancora ricevuto. Vi manca ancora tanto tempo, Yoser, o credete di riuscire a comunicarmi notizie a breve?"

Ignorando il mio sarcasmo, l'uomo mi risponde:

"Non c'è mai stata occasione di parlarne privatamente, ma ora siamo qui e posso dirvi ciò che ho visto. Come è successo a Detia, anche voi avete subìto una modificazione genetica. Gli influssi di quell'isola hanno causato questa strana anomalia che non è mai la stessa per nessuna delle abitanti che lasciano il luogo in cui hanno vissuto e imparato per molti anni. Nel vostro caso, Swaynn, mi trovo ancora in alto mare. Il primo motivo è causato dal tempo di cui non dispongo come una volta. Ora ho un figlio, e, non appena torno a casa, voglio dedicarmi a lui. E a mia moglie. L'altro motivo è che, nonostante possa sembrare strano anche a me, le mie apparecchiature non sono in grado di stabilire una mappatura esatta. Non posso nemmeno compararla a quella di altre vergini che sono passate presso il mio laboratorio di ricerca, poiché non ne esiste una simile alla vostra, con cui io possa confrontarla."

"Non avete detto che anche Detia presenta delle caratteristiche genetiche come le mie?"

"No. Ho detto che anche lei ha subìto delle alterazioni, ma mantiene dei tratti distintivi tipici della razza umana."

"Non fatemi sentire come se fossi un'aliena, Yoser. E' già abbastanza difficile dovermi adattare a realtà sempre nuove. Il mio fisico sta subendo uno stress ed io lo avverto."

"Comunicherò a chi vi scorta di portarvi da me, quando avrete finito di lavorare, cosicché io possa eseguire di nuovo i test che ho fatto su di voi quando eravate ferita. I risultati dovrebbero essere diversi, ora. Forse Verdrad non è un luogo adatto a voi."

"Non so più quale luogo sia adatto a me, Yoser. Ogni volta che penso di essermi fermata, scopro di dover ricominciare tutto daccapo. Ma, poiché siete qui, ditemi: avete notizie di Kelenda?"

"Nulla che possa coinvolgervi direttamente, Swaynn, mi dispiace." Si alza, rimettendo a posto la sedia. "Ora devo andare. Ci vediamo più tardi."

Ha tagliato corto per non dover rispondere ad eventuali mie domande su Athorm!, penso, seccata. Mi metto a lavorare di nuovo, anticipando il mio orario. Quando il gestore della biblioteca ritorna, mi rivolge uno sguardo perplesso, ma non dice nulla. Sicuramente si chiede come mai una donna come me dovrebbe desiderare rimanere al lavoro anche durante la pausa che in tanti desiderano e che in pochi possono avere. Non ha senso che io gli spieghi che avere una scorta non mi lascia la libertà di godere appieno dei pochi momenti in cui vorrei poter dedicare il giusto spazio a me stessa. Il pomeriggio trascorre come tutti gli altri, anche se i lettori aumentano ogni giorno di più. Non sono ancora così tanti da riempire le mie giornate, ma c'è sempre qualcuno che fa capolino con la scusa di voler curiosare, e, alla fine, esce con un libro. A volte ho l'impressione che questi popoli così avanzati desiderino tornare ai tempi in cui ogni cosa era tangibile, come se ciò che hanno adesso fosse irreale e decisamente troppo perfetto. L'istinto del predatore che caccia per nutrirsi e si sposta per trovare un luogo in cui vivere è più forte ora di quando l'essere umano è apparso sul pianeta. Anelare a qualcosa, lottare per averla, faticare nelle difficoltà… sembrano essere i sogni più proibiti di questo luogo che non deve chiedere nulla, poiché ha tutto. Tranne la libertà di scelta.

Porto a termine il lavoro della giornata quado è sera, ma le luci artificiali sono accese già da alcune ore. Sono così forti da farmi bruciare gli occhi, e, quando ritorno nella mia stanza, ci vuole molto tempo, prima che essi riescano a riabituarsi all'oscurità. Qui le stelle della notte sono quasi invisibili, a causa della luminosità diffusa per le strade e anche fuori dalle case. Non è quasi mai buio completo, così il ciclo del riposo è difficile per molti. Ho provato a spegnere completamente le luci della mia stanza, alcune notti, ma la luce penetrava comunque dai piccoli oblò posti sui muri. Non sono nemmeno riuscita a scorgere la luna. Mentre sono assorta nei miei pensieri, gli uomini che mi scortano mi conducono presso il laboratorio privato di Yoser, posto ad un piano inferiore. Quando la porta si apre, lui è già lì ad aspettarmi, col suo camice bianco che copre l'abbigliamento informale da Alto Funzionario. Mi siedo su una poltrona piena di pulsanti, luci, schermi, rilevatori sonori che ho già visto poco più di un mese fa, e lascio che lui esegua i test che non richiedono mai più di cinque o dieci minuti al massimo. In quel lasso di tempo, tutto ciò che accade nel mio corpo è rilevato da sensori che mi vengono posti su determinate zone del corpo, e un grosso scanner riproduce l'immagine delle principali funzioni che mi permettono di stare in vita, segnalando ovunque dovesse esserci un'anomalia di rilievo. Questa tecnologia avanzata non emette

187

radiazioni particolarmente pericolose: le scoperte scientifiche hanno permesso di rilevare gran parte delle informazioni tramite l'uso di onde sonore in grado di riprodurre un'immagine esatta del corpo umano visto dall'interno. Si dice che Verdrad sia il centro più all'avanguardia di tutto il pianeta, e che non esistano altri laboratori simili a quelli di Yoser, che si avvale della collaborazione di specialisti importanti ma segretissimi. Lo vedo armeggiare con i risultati che arrivano lentamente, mentre io attendo sulla sedia che, nel frattempo, si è sganciata dall'apparecchiatura che esegue i test. Quando i primi esiti cominciano ad essere chiari, Yoser mi fa un resoconto in tempo reale della situazione:

"La vostra ferita è guarita completamente, Swaynn." Mi dice, con sguardo assorto. "Avete un potere di autoguarigione molto più alto, rispetto agli esseri umani con cui ho avuto a che fare. Ma non solo loro. Altre donne provenienti dalla vostra isola sono vulnerabili quasi più di chi abita questo pianeta. Voi avete un sistema immunitario tre volte più forte di un organismo in grado di debellare qualsiasi virus o infezione."

"Parlate sempre come se noi Vergini fossimo delle aliene." Commento, sarcastica. "Vi ricordo che ne avete sposata una, Yoser."

Lo scienziato sembra non aver ascoltato una sola parola, di quello che gli ho detto. Continua a guardare i dati che arrivano sempre più velocemente, e le immagini proposte da molti piccoli schermi di un enorme computer centrale:

"C'è qualcosa di diverso, rispetto all'ultima situazione complessiva che ho potuto riscontrare in voi." Dice, distrattamente. "Potremmo forse usare la parola… *stress*? Sì, è probabile. I dati m'inducono a pensare che possa essere verosimile. D'altronde basta guardarvi e sapere che tipo di vita state conducendo: molto lavoro, poco svago, alimentazione insufficiente. Anche un fisico come il vostro non è esente da disturbi tipicamente umani."

"Yoser, smettetela di trattarmi come se io fossi diversa!"

Lui mi guarda, di sfuggita:

"Beh, è ciò che siete. E la realtà non cambia. Comunque… non c'è nulla di preoccupante. Il vostro gruppo sanguigno non è verificabile. Nonostante io abbia apportato delle modifiche al sistema, non sono riuscito a trovare un programma sufficientemente adeguato per capire questa stranezza. Siete l'unica, della vostra specie, Swaynn. No, non parlate." Mi blocca subito, non appena vede che sto per replicare. "La vostra attività cerebrale è intensa. Pensate molto, ma state agendo poco. Non è da voi, credo. Tutta questa energia repressa è un veleno, per voi. Vi ho già detto che la scorta è solo un obbligo formale al quale non ho potuto oppormi, o non sarei riuscito a farvi rimanere qui. V'invito a non mollare e a fidarvi delle mie parole: presto sarete libera e potrete esprimervi come meglio credete. Dovete mangiare, perché siete carente di vitamine e proteine. Tuttavia, sembra che queste carenze siano compensate da una fonte di nutrimento che non so spiegarmi. Non avete la capacità di creare oggetti dal nulla, né di materializzare alimenti. E come se il vostro corpo avesse imparato a cibarsi di qualcosa che non si vede, da queste rilevazioni. Il vostro scheletro è come quello di una qualsiasi donna della vostra età, e tutti gli organi sono a posto. Siete sana, Swaynn, e questa è una buona notizia."

Si gira verso di me, appoggiandosi all'apparecchiatura e mi rivolge uno sguardo strano:

"Credo che bisognerà dirglielo."

Lo guardo, senza capire. E' passato da un atteggiamento a un altro, con tanta rapidità da lasciarmi interdetta.

"Dire cosa... a chi?"

"Ad Athorm. Credo che bisognerà dirglielo, anche se, al momento, non so dove si trovi."

Continuo a non capire:

"Yoser, non mi parlate di lui da quando sono giunta a Verdrad." Gli dico, esasperata. "Parlate in modo enigmatico e cambiate argomento come vi pare e piace. Capisco la vostra lingua, ma non capisco voi."

"E' normale. Non pretendo questo. Athorm mi ha solo chiesto di fargli avere notizie di voi, nel caso in cui vi fosse accaduto qualcosa."

"Non credo che possa arrogarsi alcun diritto, giacché non ha mosso un dito, per appoggiarmi. Quindi, di qualunque cosa si tratti, è mio desiderio che lui non sappia nulla di ciò che mi riguarda. Se siete professionale come dicono, dovete promettermi che manterrete il riserbo che vi sto chiedendo."

Yoser alza le spalle:

"Non posso negarvi il segreto che il mio lavoro m'impone, quindi farò come chiedete. Ma credo che ci siano dei casi in cui il medico debba consigliare il proprio paziente, affinché possa riflettere sul da farsi."

"Parlate con me e basta. Non dovete fare altro."

"Come volete, Swaynn. L'importante è che siate sicura delle vostre decisioni, soprattutto ora che non potete più pensare solo a voi stessa."

"Yoser, sappiamo entrambi che un androide non può replicare se stesso."

"No, è vero. Ma un essere umano sì. E' capitato a me, e ora è successo anche ad Athorm. Sempre che non vi siate concessa ad altri uomini, ma, conoscendovi, dubito che lo abbiate fatto."

"Mi state accusando, forse?"

"Affatto. Mi limito ad osservare i fatti. E il fatto, come voi stessa avrete capito, è inequivocabile: siete incinta. Rispetterò le vostre richieste e manterrò il segreto, ma voi dovrete decidere che cosa fare. Con tutte le conseguenze che ne deriveranno."

***

Trascorro notti tormentate, invase da sogni angoscianti che m'impediscono di dormire. Non ne ricordo con esattezza i dettagli: so solo che mi sveglio di colpo, sudata e affannata, e vorrei gridare, ma la voce non esce, mentre l'aria sembra venirmi a mancare, ed io non riesco a trovare ristoro, se non quando è quasi l'alba. Credo che l'aver appreso da Yoser ciò che in cuor mio sapevo già mi abbia colpita più profondamente di quanto potessi immaginare. Athorm è stato il mio primo e unico uomo, e non credevo possibile che lui potesse generare una nuova vita. Pensare che in lui ci fossero parti meccaniche, forse, mi dava l'illusione che tutto fosse a posto e che non avessi nulla da temere. Invece, contrariamente a tutte le previsioni, la sua umanità si è manifestata con forza, quasi come se volesse gridare al mondo la sua esistenza. Perché proprio io, con tutte le donne che aveva frequentato e con cui era stato intimamente? Perché la sua lunga esperienza non l'ha portato ad evitare una gravidanza che non posso permettermi di portare a termine? La mia colpa è stata quella di non essere riuscita a controllare le esigenze del corpo, istinti prettamente materiali e primitivi che non devono far parte di una donna proveniente dall'Isola delle Vergini.

Le mie giornate passano con molta difficoltà. Sono costantemente stanca, e, sebbene la scorta non mi sia più stata imposta, non ho alcuna voglia di uscire dalla stanza in cui mi rifugio quando ho bisogno di isolarmi dalla gente. Mi sento fin troppo vulnerabile, senza il bisogno che la presenza di qualcun altro continui a ricordarmi la mia stupidità.

Anche oggi torno nella mia piccola prigione, dopo aver solo assaggiato qualche boccone di un cibo piuttosto insipido. Mi lavo e mi sdraio nel letto, mentre Tif si accoccola accanto a me, come sempre. Credo che sia l'unica a non rendersi conto di quello che accade. Non c'è quasi nulla che la turbi, e il suo spirito di adattamento è sicuramente migliore del mio. Mi addormento dopo essermi rigirata più volte dentro quelle coperte ruvide. Non so come riescano gli altri abitanti di Verdrad a rilassarsi in un simile giaciglio, soprattutto dopo un'intera giornata immersi nel continuo lavoro mentale e dal tumore delle macchine che regolano la vita di questa terra. Nonostante il mio sonno cominci nel peggiore dei modi, ad un certo punto, avverto una sensazione di calore invadere la mia anima, e una sorta di ninna nanna interiore mi culla, alleggerendo i miei pensieri. Mi lascio coccolare da questa piacevole sensazione che, finalmente, mi rilassa, e dormo profondamente finché una vibrazione strana m'induce ad un risveglio graduale. E' come se ci fosse un alito di vento, nella stanza, nonostante le finestre siano chiuse. Non è una brezza gelida, così mi limito ad aprire gli occhi per cercare di capire da dove arrivi. Scatto come una molla, quando, ai piedi del mio letto, vedo una figura di luce verde, molto simile allo Spettro che mi ha fatto visita per molti anni, ma, dai tratti, sembrerebbe la sagoma di una donna che mi guarda e mi sorride. Un senso di familiarità mi coglie di sorpresa, ed io non so spiegarmi il perché.

"Chi sei?" Chiedo alla donna che sembra sollevarsi dal pavimento, mentre guizzi di raggi di luce verde e fosforescente, escono dal suo corpo etereo.

"Ti siamo tutti vicini… Swaynn…" Anche lei sussurra, ma in un modo diverso, e senza smettere di sorridere. "Gli spiriti degli antenati… tutti noi… ti siamo accanto…"

"Che cosa vuoi da me?" Chiedo, sospettosa.

"Sono qui per ricordarti… la promessa…" Risponde, in un soffio.

Reprimo un gesto di stizza:

"La promessa? Mi vieni a parlare di promesse in un momento come questo?" Esclamo, esasperata. "Voi *spiriti degli antenati* siete informati di quello che mi sta accadendo? O forse no, visto che sei qui a pretendere!"

"Non sono qui per pretendere... Swaynn... ma per ricordare... E conosciamo bene... la tua condizione..."

"Allora saprai che non posso fare nulla! Nulla! Mi hanno bandita da Kelenda e non so come tornare sull'isola! E, anche se ci riuscissi, la mia presenza non sarebbe gradita! Dimmi tu, ora: come speri che io possa darti ciò che mi chiedi? Anche se volessi – e lo vorrei davvero – non potrei!"

La sua voce giunge alle mie orecchie come un soffio di vento caldo:

"C'è sempre... un'alternativa... Swaynn... La tua vita non finisce qui... C'è ancora qualcosa... che devi portare... a compimento..."

"Dimmi come!"

"Difendi... o conquista..."

Sospiro, rassegnata:

"Mi dispiace. Non posso farlo." Mormoro, amaramente.

"Gli spiriti sono con te... Noi crediamo in te... Noi ti conosciamo... da quando sei nata..."

La guardo, incuriosita:

"Eravate con me, quando sono venuta al mondo?"

"Noi... ma soprattutto... io..."

La guardo ancora, con maggiore interesse:

"Che cosa vuoi dire?" Le chiedo, allontanando le coperte. "Tu vivevi, quando mia madre mi ha partorita?"

"Io c'ero... quando tu hai aperto gli occhi... C'ero... quando hai mosso i tuoi primi passi... C'ero... quando ti hanno strappata... a me..."

Un senso di oppressione mi stringe la gola:

"Tu sei... mia madre?" Pronuncio queste parole come se fossero le più sacre al mondo e temessi di violarle.

La figura incorporea sorride e risponde così:

"Sono colei che ti ha potuta stringere tra le braccia... per pochi anni..."

Un senso di commozione sale fino al mio cuore. Mi alzo dal letto, camminando verso di lei, con la mano tesa:

"Mamma..." Mormoro, incredula. Anche lei tende la sua mano la cui luce guizza come le fiamme nel camino della mia casa, quando ancora vivevo nell'Isola delle Vergini. Ma la materia impalpabile di cui essa è fatta m'impedisce di sfiorarne la consistenza, e la mia mano si trova a stringere un raggio sottile che si dissolve all'istante. La guardo in quelli che dovrebbero essere i suoi occhi ma che sono solo contorni luminosi, un po' tristi: "Che cosa ti è successo?" Le chiedo, rapita da quella visione. "Che cosa ne è stato, di Vegar, quando sono stata portata via da te?"

"Non è importante... Swayn... poiché ogni giorno la vita... ricomincia il suo ciclo..."

"Ma tu non hai trovato pace? Perché sei insieme agli Spettri?"

"Noi non siamo... spettri... e tu lo sai... Siamo gli spiriti degli antenati... le voci di coloro che chiedono... un riscatto... E tu sei stata scelta... per portare a termine la tua missione... Non sei sola... Swayn... Non lo sei mai stata..."

"Invece sì. Sono sola da quando ho memoria. Sono sola anche ora, che aspetto un figlio e che non so che cosa devo fare. E sono sola anche quando mi parli della promessa, perché non c'è nessuno, al mio fianco, che mi possa aiutare a mantenerla."

La sua mano trasparente sembra scivolare sul mio viso:

"Non è ancora finita... Swaynn... Devi continuare... a sperare... Presto arriverà un segno... Presto... Così, preparati..."

"Come posso comprendere? Io ho tanto bisogno di te, ora... Non ricordo il tuo volto, e non riesco a distinguerlo, con tutta questa luce. Sono stanca, mamma..."

"Swaynn..." La mano scivola ancora su di me, e un tepore caldo entra nel mio cuore. "Dalle piccole cose... nascono grandi cose... Apri gli occhi... Ritrova chi sei... Riporta la vita... sulla terra dei tuoi antenati..."

La guardo, speranzosa:

"L'Isola delle Vergini ha qualche attinenza con Vegar?" Le chiedo con l'entusiasmo di una bambina. "Posso trovare le origini del luogo che mi ha dato la vita, laggiù? Ma nessun libro ne ha mai parlato, e Athorm... ma che senso ha, parlare ancora di lui? Non ha fatto nulla, per aiutarmi. E non sta facendo nulla neanche adesso..."

La figura femminile sorride dolcemente, come se volesse abbracciarmi, ma, al tempo stesso, come se fosse consapevole di non poter fare di più di ciò che riesce:

"Tu l'hai cercato... Swaynn? L'orgoglio... può innalzare molti muri... Ma ne vale la pena...? Tu sai... conosci i suoi piani...? Questa tua solitudine... è davvero causata da altri... o da te stessa...? Consolida il legame... Swaynn... Non perderlo... Non allontanarlo... solo perché non sai... Puoi essere felice... o immensamente triste... e solo tu puoi decidere... che cosa fare..."

"Così... Non sei qui a pretendere? Non sei qui a rivendicare ciò che ho promesso e che non ho mantenuto?"

"Sono qui... solo per ricordare... ciò che sei in grado di portare a termine... Sono qui... per dirti che tutti noi... crediamo in te... E sono qui... per dirti... che non ti ho mai abbandonata..." La vedo dissolversi lentamente, e il suo sussurro diventa sempre più lontano. "E non ti abbandonerò... mai..."

Una scia leggera di luce verde sembra scivolare nell'aria, quasi danzando, e, dopo aver avvolto Tif che dorme beata ai piedi del mio letto, entra con dolcezza nelle sue narici. La gatta sbadiglia e apre gli occhietti, come se qualcuno la stesse svegliando da un sonno profondo. Poi, vedendo il mio sguardo stupito, sbadiglia stiracchiando le zampette anteriori e mi saluta con molte fusa. Mi avvicino a lei, accarezzandola: mia madre è stata accanto a me per tutto questo tempo, ed io non me ne sono mai accorta. Ma come avrei potuto capire che in

Tif sopravviveva lo spirito di chi mi aveva cresciuta e amata, anche se solo per poco tempo?

E' l'alba, ed io sono ancora seduta ai piedi del mio letto, vicina alla mia gatta che dorme placidamente, acciambellata tra le coperte. Dalla finestra che dà su un paesaggio che sull'Isola vedevamo come avveniristico, scorgo i primi raggi del sole pallido, tipico di questa terra e attendo che la luce diventi più intensa, prima di lavarmi e prepararmi per andare al lavoro.

Quando esco dalla mia stanza, il mio umore non è così grigio come lo è stato per tanto tempo. L'incontro di questa notte mi ha lasciato un senso di pace nell'anima che riesce ad attenuare i pensieri cupi che mi hanno privata delle forze. Solo ora riesco ad apprezzare di potermi muovere liberamente, senza più avere l'ansia della scorta mandata probabilmente da Kelenda. Così, lentamente, mi avvio verso la biblioteca, guardando le persone negli occhi, forse per la prima volta da quando sono qui. Mi accorgo che i loro sguardi non si abbassano, come se anch'esse cercassero un contatto, ma fossero incapaci di compiere il primo passo. E sorrido, nel vedere il volto di chi vorrebbe farlo, ma si sente in imbarazzo, forse per timore di sembrare ridicolo.

Anche il gestore della biblioteca mi guarda sorpreso. Dopo circa due mesi di ombra, ora la mia mente comincia a trovare quella luce che temevo di aver perso. E la mattina sembra trascorrere velocemente, mentre nuovi lettori si affacciano alla porta automatica che annuncia l'arrivo dei visitatori.

Mentre cerco di rendermi utile, la mia mente continua ad elaborare quello che lo spirito di colei che è stata mia madre per poco tempo mi ha detto. Solo ora mi rendo conto che avrei voluto poter domandare molte cose al padre del bambino che sto aspettando, ma non ho mai avuto abbastanza coraggio da volerlo fare. Mi sono crogiolata nell'idea che egli mi avesse allontanata per tornare alla sua condizione di libertà, ma non ho mai cercato di approfondire davvero le motivazioni che l'avevano indotto a farlo. Credevo che la cosa non avesse importanza, invece mi accorgo di aver solo soffocato un desiderio che avrei voluto appagare ma che mi sembrava impossibile poter esprimere.

Quando arriva l'ora del pranzo, anziché rimanere chiusa nella stanza piena di libri, decido di recarmi presso il laboratorio di Yoser. So che a quest'ora i suoi impegni sono meno pressanti, così spero di potergli parlare per pochi minuti. Quando giungo di fronte alla sua porta, una voce metallica annuncia:

"Swaynn Osery."

Dopo qualche istante, la porta si apre ed io posso entrare. La stessa voce si rivolge a me, ora:

"Swaynn Osery è attesa presso la prima porta a destra."

Mi dirigo verso il luogo che mi è stato indicato e, come sempre, tutto avviene in modo automatico. Mi trovo di fronte ad un corridoio simile a quello degli ospedali molto antichi, ma con faretti che s'illuminano ad ogni mio passo e che mi guidano verso l'ennesima porta. Anche questa si apre al mio arrivo, e giungo presso un enorme laboratorio, pieno di macchinari, tavoli su cui sono poggiati oggetti di cui non conosco la provenienza, ma anche di contenitori pieni di un liquido conservante, dove sono poste parti del corpo umano: occhi, mani, cervello, uteri, cuori… fino ad arrivare a contenitori più grandi, dove ci sono sistemi nervosi completi di cervelli, cervelletti ed occhi, braccia o gambe, tronchi con polmoni e cuore in trasparenza, e teste.

Dovrei esserne impressionata, eppure non avverto nessuna emozione. Non provo neppure un senso di nausea, nonostante si sia detto che nessuno riesca a sopportare la vista di quei reperti per più di un minuto, senza svenire o vomitare.

La mia attenzione è attratta da un cuore di notevoli dimensioni che pompa nel liquido in cui è immerso. E' segnato in molti punti e il sangue non passa, poiché vi sono solo i fori dei vasi sanguigni, ma mancano arterie e vene. Mi chiedo come quel cuore possa ancora pulsare, nonostante non sia più nella cassa toracica di un essere umano.

Un rumore desta la mia attenzione: da una piccola porta posta poco lontano è uscito Yoser, e l'uomo si dirige verso di me, chiedendomi:

"Bello, vero?" Poi si mette anche lui ad ammirare quell'organo particolare. "E' un cuore molto antico." Mi spiega, compiaciuto. "Forse è il più antico tra quelli che ho nel mio laboratorio. La persona cui apparteneva, sicuramente avrà dovuto sopportare un peso notevole… Non riesco ad immaginare di poter avere un cuore così. Non ricordo nemmeno più quale sensazione si provi."

"Il vostro non batte, Yoser?" Gli chiedo.

"Batte, sì, ma il rumore di un cuore artificiale non potrà eguagliare quello di un organo intatto."

"Eppure avete fatto un ottimo lavoro, su Athorm." Osservo. "Quando l'avete… *curato* in seguito al colpo che Ahona gli ha inferto, la sensazione era davvero di sentire un battito come quello di un normale essere umano."

"Notevole, sì. L'avete sentito, quindi?"

"Quando abbiamo lasciato il vostro laboratorio…"

"Oh… Capisco." Lo vedo reprimere un sorriso di soddisfazione.

"Non siate malizioso." Gli dico, con un tono di lieve rimprovero. "Non avevo mai conosciuto un androide, in vita mia."

"Ma conoscevate Athorm."

"Inizialmente, solo per la fama che portava con sé. E vi ricordo che anche vostra moglie non aveva negato che ci fosse una sorta di *fascino sinistro*, in lui. A tal proposito, ditemi: come sta, Detia? Non la vedo da tempo…"

"Lei sta bene, ma è molto impegnata con il suo lavoro e con Isay. Anche lui cresce bene, e comincia ad interessarsi a tutto ciò che fa parte della ricerca."

"Avrà preso da voi, Yoser. Poiché siete il suo padre biologico, non è vero?"

"Comprendo la curiosità della vostra domanda, Swaynn. Sì, sono suo padre, e Detia non ha subìto un'inseminazione artificiale. Come avete potuto costatare di persona, qui ci sono parti del corpo umano che io *sostituisco* con altre parti meccaniche. Ma, in un certo senso, mi diverte mantenere ciò che ho tolto, con l'idea di poterla restituire al legittimo proprietario, ove fosse possibile. Alcuni dei miei pazienti sono venuti a mancare da molti anni, ormai, così, i pezzi dei loro corpi rimangono qui, in attesa di essere innestati su pazienti privi di occhi, di arti, di organi, ma anche pezzi di scheletro. Devo dire, però, che l'interesse verso tutto ciò che è cibernetico, ultimamente, diventa sempre più forte. Ormai, la richiesta di poter utilizzare organi artificiali è all'ordine del giorno. Molte persone giungono fino a Verdrad, solo per conoscere qualcosa di più sul mio lavoro. Tutti sono alla ricerca di una sola cosa: l'immortalità."

"E voi credete che sia giusto, Yoser? Non sarebbe più corretto che la vita si concludesse in modo naturale, senza intervenire per allungarla più del necessario? Qualora vi dovesse accedere qualcosa, chi porterà avanti la vostra ricerca?"

"Una squadra di scienziati scelti da ogni parte del pianeta è a conoscenza delle mie metodiche. Sono solo cinque, e tutti hanno siglato un accordo di segretezza che li vincola in prima persona: si sono sottoposti all'inserzione volontaria di un microchip posto alla base del cranio, che ha lo scopo di monitorare ciò che dicono. Qualora dovessero mai cercare di svelare i miei segreti, dal microchip partirebbe una forte scossa elettrica che cancellerebbe i loro ricordi. In pratica, rimarrebbero consapevoli, vivi, lucidi, ma perderebbero tutte le nozioni che hanno appreso nel corso dei loro studi."

"Siete crudele."

"Sono solo prudente. Certe scoperte potrebbero essere pericolose, se date in mano a qualcuno che volesse usarle nel modo sbagliato."

Lo fisso, quasi severamente:

"Credete di poter essere onnipotente?" Gli chiedo, infastidita dal suo modo di fare quasi asettico nei confronti delle persone. "Siete pur sempre un essere umano, Yoser e, prima o poi, morirete anche voi. Non potrete più esercitare alcun controllo su nessuno."

Mi risponde con voce assente, come se la cosa non lo toccasse affatto:

"Gli esseri umani cercano continuamente un riscatto per qualsiasi azione compiuta. Non ho mai cercato nessuno che si sottoponesse ai miei esperimenti per mia costrizione. Ho testato su me stesso tutto ciò che ho appreso nel corso dei miei studi, e mi sono limitato ad utilizzare animali che non avevano più alcuna speranza di sopravvivenza. Il resto è arrivato da sé. Se vi trovaste di fronte alla persona che voi amate e che sta per morire, solo perché il suo cuore non funziona come dovrebbe… che cosa fareste? I donatori non esistono più da molti secoli e riuscire a trovare un organo in buone condizioni è un'impresa ardua. Così, ditemi: se doveste prendere una decisione e non ci fosse più tempo da perdere, lascereste morire chi vi è accanto?"

Osservo il cuore grande che mi ha colpita sin da subito, in silenzio. Non ho una risposta esauriente, alla sua domanda. Ho visto morire molte persone, nella mia vita, e altre le ho perse, senza sapere come. Sono abituata ai distacchi, agli abbandoni, alla solitudine. Sull'Isola delle Vergini ci hanno parlato molte volte del ciclo della vita e noi tutte l'abbiamo sempre accettato, come una conseguenza naturale del poter esistere. Non ho mai avuto paura di morire, perché ad ogni morte corrisponde una rinascita, e tutto si ripete all'infinito. Ma, ora che sono incinta, sebbene io non sia ancora sicura sul da farsi, so che se dovessi tenere il bambino mi preoccuperei affinché la mia presenza possa essere accanto a lui il più possibile. Non so se anch'io mi sottoporrei a questa sperimentazione, ed è per questo che preferisco non rispondere.

Mi giro verso di lui e gli dico:

"Vorrei poter parlare con Athorm. Vi chiedo la cortesia di mettervi in contatto con lui, se potete, Yoser."

L'uomo non tradisce alcuna emozione. Apparentemente. In realtà, mi sembra di vedere una piccola luce accendersi in quegli occhi perennemente assorti in pensieri lontani:

"Perché lo chiedete a me, Swaynn? Se sapessi dove si trova, ve lo avrei già comunicato."

"Ma se lui vi avesse chiesto di tacere, lo avreste fatto." Replico. "Credo che voi possiate esaudire la mia richiesta. Se Athorm dovesse rifiutarsi, allora, prenderò una decisione da sola. Ma vi ricordo che voi stesso mi avete consigliato di parlare con lui, e voi non dite mai nulla, se non sapete di che cosa state parlando. Volete tentare, Yoser? In nome dell'amicizia profonda che vi lega a vostra moglie."

Mi guarda, pensieroso. Credo che il suo cervello stia valutando una serie di pro e di contro, oppure, più semplicemente, ciò che vorrebbe fare lui potrebbe stridere contro quello che lo stesso Athorm gli ha chiesto di fare o di non fare.

Alla fine, mi risponde così:

"Mi mettete in difficoltà. Se fate leva sui sentimenti di Detia nei vostri confronti, non posso non tenere conto che mia moglie voglia il vostro bene e che desideri vedervi felice. Di contro, sarei io, a fare un torto ad un amico che mi ha chiesto discrezione."

"Siete stato voi a dirmi che avrei dovuto parlargli."

"Lo so... Forse non avrei dovuto. In altre occasioni mi rifiuterei di aiutare una persona che mi chiede ciò che mi state chiedendo voi, ma, nel vostro caso, farò un'eccezione. Tenterò di contattare Athorm, e cercherò di convincerlo ad incontrarvi. Ma non vi posso garantire nulla, Swaynn."

"Mi basta questo, Yoser. Fatemi solo sapere quale sarà la sua decisione. Non vi chiedo altro."

"E sia." Poi, come se possedesse un orologio interiore, aggiunge: "La vostra pausa è finita. Dovete tornare al vostro lavoro."

Annuisco lievemente:

"Vi ringrazio." Gli dico. "Resterò in attesa." Prima di andarmene, mi volto verso il cuore che continua a pompare come se battesse davvero all'interno di un corpo umano, e non posso fare a meno di commentare ciò che vedo: "Ho l'impressione che dobbiate prendervi cura di questo gioiello, Yoser. Già solo il fatto che continui a vivere lo rende degno di una vostra ricerca più approfondita."

Vedo Yoser accennare un sorriso, cosa piuttosto rara per lui, e mi risponde così:

"E' ciò che sto facendo. Ma apprezzo che siate proprio voi, a chiedermelo, poiché quello è il cuore di un essere umano a voi caro: è il cuore di Athorm."

**

Tutto scorre come sempre, in questa terra affamata di tecnologia. Le mie giornate sono scandite da un ritmo molto simile a quello che avevo sull'Isola delle Vergini: ci sono regole su regole, ma chi non le osserva non viene punito subito, poiché l'imprevisto è contemplato. Tuttavia, non sono ammessi più di tre imprevisti in un mese, e, con questo termine, ci si riferisce anche a soli dieci minuti di ritardo ingiustificati. Quando si raggiunge la soglia massima, vengono scalati dei punti che ogni lavoratore conquista dal momento in cui inizia una nuova attività. Se si arriva a zero, il licenziamento è automatico. Non si è più reintegrati nello stesso posto di lavoro, e non è detto che si riesca a trovare subito un'alternativa. Per questo, è importante che tutte le comunicazioni siano tempestive. Le uniche eccezioni sono rappresentate da malattie improvvise e di comprovata serietà, oppure incidenti che, tuttavia, sono assai rari, se non quasi assenti: i mezzi di traporto si muovono automaticamente una volta impostata la rotta. I computer che li guidano rilevano ogni minimo movimento sospetto e persino altre vetture in lontananza, poiché la velocità con la quale ci si sposta è davvero impressionante. Kelenda, in confronto, poteva essere paragonata ad una società antica. Credo che non riuscirò mai ad abituarmi, a questa fretta, poiché non fa parte di me. Seppure io sia sempre diligente e puntuale, tutto ciò che faccio mi costa parecchia energia, e di sera arrivo sempre più stanca. Se prima non riuscivo a prendere sonno con facilità, ora mi sembra di addormentarmi letteralmente in piedi.

Ogni notte spero che lo spirito di mia madre torni a trovarmi, ma non accade mai. Così, mi limito ad accarezzare Tif, come se la sua presenza fosse già rilevante. Non credo di essermi sentita mai così vulnerabile come adesso, e la causa principale è sicuramente questa gravidanza inattesa. Nonostante le nausee siano sopportabili, le mie emozioni stanno diventando sempre più ingestibili. Riuscire ad usare la forza della mente non è così facile, poiché è come se il feto richiedesse continuo nutrimento, anche spirituale e psicologico. La sua capacità di risucchiare le energie è simile a quella di Isay quando era stato attaccato dalle Larve. Il problema è che io porto dentro di me questa sorta di piccolo vampiro energetico, e ogni sua vibrazione contrasta nettamente con le mie.

Mi sono spesso nella condizione mentale di pensare ad un'interruzione di questo stato che non so gestire, ma, almeno ultimamente, ho cercato di aspettare una risposta di Athorm, prima di prendere una decisione definitiva. Tuttavia sono passate già due settimane da quando ho chiesto a Yoser di mettersi in contatto con lui, e tutto continua a rimanere così com'è: immobile, silenzioso, monotono. Non tocco quasi più nemmeno il Chrein, e ho lasciato perdere anche la mia meditazione quotidiana. Qui si osserva una religione che riunisce in sé tutte quelle osservate dai popoli sin dalla loro comparsa sul pianeta. Solo pochi ceppi si distinguono dalla massa, e sono gli stessi che la storia ha riportato per molti secoli. Tre di questi sono molto simili, e parlano di un unico Dio, anche se ci sono delle differenze sostanziali in molte parti delle leggi osservate. Un tempo esse avevano combattuto tra di loro; ora, convivono pacificamente nello stesso luogo, e questa è stata una delle più grandi conquiste dell'umanità. Le altre religioni si sono fuse tra di loro, diventando un unico credo panteista che in molti continuano a seguire. Le funzioni religiose si svolgono in orari prestabiliti secondo quale fede sia professata, ma non esistono più figure carismatiche come esistevano molti secoli fa. Tuttavia, ci sono sempre delle piccole guide locali che si sono staccate dai pulpiti e si sono mescolate tra la gente, e sono uomini e donne, senza alcuna distinzione. I voti di povertà e castità che un tempo erano imposti come obbligatori, ora non hanno più valore, poiché viene guardato il rigore morale di chi viene visto come un punto di riferimento. Questo fatto, se da un lato ha permesso a molta gente di riavvicinarsi ad una fede, dall'altro, l'ha resa anche fin troppo umana e in molti continuano a sottovalutare il vero significato della spiritualità che va oltre le orazioni recitate mnemonicamente.

In questa rinnovata scoperta, io non so dove collocarmi. Non ho ricevuto nessun tipo d'informazione, al riguardo, quando vivevo sull'isola, se non accenni prettamente storici legati alle tradizioni dei vari popoli. Nessuno mi ha mai spiegato che cosa fosse una preghiera, né il suo valore più intimo. Le Signore delle Tre Terre non erano guardate come idoli, ma solo come guide esperte in ciò che insegnavano nella zona dell'isola di cui mantenevano il controllo. Sebbene noi bambine avvertissimo un istinto innato verso ciò che non poteva essere spiegato con la logica, nessuno ci ha mai insegnato a coltivare questa spiritualità infantile, convogliandola in un credo religioso. Col senno di poi, credo che, dopotutto, non sia stata una scelta sbagliata: tutto dipendeva dal nostro destino futuro, e solo allora avremmo ricevuto l'educazione che richiedeva la terra presso la quale avremmo vissuto. Essendo io l'unica Vergine cui nessuno era riuscito a dare una collocazione, tutto questo è rimasto sospeso, forse in attesa di una risposta che tardava a venire. E ora che mi trovo a contatto con queste nuove realtà, sono più confusa che mai.

Mentre mi accingo a prepararmi per recarmi presso la biblioteca, mi accorgo che sta lampeggiando il segnale che m'indica la presenza di visitatori.

"Identificare, prego." Comando al computer, come mi è stato insegnato. Sento il classico ronzio dello scanner che controlla le iridi e le impronte digitali, poi, una voce metallica annuncia:

"Impossibile procedere alla rilevazione. Identità sconosciuta."

La tecnologia ha grandi pregi ma altrettanti difetti. Basta un piccolo particolare per renderla inutilizzabile o fallibile.

"Apertura." Comando ancora, sapendo già che cosa mi verrà risposto. E, infatti, il computer replica così:

"Operazione sconsigliata. Si rileva la presenza di armi."

"Procedura manuale." Replico. Questo significa che disattiverò il sistema di sicurezza e procederò con l'apertura della porta usando la rilevazione delle mie iridi. La scelta comporta l'assunzione di responsabilità da parte di chi elimina la protezione elettromagnetica di poter incorrere a rischi non calcolati, e richiede la velocità di una controreazione, in caso di pericolo.

"Operazione sconsigliata." Ripete la voce metallica. E, da qui in poi, parte una lista di possibili situazioni dannose cui andrei incontro, se ignorassi l'avvertimento. Non è possibile comandare lo stop dell'elenco, quindi sono costretta ad attendere che il computer finisca ciò che è stato preimpostato e che mi chieda: "Si procede ugualmente?"

"Procedere." Esclamo con voce chiara. Un'altra lunga lista di assunzioni di responsabilità scagiona i creatori dello scudo per qualsiasi cosa possa accadere, soprattutto nel male. Alla fine, la domanda viene ripetuta:

"Procedere ugualmente?"

"Procedere." Ripeto, sedendomi su una delle due sedie imbottite poste intorno al tavolo rotondo dove alcuni libri che sto leggendo giacciono sparsi, senza un criterio logico.

"Disattivazione in corso."

Non c'è bisogno che io mi alzi. Una sorta di *occhio* posto sopra la porta cerca nella stanza i dati che servono. Il raggio trova le mie iridi in una frazione di secondo, e il ronzio che avverto mi fa comprendere che posso comandare l'apertura della porta, chiunque sia dall'altra parte.

"Disattivazione effettuata. Si desidera procedere con l'operazione manuale?"

"Procedere." Comando ad alta voce.

Finalmente, la porta si apre. Mi alzo in piedi non appena Athorm si affaccia all'ingresso. E' vestito come quando viaggia per i mari, con i suoi abiti scuri e il suo mantello color antracite. Alla cintura è saldamente montata la sua spada, insieme ad altre armi che non ho mai visto. Lo vedo entrare con passo sicuro ma lento, e, con voce tremante, impartisco l'ultimo comando al computer:

"Chiusura. Ripristino dello scudo."

"Chiusura effettuata. Scudo ripristinato."

Athorm è in piedi, di fronte a me. Il suo sguardo non tradisce emozioni, ma mi sembra più stanco.

"Ho saputo che volevi parlarmi, Swaynn." Mi dice, senza indugi. "Yoser mi ha comunicato la tua richiesta. Vedo che ti sei integrata perfettamente, qui. Sembri una delle donne di Verdrad, ormai."

"Non mi è stata data un'alternativa." Rispondo, amaramente. "Una comunicazione fredda e netta mi ha inchiodata al mio destino. Suppongo che l'idea sia stata tua."

"E' così."

Abbasso lo sguardo, continuando a sorridere con amarezza:

"Fino a qual punto ti sei spinto, pur di non vedermi più…" Mormoro, come se avessi la sensazione che un pugnale affilato mi stesse lacerando l'anima. Poi, lo guardo di nuovo negli occhi. "Perché, Athorm?" Gli chiedo. "Che cosa ti ho fatto?"

"La Pietra Lunare rappresentava la fonte di vita per Kelenda." Risponde piano. "Il tuo rifiuto significava condannare a morte migliaia e migliaia di persone."

"Non potevo saperlo a priori." Replico. "Nessuno mi aveva informata di questa eventualità."

"Avresti potuto supporla. E' questo che non ti è stato perdonato."

"La pietra... appartiene all'Isola delle Vergini..."

La sua risposta mi lascia interdetta:

"Lo so."

Lo guardo, senza capire:

"Se lo sapevi... perché non mi hai impedito di usarla contro le Vergini oscure?"

"Ho solamente calcolato i rischi. Isay non si sarebbe fidato di te, avrebbe attirato le guerriere nella mia terra e questa sarebbe stata distrutta. Ho scelto il male minore. Sapevo che saresti andata incontro ad una punizione, e ho scelto per te quella che avresti saputo fronteggiare."

"Il male minore..." Mormoro, con sarcasmo. "Non sai neppure come io abbia vissuto, qui. Yoser ti ha raccontato qualcosa o sei all'oscuro di tutto? Immagino che non t'importi granché, ad ogni modo, giacché nemmeno lui sapeva nulla riguardo a dove tu fossi e che cosa stessi facendo."

"Non ho chiesto nulla a Yoser, per non lasciarmi influenzare dalle emozioni. Dovevo dedicarmi ad altro."

"Ad altro... qualcosa di decisamente più importante della donna che dicevi di amare..."

Mi rivolge uno sguardo velato di tristezza:

"Ho vissuto la fine della mia terra, Swaynn. Ho visto morire la sua gente, giorno dopo giorno, senza poter fare nulla. Ho stretto tra le mie braccia Chrel, mentre esalava il suo ultimo respiro. Sapevo che mia sorella non poteva essere immortale, perché con il tuo arrivo le cose avevano cominciato a cambiare, dapprima impercettibilmente, poi, dopo la sconfitta delle Vergini oscure, così rapidamente da non lasciare spazio ad alcuna emozione. I sopravvissuti si sono dovuti occupare dei cadaveri che si potevano trovare ovunque. Molti degli abitanti si sono ridotti in polvere prima che potessimo trovare loro una sepoltura adatta. Anche alcuni membri del mio equipaggio sono morti, poiché erano stati avvolti dagli influssi di quella terra che ora è solo l'ombra di se stessa. In tutto questo, io sono invecchiato di un solo giorno. Ed è così ogni volta, perché l'immortalità è una condanna che può essere più spietata dell'inferno..." Come se un peso gravasse sulle sue spalle, si siede su una delle sedie poste attorno al mio tavolo rotondo. Incrocia le mani per un lungo istante, mentre i suoi occhi sembrano seguire pensieri lontani che gli stravolgono l'anima. Poi riprende a parlare, e nella sua voce avverto una sofferenza che non ho mai sentito prima:

"Credevo che anch'io avrei seguito la stessa sorte degli abitanti di Kelenda. Credevo che sarei morto insieme a loro. Invece sono ancora qui... e non so nemmeno io per quale motivo..."

Vederlo così mi rattrista. E' evidente che le sue prove sono state molto più dure delle mie, e solo ora comincio a capire.

Mi siedo accanto a lui, ponendogli una mano sulla spalla:

"Mi dispiace per tua sorella." Gli dico, sinceramente. "So che non mi sopportava e credevo che tra di voi non ci fosse un buon rapporto. Ma mi sbagliavo."

Athorm mi guarda:

"Chrel mal sopportava di dover sottostare agli influssi di un oggetto di cui non conosceva nulla, se non il fatto di non poterne disporre come meglio credeva. E detestava sapere che, in ogni caso, il mio destino sarebbe stato per sempre diverso dal suo. Non ti odiava, così come non odiava me. Detestava l'ingiustizia di una vita che non poteva controllare e che, al tempo stesso, la stava controllando. Si può pensare che fosse lei, a decidere della sorte di tutti… ma non era così. Alla fine era così ossessionata dalla Pietra Lunare da non riuscire nemmeno più a vivere come un normale essere umano. E' stato così fino alla fine. Solo allora, finalmente, mi ha riconosciuto. E quando è successo, ha esalato il suo ultimo respiro."

Gli accarezzo il braccio, condividendo il suo dolore:

"Non posso comprendere appieno ciò che provi, perché la mia vita ha seguito un corso molto diverso dal tuo." Gli dico, cercando di non aprire le sue ferite. "Ma la stessa vita toglie e dà in un modo che non potremmo mai aspettarci. E' per questo che ho chiesto a Yoser di poter parlare con te. Non so se quello che sto per dirti sarà una benedizione o l'ennesima condanna, ma, nonostante all'inizio pensassi il contrario, ho compreso solo dopo molte riflessioni che fosse giusto renderti partecipe di un fatto che non avrei mai immaginato potesse accadere."

Athorm sospira e abbassa le mani:

"Sono qui, ora, Swaynn." Mi dice, quasi sottovoce. "Dimmi ciò che devi."

"Non è facile parlartene, dopo ciò che mi hai raccontato." Mormoro, esitante. "Ma credo che l'unico modo è essere sincera e diretta. Sono incinta, Athorm. Il bambino è tuo. Non ho avuto nessun altro uomo, se non te. Yoser ha ripetuto il test diverse volte, prima di esserne certo, ma il risultato non è mai cambiato. Aspetto un figlio da te, da tre mesi, ormai."

Il suo sguardo muta molte volte mentre gli parlo senza quasi prendere fiato. Non riesco a capire che cosa provi, perché le emozioni che scorgo sono così tante e mutevoli da rendermi impossibile comprendere. Non so che cosa pensi, né come reagirà. Così, attendo in silenzio, mentre lui continua a guardarmi, senza pronunciare una sola parola. Solo dopo un lungo istante, finalmente, il silenzio viene spezzato:

"E' la verità, Swaynn?" Mi chiede, come se temesse di sentirsi disilludere da un momento all'altro.

"Se non credi a me, chiedilo a Yoser." Gli rispondo. "Avrebbe voluto che io te lo dicessi già un mese fa, ma ho aspettato per capire che cosa fosse giusto fare. Io non so che cosa significhi essere madre e quando ho scoperto di essere incinta mi sono chiesta se fossi stata in grado di portare avanti una gravidanza da sola, di crescere un figlio senza nessuno accanto. Solo dopo una visione notturna ho pensato che fosse giusto avvisarti, prima di compiere qualsiasi azione. Ora sai… perché ho chiesto a Yoser di mettersi in contatto con te…"

Athorm prende le mie mani e le stringe tra le sue. I suoi occhi conservano ancora quel velo di tristezza che questi due mesi hanno segnato la sua anima, ma brillano anche di commozione gioiosa che sembra riportare la vita in quest'uomo che non ho mai smesso di amare:

"Swaynn." Mi dice, dolcemente. "Questa è la cosa più bella che potesse capitarmi, in tutta mia vita. La cosa più umana e più vera che non avrei mai osato desiderare. Non posso pretendere che tu voglia tenere questo bambino, dopo ciò che ti ho fatto passare, e non t'imporrò ancora le mie decisioni. Se porterai avanti questa gravidanza, io ti sarò accanto. Se deciderai di interromperla, non te ne farò una colpa. Il solo fatto che sia potuto accadere mi riempie di una gioia incontenibile. E' per questo, che piango: perché questa nuova vita sta dando un significato alla mia."

Mi sciolgo dalla sua stretta, lentamente, e appoggio una mano sul suo viso, asciugandogli una lacrima leggera:

"Se decidessi di tenere questo bambino…" Mormoro, timidamente. "Non vorrei davvero più essere sola. Sono stanca di non appartenere a nessun luogo, solo perché la mia diversità è vista come un segno di emarginazione. Vorrei poter avere un riferimento. Vorrei avere te…"

Athorm mi attira a sé, facendomi alzare, e mi bacia con trasporto. Il tempo sembra fermarsi di nuovo, ma il senso di smarrimento che mi ha attanagliato il cuore per due mesi sembra dissolversi nel nulla, quando mi abbraccia.

"Anch'io voglio stare con te, Swaynn." Mormora, dopo un lungo silenzio. "Non ti ho abbandonata perché ti sei rifiutata di consegnare la Pietra Lunare agli Alti Funzionari: ho cercato di allontanarti da un luogo condannato alla distruzione. Se tu fossi rimasta, gli esaltati avrebbero tentato di ucciderti, ed io non avevo la certezza di poter sopravvivere. L'influsso di Kelenda è sempre stato forte su qualsiasi essere umano vi abitasse. Per questo ho sempre cercato di rimanervi il meno possibile. E per questo ho chiesto a Detia e a Yoser di prendersi cura di te, impedendoti ogni tentativo di fuga: era l'unico modo di saperti in salvo, anche se questo avrebbe comportato che tu mi odiassi."

"Comprendo ciò che dici, Athorm. Non ti ho odiato, ma ho pensato di essermi sbagliata di nuovo, su di te. Non sono avvezza a questo mondo, e non ne conosco le abitudini. Ho vissuto in un luogo ovattato per così tanti anni da non riuscire ad adattarmi con facilità, nonostante io riesca a farlo più degli altri esseri umani. Vivo come un'aliena, pur non essendolo. L'ho capito quando ho visto il tuo cuore battere nel laboratorio di Yoser: solo in quel momento ho compreso che anche tu, in qualche modo, avessi continuato a vivere con fatica in un mondo che hai conosciuto quando ancora non inseguiva l'ideale di perfezione che ha già portato il pianeta sull'orlo del precipizio."

Athorm mi bacia ancora. Sono in ritardo, ma non m'importa. So che il mio posto è qui, ora, e che il mio cuore ha riconosciuto ciò di cui ha davvero bisogno: una famiglia.

"Non ho molto da offrirti, Swaynn, se non ciò che resta di una terra che ha conosciuto ricchezza e prosperità finché la vita non ha mostrato il suo conto." Mormora, accarezzandomi i capelli. "Sono abituato a viaggiare, senza mai fermarmi, e non ho mai incontrato nessuna donna che volesse seguirmi, accettare che il ciclo della vita avesse il suo corso, vedermi rimanere sempre così, mentre per lei il tempo passava... Ma ora so che cosa voglio, e tutto mi è chiaro. Sposami, Swaynn. Sposami per amore, e non perché provi pietà, né perché hai paura di restare sola, perché non lo sarai mai. Sposami perché non puoi vivere senza di me, così come non posso farlo io, senza di te."

Lo guardo con amore, sorridendo:

"Ti ho già risposto tempo fa, Athorm. Sì, ti sposo. Ti sposo... perché ti amo." Il mio viso diventa serio, di colpo. "Ma ci sono delle cose che sono rimaste in sospeso e che devo portare a termine. E ho bisogno della Pietra Lunare, perché essa appartiene all'Isola delle Vergini e agli antenati che vi hanno abitato per molto tempo. Le loro anime chiedono che io mantenga la promessa fatta, e non posso ignorarlo. Ora che lo sai... vuoi sposarmi ugualmente?"

Athorm sorride:

"Sì, Swaynn. Voglio sposarti. E voglio che tu finisca ciò che hai iniziato. La pietra non ha mai lasciato la mia casa. Orud l'ha vegliata giorno e notte, per custodirla da eventuali attacchi di fanatici disposti a tutto, pur di non morire."

"Allora portami via da qui." Lo prego, con un filo di voce. "Il mio sangue, lo stesso sangue di cui Yoser non ha mai compreso la costituzione, si sta inquinando. Ho bisogno di respirare. Non m'importa se Kelk sia un ammasso di ruderi dispersi nel nulla: voglio solo lasciare questo luogo, dove la gente ha disimparato a comunicare, pur avendone ogni possibilità. Quando ero una bambina, tutto questo mi è stato impedito. Ora non voglio che il passato si ripeta: desidero costruire il futuro che non pensavo di poter avere."

"Se desideri lasciare Verdrad, dovrai partire con me, oggi stesso." Dice Athorm, fissandomi negli occhi. "Non potrai salutare nessuno. Nemmeno Detia. Se tu lo facessi, il legame che vi tiene unite t'impedirebbe di capire i tuoi reali bisogni e rischieresti di immolarti, pur di starle accanto. Ma voglio che tu sappia una cosa: non è colpa tua, se le vostre vite si sono divise. E non è colpa tua, se ha dovuto allontanarsi da questa terra, credendo di essere stata vittima di Yoser. Tutto è parte di un disegno che comprenderai. Sei davvero pronta per questo?"

"Sono pronta, Athorm." Sussurro, ignorando il segnalatore che indica il mio feroce ritardo.

Lui mi sorride, accarezzando il mio grembo:

"Un bambino!" Esclama, con una felicità negli occhi che non avevo mai visto prima d'ora, se non le poche volte in cui ha aperto la sua anima, solo con me. "Togli quest'uniforme, Swaynn, e lascia che ti guardi. Non sei nata per servire, ma per compiere grandi cose."

Slaccio questi indumenti che mi hanno soffocata a lungo, finché il mio corpo rimane nudo di fronte a lui. Il ventre è arrotondato, e Athorm lo sfiora con delicatezza, come se non temesse di farmi male. Poi mi solleva tra le sue braccia e mi adagia sul letto. Facciamo l'amore a lungo, lentamente, come se desiderassimo assaporare ogni istante in cui siamo stati costretti ad una lontananza che nessuno dei due ha mai desiderato davvero. Solo dopo molto tempo rimaniamo abbracciati, in silenzio, mentre le mani di colui che amo continuano ad accarezzare il mio grembo, con meraviglia e stupore. Sorrido e allungo le braccia per posare il suo volto sul mio seno, mentre il tempo continua a trascorrere, senza più essere un nemico da combattere.

Ci addormentiamo così, tenendoci stretti, finché Athorm non mi sveglia dolcemente, sussurrando il mio nome più volte e ridendo della mia incapacità di tenere gli occhi aperti. Solo quando si accorge che comincio ad essere presente a me stessa, mi dice:

"Dobbiamo andare, ora Swaynn. La nave non è lontana da qui, ma dobbiamo affrettarci prima che si faccia buio."

"Non dobbiamo avvisare Yoser?" Gli chiedo, ancora un po' assonnata.

"Non preoccuparti: lui capirà e Detia coprirà la tua fuga. Hai molte cose, da portare via con te?"

"Solo qualche tunica che ancora mi è rimasta, Tif e il mio Chrein. Vorrei poter tenere qualche libro, ma non mi appartiene e non voglio derubare questa terra di un patrimonio che sta riscoprendo."

Lo vedo riflettere per un breve istante. Poi si riveste velocemente e si dirige verso il guardaroba che mi è stato consegnato insieme alla stanza. Non faccio in tempo a dirgli che anche quello risponde solo al mio comando vocale: con la forza di un solo pugno ben assestato distrugge il piccolo pannello rilevatore, senza rimanere fulminato. Poi, rovistando tra le mie cose, sceglie velocemente gli abiti che porto con me da quando o lasciato l'isola e me ne porge uno scuro e lungo:

"Metti questo." Mi dice. "E' simile ad una tunica che le donne di Verdrad indossano quando decidono di manifestare apertamente la loro appartenenza religiosa."

"Se qualcuno m'interrogasse, non saprei cosa dire…"

"Chi fa questa scelta non ha l'obbligo di rispondere, poiché vive nella contemplazione."

"Anche qui? Non ho mai incontrato donne simili, in questo edificio…"

"Solo perché non hai avuto modo di guardarlo nella sua interezza. Hai ancora il mantello scuro? Quello non appartiene a Kelenda, e credo che non ti sia stato portato via."

"Ce l'ho. Ma funziona anche qui? A Yoser non sfuggirà nulla, comunque."

"Lui non rappresenta un problema. Sarà più difficile portare con noi il Chrein e Tif. Sei ancora in grado di creare un campo magnetico?"

"Non medito da molto tempo. Non ne sono sicura. Il bambino assorbe tutte le mie energie."

Mentre indosso la tunica che mi ha dato, Athorm si avvicina a me, dicendo:

"Non cercare di combatterlo: lui ti percepisce e deve aumentare la sua forza per impedire che la tua mente possa annientarlo."

"E come può essere? Non è che un feto…"

"Ma tu non sei una donna comune." Mi risponde, con un sorriso enigmatico. Poi, diventando serio, riprende a parlare: "Concentrati su ciò con cui hai nutrito ciò che sei: anche in questo luogo la natura continua a sopravvivere. Anche se il bambino reclamerà la tua attenzione, continua a spostare i tuoi pensieri all'esterno, e ritroverai ciò che non è mai andato perso. Quando sarai pronta, disattiva tutti i sistemi di sicurezza che ti bloccano qua dentro."

"Hai appena distrutto un congegno con un pugno." Osservo. "Il sistema si sarà rafforzato."

Athorm mi mette sule spalle il mantello e, dopo avermi dato un bacio, mi dice: "E tu neutralizzalo. Fallo ora, Swaynn, o non ricorderai più ciò che hai appreso e che ti ha resa ciò che sei."

Chiudo gli occhi e provo a connettermi con tutto ciò che la natura offre in questo luogo, ma le vibrazioni sono disturbate dal bambino che avverte un pericolo e della fitta rete di protezione che circonda Verdrad. Respiro profondamente, cercando di fare silenzio dentro di me. La presenza di Athorm sembra infondermi la scintilla che può aiutarmi a ripristinare l'equilibrio che ho paura di aver dimenticato. Faccio appello ai miei ricordi, e le immagini della mia vita scorrono velocemente: lo strappo dalla mia famiglia, l'arrivo sull'Isola delle Vergini, l'insegnamento ricevuto nelle Tre Terre, e tutto quello che è accaduto dopo… la mole dei ricordi è così intensa da sprigionare un'energia molto forte. E' a questo punto che i miei occhi si aprono, ed io mi rivolgo al computer:

"Verificare scudo di sicurezza." Comando, ad alta voce.

"Rilevatore danneggiato. Scudo ripristinato in seguito a danneggiamento di origine sconosciuta." Risponde la voce metallica.

Avanzo verso la porta, insieme ad Athorm, indossando la sacca in cui Tif trova il suo rifugio. Anche il Chrein è pronto per essere trasportato. Ora la custodia è dotata di rotelle che si muovono ad un mio comando vocale. Mi rivolgo ancora al computer:

"Disattivare protezione."

"La procedura di disattivazione comporta dei rischi. Procedere ugualmente?"

C'è un solo modo per evitare che la lista dei pericoli sia elencata nuovamente, facendoci perdere troppo tempo:

"Disattivare il controllo cibernetico. Attivare il procedimento standard."

"L'operazione comporterà la perdita dei dati immessi per creare lo scudo di protezione. Una volta eseguito il comando non sarà più possibile ripristinare il controllo virtuale. Procedere ugualmente?"

"Procedere."

Il ronzio diventa più intenso e molto fastidioso. Mi rendo conto che Athorm stia risentendo di questo disturbo ancora di più di quanto ne soffra io: le sue parti meccaniche stanno entrando in collisione con un campo elettromagnetico che si sta sgretolando, e vedo la sofferenza nel suo viso nel tentare di contrastare gli influssi negativi del computer centrale. Mi guarda, ansimando:

"Crea lo scudo, Swaynn. Ora!"

Riprendo il controllo dell'energia che ha cominciato a fluire copiosamente dalla mia anima e rivolgo i palmi delle mani verso l'alto. L'effetto è immediato: un vortice di onde ci avvolge all'improvviso, e Athorm viene liberato dalla morsa che lo stava soffocando.

"Sistema di controllo disattivato." Dice la voce metallica.

"Spegnimento." Comando, per l'ultima volta. All'improvviso, la voce e il ronzio cessano, e la porta automatica si spalanca. Cominciamo a camminare velocemente, per arrivare all'ascensore che ci porterà verso l'uscita. Il Chrein mi segue come attratto da una forza invisibile, e Athorm mi apre la strada. Entriamo in ascensore, già pieno di persone che non sembrano vederci. La mia concentrazione è al massimo e non posso permettermi di distrarmi. Giungiamo all'uscita e riusciamo ad oltrepassarla, senza alcun problema.

"Continua così, Swaynn!" Dice Athorm, dirigendosi verso il porto poco distante. Nessuno sembra accorgersi della nostra presenza, poiché il campo magnetico che ho creato rappresenta un disturbo per il sistema di controllo posto sull'intera terra di Verdrad.

Ci vuole molta calma, per non permettere che altre vibrazioni entrino in contatto con quelle che sto generando. Il bambino ha avvertito l'assenza di pericolo, e ora non percepisco più la sua lotta. Giungiamo fino al porto, mentre le ombre della sera cominciano a tingere di blu il paesaggio.

La nostra avanzata si blocca improvvisamente: di fronte a noi ci sono Yoser e Detia e ci stanno vedendo. E' la stessa Detia ad aver creato un campo simile al mio, probabilmente per trovarmi.

"Ve ne state andando? Così, senza avvisare nessuno?" Chiede la mia amica, con uno sguardo enigmatico.

"Sapete bene che Swaynn non può più rimanere qui." Risponde Athorm, con fermezza. "E io devo ricostruire Kelenda… con lei."

E' Yoser, a replicare:

"Ci uniamo a voi." Dice, con la sua voce profonda. "Vi seguiremo da lontano, per proteggervi. Isay è già a bordo del nostro mezzo di trasporto, ma nessuno può vederlo, poiché invisibile. Vogliamo aiutarvi e vi chiediamo il permesso di far parte del vostro equipaggio."

"Permesso accordato." Risponde Athorm, mentre la nave compare all'improvviso, come dal nulla.

Viene calata una piccola imbarcazione per accoglierci, e, dopo aver caricato il Chrein e la sacca con i miei vestiti e Tif, saliamo anche noi.

Mantengo lo scudo protettivo finché non giungiamo a bordo.

Tutto sta per cominciare. Tutto sta per terminare.

***

Sta sorgendo una nuova alba. Seduta su un piccolo sgabello di legno, sto suonando il Chrein da qualche ora, ormai, presso la prua della nave. Ho scelto questa posizione perché mi permette di guardare i colori del cielo che si specchiano nell'acqua lievemente increspata, mentre una lieve brezza profumata di salsedine accompagna il canto del Gham come se volesse infondere un'intensità ancora più profonda alla melodia e alle parole. I gabbiani volano a bassa quota, ma il cielo è tinto di rosa: oggi il sole splenderà e il nostro arrivo a Kelenda sarà accolto da questa luce dorata che sembra staccarsi dall'orizzonte. Oughm, Moraya, Smuz e Tom hanno suonato insieme a me fino a tardi, questa notte, ma poi si sono ritirati nelle loro stanze, accusando una stanchezza che non pensavo potessero mai provare: dopotutto, il loro corpo è costituito in parte da elementi meccanici che si autoalimentano, quindi, perché dovrebbero avvertire la necessità di dormire? Poi, la risposta che giunge spontanea nel mio cuore, è sempre la stessa: perché sono *esseri umani*.

Anche di Athorm avevo l'idea distorta di trovarmi di fronte a un assemblaggio di parti cibernetiche e resti organici, eppure è con lui che ho concepito questo bambino che si muove nel mio utero. E, nonostante io non sia mai stata una grande amante dei viaggi in mare, non ho sofferto di alcuna nausea; quelle che provavo a Verdrad sembrano essere sparite, dissolte, come se non le avessi mai provate. Lo stesso Yoser non si capacitava del perché il mio corpo non rigettasse una creatura umana, giacché il mio gruppo sanguigno è ancora indefinito e quello di Athorm ha subìto delle alterazioni. Eppure, tutto sembra andare bene, forse anche meglio di prima. Non percepisco più quella sensazione di un corpo estraneo che mi priva delle forze, anzi: è come se le mie energie fossero aumentate improvvisamente.

E' così, che mi preparo all'attracco, dopo una notte trascorsa a suonare e cantare: nello stesso modo con cui ho cominciato questo viaggio. Sono stata accolta con gioia, come se questi mesi fossero pesati anche a chi è stato costretto a non prendere alcuna posizione in mio favore, suo malgrado. E ora mi sento come se fossi tornata in famiglia, una famiglia un po' strana e atipica, ma pur sempre fatta di persone legate tra di loro da un autentico sentimento d'amicizia.

E' sempre Athorm, a raggiungermi, mentre io continuo a suonare, senza avvertire il benché minimo fastidio alle mani. Nonostante i due mesi trascorsi nell'immobilità, è come se una forza interiore riconoscesse immediatamente ciò che pensavo di aver perduto. Indossare una tunica che ho portato con me dall'Isola delle Vergini, una tunica bianca e lunga fino ai piedi che non indossano alcun tipo di calzari, mi fa sentire di nuovo quella sensazione di libertà che mi era stata proibita momentaneamente. Athorm non parla, ma si unisce alla mia musica suonando il Thraryd e, lentamente, è come se anche l'intero equipaggio si trovasse in un'atmosfera onirica, irreale, scandita dal rumore delle onde sullo scafo e dalla melodia.

Tutto è calmo. Yoser e Detia ci seguono con un velivolo che nessuno può vedere, ma che questa nave è in grado di captare. La loro presenza silenziosa aumenta la sensazione di appartenenza ad un gruppo, dopo molti anni passati in solitudine. I raggi del sole stanno già lambendo il cielo, quando Orud interrompe bruscamente la piacevole armonia che si è creata. Ha gli occhi sgranati dal terrore, e sembra molto agitato:

"Pericolo all'attracco!" Esclama, con voce tremante. "Gli esseri umani geneticamente modificati stanno presidiando tutti gli accessi!"

"Come l'hai saputo?" Chiede Athorm, con sguardo serio.

"Yoser Nym ha mandato un messaggio. Le Larve sono state avvistate dal radar e sembra che si siano riunite in massa!"

Athorm mi guarda e mormora:

"Stanno aspettando Swaynn…"

"Ma com'è possibile?" Chiede Moraya. "E'rimasta a Verdrad per più di due mesi!"

"Evidentemente queste creature si erano già messe in cammino da molto tempo." Osserva Tom. "E ora che Kelenda non ha più alcuna protezione, pensano di potersi cibare della Vergine che cercano con insistenza."

"Siamo vicini al porto, Athorm." Interviene Smuz. "Che cosa vuoi che facciamo?"

"Rimarremo lontani dalla riva." Risponde il loro capitano, con fermezza. "Nessuno di voi dovrà scendere, tantomeno i membri dell'equipaggio."

"Ma come facciamo ad ucciderli in massa? Sono troppi, e noi non abbiamo più così tante armi come un tempo…"

"Non li uccideremo, Tom. E' quello che si aspettano."

La nave si sta avvicinando sempre di più alla riva, e ora vedo sempre più chiaramente l'aspetto di Kelenda: sembra una terra morta, bruciata, quasi priva di vita. E ci sono mostri umani stipati l'uno contro l'altro, maschi e femmine, di qualsiasi età. Emettono dei gemiti impressionanti, e i loro occhi sporgenti sono iniettati di sangue. Quello che mi colpisce è la loro capacità percettiva: non appena la nave si avvicina ancora di più, i loro volti si voltano verso di me, e un senso di angoscia mi attanaglia lo stomaco. Mi aggrappo ad Athorm, istintivamente:

"Vogliono me…" Mormoro, con voce tremante. "Sento i loro pensieri… Avverto la loro fame… E' come se migliaia di vespe stessero tirando fuori il loro pungiglione per colpirmi…"

Athorm mi avvolge con le sue braccia, con l'intenzione di proteggermi:

"Non ti succederà nulla." Mi dice, stringendomi forte. Poi si rivolge ad Orud: "Dai il comando di fermare la nave. E porta via il Chrein. Meno li provochiamo, meglio è."

Non appena lo strumento viene spostato dall'angolo in cui l'ho tenuto per tutta la notte, mi muovo istintivamente, come se volessi impedire ad Orud di portarlo via. Ma Athorm mi ferma, e il suo servitore ci inchina lievemente:

"Fidatevi di me, Swaynn." Mi dice, con voce rassicurante. Annuisco, senza parlare, mentre Athorm continua a impartire ordini ai suoi collaboratori:

"Oughm, chiama a raccolta i tiratori e falli venire sul ponte. Smuz, rimani con l'equipaggio sottocoperta e fai imbracciare loro le armi. Tom, tu rimarrai qui con Moraya ad occuparti di Swaynn."

"E tu? Che cosa farai?" Gli chiedo, proteggendo istintivamente il mio ventre.

"Cercherò di farli ragionare." Mormora, guardando verso quegli esseri deformi e affamati.

"E come speri di farlo?" Chiede Moraya, disgustata da quella vista. "Non sono che morti viventi!"

Athorm la guarda dritta negli occhi:

"Come lo siamo noi." Le dice, sereno.

La nave si ferma di colpo. Il ponte viene invaso da una moltitudine di uomini armati che si dispongono intorno al parapetto. Forti rumori provenienti dallo scafo mi fanno capire che un'altra truppa sta preparando i cannoni.

Ormai siamo a pochi metri da quella folla immensa di corpi deformi, vestiti di stracci e pieni di bubboni che attirano mosche da ogni dove. Il bagliore dorato dell'alba che illumina il cielo contrasta fortemente con quello spettacolo raccapricciante. Fumi provenienti da fuochi spenti s'innalzano e vengono spazzati dal vento, insieme ad un odore insopportabile che mi blocca lo stomaco.

"Facciamo fuoco, capitano?" Chiede un uomo dell'equipaggio.

Athorm scuote la testa:

"No. Non voglio macchiarmi del loro sangue. Non è colpa loro, se sono dei diversi."

L'odore è così forte da darmi la nausea. Porto le mani sul viso, per attenuare quell'olezzo insopportabile.

"Come farò a prendere la pietra, Athorm?" Gli chiedo, trattenendo più volte il respiro.

"Non andrai da nessuna parte." Mi risponde, senza staccare gli occhi da quelle sagome infuriate. "Sarebbe troppo pericoloso e non metteresti in pericolo solo te stessa, ma anche il bambino. E non è ciò che voglio, né per te, né per me."

"Ma devo recuperarla..."

All'improvviso, ci accorgiamo che gli umani geneticamente modificati cominciano ad avanzare, camminando fin dentro l'acqua. Sembrano incuranti di ogni pericolo. L'unica cosa importante, per loro, è non perdermi di vista nemmeno per un attimo.

"Capitano, non possiamo permettere che si avvicinino di più!" Esclama un altro uomo dell'equipaggio. "Dobbiamo fare fuoco ora!"

"Ho detto di no!" Esclama Athorm, con autorevolezza. Poi, mentre i primi corpi deformi si tuffano per arrivare a nuoto fino allo scafo, si sporge e grida, ad alta voce: "Fermatevi! Non fate un altro passo o saremo costretti ad uccidervi!"

"Vogliamo la donna!" Urlano quelli, con voce stridula. "Vogliamo la Vergine! Dateci la Vergine e ce ne andremo!"

"Non l'avrete!" Esclama Athorm, con forza. "E non vogliamo farvi del male! Allontanatevi, o saremo costretti ad uccidervi!"

"Siamo già morti, che cosa vuoi che ci importi?" Sento dire da una voce femminile. "I nostri figli si attaccano al nostro seno come se fossero sanguisughe. Vogliamo il bambino che lei porta in grembo!"

Proteggo il mio ventre, istintivamente, mentre Moraya e Tom si pongono accanto a me, come se volessero usare i loro stessi corpi come scudi. Athorm estrae un fucile molto stretto e lungo dalla sua cintura e lo punta verso le Larve: "Allontanatevi, ho detto!" Esclama di nuovo. "Non avete bisogno di cibarvi di carne umana, per essere considerati come persone! Questa terra non vi respingerà, se vorrete abitarvi, ma non potete strappare una vita dal grembo di una donna incinta!"

"Ci hanno strappato i cuori!" replicano voci sinistre, all'unisono. "Che cosa vuoi che ci importi?"

"Non siete gli unici cui è stato fatto questo! Ma c'è sempre un'alternativa, e anche voi potete averla, se la desiderate!"

"Per noi non c'è più alcuna speranza. Perché dovremmo concederla a quella donna? La sua carne sfamerebbe tutti noi. Il suo bambino ci darebbe vita da qui all'eternità!"

"Vivere per sempre è una condanna. Volete passare il resto della vostra esistenza a cercare nuove vittime? Non troverete la pace che state cercando!"

"Noi non avremo mai pace, finché esisterà quell'isola maledetta... Athorm Dralt... Figlio di..."

"Basta!" Li interrompe il capitano della nave. "Allontanatevi da qui, o saremo costretti a fare fuoco! E' questo, che volete?"

La mia attenzione è distratta da qualcosa d'insolito. Da un punto dello scafo mi sembra di vedere qualcosa muoversi, e, con orrore, grido:

"Athorm, guarda laggiù: Orud si sta dirigendo verso di loro!"

Tutti guardano nel punto indicato da me, e la figura del vecchio è sempre più evidente.

"Maledizione!" Esclama Athorm. "Quel pazzo sta andando in mezzo a questi assassini, solo per..." La voce gli muore in gola, ma io so che cosa intende dire:

"... recuperare la Pietra Lunare..." Termino la frase al posto suo.

Mi guarda per un lungo istante, come se stesse decidendo il da farsi, valutando i rischi e le possibilità di successo in pochi secondi. Poi sfiora la sua cintura e un bagliore azzurrino compare dal cielo: il velivolo di Yoser è proprio sopra di noi, e la luce ci avvolge completamente, accecando le Larve. E' a questo punto che Athorm lancia il comando:

"Fate fuoco!" Grida, con voce possente. "Impedite a queste creature di avvicinarsi al nostro fidato compagno di viaggio!"

Un rombo squassa l'imbarcazione, e Tom m'impedisce di cadere, quando perdo l'equilibrio. Athorm si avvicina a lui e a Moraya ed esclama:

"Portatela dentro! Difendetela a costo della vita!"

I due obbediscono e, nonostante io cerchi di protestare, mi sento così debole da non riuscire ad opporre resistenza. Rimaniamo chiusi nella camera che divido con Athorm, quella più sicura perché più protetta, ignara di ciò che sta accadendo. Vedo solo continui bagliori di luce azzurra che cambiano sfumatura man mano che la lotta diventa più serrata, e sento continui colpi di fucile e di cannoni. Questo rumore assordante mi priva ancora di più delle forze e sono costretta a sdraiarmi, in preda ad una sorta di trance che non comprendo. Vedo solo i volti di Moraya e Tom, sempre più preoccupati, mentre mi sembra di essere in mezzo ad una battaglia che non sto combattendo direttamente, ma che sto condividendo con tutti quelli che vivono e lottano su questa nave. In modo particolare, è come se il mio spirito si fosse legato saldamente a quello di Orud, e mi sembra di vivere ciò che sta vivendo l'uomo. La barca che attira l'attenzione delle Larve, le sue vibrazioni in parte simili alle mie, la sua folle corsa tra quegli individui che cercano di afferrarlo, mentre lui continua ad andare avanti, incurante della moltitudine che gli si sta avventando contro... e vedo anche Athorm e gli altri uomini dell'equipaggio che lo seguono, mentre cercano di difendere il primo ufficiale della nave che si allontana sempre di più, fino a sparire... E poi il forte suono dei fucili, i colpi di spada, i corpi straziati, e il sangue... un sangue scuro, dall'odore simile a quello del pesce andato a male, pieno di piccoli vermi bianchi che sembrano spalancare una bocca enorme e piena di denti, gridando verso il cielo ed emettendo lamenti striduli che mi sferzano l'anima...

Sono sempre più estraniata da questo mondo, e mi sembra di spiccare il volo. Se non fosse per la presenza di Tif che rimane saldamente accanto a me, credo che la mia anima potrebbe separarsi dal corpo in una frazione di secondo. Ma la mia gatta possiede un dono particolare, e le sue fusa cominciano a cullarmi, come se qualcuno stesse cantando una dolce ninna nanna alle mie orecchie. E la stanchezza della notte insonne, unita a questa sensazione di forte vulnerabilità, mi priva completamente delle ultime resistenze che cerco di opporre con tutte le mie forze.

Vedo ancora fiamme alte alzarsi verso il cielo, cavalli che s'impennano, corpi che si aggrovigliano... percepisco la pesantezza di queste presenze prive di anima, e la loro fame che non potrà mai placarsi, poiché la loro essenza è simile ad un grande nulla che cerca solo di essere riempito, ma che non potrà mai essere appagato, perché essi stessi portano con sé una condanna che va oltre una causa esterna, e che viene alimentata da pensieri oscuri, quali l'invidia, la rabbia, il desiderio di vendetta, l'ira...

Mi sembra di piombare in uno stato di torpore vigile, dove corpo, mente e spirito si slegano lentamente. Forse sto avvertendo ciò che vive una vittima colpita dalla furia cieca delle Larve, e solo ora comprendo che la mia ricerca estenuante di un antidoto efficace non è mai stata vana. Vorrei potermi muovere, ma è come se una forza invisibile m'inchiodasse al letto, mentre scorgo appena i visi deformati di Moraya e Tom che mi guardano con evidente preoccupazione, e muovono le labbra, come se mi stessero parlando. Ma io non riesco a sentirli. L'unico rumore che sento è un soffio ovattato e caldo che giunge alle mie orecchie, e parole antiche dal significato sconosciuto sono come mille sussurri sospirati che mi avvolgono in una spirale quasi piacevole. Così, cullata da quella sensazione particolare che solletica la mia più intima essenza, chiudo gli occhi e mi addormento profondamente, mentre tutti i suoni, tutti i rumori, tutte le luci e i colori che stanno avvolgendo la nave, scompaiono all'improvviso, e rimane solo un'oscurità confortante da cui vorrei non dover uscire mai più.

Ma quest'assenza di pensieri ed emozioni sembra durare solo un attimo. Una luce intensa giunge ai miei occhi, ed io mi riparo come posso da quella fonte luminosa che m'infastidisce.

"Si sta svegliando." Dice una voce lontana.

"Swaynn!" Dice un'altra voce. "Riesci a sentirmi?"

Swaynn… e il mio nome viene ripetuto migliaia di volte, come in eco di sospiri e sussurri che mi avvolgono completamente, di nuovo con la loro spirale che, questa volta, sembra nutrire il mio corpo di una scarica di elettricità improvvisa.

"Swaynn!" Esclama ancora quella voce. Apro gli occhi, sbattendo le palpebre più volte. Il suono dei fucili è scomparso. La luce azzurra ha lasciato il posto a quella naturale del giorno e i cannoni non stanno sparando.

Mi giro verso la fonte luminosa che ancora viene puntata contro di me, ma non sul mio viso, questa volta, e vedo Athorm, Yoser e Detia chini su di me. E' la mia amica a parlare per prima, quando comincio a riconoscerli:

"Ti senti bene, Swaynn?" Mi chiede, con voce colma di apprensione. "Puoi sentire la mia voce?"

"Ti sento…" Mormoro, ancora frastornata.

"Sapete dove vi trovate?"

Guardo Yoser: è lui ad avere quel piccolo oggetto cilindrico che emana una luce tanto intensa. Gli rispondo stancamente:

"Sulla nave… almeno credo…"

"Sì, è così." Replica Yoser, con un sospiro di sollievo. Poi mi chiede: "Riuscite a sedervi?"

"Ci provo…"

Facendo leva sui gomiti, riesco a compiere quell'operazione che mi sembra durare un tempo infinito. Poi mi appoggio al cuscino che Detia pone sotto la mia testa.

"Athorm… è vivo?" Chiedo, passando una mano sulla fronte imperlata di sudore.

"Sono qui, Swaynn."

Detia e Yoser si allontanano, per permettere ad Athorm di avvicinarsi a me. Quando mi prende la mano, mi accorgo che ha dei graffi sul viso.

"Sei ferito…" Mormoro.

"Solo superficialmente." Mi risponde, sorridendo.

"E' una parte…"

"Meccanica? No, questa carne e sangue. Ma non c'è nulla di cui preoccuparsi."

"Le larve… ti hanno infettato?"

E' Yoser, a rispondere:

"State tranquilla, Swaynn. Tutto è andato per il meglio. Abbiamo ripreso il viaggio, perché non era possibile rimanere a Kelenda."

Respiro profondamente, mentre avverto le forze tornare, e, insieme ad essere, la lucidità.

"La Pietra Lunare…" Mormoro, guardando Athorm.

"E' stata recuperata." Mi risponde, accarezzandomi i capelli.

"E Orud?"

Il silenzio cala all'improvviso. Non c'è bisogno che dicano altro.

"Gli è successo qualcosa di molto grave, non è vero?" Chiedo, sentendo una nuova energia fluire dentro di me. Detia e Yoser si guardano senza parlare, così mi giro verso Athorm, e la tristezza dei suoi occhi mi dà la conferma che le mie sensazioni non erano dettate solo dalle allucinazioni che mi hanno svuotata, riducendomi quasi ad una… larva…

"Le sue vibrazioni hanno distratto chi era si era arrampicato sullo scafo, senza che nessuno di noi se ne fosse accorto." Mi spiega, lentamente. "Questo ha permesso a Tom e Moraya di portarti via dal ponte appena in tempo. Se tu fossi rimasta lì anche solo un secondo in più, una di quelle creature si sarebbe avventata su di te. Invece, Orud si è offerto come esca per attirare l'attenzione di chi si sarebbe cibato del nostro bambino e l'orda di quei mostri si è accalcata per inseguirlo. Abbiamo combattuto contro di loro, strenuamente. Sembrava che ogni cadavere riuscisse a rinascere più volte, e non sapevamo più come annientarli. Ma poi, Orud, che era riuscito ad entrare nella mia dimora, si è presentato di fronte a tutti con la Pietra Lunare. Alla vista di quell'oggetto, molti di quegli esseri umani trasformati in morti viventi si sono disintegrati, riducendosi in polvere. Altri hanno esalato il loro ultimo respiro, all'istante. Solo una minima parte ha subìto una sorta di *metamorfosi*, liberandosi di quell'involucro melmoso, come se fossero serpenti in muta, e ne sono usciti liberati, vivi e caldi come normali esseri umani."

"E che ne è stato, di Orud?"

"Sei ancora debole, Swaynn." Mi dice Detia, premurosamente. "Forse dovresti riprenderti, prima di affrontare questo discorso…"

"Voglio sapere ora." Ripeto, ostinatamente. "Che cos'è successo a Orud?"

Athorm guarda la mia cara amica come se avesse preso una decisione. Poi mi risponde:

"E' stato attaccato molto duramente. La pietra gli ha permesso di portare a termine ciò che aveva iniziato, ma non ha potuto salvarlo. Le sue condizioni erano troppo gravi. Yoser non è riuscito a fare nulla, e nemmeno tu avresti potuto. Prima di morire mi ha chiesto di dirti che non aveva mai smesso di esserti grato per tutto quello che avevi fatto per lui, sull'isola, e che non avresti mai dovuto sentirti in colpa per la sua fine, perché così era scritto. Anche se… è dura, da accettare." Distoglie lo sguardo per un attimo, cercando di riprendersi dalla commozione. Anche Detia è prossima alle lacrime, e persino Yoser sembra profondamente turbato.

Una fitta dolorosa attraversa il mio cuore. Ciò che Orud ha detto non è vero: la responsabilità è solo mia. Se io non mi fossi trovata in questo stato, se non avessi costretto Athorm e l'equipaggio ad attraccare a Kelenda per riprendere la Pietra Lunare… lui sarebbe ancora vivo.

"Quante perdite abbiamo subìto?" Chiedo, con un filo di voce.

"Numerose." Risponde Yoser, che, nonostante tutto, riesce ancora a mantenere saldo il suo autocontrollo. "Ma vi ricordo che si parla di guerrieri, Swaynn: chiunque di loro abbia sacrificato la vita per una giusta causa sarà ricordato come eroe, e non poteva desiderare una fine migliore che morire in battaglia per difendere ciò che rappresentava un nuovo inizio. Perché questo è il simbolo della vostra unione con Athorm, ed è questo il segno che in molti aspettavano: una rinascita. Il figlio che portate in grembo. Così come anche Isay è stato accolto come l'alba di una generazione migliore, anche il vostro bambino sarà considerato una benedizione. Per tutti. Ma, soprattutto, per voi."

Athorm continua a stringere la mia mano tra le sue, in silenzio. Lo guardo e lui cerca di sorridermi, anche se i suoi occhi rivelano tristezza profonda:

"Che ne è stato dei…"

"Corpi?" E' lui, a finire la frase per me. "E' stato necessario bruciarli, anche quelli che si erano trasformati in polvere. Non potevamo rischiare. Non è rimasta nemmeno la cenere, come se nessuno di loro fosse mai esistito. Abbiamo distrutto la legna che li aveva avvolti e Yoser ne ha predisposto il trasporto a Verdrad, dove i residui saranno trattati con sostanze speciali e utilizzati a scopo scientifico."

"E i sopravvissuti?"

"Sono in questa nave, con noi. Sembrava che si fossero risvegliati da un letargo durato molti anni, forse secoli, e non sapevano più dove si trovassero. Ci sono uomini, donne, bambini, giovani… E sulla nave c'è più spazio, ora che l'equipaggio è stato decimato. Non potevano rimanere a Kelenda: la terra dev'essere bonificata."

"E Orud?"

Il sorriso di Athorm si spegne di colpo:

"Orud apparteneva per metà all'Isola della Luna. E' stato posto sulla barca che aveva usato per raggiungere la riva ed è stato mandato al largo, in mare, mentre ciascuno di noi scoccava una freccia infuocata per accendere la pira che era stata posta sotto il suo corpo…"

"Mi dispiace, Athorm." Mormoro, accarezzandogli il viso con l'altra mano. "Avete lasciato la pietra con lui, vero?"

Lui scuote la testa:

"Se l'avessimo fatto, il suo sacrificio sarebbe stato vano." Risponde, con un sussurro.

"Ma… dov'è, ora? Nessuno può toccarla…"

"Io sì, Swaynn." Risponde Detia, col viso rigato dalle lacrime. "Ma non sapevo di poterlo fare finché Orud non mi ha detto di avere fede, poiché anch'io ero una Vergine scelta tra tante altre. Il mio compito era sin da subito quello di aiutarti a riportare la pietra a chi ne è stato privato per troppo tempo, ormai. Ma l'ho saputo solo grazie al sacrificio del nostro caro amico…"

"Tu… hai avuto la Pietra Lunare tra le mani?"

"Io… non sono mai stata sottoposta alla prova. Ho solo assistito, come Funzionario speciale. E una sola volta. E' stato terribile, Swaynn, vedere la trasformazione che portava il tentativo di distruggere la teca. C'è stato un momento in cui la Sede Centrale ha pensato che io potessi essere la prescelta e che il matrimonio con Yoser fosse stato uno sbaglio. L'incarico che mi era stato conferito era tale da far credere agli Alti Funzionari che la Vergine prescelta dovessi essere io. Per questo, mi è stato proposto di sciogliere il matrimonio, ma io non volevo! Amavo Yoser e avevo scoperto di aspettare un bambino. Come avrei potuto cambiare così radicalmente la mia vita, per qualcosa che non ero in grado di compiere?"

Yoser interviene nel racconto:

"Sapevamo che Chrel stava prendendo una decisione importante, al riguardo, e io non volevo che Detia dovesse trovarsi a scegliere. Così ho capito che, se volevo darle la possibilità di essere libera, avrei dovuto rinunciare a lei finché non fosse arrivata la prescelta. Per questo, ho annebbiato i suoi ricordi, illudendo la sua mente. Sapere che aveva sposato un uomo violento le avrebbe reso più facile il compito che Chrel pensava di darle. I lividi e i segni non erano che finzione, giochi di luce abilmente realizzati da un sistema molto sofisticato di raggi laser. Questi avrebbero dato credibilità alle violenze che credeva di aver subìto. Il luogo più sicuro in cui poteva rimanere e dare alla luce nostro figlio era sicuramente l'isola da cui provenite. L'allontanamento inspiegabile di Detia da Verdrad era visto dalla Sede Centrale in modo ambivalente: qualcuno pensava che ci fosse dietro un piano prestabilito; qualcun altro – la maggior parte – pensava di aver trovato una conferma in ciò che molti pensavano ma che non era mai esposto in modo chiaro. Detia era la Vergine che avrebbe saputo distruggere lo scudo della Pietra Lunare. Così, gli Alti Funzionari della Sede Centrale hanno mandato Athorm a cercarla ovunque si fosse nascosta, e dopo molto tempo lui l'ha trovata nel luogo in cui aveva vissuto. Il suo compito era quello di chiederla in moglie, e così è stato fatto."

"Chiederla in moglie… ma perché sposarla sull'isola, se avrebbe dovuto tornare a Kelenda?" Chiedo, in un sussurro. E' Athorm, a rispondere:

"Come avrei potuto strappare ad un amico la donna che amava?" Dice, stringendomi la mano. "E come avrei potuto guardarla negli occhi, il giorno in cui avesse ricordato? Come avrei potuto spiegarle che Yoser teneva così tanto a lei da essere disposto a rinunciare al suo matrimonio, pur di svincolarla da un legame per il quale entrambi avrebbero sofferto, se la Sede Centrale avesse deciso di scioglierlo con la forza? Al tempo stesso, percepivo una forza straordinaria provenire dall'isola, senza sapere dove si nascondesse. Ti ho riconosciuta quando hai suonato il Chrein sulla scogliera, Swaynn: tu eri la fonte di quell'energia. Tu avresti potuto compiere ciò che da secoli era stato predetto. Così ho cambiato la mia richiesta, approfittando del momento in cui sei stata messa con le spalle al muro. Quando hai cercato di scappare, Orud era con me: lui mi ha aiutato a portarti via senza che tu dovessi subire l'oblio. Volevo che la tua mente rimanesse lucida, anche se sapevo che non mi avresti mai amato."

"Ma ti sbagliavi…"

Lui sorride:

"Ci sbagliavamo entrambi." Poi torna serio. "Tuttavia, nonostante tutto andasse come avevo sperato, si stavano verificando due situazioni: Detia continuava a non ricordare e la Sede Centrale cominciava a temere la tua forza. Se da un lato si desiderava conoscere la Vergine tanto attesa, dall'altro si temevano delle ripercussioni sulla sospensione del tempo. L'unica soluzione era di tenere la Pietra Lunare dove noi avremmo vissuto: la mia casa. Da lì, gli influssi benefici non avrebbero cessato di mantenere quella terra in uno stato di giovinezza eterna. Ma tutto è cambiato quando hai percepito il richiamo di Detia, sempre più forte. A tre giorni dal matrimonio, hai lasciato Kelenda e sei tornata sull'isola, e la tua assenza ha cominciato a produrre dei cambiamenti nel corpo e nella mente della gente del posto. Le malattie che un tempo erano solo un ricordo, improvvisamente, sono ricomparse. I corpi degli abitanti sembravano aver ritrovato il corso naturale della vita, e il tuo ritorno era molto atteso. Direi... preteso. Quando mi hai chiamato, ho sentito che eri in pericolo. Il ritorno a Verdrad ha permesso a Detia di ricordare."

"Vi ringrazio per avermi raccontato ciò di cui non ero a conoscenza." Mormoro. "Ma ancora non capisco come Detia sia riuscita a toccare la Pietra Lunare senza risentirne."

"Non mi è possibile farlo, se non alla presenza del Portatore." Risponde la donna, in un sussurro. "Il Portatore è l'unico ad avere la possibilità e l'obbligo di prendersi cura della pietra. E questi era Orud. Me l'ha confidato poco prima di morire. Ha semplicemente *passato la consegna*, perché così era stato deciso sin dall'inizio: io avrei dovuto prendere il suo posto per dare a te la possibilità di portare a termine ciò che avevi iniziato. E così è stato. Ma non posso fare nulla, poiché, tra le mie mani, la pietra è solo un oggetto molto pesante, incantevole e freddo. Nessun altro può toccarla, se non chi è stato scelto per un compito ben preciso. Nessun altro può usarla, se non chi ha promesso... che cosa... io non lo so, Swaynn."

Guardo Detia e Yoser, in silenzio. Poi, i miei occhi si posano su Athorm che mi osserva in modo enigmatico. Se solo in pochi hanno il privilegio di poter toccare la Pietra Lunare, e questo è possibile in virtù del compito che è stato loro assegnato, allora, che ruolo ha, lui, in tutto questo, e come mai è in grado di reggere tale peso senza risentirne?

So che, in qualche modo, sta percependo la mia domanda inespressa. Lo vedo nei suoi occhi.

"Tra poco attraccheremo presso l'isola di Chay." Dice, riprendendo il controllo delle emozioni. "Lì potremo valutare l'entità delle perdite e decidere sui superstiti. Ricorderemo il nostro amico Orud con una cerimonia che si deve a chi dona la vita per un'altra persona." Si rivolge a Detia e Yoser: "Tornate da Isay e state con lui. Non è che un bambino, e ha già vissuto prove molto dure. Troppe, per la sua età. Rimarrò io, con Swaynn. Voi continuate a proteggere la pietra. Il tempo è giunto."

Chay è un'isola davvero molto piccola ma, al tempo stesso, ricca di vegetazione e di risorse naturali. Questo pezzo di terra posto quasi per caso in mezzo al mare, in realtà, è un'altra base creata da Yoser. Al centro sorge un edificio a forma di cono, con la punta rivolta verso l'alto, le cui dimensioni sono molto più contenute rispetto agli edifici di Verdrad, ma non per questo meno tecnologico. Gli abitanti sono molto pochi, e vivono in case semplici, costruite con pietre e un materiale simile a fango, ma molto più resistente. Indossano abiti dai colori molto vivaci. Le donne, qualsiasi età esse abbiano, sono paffute e con le guance rosse; anche gli uomini sono paffuti, e notevolmente più bassi rispetto alla media. Tutti sembrano essere molto felici, e ci accolgono con molto calore, riconoscendo Yoser e Athorm. Scendiamo solo in pochi, mentre il resto dell'equipaggio rimane sulla nave. Sono uomini di mare e non saprebbero più vivere sulla terraferma, nemmeno adattarsi per poco tempo. Non capisco la lingua di queste persone curiose, ma i loro modi gentili ed entusiasti sono contagiosi: basta un loro sorriso a mettere subito di buonumore chi approda in questa piccola isola, e c'è una vera e propria gara tra chi offre da bere o da mangiare.

Il mio aspetto non dev'essere molto salutare, perché sono la persona che viene avvicinata maggiormente. Quando lo faccio notare ad Athorm, lui mi risponde così:

"Una donna incinta è considerata importante, su quest'isola, Swaynn. Inoltre, tu indossi una tunica così particolare da attirare l'attenzione. A questa gente la diversità non fa paura: viene accolta."

Anche gli esseri umani che da Larve hanno ritrovato una nuova dignità sono accolti con calore. Lentamente, anch'essi accantonano la diffidenza che naturalmente si è formata nella loro anima e si lasciano condurre nelle case che non sembrano avere serrature, come se questo piccolo popolo non conoscesse la paura di un attacco.

Prima di dirigerci verso la base, il nostro gruppo scelto si raccoglie intorno al moncone di un albero tagliato. I numerosi anelli presenti all'interno del tronco indicano che si trattava di un esemplare secolare, ed è per questo che rimaniamo lì, in cerchio, senza dire una parola. Anche Isay è presente ed insolitamente calmo, come se intuisse la solennità del nostro atteggiamento. Tif dorme tranquilla nella sua sacca, cullata dall'assenza di quei rumori che l'hanno provata. Ciascuno di noi pensa ad Orud e a ciò che ha significato nella sua vita. A me viene in mente la prima volta in cui l'ho incontrato, sull'Isola delle Vergini. Ricordo la ritrosia con la quale l'avevo accolto, il mio atteggiamento severo, il suo commento sul mio modo di fare insolitamente rigido, per la mia giovane età… E penso alla sua presenza silenziosa e mai invadente, al suo essere diretto senza mai infierire, alla bontà del suo cuore che non ha esitato un attimo a sacrificare se stesso, pur di mettere me in condizione di portare a termine ciò che devo. Detia piange, e Yoser cerca di rassicurare Isay che non comprende la commozione della madre. Anche Oughm, Moraya, Smuz e Tom sembrano particolarmente emozionati: come se volessero dare il loro addio al compagno tanto amato, hanno tolto la bandana che indossano abitualmente e l'hanno posata sulle radici del grande tronco, fermandola a terra con dei piccoli pezzi di legno conficcati nel tessuto. Il più provato da questa perdita, tuttavia, è Athorm: nonostante rimanga immobile, in silenzio e con uno sguardo che non tradisce alcuna emozione, avverto tutta la disperazione umana che vorrebbe manifestare ma che non può permettersi di rendere pubblica. Gli pongo una mano sul braccio e lui mi guarda senza dire nulla. Nei suoi occhi vedo immagini che il tempo ha inciso nella sua anima, immagini indelebili che sembrano essere state strappate con forza, e senza alcun preavviso. Nonostante io sia pervasa da sensi di colpa, Athorm continua a guardarmi con amore, come se mi avesse scagionata da tutti i guai che sono capitati dal giorno del mio arrivo: ha quasi perso la vita contro le Vergini oscure, ha visto morire sua sorella tra le sue braccia, ha sopportato la perdita della sua terra e la scomparsa di uno degli amici più fedeli.

Così, rimaniamo in silenzio, raccolti intorno a quel moncone, finché Yoser fa cenno che il gruppo può sciogliersi e allontanarsi, per camminare liberamente in questo pezzo di terra lambito dal mare. Rimaniamo solo io e Athorm, e trascorriamo altro tempo in silenzio, finché nuvole grigie si addensano sopra le nostre teste.

"Andiamo." Mi dice lui, prendendomi per la mano. Mi lascio condurre fino alla base di Yoser, dove gli altri già ci attendono.

"C'è posto per tutti." Annuncia Yoser, quando ci compattiamo. "Basta sapersi adattare. Al primo piano troverete grosse camere con letti che si apriranno al vostro ingresso. Riponete le vostre cose e riposatevi. Se qualcuno ha bisogno di assistenza, me lo comunichi: il viaggio è stato lungo e faticoso. Non preoccupatevi per i vostri compagni: se ne occuperanno gli abitanti del luogo."

Mi giro per unirmi agli altri, ma Athorm mi trattiene per un braccio, sorridendomi e scuotendo lievemente il capo. Solo quando tutti se ne sono andati, Yoser ci dice:

"Per voi è stata riservata un'altra sistemazione. Speriamo che sia di vostro gradimento, Swaynn. E' stata realizzata secondo le indicazioni di Athorm, che mi ha parlato a lungo dei vostri gusti personali, in fatto di arredamento."

"Grazie, Yoser." Gli dico, sorpresa di questo piccolo regalo che mi è stato fatto. Athorm mi prende per mano e mi conduce verso un ascensore molto spazioso che ci porta ad un piano posto più in alto, forse proprio l'ultimo. Quando arriviamo, ci troviamo di fronte ad un piccolo vano che si affaccia su una porta simile a quelle che si usavano circa tremila anni fa, ma in legno bianco, profumato. Sorrido, mentre Athorm la apre con una chiave abilmente nascosta nella sua cintura. Quando entriamo, non riesco a nascondere il mio stupore: tutto sembra essere stato costruito in legno, e la luce proviene da molte lanterne ad olio poste su tutti i muri. La cosa che mi colpisce di più, però, è la presenza di un grande camino che Athorm fa funzionare in breve tempo. Il profumo della legna che brucia mi riporta alla mia infanzia e alle tradizioni che fanno parte di me, e Tif salta fuori dalla sacca, come se riconoscesse questo luogo. Giro per la grande stanza, e mi accorgo che è suddivisa in due zone diverse: da una parte c'è la stanza da letto vera e propria, molto grande, anch'essa con un camino, una poltrona, un tavolino con uno specchio e un guardaroba. Tutto è fatto di legno di acero rosso, lucido e bellissimo. C'è poi un'altra zona, quella in cui ci troviamo, dove c'è un altro divano e una scaffalatura con libri di ogni tipo; il pavimento è in pietra levigata ed è coperto da pellicce di animali. Solo il bagno ha mantenuto un'illuminazione artificiale, perché non ha nessuna finestra, al contrario di tutta la stanza, e l'acqua è corrente. La vista è splendida, nonostante le nuvole scure che si addensano sempre di più.

"Ti piace, Swaynn?" Mi chiede Athorm, togliendosi il mantello e la cintura con le armi.

"Moltissimo!" Esclamo, felice come una bambina. "Qui mi sento come se fossi tornata a casa."

"Sono contento che ti piaccia. Ho cercato di prestare attenzione a tutto ciò che hai sempre gradito."

Lo abbraccio istintivamente, poi alzo il viso per guardarlo. Sono costretta a mettermi in punta di piedi, nonostante anche lui abbia sfilato gli stivali: è così alto da sovrastarmi di molto, e non solo me. Credo che sia l'uomo più alto che io abbia mai incontrato fino ad oggi. Forse solo Yoser lo eguaglia in altezza, ma in quest'ultimo è più evidente a causa della corporatura esile. Athorm è decisamente più proporzionato, e le lunghe battaglie hanno reso tonico il suo fisico.

"Vorresti una casa così, quando saremo sposati?" Mi chiede, sorridendo. "O forse è ancora troppo... *tecnologica*?"

"Vorrei una casa nostra e questo è ciò che conta." Gli rispondo. "Mi piacerebbe molto se potesse essere realizzata secondo i mei gusti, ma ciò che più conta è poter stare con te. O forse preferisci rimanere sulla nave e girare per tutti i mari che ancora non hai conosciuto?"

"Non c'è un corso d'acqua che non abbia visto, Swaynn." Mi risponde con dolcezza. "Le terre che ho colonizzato stanno rendendo molto. Sarei economicamente in grado di potermi fermare, se lo volessi."

"Ma non lo desideri..."

"Sono successe tante cose." Dice, sospirando. "La morte di Chrel e di Orud mi hanno segnato profondamente. Prima di questi avvenimenti avevo pensato di proporti una vita nomade, anche se non avevo la certezza che tu avresti mai potuto accettare. Ora, con la distruzione di Kelenda e con la perdita di persone importanti... e con un figlio in arrivo... credo che potrei pensare di seguire l'esempio di Yoser e di fermarmi in una terra che possa essere mia e tua."

"Non so, Athorm... Ho l'impressione che tu stia parlando sull'onda di molte emozioni che si agitano nella tua anima... Se posso essere sincera, credo che, dopo qualche tempo, sentiresti il desiderio di ricominciare a viaggiare. Ed io non vorrei mai che tu limitassi la tua libertà per starmi accanto, se dovessi sentirti soffocare."

Mi sorride e mi bacia. Poi mi solleva tra le braccia e mi adagia sul morbido tappeto posto accanto al camino. Ci sono grossi cuscini imbottiti sparsi qua e là, e pone uno di quelli sotto la mia testa. Poi si sdraia vicino a me, su un fianco, appoggiandosi al braccio piegato. Mi accarezza dolcemente il viso, guardandomi a lungo, come se volesse dirmi qualcosa, ma, al tempo stesso, si frenasse dal farlo.

"Che c'è, Athorm?" Gli chiedo. "Non parli, ma i tuoi occhi parlano per te…"

Mi sfiora il viso con un dito, teneramente. Lo vedo in difficoltà, come se si sentisse in imbarazzo, e ne sono stupita: che cosa può mai portarlo a vivere un'emozione così intensa?

"Così mi spaventi…" Mormoro, prendendo la sua mano.

Lui mi guarda senza parlare e, nei suoi occhi, continuo a vedere il conflitto di pensieri che affollano la sua anima. Poi, però, mi parla:

"Ho riflettuto molto su tanti aspetti della mia vita, sulle scelte che ho fatto e sul modo in cui le ho condotte. Sono giunto ad una conclusione che va contro il mio abituale modo di fare, e che potrebbe sembrare… bizzarro. Ma le cose sono cambiate così velocemente da riconsiderare le possibilità che si sono poste sul mio cammino. Sebbene il mio corpo sia immortale, la mia anima ha cominciato a desiderare qualcosa di nuovo, una condizione che m'imponga un cambio radicale del mio modo di pensare e agire. Mi trovo in imbarazzo, Swaynn… e credo che si veda. Ma non voglio più aspettare. Sono stanco di rimandare, solo perché so di poterlo fare. Voglio avere ciò che è mio adesso, senza aspettare un minuto di più."

"Se è già tuo… di che cos'hai bisogno?"

Athorm mi prende la mano e la sfiora con un bacio. Poi dice:

"Ti sto chiedendo di sposarmi, Swaynn. Ma non ti sto chiedendo di sposarmi quando tutto sarà finito. Ti sto chiedendo di diventare mia moglie il più presto possibile. Stasera… per esempio."

"Stasera?" Chiedo, sorpresa. "Qui, su Chay? Ma non ho vestiti adeguati… Non ho quasi nulla che possa rendermi presentabile… E non abbiamo neanche nessuno che possa sposarci… E sta per piovere…" M'interrompe con un bacio:

"Io non voglio una bambolina da esibire: voglio una donna. Voglio te. E non voglio più aspettare. Voglio che tu sia mia prima che tu faccia ritorno all'isola."

Consolida il legame… aveva detto lo spirito di mia madre, quando si è manifestato a me, a Verdrad. Se gli antenati stanno attendendo che quest'unione si compia, forse, è tempo che questo avvenga. Forse anche questo è un segno da seguire. Ed io ho promesso.

Tif mi fissa senza miagolare, sgranando gli occhi che sembrano splendere di una nuova luce.

"Va bene, Athorm." Gli rispondo, sorridendo.

"Allora farò sì che le donne del popolo si occupino di te." Mi dice, alzandosi e prendendo mantello e cintura, e indossando gli stivali. "Non preoccuparti: non avrai bisogno di capire la loro lingua. Sanno farsi comprendere con un solo gesto. E credo che saranno felici di aiutarti."

Lo seguo con lo sguardo, mentre esce dalla stanza, quasi di corsa. Questo suo nuovo atteggiamento mi stupisce e mi diverte. Mi sembra di avere a che fare con Isay, quando s'impunta per avere ciò che vuole.

Faccio appena in tempo ad alzarmi e a sistemare le mie poche cose, un gruppo di donne, giovani e più adulte, fanno irruzione nella stanza, portando con sé tutto ciò che possedevano nelle loro case, per rendermi presentabile. Ho l'impressione che la nostra tappa su quest'isoletta non sia stata un caso, ma non vedo segno di malafede né d'inganno. Mi lascio circondare da queste donne che continuano a parlare come se io potessi comprenderle, e, mentre mi chiedo come avverrà la cerimonia, mi vedo costretta ad accettare che queste figure singolari e ciarliere mi portino fino in bagno, e mi preparino per lavarmi. Cerco di allontanarle, con imbarazzo, ma non sembrano avere l'intenzione di lasciarmi, neppure per un attimo. Così, quando l'acqua è pronta, m'immergono nella piccola vasca e mi strigliano con una quantità infinita di prodotti a base di erbe. Dopo il bagno ristoratore, mentre alcune mi asciugano i capelli con un aggeggio simile ad un vecchio phon, altre strofinano il mio corpo con un unguento profumato, e cominciano a farmi indossare alcuni dei vestiti che hanno portato. Il problema più grosso è dato dalla mia altezza, notevolmente superiore alla loro, e dal mio ventre di quattro mesi che rappresenta un problema, nonostante queste donne siano più paffute di me. Faccio loro capire che nella mia sacca c'è una tunica color lilla e che potrei mettere quella: il vestito si chiude appena sotto il seno, lasciando il resto del corpo più libero. Non l'ho mai indossata, forse perché non la ritenevo adatta alla mia figura. Eppure, ora che è rimasta una delle poche tuniche a mia disposizione, credo che sia perfetta. Non so come abbiano capito, ma queste donne allegre e chiacchierine mi portano proprio l'indumento che ho chiesto, e, quando lo indosso, non trattengono un sospiro d'approvazione. Mi viene da ridere, ma non ho neppure il tempo di concedermi un po' di sano divertimento: vengo subito messa su una sedia e acconciata con una pettinatura molto elaborata. Il fatto di avere i capelli lunghi permette loro di intrecciarmeli molto velocemente, creando una crocchia morbida sulla sommità del capo e impreziosendola con alcuni piccoli monili della loro terra. L'immagine riflessa nello specchio mi permette di capire che si tratta di piccole perle incastonate su fermagli in avorio, e non posso fare a meno di chiedermi perché si stiano prodigando così per una sconosciuta. Athorm ha detto che una donna incinta è molto considerata, a Chay, ma non avrei potuto immaginare fino a che punto, se non solo ora.

Mentre fuori comincia a piovere ed io mostro loro la mia preoccupazione, le donne non sembrano badare affatto a quello che pare essere solo un piccolo incidente di percorso. E, in effetti, dopo uno scroscio di pochi minuti, le nuvole sembrano diradarsi. Nel frattempo, alcune di loro hanno trovato l'abbinamento che desideravano farmi avere, appoggiando sulle mie spalle uno scialle bianco, lungo e velato, e provandomi un paio di calzari dello stesso colore. Sono sandali piatti che si legano fino al ginocchio con un intreccio complicato e che non saprei neppure come ripetere, ma le loro dita sono agili, ed io non posso fare altro che rimanere ferma e immobile, mentre m'imbellettano il viso e il collo, gli occhi e le labbra, e poi cingono al mio collo un monile a forma di spirale, in argento. Felici come bambine, continuano ad appuntare perle quasi ovunque, e, nonostante il mio timore di sembrare simile a una di quelle grosse lampade a grappolo che ho visto sia a Kelk sia a Verdrad, tiro un sospiro di sollievo non appena ho modo di vedere la mia immagine riflessa: fortunatamente, i motivi ricreati sono gradevoli e contenuti, molto simili a simboli che non conosco, ma comprendo dai loro gesti che si tratta di qualcosa di beneaugurale. Non faccio in tempo a ringraziarle che se ne vanno rapidamente, come rapidamente erano venute, e quando penso di essere rimasta sola le vedo tornare con fiori freschi, bianchi e lilla. Viene intrecciata una ghirlanda ed essa è posta sul mio capo, proprio dov'è la crocchia; altri fiori sono appuntati sul vestito, in prossimità della scollatura; gli ultimi saranno il mio bouquet, e il mazzo è stretto da un fiocco bianco, forse una piccola sciarpa, fatta con un materiale molto simile a quello dello scialle. Credo che l'opera sia finita, perché le vedo saltellare e battere le mani gioiosamente. Mi sembrano bambine cresciute, ma non posso fare a meno di sentirmi contagiata dal loro buonumore, dopo gli ultimi accadimenti che hanno demoralizzato gli animi di tutti noi. Alcune di loro corrono via, mentre altre ungono i palmi delle mie mani con un altro unguento profumato, con particolare devozione. Mi guardano spesso e sorridono, e poi guardano la mia pancia, con allegria, mentre le loro gote diventano ancora più rosse. Sono simili a mele succose e mature che mangerei volentieri, se ne avessi qualcuna sotto mano! Dopo pochi minuti quelle che erano uscite dalla stanza tornano accompagnate da Detia. Non appena mi vede, la mia cara amica scoppia a piangere. La situazione è così paradossale da farmi scoppiare a ridere:

"Ti prego, Detia, non fare così!" Esclamo. "O penserò davvero di essere simile ad un grappolo d'uva!"

Riesco a strapparle un sorriso e la guardo: anche lei indossa una tunica che viene dall'Isola delle Vergini. La tunica azzurra che indossavano le giovani che ci avevano accolte come allieve presso il confine tra Mosbury ed Ecghara…

"Ti aspettano tutti all'uscita della base." Mi dice, abbracciandomi con delicatezza. "C'è un piccolo patio coperto dove la pioggia non sgualcirà la tua bellezza. Ma… guarda: il sole del tramonto sta uscendo dalle nuvole e sta tingendo il cielo di rosso… Andrà tutto bene, Swaynn, credimi."

"Ma chi presiederà la cerimonia?" Chiedo, incuriosita.

"Un uomo del posto che rappresenta la guida religiosa di Chay. E' una delle religioni monoteiste, ma credo che sarà ripreso un rito di una tradizione molto antica. E' tutto quello che so. Non comprenderai una sola parola, Swaynn, ma che importa? Le nozze celebrate in questo luogo hanno lo stesso valore di quelle che erano state preparate a Kelenda, poiché quest'isola è una delle terre appartenenti ad Athorm. Ora seguimi: ti condurrò io. Non preoccuparti di chiudere la porta: nessuno violerà ciò che vi appartiene."

Obbedisco in silenzio, seguita dalle donne che non smettono di parlare nemmeno per un secondo. L'ascensore è abbastanza grande da contenere tutte noi, ed io sono costretta a subire un trattamento ulteriore. Anche Detia sembra divertita, e questo mi suona come un accanimento. Fingo di essere esasperata, ma mi trovo a ridere insieme al gruppo rumoroso, poi finalmente, quando l'ascensore arriva al piano terra, le donne scattano verso l'uscita, e Detia mi conduce fino all'ingresso del patio posto a fianco della porta.

"Quando siamo arrivati, non ricordo di averlo visto…" Osservo, pensierosa.

"In realtà… Athorm ci ha chiesto di prepararlo non appena vi foste ritirati nella vostra camera…" Ammette Detia, arrossendo lievemente.

"E come sapeva che avrei accettato un'idea così folle?"

"Perché vi amate. Quale altro motivo sarebbe potuto essere altrettanto folle?"

La sua risposta mi lascia senza parole, ma non ho il tempo di chiederle altro: alcuni degli uomini sono in attesa, ancora vestiti con i loro abiti da lavoro. Passo in mezzo a questa piccola folla, e scorgo Oughm, Moraya, Smuz e Tom vestiti con i loro abiti migliori, quelli tipici di Kelenda. Poi, camminando sempre a braccetto con Detia, giungo proprio di fronte all'uomo che officerà il rito. Anch'egli è di bassa statura, con i capelli grigi e grandi occhiali dalla montatura nera. Le lenti sono così spesse da far sembrare i suoi occhi più grandi di quanto siano. E' vestito di bianco, e mi sorride gioiosamente.

Alla mia sinistra scorgo Yoser, in alta uniforme, col piccolo Isay agghindato come un ometto, col suo sorriso perenne stampato sul visetto paffuto. Dalla mia destra arriva Athorm, e indossa abiti che non ho mai visto prima: ha una blusa bianca, leggermente aperta sul petto, e una sciarpa leggera al collo, molto lunga, di colore blu; anche i pantaloni hanno lo stesso colore del cielo notturno, e gli stivali sono neri, come il mantello fermato sulla spalla da una fibbia dorata. Sui suoi abiti non sono state appuntate perle, ma altri monili, sempre a forma di spirale e dorati. Quando mi prende la mano, mi accorgo che anche i suoi palmi sono stati trattati con lo stesso unguento. Mi sorride, silenziosamente, poi fa cenno alla guida di iniziare. Come aveva detto Detia, non capisco una sola parola. Fortunatamente, non sono costretta a parlare, o, almeno, è così che fa Athorm, ed io lo imito come se fosse il mio riferimento. Le donne che mi hanno vestita ci legano insieme con un drappo sottile e leggero, bianco e blu, e, per l'ennesima volta, i palmi delle nostre mani sono unti con l'olio profumato. Ad un certo punto, Detia prende in mano il mio bouquet, rivolgendomi uno sguardo rassicurante. Non so che cosa stia per accadere, finché due uomini si pongono di fronte a me e ad Athorm, con dei pugnali affilati. Non ho neppure il tempo di capire, che le punte penetrano nei palmi rivolti verso l'alto, e una sensazione di bruciore accompagna la fuoriuscita di sangue. Io e Athorm veniamo posti l'uno di fronte all'altra e mi accorgo che anche le sue mani stanno sanguinando. Gli uomini pongono i nostri palmi a contatto, tenendoli stretti. Mentre l'officiante continua a parlare, Athorm mi fissa intensamente. Ho la sensazione che il nostro sangue si stia mescolando e una forza misteriosa scorre attraverso il mio corpo, come una vibrazione molto forte. Rimaniamo così a lungo, e la stanchezza che mi ha accompagnata fino ad oggi sembra svanire di colpo. Gli occhi si spalancano e ho la sensazione che la mia vista stia aumentando. Dopo un lungo istante, veniamo separati e ci è chiesto di volgerci nuovamente verso il celebrante che attende in silenzio. Athorm estrae dalla tasca dei suoi pantaloni un piccolo anello che infila al mio anulare sinistro. Quando lo indosso, è come se una parte di lui entrasse in me, senza che io sappia spiegarmi come. E' un anello semplice, discreto, adatto alla mia mano piccola, eppure reca dei simboli che non conosco. La cerimonia finisce quando le donne e gli uomini di Chay scoppiano in un applauso fragoroso.

Athorm si china su di me e mi bacia così intensamente da provocare urla di approvazione da parte dei suoi uomini. Continua a baciarmi anche quando inizia il banchetto che la gente del posto improvvisa senza nemmeno essere costretta a farlo, e mi bacia anche quando iniziano le musiche e le danze. Non smette di baciarmi nemmeno quando torniamo nella nostra stanza, come marito e moglie. Sono io che lo allontano solo il tempo di chiedergli:

"Che cosa c'è scritto sull'anello?"

"Molte donne mi hanno amato, nel corso della mia vita, Swaynn." Risponde, togliendomi la ghirlanda dai capelli. "Ma io non ho mai amato nessuna. Ho aspettato per tutta la mia esistenza che arrivasse chi fosse riuscita a conquistare una parte importante di me... e ora tu ce l'hai: l'anello che porti al dito è un pezzo del mio cuore che la spada di Ahona è riuscita a strappare, ma non a distruggere. E i simboli che sono stati incisi indicano un segno di appartenenza. Perché, ora, io ti appartengo, Swaynn. Sono tuo. E tu sarai mia per sempre. Per l'eternità."

***

La vita sull'isola di Chay è piacevole. I giorni trascorsi qui alleggeriscono la mia anima. Ho scoperto che c'è un piccolo mercato, tutte le mattine, proprio vicino alla riva, dove la gente del posto va a rifornirsi. Dal mare proviene il pesce fresco, dalla terra sono raccolti frutta e ortaggi, e c'è sempre qualche donna che fila, o che fabbrica tessuti, o che intaglia e cuce gli abiti. Come sull'Isola delle Vergini, il piccolo popolo non usa la moneta, come merce di scambio, tranne quando giungono stranieri dal mare... e non sono così pochi come pensavo. Attraccano sull'isola, si riposano, acquistano qualcosa e poi tornano a navigare. I soldi guadagnati vengono utilizzati per apportare migliorie alle case e alla fitta rete di comunicazione che esiste anche qui, sebbene senza esagerazioni. Di sera si attiva automaticamente uno scudo protettivo che difende l'intera isola da ospiti indesiderati. Di giorno, lo scudo è in grado di *filtrare* la presenza delle navi, rendendo questo luogo invisibile o visibile ai radar di bordo.

I quattro musici dell'equipaggio di Athorm passano gran parte del loro tempo a suonare, cantare e danzare insieme a uomini e donne del posto, poiché l'arte è un linguaggio universale. Io suono il Chrein solo di sera, quando la notte è ormai calata su questo piccolo paradiso, e Athorm si unisce a me, come facevamo quando la nostra conoscenza a Kelk si approfondiva sempre di più. Preferisco non suonare insieme agli altri, perché la vibrazione del mio strumento è troppo malinconica, e non voglio rovinare l'atmosfera festosa che si crea di giorno. Il ricordo di Orud è ancora intenso nei nostri cuori ma, grazie alla presenza di questo popolo gioioso, la durezza della sua fine si attenua lentamente, lasciando tutto ciò che di buono egli ha portato nelle nostre vite. Solo Athorm si assenta, ogni tanto, durante il giorno, e lo trovo accanto al moncone dell'albero attorno al quale ci siamo stretti per rinnovare il nostro silenzioso saluto all'amico fedele. Non cerco di distrarlo, né di portarlo via: rimango lì, accanto a lui, senza dire una parola, finché sul suo volto torna il sorriso e la forza della sua anima torna a vivere insieme alla mia.

Tutto è terribilmente perfetto. Sarebbe così bello potersi fermare qui, per tanto tempo, ma non è possibile. Avverto da tempo un richiamo che non riesco più ad ignorare, e diventa più intenso durante la notte: l'eco di mille sospiri sussurrano parole al mio orecchio, come soffi caldi di spiriti impalpabili che vogliono ricordarmi la promessa che ho fatto loro. So che Detia, Yoser e Athorm si sono accorti che qualcosa mi turba, ma non ho mai parlato apertamente con loro, per non gravarli con qualcosa che credevo potesse riguardare solo me. Eppure, man mano che il tempo passa, mi rendo conto che i loro volti mi scrutano come se fossero in attesa di una mia parola che indichi la direzione da prendere. Anche i quattro musici dell'equipaggio mi osservano silenziosamente, e poi se ne vanno, come se io non mi accorgessi delle loro occhiate furtive. Ma le vedo.

Decido, proprio per questo, di affrontarli: perché ormai devo solo tradurre in parole ciò che tutti pensano. Così, chiedo loro di seguirmi sul ponte della nave di Athorm, e, quando siamo tutti presenti, comincio a parlare:

"Questi giorni trascorsi a Chay sono stati splendidi. Credo di non ricordare un'allegria altrettanto contagiosa. Forse non l'ho mai provata. Nemmeno sulla nostra isola le risate erano così copiose, non è vero, Detia? Il rigore che ci era imposto ci faceva dimenticare del fatto che fossimo solo delle bambine, per farci crescere più rapidamente di quanto potessimo. Ma è lì che abbiamo imparato quasi tutto ciò che sappiamo. E' lì che il nostro carattere si è formato. Ed è sempre lì che le nostre vite si sono incrociate, per poi ritrovarci nuovamente unite, in questa nuova vita. C'è una cosa, che devo fare, e che ormai tutti voi sapete, e non posso più rimandare. Non posso soffocare i sussurri che, ogni notte, giungono alle mie orecchie, pronunciando una sola parola: *ricorda*. Ed io non ho dimenticato. Per questo ho preso una decisione: voglio tornare sull'Isola delle Vergini."

"L'Isola della Luna?" Chiede Oughm. "E cos'altro avete ancora da spartire, con quel luogo? Siete la sposa di Athorm, potete trovare un altro luogo in cui vivere, se non desiderate viaggiare per i mari. Ma perché tornare laggiù, quando siete stata cacciata, più di una volta?"

"Deve riportare la Pietra Lunare, Oughm!" Esclama Moraya. "Ormai lo sappiamo tutti!"

"Ma non ci sarà più nulla, in quel luogo!" Replica l'uomo paffuto. "Perché darsi tanta pena per nulla? E' sempre così difficile, andare e tornare da lì!"

Athorm interviene subito:

"Swaynn ha dato la sua parola, e ora desidera mantenerla. Abbiamo promesso di supportarla e lo faremo." Poi si rivolge a me. "Quando hai intenzione di partire?" Mi chiede, con una strana luce negli occhi.

"Il più presto possibile… anche oggi." Rispondo, senza indugi.

"Oggi?" Esclama ancora Oughm. "Io vorrei spassarmela ancora un po' qui, Athorm! Si mangia, si beve… e le donne sono così deliziose…"

"Ci torneremo, ma ora faremo ciò che desidera mia moglie." Taglia corto il capitano della nave. "Radunate tutto ciò che avete lasciato su Chay e poi tornate qui. Si parte immediatamente. Per voi va bene, Detia e Yoser?"

I due annuiscono, silenziosamente.

Al comando di Athorm segue una mobilitazione generale. Yoser si offre di recuperare ciò che mi appartiene per evitare di affaticarmi, mentre Detia torna con Isay sul mezzo di trasporto con cui viaggiano e che per tutto questo tempo è rimasto sospeso sul cono posto al centro dell'isola, sempre invisibile. Il motore viaggia grazie ad una fonte che si autorigenera e non è necessario spegnerlo, poiché quando il mezzo non viene utilizzato, si lascia *galleggiare*, come se si trovasse sul pelo dell'acqua. Solo, si tratta di aria. In pochi minuti, tutti sono pronti per partire e l'equipaggio si è già disposto secondo un ordine prestabilito. Athorm e Yoser salutano e ringraziano gli abitanti dell'isola Chay che ci hanno accolti e trattati come se fossimo gli ospiti più graditi, e si assicurano che gli esseri umani salvati – un tempo Larve – rimangano in questo luogo e vengano accuditi, sfamati e accolti come parte integrante di questo popolo gioioso. Dopo un ultimo saluto silenzioso rivolto verso il punto in cui abbiamo ricordato Orud, la nave riparte. Detia non viaggia con Yoser. Rimane accanto a me, pronta a sbarcare. La Pietra Lunare è stata portata nella stanza che divido con Athorm, in attesa di essere consegnata a me, quando sarà arrivato il momento. Anche Isay è sulla nave, e corre festosamente sul ponte, inseguendo Tif, come sempre. Mi rivolgo ad Athorm, con la domanda che avrei voluto porgli sin dall'inizio:

"Come arriveremo, sull'isola?"

Lui guarda l'orizzonte e sorride, senza rispondere. Credo che continuerà a non farlo, perciò decido di non insistere. Navighiamo per molte ore, ma, fortunatamente, il mare è calmo. La brezza che soffia è gradevole, e il sole scalda senza bruciare.

Trascorro il mio tempo con Detia e Isay, ma anche suonando il Chrein insieme ai quattro musici che sembrano in perfetto controllo. Tutto si svolge come in una giornata normale, su questa nave che si sta dirigendo… chissà dove.

E' solo dopo un po' di tempo che Athorm e Yoser si avvicinano a me e a Detia, guardandoci senza dire nulla. Detia corre subito a prendere la Pietra Lunare, avvolgendola con un panno scuro, molto pesante. Sembra lo stesso materiale di cui sono fatti i mantelli che hanno la capacità di disturbare i campi elettromagnetici. Quando è accanto a me, chiedo ai due uomini:

"Ora ci addormenterete, vero?"

Non rispondono. Sorridono, semplicemente. Ma non parlano. Guardo Detia, per cercare di capire se lei sia al corrente di qualcosa che io non so, ma anche la donna sembra in attesa di andare incontro ad un destino senza sapere come. Athorm e Yoser si avvicinano a noi, baciandoci, come se tutto ciò che stiamo per vivere fosse una tranquilla quotidianità. Ma non lo è. L'oscurità cala di fronte ai miei occhi, e tutti i rumori scompaiono. Non sento e non vedo più nulla. Rimango in questo stato di profondo torpore finché una sensazione di umidità sfiora la punta dei miei piedi nudi. Apro gli occhi e mi metto a sedere, immediatamente: sono sulla riva sabbiosa di Moryrd, il lago o il mare in cui si trova l'Isola delle Vergini. Indosso ancora la tunica azzurra che mi è stata regalata dal popolo di Chay, ma c'è un piccolo pugnale accanto a me.

"Swaynn."

Mi giro verso la voce femminile che mi chiama: è Detia, anche lei vestita d'azzurro, e cammina verso di me, tenendo la Pietra Lunare tra le braccia, sempre avvolta nel tessuto in panno scuro.

"Sei sola?" Le chiedo. "Athorm e Yoser sono qui con noi?"

"Non li ho visti…" Risponde, scombussolata. "Mi sono risvegliata solo poco fa e mi sono accorta che la pietra stava per essere portata via dall'acqua. Swaynn, da quando le onde di un lago sono così intense?"

Mi alzo, faticosamente, e le rispondo così:

"Questo non è un lago, Detia. E' un mare. Tutto quello che ci è stato detto al riguardo era vero solo in parte. Ma non so altro."

Alzo gli occhi verso il cielo e vedo nubi dense e rossastre. Anche il paesaggio circostante sembra brullo, spoglio… senza vita. La poca vegetazione ancora presente in questa zona dell'isola cresce in modo disordinato, come se nessuno se ne fosse più preso cura.

"Oh, Swaynn…" Mormora Detia, avvicinandosi a me. "Sembra un luogo fantasma… non c'è più nulla di quello che c'era un tempo…"

Annuisco, silenziosamente. Cerco di entrare in connessione con la natura, ma giunge a me solo il suono ovattato di queste onde insolite. Tutto sembra scomparso: le Vergini, gli animali, la ricca vegetazione, i suoni, i profumi… non c'è più nulla, se non lo scheletro del luogo che ci ha cresciute per molti anni. Rimaniamo in attesa, a lungo, come se aspettassimo anche solo un piccolo segno di vita… ma non arriva.

"Swaynn…" Mormora ancora Detia, sgomenta. "Qui c'è freddo… un freddo mortale…"

"Dove non c'è vita…" Dico, come se parlassi a me stessa. "… c'è la fine. Oppure… l'attesa…"

Detia mi guarda senza capire.

"Dobbiamo andare a Mosbury." Le dico, con decisione. "Dobbiamo raggiungere gli Antri dello Spirito."

"Ma… non abbiamo nemmeno un cavallo… siamo scalze… e tu sei incinta…"

"Non abbiamo alternative."

227

Comincio a camminare, e, dopo un attimo d'esitazione, anche Detia muove i primi passi incerti, come un bambino che sta imparando a camminare per la prima volta. Conosco questa zona e so come arrivare a Mosbury. Il mio stato appesantisce ogni mio passo, ma il legame che ho stretto con Athorm mi sta dando una forza che non pensavo di poter avere. Non posso sprecare i pensieri arrendendomi allo sconforto nel vedere la desolazione in cui l'isola riversa. Siamo passati da un luogo gioioso, pieno di vita, a un altro, dove tutto sembra essere solo l'ombra di ciò che era un tempo. Ci sono ancora piccole case sparse qua e là, ma sono disabitate e spoglie, come se le Vergini oscure le avessero depredate di tutto.

Un vento caldo si alza all'improvviso. Mi sembra di soffocare. C'è polvere ovunque, e quella che viene alzata forma spesso vortici sinistri che riusciamo ad evitare con difficoltà. Anche Detia sembra patire: la Pietra Lunare ha un peso considerevole, e, nonostante lei non si lamenti mai, vedo lo sforzo dipinto su ogni tratto del suo viso. Possiamo aiutarci reciprocamente solo facendoci coraggio, senza lasciarci prendere dalla desolazione di questa terra fantasma. Così, continuiamo a camminare, e nell'aria c'è solo il rumore ovattato dei nostri passi, tanto è profondo il silenzio che ci avvolge. Nemmeno il vento sembra produrre alcun suono, e questa sensazione fa raggelare il sangue nelle vene.

Camminiamo ancora, con la sete che ci morde la gola. La giornata, qui, sembra non finire mai. Ricordo che era già pomeriggio inoltrato, quando, sul ponte della nave, Athorm e Yoser ci hanno spedite fin qui, senza dirci come siano riusciti a farlo. Siamo sole, e non c'è neppure una sorgente di acqua potabile che possa rinfrescarci. Mi rendo conto di quanto il tempo sia davvero dilatato, qui, e solo dopo aver vissuto in luoghi del pianeta dove la giornata ha un ciclo regolare, posso comprendere la verità nelle parole che Athorm mi aveva rivolto, quando mi aveva spiegato il concetto della sua eternità. Così, non posso fare a meno di chiedermi: se l'Isola delle Vergini vive con un ritmo tutto suo, e se questo non corrisponde alla giornata normale del pianeta... quanti anni ho, davvero? Alla mia mente si affacciano molte possibili risposte, ma cerco di scacciarle: ogni volta che la consapevolezza della mia diversità ruba spazio ai miei pensieri, la mia forza sembra spegnersi. E non posso permettermelo. Non ora.

Una fitta dolorosa attraversa il mio grembo e Detia mi corre incontro, preoccupata:

"E' il bambino, Swaynn, vero?" Mi chiede, con ansia. "Ti stai stancando troppo... Rischi di perderlo, se non ti riposi un po'..."

"Non abbiamo acqua e non possiamo fermarci dove c'è polvere." Le rispondo, con una smorfia di dolore. "Se non permettiamo alla paura di prevaricarci avremo la forza necessaria per arrivare agli Antri dello Spirito."

"Non credo che Athorm sia d'accordo..."

La guardo dritta negli occhi:

"Se avesse avuto un minimo dubbio, non mi avrebbe permesso di arrivare fin qui. Ora andiamo."

Ricomincio a camminare, e la forza torna a scorrere nel mio sangue. Il passo diventa sempre più sicuro, come se un'energia misteriosa mi stesse attraendo a sé. Lascio che tutto avvenga come deve, perché i segnali non sono solo evidenti, e spesso bisogna accogliere ciò che viene, prestando la massima attenzione. Un senso di freddo attanaglia le mie viscere, quasi all'improvviso. Anche Detia rabbrividisce. Siamo arrivate a Mosbury, sebbene la vegetazione incolta renda impossibile comprendere quale sia l'ingresso alle caverne.

"Perché sento tanto freddo, Swaynn?" Mi chiede Detia, tremando. Non le rispondo, ma cerco di pormi in ascolto con tutta me stessa. Il silenzio continua a regnare, ma la presenza inspiegabile di Tif attrae la mia attenzione. La mia gatta è comparsa da chissà dove, e mi guarda per un attimo, miagolando lievemente. Poi comincia a correre verso una direzione ben precisa, ed io decido di seguirla. Anche Detia cammina a passo svelto, ora, e Tif continua a farci strada, attendendoci se rallentiamo il passo. Poi scompare dietro una siepe molto alta, che sembra voler nascondere un'apertura. Scosto quella vegetazione brulla e riconosco l'ingresso agli Antri dello Spirito:

"Siamo arrivate!" Esclamo, con sollievo. "Vieni, entriamo!"

"Ti seguo, ma... è molto buio... non riesco a vedere nulla..." Mormora, con timore.

"Lascia che i tuoi occhi si abituino all'oscurità. Non allontanarti da me."

"Non lo farò, Swaynn. Sono sempre qui."

Il fruscio delle nostre tuniche produce un suono sinistro che rimbomba da una parete all'altra delle caverne spoglie. I nostri occhi si abituano lentamente all'oscurità, e ci rendiamo conto che i Fiori del Tempo sono tutti morti. I pochi steli rinsecchiti spiccano dalla roccia come spettri. E, quando mi ritrovo a pensare a questo, una sensazione di freddo sfiora nuovamente il mio viso. Mi fermo di colpo, allargando il braccio, per impedire a Detia di proseguire. Sento che lei mi sta guardando senza capire. Ma, presto, le sue domande troveranno una risposta.

"Sono qui!" Esclamo, ad alta voce. "Sono arrivata!"

Un sussurro sibilato echeggia per tutte le caverne:

"Swaynn..."

Avverto la paura di Detia, ma rimango ferma:

"Sono io!" Dico, con decisione. "Mostratevi a noi, spiriti degli antenati!"

Una folata gelida ci investe in pieno, e migliaia di sussurri soffiano alle mie orecchie:

"Swaynn..."

Ciò che appare di fronte ai nostri occhi è qualcosa d'inspiegabile. Detia sembra sul punto di cadere, ed io sono costretta a sorreggerla. Migliaia di Spettri luminosi, dai contorni sfuocati, emanano un bagliore verdastro, quasi fosforescente. Non avrei mai immaginato che potessero essere così tanti! Invadono ogni piccolo antro libero, e si perdono a vista d'occhio. Vedo Tif sbucare da questa fonte di luce improvvisa, e, dalla sua bocca, si materializza la sagoma di colei che mi ha cresciuta durante la mia infanzia, di cui non conservo nemmeno un ricordo.

"Ti abbiamo aspettata a lungo…" Sussurra lo Spettro che, per molto tempo, ha seguito i miei passi.

"Lo so." Rispondo, con fermezza. "Ma sono qui, ora, e ho con me ciò che vi appartiene." Mi giro verso Detia, e, con un cenno della testa, le faccio capire che cosa deve fare. Lei comprende e libera la pietra dall'involucro che la contiene. E' adesso che avviene il passaggio di consegna ed io accolgo l'oggetto tra le mie mani. Immediatamente, i simboli incisi cominciano a risplendere di luce verde.

Un sospiro di sollievo sgorga spontaneo da quegli spiriti che attendono da millenni il loro riscatto.

"La Pietra Lunare…"

Solo ora comprendo che, di fronte a me, non ci sono solo esseri incorporei, ma uomini e donne, persino bambini… tutti i volti che ho visto e le voci che ho sentito nel corso dei lunghi anni trascorsi sull'Isola delle Vergini.

"La promessa è stata mantenuta…" Sussurra lo Spettro. "Rendici questa terra… Swaynn… Tu ci hai visti… Noi *vivevamo*… Noi *viviamo*…"

"Lo so." Gli rispondo. Poi guardo tutti, cercando di ritrovare in ciascuno di loro i contorni di tutti coloro che nessun'altra Vergine riusciva a vedere, tranne me.

"Ma, vi prego di spiegarmi: che cosa vi lega a questa pietra? Essa non viene dalla Luna?"

"Non tocca a noi questo compito… Swaynn… Noi cerchiamo solo… una nuova vita… Potremo proteggere questo luogo… Riporteremo la vita… poiché anche tu… ne porti in grembo una…"

"Avete intenzione di rimanere qui?"

"Noi avremo pace… e così sarà anche per questa terra… Il nostro spirito si ricongiungerà alla luce… E rimarrà la storia… Rimarranno le tradizioni… Rimarrà ciò che un tempo non c'era… e che tornerà ad essere…"

"Non c'è più nessuna forma di vita, qui."

"L'usurpatore… sarà schiacciato… Lui tornerà…"

"Lui, chi? L'usurpatore?"

"Lui…"

"Non comprendo! Di chi state parlando?"

E' lo spirito di mia madre, a rispondere:

"Molto presto… comprenderai… Il nostro viaggio… la nostra ricerca… ora ha un senso… Ora possiamo essere liberi… ancora…"

"Vi rivedrò?"

Lo Spettro riprende la parola:

"Non possiamo saperlo… ora… Ma le origini… saranno ripristinate… Tutto ricomincerà… La terra rifiorirà… e darà i suoi frutti… Da questo luogo spoglio e desolato… sta per sorgere una nuova Era…"

"E sia." Mormoro, percependo la forza della Pietra. "Io vi rendo ciò che è vostro, ora. Lo consegno ai vostri piedi, inchinandomi in espiazione degli errori che ha compiuto l'usurpatore. Vi restituisco la libertà e la vita. Vi chiedo, in cambio, il perdono e la pace."

"Swaynn Osery... La tua richiesta... è stata... accettata."

Non appena poso la Pietra Lunare di fronte a colui che mi ha fatto visita per anni, essa sprigiona una luce così intensa da costringere me e Detia e ripararci gli occhi con le mani. Tutto dura pochi secondi, e quando il bagliore si attenua, mi sembra di vedere tutti quei volti che si sono affollati per anni in questo luogo, un tempo fiorente. Rivedo i sorrisi, risento le voci dei bambini che si rincorrono gioiosamente, avverto i sentimenti degli innamorati che si promettono amore eterno... e gli spiriti non sono più luci dai contorni sfuocati, ma esseri umani in carne ed ossa che mi osservano sorridendo. Prima che anche quest'immagine sbiadisca, riconosco il volto di colui che mi ha tormentato per anni, durante le mie notti tormentate: è accanto alla figura di mia madre, e tutto comincia ad avere un senso.

"Padre mio..." Mormoro, riconoscendolo. Allungo le braccia, tentando di sfiorare quei volti familiari, ma essi si allontanano sorridendo, mano nella mano. Nei loro occhi c'è gratitudine e affetto, ma so che non potranno mai più avvicinarmi, né parlarmi, né abbracciarmi.

Rimango ancora così, con le braccia tese, mentre le immagini sbiadiscono, e negli Antri dello Spirito la luce delle candele si riaccende all'improvviso. I Fiori del Tempo rialzano la corolla, e il suono della Fonte della Vita risuona cristallino.

La Pietra Lunare è scomparsa insieme agli spiriti degli antenati, e Detia viene verso di me, facendomi abbassare le braccia, dolcemente:

"Andiamo, Swaynn." Mormora, stringendomi le mani. "Non abbiamo più nulla da fare, qui."

La guardo, e i miei occhi devono avere una luce particolare, poiché Detia ne sembra spaventata:

"Non è così." Le dico, come in uno stato di trance. "C'è ancora una cosa... E devo farla da sola."

"E che cosa c'è di più importante, che tornare da un marito che ti aspetta?" Mi chiede Detia, con una voce esasperata dalla stanchezza e dalle emozioni che l'hanno visibilmente provata.

"Qualcosa che avrei dovuto fare da tempo." Mormoro, con fermezza. "Devo trovare Munn, e parlarle. Una volta per tutte."

***

Mi sono addormentata di colpo, profondamente. Non me ne sono nemmeno accorta. Forse è successo quando Detia ha preteso che mi sedessi per pochi minuti su una delle panche in pietra, dov'è rimasta ancora della morbida imbottitura. Di fatto, mentre riapro gli occhi, mi sembra di aver dormito molto a lungo. Mi metto a sedere, e avverto dolore ovunque, soprattutto ai piedi. Solo ora riesco a vedere le ferite che mi sono procurata, mentre camminavo verso

Mosbury. Nonostante siano numerose, sembra che non siano profonde e nemmeno infette. Anzi, è come se si stessero rigenerando e cicatrizzando.

Ma dov'è Detia? Provo a chiamarla, e la mia voce risuona per tutta la caverna. Non risponde nessuno. Riprovo altre volte, alzandomi in piedi e cercandola in ogni piccolo antro. Ma non c'è traccia del suo passaggio, e non vedo orme che mi aiutino a capire dove si sia diretta, se dovesse essere uscita. Anche questa eventualità è quasi impossibile: Detia non ama sperimentare, né cercare strade alternative a quella che già conosce. Non si spinge mai oltre. Quindi, l'unica spiegazione è che Yoser l'abbia richiamata, o forse lei si sia messa in contatto con lui, in qualche modo... ma come? Troppe domande, e nessuna risposta. Così come non potevo spiegarle perché la mia intenzione è di trovare Munn e parlare con lei. So che la Signora dell'Isola è ancora qui: lo avverto. Se così non fosse, la Fonte della Vita non avrebbe ripreso a scorrere e i Fiori del Tempo non sarebbero sbocciati di nuovo. Ma c'è di più: dopo che la Pietra Lunare è scomparsa, insieme agli antenati, ho avvertito chiaramente quella vibrazione particolare che solo Munn è in grado di riprodurre attraverso la natura. E' stato come un richiamo che non avrei potuto ignorare.

Vado verso la polla d'acqua, dove le piccole Vergini erano immerse per iniziare la purificazione e ne bevo un sorso. La vibrazione diventa sempre più forte: la Signora dell'Isola sa che sono ancora qui, e ha permesso che stabilissi una connessione diretta.

Ho fame, ma non so che cosa mangiare. I miei occhi si posano sui Fiori del Tempo, perché un profumo molto intenso giunge alle mie narici. Mi avvicino e vedo che un Fiore in particolare sembra essere diventato molto più grosso degli altri. Provo a sfiorarlo e, al mio tocco, gli stami si aprono e lasciano intravvedere una sostanza zuccherina, simile a miele. Non so se ho le allucinazioni, giacché la gravidanza ha acuito ancora di più il mio olfatto, ma c'è solo un modo per scoprirlo. Immergo un dito nella sostanza resinosa, e provo ad assaggiare: è davvero molto simile al miele, e la dolcezza che contiene mi dà un'energia immediata. Dopo aver assaporato un altro po' di quel nettare nutriente, decido di seguire la vibrazione che mi guida verso l'esterno. Il contatto con la luce è quasi drammatico: gli occhi che si erano abituati all'oscurità sono ora sottoposti ad una sorgente luminosa che sembra aver restituito la vita all'Isola delle Vergini. Anche i colori sono tornati ad essere più vividi che mai. Avverto i profumi di un tempo, e la brezza è piacevole. Solo, sembra che nessuna Vergine sia nei paraggi, e non avverto neppure il suono degli zoccoli dei cavalli. Questa terra è ancora disabitata, sebbene sia tornata a risplendere. Cammino lasciandomi guidare dall'istinto. So solo che devo dirigermi verso il centro dell'isola, ma non come accedere alla dimora di Munn. Seguo i segni che sembrano essermi offerti, tracce invisibili inequivocabili che diventano sempre più intense. Avanzo per un po', cercando di non badare ai dolori che sembrano coltelli sulle piante dei miei piedi. Non ho fitte all'utero, e questo m'incoraggia ad avanzare. Quando ho detto a Detia che Athorm non mi avrebbe mai mandata fin qui se non fosse stato più che sicuro, dicevo una mezza verità: non ho la certezza che lui sappia quello che stia accadendo, e forse aspetta che sia io, a chiamarlo, per farmi venire a prendere. Sono supposizioni che non posso suffragare con i fatti, così decido di non pensarci e di continuare a camminare. Solo dopo essermi spinta al limite di Mosbury, mi rendo conto di essere giunta presso quella zona di terra circolare che protegge il nucleo in cui Munn vive: Isula. E' qui, che avevo la mia casa, insieme ad altre poche abitazioni che ancora sono rimaste intatte, seppur disabitate.

Un rumore improvviso desta la mia attenzione: c'è qualcuno che si muove tra le frasche degli alberi che nascondono la dimora inviolabile.

"Ehi!" Esclamo, ad alta voce. "C'è qualcuno, lì?"

Non ottengo risposta, ma decido di seguire quella nuova traccia. Forse è stata solo la brezza, forse un ramo si è spezzato ed è caduto… O, forse, è solo la mia speranza di poter trovare ancora qualcuno con cui parlare.

Mentre corro in mezzo al fogliame, cerco di ripararmi il viso e di farmi strada con le mani, per guardare meglio. Per un po' cammino alla cieca, guidata solo dal rumore che mi precede. Poi, all'improvviso, mi ritrovo in una piccola radura spoglia e vedo un lieve bagliore rosato introdursi nuovamente tra le siepi.

"Saima!" Esclamo, sicura che si tratti di lei. Nessun altro ha mai emanato quel bagliore inconfondibile. Non posso sbagliarmi.

Non ricevo risposta nemmeno ora, così continuo a seguire la scia luminosa che non si confonde con la luce forte del sole. Non potrebbe accadere, poiché è come vedere un bellissimo arcobaleno dopo un forte temporale, quando è intenso e netto. E non posso fare a meno di fidarmi del mio istinto, ora che i miei sensi si sono acuiti. Il mio stato di gravidanza non rallenta il passo veloce con cui mi muovo. E' come se la Fonte della Vita e i Fiori del Tempo avessero infuso nuova energia al mio corpo e alla mia mente, e la vista è così perfetta da riuscire a scorgere anche il più piccolo movimento di una foglia lontana. Il bagliore mi porta dritta verso la struttura inconfondibile che mi ha vista come una traditrice, accusata e cacciata come un sovversivo, giudicata da un'assemblea imparziale che non ha mostrato alcuna pietà. E rivedo la stessa porta fatta di un materiale simile all'effetto ottico di un oggetto posto a contatto col sole bollente. E' proprio lì che scorgo il lembo del vestito verde di Saima, nel momento stesso in cui la donna varca la soglia ed entra nella dimora di Munn.

Non so che cosa io possa trovare sul mio cammino. Non so che cosa ci sarà, oltre quella porta. E non so neppure se mi sarà permesso passare. Ma c'è un solo modo, per scoprirlo, ed è quello che mi porta ad avanzare con passo deciso proprio in quella direzione. Quando giungo di fronte alla porta, il mio primo timore è quello che, in qualche modo, la sostanza di cui non conosco l'origine possa fare del male al mio bambino. Rimango ferma per un lungo istante, incapace di decidere che cosa fare. Solo la visione di un bagliore ancora più intenso mi attrae così intensamente da farmi scordare le mie paure. Ed entro.

Non appena varco la soglia, mi guardo subito attorno: quella grande sala, quell'aula magna che mi ha processata, non c'è più. Mi trovo in un ambiente molto piccolo, di forma quadrata, con un soffitto altissimo che dà verso il cielo. L'unica fonte di luce proviene proprio da lì. Non ci sono candele, lanterne, luci artificiali… nulla. Vengo subito attratta da affreschi apposti sulle pareti. Sono molto grandi e sembrano così antichi da essere quasi scrostati in molti punti. Vedo anche piccole crepe che, tuttavia, non alterano la bellezza di quei dipinti fatti da chissà quale mano. Tutte le scene rappresentano la storia dell'essere umano, così come io stessa l'ho imparata, e la figura più ricorrente è quella femminile. C'è solo un dipinto in cui compare una sagoma molto simile a quella di un maschio, e lo si deduce dagli abiti che indossa, dalla forma del suo viso, dai tratti del suo piccolo corpo. Il giovane non sembra avere più di quattordici anni circa, e ritratto mentre siede su un cavallo nero che riporta simboli molto particolari. Mi sorprende che questi simboli siano identici a quelli incisi nella Pietra Lunare, ma anche nella fontana della dimora di Athorm, a Kelk, così come sulla sua spada e la cintura. Istintivamente guardo il mio anello nuziale, e mi accorgo che ess sono riportati anche qui. Che coincidenza è mai questa? Non riesco a capire.

"Swaynn." La voce femminile che mi chiama m'induce a voltarmi. E' Saima, così come l'ho sempre vista. Ma da dove è passata? A parte l'ingresso permeato di sostanza trasparente, non ci sono altre porte, né passaggi evidenti. Vorrei poterglielo domandare, ma mi precede:

"Sei riuscita a restituire questa terra agli antenati, dunque." Mi dice, sorridendo.

"Non capisco…" Mormoro. "Che cosa ci fai, tu, qui? E che cosa rappresenta tutto questo? Dov'è Munn?"

"Munn è dov'è sempre stata, Swaynn: molto vicina a te." Risponde, dolcemente. "Ha seguito ogni tuo passo e ti ha messa alla prova. Sapeva che tu eri la prescelta, sin da quando sei giunta qui… sin da quando sei tornata."

"Voglio parlare con lei." Le dico, con rispettosa fermezza. "Dimmi dove posso trovarla, ed io ci andrò!"

"Non ho alcun dubbio, al proposito, mia cara amica. Ma non c'è bisogno che sia tu, a cercarla, poiché lei è venuta da te."

Non comprendo le sue parole e vorrei farle molte altre domande, ma, all'improvviso, il suo corpo sembra dividersi a metà, verticalmente. Come se le sembianze umane fossero simili alla pelle di un serpente, esse cadono, e una luce intensa m'investe, senza accecarmi.

Rimango senza parole, di fronte a ciò che vedo: l'involucro di Saima a terra e questa luce che sembra pulsare, come un cuore. E, dalla fonte luminosa, questo essere sconosciuto mi parla, ma la sua voce è come sdoppiata: è come se un uomo e una donna parlassero all'unisono, come se si fossero fusi in un unico essere che non ho mai visto prima d'ora.

"Non avere paura, Swaynn. Non siamo qui per farti del male." Dicono le voci, e il loro suono è soave, ma, al tempo stesso, sinistro.

"Chi siete?" Chiedo, cercando di dominare l'ansia che attanaglia le mie viscere.

"Noi siamo Munn e tu, ora, detieni il segreto conservato per secoli... forse millenni. Noi non ricordiamo, poiché siamo stati relegati qui per attendere colei che avrebbe restituito questa terra agli antenati."

"La terra rubata... dall'usurpatore..." Mormoro, esitante.

"Sì." E' la risposta.

"E' il giovane che vedo dipinto nell'affresco? E'... Athorm Dralt di Kelenda, vero?"

Un lungo silenzio mi fa pensare di aver ragione. Un senso di angoscia diversa dalla paura raggela il mio cuore. Ma, poi, la luce risponde:

"No, Swaynn. L'usurpatore è l'essere umano. Colui che è giunto fin qui, credendo di poter estendere il suo dominio in modo indiscriminato e dimenticando il suo pianeta. Colui che ha portato la distruzione e la mistificazione, che ha contaminato la nostra razza, quando essa aveva cercato di riportare la Terra agli albori della sua nascita: un luogo ospitale, ricco, fertile..."

"La vostra razza?" Domando, senza capire.

"La nostra, Swaynn. Poiché anche tu ne fai parte."

"Quella degli esseri umani..."

"No, Swaynn: quella dei Figli della Luna. Poiché è qui, che ci troviamo: sulla Luna."

Mi gira la testa. Tuto si sta ribaltando in modo troppo violento e repentino. Mi sembra di vivere un incubo. Vorrei svegliarmi, ma so che questa è già la realtà.

"Ma allora... com'è possibile che chi è stato colpito dalle Larve fosse riuscito a giungere fin qui? E le Vergini oscure... come sono arrivate sul pianeta Terra? Ed io... come posso respirare, se manca l'atmosfera?"

Vorrei fare mille altre domande, ma sono così tante da bloccarmi il respiro.

"Solo qui è stata trovata la cura, Swaynn." Rispondono le due voci di Munn. "E sei stata tu, a trovarla. Nessuno di loro sapeva dove si trovasse ed è per questo che non hanno ricordato mai nulla: come avrebbero potuto credere a qualcosa che sul loro pianeta è quasi un'assurdità? Pregavano secondo la religione in cui credevano, ma le loro richieste risuonavano ovunque, nell'Universo. Così, quando hai salvato il caro amico Orud, questi ha trovato il modo di traghettare le anime fin qui, dove l'aria è stata resa respirabile dai primi colonizzatori."

"Traghettare... il lago Moryrd... che aveva il profumo del mare... Io non capisco..."

"Lo sappiamo e ti chiediamo perdono per il forte impatto emotivo che stiamo causando nella tua essenza. Noi lo percepiamo. Ma non devi avere paura, poiché ora sai chi sei e perché sei stata destinata a occupare il nostro posto sull'Isola delle Vergini."

"No... no, io non posso!" Esclamo, frastornata. "Tutto ciò è incredibile. E' impossibile. Voi avete cacciato i mariti e i figli più grandi delle donne che hanno chiesto un aiuto! Li avete ghettizzati! Non mi presterò mai ad un simile gioco! Non ha senso!"

"Non era importante che essi fossero curati: la donna ha il potere di dare la vita, in ogni senso possibile. Se queste donne potevano essere curate, allora, anch'essi guarivano, spontaneamente."

"Ma non è stato così per le Vergini oscure! Le Signore delle Tre Terre! Ahona, Yrila, Iasha… si sono trasformate in mostri!"

"Swaynn… sappiamo che tutto questo ti sta devastando, ma l'Universo non è un luogo disabitato, e molti esseri umani, dopo l'implosione del loro pianeta, hanno cercato rifugio presso altri luoghi dispersi nello Spazio. Purtroppo, nessuno di loro è riuscito ad adattarsi alle condizioni atmosferiche e ai ritmi di un luogo che non aveva dato loro la vita. Abbiamo accolto i superstiti in questa isola, e non abbiamo fatto alcuna distinzione tra uomini e donne. Poiché anche noi abbiamo colonizzato la Luna, non abbiamo tenuto conto delle differenze. La libertà e il rispetto sono valori che gli esseri umani perpetuano da tempo, ma ne hanno scordato il significato più profondo. Li hanno rinnegati. Noi abbiamo cercato di riportarli in vita, crescendo chiunque approdasse quaggiù secondo le regole del loro pianeta. Ne abbiamo conservato le tradizioni, affinché esse non venissero mai perse. Abbiamo cercato di ripopolare la Terra con nuove scintille di vita che potessero preservarla e custodirla. Ma l'essere umano ha continuato a seguire la sua sete di potere, così abbiamo dovuto fare una scelta. Abbiamo scelto di crescere le piccole allieve, affinché esse potessero conservare intatta la Virtù che coopera ad una nuova creazione. Non abbiamo emarginato le creature di sesso maschile perché non credessimo in loro, ma perché, piuttosto, desiderassero unirsi in matrimonio con spose Vergini che sapessero usare nel modo giusto la capacità di donare la vita. Abbiamo commesso degli errori, però, poiché non siamo perfetti. Nessuno è perfetto, in questo mondo, e così dev'essere. Anche noi rispondiamo ad una Mente Superiore che i popoli chiamano in un modo diverso, ma che è sempre una, ed è la scintilla primordiale della vita di tutti noi."

"Non avete risposto alla mia domanda: perché le Signore delle Tre Terre e le altre Vergini oscure sono state trascinate nelle tenebre? Perché l'avete permesso?"

"Se la Mente Superiore ci dà la libertà di scegliere tra il bene e il male, perché noi avremmo dovuto imporre loro qualcosa che non desideravano? Tutti sono chiamati a scegliere, prima o poi, la strada che vogliono seguire. Questo è il senso della libertà. E il rispetto sta nell'accettare la scelta dell'altro, anche quando può portare dolore e distruzione. Le Signore delle Tre Terre hanno scelto la via più semplice, smettendo di lottare. Hanno fatto una scelta consapevole. Chi siamo, noi, per imporre delle leggi?"

"Già: chi siete voi? Per tutti questi anni credevo che esistesse la Signora dell'Isola, una Vergine con capacità superiori che non si mostrava apertamente, solo per conservare il suo alone di mistero. E ora… non so con chi io stia parlando!"

"Tu hai riportato la Pietra Lunare che apparteneva a questa terra. Essa rappresentava la prima pietra posta dai colonizzatori che, per primi, hanno posto le basi per la creazione di quest'isola. Tutto ciò che vedi è reale, com'è reale l'ossigeno che respiri. E, per rispondere alla tua domanda: noi siamo gli spiriti degli antenati che hanno posato i piedi sulla Luna, millenni fa. Antenati molto antichi, di cui fa parte anche la stirpe di Vegar. La tua stirpe, Swaynn. Questo ti rende, a tutti gli effetti, un'immortale…"

"No! Il ciclo della mia vita è diverso! Io sono stata tra gli esseri umani! Sono come loro!"

"Tu sei stata in un luogo, dove nessuno invecchiava, ma quando sei tornata ad aiutare Detia non ti sei resa conto del tempo che passava quassù… Un tempo dilatato. Un infinito presente…"

Mi appoggio al muro, sentendomi mancare:

"Gli Spettri mi dicevano che se non avessi mantenuto la mia promessa, questo luogo sarebbe stato distrutto… poiché sorge sopra ad un vulcano…"

"La Luna è piena di crateri causati dall'impatto con Meteoriti e altri Corpi Celesti, Swaynn. Essi parlavano per immagini. Dove puoi trovare, un cratere, se non nella bocca di un vulcano?"

"E allora… che senso aveva mentire?"

"Essi non hanno mentito. Quando una creatura vivente cova rancore, ed esso si accumula con gli anni, la rabbia repressa può rischiare di esplodere, come avviene con la lava di un vulcano. Ma tu hai sedato quella rabbia. Dopo tante promesse sentite nel corso dei secoli, tu sei stata l'unica ad averne mantenuta una. E questo è bastato. Così, hanno rivisto la luce. Ora sai perché gli esseri umani chiamano questo luogo *Isola della Luna*: perché, istintivamente, sanno di non essere soli, nell'Universo. Grazie a te, ora, le ombre delle paure sono state spazzate, e una nuova speranza sta per nascere, perché la porti nel tuo grembo. E ora anche noi possiamo lasciare questo luogo, poiché abbiamo espiato la nostra grave colpa."

"Colpa? Quale colpa?"

"Abbiamo sacrificato la felicità di nostro figlio, solo perché era *diverso*. Credeva in un mondo migliore, mentre noi non avevamo più alcuna speranza. Abbiamo spezzato il suo cuore, e non ce ne siamo nemmeno accorti. Non abbiamo mai trovato pace. Per questo, sebbene i nostri corpi si fossero già consumati, i nostri spiriti hanno atteso… per lunghi anni. Abbiamo atteso quella scintilla in cui egli ha sempre creduto e per la quale ha lottato duramente. E ora che tu l'hai portata, noi possiamo finalmente riunirci con le anime degli altri antenati. Possiamo consegnare questo luogo a qualcuno che saprà come governarlo, con semplicità e rigore."

La luce sbiadisce lentamente. Ho bisogno di sapere ancora! Non può finire così!

"Munn!" Esclamo con forza. "Che ne è stato delle Vergini? Perché questo luogo è disabitato? Che cosa devo fare, ora?"

Le voci si spengono in un sussurro:

"Segui sempre i segni, Swaynn. Non puoi aggiungere altre anime dove regna il caos. A volte è necessario… ricominciare…"

La visione termina. Scivolo lungo la parete, accasciandomi al suolo.

Un'aliena. Io sono un'aliena!

Eppure sono fatta di carne e sangue, come qualsiasi altro essere umano! Avevo cinque anni, quando sono stata trascinata qui, in questo luogo che profuma di fiori e di resine. Vedo il sole, durante il giorno, e la luna e le stelle di notte... Dov'è, il senso, in tutto questo?

Mi trascino fuori, stancamente, camminando a lungo, senza sapere dove andare. La mia testa sta scoppiando. Tutto è troppo reale, troppo tangibile. Quello che mi è stato detto non rientra in nessuna logica. Nessuna.

Cammino nella fitta vegetazione di questo luogo che non riesco più a riconoscere, così come non so più nemmeno riconoscere me. Non so più chi sono. Non so più da dove io venga. Non so perché io sia stata mandata qui, né come ci sia arrivata.

Il concetto di eternità è quello che mi fa girare ancora di più la testa. La nausea mi prende la bocca dello stomaco, e stringo i denti per non vomitare. Se cedo ora, non riuscirò più a reagire. Raggiungo la riva di Moryrd, senza nemmeno sapere come e cado sulla sabbia morbida, senza nemmeno tentare di rialzarmi. Guardo il movimento regolare delle onde e il flusso dei pensieri si placa. L'acqua cristallina risplende sotto i raggi del sole che scaldano il mio viso.

Resto così, immobile, cercando di soffocare le emozioni che mi stanno sovrastando. Una sensazione di freddo pervade la mia anima: è questa, la morte? O, forse, semplicemente, il mio corpo ha bisogno di zuccheri? Non so più nemmeno se ciò che vedo e sento sia reale. Non so più nulla. Chiudo gli occhi e cado in un sonno profondo. Non ho più forze. Se morissi ora, non m'importerebbe. E forse è proprio ciò che voglio...

**

Il calore che mi avvolge è piacevole. Mi ha protetta a lungo, ogni volta in cui mi svegliavo, in preda all'ansia. Qualcuno ha deterso il sudore dalla mia fronte, raffreddando la mia temperatura corporea con spugnature fresche quando la febbre aumentava. Non mi sono mai ammalata, in vita mia, ma credo che fosse inevitabile, dopo tante emozioni vissute tutte in una volta. Non sono morta, questo è chiaro. Altrimenti non mi sentirei così spossata, ora che la febbre è scesa e che ho solo voglia di dormire. Apro gli occhi solo dopo molto tempo... non so nemmeno quanto. E, quando mi guardo intorno, mi sembra di essere nella stanza che era stata riservata a Chay, a me e Athorm. Qualcuno appoggia la mano sulla mia fronte, e quel tocco mi rilassa profondamente. Accetto il contatto fisico di chi mi sta prendendo tra le sue braccia e mi addormento di nuovo, profondamente. I sogni sembrano diventare più sopportabili, ora, e la forza aumenta sempre di più. Mi sveglio di nuovo, sempre nello stesso luogo, ma questa volta alzo lo sguardo: Athorm mi tiene stretta, accarezzandomi e sorridendomi dolcemente. L'unica cosa che mi sento di chiedergli può essere una sola:

"E' tutto vero?"

Athorm annuisce lentamente, ma i suoi occhi riescono a trasmettermi quella pace di cui ho bisogno:

"So che cosa provi, Swaynn." Mi sussurra teneramente. "E' ciò che ho provato anch'io, e che continuo a provare, tutte le volte in cui non sono riuscito a trovare un significato a questa vita infinita."

"Ma tu… hai un cuore meccanico… Ed è molto diverso…"

"Ricordi quello che hai visto a Verdrad, nel laboratorio di Yoser?" Mi chiede. "Lui stesso mi ha riferito che ti sei fermata proprio di fronte al contenitore che lo custodisce."

"Il tuo cuore…" Sussurro debolmente.

"Esatto, Swaynn. E continua a vivere, indipendentemente da me. Allo stesso tempo, siamo strettamente connessi, poiché, se io morissi, anche il mio cuore di carne smetterebbe di battere. I segni che hai visto sono quelli che la spada di Ahona ha inflitto su quello meccanico. E' come se non fosse mai stato tolto dal mio corpo e continuasse ad esistere, poiché io sono vivo. Ogni tanto, Yoser mi propone di riporlo nel mio corpo, sostituendo il cuore artificiale, ma io non ho ancora preso una decisione: ogni piccolo pezzo di quel cuore di carne può salvare molte vite umane, e sapere che io posso essere utile a qualcuno dà un valore alla mia eternità."

Mi accarezza il viso ed io stringo debolmente la sua mano:

"Perché, Athorm?" Gli chiedo. "Perché essere obbligati a condurre una vita eterna, spegnendoci lentamente, come le stelle che raggiungono il massimo splendore per poi implodere? Perché essere simili a Buchi Neri, quando i nostri sentimenti sono così *umani*?"

"Swaynn, ci è stato donato il libero arbitrio. Io ho accettato il mio destino quando ho cominciato a percepire che stava arrivando qualcosa anche per me, qualcosa che avevo cercato da sempre… e sei arrivata tu. Da quel momento in poi, non è stato più importante come e dove io sia nato, ma come la mia anima si sia riempita di quell'amore che ho atteso a lungo, sopportando il grande vuoto che si creava nel mio cuore. Tu l'hai visto. Hai visto ciò che altri non vedranno mai. Quell'organo che continua a pulsare era solo un riflesso di ciò che ho sempre vissuto dentro di me e che nessuno ha percepito. Finché non ti ho amata, le sue dimensioni erano ancora più grandi. Poi, man mano che la mia anima cominciava a darti ciò di cui avevi bisogno, esso si è rimpicciolito. E, un giorno, Yoser mi ha informato sul fatto che ora è simile ad un cuore umano, a tutti gli effetti."

"Sono contenta per te." Mormoro, sorridendo debolmente. "Ma questo non cambia ciò che siamo."

"Cambia ciò che saremo, Swaynn. Il futuro non è mai prestabilito. Anche Orud era un immortale, eppure ci ha lasciati, così come accada a qualsiasi creatura vivente che conosce un ciclo con un inizio e una fine. L'ho imparato col tempo e ora lo voglio condividere con te, perché tu sai cosa si prova. Ma sai anche che nulla è mai definitivo, poiché non siamo noi, a decidere. Se la spada di Ahona avesse reciso un'arteria – e i miei vasi sanguigni sono reali – io non sarei ancora qui con te."

Gli accarezzo il viso e mi accorgo della sua barba incolta e delle profonde occhiaie che segnano i suoi occhi:

"Ti sei preso cura di me..." Osservo, con gratitudine.

"Come avrebbe fatto qualsiasi marito che ama la propria moglie." Mi risponde, stringendo la mia mano.

"Il bambino sta bene?" Chiedo, ricordandomi solo ora della mia condizione.

"Tutto procede al meglio, stai serena." Si guarda intorno, e poi mi chiede, sorridendo: "Ti piacerebbe stare qui, Swaynn? La gente è cordiale e piena di vita. Ti ho vista rifiorire, a Chay, e mi chiedevo se tu volessi costruire qui la nostra casa."

Questo progetto infonde un'improvvisa energia nella mia anima:

"Rimanere qui?" Gli chiedo, mettendomi a sedere. "Io credevo... di dover tornare sull'Isola delle Vergini..."

"Chi ti ha detto questo?"

"Munn... cioè..." Lo guardo dritto negli occhi: "Tu sai chi è, vero?"

Annuisce, e il suo volto diventa serio:

"Munn era lo spirito dei miei antenati. Lo spirito dei miei genitori, uniti fino alla fine dall'energia che li aveva resi una sola anima, il giorno del loro legame. Così com'è successo a noi, Swaynn. Quando il nostro sangue si è mescolato, io sono diventato tuo, e tu sei diventata mia. Nessuno potrà mai spezzare ciò che abbiamo creato e consolidato. Non era forse questo, che tua madre voleva per te?"

"Sì... me lo aveva detto." Mi guardo intorno e mi rendo conto che Tif è scomparsa. Athorm sembra comprendere quello che sento e mi dice:

"Non hai più bisogno di lei, ora. E lei non ha più bisogno di te."

"E tu, Athorm?" Gli chiedo, stringendo le sue mani. "Hai mantenuto in vita lo spirito dei tuoi genitori per molti secoli ma ora anch'essi hanno raggiunto gli antenati. Perché l'hai fatto? Avevi bisogno che ti stessero vicino, nella lunga vita che hai trascorso in solitudine?"

"Ricordi quando ti ho raccontato la storia dell'Uomo della Luna?"

"Sì, lo ricordo."

"Beh... Non era solo una fiaba: era la mia storia. Era la verità."

"Ma non mi avevi mai detto di avere una sorella..."

"Non l'ho fatto, perché lei ha deciso di lasciare il Satellite per mescolarsi con la razza umana. Ha rinnegato le sue origini e mi ha chiesto di non rivelare mai a nessuno la verità sulla nostra storia."

"Ed è diventata una mortale..."

"Swaynn... le volte in cui sei andata e ritornata dall'isola, ti sarai sicuramente chiesta come fosse stato possibile, in pochi istanti, passare da un luogo all'altro."

"E' così, infatti."

"Ora posso dirti la verità. Noi siamo creature di luce e non dobbiamo fare altro che desiderare di tornare a casa. Se lo vogliamo davvero, il nostro corpo diventa leggero, e la velocità con cui si proietta da un luogo all'altro è simile a quella di un raggio che si proietta nella frazione di pochi secondi. Ma, per fare ciò, è necessario non avere alcun dubbio, poiché la minima esitazione può appesantire la nostra energia e impedirci di arrivare intatti. In breve: durante il *viaggio*, alcune parti del nostro corpo potrebbero perdersi."

"Com'è successo a te?"

"No. Com'è successo a Chrel. Era arrivata ad un punto in cui non sopportava più di rimanere a metà tra i due mondi, ma la sua mente era confusa. Così, durante un trasferimento, il suo smarrimento ha danneggiato seriamente il suo cuore. Non aveva abbastanza forze da tornare indietro, ma non sarebbe sopravvissuta nel mondo degli esseri umani. Mi ha chiamato, poiché ero l'unico su cui potesse davvero contare, e l'ha fatto con l'anima, con tutta la sua essenza. Ho ascoltato il suo grido e sono corso da lei. Ed è così, che ho conosciuto Yoser, poiché Chrel era approdata a Verdrad, dove questo giovane scienziato si stava specializzando. Non c'era più molto tempo, ormai, e un trapianto sarebbe stato impossibile: nessun essere umano possiede un gruppo sanguigno simile al nostro, e le condizioni di mia sorella si stavano aggravando. Così, Yoser mi ha usato come cavia per un suo esperimento: avrebbe prelevato il mio cuore dal petto e l'avrebbe messo al posto di quello di Chrel. Io avrei ricevuto un cuore cibernetico, in grado di autorigenerarsi eternamente, un progetto sperimentale che avrebbe restituito dignità ad una tecnologia che aveva portato l'essere umano a un passo dall'autodistruzione. E l'operazione andò bene, o almeno… per me… Perché, dopo un certo periodo, il corpo di Chrel stava rigettando l'organo che le avevo donato. Così, Yoser ha deciso di tentare la strada della cibernetica anche con lei, ma anche il cuore meccanico fu rifiutato. Era rimasto un ultimo tentativo: assemblare i pezzi del cuore di Chrel, conservati in un liquido speciale, e dare loro vita con parte del mio, che ancora pulsava. E, questa volta, le cose si erano risolte positivamente. Nel frattempo, però, avevo conosciuto Orud che portava con sé la Pietra Lunare. Questa gli era stata consegnata da altri Portatori, che, a loro volta, l'avevano ricevuta dai loro predecessori. Il perché… non lo sappiamo. Si dice che alcuni esseri umani l'abbiano rubata all'Isola delle Vergini, violando quel luogo senza farsi alcuno scrupolo, e senza badare alle conseguenze che questo gesto avrebbe causato. Chrel ha risentito immediatamente degli influssi della pietra, e, col tempo, era riuscita ad impadronirsene. E' stata lei, a costruire la teca, dopo essersi accorta che con quell'oggetto avrebbe potuto costruire un impero. Ma la pietra non ha ripagato mia sorella con la gratitudine, anzi: l'ha vincolata a sé, come ha fatto con tutti quelli che si stabilivano a Kelenda solo per rimanere eternamente giovani. Così, è diventata simile ad un essere umano, ma mantenendone le sole caratteristiche che lo avevano portato già una volta all'autodistruzione: l'avidità e il desiderio di potere."

"Per questo lei non mi ha mai amata..." Mormoro. "Distruggendo la teca, avevo mandato all'aria anche i suoi piani... Ma, allora, perché cercare una Vergine che riuscisse a farlo?"

"Perché era un'impresa impossibile, Swaynn. Chi avrebbe mai potuto disintegrare uno scudo creato da una creatura aliena? La maggior parte delle Vergini aveva una natura umana, e anche quelle che conservavano nel loro patrimonio genetico una traccia dei loro antenati non sarebbero mai state in grado di portare a termine questo compito. Ho sempre sperato che desistesse da questa follia, ma, per coinvolgermi, ha preteso che la Vergine scelta dovesse sposarmi. Per questo ho cercato di non innamorarmi mai: non volevo trascinare un'innocente verso un destino di dolore. Ma poi ho conosciuto te, e ho pensato che tu potessi porre fine alla sua brama di potere. E, mentre ti conoscevo, ho cominciato ad amarti. Credo che questo abbia segnato la fine di Chrel e di Kelenda."

"Non è rimasto più nessuno, laggiù?"

"Nessuno. Quella terra fa ancora troppa paura. Ci vorranno molti anni, prima che sia bonificata e resa abitabile da esseri umani dal cuore puro."

"E Yoser? Anche lui è un immortale... Anche lui ha addormentato Detia, per portarla verso l'Isola delle Vergini."

"Lui è un essere umano con potenzialità intellettive fuori dal comune. La sua immortalità è relativa al funzionamento dei suoi apparati tecnologici. E sono sempre stato io a condurre entrambe nel luogo in cui vi siete conosciute. Ovviamente, però, non avrei mai baciato un'altra donna." Aggiunge, sorridendo. "Così, Yoser si è sempre prestato alla messinscena. Credo che anche lei, ora, sappia quasi tutto, al riguardo. Ma, quando hai riportato la pace tra gli Spettri, era così spaventata da lanciare messaggi inconsci molto intensi. La sua presenza t'indeboliva, perché le sue paure succhiavano tutte le tue energie. Per questo l'ho fatta tornare. Avrebbe voluto correre di nuovo da te, ma Yoser è riuscito a convincerla a restare. Poi, quando ti ha vista tornare, si è adirata moltissimo nei miei confronti: temeva che saresti morta. Ma io sapevo che si sbagliava. E ho avuto ragione."

"Mi dispiace che, a causa mia, tu abbia dovuto pagare."

Athorm mi sorride:

"Le passerà, quando vedrà che ti stai riprendendo e che tutto procede per il meglio."

"E gli altri? Oughm, Moraya, Smuz, Tom... il tuo equipaggio? Dove sono?"

"Per molti anni sono stato circondato da persone di ogni genere, ma, al tempo stesso, ero solo. Ho semplicemente desiderato stare con la donna che amo, perché quel senso di solitudine è stato appagato."

"Dunque... a parte il popolo di Chay, ci siamo solo io e te?"

"Noi due... e questo bambino." Risponde sorridendo e accarezzandomi il ventre.

"E cosa ne sarà, dell'Isola delle Vergini? Cosa ne sarà, di noi? Una vita fatta di eternità... è troppo..."

"Tutto può cambiare, Swaynn, non dimenticarlo. Ne hai le prove. E, in questo momento, voglio solo pensare al presente. Nulla di più."

Sorrido e mi appoggio a lui, mentre il mio sguardo si posa sul mio anello nuziale. I simboli non sembrano più qualcosa che incute timore, ma un pezzo della mia storia che rimarrà inciso per sempre nella mia anima.

Comincia un periodo di convalescenza, durante il quale mi ristabilisco completamente. Così, io e Athorm ci avviciniamo gradualmente a questo popolo gioioso che non dimentica mai di sorridere, anche per le cose apparentemente più semplici. Non sono ancora in grado di prendere una decisione riguardo al mio futuro sull'Isola delle Vergini, e, per questo, decido di accettare la proposta di mio marito di progettare una casa su questo piccolo isolotto, dove la lingua diventa ogni giorno più comprensibile.

Athorm indossa sempre meno il suo mantello scuro, e i suoi occhi si velano sempre meno, quando rimane in silenzio, di fronte al grosso moncone attorno al quale abbiamo ricordato il nostro amico Orud. Da Verdrad sono giunte notizie da parte di Detia e Yoser: sembra che la mia più cara amica abbia messo da parte i sentimenti di rabbia che ha nutrito verso Athorm, credendo che mi avesse sottoposto all'ennesima prova, ma la cosa più importante è che è in attesa del suo secondo figlio. Si è accorta di essere incinta poco dopo essere tornata dall'isola, e sia lei che Yoser sono al settimo cielo. Isay non sembra altrettanto felice: in cuor suo, avverte già che non sarà più al centro dell'attenzione, e spesso fa i capricci tipici dei bambini gelosi del nuovo arrivo. Questo stato di normalità mi fa sorridere, e trovo che anche la gelosia faccia parte dei sentimenti umani più ancestrali che devono essere custoditi come tesori preziosi.

La nave di Athorm fa il suo ritorno quando i mesi della mia gravidanza stanno per giungere al termine. Oughm, Moraya, Smuz e Tom sono curiosi di vedere il bambino o la bambina che nascerà. Non abbiamo voluto sapere a priori se sia maschio o femmina: non siamo grossi amanti della tecnologia. Non lo siamo mai stati. I quattro non fanno che starmi addosso come se fossi fatta di cristallo: non sono solo una donna incinta, ma la moglie del loro capitano che gli darà il suo primo erede. Questo, per loro, è sicuramente un evento che non vogliono perdersi per nulla al mondo. Quando mi trovo sola con Athorm, nella casa che abbiamo fatto costruire vicino al moncone dell'albero attorno al quale abbiamo celebrato il ricordo di Orud, passo la serata seduta su una comoda sedia posta su un piccolo terrazzo che mi permette di vedere il mare e di sentire il dolce suono delle onde. Non riesco più a suonare il Chrein, e nemmeno a cantare: sento che il parto si sta avvicinando e la mia pancia è troppo voluminosa, per riuscire anche solo a fare un minimo movimento senza alcuno sforzo. Così, Athorm mi rimane accanto, leggendo i libri che Yoser gli ha fatto pervenire da Verdrad, tra quello che io stessa proponevo quando lavoravo presso la biblioteca, oppure mi tiene tra le sue braccia finché non mi viene sonno. Solo adesso ho il coraggio di porgli una domanda che mi sembrava dettata da una curiosità di cui mi sono sempre vergognata:

243

"Non te l'ho mai chiesto." Gli dico, esitante. "E non pretendo che tu mi risponda, se considererai le mie parole troppo invadenti o puerili. Ma, mi sono sempre chiesta: quali altre parti meccaniche ci sono, nel tuo corpo?"

Athorm scoppia a ridere:

"Pensi davvero che io sia un androide, Swaynn?" Mi chiede, divertito. "Il tuo stato dovrebbe essere la dimostrazione della mia autenticità. Ma, se proprio vuoi saperlo, l'unica parte che mi sia mai stata rimpiazzata, è il cuore. Tutto il resto mi appartiene. Non l'avresti mai detto, vero?"

"Con tutto il mistero che ti circondava? No, sinceramente. I tuoi uomini sono convinti che ci sia dell'altro."

"Per loro è più facile pensarlo. Il concetto di eternità non è così semplice, da accettare."

"Lo capisco. Ma non mi è chiaro che cosa tu abbia intenzione di fare, al riguardo. Desideri mai poter riavere il tuo vero cuore? Ora che le sue dimensioni sono tornate ad essere normali, potrebbe non essere necessario smembrarlo, distribuendone i pezzi a chi non saprebbe apprezzarne il gesto."

"Noi siamo venuti al mondo per condividere gratuitamente, Swaynn, non per tenere per noi ciò che abbiamo. Ma se è ciò che desideri, chiederò a Yoser di restituirmelo. Questo ti permetterebbe di guardarmi con occhi diversi? La mia immortalità non sarebbe intaccata, poiché è la mia stessa essenza a tenerlo in vita, e non viceversa."

"Non lo so, Athorm. Un giorno ci penseremo, forse. Io ti amo per ciò che sei, e non voglio cambiarti. Ma... gli altri? Anche loro potrebbero riavere ciò che hanno perso?"

"Con tutto quello che hanno passato nella loro vita, di organico è rimasto ben poco. Senza quelle parti meccaniche, non potrebbero sopravvivere. Per questo, per loro, ciò che è stato cambiato non potrà mai più essere sostituito. Ma l'anima... quella rimarrà per sempre autentica, poiché contiene l'essenza stessa della vita."

"E come hanno fatto a spostarsi dalla Terra alla Luna senza subire danni?"

"Il merito continua ad essere di Yoser. Mai sentito parlare di *ologrammi*, Swaynn?"

"Sì. Ma non di ologrammi con una consistenza fisica..."

"La tecnologia ha fatto dei passi avanti, in questi secoli. Credo che ti stupiresti, se desiderassi approfondire di più l'argomento. Potrebbe aiutarti a capire anche come le donne colpite dal virus delle Larve siano riuscite a raggiungere l'Isola della Luna, senza usare alcun mezzo di trasporto. E anche perché tu riuscissi a respirare ossigeno ovunque ti trovassi. Potresti avere tutte le risposte alle domande che non sembrano averne anche una sola realmente logica. Ma è una storia lunga e noiosa, in stile Yoser Nym... Vuoi davvero ascoltarla?"

Non faccio in tempo a rispondere che il pavimento si allaga di un liquido che esce copiosamente dal mio corpo. Non è sangue ma Athorm comprende immediatamente che cosa stia accadendo:

"Il bambino sta per nascere." Mi dice, senza tradire alcuna preoccupazione. "Credo che sia giunto il momento di chiamare la levatrice del popolo di Chay." Una contrazione improvvisa mi fa piegare in due dal dolore: "Ho l'impressione che non ci sia tempo, Athorm." Esclamo, portandomi una mano sul ventre. "Non chiedermi come sia possibile ma... sento uscire qualcosa. Credo che dovrai assistermi tu..."

Lo vedo impallidire per un breve istante. Poi mi solleva da terra e mi porta in camera, ponendo diversi asciugamani tra il mio corpo e le coperte.

Il resto si svolge così rapidamente da non permettermi neppure di pensare. Non vedo gli aggeggi che è riuscito a recuperare da chissà dove, né so che cosa stia facendo. L'unica cosa cui penso è spingere, e, nonostante il dolore molto intenso, dopo solo pochi minuti avverto il pianto di un neonato. La sua voce è forte, e tutto è così nuovo e strano, per me.

"E' femmina!" Esclama Athorm, visibilmente emozionato. Dopo aver tagliato il cordone, la avvolge in una coperta asciutta e pulita e me la porge. "E' bellissima, Swaynn..." Dice, baciandomi e guardando la piccola, estasiato.

La guardo anch'io, incredula. Tutta l'umanità è racchiusa in una creatura così piccola e così perfetta. E l'eternità di quest'attimo, ora, non mi sembra affatto una condanna.

***

"Allora... non ne hai a male, Swaynn?" Mi chiede Detia, per l'ennesima volta. "Forse dovresti pensarci ancora un po'..."

"Ci ho già pensato abbastanza." Le ripeto, con fermezza. "Io e Athorm vogliamo dedicarci a Mytia e non avrei le energie necessarie per occuparmi di altro, in questo momento."

"Ma anch'io sono prossima al parto."

"Sì, però hai già Isay e sei più esperta di me. E non sarai sola: Yoser penserà a te e ai bambini come ha sempre fatto."

"Però... Munn ha chiesto a *te* di governare l'Isola delle Vergini. Non a me."

"Le cose cambiano, Detia. Sei stata un Funzionario speciale di Kelenda. Non vorrai dirmi che il tuo compito fosse semplice..."

"No, ma... Se non dovessi farcela? Tu sei stata sull'isola molto più di me. Conosci tutti i suoi luoghi più remoti. Io non so quasi nulla."

"Imparerai."

Athorm si avvicina a me, tenendo Mytia tra le braccia:

"Siete pronti?" Chiede alla famigliola riunita di fronte a noi.

"Lo siamo, non preoccupatevi." Risponde Yoser, ridendo sommessamente. "Non fate nemmeno caso alle paure di Detia: parla tanto, ma, alla fine, sa come farsi rispettare."

"Swaynn." Mi dice Athorm, annuendo lievemente.

"E' giunto il tempo." Sussurro a Detia, tenendole le mani tra le mie. "Ora chiudete tutti gli occhi. Anche tu, Isay. Bravo, così. Contate fino a tre, ed esprimete un desiderio che vi possa rendere felici. Uno, due... e tre!"

Con un lampo di luce, li vedo smaterializzarsi di fronte ai miei occhi.

"Ce l'hai fatta." Mi dice Athorm, soddisfatto.

"Ce l'ho fatta." Replico, con un sospiro di sollievo.

Mentre ci avviamo verso l'uscita della base di Yoser per salire sulla grande nave che ci aspetta, mi rivolgo ad Athorm ponendogli un'ultima domanda cui non sono ancora riuscita a dare una risposta:

"Alla fine, il lago Moryrd... che cos'è? Io non l'ho ancora capito. Così come non mi è chiaro come si possa vedere il sole e addirittura un'altra luna... sulla Luna stessa. E c'è un'altra cosa: se il tuo equipaggio è stato trasferito sull'Isola delle Vergini solo attraverso una proiezione olografica tridimensionale, perché Yoser è in grado di sopportare la smaterializzazione, senza risentirne?"

"Non c'è bisogno di trovare una risposta a tutto." Mi risponde, con un sorriso enigmatico. "A volte ci sono cose che è bene rimangano un mistero per tutti... o solo per alcuni. Altre volte, i segreti devono essere svelati da altri pionieri dello Spazio che decidano di scoprire cosa nasconda il lato oscuro della Luna. O, più semplicemente, tutto potrebbe essere una grande illusione... tu che ne dici? In quanto a Yoser... è pur sempre un grandissimo scienziato, ed è riuscito a modificare il suo DNA grazie agli studi condotti sulle Vergini. E' un argomento molto complesso, e solo lui sarebbe in grado di darti una spiegazione esauriente, se tu gliela chiedessi. Ma è ammessa ogni libera interpretazione, Swaynn: non è questo, forse, il bello delle storie?"

Scuoto la testa e lui ride, tenendo stretta a sé Mytia. La piccola si lascia cullare dormendo placidamente. Da quando è nata, sono più le volte che passa in braccio al padre che a me. Se potesse farlo, Athorm creerebbe strati di scudi protettivi che possano proteggerla anche quando dorme nel suo lettino, di notte. Mi chiedo che cosa farà, quando sarà cresciuta.

"Ricordati che è anche mia figlia." Gli dico, rimproverandolo scherzosamente.

"Lo so... ma lasciamela un altro po'." Mi risponde, guardando il frugoletto con immenso amore.

"Crescerà viziata e litigheremo per la sua educazione. Ecco che cos'accadrà."

"Allora cercherò di viziare anche la sua mamma." Risponde, baciandomi.

"Sei un gran ruffiano, Athorm Dralt." Replico, divertita.

Scoppia a ridere, mentre raggiungiamo l'equipaggio. Gli uomini sono già pronti per partire.

"Dove si va, di bello, signori?" Chiede Oughm, con impazienza.

"Dove vuoi andare, Swaynn?" Mi domanda Athorm, a sua volta.

"Cominciamo a partire." Rispondo con decisione. "Il resto... dipende. Quanto tempo abbiamo, a disposizione?"

Athorm mi sorride, aiutandomi a salire sul ponte:

"Tutto quello che ci occorre per capire che cosa vogliamo davvero." Mi dice, abbracciandomi. "Non un minuto di più, non uno di meno. Questo è il vero viaggio della vita. Qualunque essa sia."

La nave salpa, e l'isola Chay si allontana lentamente. Un giorno, sicuramente, torneremo, ma, adesso, voglio conoscere ogni segreto di questo pianeta, guardandolo con gli occhi dell'uomo cui sarò legata per sempre. Il Chrein è già pronto, sulla prua. La sua sagoma sembra indicare la direzione. Per questo, andremo sempre avanti, finché il viaggio ricomincerà dal luogo in cui faremo ritorno, e il ciclo delle cose si ripeterà, all'infinito. Non c'è nulla di più vero della storia che io e Athorm raccontiamo a Mytia, per farla addormentare. E' ancora troppo piccola perché capisca, ma vogliamo che la sua mente riconosca sin da subito ciò che avrà modo di toccare con le sue manine, un giorno.

C'era una volta un mondo che conobbe i più violenti fenomeni atmosferici, responsabili della distruzione di gran parte del Pianeta Terra. Gli esseri umani si ridussero a poche migliaia di superstiti che, con fatica, ricostruirono ciò che era rimasto quasi intatto. Raccogliendone i cocci, molti di essi sacrificarono la loro stessa vita per dare un significato a una nuova rinascita. Solo dopo molti secoli di arsura e fame, i primi germogli di nuovi fiori cominciarono a schiudersi nuovamente. Qualcuno tentò di vivere altrove, nello Spazio, ma non ci riuscì. La solitudine dell'Universo può essere più spietata di qualsiasi morte. Così, senza più un riferimento, persero per sempre la strada verso casa e decisero di arrendersi. Smisero di sperare, e, ben presto, molti scomparvero. Ma il cielo aveva ascoltato le loro preghiere. Fu così che le razze aliene cominciarono a colonizzare la Terra e gran parte della Luna. Queste popolazioni di cui tutti avevano paura non chiedevano altro che preservare il patrimonio culturale del pianeta, per tramandarlo alle generazioni future. Per questo si decise di dare vita a un luogo che potesse continuare a insegnare i valori più nobili quali la libertà, il rispetto e la condivisione gratuita. Un luogo in cui la donna potesse mettere in atto il dono della creazione che porta con sé, sin dalla sua nascita. Un'isola nella quale gli spiriti degli antenati continuassero a vivere, insieme alle leggende, e, da esse, trarne nuove storie. Ed io? Da dove venissi o chi fossi… questo era il mistero che avvolgeva la mia intera esistenza. Ma, in fondo, chi potrebbe mai affermare di non custodire almeno un segreto inconfessabile? Fu l'amore a chiamarmi ed io ebbi la fortuna di riconoscere il suo richiamo. Così, in nome del legame che ci ha uniti per l'eternità, io, Swaynn Osery di Vegar, discendente di un'antica razza aliena, insieme ad Athorm Dralt di Kelenda, conosciuto da tutti come l'*Uomo della Luna*, decidemmo di far crescere nostra figlia, Mytia Osery Dralt di Chay, sul pianeta azzurro, giacché non esisterà mai altro posto al mondo così ricco di colori e profumi, di emozioni e contraddizioni, di fragilità e sicurezze, di cui le creature terrestri sono permeate. E questa sorta d'imperfezione è così straordinaria da far desiderare anche a un essere immortale di poter vivere e morire come un essere umano.

Questo, forse, è il vero segreto di tutta la storia. E' da qui, che tutto riparte. Ed è sempre da qui, che tutto muore e rinasce. Eternamente.

GLI IMMORTALI

Capitolo 2

Quanto può durare, la vita di un essere umano? Molti anni, oppure non abbastanza da dare un senso all'esistenza di un individuo. Non è più possibile stabilirlo con precisione, da quando la tecnologia è tornata a pieno regime, grazie alla straordinaria intelligenza di Yoser Nym che un tempo risiedeva a Verdrad. Egli, ora, vive insieme a sua moglie Detia e a suo figlio Isay, in quel luogo che gli esseri umani chiamano Isola della Luna. Quel luogo che molti considerano leggenda, sopravvive da secoli lontano dalla curiosità morbosa di chi non è in grado di comprenderne gli insegnamenti, poiché essi richiedono un rigore morale che l'essere umano ha dimenticato. Nonostante tutto, però, continua ad esercitare un fascino misterioso su chi desidera poter dare una svolta alla sua vita, spesso desiderando di potersi assurgere a idolo, dimenticando l'autenticità di ciò che può apparire insignificante ma che nasconde in sé molti segreti. In questo clima di risurrezione e speranza, gli Immortali compiono il loro viaggio, alla scoperta di nuove forme di vita che possano ripopolare Kelenda, la terra legata per molti secoli all'influsso della Pietra Lunare, in grado di fermare il tempo e regalare l'eternità a chiunque vi si avvicinasse. Essi scrivono il loro diario affinchè le generazioni future possano ritrovare le tracce di antiche civiltà, di storie perdute, di tradizioni quasi dimenticate che devono essere riportate alla luce. Non sanno che ogni loro passo diviene un sigillo nei libri su cui studiano le giovani allieve dell'Isola delle Vergini. Vanno avanti, sempre, accompagnati dagli Spiriti degli Antenati che non hanno mai dimenticato la promessa mantenuta da colei che ha restituito loro quella terra, inquinata dalle ombre degli istinti materiali appartenenti al genere umano. E non sanno che anch'io, da quassù, seguo i loro passi, poiché la mia devozione non potrà mai mancare. La mia vita è stata salvata per due volte, ed io sono stato ben felice di offrirla, per preservare il dolce segreto di colei che ha restituito la luce al cuore di chi ho servito per molti secoli. Per essi, io rimarrò per sempre un servo fedele.

Orud – Il Portatore

***

Uno - *Athorm*

E' impossibile descrivere la sensazione che si prova, quando la nave salpa verso il mare, e sfiora veloce la superficie dell'acqua come se stesse volando, mossa dalle ali del vento. E' un senso di libertà che solo pochi riescono a comprendere. Guardo mia moglie Swaynn cullare nostra figlia Mytia con dolcezza, e credo sempre di più che la vita sia un miracolo da perpetuare con cura e attenzione: ogni minimo errore può rompere il delicato equilibrio che in pochi sono riusciti a ripristinare, dopo molti secoli di sacrifici, dopo tante guerre e carestie, e dopo tante morti che si sarebbero potute evitare, se solo l'essere umano avesse desiderato di meno e amato di più. Nemmeno io avrei potuto credere che esistesse ancora una speranza. Mi ero abituato a vivere nell'attesa che accadesse qualcosa, anche se non riuscivo a comprendere la sensazione che giungeva a me come una sottile vibrazione. La trattenevo per conoscerla a fondo, comprenderla, ma più cercavo di stringerla, più essa fuggiva, volando via come una splendida farfalla dalle ali delicate. La speranza di una nuova vita non faceva parte dei progetti che avevo stabilito, poiché non pensavo potessi trovare chi mi stesse accanto nei miei lunghi viaggi, a visitare tutte le terre che ho conquistato e che governo grazie all'aiuto di Funzionari scelti, i pochi rimasti ancora in vita, dopo la strage di Kelenda. Invece, ora, il mio cuore non batte più solo per me stesso, ma per altre due creature che amo immensamente. Raggiungo Swaynn e mi siedo accanto a lei, suonando il Tharyd. Mytia è sempre affascinata dal suono di questo strumento: la vedo addormentarsi tra le braccia di sua madre, così profondamente da infondere serenità. Le sue manine sono così piccole che potrei distruggerle con una sola stretta, se non fossi più che accorto, ma avverto già la sua forza nella mia anima. Mia moglie mi sorride e io provo la felicità di sapere che non sarò mai solo, perché lei sarà per sempre accanto a me. Non ho mai smesso di desiderarla, e, se possibile, la amo ancora di più. Molte volte penso che sarebbe meraviglioso avere un altro figlio, ma Swaynn mi fa presente che Mytia è nata solo due mesi fa, due mesi terrestri, e presto dovremo recarci presso l'Isola della Luna, per conoscere il secondo bambino di Detia, Ghag. Non sappiamo ancora come nostra figlia sopporterà la smaterializzazione, e non possiamo rischiare più di quanto ci sia consentito. Dopotutto, lei è nata tra gli esseri umani, e il suo DNA potrebbe essersi modificato. Prima di partire, Yoser mi aveva detto che molti dei figli nati dagli incroci di esseri umani con altre creature presentavano un patrimonio genetico particolare che, spesso, andava contro se stesso. Era il caso delle Larve, coloro che hanno mietuto molte vittime, soprattutto tra i discendenti dell'Isola. Come Orud. Yoser ha aggiunto anche che, essendo sia io che Swaynn molto simili, l'ipotesi potrebbe essere remota, ma mi ha consigliato di rimanere in allerta e di avvisarlo, se avessi notato qualcosa di strano.

Durante il nostro viaggio, mi ritrovo spesso ad isolarmi e a riflettere su qualcosa che diventa un desiderio sempre più intenso. Durante il giorno, sono spesso accanto a Swaynn e Mytia, e mi chiedo se non sia arrivato il momento di riprendermi ciò che mi appartiene: il mio cuore autentico. So che Yoser potrebbe tornare a Verdrad in qualsiasi momento, poiché egli non risulta fuggiasco, ma Funzionario Speciale sull'Isola della Luna, e, come tale, rispettato dalla sua gente. Il suo laboratorio non è mai stato chiuso, ed è costantemente presidiato. I pochi scienziati che nel mondo hanno sempre collaborato col mio più caro amico hanno preso posto in quella che è sempre stata la sua sede di lavoro, il centro di ogni sua sperimentazione. Essi hanno ottenuto permessi particolari ma la loro identità rimane segreta a molti: questo è sempre stato il volere di Yoser, per impedire agli esaltati di poter compiere atti criminali. Ci sono poche persone cui è permesso interloquire con loro: tra queste, ci siamo io e Swaynn, nonché i miei sottoposti più fedeli. A volte penso che dovrei prendere la decisione di chiedere il rimpiazzo del mio cuore meccanico con quello che mi è stato tolto, ma so che l'operazione non è esente da rischi.

La mia paura più grande è quella di lasciare sole mia moglie e mia figlia. Se dovessi rispondere solo a me stesso, forse, dopo tanti secoli, affronterei il rischio. L'idea di avere una vita mortale, come qualsiasi essere umano, a volte, può anche essere confortante. E' di notte che alzo lo sguardo verso il cielo, alla ricerca della Luna. Mi allontano da Swaynn solo quando lei si addormenta, dopo essere rimasta con Mytia e aver suonato il Chrein. Solo allora, mi fermo sul ponte e mi connetto agli Spiriti dei miei Antenati. Nessuno può vedermi, in questi momenti: la mia essenza lunare è come un raggio che si lega strettamente al Satellite, ed esso crea un campo magnetico che mi nasconde agli occhi del mio equipaggio. Non divento invisibile: semplicemente, l'energia che emano si trasforma in un magnete opposto che, anziché attrarre, comincia a respingere. E lo fa in modo sottile, penetrando l'anima di chi vorrebbe avvicinarsi al luogo in cui mi celo, facendolo desistere dal proseguire. Torno ad essere l'alieno che abita su questo pianeta da tanto, troppo tempo. Ma conservo le mie fattezze umane, l'energia che rallenta e si solidifica in un corpo che non conoscerà la morte, se non quando la Luna avrà deciso di porre fine alla mia esistenza.

Mi aggrappo al parapetto, respirando profondamente, con gli occhi chiusi. Lentamente, giungono a me quelle voci che conosco molto bene e che si affollano nella mia anima, come se cercassero disperatamente un canale attraverso cui parlare. Ma non posso dare loro lo spazio che vorrebbero: io cerco un altro Spirito. E lo trovo grazie alla forza del legame che ci unisce.

La luce di Munn emana bagliori verdastri e fosforescenti, sollevandosi dalla superficie dell'acqua e stagliandosi nell'oscurità di questa notte. Nessuno può vedere ciò che io vedo. Solo Swaynn potrebbe farlo, ma gli Spiriti degli Antenati stanno mantenendo la promessa che le hanno fatto: non la importuneranno. Non le chiederanno aiuto. E lei crederà che essi abbiano trovato la pace.

In fondo, è così, dopo aver riportato la Pietra Lunare nel luogo da cui essa ha avuto origine. Ma essi non hanno smesso di esistere e di cercare nuovi canali che possano ascoltare le loro voci. Hanno solo imparato a zittirsi di fronte alla paura e ad operare con l'intuizione, confidando nella capacità percettiva dei prescelti. La loro missione non è quella di importunare, ma di preservare le tradizioni, impedire che le coscienze si assopiscano, riaccendere la scintilla del ragionamento che in molti esseri umani sembra essersi spenta. Continueranno a farlo finché l'Universo non li attirerà nuovamente a sé, nei molti Buchi Neri dell'Anti-Materia, dove essi rivivranno in altra forma che non è dato a sapere a chi resta.

La luce di Munn si sdoppia e appaiono a me le sagome dai contorni sbiaditi di mio padre e mia madre. I loro tratti non sono definiti ma conservano ancora le fattezze che avevano quando io ero un giovane Figlio della Luna e in loro vi era ancora traccia di speranza. Quando mi parlano, all'unisono, la loro voce non giunge a me come suono ma come forma-pensiero:

"Figlio caro." Mi dicono, con l'affetto di molti secoli addietro. "Noi ti siamo vicini e seguiamo ogni tuo passo. Conosciamo la felicità che finalmente sei riuscito a conquistare, eppure avvertiamo tormento, nel tuo cuore."

Le mie labbra non si muovono. Solo lo sguardo si posa su queste figure evanescenti, mentre la mente comunica le mie parole:

"Sul pianeta sono rimaste poche terre in cui vivere e da cui trarre il nuovo Popolo per Kelenda. Le acque sommergono gran parte di ciò che è stato e che non potrà riemergere con facilità. L'essere umano continua a desiderare sempre di più, da quando la tecnologia di Yoser Nym ha raggiunto anche i luoghi più dimenticati. Il prezzo pagato migliaia di anni fa non è servito: se tutto continuerà, l'equilibrio della Natura sarà nuovamente alterato. La Luna è sempre più vicina e le maree sono indomabili. Onde anomale si abbattono sulla mia nave che resiste solo grazie all'essenza di cui è permeata. Ho perso il mio più caro amico, Orud, il fedele compagno dei miei viaggi, colui che ha contribuito a fare di quest'imbarcazione un mezzo che sa valicare i confini della Terra. Ora temo per Swaynn e per Mytia."

"Athorm, la tua sposa conosce tutto di te?"

"Conosce ciò che le serve sapere, madre mia. Conosce chi sono ora e il presente è l'unica cosa che conta."

"Ed ella ti ha visto per ciò che sei… davvero?"

Abbasso lo sguardo e scuoto la testa, sorridendo amaramente.

"Perché non ti sei ancora mostrato a lei, Athorm?" Mi chiede mio padre. "E' pronta."

"Pronta per affrontare la verità, dunque?" Chiedo mentalmente, rialzando la testa. "Pronta per guardare in faccia anche se stessa?"

"Lei non è ancora stata messa al corrente di molte cose, figlio mio. Tu sai… Sai che Detia non è in grado di governare Sel'nays, il luogo che sulla Terra è conosciuto come l'*Isola della Luna* e che quassù è chiamato l'*Isola delle Vergini*. Tu conosci molto bene le anime prescelte: hai gettato tu le basi per le prime Leggi affinché esse fossero osservate. E non l'hai fatto per discriminare, ma per tutelare chi non possedeva l'essenza."

"Padre… ti prego: non permettere che il ricordo si impossessi della mia anima…"

"Noi siamo qui proprio per questo, invece, Athorm, e lo sai. E' la ragione per la quale ci hai chiamati e noi abbiamo risposto. Siamo qui, poiché ci è stato ancora lasciato del tempo. E lo useremo per ricordare ciò che gli alieni mischiati agli esseri umani volevano trasmettere a costoro. Sono gli ideali per cui ti sei battuto senza arrenderti mai. Sono le motivazioni che ti hanno spinto ad andare avanti quando noi diventavamo ombre e tu cercavi di custodire la luce nella Pietra Lunare che nascondevi a Mosbury."

"Gli stessi ideali che hanno ucciso Chrel…"

"Lei ha usato il libero arbitrio che le è stato concesso nel modo in cui ha ritenuto opportuno. Ma prima di lasciarti ti ha riconosciuto. Tu l'hai sentito. Il suo cuore si è unito nuovamente al tuo... No, non a quello meccanico che pulsa nel tuo petto ora, ma a quello che continua a vivere a Verdrad e per il quale ti poni mille domande. Ma non devi chiedere più di quanto tu sappia già, Athorm: ciascuno è artefice del proprio destino. Eppure, per un motivo di cui nessuno conosce una spiegazione logica, tutti noi possiamo ricongiungerci a chi amiamo anche nell'attimo estremo della morte."

Una lacrima scivola leggera sul mio viso, quando il ricordo di mia sorella morente tra le mie braccia attraversa la mia mente e la mia anima. Asciugo gli occhi col dorso del mio guanto, avvertendo una flebile percezione: è il tocco della mano di mia madre che si posa sui miei capelli, mentre una sottile vibrazione arriva fino al mio cuore.

"Non sappiamo nulla di lei, figlio caro." Dice, senza parlare. "Non è insieme agli Spiriti degli Antenati. Forse è stata troppo a lungo contaminata dai bassi istinti dell'essere umano e ha perso la sua vera identità, rinnegandola sin dal principio. Ma ha custodito la Pietra ed è ciò che conta. Non importano più le motivazioni per le quali ha agito: contano i risultati. Noi non siamo altro che sfumature in un Disegno molto più grande di cui non possiamo vedere i dettagli, poiché ne facciamo parte."

"Non posso svelare a Swaynn ciò che sono." Replico con lo sguardo. "Non voglio spaventarla."

"E tu sai chi è lei, Athorm?" Mi chiede mio padre, avvicinandosi leggero.

"Conosco la sua stirpe."

"E lei sa qualcosa, al riguardo?"

"No. Non ho ritenuto che fosse importante dirle nulla. Ci sono molte cose che non riesce a spiegarsi ed altre che ancora accetta con fatica. Spesso la vedo perdersi nei suoi pensieri e mi sembra distante da me anni luce, come un astro lontano che non riesco ad afferrare."

"Non siete uniti come prima della nascita di Mytia, questo lo sentiamo. Giacete ancora insieme?"

"Questi ritmi nuovi la stanno confondendo. Non posso forzarla, padre mio."

Si alza una brezza lieve che increspa la superficie del mare. Gli Spiriti sono vicini. So che vorrebbero parlare ma non posso permettere loro di introdursi in un discorso personale.

"Li senti, Athorm?" Chiede ancora mia madre. "Sono in pena per Sel'nays. Consolida nuovamente quest'unione, caro figlio, affinché la tua sposa possa affrontare il suo destino."

"Lei ha già scelto. C'è un'altra Signora, al suo posto, ora."

"Lei saprà. Arriverà il giorno. Tu lo sai."

Reprimo un gesto di stizza che sorprende anche me. So mantenere il controllo delle mie emozioni negative, ma, nonostante le apparenze, la mia anima è fortemente esposta.

"Tu sei sempre stato il cuore pulsante." Dice mio padre, come se volesse giustificare la mia debolezza. "Era naturale che trovassi una creatura legata da schemi mentali che hanno soffocato la sua anima. Lei non sa di sapere. Ma tutto è già in lei. E ciò che le è stato donato sta per manifestarsi. Tu lo sai. Lo vedi nel modo con cui lei guarda Mytia: la bambina è nata dal suo corpo, ma la sua anima continua ad appartenere alla libertà. Swaynn non è venuta al mondo per essere moglie e madre, Athorm, per quanto i suoi sentimenti possano essere più profondi di quanto non voglia ammettere a se stessa."

"Non dire altro, padre, te ne prego! Non lasciarmi credere che non mi apparterrà mai!"

"Vegar… non discende solo dalla Luna…"

"Madre, non procedere oltre!"

"Arriverà il momento in cui dovrà scegliere. Lei deve sapere, Athorm. Detia non è in grado di governare Sel'nays. Può gestirla per qualche tempo ancora, poiché l'Isola si sta ricostruendo e, con essa, anche le tradizioni e le conoscenze antiche tramandate da secoli. Grazie al supporto del suo sposo, la vita sta rifiorendo. Ma anche lui sa e mente a colei che ama, per proteggerla… e per tutelare se stesso dalla paura di poterla perdere. Lei non è come Swaynn. E tu l'hai compreso sin da subito. Per questo hai deciso di sposare la donna che è al tuo fianco, ora: perché insieme compirete grandi imprese. Ma finché non vi sarete conosciuti per ciò che siete profondamente, rimarrà un velo tra di voi. Consolida questo legame, Athorm, ma lascia che lei conosca la verità. Altrimenti, i sacrifici delle creature aliene saranno stati vani. Gli Spiriti degli Antenati attenderanno ancora. La Terra non riuscirà a preservare se stessa, se l'essere umano non si risveglierà dal suo torpore. Il Popolo delle Ombre è sempre pronto ad intervenire, figlio caro. Gli eserciti oscuri si stanno preparando per una nuova guerra, ed essa coinvolgerà le prescelte, affinché esse non possano custodire la conoscenza di un pianeta che può ancora salvarsi, se ascolterà i Messaggi dalla Luna."

Stringo il parapetto, sopraffatto dal conflitto interiore che divora la mia anima. Anch'io ho visto e so e non ho alcun diritto di fermare gli eventi. Ho promesso a Swaynn la libertà e voglio onorare la parola data. Dopotutto, ho atteso per molti secoli il suo arrivo e non posso permettermi di sottometterla, facendo di lei ciò che non è, semplicemente oscurando il suo desiderio di conoscenza. Quando parlo, non è più la mia mente a formulare le parole che affiorano sulle mie labbra. La voce esce dalla mia gola come se fosse priva di qualsiasi emozione, volutamente. Non temo di essere udito dagli uomini del mio equipaggio, poiché il campo magnetico che si è creato è così forte da confonderli:

"La lingua di Sel'nays dev'essere svelata." Mormoro, con un tono di voce neutro, ma fermo. "Swaynn avrà il compito di insegnarla ai miei più fidati collaboratori per ciò che essa è in realtà, nei suoi simboli e nella sua reale pronuncia. Ma prima faremo tappa a Kelenda, poiché ho il dovere di comprendere ciò che è rimasto ancora della mia terra. Non ostacolerò gli avvenimenti che si compiranno, inevitabilmente. Non altererò l'equilibrio cosmico. Ma non posso dimenticare di far parte di questo pianeta che ho servito e difeso per molti secoli."

Le due luci si fondono nuovamente in una sola luce, quella inconfondibile di Munn, colei che è stata a lungo la Signora dell'Isola delle Vergini. Le voci giungono a me nuovamente all'unisono:

"E' così che dev'essere ed è questo il motivo per cui sei venuto al mondo. Noi siamo sempre con te, figlio amato. Ci saremo finché Colui che ha disegnato quest'Universo ci richiamerà a farne di nuovo parte. Solo allora ci verrà concesso il perdono e la possibilità di essere immortali come la razza umana. E quest'immortalità non sarà mai più una condanna ma una benedizione."

Tutto scompare in un attimo e il mare torna calmo come lo è raramente. Anche il campo magnetico si spezza. Mi rimane solo il tempo di tornare sottocoperta per raggiungere Swaynn e Mytia.

Quando entro nella grande cabina, molto simile alla stanza della nostra casa sull'isola Chay, rimango a lungo ad osservare la donna che dorme stringendo a sé il cuscino, come se in esso trovasse la protezione di cui pensa possa avere bisogno. Depongo il mantello su una sedia vicina e accarezzo la testolina di Mytia, profondamente addormentata nella sua culla. Poi, lentamente, mi spoglio dei miei abiti e mi infilo nel letto accanto a Swaynn. Dolcemente, cercando di non svegliarla, allontano da lei il cuscino che ci separa da ormai troppe notti. Si lamenta flebilmente, troppo stanca per reagire. La prendo tra le mie braccia, appoggiando la sua testa sul mio petto e il suo respiro torna ad essere lento e regolare. So che quando lei è calma, anche nostra figlia dorme tranquilla per tutta la notte, come se non avesse nulla da temere. Non ha nemmeno bisogno di mangiare: i Figli della Luna seguono ritmi diversi da quelli degli esseri umani. Essi si nutrono di luce, sin da quando sono piccoli. Anche Mytia risente degli influssi di questa notte calma e stellata. Finché Swaynn sarà avvolta dalla pace, la piccola non la cercherà. Già da ora sperimenta quella sensazione inconfondibile della libertà che scorre nel nostro sangue alieno e i suoi sogni non conosceranno la tenebra. Non ancora.

Mi accorgo che, nel sonno, Swaynn si stringe a me, istintivamente. Le accarezzo i capelli, mentre una nuova consapevolezza si fa strada nella mia anima. Noi nasciamo liberi e abbandoniamo la vita nella stessa libertà in cui desideriamo vivere. Anche per questa ragione, la mia scelta è caduta sulla donna che dorme tra le mie braccia: il suo spirito appartiene alla Natura e ad essa è strettamente connesso. Così, stringendola a me, chiudo gli occhi e mi rivolgo mentalmente a quella parte di lei che si nasconde tra l'intuizione e la meditazione e ne chiamo l'intima essenza cui è legato un destino differente da quello di un qualsiasi essere umano.

Vegar. L'Uomo della Luna chiede di comunicare con te. Allontana Swaynn e rispondi a colui che hai riconosciuto da tempo. Te lo comando in nome del patto di sangue che ha sancito la mia unione con questa creatura ultraterrena. Te lo comando in nome dell'antico legame che unisce noi tutti alla Sorgente. Te lo comando in virtù dell'uguaglianza che l'Universo ci impone. Destati dal tuo lungo sonno e ritrova la tua voce, poiché la Terra e la Luna ti chiedono di gridare al mondo i simboli di libertà, verità e rinascita.

Il respiro di Swaynn diventa sempre più flebile, finché il suo corpo giace inerme tra le mie braccia. Vegar mi ha sentito. Non ho molto tempo per parlare: il cuore della mia sposa non può restare fermo per sempre o morirà.

Destati, antica stirpe. Destati e porta con te i ricordi che fanno parte della storia di questa donna. Gli Spiriti degli Antenati chiedono il tuo aiuto e tu devi assecondarli. Solo così i Figli della Luna potranno continuare a mischiarsi col genere umano, per preservarlo. Solo così noi tutti saremo uguali. Non conosceremo più differenze né guerre. Nessuno cercherà altrove ciò di cui dispone già. Poiché noi tutti siamo parte dello stesso Cielo, come le stelle e i pianeti. Destati, Vegar, e rendi alla prescelta ciò che le spetta. La tua voce non è mai stata inascoltata e ora sono io a chiederti di manifestarti a colei che spezzerà le ombre.

Nonostante Swaynn abbia cessato di respirare, un alito sottile esce dalle sue labbra. E' come il sibilo di un serpente, ma il suo suono è più dolce. Sembra il soffio di una brezza sottile, la prima brezza tiepida della primavera che porta nuova vita e questo è il segno che attendevo: la sua essenza ha sentito le mie parole. Vegar ha risposto.

Riportala indietro, ora. Lasciala vivere in questo corpo. Lascia che conosca la sua energia più sottile ma con la consapevolezza di poter toccare ed essere toccata. Noi non siamo fantasmi e nemmeno idoli: siamo solo nati in un altro luogo e ci è stata data una missione. Quando essa sarà terminata, allora, co uniremo agli Spiriti degli Antenati per concludere con loro il nostro viaggio. Entra nella sua anima e restituisci il suo corpo alla vita che ha scelto. Solo così sarete un unico essere e non vi saranno più confini tra la Materia e le Stelle.

Lentamente, il respiro di Swaynn torna regolare. Il suo sonno è profondo e sembra che nessun incubo l'abbia disturbato. Anche Mytia non pare aver risentito di questa mia invasione.

Chiudo nuovamente gli occhi, lasciandomi cullare dal molle ondeggiare delle onde. Presto faremo ritorno a Kelenda. Nel frattempo, assisterò ai cambiamenti che avverranno nella donna che ho sposato e che ancora non conosce tutta la verità. E' giunto il tempo della conoscenza.

Due - *Swaynn*

Il cielo è nero come la pece. Nuvole cariche di elettricità si ammassano con violenza, collidendo ed emettendo un brontolio che squassa il mare. Le onde sono cavalloni che sferzano lo scafo, a volte rovesciando acqua scura sul ponte. Il vento soffia così forte da far rabbrividire. E io, in piedi, proprio al centro della prua che si impenna come un cavallo indomabile, rimango immobile, con gli occhi chiusi, il viso e le braccia allargate verso il cielo. Non sento il fastidio delle gocce di pioggia che seguono la direzione del vento, riempiendosi – a tratti

– di chicchi di grandine grossi come noci. Non sento il dolore quando essi colpiscono il mio corpo. Non sento nulla, se non una pace interiore che contrasta in modo assurdo con questa tempesta marina.

Da giorni, ormai, dentro di me ha cominciato a crescere qualcosa che non so definire ma solo osservare con un distacco quasi irreale. Qualcosa che non pensavo potesse dipendere da me ma che, col tempo, si rafforzava. Qualcosa che ha visto il suo inizio solo col mio desiderio interiore di poter godere di una leggera brezza, sotto il sole cocente di una giornata senza vento. E quell'alito fresco, inspiegabilmente, è arrivato. E tutto è continuato con un crescendo che non potevo fermare ma solo accettare. Gli Elementi mi obbediscono. Io comando questi fulmini che scivolano sul mio corpo senza sferzarlo né ferirlo. L'energia che si sprigiona dalla mia sola volontà attrae la tempesta e, subito dopo, di nuovo il sereno. Le onde sembrano osservarmi con un ghigno beffardo quando s'innalzano fino a sovrastare la nave. Mi guardano e ricadono su se stesse, come afflosciandosi e senza recare danno a oggetti o ai membri dell'equipaggio.

"Swaynn."

Mi volto appena, scorgendo la sagoma nera di Athorm, in netto contrasto col candore del mio abito in velluto candido, stretto in vita e lungo fino ai piedi. So che mi sta osservando. So che questa strana metamorfosi non lo sorprende. E non ne capisco il motivo. Forse attendeva solo che tutto ciò si manifestasse. La ragione di questo, però, mi è oscura, così come mi è oscuro il motivo per cui da noi sia nata una bambina bionda e con gli occhi azzurri. Mytia non conserva nemmeno uno dei nostri colori: non ha gli occhi scuri, tantomeno i capelli. Nonostante abbia compiuto i tre mesi d'età terrestri, non vi sono modificazioni nel suo aspetto. Credevo che, un giorno, questo chiarore innaturale si tingesse di scuro ma tutto questo sembra dover rimanere alla stregua di una mera illusione. Come se lei non ci appartenesse. Come se non fosse nostra.

La mia anima si fonde con la violenza della tempesta che non accenna a smettere. Una rabbia cieca che non credevo potesse appartenermi si riversa su tutto ciò che viene dalla Natura e di cui essa fa parte. La mia essenza più profonda sembra voler gridare qualcosa che io stessa non riesco a comprendere ma solo a sperimentare sulla mia pelle. L'obbedienza cui sono stata costretta per lunghi anni è spodestata da un potere che non pensavo di avere.

"Swaynn!"

La voce di Athorm è imperiosa, adesso. So che l'intero equipaggio si sta ponendo delle domande. So che per tutti loro ciò che mi sta accadendo è ancora più incomprensibile di quanto non lo sia per me. So che nei loro cuori sta nascendo un vago sentimento di paura, una paura che sta offuscando il profondo rispetto che ciascuno di loro ha sempre mostrato nei miei confronti. Ora, io sono temuta. E questa consapevolezza mi disorienta ed esalta al tempo stesso.

Solo Athorm sembra non risentire di tutto questo. La sua calma apparente, il suo forte autocontrollo, l'equilibrio interiore che non gli permette di essere scalfitto da alcunché lo rendono ancora meno umano di quanto già non sia. Lui sa. Ma non mi teme. L'unica cosa che vuole, ora, è che io smetta di giocare con questa strana bacchetta magica invisibile che si è impadronita della mia volontà. Il suo sguardo fermo chiede obbedienza. Vorrei allontanarlo da me con un gesto della mano ma la sua forza è ancora più intensa della mia e mi schiaccerebbe. E mentre penso questo, non posso fare a meno di chiedermi se il nuovo sentimento sia sbagliato, se io debba soffocare l'istinto di ribellione che cresce ogni giorno di più. L'unica cosa che riesce a fermarmi è la sensazione di non poter disporre come voglio di ciò che sto acquisendo o rischierei di perderlo per sempre. E ci sono esseri umani, su questa nave: non posso mettere in pericolo le loro vite per assecondare un mio capriccio.

Così, ancora una volta, quella voce che pronuncia una sola parola – il mio nome – riesce a farmi desistere dal proseguire. Abbasso le braccia e le onde si placano, lentamente, insieme alla tempesta. La grandine cessa di infrangersi contro lo scafo e le nuvole nere volgono al grigio. Mentre il mare si calma, c'è solo la pioggia leggera di una giornata uggiosa. E solo ora mi rendo conto che una moltitudine di occhi è puntata su di me.

"Che cos'avete da guardare?" Esclamo, con un tono così arrogante da non sembrare provenire da me. "Lo spettacolo è finito: tornate al vostro lavoro!"

L'equipaggio si affretta ad obbedire, per timore di una mia possibile ritorsione. Anche i più fedeli collaboratori di Athorm si defilano, in silenzio. Non mi riconoscono più, questo è evidente. E anch'io comincio a non riconoscermi più. Quando anche la pioggia cessa di cadere e la nave riprende la rotta verso Kelenda, respiro profondamente e riesco a ripristinare quel poco di equilibrio interiore che ancora mi è rimasto. Ho freddo e mi sento vulnerabile, ora, e realizzo sempre più nitidamente ciò che ho fatto e le possibili conseguenze delle mie azioni. Mi guardo intorno, smarrita, e rabbrividisco, sebbene dal cielo le nuvole si stiano squarciando e i primi raggi tiepidi di un pallido sole facciano capolino. Athorm si avvicina a me e mi avvolge col suo mantello:

"Vieni." Mi dice, con tono rassicurante, stringendomi e conducendomi sottocoperta. Lo seguo, tremando, incapace di pensare in modo razionale. Il mio abito lascia una scia di acqua ad ogni mio passo e le gocce si addensano come cristalli di neve, per poi dissolversi. Sono solo io, ad avere freddo. Sono solo io, a risentire di tutto ciò che ho causato. Ma non credo di essere l'unica a non comprendere il motivo per cui io stia subendo questa metamorfosi. Forse solo il mio sposo sa, poiché il suo viso non sembra sorpreso né atterrito. Mi aiuta a spogliarmi, asciugando il mio corpo con il fuoco del camino acceso e le coperte con cui mi avvolge, per riuscire a combattere questo tremore che non sembra volermi lasciare.

Nella sua culla, Mytia si sta agitando e ha cominciato a piangere. La sua voce forte penetra attraverso i miei timpani così violentemente da stordirmi. Nonostante io abbia sopportato la furia di lampi e tuoni, il pianto di mia figlia sembra avere il potere di lacerare il limite di sopportazione che cerco di conservare ancora dentro di me. Ha fame e ha sicuramente percepito tutto quello che è accaduto ma io non ho la forza di alzarmi e prenderla in braccio. Sento solo fastidio. Fastidio e desiderio di allontanarmi da tutto ciò che mi porta ad una realtà che mi sta confondendo sempre di più.

E' Athorm ad occuparsi di lei, cullandola finché i lamenti cominciano a cessare. Poi si siede accanto a me, porgendomela:

"Devi nutrirla, Swaynn." Mi dice pacatamente, come se cercasse di riportarmi ad un livello di coscienza più sopportabile. "Io non posso farlo per te. Il latte prodotto dagli esseri umani e dai loro animali le causerebbe problemi a livello molecolare. E' troppo piccola per poter reggere tutto questo."

"Io non sono altrettanto piccola, ma le cose, per me, non sono più facili." Mormoro, mentre le ultime gocce cadono dai miei capelli sciolti e umidi. Parlo stancamente e con un senso di profonda ingiustizia: perché nessuno si sta occupando di me, in un momento come questo? Perché anch'io non posso avere un padre e una madre che mi nutrano con ciò di cui ho bisogno?

Come se avvertisse i miei pensieri, Athorm si avvicina per baciarmi ma mi scanso. Non provo ripugnanza verso di lui ma verso me stessa. Non riconosco più la persona che pensavo di essere. Così, non riesco più nemmeno a vivere un'intimità serena con mio marito. So che i miei continui rifiuti non lo lasciano indifferente. Lo sento. Ma non posso fare a meno di zittire quella voce insistente che continua a martellare la mia anima. Nemmeno il sussurro degli Spiriti degli Antenati era mai stato così insopportabile. Forse, nella realtà ovattata dell'Isola delle Vergini, tutto giungeva come soffocato, dilatato, asettico. Forse, questa privazione di esaltazione emotiva mi aiutava a non sentire più di quanto non dovessi. Ora è come se qualcuno continuasse ad urlare nelle mie orecchie, giorno e notte, senza mai darmi pace. Come se il frastuono di migliaia di oggetti in acciaio non cessasse di scatenare la sua furia di fronte al mio viso. Come se non potessi fermarmi per respirare, nemmeno per pochi secondi. E la presenza di Mytia non mi sta aiutando.

"Deve mangiare, Swaynn." Mi dice ancora Athorm, quasi sussurrando. Per la prima volta, il tono della sua voce sortisce il suo effetto e io accetto di prendere nostra figlia tra le braccia per appoggiarla al seno. Non appena la piccola trova il capezzolo, comincia a succhiare con avidità.

All'inizio, questo rito mi rilassava e mi appagava. Ora riesce appena a distrarmi per pochi istanti.

"Non è ancora giunto il momento di svezzarla?" Chiedo ad Athorm, con tono asciutto.

"Non sappiamo ancora se e come sia in grado di reagire in un mondo che non le appartiene." Mi risponde, senza perdere il controllo. "Quando quel momento arriverà, tu lo sentirai. E così sarà anche per lei."

Le piccole labbra di Mytia mi pizzicano e io reprimo a stento un gemito. Vorrei staccarla da me ma comincerebbe a piangere ancora di più. E io non ho voglia di ascoltarla. Così, attendo che abbia finito, in silenzio, mentre Athorm mantiene vivo il fuoco che mi ha asciugata quasi completamente. Il mio nervosismo è palese e l'impazienza comincia a farsi sentire.

Finalmente Mytia smette di poppare e io la lascio tra le braccia di suo padre che si comporta come ha sempre fatto. Con pacatezza e pazienza. E questa sua tranquillità mi irrita ancora di più.

"Dovremmo essere già a Kelenda." Osservo, con voce alterata.

"Se la tempesta non ci avesse sopresi… saremmo già lì."

Lo guardo appena, con la coda dell'occhio. Vorrei potermi sfogare ma ogni mio mutamento d'umore coincide col pianto di questa bambina che continua a pretendere le attenzioni che non riesco più a darle. Forse non ne sono capace. Ho sottovalutato sin dall'inizio le conseguenze dell'intimità vissuta con Athorm e ora mi ritrovo madre prima di aver mai deciso di esserlo.

"Non pensi mai a come sarebbe stato se lei non fosse mai nata?" Mi ritrovo a chiedergli, stupendomi di me stessa e delle mie parole.

Sento il suo sguardo posarsi su di me, e pesa come un macigno:

"Ci penso." Mi risponde, con un tono di voce neutro. "E la risposta è sempre la stessa: io non ho alcun rimpianto. Ma posso capire che per un uomo sia diverso…"

"Per un essere umano, vorrai dire." Osservo, acidamente. "Perché gli esseri umani non fanno altro che riprodursi, come se fosse la cosa più naturale del mondo."

"E non lo è?"

Questa volta i miei occhi si posano sui suoi:

"Non lo è per me."

Accusa il colpo con calma apparente. Ma la quasi impercettibile sfumatura di dolore che attraversa i suoi occhi non mi sfugge. Abbasso la testa, assalita dai sensi di colpa. Non so che cosa mi stia accedendo ma non posso rovesciare il mio malumore su chi non ha alcuna colpa.

Sospiro, stringendomi nelle coperte. Vorrei non aver mai fatto ciò che ho fatto. Vorrei non aver pronunciato queste ultime parole, taglienti come lame di coltelli. Vorrei poter tornare indietro… ma solo per non avvertire questo rimorso che scava ancora di più la mia anima, come un tarlo che incide il legno antico, inesorabilmente. Vorrei non dovermi scusare di qualcosa per cui non provo dispiacere. Perché, alla fine, è così: non sono dispiaciuta di aver fatto o detto cose spiacevoli. Sono dispiaciuta di non saper gestire il senso del dovere che mi impone di scusarmi. Un rumore familiare ci distrae da quell'atmosfera di tensione che diventa sempre più palpabile. Alzo la testa, respirando:

"Stiamo per arrivare…" Mormoro. E solo dopo aver pronunciato queste parole, mi rendo conto di aver profetizzato qualcosa senza averne avuta la certezza. Guardo Athorm, interrogativamente. I suoi occhi sono ancora molto distanti, come se la ferita che gli ho inferto poco prima continuasse a bruciare. Poi, con un palese sforzo interiore, mi risponde nel modo più dolce che io possa mai meritare:

"Sì, stiamo per attraccare a Kelenda. Vestiti, Swaynn. Penso io a Mytia."

Confusa, mi alzo come spinta da una forza misteriosa e indosso biancheria asciutta, un abito di velluto rosso, lungo fino ai piedi e stretto in vita, e pettino i capelli con l'acconciatura del luogo. Questi istanti mi servono per calmarmi e per far sì che la piccola cominci a digerire il latte con cui si è nutrita. Non ha mai sofferto di rigurgiti, come spesso accade ai bambini della razza umana, e, almeno in questo, riesco a sentirmi libera da un'ulteriore ansia.

Avverto chiaramente l'attimo in cui Oughm avvisa che stiamo per toccare terra. Anche Athorm si alza e mi porge Mytia, ora che il mio umore è mutato di nuovo e le nuvole nere della mia anima si sono lievemente dissolte:

"Tienila tu, quando scenderemo." Mi dice, indossando un altro mantello scuro, pulito e asciutto. "Prima di poterci addentrare sarà necessario guardarci intorno con circospezione e cautela. Manchiamo già da troppo tempo e non sappiamo che cosa potremmo trovare."

"Credi che possano esserci dei pericoli?" Domando, notando una strana luce nei suoi occhi. La stessa luce che li fa sembrare colore della brace...

"Non ne sono sicuro..." Mormora, sovrappensiero. "Ma se dovesse esserci bisogno di agire, tu dovrai fare ritorno alla nave insieme a Mytia."

Prima che io possa aprire bocca per replicare, lascia la stanza, portando con sé le sue armi. Tutto è all'improvviso com'è sempre stato. Tutto ha di nuovo un senso. La mia anima si sta acquietando sempre di più e anch'io mi preparo per vedere in che condizioni sia la terra che mi ha accolta, quando ancora era fiorente e i suoi abitanti subivano l'influsso della Pietra Lunare. Avvolgo la piccola in una sorta di sacco che cingo alla vita e al collo e indosso il mio mantello, anch'esso rosso, di velluto. Non mi è rimasto quasi più nulla di quello che un tempo possedevo sull'Isola delle Vergini: ora, la maggior parte di ciò che ho viene dalle terre che abbiamo visitato in questi tre mesi di viaggio ininterrotto. Quando esco sul ponte e mi avvicino ad Athorm e ai suoi collaboratori più fidati, vedo in loro lo stesso sguardo di timore reverenziale che impedisce ogni tentativo di comunicazione. Perciò rimango in silenzio, mentre il capitano di questa nave impartisce gli ordini. E, mentre l'àncora viene calata, vedo di fronte a me la desolazione. Il nulla. Non c'è stato nemmeno bisogno di attraccare poco distante dalla riva: tutto sembra deserto, arido, bruciato dal sole e depredato in ciò che di poco era ancora rimasto. E' una delle rare volte in cui, dalle uscite poste sui fianchi dello scafo, si aprono le porte per far calare le scale, un meccanismo ingegnoso e poco usato, dove gli scalini si formano man mano che la struttura prende forma. In genere, si cerca di evitare questo tipo di approccio, poiché lascia esposta la nave per un tempo breve ma sufficiente per subire eventuali attacchi.

Mi aggrappo allo corrimano integrato, circondata da Moraya, Oughm, Smuz e Tom che, come sempre, mi fanno da scudo. Anche parte dell'equipaggio scende con noi, con compostezza e secondo un ordine stabilito dai vari responsabili designati da Athorm. Mytia si è rimessa a dormire, e le nuvole, benché ancora grigie, non lasciano presagire altri scrosci d'acqua. Il sole continua a spuntare a tratti e i suoi raggi hanno quasi il profumo dell'erba tagliata, lo stesso profumo che sentivo a Isula o presso la dimora di Athorm, a Kelk, nel giardino che circondava il laghetto. Ma quel profumo, ora, ha lasciato il posto all'odore acre di una terra che ancora sa di putrefazione e morte, desolazione e silenzio, e i nostri passi sono gli unici, a risuonare in modo sinistro, in quest'atmosfera lugubre. Le case sembrano sepolcri e non mi stupirei se, in qualcuna di esse, si celassero dei cadaveri. Camminiamo in silenzio, guardandoci intorno. Comprendiamo sin da subito che nemmeno Kelk è stata risparmiata da questa desolazione, poiché ogni segnale è spento e non vi è traccia di elettricità. I fini congegni abilmente realizzati da Yoser e dai suoi collaboratori non sembrano avere più vita. E' come se tutto fosse morto insieme a coloro che un tempo abitavano questo luogo che assomiglia sempre di più ad un cimitero, man mano che ci addentriamo.

"Dannazione…" Mormora Oughm. E, nonostante il tono della sua voce sia basso, le sue parole risuonano con violenza nelle nostre orecchie, raggiungendo gli abissi dell'anima. "Qui non è rimasto più nulla da salvare…"

Athorm ci precede e non risponde. Non riesco a vedere l'espressione del suo viso e non comprendo ciò che si agita nel suo cuore: cammina lentamente ma con decisione, come sempre. Come potrebbe mostrare segni di fragilità, di fronte ad un equipaggio che vuole rassicurazioni?

Continuiamo ad avanzare e nulla cambia. Persino le foglie degli alberi scheletrici sembrano bruciate. I raggi del sole, spietati, non si sono fermati di fronte alla carenza d'acqua improvvisa. Kelenda non è che lo spettro di ciò che era un tempo e questa triste consapevolezza si fa strada in ciascuno di noi.

Un rumore improvviso attira la nostra attenzione. Tutti mettono mano alle armi e io vengo protetta immediatamente da Oughm, Moraya, Smuz e Tom che mi fanno scudo con i loro corpi. Da dietro una parete di pietra, un rudere di ciò che fu secoli fa, esce una figura femminile. E' molto alta, snella, e indossa un abito nero, lungo fino ai piedi. Il suo viso è regolare, con tratti delicati. Ha i capelli molto lunghi, lisci e neri. Gli occhi sono azzurri, ombreggiati da ciglia molto folte. La sua pelle è bianca, come se il sole non l'avesse mai sfiorata. E' difficile darle un'età: potrebbe essere molto giovane, ma la profondità del suo sguardo lascia intendere qualcosa di più.

E' lei, a parlare per prima. E lo fa con voce profonda e soave al tempo stesso:

"Athorm Dralt… ti stavo aspettando." Dice, sorridendo appena.

La mia sorpresa è grande, quando sento le parole di Athorm:

"Orisa… che cosa ci fai, qui?"

Mi scanso dai quattro che si guardano interrogativamente e avanzo verso di lui. Voglio guardarlo negli occhi per cercare di capire. La donna mi vede e il suo sguardo indugia su di me. E' uno sguardo strano, enigmatico.

"Lei è la tua sposa?" Chiede ad Athorm, mantenendo lo stesso tono di voce.

"Sì." Risponde, senza alcuna traccia di emozione. Anche i suoi occhi sono immobili. Impenetrabili. "Lei è Swaynn Osery. Di Vegar."

Non comprendo la ragione per cui lui voglia specificare la terra da cui vengo. Io non ne ho memoria e, ormai, non sono più quella di un tempo. Non ho più un passato né sono in grado di ipotizzare il futuro: vivo nel presente e questo presente mi è oscuro.

"Vegar…" Orisa si avvicina a me, mostrando un interesse ancora più grande. Solo quando mi è di fronte mi rendo conto di quanto sia alta: quasi quanto Athorm. E non porta alcun tipo di calzari: i suoi piedi sono nudi. "E questa bambina… è vostra figlia?"

Stringo a me Mytia, istintivamente. C'è qualcosa, in quella donna, che non mi piace. E non mi piace nemmeno il modo con cui guarda Athorm: è come se tra i due ci fosse qualcosa che non sto comprendendo e che si lega ad un passato in cui io non ero ancora presente… o forse sì, visto che lei non sembra sorpresa di vedermi.

"Che cosa ci fai, qui, Orisa?" Chiede ancora Athorm, con insistenza. Mi accorgo di una lieve sfumatura di irritazione nella sua voce ma la donna non sembra risentirne.

"Come ti ho già detto… ti stavo aspettando." Risponde, senza scomporsi. "Tu cerchi la vita dove non è più. I pochi superstiti di Kelenda si sono trasferiti nella mia terra, Idra, quando io e le mie Ancelle siamo giunte qui a cercarti."

"Perché mi cercavate? Sapete bene che io vivo sul mare e che questa terra ha conosciuto la morte."

"Proprio questo è il motivo che ci ha spinte ad assicurarci che non ti fosse accaduto nulla. Non sapevamo come trovarti, poiché tu non lasci tracce. La tua nave è come un fantasma: si muove sulla superficie dell'acqua senza far rumore, anche nella tempesta più violenta." Mi guarda per un attimo, come se sapesse. Poi si rivolge nuovamente ad Athorm. "Chi è sopravvissuto ha accolto il nostro invito ed è stato integrato nella mia terra. Se non l'avessi permesso, i pochi abitanti rimasti a Kelenda non avrebbero resistito ancora a lungo, senza più nulla. Quando tutti sono stati condotti a Idra, io sono rimasta qui, con un gruppo di Ancelle, per aspettare il tuo ritorno. Speravamo che, prima o poi, il tuo senso del dovere ti riportasse nel luogo da cui provieni. Nessuno aveva parlato della tua morte: questo ci faceva sperare che tu potessi essere altrove, ma che, un giorno, saresti tornato. Abbiamo atteso a lungo, poi, una ad una, le Ancelle hanno dovuto fare ritorno a Idra e io sono rimasta da sola. Ora vedo che stai bene e che ciò che si diceva era vero: hai sposato una Vergine dell'Isola della Luna e hai una figlia."

"Perché sei qui, Orisa?" Le chiede ancora Athorm, come se le spiegazioni non fossero state sufficienti. La donna smette di sorridere e i suoi occhi si velano di tristezza:

"Perché ero in pensiero per te." Mormora, abbassando lo sguardo. "Tu hai fatto tanto per noi. Così, quando ci è stato detto che Chrel Dralt, il Funzionario col grado più alto presente nella Sede Centrale, colei che custodiva la Pietra Lunare dalle proprietà eterne, era morta, ho voluto correre in tuo aiuto, nel caso in cui tu avessi avuto bisogno. Ho cercato di soccorrere i pochi sopravvissuti e ho sperato che i miei desideri non fossero solo illusioni. Ho fatto male, Athorm? La mia presenza ti disturba?"

"Come tornerai a Idra?" Le chiede il mio sposo, irrigidendosi impercettibilmente.

"Mi ero data un tempo." Risponde Orisa, rialzando lo sguardo. "Se tu non fossi tornato entro la fine di questa settimana, le mie Ancelle sarebbero venute a prendermi."

"Ma io sono qui. Attenderai ancora?"

"Ti chiederei il favore di riportarmi nella mia terra dove potrai trovare anche chi stai cercando. In cambio, io e le mie Ancelle ti consegneremo la stima che abbiamo fatto su tutta la terra di Kelenda. Abbiamo calpestato questo suolo molte volte, in ogni suo confine. Lo abbiamo studiato per due mesi, ogni giorno, annotando tutto ciò che può essere fatto per riportarlo alla vita. Se tu riporterai la Signora di Idra nella sua terra, avrai tutti dati che ti serviranno per rendere a questo luogo la speranza che sembra aver perduto per sempre. Perché... Athorm... tu e il tuo equipaggio potete avanzare fino a Kelk, se volete, cercando anche solo un granello di polvere rimasto incontaminato... ma non lo troverete. E' come se la benedizione nella Pietra Lunare si fosse trasformata in maledizione: la maledizione causata dalla sua assenza. E quest'assenza sta accelerando la morte, il potere delle ombre. Per questo ho portato in salvo chi stava per essere risucchiato in questo vortice letale: per ricambiare ciò che tu facesti con me e il mio Popolo, tempo fa. La tua terra non è diversa da quella da cui ci avevi strappate, prima che potesse sterminarci. Se rimarrai qui anche solo un giorno, il tuo equipaggio ne risentirà e la maledizione si abbatterà anche su chi ti è vicino." Mi guarda e io non posso fare a meno di chiederle:

"Ma tu non sei stata colpita dalla distruzione. Come può essere possibile? Se in due mesi la vita si è accelerata, com'è che il tuo aspetto non mostra alcun cambiamento?"

Orisa mi sorride:

"Il mio Popolo ha trovato l'antidoto per resistere all'inversione della gravità e non solo quello." Mi spiega, lentamente. "In virtù dell'alleanza stretta con Kelenda, Idra donerà ogni sua conoscenza ad Athorm Dralt, se mi riporterà a casa. Questo gesto consoliderà il legame e le altre terre che un tempo appartenevano a questo luogo desolato ritroveranno il desiderio di farne parte."

"Quindi, Orisa..." Osserva Athorm. "Io sarei in debito con te."

"Nessun debito, poiché noi estingueremo il nostro. Questa situazione ci dà la possibilità di rendere ciò che ci è stato donato. Ma non voglio ostacolare il vostro cammino: se desiderate continuare a cercare sopravvissuti anche solo a Kelk, non posso impedirvi di farlo, poiché io sono solo un'ospite, qui. Vi chiedo solo di valutare ciò che vi offro e di darmi la possibilità di rendere un favore antico."

Guardo Athorm, interrogativamente: i suoi occhi non sembrano tradire alcuna emozione. Non mi fido di questa donna: c'è qualcosa, in lei, che mi disturba. Anche Mytia si sta agitando, nonostante io riesca comunque a tranquillizzarla. Ma quando lo sguardo di Orisa si posa su di lei, la piccola emette flebili lamenti, come se un raggio di sole accecante la abbagliasse. Percepisco insofferenza anche da parte dei quattro collaboratori più fedeli. E' un'insofferenza silenziosa e molto ben celata, eppure io la sento. La avverto come brivido sulla mia pelle.

E mi convinco sempre di più che ci sia qualcosa di non detto. Il mio stupore è grande quando Athorm, senza nemmeno consultarmi, dice:

"Va bene, Orisa. Verrai con noi. Ti scorteremo fino a Idra e tu manterrai la tua promessa. Alloggerai in una cabina a parte, dove nessuno disturberà il tuo sonno. Il viaggio sarà lungo ma conto che possa rivelarsi proficuo per entrambi."

"E così sarà."

Mentre facciamo ritorno alla nave, non posso fare a meno della familiarità con cui questa donna misteriosa si rivolge al mio sposo. E comincio a pormi molte domande su questo rapporto che sembra celare molto più di ciò che appaia, in realtà.

Tre - *Moraya*

La presenza di Orisa sulla nave non ci è gradita e non facciamo nulla per nasconderlo. Già quando – molto tempo fa – siamo stati costretti ad ospitarla una prima volta insieme ad alcune delle sue Ancelle per trovare un luogo che fosse loro congeniale, abbiamo notato l'influenza che questa strana donna eserciti su Athorm. Non che lui ne sia innamorato: non ha mai manifestato i suoi reali sentimenti fino all'arrivo di Swaynn. Solo lei è riuscita a smuoverlo dal suo torpore affettivo, dando un nuovo significato alla sua vita, e questo è stato recepito da tutti come un cambiamento inaspettato e positivo. Eppure, è come se Orisa avesse un potere di persuasione che lo seduce, in qualche modo, soprattutto in un momento così delicato. Dopotutto, la stessa Swaynn è come in preda ad un cambiamento che nessuno di noi sa spiegarsi, ma solo osservare con timore: è come un serpente in muta e che si libera dalla pelle morta. O – ancora meglio – come una crisalide che si schiude, lasciando uscire una farfalla. Ma questa farfalla ha qualcosa che ci spaventa, poiché nei suoi occhi c'è una luce che non abbiamo mai visto. Le iridi diventano nere, all'improvviso, come se la pupilla si dilatasse così tanto da sbarrare lo sguardo e renderlo simile a quello di una creatura ultraterrena.

Noi sappiamo solo in parte ciò che riguarda la sua vita. Siamo sempre stati portati sull'*Isola della Luna* grazie ad un complesso marchingegno creato da Yoser Nym in collaborazione con Athorm. Questo ci permetteva di essere proiettati direttamente sul luogo senza, tuttavia, smaterializzarci, come accadeva per Athorm, Swaynn e Orud. Anche alcuni dell'equipaggio trasmigravano nello stesso modo. La smaterializzazione molecolare non è sopportata da tutti, soprattutto non da noi che abbiamo molte parti meccaniche nei nostri corpi. Non sappiamo come il nostro capitano riuscisse ogni volta a sopportare tutto questo. Non sappiamo molto, delle sue origini. Sappiamo che non sono diverse da quelle della sua sposa e di colui che era il nostro più caro amico e che ha dato la vita per aiutare Swaynn a riportare la Pietra Lunare presso il luogo da cui era stata prelevata. Sappiamo che parti del suo corpo sono state sostituite da dispositivi artificiali ma che – inspiegabilmente – queste riescano a sopportare il processo di smaterializzazione da un luogo all'altro. Sappiamo anche che l'*Isola della Luna* è sita oltre i confini della Terra ma ci sono taciuti alcuni dettagli. Noi abbiamo sempre pensato che si trovasse proprio sul Satellite ma non riusciamo a spiegarci le ragioni per cui abbiamo sempre visto terra e mare, così come li vediamo sul nostro pianeta. Viviamo come divisi in due realtà separate e percepiamo sensazioni tattili, come se fossimo davvero sul luogo. La tecnologia di Yoser Nym è così avanzata da permetterlo. I nostri pensieri e le nostre parole vengono tradotte automaticamente nella lingua dell'Isola e, al tempo stesso, percepiamo la traduzione di ciò che udiamo. Il sistema, in sostanza, traduce senza che ce ne rendiamo conto, ma non siamo mai stati preparati realmente a questo linguaggio particolare di cui solo Orud conosceva l'esatta pronuncia e il relativo significato. Ci ha, quindi, sorpresi la decisione di Athorm: in pratica, il nostro capitano ha chiesto a Swaynn di insegnarci i rudimenti essenziali della lingua dell'Isola, e lei ha accettato. Così, mentre Orisa sembra ordire una trama ben precisa alle spalle di chi la sta scortando verso la sua terra, io, Oughm, Tom e Smuz siamo chiamati ad imparare qualcosa che spesso ci risulta molto difficile capire. La stessa Swaynn ci ha confessato che anche per lei ci è voluto molto tempo, prima di riuscire ad imparare il vocabolario completo. Ma a noi è riservato un trattamento speciale: non dovremo conoscere tutto, bensì solo una piccola parte dei simboli che potrebbero servirci in futuro. Per che cosa... non lo sappiamo. Ma obbediamo, come abbiamo sempre fatto.

La piccola Mytia rimane con noi tutto il tempo e spesso ci sembra che Swaynn la sopporti con grande difficoltà. E' come se non la riconoscesse. Nella sua lingua, la bambina è indicata con un suono molto particolare che risulta essere più o meno così: *'Nà*. La "N" viene pronunciata come un piccolo scoppio e la "à" è molto vicina alla "e". In pratica, viene riportato il verso che fa un neonato, e questo termine è neutro: vale sia per i maschi che per le femmine. In realtà, ogni connotazione della lingua mantiene sempre una valenza femminile, perché sull'Isola gli uomini non sono ammessi. Non riusciamo a spiegarci, quindi, la presenza di Yoser Nym ma non possiamo chiedere di più.

Quasi tutti i sostantivi vengono tradotti con un suono. Per esempio, il vento si indica con un semplice "*sss*", con un sibilo dolce quando c'è la brezza, accompagnando il suono con il movimento della mano che ne segue la direzione. Quando il vento è forte, il gesto è molto più deciso e ripetuto alcune volte, e si pronuncia un "*fff*" più lungo. Gli agenti atmosferici vengono definiti con suoni onomatopeici e questa è la parte più semplice da ricordare. Il problema sorge quando c'è un verbo di mezzo, soprattutto se consideriamo che la costruzione della frase sembra riprendere un linguaggio arcaico e minimale. Per esempio, se volessi dire "Io voglio parlare", in realtà, dovrò tradurre così: "Io parlare te". Qui si traduce solo il verbo che contiene in sé già l'intenzione e che quindi si ridurrà ad un "parlarti". La traduzione finale è la seguente: "*Lach'là!*". Molto simile al nostro "bla-bla", alla fine. La "h" è aspirata e le persone vengono indicate con un gesto della mano: indicherò me con un dito e l'altra persona, sempre pronunciando questa parola.

A volte mi sembra di imparare il linguaggio dei segni che un tempo parlavano i sordomuti. E' un linguaggio che è stato quasi dimenticato, poiché la tecnologia ha sostituito timpani e corde vocali, oltre all'intero apparato fonatorio. Eppure sembra che sull'Isola della Luna non sia mai andato perso. E' difficile capire come pronunciare i nomi. Tra le Vergini essi sono pronunciati per intero, poiché non ce n'è uno uguale all'altro. Anche questi sono suoni, ma non vengono accompagnati da nessun gesto, tranne quando si vuole specificare se essi appartengano a quello maschile. In questo caso, la punta delle dita della mano tesa, col palmo rivolto verso il basso, si alzano velocemente e quasi impercettibilmente. Non c'è bisogno di un gesto troppo ampio, considerato che i nomi sono praticamente sempre di genere femminile. Abbiamo imparato il suono di quello della nostra insegnante, che risulta essere più o meno questo: *sssw'n*. La "s" è pronunciata con decisione e a lungo e la "w" è simile a una "u" che si perde nella "n". C'è poca sonorità vocale e molto più sibilo. Abbiamo imparato anche il suono del nome del nostro capitano, accompagnato dalla punta delle dita: *a'h'rm*. Dopo la "a" e la "r", la "h" è pronunciata con un suono aspirato e la "m" è appena accennata.

Ma sappiamo pronunciare anche i nostri. Il mio suona più o meno così: *m'rià*. Oughm non è molto fortunato: il suo nome è solo una "O" accompagnata da un suono gutturale e il solito gesto della mano. Di Tom si pronuncia solo la "T", con un'aspirazione finale e Smuz sembra essere quasi uno scherzo: il suo nome assomiglia alla parola "*sm'z*" che significa "morsicare". Quindi, per chiamarlo, si usa un suono simile a quando si addenta una mela, sempre accompagnato dal gesto della mano (come per Tom).

I verbi sono espressi prevalentemente al tempo presente, poiché, sull'Isola della Luna, il passato è considerato "tradizione" ("*ra're*") e il futuro è in costante divenire e solo poche persone possono accedere a questo vocabolo. Noi non possiamo saperlo, almeno per ora.

La gestualità include pochissime espressioni del viso ed essere possono variare in base al rango acquisito dalla Vergine. Swaynn le conosce tutte ma non le può tramandare. Non a noi. I suoi insegnamenti vertono prevalentemente su spirito, arte e guerra, le tre discipline che racchiudono in sé tutto ciò che fa parte di questo patrimonio strano e affascinante.

Per quanto mi riguarda, io sono più interessata al discorso artistico. Canto e suono da molti anni, ormai. Troppi, forse. E non ho più avuto bisogno di leggere una sola nota. Eppure, il ritorno al pentagramma non è stato un peso così insopportabile come temevo: mi sembrava di sfogliare la storia e di riprenderla in mano, di nuovo. Tutto è com'era molti secoli fa, quando le note e le pause avevano un valore di cui si è persa quasi ogni traccia. Non mi è possibile imparare a suonare il Chrein di Swaynn, poiché non conosco il suo strumento e inoltre esso sembra rispondere solo ai suoi comandi. Pur non appartenendo al genere vivente, esso sembra possedere una volontà strettamente legata a colei che lo suona. Ma Swaynn ci ha insegnato il Gham, insistendo sul fare silenzio dentro di noi, senza pronunciare nemmeno una parola finché le nostre menti non fossero allineate solamente col suono del mare. Non è così facile come sembra: siamo distratti da pensieri, emozioni, rumori interni o esterni, e il silenzio è costantemente interrotto. Cominciamo a comprendere il valore degli anni di meditazione silenziosa impartita alle giovani allieve: noi non riusciremo mai ad estraniarci dal mondo di cui facciamo parte, perché tutto è già dentro la nostra anima, da troppo tempo. Secoli di vita trascorsi così ci hanno resi più sordi di quanto non immaginassimo. Così, ci riesce difficile intonare sillabe senza senso, perché ci sentiamo ridicoli e cominciamo a ridere tra di noi. Swaynn si arrabbia moltissimo quando ci prendiamo in giro a vicenda e perdiamo la concentrazione. Ci dice spesso che finché non avremo imparato a non giudicare ma semplicemente a fare ciò che ci viene detto, seppure apparentemente strano, non saremo in grado di comprendere il linguaggio delle Vergini. Saremo dei "mo-o-mi", il termine più volgare che possa riassumere l'ignoranza, l'arroganza, la superbia e la mancanza di rispetto messe insieme. E' forse il termine più grave con cui si possa apostrofare delle persone e, benché non vi sia un termine specifico per tradurlo, ne comprendiamo perfettamente il significato.

Mi domando come delle bambine così piccole, in base a ciò che ci è stato raccontato, abbiano avuto la forza e la tenacia di mantenere una disciplina così rigorosa senza mai sentire il bisogno di dedicarsi ad attività più ludiche. Swaynn ha raccontato anche delle rasature settimanali cui esse erano sottoposte, per placare la vanità e dedicarsi solo a ciò che veniva loro richiesto. Quando le ho domandato se si fosse mai sentita prigioniera di quella clausura forzata, mi ha risposto così:

"Non ho conosciuto una vita diversa, M'rià. Come avrei potuto sentire la mancanza di ciò che neppure ricordavo? Per me, quella era la normalità. Tu ricordi la tua infanzia, forse?"

Non sono riuscita a replicare. Credo che né io né gli altri siamo in grado di richiamare alla mente una spensieratezza che forse non abbiamo mai avuto. Ma riusciamo ora, con questi nuovi insegnamenti, ad intravedere una nuova realtà, una situazione di cui abbiamo sentito solo parlare e che abbiamo vissuto attraverso proiezioni olografiche, tramite collegamenti tra le parti meccaniche del nostro cervello e il computer centrale.

Col passare dei giorni, mentre continuiamo il viaggio verso Idra, sembra che Swaynn abbia trovato quella calma che l'ha sempre contraddistinta sin dal primo momento in cui l'abbiamo conosciuta, sul ponte di questa nave. E stavamo cantando e danzando, così come stiamo facendo ora. Questo tipo di comunicazione ci è più affine e non richiede una grande conoscenza di vocaboli, ma soprattutto concentrazione e determinazione. Lei ci accompagna spesso col Chrein, impedendoci di suonare i nostri strumenti: dice che le loro vibrazioni, in questa fase di preparazione, non ci gioverebbero. Dobbiamo ritrovare il silenzio interiore al quale siamo chiamati di mattina presto, a mezzogiorno, a metà pomeriggio e prima di andare a dormire. Non siamo abituati a questo rigore ma lo apprezziamo perché sembra aver restituito alla nostra insegnante un equilibrio che sembrava aver perso. La piccola Mytia è tranquilla, sebbene non sopporti la vicinanza di Orisa, sempre più pericolosamente vicina ad Athorm, il quale, solo per la maggior parte del giorno e della notte, pare addentrarsi verso un sentiero pericoloso che potrebbe causargli solo guai. Swaynn vede tutto ciò che accade ma non dice nulla. E' come se vivesse un conflitto interiore che noi non comprendiamo. Non ci parla della sua situazione e noi non facciamo domande. Quando ci accorgiamo che Athorm si eclissa insieme ad Arisa e gli occhi di Swaynn si caricano di pesanti interrogativi, facciamo del nostro meglio per non deluderla come allievi. Lei comprende e apprezza ma questo non la rende meno severa. Il momento più pesante dedicato alla meditazione è sicuramente la mattina. Siamo abituati ad agire a qualsiasi ora del giorno e della notte ma non a dedicarci al silenzio, alla ricerca di uno spazio interiore, dopo tutti gli anni trascorsi tra bufere e vittorie. L'assenza di suoni è praticamente impossibile: può capitare, a volte, che una delle nostre parti meccaniche emetta un lieve ronzio, in genere quasi impercettibile, ma che ora sembra echeggiare sempre più forte. Non ci eravamo accorti di quanti suoni si riescano a percepire quando si pratica un silenzio finalizzato all'ascolto e ad una nuova forma di comunicazione, legata alla Natura, così come lo sono i suoni onomatopeici che cominciano a diventare sempre più familiari, insieme al Gham. Non sappiamo, in tutta onestà, che cosa stiamo dicendo, ma Swaynn ci dice che è normale non capire e che solo attraverso la soppressione dell'eccessivo ragionamento possiamo cominciare davvero a far parlare l'anima. Comprendiamo solo ora il lavoro che le bambine dell'Isola hanno dovuto operare su se stesse sin dalla più tenera età e, col tempo, smettiamo di chiederci la ragione per la quale siamo chiamati a dover imparare questo linguaggio particolare che richiede un esercizio costante. Ci è stato detto che anche la scrittura si basa spesso su simboli ma che per il momento non siamo costretti ad impararli. Questo, di per sé, è un sollievo: è molto difficile continuare a vivere su una nave piena di persone eterogenee tra di loro e che ci guardano come se fossimo dei folli. Loro non sono obbligati a seguire il nostro stesso percorso e questa consapevolezza ci permette di scusarli quando le risate alle nostre spalle diventano troppo pesanti da sopportare. Alcuni ci deridono, dicendo che vogliamo scimmiottare Swaynn e che, nonostante tutti i nostri sforzi, non ci riusciremo mai. Sono parole che ci feriscono, considerando che vengono espresse da coloro che si sono sempre proclamati nostri amici. Ma forse tutto questo fa parte del gioco.

Ciò che ci stupisce è l'assenza di Athorm, come se, dopo aver preso questa decisione, ciò che sta capitando non lo riguardasse da vicino. Swaynn non lo cerca più come un tempo, sebbene i suoi sentimenti non sembrano essersi spenti e lui non fa nulla per cercare di tenerla stretta a sé. In tutto questo, Orisa sta cominciando a prendere possesso della nave come se ne fosse la seconda padrona. Lentamente, Swaynn viene spodestata dal ruolo che le compete. E nessuno dice nulla.

"Moraya!" La sento esclamare, come se si fosse accorta del tramestio dei miei pensieri. "Non procederemo oltre, se anche solo uno di voi distoglierà la sua attenzione da quello che stiamo facendo! Ricordate che io e le altre Vergini ci abbiamo messo anni per imparare ciò che state apprendendo in un tempo più breve e con concetti semplificati! Qualunque cosa attraversi la vostra mente, dovrete imparare ad allontanarla, come se non vi riguardasse. C'è un tempo per ogni cosa e ora dovete dedicarvi a questo, non a congetture fantasiose che non giovano a nessuno, se non alla morbosa curiosità tipica di ogni essere umano! Ora, per causa tua, la meditazione ricomincia daccapo e non finirà finché non avrete azzerato ogni vostra sensazione. Dovesse volerci un giorno intero, tutta la notte e anche il giorno dopo! Non potete permettervi di sprecare il tempo che avete a disposizione, perché non è mai abbastanza come credete. Nemmeno se si parla di eternità. *All'eos*."

Eternità. E' il significato della parola che Swaynn ha pronunciato e che si pronuncia arrotondando il suono di ogni lettera. La A diventa quasi simile ad una O, mentre la doppia L viene pronunciata con un suono simile a "ill", con la "i" chiusa. Le ultime tre lettere si chiudono ancora di più, prolungando la S con un sibilo dolce. Il tutto è accompagnato con un gesto fatto con entrambe le mani che si alzano, si avvicinano mantenendo i palmi paralleli e poi si allontanano di nuovo, scivolando velocemente verso l'alto, come se si volesse gettare in aria dei fazzoletti di stoffa. Quelle parole non potevano essere più veritiere. Perché, alla fine, io e gli altri siamo stati per tutto il giorno in silenzio, sulla prua della nave, col sole a picco e senza la possibilità di fare altro, senza nemmeno bere finché non avessimo dominato il timore di rimanere disidratati. Solo verso sera abbiamo cominciato a sentirci così stanchi da non riuscire più a pensare, e Swaynn ci ha concesso di bere l'acqua che lei stessa ci ha portato, a piccoli sorsi, lentamente, come se dovessimo centellinarla. Poi abbiamo ripreso la meditazione, sopportando lo scherno dell'equipaggio e il sonno che avanzava. Swaynn ci ha punzecchiati ogni volta in cui il desiderio di assopirsi diventava sempre più pressante. Non riusciamo a comprendere da dove tragga tutta quella forza e come Mytia, in tutto questo, non risenta di nulla. Quando è il momento di nutrire la piccola, Swaynn la attacca al seno, oscurando la vista delle sue nudità attraverso un velo molto spesso che le copre anche i capelli. Se deve cambiarla, lo fa di fronte a noi, come se non ci fosse nulla di più normale. Ma anche lei digiuna e resiste, standoci vicina, con la ferma intenzione di portarci al livello che è già nella sua mente. Così, all'alba, siamo ancora qui, con gli occhi che si perdono nel vuoto e con il canto incessante del Gham che Swaynn mormora alle nostre orecchie, con o senza il suo Chrein. Non ci accorgiamo nemmeno dell'arrivo di Orisa che rimane a lungo a guardarci con interesse, riflettendo in silenzio. Non pensiamo più a ciò che lei potrebbe pensare o fare con Athorm durante l'assenza della sua sposa. Ciò che viviamo è l'alba di un risveglio interiore che avevamo conosciuto troppo tempo fa e di cui non ricordavamo più quasi nulla, se non le poche cose effimere di questo mondo in eterna contraddizione con se stesso. E, mentre Swaynn continua ad intonare il canto, mentre i primi raggi del sole tingono l'orizzonte di una luce dorata, percepiamo l'emozione di un nuovo giorno che sta per iniziare. E non è più uno dei tanti che costelleranno la nostra immortalità ma un piccolo dono che ci viene fatto da qualcosa che è più grande di noi e che avevamo scordato. Anzi, no: che, semplicemente, si era nascosto sotto il cumulo delle nostre tristi esperienze.

Mi accorgo che gli occhi si inumidiscono e comincio a percepire una sensazione nuova. Fino ad ora ho vissuto con la consapevolezza di essere un assemblamento di carne, sangue e parti meccaniche, ma adesso, dopo tanto tempo, ho assaporato di nuovo quello che provavo di fronte ad uno spettacolo come quello che si svela al mio sguardo. Guardo gli altri, impercettibilmente, e mi accorgo che anche i loro occhi si sono velati. Ed è proprio ora che Swaynn smette di cantare. Sotto gli occhi indagatori di Orisa, la moglie di Athorm si avvicina a noi, appoggiando una mano sulle nostre spalle, confortandoci uno ad uno.

"*El'os*… L'alba. L'inizio di una nuova giornata. L'inizio di un nuovo ciclo della vostra vita. Ricordatevi questa parola, perché racchiude in sé molti significati. E' il principio da cui parte tutto. Ripetetela più volte." Ci dice, sommessamente. El'os… E la prima "e" è stretta, allungata come la "l". E la "o" è appena accennata, quasi nascosta dalla "s" finale, simile a quando si fa il verso a qualcuno per farlo zittire con uno "*sshhht!*", ma più dolce.

Obbediamo alla richiesta che ci viene fatta e ci sembra di respirare di nuovo. Il sorriso torna a splendere sui nostri volti, mentre la stanchezza sembra quasi un lontano ricordo. Swaynn non ci lascia molto tempo per gustare questa sensazione così piacevole. Dopo pochi istanti, infatti, ci parla di nuovo con decisione:

"Non perdete ciò che avete riscoperto e incanalatelo nella meditazione di oggi. Ora avete trovato la chiave e dovete custodirla come se fosse qualcosa di molto prezioso. Troppo… per poterlo lasciar andare. Rimanete in silenzio finché non comincerò a suonare il Chrein, poi intonate il vostro canto, lasciandovi trasportare da ciò che sentite."

Abbiamo fame, ma Swaynn ha ragione: cancellare tutto proprio ora significherebbe vanificare ogni sforzo fatto. Così ci lasciamo pervadere da suoni che non riuscivamo più a percepire, forse solo perché ci sembravano scontati, quotidiani, vuoti. Ora, invece, essi assumono una nuova forma e sarà questa la forma d'arte che scriverò sul pentagramma che mi verrà consegnato oggi. Perché anch'io comincio a sentire quella musica nel cuore di cui si parla tanto, quando si menziona l'Isola della Luna. Ed è una musica che non può essere spiegata a parole ma solo vissuta. E quando Swaynn prende in mano il Chrein, il Gham sgorga spontaneamente dalla nostra gola. Non ci accorgiamo di chi abbiamo intorno, nemmeno quando l'equipaggio ci passa vicino per guardarci con una luce diversa, forse perché *noi* siamo diversi. Nessuno ha il coraggio di dirci più nulla, ormai. Nessuno più ci schernisce, perché siamo i primi a non deridere più noi stessi. E quando Athorm si unisce a chi si è riunito sul ponte, per un attimo, sembra non credere alle sue orecchie. Lo capiamo, perché non parla e quando lui rimane zitto significa che ciò a cui sta assistendo è qualcosa che non ha bisogno di ulteriori parole. Tutto sarebbe perfetto, se solo Orisa non si avvicinasse al nostro capitano, sforandogli una spalla con un gesto fin troppo intimo. E' proprio in questo momento che Mytia comincia a strillare disperatamente, rompendo la magia dell'attimo. Nonostante Swaynn cerchi di avvicinare il Chrein alle sue piccole orecchie, il suono dello strumento non sortisce alcun effetto. Ed è adesso che accade ciò che non dovrebbe accadere: Orisa si avvicina alla bambina e fa il gesto di prenderla in braccio...

... Ma Swaynn smette immediatamente di suonare e si pone tra la donna e la bambina, con una velocità tale da spezzare la nostra concentrazione e da indurci a guardare ciò che sta avvenendo.

Conosciamo quello sguardo, quelle pupille così dilatate da sembrare quasi irreali. Ma ciò che non conoscevamo è quel sibilo che esce dalle sue labbra. Un sibilo molto simile a quello che emettono i serpenti più velenosi. Un sibilo che diventa simile al soffio di un grosso felino inferocito, quando Orisa tenta nuovamente di avvicinarsi a Mytia che non smette di piangere.

"Voglio solo calmarla..." Mormora, con una voce fin troppo melliflua.

"*Syq aki'ina 'mes, O-ri-sa*! Stai lontana da lei!" Sibila Swaynn, con un sussurro sinistro che ci fa rabbrividire. Non l'abbiamo mai sentita parlare in una lingua diversa da quella di Kelenda e di Verdrad, a parte quando ha cercato di insegnarci quei pochi vocaboli e le nozioni basilari della grammatica che ancora ci sono ostili. Non avremmo mai immaginato che potesse arrivare ad esprimersi così, di fronte all'equipaggio che indietreggia, ammutolito. E' per questo che assistiamo inermi alla scena, quasi temendo anche solo di fiatare.

"Ma sta piangendo... ha bisogno di cure..." Si giustifica Orisa, ancora una volta.

Swaynn le si pone davanti, puntandole un dito contro la gola, senza, tuttavia, sfiorarla. Nonostante sia più bassa della Signora di Idra, il suo modo di porsi sembra sovrastarla e fagocitarla:

"Sono io, sua madre." Le dice, con un lampo negli occhi. "Tu continua a fare ciò che vuoi... con chiunque. Ma non con lei. Ti è chiaro, il concetto? O devo essere più esplicita?"

Potrebbe esserlo davvero. Nessuno nutre dei dubbi, a tal proposito. Ma Athorm interviene per fermarla:

"Ora basta, Swaynn!" Esclama, con decisione. "Orisa voleva solo rendersi utile, nulla di più. Stai esagerando e non ti accorgi del panico che hai seminato su questa nave. Non posso più tollerare un simile atteggiamento."

Io, Oughm, Tom e Smuz ci guardiamo perplessi: non ha senso che Athorm rimproveri sua moglie di fronte a tutti, mortificandola in questo modo. Non ha senso e non è nemmeno giusto. Ha preteso che lei ci dedicasse tutto il suo tempo, senza mai curarsi di come stessero lei e la bambina. Ha mostrato un atteggiamento ambiguo sin da subito con la donna che si è insinuata nel suo rapporto in bilico con Swaynn. Per quanto sua moglie possa aver sovra reagito, una tale umiliazione non è accettabile. Nemmeno per noi. Ma non possiamo intervenire, perché quando Smuz cerca di aprire bocca, Athorm gli rivolge un'occhiata di palese disapprovazione.

Non capiamo che cosa stia accadendo. Non riconosciamo più nemmeno il nostro punto di riferimento. Non viviamo più quel senso di libertà e appartenenza ad un gruppo che ha sempre unito tutti noi. Lo sguardo di Orisa è impenetrabile. Swaynn non abbassa la testa di fronte al rimprovero che le è stato fatto. Inaspettatamente, prende Mytia tra le braccia e la porge alla donna che rimane in piedi di fronte a lei, dicendo:

"Vuoi fare la madre? Allora comincia da adesso. Io ho altro a cui pensare." Poi, rivolgendosi ad Athorm: "Così va meglio?"

Incurante degli strilli della piccola che non gradisce la stretta di quella donna pericolosa, Swaynn si avvicina di nuovo a noi. Il suo sguardo è mutato, ed è quello di sempre. Solo, le emozioni sembrano aver lasciato il posto ad un nulla che non comprendiamo. Ma non possiamo ribellarci. Così, sotto le sue direttive, riprendiamo da dove abbiamo interrotto, mentre Athorm si unisce ad Orisa per portare insieme a lei la bambina sottocoperta.

Cantiamo con voce tremante, sotto lo sguardo attonito dell'equipaggio accorso per assistere alla scena. Swaynn sembra essere diventata di ghiaccio. Non sappiamo fino a che punto stia proteggendo se stessa o se voglia prendere le distanze da una situazione che le sta sfuggendo di mano. Non sappiamo e non possiamo permetterci di chiedere.

… A meno che Athorm non decida di relegarla ad un ruolo inferiore, cercando conforto tra le braccia di una donna che si sta prendendo tutto…

Quattro - *Oughm*

Siamo a Idra da diversi giorni. Al nostro arrivo, così come aveva detto Orisa, Athorm è stato accolto con tutti gli onori e come se non attendessero che lui. Abbiamo subito riconosciuto molti dei volti presenti a Kelenda e, in effetti, ora sembrano stare tutti bene. Forse avevano davvero bisogno di cambiare aria ma, di certo, non mi sarei mai immaginato che potessero trovare un buon luogo in cui stare proprio qui. Non ricordavo bene questa terra. L'unica immagine che avevo ancora impresso nella mia mente mi riportava a com'era prima che vi s'insidiassero Orisa e le sue Ancelle: un luogo pieno di verde e ricco di canali ma ancora da strutturare. Adesso, a distanza di molto, molto tempo, la prima cosa che mi è venuta in mente quando ho messo piede sulla costa è stato il racconto di un antichissimo filosofo greco chiamato Platone, il quale parlava di un continente molto grande e leggendario, chiamato Atlantide. In base ai suoi scritti, quelli che ci sono stati tramandati a voce, la descrizione di quella terra sembra appartenere proprio a Idra. Senonché, qui sembra di essere in un vero e proprio gineceo, fatto quasi esclusivamente di donne molto simili l'una con l'altra: tutte molto alte, con capelli lunghi e lisci, occhi azzurri, abito nero e lungo. Cambia solo lievemente la forma del viso e qualche tratto somatico, oltre alla voce, ma sembrano fatte tutte con lo stesso stampo!

Gli uomini sono relegati a mansioni poco nobili e vengono considerati per accoppiamenti, solo dopo un'accuratissima selezione. E' come essere avvolti da Mantidi Religiose vestite di nero; i maschi dell'equipaggio sono stati trattati bene sin da subito ma non alloggiamo nello stesso luogo in cui alloggiano le donne: per noi c'è un'altra struttura posta più lontana dal nucleo di Idra, dove si svolgono gli eventi e le cerimonie più importanti cui sono ammesse quasi solo le donne. Dico "quasi" perché sono contemplate delle eccezioni in base ad un ferreo regolamento di cui non sappiamo quasi nulla. Athorm è una di quelle eccezioni, anche molto gradita, ma noi non facciamo parte degli eletti e ci tocca lavorare nei campi, come se fossimo degli schiavi!

Qui si parla la lingua di Kelenda, in virtù di quando queste strane donne sono state tratte in salvo dal nostro capitano che le ha portate in questo luogo per dare loro una nuova possibilità di vita. Non si parlano altri dialetti locali e chiunque vi arrivi è costretto ad imparare usi e tradizioni di questa società matriarcale che sembra simile a quella di cui Swaynn ci ha parlato. Quella dell'Isola della Luna.

Non stiamo più esercitandoci con gli insegnamenti che ci ha impartito la moglie di Athorm: non le è stato permesso farlo. E non lo trovo affatto giusto. Sembra che il capo di tutto, ora, sia Orisa, la quale si mostra sempre più vicina al nostro capitano, pur non impedendo a lui e a Swaynn di alloggiare nello stesso luogo. Ma già da subito, quando siamo sbarcati, la Signora di Idra precedeva tutti noi, a braccetto con Athorm, mentre il resto dell'equipaggio e noi, i collaboratori più fedeli, insieme a Swaynn, ci siamo ritrovati quasi in cosa ad un corteo che si stringeva unicamente intorno a colui che aveva riportato Orisa nella sua terra.

Moraya, in quanto donna, alloggia in un piccolo appartamento vicino a quello di Athorm e la sua sposa, e le è permesso fare più di quanto sia consentito a noi uomini. Non sappiamo quali compiti le siano stati affidati, perché le donne si riuniscono spesso, anche nella stessa giornata, per discutere, valutare, progettare o, semplicemente, trascorrere il tempo.

Per non perdere l'abitudine all'esercizio, ora che il suo significato fa parte di noi, io, Smuz e Tom, cerchiamo di ripassare quotidianamente quanto Swaynn ci ha insegnato, anche durante il lavoro dei campi. Ci alziamo presto per praticare la meditazione, sebbene questo luogo non ci aggradi per nulla, e poi tentiamo di intonare il Gham, con la goffaggine tipica di chi non è avvezzo e si sente molto stupido nel fare qualcosa per cui è stato ampiamente deriso. Ma lo facciamo per riconoscenza verso colei che si è prodigata ad insegnarci cose di cui ignoravamo l'esistenza, spesso rinunciando al tempo che avrebbe potuto dedicare a se stessa e a sua figlia.

"Di', Tom!" Esclamo, rivolto all'amico, mentre sollevo grosse zolle di terra con la mia pala. La decisione di mantenere un tipo di vita rurale è stata presa da Orisa dopo aver vagliato a lungo i pro e i contro della tecnologia. Nonostante tutta Idra goda di elettricità, solo il nucleo centrale, separato da un altro cerchio di terra attraverso un corso d'acqua, è stato reso disponibile per l'uso di mezzi altamente avanzati, molti dei quali progettati dal loro inventore, Yoser Nym. Man mano che ci si allontana dal nucleo attraverso altri cerchi concentrici di terra (in tutto sono tre, esterni al centro, tutti separati tra di loro da canali), il tipo di vita diventa sempre più rustico, e in esso trovano luogo i maschi, sia gli abitanti di Idra che gli ospiti giunti per caso o per necessità.

"Che c'è, Oughm?" Mi chiede il mio compagno di viaggi, intento a spostare grosse balle di fieno che serviranno a nutrire il bestiame.

"Si sa nulla di Swaynn?" Gli chiedo, di rimando, sbuffando. Avrò parti meccaniche ma non vivo con la spina costantemente attaccata alla corrente. E ho un po' troppa pancia, ora: dovrei smaltire un po' di chili che mi appesantiscono, ma ho scoperto che a molte donne piace l'uomo in carne. Forse si sentono rassicurate da una forma fisica non perfetta per far sfoggio delle loro doti. Non che m'importi: alla fine, ciò che conta è solo una cosa.

"Sembra che la sua presenza sia mal tollerata, qui." Risponde Tom, con un tono di voce infastidito. "Forse la *Signora* non gradisce rivali…"

"Orisa continua a voler insidiare Athorm?"

"Così pare. E non lo fa nemmeno in modo tanto velato. Un uomo di Kelenda mi ha detto di provare vergogna nel vedere una scena così pietosa: Orisa sempre a braccetto con il capitano e Swaynn costretta a rimanere due passi indietro. Come un'ospite sgradita. Puah!"

"Un uomo di Kelenda è stato a Draert?" Chiedo, sorpreso.

"Sì, uno di quelli che queste donne hanno tratto in salvo. Lo hanno strappato da un luogo in cui avrebbe potuto condurre una vita migliore per fare di lui uno schiavo… Come noi! Non siamo diventati dei servitori di un Popolo esaltato, forse? Dico bene, Smuz?"

Il terzo compagno di viaggio, poco lontano da noi, si limita ad annuire silenziosamente. Ha il compito di seminare bulbi di un ortaggio che non conosciamo o di cui si è dimenticata l'esistenza. Lo fa con estrema cura, proprio perché è la prima volta che maneggia qualcosa di cui non conosce la provenienza né la resistenza. Utilizza la terra che io sollevo, i buchi che scavo, per poi ricoprirli, lasciando libero solo un piccolo germoglio.

"Sempre di poche parole tu, eh?" Esclamo, con sarcasmo. Poi mi rivolgo di nuovo a Tom. "E cosa ci faceva, quell'uomo, a Draert? Sicuramente non è stato invitato per banchettare insieme alla *Signora*…"

"Porta il grano per fare il pane, quasi ogni giorno." Risponde l'amico. "Lui ha riconosciuto Swaynn. Ha detto che, sebbene lei sia più bassa di tutte queste donne e i suoi occhi siano neri, potrebbe tranquillamente apparire come un'abitante di Idra. Ha detto anche che il suo incedere la rende più maestosa della stessa Orisa, sebbene questa la superi in altezza. Sicuramente c'è stupore per il comportamento di Athorm: per lui esiste solo sua figlia. Ma sembra che di sua moglie gli importi poco."

"Dannazione, questa non ci voleva!" Impreco, zappando con più forza. "Non lascia presagire nulla di buono. Affatto. E scommetto che la promessa di dare al nostro capitano ciò che ci serve per Kelenda non è stata mantenuta…"

"Non si sa. Tutto è secretato."

"Lui sta sbagliando." La voce di Smuz ci raggiunge a sorpresa. "Swaynn è cambiata e questo l'abbiamo visto tutto. Ma se lui tenesse davvero a lei le starebbe vicino. Non permetterebbe ad un'estranea di toccare la figlia."

"Orisa ha avanzato ancora delle pretese?"

"L'ho vista con i miei occhi. Sono stato a Draert pochi giorni fa, solo per farmi consegnare altri bulbi. Vengono creati tramite il rilevamento di un antico DNA e la coltivazione artificiale in una serra coperta. Ma il terreno ideale per la loro crescita è proprio questo."

"Smuz, stavi parlando di Mytia."

"Sì... Proprio in prossimità della serra ho visto Orisa insieme ad Athorm e, un passo dietro a loro, c'erano Swaynn e la figlia. La Signora di Idra può fare quello che le pare, a mio avviso, ma non sarà mai come la moglie del capo. Nonostante tutto, sta accettando più di quanto vorrebbe, credo. Non so neppure perché lo faccia. Forse perché, avvicinandomi, mi ha ricordato che quando ci allontaneremo da qui ricominceremo con le lezioni... Il dovere morale è più forte del suo orgoglio... Non so. Ma quel giorno, dicevo, Mytia era agitata come lo è sempre quando si trova di fronte ad Orisa. Swaynn cercava di calmarla ma non c'era verso. Così, per farla giocare, le ho avvicinato un bulbo."

"Non ha ancora quattro mesi, Smuz!" Esclama Tom, deridendolo. "E vuoi già farla lavorare?"

"Volevo solo distrarla. E ci ero quasi riuscito. Ma la Signora di Idra mi ha ordinato di allontanare da lei il bulbo perché troppo delicato. Swaynn le ha fatto notare che una bambina così piccola non avrebbe mai potuto distruggere un bulbo così forte e resistente ma Orisa ha replicato che i frutti di questa terra appartengono a chi la governa e che non possono essere dati in mano a nessuno, per quanto delicato possa essere. Swaynn ha risposto che – dopotutto – io ne stavo maneggiando uno e la risposta è stata: lui lo fa perché è il suo compito. Non sarei rimasto tanto sorpreso ma l'intervento di Athorm mi ha spiazzato: mi ha ordinato di fare ciò che diceva Orisa e ha rimproverato sua moglie poiché non accettava né rispettava le regole di un luogo che sta ospitando tutti noi."

"Ha detto proprio così?" Chiedo, incredulo.

"Sembra strano, vero? Eppure è successo ciò che vi ho detto. Ho guardato Swaynn ma lei non ha risposto. Mi ha rivolto uno sguardo complice, per farmi capire che aveva compreso le mie buone intenzioni. Mi sono inchinato e sono tornato qua."

Rimaniamo in silenzio. Non c'è altro da aggiungere. Continuiamo a lavorare come sempre, evitando di commentare qualcosa che ci sembra irreale.

I giorni passano sempre uguali e cominciamo a chiederci se lasceremo mai questa terra che non sentiamo nostra e che viviamo sempre peggio. Stiamo relegati ai suoi margini, considerati peggio delle macchine quali, in realtà, siamo. Un insetto godrebbe di maggiore considerazione. Ma non possiamo fare più di quello che vorremmo: significherebbe andare contro l'autorità di Athorm. E noi desideriamo rispettarlo, sebbene non riusciamo più a comprendere il suo atteggiamento. Resistiamo anche per Swaynn: per lei continuiamo a ripassare ciò che ci è stato insegnato e non c'è giornata che cominci o finisca senza il Gham. I nostri strumenti sono stati ammessi, fortunatamente, così, quando possiamo, ci accompagniamo anche con la musica.

E' in un giorno particolarmente uggioso che riceviamo una visita inaspettata: Moraya. La vediamo correre trafelata verso di noi, quasi inciampando nell'abito nero troppo largo che – evidentemente – le è stato detto di indossare. La accogliamo con un grande sorriso, mentre gli altri uomini che lavorano nei campi con noi la osservano con curiosità mista a desiderio. Chissà da quanto tempo non giacciono con una donna!, mi ritrovo a pensare. Sicuramente, quelle di Idra non saranno così passionali. Troppo algide e piene di sé, calcolatrici e al limite dell'umano… Simili a giunchi di piante molto alte che possono piegarsi fino a terra senza spezzarsi mai.

Moraya si avvicina a noi, quasi senza fiato. Deve aver fatto una folle corsa, per ridursi così! Quando riesce ad articolare un suono, le sue parole sono quasi sconclusionate:

"Presto, venite! Swaynn… Athorm… La bambina…"

"Stai calma, Moraya." Le dice Smuz, porgendole la borraccia con l'acqua. "Dove dobbiamo andare? Che è successo? Bevi un goccio."

Afferra la borraccia e deglutisce avidamente tutta l'acqua che il suo stomaco riesce a contenere. Quando l'arsura si placa, anche il suo respiro rallenta:

"Le nuvole si stanno ammassando, lo vedete?" Ci chiede, agitata.

"E' solo un po' di umidità." Minimizza Tom. Ma Moraya lo contraddice subito:

"E' la rabbia di Swaynn, amici miei! Orisa ha appena dato una comunicazione ufficiale, proprio di fronte alle abitanti di Draert: le loro conoscenze e gli abitanti di Kelenda saranno consegnati ad Athorm solo se Mytia rimarrà qui!"

"Che cosa?" Esclamo, quasi gridando. "Ma questa è una pazzia!"

"Lo so, Oughm! Quello che vedete… non è un semplice fenomeno atmosferico. E' opera di Swaynn. E Orisa lo sta usando contro di lei per portarle via la bambina!"

"E Athorm non dice nulla?"

"E' proprio questo, il punto, Tom: no. Lui non sta dicendo nulla. Vi prego, venite con me! Dobbiamo fare qualcosa!"

Non aspettiamo oltre. Per nostra fortuna, le stalle non sono molto distanti da noi, perché la pulizia e il nutrimento degli animali, di qualsiasi specie essi siano, tocca ai maschi. A Draert rimangono solo i pochi purosangue destinati alle alleate di Orisa. Così, dopo essere montati a cavallo, cavalchiamo il più velocemente possibile per evitare che si inneschi qualcosa di molto pericoloso. Per tutti noi. Rischiamo di compromettere un'alleanza e, al tempo stesso, di lasciare che Swaynn venga sottomessa e privata della figlia, solo perché Athorm si è spappolato il cervello per una donna che sa usare le sue armi!

I canali che separano i cerchi concentrici non rappresentano un impedimento, per noi. Sappiamo come spronare e condurre i cavalli anche attraverso acque torbide che potrebbero nascondere insidiosi pericoli. I chip impiantati nel nostro sistema nervoso centrale ci permettono di individuare onde anomale. Abbiamo tutti un sensore speciale negli occhi che ingrandisce le immagini, decodificandole e mostrandocele, anche a grandi distanze o celate da coltri di nebbia o fango paludoso. Non possiamo fare nulla contro campi elettromagnetici che infastidiscono i circuiti. Campi come quelli generati da Swaynn…

Le nuvole si addensano sempre più velocemente e noi sproniamo i cavalli al massimo. Per fare prima non li abbiamo nemmeno sellati. Ci aggrappiamo al loro collo, appiattendoci al massimo per non sferzare l'aria. Anche Moraya ha violato le regole di questa terra e ha preso possesso di un destriero molto veloce. Quando raggiungiamo Draert, le nuvole in cielo sono già cariche e un bagliore verdastro, simile a quello di molte muffe presenti sugli alimenti in decomposizione, non lascia presagire nulla di buono.

Non ci è difficile trovare il luogo in cui si sta svolgendo il tutto: basta addentrarsi nella folla di donne che si ammassano l'una contro l'altra, proprio al centro della Capitale. E' una piazza molto grande, con al centro una fontana immensa da cui sgorga acqua. La sua struttura si eleva oltre misura ed è in una lega che non ho mai visto prima. Non vi sono particolari raffigurazioni: solo molti visi, l'uno uguale all'altro, visi senza espressione, da alcuni dei quali l'acqua esce zampillando. Una sagoma spettrale e impressionante, dove Orisa, affiancata da Athorm, continua a tendere le mani verso la piccola Mytia, mentre Swaynn ha le pupille dilatate come quando è in preda a qualcosa che non riesce a governare.

Quando arriviamo, la Signora di Idra si volta verso di noi e dice:

"Non mi stupisce trovarvi qui. Immaginavo che Moraya sarebbe corsa da voi." Il suo tono di voce è stranamente calmo, sempre soave, in netto contrasto con la situazione che si sta angosciosamente verificando.

"Con tutto il rispetto, Signora." Risponde l'interpellata, scendendo da cavallo. "Crediamo che una madre non possa essere privata di sua figlia, solo per avere in cambio qualcosa. Voi stessa avete detto ad Athorm che avreste saldato il vostro debito. Perché averne un altro? Athorm, non sei d'accordo anche tu?"

Ma il nostro capitano rimane in silenzio, con lo sguardo carico di tensione. E noi non riusciamo a capacitarci della sua mancanza di reattività.

"E' anche tua figlia, dannazione!" Esclamo, rabbiosamente. Ma è sempre Orisa a parlare:

"Credo che lui sappia meglio di tutti voi quale sia il bene per questa bambina." Dice con voce tranquilla. "Non può attraversare il mare, in questa fase così delicata. La ricostruzione di Kelenda non richiederà solo uno sforzo fisico, ma anche la disponibilità di sacrificare qualcosa. Mytia rischierebbe troppo, se venisse con voi. Con noi, invece, potrà ricevere tutte le cure di cui ha bisogno, senza risentire di alcun influsso negativo."

"La bambina sarà al sicuro solo con sua madre e suo padre!" Dice Smuz, in una delle rare occasioni in cui riusciamo a sentire la sua voce. E' arrabbiato quanto noi, questo è evidente. Altrimenti non aprirebbe bocca, taciturno com'è.

"Avete visto anche voi che Swaynn non è nelle condizioni migliori per rappresentare uno scudo per se stessa e tantomeno per sua figlia." Continua Orisa, quasi sussurrando. "Noi vogliamo solo preservare ciò che è giusto."

"Ma non spetta a voi farlo!" Protesta Tom, con un lampo omicida negli occhi. Credo che se lasciasse andare i suoi freni inibitori, la ucciderebbe con le sue stesse mani.

"Ne ho già parlato con Athorm e lui è d'accordo con me."

Guardiamo il nostro capitano, senza capire: lui lascerebbe sua figlia in mano ad un'estranea? La venderebbe, solo per ricostruire una terra già orrendamente devastata?

"Capo, ma che ti importa di Kelenda?" Gli chiedo, in un ultimo disperato tentativo. "Possiamo avere tutte le terre che vogliamo e ricostruire in una di esse la nostra dimora! Dopotutto, noi siamo gente di mare e non abbiamo bisogno di fermarci! C'è già una base a Chay, dov'è nata la piccola! Portala laggiù. Torniamo tutti su quella piccola isola. Che cosa ci costa?"

Athorm mi rivolge uno sguardo di ghiaccio. Raramente l'ho visto così freddo, così privo di emozioni. Anche la sua voce è incolore, quando mi risponde con un tono che non ammette repliche:

"La decisione è stata presa, Oughm. Ricordatevi che siete miei sottoposti e le mie questioni personali non vi riguardano."

Restiamo ammutoliti da queste parole aride. Dov'è finito l'uomo che sprizzava felicità da ogni poro della sua pelle quando appena si nominava la sua famiglia? Possibile che il suo cuore meccanico si sia rovinato così tanto da impedirgli di ragionare? O forse Orisa è stata così abile da sfruttare la crisi con Swaynn a suo favore?

La Signora di Idra di avvicina di nuovo a Mytia, mentre cominciamo a sentire il brontolio tanto familiare, nel cielo. Le pupille di Swaynn sono sempre più dilatate e le sue braccia tengono la bambina sempre più stretta, come in una morsa convulsa. Orisa non è intimorita da ciò che vede e, senza alcuno scrupolo, prende la piccola tra le sue mani, nonostante la chiara disapprovazione espressa da urla che squarciano più dei fulmini il cielo. Swaynn oppone ancora resistenza. La sua figura vestita di bianco è così distante da quella scura di Orisa, eppure entrambe mostrano una forza che va ben oltre ogni comprensione umana.

"Una madre che mette a rischio la vita di propria figlia non è degna di esserlo."

Le parole dure di Athorm affondano il colpo fatale nel cuore di Swaynn. La sua sposa, nell'udirle, si lascia prendere da un istante di smarrimento. Un unico istante, durante il quale Orisa riesce a strapparle via sua figlia.

Ed è adesso che si scatena l'inferno.

Privata di tutto, Swaynn si accende come se fosse una torcia vivente. Alza lo sguardo verso il cielo, spalancando le braccia, emettendo un grido molto simile a quello dei rapaci più forti. Si alza un vento fortissimo e temiamo che la tempesta si scateni con violenza.

Invece, inaspettatamente, la coltre nel cielo si squarcia e dalle nuvole filtrano raggi di sole. Ma non sono raggi tiepidi e piacevoli: sono fiamme di fuoco che colpiscono tutto ciò che trovano. Il vento soffia sempre più forte, mentre la luce diventa sempre più intensa e abbagliante. Sento molte donne urlare e io stesso reggo con fatica questo calore improvviso e insopportabile.

Swaynn sembra avvolta da migliaia di raggi che lei stessa emana. Il sole sta distruggendo anche la più piccola traccia di nuvole ancora rimasta e la sua luce è così forte da farci temere che possa cadere da un momento all'altro.

Può un essere umano possedere una tale forza? E se la risposta è "no", da dove arriva? Sicuramente non solo dai diritti calpestati da una moglie rinnegata e una madre cui viene portata via la figlia nel peggiore dei modi. No. Questo potere viene da altrove.

Ma non abbiamo il tempo di pensare a nulla, poiché tutti cercano di mettersi al riparo da questa luce intensa, questo calore insopportabile che sembra volerci annientare.

Il tutto non dura che pochi istanti. Istanti che, tuttavia, sembrano sufficienti per radere al suolo l'intera terra di Idra. Ed è quello che tutti noi temiamo: morire, forse davvero – questa volta – in un luogo che non ci appartiene neppure, dopo prove estenuanti e senza aver ottenuto nulla se non l'amarezza di una sconfitta. Perché, alla fine, abbiamo perso.

Nel marasma generale sentiamo solo un grido, una voce di cui non comprendiamo la provenienza e che dice una sola parola:

"*Sel'nays!*"

Quando tutto torna normale, all'improvviso, ci vuole molto tempo prima di riabituarci alla luce del cielo che è tornato ad essere uggioso.

Moraya soffoca un gemito e io mi volto verso la direzione in cui il suo sguardo si è posato: tra le braccia di Orisa che non sembra minimamente essere stata colpita da questo fenomeno intenso, giace la piccola Mytia, con la pelle bruciata dai raggi che l'hanno avvolta, lacerando le sue misere vesti. Sembra non respirare e non si muove nemmeno quando Athorm corre verso di lei, cercando di rianimarla. Le Ancelle di Idra accorrono in suo aiuto e noi quattro rimaniamo immobili, incapaci di pronunciare qualsiasi parola. Nessuno, eccetto noi, si è accorto dell'assenza di Swaynn. Nessuno sa dove sia finita. Potrebbe essere morta, incenerita dal fuoco che lei stessa ha prodotto con la forza della sua mente. Eppure, tutte le persone presenti – le molte donne e i pochissimi uomini ammessi a Draert – si assiepano intorno ad Athorm e a Orisa, i quali continuano a fare di tutto per ridare la vita alla piccola Mytia. Di chi è, la colpa? Chi è davvero responsabile di tutto questo? Ormai… non abbiamo più risposte.

Cinque - *Athorm*

La sorte di Mytia è appesa ad un filo, ormai. La piccola giace nella culla vicina al letto che da tempo non condivido con Swaynn e respira sempre più flebilmente. Con me c'è Orisa ma anche Oughm, Tom, Moraya e Smuz hanno voluto rimanere ad assistere alla sua sorte che sembra ormai inesorabile. La Sciamana di Idra è rimasta con Mytia a lungo per riuscire a capire se potesse esistere una soluzione risolutiva ma si è arresa, lasciando la camera scuotendo la testa sconsolatamente.

"Non dovremmo essere qui, ma a Verdrad!" Bofonchia Oughm, senza celare il suo disappunto nei confronti di Orisa. "I collaboratori di Yoser saprebbero cosa fare, se fossimo lì. Non dovremmo essere qui, Athorm. Non saremmo mai dovuti venire."

"Siamo ospiti qui, Oughm." Gli ricordo. "Mostra gratitudine verso chi ci sta dando una mano in un momento drammatico come questo."

"Gratitudine verso... questa donna?" Esclama. "E' solo per colpa sua se è successo tutto questo! E anche tua, capo e lo sai! Continuo a dire che dovremmo essere a Verdrad. Cos'aspettiamo ad andarci?"

"La piccola è troppo debole Oughm." Risponde Moraya, seriamente preoccupata. "Non resisterebbe al viaggio. Non è vero, Athorm?"

Aspetto a lungo, prima di rispondere.

"No." Dico poi, sospirando. "Non resisterebbe." Mi rivolgo quindi al gruppetto di amici su cui so di poter sempre contare e osservo le bruciature che spiccano evidenti sul loro corpo. Fortunatamente le ustioni non sono così profonde da richiedere un intervento specifico. Nessuna delle loro parti meccaniche è esposta né ha risentito di ciò che è successo. La mia cintura nasconde un piccolo rilevatore che indica eventuali disfunzioni e le invia direttamente presso il laboratorio di Yoser. E' resistente ad ogni tipo di attacco e a qualsiasi sostanza, ma anche all'acqua e al fuoco. Il rilevatore è strettamente connesso alle sostituzioni artificiali compiute nei nostri corpi e questa volta non ha dato nessun segnale che evidenziasse anche solo l'incrinatura di un piccolo cavo di plastica. Yoser ha lavorato molto su qualsiasi oggetto realizzato nel corso dei suoi esperimenti e l'ha dotato di un sistema di autorigenerazione che cessa di funzionare solo in particolari condizioni. E non è stato questo il caso.

"Tornate presso i vostri alloggi." Dico loro. "Ristoratevi e riposatevi. Se ci saranno novità vi farò sapere."

"No." Dice Smuz, con tono calmo ma deciso. "Noi rimaniamo qua. Vogliamo essere presenti nel caso in cui tu dovessi avere bisogno di noi."

E' Orisa a rispondere:

"Abbiamo le migliori Sciamane tuttora esistenti sulla Terra: loro sanno cosa fare. Perciò fate ciò che vi dice Athorm: andate e attendete."

Tom si avvicina a lei con uno sguardo minaccioso:

"Senza offesa, *Signora...*" Mormora. E la sua voce ha una sfumatura che non mi piace affatto. "Noi rispondiamo solo agli ordini di Athorm Dralt e non ai vostri. Non siamo sudditi di Idra ma servitori di Kelenda e come tali esigiamo il rispetto che ci è dovuto. Se voi e le vostre donne siete ancora in vita lo dovete a noi. E se aveste mantenuto la promessa, tutto questo non sarebbe accaduto."

"Tom!" Esclamo, guardandolo. "Stai esagerando."

"Non è affatto così e lo sai bene!" Replica l'uomo, mostrando quella parte di sé che in questo momento non riesce più a controllare. "Siamo stanchi di essere trattati in questo modo! Stanchi di abbassare la testa di fronte a qualcuno che non è superiore a noi! Stanchi di cercare di comprendere qualcosa che non ci vuoi spiegare! E ora tua figlia sta morendo: vuoi dare la colpa a Swaynn anche di questo? Ah, scommetto che la *Signora* non pensa ad altro…"

"In effetti, Tom…" Mormora Orisa. "Come ho già detto, una madre deve agire sempre per il bene dei propri figli. Swaynn ha messo in pericolo la vita di molte persone e ha condannato a morte questa bambina. Sarebbe stato meglio se avesse accettato la mia proposta, senza far prevalere gli istinti che non sa più controllare. L'avete visto voi stessi con i vostri occhi. Volete dirmi che quanto accaduto sia normale? No, amici cari. Lei avrebbe dovuto riportare l'equilibrio nella sua vita senza coinvolgere nessuno. Invece non ha pensato ad altri che ha se stessa."

"Ma come…" Prima che Tom commetta l'azione che potrebbe costargli la vita, mi avvento su di lui per bloccarlo. E' un uomo molto forte e se io fossi qualcun altro mi avrebbe sicuramente spinto via con la forza di una sola mano. Ma so come gestirlo e impedirgli di fare del male. La mia stretta riesce a privarlo delle energie che si sono accumulate nel corso dei giorni e hanno trovato il loro apice negli ultimi accadimenti.

Quando anche gli altri riescono a trattenerlo, mi rivolgo a tutti loro:

"Vi prego: state calmi. Questo atteggiamento non porterà a nulla. Se non volete fare ritorno presso i vostri alloggi, almeno andate fuori dall'appartamento e attendete presso la costa, dove la nave è ormeggiata. Rimanete lì finché io stesso non vi porterò notizie. Ma non commettete nulla di estremamente stupido o imprudente. Non è questo il momento. Accettate la mia proposta?"

Dopo essersi guardati reciprocamente, i quattro annuiscono e lasciano la stanza.

Una volta rimasti soli, Orisa avvicina una mano al viso di Mytia:

"Se ne sta andando, Athorm." Mi dice, tristemente. "E' questione di poco. Forse avresti dovuto prepararli."

"Perché?" Chiedo, sospirando. "Per accrescere la loro rabbia nei tuoi confronti? No… Non sarebbe stato giusto. Non ho bisogno di altra tensione. Non in un momento come questo."

Orisa si avvicina a me e mi appoggia una mano sulla spalla:

"Io ci sono, Athorm." Sussurra. "Sono al tuo fianco."

"Ti ringrazio per le tue parole." Rispondo, senza staccare gli occhi dal viso brunito di Mytia che respira sempre più velocemente. Mi accorgo che Orisa fa scivolare la mano sul mio viso e lo attira verso il suo, per baciarmi. Ma la fermo, prima che lo faccia: "Questo non fa parte dell'accordo." Le rammento, fissandola negli occhi. Lei abbassa lo sguardo:

"Pensavo che dopo tutto questo… tra di noi potesse nascere qualcosa." Sussurra, con voce così bassa da sparire quasi nel nulla. "Tutti hanno visto la complicità che c'è tra di noi. Tutti hanno potuto constatare le difficoltà che Swaynn stava attraversando con se stessa e i poteri che non sapeva gestire."

"Orisa..." Le dico, fissandola nuovamente. "Tu pensi che lei sia morta, non è vero?"

La donna abbassa di nuovo lo sguardo:

"Hai visto anche tu... Il fuoco usciva da lei e tornava dentro di lei. Io credo che... il suo potere l'abbia polverizzata..."

La afferro per le spalle, con forza:

"Non dire così!" Le dico con voce bassa ma carica di rabbia. "Sapevi perfettamente con chi avevi a che fare. Non hai esitato a provocarla, nemmeno quando sarebbe stato il caso di tacere! Tutto questo... per cosa? Avresti dovuto aiutarmi, non mettermi in questa situazione."

Orisa sgrana gli occhi, terrorizzata dal mio sguardo:

"Tu... l'ami ancora?" Mi chiede, incredula. "Mi avevi detto che tra di voi non c'era più alcuna intimità. Mi avevi detto che lei rifiutava ogni tuo approccio. E che, forse, avrebbe dovuto sentirsi libera da un vincolo che prima o poi l'avrebbe soffocata..."

"E ti ho detto altro, non ricordi? Ti avevo chiesto di aspettarmi e tu l'hai fatto. Non credevo di trovarti a Kelenda, però, e non sapevo che tu avessi deciso di fondare il tuo Regno in questo luogo. Ti avevo chiesto di aspettarmi a Verdrad, dove avremmo cercato insieme qualcosa che potesse bonificare la mia terra. Ma non hai voluto ascoltarmi e sei andata direttamente a Kelenda, facendo di testa tua! Non ti ho mai chiesto questo!"

"Volevo esserti utile, Athorm..." Si giustifica timidamente. "E speravo... credevo... un tempo siamo stati amanti..."

"Un tempo, Orisa. Hai detto bene. Ma le cose sono cambiate, come vedi."

"No. Non è cambiato nulla, invece. Ti sei condannato da solo ad un amore che ti renderà infelice e lo sai. Ti sei legato ad una donna che non sa nulla di se stessa e che non saprà mai gestire i poteri che le sono stati donati. E ne hai davanti la prova: tua figlia sta morendo. Per causa sua."

"Mia figlia sta morendo perché *io* ho fatto delle scelte! Swaynn ha solo risposto. Non avevo previsto il tuo atteggiamento, invece. Non ti ho mai illusa che tra di noi potesse rinascere qualcosa che non è mai esistito. Non ti ho mai invitato a giacere nel mio stesso letto. Non ti ho cercata per baciarti. Mi hai offerto di tua spontanea volontà le conoscenze che hai acquisito quando tu e le tue Ancelle siete state a Kelenda e ho accettato che il mio equipaggio ti servisse qui, a Idra, per assecondare le tue richieste. Ma l'ho fatto solo per la mia terra. Non per te."

"Ma tu prendevi le mie difese di fronte a tutti... Ti schieravi dalla mia parte anche contro tua moglie... Non hai mai disdegnato la mia vicinanza, quando passeggiavo a braccetto con te..."

"Io mi sono fidato di te perché sapevo che tu avresti potuto fare qualcosa per Swaynn! Mi sono fidato perché eri l'unica che poteva aiutarla! Per questo ho sempre preso le tue parti: perché lei capisse che tu non eri la sua nemica! E non credo che abbia mai pensato che tra di noi potesse esserci qualcosa di più, perché, se solo il pensiero l'avesse sfiorata, non avrebbe mai accettato di mettere piede nella tua terra! Solo Oughm, Tom, Smuz e Moraya, e parte del mio equipaggio, forse... solo loro possono aver creduto in qualcosa che non era reale. Loro... ma non Swaynn. Credi davvero che, nonostante la nostra lontananza, lei non avrebbe rivendicato la sua dignità?"

Un rantolo più forte degli altri mi induce a correre verso la culla: Mytia si sta aggrappando alla vita con tutte le sue forze, ma è sempre più evidente che sia vicina alla fine. Le prendo la manina, cercando di trasmetterle tutta la forza che posso... ma è come se lei la rifiutasse. La sua essenza più profonda sa che non servirebbe a nulla, così cerca di farmi capire che non devo sprecarla.

Orisa si avvicina lentamente e pone la mano vicino al viso della piccola. La guardo e lei scuote la testa, tristemente. La lotta che vivo dentro la mia anima mi sta tormentando. So perfettamente che se siamo arrivati fino a questo punto io sono l'unico responsabile. Ho riposto la mia fiducia in una donna che non ha voluto comprendere e ho sottovalutato i poteri di una creatura che avrebbe avuto più bisogno delle mie attenzioni, non della distanza che ho creato in modo consapevole. E ora è un'anima innocente, a pagare. Orisa appoggia una mano sulla mia spalla:

"Non avresti potuto prevederlo..." Mormora, cercando di rassicurarmi.

"Invece avrei dovuto." Rispondo, continuando a stringere quella piccola manina che fino a un giorno fa giocava con i miei capelli. "Vivo in questo mondo da abbastanza tempo per sapere come vanno le cose. Ma ogni volta spero che possano andare in modo diverso." Mi volto verso di lei e la guardo. "Non posso incolpare nemmeno te. Se avessi minimamente pensato alle tue reali intenzioni, non ti avrei affidato non solo la mia terra, ma anche la mia famiglia."

Orisa mi rivolge uno sguardo costernato:

"Forse io avrei dovuto capire più di quanto appariva ai miei occhi." Mormora sconsolata. "Sono stata accecata da un passato che ormai so non tornerà mai più. Perché tu non mi hai mai amata come hai amato lei. Come l'ami ancora..."

Mytia comincia ad emettere un suono che conosco fin troppo bene: è lo stesso suono che ha accompagnato la morte di Chrel, una lenta agonia in cui lei si disfaceva inesorabilmente. Quello strano gorgoglio che lega l'anima al corpo ancora per poco... o che, forse, l'ha già lasciato. E io non voglio ancora accettarlo.

"Che importanza ha, ormai, Orisa?" Chiedo alla donna, senza nemmeno guardarla. "Guardala: così piccola e fragile... così proiettata verso un futuro che sarebbe potuto essere diverso... invece..."

"Ma Swaynn non la riconosceva più come sua, Athorm. La teneva con sé ma non sopportava il suo ruolo di madre. Come avrebbe potuto crescerla? Anche tu eri d'accordo sul fatto che la piccola avrebbe dovuto vivere in un ambiente protetto, almeno finché la tua sposa non avesse imparato a gestire i suoi poteri."

"Non la riconosceva... Lo credi davvero, Orisa? Allora, come ti spieghi la sua reazione? La sua essenza ha deciso: se non poteva portarla via con sé, allora, tanto valeva allontanarla per sempre da chiunque. Nelle condizioni in cui io stesso l'ho messa, posso forse biasimarla? Lei non capiva e tu che avresti potuto farlo, ti sei mossa verso un'altra direzione. Swaynn ha solo preservato il legame.

L'ha fatto nell'unico modo che il suo nuovo potere le ha comunicato. Non credo se ne sia nemmeno accorta."

"Tu credi davvero che lei sia ancora viva... dopo tutto questo..."

"Io ne sono certo, Orisa. Non ho bisogno di prove. E temo il giorno in cui comprenderà ciò che è successo. Se nessuno la supporterà... non so che cosa potrà accadere."

"Athorm... lei è altrove, ora, non è così?"

La guardo a lungo senza parlare. Poi, senza lasciare la manina di Mytia, mormoro poche parole:

"Per favore: lasciami solo con lei, ora."

Orisa vorrebbe dire qualcosa ma le parole le muoiono in gola. Chinandosi lievemente, esce dalla stanza, chiudendo la porta dietro di sé.

Il respiro di mia figlia sta rallentando. Il suo piccolo cuore sta cedendo. Oughm aveva ragione: se fossimo stati a Verdrad, o anche solo a Chay, avremmo trovato ciò che ci serviva per tentare di rallentare questo processo irreversibile. Invece siamo qui, per colpa di una comunicazione equivocata, in un posto dove le energie sono vissute in un modo diverso. Un luogo che avrebbe dovuto aiutare Swaynn ma che ha portato solo la morte e, forse, la fine di una storia d'amore che speravo di poter gestire. Ma ho sbagliato: le emozioni sanno dare vita ma sanno anche accecare. Questa è stata la prima lezione che ho imparato quando sono entrato a far parte del genere umano. E, come lo stesso genere umano, i miei buoni propositi sono rimasti solo intenzioni non suffragate da fatti concreti e positivi. E la prova è qui, davanti a me. Una figlia di soli quattro mesi che amavo più della mia stessa vita e che ora mi sta lasciando. Lei, che doveva essere un'immortale, ora sta morendo per mano di chi le ha dato la vita. E non è stata la mano di Swaynn, a colpirla, ma la mia.

Il respiro rallenta ancora e posso contare solo una decina di movimenti del torace nel giro di un minuto. Il piccolo cuore sta cedendo. Non riesco più a pensare a nulla. Posso solo fissare gli ultimi istanti di vita di questa creatura che ha lottato fino all'ultimo, mondando le mie colpe e amandomi fino alla fine. Lei aveva intuito che tutto quello che stavo facendo era sbagliato: urlava perché non poteva fare altrimenti. E aveva avuto anche la forza di indurre Swaynn a prendere le sue difese, ogni volta, anche quando lei non riusciva più a gestire le due nature che confliggevano nella sua anima.

Non ho saputo capire.

Siamo ormai alla fine. La piccola Mytia sta per addormentarsi per sempre. Non è paradossale? Si pensa che una creatura immortale possa vivere per sempre. Ma non è così. E diventa ancora più profondamente ingiusto quando questa creatura è una bambina di pochi mesi che ancora non ha conosciuto il mondo. Sono suo padre e lo sarò per sempre. E che cosa fa, un padre, quando la sua bambina sta per addormentarsi? Le racconta una favola o le canta una ninna nanna. Ed è così che io la conforto, mentre la sua anima si unisce a quella degli Antenati: con una ninna nanna in Gham, forse la stessa che lei ha sempre amato e che mai, prima d'ora, ha avuto un significato così forte. Continuo a cantare a bassa voce, stringendola a me, anche molto tempo dopo il suo ultimo respiro. E continuo ancora finché la mia voce si spegne nella consapevolezza di dover rendere conto a più persone di quanto potessi mai immaginare.

Così, dopo aver coperto il corpicino di Mytia con il lenzuolino che Swaynn aveva ricavato da una delle tuniche provenienti dall'Isola della Luna, esco dalla stanza, come un vero automa. Incontro subito Orisa che comprende e non dice nulla. Si limita a stringere velocemente la mia spalla, poi si fa da parte, mentre io mi dirigo verso la costa dove so di poter trovare ancora i miei quattro amici più fedeli. Percorro la strada che mi separa dal luogo in cui la nave è attraccata senza accorgermi degli sguardi delle poche Ancelle rimaste in attesa. Cammino senza sentire freddo, in questa notte senza stelle, dove anche la Luna scompare dalla mia vista. E, quando arrivo presso la costa, non ho bisogno di dire nulla: Moraya, Oughm, Smuz e Tom comprendono immediatamente. So che le emozioni vorrebbero sopraffarli ma cercano di soffocarle per non darmi pena.

"Bisogna avvisare anche il resto dell'equipaggio." Dico solamente, con un tono di voce spento.

"Ci pensiamo noi." Risponde Moraya, immediatamente.

"Avvertite tutti che ripartiremo molto presto." Aggiungo. "Alle prime luci dell'alba. E porteremo con noi i superstiti di Kelenda. Ci dirigeremo a Vedrad. Lì…" Ma non riesco a finire la frase, forse perché tutto mi sembra ancora troppo incredibile da accettare.

"Non preoccuparti, Athorm." Ripete Moraya, stringendomi la mano. "Pensiamo a tutto noi. Lo facciamo subito. Vero, amici miei?"

Si leva un coro unanime di "sì", poi tutti si allontanano dalla costa per obbedire ai miei ordini. Come hanno sempre fatto. Come faranno sempre, nonostante tutto.

La riva è lambita dalle onde del mare che non permette di vedere l'orizzonte. Alzo lo sguardo verso il cielo nero come la pece, e mi sembra di scorgere un bagliore verdastro che pulsa proprio sopra di me, nel punto in cui la Luna si nasconde. Poi, come d'incanto, un'altra piccola luce sembra giungere da un punto remoto dell'Universo e – come se conoscesse la strada – si dirige verso il bagliore che agli occhi di un essere umano potrebbe apparire simile a quello di un'Aurora Boreale. E comprendo: lo Spirito della piccola Mitya si è unito a quello degli Antenati.

Ora, mia figlia è con loro.

Ed è solo in questo momento che realizzo tutto ciò che è accaduto ultimamente. Dal momento in cui ho parlato con Munn, il mio atteggiamento è stato completamente sbagliato. Pensavo di poter essere utile a Swaynn, alla mia famiglia, alla mia terra, ma ho interpretato le parole di mio padre e mia madre in base al mio vissuto. Non ho tenuto conto della fragilità della donna che ho voluto sposare, del momento difficile che avrebbe vissuto, smarrita, senza nemmeno un riferimento. L'ho caricata di responsabilità anche verso i miei più fidati collaboratori, senza neppure starle vicino in quel compito così difficile. Le ho lasciato il peso di una maternità che non è più riuscita a gestire ma solo a difendere nell'unico modo che la sua essenza conosceva. Ho permesso che un'altra donna si illudesse, solo perché ho sopravvalutato il potere di ciò che è parte di lei, senza comprendere che avrebbe potuto cedere alla tentazione di potermi riavere. E non posso nemmeno incolparla di questo, perché non le ho taciuto la distanza sempre più profonda tra me e Swaynn. Una distanza che gli avvenimenti aumentavano e che io stesso non ho saputo quantificare. Ho creduto che tutto sarebbe arrivato molto più lentamente e mi sbagliavo.

Mia madre e mio padre avevano ragione: prima di permetterle di conoscere la sua più intima essenza avrei dovuto consolidare il mio legame con lei. In questo modo avrebbe trovato in me un riferimento e nei momenti difficili avrebbe ascoltato i miei consigli. Invece le ho solo chiesto e imposto cose che non comprendeva, senza mai gratificarla, ma allontanandola da me… per paura che lei potesse abbandonarmi, non aver più bisogno della mia presenza accanto a lei.

Ho agito come il peggiore degli esseri umani. E ora, se lei non è più accanto a me e mia figlia è morta, l'unico da biasimare sono io.

Non vedo vie d'uscita ma non posso neppure cedere di fronte ad un equipaggio che attende i miei ordini come se io fossi un dio sceso dal cielo; e ora che anche i superstiti di Kelenda si uniranno a noi, non mi potrò permettere di lasciare spazio alle emozioni, benché siano devastanti. Vorrei poter avere accanto la donna che amo per chiederle perdono. Vorrei poter tornare indietro col tempo e cucire lo strappo che io stesso ho contribuito a causare. L'unica cosa che so è che ora si trova al sicuro. Al sicuro, ma ancora sola. E non so che cosa penserà, né che cosa scoprirà. Non so quali saranno le sue reazioni. Non so neppure come farò a dirle che Mytia è morta, né come spiegarle il mio atteggiamento con Orisa, nella sua terra. E mi sento più solo che mai, con l'anima lacerata da un dolore che mi fa soffocare.

Cammino lentamente nel mare, senza badare alle onde che bagnano i miei vestiti lacerati dalle fiamme. La salsedine brucia le ferite ma quella che sento dentro è così forte da impedirmi di provare altre sensazioni. Alzo gli occhi al cielo e il bagliore sembra avere un piccolo cuore pulsante proprio al centro. Dopo tre pulsazioni luminose, la visione cessa. E io cedo di schianto al dolore.

Il suono delle onde del mare è scalfitto dai miei singhiozzi disperati che nessuna mano umana né aliena potrà lenire. L'unica che avrebbe potuto farlo non è qui accanto a me, ora. E dovrò essere forte anche per lei, quando dovrà affrontare questa realtà che potrebbe ucciderla o renderla insensibile a qualsiasi emozione.

Piango, e so che nessuno si avvicinerà. Io non lo permetterò. Perché questo è l'unico modo che ho per pagare i miei errori: affrontarli in solitudine. Guardarli in faccia. Sapere che, spesso, credendo di fare la cosa giusta, ci si ritrova a commettere le azioni più crudeli. Senza nessuna ragione.

Sei - *Swaynn*

Non ricordo come io sia giunta sull'Isola delle Vergini. Ricordo solo una rabbia cieca che divampava nella mia anima come la lava incandescente contenuta all'interno di un vulcano in piena eruzione. Ricordo anche il motivo di tale rabbia: Orisa voleva strappare Mytia dalle mie braccia e Athorm non solo la sosteneva, ma affermava anche che io non ero degna di essere definita una buona madre. E quest'attimo di debolezza ha fatto sì che io abbassassi le mie difese.

Quando la bambina è stata strappata dalle mie braccia, ricordo solo di aver urlato. Poi, i ricordi si fanno sempre più confusi, e l'ultima cosa che i miei occhi hanno visto è stato un bagliore di luce accecante che mi ha risucchiata in un vortice scuro. Sentivo il mio corpo girare come una trottola all'interno di un tunnel e io non potevo fare nulla per fermarmi. Ho perso i sensi. Quando ho riaperto gli occhi, mi sono ritrovata sulla riva dell'Isola, coi piedi lambiti da Moryd. Il mio vestito di velluto bianco era lacerato in più punti, a tratti bruciato. Avevo male dappertutto e mi sentivo molto stanca. Mi sono guardata intorno e ho riconosciuto il luogo nel quale non sono più stata da molto tempo, ormai.

Mi sono alzata con fatica, e mi sono accorta che la giornata stava volgendo al termine. Vedevo piccole Vergini giocare sulla sabbia e mi chiedevo come mai non fossero intente a praticare i loro doveri. Avevano le testoline rasate e tuniche bianche, e non parlavano. Ridevano senza emettere alcun suono ma giocavano. Sì, sicuramente giocavano.

Quando mi sono avvicinata a loro, ho visto lo sgomento nei loro occhi.

"Non abbiate paura." Ho detto loro, stancamente, nell'antica lingua. "Non voglio farvi del male. Potete parlare con me?"

Le vedevo sempre più intimorite ma non potevo aspettarmi un trattamento diverso: il mio aspetto era davvero terribile. Si sono limitate a scuotere la testa più volte, mettendosi in riga, come in attesa di ordini. Mi ha stupito il fatto di non vederle a coppie, come voleva la tradizione. Ma le cose sono cambiate. Io stessa ho contribuito affinché cambiassero.

"Sapete dove posso trovare la Signora dell'Isola?" Ho chiesto loro di nuovo.

Si sono guardate più volte, come se attendessero una risposta l'una dall'altra. Poi, quasi all'unisono, mi hanno indicato tutte la stessa direzione. Ho guardato verso il luogo che mi veniva suggerito e mi sono resa conto che non conduceva al centro dell'Isola, ma solo poco più avanti. E, a poche centinaia di metri da me, ho visto una casa in pietra e legno, sviluppata in verticale, alta e a forma conica. Quella forma... la tipica forma che ha sempre contraddistinto le opere di Yoser Nym... Non ho atteso altre conferme. Mi sono diretta verso quella dimora che avrei riconosciuto ovunque. E mentre camminavo, una stanchezza ancora più grande s'impadroniva del mio corpo e della mia mente. Mi sembrava di aver fatto un lungo viaggio, un viaggio che mi aveva privata di tutte le mie forze e che mi aveva condotta nel luogo da cui tutto era iniziato. Pensavo di trovare una sorta di protezione magnetica, intorno a quella struttura. Ma non ho percepito ostacoli. Mi ha stupita e sorpresa quest'assenza di protezione: tutto sembrava essere tornato come un tempo, quando non vi era bisogno di chiavistelli, serrature, sistemi tecnologici per tutelarsi da eventuali attacchi nemici, soprattutto negli ultimi tempi, quando il mio nome era pronunciato come un segno di onta e maledizione. Quando ho trovato l'ingresso, una semplice porta rivestita di legno, ma sicuramente costruita con l'uso di un materiale più resistente e sicuro, ho pensato di essere tornata a casa. Non era la mia, questo no, ma il senso di familiarità mi ha avvolta completamente, mentre un senso di torpore cominciava ad oscurare la mia vista. Ho bussato timidamente, un paio di volte. Non ero sicura che fosse una buona idea. Non trovavo che lo fosse nemmeno avere una dimora vicina a Moryd: non era conveniente per colei che doveva essere la Signora dell'Isola. Ma questa scelta non mi riguardava: avevo designato Detia come colei che avrebbe preso il mio posto e avrei rispettato questa decisione per sempre. Quando la porta si è aperta e l'ho vista, non avrei mai pensato che i segni del tempo diventassero così evidenti, in lei. I suoi capelli biondi erano diventati quasi tutti grigi; la pelle del suo viso cominciava a mostrare più rughe di quante una donna di trentuno anni dovesse avere; gli occhi un tempo azzurri come il cielo avevano una sfumatura sbiadita. La bellezza che l'aveva sempre contraddistinta era scomparsa, lasciando solo una piccola traccia di ciò che era stata un tempo. Solo la sua voce non era cambiata:

"Swaynn!" Aveva esclamato, sorpresa. "Che cosa ci fai qui? Va tutto bene? Sei bellissima ma… così pallida! Sei sola? E che cos'è successo al tuo vestito? Swaynn…"

Le ultime parole si erano perse nel nulla. Ricordo solo di essermi sentita sempre più stanca, finché una forza misteriosa mi aveva trascinata a terra, facendomi cadere in un'oscurità simile a quella di una notte senza stelle. Credo di aver dormito molto profondamente, a lungo, e di aver fatto incubi di cui non ho memoria. Quando mi sono svegliata, era giorno. Il sole era alto nel cielo, e, mentre lo pensavo, non potevo fare a meno di chiedermi come potesse essere possibile godere di uno spettacolo simile in questo luogo situato sulla Luna. Detia era ancora accanto a me. Con la luce del giorno riuscivo a vedere più chiaramente i dettagli del suo viso. Lei si era accorta del fatto che io avessi visto quanto fosse cambiato il suo aspetto ma non aveva affrontato l'argomento. Così, per rispetto nei suoi confronti, ho preferito tacere.

Ci siamo dette poche cose ed è stata lei la prima a parlare:

"Isay e Ghag sono stati affidati ad una delle Vergini che risiedono a Isula." Mi aveva spiegato, come se volesse giustificare la loro assenza. "Ci sono sempre molte cose da fare, qui, e io non riesco ad occuparmi dei bambini come vorrei. Alcune delle Vergini più giovani si sono prese cura di te durante questi tre giorni in cui hai dormito, come se il mondo non avesse fatto altro che privarti di tutte le tue forze. Spero che non sia motivo di imbarazzo, per te, se non sono stata io a cambiare i tuoi abiti e lenire le tue ferite…"

"Sei stata fin troppo gentile con me, Detia." Avevo mormorato. "Non so nemmeno io perché mi trovi qui. Non ho molti ricordi, al riguardo. Non mi sono neppure accorta di aver dormito così a lungo. Ti chiedo scusa se ho alterato tutti i tuoi programmi."

La vedevo lavorare a maglia, intenta a realizzare qualcosa con tanti colori e un motivo floreale al centro. Le sue mani, un tempo candide affusolate, erano diventate secche e raggrinzite.

"Tu sei sempre la benvenuta qui, Swaynn." Mi aveva risposto, senza fermarsi col lavoro, sebbene non lo seguisse con lo sguardo. "Non hai alterato nulla di più di quanto già non fosse. Non pensavo che governare l'Isola delle Vergini richiedesse tanta energia. Se l'avessi saputo, forse, non avrei accettato l'incarico che mi hai gentilmente trasferito. Dopotutto… esso apparteneva a te."

"Mi dispiace se ti ho costretta a portare un fardello troppo pesante." Avevo replicato. "Ma anche nei luoghi da cui provengo non c'è stata pace. Non per me, almeno. Non saprei neppure spiegarti… Ti prego di non farmi domande a cui non potrei rispondere. Tutto è oscuro anche a me."

"Non ti farò domande, Swaynn e ti prego di fare lo stesso con me." Aveva detto Detia, sorridendo. "Magari, un giorno… parleremo. Ma ora no, forse nessuna delle due è pronta per farlo. Ma considerati a casa tua, perché questa stanza è stata realizzata proprio per te… proprio per te. Hai l'assoluta libertà di fare ciò che meglio credi, ovunque tu voglia. Sono cambiate un po' di cose, ma conto di sistemarle non appena avrò le idee chiare. I princìpi generali sono rimasti quelli ma se noterai qualcosa di insolito, ti prego di non farci caso. Ricostruire tutto dal nulla non è facile."

"Lo so. E quando starò meglio sarò felice di aiutarti, se lo vorrai."

Si era fermata e mi aveva preso la mano:

"Ora pensa a riprenderti." Mi aveva sussurrato. "Al resto penseremo in un altro momento."

Rassicurata da quelle parole e cullata dalle sensazioni ovattate dell'Isola, dove le emozioni giungono sempre attutite, mi ero rimessa a dormire. Non ho mangiato né bevuto per circa quattro giorni. Poi, una mattina, mi sono svegliata sentendomi più forte e mi sono alzata. Detia non era nella stanza insieme a me. Mi sono lavata presso il bagno privato che mantiene intatte le tecnologie tipiche di Verdrad e mi sono vestita con una delle tuniche che mi sono state lasciate su una poltrona posta poco più avanti. Sul tavolo c'era della frutta fresca e dell'acqua. Ho mangiato un poco e bevuto un po' di più. Poi sono uscita, per cominciare a muovere i primi passi sulla sabbia. L'idea di avere una dimora che si affaccia su Moryd non è poi tanto male. La vista è meravigliosa e il suono dell'acqua è simile ad una ninna nanna che culla i sensi.

Una ninna nanna…

Perché queste parole risuonano nella mia mente in un modo così particolare? Perché avverto una lieve fitta nel cuore, se ci penso? Non riesco a trovare una risposta, così continuo a camminare, a piedi nudi, avvertendo il contatto con quella sabbia bianca e finissima che profuma di antico. Mi sembra di essere tornata all'interno di un utero materno e questa sensazione è piacevole. Calda. Rassicurante. Le emozioni sono filtrate e l'intensità che ho provato nel mondo che mi ha rigettata quassù sembra molto lontana. Il fatto di non provare le stesse sensazioni mi dà un senso di pace. A volte, fuggire dal mondo è qualcosa di piacevole e permette di osservare le cose con maggiore distacco e con più serenità. Il punto, però, è ricordarle. Perché è come se avessi un grosso buco nell'anima e quel buco è riempito di oscurità, la stessa che ho visto quando sono svenuta di fronte all'ingresso della casa di Detia e Yoser. Cammino a lungo, incontrando alcuni gruppetti di piccole Vergini con la testa rasata, che ridono in silenzio, come quelle che mi hanno vista qualche giorno fa. Quando i loro occhi si posano su di me, ora, vedo un misto di stupore, curiosità e paura. Ma è una paura tipica di bambine che non conoscono chi hanno davanti né perché sembri così diversa da loro. Basta un sorriso autentico per restituire fiducia e spazzare ogni timore. Con poco, esse tornano a giocare sulla sabbia, in silenzio, ma riuscendo a divertirsi comunque. Mi ero dimenticata che cosa significasse la semplicità. Gli ultimi avvenimenti mi hanno assorbita completamente e catapultata in un'altra dimensione. Non ricordo i dettagli e nemmeno che cosa sia successo: so solo di aver sovra reagito spesso, in un modo per me innaturale. Ma non ricordo come e perché. Non so se sia un bene o un male: da un lato, le forze stanno tornando; dall'altro, insieme ad esse torna qualcosa da cui avrei desiderio di scappare. Ho paura e non so neppure perché dovrei averne. E questa paura è qualcosa che vivo nei miei confronti. E' come se la mia anima si fosse sdoppiata e faticassi a riconoscerla. Come e perché sia accaduto… non lo so. Così come non conosco il motivo per il quale io mi trovi qui.

Mentre sono assorta nei miei pensieri, mi accorgo che, poco più avanti, oltre un grosso albero, su uno scoglio c'è Yoser. E' come l'ho sempre visto ma il suo sguardo è assorto. E' seduto e ha qualcosa in mano. Avvicinandomi di più, vedo che si tratta di quadrifogli. Li sta rigirando continuamente tra le dita e questo movimento mi lascia intendere che vi sia qualcosa che lo preoccupa. Il suo viso aquilino non è mutato, così come non è mutata la sua figura, sebbene sia meno secca e più simile a quella di un uomo in salute.

Tutto il contrario di Detia…

"Yoser…" Dico, alzando appena la voce.

"Sapevo che eravate voi, Swaynn." Mi risponde con la sua voce nasale e neutra, senza nemmeno guardarmi. Potete venire a sedervi accanto a me, se vi va."

Il suo invito mi stupisce. E ho l'impressione che desideri parlarmi. Così salgo sullo scoglio, facendo leva sulle braccia, e mi avvicino a lui.

"Non state in piedi. Sedetevi." Mi dice ancora, continuando a guardare davanti a sé. Obbedisco al comando velato e rimango in silenzio. Anche lui smette di parlarmi. Rimaniamo così, per molto tempo, ad ascoltare il suono di queste onde anomale. Il Lago Moryd… o un mare… Ma, ormai, capire se sia l'una o l'altra cosa non conta più. La curiosità è sempre solo una: come fa ad esistere un paesaggio simile, sulla Luna? Solo dopo che il pensiero comincia a risuonare continuamente dentro di me, Yoser mi parla di nuovo:

"E' inutile che continuiate a farvi sempre la stessa domanda." Mi dice, senza guardarmi. "Non ne arriverete mai a capo."

"Voi... sentite i miei pensieri?" Chiedo, sorpresa. Questa volta i suoi occhi si posano sui miei:

"Sottovalutate le mie ricerche, Swaynn, e tutti gli anni... i secoli che ho dedicato allo studio di questo luogo. Ma solo stando qui ho trovato la chiave. Tutto è diventato più chiaro. Al tempo stesso, però, è ancora più difficile da spiegare. Solo Athorm, forse, potrebbe trovare le parole giuste. Ne avete mai parlato con lui?" Il mio silenzio risponde al posto mio. "Non vi ha detto nulla, vero?" Mi chiede ancora Yoser. Poi torna a guardare un punto lontano, verso l'orizzonte. "Ma non credo che sia questo, il vero problema." Osserva, quasi parlando tra sé e sé. "Se siete giunta qui in condizioni pietose, sicuramente è accaduto qualcosa che non riuscite a spiegarvi. E se siete qui da sola, è perché il vostro sposo vi ha mandato contro la vostra volontà. O senza che voi ne sapeste nulla. Sbaglio, Swaynn?"

Lui... Lui mi ha mandata qui. Ma com'è possibile? Forse, la mia presenza a Idra era così scomoda da richiedere il mio allontanamento?

"Non fatevi strane idee su di lui." Continua Yoser, come se avesse udito i miei pensieri. "Se l'ha fatto, deve aver avuto un ottimo motivo. E se voi non ricordate nulla, allora mi date la conferma che quanto affermo sia vero."

"Vorrei solo capire..." Mormoro, accettando un quadrifoglio che l'uomo mi porge.

"Capire..." Ripete questa parola, come se non avesse fatto altro fino ad ora. "E' ciò che vorremmo tutti: capire. Ma, spesso, anche quando si ha la verità in tasca, si fa fatica ad ammetterla, soprattutto a se stessi, Swaynn."

"Perché dite così? Voi non siete colui che ha reso possibile la smaterializzazione molecolare?" Gli chiedo.

"Quella... e molto altro. Tra cui il cuore del vostro sposo. Sempre che lo sia ancora..."

"Io... credo di sì." Mormoro, confusa. "Indosso ancora il suo anello..."

"Questo non significa nulla e voi lo sapete bene."

"Voi credete... pensate che sia tutto finito?"

"Non lo so, Swaynn. Ditemelo voi: amate ancora vostro marito?"

"Che domanda! Non capisco dove vogliate arrivare."

"Alla verità. Quella che state cercando. Non è così, Swaynn?"

Non so cosa rispondere. Non so neppure se voglio saperla proprio ora, questa verità. E non so con quale coraggio mi faccia domande personali, dopo che Detia mi ha promesso che lei non me ne avrebbe fatte. Non ha parlato con suo marito, per dirgli di fare altrettanto? E, per l'ennesima volta, Yoser sembra udire ciò che si agita nella mia mente:

"Sicuramente... per sapere qualcosa devo anche concedervi dell'altro, in cambio." Dice. "Per esempio... il motivo per cui la vostra più cara amica sembra invecchiare più rapidamente di quanto dovrebbe, al contrario di voi, che siete sempre uguale. So che volete saperlo e so che non lo chiederete mai a lei, perché la rispettate troppo per metterla a disagio. Ma sappiate che anch'io mi sono posto la stessa domanda. Da quando siamo venuti qui, la sua bellezza ha cominciato a sfiorire e, con essa, anche la sua giovinezza. Una cosa insolita, per una Vergine che dovrebbe essere immortale, non trovate? Così, mi sono permesso di sottoporla ad alcuni test di laboratorio, qui, in questo luogo da cui è partito tutto."

"Non credo che sia corretto parlarne con me, Yoser." Osservo. "Ho promesso a Detia che non avrei indagato."

"Oh, so bene che manterrete la promessa. Ma ci sono cose che non possono essere taciute, semplicemente perché non gioverebbe a nessuno. E voi più di molti altri avete il diritto di sapere."

"Vi sbagliate."

Yoser smette improvvisamente di giocherellare con il mazzo di quadrifogli e mi guarda dritta negli occhi:

"Il DNA di Detia è mescolato con DNA umano." Mi dice, sommessamente. "Questo significa che qualcuno dei suoi Avi fa parte della mia razza. E, soprattutto, che probabilmente qualcuno ha taciuto una paternità o una maternità illegittima. In sostanza, ciò che è scritto sul suo atto di nascita nell'archivio dell'Isola non corrisponde a ciò che è in realtà."

"E se anche fosse?" Gli chiedo. "L'amereste di meno, solo perché il suo sangue non è puro?"

"Non è questione di sentimenti, Swaynn, ma di ciò che fino ad ora un essere umano non è stato in grado di sopportare: quella smaterializzazione molecolare che in molti pensano possa essere un toccasana e che, invece, ha segnato l'inizio dell'alterazione genetica dell'essere umano. Che cosa pensereste se io vi dicessi di essermi reso conto che l'artefice della creazione delle Larve sono io?"

"Penserei che siete pazzo."

"Siete sincera. Come sempre. Ma non accecate le vostre sensazioni solo per essere diversa da ciò che siete. Ciò che vi sto dicendo corrisponde a verità. I primi esseri umani che si sono sottoposti come cavie per i miei esperimenti – relitti che non avevano più nulla da perdere – hanno iniziato a presentare alterazioni per le quali non c'era altro da fare che sperare in un antidoto trovato in quest'Isola. E l'avete trovato voi. Ma non è stato tenuto conto di chi aveva sangue alieno mischiato a quello umano senza alcun criterio. Mi riferisco ad abusi... incesti. Alterazioni che indeboliscono il sistema immunitario della mia razza e che provocano effetti collaterali imprevedibili nella vostra. Ogni caso è a sé stante. E, purtroppo, mi sono reso conto che ne esistano più di quanti avrei mai potuto immaginare."

"Non comprendo il vostro modo di parlare, Yoser. Io non sono una scienziata. Conosco ciò che mi è stato insegnato e che fa parte di me da sempre. Non so altro."

"In parte avete ragione." Risponde, tornando a guardare l'orizzonte. "Voi conoscete quello che le vostre maestre sono state in grado di tramandarvi. Ciò che non conoscete, però, è la vostra essenza più intima, quella che vi rende ciò che siete e che fa di voi una creatura speciale. Unica. Così come lo è Athorm. Così come lo era Orud. E così come lo è Detia, che, nella sua particolarità, ha innescato un processo inverso a quello che dovrebbe essere. In pratica, se per voi l'immortalità è un dato di fatto, per lei rimarrà solo un sogno, a meno che, dopo questa vita tangibile, non ne esista un'altra. Ma io non credo a certe favole romantiche raccontate solo per rendere più dolce il concetto di morte..."

Morte. Anche questa parola risuona nella mia anima e non so spiegarmi il perché.

"Siete sempre stato molto pessimista, Yoser." Commento, per allontanare da me l'angoscia che sta attanagliando le mie viscere. "Troverete un modo per aiutare vostra moglie e vivrete felici e contenti per tutta la vita. Proprio come nelle favole."

Lo vedo sorridere amaramente:

"Già... E' quello che mi ero detto anch'io: troverai un modo per salvarla dall'inevitabile. Tu sai tutto. Tu sei lo scienziato più grande che esista sul pianeta Terra, il più longevo, il più geniale... Eppure, ho dovuto fare i conti con la dura realtà: io non sono onnipotente. Non lo sarò mai. Il mio errore più grande è stato pensare di poterlo essere ma la vita mi ha sbattuto in faccia la mia presunzione e ora posso solo affermare che esiste un limite oltre il quale non potrò mai andare. E quel limite... l'ho raggiunto." Mi guarda di nuovo. "Che ci piaccia o no, Detia è irreversibilmente condannata a morire prima del tempo." Mi dice, con voce incolore. "Non esistono soluzioni che possano restituirle ciò che ha perso durante i viaggi astrali. Il chip che le avevo impiantato – un oggetto così minuscolo da sembrare più che innocuo – si è rivelato una bomba ad orologeria. Voi potreste obbiettare che l'ultima volta in cui siamo stati mandati qui è stato per mano vostra... ma non cambia la realtà dei fatti. E per voi dovrebbe essere un motivo di riflessione."

"State dicendo cose senza senso. E non capisco il perché."

"Ma comincio a capirlo io e dovreste cominciare a pensarci seriamente anche voi. Voi, Swaynn, con le vostre sole forze, siete stata in grado di riprodurre la smaterializzazione molecolare che solo la mia tecnologia è in grado di fare. Avete fatto qualcosa che solo il vostro sposo può eguagliare. Ma lui conosce se stesso più di quanto voi sappiate della vostra storia e di ciò che possedete sin dalla vostra nascita. Segreti che non vi sono mai stati svelati e che, forse, qualcuno ha voluto venissero a galla. Un potere in grado di compiere grandi imprese... o di portare morte e distruzione. Altrimenti, Swaynn, perché Athorm avrebbe dovuto rispedirvi quassù, se non per proteggervi... magari da voi stessa?"

Sette - *Smuz*

La mattina dopo la morte della piccola Mytia siamo ripartiti. Alle prime luci dell'alba, l'equipaggio al servizio di Idra e i superstiti di Kelenda si sono imbarcati, seguiti dal nostro piccolo corteo che portava una bara bianca, dove è stato posto il corpo della bambina. Questa bara avrebbe protetto il cadavere fino al nostro arrivo a Chay, il luogo in cui è nata e in cui sarebbe stata sepolta. Durante il viaggio, nessuno aveva voglia di cantare. Perché avremmo dovuto farlo? Dopo tutto ciò che era accaduto, le nostre anime veleggiavano altrove, come trasportate dal vento. Gli insegnamenti di Swaynn ci sono entrati nel sangue e ora ci sentiamo sempre più connessi con la Natura, ovunque andiamo.

Orisa ha consegnato di sua spontanea volontà tutti gli studi che lei e le sue Ancelle hanno condotto a Kelenda. Il suo atteggiamento nei confronti di Athorm è mutato e, alla nostra partenza, sembrava molto più remissiva e collaborativa. Questo, tuttavia, non ci ha resi meno sospettosi nei suoi confronti, né più disponibili a considerarla un'amica: se è accaduto ciò che è accaduto, lei ha giocato un ruolo determinante. Il suo errore è stato quello di voler strappare una figlia ad una madre e di mettere in dubbio le sue capacità. Il carico, poi, è arrivato dallo stesso Athorm che ha disconosciuto le Virtù di sua moglie.

Noi siamo stati gli spettatori di qualcosa che raramente ci ha colpiti così nel profondo. Non ci interessano tutte le scoperte fatte su Kelenda e utili per far rinascere la terra che ci ha accolti: un'innocente, una piccola innocente, ha pagato per un errore non suo. Dovremmo, forse, esserne felici? Non abbiamo conquistato nulla. Abbiamo solo perso molto. E anche Athorm lo sa.

Da quando siamo partiti, si è chiuso in un muro di silenzio che nessuno riesce a scalfire. Forse, in realtà, nessuno vuole farlo. Nonostante sembri essere lo stesso capitano che abbiamo imparato a conoscere e ad apprezzare, qualcosa, in lui, ci mette a disagio. Il ricordo del suo atteggiamento nei confronti della sua famiglia ci mal dispone. Gli riconosciamo obbedienza ma non ci fidiamo più come prima. Forse, in cuor nostro, se potessimo scegliere ci allontaneremmo da tanto dolore, per cercare altrove il nostro destino. Non lo facciamo per rispetto di Swaynn, per il suo ricordo, poiché non sappiamo dove si trovi né se sia ancora viva. E' probabile che Athorm sappia più di quanto noi potremmo immaginare.

Quando la luce è diventata intensa, quel giorno infausto, Oughm dice di aver udito una parola strana, dal suono simile a quello dei vocaboli che ci sono stati insegnati. Non sa chi sia stato a pronunciarla, se un uomo o una donna, o se – addirittura – l'abbia percepita nel suo cuore. Quest'ultima parte ci sembra un'assurdità: noi non abbiamo più un cuore di carne e sangue, ma parti meccaniche e fili elettrici che pompano il plasma e lo depurano. Non credo neppure più che avremo un'anima: dove andremmo, altrimenti, se dovessimo morire? Forse cadremmo in un sonno eterno, nel nulla e nell'oscurità. Chiuderemmo gli occhi e cesseremmo di esistere. Non ci sarebbe un Paradiso e nemmeno un Inferno: quelli, secondo un'antica religione monoteista, sono riservati agli esseri umani. Noi non sappiamo più chi siamo da molto tempo, ormai. Mentre procediamo verso Chay, la nostra prima tappa, io e gli altri ci guardiamo appena, limitandoci a darci pacche sulla spalla, come per stabilire una vicinanza che sembra essersi spezzata. Oughm è l'unico a pronunciare qualche parola ogni tanto. Ma sono prevalentemente imprecazioni, in qualsiasi lingua egli conosca. Solo col passare dei giorni, dentro di noi, si fa strada il desiderio di qualcosa che non avremmo pensato potesse mai accadere: praticare ciò che Swaynn ci ha insegnato. Pensiamo tutti la stessa cosa ed è sempre più evidente ma nessuno di noi ha il coraggio di esprimere le proprie idee. Non che ci importi essere nuovamente derisi dall'equipaggio... questo no. Credo che le nostre riserve riguardino proprio il nostro capitano che tende ad isolarsi spesso, scomparendo alla nostra vita, a volte per far visita alla piccola bara posta in un luogo protetto sottocoperta, altre volte per ritirarsi nella sua stanza, per molte ore. Il timoniere dice di averlo visto molto raramente nella sala dei comandi. La nave viaggia a tutta velocità seguendo una sola rotta: Chay. Non vi sono altre direttive.

Alcuni membri dell'equipaggio sono stati designati per prendersi cura dei superstiti di Kelenda che, tutto sommato, sembrano essere in buone condizioni. Se non altro, il processo che aveva colpito chi aveva abitato quella terra molto a lungo, sembra essersi fermato. E questa è una buona notizia, se la consideriamo per quello che è. La brutta notizia è che sembra essersi instaurato un meccanismo cronico, un'accelerazione di eventi che portano chiunque passi per quella terra a vivere un giorno come se fosse un anno della sua vita. Se la presenza della Pietra Lunare aveva sempre rappresentato una benedizione, ora, la sua assenza di è tramutata in maledizione.

La Sede Centrale giace abbandonata. I Funzionari non hanno più un luogo fisico dove trovarsi. Si mettono in comunicazione tra di loro attraverso l'uso della tecnologia ma ancora non hanno trovato il coraggio di riunirsi, ripristinare il Comitato e incaricare un responsabile che prenda il posto di Chrel Dralt. E' probabile che tutti abbiano paura. Dopotutto, molti Alti Funzionari sono stati decimati. I pochi rimasti non sanno come muoversi, poiché erano i più giovani entrati a far parte dell'Organizzazione e che non hanno fatto in tempo ad imparare tutte le regole dettagliate, pagine e pagine che richiedono tempo, impegno e dedizione.

Il timore è la possibilità che si inneschi un fenomeno anarchico. Senza un Governo, le terre del Pianeta potrebbero cedere all'autogestione. Questa, forse, potrebbe anche funzionare, ma solo per breve tempo. Poi, con il naturale evolversi delle cose e con una crescente avidità già insita nell'essere umano, si instaurerebbe una situazione di difficile gestione, con troppe menti che decidono e più nessuno che obbedisca. Nessuna regola, nessun ordine: solo caos.

Credo che sia io che Oughm, Moraya e Tom, pensiamo la stessa cosa. Non la esprimiamo, solo per non concretizzare le nostre paure ma la situazione si sta rivelando più grave di quanto si immagini. Tutte le terre ancora pulsanti su questo Pianeta rispondono a delle Leggi, ma esse facevano capo alla Sede Centrale dove tutto aveva un inizio e una fine. Ora, i Governanti cominciano ad agire in autonomia... forse troppa. Lo abbiamo visto con Orisa a Idra, dove la disparità tra i sessi si è evidenziata al punto tale da relegare i maschi di qualsiasi età ad un ceto inferiore a quello degli antichissimi schiavi. E, se la Signora di quel regno ha compreso questo rischio, non possiamo essere sicuri che altri siano in grado di farlo. Confidiamo ancora nell'Isola Chay e contiamo sull'appoggio di Verdrad, la nostra seconda tappa. E' necessario che si trovi al più presto una soluzione, o saremo costretti a vivere eternamente in fuga. Oppure, ancora peggio... a separarci e disperderci. Di nuovo. Dopo tanti sforzi per riuscire a riprogrammarci come esseri umani e come macchine. Solo quando siamo vicini alla fine del viaggio abbiamo finalmente il coraggio di parlarci. E lo facciamo di notte, riunendoci nella cabina a noi riservata. E' Tom a parlare per primo, e lo fa senza tanti preamboli:

"Beh... Io penso che dovremmo ripassare quello che Swaynn ci ha insegnato." Dice, schiarendosi la voce per due volte. "Cos'altro ci rimane da fare, altrimenti? Il nostro capitano è assente e i suoi ordini vengono impartiti sempre in modo indiretto. Questa nave è diventata peggio di una tomba gigante. Ma noi siamo ancora vivi... maledizione!"

"Non imprecare, Tom!" Lo rimprovera Moraya. "La prima cosa che non devi fare, se pensi davvero ciò che hai appena detto, è: non giudicare. Sappiamo bene quante energie vengano sprecate ogni volta in cui lasciamo spazio alle emozioni negative."

"Ciò che dici è vero." Concordo. "Io sono disponibile a riprendere sin da subito quelle abitudini che abbiamo lasciato da parte per troppo tempo."

"Ci sono anch'io!" Esclama Oughm. "Immaginavo che tutti pensassimo la stessa cosa ma che nessuno avesse il coraggio di esprimerla. Beh, Tom ha fatto breccia nel muro del silenzio che ci ha tenuti prigionieri. Su questa nave c'è bisogno di un riferimento. Tutti noi vorremmo poter contare su Athorm, ma il nostro capitano sembra allontanarsi da questo mondo ogni giorno sempre di più. Possiamo comprendere il suo dolore e lo rispettiamo. Ma non c'è più nemmeno Swaynn e vedo lo smarrimento negli occhi di chi incontro, ogni giorno. Non so mai che cosa dire, così, alla fine, ci si saluta forzatamente e non ci si parla. Vi ricordate quand'eravamo lo zimbello di tutti? Non ci piaceva ma, almeno, riuscivamo a suscitare uno straccio di reazione! Sapete che cosa vi dico? Se solo sapessi che servisse, accetterei di buon grado tornare ad essere il pagliaccio della nave!"

"E ne sarei felice anch'io!" Dice Tom, con veemenza. "E' giunto il momento che anche noi cominciamo a scrivere la nostra storia! Siamo rimasti nell'ombra perché pensavamo che fosse giusto così e ci siamo scordati il senso di libertà che abbiamo provato quando siamo stati accolti per la prima volta su questa nave! Abbiamo navigato a lungo, imparato gli usi e i costumi delle culture ancora viventi sul Pianeta, cantato e suonato per tenere desta l'attenzione dei naviganti. Ora dobbiamo dimostrare di avere una nostra volontà e possiamo farlo solo riconoscendo i nostri sogni. Quanti progetti abbiamo fatto? Ve lo ricordate? Non smettevamo di sperare! E quando Athorm ha sposato Swaynn abbiamo sentito ancora quella scarica di adrenalina che ci faceva credere in una nuova svolta! Una Vergine... L'unica Vergine in grado di distruggere la teca che custodiva la Pietra Lunare, di maneggiarla, di lottare contro le ombre e di dare la vita al frutto dell'amore tra lei e il nostro capitano! Ci è stato dato molto e forse è giunto il momento di ricambiare."

"Sì, Tom." Dice Moraya. "Forse è questo il momento del nostro vero riscatto. Fino ad ora abbiamo solo preso. Ma quanto abbiamo dato, in realtà? Solo ciò che ci veniva chiesto di fare. Mai un atto che sgorgasse dal nostro cuore. E ora Athorm ha bisogno di noi. E anche Swaynn. Perché io sono sicura che lei sia ancora viva. Lo sento e so che lo sentite anche voi, amici miei!"

E' con questo spirito che riprendiamo ciò che ci è stato insegnato. Passiamo l'intera notte a ripassare i vocaboli che ci sono stati insegnati e le regole per la meditazione quotidiana. Proviamo a intonare il Gham e i nostri goffi tentativi sono forzati… ma è un inizio.

Alle prime luci dell'alba siamo già pronti sulla prua, con gli occhi chiusi, i palmi delle mani rivolti verso l'alto e le braccia leggermente staccate dal corpo, come se volessimo attingere dal cielo una forza che non abbiamo il diritto di pretendere ma solo di accogliere. La nostra sorpresa è grande, quando ci accorgiamo che, invece di ridere, i membri dell'equipaggio che ci passano vicino si fermano e rimangono in silenzio, finché, lentamente, il ponte si riempie di uomini e donne di qualsiasi età e mansione. Tutti cercano di imitarci. Me ne rendo conto per primo, aprendo lievemente gli occhi. E io sfioro lievemente Oughm, affinché egli veda. E quando anche lui ha visto, fa cenno a Tom e Moraya di interrompere la meditazione, solo per un attimo. Stiamo assistendo a qualcosa che non avremmo mai immaginato di vedere. La forza di tante anime unite in una sola azione è così intensa da farci girare la testa. Quando il sole è alto, nel cielo, tutti noi siamo ancora lì e la nave si è fermata, per la prima volta, dopo secoli di navigazione. Anche chi sta manovrando il timone si unisce a noi. E con lui, i suoi assistenti. Un vento leggero si alza, muovendo appena le vele. Lo scafo ondeggia dolcemente, come se approvasse. Il silenzio è interrotto solo dal grido dei gabbiani e dal suono delle onde che sfiorano i fianchi della nave. Tutti noi siamo in piena armonia con la Natura. Ora più che mai le parole di Swaynn cominciano ad avere un senso. Attratto da quest'assenza di movimento, Athorm corre sul ponte. Ci accorgiamo di lui dal suono dei suoi stivali. Sentiamo che la sua camminata si ferma proprio in prossimità dell'uscita: c'è così tanta gente da impedire qualsiasi movimento. Con la coda dell'occhio lo vedo farsi largo tra la folla che non si scompone. Il suo sguardo è incredulo e io posso comprendere il suo stato d'animo, perché è lo stesso che ci ha colti alla sprovvista quando ci siamo accorti di ciò che stava accadendo. Athorm continua a camminare, avanzando verso di noi. Solo quando ci è vicino apriamo gli occhi, e lo facciamo come se attendessimo un suo ordine: quello, per noi, è prioritario su tutto. Ma lui ci osserva a lungo, per cercare di comprendere, senza dire nulla. Solo dopo molti istanti, sulle sue labbra spunta un lieve sorriso. Poi si rivolge a tutti, esclamando a gran voce:

"Miei cari amici! Amiche preziose! Popolo di Kelenda! Voi state compiendo il miracolo più grande che un essere umano possa anche solo di immaginare! Restituite la vita a questa nave! Risvegliatela dal suo sonno! Puntiamo a Chay, a velocità massima! Siate pronti ad accogliere il dolore ma anche a condividere ciò che può far nascere nuova speranza!" Quindi si rivolge a noi, con un tono di voce più sommesso, dicendo: "Grazie soprattutto a voi, fratelli. Ciò che avete fatto vi ha resi insostituibili ai miei occhi. Sappiate che il vostro posto nel mio cuore non è mai stato sostituito. Per questo, vi chiedo di aiutarmi ad andare avanti e a preparare la strada per il ritorno di Swaynn."

Quando si allontana, per dirigersi verso la sala del comando, ci sentiamo tutti più leggeri. Ci guardiamo sorridendo e così fanno tutte le persone che hanno condiviso la nostra meditazione. Poi, tutti tornano ai loro posti e la nave riprende la sua navigazione.

Swaynn tornerà. Questo è un fatto. Ma non sappiamo quando né come. E, soprattutto, non sappiamo nemmeno se sia stata messa al corrente di quanto è successo a Mytia. Ne parliamo spesso, tra di noi, durante il giorno.

"Io sono convinto che lei sia sull'Isola della Luna." Bisbiglia Oughm.

"Lo pensiamo tutti, ormai." Gli fa eco Moraya. "Comincio a credere che Athorm l'abbia mandata laggiù per preservarla da qualcosa... ma che cosa?"

"Stiamo solo facendo congetture!" Sussurra Tom, lievemente stizzito. "Che cosa ci importa dove lei sia? Non stiamo parlando di un essere umano qualunque, ma di un'immortale! Quando Athorm ci ha chiesto di preparare la strada per il ritorno della sua sposa, non ci ha ordinato di formulare ipotesi ma di essere pronti. Sapete che cosa significa? Che assisteremo a ben altro! E che, molto probabilmente, la stessa Swaynn non sia sufficiente a se stessa. Altrimenti, perché farci insegnare proprio da lei ciò che sappiamo? Ci aveva parlato di una terza arte, quella legata al combattimento, ma – guarda caso – non ci è mai stato detto nulla, al riguardo. Non ce n'è stato il tempo. Troppi avvenimenti hanno reso impossibile l'apprendimento di quelle discipline legate alla Guerriera Ahona che ha trapassato il corpo di Athorm, colpendolo al cuore per due volte. Un essere umano normale sarebbe morto all'istante ma non lui. E noi sappiamo perché. E' bastato portarlo a Verdrad, sostituire la parte meccanica e – oplà! – il nostro capitano era già pronto per ripartire!"

"Non farla così facile, Tom." Dico. "Smettiamola di fingere di non vedere. Siamo vivi da molto tempo, ormai, e abbiamo capito tutti che c'è ben altro. Un esempio? Orud. Lui non aveva nulla di meccanico, così come Swaynn. Eppure, qualcosa li rende simili: l'immortalità. Perché questo sappiamo, giusto? Lo sappiamo da tempo e continuiamo a scordarlo."

"Ma Orud è morto."

"Sì, Moraya, ma lui aveva portato la Pietra Lunare. Noi non avremmo mai potuto nemmeno sfiorarla. Parliamo dell'*essenza* di cui abbiamo tanto sentito dire? E non abbiamo sentito solo quello ma molto di più. Siamo stati zitti per non sembrare invadenti ma tutti noi sappiamo più di quanto ci sia stato rivelato. E Athorm sa. Tom: tu dicevi che quando lui è stato colpito da Ahona si è salvato solo grazie all'intervento di Yoser Nym, ma sai bene che non è possibile. Benché la sua tecnologia sia altamente avanzata, Yoser non può compiere miracoli. Non si può ridare vita e forza ad un normale essere umano in soli tre giorni. Eppure Athorm è arrivato a Verdrad in condizioni disperate. Vi siete dimenticati di quanto ci è voluto per ciascuno di noi adattarci alle parti meccaniche, anche quando esse venivano sostituite o semplicemente aggiornate?"

"Che cosa vuoi dire, Smuz?" Mi chiede Oughm.

"Non voglio dire più di quanto non ci sia concesso. Non parlo quasi mai e scelgo di non farlo soprattutto per ascoltare. E non sapete quante cose si riescono a scoprire, solo mettendosi in ascolto. Non è questo che ci ha insegnato anche Swaynn? Ma non voglio perdermi in facili congetture. Non è ciò che ci ha chiesto Athorm."

Rimaniamo in silenzio e la giornata trascorre così. Sappiamo che il nostro capitano sta consultando il materiale che gli è stato consegnato da Orisa. Il fatto che non stia mettendo al corrente nessuno di quanto sta leggendo è legato soprattutto alla fattibilità di ciò che viene suggerito dal Popolo di Idra. Se Athorm riterrà che la soluzione proposta sia verosimile, allora, ci metterà al corrente delle sue decisioni. Altrimenti, come ha fatto in molte altre circostanze, cercherà un confronto con gli scienziati di Verdrad, la seconda tappa obbligatoria. Credo che propenda comunque per questa seconda ipotesi, o non l'avrebbe neppure contemplata. Quando giunge la notte, io e gli altri tre amici decidiamo di praticare un'altra meditazione, anche tentando di intonare il Gham come si deve. Inizialmente pensiamo di dirigerci a prua, dove Swaynn era solita portarci, ma qualcosa ci impedisce di proseguire. Non siamo dotati di capacità percettive, quindi non sappiamo che cosa ci trattenga, ma considerati gli avvenimenti decidiamo di non sfidare la sorte. Forse, una sorta di superstizione antica è rimasta dentro di noi e una paura atavica, dopotutto, non cessa di esistere automaticamente, nemmeno dopo moltissimi anni.

Decidiamo, quindi, di cambiare luogo della meditazione e ci poniamo verso l'estremità della poppa. Da quaggiù riusciamo a scorgere la scia della nave che solca il mare e la spuma marina si staglia dalla superficie dell'acqua che riflette il colore di un cielo terso e illuminato da miliardi di stelle. Questa vista particolare, resa ancora più suggestiva dalla luce di una Luna piena, grande e bellissima, ci porta molto rapidamente nello stato interiore ideale per cominciare un viaggio dentro noi stessi. Ci poniamo come sempre l'uno accanto all'altro, tenendo gli occhi chiusi, le braccia staccate dal corpo con i palmi delle mani rivolti verso l'alto. Swaynn ci ha sempre detto che di notte accogliamo la calma del silenzio e la vibrazione degli astri pulsanti e che dobbiamo imparare ad ascoltare quella luce intermittente come se provenisse dal nostro corpo. Una cosa molto difficile da immaginare, soprattutto per noi androidi, abituati ad aver a che fare con altri tipi di luci, vibrazioni e pulsanti. Ogni volta che ci veniva ripetuta questa frase, non potevamo pensare ad altro. Ma adesso che abbiamo cominciato a percepire qualcosa di diverso che nessuna macchina è in grado di sentire, crediamo che tentare più e più volte non debba per forza essere un'impresa impossibile. Ci poniamo in ascolto dei rumori notturni, riconoscendo quelli cui siamo abituati e che fanno parte della nostra vita su questa nave. Poi, lentamente, il respiro diventa più profondo e regolare e non dobbiamo attendere molto per cominciare ad intonare il Gham. Non è mai facile essere i primi, ma questa volta decido di sciogliere il ghiaccio. Vengo subito seguito dalla voce degli altri che mormorano le loro sillabe, così come ci ha detto di fare Swaynn: prima di cantare, articolate il vostro suono, rendetelo reale e abituate le vostre labbra a pronunciarlo. Quando cominciamo ad acquisire una maggiore sicurezza, l'intonazione delle prime note non è un bel sentire. Se ci guardassimo cominceremmo a ridere, quindi nessuno di noi apre gli occhi, per non cadere nella tentazione di guardare il suo vicino. E solo così, molto lentamente, cominciamo il nostro canto. Non è di certo come quello di Swaynn, pulito e preciso, ma non ci è mai stato chiesto di imitarla. Dobbiamo solo trovare la nostra nota, la nostra parola, la nostra firma nel corso di queste meditazioni così difficili da attuare. Solo dopo molti tentativi riusciamo a sentirci parte di qualcosa che va oltre ciò che siamo, oltre la materia e tutto ciò che siamo in grado di comprendere. Per noi quattro, questa è una grande conquista ed è un modo per mantenere vivo l'impegno di Swaynn, nell'attesa che torni, ma senza sapere quando né come. E' un canto un po' triste, poiché è la prima volta che lo riproponiamo a noi stessi dopo la morte della piccola Mytia. Eppure, anche se sommesso, il Gham produce sempre un effetto molto particolare. Lo sentiamo risuonare nella testa, nel naso, nella gola, nel petto, nello stomaco, e poi scorrere sulla pelle come se fosse simile ad un brivido piacevole.

Ma c'è qualcos'altro che sentiamo, questa notte. Credevo di essere l'unico ad avvertire qualcosa di diverso, ma, sentendo il canto dei miei amici affievolirsi, capisco che anch'essi abbiano avuto la stessa percezione. Da dove arriva, questo suono sommesso? Dall'altra parte della nave. Forse dalla prua, dove avremmo voluto recarci ma qualcosa ce l'ha impedito. Ci guardiamo a vicenda: forse, qualcuno dell'equipaggio, sta tentando di imitare ciò che stiamo facendo? Forse ha bisogno di una mano per comprendere come fare? E' un suono molto simile al Gham, sebbene molto più ovattato e paragonabile più ad una frequenza vibratoria, e ne siamo attratti. Non sappiamo neppure come siamo riusciti a percepirlo a questa distanza. Eppure, mentre avanziamo verso quella melodia, ci accorgiamo che qualcuno sta davvero intonando lo stesso canto. La voce che lo intona sembra quasi incorporea e non riusciamo a capire se si tratti di un uomo o di una donna. E' come se il vento cantasse e al vento non è possibile dare una voce, ma solo un suono, un'aspirazione, uno di quei simboli onomatopeici che Swaynn ci ha insegnato e che ora ci sembra avere un senso. Ed è solo quando ci avviciniamo alla prua che riusciamo a scorgere l'inconfondibile figura di Athorm, col suo mantello colore della notte. E' proprio nei pressi in cui la sua sposa era solita farci esercitare e ne siamo sorpresi: da quando il nostro capitano si rifugia qui, di notte, per intonare il Gham? E da quanto? Noi non ci siamo mai accorti di nulla. Ogni tanto, il canto si ferma, e sentiamo pronunciare queste parole:

"*Ighttas, ash'rana Chroem Belumah!*" Poi, tutto riprende.

Solo dopo altre tre ripetizioni di queste parole sconosciute, decidiamo di palesare la nostra presenza.

"Athorm!" Esclama Oughm. "Va tutto bene?"

Il nostro capitano si gira e dalla sua espressione comprendiamo che non si sarebbe mai aspettato di vederci qui.

"Mi avete sentito?" Ci chiede, sorpreso.

"Stavamo intonando il Gham proprio presso la poppa." Risponde Moraya, timidamente. Abbiamo tutti l'impressione di aver violato qualcosa che non doveva riguardarci. Ma, allora, perché Athorm non si è nascosto in un luogo più discreto?

"Mi avete sentito dalla poppa?" Chiede di nuovo, incredulo.

"Capo… Ti chiediamo scusa se ti abbiamo disturbato." Borbotta Tom. "Ma pensavamo che qualcuno ci avesse sentito durante il canto del mattino e volesse unirsi a noi…"

Athorm ci rivolge uno sguardo che non riusciamo ad interpretare. Poi ci chiede: "Avete sentito altro?"

"Solo il suono di parole di cui non conosciamo il significato." Rispondo per tutti. "Assomigliavano molto a quelle che ci ha insegnato Swaynn. Abbiamo atteso un po', prima di parlarti. Ma ora… penso che avremmo fatto meglio a farci i fatti nostri…"

"Swaynn!" Esclama Athorm, come se comprendesse.

Pensiamo che questa rivelazione non gli faccia piacere ed è Moraya a parlare per tutti noi:

"Scusaci, stiamo parlando troppo. Ma è così difficile capire come rivolgerci a te, in questo momento."

"Non avete fatto nulla di cui dobbiate scusarvi." Replica Athorm, sorridendo. "Se quello che Swaynn vi ha insegnato vi ha permesso di penetrare attraverso il mio scudo, allora, non posso che congratularmi con lei per il lavoro che ha svolto. E con voi, per la tenacia col quale l'avete seguito e compreso. Guardate il cielo: non vedete nulla?"

Alziamo lo sguardo, cercando di scorgere qualcosa.

"Vediamo tante stelle e una Luna molto luminosa." Rispondo, quasi distrattamente.

"Non ti riconosco più Smuz." Mi dice Athorm, scherzosamente. "Un tempo bisognava strapparti le parole di bocca."

"Un tempo le cose erano diverse."

Queste parole lo colpiscono profondamente e rimane in silenzio per qualche istante. Poi si rivolge a tutti noi:

"Avete sentito da me queste parole: *Ighttas, ash'rana Chroem Belumah*! E' un'invocazione agli Spiriti degli Antenati. Un'invocazione che chiede loro di custodire e guidare. Viene ripetuta più volte, quando si canta il Gham."

"Gli *Spiriti degli Antenati*?" Chiede Oughm. "Una volta Orud ci aveva accennato qualcosa, al riguardo… ma eravamo troppo stupidi e disinteressati, per cercare di capire. Non che ora le nostre menti siano più aperte…"

303

"Ma si sta aprendo la vostra anima." Replica Athorm. "Ed è molto più importante. Magari, un giorno… vi racconterò di questa tradizione."

"E Swaynn? Lei tornerà, vero?"

"Lo spero, Moraya. Ma lo temo, al tempo stesso. Per questo vi ho chiesto di essere pronti. Non so che cosa potrebbe accadere, se dovesse riprendere il suo posto al mio fianco. Non so neppure se riuscirà mai a perdonarmi per tutto quello che le ho fatto passare. E non so come dirle di Mytia senza farla sentire responsabile di quanto è accaduto." Rimane in silenzio per un lungo istante. Vorremmo poter dire più di quanto siamo in grado di fare ma le parole ci muoiono in gola. Così, anche noi restiamo in silenzio, insieme a lui.

Otto - *Yoser*

Il messaggio che Athorm mi ha fatto avere non mi ha sorpreso. Speravo, anzi, che arrivasse prima che le cose prendessero una piega che non riesco più a gestire. Ma è arrivato e io ho risposto subito al suo appello. Ho salutato Detia, Isay e Ghag e ho pregato mia moglie che non dicesse nulla a Swaynn: non sapevo a cosa sarei andato incontro, una volta essermi sottoposto alla smaterializzazione molecolare. Non ho mai collaudato il mio laboratorio da quassù e non volevo nemmeno che Detia si preoccupasse eccessivamente: è già fin troppo impegnata e temo che le sue energie si stiano esaurendo. Fortunatamente, possiamo contare sull'aiuto di Shyia, una giovane Vergine che si occupa dei nostri figli, praticamente tutto il giorno. Da qualche giorno, ormai, la sua presenza è diventata importante anche di notte. Non riesco a fidarmi di Swaynn: è troppo instabile. Non vedo in lei quell'equilibrio che la rendeva forte e capace di valutare problemi e soluzioni. Temo, anzi, che possa fagocitare Detia ma ho notato che la presenza di Shyia riesce ad impedire che ciò accada. Forse perché la ragazza è più forte di entrambe, in questo momento, e, in qualche modo, riunisce in sé le caratteristiche fisiche di mia moglie con quelle caratteriali di Swaynn, anche se più addolcite.

Che possa essere lei, quella che prenderà il posto di Detia quando non sarà più in grado nemmeno di reggere un fazzoletto? Me lo chiedo spesso ma non conosco le tradizioni di questo luogo, se non dal punto di vista scientifico. Il resto sembra essere un segreto molto ben conservato e – a quanto mi risulta – Swaynn è rimasta l'unica depositaria di questo sapere. Ma, alla luce degli ultimi avvenimenti, temo che possa aver scordato tutto ciò che ha appreso nel corso del suo lungo addestramento. Non ho certezze. Solo ipotesi. E una lista infinita di domande cui devo dare una risposta razionale. Non posso più lasciarmi coinvolgere dai sentimenti, se non quando è strettamente necessario. Mi chiedo che fine faranno i miei figli, se dovesse accadere qualcosa a Detia. La tradizione dell'Isola vuole che siano ammesse solo femmine dai cinque anni in poi. Il fatto che vi siano due bambini di sesso maschile è accettato solo perché io sono il legittimo consorte della Signora dell'Isola e, come tale, non mi è richiesto di apparire. Cerco di dare a mia moglie tutto l'appoggio di cui possa avere necessità ma le sue forze diminuiscono ogni giorno sempre di più. I miei rimedi possono fare poco per arrestare il processo inevitabile cui sembra destinata a soccombere. Come ho detto a Swaynn, mi ritrovo in una situazione di totale impotenza ed è la prima volta nella mia lunga vita in cui comincio a dubitare di me stesso e delle mie conoscenze. Quando giungo nella camera di materializzazione molecolare a Verdrad, c'è già Athorm ad aspettarmi, insieme a uno dei miei collaboratori che ho lasciato a capo del mio progetto. Il suo nome è Verlor Torrado ed è uno scienziato molto giovane e promettente. Mi somiglia un po', fisicamente, anche se porta occhiali spessi e si rifiuta di apportare correzioni alla vista. Già dal primo incontro con lui aveva chiarito che si sarebbe sottoposto a modifiche solo quando si fosse reso strettamente necessario. Comprendo il suo desiderio di rimanere il più possibile appartenente alla razza umana e non lo forzo a cambiare le sue idee. Forse, un giorno, deciderà di testa sua. O, forse, rimarrò sulle sue posizioni. Ciò che conta, tuttavia, è che svolga il suo lavoro al meglio e con assoluto riserbo. Quando la camera di materializzazione si apre, Verlor si dà subito da fare per controllare tutti i miei parametri. Athorm si tiene a distanza, fuori dalla porta cui è ammesso l'accesso solo agli addetti ai lavori. La sua nera figura, sempre più simile a quella di un antico pirata, è in netto contrasto con la modernità dei macchinari, il candore della stanza illuminata dalla luce artificiale a cui devo riabituarmi e con l'azzurro semi-cangiante della tuta del mio prezioso collaboratore. Rimango in silenzio per tutta l'operazione, poi, invitato da Verlor, muovo i miei primi passi in quello che è stato a lungo il nucleo delle mie sperimentazioni.

"E' tutto a posto, Professore." Mi dice il mio valido sostituto, mostrandomi i dati attraverso un piccolo rilevatore che riporta tutti i parametri vitali. "Non avete subìto alcun danno, durante il processo di smaterializzazione molecolare."

"Molto bene, Verlor." Gli rispondo, quasi distrattamente. "Continua a lavorare come se io non ci fossi. Chiamami solo se hai un'urgenza ma so che te la saprai cavare egregiamente."

"D'accordo, signore. Grazie."

Faccio cenno ad Athorm di seguirmi e lo conduco nella sala relax, dove conservo ancora molti libri antichi che non sostituiranno mai le informazioni digitali. Vi sono delle poltrone, macchine che riproducono musica, un contenitore di cibi e bevande e luce soffusa. C'è anche la riproduzione di un camino, uno schermo scuro che mostra immagini di fiamme in movimento, mentre produce calore utilizzando una fonte esterna: la luce del sole durante il giorno e quella delle stelle – moltiplicata milioni di volte – per la notte. Il computer centrale non bada a nuvole o eventi atmosferici che possano interferire con la fonte, poiché la rilevazione avviene tramite oscillazioni prodotte da luce e buio e le calibra automaticamente.

Io e Athorm ci sediamo su due poltrone poste l'una di fronte all'altra, con al centro un tavolino basso e tondo.

"Posso offrirti del vino?" Gli chiedo, mentre un braccio automatico si predispone al comando.

"Rosso." Mi risponde secco. "Liscio." Specifica."

"Permettimi di scegliere la qualità migliore." Gli dico, mentre digito un codice sulla tastiera. Nel giro di pochi secondi, dal centro del tavolino intagliato nell'ebano, si apre una piccola porticina rotonda, da cui esce un braccio meccanico che consegna due calici larghi su un vassoio d'argento e la migliore bottiglia di vino rosso che conservo da molti anni. Il braccio versa il vino con estrema precisione, poi scompare di nuovo al centro del tavolo che si richiude. A prima vista, nessuno potrebbe dire che questa superficie apparentemente omogenea possa celare una fessura.

"Mi era mancato." Commento, dopo aver sorseggiato un po' di vino. "Certi sapori sono molto diversi, sulla Terra."

Athorm annuisce, silenziosamente. Conoscendolo, so che potrebbe rimanere in silenzio ancora a lungo, così tocca a me rompere il ghiaccio:

"Come vanno le cose, qui?"

"Mytia è morta."

Quella frase detta con un tono di voce quasi privo di emozioni mi colpisce profondamente. Non dico nulla e cerco di capire che cosa posa essere successo. Solo dopo un altro sorso di vino chiedo nuovamente ad Athorm:

"Swaynn lo sa?"

"No." E' la risposta, netta.

"Quindi… ne è direttamente coinvolta?"

Athorm indugia per un attimo, poi annuisce, bevendo un po' di vino.

"Avete già provveduto alla sepoltura?" Chiedo ancora.

"Una settimana fa siamo arrivati a Chay. Da Idra. Sulla piccola isola, Mytia ha trovato pace accanto al tronco d'albero che ci ricorderà per sempre il nostro caro amico Orud al quale si è unita."

"Da Idra…" Ripeto, quasi tra me e me. "E che cosa ci facevate, laggiù?"

"Non era nei nostri piani andarci. L'incontro con Orisa era stato programmato qui, a Verdrad. Ma, contrariamente a quanto avevo programmato, lei ci stava aspettando a Kelenda. E da quel momento le cose sono precipitate."

"Orisa…" Ripeto anche il suo nome, pensosamente. "E perché mai far conoscere a tua moglie colei che è stata una delle tue amanti?" Gli chiedo, incuriosito. "Se ti eri stancato di Swaynn, non avresti fatto meglio a parlarle?"

Athorm sorseggia dell'altro vino:

"Non mi sono mai stancato di chi ho scelto come mia sposa." Mormora, con sguardo assente. "Ma tu conosci la storia di Orisa. Pensavo che Swaynn avrebbe potuto trovare un modo per gestire alcune situazioni… che si sono evolute. Invece nulla è andato come speravo."

"Avresti potuto prevederlo."

"L'ho sottovalutato."

Rigiro il poco di vino che è ancora sul fondo del mio calice:

"Le situazioni di cui accennavi…" Mormoro, quasi distrattamente. "Credo di sapere a cosa tu ti stia riferendo."

Il suo sguardo muta improvvisamente:

"E' successo qualcosa?" Chiede, con apprensione evidente.

"Una notte…" Racconto lentamente. "Ghag continuava a piangere. Detia non riusciva a calmarlo ed era troppo stanca per tenerlo in braccio. Così ho deciso di portarlo fuori dalla dimora in cui viviamo, proprio sulla riva di Moryd. Speravo che il piccolo potesse trovare giovamento nel respirare un'aria diversa. Ma continuava a lamentarsi e non riuscivo a farlo smettere di urlare. A un certo punto ho visto Swaynn. Sembrava un fantasma, con quella lunga tunica bianca, i capelli neri sciolti sulle spalle e i suoi occhi… Stentavo a riconoscerla. Si avvicinava a me, e mi sembrava di vedere un demone travestito da donna. Sibilava e ringhiava, allungando le braccia. Mi ha ordinato di darle la bambina. Le ho chiesto di quale bambina stesse parlando ma lei ha ripetuto le stesse parole. Mi ha detto che lei era sua madre e che io non avevo alcun diritto. Che quel pianto disperato era causato dalla mia sola vicinanza. Non è valso a nulla cercare di farle capire chi io fossi e che il bambino che stringevo tra le braccia era Ghag. Non Mytia. Così ho deposto il piccolo sulla sabbia morbida per avvicinarmi a lei, cercare di parlarle in qualche modo… ma non è servito. L'ho vista alzare gli occhi al cielo, e così anche le braccia. Mormorava frasi che non comprendevo, parole che non ho sentito neppure sull'Isola… E, nel cielo, le stelle sono scomparse. E' stato come se un velo nero cadesse e svelasse ciò che celava dietro allo scenario: Pianeti talmente grandi, in grado di fagocitare la Luna con un soffio. E il Sole… che da un puntino lontano si trasformava in un astro sempre più grande… Ho cercato ancora una volta di calmarla, ma sembrava una furia. Anche la superficie dell'acqua di Moryd si era pericolosamente increspata. La terra sotto ai miei piedi tremava. Temevo che, da un momento all'altro, accadesse l'irreparabile. Non so come mi sia venuto in mente… ma avevo in tasca un oggetto che ultimamente ha cominciato ad avere un significato importante per me. Così, quando Swaynn stava per sferrare il colpo decisivo, gliel'ho piazzato proprio di fronte agli occhi. Si è fermata di colpo, come bloccata da una forza superiore. Tutto quello che aveva iniziato… quella luce intensa che stava per lanciare missili di fuoco sulla Luna… è scomparso nel giro di un istante. I suoi occhi sono tornati ad essere quelli di sempre. E quando si è resa conto di quello che avrebbe causato, se io non l'avessi fermata in tempo, si è accasciata a terra, confusa e smarrita."

Athorm mi ha ascoltato con interesse fino a questo momento. Con altrettanto interesse mi domanda:

"Con quale tipo di oggetto sei riuscito a controllare la sua reazione?"

Mi viene quasi da ridere, a raccontarlo. Eppure è la verità:

"Un piccolo Crocifisso. Uno di quelli dell'antica religione monoteista che si era largamente diffusa sulla Terra. E Swaynn l'ha riconosciuto. Si è ricordata di aver studiato casi di possessione, come quelli che sono stati tramandati anche dalle civiltà antichissime, ma l'ho rassicurata: quell'oggetto serve a ricordarci che non siamo onnipotenti e che non possiamo fare più di quanto ci è stato concesso. E' per questo che l'ha riconosciuto e accettato: la sua anima comprende istintivamente questa grande verità che io stesso ho dovuto affrontare. Gliel'ho lasciato prima di venire qui. L'ho fatto per proteggere i bambini. Però, Athorm... non l'ho mai vista così e non so fino a che punto potrà spingersi..."

Il mio amico di lunga data abbassa lo sguardo, costernato:

"E' solo colpa mia, se si sta verificando tutto questo." Mormora. "Ho risvegliato Vegar."

"Sei impazzito?" Esclamo, sbattendo il bicchiere sul tavolo. "Swaynn non era pronta!"

"Munn mi ha detto che Detia non potrà reggere a lungo. Mi ha parlato della verità. Gli Spiriti degli Antenati sanno più di quanto noi non siamo in grado di immaginare... o desiderare..."

"E per colpa di un capriccio di uno Spirito hai combinato tutto questo? Sai che cosa potresti rischiare?"

"Sinceramente? No. A questo punto non lo so più. E l'equivoco nato con Orisa ha peggiorato le cose. Vorrei poter tornare indietro e attendere, godermi l'amore di Swaynn e stringere tra le braccia nostra figlia. E vorrei tornare ancora più indietro, quando lei ha deciso di lasciare a tua moglie un compito eccessivamente gravoso. L'amore mi ha reso cieco e poco oggettivo. Non è Swaynn, a essere confusa: sono io. Ho perso quell'equilibrio che avrebbe dovuto portarla ad essere ciò per cui è nata. L'ho voluta per me, senza considerare la sua natura. L'ho sottovalutata, come ho sottovalutato molte altre cose. Sono imperdonabile, Yoser, lo so. E non sono nemmeno in grado di aiutare Kelenda."

Prendo direttamente in mano la bottiglia di vino e ne verso ancora in entrambi i calici.

"Una cosa alla volta." Gli dico, porgendogli il bicchiere. Athorm ne beve il contenuto in un unico sorso. Credo che, se potesse avere la bottiglia a disposizione, la svuoterebbe in un attimo. Si è perso. Sì. Ma non potrebbe essere altrimenti. E il mio compito non è quello di giudicare, ora. Entrambi lo stanno facendo da soli. Così, gli pongo una domanda che potrebbe cambiare il suo stato mentale: "Hai preso in considerazione l'idea di farti reimpiantare il tuo cuore, Athorm?"

Il suo sguardo cambia di nuovo:

"Più volte." Mi dice. "Ma non l'ho fatto per non rischiare di lasciare Swaynn e Mytia da sole, nel caso in cui le cose fossero andate come non avrebbero dovuto."

"Ma ora, questa possibilità non esiste più." Gli faccio notare, con calma. "Potresti pensarci. Cos'avresti, da perdere? Nulla. Avresti solo da guadagnare. E se tutto andasse bene, sai che il tuo corpo è in grado di rigenerare tutto ciò che un tempo era in perfetto equilibrio. Altrimenti, perché quell'organo che conservo nel mio laboratorio continuerebbe a pulsare, nonostante l'assenza di un collegamento col tuo corpo?"

Athorm non risponde. Rimane sovrappensiero a lungo e io gli verso altro vino. Ma, questa volta, non sfiora nemmeno il calice. Stringe le mani sotto il mento, appoggiando i gomiti sul tavolino:

"Come sta, Detia?" Mi chiede, con autentico interesse.

"Sopravvive." Rispondo, sospirando. "Ma la degenerazione cellulare è più veloce di quanto pensassi."

"Così... lei ha risentito dell'assenza della Pietra Lunare..."

"... perché nel suo sangue scorre sangue umano..."

"... e i continui viaggi dalla Terra alla Luna hanno indebolito quella parte di essenza in grado di mantenere costante il fragile equilibrio..."

"... e la causa di questo sono io. Come vedi, Athorm, entrambi abbiamo le nostre colpe. Ma mi hai sempre detto che esiste il libero arbitrio e le nostre mogli hanno scelto in completa autonomia. E' inutile pensare a cosa sarebbe stato se avessimo agito diversamente. Forse tu hai cercato di farlo, ma hai ottenuto la reazione opposta."

"E' quello che mi ha detto anche Munn, pochi giorni fa..."

"Forse dovresti smettere di parlare con gli Spiriti e dedicarti a ciò che puoi toccare. Perché tu puoi ancora farlo. Io..." Lascio la frase in sospeso, incapace di continuare. Athorm versa altro vino nel mio calice già vuoto e fa tintinnare i cristalli. Beviamo entrambi un piccolo sorso, per rimanere in silenzio a lungo, sovrappensiero. Poi, lui estrae un piccolo chip dalla sua cintura e me lo porge:

"Questo è il motivo per cui ti ho chiamato." Mi spiega brevemente. "E' la situazione in cui versa Kelenda in base agli studi condotti dal Popolo di Idra. Ho integrato i dati con quelli già in mio possesso. Ma ho bisogno di un tuo parere."

Afferro il chip con estrema delicatezza e lo sfioro sulla mia mano. Quello che in molti ignorano è che il computer centrale ha sede nel mio corpo. Io sono la memoria che conserva qualunque cosa venga registrata non solo a Verdrad. Se dovessi essere distrutto, in qualche modo, esiste un'altra unità esterna a me che collega diversi sistemi posti in alcune basi della Terra. In quel momento, esse entrerebbero in funzione contemporaneamente, e gli scienziati di tutto il mondo saprebbero della mia morte. I dati scorrono di fronte ai miei occhi molto velocemente. Nessuno sarebbe in grado di decifrarli a questa velocità. Tutto ciò che registro si imprime nel nucleo, mostrandomi la situazione per ciò che è. L'impatto emotivo viene bloccato in automatico da un sistema interno posto nel cervello, nel punto in cui la parte irrazionale potrebbe confliggere con quella che deve, invece, prevalere. L'immagine dell'intera terra di Kelenda diventa un ologramma che anche Athorm, ora, riesce a vedere, poiché un sensore laser inserito nelle mie cornee proietta i dati disegnando una mappa dettagliata nell'aria, contraddistinta da un colore verde acceso. Entrambi ci rendiamo conto dell'intensa attività celata da una stasi apparente, come se quello che appare agli occhi di chi arriva su quella terra non fosse, in realtà, ciò che è. La presenza della Pietra Lunare aveva alterato significativamente il ciclo del tempo ed ora esso, per riequilibrarsi, sta accelerando sempre di più i processi di nascita e morte all'interno del terreno su cui si è formata. Cercare di rallentare di nuovo gli eventi rischierebbe l'implosione di Kelenda e la sua intera scomparsa nel mare. Questo è il primo effetto di una delle soluzioni proposte da Orisa e le sue Ancelle. Anche una bonifica non servirebbe a nulla, poiché se tutto il terreno venisse spostato, creerebbe un'alterazione nel luogo in cui fosse trasferito, creando una situazione analoga; inoltre, il grosso buco verrebbe immediatamente riempito dall'acqua del mare, causando, ancora una volta, un'inondazione tale da sommergere tutta la zona. Un'altra soluzione proposta da scartare. Vagliamo queste e molte altre proposte, ma tutte si rivelano prive di fondamento e con una scarsissima percentuale di successo da valutare in un lasso di tempo molto lungo. Troppo, considerato che i superstiti di Kelenda sono troppi per rimanere su Chay. Alcuni di loro già si sono integrati, ma il successo di quel tentativo è dovuto a fatto che essi erano stati tratti in salvo subito dopo il sacrificio di Orud. In questi lunghi mesi di assenza, Athorm non si era accorto di quanti viandanti avessero cercato rifugio in quella terra desolata che offriva delle mura nelle quali ripararsi e provare a vivere. E, inizialmente, i primi raccolti erano stati ricchi e generosi. Poi, inevitabilmente, il processo aveva subìto un'ulteriore accelerazione, portando i germogli a polverizzarsi letteralmente, come spinti da una forza proveniente dall'interno. Ci rendiamo sempre più conto di quanto la grande e prosperosa Kelenda sia diventato un luogo pericoloso, una sorta di "*Buco Nero*" sul pianeta Terra, i grado di attirare e distruggere al tempo stesso. Chi vi posa il piede per un solo giorno, forse, potrebbe anche non risentirne. Ma chi decide di soggiornarvi più a lungo, rimane vittima di un'inevitabile destino.

"Quanto tempo è rimasta, Orisa, laggiù?" Chiedo ad Athorm, chiudendo il collegamento.

"Almeno due mesi." Risponde, sovrappensiero.

"E come è riuscita a resistere così a lungo senza risentire di questi influssi nefasti?"

Athorm mi guarda:

"Per lo stesso motivo per cui Swaynn era l'unica in grado di poter maneggiare la Pietra Lunare senza rimanerne coinvolta."

"Anche Detia è stata in grado di tenerla tra le mani." Osservo. "Era stata designata come colei che avrebbe dovuto prendere il posto di Orud. Ne era diventata la Portatrice a tutti gli effetti."

"Ma tu non avevi scoperto quello di cui mi hai reso partecipe e che gli Antenati già sapevano. Per questo avevano cercato di scoraggiare Swaynn nel mantenere un legame con Detia: perché sapevano che se lo avesse consolidato, entrambe ne avrebbero risentito. Lo Spettro appariva dicendo a mia moglie che la sua più cara amica avrebbe desiderato ucciderla... e lo faceva per allontanarla, per proteggerla da ciò che sarebbe potuto accadere. Poi, le cose sono cambiate. Il libero arbitrio ha un potere così grande da poter sovvertire ogni destino già scritto."

"Lo Spettro... il padre di Swaynn..."

"Sì. L'antica stirpe di Vegar."

Cala nuovamente il silenzio. Quante cose potrebbero essere scritte, in un libro scientifico. Tutto e il suo esatto contrario. L'ordine cosmico è continuamente sovvertito dalla follia delle creature viventi, di qualunque razza o specie siano. E quando si pensa di aver trovato la soluzione, anche solo un piccolo cambiamento operato dalla creatura più insignificante, è in grado di rovesciare l'esito finale, riportando tutto a com'era iniziato.

Potremmo passare tutto il tempo che ci resta per trovare una risposta... ma non possiamo più indugiare. Ogni minuto diventa prezioso e solo ora ce ne rendiamo conto. So che Detia non potrà reggere a lungo. Ma Swaynn non è in condizioni di fare nulla, per lei. Sia io che Athorm siamo chiamati a raccontare scomode verità a coloro che amiamo, senza nemmeno prospettare una soluzione alternativa che possa dare loro una speranza. E non solo a loro, ma anche a noi stessi.

"Yoser."

Alzo lo sguardo verso di lui. I suoi occhi hanno il colore della brace. Il colore di quando Athorm accende nella sua anima il fuoco che fa parte della sua essenza.

"Dimmi, amico mio."

"Ora ti chiederò una cosa. E tu mi farai l'onore di rispettare il mio desiderio."

"Che cosa posso fare per te?"

"Non c'è bisogno che te lo dica. Credo che tu aspettassi questa decisione da molto tempo. Forse troppo. Bene, fratello: eccomi qui."

Sorrido. In quest'apparente assenza di qualsiasi forma di speranza, non posso farne a meno. Qualcuno potrebbe credere che tra forme di intelligenza aliena e umana vi sia una netta differenza, ma si sbaglia: se tutti noi fossimo in grado di guardarci dentro per ciò che siamo, scopriremmo che tutto è già alla nostra portata e che dobbiamo solo avere la forza e il coraggio di abbandonarci all'intuizione. Quella, quando è suffragata da un solido atteggiamento mentale, non sbaglia quasi mai.

"Sta bene, Athorm." Gli rispondo. "Avrai ciò che chiedi. Ti restituirò il cuore che io stesso ho tolto dal tuo petto secoli fa."

Ci stringiamo la mano senza aggiungere altro. Sarà una giornata molto lunga, per entrambi. Per me, che dovrò operare da solo. E per lui, perché la sua essenza veglierà sul suo corpo fisico, anche nel sonno. Un esperimento che non può e non deve fallire.

Nove- *Swaynn*

Shyia non fa che guardarmi. Me ne accorgo ogni volta che alzo lo sguardo. Forse teme che io possa nuocere ai figli di Detia. E questo significa solo una cosa: Yoser ha raccontato quello che è successo diverse notti fa. Non vengo accusata di nulla. Non apertamente, almeno. Ma la sensazione di essere costantemente giudicata… quella c'è. Detia non mi fa pesare la mia permanenza quasi invadente nella sua vita caotica. Io non posso nemmeno esserle d'aiuto. Ricordo tutto quello che lei non ha mai avuto modo di imparare ma non ho il diritto di insegnarle come comportarsi. Il mio equilibrio è fin troppo precario e rischierei di coinvolgere chi non ha alcuna colpa. Guardo i suoi figli e non posso fare a meno di pensare a Mytia. Io lo so. Lo sento. E' successo qualcosa. Da troppo tempo non ho notizie da parte di nessuno. Se anche Yoser fosse stato in qualche modo contattato, non mi renderebbe partecipe di nulla. I ricordi riaffiorano lentamente e, con essi, anche la rabbia per tutto quello che ho dovuto passare negli ultimi mesi, compresa l'invadenza dapprima sottile, poi sempre più insopportabile, della donna che – sicuramente – ha conosciuto un passato discutibile con Athorm. Per quanto ne possa sapere, i due possono essersi accordati prima dell'arrivo a Kelenda. Che senso avrebbe avuto, altrimenti, la presenza di Orisa in un luogo da cui gli ultimi sopravvissuti erano stati portati sull'isola Chay? I sentimenti che nutro verso colui che ho sposato sono in aspro conflitto tra di loro. C'è qualcosa che mi sfugge, qualcosa di non detto e che mi tiene costantemente come appesa ad un filo dal quale mi rifiuto di scendere. Credo che lui sappia quello che mi sta succedendo. Credo che, in qualche modo, l'abbia provocato. Non posso credere che il suo atteggiamento sia cambiato di punto in bianco senza una spiegazione logica. Non è da lui. Athorm calcola ogni cosa, la pondera e cerca di verificarne la fattibilità. Mi ha spesso taciuto molte cose affinché fossi io, a scoprirle. Ma ne ha lasciate altre senza alcuna spiegazione. Io sono qui perché lui ha voluto che tornassi. Ma tutto ciò che sono riuscita a comprendere è che qualcosa, dentro di me, si è modificato. E non so neppure come sia potuto accadere. So solo che si trattava di una situazione inevitabile. E' come se la voce interiore che ho considerato nemica mi stesse dicendo cose nuove che, fino ad ora, non ho voluto ascoltare. Ma dalla notte in cui Yoser mi ha fermata dal commettere una sciocchezza che avrebbe raso al suolo l'Isola delle Vergini, stringo continuamente tra le mani quel piccolo Crocifisso antico che mi ricorda in qualsiasi momento quanto io sia limitata. E il limite non viene dalla censura che potrei mettere in atto da sola: viene da qualcosa di molto più antico, forse dal momento in cui l'intero Universo ha avuto origine. Non sono stata educata per servire una divinità. Eppure, questo piccolo oggetto appartenente al genere umano, mi fa desiderare di poter avere un riferimento che vada oltre ciò che fa parte di me e che conosco. Solo così, riesco ad avere il giusto distacco per cercare di valutare ciò che di me ancora mi è oscuro. Non so dare una connotazione positiva ma non so neppure se sia completamente negativa: dopotutto, sono cresciuta in base ad una disciplina molto severa che ha soffocato gran parte della mia anima. Ho potuto solo sfiorare la presenza di mio padre e mia madre, ma non l'ho mai vissuta. Non so nulla della Stirpe da cui discendo. Non so fino a dove io possa spingermi. Ero spaventata dall'idea dell'immortalità, ma la fine di Orud mi ha fatto comprendere che ci sono cose che vanno ben oltre ciò che crediamo di sapere.

Mytia mi manca? Non lo so. Quando penso a lei, è come se una mano invisibile cercasse di portarmi altrove. Questa nuova parte di me che non so gestire mi spaventa: è come se fosse capace di operare la distruzione anche laddove non ce ne sia bisogno. Subisco l'influsso lunare da quando ero una bambina. Ho accudito Isay per molto tempo, prima che la verità su Detia venisse fuori. L'ho curato quando era stato attaccato dalle Larve e gli Spettri si servivano di lui come un canale per comunicare con me. Sono rimasta incinta e ho partorito una bambina che mi ha regalato una gioia... che non riesco a ricordare. Che cos'è rimasto, di materno, in me? Mi sento come una pianta secca che non può più far sbocciare nuovi germogli. Nella mia anima c'è uno strappo che non riesco a guarire. Non vivo più né per il dovere né per il piacere di fare qualcosa. So che Detia avrebbe bisogno di me, ora più che mai: il suo fisico sta deperendo sempre di più e io non so cosa fare per arrestare questo processo inesorabile di cui anche lei sembra rendersi perfettamente conto. Non voglio nemmeno raccontarle della conversazione che c'è stata tra me e suo marito: lui non ha mai agito con l'intento di nuocerle. Ha solo scoperto qualcosa che nessuno si sarebbe mai immaginato. E, purtroppo, il tempo non ha giocato a suo favore.

Non sono nemmeno arrabbiata con Shyia. Posso capire che lei mi guardi con sospetto: l'immagine riflessa nello specchio mi sta rendendo sempre più simile a Orisa, anche se il colore dei miei occhi e la mia altezza non sono mutati. Ma per il resto... è come se fossi stata contagiata da un virus misterioso che sta facendo di me qualcosa di diverso da ciò che ho sempre saputo comprendere e gestire. Non sento la necessità di suonare il Chrein, né di intonare il Gham. Detia si è accorta di questo e me l'ha fatto notare, dolcemente. Non le ho risposto, semplicemente perché non ho risposte neppure per me. Ed è stato allora che mi ha detto:

"Vedi, Swaynn: tu e Athorm siete perfettamente compatibili. Tu sei la mente e lui è il cuore. Insieme diventate un'unica anima. Ma se rimanete lontani troppo a lungo, rischiate di spegnervi. E questo sarebbe un vero peccato."

Come può essere così gentile con me, dopo tutti i pesi che le ho imposto? E' persino costretta a sopportare i miei lunghi silenzi, la mia insofferenza, il mio desiderio di solitudine anche quando vedo che lei avrebbe più che mai bisogno della mia forza... Ma è una forza che non so gestire neppure per me. E vorrei davvero poter contribuire a rendere quest'Isola il luogo che – nelle sue contraddizioni – custodiva le tradizioni più segrete, tramandandole con un ordine ben preciso. Lo so perfettamente, ora: Detia non è la persona giusta per questo compito. Vorrei poterla sgravare da tanti fardelli ma è lei stessa ad impedirmelo, come se desiderasse che io ritrovassi quell'equilibrio mentale che sono riuscita a conquistarmi con l'impegno costante, giorno dopo giorno, per moltissimi anni. La verità è che sono stanca. Forse anche stanca di viaggiare per mari, in mezzo a tanta gente, troppa. La verità è che vorrei avere lo spazio per quella parte ingombrante di me che bussa con veemenza alla porta della mia anima, perché vuole entrare disperatamente. La verità è che mi sto rassegnando a qualcosa che non so controllare... forse perché dovrei semplicemente accettare. E la verità è che il mio cuore ha sete d'amore, ora più di prima. La verità è che ho finto che tutto andasse bene, che la presenza di Orisa non mi importasse, che il distacco di Athorm non mi pesasse. La verità è che non mi sentivo adeguata come madre, benché amassi Mytia più della mia vita e avrei voluto poter essere diversa con lei, sin dall'inizio. Ci sono tante verità e mi rendo conto che non riguardano affatto ciò che mi ha portato ad essere una delle prescelte, bensì il mio mondo interiore, quello che si è sempre connesso alla Natura... spesso solo per dovere. Perché, quando mi è davvero capitato che io lo facessi per puro piacere? Credo quasi mai. Tranne quando ero con Athorm. Ma ero così cieca, da non capire quanto fossi immatura nella mia capacità di costruire qualcosa, anche semplicemente un'armonia tra il mio Chrein e il Thraryd di colui che è diventato il mio sposo. Osservo il mio anello e mi chiedo: quante volte gli ho ricordato di non essere altro che una macchina dalla forma umana? Troppe. Eppure lui non me l'ha mai fatto pesare. Poi, però, penso all'ultimo periodo vissuto insieme, alle mie difficoltà nel gestire una vita che non avevo mai vissuto, cercando di includere il risultato delle mie esperienze passate. E ripenso anche alla fragilità emotiva che mi accompagnava, all'incapacità di esprimere il mio disagio nell'essere ciò che sono e nel dover accettare un ruolo di cui non sapevo praticamente nulla. Cammino molto, soprattutto ultimamente, per scaricare l'eccesso di energia che non smette di seguirmi. Voglio sapere tutto quello che posso sulle nuove regole che vigono nell'Isola delle Vergini. C'è molto da fare ma i semi sono stati gettati nel terreno migliore. Le Tre Terre sono state ripristinate. La Fonte della Vita ha ricominciato a zampillare e i Fiori del Tempo a sbocciare. Ci vorrebbe più disciplina, forse, ma ogni giorno arrivano sempre nuove leve e non è facile organizzare tutto. Mi chiedo come faccia Detia, con le sue sole forze, ora che Yoser sembra sparito chissà dove. Lei mi ha detto di non preoccuparmi, che lui sa quel che fa e che tornerà presto. E io sto al gioco, senza chiedere nulla di più di quanto le sia stato permesso di riferirmi.

Rivedo i luoghi che ho calpestato da bambina e i lavori che vengono svolti ogni giorno per restituire all'Isola lo splendore e l'ordine di un tempo. Credo che tutto quello che è stato già realizzato sia un piccolo miracolo, un miracolo operato da mani altrettanto desiderose di portare il loro contributo al luogo che ha trasformato delle bambine spaventate in donne consapevoli e autonome. Riconosco, infatti, in molti volti, alcune delle Vergini che avevano completato il loro percorso quando io non smettevo mai di completare il mio. Non posso fare a meno di chiedermi come esse abbiano ritrovato la strada, visto che tutte quelle che sono state collocate nel mondo hanno scordato da dove provenissero. L'unica risposta che sono riuscita a darmi è stata questa: qualcuno deve averle tenute protette altrove, in un luogo non troppo lontano da qui. Qualcuno che ha mantenuto intatto il loro patrimonio di esperienze acquisite e mai esplicate nel mondo terrestre. Qualcuno di cui ancora non ho sentito parlare ma che sicuramente ci dev'essere, così come un'altra parte di me si sta manifestando ai miei occhi. E non può essere comparsa dal nulla: qualcuno o qualcosa deve averla mantenuta in uno stato letargico, per risvegliarla quando fosse giunto il momento. Mentre rifletto e formulo ipotesi, continuo a camminare lentamente, imprimendo nel mio cuore ogni singola immagine. Non sto girando a caso: sto puntando verso il luogo che un tempo accoglieva la dimora di Munn, al centro dell'Isola. E mentre cammino incontro poche Vergini vestite di bianco o di azzurro, i colori caratteristici di Mosbury e della terra di confine con Echgara. Anch'io indosso una lunga tunica azzurra e, come loro, ho i piedi nudi. Ma i miei capelli sono sciolti sulle spalle e la consapevolezza della mia diversità è palese nei loro sguardi. So che hanno sentito parlare di me e mi concedono un reverenziale piegamento del capo verso il basso, in segno di rispetto e di saluto. Rispondo con lo stesso gesto e proseguo il mio cammino. Avrei potuto chiedere di montare uno dei cavalli presenti sull'Isola, ma mi considero un'ospite e non voglio avanzare ulteriori pretese. Potrebbero servire per l'addestramento delle giovani Vergini e non voglio privarle dell'unico mezzo di locomozione a loro permesso. E non posso fare a meno di chiedermi come sia possibile che un animale riesca a vivere quassù, né da dove provenga. E' un'altra delle mille domande cui non mi è stata data risposta, poiché non vi è stato mai il tempo né l'occasione.

E' già giorno inoltrato quando giungo al centro dell'Isola. E' una grossa sorpresa, per me, accorgermi che, al posto di quella che era la dimora di Munn, ora c'è uno spazio vuoto, come se essa fosse stata rasa al suolo. Ma non vi sono macerie, né alcun segno di forzatura. C'è solo una vegetazione rigogliosa e un'ampia radura nella quale sono disposte delle pietre mai viste, in cerchio. E, vicino alle pietre, scorgo una figura seduta su un piccolo avvallamento del terreno. Quando mi avvicino a lei, mi accorgo che si tratta di una donna vecchissima, con gli occhi dal colore chiaro e sbiadito, la pelle del viso e delle mani raggrinzita e piena di macchie. E' vestita di nero, avvolta completamente nella sua lunga e larga tunica che le copre anche la testa, lasciando scoperta l'attaccatura dei capelli bianchissimi.

"Chi siete?" Le chiedo. "E che cosa fate qui?"

"Che cosa faccio qui?" Ripete la vecchia signora, con sguardo smarrito e voce roca. "Oh... non ricordo. E non ricordo nemmeno come io sia arrivata. Tu puoi aiutarmi a trovare la strada, figliola?"

"Vi aiuterei se sapessi dove abitate." Rispondo, chinandomi su di lei. "Mi potete dire il vostro nome?"

"Il mio nome... oh..." Mormora la vecchina, aggrappandosi al braccio che le porgo. "Sì... Mi chiamo Dashy. E qual è il tuo nome, ragazza gentile?"

"Mi chiamo Swaynn, signora." Rispondo, aiutandola ad alzarsi. "Dove volete che vi conduca?"

Dashy sembra disorientata, confusa. Si guarda intorno, come se cercasse la strada, ma invano:

"Non ricordo, mia cara... Troppi anni sulle mie spalle e la mia memoria gioca brutti scherzi..." Mormora tristemente. Poi, all'improvviso, il suo sguardo muta e si accende di una luce dai risvolti quasi paradossali. "Io so leggere nell'anima delle persone, lo sai?" Mi dice, arrestandosi di colpo.

"E' una cosa buona." Le rispondo, sorridendo. Non voglio contraddirla ma capire come mai si trovi qui e come potrei esserle d'aiuto. Cerco di continuare a camminare, ma Dashy mi trattiene per il braccio:

"Non mi credi, vero?" Mi chiede imbronciata, come una bambina. "Se vuoi puoi mettermi alla prova. Dopo ti consentirò di riportarmi a casa."

"Vi propongo di fare ritorno sin da ora, Dashy. Quando saremo arrivate, potrete dirmi tutto quello che volete." Le dico ancora, cercando di non spazientirmi. Di nuovo cerco di fare un passo e di nuovo lei mi trattiene. Nonostante sembri quasi rattrappita, molto magra, in quella tunica troppo larga, e decisamente più bassa di me, sembra avere una forza insospettabile e una cocciutaggine che non conosce il rifiuto.

"Va bene." Dico, alla fine, staccandomi da lei. "Fate ciò che desiderate. Poi, però, non avrete più scuse."

Dashy sembra felice come una bambina. Alza le mani, facendomi cenno di chinarmi verso di lei, affinché possa guardarmi in faccia. Riesco a scorgere anche le rughe nascoste dal velo nero, il taglio obliquo dei suoi occhi acquosi, i capelli radi a candidi. E' completamente priva di denti ma non sembra importarle granché. Mi colpisce il suo profumo di lavanda, un profumo pulito, come se questa Vergine molto anziana fosse molto attenta all'igiene. Anche la sua tunica è impeccabile. Mi scruta con interesse, usando il mio viso come se fosse creta da modellare. Prende anche le mie mani e ne osserva i palmi, forse per avere delle conferme. Poi, continuando ad ispezionarmi, comincia a parlare:

"Due nature di origine diversa lottano dentro di te." Mi dice, schiarendosi la voce. "E' una lotta molto difficile, bambina. Lo so. Non ti è stato risparmiato nulla e nessuno ti sta dicendo come stanno davvero le cose. Sei alla ricerca di una risposta ma non puoi averla dagli altri: ci sono cose che ciascuno di noi deve trovare dentro di sé."

Mi lascia il viso e io rimango un po' delusa. Tutto qui?, penso, amaramente. Tutti vivono un'ambivalenza. Siamo noi a determinare una scelta.

"Vi ringrazio, signora." Mormoro, con un sorriso forzato. Sto per porgerle di nuovo il braccio, ma mi prende ancora il viso tra le mani. Lo fa con più veemenza e io non posso fare a meno di chiedermi da dove trovi tutta questa forza.

"Non ho ancora finito." Mi dice, con la sua voce roca. "Sei troppo impaziente, bambina mia. Eppure lo sai che l'impazienza fa commettere grossi errori. Ti è stato insegnato e lo insegni a tua volta. Tu sai che basta saper attendere, affinché possa essere il tempo, a portare le risposte. Ma tu hai smesso di crederci, forse perché non hai ancora compreso l'origine della tua natura. No... Non sei una sciocca. Sai comprendere perfettamente. Ma è come se tu volessi opporre resistenza... Perché, Swaynn? Non aiuterà te, né le persone che ti amano. Temi di spaventarle ma esse non possono aver paura di qualcosa che sei in grado di gestire, se lo vuoi. Risentono di ciò che tu proietti su di loro, non di ciò che tu sei."

"Vi ringrazio, Dashy, ma ora permettetemi di accompagnarvi nella vostra dimora…"

"Non stai ascoltando una sola mia parola, vero?" Insiste la donna. "Già: chi potrebbe mai credere ad una povera vecchia visionaria…? Eppure io non mi sbaglio mai, credimi. Conosco il mondo da troppo tempo. Tutti commettono gli stessi errori. Tutto si ripete all'infinito. Ma tu puoi spezzare questa catena, anche quando giungerà al tuo cuore la notizia più dolorosa che una donna possa ricevere. Sarà dura… ma ce la farai. E non sarà finita. Sei chiamata a compiere scelte importanti da cui non potrai sottrarti. Soprattutto, sari chiamata a perdonare te stessa e chi credi ti abbia fatto del male. Perché nessuno è perfetto, mia cara. Nessuno, davvero. Non permettere al tuo cuore di indurirsi solo perché non riesci ancora a riconoscere quella parte di te che è stata nell'ombra per molto tempo. Le anime più forti sono destinate a portare i fardelli più pesanti. E tu sei una di quelle anime. Questo luogo… l'Isola delle Vergini… è destinato a scomparire. Ma tutto ciò che fa parte di esso è già in te. Tu sei la depositaria dell'antico sapere che può essere tramandato ovunque. Non solo qui."

"Dashy…" Mormoro, cercando di frenare quel fiume di parole. "Vi ho ascoltata. Non pensate il contrario, vi prego. Ma se comprendete ciò che si agita dentro di me, potete anche comprendere i motivi che mi spingono a non volerne parlare. Non sono pronta. Non reggerei. Stare qui mi aiuta a prendere il distacco da tutto ciò che mi divora l'anima e mi permette di ritrovare quel poco di equilibrio che cerco in tutti i modi di conservare."

"Purché non sia una fuga, bambina cara. Purché non sia una fuga…" Accetta il braccio che le porgo e lo stringe, indicandomi la direzione verso la quale devo portarla. Camminiamo attraversando la radura e ci addentriamo nuovamente attraverso una fitta vegetazione che porta ad un boschetto. Non ricordo di aver mai calpestato questa parte dell'Isola ma è anche vero che tutto quello che portava alla dimora di Munn non esiste più.

"Dove risiedevate, Dashy?" Le chiedo, incuriosita.

"Non puoi fare a meno di domandartelo, eh?" Ridacchia la donna, con la sua voce arrocchita dal tempo. "Che tu ci creda o no, non mi sono mai mossa da qui, nemmeno quando le Vergini Oscure hanno seminato il panico. E non sono l'unica. Alcune di noi hanno trovato rifugio dove nascondersi durante l'attacco più violento e nel quale siamo riuscite a sopravvivere, nutrendoci di sola luce."

"Com'è possibile sopravvivere senza nutrirsi?" Chiedo, incuriosita.

"Non hai ascoltato attentamente, mia cara." Risponde Dashy, con un sorriso enigmatico. "Ho parlato di luce. Non ho detto che abbiamo atteso nell'illusione."

La guardo interrogativamente, mentre arriviamo nei pressi di una piccola casetta di legno, posta in mezzo ad una piccola pineta e dove ci fermiamo. Lei mi guarda, palesemente divertita:

"Non hai mai sentito parlare del Sole, Swaynn?" Mi chiede. Poi, senza salutarmi, entra dalla piccola porticina. Quando questa si chiude alle sue spalle, rimango in attesa per qualche istante ancora. Spero di vederla da una delle piccole finestre che danno sull'esterno, ma non si affaccia per salutarmi. Così, torno sui miei passi. Ricordo il percorso, così come comincio a ricordare quei luoghi, sebbene molto diversi dal passato. Cammino a ritroso, per fare ritorno alla dimora di Detia. Ci impiego un po' di tempo, prima di farmi largo tra la fitta vegetazione. I miei piedi cominciano a dolere: non ho calzari perché pensavo di limitarmi ad un piccolo giro di perlustrazione. Ora comincio a pensare che avrei fatto meglio a premunirmi, ma ho trascorso molti giorni in preda ad un delirio interiore che non mi ha mai permesso di vedere al di là di ciò che mi attanagliava l'anima. Questo strano incontro mi ha messo addosso una sensazione nuova, non negativa, semplicemente diversa. Qualcuno ha davvero aiutato le Vergini a ripararsi dagli attacchi esterni... ma chi? E se Dashy, così anziana, è sempre rimasta sull'Isola, forse, ci sono altre Vergini molto avanti con gli anni, come lei, in grado di custodire il sapere segreto che circonda la tradizione? Avrei dovuto farle molte più domande, ma sono stata vittima del pregiudizio. O forse è adesso che la fantasia galoppa... Ormai non lo so più.

Arrivo alla casa di Detia nel tardo pomeriggio. I suoi bambini non sono ancora tornati. Me ne rendo conto dal silenzio che avvolge la riva di Moryd e l'ordine che regna nel piccolo giardino in cui si trova la struttura conica: quando Isay è nei paraggi, il prato si riempie di oggetti di ogni tipo e dalla casa si avvertono i gridolini del piccolo Ghag, allattato da altre Vergini ma non più da sua madre. Quando entro, vedo Detia intenta a studiare delle mappe sparse sul grande tavolo della sala. Ha i capelli raccolti e la tunica lievemente sgualcita. Deve aver lavorato tutto il giorno senza risparmiarsi, come sempre. Il suo sguardo è assorto e gli occhi sono circondati da un alone livido. Non si accorge del mio arrivo, se non quando mi avvicino a lei.

"Swaynn!" Esclama, quindi, sollevata. "Cominciavo a temere per te! Non ti sei fatta viva per pranzo e nessuno sapeva dove fossi. Sei stata vista camminare verso Isula, poi le tue tracce si sono perse. Ma stai bene?"

"Sto abbastanza bene, sì. Scusami se ti ho dato dei pensieri." Rispondo, cercando di rassicurarla. "Avevo bisogno di camminare. Ho fatto un incontro strano e interessante al tempo stesso. Tu sapevi che alcune Vergini sono state protette dagli attacchi delle Signore Oscure, Detia?"

Mi guarda sorpresa:

"No." Ammette. "Non sapevo nulla. Ma chi te l'ha detto?"

"Una Vergine molto anziana di nome Dashy. Vive dove un tempo si ergeva la dimora di Munn."

"Impossibile."

"Sì, so che lo sembra. Eppure è così."

"No, Swaynn, non ho detto che la sola idea appaia impossibile." Precisa Detia, sorridendo. "E' proprio impossibile che qualcuno possa sopravvivere in quel luogo dove le radiazioni si intensificano e a nessuno è permesso andare oltre.

Ma è evidente... che per te sia stata fatta un'eccezione. E mi domando il perché."

Rimango in silenzio, senza capire. Non voglio formulare ipotesi di fronte a Detia: il suo viso è già abbastanza provato, per quanto si sforzi di mostrare il contrario. Sicuramente anche lei si sta ponendo delle domande, ma io non posso permetterle di farsi carico di ulteriori pesi.

"Posso darti una mano con queste mappe?" Le chiedo, cercando di cambiare discorso. "Sono davvero tante..."

Detia sospira:

"Sì, sono tante... E se ci fosse Yoser gli chiederei di studiarle insieme a me. E' l'unico che riesca a capire qualcosa, solo in base alle coordinate. Io non capisco proprio nulla. Mi chiedo che cosa ci stia a fare, qua..."

Le stringo le spalle con un abbraccio:

"Sei qua perché io ti ho voluta al mio posto." Le sussurro con affetto ritrovato. "E anche perché sei mia sorella. L'unica mia radice che ancora mi àncora al terreno. Se tu non fossi qui, io mi perderei."

Sorride e ricambia il mio abbraccio:

"Questo incontro straordinario ti ha fatto bene, Swaynn." Mi dice. "Il tuo sguardo è cambiato e io ne sono lieta. Troverai le risposte che cerchi e la pace di cui hai bisogno. Te l'ho sempre detto: tu sei nata per compiere grandi imprese. E le grandi imprese sono fatte di piccoli passi. Io sono solo *colei che conduce*. E, forse, il mio compito è questo: condurti a ciò che saresti dovuta essere tempo fa."

Non voglio contraddirla. Non ora. Mi metto a guardare le mappe insieme a lei e mi sembra di essere tornata ai tempi in cui si era rifugiata da me, a Isula, con il piccolo Isay, nella convinzione che Yoser fosse un mostro da cui fuggire. Ma lui le aveva fatto credere questo per allontanarla, affinché potesse giungere in un luogo sicuro dove trovare pace e protezione. E il mio pensiero va ad Athorm, improvvisamente: che questo sia vero anche per lui? Ma, se così fosse, perché non mandarmi quassù prima che...

Dieci - *Swaynn*

Yoser è tornato da alcuni giorni. Mi sono resa conto solo in seguito al suo arrivo che la mia presenza ha alterato le dinamiche di questa famiglia quasi perfetta. Sono arrivata qui, sicuramente tramite l'intervento di Athorm, e ho pensato unicamente a me stessa, alle mie sensazioni e al mio disagio. Ho dimenticato di non essere l'unica a vivere delle difficoltà. Così ho rispettato il silenzio di Yoser e non ho fatto domande su dove poteva essere stato e che cos'avesse fatto. Col passare dei giorni, ho cominciato a stare sempre più spesso fuori dalla loro casa, ma senza addentrarmi nuovamente verso il nucleo dell'Isola. Mi sono limitata a camminare sulla costa, entrando in ciascuna delle Tre Terre ma senza invaderle. Ho visto da lontano la vita che sta lentamente riprendendo il suo corso, nonostante regni ancora del caos tra le Vergini responsabili. A volte vorrei intervenire ma vanificherei l'operato di Detia che non si risparmia. Ormai, i suoi figli sono quasi sempre affidati a Shyia, e la giovane ha cominciato a guardarmi con meno diffidenza. Forse anche perché non ci sono stati più episodi così eclatanti da richiedere un'attenzione particolare verso di me. In realtà, vivo costantemente un conflitto interiore che mi porta inquietudine ed è come se non volessi affrontare qualcosa. I pensieri si allontanano quando cerco di afferrarli. La mia anima li teme, poiché, come diceva Dashy, teme la realtà che essi portano con sé. E, sebbene io mi senta ogni giorno più in controllo, sono consapevole di una fragilità interiore che non credevo di poter mai avere. Cammino anche in questo tardo pomeriggio sulle rive di Moryd. Indosso la mia lunga tunica bianca, leggera, ricavata da un unico pezzo di stoffa. I miei piedi sono nudi e i miei capelli restano sciolti sulle mie spalle. La brezza del tramonto è piacevole e mi porta verso la scogliera al limitare degli Antri dello Spirito, nella terra di Mosbury. Salgo lentamente per non farmi male e riconosco gli stessi gesti che ho compiuto pochi anni fa. Sono successe così tante cose da farmi credere sia passato più di quanto io riesca ad immaginare. La vita sulla Terra mi sembra molto lontana ma i ricordi diventano sempre più nitidi. C'è solo l'ultima parte, quella che mi ha condotta fino a qui, avvolta da un velo di nebbia che non riesco a dissipare. Non so più se sia io a rifiutare la verità o se il tempo stia giocando a mio favore. Non ho più alcuna certezza, se non quella di vivere una strana sorta di agitazione che, tuttavia, non mi sconvolge più come avrebbe fatto fino a poco tempo fa. O, forse, come spesso accade, questo è solo un breve periodo di pace che prelude ad una tempesta imminente…

Salgo ancora e arrivo in cima alla scogliera, da dove il panorama è com'è sempre stato. Solamente, laddove era presente la dimora di Munn, io continuo a vedere una collinetta coperta da una fitta vegetazione, con una radura al centro su cui sono posate, in cerchio, le pietre che ho visto quando ho conosciuto Dashy. Detia mi ha detto che nessuna delle Vergini è mai riuscita ad oltrepassare quella zona. Io l'ho attraversata insieme alla donna che è stata davvero in grado di leggere fin dentro la mia anima, nonostante la mia incredulità. Ci sono così tante domande ancora in sospeso e io non ho più alcun riferimento. Rimango in piedi sul ciglio della scogliera, lasciando che il vento accarezzi il mio viso, scompigliandomi i capelli. Vorrei sentirmi in pace con me stessa ma una sensazione di angoscia attanaglia le mie viscere. Non conosco il motivo di questo stato d'animo, eppure non riesco ad allontanare da me questo disagio che continua ad aumentare. Penso ad Athorm: questo è il luogo del nostro primo incontro. Il luogo in cui io suonavo il Chrein, di nascosto, per attivare l'acqua della Fonte della Vita. E il suo Tharyd si è unito per la prima volta al mio canto. Penso a quel momento e mi sembra che lui sia ancora qui, nonostante tutto quello che è successo. Mi sembra di sentire i suoi passi dietro alle mie spalle, il calore del suo corpo e la sua mano che mi sfiora.

Trasalgo: c'è davvero qualcuno, quassù. E, quando mi volto, vedo lui, così come l'ho visto per la prima volta, coi suoi abiti scuri e il mantello color antracite. Non lo ricordavo così alto e il suo viso è lievemente pallido, anche se i suoi occhi cercano i miei con intensità.

"Sei davvero tu..." Mormoro, incredula.

Sto per sfiorare il suo viso ma qualcosa mi frena. Qualcosa, nell'espressione del suo sguardo. E mentre lui continua a fissarmi, i ricordi cominciano a ripartire dal punto in cui si sono fermati. Rivedo l'arrivo a Idra, la separazione tra maschi e femmine, la condizione servile cui sono stati costretti anche gli amici più fidati, l'atteggiamento ambiguo di Orisa nei confronti di Athorm che mi allontana dal suo letto... e poi... quel giorno. Quel maledetto giorno in cui la Signora di Idra chiede mia figlia in cambio di tutta la conoscenza su Kelenda, la scusa finale per strappare Mytia dalle mie braccia, quasi con forza... il mio disperato tentativo di tenerla stretta a me, mentre Athorm si schiera dalla parte di Orisa accusandomi di non essere una madre degna di questo appellativo... Le mie difese che crollano, di colpo, poiché chi doveva difendermi non l'ha fatto e le braccia astute di quella donna malvagia portare via da me un pezzo della mia anima...

Porto una mano alla bocca, sentendo mancare l'aria nei polmoni.

"Swaynn..." Mormora Athorm, continuando a guardarmi tristemente.

No, no, no e poi no! Non posso accettarlo! Io l'ho solo sognato! Ho solo sognato di essermi sentita invadere dal fuoco, come se fossi una Fenice, mentre la mia rabbia diventava sempre più simile alla lava incandescente di un vulcano in piena eruzione. Ho solo sognato di aver aperto le braccia, volgendole al cielo, come se cercassi la forza dell'energia solare, l'unica forza in grado di dare la vita... o di distruggerla. Ho solo sognato l'attimo in cui ho creduto di scaraventare fiamme ardenti su quella terra nemica. Io ho solo sognato. E guardo Athorm, atterrita, per avere una conferma da lui.

"Swaynn..." Mormora ancora una volta, cercando di appoggiare una mano sulla mia spalla.

Mi allontano di un solo passo, rischiando di cadere dallo scoglio. No, non ci crederò mai. Non crederò mai a quello che i suoi occhi continuano a riportare alla mia mente. Non crederò mai di aver avuto il coraggio di scaraventare lampi e fulmini anche su chi amavo più di me stessa: Mytia. Non posso crederlo... ma, allora, perché lo stomaco si ribella con violenza e una sensazione di nausea mi sta facendo girare la testa.

"Non hai alcuna colpa, Swaynn." Mi dice Athorm, con dolce tristezza. Ed è in quel momento che vedo le cose per quello che esse sono in realtà: io ho ucciso mia figlia. L'ho assassinata. Ho cercato di privarla della vita affinché nessuno potesse avanzare diritti su di lei. Io, sua madre...

Mi sento mancare e mi volto verso il ciglio. Mi manca l'aria. Mi manca l'equilibrio. Mi manca tutto. Athorm riesce ad afferrarmi appena prima che io scivoli nel vuoto e continua a stringermi, mentre io cerco di divincolarmi, senza riuscire a parlare, solo ad emettere gemiti straziati, finché tutto scompare e la sensazione di avere una spada rovente infilata nel mio utero mi lascia senza fiato. Non vedo più nulla. Non sento più nulla. Solo quel fuoco che sembra bruciare le mie viscere, il grembo in cui Mytia è cresciuta e da cui è stata partorita. Il mio grembo. Il grembo dell'unica colpevole che doveva essere allontanata ancora prima di compiere un gesto che va contro le Leggi della Natura. Un gesto che non può meritare il perdono. Un gesto compiuto dal mostro che sono diventata e che era sotto agli occhi di tutti. Un mostro che io sola non volevo vedere. Riesco a scorgere appena il viso di Athorm che cerca di dirmi qualcosa... ma non sento nulla. Il respiro si mozza nella mia gola. Tutto gira vorticosamente intorno a me. Tutto viene avvolto dal buio, dalla stessa oscurità di quel maledetto giorno in cui io ho avvolto mia figlia con le fiamme della mia rabbia. Cado nel nulla, con la netta sensazione di morire. Perché dovrei aver paura? Perché dovrei chiedere pietà? Io non ho mostrato alcuna compassione né ho tenuto conto del pianto di Mytia, quando la piccola cercava di comunicare con me. Non ho saputo capire. Non ho voluto vedere. Il buio completo mi avvolge. Mi sembra di sentire voci ovattate e di scorgere piccole luci simili a stelle che si illuminano ad intermittenza. Tutto gira vorticosamente nel nulla che mi risucchia inesorabilmente. E mi risveglio dopo non so quando, nella stanza che Detia ha preparato per me, circondata dalla mia più cara amica, da Athorm e anche da Yoser che continua a passare uno strano aggeggio sul mio corpo. Mi stanno chiamando, ma le loro voci mi giungono distorte. Solo con il passare del tempo comincio a riprendere la consapevolezza dei miei sensi.

"Swaynn, cara!" Esclama Detia, stringendomi la mano. "Guardami! Dimmi se riesci a sentirmi!"

"Ti sento..." Mormoro, biascicando le parole.

Yoser si china su di me e punta una luce sui miei occhi:

"I riflessi sono normali, ora. Il peggio è passato." Poi spegne la luce e si rivolge ad Athorm, dicendo: "Vi lasciamo soli."

Quando i due se ne sono andati, mi rendo conto che nel mio corpo è stato iniettato qualcosa che abbia il compito di sedarmi. Le emozioni sono ancora vive, dentro di me, ma la capacità reattiva è lenta, molto lenta. Per una volta, mi trovo a ringraziare la tecnologia di Yoser che ha scollegato il dolore causato dai ricordi alla mia coscienza. Ma non è riuscita a spegnere quella parte di me che negli ultimi tempi ha prevalso su tutto, anche sulla ragione.

"Swaynn." Mormora Athorm, sedendosi accanto a me e prendendomi la mano. "Voglio che tu sappia che non hai nulla di cui rimproverarti."

"Taci... Non voglio ascoltare..." Biascico, stancamente.

"Ti prego di farlo, invece." Insiste dolcemente. "Perché se tu avessi ragione, io non sarei qui."

"Tu sei qui solo per scaricarti la coscienza." Sibilo, ancora troppo debole per reagire come vorrei, ma già in grado di far leva sui gomiti, per tenermi un poco alzata finché non finisco di parlare. "Potevi rimanere con la tua amante, invece di spedirmi sull'Isola per non doverti portare il peso di un'assassina sulle spalle. Vuoi la mia benedizione, Athorm? Ce l'hai. Fai ciò che vuoi. Vai con lei. Hai cercato in tutti i modi di farmi capire la mia inadeguatezza ma io non l'ho voluto capire. Beh, ora ho capito. Sono un'assassina ed era ciò che entrambi avevate capito. E' evidente... che tra di voi ci sia una sintonia più forte di quella che noi non abbiamo più da tempo. E forse tu già sapevi perché, ma l'hai taciuto. Hai fatto male. Ora... non serve che tu sia qui. Vattene, quindi."

"Non me ne vado, Swaynn." Sussurra, stringendo la mia mano e impedendomi di ritrarla. "Odiami, se ti fa stare meglio, ma non tagliarmi fuori dalla tua vita proprio ora che abbiamo bisogno l'uno dell'altra."

"Non hai bisogno di me, Athorm." Mormoro. "Torna da lei. Lasciami in pace."

"Swaynn... Non commettere il mio stesso sbaglio. Io credevo di fare il tuo bene ma ho sbagliato. E non è colpa tua se Mytia..." Fa una breve pausa, poi riprende a parlare: "Io sono l'unico responsabile per tutto quello che è accaduto. Sono caduto in un delirio di onnipotenza, perché l'amore che ho sempre provato per te e per nostra figlia mi ha reso cieco. Non ho voluto guardare in faccia i miei limiti. Ho pensato di poter gestire le cose come avevo sempre fatto ma non ho tenuto conto di ciò che si agitava nella tua anima e che io stesso ho contribuito a risvegliare. Non eri pronta e non l'ho capito."

"Vattene, ti prego..." Protesto ancora, cercando di portare le mani alle orecchie per non sentire altro. Ma Athorm blocca le mie braccia, tenendole strette contro il cuscino su cui è posata la mia testa. Il suo viso si avvicina al mio e io volto lo sguardo.

"Non respingermi, Swaynn." Mormora. "Ti prego, non farlo. Non sopravvivrei."

Con uno scatto improvviso riesco a liberarmi e cerco di allontanarlo da me, facendo leva sul suo petto. Una smorfia di dolore compare sul suo viso e io ritraggo la mano, istintivamente. Lo guardo senza capire, quando si toglie il mantello, lasciandolo cadere a terra, e scioglie i lacci della sua camicia scura. Dopo aver respirato profondamente, Athorm mi guarda e mi dice:

"L'ho fatto... Yoser ha sostituito il cuore meccanico e mi ha reimpiantato il mio. E' soprattutto per questo che l'ho chiamato: per riavere ciò che ha sempre fatto parte di me."

Metto una mano sugli occhi e comincio a piangere. Troppe emozioni, e tutte in una volta sola. Solo adesso riesco a sfogare tutta la rabbia, la frustrazione, la disperazione e la gioia che ho accumulato nel corso di molti mesi. Vorrei riuscire a fermarmi ma non riesco. Athorm si china su di me e comincia a baciarmi. Cerco di serrare le labbra ma la sua insistenza è dolce e ferma al tempo stesso. Il suo bacio riaccende la consapevolezza di un legame antico che non riuscivo più a percepire e il profumo della salsedine del suo corpo caldo riporta indietro quel desiderio che pensavo si fosse sopito. Il bacio diventa più profondo e io faccio scivolare le mie mani sul suo collo. Athorm mi spoglia dolcemente e poi si leva i vestiti. Solo ora vedo la grossa fasciatura che copre quasi interamente il suo torace. Mi chiedo se possa reggere tutto questo ma non ho il tempo di pensare ad una risposta. Il suo corpo si posa sul mio e la passione che abbiamo represso per troppo tempo si accende quasi con rabbia. L'azione dei sedativi non ha più alcun effetto su di me. I suoi baci si posano sul mio collo e poi scendono fino al seno. Prendo il suo viso tra le mani e lo costringo a guardarmi:

"Sei a letto con la donna che ha ucciso tua figlia." Gli dico, ansimando. "E' questo, che vuoi?"

Athorm mi guarda e non risponde. Si china di nuovo su di me e mi bacia ancora, mentre le sue mani scivolano sul mio corpo. Lo sento dentro di me e non solo fisicamente: lo sento nella mia anima, nelle mie viscere, nel mio sangue… in ogni fibra del mio essere. Facciamo l'amore quasi disperatamente ma, al tempo stesso, con una passione divorante che non sembra volerci saziare. Il tempo perduto sembra essere solo un lontano ricordo. Athorm rimane dentro di me anche dopo l'orgasmo, un orgasmo che ci unisce in un unico attimo, come se i nostri corpi fossero in perfetta sincronia. E non si ferma nemmeno dopo, e tutto si ripete un'altra volta e un'altra volta ancora. Finché, esausti, ricadiamo sul letto. E io scoppio a piangere nuovamente, come se non conoscessi altre emozioni. E lui piange con me, tenendomi stretta in un abbraccio che ci unisce ancora di più della passione che ci ha avvolti nelle sue spire di fuoco.

Forse qualcuno ci ha sentiti. Dopotutto, la porta non era nemmeno chiusa a chiave. Ma Yoser e Detia sanno di che cosa abbiamo bisogno e so che ci lascerebbero qui da soli anche per giorni interi, se servisse.

Non c'è più alcun rumore. Non c'è più alcun gemito. Ci sono solo singhiozzi a lungo repressi che ci stringono in questo dolore incontenibile. E ci addormentiamo così, stretti l'una nelle braccia dell'altro, mentre la notte sembra volare via, come una piuma leggera trasportata da una brezza dolce e tiepida. Il suono dell'acqua di Moryd ci culla, ed è simile ad una ninna nanna che spazza via gli incubi, i fantasmi, le paure, i rimorsi, i rimpianti, i ricordi, e tutto ciò di cui l'anima ha bisogno di disfarsi per ricominciare a vivere. Le prime luci dell'alba ci trovano ancora abbracciati, e quando un raggio di sole si posa sul mio viso, apro gli occhi: Athorm è già sveglio e mi sta guardando. Quando ricambio il suo sguardo, la sua mano si posa sui miei capelli e lascio che mi baci ancora una volta, dolcemente, a lungo. Poi, per la prima volta, spezzo la magia di quello strano incantesimo che ci ha legati nuovamente, pur nella disperazione di una notte diversa dalle altre:

"Mi detesti, Athorm?" Gli chiedo, con un filo di voce. Lui sorride tristemente:

"E tu, Swaynn? Mi detesti?"

Scuoto la testa e lui sorride ancora.

"Ti fa male?" Gli chiedo, sfiorando lievemente il suo petto, all'altezza del cuore.

"Sono ancora vivo." Risponde, prendendomi la mano e baciandola.

"E adesso?" Gli chiedo ancora. "Che cosa sarà, di noi? Che cosa dobbiamo fare?"

"Per quanto possa essere difficile… dobbiamo ricominciare. E non sarà facile." Il suo sguardo si vela per un breve istante. "Ma non possiamo fermarci, ora. Non solo per noi, ma anche per chi ci è stato vicino fino ad ora. Non possiamo pensare solo al nostro dolore, né chiuderci in esso. Non possiamo permettere che gli errori ci sovrastino, né condannarci a vicenda, perché non servirebbe a nulla e a nessuno. Arriveranno giorni in cui saremo chiamati a dover essere forti per chi è rimasto senza più nessun riferimento e non potremo più esimerci dal farlo. Per questo, dobbiamo essere uniti: per darci conforto a vicenda ed essere un riferimento l'uno per l'altra."

"Io non so più chi sono. E tu l'hai visto." Mormoro, passandomi una mano sulla fronte.

"Tu sei sempre tu, Swaynn. E, come ti ho detto, mi assumo ogni responsabilità per tutto quello che è successo. No, non contraddirmi, ora: è la verità. Ma continuare a ripeterla, per farla sembrare ancora più reale, non servirà ad altro che a riaprire continuamente delle ferite che non si rimargineranno mai."

"Non so se ce la farò a superare tutto questo…"

"Nemmeno io. Ma so che ti amo e che non ho mai smesso di amarti e desiderarti un solo istante. Non ti ho mai tradita né ho pensato di farlo, nemmeno per un attimo. Orisa e io siamo stati amanti, questo è vero, ma in passato. E non c'è stato altro che un'avventura di poche notti, perché non sentivo il bisogno di lei come lo sento di te. Tu hai visto solo quello che pensavo potesse esserti d'aiuto ma ho sottovalutato molte cose che avrei potuto anche solo ipotizzare. Nessuno ti è mai stato nemico e ti chiedo perdono per averti trascinato in qualcosa che non eri ancora pronta a gestire. Mytia… è con gli Spiriti degli Antenati, ora. E non l'hai uccisa tu. Non pensarlo mai. Se io avessi anche solo un minimo dubbio, come ti ho detto, non sarei venuto qui. E non avrei chiesto a Yoser di tentare un esperimento che prima sarebbe stato troppo rischioso per tutti."

"Mi stai chiedendo qualcosa che non sono in grado di fare." Mormoro, sospirando. "Avevi ragione tu: non ero degna di essere definita una buona madre."

"Sono stato ingiusto. Cinico. Credevo che quello sarebbe stato l'atteggiamento più corretto e mi sono dimenticato del tuo cuore. Ho pensato solo alla forza della tua mente, senza considerare quanto potesse essere difficile affrontare una situazione nuova, un'evoluzione dell'anima che aveva il potere di stordirti. E io non ero lì accanto a te per confortarti. Perciò, Swaynn… Non tenere stretti quei ricordi che hanno contribuito a devastare la tua anima e a lacerare la mia. Molte persone hanno bisogno di noi, ora. Anche Detia. Ho parlato con Yoser. E tu sai. Hai visto con i tuoi occhi come sia cambiata."

Mi appoggio a lui e Athorm si sdraia accanto a me, di nuovo, tenendomi stretta.

"Non so che cosa potrei fare, per lei." Gli dico, nascondendo il viso contro il suo petto. "L'ho costretta ad una situazione che non riesce più a reggere. Il suo corpo si sta disfacendo. Vorrei poterle dare forza ma non ne ho neppure per me."

"Yoser sta facendo in modo che questo processo possa almeno rallentare. Ma questo ci dimostra ancora una volta che anche gli immortali sono impotenti, di fronte al destino."

"E che ne è stato, di Kelenda?"

"Non ci sono buone notizie. Il tempo accelera il suo corso. E' una terra inabitabile e pericolosa e, al momento, non esistono soluzioni che possano restituirle la possibilità di accogliere anche solo un essere umano."

"Athorm… Ho incontrato una Vergine molto anziana, sull'Isola. Il suo nome è Dashy. Mi ha detto di saper leggere l'anima e ha voluto dimostrarmelo. Mi ha detto cose che si sono rivelate reali e altre che dovranno accadere. Mi ha anche detto che questa terra è destinata a scomparire e che quando le Vergini Oscure hanno cercato di attaccarla, lei e altre abitanti dell'Isola sono state protette da qualcuno o qualcosa di cui ignoravo l'esistenza. La casa di Munn è completamente rasa al suolo e sembra che solo io sia riuscita ad accedere nel nucleo centrare dell'Isola, una zona che – a detta di Detia – è così contaminata da radiazioni da impedire il passaggio di qualsiasi altra Vergine. Tu sai qualcosa, al riguardo?"

Athorm mi fissa intensamente:

"In parte, sì. Ma prima ancora di trovare delle risposte esterne a ciò che sei, devi trovare quelle che possano darti quello che serve a te. E' una questione di priorità, Swaynn. Io posso fare solo una parte del lavoro, ma ho bisogno di te per portarlo a termine. E tu hai bisogno di qualcuno che riesca a guidarti in ciò che sei destinata ad essere. Per questo… dovremo tornare a Idra…"

Mi alzo, di scatto, chinandomi lievemente su di lui:

"No." Esclamo, spaventata. "Non voglio tornare laggiù! Non puoi costringermi a rivedere quei luoghi! Sarebbe una punizione troppo grande e non so che cosa potrebbe accadere!"

Athorm mi afferra per le spalle e mi spinge di nuovo contro il cuscino, senza farmi male:

"Se ci fosse un'altra soluzione, credi che non la preferirei?" Mi chiede, avvicinando il mio viso al suo. "Il tuo dolore è anche il mio dolore. Ma c'è una ragione, se sono disposto a rivivere quei momenti che non potrò mai dimenticare."

"Non mi dai nemmeno la possibilità di vedere dove l'avete deposta!" Esclamo disperatamente, senza riuscire a reprimere un singhiozzo. Athorm mi bacia, stringendomi di nuovo a sé. In quell'abbraccio sento una sensazione di calore che mi entra nell'anima, alleviando quel senso di vuoto che comincia, lentamente, a colmarsi.

"Lei è con Orud, adesso." Sussurra al mio orecchio. "Potrai sempre sapere dove trovarla. Devi solo volerlo."

"Ho consegnato gli Spiriti degli Antenati alla luce." Mormoro, accarezzando il suo viso. "Non posso risvegliarli."

Il suo sguardo diventa enigmatico. Ma la sua voce non smette di accarezzare le ferite della mia anima:

"Credere di poter spegnere la luce del Sole per sempre è una grande pretesa, Swaynn. Puoi decidere di non guardarla, ma c'è. Questo non dimenticarlo mai."

Poi, il suo corpo è di nuovo sopra di me. La passione divampa ancora una volta, mentre si fa giorno. Ci amiamo a lungo, prima di alzarci di nuovo. Quando

Yoser e Detia ci vedono insieme, sorridono. E tutto sembra perfetto, ancora una volta. Ma poi vedo Isay salutare i suoi genitori, per seguire Shyia che stringe già Ghag tra le braccia. Solo allora la mia anima torna alla triste realtà. E, nonostante il sostegno di Athorm, sento che la mia volontà sta vacillando di nuovo. Ho paura. Paura di me.

Undici - *Tom*

Quando Swaynn è salita sulla nave insieme ad Athorm, siamo scoppiati tutti in un applauso fragoroso. Sapevamo che il nostro capitano avrebbe tentato di riportarla da noi, ma nessuno contava sul fatto che ci potesse riuscire. Sua moglie avrebbe avuto mille ragioni per non mettere più piede su questa nave, soprattutto considerando il lutto che ha colpito tutti noi. Nessuno l'ha mai condannata, né abbiamo mai pensato che avesse ucciso sua figlia deliberatamente. Oughm ci ha fatto una sconcertante rivelazione che ci ha lasciati esterrefatti: dice di aver cominciato a ricordare un particolare che, sul primo momento, aveva considerato quasi un abbaglio ma che ora comincia a sembrargli verosimile. Il punto è che a noi non sembra affatto una cosa possibile: secondo il suo punto di vista, Orisa avrebbe cercato di proteggere la bambina facendole scudo col suo corpo. L'avrebbe vista chinarsi, avvolgere la piccola quasi completamente, come trasformandosi in una sorta di contenitore umano. Una cosa assurda, visto che quella donna non sembra affatto capace di gesti altruistici! Ed è ancora più assurdo pensare che un essere umano potesse resistere ad un calore così forte come quello che ha colpito anche noi, anche se solo di striscio. Orisa non ha riportato nemmeno un graffio, così come Athorm. Ed erano i più vicini a quella fonte luminosa.

A pensarci bene… qualcosa di strano c'è. Ma fino ad ora nessuno di noi ha avuto la forza né la voglia di porsi delle domande. Siamo stati coinvolti in un dramma così intenso da mettere in secondo piano tutto il resto. Ora che Swaynn è tornata e che il suo legame con Athorm sembra essersi consolidato, le nostre teste cominciano a frullare. Già quando l'abbiamo vista arrivare a braccetto col nostro capitano, abbiamo notato che qualcosa, in lei, è mutato: sembra sempre più simile alle donne del Popolo di Idra, anche se mantiene inalterate le sue caratteristiche fisiche. I suoi occhi sono scuri e non è alta come loro. Ma l'espressione del suo viso, il candore della sua pelle, e quell'andatura tipica delle Ancelle di Orisa sembrano fare parte di lei. Lo abbiamo notato tutti ma nessuno di noi ha avuto il coraggio di esprimerlo con le parole. Ci siamo limitati a guardarci reciprocamente, senza dire nulla. Swaynn indossava una delle tuniche dell'Isola della Luna, un abito stretto in vita, lungo fino ai piedi, con le maniche svasate. Un tessuto simile ad un damascato color beige/dorato, con una scollatura rettangolare decorata con simboli simili a quelli che riporta sui suoi abiti anche Athorm, il quale sembra aver abbandonato momentaneamente il suo abbigliamento scuro, per optare alle divise dei Funzionari Speciali di Kelenda.

E' una delle rare volte in cui il nostro capitano decide di appartenere alla terra che ha sempre difeso e della quale ha ampliato i confini. Una divisa che vede una parte superiore bianca e cangiante, pantaloni color verde smeraldo, e un mantello dello stesso colore. Anche stivali e guanti sono verdi, ma riportano lo stemma di Kelenda e un simbolo di cui non conosciamo il significato.

Abbiamo compreso sin da subito che c'era qualcosa di diverso, nell'aria. E ne abbiamo avuto la conferma quando Athorm ci ha comunicato che saremmo partiti nuovamente alla volta di Idra. I passeggeri di Kelenda sarebbero rimasti a Verdrad, il luogo in cui siamo rimasti per più di un mese e mezzo e che ha manifestato apertura verso i superstiti senza patria. Non avremmo potuto portarli con noi, costringendo intere famiglie ad ammassarsi nelle cabine ancora libere. Avevano già dovuto sopportare diversi cambiamenti e sicuramente si troveranno di fronte ad un nuovo trasferimento, sperabilmente l'ultimo, e nel più breve tempo possibile. Gli Alti Funzionari di Verdrad hanno risposto all'autorità di Athorm, sempre più vicino a rivestire l'incarico che un tempo era stato destinato a sua sorella Chrel, nonostante lui continui ad affermare l'impossibilità di questa ipotesi. I rappresentati della Sede Centrale hanno acconsentito ad offrire ospitalità a ciò che resta del Popolo di Kelenda finché non si riesca a trovare una soluzione al dramma che questa terra sta vivendo o una sistemazione alternativa in un altro luogo.

La decisione di puntare verso Idra è stata accolta con fastidio da tutti noi. Dopotutto, quel luogo è pieno di ricordi dolorosi e di un'amarezza che ancora non ci lascia. Ma Swaynn ha appoggiato il marito di fronte all'equipaggio, garantendoci che pretenderà un trattamento adeguato che non ci è stato concesso l'ultima volta in cui siamo stati laggiù. Ci ha garantito che nessuno di noi sarà trattato come un servo e che si batterà affinché siano riconosciuti i diritti di tutti, non solo quelli che spettano ad Orisa e alle sue Ancelle. Quando le abbiamo esposto le nostre perplessità, lei ci ha detto che le sue condizioni non saranno negoziabili e che, se Athorm non le appoggerà, lei non esiterà un solo istante: prenderà il comando della nave e se ne andrà con chi vorrà seguirla. In pratica: effettuerà un vero e proprio ammutinamento. Quando abbiamo udito queste parole, non abbiamo creduto alle nostre orecchie. Abbiamo guardato il nostro capitano in cerca di conferme e lui ha ribadito che non solo permetterà a Swaynn di fare ciò che minaccia, ma porrà Orisa di fronte ad una scelta radicale che potrebbe costarle la permanenza a Idra. Per sempre.

Questo atteggiamento di completa apertura verso sua moglie ci ha aperto il cuore: le cose torneranno come un tempo? Ce lo auguriamo. Ma sarà molto difficile. Man mano che i giorni passano, ci accorgiamo che i loro sguardi sono velati di malinconia e, sebbene non lo diano a vedere, è chiaro che il dolore per la perdita della piccola Mytia sia ancora presente nei loro cuori.

Una delle buone notizie che hanno dato un po' di felicità a Swaynn è stato il vedere tutti noi meditare e intonare il Gham all'alba e allo scoccare della mezzanotte. E' stato concesso persino all'equipaggio di fermare la nave e dedicarsi a questa attività che ci sta compattando sempre di più. Siamo stati io,

Oughm, Smuz e Moraya ad insegnare a tutti quel poco che sappiamo. E l'unione che si è instaurata sin da subito ha portato Athorm a prendere questa decisione insolita. Swaynn ne è rimasta piacevolmente sorpresa. E ha stabilito che fosse giunto il momento per Moraya di imparare a suonare qualcosa col Chrein.

"Non posso insegnarti a costruirne uno tuo, perché non ne abbiamo il tempo." Le ha detto. "Ma posso dirti come fare per pizzicare queste corde che vibrano con l'anima. In quanto a voi", ha detto a me, Oughm e Tom. "Athorm vi insegnerà a costruire il Tharyd. Non avrete a disposizione il Mys, poiché è un frutto molto raro che non si trova ovunque. Dovrete utilizzare il guscio del cocco, facendo molta attenzione a tagliarlo in due metà perfettamente uguali, senza distruggerlo né colpirlo. E' fondamentale, per ottenere il suono che desiderate."

Pensavo che si trattasse di uno scherzo… ma poi ho visto arrivare il nostro capitano con al seguito le cuoche della nave, che portavano vassoi con molti di quei frutti, ormai presenti solo in alcune parti del pianeta. Quando siamo stati costretti a sederci attorno ad un tavolo posto solo per noi sul ponte della nave, proprio sotto lo sguardo dell'intero equipaggio che cammina avanti e indietro a qualsiasi ora, ci siamo sentiti di nuovo come allievi inetti di fronte ad un maestro severo. Perché, in quanto a disciplina, Athorm non è da meno di Swaynn! Così ci siamo trovati a lavorare su gusci che non obbedivano e che – regolarmente – venivano distrutti al primo colpo, e per molti giorni ci siamo cibati della polpa dei frutti, cucinata in qualsiasi modo. Nel frattempo, Swaynn ha preso un'altra decisione: oltre alla meditazione quotidiana, al canto del Gham, al ripasso dei vecchi vocaboli e all'apprendimento di pochi altri nuovi, dovremo imparare l'arte della guerra come viene insegnata sull'Isola della Luna. Un'arte che non si basa sulla forza fisica, ma sulla preparazione mentale cui ci stiamo lentamente abituando. Trovo tutto questo roba da femminucce e non lo nascondo mai. Moraya si gode la sua preparazione speciale, come se il suo ruolo fosse più importante del nostro. Sono geloso, perché può godere della presenza della moglie di Athorm e delle sue conoscenze. Non dovrei esserlo… perché lei appartiene al nostro capitano. Ma, a volte, mi trovo a fare sogni strani e non ne capisco il motivo. Oughm mi prende in giro, quando i miei occhi indugiano troppo su Swaynn. Io mi difendo con un atteggiamento aggressivo e questo non fa che aumentare i sospetti dei miei amici. Per non pensare troppo, mi butto anima e corpo in quello che mi viene chiesto, ma forse ci metto troppa energia: non faccio che spappolare cocchi con la sola forza delle mani e non riesco a dosare la mia concentrazione come dovrei.

"Sei distratto, Tom!" Mi rimprovera Athorm, guardingo. Credo che lui abbia capito qualcosa ma non ne sembra infastidito. Forse non mi teme. Perché dovrebbe? Lui è quello che vince sempre, anche in amore. Io sono la feccia della società, un mezzo uomo ricostruito, un omicida che non può legarsi a nessuno, perché nessuna donna è immortale come me. E non provo interesse verso l'unica che potrebbe rimanere al mio fianco, una come Moraya: conviviamo da così tanti anni da considerarci come fratelli e nulla di più. Così, sto zitto e mi limito a fare quello che mi è stato ordinato. Trovo uno sfogo solo nel combattimento, cui partecipano anche molti altri membri dell'equipaggio abituati allo scontro. Ci sono state consegnate armi simili a quelle che si usano sull'Isola della Luna. Sono armi apparentemente molto semplici: archi con frecce, piccole spade, pugnali. Non si direbbe possano fare chissà quali danni ad un nemico potente. Ma Swaynn ci ha dato una dimostrazione colpendo con un piccolo pugnale un gabbiano che volava alto nel cielo. L'ha seguito nei suoi movimenti, attenendo il momento adatto che nessuno di noi riusciva a scovare. I nostri sensori retinici indicavano una velocità di volo costante alternata a movimenti irregolari e rapidi. La percentuale di insuccesso era stimata intorno al novantanove per cento. Praticamente: un'impresa impossibile, se pensiamo che in quell'uno percento bisogna considerare le variabili ambientali. Eppure, con un solo lancio, è riuscita a prendere in pieno l'animale, facendolo stramazzare sul ponte della nave. Morto sul colpo, senza nemmeno soffrire.

"Il segreto non è solo nella forza fisica o nella possanza delle armi." Ci ha detto, estraendo il pugnale dal corpo esanime del gabbiano. "Il segreto è qui, nella testa." Ha indicato il centro della fronte con un dito, più volte. "Se non imparate ad usare questa, non sarete in grado di combattere creature come le Vergini Oscure. Più andrete avanti con il vostro addestramento, più conoscerete realtà come quelle che vi hanno colpiti duramente, negli ultimi tempi. Stupitevi come bambini, ma siate astuti come guerrieri, quali siete. E ricordatevi che le minacce non sono solo quelle tangibili ma, soprattutto, quelle che non potete vedere e che si insinuano nelle vostre anime come dei cancri invisibili e letali. Non importa chi e che cosa siate: più possedete, più sarete attaccati. E non potete difendervi solo con le mani. Non tutto quello che vivete dev'essere combattuto in questo modo. Imparate ad accettare le realtà diverse da quelle che avete conosciuto e, soprattutto, accettate il fatto che nemmeno quelle rimarranno come le avete viste e che muteranno, inevitabilmente, nel corso dei secoli."

Spesso lei e Athorm ingaggiamo uno scontro, solo per dimostrarci quello che vogliono trasmettere con le parole. La prima volta in cui li ho visti gareggiare, lei aveva solo il suo piccolo pugnale e lui una grossa spada, la sua. Pensavamo che la minuscola arma avrebbe fatto una brutta fine al primo colpo... ma abbiamo dovuto ricrederci quando abbiamo visto che, non solo reggeva agli urti, ma affondava ancora di più di una sciabola affilata. Non vi sono mai stati né vincitori né vinti, poiché non è mai stato questo, lo scopo della dimostrazione. Le parti si invertivano spesso, così era lei, a maneggiare la spada, successivamente, e Athorm si serviva solo del pugnale, per difendersi e attaccare. Siamo stati messi alla prova sin da subito. Il viaggio da Verdrad a Idra può essere percorso in diversi modi: o impostando una rotta automatica e attivando un motore speciale che spinge la nave sul pelo dell'acqua, come se stesso volando; oppure manualmente, con i rematori che, pazientemente, vengono chiamati a compiere grossi fisici; in ultimo, è possibile combinare l'uso di motori alternativi non inquinanti gestiti da membri dell'equipaggio che, all'occorrenza, intervengono anche con un lavoro più manuale. Per questo tragitto è stata scelta la terza opzione, la via di mezzo considerandola da un punto di vista dei tempi, e l'ideale per avere l'opportunità di addestrare noi e parte dell'equipaggio, secondo le tecniche dell'Isola della Luna.

Non so se mi abituerò mai a questa tunica corta. Mi sento come uno dei Giullari che vivevano migliaia di anni fa, nel periodo chiamato *Medioevo*. Mi piace, tuttavia, vedere le donne abbigliate in un modo alquanto interessante: un top che copre solo il seno e il braccio fino al gomito e dei pantaloni stretti, fatti di un materiale simile al cuoio, anche come colore, ma molto più resistenti. Io, Oughm e Smuz ci troviamo spesso a guardare le donne dell'equipaggio così abbigliate, facendo pensieri peccaminosi. Poi arriva Swaynn che, con uno schiaffetto ben assestato sulla nostra nuca, ci riporta alla realtà dicendo:

"Siate uomini. Non lupi affamati."

Vorrei risponderle a tono, visto che, da quando è tornata, il suo rapporto con Athorm sembra essersi riacceso di nuova passione. Mi è capitato, alcune notti, di camminare sottocoperta perché incapace di prendere sonno, e di passare di fronte alla loro stanza posta a ridosso dell'ingresso, e di sentire sospiri inequivocabili che mi hanno tenuto incollato al pavimento fino al culmine dei loro amplessi. E mi sono ritrovato a pensarmi, con Swaynn tra le mie braccia, mentre un senso di vergogna mi assaliva. Per questo non commento i suoi rimproveri: perché non so mai se il mio sarcasmo nasca dal fastidio di essere comandato da una donna o dal fatto che quella donna sia a me inaccessibile.

A pochi giorni dall'arrivo a Idra, riusciamo a costruire il Tharyd, secondo le indicazioni di Athorm, ma non siamo in grado di riprodurne il suono. Non pensavamo che fosse così difficile: per noi che guardavamo dall'esterno era solo un costante soffiare in questo strumento cavo, chiudendo i fori posti sulla sua superficie, magari anche a caso. E ci sbagliavamo. E' difficile come quando da bambini si tiene stretto un filo d'erba tra la base dei due pollici e l'indice, creando una cassa armonica attraverso cui far passare l'aria. Chi è mai riuscito, al primo colpo? Credo nessuno. Il meglio che possa capitare è soffiare a vuoto, spezzando il filo d'erba tirato. Altrimenti, quando si riesce a far vibrare questo piccolo corpo elastico, il suono che ne esce è simile ad una pernacchia, se non a qualcosa di peggio cui noi uomini di mare siamo abituati.

Mi consolo quando inizia il combattimento, a me decisamente più usuale. E i miei avversari preferiti sono i membri più forti dell'equipaggio. Il mio problema è che uso troppo spesso la spada e, per questo, vengo redarguito da Athorm:

"Saresti in grado di spezzare la lama con la sola forza delle mani." Mi ha detto, un giorno, fermandomi. "Mettiti in gioco con qualcosa che consideri stupido. Non dovrebbe essere difficile, per te."

Se non lo conoscessi, penserei che possa essere infastidito da qualcosa nel mio atteggiamento. Forse... dal mio interesse per sua moglie? Ma si tratta del capitano, e lui non teme rivali. In nulla. L'unica cosa che potrebbe neutralizzarlo è il giudizio di Swaynn. Per il resto, non sembra essere sfiorato da alcuna provocazione. E questo atteggiamento gli permette di conoscere il potere delle parole, di farle diventare esse stesse un pungolo per il suo interlocutore che, spinto dall'orgoglio, casca nella sua trappola e reagisce. Smuz ha sempre ragione: porsi in ascolto si rivela sempre molto utile, perché permette di avere argomentazioni valide con cui controbattere. Ma io non riesco a stare in ascolto di qualcuno per più di cinque minuti. Mi stufo poco dopo e non posso farci nulla. Trovo noioso continuare a dare corda a qualcuno che non mi desta alcun interesse. Così, alla fine, io rimango il solito rozzo manesco che ha bisogno di essere inquadrato. Ma non è un problema: preferisco agire, piuttosto che rimanere fermo, aspettare, fingere attenzione. Non sono cresciuto in un ambiente accomodante: è già un miracolo che io non sia finito come la maggior parte della mia gente. Lavoriamo sodo ogni giorno, dall'alba al tramonto, senza fermarci mai. E, nel frattempo, cominciamo ad essere resi partecipi di alcune cose che ci era stato proibito fino ad ora. Non sono cose rassicuranti. La prima tra tutte riguarda la sorte di Kelenda, che sembra appesa ad un filo. Io direi che noi stiamo cercando di rianimare un cadavere, per com'è messa la situazione. Ma Athorm continua a parlarci di speranza e non so mai se ce lo dice per illuderci o per illudere se stesso. Lo vedo cambiato, e non credo che questo dipenda solo dalla morte di sua figlia e dal ritorno di Swaynn. C'è qualcosa, in lui, che non riesco a spiegarmi. Ed è per questo che decido di parlarne con gli altri.

"L'ho notato anch'io". Mi dice Moraya, quando ci riuniamo nella nostra cabina comune. "Ma pensavo che fossero solo delle suggestioni conseguenti a tutto quello che è accaduto."

"E io pensavo la stessa cosa." Replica Oughm. "Smuz, tu provi le stesse sensazioni?"

Prima di rispondere, Smuz rimane per un attimo sovrappensiero. Poi dice:

"Qualunque cosa sia, credo che dovremmo pensare ai fatti nostri. Se Athorm avesse voluto renderci partecipi di un evento significativo, ce l'avrebbe detto. Così come ci ha comunicato di volersi recare sull'Isola della Luna per cercare di riportare sua moglie su questa nave."

Lo guardo con sospetto:

"Tu sai qualcosa che non ci vuoi dire, per caso?" Gli chiedo.

"Voglio solo rispettare la libertà altrui." Risponde l'amico. "Non trovo nemmeno giusto stare qui a parlare alle spalle di chi ci sta dando più di quanto ci spetti. Se avete delle domande da porre ad Athorm, perché non ne parlate direttamente con lui?"

"Lui sa qualcosa." Commenta Moraya, indicandolo. "Ma non ci vuole dire nulla."

Smuz rimane in silenzio, senza scomporsi. E' difficile riuscire a scucirgli le parole di bocca, quando si mette in testa di non voler parlare. Ma io non voglio darmi per vinto:

"Noi siamo i tuoi amici." Gli ribadisco, come se lo avesse dimenticato. "Abbiamo sempre discusso su tutto. Perché non parlare di questo, dunque?"

Lui mi guarda, silenziosamente. Poi mi chiede:

"Che cosa vuoi che ti si dica, Tom? Che non ci siamo accorti del modo in cui guardi Swaynn? Che i tuoi occhi non si stacchino da lei se non quando è scomparsa alla tua vista? Che quando lei ti sfiora ti rammollisci e perdi la forza? E' questo, che vuoi sentirti dire?"

Le sue parole mi irritano e mi alzo di scatto, pronto a mettergli le mani al collo. Ma Moraya si frappone tra di noi, cercando di farci ragionare:

"Calmatevi, amici miei!" Esclama, con forza. "Soprattutto tu, Tom: controllati! Volevi che ciascuno di noi esprimesse la sua opinione e Smuz l'ha fatto. Nel modo sbagliato, forse... ma voleva farti capire che cosa significhi scavare nell'anima delle persone, accusarle solo in base a ciò che appare in superficie."

Respiro profondamente, mettendomi di nuovo a sedere sul divano, accanto a Oughm, mentre, dall'altra parte, Smuz sembra assorto nei suoi pensieri.

"Che cosa dovremmo fare, quindi?" Le chiedo, spazientito. "Continuiamo ad accettare tutto, senza domandare quasi mai! Non ci è permesso. E perché? Perché il capo non vuole. E io posso capire la riconoscenza per tutto quello che ha fatto per noi, la gratitudine nei suoi confronti e il rispetto per l'autorità che rappresenta. Ma non posso accettare passivamente le cose, quando sento che c'è qualcosa di non detto!"

"Non è mai stato un problema, fino ad oggi." Osserva Oughm, perplesso. "Come mai è diventato così fondamentale, per te?"

"Le persone cambiano!" Rispondo seccamente. "Lo vediamo ogni giorno, da molti anni! L'abbiamo visto più volte anche tra di noi. E l'abbiamo visto su Swaynn, quando ha cominciato a manifestare dei comportamenti di cui ancora vediamo degli strascichi. Perché li vedete anche voi, i suoi occhi, o li vedo solo io? Vi accorgete di quando le sue pupille si dilatano in un'espressione che non ha nulla di umano!"

"Sì, ma ha imparato a controllarsi." Osserva Moraya. "Una volta ero con lei e mi sono accorta di quello che stava accadendo. Temevo il peggio, poi ha stretto qualcosa che tiene costantemente appeso al collo e il suo sguardo è tornato normale, gradualmente."

"Davvero?" Chiede Oughm. "E che oggetto era?"

"Uno degli antichi simboli della religione Cristiana: un Crocifisso. Dice che le è stato regalato da Yoser e che è servito anche a lui per ricordare che nessuno di noi è onnipotente. Che c'è una forza misteriosa che va al di là di ciò che siamo. E funziona. Ve lo garantisco."

"Che stupidaggini!" Borbotto. "Queste sono solo antiche superstizioni!"

"Siamo antichi tanto quanto lo sono loro." Dice Smuz, distrattamente. "Il mio Popolo ha conosciuto quella religione, prima che tutte le fedi professate sulla Terra implodessero nel nulla. A volte mi chiedo se non sia il caso ristabilire un credo che possa ricordarci davvero chi siamo e che cosa non possiamo pretendere, oltre a quello che ci è già stato dato. Accettare dei limiti non è poi così male, non trovate? A volte l'idea dell'immortalità è difficile da sopportare. Soprattutto quando abbiamo casi come Orud e la piccola Mytia che ci hanno lasciati troppo presto. Così, mi trovo a chiedere a me stesso: quanto ci ho davvero guadagnato, ad essere stato modificato? Quanto resta ancora, in me, dell'essere umano? Ci sarà mai un Paradiso o un Inferno, per noi? Poi... penso ad Athorm: lui era già in vita quando ci ha tratti in salvo, portandoci da Yoser. Se non avesse incontrato Swaynn, quale senso avrebbe avuto, la sua vita? Noi abbiamo lui, i nostri sogni, degli ordini che – nel bene o nel male – ci danno continuamente una ragione per esistere. Ma lui? Che cos'aveva, a tenerlo in vita? E Swaynn? Noi sappiamo che anche lei è un'immortale, così come lo sono le vergini dell'Isola della Luna. Ma non hanno parti meccaniche che le tengano in vita. Se i nostri corpi artificiali si esaurissero, forse, potremo riposare. Ma loro? Dovranno cercare continuamente una ragione per continuare a vivere." Si rivolge a me. "Quindi, Tom, qualunque cosa passi per la testa di Athorm, non credi che abbia il diritto di godere dei pochi istanti di felicità che la sua lunga vita gli sta concedendo? Istanti che sta pagando con il prezzo altissimo della morte della figlia. Per questo mi chiedo che diritti abbiamo, di giudicare, ipotizzare, scavare. Ci è stata data la libertà di parola: usiamola. Nessuno ci ha mai respinti. Se non ci sono risposte, non dobbiamo dimenticare che qui nessuno è un dio e che tutti noi siamo stati messi qui per sopravvivere e lottare, custodire e sperare. Non è così anche per voi, amici miei?"

Rimaniamo in silenzio, profondamente colpiti dalle sue parole. Questo è uno dei momenti in cui mi dispiace non saper ascoltare. Se ne fossi capace, saprei usare parole altrettanto efficaci. O forse no. Perché siamo come siamo, e se è così un motivo ci sarà. E non mi stupirei, se Smuz avesse la risposta anche per questo.

Dodici - *Orisa*

Ho visto arrivare Swaynn e Athorm insieme, abbigliati con i colori dell'antica Kelenda: il velluto bianco cordato di simboli dorati, come entrambi i mantelli. Swaynn indossava preziosi monili e aveva i capelli raccolti in una crocchia. Athorm la teneva sottobraccio. Ho capito sin da subito il messaggio che lui ha voluto farmi arrivare, chiaro e forte: ora lei è la sua donna. E' ufficiale. E non ci sarà mai posto per nessun'altra, in nessun caso. Ho accusato il colpo con dignità, come si conviene a chi, come me, ricopre un incarico di grande responsabilità. Ho accolto loro e tutto l'equipaggio a Draert, poiché queste sono state le condizioni richieste: nessuno doveva essere trattato al pari di un servo, o l'antica alleanza con Kelenda sarebbe stata spezzata. Per sempre. E, nonostante quella terra sia in condizioni devastate, esercita ancora un grande potere su chiunque la nomini, come se la vita non avesse mai cessato il suo corso e tutto si fosse solo addormentato, nell'attesa di qualcuno o qualcosa che ripristinasse l'equilibrio perduto. Io e le mie Ancelle sappiamo di trovarci in una situazione di svantaggio, dopo ciò che è accaduto. Siamo prese di mira, come se tutte le nostre azioni fossero dettate da un fine malvagio. Non possiamo rivelare a nessuno i nostri segreti, perciò non ci rimane che accettare il peso dei pregiudizi, a cui siamo ormai abituate. Ho riservato gli alloggi migliori agli amici di Athorm e Swaynn. Per gli altri, ho predisposto che venissero aperte strutture destinate solo a rappresentanti del mio Popolo. Spero che, con questo gesto, queste persone possano capire che non vogliamo creare dissapori né rotture. Ma i pregiudizi, si sa, sono duri a morire. La stessa Swaynn mi ha rivolto uno sguardo sinistro, mentre le sue pupille si dilatavano, rendendo i suoi occhi ancora più scuri e innaturali. Ma questa volta ha mantenuto il controllo delle sue emozioni, portando una mano sul petto. Ho subito compreso il tipo di oggetto che la donna porta al collo e ho guardato Athorm, anche se lui non mi ha degnata di uno sguardo. Ho cominciato a capire le motivazioni che l'hanno indotto a riportare qui la sua sposa. E ho immaginato che la decisione non debba essere stata facile da accettare, soprattutto per lei. Ho preferito non porre domande su nulla di personale. Sono cosciente del mio compito e so che non devo superare i limiti che mi sono stati imposti, anche se non sono stati verbalizzati. Ma li percepisco chiaramente ed è mia intenzione rispettarli. Ho permesso che tutti avessero il tempo di ambientarsi, senza costringerli a presenziare a cene ufficiali, ma è stato Athorm ad insistere affinché tutto fosse compiuto come è sempre stato. Ho chiesto, quindi, alle mie Ancelle, di allestire un grande banchetto sulla piazza principale, dove ci sarebbe stato posto per tutti. Ho chiesto anche che gli abitanti dei confini potessero assistere più da vicino all'evento, senza, tuttavia, parteciparvi. La cena si è svolta con le solite danze intorno al fuoco e non sono mancati sguardi da parte di uomini in preda agli istinti più bassi. Ho notato, però, che tra i collaboratori più fedeli di Athorm ce n'è uno, in particolare, che mi sembra particolarmente interessato alla sua sposa. Quello sguardo non mi piace. Conosco ciò che un tempo era la sua gente. So che cosa sono capaci di fare. E temo che si possa verificare una situazione futura che possa alterare l'equilibrio di questo gruppo affiatato da tempo.

Ho osservato Swaynn, durante la cena. Ha mangiato poco, ma non posso fargliene una colpa. Athorm si è mostrato sempre molto premuroso. Una scena così diversa, rispetto a quella che si era presentata solo circa tre mesi fa... ma, allora, io non avevo compreso le sue intenzioni e mi ero illusa, stupidamente, ignorando ogni segnale di chiusura da parte sua. Sento ancora i morsi della gelosia attanagliare la mia anima, ma, guardando Swaynn sotto una luce diversa, comincio a credere che sia davvero la persona giusta per Athorm, l'unica che potesse rubargli il cuore in modo così forte da indurlo a commettere qualsiasi azione, pur di renderla felice. Il giorno dopo ho lasciato ancora che tutti si ambientassero, senza costringerli ad incontri ufficiali. Non voglio che Draert sia considerata una terra nemica, e anch'io ho bisogno di riflettere su tutto quello che è accaduto e che mi si chiede di fare. Ho solo chiesto un incontro con Athorm, di pochi minuti, tramite una missiva portata presso il suo alloggio, alla presenza di Swaynn. Quando lui è giunto dentro le mura dell'edificio che sorge proprio al centro di Draert, ho evitato tutti i discorsi legati al passato, e ho allontanato da me tutte le altre Ancelle che mi seguono fedelmente. Volevo un incontro privato, solo per comprendere alcune cose.

"Perdonami se ho disturbato la quiete della tua giornata." Gli ho detto, avvicinandomi a lui ma senza invadere il suo spazio personale. "Non ti porterò via molto tempo. Swaynn è al corrente del motivo per cui siete giunti qua?"

"Sa solo che tu puoi esserle d'aiuto in questa fase delicata, dove tutto sembra aver perso un senso." Mi ha risposto, con un distacco così netto da farmi sentire una perfetta sconosciuta. Ho nascosto la ferita nella mia anima e gli ho chiesto ancora:

"E' disposta a fidarsi di me, dopo tutto quello che è accaduto?"

Mi ha rivolto un sorriso enigmatico:

"Se allentasse i freni inibitori, Idra verrebbe ridotta in cenere nel giro di pochi minuti."

"Capisco... E questo mi rende il compito ancora più difficile, perché ho bisogno di una sua apertura totale..."

"Non credo che riuscirai a smuoverla, Orisa. E' il suo carattere. A volte sembra lontana anche quando siamo insieme. E tu sai perché."

Abbasso lo sguardo:

"Sì." Mormoro. "Lo so. E spero di non deludere le tue aspettative."

"Non ti chiedo di fare più di quanto tu possa percepire da lei, Orisa. Nessuno di noi è in grado di sapere quali poteri nasconda. Gli Spiriti degli Antenati non vogliono parlare. Forse, anch'essi sanno solo una parte della verità. Ma è una verità che deve venire a galla e Swaynn è riuscita a trovare un equilibrio tra gli istinti e la sua capacità di autocontrollo. Il ritorno a Sel'nays le ha giovato. Le sue emozioni sono state arginate. Ora tocca a te aiutarla a comprendere chi sia Vegar."

"Mi chiedi molto, Athorm. Forse troppo. E ci sono dei rischi. Le cose potrebbero andare diversamente da come immagini."

"Vale la pena di tentare. O tutto ciò che ha andrà perduto."

Rifletto per qualche istante, prima di riuscire a capire quale sia la cosa più giusta da fare. Poi prendo una decisione:

"Dille di farsi trovare qui domani mattina, dopo la meditazione con cui tutti voi iniziate la giornata. Dille di non intonare il Gham, perché ho bisogno che lei sia perfettamente rilassata ma lucida. Voglio comprendere l'intensità dei suoi poteri. Per questo, anche se io e lei saremo sole, tu e le mie Ancelle dovrete essere pronti ad attendere un mio segnale, se le cose dovessero volgere al peggio."

"Ci sarò. E porterò anche i miei più fidati collaboratori, se possibile. Anche loro tengono a lei."

"No, Athorm. Non devono esserci. E non perché io non desideri la loro presenza. Bensì, perché c'è un uomo che ha messo gli occhi addosso a tua moglie. E il suo sguardo non mi piace."

Sorride:

"Stai parlando di Tom, non è vero?" Mi chiede, lasciandomi intendere di sapere più di quanto non sembri.

"Sì." Confermo, annuendo. "Ora non rappresenta un pericolo. Ma potrebbe interferire con l'incontro che avrò con Swaynn. Ma non posso allontanare solo lui, perché scatenerei la sua ira. Perciò, credo che sia meglio dire ai tuoi amici che si tratterà di un incontro privato e che se dovesse rendersi necessario, magari in un altro momento, saranno ospiti graditi."

"Mi sembra un'idea saggia, Orisa."

"Ora va' da lei, Athorm. Avrà bisogno di te. E tu... devi riposare. Avverto qualcosa di diverso, nelle tue vibrazioni. Ma so che non ne vuoi parlare con nessuno e io rispetto il tuo silenzio."

"Ti ringrazio."

Quando lascia la grande stanza ricavata da un antico tempio e ricca di marmi e colonnati, con un soffitto molto alto che si apre verso il cielo, mi pongo molti interrogativi e mi chiedo fino a che punto io possa spingermi. Le Ancelle fanno ritorno ai loro posti e comincio a pensare che questa Vergine sia realmente la prescelta. Se così fosse, l'Isola della Luna sarebbe vicina alla distruzione, poiché in mano ad una Signora incapace di governarla e troppo debole per raderla al suolo e ricostruirla. Vegar... Il compito che mi è stato assegnato diventa ancora più duro. Quello Spirito Antico affonda le sue radici nel luogo che dona la vita ma anche la morte. Questa dualità nell'essenza di Swaynn dev'essere un fardello molto più pesante di quello che portiamo noi del Popolo di Idra. Un Popolo che è stato tratto in salvo da Id'V'Ra, poiché incapace di sopportarne gli influssi quasi nefasti. E se le cose stanno come credo... anche Athorm sarà costretto a svelare una parte di sé che sappiamo esista ma che nessuno ha mai visto, quaggiù.

Chiedo alle mie Ancelle di condurre gli ospiti ovunque vorranno e di farli sentire il più accolti possibile. Voglio onorare la mia promessa, soprattutto alla luce della fallibilità dei miei studi su Kelenda. E' evidente che sia necessario ripristinare un equilibrio che va oltre le mie possibilità, non tanto perché non sia in grado di comprenderle, ma quanto, piuttosto, perché solo pochi prescelti hanno il potere di compiere missioni in grado di sovvertire l'ordine delle cose.

La sera prima dell'incontro, guardo dall'alto del mio appartamento la scena che si presenta ai miei occhi: tutto l'equipaggio della nave di Athorm, uomini e donne di qualsiasi età, i collaboratori più stretti, lo stesso Funzionario Speciale di Kelenda e Swaynn, si sono riuniti presso la grande fontana, per la meditazione dello scoccare della mezzanotte. Non ho mai visto una cosa simile, una sincronicità di intenti che mi porta a pensare. Non c'è nemmeno bisogno che qualcuno guidi questo lavoro silenzioso, compiuto ad occhi chiusi: tutti sembrano sapere esattamente che cosa fare. Ma il momento in cui la mia essenza risuona in modo particolare è quando gli amici di Athorm cominciano ad intonare il canto che chiamano "Gham" e che solo una Vergine dell'Isola della Luna è in grado di comprendere fino in fondo. Se così non fosse, risulterebbe un'accozzaglia di suoni, un tramestio di voci che cercano di sopraffarsi, con un tappeto sonoro di Tharyd che riproducono quasi fedelmente l'originale. Swaynn suona il suo strumento, il Chrein, alternandosi con la donna di come Moraya. Athorm suona il Tharyd, quello originale e inconfondibile, e apre la melodia ai suoi tre uomini di fiducia che sembrano conoscere questo strumento nel suo significato più profondo. E poi inizia di nuovo il Gham, che raggiunge un'intensità tale da farmi rabbrividire. Una sensazione che non provo da molto, molto tempo, ormai. Sono consapevole di essere una spettatrice privilegiata. Sono consapevole che queste tradizioni dimenticate da molte Vergini, non appena si allontanavano dall'Isola, si stanno riproponendo in un luogo che non merita tante attenzioni. Dopotutto, io ho strappato la piccola Mytia dalle braccia di sua madre, credendo di fare il suo bene. Ho cercato di proteggerla col mio corpo, ma la forza della bambina sembrava rifiutare il mio aiuto. E ora convivo con un senso di colpa che mi perseguiterà ancora a lungo, poiché sono madre anch'io e so che cosa si prova nel perdere un figlio. Swaynn ha agito come la sua essenza indomabile le ha imposto. Non poteva sapere. Ma la piccola... lei sapeva. Sentiva. E ha scelto il suo destino, in piena autonomia. Potrebbe sembrare strano, per una creatura così piccola, ma non ci si può dimenticare che essa era figlia di due immortali. Rimango ancora ad osservare quello che accade, ripensando a tutte le Vergini che ho incontrato sulla mia strada. Nessuna era come Swaynn. Tutte sembravano smarrite, confuse, preparate solo per il destino che dovevano compiere accanto agli uomini cui erano state promesse, ma incapaci di ricordare gli importanti insegnamenti del passato. Com'è possibile, dunque, che Swaynn riesca a ricordare tutto? Com'è possibile che sia in grado di trasmetterlo anche a comuni mortali e androidi dalle fattezze umane? Quando il canto finisce, dopo circa un'ora, vado a dormire. Ma trascorro una notte quasi insonne, nel tentativo di trovare una spiegazione. Ma tutte le ipotesi vengono scartate: è impossibile comprendere, finché non avrò quella donna di fronte a me. Alle prime luci dell'alba sono già sveglia. Di nuovo, dalla mia finestra, trovo le stesse persone che la notte prima si sono radunate per un intento comune. La meditazione silenziosa dura poco, per Swaynn. Come da me richiesto, fa sapere alle mie Ancelle della sua presenza presso l'antico tempio. Mi preparo per affrontarla al meglio, seguendo i rituali del mio Popolo, e poi mi dirigo presso il luogo dell'appuntamento. Una volta arrivata, faccio cenno di lasciarci sole. Swaynn indossa un abito lungo color beige, bordato di ricami dorati. I suoi capelli sono sciolti sulle spalle e non indossa monili. Nonostante alcune sue caratteristiche personali, come l'altezza e il colore degli occhi, non sembra tanto diversa da una delle Ancelle di Idra.

"Sai perché sei qui?" Le chiedo, senza aggiungere altro. I suoi occhi mi parlano e mi comunicano la sua insofferenza nei miei confronti. Non posso farle gli onori di casa, perché non l'ho mai trattata come una mia pari, ma come una rivale qualunque da neutralizzare.

"Athorm mi ha detto che tu hai qualcosa per me." Mi risponde, quasi altezzosamente. Non nasconde il fastidio di trovarsi al mio cospetto e non posso fargliene una colpa.

"Non ho molto da offrirti, se non quello che tu puoi permettermi di sapere." Le dico, cercando di mantenere un tono calmo. "Non ti chiedo di fidarti, ma solo di lasciarmi guardare dentro la tua anima."

"Mi chiedi già troppo, Orisa." Ribatte, chiudendosi. "Ti sei presa più di quanto ti fosse mai stato dovuto. Che altro vuoi?"

"Non voglio nulla, anche se ti è difficile credermi. Farò solo un gesto con la mano e non invaderò il tuo spazio interiore, se non lo vorrai. Per ora ti chiedo solo questo. Non durerà molto e non ti causerà disturbo. Non ti plagerà. Non potrei farlo comunque: la tua essenza è così forte da impedirmi di entrare."

Il suo sguardo cambia per un breve istante ma Swaynn riesce a controllarlo:

"Limitati a ciò che hai detto." Replica, allargando le braccia. "Hai il mio permesso."

Allungo lievemente la mano, col palmo rivolto verso il suo cuore. Poi alzo l'altra mano e la dirigo verso il centro della sua fronte. Siamo lontane almeno tre metri l'una dall'altra, ma in pochi secondi mi sento come se un fuoco incandescente mi stesse avvolgendo. Sono costretta ad arretrare di due passi per riprendermi. Swaynn mi guarda con curiosità, ora. Forse pensava che io potessi essere invulnerabile.

"E' come immaginavo…" Mormoro. "In te vi sono due diverse nature."

"Questo lo supponevo." Risponde, sarcastica.

"Permettimi solo di essere spettatrice della tua anima." Cerco di insistere. "Non leggerò la tua mente e non entrerò nel tuo cuore. Ti chiedo solo di guardare, nulla di più."

La vedo indugiare per qualche istante. Poi mi dice:

"Ti concedo poco tempo. Se avvertirò un tentativo inopportuno, non ti permetterò di continuare."

Annuisco, avvicinandomi a lei. Quando le sono di fronte, nonostante sia più bassa di me, mi sembra che mi sovrasti di due spanne. Le faccio voltare i palmi delle mani verso l'alto e su di essi poso le mie, chiudendo gli occhi. Avverto immediatamente il muro che ha innalzato e non voglio forzarlo. Mi dirigo verso un luogo che conosco bene, un punto molto piccolo dell'essenza che ciascuno di noi porta con sé e che in pochi sono consapevoli di avere. Quando lo raggiungo, sento come un vortice che cerca di trascinarmi e respingermi al tempo stesso. Vedo raggi dorati e cieli notturni. Sento la forza del fuoco e il gelo del ghiaccio. E non ho più dubbi, ormai.

Apro gli occhi, lasciando le sue mani.

"Lo Spirito di Vegar è stato risvegliato." Le dico, quasi con timore.

Mi guarda col fuoco negli occhi:

"Non mi sei d'aiuto." Replica, con un sibilo sinistro.

"Calmati, Swaynn." Cerco di mantenere la conversazione il più neutrale possibile. "Ti chiedo solo di lasciarmi finire di parlare. Se quello che dirò non ti sarà d'aiuto, deciderai che cosa fare. Ma, ti prego di credermi quando ti dico che è difficile anche per me."

La vedo riflettere e respirare profondamente:

"Vai avanti." Mi dice, alla fine.

"Gli Spiriti degli Antenati hanno chiesto il suo risveglio." Proseguo. "Forse sottovalutavano il forte impatto che ci sarebbe stato nella tua vita. Ma ormai non si può tornare indietro. Ed è giusto che tu sappia che la Stirpe di Vegar non esiste: esiste solo Vegar, uno Spirito molto potente che è vissuto nella terra da cui provengo: *Id'V'Ra*. Il luogo in cui siamo adesso mantiene una similitudine nel nome, ma con delle varianti. Io e le mie Ancelle non potevamo sopravvivere laggiù, tale era la forza che quel luogo sprigionava. Siamo state tratte in salvo da Athorm prima che la nostra razza si estinguesse. Ma lo Spirito che regna in te era in grado di aleggiare in quel luogo che racchiudeva nel suo nome il suo reale significato: *Vegar, la distruzione per opera del Sole*."

"Vuoi forse dirmi che io sono un mostro capace di uccidere, Orisa? Non avevi bisogno di inventarti questa favola per ricordarmi che cosa sono stata capace di fare!"

"No, Swaynn. Non ho ancora finito. Lasciamo parlare, te ne prego. Vegar non ha avuto origine dal nulla e, nonostante la sua forza, non ha avuto una vita lunga. Aveva bisogno della sua fonte primaria, ed essa risiede nella sillaba *Ra*, con cui un Popolo molto antico designava la figura del Sole. Una sillaba presente nel nome della terra da cui siamo fuggite. E io credevo che anche tu le appartenessi... ma sbagliavo. Perché ho avvertito il freddo che si contrapponeva al fuoco, nella tua anima, e una voce interiore che sussurrava il secondo Spirito che si agita in te. Il suo nome è Iatho, e ha il potere di creare e rigenerare. Questo Spirito aleggiava nella terra di *Id'aT'hot*, un luogo prosperoso, ricco di vita e pace. Ma anch'esso, per quanto potente, aveva bisogno della fonte da cui trarre il nutrimento. Il nome di questo luogo contiene la parola *Thot*, con cui lo stesso Popolo molto antico designava la Luna."

Faccio una pausa e la guardo. Mi crede, e questo la rende meno pericolosa in una sua eventuale esternazione cui potrei soccombere. Ma non nasconde il grande interrogativo che non le permette di comprendere appieno.

"In breve, Swaynn..." Le dico lentamente. "Quando Vegar è stato risvegliato, anche Iatho ha ricevuto il segnale. Era inevitabile che accadesse, poiché l'equilibrio di due forze opposte dev'essere mantenuto. E' per questo che ti senti trascinare da una sensazione all'altra. Quando ti sei adirata con me, la forza distruttrice di Vegar ha chiamato il potere del Sole e le sue fiamme si sono scagliate contro di noi. Hai creduto di aver ucciso tua figlia... ma non è così. Ti sei mai chiesta perché lei fosse così diversa da te e Athorm? Così bionda e delicata, così eterea... Ti prego di rispondermi, perché è importante."

"Io... sì. Me lo sono chiesta molte volte." Risponde, dopo molti indugi.

"La sua nascita non è stata un caso." Le spiego. "L'incontro tra te e Athorm ha segnato una traccia in quella che pareva essere una spirale infinita, senza inizio né fine. E' stato messo un punto e tutto è stato sovvertito. Kelenda è lo Spirito degli Antenati di Athorm, ed esso prende il suo nome dal luogo che l'ha accolto, *Kel'Id'a*. Ora, Swaynn... che cosa accomuna *Id'V'Ra*, *Id'aT'hot* e *Kel'Id'a*? Una sola sillaba: *Id*. Non ti ricorda nulla? Prova a pensarci. Prova a pensare ad un simbolo che conosci molto bene... un simbolo che riporta le stesse lettere, ma in maiuscolo e con la D rovesciata verso sinistra. Lo traccio con la mano nell'aria: dalla sua scia riuscirai a vederlo e riconoscerlo."

"E' simile... al simbolo che spesso viene ricamato sugli abiti di Athorm..." Risponde, sorpresa. "Una stilizzazione del simbolo di Kelenda..."
"Esatto, Swaynn."
"Ma che cosa significa? Io non capisco..."
E' difficile trovare le parole:
"Io credo che tu debba parlarne con Athorm. Posso esserti d'aiuto per ciò che compete me, ma non per ciò che spetta a lui. Ci sono cose che nemmeno io conosco, perché così è stato deciso. La ricorrenza di queste due lettere per ben tre volte è qualcosa che va al di là delle mie spiegazioni. E' qualcosa... che credo tu debba vedere, per comprendere. Ma non posso essere io, a mostrartelo. Dev'essere qualcun altro. Per ciò che mi riguarda, Swaynn... posso dirti con certezza che tu non sei una creatura lunare, ma la fusione del Sole e della Luna e delle forze ad essi connesse. L'equilibrio tra i due Spiriti è stato ripristinato con la nascita di Mytia che lo portava con sé. Ma affinché Iatho acquistasse potere, era necessario che la piccola sacrificasse se stessa per risvegliarlo nella tua essenza. Per questo, nonostante io abbia cercato di difenderla col mio corpo, lei mi rifiutava e mi allontanava. Per questo ha allontanato le energie che suo padre ha cercato di infonderle, prima che morisse. Era un'immortale: si sarebbe potuta salvare e rigenerare. Ma non era nata per questo. Era nata per te. Ed è morta per te."
Il ricordo di Mytia la tocca nel profondo. Mi sono scordata di quanto sia fragile, in questo momento. Mi avvicino a lei e le stringo le mani tra le mie:
"Swaynn." Le dico, con affetto sincero. "Ora ho la certezza che ci sia almeno un grado di parentela, tra di noi. Ecco perché Athorm ha insistito tanto che io ti parlassi: perché questo è anche il tuo Popolo. E noi siamo tue sorelle."

Tredici - *Athorm*

Quando Swaynn è tornata uscita dal luogo dell'incontro con Orisa, era sconvolta. L'ho portata immediatamente nell'alloggio in cui siamo stati sistemati e le ho chiesto che cosa le fosse stato raccontato. Le sue parole erano confuse, perché i concetti che sono stati espressi erano molto difficili, sia per i

contenuti che essi riportavano che per il messaggio profondo che vi celavano. L'ho vista spaventata anche da me: Orisa le ha parlato di un mio coinvolgimento nella storia ma senza fornirle delle motivazioni esaurienti. Ho cercato di calmarla come potevo, ma non sono riuscito a farle toccare cibo per tutto il giorno. Ha condotto la meditazione della notte solo perché spinta da un dovere morale verso chi la sta seguendo da tempo, e solo i miei quattro più cari amici si sono accorti del suo stato d'animo. Così, mentre Swaynn intonava il Gham, ho parlato con Smuz, pregandolo di riferire anche agli altri di non allontanarsi da lei finché non fossi tornato. Avrei rimandato le spiegazioni in un altro momento. Gli ho chiesto anche di non dirle della mia assenza, poiché non si sarebbe prolungata oltre il canto del Gham e alla sua fine naturale. Smuz mi ha chiesto che cos'avrebbe dovuto dirle se lei avesse chiesto dove fossi andato e io gli ho risposto che quando Swaynn è impegnata nella meditazione si lascia distrarre molto difficilmente da quello che accade intorno a lei. Anche in un momento difficile come questo, la sua capacità di estraniarsi da ciò che la circonda riesce ad essere molto forte. Non ho aggiunto altro e Smuz non ha chiesto di più. Ha capito, come sempre. Così sono andato via, cercando il più possibile di non farmi notare. Mi sono diretto da Orisa, per sapere da lei che tipo di conversazione di fosse svolta. Era ancora sveglia e assisteva a ciò che stavamo facendo. Sapeva che avrei voluto parlare con lei e mi aspettava. Mi ha raccontato ciò che ha detto a Swaynn, confermandolo in ogni dettaglio. E quando ha terminato di raccontare, mi ha ribadito la sua disponibilità per un nuovo incontro futuro, ma non prima di aver raccontato a mia moglie anche le mie verità. La conversazione non è durata più di qualche minuto. Sono tornato appena prima che il Gham terminasse. E quando siamo tornati nella nostra stanza, Swaynn è stata assalita da paure che la sconvolgevano con tremori convulsivi. L'ho tenuta stretta a me, quando mi ha guardato con gli occhi sgranati, dicendomi:
"Non mi lasciare."
"Sono sempre qui." Le ho risposto, abbracciandola.
Ho sperato che i miei baci potessero calmarla, ma, inizialmente, mi ha respinto. Solo dopo molto tempo ho percepito i suoi sensi abbandonarsi a me. La sua essenza decideva per lei e lo faceva per preservare il suo involucro prezioso. La baciavo e sentivo le sue barriere scivolare via, insieme alle ore della notte. Quando l'ho spogliata e mi sono chinato su di lei, il suo sguardo sembrava quello di sempre. L'ho amata col corpo, con l'anima e con tutto me stesso. L'ho amata più volte, sentendola arrendevole ai miei abbracci. Arrendevole, ma non passiva. Ho toccato con mano il suo sentimento autentico e l'ho stretta in mille abbracci che non avrei mai voluto sciogliere.
Solo quando si è addormentata col viso sul mio petto, ho atteso che il suo sonno diventasse sempre più profondo e regolare. L'ho adagiata sul cuscino, e ho indossato una blusa bianca e semplici pantaloni scuri. Sono uscito dall'appartamento e ho creato mentalmente un campo magnetico che proteggesse l'ingresso da incursioni notturne indesiderate, sebbene su Idra non

vi sia quasi traccia di criminalità. Mi sono diretto verso la costa, a cavallo. Sebbene la tecnologia sia molto presente, a Draert, è permesso mantenere le abitudini del luogo da cui si proviene, ma solo se si è ospiti di speciale riguardo. Tutti gli altri esseri umani che desiderino stanziarsi a Idra sono tenuti ad osservarne le Leggi. Non vi sono pene particolari, salvo l'espulsione permanente da questa terra, nella quale non è più possibile fare ritorno. E' una pena molto maggiore, rispetto a punizioni di altro tipo, poiché sul Pianeta non sono rimaste molte altre terre in cui sia possibile trovare un luogo in cui vivere.

Quando ho raggiunto la riva, ho riconosciuto la sagoma della mia nave ormeggiata, nella quale sono voluti rimanere alcuni membri dell'equipaggio. Sono quelli che non potranno mai abituarsi alla staticità della terraferma e a cui è stato dato un permesso particolare. Sono persone di fiducia che non hanno mai manifestato avidità e questo stile di vita semplice mi ha conquistato sin da subito. Essi non amano apparire, poiché vivono per contribuire a mantenere vivi gli ideali di speranza e rinascita, libertà e uguaglianza tra i Popoli. Sono fuggiti dalle loro terre per salvarsi, ma non solo per quello: il loro contributo è prezioso, dacché non si risparmiano nel condividere, rendendo l'equipaggio non più solo un insieme di uomini e donne che si scambiano saluti affrettati, ma una vera e propria famiglia dove il calore umano non cessa di esistere. Se io non avessi avuto loro, probabilmente, il mio viaggio si sarebbe concluso molto prima del previsto. Vivere eternamente costringe a cercare nuove ragioni per andare avanti, anche quando tutto quello per cui si è lottato sembra crollare.

Sono sceso dal cavallo e mi sono diretto a piedi sul bagnasciuga, in un punto nascosto da un grosso albero chinato verso la superficie dell'acqua che lambisce appena la sabbia. Ho alzato lo sguardo, volgendolo verso la Luna:

"*Ightas, ash'rana Chroem Belumah*! Vi invoco, chiedo ascolto e aiuto, Spiriti degli Antenati!" Ho ripetuto, per tre volte.

Idra è una terra dove le energie sottili sembrano aumentare di intensità quando le si chiama a sé. Non ci è voluto molto, prima che un tenue bagliore verdastro si staccasse da una stella, avvicinandosi sempre di più alla superficie del mare. La luce è rimasta sospesa nell'aria, pulsando come un cuore vivo e poi scindendosi in due metà perfettamente combacianti:

"Figlio!" Hanno esclamato all'unisono una voce maschile e una femminile. "Abbiamo udito il tuo richiamo e siamo qui per te. La tua essenza ci ha invocati ancora prima che tu pronunciassi le antiche parole. Noi sappiamo. Che cosa possiamo fare, per te?"

"Aiutatemi a capire come possa lenire le paure di Swaynn." Ho chiesto mentalmente, così come anch'essi hanno comunicato con me. "Aiutatemi a non sbagliare con lei, poiché un'innocente ha pagato per le mie colpe e non voglio essere la causa di un altro lutto. Non lo sopporterei."

"Figlio caro." Ha detto mia madre, avvicinandosi impercettibilmente. "Mytia non è nata per vivere per sempre insieme a voi, e questo ti è già stato detto. La piccola è venuta al mondo per risvegliare lo Spirito Lunare di Swaynn e, affinché esso si potesse manifestare, era necessario che Vegar compisse il passo da cui tutto avrebbe avuto inizio."

"E' una spiegazione che non mi basta e non mi conforta, cara madre, poiché ha causato troppo dolore."

"Ma ha fatto sì che tu prendessi la decisione di accettare di nuovo il tuo cuore, Athorm." E' intervenuto mio padre, la cui luce pulsava con sfumature lievemente azzurrine. "Solo così avresti potuto manifestarti alla tua sposa per ciò che sei, poiché dovrà sapere."

"Quanto può reggere tutto questo, padre mio? E' stanca e provata…"

"L'amore ti rende cieco ai suoi poteri… ma fa di te una creatura più simile all'essere umano, le cui emozioni non hanno eguali, nel resto del Cosmo. C'è poco tempo, caro figlio: è Detia ad aver bisogno di aiuto. Non Swaynn. Sel'nays ha i giorni contati. E Kelenda ha bisogno di tornare a risplendere."

"Ma… padre: l'unico modo per restituire vita alla mia terra è riportare indietro la Pietra Lunare!"

Mia madre mi ha avvolto con una leggera scia rosata e tiepida:

"E' così, Athorm." Mi ha detto, dolcemente.

"E tutto quello che Swaynn ha fatto per restituirvi ciò che vi apparteneva?" Ho chiesto, con evidente preoccupazione. "Suo padre ha reclamato quella Pietra per molti anni, minacciando calamità e pericoli. Le Signore delle Tre Terre si sono tramutate in Vergini Oscure e hanno condotto le Ombre dalla Luna alla Terra e viceversa. Isay, il figlio maggiore di Detia e Yoser, è stato usato come tramite dagli Spiriti degli Antenati, affinché la promessa fosse mantenuta!"

"Ed è stato così, figlio mio. Non c'è nulla che valga più della conferma di una parola data. E Swaynn ha dimostrato la sua affidabilità. Per questo abbiamo accettato le sue condizioni: per non scatenare il panico nelle anime di chi era in grado di percepire la nostra presenza nel modo sbagliato. Molti canali umani hanno paura di ciò che sentono, poiché l'ignoto è considerato un nemico. Così, come sai, ci limitiamo ad agire sull'intuizione. Ma, purtroppo, gli esseri umani la deformano in base ai loro desideri. Ne danno un significato di superstizione. La trasformano in facile divinazione. E non possiamo permettere che ciò accada. Così, Athorm, siamo disposti a consegnare spontaneamente la Pietra Lunare alla terra da cui è stata sottratta, pur di poterci manifestare con chi è in grado di comprenderci per ciò che realmente vogliamo trasmettere al mondo: i Messaggi dalla Luna."

"Madre… perché Mitya non è con voi?" Ho chiesto, con l'anima lacerata. "Ho visto la sua piccola luce unirsi alla vostra e speravo di poterla vedere questa sera, anche una sola volta…"

"Perché fai domande di cui conosci già la risposta, Athorm?" Mi ha chiesto mio padre, e dalla sua voce incorporea sembrava come se stesse sorridendo. "Lei non fa parte della tua Ascendenza, ma della tua Discendenza. E il suo Spirito continua a vivere con Iatho, ora. Hai chiamato Vegar e hai pensato di aver sbagliato… ma non è così. Hai fatto ciò che doveva essere fatto, perché Mytia non è nata per esservi figlia, ma Guida."

Ho abbassato lo sguardo, respirando profondamente. Le due luci si sono mosse dalla superficie dell'acqua, fino a giungere accanto a me, come in un abbraccio: "Noi comprendiamo il tuo dolore. Ma non puoi darti colpe, perché era il suo destino. Non pensare più al passato con nostalgia: affronta il futuro con gioia, perché, grazie a Mytia, ora Swaynn conoscerà la verità su se stessa. E anche su di te."

"Madre mia..." Ho mormorato. "Come posso spiegarle tutto questo? Il suo equilibrio è fragile. E ora devo darle un altro peso... E dovrò comunicare ai miei quattro amici più cari che il mio cuore meccanico non pulsa più nel mio petto. Si sentiranno diversi, emarginati... soli."

"Non puoi pensare a tutti, Athorm." Ha risposto mio padre. "Ogni creatura è chiamata ad assumersi le proprie responsabilità, grazie al libero arbitrio di cui è dotata. Almeno... finché le è concesso. Anche Detia ha scelto in completa autonomia: nessuno l'ha costretta a fare di più di quanto potesse. E il suo aiuto è determinante, in questo momento, poiché Swaynn non avrebbe potuto mantenere il controllo di molte situazioni. Però, figlio mio... anche lei non vivrà a lungo. Yoser ha scoperto ciò che non poteva essere svelato prima del tempo: Detia ha subìto una contaminazione umana, la più atroce che si possa vivere. Questo trauma ha alterato la sua essenza, causando un'accelerazione nei suoi processi molecolari. E' un processo irreversibile e non può essere fermato. E anche i suoi figli subiranno la stessa sorte..."

"No!" Ho pensato con forza. "Non potete permettere che altri innocenti paghino per una colpa che non hanno commesso!"

"Athorm..." Ha detto mia madre, lieve come un alito di vento profumato di salsedine. "Nessuno di noi è davvero immortale. Lo abbiamo compreso solo dopo la perdita del nostro corpo fisico. Non ci potrai chiamare in eterno: un giorno, semplicemente, non risponderemo più. Quel giorno segnerà un passo importante, per la tua vita, perché sarà il segno che non siamo destinati a scomparire nei Buchi Neri dell'Universo, ma che anche per noi sarà contemplata una vita in un luogo simile a quello degli esseri umani. Quel giorno è più vicino di quanto tu non pensi. Per questo ti invitiamo a manifestarti a Swaynn, di mostrarle la tua essenza più intima, affinché anche la tua sposa possa accettare la sua, un giorno."

"Non mi avete ancora detto per quale motivo i figli di Detia e Yoser debbano morire, cara madre: forse perché anch'essi sono esseri umani?"

"Noi possiamo conoscere solo una parte di ciò che accadrà." Ha risposto mio padre. "Il dono della profezia non spetta a noi, ma alle anime prescelte. Ed esse devono prepararsi, perché un giorno ci sarà bisogno di loro. Le loro coscienze dovranno risvegliarsi, affinché gli occhi si aprano al mistero profondo di questo Universo che pullula di miracoli ma di cui solo in pochi riescono ad accorgersi."

"Il Popolo delle Ombre non è scomparso del tutto." Ha aggiunto mia madre. "Le Vergini Oscure hanno dato vita ad un esercito in grado di portare la tristezza nel cuore dell'essere umano. Tutto è già iniziato. La lotta eterna tra il Bene e il Male si combatte anche tra alieni. Tante creature dell'Universo vorrebbero poter vivere sulla Terra, un luogo che può tornare a prosperare più di quanto avesse fatto nel passato. Molte di esse si sono già integrate da tempo tra gli esseri umani."

"Allontanatevi da me, vi prego." Ho chiesto con dolcezza. Avvertivo il peso della storia calare nella mia anima, e il mio cuore aveva cominciato a rallentare i suoi battiti.

Le due luci hanno obbedito al mio comando, tornando ad aleggiare sulla superficie dell'acqua. Ho avuto bisogno di molto tempo, prima di ritrovare la forza mentale necessaria a stabilire questo tipo di connessione:

"Devo dare delle risposte a Swaynn." Ho detto, alla fine, formulando le parole con il pensiero. "Ma non voglio perderla. E questa è la mia paura più grande."

Le due voci si sono fuse in una sola voce che ha risposto all'unisono:

"Lei ci sarà, quando noi non potremo più risponderti. Ricordalo, Athorm: Sel'nays andrà distrutta se vorrai ricostruire Kelenda. In ogni caso, sarà necessario scegliere. Swaynn non sarà preservata da altri dolori e tu dovrai rimanere accanto a lei. Stai attento a chi hai vicino: il Potere delle Ombre sta accecando i suoi freni inibitori. Stai attento, poiché potrebbero esserci gravi conseguenze. Noi dobbiamo lasciarti, caro figlio. Il tempo che ci è stato concesso è finito. Fai ciò che ti dice il cuore e non sbaglierai."

Le luci sono si sono intensificate fino a trasformarsi nel bagliore familiare di Munn. Poi, dopo tre pulsazioni, la scia luminosa e salita fino al cielo, perdendosi tra le stelle. Sono a rimasto a lungo sotto quell'albero piegato, fragile all'apparenza ma solido nelle sue grosse radici. Poi, facendomi forza, sono risalito sul cavallo per dirigermi nuovamente verso il centro di Draert.

Quando ho liberato l'ingresso dell'appartamento in cui siamo stati sistemati, ho visto che Swaynn continuava a dormire profondamente. Mi sono spogliato dagli abiti che ancora profumavano di mare e mi sono sdraiato accanto a lei, stringendola di nuovo tra le mie braccia. L'ho vista sorridere lievemente, nel sonno, e le ho sfiorato le labbra con un bacio.

Ho deciso solo la mattina seguente di radunare lei e i miei quattro amici nella Sala delle Mappe sulla mia nave. E ora siamo qua, e vedo mille domande nei loro sguardi. Domande a cui preferirei non dover mai dare una risposta. Swaynn mi osserva come se mi stesse studiando: so che il mio stato d'animo non le sfugge e so che si sta chiedendo quale conflitto interiore abbia innescato una lotta dentro di me. Se non dice nulla è solo per non allarmare gli altri e per lasciare che sia io a comunicare i motivi per cui li ho convocati.

"Non voglio usare troppi giri di parole per dirvi ciò che devo." La mia voce è sicura e ferma, come sempre. Ma un senso di angoscia trafigge il mio cuore. "Voglio farlo qui, su questa terra, affinché voi possiate prendere la vostra decisione in assoluta libertà. Ho bisogno di essere sicuro che chi mi è accanto mi sarà fedele, qualunque cosa accada."

"Capo…" Dice Oughm. "Tu sai che potrai sempre contare su di noi…"

Sorrido e abbasso lo sguardo, per un attimo:

"Lo so." Mormoro, sorridendo. "Avete dimostrato lealtà in ogni occasione. Non potrò mai esservi più grato di quanto io vi stia già dimostrando."

"Ma allora..." Interviene Moraya. "Perché hai messo in dubbio che sarà così anche in futuro?"

Guardo Swaynn, come se cercassi un appoggio da lei. Non sa che cosa sto per dire, ma l'amore che vedo nei suoi occhi mi dà la forza di continuare:

"Io non sono più come voi, amici miei." Rispondo, avvicinandomi a loro. "Nel mio corpo tutte le parti meccaniche sono state sostituite... con organi viventi..." Vedo l'incredulità nei loro sguardi. Incredulità e perplessità.

"Che cosa intendi dirci, Athorm?" Esclama Tom, con veemenza. "Non si può tornare indietro, e questo noi lo sappiamo bene!"

Alzo una mano, per farlo tacere:

"Quando siamo andati a Verdrad ho chiesto a Yoser di guardare insieme a me i dati su Kelenda. Ma non l'ho chiamato solo per questo. Nel suo laboratorio era conservato ancora il mio cuore, quello che tutti voi avete avuto modo di vedere: l'attrazione di un cuore che continuava a pulsare nonostante fosse fuori dal corpo da molti anni... secoli. Ebbene, quel cuore era il mio e attendeva che io fossi pronto per riceverlo di nuovo nel mio petto."

I loro sguardi si fanno ancora più increduli.

"Non ti abbiamo visto in giro per soli tre giorni..." Mormora Moraya, impallidendo. "E quando sei riapparso, sembravi solo un po' stanco... Non puoi aver subìto un'operazione così delicata..."

"E le altre parti meccaniche del tuo corpo?" Chiede Oughm, deglutendo un paio di volte.

"Non ci sono altri organi artificiali." Rispondo, cercando di mantenere un tono calmo. "Vi è stato concesso di pensarlo per aiutarvi ad accettare la vostra immortalità."

"E quindi... tu sei diventato di nuovo mortale, ora?" Chiede Moraya, tremando lievemente.

Respiro profondamente e li guardo:

"No." Rispondo. "Io sono immortale a prescindere. Il mio cuore batteva perché era strettamente collegato alla mia essenza. Ed essa non è diversa da quella di Swaynn."

Vedo i loro sguardi cambiare. Sento le loro emozioni. Forse sospettavano già che io fossi diverso da loro, ma sentirlo dire direttamente dalle mie labbra suscita un turbinio di sensazioni che devasta la loro anima. Ora più che mai si stanno sentendo soli nella loro particolarità. E non posso nemmeno rincuorarli, perché devono prendere le loro decisioni in modo autonomo.

"E fino ad ora tu hai lasciato che pensassimo qualcosa che non corrispondeva alla realtà?" Tuona Tom, palesemente adirato. "O forse è adesso che pensi di poterci dire: scusatemi ragazzi, è stato tutto uno scherzo, ma nulla cambia, non preoccupatevi...? Ma con quale coraggio... con quale coraggio ci hai mentito?"

Si avvicina a me, con chiare intenzioni. Lo sovrasto di almeno due spanne, ma la sua statura non l'ha mai fermato, nemmeno contro individui molto più grossi di lui. Scanso il primo fendente e ne arriva un secondo. Fermo il suo pugno con la sua mano, stringendolo così forte da farlo genere di dolore. Quando lo lascio andare, arretra nuovamente tra i suoi compagni, guardandomi con il fuoco negli occhi:

"Ma chi sei?" Mi chiede, con un disprezzo nella voce che non ho mai sentito. "Che COSA sei? Ma che cosa te lo chiedo a fare? Avremmo dovuto capirlo... affermarlo con forza già molto tempo fa! Tu sei solo un altro stupido alieno che pensa di poter dettare legge, qui, sulla Terra, solo perché possiedi poteri che noi *poveri esseri umani* non abbiamo! Ci hai mentito!"

"Vi ho dato una seconda possibilità!" Esclamo, alzando il tono della mia voce. "Vi ho dato l'occasione di poter vivere come non siete stati mai in grado di fare! Avete imparato più di quanto potesse imparare un solo essere umano nel corso della sua intera vita!"

"No!" Tuona Tom, di nuovo. "Tu ti sei preso dei poveri disgraziati e ne hai fatto i tuoi burattini! Ci hai trasformati nelle tue marionette personali, nei tuoi giocattoli, solo per non sentirti solo nella tua vita noiosa! E quando hai trovato Swaynn, hai pensato che non ti servissimo più! Perché non ti sei fatto rimettere quel dannato cuore quando non c'era lei a proteggerti? Perché hai aspettato? Che cosa volevi ottenere? E che cosa speravi che avessimo, noi? Una vita migliore? No... tu ci hai condannati ad un'esistenza vuota, al nulla, mentre te la spassavi e giocavi a fare il salvatore della Terra!"

"Tom!" Interviene Smuz. "E' ingiusto il modo in cui giudichi il suo rapporto con Swaynn! Non puoi mischiare l'amore con un ammasso di molecole, organiche o artificiali che siano! Sapevamo tutti chi fosse Athorm, ma ci faceva comodo credere a ciò che nessuno ci ha mai detto! E lui, che cos'avrebbe potuto dirci? Che cosa sarebbe cambiato? E' e resta un immortale! Che cosa cambia, se il suo corpo non è meccanico?"

"Cambia il fatto che lui non sia un essere umano!" Risponde Tom, rabbiosamente. "Cambia il fatto che ci abbia privati di poter decidere della nostra vita e della nostra morte! Cambia il fatto che lui ha avuto tutto e noi ancora nulla! Ma non avete capito che ci sta offrendo un modo per allontanarci da lui? Ci ha portati qui, a Idra... e ci ha fatto questa rivelazione! Le sue intenzioni sono chiare! Ci sta scaricando, gente! Aprite gli occhi! Athorm Dralt – ammesso che questo sia il suo nome – si è stancato delle sue bambole umane!" Mi guarda, con una ferocia omicida. "Ma non finisce qui! Me ne vado, non preoccuparti! Me ne vado per non dover sottostare un minuto di più ai tuoi capricci! Sono stanco di vivere la tua vita: ora voglio vivere la mia! Tutti noi dovremmo farlo!"

Dopo aver pronunciato queste parole, se ne va. Guardo gli altri: Moraya ha gli occhi pieni di lacrime e le sue labbra tremano. Vorrebbe dire qualcosa, ma le parole non riescono a uscire dalle sue labbra. Così mi volta le spalle ed esce dalla Sala delle Mappe, seguita da Oughm che, prima di varcare la soglia, si gira verso di me e mi dice:

"Noi ci fidavamo di te, Athorm. Eri il nostro esempio di verità e giustizia. Ma ci hai mentito per tanto, troppo tempo."

Lo vedo correre velocemente fino a scomparire alla mia vista. E' rimasto solo Smuz che mi osserva silenziosamente.

"E tu?" Mormoro, con un sorriso amaro. "Che cosa decidi di fare?"

"Non condivido il loro atteggiamento, Athorm." Risponde, pacatamente. "Ti seguirei ovunque, anche ora. Ma loro hanno bisogno di me, in questo momento. Cercherò di farli ragionare. Puoi comprendermi, non è vero?"

Appoggio una mano sulla sua spalla:

"Sì, Smuz." Rispondo, con sincero affetto. "So che anche tu mi hai compreso. Va' da loro e confortali. Io non posso farlo."

Mi abbraccia e io lo lascio fare, chinandomi leggermente. Lo abbraccio a mia volta, riflettendo sulla sua evoluzione interiore. Non era che un tizio come un altro, magro, con i capelli corti e un ciuffo sulla sommità del capo, gli occhi piccoli color topo, il viso lungo con barba incolta. Fumava spesso e prendeva la vita come veniva. Taciturno e umorale, po' burbero... Si scioglieva solo quando suonava la sua antichissima fisarmonica di cui nessuno conosce l'origine, probabilmente rubata. E ora è un uomo nuovo, riflessivo, sempre taciturno ma non più chiuso. Ha smesso di fumare e ha imparato a dare il giusto peso ad ogni giornata vissuta, sin dalle prime luci del mattino.

Mi sciolgo dal suo abbraccio per non cedere alla commozione.

"Vai, ora." Gli dico, sorridendo. Smuz china lievemente il capo, in segno di rispetto e saluto, e fa altrettanto con Swaynn, prima di uscire e correre dagli altri.

Quando rimaniamo soli, la vedo avvicinarsi a me:

"Mi dispiace." Mi dice solamente, accarezzandomi una guancia.

La stringo a me, nutrendomi dell'amore che il suo cuore sa darmi e di cui ho bisogno. Avrei voluto che anche gli altri rimanessero al mio fianco, ma posso capire la loro diffidenza nei miei confronti, ora che hanno avuto la conferma dei loro sospetti. La realtà è sempre dura da accettare, chiunque noi siamo e qualunque sia il ruolo nella società in cui viviamo. E non è che l'inizio. L'inizio di un cammino ancora più difficile. Tengo Swaynn stretta a me, mentre la paura di un suo rifiuto si fa strada nel mio cuore: è questo che significa far parte del genere umano? Nonostante i lunghi secoli passati sulla Terra, non avevo compreso fino in fondo la profondità delle sue emozioni. Ora so.

Quattordici - *Moraya*

Non credo di essermi mai sentita così sola. Così diversa. Così lontana da questo mondo. Quando ne ho parlato con Smuz, lui mi ha risposto così:

"Che cos'è cambiato, rispetto a prima? Athorm non è una macchina, e la sua immortalità è una condanna peggiore della nostra. Ed è una creatura proveniente da un altro mondo, così come lo è Swaynn. Lo sapevamo ma continuavamo a raccontarci cose a cui era più facile credere. Non è difficile solo per noi, Moraya."

"Ma nessuno ha chiesto loro di venire su questo pianeta!" Ho protestato. "Perché non sono rimasti dov'erano? Perché Athorm ha voluto usarci come cavie? Tom aveva ragione: siamo stati i suoi giocattoli finché non ha trovato qualcuno di suo gradimento. E ora non ha più bisogno di noi."

"Non essere ingiusta." Ha replicato Smuz. "Sappiamo tutti che Swaynn credeva di essere umana come tutti noi fino a poco tempo fa. Come dev'essersi sentita, nel sapere che tutto ciò i cui credeva era solo una menzogna? E come credi che si sia sentita, nel sapere della morte di sua figlia che, come lei e Athorm, sarebbe dovuta essere un'immortale? E Orud? Ora sappiamo che anche lui non era completamente umano. Eppure l'abbiamo considerato uguale a noi, e abbiamo pianto quando ci ha lasciati. Che cosa cambia, quindi, Moraya? Perché Athorm avrebbe dovuto nasconderci la decisione che ha preso? Ci ha lasciati liberi di seguirlo o di abbandonarlo e non ci ha imposto nulla. Sapeva che non sarebbe stato facile, per noi. Ma si è fidato, poiché non siamo diversi da lui. Non importa se il nostro corpo sia un ammasso di cellule organiche alternate da parti meccaniche e fili elettrici: siamo immortali come lui. Non siamo, poi, così diversi."

Sono rimasta in silenzio, incapace di trovare una risposta. Mi sono rintanata nel piccolo appartamento che mi è stato concesso, uno dei pochi di cui ho potuto godere in solitudine in molti secoli di condivisione. Un bell'appartamento, ricco di tutto ciò che potrebbe servirmi: abiti, cibo, musica, immagini, comandi vocali, e molto altro. Potrei anche abituarmi a vivere in questa terra dove le donne ricoprono una posizione privilegiata, rispetto agli uomini. E' una sensazione nuova, anche piacevole, dopotutto. Eppure continuo vivere come una reclusa, limitando gli incontri solo con i miei tre amici, smarriti tanto quanto me. Solo Tom sembra più agguerrito che mai. I suoi occhi mi fanno paura: sembra essere tornato ai primi tempi in cui faticava ad integrarsi con noi, a dominare l'istinto omicida tipico della sua gente, a comunicare i sentimenti che aveva sempre pensato appartenessero solo ai deboli, ai bambini o alle donne. Ci ritroviamo tutti nell'alloggio di Smuz, l'unico tra noi che sia riuscito a mantenere una lucidità invidiabile. A volte parliamo, ma spesso rimaniamo in silenzio, incapaci di trovare una spiegazione che, forse, non troveremo mai. Non pratichiamo più la meditazione, né intoniamo il Gham. E siamo rimasti sorpresi nell'accorgerci che Swaynn e Athorm non hanno ancora abbandonato questa terra e che i suoi abitanti si stanno unendo all'equipaggio in quelle pratiche che noi abbiamo abbandonato. All'alba e a mezzanotte, quel canto inconfondibile si eleva nell'aria, e io avverto una strana sensazione di nostalgia che vedo anche negli occhi di Oughm. Ci costringiamo a non partecipare all'incontro collettivo che comincia a svolgersi anche a mezzogiorno, ma il nostro cuore segue ogni piccolo suono, e lo amplifica, ogni giorno sempre di più. Perché la nave non ha ancora lasciato la costa? Perché il Popolo di Idra si sta unendo alla disciplina che Swaynn ha imparato sull'Isola della Luna, di cui ora conosciamo l'esatta ubicazione? Perché ho la sensazione che Athorm stia rimandando la partenza, sperando, forse, che il nostro atteggiamento cambi e che torniamo a far parte della grande squadra di Kelenda?

Già... Kelenda... Più il nostro capitano mantiene la nave attraccata al porto di Idra, più la sorte di quella terra rischia di volgere al peggio. Lo sappiamo tutti: è una questione di tempo. E non ce n'è molto, a disposizione. E Smuz non fa che ricordarcelo, ogni giorno. E' come un tarlo che ci scava dentro, una goccia che cade con spietata regolarità sulla roccia, un eco che rimbomba nelle nostre orecchie e nella nostra anima con il fragore dei tuoni.

Fingiamo indifferenza, ma la rabbia e la delusione dei primi momenti sembra essersi dissolta nel nulla. Athorm sapeva che sarebbe stato così. Sapeva che, dopo lo smarrimento, sarebbe subentrata la ragione. Non riesco più a vedere la menzogna, perché Smuz non fa che ricordarci la possibilità che abbiamo avuto per continuare a vivere e a dare un senso alla nostra vita. E il senso è chiaro ogni giorno sempre di più, quando ormai quasi tutti gli abitanti di Draert e dell'intera terra di Idra lasciano ciò che stanno facendo e si uniscono per mettere in pratica ciò che noi quattro abbiamo contribuito a diffondere solo tra gli uomini e le donne dell'equipaggio. Quel poco che siamo riusciti ad imparare da Swaynn che non ha mai ceduto, nemmeno quando le nostre menti si chiudevano e ci rifiutavamo di comprendere, ora si sta diffondendo a macchia d'olio, coinvolgendo un altro Popolo. Ricordo tutte le Vergini che l'hanno preceduta, ricordo la loro confusione, il senso di smarrimento che le accompagnava, l'incapacità di ricordare... ma lei... lei no, lei non ha mai dimenticato le tradizioni. E se esse non dovevano essere svelate, perché, allora, ci ha voluto rendere partecipi di tali insegnamenti? Athorm l'ha comandato e Swaynn ha obbedito. Tutto faceva forse parte di un progetto ben preciso? E noi... siamo stati gli artefici che l'hanno reso possibile? E' sempre con Smuz che parlo delle mie riflessioni. Lui ascolta silenziosamente, annuisce e non aggiunge altro. E' come se sapesse istintivamente. E vedo quanto si sia evoluto interiormente, e non posso fare a meno di chiedermi se anche tutti noi, in qualche modo, siamo cambiati così tanto. Solo quando ho trovato il coraggio di parlargliene, lui ha annuito ancora:

"Moraya." Mi ha detto, stringendo le mie mani tra le sue. "Un tempo eri una donna egocentrica e incurante dell'autorità. Athorm non ti ha mai chiesto di cambiare ma ti ha insegnato a guardare le regole in un altro modo. Lentamente, hai cominciato a reagire e a fare tuoi i valori che lui ci ha insegnato. Ricordi quando Swaynn è salita sul ponte, la prima volta in cui ci ha incontrati? L'hai subito trattata come se fosse una tua pari... se non meno. Credevi che Athorm ci avesse portato l'ennesima ragazza con cui poteva spassarsela per qualche tempo e che noi avremmo potuto deridere con assoluta libertà. Ma anche lui è cambiato e l'amore è la chiave che apre le serrature di molti cuori. Abbiamo imparato ad amare Swaynn e lei ci ha conosciuti per ciò che eravamo... e che siamo. Non ci ha mai giudicati, anche quando avrebbe potuto farlo. Ma noi l'abbiamo fatto, e più di una volta. Abbiamo giudicato lei... e non solo lei.

Abbiamo giudicato gli esseri umani che potevano sentire battere un cuore vero, gli innamorati che sembravano avere il diritto di amarsi, un diritto che ci sembrava negato, abbiamo deriso chiunque fosse diverso da noi, solo per sentirci superiori. Lo abbiamo fatto anche con Orisa: solo perché lei e Athorm sono stati amanti, abbiamo pensato che questa donna fosse una sciocca. E quando l'abbiamo vista qui, come Signora di Idra, nel vedere com'è diventata questa terra, non abbiamo esitato ad additarla, considerarla un'usurpatrice di un potere che non le spettava e di cui abusava, una discriminatrice... E molto di più. Ora che ci è stato riservato un trattamento di riguardo, la nostra opinione è cambiata. Ma perché? Perché ci fa comodo fuggire da Athorm? O perché vorremmo fuggire da noi stessi?"

"Anche lei è un'immortale, non è vero, Smuz?" Gli ho chiesto, sedendomi accanto a lui.

"A questo punto... credo di sì." Mi ha risposto. "Non dovremmo stupircene, Moraya. Non siamo più dei ragazzini che credono alle favole. Abbiamo conosciuto questo pianeta e ne abbiamo visto i cambiamenti, anno dopo anno. E ci sono state insegnate facili nozioni di Astronomia, forse perché fossimo preparati ad affrontare quello che ci sta accadendo ora. Comincio a pensare che, in qualche modo, anche noi siamo stati scelti. Guardaci e ricordati com'eravamo ridotti: per noi non c'era più nulla da fare, sebbene le nostre menti fossero più capaci, rispetto a quelle dei Popoli di cui facevamo parte. Menti prigioniere di corpi che sarebbero stati sepolti da secoli, se Yoser non ci avesse resi ciò che siamo. E se Athorm stesso non ci avesse tratti in salvo, prima che qualcuno accelerasse la nostra fine. E adesso... noi conosciamo una piccola parte delle tradizioni insegnate sull'Isola della Luna. Non trovi che tutto questo nasconda un significato ben preciso? Altrimenti, perché saremmo ancora in vita, se non fossimo utili a qualcosa di cui non sappiamo?"

Sono rimasta in silenzio, mentre le sue parole risuonavano nella mia mente e nella mia anima. Col passare dei giorni, ho cominciato ad uscire dal mio piccolo appartamento. Ho indossato l'abito nero, tipico delle donne di Draert. Potrebbe sembrare un colore lugubre, ma è fatto di un materiale che non ho mai visto, e, con i movimenti del corpo, le pieghe naturali creano delle sfumature che vanno dal rosso tenue, al verde, all'azzurro, al violetto. I capelli sono lasciati sciolti sulle spalle e, per la prima volta nella mia vita, ho cominciato a provare piacere nel pettinarli. La mia pelle è sempre più scura, rispetto a quella delle donne del luogo, ma al mio passaggio tutte chinano la testa in segno di saluto e rispetto. Questa sensazione nuova mi fa sentire diversa. Forse... più donna. Nel mio letto ho accolto uomini di vario genere, senza mai instaurare una relazione duratura. Perché avrei dovuto farlo? Sarebbero morti prima di me, sempre e comunque. Ma, alla luce degli ultimi avvenimenti, c'è qualcosa che sta cambiando dentro di me. Ho notato che anche Oughm sta uscendo sempre più spesso. Lo vedo con i suoi occhiali tondi e scuri, la testa coperta da un turbante particolare che solo gli uomini considerati degni di indossarla hanno il privilegio di portare. Ma gli uomini si vestono di bianco, con bluse e pantaloni morbidi, fatti con un tessuto simile al lino, ma molto più fine e meno sgualcibile. Hanno sandali ai piedi, in cuoio e corda intrecciata, e coloro che sono ammessi a vivere nella Capitale godono di un riguardo particolare: non sono obbligati a servire, ma solo ad intrattenere le donne con incontri amorosi. La capacità di corteggiamento di questi uomini non ha pari in nessun altro luogo della Terra. Sono sicuramente esseri umani, ma hanno acquisito delle conoscenze superiori. Per questo, i bambini o le bambine che nascono dagli accoppiamenti con le donne di Draert sono considerati "speciali" e mandati in un luogo di cui nessuno sa nulla, per essere cresciuti e addestrati come si conviene a Discendenti della loro levatura. Comincio a credere che alcune delle bambine siano mandate presso l'Isola della Luna... ma i figli maschi? Di loro non si sa nulla, se non che non vengono uccisi – fortunatamente – e nemmeno ridotti al ruolo di servi su Idra. Io e Oughm ci siamo rivolti un sorriso veloce e imbarazzato, poi ciascuno è andato per la sua strada. Questo, la prima volta in cui ci siamo incontrati. Col tempo, abbiamo cominciato a parlarci sempre di più, senza mai, tuttavia, affrontare il discorso che ci stava più a cuore. A noi si è unito Smuz, cui gli abiti stanno splendidamente. Mi sono ritrovata a guardarlo con occhi diversi e queste sensazioni nuove mi preoccupano un po': non saprei gestire un'emozione che ho sempre cercato di allontanare da me, sebbene la permanenza a Draert stia contribuendo a creare un'atmosfera che sulla nave non c'è mai stata. Eravamo tutti troppo presi da noi stessi e dagli avvenimenti che emergevano nel corso dei secoli, per accorgersi che il mondo poteva offrire esperienze piacevoli.

Assaporiamo nuovi alimenti e ci lasciamo cullare da un ozio che non ci pesa. Sappiamo, in cuor nostro, che ogni minuto trascorso su questa terra equivale a tempo sottratto a Kelenda. Ma non riusciamo a trovare il coraggio di prendere una decisione. Ci è capitato raramente di incontrare Swaynn e Athorm: sappiamo che si recano spesso da Orisa per parlare, ma non siamo a conoscenza di nulla, né vogliamo chiedere in giro, sebbene in molti ci facciano sempre più domande. La nostra assenza durante le meditazioni quotidiane comincia a destare sospetti, e noi ci limitiamo a rispondere che in questo momento desideriamo praticare questa disciplina in modo più discreto. E' una scusa che non regge, visto che siamo sempre stati in prima linea insieme ad Athorm e Swaynn, ma nessuno, fino ad ora, ha cercato di forzarci per strappare da noi qualche segreto. Le rare volte in cui li abbiamo incontrati quasi per caso, io e Oughm abbiamo abbassato gli sguardi e cambiato strada. Smuz, invece, è andato verso di loro, salutandoli affettuosamente. Mi riesce sempre più difficile comprendere com'egli riesca a trovare un equilibrio in tutto questo. E gliene ho chiesto il motivo, proprio oggi, recandomi nel suo piccolo appartamento, arredato quasi come il mio.

"Perché non dovrei rivolgere loro la parola, Moraya?" Mi ha chiesto, di rimando, sedendosi comodamente sul suo divano, posto proprio di fronte ad un finto caminetto che proietta fiamme inesistenti, ologrammi usati solo per ricreare un'atmosfera che risulta sfalsata. Un po' come noi androidi, dalle fattezze umane e dallo scheletro in acciaio. "Che cosa ci hanno fatto, di male?

Anche loro si stanno riavendo faticosamente da un lutto che li ha colpiti in prima persona. E sono soli. Credi che si bastino, in una situazione simile? No, Moraya, non è così. Non possono mostrare ciò che sentono davvero, perché un intero equipaggio pende dalle loro labbra. E ora c'è anche il Popolo di Idra ad unirsi agli incontri presso la fontana. Non ci stiamo comportando da amici."

"Io non riesco a superare la sensazione di tradimento, Smuz." Ho risposto, col capo chino. "Forse perché non so più chi sono."

"E Swaynn?" Mi ha chiesto. "Credi che lei abbia compreso che cosa le stia accadendo? Io non penso. Altrimenti, Athorm non ci avrebbe chiesto di starle vicini. E noi non l'abbiamo fatto."

"Ma lei ha suo marito!" Ho protestato. "Che bisogno deve avere, di noi?"

"E Athorm? Chi sta vicino a lui? Swaynn? E' sempre quello, il discorso, Moraya. Noi abbiamo sempre avuto un riferimento, ma non so se loro ne abbiano mai avuto uno. Non vorrei essere nei loro panni, a dirti la verità. Forse, la nostra condizione non è così poi male come crediamo."

"Dovresti dirlo a Tom." Ho mormorato, sedendomi accanto a lui. "Non si fa vedere da quel giorno e si rifiuta di parlare con me e Oughm."

"L'ho cercato, ma non si è fatto trovare. Non posso obbligarlo a comunicare con noi, se non è ciò che desidera. Temo solo le conseguenze che il suo istinto possa procuragli. E' come una bestia feroce rimasta troppo a lungo in catene, pronta a scagliarsi su chiunque le capiti a tiro. Sinceramente… mi fa un po' paura."

E' notte. Sono rimasta con Smuz fino ad ora e la sua compagnia è piacevole. Stare in silenzio con lui non mi spaventa, perché non è un muro che ci separa, ma un'intimità che ci sta avvicinando ogni giorno sempre di più. Mi sono assopita per qualche minuto, senza nemmeno rendermene conto. Quando riapro gli occhi, mi accorgo di essere stata avvolta da una coperta. Ma, soprattutto, mi scopro appoggiata alla spalla di Smuz che mi tiene stretta in un abbraccio avvolgente, protettivo. Come non lo è mai stato. Alzo lo sguardo verso di lui e mi sorride. Ciò che ha sempre affermato è vero: c'è stato un profondo cambiamento, in ciascuno di noi. E Smuz è la persona che più ha manifestato un'evoluzione interiore più intensa. Che cosa stia accadendo in questo momento… non saprei dirlo. Ma il suo viso si avvicina al mio e io non temo il bacio con cui sfiora le mie labbra. Una sensazione nuova, diversa da quella che ho sempre provato quando un uomo era con me, pervade il mio corpo. Le sue mani sciolgono i lacci del mio abito e io rimango nuda di fronte a lui. Per la prima volta dopo tanto tempo, provo imbarazzo. Ho paura di non piacergli. Ho paura che questo mio corpo umano, solo per metà, possa causargli disgusto. Ma anche lui si spoglia e si china su di me, dolcemente. Questo significa fare l'amore? Questo è ciò che prova un vero essere umano? Un'unione di anima e corpo che nulla a che vedere con il semplice sesso, privo di ogni emozione, vuoto nei suoi contenuti ed effimero nel ricordo. Una musica soave quanto quella che abbiamo imparato a riprodurre, tutti insieme, con le nostre sole voci. Sono attimi che vorrei fermare nel tempo e che diventano eterni. Tutto sembra avere un senso, ora. Tutto torna al suo posto, come per magia. E io non sono più solo un pezzo di carne cui sono stati aggiunte parti meccaniche, ma una creatura viva che sa sentire mille e mille volte di più di quanto potesse immaginare. Perché i secoli trascorsi senza amore, ora, trovano una ragione in questo amplesso che ci lascia appagati e sorridenti, felici come non avremmo mai creduto di poter essere. Ma ogni magia, si sa, è destinata a finire. E così è anche per la nostra.

Qualcuno cerca di introdursi nell'appartamento, e lo fa quasi con violenza. Ci rivestiamo velocemente, correndo alla porta, pronti per colpire. Con un solo comando vocale, l'ingresso si apre… ed entra Oughm! Lo accogliamo sorpresi, nel vederlo trafelato, quasi senza fiato.

"Che cosa succede?" Chiede Smuz, con evidente preoccupazione.

Oughm cerca di respirare profondamente, prima di parlare:

"Tom… Swaynn…" Esclama, tra un respiro e l'altro. "Lei è andata da lui, io l'ho vista… Ero in giro per caso, perché… dopo la meditazione e il Gham si era fermata alla fontana, da sola e io… beh, sì, io volevo parlarle! Volevo chiederle come stesse e scusarmi per il mio comportamento. So che avrei dovuto aspettarvi, però…"

"Vai al punto, Oughm!" Gli dico, temendo il peggio. "Perché parlavi di Tom?"

"Perché… mi sono fermato dietro una delle colonne del tempio antico, quando l'ho visto avvicinarsi a lei. Swaynn gli ha sorriso e anche lui sembrava avere le mie stesse intenzioni. Poi ho visto che parlavano e lei lo seguiva… E li ho seguiti anch'io. E li ho visti dirigersi verso l'appartamento di Tom. Forse lei deve aver pensato che lui volesse parlarle in privato e che si vergognasse di farlo in un altro luogo, però… amici, voi sapete quanto me l'interesse che lui nutri nei confronti della moglie del capitano! Mi sono fermato quando la porta si è chiusa dietro di loro e ho appoggiato l'orecchio… per origliare! Lo so, so che non erano fatti miei, ma il mio udito non è più quello di un tempo e temo di aver bisogno dell'intervento di Yoser… Sembrava tutto calmo, finché non ho sentito il rumore di qualcosa di pesante che cadeva a terra. A quel punto, ho cercato di entrare. Ma queste porte rispondono solo al comando vocale di chi abita nell'alloggio che viene assegnato ad una sola persona e non potevo fare nulla! Così sono corso a cercarvi, sapendo di trovarvi qui. Bisogna avvisare subito Athorm: ho paura di quello che sta per accadere là dentro… a meno che non sia già successo l'irreparabile!"

"Moraya, tu vai con Oughm da Tom, e cercate di buttare giù quella maledetta porta!" Esclama Smuz, con apprensione evidente. "Io andrò da Athorm e gli dirò di arrivare il prima possibile. Cercate di guadagnare tempo: ho paura che Tom abbia perso ogni freno inibitorio! E se fosse così… sapete bene di cosa possa essere capace!"

Non attendiamo un solo istante e obbediamo al comando. Io e Oughm ci precipitiamo nel luogo i cui alloggia l'uomo, poco distante da noi, ma comunque sull'altro lato della stradina. Corriamo a perdifiato, e quando giungiamo a destinazione bussiamo con tutte le nostre forze alla porta di acciaio che si profila davanti a noi.

"Tom apri!" Grido, con tutta la forza che ho nella gola. "Non fare sciocchezze e apri!"

Non c'è nessuna risposta. Io e Oughm ci guardiamo intorno: non ci sono altre porte, oltre la sua, in questa ala del grande edificio circolare che si sviluppa senza soluzione di continuità. Temiamo che anche Orisa abbia compreso le intenzioni di quello che è sempre stato un nostro caro amico e che lo abbia isolato apposta per impedirgli di commettere errori imperdonabili. Continuiamo a bussare, con forza. Oughm comincia a dare calci, e la forza dei suoi piedi lascia segni evidenti.

"Continua cosi!" Gli dico. "Se abbiamo un po' di fortuna, forse, riusciamo almeno a danneggiarla!"

"Ci provo!" Esclama. "Ma non è fatta di solo acciaio! C'è molto di più!"

"Tom, apri!" Grido ancora. "Non fare pazzie e apri ai tuoi amici! Ti prego, ascoltaci!"

Le nostre parole sembrano cadere nel vuoto. E il silenzio che arriva dal piccolo appartamento è così profondo da farci rabbrividire.

Passano attimi eterni, in cui cerchiamo di attirare l'attenzione del nostro compagno di viaggi, mentre Oughm è completamente avvolto dal sudore. Sta usando tutta la sua forza per buttare giù la porta, ma i piedi cominciano a fargli male, così continua con le mani, nella speranza di poter contare sui sulle sue braccia artificiali. Temo che le sue gambe abbiamo subìto dei danni, ma non posso preoccuparmi per lui, ora. All'improvviso, avvertiamo come il rombo di un tuono. Ci guardiamo: che sia Swaynn? In questo caso potrebbe esserci una speranza. Il suo potere verrebbe in suo soccorso, per una volta. Così, attendiamo qualche istante, appoggiando la testa contro la porta: nessun rumore, nemmeno l'eco di un respiro giunge alle nostre orecchie.

"Moraya! Oughm!"

Ci giriamo verso la voce che grida i nostri nomi e vediamo correre Athorm. Appena dietro il suo mantello c'è anche Smuz, ma non è il solo: svegliate dall'allarme dato, le Ancelle di Orisa e la stessa Signora di Idra si sono unite al richiamo del nostro amico, e ora sono qui, vestite con una tuta nera scollata e senza maniche, con armi di cui non conosciamo la provenienza strette tra le mani.

"Apri, Tom!" Esclama Athorm, avvicinandosi alla porta.

Il suono di uno sparo improvviso ci fa sussultare.

Con il solo colpo di una mano, Athorm butta giù il pesante portone, e lo spettacolo che si mostra a noi ci fa rabbrividire: su un divano giace Swaynn, con i vestiti completamente lacerati e una grossa ferita sul fianco. C'è sangue... e io non avrei immaginato che in una creatura aliena potesse scorrere lo stesso sangue rosso che scorre nelle vene di un qualsiasi altro essere umano.

Tom stringe tra le mani la stessa arma che le Ancelle di Orisa puntano contro l'uomo, mentre lo vediamo ridere, con un lampo di pazzia negli occhi:

"Alla fine è stata mia, questa cagna extraterrestre!" Esclama, con una voce che sembra venire dall'oltretomba. "E ora non sarà più di nessuno!"

Gli occhi di Athorm sembrano infuocarsi. Il rombo del tuono scoppia di nuovo nel cielo terso, mentre lui corre verso Tom. Vediamo il folle compagno scaricare su di lui i proiettili che cadono a terra, come se il nostro capitano fosse fatto di acciaio. Lo sguardo di Tom si trasforma in una smorfia di paura quando si trova le mani di Athorm strette intorno alla sua gola. Il capitano lo solleva, come se stesse sollevando un fantoccio di stoffa. Tom si dimena, cercando di liberarsi, invano.

"Lascialo, Athorm!" Grida Orisa. "Non fare qualcosa di cui potresti pentirti, un giorno!"

Ma Athorm non sembra ascoltare nessuno. E tutti noi abbiamo paura, adesso: non l'abbiamo mai visto così, e siamo impietriti dal terrore.

"Lascialo!" Grida ancora Orisa. "E pensa a Swaynn, ora!"

Le sue parole sembrano sortire un effetto insperato. Sembra riaversi, all'improvviso, come da un incubo che l'ha tenuto incatenato per pochi istanti. Lascia la gola di Tom, ma lo afferra e lo solleva fin sopra la sua testa, per scaraventarlo pesantemente a terra, proprio tra le Ancelle di Orisa. Queste lo bloccano subito, avvolgendolo con cavi di acciaio che si chiudono su di lui, automaticamente. Seguiamo Athorm che, nel frattempo, è corso verso Swaynn e cerca disperatamente di risvegliarla. Il sangue continua a scorrere fino a ricadere sul pavimento e io mi sento mancare. Se Smuz non mi sostenesse, sicuramente sverrei. Pensavo che fossimo tutti così diversi, invece…

"Swaynn!" Grida il nostro capitano, stringendo a sé la sua sposa. "Svegliati, ti prego! Swaynn, amore mio, apri gli occhi! Swaynn!"

Ma le sue parole disperate sembrano echeggiare nel nulla. Scoppia un temporale improvviso. I fulmini si abbattono sull'edificio con forza. La pioggia torrenziale sembra scatenare la sua rabbia per l'ingiustizia compiuta. Tom sembra rendersi conto solo ora di ciò che ha fatto. I suoi occhi sono sgranati e, se potesse, strapperebbe dal suo corpo il pesante fardello che gli impedisce di muoversi, per uccidersi con le sue stesse mani. Ma non può fare nulla. Nessuno può fare nulla. Athorm continua a chiamare la donna che ama con tutto il suo cuore, ma il viso di Swaynn è privo di colore. Il respiro è così flebile da sembrare quasi un riflesso involontario di un corpo morente. Rimaniamo in silenzio, chiedendoci se questa sia davvero la fine. Siamo tutti impotenti. Tutti. Non esiste differenza, tra noi. E lo capisco solo ora.

Quindici - *Yoser*

Mi capita molto raramente di recarmi in un luogo che sia diverso dal mio laboratorio a Verdrad. Ma non ho esitato un solo attimo, quando ho ricevuto la comunicazione di Oughm dalla nave, a recarmi a Idra. In quella terra, come in tutte le altre, vi è sempre parte del mio personale in grado di maneggiare strumenti posti in luoghi specifici. Essendo, poi, un Popolo salvato da Athorm, il riguardo riservato per questa gente è stato sin da subito molto particolare.

Le condizioni di Swaynn mi sono apparse subito molto gravi. Aveva perso molto sangue e, in base alla dinamica dei fatti, ho appurato che Tom l'avesse narcotizzata, prima di strapparle i vestiti. L'unica notizia positiva che sono riuscito a dare ad Athorm è stata l'assenza di ogni traccia di violenza sessuale: c'erano solo poche impronte, e tutte localizzate sui vestiti, come se Tom non avesse avuto il coraggio di portare a termine ciò che aveva in mente. Ma non era la notizia che avrei voluto dare: Athorm mi guardava come se la cosa non gli importasse affatto. E potevo capirlo. Il piccolo laboratorio di Draert non è mai stato molto fornito di apparecchiature come quelle presenti in altre terre da me organizzate tecnologicamente, ma il personale – tutto femminile – si è mostrato sin da subito all'altezza della situazione, mettendomi a disposizione ogni conoscenza acquisita da questo Popolo matriarcale. Forse, questa è stata la mia fortuna: operare una donna aliena con altre aliene in mia presenza. Poiché sapevano esattamente cosa fare e come, quando, per la prima volta nella mia vita, mi sono trovato di fronte a delle difficoltà che non avrei mai immaginato di incontrare.

"Non sostituirle nulla, Yoser, hai capito?" Mi ha detto Athorm, con un tono minaccioso insolito, nei miei confronti. Ma riuscivo a comprendere il suo stato d'animo. Così, cercando di mantenermi calmo, ho annuito, promettendo.

Quanto riesce a sopravvivere, un essere umano, dopo aver perso così tanto sangue? Poco, soprattutto se non si provvede ad una trasfusione immediata. Ma quando può sopravvivere, un alieno, nelle stesse condizioni? Questo... non potevo saperlo. Detia non ha mai avuto bisogno di grosse operazioni chirurgiche, e, soprattutto, non con fuoriuscite di sangue. Athorm... Ero molto giovane, allora, alle prime armi, con poca esperienza del corpo umano e nessuna esperienza di organismi extraterrestri. Rimuovere il suo cuore non era stato così difficile: era come se lui stesso, nonostante dormisse, fosse stato in grado di controllare i suoi parametri vitali, abbassando la temperatura corporea, rallentando la circolazione sanguigna e i battiti cardiaci, regolando la sua respirazione al punto tale da non aver avuto nemmeno bisogno di essere intubato. Ma, come dicevo, era la mia prima volta e non avevo conosciuto l'uomo che attendeva con ansia l'esito dell'operazione cui sua moglie era stata sottoposta. Un esito che non lasciava presagire nulla di buono...

Più volte mi sono trovato a tamponare altro sangue, a cucire, mentre le abili mani delle preziose collaboratrici estraevano i proiettili speciali di cui sono loro sono a conoscenza. Ma dalla forma e dai frammenti, ho avuto subito la sensazione che si trattasse di armi molto letali, in grado di dilaniare gli organi interni con uncini affilati che si aprivano al solo tocco.

Ho lottato contro il tempo, contro i parametri vitali che continuavano ad indebolirsi, col sudore che mi imperlava la fronte e che mi veniva deterso senza che lo chiedessi; mi sono chiesto più volte come sarei riuscito a trasfondere altro sangue in quel corpo così già provato e in un luogo dove non compiono questi tipi di operazione poiché considerati "antichi"; ho tentato di rianimare la donna del mio più caro amico quando il suo respiro si affievoliva e la sua gola rifiutava un tipo di respirazione artificiale; ho combattuto contro le tradizioni di Idra, contro le preziose collaboratrici che prestavano il loro aiuto ma che – al tempo stesso – mi ponevano dei limiti.

Quando sono riuscito ad aspirare il sangue e a verificare che tutti i frammenti fossero stati estratti, ho tentato di usare il raggio laser per ricongiungere i lembi strappati, ma il corpo di Swaynn rifletteva il raggio su di me, impedendomi di usarlo sulle sue ferite. Il cuore era sempre più debole ed era necessario rinforzarlo con un'iniezione a base di DNA umano e un miscuglio di sostanze aliene prelevate dalle numerose Vergini che ho avuto modo di testare... ma, ancora, le donne di Idra mi hanno impedito di farlo.

"Pensateci voi, allora!" Ho esclamato, con esasperazione.

Le ho viste porsi a cerchio intorno al lettino del laboratorio. Sei donne vestite di nero, anche mentre operavano, mi hanno chiuso ogni spiraglio per poter vedere che cosa stessero facendo. Ho cercato di introdurmi attraverso quel muro impenetrabile, senza successo: come se esse prevedessero le mie azioni, erano in grado di spostarsi verso la direzione che sceglievo, anche cambiandola all'ultimo. Solo dopo molto tempo, un tempo infinito, in cui avevano staccato ogni tipo di apparecchiatura, si sono allontanate dal corpo di Swaynn.

Mi sono avvicinato a lei. Era stata ricomposta perfettamente. Ma sembrava morta: il suo respiro era poco più di un rantolo.

"La ferita era molto profonda." Ha sussurrato una delle donne. "Le nostre armi non lasciano mai scampo. Nemmeno ad un essere alieno."

E' stato solo allora che ho capito. E mentre il petto di Swaynn si alzava e abbassava sempre più lentamente, mentre il suo cuore rallentava i battiti, io non riuscivo a credere a quello che stavo vedendo e che avrei dovuto comunicare ad Athorm. Non volevo crederci. Non potevo.

Ma le mie strumentazioni parlavano chiaro.

"Devi lasciarla a noi, ora." Ha sussurrato un'altra donna, appoggiandomi la mano sulla spalla. La mano ricoperta del sangue di Swaynn.

"Risvegliatela!" Ho urlato, con tutte le mie forze. "Siete uguali a lei! Non potete permettere che muoia!"

"Il destino deve seguire il suo corso, Yoser Nym." Ha sussurrato un'altra donna che stava già ripulendo il corpo di Swaynn dalle terribili macchie sparse ovunque. "Sapete che cosa dovete fare, ora."

"Non potete... Voi non potete..." Ho balbettato, con il cuore pieno d'angoscia.

"No, noi non possiamo." Ha sussurrato l'ennesimo viso, così simile a quello di tutte le altre. "Ma voi sì. Dite ad Athorm la verità: diteglì che Swaynn è con noi ora."

Affranto e sconfitto, dopo aver tanto lottato, non mi era rimasto altro che accettare la realtà. Così, mentre mi lavavo da tutto il sangue che era schizzato persino sul mio viso, lacrime amare rigavano il mio volto: non ero riuscito a salvare la moglie di Athorm, la donna che lui amava con tutto se stesso e per la quale continuava a lottare. La donna per cui aveva deciso di riprendersi il suo cuore, dopo secoli di abbandono...

Ho dovuto fare appello a tutte le mie forze, prima di dirigermi nel corridoio adiacente al laboratorio. Quando sono uscito, oltre ad Athorm, c'erano Moraya, Smuz, e Oughm, ma anche Orisa con un paio delle sue ancelle.

"Yoser!" ha esclamato il mio più caro amico, con il viso tirato dalle lunghe ore passate nell'ansia e gli occhi sgranati, come se si attendesse da me il miracolo che non ero riuscito a compiere.

Ho aperto la bocca, per dire qualcosa. Ma dalle mie labbra non è uscito nulla. L'ho guardato sospirando e stringendo i pugni per non piangere. Ho visto il suo viso trasformarsi, passare dall'incredulità, alla rabbia, alla disperazione, mentre i tre suoi fedeli collaboratori cedevano di schianto al dolore. Poi, con uno scatto, l'ho visto tentare di correre verso il laboratorio. Ho tentato di fermarlo, impedendogli l'ingresso ostacolandolo col mio corpo.

"Lasciami, Yoser! Lasciami andare da lei!" Urlava, con tutta la disperazione e la rabbia che un essere umano possa provare.

"E' con le donne di Idra, ora." Gli ho detto, cercando di calmarlo. "Non puoi andare, Athorm…"

"Ti ho detto di farmi passare, Yoser, o ti ammazzerò con le mie mani!" Il suo sguardo infuocato non lasciava alcun dubbio: l'avrebbe fatto, sicuramente. Ma non potevo permettergli di vedere la scena che lo avrebbe devastato.

"Fallo, se pensi di poter stare meglio." Gli ho detto, continuando a sfidare la sua forza. "Ma non servirà."

Solo allora si è fermato. Mi ha guardato, come se si aspettasse una risposta diversa. Mi ha guardato a lungo, scavando nella mia anima, come se cercasse una risposta che non potevo dargli. Mi ha guardato, mentre indietreggiava, come se un pugnale rovente l'avesse colpito nel cuore.

E Orisa si è avvicinata a lui. Orisa, che aveva assistito a tutto senza versare neppure una lacrima. Gli ha messo una mano sulla spalla, con rispetto e devozione, e gli ha sussurrato:

"E' con le mie Ancelle, ora, Athorm. Lascia fare a loro."

Ma lui non sembrava neppure ascoltarla. L'ho visto correre via e i suoi amici l'hanno seguito immediatamente. Avrei voluto farlo anch'io, ma la Signora di Idra me l'ha impedito:

"Il vostro compito non è ancora finito, Yoser Nym." Mi ha detto, con voce soave ma ferma. "Portatemi da lei."

"Mi dispiace, signora, ma non posso." Le ho detto, con gelida fermezza. "Voi non siete nulla, per Swaynn. E il vostro passato con Athorm vi rende indegna di presentarvi al cospetto di una donna che non riuscirete mai a sostituire nel suo cuore."

Ho visto i suoi occhi intristirsi, mentre il capo si chinava. Poi ha guardato di nuovo:

"Comprendo la vostra rabbia, Yoser." Mi ha detto con dolcezza. "Ma vi sbagliate: non è questo, ciò che voglio. Lasciatemi andare da lei, vi prego. Siete nella mia terra: ve lo chiedo come cortesia personale, non come Signora di Idra. Vi prego Yoser…"

Avrei voluto scaraventarle addosso altre cattiverie, ma ho pensato anche a Detia: come avrebbe reagito, se suo marito avesse aggredito un'innocente? Non era stata Orisa a colpire Swaynn, ma Tom. E le sue Ancelle si erano messe a completa disposizione, con tutte le loro conoscenze aliene. Conoscenze che mi ero reso conto di non avere.

"Andate." Le ho detto, quasi con disprezzo. "Ma abbiate la bontà di non riferirlo ad Athorm. Se vi do il permesso, non è di certo perché vi onoro, ma solo perché Swaynn lo avrebbe fatto, così come lo ha fatto quando la mortificavate, solo perché pensavate di poter avere l'amore di un uomo che non sarà mai vostro."

Ho visto il suo sguardo rattristarsi nuovamente, ma non mi importava: volevo solo cercare il mio amico, stargli vicino, dargli forza.

Così sono uscito dal laboratorio, precipitandomi verso l'esterno. Il sole era già alto, nel cielo. Una moltitudine di persone, uomini e donne, era assiepata di fronte alla fontana posta proprio al centro di Draert: tutti meditavano e cantavano il Gham, nel modo in cui è stato loro insegnato.

La tradizione dell'Isola era stata diffusa anche sulla Terra? Forse, il destino di Swaynn era già scritto?

Mi sono fatto largo tra la folla che si accalcava sempre di più, mentre la notizia si propagava di bocca in bocca: la moglie di Athorm Dralt era con le Ancelle di Idra. Queste erano le parole che risuonavano costantemente, ad ogni mio passo, rallentando la mia corsa disperata. Perché c'era solo un luogo dove avrei potuto trovare il mio amico: la riva del mare.

Mi sono fatto strada con la forza, strappando da me le braccia di chi voleva fermarmi, forse per chiedermi di più. Ho lottato contro quella marea di anime che si accalcavano, che cantavano, come se fosse un giorno di festa e non un momento in cui l'anima di una donna esigeva solo silenzio.

Sono riuscito a trovare l'uscita da quella folla umana mista a creature aliene solo dopo molto tempo. Ho corso a perdifiato, senza curarmi di dove fossi, di come stessi, del bisogno che avevo di integrare il mio corpo di sostanze liquide. Non mi importava più la perfezione, il desiderio di arrivare sempre più in alto, di conoscere ciò che non avrei mai compreso.

Stringevo tra le mie mani il piccolo Crocifisso che avevo strappato dal collo di Swaynn, nel tentativo di rianimarla: mi era stato impedito di usare la respirazione artificiale, e anche Athorm mi aveva fatto promettere che non avrei sostituito nessuna parte del suo corpo. E ora? Ora che tutto era stato seguito alla perfezione, ora che avevo fatto ciò che mi era stato chiesto, ora che Swaynn era morta… a cos'era servito?

Correvo sempre più velocemente, come spinto da una forza che non sapevo di avere. E solo dopo una corsa infinita sono arrivato alla nave. Lì, dove una piccola folla di curiosi, per lo più uomini, si era radunata, riuscivo a scorgere la sagoma di Athorm camminare in mezzo al mare, mentre Moraya, Smuz e Oughm stavano accanto a lui, cercando di trattenerlo.

Sono corso verso di lui, mentre l'acqua inzuppava i vestiti profumati di pulito. La mia pelle non riusciva a liberarsi dall'odore del sangue, un odore così simile a quello di un essere umano da non permettermi di pensare a colei che non avevo saputo salvare come se fosse ciò che in realtà era: un'aliena. E quando sono riuscito a raggiungere Athorm che guardava l'orizzonte, come se volesse raggiungerlo, ho cercato di fermarlo, con tutte le mie forze.

E' stato allora che la sua reazione è esplosa.

Con una forza che nessun essere umano potrebbe mai avere, mi ha preso per le spalle, mi ha sollevato e mi ha scaraventato pochi metri più in là, in un punto in cui non si riusciva a toccare. Mi tenevo a galla, nuotando, mentre lui continuava ad avanzare verso di me, con gli occhi fiammeggianti. Poi si è tuffato, mi ha raggiunto con poche bracciate e mi ha preso il collo tra le mani:

"Tu dovevi salvarla!" Ha mormorato, con uno sguardo che avrebbe atterrito chiunque l'avesse visto. "Invece l'hai uccisa..."

"Ho fatto tutto quello che mi hai chiesto." Ho replicato, con voce strozzata. "Non ho apportato modifiche..."

"Tu dovevi farla vivere!" Ha urlato, sollevandomi di nuovo e scaraventandomi ancora più al largo.

Sono andato a fondo per qualche istante, ma sono riuscito a riemergere, mentre Athorm mi aveva già raggiunto. Gli altri erano rimasti sulla riva: sentivano che non avrebbero potuto fare nulla, né per lui né per me. Non avrebbero potuto... e non lo volevano. Forse, inconsciamente, anch'essi speravano che io riuscissi a ripetere il miracolo che pensavo di essere riuscito a compiere su di loro. Mi avevano mitizzato a tal punto? Me ne sono reso conto solo in quel momento...

"Le donne di Orisa mi hanno impedito di procedere, Athorm!" Ho urlato. "Che cos'avrei potuto fare contro sei creature aliene?"

Il suo sguardo di fuoco era così intenso da provocare un senso di calore insopportabile. Di nuovo sono stato afferrato al collo:

"Temevi sei donne aliene..." Ha mormorato Athorm, con gli occhi fiammeggianti. "Ora dovrai temere la collera di un solo uomo: me."

Sapevo che cos'avrebbe fatto. Sapevo qual era la sua forza. Sapevo che cosa può portare il dolore, quando è spinto all'eccesso:

"Vuoi essere come Tom?" Gli ho chiesto, con la voce soffocata dalla pressione delle sue mani. "Uccidimi, se ti farà stare meglio, allora! Ma poi non pensare di poter essere meglio di lui!"

"Swaynn era innocente." Ha sibilato, mentre le sue iridi diventavano incandescenti. "Tu no."

Le sue mani hanno cominciato a stringere ancora di più. Non riuscivo a respirare. Lui sapeva quali parti del mio corpo erano meccaniche e quali ancora umane. Sapeva dove andare a colpire. E stava riuscendo nel suo intento: mi stava uccidendo...

"Athorm!"

Una voce femminile gridava il suo nome. Con le ultime forze che mi erano rimaste ero riuscito a volgere lo sguardo verso la direzione di quella voce: era Orisa che dalla riva chiamava l'uomo che avrebbe cercato vendetta su di me... e chissà poi su chi altri...

Ma lui non ascoltava. Il suo sguardo era sempre più incandescente. Le sue iridi sembravano fari luminosi, accecanti. La sua essenza aliena scaricava su di me tutta la sua disperazione.

"Athorm!" Ha gridato ancora Orisa. "Lascialo stare! Swaynn è viva!"

Quelle parole hanno fermato tutto, all'improvviso. Quella luce accecante si è spenta, di colpo. Un senso di smarrimento è apparso nei suoi occhi. Si è girato verso di lei, mentre io tossivo e cercavo di riprendermi dalla sua stretta. Orisa gli faceva cenno di avvicinarsi, sbracciandosi:

"Uscite dall'acqua e non siate così sciocchi da ammazzarvi tra amici!" Ha urlato ancora. "Lei è viva! Lei vivrà! Correte!"

Tutto è cambiato all'improvviso. Tutto è un ricordo confuso. Athorm che corre verso la riva, ma poi si ricorda di me e mi trascina con lui. Noi che saliamo su un mezzo a propulsione – io, Athorm, Orisa, Moraya, Smuz e Oughm – e la Signora di Idra che continuava a ripetere che Swaynn era viva. Io che pensavo che fosse impossibile, che non potesse essere un miracolo, perché i miracoli non esistono... Io che ripassavo ogni passaggio, dall'inizio dell'operazione fino alla fine, quando le Ancelle hanno chiesto il suo corpo... Il canto, la folla, la furia del mio amico...

Tutto scorreva come un film che si riavvolge all'indietro e che poi torna a riprendere a correre in avanti, sempre più velocemente... E ora... siamo di nuovo qui, nel corridoio attiguo al piccolo laboratorio. Zuppi e gocciolanti. Increduli. Ma un'Ancella apre la porta che conduce alla sala operatoria, a cui siamo ammessi solo io e Athorm. E, come un miraggio nel deserto, un'illusione che non può essere reale, solo perché la desideriamo fortemente, un sogno che non si può realizzare, perché siamo fatti di sola realtà...

... Avvolta da una coperta azzurra che arriva fin sotto il collo, Swaynn respira debolmente, circondata dalle sei operatrici che mi avevano assistito durante l'operazione. Tutto è pulito. Tutto è perfetto. No c'è nulla, in giro, che possa far pensare che solo fino a poche ore fa, c'erano schizzi di sangue ovunque. Persino sulle apparecchiature. Lentamente, Swaynn apre gli occhi. E i suoi occhi non sono come quelli di spettri viventi: sono occhi vivi, anche se provati.

Guardo Athorm, impietrito, accanto a me. Con uno sforzo immane, Swaynn alza un braccio e lo volge verso il suo sposo. Solo allora, Athorm corre verso di lei, baciandole la mano, il viso, le labbra, senza riuscire a trattenere le lacrime:

"Swaynn... Amore mio... Swaynn..."

Sono le uniche parole che riesce a dire, mentre io rimango immobile, incapace di dare una spiegazione a tutto quello cui sto assistendo. Avverto il lieve tocco di una mano sulla mia spalla: è Orisa, che mi sorride dolcemente:

"Se le mie Ancelle vi avevano detto di lasciarla a loro, Yoser, era perché sapevano esattamente quello che stavano facendo." Mi dice, senza neppure un'ombra di rimprovero, nella sua voce. "Avevate ragione: noi alieni sappiamo come siamo fatti. E non potevamo permettervi di comprendere tutto ciò che vorreste, così come noi non potremo mai sostituirci agli esseri umani. Ma siate fiero di voi stesso: con le vostre mani ci avete messo in condizione di poter dare il nostro aiuto ad una sorella. Avete fatto tutto quello che potevate e anche di più."

Le sue parole sincere fanno salire lacrime spontanee nei miei occhi. Sorrido, mentre guardo Athorm chinato su Swaynn, e lei strizza gli occhi, quasi infastidita dalle gocce d'acqua che lui fa cadere sulla coperta.

Vorrei andarmene, lasciarli soli e informare gli altri di ciò che ho visto. Ma è proprio la stessa Swaynn, a fermarmi, pronunciando il mio nome:

"Yoser…"

Guardo Athorm, come se attendessi da lui il permesso di avvicinarmi. E lui annuisce, troppo felice per ricordare. Così, lentamente, vado verso il lettino candido e profumato, e stringo la mano che mi viene tesa:

"Vi prego di scusare mio marito." Mi sussurra, sorridendo. "Scommetto che ha tentato di farvi pagare una colpa non vostra. Non è così, Athorm?"

Lui sorride, imbarazzato. Guarda lei, poi si rivolge a me. Non dice nulla. Che cosa potrebbe dirmi? He è stato tutto un errore, che non avrebbe mai e poi mai messo in atto ciò che aveva minacciato di fare? No. Non potrebbe farlo: non sarebbe la verità.

"Non preoccupatevi, Swaynn." Le dico, stringendo ancora la sua mano. "Qualunque uomo avrebbe fatto lo stesso."

"Forse." Replica, sorridendo. "Ma l'Uomo della Luna non avrebbe mai potuto uccidere un amico. Altrimenti non avrebbe mai avuto il mio perdono."

Athorm le accarezza il viso, poi si rivolge a me, di nuovo, senza dire nulla. E' un momento di forte imbarazzo per entrambi, ciascuno per i motivi che serba nel suo cuore. E' Orisa, a spezzare questo muro di silenzio, e lo fa pronunciando queste parole:

"Lasciate che Swaynn si riposi, ora. Si riprenderà più velocemente, se tutto tornerà come prima. Ci occuperemo noi, di lei." Poi, mentre ci allontaniamo, abbassa il tono di voce: "Occupatevi degli altri tre amici, Yoser: hanno bisogno delle vostre cure. E tu, Athorm: porta Swaynn il più lontano possibile da qui. Tom è riuscito a fuggire, e non sappiamo come sia riuscito a liberarsi dalla morsa d'acciaio in cui era stato imprigionato. Temo che il Popolo delle Ombre abbia contaminato il suo cuore. Swaynn deve riprendersi al più presto. Fai ciò che ti è stato chiesto dagli Spiriti degli Antenati, Athorm. Fallo presto. Anche il Popolo di Idra ha bisogno di lei."

Lasciamo la sala in silenzio, senza riuscire nemmeno a guardarci negli occhi.

Solo quando rivediamo i tre amici, la notizia diventa reale. E solo vedendo la loro felicità, riusciamo, finalmente, ad abbracciarci. Come fratelli.

Sedici - *Swaynn*

Stiamo navigando verso Verdrad, dove Yoser si occuperà degli arti di Oughm: tutta la forza che il mio caro amico ha usato per cercare di ottenere ciò che Athorm ha compiuto con la forza di una sola mano ha danneggiato i suoi circuiti, anche se in modo lieve. Gli sono stati applicati dei bendaggi speciali che proteggono soprattutto i suoi piedi: li ha usati con tale intensità da aver persino rischiato un danno permanente, quando si è inoltrato nel mare per seguire Athorm nel suo folle gesto. Se Orisa non l'avesse fermato in tempo, non sarebbe mai riuscito a perdonarsi per aver causato la morte di colui che non solo è suo cognato, ma anche un fratello. E' per questo che ho deciso di accorciare le distanze e ho chiesto a Yoser di darci del tu: dopo tante prove di affetto autentico, non avrebbe senso considerarci ancora degli estranei. Non ha esitato un solo istante per venire in mio soccorso, lasciando Detia e i bambini in balia di se stessi, in un momento molto delicato. Quando gli ho chiesto come le cose stessero andando, sull'Isola delle Vergini, ha risposto in modo evasivo, ma sufficiente, per me, per capire. Tuttora mi chiedo come abbia la forza di viaggiare con noi, sapendo che la sua famiglia ha sempre più bisogno di lui. Poi, la risposta giunge subito al mio cuore: lo fa per Athorm, perché gli è caro come un fratello, nonostante i due abbiano negato per troppo tempo questa verità.

Ho saputo di Smuz e Moraya, che ha bisogno di un controllo completo dei suoi parametri, ma che, tutto sommato, non è ridotta come Oughm. Sono contenta per questa nuova coppia nata quasi senza volerlo e dopo molti secoli di conoscenza: forse, il soggiorno a Idra ha portato cambiamenti necessari per tutti noi, anche nei momenti più difficili che, tuttavia, ci hanno uniti ancora più di prima.

Ma poi penso a Tom e non posso fare a meno di rabbuiarmi: non avrei mai pensato che potesse arrivare a tanto. Si è lasciato travolgere da qualcosa che non era in grado di gestire e la responsabilità di tutto questo è solo mia: sono stata io, la prima, a non saper gestire un potere che non conoscevo e, anziché chiedere aiuto, ho lasciato che questo mi possedesse completamente. Avrei sicuramente reagito, se Tom non mi avesse narcotizzata con un preparato del Popolo di Idra. Si è scoperto, dopo attente analisi, che un flacone di questo intruglio era stato sottratto clandestinamente al laboratorio. Non si è mai saputo come l'uomo sia riuscito ad intrufolarsi fin là, ma Orisa ha promesso che avrebbe indagato ulteriormente. Ha promesso anche che avrebbe cercato Tom ovunque si fosse nascosto, anche a costo di spingersi oltre i confini del pianeta. Il falso racconto della violenza perpetrata nei miei confronti costituisce un'aggravante che Idra non accetta e non perdona: la sola idea di aver potuto mentire su una cosa così disdicevole costituisce, di per sé, un reato. Un reato che è stato fatto a danno di Athorm, solo per fargli perdere l'autocontrollo, per giocare con i suoi istinti legati all'essere umano, alla sua forza che sa essere devastante. Il potere del Popolo delle Ombre sta diventando sempre più forte e io non sono ancora in grado di essere utile neppure a me stessa.

"Che cosa ti preoccupa, Swaynn?" Mi chiede Athorm, accorgendosi del mio stato d'animo.

Cerco di mettermi a sedere e lui mi aiuta, sistemandomi i cuscini dietro la schiena:

"Ci sono ancora tante cose che non conosco." Rispondo, osservandolo. Quello che è successo l'ha segnato profondamente e si vede: il suo viso è scavato e i suoi occhi non fanno che cercare i miei, come se temessero di perdermi. "Avvicinati, per favore." Gli dico, allungando il braccio.

Athorm si siede sulla sponda del letto, spostando il mantello e stringendo la mia mano.

"Vorrei che l'equipaggio non si sentisse costretto a fermarsi tre volte al giorno, solo per fare ciò che ho cercato di insegnare." Mormoro, fissandolo intensamente.

"Non mi ascolterebbero, Swaynn." Mi risponde Athorm, accarezzandomi i capelli. "Ed è ciò che dovrà essere divulgato. Non siamo che all'inizio di un viaggio di cui non conosciamo la fine, ma solo il percorso."

"Se l'avessimo conosciuto davvero, non ci troveremmo in questa situazione." Gli faccio notare, cercando di avvicinarmi a lui. Athorm mi aiuta ad appoggiare i piedi sul pavimento. Sono ancora debole, ma mi sto riprendendo più rapidamente di quanto lo stesso Yoser potesse aspettarsi. E più di quanto un normale essere umano riesca a fare. Vorrei alzarmi in piedi, ma Athorm non me lo permette:

"Hai già camminato per la stanza diverse volte, in questi giorni." Mormora, con un tono molto serio. "Sii paziente, Swaynn. Non voglio stare in pena per te in qualsiasi momento."

Gli accarezzo il viso, sorridendo:

"Non sono ancora morta, come vedi!" Cerco di scherzare. "Ma permettimi di rimanere così, perché ci sono molte cose a cui pensare e vorrei avere la possibilità di porti delle domande."

Il suo viso si fa cupo:

"Non ora." Risponde, abbassando lo sguardo. "Ma ti prometto che quando saremo a Verdrad ti svelerò un segreto importante."

"Un segreto?" Domando, incuriosita. Lo vedo sorridere della mia infantile ingenuità:

"Sì, Swaynn. Ti do la mia parola." Mi dice, con gli occhi di nuovo luminosi. "Ma anch'io vorrei sapere qualcosa da te, ora che stai meglio. E come il mio segreto sarà rivelato quando saremo soli, vorrei che anche il tuo mi venisse raccontato in questo modo. Ora, se tu vuoi."

"Non credo di avere molti misteri, Athorm…" Osservo, pensierosa. "Ho molte più domande che certezze."

Mi passa un braccio intorno alle spalle e si china per guardarmi negli occhi:

"Che cos'è successo, quando sei rimasta con le Ancelle di Orisa?" Mi chiede. "Ricordi qualcosa?"

"Ricordo, sì… ma non è facile raccontare…" Mormoro.

"C'è qualcosa che ti spaventa?"

Lo guardo:

"Mi spaventa l'idea di quello che potrei essere, Athorm. Perché Orisa mi ha detto chiaramente che nel mio sangue scorre una parte di quello del Popolo di Idra."

"Swaynn. Io ho dovuto affrontare una parte di me che non credevo potesse mai venire fuori in quel modo. Un lato del mio carattere di cui mi vergogno, perché mi potrebbe rendere simile a Tom. Ma mi è servito, perché ora ho visto di che cosa potrei essere capace: potrei uccidere un amico, e solo per trovare un colpevole che paghi per qualcosa che potrei non riuscire ad accettare. Sono in forte imbarazzo anche a parlarne con te, perché temo il tuo giudizio."

Sorrido:

"Athorm... So bene che riservi a me il tuo lato più dolce ma saresti capace di incenerire il mondo, se solo lo volessi. Però... anche quando avevi Tom tra le mani, o Yoser... avresti potuto stringere molto di più le tue dite sul loro collo. Io conosco la tua forza. La sento. E' qualcosa che va oltre ciò che sei. Forse puoi aver avuto un attimo di debolezza... ma non ti sei spinto oltre. Ti sei fermato, quando sei stato messo di fronte ad un'alternativa. Io ho ucciso Mytia, invece. E, per quanto Orisa possa dirmi che quello fosse il suo destino, non potrò mai dimenticare che quel fuoco veniva da me, dal mio corpo. Dalle mie mani. E, soprattutto, dalla mia volontà."

Athorm mi stringe a sé:

"Che cos'hai visto, Swaynn?" Insiste, dolcemente. "Che cos'è successo, in quel laboratorio?"

Sospiro:

"Ho visto... Intendo dire... la parte di me che ancora si aggrappava alla vita ha visto le sei donne diventare completamente bianche, luci bianche di forma umana. Il resto della stanza è stato avvolto nell'oscurità. Le donne di luce allungavano le braccia su di me, sussurrando parole che non comprendevo. Più le voci si fondevano, più una forza misteriosa mi portava in alto, come se la mia anima che stava sprofondando nell'abisso fosse strappata alle sue spire da una spinta così forte da lasciarmi sospesa... Una visione che è durata a lungo, mentre il calore tornava ad impadronirsi del mio corpo, che si stava raffreddando poco a poco... E poi è arrivata Orisa. Non appena ha varcato la soglia, anche lei è diventata bianca. Ma si è avvicinata a me, allungando una mano sul mio viso e ha detto: *Vegar e Iatho, Spiriti dell'Antica Stirpe, risvegliate la prescelta e riportatela a colui al quale si è unita con un patto di sangue! Ora in essi scorre un'unica linfa, e in nome della Fonte della Vita che li unisce, vi chiedo di mantenere intatto il Canale! Risvegliate Swaynn, abitante di Id'V'Ra e Id'aT'hot, uniti dall'egida di Kel'Id'a!*" Guardo di nuovo Athorm.

"Mi ricordo le sue parole, perché le ha ripetute moltissime volte. Così tante volte da echeggiare per tutta la stanza. Poi, tutto il sangue che era uscito dal mio corpo si è illuminato della stessa luce. Tutti gli schizzi, tutto quello che si era sparso ovunque... tutto è diventato simile ad un globo che è rimasto sospeso nell'aria a lung, all'altezza del mio cuore. Il globo era bianco e luminoso. Orisa ha ripetuto ancora quelle parole, e poi ha detto: *Schaw's Sel'nays, Swaynn!*

L'ha detto tante volte. E il globo si è dissolto in piccole luci, simili a polvere di stelle, che si sono posate su di me. Ho cominciato a tossire, mentre l'ossigeno riempiva di nuovo i miei polmoni, il cuore riprendeva i suoi battiti e l'energia vitale tornava a scorrere dentro di me. Poi le donne di Idra hanno riacquistato il loro aspetto e le luci della sala si sono accese. Orisa si è avvicinata a me e mi ha chiesto come mi sentissi. Le ho detto che volevo vederti. Il resto... lo sai."

Athorm ascolta attentamente ogni mia parola, annuendo, come se comprendesse. Per questo gli chiedo:

"Che cosa significano quelle parole? Non le ho mai sentite prima."

Mi guarda con la stessa attenzione con cui mi ha ascoltata. Ho l'impressione che non voglia rispondermi. Ma decide fi farlo ugualmente:

"*Schaw's Sel'nays, Swaynn!* Significa: *Swaynn è la Signora di Sel'nays*. E Sel'nays è il vero nome del luogo in cui hai abitato per anni: il nome dell'Isola delle Vergini."

Mi viene quasi da ridere:

"Io... la Signora dell'Isola?" Chiedo, trattenendo un sorriso. "Orisa dovrebbe parlare con Dashy: le direbbe quello che ha detto a me e cioè che quel luogo scomparirà. E Detia morirà. E io... dovrei essere la Signora del nulla? Athorm... a parte le grandi sciocchezze che ho combinato con questo nuovo potere, non ho compiuto chissà quali gesta, per meritare grandi onori! Guardami: sono più fragile di un neonato!"

"Sei solo in una fase di metamorfosi." Risponde, con calma e decisione. "E in questa fase si è sempre più esposti, più vulnerabili. La forza arriva dopo. Ed è quello, il momento in cui si spicca il volo. Non è necessario passare alla storia, per compiere la propria missione: basta solo scoprire il motivo per cui si è venuti al mondo. Di me si diceva tutto quello che non sono e a cui tu hai creduto. Poi ti sei ricreduta, vedendomi simile ad un essere umano come gli altri. Ma hai cambiato idea quando hai scoperto che avevo un cuore meccanico, a tenermi in vita. E le tue prospettive sono mutate nuovamente, quando hai capito che la mia immortalità non dipendeva da quel pezzo di ferro. Hai ancora molte cose da scoprire e miti da sfatare. Schemi mentali che ti sono stati imposti da una mistificazione di ciò che era in origine e che dev'essere ripristinato."

Il canto del Gham dell'ora del mezzogiorno interrompe la nostra conversazione. La nave si ferma e le onde del mare sono come le braccia di una madre che culla il suo neonato, dolcemente, in una giornata di sole. Quasi senza accorgermene, le mie labbra cominciano a muoversi da sole, seguendo quella melodia. Sussurro impercettibilmente, trascinata dalla magia del canto, finché Athorm non mi porge il braccio, dicendomi:

"Va bene, Swaynn, puoi farcela: andiamo sul ponte insieme agli altri."

Mi porge un mantello nel quale mi avvolge. Indosso solo una tunica bianca, molto semplice, simile ad un lenzuolo ricavato da un unico pezzo di stoffa ricavato dal cotone. Ma è un altro materiale, molto più resistente, studiato dagli scienziati che collaborano con Yoser, appositamente per chi riporta delle ferite che vanno protette dagli agenti atmosferici, senza, tuttavia, soffocare i pori della pelle.

Mi aggrappo ad Athorm, camminando lentamente. Ho i piedi nudi, ma non ci faccio caso. Non credo mi abituerò mai, ad indossare dei calzari. Ho passato troppi anni a correre nell'erba, tra le rocce, sulla ruvida superficie degli scogli di Mosbury, sulla sabbia, e ovunque ne avessi la possibilità. Le giovani prescelte dell'Isola delle Vergini – che ora so essere chiamata Sel'nays nell'antica lingua – vengono sottoposte a prove ben peggiori, costrette a stare in piedi per ore, ferme nella stessa posizione, nonostante le punture di insetti, il passaggio di animali non ben identificati, e qualunque altra cosa possa essere insolita sulla Luna, eppure così reale.

Saliamo sul ponte, e al mio arrivo si crea un passaggio spontaneo. Ma il canto non cessa. Rispondo ai visi sorridenti che mi accolgono con gioia, sussurrando le sillabe del Gham e accettando gli inchini che mi vengono rivolti. Raggiungiamo la prua, dove Moraya ha imparato a suonare il Chrein quel tanto che basta per poter condurre il canto, e Smuz e Oughm soffiano con forza nei loro Tharyd. Il tappeto sonoro in sé non è perfetto, ma tutto lascia presupporre che lo diventerà.

Quando i tre mi vedono, smettono di suonare immediatamente, ma faccio loro cenno di continuare. Così tutto ricomincia, e anche Athorm si unisce a questo coro sempre più nutrito. Mi fermo solo una volta, per chiedergli di avvicinare l'orecchio alle mie labbra e sussurrargli:

"Voglio insegnare a Moraya a costruire il suo Chrein. E se ci riuscirà, vorrei che anche le altre donne della nave imparassero l'uso di questo strumento. Vorrei anche che tutti gli uomini avessero il loro Tharyd, ma non con l'uso dei gusci dei cocchi: desidero che sia usato il Mys, ad ogni costo."

Lui mi sorride, continuando ad intonare il suo canto. Proseguiamo a lungo, forse perché questa gente è animata dal mio arrivo. E' la prima volta, dopo alcuni giorni, che mi manifesto a tutti. Fino ad ora, solo le persone a me più vicine hanno potuto vedermi, per non affaticarmi più di quanto dovessi. Mi fa ancora male il fianco, soprattutto nei salti vocali che toccano ora una nota più grave, ora una acuta, ma il fastidio è sempre più sopportabile. La ferita non si è mai aperta, e i miei parametri vitali sono stabili. Nonostante la grossa perdita di sangue, il mio corpo non sembra aver subìto danni gravi e nemmeno permanenti. Yoser ha avuto a che fare con un liquido molto meno denso di quello che scorre nelle vene di un normale essere umano, e si è trovato a tamponare fiotti di una linfa che non aveva mai visto prima.

Lo vedo avvicinarsi a me, facendosi largo tra la folla. Vestito come un semplice uomo di Verdrad è quasi irriconoscibile: una semplice camicia azzurra e pantaloni color grigio perla, la divisa di uno scienziato in borghese, lo rendono meno affilato e più simile ad un qualsiasi essere umano. Athorm gli sorride, continuando a cantare, e Yoser piega lievemente le labbra verso l'alto: ha già mostrato molti più sentimenti di quanto avesse mai fatto fino ad ora. Comprendo il suo imbarazzo, per essersi lasciato andare alle emozioni come non gli capitava da molto tempo. Mi porge l'altro braccio e io accetto anche il suo sostegno. Pur essendo molto alto, non riesce ad eguagliare Athorm che sfiora poco meno i due metri. Questo è uno dei motivi per cui il Funzionario Speciale di Kelenda ha sempre goduto di una certa popolarità ovunque andasse. E Yoser è alto quasi quanto lui: entrambi sono come due colonne, due pilastri su cui so di poter contare.

E poi... mentre il canto continua, e nella mia mente assume un eco particolare, come ovattato e lontano, mi sembra di vedere qualcosa. E' qualcosa che viene dal contatto con lo scienziato, dal mio braccio intrecciato al suo, come se io stessi canalizzando una sensazione di un futuro che avverrà e che lo coinvolgerà.

E vedo... Vedo Sel'nays, l'Isola delle Vergini, avvolta nelle fiamme. Vedo una collina, quella che si erge nel luogo in cui la dimora di Munn è scomparsa, dove vi sono solo radiazioni che non è concesso oltrepassare, se non a poche anime prescelte. Come me. E vedo una figura su un cavallo nero come la notte che s'impenna di fronte a due altre piccole figure. E riesco a scorgerle con fatica, solo dopo aver dissipato la coltre di nebbia che mi impedisce di osservare ogni dettaglio: sono Isay e Ghag. Il più grande è seduto per terra, con il fratellino stretto tra le braccia, pronto a proteggerlo a qualsiasi costo. Sono avvolti dalle fiamme, ma intorno a loro si è creato il cerchio oltre il quale esse non possono andare. Una sorta di scudo protettivo impedisce che i piccoli siano bruciati nel modo più terribile, ma gridano di paura. Gridano, perché la figura femminile avvolta da una nube scura è scesa dal suo purosangue e si sta avvicinando a loro, brandendo una spada che emana bagliori quasi accecanti, anche tra queste fiamme bollenti e luminose.

La figura avanza lentamente. Non ha fretta: sa di non averne bisogno. I bambini gridano sempre più forte. Mi chiedo perché non ci sia nessuno a prendersi cura di loro. Ma poi mi ricordo dello scudo, e penso che sarà sufficiente e che nessuno potrà fare loro del male. E la figura avanza, e ora vedo che il suo abito – una sorta di tuta aderente, con una profonda scollatura e priva di maniche – sembra quasi fatto di puro argento. E ogni piccolo tassello amplifica ogni fonte luminosa, creando rifrazioni persino nel colore rosso di queste fiamme che si ergono fino al cielo, creando un fumo denso e irrespirabile.

Isay grida sempre più forte e anche Ghag, nonostante sia molto piccolo, viene contagiato dal terrore del suo fratellino. Isay chiama la madre, ma Detia non viene, non corre, non si precipita. E io non so perché non vi siano né lei né Yoser in aiuto ai loro figli. E la donna è sempre più vicina al cerchio che sembra restringersi intorno ai bambini, finché si riduce ad un piccolo spazio, sufficiente solo a contenerli. E la donna non viene toccata dalle fiamme, non viene sfiorata dal fuoco, come se facesse parte di esso.

Qualcosa la rende a me familiare. E non so cosa. So solo che due piccoli innocenti stanno per essere uccisi e che qualcuno dovrebbe agire, difenderli, farsi scudo per immolarsi, se necessario. E lo farei io, se solo... Se solo? Dove sono, io? Perché vedo tutto questo? Perché non scorgo il volto di quella donna che cammina tra le fiamme? Perché non sto facendo nulla, nonostante io sia lì, con tutti loro, attivamente partecipe di quello che accade?

E poi, dopo attimi che sembrano eterni, quella donna senza identità alza la spada, senza mostrare alcun rimorso per ciò che sta per compiere. Non bada alle urla che straziano le sue orecchie. Non le vuole ascoltare. Non le importa nulla, di queste piccole anime. Non ha un cuore e non ha un'anima. Non ha nulla, se non la ferma intenzione di spargere sangue innocente su una terra che sta bruciando con lei. E poi, inesorabilmente, la spada si avventa sui due bambini, colpendoli. Basta un solo colpo, per decapitarli di netto. Tutti e due. Un solo colpo per vedere due piccole teste saltare e ricadere nel fuoco, divampando come fiamme grigie e maleodoranti che mi danno un senso di nausea.

E solo ora, dopo che tutto si è compiuto, riesco a vedere i tratti di quel volto femminile. Solo ora posso vedere i suoi occhi che mi fissano con decisione, come se non temessero nulla. Solo ora vedo tatuaggi infuocati che si formano sulle sue braccia, creando simboli già visti, già percepiti, già vissuti in un tempo molto lontano, così lontano da perdersi nei millenni.

Quella donna... sono io! Quello è il mio viso. Quelli sono i miei capelli, i miei occhi, le mie mani. Quello è l'anulare su cui spicca l'anello che Athorm mi ha donato quando ci siamo sposati. L'anello costruito con un pezzo di metallo del cuore tagliato a metà dalla spada di Ahona. Io sono l'assassina. Io sono l'infanticida. Io sono quel mostro senza alcuna pietà. Mi sento vacillare e faccio appello a tutte le mie forze per non cadere. La visione si dissolve nel nulla, insieme al canto del Gham. Athorm e Yoser mi sostengono: le mie mani hanno allentato la stretta delle loro braccia, per un attimo.

"Tutto bene, Swaynn?" Chiede Yoser, pronto ad intervenire.

"Sì." Mormoro, respirando profondamente. "Forse ho solo bisogno di riposare un po'".

"Andiamo." Mi dice Athorm, sollevandomi da terra. "Ti porto io. Per oggi ti sei stancata abbastanza."

Tutti creano un passaggio, allontanandosi spontaneamente. Mi guardano con una domanda evidente nei loro occhi, e io sorrido loro, cercando di rassicurarli: voglio che sappiano che tutto è sotto controllo e che non è successo nulla di cui si debbano preoccupare. E dai sorrisi che anche loro mi rimandano, comprendo di essere riuscita ad ingannarli. Mentre scendiamo sottocoperta, senza quasi badare al peso delle sue parole, Athorm mi chiede:

"Hai visto qualcosa, non è così?"

Che senso ha, mentirgli?

"Sì." Mormoro, tremando lievemente. "E non mi è piaciuto."

Lui annuisce, come se la cosa non avesse importanza. Ma mi accorgo che mi sta scrutando con la coda dell'occhio, sebbene non stia dicendo nulla. Mi porta fino alla nostra stanza e mi adagia di nuovo nel letto, delicatamente:

"Stiamo per arrivare a Verdrad." Mi dice, sistemandomi le coperte. "Yoser potrà controllare meglio i tuoi parametri. Sappiamo entrambi che non potrà vedere più di quanto gli sia stato concesso, ma è tutto ciò che deve sapere ora."

Mentre la nave riparte e la vita ritorna a scorrere come sempre, lui si china su di me, per guardarmi negli occhi:

"Qualunque cosa tu abbia visto, Swaynn, ricorda che c'è un motivo per tutto e la possibilità che ogni situazione venga ribaltata, anche all'ultimo." Mi dice, come se avesse compreso più di quanto gli abbia detto.

"Ci sono cose che potrebbero rimanere così come sono…" Mormoro, cercando di fare tesoro delle sue parole, benché la sensazione che esse siano pronunciate solo per tranquillizzarmi sia forte.

"Allora è bene che vadano come devono." Mi dice, con tono deciso. "Puoi vedere un possibile futuro, ma non puoi conoscerne le ragioni. E se sai di non poter cambiare nulla, significa che è così che tutto deve essere. Ora riposati. E' giunto il momento che tu impari a gestire ciò che ti è stato concesso, sin dalla tua venuta al mondo. E questo è un ordine, Swaynn. Non è un favore che chiedo per me. Mi hai capito bene?"

La sua voce ferma risuona nella mia anima, come risvegliandola. Torno padrona di me stessa e delle mie emozioni in pochi istanti. Sono stanca, ma lucida.

"Ho capito, Athorm." Rispondo, annuendo.

Lo vedo lasciare la stanza e mi adagio nuovamente sui cuscini. Un senso di torpore pervade il mio corpo. Mi lascio cullare dal molle ondeggiare delle onde, così simile all'abbraccio di una madre… un abbraccio che mi avvolge con le sue spire enigmatiche, dove l'equilibrio tra il Bene e il Male combatte la sua lotta eterna, senza vinti né vincitori. Ho molte domande, da fare. Voglio sapere.

Diciassette - *Swaynn*

Mi è stato concesso di assistere alla riparazione degli arti di Oughm e alla manutenzione di Moraya e Smuz. E' la prima volta che vedo lo scheletro di un androide, i fili elettrici, i delicati meccanismi posti sotto la pelle irrorata da vasi sanguigni artificiali. Yoser mi ha permesso di essere presente all'operazione, perché le forze stanno tornando, ancora più di prima: è come se dentro di me ci fosse un fuoco che arde con impeto, una marea alta e violenta, pronta ad infrangersi contro l'ostacolo più possente, per ridurlo in briciole. La ferita si è quasi completamente rimarginata, con grande sorpresa di tutti. Tranne di Athorm. Da quando si è reso conto che non ero morta e soprattutto dopo aver ascoltato il mio racconto, il suo atteggiamento è cambiato: è stato come se attendesse una prova e se questa fosse arrivata. La sua apprensione si è trasformata in un tipo d'amore ancora più grande, ma ha cominciato a trattarmi come se fossi in grado di compiere qualsiasi cosa, anche la più difficile. Per questo, credo che dietro alla decisione di Yoser ci sia lui. Entrambi vogliono valutare la mia capacità di reazione alla vista di qualcosa di nuovo.

Così come i miei amici hanno imparato da me, anch'io imparo da loro.

"Ti fa male?" Chiedo ad Oughm, mentre i suoi piedi vengono riparati e scintille dorate vengono sprigionate al solo contatto con gli apparecchi di Yoser e i suoi arti meccanici.

"No, non è proprio un dolore…" Risponde, imbarazzato dalla mia presenza. Credo che se fosse senza vestiti, il suo imbarazzo sarebbe molto minore. E posso capirne il motivo. "E' più un fastidio, ora, ma non saprei come spiegarti. Sai quando una parte del corpo si intorpidisce e poi la circolazione riprende a scorrere? Si avverte un dolore strano, perché i tessuti sono rimasti a lungo senza essere irrorati. Ecco, è una cosa simile. Ma è sopportabile."

Annuisco, rimanendo in piedi accanto ad Athorm. Entrambi indossiamo una tuta azzurra e delle maschere sul viso, per evitare di contaminare quegli ingranaggi perfetti da cui rimango affascinata. E' incredibile come Yoser riesca a sigillare il tutto con un materiale molto simile alla pelle, in grado di rilevare la temperatura corporea delle parti organiche ancora funzionanti e di ricreare lo stesso meccanismo dei brividi e del sudore. E anche del calore. E' incredibile come riesca a restituire alle mani di Oughm quella flessuosità tipica delle mani di qualsiasi essere umano. Ed è incredibile il coraggio con cui mi porge un aggeggio, dicendomi semplicemente:

"Fai tu, Swaynn. Ripeti quello che mi hai visto fare?"

Mi ritraggo istintivamente:

"No, no, non è possibile!" Esclamo, incrociando le braccia. "Non voglio causare dei danni ad un amico!"

"Prima o poi dovrai imparare a farlo, Swaynn." Athorm rincara la dose, rivolgendomi uno sguardo enigmatico. "Sulla nave ci si aiuta a vicenda, e per queste cose Yoser non è sempre necessario. Se abbiamo approfittato della sua presenza è stato solo in seguito a ciò che ti è accaduto, ma tutti noi abbiamo imparato come stai imparando tu. Oughm, non sentirà dolore e non è un'operazione pericolosa. Abbi fiducia in te stessa e procedi."

Lo guardo senza parlare: il suo tono non ammette repliche, seppure non sia autoritario. Indosso già dei guanti che mi sono stati raccomandati, più volte, e mi viene posta una piccola visiera che protegga i miei occhi. Prendo il mano il manipolo terminante con una punta sottilissima che Yoser mi porge e, guidata dai suoi gesti, ripeto meccanicamente quello che gli ho visto fare. Cerco di dominare il tremore che mi assale, quando i circuiti dell'arto meccanico di Oughm entrano in contatto con la punta, creando scintille che sanno di bruciato, ma l'uomo mi dice di procedere senza indugi.

"Più delicata di una farfalla!" Esclama Oughm, alla fine, mentre Yoser mi passa anche il materiale che serve a ricreare gli strati di muscoli e pelle. Non gli rispondo per non perdere la concentrazione, e continuo ad operare, sotto le indicazioni dello scienziato. L'applicazione dei muscoli è semplice solo se si azzeccano le inserzioni dei tendini. In quel momento, il tessuto artificiale fa presa completamente con lo scheletro d'acciaio e costituisce la base su cui applicare l'epidermide. Questa dev'essere adagiata con grande cura, e quando la maneggio mi sembra di avere a che fare con una pellicola di plastica molto sottile e appicccicaticcia che tende ad avvolgersi sulle mie dita. Ancora nessuno dice nulla, nonostante la mia goffaggine, e solo dopo numerosi tentativi, finalmente, riesco a farla aderire nel modo giusto. Una colla speciale spray deve poi essere spruzzata sui lembi, affinché essi aderiscano perfettamente e in modo definitivo. Il colore della pelle nuova si adegua immediatamente con quella brunita del braccio e si conclude la delicata operazione.

Alla fine, rivoli di sudore corrono lungo il mio viso, scivolando fin dentro il collo. Athorm li deterge, scherzandoci su:

"Assistiamo il chirurgo. Che ne dici, Yoser?"

"Direi che Swaynn possa dedicarsi anche a Moraya." Risponde lo scienziato, aiutando Oughm a rialzarsi e facendo accomodare la gitana. Le sue condizioni non sono altrettanto impegnative. Dopo avermi insegnato a rilevare eventuali malfunzionamenti, Yoser mi fa procedere allo stesso modo, da sola, perché l'operazione è molto più veloce e non si devono maneggiare fili scoperti. E poi è il turno di Smuz, l'unico che non abbia risentito di grossi cambiamenti, e di cui si rileva un ottimo funzionamento di ogni parte meccanica.

"Ora sei *quasi* ufficialmente dei nostri!" Esclama Oughm, alla fine, dandomi una pacca sulla spalla così forte da farmi rimbalzare in avanti. Gli altri ridono e io comincio a sentire che la tensione si scioglie. E' possibile verificare le mie condizioni fisiche, ma nel mio caso è ammessa la sola presenza di Yoser e Athorm: gli altri non hanno ancora il permesso di leggere i risultati del computer centrale di Verdrad: i loro cervelli sono connessi da una rete che potrebbe raggiungere anche Tom, ovunque egli sia, e, sebbene Yoser abbia isolato la memoria, potrebbe esserci il rischio che alcune tracce vengano intercettate, magari da qualcun altro che appoggia e alimenta l'istinto fatale del traditore.

Spogliarmi di nuovo di fronte al marito di Detia mi mette a disagio, anche se si tratta del suo lavoro. Guardo Athorm, e lui annuisce, per farmi capire che tutto va bene e che non devo preoccuparmi.

"I parametri vitali sono stabili." Dice Yoser, controllando i risultati nello schermo che è comparso di fronte a lui. Uno schermo piccolo, sottile e trasparente, dove anch'io riesco a leggere ciò che vi è scritto, anche se al contrario. "C'è solo un aumento lieve della temperatura corporea ma vedo dati nuovi che non so decifrare. Forse Athorm ne sa più di me, in questo caso."

"La presenza di Vegar si manifesta così, all'inizio." Risponde l'interpellato, con lo stesso tono neutro.

"Ci sono altri dati che non comprendo." Continua Yoser, mostrandoli all'amico. "Qui, vedi? La situazione è radicalmente cambiata, rispetto alla prima volta in cui ho effettuato la prima scansione e si è ulteriormente modificata dal giorno in cui ho operato Swaynn."

"La presenza di Iatho controbilancia l'azione di Vegar." Risponde Athorm. "Il resto appartiene alla nostra razza ed è difficile poterlo spiegare ora. Forse dovresti rivolgerti ad Orisa: lei sarebbe in grado di spiegarti nel modo più semplice alcuni concetti che molti esseri umani potrebbero non comprendere mai. Ma non saranno mai completi, affinché sui nostri corpi non possano essere fatti esperimenti. Noi viviamo, Yoser. Come tutti."

"Capisco." Mormora l'amico. Quindi si alza dal suo sgabello, liberandosi dalla mascherina. "E' tutto a posto, comunque. Della grossa ferita è rimasto solo un piccolissimo foro circolare che sta scomparendo lentamente. Gli organi interni sembrano essere intatti e non vi è alcun segno di cicatrice. Ho assistito a qualcosa di nuovo e ve e sono grato, amici miei."

"Ora, però, dovrai tornare da Detia." Gli ricordo. "Anche lei ha bisogno di te."

"Ho bisogno di riposare... E poi comincerò i preparativi per il ritorno." Risponde Yoser. "Vi chiedo solo di evitare la smaterializzazione molecolare per qualche giorno. E non fate esperimenti sui tre compari, nemmeno di tipo olografico: i loro tessuti devono integrarsi completamente con i loro corpi. Smuz potrebbe esserne esente ma temo che non farebbe un passo senza Moraya, ora."

Ci lasciamo, sorridendo. Io e Athorm, ci liberiamo della tuta richiesta per questi tipi di operazione e ci dirigiamo verso la nave: nessuno di noi ha accettato di dormire sulla terraferma, per non trovarci divisi in caso di pericolo. Questo è il secondo luogo in cui eventuali nemici potrebbero venire a cercarci, dopo Idra, ed è bene essere compatti. E' già sera, e tutti si sono rifocillati mentre Yoser completava le sue analisi su di me. Mentre io mi faccio un bagno nella vasca in pietra, Athorm ricrea uno scudo magnetico che possa salvaguardare l'incolumità di tutti i passeggeri. Aspetto che mi raggiunga, perché comincio a sentirmi davvero bene, e anche il mio desiderio si è riacceso. Credo che potrei fare l'amore con lui dopo molti giorni di convalescenza, e senza risentirne minimamente. Ma lui non arriva e io me ne faccio una ragione: forse vuole avere la certezza che tutto proceda al meglio e non posso fargliene una colpa. E' rimasto così in pena per me da non aver avuto la possibilità di ricevere ciò che avrei voluto dargli. A volte credo che dovrebbe riposare, ma lui dice di non averne bisogno.

Mi rivesto con una tunica di Kelenda, in velluto damascato di color verde acqua, molto chiaro. E' più stretta in vita, ma gli ultimi accadimenti mi hanno fatto perdere qualche chilo. Se fossi stata un qualsiasi essere umano, non credo che il mio corpo avrebbe retto così perfettamente. Quando rientro nella camera, rimango stupita nel vederlo seduto sulla sponda del letto, vestito completamente di grigio, nelle sue diverse sfumature. E' un grigio che non gli ho mai visto indossare e che riporta continuamente lo stesso simbolo che ho visto altre volte ma che si ripete molte volte, ora, soprattutto nel mantello.

Come ha fatto a ripulirsi e a cambiarsi così velocemente? Lo guardo senza capire e lui si alza, porgendomi la mano:

"Sei pronta." Mi dice, con uno sguardo così serio da incutermi un certo timore. "Andiamo."

Vorrei chiedergli dove mi stia portando, e per fare che cosa, ma i suoi occhi sembrano seguire qualcosa che io non vedo e non ho il coraggio di parlare. Lasciamo la nave, e mi domando perché non mi abbia avvisata: avrei indossato qualcosa che mi riparasse dalla brezza notturna, o anche dei calzari. Ho i piedi nudi e il bagno ha ammorbidito la mia pelle: se dovrò camminare su sassi o scogli, mi ferirò. Mi stupisce che nessuno noti il nostro passaggio. Le luci della nave sono ancora accese e c'è gente, sul ponte. Eppure, nessuno si volta, al nostro arrivo. Scendiamo da una scala secondaria e il rumore non desta alcun sospetto. Non comprendo che cosa stia accadendo, ma continuo a seguire Athorm che mi porta sulla riva del mare, e camminiamo sulla sabbia che si bagna lievemente con la risacca delle onde. Quando siamo lontani dalla nave, nei pressi di una grotta naturale che a Verdrad non è stata mai sfruttata per scopi tecnologici, proprio i virtù della sua forma particolare – assomiglia alle grosse fauci spalancate di un leone in carica – Athorm mi fa cenno di seguirlo ed entrare. Con mia sorpresa, non fa così freddo come pensavo, e la sua posizione più sollevata rispetto al livello del mare la rende un luogo quasi di protezione, nonostante le mille leggende che la citano un po' ovunque. Non ho mai badato alle dicerie: se ne dicono tante, soprattutto su noi alieni. Sono abituata a sentire qualunque cosa e a non ascoltare più di quanto non voglia. C'è penombra, ma i miei occhi si abituano velocemente all'oscurità. Ad un certo punto, Athorm si ferma: persino da qui, sentiamo il canto del Gham intonato da tutti i membri dell'equipaggio.

"Aspettiamo." Mi dice, appoggiandosi ad una parete ricca di incisioni scavate dal mare in tempesta. E obbedisco al comando implicito, unendomi mentalmente al canto, chiedendomi il motivo per cui mi abbia portata qui, senza un preavviso, e che cosa ci sia di così insolito da dirmi proprio in questa grotta. Lasciamo che il canto raggiunga il suo apice finché, lentamente, finisce. Solo allora, Athorm si avvicina a me:

"E' arrivato il momento che tu sappia. Avrai paura, ma ricordati chi sono e che cosa ci lega. Non dimenticare mai l'uomo, qualunque cosa accada."

Gli rivolgo uno sguardo interrogativo, mentre, con un gesto della mano, crea, dal nulla, un muro sottile di pietra che ci sigilla nella grotta. C'è ancora meno luce e comincio a rabbrividire. Vorrei scappare, ma non saprei neppure come.

Athorm è di fronte a me, ma arretra di qualche passo, fino a porsi sotto il punto più alto del soffitto di pietra. E lì, accade l'inaspettato.

Improvvisamente lo vedo chiudere gli occhi, mentre una brezza leggera giunta da chissà dove scompiglia i suoi capelli e altera i contorni del suo corpo. Sembra circondato di una luce molto tenue che dall'esterno lo avvolge completamente. Poi, avviene la trasformazione: gli abiti, i colori, le fattezze, i dettagli, … tutto scompare e vedo crescere lentamente la sagoma di una figura luminosa che si eleva fin quasi a sfiorare il soffitto della grotta. Solo quando il processo che si verifica in pochi istanti ha termine, ciò che vedo di fronte a me mi lascia senza parole: una figura umanoide che sfiora l'altezza di circa tre metri, luminosa, forse priva di vestiti, con capelli che si alzano al centro della fronte e scivolano per il corpo, fino a sfiorare le cosce… e occhi grandi, senza iridi, ma anch'essi fatti di sola luce, un naso di cui si vede una lieve sporgenza e l'assenza di labbra, seppure un lieve increspamento della luce possa lasciar intendere che ve ne sia una, su quel viso leggermente triangolare, con la punta rivolta verso il basso.

Arretro sempre di più, fino a trovarmi con le spalle al muro. La figura luminosa alza lievemente una mano. La sua voce è calda e profonda, ma non la sento con le orecchie: la sento dentro di me:

"Non aver paura, Swaynn." Mi dice, come se arrivasse da molto lontano. "Tu sai chi sono. Che cosa sono... non importa."

Respiro velocemente, con l'ansia che mi attanaglia la gola:

"Athorm?" Chiedo, con voce strozzata.

"Non voglio farti del male." Mi dice ancora, con dolcezza. "Ti prego di non temermi. Questo è ciò che gli Spiriti degli Antenati vogliono: che io mi mostri a te, per come sono. E questo è il mio corpo, il corpo che mi appartiene da molti secoli, ma che senza il mio cuore non avrei mai potuto mostrarti."

Respiro ancora affannosamente:

"Io non ti conosco." Mormoro, con voce tremante. "Non so chi tu sia. Stai lontano da me!"

"Swaynn." Mi dice ancora la figura luminosa. "Avvicinati. Dammi la mano."

"Così mi farai del male?" Esclamo. "No, mai!"

Lo vedo avvicinarsi, e ad ogni suo passo le pareti della grotta si illuminano. Quando è proprio di fronte a me, mentre si china, io volgo lo sguardo per non vedere, per non sentire, perché tutto quello che vuole farmi si svolga in fretta, al più presto... Ma avverto un calore particolare sulla mia spalla, ed è un calore piacevole. Un calore che entra nella mia anima e mi restituisce la calma.

Riapro gli occhi e vedo che la mano luminosa di quella creatura è posata su di me. E, lentamente, in quell'energia che non ho mai visto per ciò che era, riconosco quella di Athorm. La mia essenza si lega alla sua e la paura si trasforma:

"Sei tu..." Mormoro, incredula.

"Sono io." Risponde, con la sua voce lontana. La sua mano grande sfiora i miei capelli, poi si allontana di qualche passo: il soffitto è troppo basso, dove sono io. E' costretto a rimanere dove il suo corpo possa rimanere in posizione eretta.

"Athorm Dralt..." Dice ancora. "E' il nome che ho scelto per vivere sulla Terra. Ma il mio vero nome è *At'n-Id*. Ti dice niente, questa sillaba, Swaynn? Id..."

"Sì..." Mormoro, rapita. "Si ripete nelle tre parole che mi ha detto Orisa: Id'V'Ra, Id'aT'hot e Kel'Id'a..."

"Esattamente." Risponde la creatura di luce, annuendo. Poi, dal nulla, disegna nell'aria un triangolo con la punta rivolta verso l'alto. "Guarda i vertici della base, Swaynn: essi corrispondono alle Terre degli Spiriti che abitano in te, ora: Vegar e Iatho. Gli Spiriti che devono necessariamente vivere insieme, per mantenere la forza del Sole e la dolcezza della Luna. Distruzione e Vita che si bilanciano, costantemente. Ma se essi esistessero da soli, questa linea si allargherebbe all'infinito. Troppo. Finirebbero con l'allontanarsi... col perdersi. C'è bisogno di qualcosa che impedisca questo distacco, o il delicato equilibrio che governa queste forze potrebbe dilatarsi... spezzarsi. Così, essi costituiscono la base di questo triangolo, la cui punta è Kel'Id'a, la Terra da cui proviene lo Spirito di Kelenda. E l'equilibrio, ora, è perfetto, perché queste tre forze si completano e si nutrono reciprocamente."

"Ma... Id... che cosa significa?" Chiedo, con un filo di voce.

"Id... una parte del mio nome. Il simbolo che hai visto spesso, con la D rovesciata, sugli abiti che indossavo e sullo stemma di Kelenda. ID." Con un cenno della mano, il disegno del triangolo si cancella e ne appare un altro. "Tu sai che cos'è, non è vero?"

"E' una mezza Luna..." Sussurro, avvicinandomi senza accorgermene. "Così simile... alla lettera D..."

"E' così." Risponde, con la sua voce lontana e carezzevole. "Una D che non è una lettera, ma il simbolo di una parte della Luna: quella che non è nascosta dall'ombra, un'oscurità che cela segreti anche alle creature aliene."

"E... l'altra parte del tuo nome?" Chiedo ancora, cominciando a ragionare velocemente.

"*At'n*... E' il modo con cui viene pronunciata la figura di un'antica divinità che simboleggiava il Sole: Aton. Un nome che noi alieni conosciamo e che abbiamo tramandato ma che l'essere umano ha mistificando, dandone una connotazione religiosa."

"Il Sole e la Luna..." Mormoro, vedendo comparire anche il globo dell'astro pulsante. "Ma la lettera I? Quella... che cosa significa?"

"Prima di risponderti, Swaynn, voglio che tu rifletta sui nomi delle Terre in cui gli Spiriti degli Antenati che vivono in te hanno trovato il massimo splendore: Id'V'Ra e Id'aT'hot. Anch'esse trovano in sé i nomi che identificano i simboli del Sole e della Luna, e sono controllati dall'Id del mio nome. Ma rimangono altre lettere: V'aT. Queste sono le lettere che fanno parte del tuo vero nome, quello che ti è stato dato quando sei venuta al mondo. E, per sapere quali siano le lettere mancanti, devi fare riferimento alla Terra di Id'aT'hot. Quest'antica figura rappresentava la Luna... ma nelle sue diverse fasi. Esisteva un'altra figura, tipicamente femminile, che simboleggiava il Satellite in cui hai vissuto per molti anni. Una figura che noi chiamiamo 'S's e che l'antico Popolo chiamava Iside. Così, Swaynn, questo è il tuo vero nome: *V'aT'Ss*. E riunisce in sé grandi forze, in grado di creare e di distruggere..."

Rimango in silenzio, confusa. Tante cose, tutte in una volta... tante cose da ricordare, tante nozioni che ho imparato nei lunghi anni di addestramento... storia, antiche tradizioni, civiltà umane che si mescolano col sapere alieno...

"Per favore..." Mormoro, insistendo ancora. "Dimmi quello che devo sapere ancora di te, del tuo nome. Devo temerti? Puoi farmi del male? O io potrei farne a te... o sono come te... Athorm... o qualunque sia il tuo nome... Ti prego di dirmi tutto."

Con la mano dissolve nuovamente nel nulla i disegni luminosi. Si china lievemente verso di me, tendendo il braccio:

"Toccami, Swaynn." Mi dice, dolcemente. "E capirai che non devi avere paura."

Lentamente, con estrema cautela, alzo la mano, indugiando a lungo. Poi, facendo appello a tutto il mio coraggio, la appoggio sulla grande mano tesa di Athorm, che si chiude sulla mia. Di nuovo quel senso di appagamento interiore mi pervade, un appagamento che è ancora più forte dell'amore che facciamo, sotto le lenzuola, e che ci lascia distrutti ma colmi di tutto ciò di cui abbiamo bisogno.

"Non ho paura." Dico, infine, sorridendo. Anche la figura luminosa sembra sorridere. Lo capisco dal modo con cui le sue parole giungono a me:

"Allora non avrai paura nemmeno quando riconoscerai la tua parte più intima, quella che l'Universo già conosce. Arriverà il tempo. Quando sarai pronta, lo saprai." Si allontana da me, di nuovo, per tornare in posizione eretta. Disegna nuovamente la Luna e la divide con una linea, in due parti. "Per rispondere alla tua domanda, Swaynn," Spiega la sua voce lontana. "Devi immaginare il modo in cui noi vediamo il Satellite: una parte è illuminata dal Sole, l'altra è nascosta nell'Ombra. Ma l'Ombra vive di un altro potere, un potere oscuro che dobbiamo continuare a combattere. Non è ciò di cui faccio parte. Perché c'è un altro momento che si ripete periodicamente, nel cielo, in cui la Luna o il Sole si oscurano." Disegna anche l'astro pulsante, e, vicino ad entrambi, pone la lettera I "E' l'attimo in cui entrambe le forze esistono, senza, tuttavia, prevaricarsi. E' l'attimo che in molti hanno temuto, poiché considerato foriero di sventure, terribili premonizioni, punizioni divine. Ma non è la realtà. Questo è solo l'attimo in cui Sole, Terra e Luna sono perfettamente allineati. Un evento che si verifica con una frequenza di quattro o cinque volte ogni anno. Un evento raro che parla del miracolo che ci circonda e che fa parte di noi: l'Universo."

Tutto scompare di nuovo e, lentamente, la grande figura luminosa rimpicciolisce, riprendendo le fattezze di Athorm. Le stesse con cui egli è entrato nella grotta. E alle mie spalle, il muro sottile scompare e la luce delle stelle irrompe quasi con violenza, insieme al profumo della salsedine.

Lo vedo avvicinarsi fino a giungere di fronte a me. Mi prende le mani tra le sue e io avverto nuovamente quel calore che la figura luminosa ha trasfuso dolcemente nella mia anima.

"Swaynn." Mormora, articolando le parole con le sue labbra. "Hai già compreso che cosa sono: io sono l'Eclissi."

Il vento soffia leggero, come se la rivelazione non lo riguardasse affatto. Tutto è come prima. Nulla sembra mutato. Le onde del mare sussurrano i segreti che questo Pianeta, ora, sa. E io rimango in silenzio, fissando quegli occhi così simili a quelli di un essere umano, ma così lontani da questo luogo chiamato Terra. E so che, in qualche modo, anche dentro di me si cela la mia vera essenza, quell'essenza di cui tanto abbiamo parlato e di cui solo ora ho compreso il suo reale significato.

E, un giorno, dovrò affrontarla.

Non rimarremo a Verdrad a lungo. Anche Yoser è tornato sull'Isola della Luna: noi stiamo bene e Swaynn sembra essere tornata più in forza di prima.

Dev'essere successo qualcosa, però. Il suo sguardo è cambiato, soprattutto nei confronti di Athorm. Non è distante: sembra scrutarlo, soprattutto nei momenti in cui lui non crede o finge di non essere visto. Nulla di più che questo, ma è un atteggiamento insolito che ci fa pensare possano esserci state nuove rivelazioni che io e gli altri non dobbiamo sapere. Ma anche per tutti noi ci sono novità: innanzitutto, la meditazione si sta estendendo anche nell'intera terra di Verdrad e in tutte le sue città. Sempre più persone accorrono nei pressi della nave, quando intoniamo il Gham, e la curiosità iniziale si è trasformata lentamente nel desiderio di conoscere qualcosa che sembra esercitare un'attrazione molto forte, su chiunque. Così, ancora una volta, ci siamo ritrovati ad insegnare qualcosa che conosciamo a malapena e che, tuttavia, forse abbiamo compreso come Swaynn desiderava. E' arrivata da lei la decisione che tutto l'equipaggio maschile imparasse a costruire il suo Tharyd. E, sempre per suo volere, è stato richiesto un grosso quantitativo di Mys, il frutto molto simile al cocco, arrivato da chissà dove, poiché non l'abbiamo mai visto in vita nostra. Swaynn ha preteso e ottenuto che ci esercitassimo nella meditazione, nell'arte del combattimento e nella costruzione di un nuovo strumento. Per il momento, solo Moraya ha avuto il privilegio di averla come insegnante per costruire il suo Chrein personale. Le altre donne non avrebbero il tempo necessario da dedicare a quest'attività. A loro, però, oltre alla meditazione e al canto, è riservata la parte più importante dedicata al combattimento, perché più capaci di strategie rispetto agli uomini. E' sempre un pensiero di Swaynn, ovviamente: le ho risparmiato i commenti poco benevoli che i membri maschili dell'equipaggio le hanno riservato nel sentire le sue parole. Anch'io, inizialmente, avevo le mie riserve. Poi ho compreso che questo tipo di combattimento non si basa sulle armi, ma su un atteggiamento interiore che le donne sanno affinare meglio di noi uomini, sicuramente più portati ad una lotta basata sulla forza fisica che sulla mente. A ciascuno il suo. Sempre solo alle donne sono stati affidati nuovi vocaboli e questo ci rende ancora più nervosi: è come se Swaynn stesse attuando un ribaltamento delle posizioni all'interno dell'equipaggio, così ben collaudate nel tempo e ora mandate all'aria! Non discuto le sue idee: sicuramente sa quello che sta facendo. Ma credo che le donne possano essere più subdole e pericolose, se decidono di fare squadra. Da che mondo è mondo, si cerca sempre di fare in modo che esse non si alleino troppo spesso, o per noi maschi è la fine!

I Popoli di Verdrad hanno il permesso di partecipare alle meditazioni e al canto del Gham, ma non possono imparare le nuove arti. Swaynn dice che ci vuole tempo perché le cose maturino e che non tutti sono pronti nel medesimo istante. In effetti, proprio a causa della presenza di questa avanzatissima tecnologia, la gente di questa terra non è molto disposta a sporcarsi le mani con qualcosa di più grezzo, più tangibile e meno cerebrale. Vogliono tutto e subito, e sono così abituati a comandare ai computer da non essere quasi più in grado di pensare in modo autonomo. Sono completamente in mano agli Alti Funzionari che hanno una testa pensante e che – a quanto pare – vorrebbero con sempre più convinzione Athorm come sostituto di sua sorella Chrel. Una volta l'ho sentito parlare con uno di loro, che lo informava in via del tutto ufficiosa di questa possibilità. Il nostro capitano ha ringraziato per aver pensato a lui ma ha confermato di non essere fatto per fermarsi sulla terraferma. Ha anche aggiunto che, se volesse farlo, si fermerebbe per un certo tempo sull'Isola Chay, dove riposano le memorie di Orud e Mytia, di cui Swaynn non ha mai neppure visto il luogo di sepoltura. In realtà, credo che Athorm continui a sperare nella ricostruzione di Kelenda, mentre io sono sempre più convinto che questa sia un'illusione. Mi piacerebbe parlarne con Moraya e Smuz, ma quando non sono impegnati con i loro obblighi, ormai, fanno coppia fissa, e non ci vediamo quasi più. A volte rimpiango Idra: laggiù, soprattutto a Draert, nell'ultimo periodo avevo cominciato a parlare con le persone del posto, e le gentilezze che le donne mi riservavano erano molto piacevoli. Poi, però, il ricordo di Swaynn stesa sul divano, in un lago di sangue, mi frena dal voler tornare laggiù. Sapere che Tom potrebbe essere ancora nei paraggi mi inquieterebbe: Athorm ci ha riferito che Orisa non ha rilevato nessun movimento sospetto ai confini di Idra e che, quindi, è probabile che il traditore di aggiri ancora in quel luogo. Il punto è che nessuno riesce a trovarlo, e non si capisce come ciò sia possibile: dopotutto, il chip che è stato impiantato nella sua scatola cranica è integrato con un rilevatore che entra in funzione non appena vengono commesse delle violazioni. Disattivarlo significherebbe alterare lo stato di coscienza di Tom, e lui diventerebbe più simile ad una macchina che a un essere umano.

"Non stare con le mani in mano, Oughm!" Mi rimprovera Swaynn, vedendomi sovrappensiero. "Non abbiamo molto tempo da perdere. Finisci ciò che hai iniziato, perché ripartiremo presto!"

"E dove andremo?" Chiedo, indispettito dal fatto che non sia Athorm a rendermi partecipe di queste decisioni. E lei sembra intuire i miei pensieri:

"Quando il tuo capitano stabilirà la rotta, te lo comunicherò." Mi dice, sorridendo lievemente.

Arrossisco di vergogna: Swaynn sta diventando sempre più simile all'uomo che ha sposato, ma lei è qui da meno tempo di lui e il suo atteggiamento è tipico di chi ha ancora molto da dire, perché non ha espresso appieno tutte le sue potenzialità. Noi siamo spesso troppo arrendevoli, abbiamo perso lo smalto di un tempo, ci lasciamo vivere come una nave alla deriva trascinata dalla corrente del mare. Me ne sono reso conto da quando abbiamo cominciato tutte queste nuove attività che ci occupano gran parte del tempo. La cosa positiva è che ho perso un bel po' del peso che avevo accumulato durante il corso del secoli, e ora mi sento molto più agile, come quando, i primi tempi, il mio entusiasmo era alle stelle.

Forse non è un male che Athorm lasci così tanto spazio alla sua sposa. E credo che, in cuor suo, Swaynn desideri che lui accetti l'incarico che un tempo ricopriva Chrel. Il punto, però, è che non abbiamo più una terra a cui appartenere. A quanto sembra, la maledizione di Kelenda sta continuando con il suo corso, e, se da un lato i tentativi fatti per ridarle vita sembrano avere un effetto iniziale positivo, dall'altro, dopo solo pochi giorni tutto ricomincia daccapo. Non so, quindi, se sperare in un miracolo potrebbe essere una soluzione. Forse dovrei farmi anch'io un ciondolo come quello che Swaynn è tornata a portare al collo, il piccolo Crocifisso che le ha donato Yoser: secoli fa, esistevano gruppi di persone che si dedicavano ad attività di preghiera e si pensava che un Essere Supremo fosse in grado di ascoltare le loro suppliche ed esaudirli. Io non saprei davvero che cosa chiedere: a volte vorrei tornare a vivere come un essere umano normale, ma poi penso che a quest'ora, con tutto quello che ho dovuto affrontare, sarei morto da un pezzo! Magari anche in un modo cruento, come mi è capitato di dover subire, senza, tuttavia, rimanerne coinvolto in modo troppo grave. E questo, solo grazie a Yoser Nym.

Ci sono dei momenti in cui penso che Athorm stia spingendo Swaynn a ricreare un esercito di adepti che siano in grado di conoscere e tramandare le tradizioni da lei imparate sull'Isola della Luna. Non possiamo nemmeno tornare in quel luogo per saperlo, visto che la proiezione olografica ci è stata proibita per altro tempo. Deciderà Athorm quando e come intraprendere di nuovo questo viaggio, se dovesse rendersi necessario. Per ora sappiamo solo che anche lì le cose non stanno andando come si sperava e che Detia fa sempre più fatica a governare il nugolo di bambine che vengono traghettate quotidianamente sul Lago Moryd che, a quanto dice Swaynn, è solo un miraggio, una suggestione ricreata da qualcosa che nemmeno lei ha ancora compreso. I suggerimenti che ha fatto pervenire alla moglie di Yoser indicavano una selezione ancora più accurata e settimanale, in modo tale da rallentare il flusso degli arrivi, spesso inutili e dannosi per molte bambine. Alcune di loro, infatti, hanno mostrato disturbi digestivi e grossi disagi nella respirazione. Questo ha portato Swaynn e Athorm a pensare che non vi sia un controllo adeguato e che qualcuno, da qualche parte del mondo, stia cercando di trasferire dalla Terra a chissà dove esseri umani senza un criterio logico. Piccoli esseri umani che non hanno ancora sviluppato gli anticorpi necessari per vivere su questo pianeta e costretti a recarsi in un luogo di cui non si sa nemmeno se l'ossigeno respirato sia autentico o ricreato in modo artificiale… Questo non ci è dato a sapere. Solo il nostro capitano sa. Sua moglie è ancora ignara di come sia possibile. D'altronde, lei non ci nasconde la sua ignoranza riguardo a se stessa: è in grado di passare da un luogo all'altro senza risentirne e l'unica cosa di cui è al corrente è la consapevolezza di potersi smaterializzare a suo piacimento, senza dover ricorrere al macchinario di cui noi non potremmo fare a meno. Fino ad ora, però, solo Athorm e Orud hanno fatto sì che i suoi trasferimenti si compissero senza problemi: lei non è ancora stata in grado di comprendere come fare. Ci ha confessato di essere stata capace solo di mandare Yoser e Detia sull'Isola della Luna, e questo perché, accanto a lei, c'era il capitano. Noi sappiamo che tra di loro c'è un legame che va oltre quello tangibile e crediamo nel potere della telepatia. Grazie agli insegnamenti di Swaynn, alla meditazione, alle discipline che stiamo facendo nostre, stiamo sviluppando un nuovo senso, qualcosa che non pensavamo di poter mai avere. Ma c'è. Il più intuitivo di tutti, però, è sempre Smuz. Moraya non riesce a sostenere sempre la conversazione con lui, quando parlano di quest'argomento. Una volta li ho sentiti parlare e lei gli confessava di non essere in grado di oltrepassare un certo limite. Smuz ha risposto come avrebbero fatto Athorm e Swaynn: le ha detto che ciascuno di noi ha i suoi tempi e che c'è sempre una ragione per la quale un individuo, a volte, è più avanti di un altro. Questo non significa che non si arriverà allo stesso traguardo, ma che ci vorrà il tempo necessario per acquistare anche le proprie consapevolezze, quelle che abbiamo perso nel corso di molti secoli. Alla fine, continuando ad assistere ai cambiamenti dell'essere umano e della Terra, abbiamo perso la voglia di guardare dentro noi stessi. Abbiamo dimenticato le nostre possibilità e ci siamo proiettati solo verso l'esterno. Come quando subiamo il trasferimento olografico: non viviamo in prima persona, in realtà, ma assistiamo solo in parte a ciò che accade, nonostante la tridimensionalità di questa tecnologia molto avanzata. Di recente mi sono fatto coraggio e ho chiesto conferma su dove fosse ubicata l'Isola. Avevo già dei sospetti, ma nessuno mi aveva mai dato una conferma. Né a me né agli altri. E Athorm mi ha risposto come se io sapessi da sempre:

"Ancora non avevi capito che si trova sulla Luna, Oughm?" Mi ha chiesto, quasi infastidito. "Tu e gli altri avete avuto molti modi per capire. Avevi ancora bisogno di domandare?"

"Ci hai sempre detto di non intrometterci in faccende che non potevamo comprendere." Ho protestato. "E noi abbiamo solo obbedito agli ordini! Quindi, sì, avevo bisogno di domandarti se quello che avevo intuito corrispondesse alla realtà o se fosse solo una mia impressione."

"Beh, ora sai che il tuo intuito non sbagliava." Ha tagliato corto. "Ed è vero: tu e gli altri non potete comprendere tutto ciò che nasconde la parte oscura della Luna, ma avete la possibilità di imparare da Swaynn molto di quello che viene insegnato laggiù, quindi non sprecatela. In futuro, forse, vi servirà."

Non ho osato porre altre domande. Il suo atteggiamento era chiaro: io e gli altri avremmo dovuto cominciare a fidarci dell'intuito che stiamo sviluppando anche grazie a ciò che apprendiamo ogni giorno, sempre di più. E forse avevo ragione nel pensare che lui voglia un esercito guidato da Swaynn, un gruppo nutrito di persone fidate e preparate secondo le tradizioni del luogo da cui proviene, per un motivo ben preciso.

A volte mi trovo a guardarli con inquietudine. Di notte, quando tutti sono andati a dormire e solo alcuni dell'equipaggio sono di vedetta, li trovo camminare verso la prua della nave, per fermarsi proprio al limite estremo, dove spicca il simbolo dorato di Kelenda, una grossa incisione che esisteva già prima del mio arrivo e che segnala la nostra identità a chiunque ci veda solcare i mari. Vedo Athorm muovere le braccia e compiere gesti che non comprendo. A volte Swaynn lo imita, e, quando i due sono in perfetta sincronia, i loro movimenti sono così identici da farmi credere di trovarmi di fronte a due oggetti in movimento, programmati per fare la stessa cosa. E poi, è come se la nave e il suo equipaggio fossero avvolti da una scia luminosa, una specie di bolla trasparente che possiamo attraversare ma dentro la quale, forse, siamo al sicuro. E mi chiedo chi essi siano davvero, quando cominciano a parlare tra di loro, a bassa voce, e poi si guardano, mentre i loro occhi si accendono di una luce che non ho mai visto in nessun altro essere umano.

La verità era da sempre a portata di mano e noi non abbiamo mai voluto accettarla. Forse era troppo difficile, all'inizio. Era più semplice pensare che Athorm fosse un androide come lo eravamo noi, e che Swaynn avesse capacità particolari, sviluppate in un luogo leggendario che ancora adesso attrae la curiosità degli abitanti del pianeta Terra. Ed era semplice anche pensare che Orud nascondesse un'identità artificiale, nonostante nessuno di noi lo avesse mai visto auto ripararsi. Quando le Larve lo avevano attaccato, Athorm lo aveva mandato sull'Isola della Luna, dove sapeva che egli avrebbe trovato soccorso. Perché, dunque, non ci siamo posti delle domande, allora? Ci bastava davvero credere che il nostro caro amico fosse stato mandato in un posto dove avrebbe ricevuto delle cure adeguate, quando tutti gli esseri umani attaccati avevano dimostrato di non riuscire a sopravvivere senza risentirne? E poi... perché le Larve sceglievano le loro vittime con estrema cura? Le ultime sono state proprio le tre Vergini Oscure, le insegnanti di Swaynn. Dopo di loro, queste creature modificate avevano cominciato ad estinguersi, complice la cura della promessa sposa di Athorm, una cura basata su ciò che anche noi stiamo imparando adesso: creare una vibrazione tra ciò che siamo e il mondo che ci circonda. Entrare in connessione con la Natura. Aprire la mente verso nuove realtà che, probabilmente, permetteranno alla Terra di ritrovare il suo antico splendore.

Quando penso a tutto questo, la testa mi gira. Come quando mi è stato comunicato che sarei diventato un immortale. Ma, su questa cosa, ci ho fatto l'abitudine. Mi rendo sempre più conto di non essere più così abituato alle novità che non so spiegare, forse perché, bene o male, tutto quello che ho sempre vissuto era facilmente comprensibile, soprattutto grazie all'aiuto di Yoser Nym, lo scienziato cui dobbiamo la nostra vita. Mi chiedo se Tom non si senta mai grato per tutto ciò che ha ricevuto e che ha buttato all'aria con un gesto così folle. E' probabile che sappia che Swaynn è sopravvissuta. C'è una fitta rete di comunicazione tra noi e il resto del pianeta, e Athorm ha accettato che la sua nave rimettesse in funzione le tecnologie abbandonate: noi siamo ciò che resta dei Funzionari di Kelenda. Ne siamo i rappresentanti e, come tali, abbiamo il dovere di mantenere i contatti con tutte le terre che facevano riferimento alla nostra patria di adozione. Questa rete ci permette di rimanere aggiornati su tutto ciò che accade, e viceversa. Se Tom continua a nascondersi, allora, probabilmente sa che in molti sono sulle sue tracce e che non è riuscito nel suo folle intento. Mi domando se ne sia lieto o se non gli importi, e se qualcuno lo stia proteggendo o, peggio, fomentando.

Il tempo passa, e le nostre conoscenze aumentano. Moraya e Smuz si isolano sempre meno, forse perché attratti da qualcosa di inspiegabile che lega noi tutti ad un fine comune: costituire una comunità in grado di ripopolare un luogo che sarà il prescelto. Quale sia... ancora non lo sappiamo.

Non ci è più proibito di sottoporci alle proiezioni olografiche, ma non sono previsti trasferimenti a breve. I nostri Tharyd sono terminati e Moraya ha costruito un Chrein più piccolo e adeguato alle sue capacità. Le donne dell'equipaggio conversano con Swaynn in modo fluente, attraverso il linguaggio tipico dell'Isola della Luna, un linguaggio fatto di suoni, espressioni e gestualità. Non abbiamo ancora imparato tutti i segreti del combattimento, ma le abitudini sono dure a morire: pensiamo troppo alla forza fisica e troppo poco a quella mentale, sebbene io stesso mi trovi a pensare molto di più e a parlare decisamente meno. E c'è qualcosa di strano, nell'aria. Qualcosa che sembra dover segnare un'altra svolta nel nostro viaggio infinito. Qualcosa che diventa sempre più chiaro, man mano che i giorni passano.

All'improvviso, da Verdrad giunge la comunicazione di abbandonare qualsiasi attività. Tutti i Popoli delle città vicine alla Capitale – che porta il medesimo nome della sua Terra e che è comunemente indicata con la sola lettera V – sono stati convocati dagli Alti Funzionari tuttora esistenti. Non saranno presenti Yoser e Detia, ma sappiamo che essi hanno dato il loro completo appoggio alla decisione che è stata presa dai vertici. A parte alcuni membri dell'equipaggio che assisteranno a quello che sta per accadere tramite la trasmissione video che schermi, posti in alcuni punti strategici, sia sul ponte che sottocoperta, siamo tutti chiamati a vestirci in modo adeguato per un evento formale, di notevole importanza. Così, io, Moraya e Smuz, indossiamo le nuove tute che sono state fatte realizzare apposta da Yoser Nym, tute composte da una parte superiore staccata dai pantaloni, molto aderenti. Il colore è argentato, e sul petto è ricamato il simbolo di Kelenda. Indossiamo stivali scuri, così come scuri sono i guanti e la cintura che cinge i nostri fianchi. Abbiamo abbandonato le bandane, perché stiamo evolvendoci verso una nuova realtà di cui ancora non conosciamo tutti i dettagli, ma, soprattutto, perché vogliamo scrollarci di dosso l'etichetta sbagliata che in molti – forse troppi – ci hanno affibbiato. Ormai non siamo più quelli di un tempo. Il cambiamento interiore si riversa anche all'esterno. Inspiegabilmente, sulla mia testa calva è comparsa una peluria che lascia presagire una nuova rinascita e tutto questo senza l'ausilio della tecnologia. Moraya è meno invadente e più femminile, anche grazie a Smuz, trasformatosi da burbero taciturno a riflessivo desideroso di comunicare.

L'affluenza a V, la Capitale – dove è sito il luogo in cui solo i Funzionari sono ammessi, mentre tutti gli abitanti rimarranno fuori dalla grande sala ricavata da un tempio antichissimo – non ha eguali. Forse, solo la notizia del matrimonio di Swaynn e Athorm aveva attirato così tanta gente. Mi domando come abbiano fatto ad essere informati dell'evento. Forse, i vertici hanno provveduto affinché la notizia fosse diramata alle zone più vicine, mentre mi accorgo di numerosi tecnici addestrati da Yoser Nym, intenti a controllare la funzionalità di ogni meccanismo. Una manifestazione tale, aperta al pubblico, non si vedeva da molto tempo. Prendiamo posto presso la prima fila a noi riservata e notiamo che il nostro capitano non c'è, e non è presente nemmeno sua moglie. C'è un grande palco, usato solo in rare occasioni. In genere, tutto partiva dal grande edificio della Sede Centrale nella terra di Kelenda e si diffondeva via etere, anche con trasmissioni olografiche. Oggi, inspiegabilmente, sembra che l'evento si svolgerà con la presenza fisica di chi farà una comunicazione importante. Un'antica usanza che si preferisce evitare, proprio perché attira sempre folle di curiosi nostalgici e amanti delle antiche usanze. C'è molta ressa e confusione. Fortunatamente, le luci sono soffuse e il personale distribuisce acqua in grandi quantità. Anche noi cominciamo ad essere un po' nervosi: non siamo stati resi partecipi di quello che sta per accadere e non sappiamo quale debba essere la nostra posizione. Ci guardiamo senza capire, in silenzio, quando, all'improvviso, le luci della grande sala si abbassano e appaiono cinque figure: sono gli Alti Funzionari di Verdrad che hanno sempre presenziato alle riunioni speciali e che ora hanno indetto questo evento di cui non conosciamo il contenuto. E poi compare anche un uomo, colui che ha preso in mano le redini di questa terra e che la rappresenta. Il suo nome è Pad Soon, un giovane di circa trent'anni, con i capelli rossi, le lentiggini e una statura che ricorda quella di Yoser, nonostante il viso sia un po' più pieno. Non stupisce che un Alto Funzionario sia poco più di un ragazzo: qui, i bambini particolarmente dotati vengono istruiti già fin dalla più tenera età a ricoprire ruoli importanti. E' probabile che non durerà a lungo, visto che, in genere, si tende a cambiare spesso i portavoce. Si è deciso questo per impedire lo strapotere di un solo rappresentante del Popolo e affinché sia uomini che donne abbiano le stesse opportunità. Quando parla, la sua voce giunge amplificata da un piccolo microfono integrato nella sua tuta blu, dalla sfumatura cangiante. E' una voce possente, in forte contrasto con l'aria da finto timido che mostra questo ragazzo: "Buongiorno a tutti. Vi abbiamo chiamati all'improvviso, considerata la situazione in cui stiamo vivendo, e non intendiamo portarvi via troppo tempo. Procedo, quindi, con la comunicazione. Per questo, il sottoscritto Pad Soon di Vedrad, in qualità di Altissimo Funzionario, rappresentante di questa terra e portavoce dei sei Alti Funzionari che ne regolano ogni attività e comunicazione tra Popoli, chiama Athorm Dralt di Kelenda, Funzionario Speciale di Kelenda e Condottiero delle Forze dei Mari. E, insieme a lui, Swaynn Osery di Vegar, unica rappresentante dell'Isola della Luna, Depositaria dell'Antico Sapere."

Stupiti e increduli, vediamo arrivare il nostro capitano insieme a sua moglie. Athorm è molto diverso dal solito: non indossa il suo mantello e non ha armi. Ha una giacca lunga, di velluto grigio, così come dello stesso tessuto e colore sono i pantaloni, mentre la camicia è bianca, leggermente scollata, e con una fascia di seta cinta sulla vita. Anche gli stivali sono bianchi, e riportano il simbolo dorato tipico della sua terra. Anche Swaynn indossa abiti dello stesso taglio quasi maschile, ma la giacca e i pantaloni hanno un colore beige quasi dorato. La camicia e gli stivali, invece, sono neri. E' leggermente truccata e i suoi capelli sono raccolti in una lunga coda morbida e bassa. Io, Smuz e Moraya ci guardiamo, senza capire. Anche la folla intorno a voi mormora parecchio. E' sempre Pad Soon a mantenere il controllo e a prendere la parola:

"Ho il grande piacere di rendere pubblica la decisione che è stata presa all'unanimità: Athorm Dralt rivestirà l'incarico di Altissimo Funzionario di Kelenda, mantenendo il titolo di Condottiero delle Forze dei Mari. Swaynn Osery Dralt, la sua legittima consorte, sarà la Rappresentante Ufficiale nei rapporti tra i Popoli delle terre connesse a Kelenda e l'Isola della Luna, e si occuperà di organizzare un esercito formato da nuove leve che saranno addestrate secondo le Antiche Tradizioni, finché non verrà istituito il luogo in cui sarà ricostruita la Base Centrale. Solo allora, Athorm Dralt di Kelenda diventerà il Referente Ufficiale degli Alti Funzionari dislocati sulla Terra. Le Leggi che egli emanerà in collaborazione con i suoi Ufficiali diventeranno le Leggi di Verdrad e delle città ad essa connesse."

E' il nostro capitano a parlare, ora, mentre uno scroscio di applausi accompagna il suo lieve inchino verso Pad Soon:

"Grazie a tutti." Dice, invitando al silenzio con un gesto della mano. "Voglio che sappiate che non è stata una decisione facile da prendere. Tutti sanno che non amo gli incarichi ufficiali, proprio per le responsabilità che essi richiedono. Ma ho accettato dopo averne parlato a lungo con mia moglie." Guarda Swaynn e lei sorride, annuendo. "Il suo appoggio ha avuto un ruolo determinante, in questa mia scelta. Ma c'è una condizione che esigo venga rispettata: parte del mio equipaggio sarà integrata a Vedrad, soprattutto nella sua Capitale. I superstiti di Kelenda che ora alloggiano in luoghi separati dovranno essere riuniti a Leyr, una piccola città dove c'è ancora molto da fare. Una città di Verdrad, situata nell'entroterra e su un terreno collinoso e fertile, dove la tecnologia non è riuscita ancora ad estendersi completamente. Laggiù, la mia gente dovrà vivere come ha sempre vissuto: nella semplicità e in assoluta libertà, ma nel rispetto delle Leggi che regolano questa terra e la memoria di Kelenda. E c'è un'altra condizione, ma vorrei che fosse Swaynn, ad esprimerla, poiché la riguarda in prima persona."

La vediamo avvicinarsi a lui, timidamente, e, dopo essersi schiarita la voce, inizia a parlare:

"Poiché io dovrò formare il nuovo esercito," Dice, don maggiore decisione. "io e Athorm abbiamo deciso di assoldare una parte della gente di Verdrad che prenderà il posto dei membri dell'equipaggio scelti per rimanere qui ad istruire chi ancora non sa nulla delle Tradizioni. Ci sarà molto lavoro da fare, durante il viaggio di ritorno verso Idra. Non ci sarà il tempo per pensare, né per porsi domande: bisognerà solo ascoltare e mettere in pratica ciò che verrà insegnato. La partenza è fissata per domani mattina all'alba. Nel corso della giornata di oggi saranno comunicati i nomi di chi rimarrà a Verdrad e di chi, invece, viaggerà con noi."

Un altro scroscio di applausi accompagna le sue parole. Certo, è ovvio: questa gente non aspettava altro! Ma cosa sarà di noi?

E' ciò che scopriamo solo dopo i saluti veloci e il ritorno frettoloso alla vita di sempre, ed è una decisione che ci lascia sconcertati: insieme ai molti uomini che rimarranno quaggiù e alle poche donne scelte per tramandare la conoscenza della lingua, chi non potrà proseguire il viaggio... sarà Moraya! E' l'unica ad aver appreso tutte le arti dell'Isola della Luna ed è l'unica, di noi, che possa coordinare tutti quelli che dovranno apprendere ciò che noi già sappiamo.

"Ma chi insegnerà a costruire il Tharyd?" Protesta Smuz, ribellandosi a questa scelta di cui non era stato messo al corrente. "Moraya non sa nemmeno come si suoni!"

"Sull'Isola non è uno strumento determinante, Smuz." Gli risponde Swaynn, con decisione. "E lei mi serve qui, ora. Se tieni a lei come credo, sii felice per lei di questa grande responsabilità, perché non è concessa a chiunque, ma solo a chi ha seguito un percorso costante e spicca in affidabilità. E poi..." Aggiunge, abbassando lo sguardo. "Non voglio che lei corra dei rischi, nel caso in cui dovessimo trovarci ad affrontare pericoli come quelli che abbiamo già trovato sulla nostra strada."

Athorm è accanto a lei e ci guarda. Siamo consapevoli del fatto che non esistano altre soluzioni e che, per quanto questa decisione sia difficile da accettare per noi, è l'unica alternativa fattibile nell'immediato futuro. E, dal loro sguardo, capiamo che anche per Athorm e Swaynn non sia stato così gratificante accettare degli incarichi che li vincolano indelebilmente a questo pianeta. Un pianeta che sa dare tanto ma che è in grado di chiedere anche di più.

Diciannove - *Athorm*

Il mio nuovo incarico mi ha permesso di riottenere l'accesso ai codici segreti che consentono di tenere sotto controllo le transazioni finanziarie delle terre appartenenti a Kelenda. Le proprietà di Swaynn che Chrel aveva congelato sono state ripristinate, e così anche tutti i dati che le rendevano possibile godere di una remunerazione indipendente, nonostante la sua condizione economica dipenda dall'accettazione di un compito che avrebbe preferito mantenere riservato. Ma quando mi ha pregato di riflettere con attenzione sull'offerta di Pad Soon, dopo tante insistenze le ho detto che ci avrei pensato solo se lei avesse considerato l'opzione che anch'io le proponevo.

Lasciare Moraya a Verdrad ci è costato molto, soprattutto considerando il sentimento che stava nascendo tra lei e Smuz, ma l'alternativa sarebbe stata rimanere laggiù ancora per molto tempo o lasciare che fosse Swaynn, ad occuparsi del Popolo. E questa soluzione non sarebbe stata possibile: è necessario che lei completi le sue conoscenze a Idra, prima di poter prendere decisioni definitive e Moraya era l'unica persona in grado di insegnare le nozioni basilari alle persone da noi designate. La scelta non è caduta su tutti gli abitanti di Verdrad, così come è stata fatta un'accurata selezione per i nuovi membri dell'equipaggio. Avevamo studiato a lungo la situazione di ogni membro facente parte di quel Popolo evoluto, convenendo che le conoscenze tecnologiche non andassero sempre di pari passo con quelle più profonde. Così, abbiamo passato notti intere a studiare, valutare, scartare e scegliere chi potesse e dovesse far parte degli insegnamenti di Moraya. E questi si svolgeranno in una sede protetta, proprio a Leyr, la piccola città che ho scelto per i superstiti di Kelenda: laggiù, ciascuno di loro troverà un luogo che non è stato ancora completamente assorbito dalle comodità della tecnologia, e, per questo, molto più adatto alla connessione con le vibrazioni dell'Universo.

Dall'albero maestro osservo la scena che si svolge sul ponte: non c'è tregua per nessuno. Tutti sono chiamati a svegliarsi molto presto e a meditare, poi ad intonare il Gham, quindi ad iniziare l'arte del combattimento con le nuove armi, riprendere la meditazione del mezzogiorno, pranzare, godere di pochi minuti di riposo per poi riprendere l'allenamento che dura fino a sera. Prima della cena, Swaynn insegna nuovi vocaboli, ripassando quelli già acquisiti, poi c'è il ristoro comune, quindi ancora il momento della meditazione che si conclude a mezzanotte, col Gham. Giornate frenetiche in cui tutti hanno un compito ben specifico, per non perdere nemmeno un minuto prezioso. E quando tutto vanno a dormire, io e Swaynn continuiamo a parlare su quello che si dovrà affrontare il giorno dopo. Dopo l'attentato alla sua vita e la sua convalescenza, e, soprattutto, dalla notte in cui le ho manifestato la mia vera essenza, non abbiamo più avuto alcun contatto fisico. Tra di noi ci sono solo sguardi e io sento il suo amore, il suo sostegno incondizionato, anche se avverto un certo timore, da parte sua, anche solo nello sfiorarmi. Non voglio forzarla, perché non è ciò di cui ho bisogno: voglio che abbia i suoi tempi per metabolizzare la realtà dei fatti e per comprendere che anche in lei scorre un'energia di cui ancora non sa nulla... o che, forse, cerca solo di nascondere a se stessa finché non sarà pronta per affrontare la realtà. L'accesso alle mie risorse economiche ha reso possibile la realizzazione di nuove uniformi. Gli uomini in addestramento indossano camicie bianche, ampie e con lacci, pantaloni grigi e stretti, stivali neri. Le maniche sono corte o lunghe, in base alle condizioni climatiche, e, al posto del mantello, sono state scelte giacche lunghe, anch'esse nere. Mi distinguo dagli altri combattenti per il colore leggermente perlato della mia uniforme, simile a quello di giacca e stivali. Ma i miei abiti sono decorati col simbolo di Kelenda, un simbolo dorato che nessun altro ha il permesso di esibire, salvo Swaynn. Tuttavia, lei ha scelto di non usarlo, perché ha curato personalmente la scelta delle uniformi delle donne e ha deciso che dovessero assomigliare a quelle che ha visualizzato durante una visione ad occhi aperti: sono abiti divisi da una parte superiore lievemente scollata e senza maniche, con pantaloni stretti e lunghi. Il colore richiama l'argento, ma le sfumature cambiano continuamente, così come propone l'abbigliamento delle donne di Idra. Anche le donne indossano stivali e giacche nere, tranne Swaynn: lei ha scelto il bianco, e io le ho consigliato di apporre dei bordi decorati da simboli che potessero distinguerla dalle altre combattenti. Solo dopo molte mie insistenze ha accettato di recare i simboli del Sole e della Luna tipici dell'Antico Popolo da cui gli Spiriti delle sue Terre provengono, ma senza ripeterli più volte: per lei era sufficiente che comparissero una sola volta sulla giacca e sugli stivali. Non di più.

Quando non siamo occupati con l'addestramento, indossiamo gli abiti che ci sono usuali. Ciascuno, nella sua vita privata, ha l'assoluta libertà di gestirsi come crede. Spesso, Swaynn si addormenta sulle carte da studiare e i programmi da scrivere, ancora vestita come una guerriera. La svesto con delicatezza e la faccio sdraiare sotto le coperte: è sempre così stanca da accorgersi solo alla mattina di essere nuda. In quei momenti, sarebbe molto facile cercare di possederla: è indifesa, vulnerabile, completamente arresa tra e mie braccia... ma l'immagine di Tom chino su di lei, mentre pronuncia quelle parole che hanno scatenato la mia ira, mi provoca un fastidio così grande da mettere da parte ogni istinto. Così, mentre Swaynn dorme, io continuo a prendere appunti, soprattutto sui nuovo membri dell'equipaggio ancora troppo deboli e incapaci di difendersi. A me è affidata la maggior parte dell'addestramento alla guerra, dove sono ammesse anche le armi tradizionali, ma solo come ultima istanza. Le mie conoscenze sono molto più vaste di quelle apprese da mia moglie: lei ha recepito solo quella piccola parte tramandata dalle Vergini scelte a caso tra gli esseri umani imparentati con il Popolo alieno. E, nella maggior parte dei casi, quello che viene riportato da un incrocio di razze è spesso alterato dalla facoltà intellettiva individuale.

Si potrebbe credere che desideriamo conservare la purezza della specie, ma non è così. Altrimenti non ci mescoleremmo tra gli abitanti del pianeta Terra, per unirci a loro e dare vita a generazioni più forte e consapevoli. Io stesso non immaginavo che sulla mia strada sarebbe comparsa un'immortale, ma ho scelto di non avere mai figli con un essere umano di sesso femminile, solo per le difficoltà che avrebbe dovuto affrontare nel corso dei secoli. Ho visto troppi bambini nati da coppie miste smarrirsi tra un mondo e l'altro e temevo di dare la vita ad una creatura incapace di difendersi da una società che avrebbe espresso solo giudizi e condanne. Quando il mio cuore è stato sostituito da quello meccanico, poi, ho pensato che il mio sangue si fosse contaminato e che potesse essere pericoloso per un cucciolo umano. Non avrei pensato di poter generare una Figlia della Luna, colei che era nata solo per risvegliare Iatho, lo Spirito di Id'aT'hot che non pensavo fosse presente in Swaynn, finché non è stata la stessa Orisa, a scoprirlo. Lascio a Smuz il compito di dare le direttive all'equipaggio che muove la nave. L'essere occupato praticamente quasi tutto il giorno riesce a distrarlo dalla nostalgia per Moraya che lo colpisce più di quanto avrei pensato. Ma, forse, non dovrei esserne stupito: il cambiamento che ha coinvolto tutti ha giocato un ruolo fondamentale nelle loro personalità. Le ha esaltate, in ogni loro aspetto, positivo o negativo. Per arginare la sofferenza di Smuz, gli permetto di accedere al computer centrale, dove può rivedere Moraya attraverso una proiezione olografica a tempo. Gliene concedo sempre a sufficienza per riuscire a resistere l'intera giornata, e, per il momento, questo rimedio momentaneo sembra bastargli.

Nel combattimento quotidiano sfogo la rabbia che ancora nutro nei confronti di Tom e la frustrazione di non riuscire ad avvicinarmi a Swaynn. A volte devo fare un grosso sforzo, per arginare le mie energie: mi basterebbe attivare il sesto senso che accelera i miei riflessi, per riuscire ad atterrare chi ho davanti con la forza di una sola mano. Ma sarebbe un'azione scorretta e non aiuterebbe i combattenti ad imparare: servirebbe solo a me, per tentare di dimenticare. Ma tutto ciò che viene fatto a puro scopo egoistico non finisce mai come dovrebbe.

Sono in costante contatto con Yoser, perché le condizioni di Detia stanno peggiorando. Cerco di tacere questa situazione a Swaynn, per non gravarla ulteriormente. Se dovesse intuire che la sua più cara amica è in serio pericolo, abbandonerebbe tutto e cercherebbe di tornare a Sel'nays e, nonostante ora il suo corpo non mostri più alcun segno dell'attentato, non sono sicuro che sia in grado di reggere la smaterializzazione spontanea: non sa ancora come attuarla e io non voglio correre un rischio che lo stesso Yoser ha ritenuto più che probabile. Se dovesse rendersi necessario, allora, troveremo un modo per stare vicini a Detia. Per il momento, Yoser riesce ancora a mantenere la situazione sotto controllo, sebbene l'afflusso delle nuove leve non venga rispettato. Mi chiedo se i controlli siano regolari e se tutto si svolga come dovrebbe essere, e vorrei evocare gli Spiriti degli Antenati, per chiedere loro un consiglio… ma, se lo facessi, Swaynn capirebbe e non potrei fermarla.

Ho notato che anche Oughm e Smuz hanno sviluppato un sesto senso molto forte, che permette loro di andare oltre il muro dell'apparenza e di percepire molto di ciò che faccio o dico. Diventa sempre più difficile nascondersi ai loro sguardi. Yoser ha rimesso in sesto anche l'udito bionico di Oughm: temo che le sue facoltà vengano amplificate anche da queste energie rinnovate. Vorrei poter coinvolgere lui e Smuz in molte verità, ma non credo siamo completamente pronti per affrontarle.

Sono in costante contatto anche con Orisa: di Tom non si sa ancora nulla ma si stanno registrando delle vibrazioni particolari di cui ancora non si riesce a stabilire la provenienza. Le sue Ancelle sono in continua allerta, e le difese sono state rafforzate. E' difficile poter entrare o uscire da Idra senza passare sotto l'occhio scrutatore di queste creature aliene dalle vaste conoscenze. Ciò che sfugge loro, tuttavia, è la capacità umana di sottrarsi anche all'occhio più vigile, poiché noi alieni siamo fatti di energia più leggera, e tendiamo a non riconoscere la materia. Cerchiamo chi ci è affine e sbagliamo. Solo attraverso una profonda conoscenza di tutto ciò che ci circonda, tutti noi, esseri umani e non, diventiamo in grado di percepirne le sfumature, i cambiamenti, i profondi significati che ogni messaggio porta con sé. Dopo una cena frugale, mi sono subito messo a studiare tutti i dati che ho in mio possesso. Non sono nella camera riservata a me e a Swaynn, ma nello studio appena vicino alla Sala delle Mappe. Il mio studio. Qui, tolti i panni del guerriero, rimango immerso in mille pensieri, guardando e riguardando tutti i fogli zeppi di miei appunti, cui si accostano anche quelli di Swaynn. Sono dati che ho preferito stampare, per poterli toccare, farli miei, introiettarli nella mia essenza e cercarne una possibile soluzione. Non ho nemmeno partecipato alla meditazione collettiva, per poter stendere il programma dell'indomani. Ho sentito appena il Gham, ma non ho mormorato nemmeno una sillaba. Molte cose, ormai, fanno già parte di me da moltissimi secoli e, per una volta, desidero lasciare che siano gli altri ad occuparsi di questa disciplina. Tutte le mie forze sono messe a disposizione di questi continui aggiornamenti che sembrano portare ad una conclusione che non mi piace. Se quello che sento dovesse avere un fondamento reale, non so che cosa potrebbe accadere.

Guardo e riguardo sempre gli stessi fogli che si stanno accumulando sulla scrivania che guarda verso il mare. C'è una finestra aperta, l'unica che dia su un piccolo davanzale cui si può accedere solo due persone alla volta. L'imbarcazione è molto alta e questo accesso non sfiora mai la superficie dell'acqua. I piani sottocoperta sono due e questo è il primo. Ce n'è un altro, sotto questo dedicato a chi dev'essere subito pronto per correre in plancia. Per quanto possa sembrare, il piano sottostante non è meno sicuro, poiché Yoser l'ha reso praticamente inattaccabile e non rilevabile dai radar o dai computer delle poche altre navi che solcano i mari.

Sì. Perché, nella storia, l'essere umano ha cominciato a navigare sempre di meno e a connettersi da una parte all'altra del mondo tramite la fitta rete tecnologica che circonda il globo terrestre. La voglia di solcare le acque, sempre più insidiose, è relegata solo ad alcune navi di vedetta delle terre cui prestano difesa. Sono navi dall'aspetto decisamente molto futuristico, in grado di sollevarsi sul pelo dell'acqua e prendere il volo, per tornare nel luogo da cui provengono, come grossi mezzi di trasporto per più passeggeri alla volta. Un altro modo per dimenticarsi delle meraviglie che ci circondano, per quanto insidiose possano essere.

La sedia dovrebbe essere posta proprio alle spalle della finestra... ma io amo guardare il mare: quando sono soverchiato dalle preoccupazioni, il suono rassicurante delle sue onde diventa un dolce sottofondo che ha il potere di rilassarmi. E anche ora che i pensieri mi sommergono, questa sorta di ipnosi autoindotta mi porta ad estraniarmi dalla realtà. Per questo mi ritrovo a sussultare, quando due mani si posano delicatamente sul mio petto, provenendo da dietro di me.

"Che cosa ci potrà mai essere, di così complicato, da richiedere la presenza del capitano anche durante il canto del Gham?"

Sorrido, riconoscendo quel profumo tanto amato. Il profumo dei primi boccioli della primavera, dell'erba tagliata in una giornata di sole, quando la brezza pulisce l'aria da tutto ciò che l'ha appesantita durante le lunghe giornate di pioggia.

"Swaynn." Mormoro, alzando la testa. Le sue mani scivolano ancora più in basso, e sciolgono i lacci che chiudono la mia camicia. Le stringo tra le mie e sento le sue labbra posarsi delicatamente sul mio collo, sul viso, riempiendolo di piccoli baci di cui non sono mai sazio.

"Swaynn..." Ripeto ancora una volta, mentre mi circonda con le sue braccia. Non indossa l'uniforme, ma una tunica leggermente rosata, morbida, appartenente a Sel'nays. Non mi volto per non doverla guardare. Temo che, se lo facessi, questo sogno potrebbe infrangersi da un momento all'altro.

Con una mano, sposta i miei capelli e sussurra al mio orecchio:

"Mio marito mi ha vista nuda per tutto questo tempo... e non ha nemmeno tentato di svegliarmi? Peccato..." Le sue labbra sono ancora sul mio collo e la passione si accende nella mia anima, quando dice: "Probabilmente mi sarei svegliata..."

La attiro a me, costringendola a sedersi sulle mie gambe. Il suo sguardo è dolce, come non lo era da tempo. Accarezzo i suoi capelli sciolti sulle spalle godendo del suo odore e desiderando prolungare questo momento all'infinito.

I suoi occhi mi parlano e in essi leggo lo stesso desiderio che ci accomuna. Indugio ancora, prima di fare un passo sbagliato. Le sue dita continuano a giocare con i lembi aperti della mia camicia, poi le sue mani scivolano sul mio petto, sul collo, finché il suo cuore comincia a battere vicino al mio. Sento il suo corpo morbido e caldo, una passione che non conosce paura. Così, la sollevo e la faccio sdraiare su un morbido tappeto di pelliccia, di fronte ad un vero camino, come quelli che piacciono a lei. E a me. Mi tolgo la camicia, e lei mi guarda sorridendo. E mentre si sfila a tunica, mi chino su di lei, baciandola delicatamente, come se il suo corpo fosse fatto di cristallo. Ma quando le sue mani indugiano sui miei pantaloni, abbassandoli, la passione esplode: i baci diventano sempre più profondi, le carezze sempre più proibite e intime, i sussurri sempre più carichi di desiderio. Assaporo ogni singolo centimetro della sua pelle, mentre il suo respiro diventa sempre più veloce e i battiti del suo cuore sembrano esplodere dal petto. Bacio quelle labbra che mi chiamano, la sua lingua che mi avvolge, il suo seno, il ventre che ha saputo generare una creatura meravigliosa, portata via troppo presto da un destino che nessuno di noi può prevedere appieno... Poi, entro dentro di lei, più volte, e i nostri gemiti si fondono in un unico canto che nessuno potrà intonare, questa notte. Il suo corpo si muove con il mio, e tutto ciò che fino a poco prima mi preoccupava sembra essersi dissolto in un amplesso a lungo desiderato, un orgasmo che non voglio terminare con un solo gemito... Ed è per questo che continuo a muovermi dentro di lei: perché i suoi occhi mi cercano, le sue mani mi toccano, il suo corpo vibra col mio. Mi lascio andare completamente, ora. Mi lascio travolgere da tutto quello che avrei voluto fare in quest'ultimo periodo e che le mie paure mi hanno impedito anche solo di pensare. Tutta quell'energia repressa che sfogavo nel combattimento, ora trova uno sfogo nell'unica ragione per la quale vale davvero la pena lottare: la persona che si ama con tutto il cuore, l'anima, il corpo, e la più intima essenza che porta ogni creatura ad instaurare un legame con chi ha scelto per la vita.

"Tu sei mia..." Le sussurro, con voce soffocata dal piacere, quando la prendo per la terza volta e lei si abbandona a me, sorridendo, senza opporre resistenza.

"Sono tua…" Sussurra, allungando le braccia e stringendomi a sé, mentre i nostri corpi continuano a danzare, ancora e ancora, finché, sfiniti, ci troviamo sudati e abbracciati di fronte al camino, stretti in uno sguardo che ci unisce senza più veli. La bacio con amore, accarezzandole il viso e i capelli e stringendola a me, con tutta la tenerezza che il mio cuore riserva solo a questa creatura che l'Universo ha voluto regalarmi, senza avere alcun merito. E rimaniamo in silenzio, a lungo, mentre il fuoco del camino continua a crepitare, col suo profumo di legna resinosa, e i suoi bagliori affascinanti e misteriosi.

Solo dopo molto tempo, Swaynn pone una mano sul mio petto, nel punto in cui il mio cuore ha ricominciato a pulsare, e mi chiede in un sussurro:

"Com'è, Athorm?"

Le prendo la mano, baciando delicatamente le sue dita:

"Com'è… cosa, Swaynn?" Le chiedo, sorridendo.

"Come avviene l'unione tra due alieni?" Dice, tutto d'un fiato. "Come si legano due corpi di luce?"

E' arrivato il momento della presa di coscienza? Forse. Ma non vorrei che questa sensazione di appartenenza venisse rovinata da parole sbagliate in un momento atteso così a lungo.

Stringo la sua mano che indugia sui miei capelli. Dal nostro primo incontro si sono allungati. E l'unico modo che ho per tagliarli è usare il fuoco. Non vi sono altri mezzi, per me. Per questo sembrano sempre tanto in disordine.

"Non ho mai instaurato un legame con una creatura dell'Universo simile a me." Mormoro, sorridendo. "Che tu ci creda o no, sei l'unica con cui abbia mai fatto davvero l'amore. L'unica da cui vorrei figli. L'unica che farà sempre parte di me, anche oltre i confini del tempo e dello spazio. Quindi… non posso rispondere a questa domanda, Swaynn."

Vedo il suo sguardo mutare, e, per un attimo, sembra perdersi in pensieri lontani. Così lontani che sembrano portarla quasi a desiderare di fuggire da me. La stringo di nuovo tra le braccia, mormorandole parole che suonano come una supplica:

"Non correre via. Non lasciarmi, ora…"

Ritorna il suo sorriso. Mi accarezza il viso e la sento di nuovo qui con me:

"Io sono ancora qui, Athorm." Sussurra, con gli occhi splendenti. "Cercavo solo di immaginare… ma non ci riesco…"

"E allora non farlo!" Esclamo, stringendo il suo viso tra le mie mani. "Quando arriverà il momento, lo vivremo. Vivimi, Swaynn. Vivimi ora, in qualsiasi modo tu possa conoscere, così come io vivo te. Vuoi?"

Annuisce, sorridendo e lasciandosi baciare. Poi sussurra:

"Domani saremo a Idra…"

"Sì." Rispondo, perdendomi nei suoi occhi. "Hai paura?"

"Un po' sì, Athorm." Ammette, avvicinandosi ancora di più. La abbraccio, scaldandola col calore del mio corpo:

"Orisa non permetterà che ti venga fatto del male. E io ti prometto che non ti perderò di vista per un momento."

"So che lo farai. E io cercherò di agire con meno ingenuità."

Sorrido:

"Eri solo più vulnerabile. E Tom era un amico. Nessuno avrebbe potuto prevedere quello che sarebbe successo. Ma ora sei preparata. E non sei sola. Io non ti lascerò."

Alza il viso, per guardarmi negli occhi:

"L'hai promesso: non puoi più tornare sui tuoi passi, ora."

"Non lo farò. Sono ancora qui…"

Sorride ancora, appoggiando la testa contro il mio petto.

"Ti amo, Athorm." Mormora, con il sussurro che si perde nel sogno.

"Ti amo anch'io, Swaynn. Più di quanto tu non possa immaginare."

I nostri sguardi si fondono, si perdono l'uno nell'altro, finché la stanchezza vince, finalmente, sui pensieri ormai lontani e sulla beatitudine di un amore appagato.

La brezza profumata di salsedine è dolce, sui nostri corpi nudi. Ci addormentiamo così, scivolando in un sonno ristoratore che da troppo tempo non ci accoglieva tra le sue braccia…

Venti - *Orisa*

Ho rafforzato il sistema difensivo di Idra. Il numero delle Ancelle Guerriere è aumentato sensibilmente. La fitta rete di controllo che ora si estende per tutta la mia terra non può fallire, anche se io non riuscissi a notare in tempo il più piccolo cambiamento. Questo sistema di sicurezza ha sicuramente creato una protezione maggiore ma ha anche privato gli abitanti di gran parte della libertà individuale. Ma non potevo fare diversamente, dopo quello che è accaduto a Draert. E di Tom non si sa ancora nulla. Ho voluto comunicarlo personalmente ad Athorm, Swaynn, Smuz e Oughm. Desideravo che fossero i primi a saperlo. Dopotutto, il nuovo equipaggio ha imparato da poco ciò che è stato insegnato agli altri membri rimasti a Leyr, e questa preparazione acerba è piuttosto evidente. Anche l'assenza di Moraya ha giocato un ruolo determinante, nell'intonazione del loro canto. Chi ne risente di più è Smuz. E posso comprenderne il motivo, così come comprendo il perché sia stato scelto come il braccio destro di Athorm: oltre ad avere una grande competenza, quest'uomo schivo e in fase evolutiva ha bisogno di incanalare le sue energie in qualcosa che occupi la sua mente. E' come un bambino che conosce qualcosa di meraviglioso per la prima volta e teme di perderlo. Così, nell'intento di tenerlo stretto a sé, rischia di allontanarlo per sempre. Ma non è facile spiegarlo ad un androide che vive da molti secoli e che solo ora comincia ad aprirsi al mondo. Così, per poter essere d'aiuto, ho deciso di assoldare lui e Oughm come Sentinelle Speciali. Oltre a godere di una posizione privilegiata, rispetto a tutti gli altri ospiti che si recano a Idra, essi saranno gli individui di sesso maschile più considerati in ogni confine di questa terra, dopo Athorm. Potranno unirsi ai loro compagni di viaggio per proseguire l'addestramento e partecipare agli eventi pubblici, riservati solo ad una cerchia molto ristretta di persone.

La nave sarà sorvegliata giorno e notte, per scongiurare attacchi indesiderati. So che Athorm e Swaynn sono in grado di creare uno scudo magnetico protettivo, ma voglio che la loro presenza a Draert sia più sicura di quanto lo sia stata in passato. Sono felice di rivedere questa donna completamente ristabilita. Dal suo sguardo, comprendo che le sue conoscenze sono state ampliate e che Athorm le abbia manifestato la sua vera identità. Se lei è qui, ora, significa che è arrivato il momento: Swaynn è pronta per sapere chi ci sia realmente al di là di questo corpo fisico, quest'energia allo stato solido che ancora la imprigiona. Ma sento che una gran parte di molti misteri è già stata svelata.

Ho fatto allestire solo per i miei ospiti un'intera ala del grande edificio circolare di Draert. Di solito, essa viene riservata agli Alti Funzionari provenienti da altre terre, ma ho deciso di fare un'eccezione. Sono stata informata del nuovo incarico di Athorm e Swaynn e credo di far parte di un progetto molto importante, senza nemmeno averlo meritato. Ho creduto di poter avere il cuore di un uomo che non mi amava e ho assecondato il suo atteggiamento di distacco forzato, nella speranza che potesse diventare reale. Ma sbagliavo. E ho contribuito prima a causare la morte di un'innocente e poi a rischiare che un'altra sorella facesse una tragica fine. Vorrei poter essere all'altezza del compito che mi spetta. Lo desidero davvero, anche per Kelenda e per la sua ricostruzione. Nessuno riesce più nemmeno a mettervi piede, senza essere ingoiato dalle sue spire letali. Quella terra esercita un'attrazione così forte da riuscire ad attirare a sé anche i ricercatori più preparati. Verlor Torrado di Verdrad, colui che ha preso il posto di Yoser Nym, ha chiesto e ottenuto che i confini di Kelenda venissero interdetti ad ogni tentativo di transito e, per questo, ha creato un sistema sofisticatissimo e il cui funzionamento rimane segreto. Si sa solamente che riesca a scoraggiare anche gli incoscienti più incalliti o i nostalgici in cerca di emozioni passate. Nonostante la sua fama, quella terra esercita ancora un grande fascino su chiunque la nomini. E io posso comprenderne il motivo, così come comprendo perché vi è sempre stata un'accurata selezione sugli abitanti che vi potevano stanziare. Io e le mie Ancelle non saremmo mai sopravvissute, laggiù, anche se tutto fosse rimasto come un tempo. Solo Swaynn possedeva ciò che le avrebbe permesso di viverci, se lo avesse desiderato, e se le cose fossero andate diversamente.

Nei suoi occhi leggo determinazione e timore. Lo stesso timore che anche Athorm cerca di nasconderle ma che io percepisco, forse perché non sono coinvolta affettivamente. E' chiaro che io debba far sì che la Vergine di Sel'nays sia in grado al più presto di usare il potere che fa già parte di lei e che ha imparato a dominare, ma di cui non conosce l'effettiva importanza.

Lascio a tutti una giornata intera per dedicarsi a ciò che vogliono, sempre sotto stretta sorveglianza. Il mio Popolo ha imparato il canto del Gham e l'ha perpetrato fino ad oggi: ora, tutti gli abitanti di Idra potranno continuare l'addestramento cui sono stati sottoposti, ma solo dopo una scelta accurata che è già stata fatta durante il viaggio. La mattina stessa del loro arrivo, Athorm e Swaynn mi hanno comunicato le loro decisioni e io le renderò note solo a chi è stato scelto per far parte di questo esercito della Luna. Gli altri potranno continuare con la meditazione e il canto, se lo desiderano, ma solo prima di iniziare la giornata. Si desidera mantenere una selezione molto rigida, proprio perché molti individui mostrano caratteristiche che potrebbero compromettere l'esito di tutto il progetto. Comunico ad entrambi che incontrerò Swaynn l'indomani, presso l'antico tempio. In quell'occasione, comincerò a mettere in pratica ciò che mi viene richiesto. Per questa ragione trascorro la giornata limitando al minimo ogni contatto esterno: ho bisogno di molta concentrazione per di entrare in profonda sintonia con la Natura e l'Universo. Stare sulla Terra significa accettare la pesantezza della forza di gravità che attira a sé chi vi abita, in un modo così stretto da sembrare, a volte, quasi una gabbia. Prendere le distanze da questa forza misteriosa è uno dei modi per tornare all'essenza, pur facendo parte di un luogo che si è scelto come casa.

La mattina arriva presto, quando ci si dedica ad un'attenta meditazione. Accolgo Swaynn quando le Ancelle le permettono di entrare nel tempio, accompagnata dal suo sposo. Entrambi indossano l'abbigliamento tipico delle donne e degli uomini di Idra, in segno di rispetto verso questa terra che li ospita. Ne sono lieta e onorata, ma è bene mettere in chiaro una cosa:

"Devi permettermi di rimanere da sola con lei, Athorm." Dico all'Altissimo Funzionario e Condottiero dei Mari. "Ti prego di pensare all'addestramento di coloro che mi hai indicato, affinché il tempo non vada perduto. Questo luogo è protetto. Abbi fiducia."

So che vorrebbe rimanere per assicurarsi che tutto vada per il meglio. Ma non Swaynn non acquisirebbe la sua consapevolezza in autonomia. Athorm è un passo indietro a sua moglie e mi rivolge uno sguardo penetrante. Le sue iridi diventano sempre più luminose e io comprendo la chiara minaccia che mi viene rivolta, nel caso in cui dovesse accadere qualcosa di imprevisto. Swaynn non può vederlo, assorta com'è nei suoi pensieri. Chino il capo lievemente, per dare il mio messaggio: sono al servizio di Kelenda e della Vergine di Sel'nays, penso, cercando di comunicare le mie parole all'uomo che mi fissa con quello sguardo ipnotico. Allora fai il tuo dovere!, sono le parole che giungono a me, da lui. Poi si china, saluta sua moglie con un bacio e lascia la sala. Quando rimaniamo sole, faccio cenno a Swaynn di seguirmi. Mi dirigo verso il lato opposto all'ingresso, dove, sul pavimento, c'è un piccolo buco scavato nella pietra:

"Scenderemo nei sotterranei." Le dico, mentre, con un cenno della mano, creo un piccolo campo magnetico che svela un passaggio molto più grande. "Non ti stupire di ciò che vedi. Questo è un luogo segreto a molti, protetto da un'illusione che la pietra stessa è in grado di generare. Il passaggio è consentito solo a pochi prescelti e vi sono gradini che degradano dolcemente, sebbene possa sembrare un pozzo senza fondo. Vai oltre l'oscurità iniziale e tutto diverrà chiaro."

Annuisce e mi segue, mentre, sotto i miei piedi, scendendo in quella voragine, comincia a stagliarsi la sagoma di una scala incisa nella pietra, scavata in un tunnel che porta verso il basso, un tunnel privo di illuminazione artificiale e dove piccole scie di luce naturale provengono da una fonte sconosciuta. Swaynn mi pone una domanda, con noncuranza. Una domanda che, tuttavia, nasconde molti significati:

"E' qui che incontravi Athorm, per consumare insieme la passione che vi legava?"

Mi fermo per guardarla e rispondere. E lo faccio nel modo più sincero:

"Eravamo molto diversi, quando le nostre vite si sono incrociate: io non sarei stata in grado di stabilire un legame e lui non ne aveva l'intenzione. Non l'ha mai avuta. I nostri incontri non sono stati diversi da quelli degli esseri umani: clandestini, rubati alla giornata e privi di qualsiasi sentimento. Questo è un luogo sacro che ha vissuto la storia e che non poteva essere contaminato da momenti effimeri. Athorm conosce il passaggio segreto, ma solo per ciò che egli è."

Riprendo a camminare, e Swaynn mi segue di nuovo, silenziosamente. Il suono dei nostri passi è ovattato, perché i sandali sono fatti di un materiale molto morbido. Arriviamo presso la grande grotta sotterranea posta proprio sotto il tempio, estesa per tutta la sua lunghezza e con un soffitto molto alto. E' incisa nella pietra, ma il pavimento è stato levigato da mani esperte. Vi sono molti oggetti nascosti da teli scuri, e la brezza giunge come un piccolo sibilo, qui sotto.

"Ma tu l'hai sempre amato."

Le sue parole risuonano come una verità dolorosa, e sembrano echeggiare dagli abissi dell'Universo più profondo:

"L'ho amato." Ammetto, chinando lo sguardo. "Ma non come credi. L'ho amato come si può amare qualcosa che non si può avere, solo per il piacere che può darti quando ti viene concesso, briciola dopo briciola. L'ho amato come si ama un'illusione, ma era un sogno che non sarebbe mai potuto diventare reale, e io lo sapevo già. Athorm attendeva e io non capivo. Attendeva senza sapere nemmeno lui... finché sei arrivata tu. E la sua attesa ha cominciato ad avere un senso. L'unico legame che lui abbia mai instaurato con qualcuno è stato quello che ha consolidato con te, l'altra notte. Lo sento pulsare nel mio sangue, e sento la forza di ciò che vi unisce. Non devi temermi, Swaynn: io non sono quella che ero una volta. Non sono più alla ricerca delle briciole."

"Ma non hai esitato un attimo, quando ci hai visti distanti."

La sua diretta sincerità mi colpisce. E' come se affondasse un pugnale e lo rigirasse, solo per verificare quanto possa farmi male:

"E' stato un errore e una debolezza che non so perdonare a me stessa." Mormoro, sinceramente contrita. "Non potevo immaginare. Le mie conoscenze sono limitate a quello che so gestire ma non ho la fortuna di comprendere la profondità di un sentimento, poiché non mi è permesso provarlo. Quando il mio Popolo si è stanziato a Idra, ho dedicato la mia intera esistenza a questa terra e a chi vi abita. Ho dovuto dimenticare la mia femminilità per diventare la madre di tutti coloro che mi hanno scelta come guida. Non potrò mai appartenere ad un solo uomo, perché gli esseri umani muoiono e gli immortali non si legano così facilmente ad un proprio simile."

"Perché no?" Mi chiede, incuriosita.

"Per il significato profondo insito nelle parole *per sempre*. Perché non è facile trovare l'anima con cui fondersi per l'eternità. Se io dovessi avere una simile fortuna, forse, dovrei lasciare il comando di Idra: non potrei essere ciò che sono e appartenere a qualcuno, allo stesso tempo."

"Perché no?" Mi chiede ancora, insistentemente.

"Perché non dispongo del pragmatismo che solo pochi immortali riescono a comprendere e a fare loro." Rispondo, lentamente. "Quando io e le mie Ancelle siamo giunte in questo luogo, abbiamo riportato in vita ciò che conoscevamo già. Non eravamo in grado di fare di più. Sono stati gli esseri umani, a dare un contributo fondamentale per la costruzione di un regno basato sul perfetto equilibrio tra il Bene e il Male. Gli uomini pensano di ricoprire un ruolo marginale, a Idra, ma si sbagliano: il loro duro lavoro ci permette di mantenere la nostra essenza più radicata alla realtà e meno rivolta all'Universo. Senza di loro, ci perderemmo. Sono le fondamenta che permettono la costruzione di una struttura solida. Ma non saprei come spiegare questi concetti, senza rivelarmi per ciò che è la mia identità più nascosta... quella che tu hai visto, nel laboratorio."

"Un giorno si chiederanno il motivo per il quale tu non sia in grado di invecchiare o di morire..." Osserva, fissandomi intensamente.

"Ecco perché voglio che le mie Ancelle siano simili: perché non si dica mai che una di loro possiede qualcosa di inspiegabile. Le piccole differenze che ai tuoi occhi appaiono come segni evidenti, non sono percepite altrettanto chiaramente dall'essere umano. I terrestri ci vedono come se tutte noi fossimo uguali. Pensano che la tradizione voglia mantenere il nome *Orisa* per indicare la carica che ricopro. E questo è ciò che dev'essere. Periodicamente simuliamo delle successioni che, in realtà, non esistono, solo per dare l'illusione di qualcosa che può essere gestito e vissuto come *normale*. E' una piccola menzogna che non ci fa onore, questo lo so, ma non tutti gli esseri umani sono pronti ad accettare una verità diversa da quella in cui credono. Non sono pronti per capire. Ma tu lo sei, Swaynn. Dimmi: ti sei mai chiesa come tu potessi smaterializzarti senza l'ausilio di un'apparecchiatura elettronica?"

"Una volta ho fatto sì che Detia, la Signora dell'Isola... voglio dire... di Sel'nays... e suo marito Yoser, giungessero in quel luogo tramite la mia volontà." Mi risponde, pensierosa. "Ma credo che se Athorm non fosse stato accanto a me, forse, io non sarei riuscita a fare nulla."

"Quindi tu non hai mai provato a recarti da sola laggiù?" Le chiedo.

"No. Non ci ho neppure provato. Una serie di avvenimenti hanno fermato il tempo. Solo adesso credo di essere pronta per sapere. Ho visto l'essenza di

Athorm e ne ho conosciuto la reale identità. Anch'io ho un corpo di luce, non è vero, Orisa?"

Annuisco:

"Qui tu la conoscerai." Rispondo, lentamente. "E' per questo che sei con me, ora. Guarda il soffitto: vedi com'è alto? Non è un caso: ci sono molte creature aliene in grado di raggiungere altezze elevate, grazie alla luminosità che fa parte di loro. Per quanto tu possa credermi o no, non ho mai visto l'essenza di Athorm, né lui mi ha permesso di scorgerla. Credo che il suo cuore meccanico fosse un impedimento, per lui. Ma ora ha potuto manifestarsi a te. So solo che le creature come lui arrivano a sfiorare i tre metri d'altezza e che hanno bisogno di spazio per potersi muovere, quando liberano il loro corpo di luce. Me lo puoi confermare?"

"Sì." Risponde con decisione. Poi mi chiede: "E' per questo, quindi, che il suo corpo allo stato solido è più alto di quello degli altri esseri umani?"

"Alcune caratteristiche vengono conservate anche in forma umana. Ma altre vengono acquisite in base allo stile di vita scelto. Athorm è nato come un combattente e così si è evoluto. Tu non sei molto alta e potresti sembrare una donna come tante… ma ci sono dei particolari che ti rendono diversa. Non vuoi provare ad essere ciò che sei davvero, Swaynn? Io sono qui per aiutarti."

"Vorrei… ma non so come fare." Ammette, con lieve imbarazzo.

"Dammi le mani, sorella mia, e non avere timore: nessuno ti farà del male, qui. Sei al sicuro. Chiudi gli occhi e comincia a meditare come fai sempre. Lascia che l'Universo entri in te e che tu sia parte di esso. Rimarrò in silenzio finché non avrai stabilito la connessione… e ci vorrà del tempo, perché molti pensieri attraverseranno la tua mente. Quando percepirò le tue vibrazioni, lascerò andare le tue mani e mi manifesterò a te per come mi hai già vista. Qui c'è penombra, ma tutto diventerà scuro come la notte. Vedrai solo la mia luce. E ti indicherò che cosa fare."

Swaynn chiude gli occhi e sento scorrere immediatamente in lei una forte vibrazione: è Vegar che cerca di opporre resistenza. Questo Spirito potente cercherà in tutti i modi di impedirle di vedere se stessa per ciò che è, poiché desidera mantenere inalterato il suo potere: se Swaynn riuscisse a domarlo, lui diventerebbe il suo servo. Per questo, avverto molte interferenze, nervosismo, insofferenza che la donna di fronte a me tenta di controllare.

Vegar non è disposto a lasciarsi dominare. I respiri diventano più veloci e il battito del cuore aumenta sensibilmente. Credo che si stiano ammassando grosse nuvole nere, all'esterno. Sento il fischio del vento diventare sempre più violento. Una sensazione di freddo innaturale mi fa rabbrividire: lo Spirito sta lottando con tutte le sue forze ed è molto presente, qui, ora. Temo che possa prevalere sulla volontà di Swaynn, e questo potrebbe rappresentare un problema.

Ma quando le cose sembrano volgere al peggio, avverto un'altra vibrazione, dapprima leggera, poi sempre più intensa: è Iatho, risvegliatosi dopo un lungo sonno, pronto ad intervenire. Il tremore con cui il corpo di Swaynn è squassato mi fa comprendere la lotta interiore che sta combattendo. Ne è spettatrice ma guerriera attiva, al tempo stesso. Iatho domina la furia del vento, portando aliti tiepidi che allentano la morsa del freddo di poco prima. Ma Vegar non vuole cedere. Il tempo passa, e sento che il clima continua a mutare. So che Athorm sta assistendo a tutto questo, non senza apprensione. So che, da qualche parte di questa terra – poiché ormai non v'è più alcun dubbio che non sia mai uscito da essa – Tom vede ciò che sta accadendo, e può ricondurlo facilmente alla presenza di Swaynn. Se la donna in piedi di fronte a me riesce a dominare gli elementi che in lei si contrappongono, non dovrà più temerlo. Nel frattempo, però, avverto la presenza di uno scudo magnetico che Athorm sta creando, con la sola forza della sua mente. E il suo potere arriva fin qui, dove l'anima cui è legato giace in preda alla sua lotta personale, e la avvolge come in un abbraccio, proteggendola da interferenze esterne. La sua presenza porta ad un rallentamento del respiro e del battito cardiaco. Le mani di Swaynn tornano ad essere tiepide e i suoi occhi chiusi non sembrano muoversi rapidamente come prima.

Ma la lotta continua e io lo avverto. E questa volta, Vegar si sta scagliando contro di me. E io alzo immediatamente le mie protezioni, gli scudi invisibili contro i quali si scaglia con rabbia, mentre Iatho cerca di trattenerlo, a volte con successo, altre invano. Vegar, che è parte del mio stesso Popolo… è adirato con me. Swaynn sta cominciando a domarlo e lui si ritorce sulle mie energie, tentando di privarmi della luce. E' come un vampiro che si avventa sulla sua preda per succhiare tutto il suo sangue, fino all'ultima goccia. Non posso ancora staccare il contatto con la moglie di Athorm, perché rischierei di percepire le vibrazioni che continuano ad alternarsi, quasi con ferocia. Se l'ira di Vegar dovesse continuare a privarmi delle forze, sarei costretta ad interrompere la connessione e lui avrebbe vinto. Swaynn si è affidata a me e io non posso permettermi di non portare a termine il mio compito, qualsiasi cosa accada. Non posso permettere che il potere dei suoi Spiriti si abbatta su di lei, annientandola. Non posso sbagliare per la terza volta. Così stringo quelle mani, senza lasciarle andare, cercando di sopportare il senso di debolezza che si sta impadronendo di me. Trascorre un tempo lunghissimo, durante il quale mi sembra di morire e rinascere, molte volte. Quali poteri si agitano, in una donna apparentemente simile ad un essere umano con doti particolari? Ora comprendo la presenza di Athorm: con lui accanto, le forze si bilanciano. In lui trovano il flusso. Con lui trovano una ragione. E, lentamente, sento che la morsa si allenta, e un senso di pace comincia a pervadere la mia anima. Vegar e Iatho sono giunti ad un compromesso e hanno trovato l'equilibrio che aspettavamo. Swaynn li ha gestiti e domati. Ora, ha il controllo di questi due Spiriti potenti che, senza di lei, non potranno più esistere. Dalle sue mani avverto la vibrazione che stavo attendendo. Il vento ha smesso di soffiare. C'è silenzio è l'oscurità ci sta avvolgendo. Il momento è arrivato. Così, allento la stretta e arretro di qualche passo, lasciando che il mio corpo si avvolga della luce di cui è fatto, mentre l'energia si libera. E, dopo qualche istante, Swaynn apre gli occhi. Non vi è stupore, nel suo sguardo. Una nuova consapevolezza si è fatta strada nella sua anima. In me rivede quella donna bianca e luminosa, poco più alta e dalle fattezze simile alle mie, trasfigurate da un candore che non la acceca. Non può farlo, perché i suoi occhi riconoscono qualcosa che è istintivamente già presente nella sua anima.

"Cosa devo fare, ora, Orisa?" Mi chiede, con voce ferma.

E' pronta.

"Puoi abbandonarti all'equilibrio degli Spiriti dei tuoi Antenati, ora, poiché tu li hai domati ed essi ti riconoscono per ciò che sei. Chiamali a te, e fallo con il cuore, la mente e l'anima. Chiamali e lascia che siano loro a condurre la tua intima essenza a risplendere."

La vedo chiudere gli occhi, respirando profondamente. Avverto una leggera esitazione, com'è naturale e così dev'essere: qualunque nuovo potere acquisito non può essere accolto con leggerezza, ma con prudenza. Il suo volto sembra perdersi in ricordi del passato, qualcosa che forse nemmeno lei è in grado di ricordare, perché fa parte dell'antica conoscenza tramandata dalla sua Stirpe. Poi, un sussulto. Ed ecco, è come se la crisalide si aprisse. E il suo corpo comincia ad essere trafitto da raggi di luce, gli stessi raggi che avevano portato il fuoco su Idra e che ora non possono più sfuggire al suo controllo. E man mano che i raggi aumentano, anche le sue fattezze cambiano. Assisto con stupore alla metamorfosi di questa creatura che sembra essere partorita per la seconda volta in un mondo che la sta vedendo per ciò che è. E rimango senza fiato, quando, di fronte a me, compare la vera essenza di Swaynn.

Una figura femminile, apparentemente nuda – ma i particolari si confondono della luce dorata che il suo corpo sprigiona – , alta circa due metri e mezzo, con capelli lunghi fin quasi alle ginocchia, il viso soffuso di luce, con la sola eccezione di lunghe ciglia blu scuro piegate verso l'alto, e un simbolo pulsante al centro del petto, quasi simile ad un cuore incastonato da tanti piccoli diamanti vicini che emanano bagliori così colorati da riverberare per tutta la lunghezza e l'altezza della grotta…

Questa... è:

"Io sono V'aT'Ss, ma ti basti il sussurro del vento, per pronunciare il mio nome." Mi dice, con una voce che sembra il canto della brezza primaverile e che si perde in un eco simile a quello delle conchiglie del mare. "E ti riconosco… sorella."

S'inchina a me, lievemente. Mi sento piccola e lo sono davvero, di fronte a lei. Non so che cosa fare né cosa dire. Non mi aspettavo di vedere questo. Credevo che avrei visto una creatura molto simile a me ma è molto più di quanto potessi pensare. Non so neppure se io sia davvero la persona giusta per compiere l'ultimo atto.

"Dammi da mano… V'aT'Ss…" Sussurro, allungando la mia.

La creatura si rialza e i suoi raggi dorati giungono fino a me, riscaldando la mia anima. Il contatto tra di noi mi porta ad una connessione che non avrei più creduto di provare. Non sono io, ad insegnare a lei, ma lei a me. E non lo fa consciamente, mentre il suo cuore di cristallo – i cui diamanti sono stati celati dalla luce, ora – crea un ponte luminoso fino al mio.

"Quando ti sarà permesso di farlo, ti basterà pensare a Sel'nays e a desiderare di essere laggiù." Le dico ancora. "Il luogo da cui provieni ti riconoscerà e accetterà la tua richiesta. Raggiungerai la Luna in un soffio e il tuo corpo di luce tornerà allo stato solido. Non dimenticare mai che ora sai chi sei e che cosa sei. Non dare in mano a chiunque la tua vera essenza. Condividila solo quando non ci saranno alternative e non abusare dei tuoi poteri. Capirai col tempo le motivazioni che ti hanno concesso di avere qualcosa in più di molte altre creature aliene che cercano disperatamente di poter essere simili agli esseri umani. Non dimenticare ciò che hai imparato nei tuoi lunghi anni di addestramento. Non dimenticare il valore della Virtù e degli ideali più nobili."

Ritiro la mano, guardandola ancora una volta. In lei ci sono il Sole e la Luna insieme. In lei convivono due nature diverse. E ora, finalmente, non sono più in lotta tra di loro.

"La notte è senza stelle, sorella." Mi dice ancora, con la sua voce simile ad un canto ovattato. "Lo spirito di Kelenda mi sta chiamando. Mi chiede di essere liberato. La sua prigione non è su questo pianeta, Orisa. Il nemico si nasconde nelle Ombre ed è alimentato dalla Luce. Il pericolo viene da Sel'nays. Quel luogo dev'essere distrutto."

Le sue parole provocano un leggero tremore nella mia luce. Ciò che temevo, dunque, è la realtà. E ora comprendo la ragione della mia presenza nella vita di questa donna che non conoscerà mai più il significato di un compleanno, finché la sua luce non sarà chiamata a spegnersi, per sempre. Solo allora, si riunirà con gli Spiriti dei suoi Antenati. O, forse, per lei è riservato un destino diverso?

Ventuno - *Smuz*

Anche questa notte, dopo il Gham, corro sulla nave, dirigendomi presso una delle sezioni dedicate al computer centrale, posto a cavallo tra il primo e il secondo livello dello scafo. Grazie ad un sistema di rilevamento posto nelle iridi, la porta annessa al globo dedicato alla proiezione olografica si apre automaticamente. Corro alla mia postazione, afferrando gli elettrodi che chiedo attraverso un comando posto su un pannello pieno di pulsanti a sfioramento digitale. Collego un piccolo dispositivo ad un foro di dimensioni quasi invisibili, posto alla base del mio cranio, sedendomi su una sedia sospesa, a forza gravitazionale, e attendendo con impazienza. La sagoma di Moraya si materializza di fronte a me, lentamente. Sorrido, emozionato. Indossa un abito tipico di Verdrad, di colore azzurro e allunga le mani, come se volesse sfiorare le mie. So che non è possibile nemmeno sfiorarci: la tridimensionalità, in questo luogo, funziona solo in parte e le sensazioni tattili ci sono state proibite. Per volontà di Athorm, tutto dovrà ridursi ad un'ora sola, un'ora in cui ci siamo solo io e Moraya, nelle nostre proiezioni olografiche. Lei è nel laboratorio di Yoser

Nym, e ha ottenuto il permesso di potervi accedere grazie all'amicizia dello scienziato con il nostro capitano.

All'inizio, questa lontananza forzata è stata una prova dura da sopportare. Ora, a causa dei numerosi impegni che entrambi siamo chiamati a compiere, il vedersi alla fine della giornata diventa uno stimolo per affrontare sempre qualcosa di nuovo. Sappiamo che ci rivedremo e siamo felici di poterci incontrare così, anche per una sola ora.

"Come stai?" Le chiedo, emozionato.

"Sto bene, benissimo!" Esclama raggiante. "E qui va tutto per il meglio. Le persone che sono state scelte per l'addestramento apprendono ogni giorno sempre di più E laggiù come procede?"

"Con la gente di Verdrad tutto bene, ma Athorm e Swaynn hanno deciso di includere molte donne di Idra e non comprendo il motivo."

"Sono numericamente più degli uomini, a Idra, Smuz. E' normale che sia così. E ricorda che Swaynn ha ricevuto una preparazione in cui non era contemplata la presenza di nessun uomo. Se è chiamata a ripristinare un esercito che conosca le tradizioni dell'Isola della Luna, credo che farà in modo di mantenere inalterata la regola primaria: solo donne."

"No, non credo che gli uomini saranno esclusi." Rifletto ad alta voce. "Sennò non darebbe loro così tanti argomenti su cui riflettere e con cui formarsi. Ma non ne ha chiesto nemmeno uno a Orisa. Da Idra, solo donne. Quando sono state messe alla prova, hanno dimostrato una conoscenza superiore a quella di ogni altro essere umano con cui siamo entrati in contatto. Credo che anche questo Popolo non faccia parte della Terra."

"Creature aliene?" Chiede Moraya, incuriosita. "La razza umana si sta estinguendo, forse?"

"Non lo so, ma sembra che nessuna delle Ancelle abbia il permesso di instaurare un rapporto affettivo. E nemmeno di avere figli."

"No? Pensavo che molte di loro fossero madri."

"Le abitanti di Idra non hanno una famiglia. Vivono da sole o raccolte in piccoli gruppi. Possono avere dei rapporti occasionali ma senza legarsi a nessuno. Non so se siano in grado di generare."

Cade il silenzio, tra di noi. Sembra che Moraya si aspetti qualcosa. So anche cosa, ma non ho il coraggio di parlarle. Mi sembra tutto strano e insolito e non vorrei agire d'impulso.

"Spero di rivederti presto, Smuz." Mi dice, alla fine. "Sono felice che tu abbia ricevuto incarichi sempre più importanti: te lo meriti."

Sorrido e continuiamo a parlare di come trascorriamo le nostre giornate. Abbiamo deciso di comune accordo di non dirci mai quanto ci manchiamo: non farebbe che aumentare la difficoltà di sopportare questa lontananza. Così parliamo come se dovessimo rivederci sempre l'indomani, e l'ora trascorre sempre troppo velocemente. Prima della sua scadenza, ci salutiamo sempre con affetto e poi stacchiamo il collegamento. Solo un paio di volte ho tentato di rimanere di più, ma la comunicazione è stata interrotta bruscamente, come se il computer fosse stato programmato affinché io continui a rispettare le direttive.

C'è sempre Oughm ad aspettarmi, quando esco dal globo. I primi tempi doveva fare appello a tutta la sua carica emotiva per tirarmi su di morale. Col passare dei giorni, si è limitato ad esserci, sempre e comunque. Le nostre stanze, a Draert, sono vicine, e spesso ci fermiamo a parlare ancora un po', prima di andare a dormire. Il mio sonno è tranquillo e il risveglio è piacevole. C'è un'atmosfera frizzante, nell'aria, e una sensazione di pace mi avvolge, quando mi preparo per gli esercizi del mattino. Non è più obbligatorio svegliarsi all'alba, e la meditazione – insieme al canto – si svolge prima della colazione, sempre molto robusta e consumata insieme a molti altri abitanti di Idra. E' un'usanza che si è cercato di mantenere per favorire la comunicazione. E funziona, perché più ci si conosce, più si ha modo di diventare amici. La lingua parlata è quella di Kelenda, poiché Idra né è annessa e ne segue ancora le regole, così non vi sono ostacoli nella traduzione dei vari dialetti. C'è sempre qualche Ancella cui spetta il compito di insegnare i primi rudimenti del nostro vocabolario a chi non conosce una sola parola, ma poi tutti vengono lasciati liberi di imparare vivendo direttamente in questo luogo che diventa sempre più familiare. La mia tranquillità è disturbata da una voce femminile, che annuncia:

"Visitatore sconosciuto."

E' il sistema di controllo che comunica la presenza di qualcuno alla mia porta. Al dispositivo è stata conferita una voce simile a quella umana per rendere il tutto più gradevole. Personalmente preferisco il tono metallico tipico di Verdrad, ma sono ospite, in questa terra, e non voglio esprimere pareri su qualcosa di poca importanza.

"Analizzare il rischio!" Comando al computer, come da prassi. Un ronzio mi avvisa che la scansione è in corso e, dopo qualche istante, la voce femminile risponde:

"Impossibile identificare i dati. Codice criptato."

Afferro immediatamente la pistola che ci è consentito usare solo in caso di estrema urgenza. Devo uscire, non posso rimanere chiuso qui dentro. Devo affrontare il rischio, ma non senza difese.

"Aprire la porta!" Comando di nuovo.

"Si consiglia di non proseguire oltre." Replica la voce femminile. "Apertura non consentita."

"Apri la porta, dannazione!" Esclamo, innervosito.

"Comando negato." E' la risposta. Mi rimane una sola cosa da fare. Pronuncio la frase lentamente, con un tono più velato:

"Disattivare sistema di protezione."

"Il sistema verrà disattivato per pochi secondi." Replica la voce, ostinatamente. "In presenza di una minaccia si procederà con l'attivazione del segnale interno."

Queste parole indicano che se dovesse accadere qualcosa, il computer trasmetterà i dati in ogni parte di Idra. Le Ancelle entreranno immediatamente in azione e i sistemi di protezione, dislocati in zone che non ci sono date a sapere, creeranno veri e propri scudi protettivi su luoghi e persone.

"Confermato."

La porta si apre e io punto subito la pistola contro la sagoma che appare ai miei occhi. Trattengo il fiato per pochi istanti, nel vedere Tom, in piedi, proprio di fronte a me.

"Non sparare." Mi dice, con voce supplichevole. "Guarda." Allunga le braccia verso di me e mi sento pervaso dall'orrore quando mi accorgo che le sue mani sono state tranciate di netto e, al loro posto, vi sono fili elettrici scoperti e pezzi d'acciaio fuso. "Ho bisogno di essere riparato." Dice ancora, rimanendo fermo e guardandomi come se attendesse una risposta affermativa.

"Mi dispiace vederti in questo stato." Rispondo, puntando la pistola. "Ma non posso aiutarti, Tom. Vattene, ora, prima che io spari."

"Ho pochi secondi ancora, prima che la porta si chiuda." Continua l'uomo. "Poi fuggirò. Sono stato reso inoffensivo e non rappresento un pericolo per nessuno."

"Sai bene che non sono le tue mani a renderti ciò che sei: un assassino." Mormoro, con disprezzo. "Io devo compiere il mio dovere. Computer!" Esclamo. "Soggetto identificato: è il traditore!"

Immediatamente la porta si chiude di fronte ai miei occhi e comincia a suonare un allarme che echeggia per tutta Idra. Le voci ripetono tutte la stessa frase:

"Nemico identificato. Attivare le procedure."

Il resto è confusione allo stato puro. Siamo tutti bloccati in luoghi protetti, mentre il complesso sistema difensivo continua a replicare gli ordini. Non posso uscire di qua e non posso comunicare con nessuno, perché si rischierebbe di contaminare la scansione dei dati contenuti nella fitta rete capillare che avvolge Idra. Passano diverse ore, prima che la serratura di sblocchi di nuovo e la voce femminile annunci:

"Si prega di seguire le Ancelle."

La porta si apre e vedo un piccolo gruppo di Guerriere che mi attendono. Depongo l'arma e le seguo, senza fare domande. La porta si chiude ermeticamente dietro di me e le Ancelle mi fanno scudo con i loro corpi. Vedo che anche Oughm è nella mia stessa situazione e capisco che non sono l'unico ad essere stato convocato quando, passo dopo passo, si aggiungono alcuni dei prescelti per far parte del nuovo esercito. Veniamo stipati su grossi mezzi che si spostano a propulsione aerea, e mandati verso il cerchio di terra tra Draert e l'ultimo anello di Idra. Una volta arrivati, troviamo altre Ancelle che ci conducono in una struttura a forma piramidale, rivestita completamente di un materiale molto simile all'acciaio ma decisamente più resistente e impenetrabile. Al nostro arrivo silenzioso, una porta blindata si apre automaticamente e solo dopo il riconoscimento digitale di una delle quattro Ancelle poste ai suoi lati e che imbracciano armi molto simili a grossi fucili. Sono vestite di nero, ma indossano pantaloni e hanno un corpetto che sembra fatto dello stesso materiale di questo strano edificio.

Veniamo condotti attraverso lunghi corridoi, nei quali camminano moltissime altre donne armate e vestite nello stesso modo. Siamo caricati su ascensori che seguono comandi mentali – a quanto pare – e che si muovono in tutte le direzioni. Alla fine, giungiamo di fronte ad un ingresso molto alto, arcuato, dove altre Ancelle stazionano per verificare ciascuno di noi. Veniamo analizzati uno ad uno, poi entriamo in un grande spazio degradante verso il basso, con scalinate molto alte che si trasformano in sedili, non appena ci addentriamo nella fila a noi riservata, e che ci viene indicata da altre donne già presenti in questa sala illuminata da piccoli fari posti nel soffitto e nelle pareti. C'è un piccolo palco, proprio alla fine di queste gradinate, posto nel punto più basso. E ci sono tre schermi, due di essi più piccoli e posti lateralmente, e uno più grande, posto proprio sopra il palco. Quando la sala si riempie solo per meno della metà – saremo circa cento persone, soprattutto donne abitanti del luogo – appare Orisa, accompagnata da due Ancelle. Dal pavimento compare un congegno che amplifica naturalmente la voce, e la Signora di Idra comincia a parlare:

"Miei cari amici, siete stati convocati qui in seguito alla segnalazione che uno di voi ha fatto pervenire presso il nostro Nucleo Difensivo. Vi annuncio che il traditore è stato catturato e che non ha opposto resistenza. Ora è tenuto prigioniero in un luogo sicuro, qui a Idra. E' stato reso inoffensivo ed è sorvegliato costantemente. La vostra presenza qui ha un'importanza rilevante, poiché sono state prese delle decisioni. E voglio che sia l'Altissimo Funzionario di Kelenda, a comunicarvele."

Da una porta laterale esce Athorm, accompagnato da Swaynn. C'è ancora silenzio, in sala. Entrambi indossano l'uniforme ufficiale che contraddistingue i ruoli che essi rappresentano. Il nostro capitano prende subito la parola, e il suo tono di voce è molto serio:

"Mi rivolgo ai miei conterranei e alle abitanti di Idra, nonché ai soldati scelti di Verdrad. Il traditore non sarà punito con la morte. Per volontà di Swaynn Osery Dralt, vittima del feroce gesto di cui si è macchiato, il prigioniero sarà portato nella terra in cui parte del mio equipaggio sta completando l'addestramento delle nuove reclute. Là riceverà le cure adeguate. E' stato catturato in condizioni fisiche molto critiche, per le quali la terra di Idra non dispone delle attrezzature necessarie. Si procederà col rilevamento di dati che possano farci risalire al motivo che l'ha spinto a macchiarsi di un'onta che non riceverà il perdono di Kelenda. Verrà trattato come un prigioniero e il suo destino verrà deciso solo dopo un'attenta analisi. La vostra presenza a questo incontro è per rendervi partecipi di notizie riservate che non avete il permesso di divulgare. Al vostro ingresso, ciascuno di voi è stato registrato e da oggi in poi sarà monitorato costantemente, affinché tutto ciò che vi è stato detto non possa essere svelato senza un'adeguata e immediata punizione. E' stato necessario adottare queste misure precauzionali, in collaborazione con la Signora di Idra, poiché ciascuno di voi lascia una traccia che viene captata da qualcosa di cui ancora non conosciamo l'origine." Fa una breve pausa, durante la quale rimaniamo in silenzio e in trepidante attesa. Sembra che ogni sua parola gli pesi più di quanto voglia mostrare a tutti noi. Poi ricomincia a parlare. "Il potenziale omicida, conosciuto con il nome Tom, è un androide cui sono stati innestati parti meccaniche, a seguito di una retata eseguita nella sua terra d'origine, molti secoli fa. Il suo corpo era gravemente compromesso e lo scienziato Yoser Nym lo ha reso più forte, grazie ad una sperimentazione che stava eseguendo, con successo, su molti pazienti già curati. Queste modifiche permanenti fanno di lui un immortale. Un concetto che alcuni di voi conoscono e che altri possono solo accettare dome dato di fatto, senza comprenderlo appieno." Si leva un brusio che fa subito cessare con un cenno della mano. "Ci troviamo di fronte ad un cambiamento molto importante e dobbiamo essere pronti. Per questo, siete stati scelti tra tutti coloro che sono in addestramento: poiché avete qualcosa in più che vi rende unici, in grado di affrontare qualsiasi sfida, anche venendo a conoscenza di nuove realtà che potrebbero sconvolgere molti di voi, inizialmente. Swaynn…" Chiama sua moglie accanto a sé ed è lei, a prendere la parola, ora:

"Poste sotto il vostro sedile ci sono delle luci. Si accenderanno solo per la metà di voi. Chi non vedesse quelle luci è pregato di seguire le Ancelle e di riprendere l'addestramento, senza fare alcuna menzione di quanto è stato detto ora. Grazie a tutti."

Attendiamo con pazienza, finché le luci si accendono, tutte insieme. Io e Smuz siamo tra coloro che dovranno rimanere. Gli altri vengono invitati ad alzarsi e a tornare alla vita quotidiana, scortati da Guerriere armate. Swaynn continua a parlare:

"Per tutti voi c'è un incarico importante: siete circa cinquanta elementi e costituirete il nucleo principale dell'esercito. Imbraccerete armi speciali, anche delle terre da cui provenite, e vi occuperete della difesa di luoghi e persone con cui entrerete in contatto. Il vostro referente sarà l'Altissimo Funzionario di Kelenda che ha designato me per insegnarvi le arti del luogo da voi chiamato Isola della Luna. Non attaccherete mai per primi. Non siete chiamati a dichiarare guerre, poiché vogliamo la pace. Insegnerete ciò che vi sarà concesso di sapere a chi vi chiederà spiegazioni ma non potrete dire di più di quanto vi spetterà. Ora si accenderanno altre luci, e solo una parte di voi rimarrà in questa sala. Gli altri saranno scortati dalle Ancelle e torneranno ai loro doveri. Si dedicheranno all'Arte della Vittoria, così come vi è stata insegnata."

Attendiamo ancora qualche istante. Poi si accende una luce blu anche per me e Oughm. Siamo ancora tra i membri che riceveranno ulteriori dettagli, mentre altri fanno ritorno alla loro normale attività. Mi rendo conto che le donne di Idra superano di gran lunga l'equipaggio di Kelenda e di Verdrad. E mi chiedo il motivo di questa scelta. E' Swaynn, a spiegarlo:

"La scelta finale è caduta su di voi, poiché possiate comprendere ciò che vi sto per dire. E prima di giungere a voi, io, Athorm e la Signora di Idra ci siamo incontrati per parlare brevemente di chi sarebbe stato designato per conoscere qualcosa di molto importante. Come vi ha detto l'Altissimo Funzionario di

Kelenda, Tom è un immortale, poiché il suo corpo è stato modificato artificialmente e questo significa che, finché la tecnologia realizzerà qualcosa di innovativo, ci saranno sempre parti anche vitali che potranno essergli sostituite. Ma non è l'unico androide. Non vi è dato sapere chi siano gli altri, poiché queste notizie sono riservate. La scelta di divulgare questa caratteristica di Tom nasce dalle domande che qualcuno avrebbe potuto porsi, dopo averlo visto mutilato e, in seguito, di nuovo con le sue mani, senza aver subìto nemmeno una piccola perdita di sangue. In un essere umano qualsiasi, le sue condizioni si sarebbero rivelate fatali. In lui, come in altri, non lo saranno. Ma ci sono altri immortali, fra noi, e non perché siano state apportate modifiche al corpo o ai suoi organi principali." Guarda Orisa, e la Signora di Idra comincia a parlare:

"L'essere umano ha atteso a lungo un segnale dall'Universo. Cercava forme di vita, nella convinzione di non essere il solo, ad abitare nello Spazio infinito. Sono state scritte leggende e riportati falsi miti che hanno creato confusione, mistificando la razza aliena, come se essa fosse il prolungamento della Divinità che sta sopra a tutti noi. Ma si sbagliava. Credeva di dover cercare lontano, quando ciò che tentava di raggiungere era già con lui: le creature dell'Universo, attratte dalla bellezza di questo Pianeta, cominciavano a colonizzarlo, senza, tuttavia, tentare di modificarlo. Ne hanno amato i colori, i sapori, le emozioni e tutto ciò che rendono l'essere umano unico e irripetibile. Nessuno avrebbe mai compreso che questi alieni potessero nascondere dei segreti, poiché anch'essi sono stati coinvolti nelle immani catastrofi che hanno portato la Terra a dover ricominciare daccapo. Hanno preferito morire come esseri umani, giacché, da essi, avevano imparato la bellezza della vita. Avrebbero potuto mantenere la loro essenza immortale, ma si sono piegati alla collera della Natura, chinandosi ad essa. Alcuni, però, sono sopravvissuti, dando vita a molti luoghi del pianeta che non avrebbero mai più trovato la scintilla per ricominciare a nascere di nuovo. Non chiedevano nulla, per sé, ma continuavano a condividere ciò che sapevano, spesso dimenticandosi il luogo da cui essi provenivano. La Terra era diventata la loro casa e non l'avrebbero lasciata per nulla al mondo, a costo di immani sacrifici… come quello di non potersi mai innamorare, né creare una famiglia."

Athorm e Swaynn si pongono accanto a lei. Siamo tutti in silenzio, affascinati e spaventati al tempo stesso. Vorremmo fuggire, ma non riusciamo a muovere un passo. Non ci sentiamo minacciati, eppure abbiamo paura: paura di ciò che non conosciamo e che ci viene rivelato ora, ufficialmente.

Li vediamo guardarci, uno ad uno, mentre i loro occhi sembrano illuminarsi e le iridi diventare piccole sfere di luce.

"Noi siamo parte delle creature aliene venute su questo pianeta per servirlo e onorarlo." Dice Orisa, con una voce che sembra provenire da molto lontano.

"Continueremo a combattere per custodirlo e farlo nascere, ogni giorno, come se fosse il primo." Aggiunge Athorm. "Non vogliamo sostituirci all'essere umano. Non siamo giunti qui per dominarlo, ma per condividere ciò che sappiamo."

"Per questo stiamo creando l'esercito che nutrirà di nuovo il cuore del pianeta di speranza, coraggio e libertà." Conclude Swaynn. "Ma solo pochi saranno i prescelti per portare a compimento ciò che siamo chiamati a fare. Dovete essere pronti, poiché voi sarete i nuovi pilastri su cui si fonderà di nuovo la storia."

I loro occhi tornano normali, ora. Tra i presenti ci sono alcuni presi dal panico. Le donne di Idra sembrano in perfetto controllo. Io e Oughm cominciamo a comprendere di quanto queste creature siano state in grado di integrarsi nel nostro mondo, senza mai svelarsi. La calma torna solo dopo molti istanti di brusio e agitazione.

"Non abbiate paura, vi prego!" Esclama Athorm, sorridendo, con voce rassicurante. "Non siamo diversi da coloro che avete sempre conosciuto. Non vedrete mai qualcosa che non sia alla vostra portata. Sappiate che molti dei vostri comportamenti e delle vostre emozioni ci spaventano tanto quanto voi siete spaventati da ciò che non conoscete di noi. Non siamo diversi. E non vogliamo esserlo. Siamo tutti figli dello stesso Universo, e siamo qui per uno scopo comune: combattere per nobili ideali ed elevarci per ciò che siamo in grado di fare. Tutti noi."

"Voi siete coloro che guideranno l'esercito." Dice Swaynn. "Noi crediamo in voi. Siete i prescelti. Siete la speranza. Siete la rinascita."

Orisa è l'ultima, a parlare:

"Comprendiamo che per molti queste rivelazioni siano sconcertanti. Per questo vi lasciamo la libertà, per oggi, di riflettere su quanto vi è stato detto. Domani vorremmo che tra di voi cominciasse ad instaurarsi un legame diverso, più solido, perché siete i migliori elementi che possano rappresentare i valori più alti di ogni creatura vivente. Andate ora. Le Ancelle vi scorteranno nei vostri alloggi."

Ci alziamo, pronti per seguire le donne che già ci indicano la strada, ma Athorm e Swaynn ci chiamano, facendoci cenno di avvicinarci. Esitanti, obbediamo, e li vediamo scendere dal palco da cui Orisa si è già allontanata:

"Non vi abbiamo detto nulla che già non foste in grado di immaginare." Dice Athorm, sorridendo. Poi si rivolge a me: "Grazie per aver segnalato la presenza di Tom. Cercheremo di aiutarlo come potremo e gli chiederemo ciò che sa."

"Ma come farete a comprendere se vi starà dicendo la verità?" Gli chiedo, ancora disorientato dalle ultime rivelazioni.

"Avremo bisogno di qualcuno che sappia decodificare le sue affermazioni." Spiega Swaynn, sorridendo. "E abbiamo ritenuto che tu fossi la persona giusta per farlo. Tornerai a Verdrad alle prime luci dell'alba, con una nave messa a disposizione da parte del Popolo di Idra."

"Io?" Chiedo, incredulo.

"Tu, Smuz." Conferma Athorm, appoggiando una mano sulla mia spalla. "E quando sarai laggiù, avrai il compito di gestire gli uomini e di insegnare loro come costruire il Tharyd. Rivedrai Moraya. Non sei felice di questo?"

"Lo sono…" Mormoro, in preda a emozioni contrastanti.

"E io, capo?" Chiede Oughm, un po' risentito. "Non vi servo a nulla?"

"Tu sei ora portavoce di tutto quello che io e Athorm decideremo e comunicheremo." Risponde Swaynn. "Non è un compito facile e ti sarà richiesto anche di riportare tutte le comunicazioni da parte del nuovo esercito."

Lo vediamo arrossire di felicità e chinare il capo, timidamente, in segno di ringraziamento.

"Questo esercito…" Chiedo con la voce lievemente alterata dall'emozione di poter rivedere Moraya. "Avrà un nome?"

"Sì, Smuz." Risponde Athorm, con voce calma, ma decisa. "Sarà l'*Esercito di Sel'nays*. L'esercito dell'Isola della Luna."

Ventidue - *Swaynn*

Dopo la partenza di Smuz, nella stessa nave che trasporta Tom, sorvegliato a vista da numerose Ancelle, sono state selezionate altre sei persone che affiancheranno strettamente me e Athorm. Una di queste è Oughm, già operativo dal giorno successivo alla riunione ufficiale. Si sono aggiunte due Guerriere di Idra, Lluish e Onya; poi due uomini di Verdrad, Zoid e Chaz; infine, una donna di Kelenda, Edena, che già faceva parte dell'equipaggio. La scelta è stata fatta in base a molti ragionamenti, riflessioni condivise e risultati dimostrati in seguito a numerose prove. Abbiamo passato intere notti insonni, a rivedere tutti i nominativi che avevamo a nostra disposizione. Non avremmo mai potuto escludere Oughm dalla lista, non solo per un discorso affettivo, ma soprattutto perché le sue conoscenze si sono ampliate e il suo spirito è mutato. Nel momento stesso in cui è rimasto l'unico, qualcosa di significativo è scattato dentro di lui e il suo fare un po' ozioso che l'aveva sempre contraddistinto ha lasciato il posto ad un nuovo entusiasmo e ad un energia di cui avevamo bisogno.

Stiamo completando la formazione in un luogo diverso da quello in cui si è sempre svolto l'addestramento. Orisa ha predisposto un campo presso il secondo anello della terra di Idra, quello più esterno, i cui confini sfiorano un paesaggio un po' brullo, una sottile linea di confine con un altro territorio quasi inesplorato. Le Ancelle di Idra stanno cercando di bonificarlo, poiché sembra che possa portare molto frutto. Anche per questa ragione, è stato costruito un accampamento di fortuna, dove tutti possano sperimentare le condizioni più difficili, sia per discipline più delicate, come la meditazione e il Gham, sia per quelle più creative, come la costruzione del Tharyd e del Chrein, sia, per l'arte del combattimento.

Non è stato facile integrare persone così eterogenee. Ma la cosa più difficile è mantenere il controllo di tutti i prescelti, a partire dai cento, per poi scendere a cinquanta e, infine, a venticinque. Smuz è stato incluso in tutti i resoconti, solo perché aveva il diritto di sapere. Gli abbiamo chiesto di riferire a Moraya, non appena si fosse trovato in un luogo sicuro. Per monitorare anche lei, Smuz avrà il compito di installarle un dispositivo speciale tramite un piccolo congegno da

411

porre sugli occhi aperti della sua fidanzata. E' un compito molto semplice, rapido e indolore, e i dati che verranno introdotti nella memoria artificiale di Moraya si connetteranno immediatamente al computer centrale della nave. Smuz non può esimersi dal farlo. Se decidesse di rifiutarsi – sebbene sappiamo non lo farebbe mai – tutti i suoi dispositivi meccanici saranno disattivati, e cadrà in un sonno da cui solo Yoser potrà svegliarlo, se e quando noi lo riterremo opportuno. Potrebbe sembrare un rimedio eccessivamente drastico, ma, dopo la disavventura con Tom, si è reso necessario adottare delle precauzioni.

Siamo tutti molto impegnati, ma, forse, Athorm lo è di più: non solo deve dedicarsi a questo progetto, ma deve anche mantenere i rapporti con tutti gli Altri Funzionari dislocati nelle varie terre che fanno riferimento a Kelenda. Deve prendere decisioni insieme a loro, anche per ciò che riguarda luoghi che può controllare solo a distanza, e mantenere in costante aggiornamento questi personaggi importanti riguardo la situazione dei mari, la loro sicurezza e la possibilità di tornare ad una navigazione libera e priva di grossi rischi. Da troppo tempo, ormai, le navi hanno smesso di solcare i mari, prediligendo sistemi alternativi, a propulsione aerea. Sembra che l'essere umano si sia basato sullo studio degli *oggetti volanti non identificati*, cercando di emularli nelle forme e nelle probabili prestazioni. Hanno attribuito agli alieni l'invenzione di questi velivoli che hanno sostituito anche gli aerei, riuscendo a spingersi ad altezze minori ma sicuramente di tutto rispetto, anche se si cerca di sorvolare solo la terraferma, temendo che le terre sommerse possano sprigionare radiazioni fatali che potrebbero mandare in tilt i pannelli di comando e di sicurezza.

Quando vivevo sull'Isola delle Vergini non mi era mai stato detto nulla, al riguardo. Credevo che la vita avesse ripreso a scorrere come ai tempi in cui l'uomo era apparso sulla Terra e la tecnologia fosse solo un miraggio, un ricordo nostalgico, appannaggio di pochi danarosi. Invece, da quando sono giunta in questo mondo, ho potuto vedere con i miei occhi quanto l'essere umano sia ancora aggrappato alle scoperte più innovative, senza tralasciare i retaggi del passato che hanno permesso di lasciare un segno nella storia.

So che, un giorno, farò ritorno nel luogo da cui provengo. L'ho visto. E mi chiedo da tempo che cosa sia dell'Isola delle Vergini, di come stiano andando le cose ma, soprattutto, delle reali condizioni di Detia. Athorm è in contatto anche con Yoser, ma le notizie che mi riporta sono sempre lapidarie. Mi conferma la situazione difficile ma non aggiunge altro. So che mi sta nascondendo qualcosa, e so anche che se mi desse anche solo la più piccola ragione per farlo, correrei dalla mia più cara amica per starle vicino. Il rischio, però, è di lasciar solo mio marito in questa fase così delicata, visto che ha moltissimi altri impegni ai quali deve dedicare tutta la sua giornata e gran parte della notte. A volte benedico il fatto che lui non sia un essere umano, perché non riuscirebbe mai a reggere dei ritmi così serrati. Poi, però, mi rendo conto di quanto la stanchezza pervada il mio corpo e mi chiedo se la sua forza apparente sia una maschera che indossa per non farmi stare in pena per lui. Ci vediamo molto poco e comincio a risentire di questa lontananza. Anch'io sono molto impegnata e, spesso, vorrei potermi fermare, dedicarmi a un'attività diversa, dimenticare tutto e tutti per un solo giorno, dormire e stare con Athorm, anche senza dirci nulla. Siamo così legati alla comunicazione con chiunque si riferisca a noi, quotidianamente, da desiderare il silenzio che entrambi amiamo. Ma non è possibile fermarci proprio ora che stiamo per essere pronti. Presto le due metà dell'esercito – quella a Verdrad e quella a Idra – si riuniranno, e solo allora potremo valutare la portata di questo nuovo equipaggio. Un equipaggio che ha smesso di essere considerato solamente un covo di avventurieri, amanti del mare e della vita facile, ma ha cominciato ad acquistare prestigio in quasi tutti i luoghi abitati del pianeta.

"Terra, Swaynn!" Mi annuncia Oughm, sventolando un foglio che reca dei dati e un disegno realizzato dal computer. "E' riemersa un'altra terra dal mare!"

"Che cosa intendi dire, Oughm?" Chiedo, senza capire, mentre il frastuono dei combattimenti e delle persone che conversano tra di loro attraverso il linguaggio di Sel'nays mi stordisce l'udito.

"Intendo dire che, dopo molti secoli, finalmente, il mare ha restituito un pezzo di terra che aveva sommerso secoli fa! Quest'ipotesi circolava da tempo, ma non potevo parlarne con nessuno, nemmeno con te: come Condottiero dei Mari, Athorm mi aveva proibito di divulgare la notizia finché non si fossero trovate delle prove inconfutabili. Beh, oggi sono arrivate! Finalmente ricominceremo a vedere altri pezzi di terra riemergere dalle acque ed essi potranno essere popolati di nuovo! Nuove conquiste e nuovi insediamenti… non è fantastico?"

"Lo è, ma io non conosco questo mondo, così come lo conoscete voi." Ammetto. "E poi… credevo che tu amassi vivere sulla nave, Oughm. Non pensavo che l'idea della terraferma ti affascinasse così tanto…"

"E' vero: io amo viaggiare per i mari. Però, quando sono stato tratto in salvo, la mia patria è stata distrutta, così come lo è stata quella di tutti gli altri. E anche Kelenda, ora, non è che un nome. Un nome altisonante, è vero, ma di quello splendore non rimane più nulla, se non un terreno maledetto che porta solo morte e desolazione…"

Gli rivolgo uno sguardo duro, carico di rimprovero:

"Non dire così! Non te lo permetto!" Esclamo, severamente. "Kelenda non è solo ciò che vedi: è molto di più! E' un simbolo che ha permesso a te e a tutti gli altri di andare avanti e diventare ciò che siete ora! Ora torna al tuo lavoro. E fa' che io non ti senta mai più parlare in questo modo della bandiera che stai servendo!"

I suoi occhi si sgranano e, per un attimo, temo di essere stata fin troppo dura. Lo vedo andarsene a capo chino e riprendere i suoi doveri con lo spirito di sempre.

Sono io, ad essere stanca. Vado avanti, ma non so nemmeno più perché. Obbedisco e decido, ma non ricordo quasi più chi fossi. Tutti i ricordi legati alla mia gioventù trascorsa nel silenzio, nella riflessione, nella continua meditazione e in solitudine, ora, si stanno trasformando in frastuono, giornate che non si differenziano mai e stanchezza mentale. Vorrei potermi fermare un attimo, ma gli eventi incalzano.

... e gli Spiriti degli Antenati mi parlano ancora.

Non ne ho ancora discusso con Athorm, per non distoglierlo dai suoi impegni, ma da un po' di tempo avverto nuovamente quella sensazione di freddo che non sentivo più da molto tempo. Quanto sarà passato? Circa due anni terrestri, credo. E pensavo che gli Spiriti avessero trovato la pace che desideravano, una volta restituita la Pietra Lunare. Possibile che io mi sia sbagliata? O è adesso, che sto cominciando a suggestionarmi, solo perché la stanchezza si sta facendo sentire sempre di più?

Eppure ho visto. Ho visto l'origine del pericolo. Ho visto il luogo da cui proviene il Potere delle Ombre. Ed esso ha sede presso l'Isola delle Vergini. Ne sono certa. L'ho percepito. Ne ho visto l'oscurità. Ne ho sentito l'odore. Ed era un odore familiare, sebbene non fossi riuscita a trovarne la fonte. L'unica cosa che riuscivo a sentire era la vibrazione che esso emanava, una vibrazione stonata, in un'armonia quasi perfetta. E quell'armonia veniva dal Cosmo. Dalla Luna. E dopo aver compreso, qualcosa mi ha bisbigliato all'orecchio che avrei dovuto fare una scelta, e che essa avrebbe comportato delle conseguenze, qualsiasi esse fossero.

"Swaynn."

Una voce femminile mi distoglie dai miei pensieri: Orisa è giunta fin qui, nel secondo anello di Idra, forse per parlarmi. Lo capisco dal suo sguardo. La saluto con un lieve inchino del capo e lei mi chiede:

"Come procede l'addestramento? E' tutto pronto?"

"Quasi." Rispondo, sovrappensiero. "Non hai avuto notizie di Tom?"

"Athorm non ti ha detto? Forse non ne ha avuto il tempo... So solo che Verlor Torrado ha riparato le sue mani e che è sotto stretta osservazione. Non può muoversi né pensare liberamente: la sua mente è costantemente monitorata da speciali sensori che percepiscono le oscillazioni delle sue onde cerebrali, tramutandole in parole. Credo che non ci sia prigione peggiore della violazione della propria vita più profonda, Swaynn. Non lo credi anche tu?"

Annuisco distrattamente: penso a tutti i doveri che devo ancora sbrigare fino alla fine della giornata e non riesco a darle l'attenzione che merita. Orisa lo percepisce e mi dice:

"Sono venuta fin qui per sapere a che punto tu fossi ma anche per chiederti di venire con me al tempio. Mi permetti di offrirti un passaggio, Swaynn? Non è come cavalcare un cavallo, ma ci si mette molto meno e, di questi tempi, ogni minuto è prezioso."

"Verrei volentieri." Le dico, sinceramente. "Ma non mi è possibile. C'è ancora molto da fare e non posso assentarmi."

"Io credo che tu possa, invece." Insiste. "Vuoi la perfezione, e l'hai raggiunta. Ora, il resto dipende da loro. Lasciali fare e datti un po' di respiro. Deponi le armi e vieni con me. Per favore, Swaynn: fallo per me."

Indugio per un lungo istante. Sono combattuta tra il senso del dovere e la cortesia che mi chiede una persona che continua a sostenermi, con tutti i mezzi a sua disposizione. Mi accerto di come stiano procedendo le cose: non è tutto come vorrei che fosse. Ci sono molti dettagli da definire ed è necessario più ordine. Ma, forse, Orisa ha ragione: se allentassi la presa, potrei valutare meglio il lavoro di tutti, senza la mia costante sollecitazione.

Accetto il suo invito, lasciando le armi nella tenda a me riservata. Mi cambio velocemente, e affido il comando a Edena: lei sarà in grado di sostituirmi durante la mia assenza. Sa già molte cose.

Partiamo col mezzo a propulsione di Orisa, insieme alle sue Ancelle. Rimango in silenzio, mentre la Signora di Idra mi osserva senza parlare. La mia mente è ancora rapita da tutti i programmi stabiliti alla perfezione e non riuscirei ad essere presente ad un'eventuale conversazione. So che può comprendermi, e forse è anche per questo che non mi forza a fare più di quanto le stia concedendo, con la mia presenza.

Arriviamo presso l'antico tempio in pochissimi istanti, poi scendiamo, scortate da altre Ancelle che si danno il cambio. Entriamo, costantemente seguite fino a che la porta non si chiude dentro di noi. Sono sorpresa nel vedere Athorm, così come lui lo è nel vedere me.

"Ma che cosa succede?" Chiedo, senza capire. Orisa sorride:

"Questo è il mio dono per voi." Avvicinandosi alla piccola buca posta dall'altra parte della grande sala, compie gli stessi gesti con cui ha aperto il passaggio. Anche questa volta, l'ingresso si rivela a noi, risplendendo di una luce soffusa.

"Avete lavorato senza mai risparmiarvi, dando alla mia terra una possibilità in più." Spiega Orisa. "E' tempo che vi conosciate per ciò che siete, ed è giusto che avvenga qui. Prendetevi tutto il tempo che vi occorre. Date a voi stessi ciò che state dando agli altri: la possibilità di stare insieme e di comunicare." Parla camminando lentamente verso di noi. Poi, appoggiando una mano sulle nostre spalle, aggiunge: "Nessuno vi disturberà, per oggi. Avete bisogno di riposare, per ritrovare la forza che il vostro impegno richiederà. Non accetto un rifiuto: lo prenderei come un'offesa personale. Non preoccupatevi di nulla: le mie Ancelle saranno sempre intorno al tempio e vi difenderanno a costo della loro vita, se necessario."

Poi, la porta si riapre e lei esce, rivolgendoci un ultimo sorriso.

Quando rimaniamo soli, io e Athorm ci guardiamo. Quanti giorni sono passati, da quando abbiamo trascorso quella notte abbracciati? Ma, soprattutto: quanto siamo davvero pronti per viverci per ciò che siamo, manifestandoci reciprocamente le nostre vere essenze e concedendo loro di riconoscersi? Mi pongo queste domande, ma con la mente sono ancora altrove. Per quanto Orisa si stia sforzando di ricordarci che esiste una vita, oltre al dovere, mi è difficile staccarmi dalla ferrea disciplina che mi è stata insegnata sin da quando ero piccola. E' Athorm a decidere per entrambi. Sorridendo, mi porge la mano e rimane in attesa. Dopo una lunga esitazione, accetto la sua stretta e mi lascio condurre verso l'ingresso di quella grotta sotterranea dove i miei Spiriti hanno combattuto una lotta così estenuante da privarmi delle energie per molte giornate, nonostante abbia fatto di tutto per nasconderlo agli altri.

Quando scendiamo lungo la scalinata, noto che sono state accese delle candele lungo i muri, e non fa freddo come la prima volta in cui sono stata quaggiù. Anche il grosso tunnel sotterraneo è illuminato, riscaldato con un piccolo fuoco acceso presso ogni nicchia dei quattro lati della grotta. Il pavimento è ricoperto di morbidi tappeti, su cui troneggiano grossi cuscini e soffici coperte. E c'è anche della frutta, posta su un tavolino di legno poco distante dall'ingresso, e caraffe piene di acqua limpida.

"Dashy mi aveva detto che le Vergini tratte in salvo si erano cibate di ben altro…" Osservo, ricordandomi della vecchia misteriosa che sapeva leggere nella mia anima. "Ma ancora non ho capito dove si fossero nascoste. Mi ha detto anche che non si sono mai mosse da lì. Forse dovrei cercare di capire anche questa cosa…"

"Swaynn…" Mi dice Athorm, quasi sottovoce. Lo guardo e mi accorgo di quanto anche lui sia provato, nonostante, come me, continui a mostrarsi a tutti come una guida piena di forze. Un'energia inesauribile. Una maschera perfetta. Forse, anche a lui Orisa ha detto di deporre le armi, perché indossa gli indumenti che è solito portare quando siamo in viaggio. Anche il mantello scuro.

La stanchezza comincia a pesare, e mi ritrovo quasi accasciata sul morbido tappeto, con lo sguardo rivolto verso il basso. Athorm si siede accanto a me e rimane in silenzio. Mi accorgo che l'oscurità sta scendendo rapidamente, anche se il calore non diminuisce. Comprendo le sue intenzioni e gli dico:

"Ho paura…"

Ma lui non risponde. Anche quando l'oscurità ci avvolge, il suo aspetto non muta immediatamente. So che vuole darmi il tempo di fidarmi di lui, ma sto tremando. Non mi fa paura solo ciò che sta per accadere, ma – anche e soprattutto – la possibilità che io non riesca a gestire ciò che sono. Così rimaniamo a lungo in silenzio, mentre il suo sguardo non mi lascia, ma neppure mi forza ad accettare qualcosa che potrebbe desiderare di farmi fuggire. E' una paura innaturale, giacché conosco il suo aspetto e conosco anche il mio. Ma, forse, il fatto di essermi dedicata anima e corpo a qualcosa di molto terreno, mi induce ad aggrapparmi alla concretezza di ciò che posso toccare, nonostante io sia pronta da molto tempo, per fare questo passo.

Col passare del tempo, il mio respiro diventa più regolare. Il silenzio che mi avvolge è una carezza sull'anima che riesce a calmarmi sempre di più. Athorm non forza nulla e attende con pazienza, godendo del silenzio che lui stesso desidera quanto me. Così, anche i battiti del mio cuore rallentano e cominciano a pulsare all'unisono con qualcosa che vive al di fuori di noi. Quando la mia anima è avvolta da un senso di calma e benessere, Athorm si alza. Non lo guardo, mentre avviene la metamorfosi. Non ho paura di lui. Ho paura di me. Ma, la sua grande mano luminosa si avvicina al mio viso, sfiorandolo con delicatezza e il suo calore giunge fino alla mia anima. Mi alzo in piedi anch'io e lascio che l'oscurità mi avvolga. Chiudo dli occhi, ricordando perfettamente le vibrazioni che possiedono Vegar e Iatho, gli Spiriti dei miei Antenati che ora sono in grado di dominare. L'essenza si risveglia, e mi sento come se qualcosa mi stesse sollevando, come se il peso del mio corpo si alleggerisse e io diventassi simile ad una piuma. Un calore intenso ma sopportabile si sprigiona dal centro del mio petto e si irradia all'esterno, avvolgendomi completamente. La pesantezza dei pensieri di un corpo fatto di energia allo stato solido si dissolvono nel nulla, e io mi sento simile alla luce del sole, che scalda senza bruciare. Apro gli occhi, e vedo l'essenza di Athorm di fronte a me.

"V'aT'Ss." Lo sento pronunciare il mio nome, ma la sua voce lontana è dentro di me, non fuori. Il contatto è telepatico. Non c'è bisogno di usare le labbra, per articolare le parole.

"At'n-I'd." Rispondo, ed è come se la mia voce giungesse dall'abisso dell'Universo, fino a giungere qui, in questo luogo che sembra illuminarsi di piccole luci, gli Spiriti degli Antenati che si manifestano per pochi istanti per celebrare questo momento.

Tutto accade spontaneamente, come se conoscessimo da sempre il naturale evolversi delle unioni aliene. Le nostre mani si poggiano palmo contro palmo, e la sensazione tattile non è diversa da quella di due corpi umani. L'unica differenza è nel calore che il contatto sprigiona e la totale fusione che ne deriva. Lui si avvicina a me e, dal centro del suo petto, vedo sprigionarsi una luce, dapprima fioca e sottile, poi più intensa. Ha un colore rosato e si estende fino al mio cuore che emana bagliori colorati. I raggi prodotti dal mio corpo si fondono con la scia luminosa di quel cuore tinto di un colore simile a quello del sangue, e la sensazione di appartenenza è sempre più forte. Mi stringe a sé, come succede anche tra gli esseri umani, e dal nostro abbraccio si sprigiona una luce molto intensa che invade tutta la grotta sotterranea. Non vi è un'unione fisica, poiché siamo energia, ma la sensazione che ci lega è così forte da andare oltre lo spazio e il tempo. E' come quando i nostri palmi insanguinati sono entrati in contatto tra di loro e il sangue si è mescolato.

"Rallenta le vibrazioni." Mi dice, con la voce della mente.

E' la prima volta che provo a farlo. Devo dominare Vegar e Iatho, ed è il secondo a dover prevalere, ora. Non è facile imbavagliare l'irruenza dello Spirito di fuoco, ma lo percepisco in sottomissione, ed è come se piegasse la testa di fronte al mio comando. E quando le vibrazioni rallentano, i nostri corpi raggiungono uno stato a metà tra quello umano e la pura essenza. La sensazione tattile è più netta, e si cominciano a vedere alcuni dettagli del viso. E' ciò che io riesco a scorgere, e credo che lo stesso valga per At'n-I'd. Lui mi prende il viso tra le mani e mi sfiora le labbra con un bacio. E credo che, se non avessi mai vissuto l'esperienza umana, non potrei capire il valore di quella che sto vivendo adesso e che non riesco a spiegare con le sole parole. E' come se le nostre anime spiccassero il volo verso l'infinito, pur rimanendo fermamente ancorate alla terra; come se fossimo aria e fuoco, ma senza spargere fiamme; come se la forza del Sole e della Luna trovasse libero sfogo dentro di noi, ma senza prevalere sulla gravità terrestre.

Poi, all'improvviso, tutto torna com'era. Le luci delle candele, il fuoco del camino, i morbidi tappeti... e noi, Swaynn e Athorm, con gli abiti che ci hanno visti entrare quaggiù, senza sapere che cosa sarebbe stato.

"Che cosa succede?" Chiedo, confusa.

"Le creature aliene non possono riprodursi come fanno gli esseri umani." Risponde piano, tenendomi le mani tra le sue. "Questa è una conquista che solo chi abita questo Pianeta è riuscito a mantenere intatto, nel corso dei secoli. Un miracolo che in molti rifiutano di perpetuare, senza conoscere il significato che esso contiene."

"Così..." Mormoro, sovrappensiero. "Per dare vita ad un altro essere vivente, le creature aliene devono obbligatoriamente assumere sembianze umane..."

Athorm annuisce:

"Tuttavia, Swaynn, non a tutte viene concessa questa possibilità. Chi riesce ad integrarsi con le creature terrestri è, nei fatti, un prescelto. Questo è il segreto che rende un alieno inferiore all'essere umano. E questo è il motivo per cui noi non possiamo essere considerati superiori a nessuno, nemmeno in virtù della nostra immortalità, che per molti può essere un dono, ma che sa assumere il sapore di una condanna quando non ti permette di amare e di generare nuova vita."

La stanchezza accumulata nel corso dei giorni, la tensione emotiva, la dura disciplina cui sono sottoposta ogni giorno, senza sosta, e l'energia che ho impiegato per combattere di nuovo contro l'indole ribelle dei miei Spiriti... tutto questo e molto di più mi fa girare la testa e se Athorm non fosse pronto a trattenermi, scivolerei a terra.

"Tu non stai bene, Swaynn." Mi dice, evidentemente preoccupato. "Ti stai dando più di quanto dovresti."

"Anche tu lo fai, eppure non sembri risentirne." Mormoro, stancamente.

"Non ti sei data tempo, dopo la convalescenza." Mi rimprovera affettuosamente. "Orisa ha fatto bene a fermarti, prima che tu spendessi tutte le tue energie. Mi servi viva. La tua essenza umana soffre come quella di tutti gli altri esseri di questo pianeta."

"Athorm." Appoggio le mani sul suo petto, per guardarlo meglio. Le parole pesano come macigni, quando le pronuncio. Ma non posso più tacere il dubbio che cerco di scacciare dalla mia mente con tutte le mie forze, con l'unico risultato di sentirmi sempre più esausta, poiché nella lotto contro me stessa sono sempre io a perdere. Così, facendo appello a tutto il mio coraggio, lo fisso negli occhi e mormoro d'un fiato: "Credo di essere incinta."

Lo vedo impallidire, per un attimo. Poi mi abbraccia, senza dire nulla. Ho paura, ancora una volta.

C'è davvero tanta differenza tra gli esseri umani e le creature aliene?

"L'esito è positivo. Swaynn è incinta."

Le parole pronunciate da Orisa, felice come se la notizia la coinvolgesse in prima persona, giungono al nostro cuore come un macigno. Ci guarda e non capisce la nostra reazione. Le sue Ancelle, quelle che sono state allieve di Yoser, hanno verificato più volte il risultato, per non avere alcun dubbio. Swaynn aspetta un bambino. Dovremmo esserne felici, ma rimaniamo in silenzio, come impietriti.

"Avete capito che cos'ho detto?" Ripete Orisa, con uno sguardo sorpreso. "E' una bella notizia. Eppure sembra che non vi riguardi. Non a tutte le creature aliene è data la possibilità di generare figli: Swaynn è rimasta incinta per la seconda volta. Non è una benedizione, forse?"

"Lo è." Rispondo, cercando di mantenere un tono calmo. "Ma non credevo potesse capitare un'altra volta… dopo tutto quello che è successo."

"Appunto!" Esclama Orisa, camminando tra di noi. "E' un miracolo, considerando che questo bambino è sopravvissuto persino all'attentato! Solo una delle mie Ancelle aveva percepito qualcosa di diverso, ma, forse, il feto era ancora così piccolo da non essere possibile individuarlo. Ma c'è, ed è vivo! Possibile che non vi desti alcuna emozione?"

"Abbiamo così tante cose a cui pensare…" Mormora Swaynn, stancamente. "Tante decisioni da prendere e un bisogno costante della nostra presenza. Athorm deve pensare anche a mantenere l'impegno preso, in seguito all'incarico che gli è stato conferito."

"E cosa vorreste fare, quindi? Disfarvene? Sapete quante creature aliene vorrebbero essere nella vostra situazione?"

Avverto molta agitazione, nelle sue parole. Cerco di riportare la calma, riformulando il pensiero:

"Non credo che Swaynn voglia privarsi di questa vita e anch'io sono consapevole dei limiti che molti alieni non hanno il permesso di superare. Siamo solo sorpresi e i ricordi del passato bruciano ancora. Credo che dovremo parlarne io e mia moglie, in privato. Se ce lo concedi, Orisa, ti chiederei il permesso di darci un po' di tempo e di affidare l'incarico a Oughm e Edena: sapranno sostituirci finché io e Swaynn non avremo discusso a fondo di questa situazione."

"Fate pure." Mormora Orisa, contrita. "Ma, sinceramente, non vi comprendo."

Conduco Swaynn verso l'alloggio che ci è stato riservato, in silenzio. Siamo scortati da Ancelle che non si allontanano nemmeno un istante da noi. Sebbene Tom sia stato catturato e ormai risieda in una prigione speciale di Verdrad, non è detto che il peggio sia passato. Chi può avergli strappato le mani con così tanta ferocia? Chi può aver disattivato tutti i suoi rilevatori, rendendolo invisibile a tutti? Chi si è preso cura di lui, finché non ha chiesto aiuto a Smuz, segnando la sua condanna definitiva?

Giungiamo nel nostro alloggio e alcune donne di Idra rimangono fuori dalla nostra porta, per assicurarsi che nessun ospite indesiderato faccia la sua comparsa. Rimasti soli, Swaynn si sdraia sul letto, stancamente. Solo ora mi rendo conto di quanto sia provata. Mi osserva senza parlare e i suoi occhi parlano più di quanto saprebbero fare le sue labbra.

"Io sono felice di questa gravidanza." Le dico, sedendomi accanto a lei. "Non desideravo altro, da quando è nata Mytia. Ma so che tu non eri pronta e temo che questo non sia il momento giusto, per nessuno dei due."

Swaynn continua a fissarmi:

"Vuoi che soffochi questa vita, Athorm?" Mi chiede, con voce neutra. "Perché anch'io non so che cosa sia giusto fare. So che ci sono cose che non mi stai dicendo e più cerchi di nasconderle, più la mia anima si svuota di energia, poiché avverte le tue sensazioni."

Le stringo la mano: è fredda, e cerco di scaldargliela tenendola tra le mie. Capisco solo ora che è inutile continuare a mentirle. Se continuassi a farlo, sarebbe solo un peso che graverebbe sulle sue spalle. Così, dopo molti giorni di silenzio, decido di raccontarle la verità:

"Detia non sta bene, Swaynn. Yoser riesce a malapena a darle dei rimedi momentanei che riescano a sostenerla nel suo compito. L'Isola è nel caos completo: giungono bambine da ogni luogo, persino dalla Terra. Qualcuno, da qualche parte del pianeta, sta sfruttando uno smaterializzatore molto simile a quello che ha ideato Yoser, ma non conosce i pericoli cui queste creature sono continuamente sottoposte."

Swaynn si mette a sedere immediatamente:

"E come dovrebbero arrivare, fin lassù, Athorm?" Mi chiede con voce stanca, ma decisa. "Io sono stata strappata alla mia terra, di cui non ricordo praticamente nulla. Mi hanno bendata, insieme a tutte le altre. Abbiamo sentito chiaramente il suono dell'imbarcazione contro la riva."

"La smaterializzazione avveniva proprio in quella piccola nave." Rispondo, cercando di spiegare tutto ciò che potrebbe servirle per ricostruire il suo passato. "La fine del viaggio si concludeva quando tutte voi raggiungevate l'Isola. Percepivate ciò che più assomigliava a qualcosa di familiare, perché nessuna di voi vivesse il trauma di ritrovarsi altrove. Ma eravate già piccole aliene viventi sul pianeta Terra, scelte tra migliaia di altre bambine, dal nostro caro Orud. Egli non era solo il Portatore della Pietra Lunare: il suo compito era anche quello di recarsi sul luogo in cui verificava la reale essenza delle bambine che avrebbero dovuto raggiungere la Luna. Molte di esse sono state lasciate sulla Terra, proprio perché umane. Ma non doveva sapersi che l'Isola fosse situata in un luogo così lontano dal pianeta. Così le piccole venivano indotte a dimenticare. Facevano ritorno a casa, con il chiaro monito di non ripresentarsi mai più all'imbarco posto al limite di Kelenda."

"Kelenda?" Mi chiede stupita. "Noi partivamo da lì?"

"No. Laggiù avveniva la smaterializzazione. Ma ora è Yoser che la controlla a distanza. Si verifica a Verdrad, in un piccolo lembo di terra poco lontano dalla riva. Ma sembra che vi siano delle interferenze, e lui crede che possa esserci qualcuno che stia controllando da qualche altra parte del pianeta questi viaggi dell'essere umano che non è in grado di sopportare a lungo la lega di ossigeno e idrogeno di Sel'nays."

Swaynn mi guarda ancora, come se un pensiero si stesse facendo sempre più largo nella sua mente e nel suo cuore:

"Tu… c'eri, quando io sono stata condotta laggiù!" Mormora, quasi senza fiato. "Tu c'eri già! E forse mi hai vista!"

Le prendo il viso tra le mani, sorridendo:

"Credi di avere trentadue anni… ma la verità è che neppure tu puoi sapere quale sia la tua vera età." Rispondo, dolcemente. "C'ero, sì. Ma non avevo il compito di presiedere a questa selezione. Non ti ho mai incontrata prima: ti ho vista là, sulla scogliera, mentre suonavi il Chrein per salvare la vita alla nuova razza. Non sapevo altro, se non che ti avrei incontrata, un giorno. Ti ho riconosciuta solo in quel momento. Ma non posso rispondere alle domande sulla tua infanzia, Swaynn, mi dispiace. Quella, forse, in parte può conoscerla Orisa: il suo Popolo dipendeva da Id'V'Ra, la terra di Vegar, e da essa io l'ho tratta in salva, poiché lo Spirito era così potente da essere in grado di dare la vita o distruggerla."

"Dimmi di Detia, allora." Le sue mani stringono convulsamente la mia camicia. "Lei non è un'immortale…"

"No. Non lo è. Yoser lo ha scoperto per caso. Detia è frutto di un doppio incrocio con la razza umana, il più terribile che possa esistere su questo pianeta. L'incesto tra padre e figlia è una condanna molto severa a Kelenda: l'abbiamo imposta con fermezza dopo essere venuti a conoscenza di molte violenze perpetrate soprattutto ai danni dell'essere umano di sesso femminile. Il nonno di Detia, un essere umano, né è anche il padre. E la madre di Detia era nata da un accoppiamento tra il marito e una donna di razza aliena. Il vero cognome della moglie di Yoser è Iome, ma nessuno gliel'ha mai detto, per farle credere che il suo sangue non fosse stato contaminato. Ma in seguito alle numerose smaterializzazioni, il suo corpo ha cominciato ad indebolirsi molto rapidamente. Anche quello di Yoser potrebbe essere sottoposto a questo processo, se le sue parti meccaniche non fossero completamente rivestite di lembi tissutali prelevati dalle creature aliene cui egli è venuto a contatto, nel tempo."

La consapevolezza si fa strada nei suoi occhi:

"Lei non si salverà, vero?" Mi chiede, tristemente.

Scuoto la testa:

"No. E nemmeno Sel'nays potrà salvarsi dall'autodistruzione, per come le cose si stanno mettendo. Avrei voluto aspettare ancora, prima di metterti al corrente di tutto questo, ma, alla luce di quanto ci è stato comunicato, non è più possibile attendere. Swaynn…" Stringo le sue mani tra le mie, avvicinando il mio viso al suo. "Sapevo che saresti corsa sull'Isola, non appena ti avessi raccontato la verità. Io e Yoser ne abbiamo discusso a lungo e, per il tuo bene, per tutto quello che avevi dovuto sopportare, per il compito cui eri stata chiamata a portare a termine, abbiamo deciso di sperare che le cose potessero volgere al meglio, prima di rendertene partecipe."

"E la mia volontà, allora?" Mi chiede, con rabbia mista ad angoscia. "Non sono una creatura pensante, forse? Pensavate di poter decidere del mio futuro per tutto il resto della mia vita? E quando mi avreste detto della morte di Detia? Quando mi avreste raccontato la verità sulle condizioni in cui versa l'Isola delle Vergini? Credete che io sia così incapace di decidere che cosa sia giusto per me, con le mie sole forze? Ho vissuto laggiù, in completa solitudine, per molto tempo. Mi sono presa cura di me stessa, senza avere nessuno su cui contare. Ero solo una bambina, ma mi si chiedeva di essere molto di più. E ora che sono un'adulta, voi volete proteggermi? E da cosa? Da me stessa? Avete così poca fiducia, in me? Athorm... sei mio marito. Sono così sciocca, ai tuoi occhi?"

Le sue parole mi toccano profondamente. Vorrei dirle che si sbaglia e che ho sempre avuto completa fiducia in lei. Ma, nei fatti, non gliel'ho saputa dimostrare. La guardo a lungo, come se la vedessi per la prima volta per ciò che è davvero. Non per la sua essenza di luce e nemmeno per il suo corpo simile a quello di un essere umano: la vedo per ciò che è, nella sua anima, in ciò che si è trasformata ma senza dimenticare quello che ha imparato nel corso degli anni. E, per la prima volta, mi vergogno di me stesso.

"Credevo di fare il tuo bene, ma, in realtà, cercavo solo di mantenere il controllo su di te." Ammetto, alla fine, abbassando lo sguardo. "Forse temevo che ti avrei persa, quando tu avessi scoperto chi fossi e ritrovato il tuo equilibrio interiore. Yoser proiettava su di me le sue paure nei confronti di Detia e io mi nutrivo delle sue insicurezze, per giustificare le mie. Ti chiedo perdono."

Swaynn mi guarda in silenzio, come se cercasse le parole giuste. Poi dice:

"E per ciò che riguarda questo bambino? Qual è la tua reale preoccupazione? Perché non credo che sia solo legata a tutto ciò che grava sulle mie spalle, non è così."

Sorrido amaramente:

"Non ti sbagli, Swaynn." Rispondo, sentendomi più nudo che mai. "In realtà... ho paura che tutto possa ripetersi. Che io possa soffrire di nuovo. Che non sappia che cosa fare, se non commettere sbagli di cui pentirmi..."

"E la mia opinione, allora? Non conta? Vuoi decidere anche per me?"

"Pensavo che tu non volessi altri figli, Swaynn. Avevi detto che avresti preferito aspettare. Pensavo che il dolore per la perdita di Mytia avesse spento per sempre il tuo desiderio di essere madre. E pensavo anche a quello che ci ha detto Orisa: non a tutte le creature aliene è data la possibilità di generare figli. Forse... Mytia era stata con noi il tempo necessario per risvegliare in te lo Spirito Lunare. Nulla di più. Non hai mai visto il luogo in cui è stata sepolta e non hai mai fatto domande al riguardo."

"Non ti ho mai chiesto nulla per lo stesso motivo per il quale anche tutti gli altri non osano chiedere: perché abbiamo paura di te. Abbiamo paura dei tuoi silenzi, degli ordini velati che le tue parole impongono, come se fossero macigni. Abbiamo paura di non essere all'altezza di ciò che ti aspetti, da tutti noi. E anche Tom... credo che temesse il confronto con te, perché non solo avevi potere e fama ovunque andassi, ma anche l'amore della donna che lui desiderava e che doveva continuamente censurare nei suoi pensieri."

Le sue parole sono come lame. Credo che nessuno mi abbia parlato così apertamente, nella mia vita, se non solo per sfidarmi, provocare una mia reazione, per poi dichiararmi guerra. Ma la donna che mi rivolge uno sguardo carico di attese non ha queste intenzioni: lei mi parla col cuore, con la sincerità che le ho chiesto da sempre e che non la spaventa, perché da me non vuole bugie, ma altrettanta verità.

"Non credevo di farti paura..." Mormoro, voltando lo sguardo. "Pensavo che tu conoscessi i miei sentimenti. E non ho mai avuto l'intenzione di usarli per imporre la mia volontà su di te. In quanto agli altri... non sono sempre stato un buon amico. Ma vivere per secoli può essere estenuante. La razionalità non è sempre facile da gestire. Concedimi almeno questo, Swaynn. Su tutto il resto... non posso che darti ragione. Anche per me è difficile sostenere un ruolo che non ho scelto. Ma non ho mai chiuso il mio cuore alle tue richieste. Non ho lasciato che le tue parole si dissolvessero nel nulla. Se ti ho dato un'altra impressione... non posso cambiare il passato né prometterti che le cose saranno diverse, in futuro. Ma voglio che tu continui a dirmi sinceramente ciò che pensi e che vivi, o non saprò mai smussare quegli angoli che mi rendono... così dispotico." Concludo, guardandola e sorridendo.

"Allora... Sai già che cosa voglio dirti." Replica Swaynn, stringendo le mie mani. "Devo andare sull'Isola. Non posso rimanere senza far nulla, mentre Detia si avvicina alla fine della sua vita in un luogo in cui io l'ho costretta a rimanere. Se avessi saputo prima... non le avrei affidato questo incarico che l'ha debilitata più di quanto meritasse."

"Le cose non sarebbero andate diversamente." Le dico, guardandola negli occhi. "Il suo destino ha cominciato a compiersi nel momento in cui ha portato la Pietra Lunare e ne è rimasta coinvolta."

"Ma lei era la Portatrice!"

"Sì... per diritto di nascita. Ma non abbiamo saputo capire. Le vibrazioni erano alterate dalla presenza delle Vergini Oscure che offuscavano la nostra capacità percettiva. Se le cose fossero rimaste le stesse, saremmo riusciti a capire che c'era qualcosa di diverso, in lei. O forse... no, visto che non avrei potuto manifestarti la mia essenza se non avessi chiesto a Yoser di restituirmi il mio cuore. E tu non avresti mai conosciuto la tua. Ora il futuro appare di fronte a noi come un sentiero battuto e illuminato dal sole. Ma tutto può cambiare da un momento all'altro, Swaynn, grazie al libero arbitrio."

"Vorrei fare qualcosa per lei."

Rimango in silenzio, continuando a guardarla. Se Yoser avesse capito che la presenza di Swaynn avrebbe potuto migliorare le condizioni di salute di Detia, me lo avrebbe detto. Non avrebbe insistito per averla accanto a sua moglie, ma io avrei saputo. Vorrei poter dire a Swaynn che la sua presenza sarebbe di giovamento, ma non posso mentire.

"La smaterializzazione spontanea, nel tuo stato, dopo quello che è successo... potrebbe essere pericolosa." Le dico, lentamente.

"Per me o per il bambino?" Mi chiede, scrutandomi a fondo. "E' già successo che io andassi lassù, e non ne ho risentito."

"Non ne abbiamo la certezza. Mytia aveva capelli biondi e occhi chiari: la Luna aveva già scelto il suo destino, quando l'ha riconosciuta. Non sappiamo quale dei due Spiriti stia dominando su questo bambino. E non sappiamo che cosa si agita nella tua essenza, ora che è stata svelata."

"Athorm. Non puoi chiedermi di stare qui, senza fare nulla. Anche se non ci fossero speranze, vorrei vederla un'ultima volta. Non lo capisci?"

La guardo e sorrido:

"Lo capisco." Mormoro, teneramente. "E se è ciò che vuoi, non ti proibirò di starle accanto. Ma verrò con te. Oughm ed Edena possono mantenere l'ordine, qui, ora, così come Smuz e Moraya stanno svolgendo il loro dovere a Verdrad. E chiederò a Orisa di seguirci."

"No. Perché dovrebbe venire con noi?" Si oppone, con decisione. "Lei non è mai stata sull'Isola delle Vergini e la sua presenza potrebbe contaminare quel luogo. Non posso accettare le tue condizioni, solo perché lei è stata una delle tue favorite."

Sorrido ancora:

"Sei gelosa... e mi fa piacere che tu lo sia!" Le dico, sinceramente. "Ma non è per questo che la vorrei con noi. E' l'unica che potrebbe esserti utile, nel caso in cui ci dovessero essere problemi col bambino. Il suo Spirito è affine al tuo, ma, al tempo stesso, ne è sottomesso. Io non potrei fare nulla, perché sono più forte. E la sola scienza di Yoser non ha alcun potere su noi alieni. Quando Tom ti ha ferita, non è stato lui a salvarti, ma sono state Orisa e le sue Ancelle. Non devi temerla, perché lei sarà l'ospite e tu sarai colei che l'accoglie." Addolcisco il tono di voce, per smussare l'eccesso di autorità. "Permettimelo, Swaynn. Non nutro interesse per lei e lo sai."

"E chi rimarrà a governare Idra?" Mi chiede, con diffidenza, dopo una lunga pausa di riflessione.

"Avrà sicuramente qualcuno che possa sostituirla. Qualcuno di fiducia cui affidare la sua terra. D'altronde, è stata a Kelenda per mesi, prima di tornare quaggiù."

"E lei non ha risentito degli effetti di quel luogo che non ha avuto pietà per le sue vittime..."

"Le sue vibrazioni l'hanno preservata."

"Se lei è legata a me, anch'io non verrei colpita dagli influssi nefasti della tua terra."

"Tu no. Ma il bambino, forse, sì. Non ne ho la certezza. E non voglio farti correre rischi."

"Non potrai proteggermi per sempre, Athorm. Non potrai seguirmi ovunque vada."

"E non voglio farlo, perché non sarebbe amore, ma sottomissione. Però, Swaynn, ho il dovere di ricordarti i nostri limiti: non possiamo sfidare il destino confidando nella nostra immortalità, poiché non ci è garantita. Tu lo sai. L'hai visto. Non posso impedirti di volare ma non posso neppure lasciarti fare più di quanto ci venga consentito. Anch'io devo rispettare regole ben precise che mi impongono di stare un passo indietro. Non è stato facile accettarlo, ma Yoser ha ragione quando afferma che nessuno di noi è onnipotente."

Rimane in silenzio, immersa nei suoi pensieri. Poi mi dice:

"Accetterò la presenza di Orisa, se vuoi. Ma non posso più aspettare."

So che non posso farle cambiare idea. E sapevo anche che questo momento sarebbe arrivato.

"Va bene, Swaynn." Mormoro stringendola a me. "Faremo come desideri. Ma attendiamo domani, perché ora hai bisogno di riposare. Ti starò accanto, limitandomi ai soli contatti con gli Alti Funzionari, ove necessario. Ma delegherò Oughm e Edena, affinché essi ci sostituiscano durante la nostra assenza. Lluish e Onya, Zoid e Chaz, si occuperanno dell'addestramento del nuovo esercito, quando saremo a Sel'nays. Ma promettimi che sarai prudente."

"Te lo prometto, Athorm."

Mi sciolgo dall'abbraccio, per andare a comunicare le decisioni prese. Vorrei avere la certezza che tutto possa andare per il meglio e che torneremo a Idra con una nuova speranza nel cuore. Ma so che non possiamo programmare nulla, né cambiare il destino, se esso è già scritto. Una Mente Superiore decide indipendentemente dalla nostra volontà, sempre per il meglio. Le creature aliene si inchinano di fronte a ciò che ha permesso loro di essere ciò che sono e non dimenticano di non poter disporre dei loro doni speciali senza doverseli conquistare, ogni giorno. Orisa è felice di ricevere la notizia ma sa anche che il suo compito sarà quello di proteggere Swaynn, anche a costo della vita. Non potrà pensare a se stessa, ma a colei che amo e al figlio che porta in grembo. Mio figlio. Poi mi dirigo presso i prescelti del nuovo esercito e do loro indicazioni su come procedere durante la nostra assenza. Non rivelo nulla su Detia, né sullo stato di Swaynn: non voglio dare loro illusioni che potrebbero tramutarsi in amarezze, se dovesse accadere un drammatico imprevisto. Mi limito a comunicare che l'Isola della Luna richiede la nostra presenza e che cercheremo di tornare il prima possibile. Prego Oughm di continuare ad aggiornarsi con Smuz e Moraya e mi metto in contatto con gli Alti Funzionari dislocati sul pianeta, per renderli partecipi della mia assenza. Se dovessero verificarsi necessità urgenti, potranno contare sull'equipaggio, poiché la preparazione è quasi giunta al termine. Poi torno da Swaynn che si è addormentata. Non voglio svegliarla, per non disturbare il suo sonno. Solo ora comincio a realizzare l'idea che sto per diventare padre, per la seconda volta. E lotterò con tutte le mie forze affinché queste due vite che amo più di me stesso siano preservate da ogni pericolo. E' un giuramento, e lo pronuncio solennemente, nella mia anima, al cospetto degli Spiriti degli Antenati. Loro sono i miei testimoni. Io sarò il mezzo con cui essi faranno sentire la loro voce.

Sento ancora l'emozione nel cuore, quando ripenso al momento in cui ci siamo preparati per il viaggio. Il luogo più sicuro per la smaterializzazione spontanea è sempre l'antico tempio, nella grotta sotterranea in cui noi alieni possiamo manifestare la nostra essenza. Athorm era di fronte a Swaynn, e le stringeva le mani. Io ero dietro di lei, e appoggiavo le mie mani alle sue spalle. Questa disposizione non era stata scelta a caso, ma rappresentava ciò che è e che sempre sarà: lui farà scudo col suo corpo e io sarò l'ombra di Swaynn, qualunque cosa accada e ovunque andremo, non solo a Sel'nays. Abbiamo chiuso gli occhi, attendendo che le nostre vibrazioni si sintonizzassero. Solo quando Swaynn si fosse sentita pronta, avremmo iniziato il processo di smaterializzazione. Non ci è voluto molto, poiché la sua volontà di tornare nel luogo in cui è cresciuta era forte. La sua mente ci ha condotti direttamente là, forse senza che lei se ne accorgesse. E' stato come essere risucchiati in un tunnel luminoso, per poi trovarci sulla riva di quello che è chiamato Lago Moryd e che ho visto per la prima volta. Mi sono guardata intorno, con meraviglia: tutto sembrava così reale e così simile ai paesaggi del pianeta Terra! Sembrava quasi impossibile che sulla Luna potesse esistere un mondo in cui poter vivere e respirare, un mondo identico a quello in cui vivono gli esseri umani e che a noi alieni è sempre più caro. C'erano molte bambine, intorno a noi. Bambine con le testoline completamente rasate e gli occhi sgranati: ci guardavano con attenzione, ma senza paura, come se fossero abituate a vedere molto più di quanto potessimo immaginare. Swaynn ha detto subito che la presenza massiccia di tante bambine sulla riva di Moryd non era affatto normale, e che regnava troppo disordine. Poi ci ha guidati verso la dimora della Signora dell'Isola, una struttura molto simile a quelle che si vedono a Verdrad. Alcune bambine ci hanno seguiti, ma lei ha ordinato loro di non farlo e di tornare a studiare, perché non era il tempo del gioco. Le sue parole hanno avuto un effetto straordinario: sembrava che le piccole non aspettassero altro che qualcuno che dicesse loro che cosa fare. Le abbiamo viste correre via e, in pochi istanti, non vi era quasi più nessuno, a parte alcune giovani Vergini vestite d'azzurro. Swaynn mi ha detto che anche questo non era normale: quelli sono gli abiti che si indossano al confine tra Mosbury ed Ecghara, non sulle rive di Moryd. Non ha aggiunto altro e io ho guardato Athorm, ma lui non ha detto nulla: sembrava immerso in altri pensieri che non riuscivo a percepire. La forza di Sel'nays è così intensa da far girare la testa. Lo capivo solo in quel momento, così come riuscivo a comprendere la disciplina ferrea con cui Swaynn è stata educata e che sa imporre sul nuovo esercito, a Idra.

Era come se Yoser ci stesse aspettando: al nostro arrivo, la porta si è aperta e ci ha accolti, in silenzio. Il suo sguardo era molto triste e i suoi capelli si erano colorati di una sfumatura argentata. Abbiamo sentito le voci dei bambini e quella di una ragazza che cercava di tenerli. Yoser si è scusato per il disordine e per la mancanza di disciplina da parte del bambino più grande, Isay, che strappava spesso il fratellino dalle braccia di Shyia, la giovane Vergine che si occupa dei bambini. L'abbiamo solo intravista mentre cercava di riprendere Ghag, che ora ha un anno e comincia a mostrare un'indole ribelle, come il fratello maggiore. Isay ha riconosciuto Swaynn e le è corso incontro, sotto gli occhi di Shyia che sembrava non gradire affatto la sua presenza.

Yoser ci ha portati nella stanza di Detia, dove la donna giaceva in un letto fin troppo grande per lei, così minuta e magra, il viso scavato e gli occhi infossati. La sua testa era avvolta in una sorta di turbante bianco e la sua tunica era candida e profumata. Ho guardato Athorm, ma lui non perdeva d'occhio Swaynn che, nel frattempo, si era seduta accanto all'amica, stringendo la sua mano. Athorm sapeva! Sapeva e non aveva detto nulla a sua moglie! E, sicuramente, lo stesso Yoser aveva chiesto di non impensierire la sua sposa, finché non si fosse reso necessario. L'ho compreso guardando il viso dello scienziato di Verdrad che si scambiava un'occhiata d'intesa con l'Altissimo Funzionario di Kelenda.

"Lei è Orisa." Ha detto Swaynn a Detia, indicandomi. "Viene da Idra, dove parte del nuovo esercito è sottoposto ad un ferreo addestramento."

"Orisa…" Ha mormorato Detia, con un filo di voce. "Prendetevi cura di Swaynn e non lasciatela mai sola…" Mi ha detto, stancamente.

"Ve lo prometto." Ho risposto, avvicinando la mia mano al suo viso: la vita la stava lasciando e lei aveva lottato con tutte le due forze per attendere l'arrivo della sua più cara amica. Ora che Swaynn era con lei, tutto sarebbe andato a posto. Questa era la sua certezza: non ci sarebbe stata nessuna più in grado di lei, per tenere le redini di Sel'nays.

"Smettila di dire sciocchezze e riposati!" Le ha detto la moglie di Athorm, fingendo una tranquillità che non riuscivo a percepire, nella sua essenza. Anche lei aveva capito. Ma non avrebbe detto nulla che potesse disturbare la quiete di Detia, ora che la pace stava tornando nella sua anima.

"Lo farò, Swaynn, te lo prometto." Ha detto la giovane donna, in un sussurro. "E tu promettimi che non perderai mai di vista Isay e Ghag: Shyia non ce la può fare, da sola. Non è abbastanza decisa. I bambini comandano e lei esegue. Anche qui, sull'Isola… le giovani allieve non accettano la disciplina. Molte di loro si adattano con fatica a questa vita e quelle che potrebbero farcela usano male i loro doni. Tu sei la vera Signora dell'Isola delle Vergini, non io. Io dovevo solo portarti qui, ancora una volta, affinché tu potessi comprenderlo, definitivamente."

"Non scherzare, Detia!" Ha esclamato Swaynn, stringendole entrambe le piccole mani. "La mia vita è altrove, ora, e io sono qui per te! Tu e Yoser avete fatto male a non avvisarmi prima: avrei potuto cercare di aiutarvi."

"E come, Swaynn?" Ha chiesto Yoser, anch'egli seduto su un bordo del letto di Detia. "Avevi molte cose a cui pensare. Guidare un nuovo esercito non è una passeggiata. Hai fatto ciò che dovevi e che gli Spiriti degli Antenati hanno voluto. Non avresti potuto fare altro, qui."

"Voi conoscete gli Spiriti?" Gli ho chiesto, stupita.

"Non sorprendetevi, Orisa." Ha replicato. "Io non lo faccio più da tempo, ormai. Sono successe molte cose che come scienziato non so spiegare. Così, posso solo accettare che vi sia una realtà oltre la quale nessuno sia n grado di spingersi."

"In ogni caso, avreste dovuto dirmi la verità." Ha detto Swaynn. "Mi riferisco anche a te, Athorm."

"Non arrabbiarti con lui, ti prego." Ha sussurrato Detia, cercando di imporsi, invano. "Ha fatto solo ciò che gli è stato chiesto. Sapevo che saresti corsa da me, se io ti avessi chiamata. Ma non era il momento. Ora il momento è arrivato, e tu sei qui. E' ciò che desideravo. Ho fatto tutto ciò che era in mio potere, per poter assicurare una vita decente a queste bambine e alle giovani Vergini. Ma non sono riuscita ad affermarmi come la Signora dell'Isola. Era inevitabile, Swaynn: solo tu sei in grado di reggere questo incarico così pesante. Nessun'altra Vergine può farlo al posto tuo. Sento in te una nuova forza e ho la certezza di quello che dico."

"Non posso fare ciò che dici, Detia." Ha replicato l'amica. "Per quanto io possa averne le capacità, non posso essere la tua sostituta."

Detia l'ha guardata, sgranando gli occhi:

"Ma tu non puoi essere un rimpiazzo di qualcuno che cercava di imitarti, per poter portare a termine anche solo una piccola parte della grande impresa che ti attende." Ha mormorato. "Non sei nemmeno la sostituta di Munn, poiché lei era energia sottile ed eterea, mentre tu sei solida, forte, e conosci il mondo. Questo luogo ti attendeva da tempo. E ora devi fare una scelta."

"Ho già scelto da tempo." Ha replicato Swaynn, dolcemente, ma con forza. "L'Isola delle Vergini è tua, ora. Io sono un'ospite. Sono tua amica. Sono tua sorella."

Con un grandissimo sforzo, Detia è riuscita a sedersi. Ha guardato negli occhi Swaynn e le ha detto: "Se io sono colei che affermi, allora, è mio desiderio che tu prenda il mio posto e che faccia tornare a splendere questo luogo, così com'era una volta. E' una richiesta della Signora dell'Isola, non un favore che puoi fare ad un'amica."

"Farò di tutto per aiutarti. Ma non posso obbedire a quest'ordine: non è la mia missione."

Detia si è accasciata sul letto, di nuovo, sempre più debolmente:

"Allora tu hai visto qualcosa." Ha commentato, con un filo di voce. "Hai visto un futuro a me ignoto e hai dedotto che anche un minimo sforzo non valga la pena. Hai il dono della visione, un dono raro che in pochi possiedono. Questo è un motivo in più per affermare con certezza che tu sei la *prescelta*. Ma ora… sorella mia… stringimi forte le mani… così. Ho tanto freddo… le coperte non mi scaldano a sufficienza. Sono tanto stanca e vorrei dormire, ma ho paura di fare brutti sogni. Mi è capitato spesso, in questi ultimi giorni, sai, Swaynn? Ma ora che tu sei con me, so che tutto andrà bene. Sento molta pace, ora. E c'è tanta luce, in te. C'è tanta luce anche qui… tanta luce…"

Le sue ultime parole si sono spente in un sussurro.

Detia è morta così, tra le braccia della sua più cara amica, sotto lo sguardo disperato di Yoser e il dolore nascosto di Athorm. E io ho ricordato ciò che ho vissuto già troppe volte, nel corso dei secoli. Ma questa volta ha assunto un significato diverso: in quel momento, diventava mio compito prendere il suo posto accanto a Swaynn, per difenderla sempre, a costo della mia stessa vita. Avrei dovuto essere io colei che portava la prescelta a compiere il suo destino. Avrei dovuto starle accanto silenziosamente, mentre lei si apprestava a conoscere il futuro di Sel'nays. E questo incarico era un onore e una prigione al tempo stesso.

Ho assistito all'addio che Swaynn ha rivolto mentalmente a chi le è stata amica e sorella per lunghi anni. Ho visto la sua compostezza, il controllo con cui gestiva le emozioni e gli sguardi che rivolgeva a Yoser e ad Athorm. Ho avvertito un linguaggio fatto di soli contatti visivi che sapevano dirsi tutto, senza pronunciare parola. Ho rispettato il silenzio interrotto solo dagli strepiti sporadici dei piccoli, ignari di quello che era successo.

Detia è stata composta dalle Vergini che la assistevano, profumandola con essenze floreali e resine balsamiche. Il suo viso sembrava sereno e ogni traccia delle sue fatiche era scomparsa. E' così che muore un essere umano che sa amare davvero? Me lo sono chiesta per tutto il tempo. Ho saputo rispondere in un solo modo: sì. Questo è il mistero che avvolge una razza di cui conosciamo ancora troppo poco. Il mistero dei sentimenti che possono fare tutto, anche sopravvivere alla morte, solo per un unico attimo trascorso insieme alle persone che si amano. Il corpo di Detia è stato deposto su una piccola imbarcazione, avvolto da paglia, fiori e oggetti di ogni tipo. Swaynn, composta e silenziosa, si è limitata a sfiorare con un bacio la fonte della sua più cara amica, affermando che "le cose non hanno altrettanto valore". Poi, la piccola barca è stata posta sulla superficie di Moryd e, quando ha preso il largo, Athorm ha compiuto ciò per cui era stato chiamato: scoccare un dardo infuocato per avvolgere il corpo in un falò. E' bastato solo un tentativo: la barca ha preso fuoco quasi subito, mentre, dalla riva, assistevamo all'innalzarsi di quelle fiamme dal colore dorato e azzurrino, finché l'orizzonte ha inghiottito nel nulla ciò che restava di Detia e della sua piccola bara. La vita è tornata a scorrere sin da subito, per volere di Yoser, il quale, nonostante il dolore, si è dovuto affrettare a mantenere intatto il corso degli eventi. Sel'nays aveva perso la sua Signora e si rischiava il caos. Swaynn ha fatto ciò che le era possibile: mantenere l'ordine tra le varie Terre e far sì che le allieve avessero direttive specifiche. Si rendeva necessario trovare al più presto delle figure di riferimento per le Tre zone in cui è suddivisa l'Isola, ma non era facile trovare Vergini sufficientemente preparate. Così, Athorm ha preso in mano la situazione, rendendosi disponibile a recarsi su ciascun luogo per affidare incarichi nuovi a chi ne fosse meritevole. Swaynn non ha avuto nemmeno il tempo per piangere la morte della sua più cara amica: ha chiesto a Yoser di illustrarle tutto quello che era stato fatto fino a quel momento, per cancellarlo e rifarlo daccapo. Ha chiuso la possibilità ad altre bambine di recarsi quassù, fino a nuovo ordine e ho trovato che questa fosse la scelta più giusta:

sarebbe stato deleterio aggiungere altro caos a quello già presente. Avrei voluto essere utile, ma conosco da poco questa lingua e non so nulla di Sel'nays. Così, è stato deciso che io mi occupassi della casa e dei bambini, che sembrano aver compreso, eppure non mostrano alcun segno di dolore. Al contrario di Yoser, il quale è così abbattuto da non avere nemmeno la forza di reagire per se stesso. Sono io, a spingerlo, ogni giorno, ricordandogli che cos'avrebbe voluto sua moglie da lui. Ma, comprendendo solo ora molte verità dell'Isola, mi chiedo che cosa possa fare qui, uno scienziato terrestre, nonostante il suo corpo sia stato reso immortale. Senza una donna accanto che governi Sel'nays, lui non è più nulla. Non so nemmeno se voglia tornare a Verdrad. Passa le sue giornate a pensare, in solitudine, mentre i suoi figli sono costantemente con Shyia. Trovo piuttosto singolare che essi la rispettino come se fosse la loro madre, soprattutto in questo momento. Ma non posso intromettermi in faccende che non mi competono, tanto più che il mio compito primario è quello di stare accanto a Swaynn e appoggiarla in ogni sua scelta, consigliarla e proteggerla, se necessario. Alloggiamo tutti nella dimora di Yoser, per non lasciarlo solo. Athorm gli fa spesso compagnia quando si isola sulla riva, dove sempre meno giovani allieve si assiepano, grazie alle direttive di Swaynn. Comprendo solo ora il profondo legame che li unisce da molto tempo, e sono grata alla vita che li abbia fatti incontrare. Ho anche modo di valutare l'operato di Swaynn e di pensare che sia davvero lei la Signora di Sel'nays. Conosce tutti i luoghi, le loro regole, le tradizioni, e, soprattutto, riesce a far rispettare un ordine che non vi era mai stato. Anche grazie al mio aiuto, è riuscita ad individuare le piccole umane e chiedere a Yoser di rimandarle sulla Terra, usando il suo piccolo laboratorio. Athorm ha fatto scendere l'oblio sulle bambine, affinché esse non possano mai ricordare dove siano state né perché, ma conservino unicamente dei sogni lieti, i momenti felici passati quassù, come se non li avessero mai vissuti ma solo immaginati.

Conosco sempre di più questo luogo che ho il privilegio di vedere con i miei occhi, di toccare con le mie mani e di percepire con la mia essenza. Comprendo l'alone leggendario che lo avvolge e mi chiedo che cosa potrebbero dire gli esseri umani se potessero vivere quassù, dove l'aria sembra ricca di ossigeno, eppure solo noi creature aliene riusciamo a tollerare. Le bambine che sono state riportate sulla Terra mostravano evidenti disagi nella respirazione e mal sopportavano il cibo che viene somministrato a Sel'nays. A me sembra tutto molto simile a ciò di cui mi nutro anche a Idra, ma è probabile che vi siano sostanze appartenenti alla Luna e che solo chi è imparentato con gli alieni è in grado di metabolizzare. Anche Swaynn è stanca e me ne accorgo. Non si è mai risparmiata, nemmeno per un secondo, e temo per il bambino che porta in grembo. Non so perché, ma ho come l'impressione che sia proprio il feto a privarla delle energie, così come Isay e Ghag riescono a succhiare gran parte della mia linfa vitale. Shyia non sembra risentire di questo, e mi chiedo come sia possibile. Forse il mio corpo non riesce ad adattarsi a questo stile di vita, e la mia energia non si adegua al ritmo di questi bambini così vivaci e particolari. A volte vorrei prenderli in braccio, ma Athorm me lo impedisce: dice che Swaynn ha fatto un sogno su di loro e vuole che rimangano il più possibile al di fuori di quello che sta accadendo.

Lentamente, tutto sembra riacquistare un ordine ben preciso, anche se le Tre Terre sono ancora senza una guida. Scegliere una tra le Vergini del luogo non è un'impresa facile, poiché sembra che nessuna possieda i requisiti necessari per poter mantenere viva una perfetta organizzazione che dev'essere quotidiana, dettagliata al minuto. Così, Swaynn decide di recarsi da una donna chiamata Dashy, una Vergine molto anziana che vive nel luogo in cui un tempo regnava la precedente Signora dell'Isola, chiamata Munn. E' un luogo cui nessuno può accedere, ma dove lei sola è riuscita ad oltrepassare un limite che sembrava inviolabile. Mi offro per accompagnarla, ma mi proibisce di andare con lei: se nessuna delle abitanti di Sel'nays è in grado di recarsi fino là, perché io dovrei godere di qualche privilegio? Guardo Athorm ma lui la appoggia e decide di rimanere con Yoser. Non comprendo questo eccesso di fiducia – o, forse, di incoscienza – ma non conosco le gerarchie di questo luogo. Così mi trovo per la prima volta in una condizione che non conoscevo: da colei che governa un Popolo e una terra, sono diventata colei che serve, senza poter dire nulla. Una condizione che sopporto con difficoltà, ma che non mi lascia molta scelta. Mentre Swaynn si reca in quel luogo a cavallo di uno splendido purosangue, io non perdo di vista Shyia e i bambini: c'è qualcosa di molto strano e che a malapena percepisco e so che non sono l'unica ad aver notato che questo rapporto si sta spingendo oltre a ciò che dovrebbe essere. Shyia si sta comportando come se fosse la madre naturale e i piccoli sembrano riconoscerla come tale. Yoser è ancora troppo devastato dalla perdita di Detia e sembra non volersi riprendere da una situazione che richiede un suo intervento. Athorm non può fare molto di più, se non trascorrere il suo tempo libero con l'amico che sembra essere immerso in una sorta di apatia. Swaynn fa ritorno molto presto e, con mia sorpresa, a cavallo con lei c'è anche Dashy, l'anziana Vergine che sembra leggere l'anima di chi ha davanti. Anche Athorm sembra sorpreso di questa visita. La donna scende da cavallo aiutata da Swaynn e, non appena ci guarda negli occhi, scuote la testa:

"Che cosa ci fa, lui, ancora qui?" Chiede, indicando Yoser. "Non dovrebbe rimanere, ma fare ritorno nel luogo da cui è venuto."

Non attende neppure la nostra risposta. Si avvia verso di lui, rintanato nella dimora a forma di cono, rivolgendo a Shyia uno sguardo di palese disapprovazione:

"E tu." Le dice, senza troppi giri di parole. "Dovresti imparare a stare al tuo posto. Fossi io, la padrona di questa casa, ti avrei già sbattuta fuori da un pezzo!"

Mi trovo d'accordo con lei, ma non mi sento di esprimere la mia opinione, poiché non mi è stata richiesta. Mi rendo conto che questa lingua diventa sempre più familiare e io comprendo ogni parola come se avessi vissuto quassù da molto tempo. Anche le più piccole sfumature giungono a me con estrema facilità: sfumature fatte di gesti e sguardi, di un linguaggio corporeo che mi affascina, come tutto ciò che riguarda questo luogo.

Prima di recarsi da Yoser, Dashy si ferma davanti a me e mi scruta a fondo, come se volesse scandagliare ogni centimetro della mia anima. Poi mi parla con voce tremante, ma decisa:

"Anche voi… non credo sia una buona idea rimanere qui." Dice, puntando il dito contro di me. "Ma non potete tirarvi indietro proprio ora, o sarebbe la fine, per tutte noi. Anche se… ciò che dovrà essere, nessuno potrà evitarlo…"

Dopo aver pronunciato quest'ultima frase, quasi con tristezza, si dirige senza indugio da Yoser, mentre Swaynn si avvicina a Shyia:

"Ti ringraziamo per ciò che hai fatto fino ad ora." Le dice, con fermezza. "Ma non c'è più bisogno di te. Perciò, tornerai a dedicarti a ciò che hai sempre fatto, a partire da adesso."

La giovane la guarda, stupita. Non credo si aspettasse queste parole:

"Isay e Ghag hanno bisogno di qualcuno che si prenda cura di loro…" Si giustifica, con un atteggiamento che mi infastidisce. Se fosse una delle abitanti di Idra, saprei che cosa fare. Ma io non sono nulla, qui, e non posso decidere al posto di nessuno.

"Ci siamo noi, ora." Replica Swaynn, senza lasciarsi impietosire da quel tono lamentoso, quasi forzato. "Riceverai presto indicazioni sui tuoi nuovi incarichi."

"Preferirei stare vicino ai bambini." Insiste Shyia. "La loro madre è mancata da poco e hanno bisogno di una figura di riferimento."

"C'è sempre il loro padre, qui." Ribatte Swaynn. "E, per quanto tu possa fare, non potresti mai colmare il vuoto lasciato dalla perdita di un genitore. Non ti è mai stato chiesto di sostituirti alla loro madre, ma di supportarla nei momenti più duri. Ora non vi è più ragione che tu rimanga. Perciò te lo dico per l'ultima volta: fai i tuoi bagagli e attendi istruzioni."

Lo sguardo della giovane non mi piace. Sembra voler sfidare la donna che ha rappresentato tutto, per Detia:

"Tu non sei la Signora dell'Isola!" Esclama, con arroganza. "Non dare ordini, qui!"

La risposta arriva da Athorm che, inaspettatamente, estrae un'arma che non conosco dalla sua cintura e la punta contro Shyia:

"Non parlare così a mia moglie." Mormora, con un lampo di luce negli occhi. "Fai ciò che ti dice, o l'alternativa non ti piacerà."

Non comprendo questa sua presa di posizione così forte. Shyia è molto invadente, ma non è pericolosa. Non avverto sensazioni di pericolo, sebbene non mi piaccia, istintivamente. Mi accorgo che mi sta guardando, come se cercasse in me un aiuto che non posso darle.

Swaynn è ancora in attesa e Athorm non abbassa l'arma. Tutto è così irreale da sembrarmi una farsa. Ma poi vedo Shyia arrendersi e rientrare in casa per obbedire agli ordini.

"Puoi metterla via, ora…" Suggerisco ad Athorm, riferendomi chiaramente all'arma che sta impugnando. Ma lui si limita a rivolgermi uno sguardo molto duro, per un breve istante, senza ascoltare ragioni. Swaynn non si muove dal suo posto. Continua a fissare la porta, aspettando che la giovane esca con il suo piccolo bagaglio. Poi, la porta si apre, ma è Dashy ad uscire:

"L'essere umano che abbiamo accolto tra noi se ne andrà domani. Io rimarrò qui con voi, per guardare i bambini. Avete bisogno di me."

All'improvviso, come una furia, Shyia spalanca la porta, avventandosi sulla Vergine anziana e urlando:

"Tu non oserai toccarli nemmeno con un dito! Quei bambini appartengono a me, ora!"

Un sottile fascio di luce la colpisce all'improvviso. La giovane donna sembra paralizzarsi e diventare rigida come pietra, mentre Athorm tiene l'arma ancora puntata su di lei. Il viso di Shyia è una smorfia di dolore e rabbia, mentre cade a terra, simile ad una statua.

Non capisco che cosa stia accadendo ma Swaynn si avvicina a lei, appoggiandole le mani sulla testa. La giovane urla, come se una sensazione insopportabile la penetrasse da parte a parte, e Dashy si china su di lei, mormorando qualcosa che non comprendo. In un istante, Shyia smette di dimenarsi e urlare, cadendo in un sonno così profondo da sembrare morta.

"Entrate in casa." Dice Dashy, con fermezza. "Penso io a lei, ora."

Swaynn è la prima ad entrare, seguita da Athorm che, nel frattempo, ha finalmente riposto l'arma nella cintura. Io rimango ancora ferma per un istante, senza capire, senza sapere che cosa sarà di quella donna che sta assumendo un colore grigiastro, quasi argenteo.

"Che cosa state aspettando?" Mi chiede Dashy, con insofferenza. "Andate, ho detto!"

Obbedisco senza far domande, ed entro nella dimora di Yoser, dove lo scienziato sembra aver trovato la forza di sistemare le sue cose per intraprendere il viaggio di ritorno. Intorno a lui, i bambini si rincorrono, come se fossero ignari di tutto ciò che sta accadendo intorno a loro.

"Non vorrete lasciarli davvero qui da soli!" Esclamo a bassa voce, per non farmi udire da Swaynn e Athorm. Yoser mi rivolge uno sguardo privo di emozioni:

"Voi non sapete nulla, Orisa, e pretendete di dirmi che cosa devo fare?" Mi chiede, senza accusa.

Vorrei replicare ma Athorm si pone tra me e lui. Swaynn mi guarda e non comprendo che cosa si agiti nella sua anima. Tutto è così strano, per me, ora…

C'è qualcosa che nessuno mi sta dicendo, o che, forse, non è ancora chiaro per nessuno. L'unica certezza è fuori da questa casa, ma non si sentono rumori né urla: tutto tace, come se nulla fosse accaduto.

Dashy fa ritorno poco dopo, e il suo sguardo è mutato: non è più duro come prima, ma tenero e remissivo, soprattutto quando si avvicina a Swaynn:

"Datemi il permesso di potervi essere utile." Le dice, con voce sottile e particolare deferenza.

"Ce l'avete." Risponde Swaynn, stringendole le mani e sorridendo. Anche Athorm sorride, mentre stringe a sé sua moglie, sotto gli occhi liquidi di Dashy.

Guardo Yoser andare e venire, mentre i suoi figli non sembrano neppure fare caso a lui, che sta per tornare sulla Terra, lasciandoli soli in questo luogo misterioso e improvvisamente così vicino ad un pericolo che non riesco a vedere con chiarezza nella mia mente.

Che cosa sta succedendo?

Vorrei poterlo chiedere, ma gli sguardi che si posano su di me mi fanno intendere che non è il momento di domandare. Così, senza capire, decido di uscire da quella casa, per vedere che cosa è successo a Shyia. Ma non c'è nessuno, sulla riva, tranne il purosangue, saldamente legato ad un albero, e che bruca l'erba in assoluta tranquillità.

Non percepisco nulla. Le vibrazioni di quest'Isola sono troppo forti. Intanto, nubi dense, cariche e minacciose si affacciano all'orizzonte. Presto arriverà la tempesta. Solo ora credo di comprendere il timore di Swaynn e Athorm. E solo ora comincio a credere che Dashy abbia ragione: Sel'nays sarà distrutta. In un modo o nell'altro… dovrà scomparire per sempre.

Venticinque - *Swaynn*

Non è facile fingere di avere il controllo di tutto. Non è facile accettare la morte di Detia. Ho dovuto reagire, prima di tutto per Yoser: se mi avesse vista affranta, non sarebbe riuscito a lasciare l'Isola delle Vergini per fare ritorno a Verdrad. Ho dovuto stringere i denti anche per portare l'ordine in un luogo piegato dal caos, completamente alla deriva. Solo Athorm conosce il mio reale stato d'animo, quando, di notte, cerco il suo abbraccio, per poter piangere la mia più cara amica. E lui, con pazienza, rimane sveglio finché non mi addormento.

Il risveglio all'alba è obbligatorio per tutti: è il momento in cui inizia la meditazione ed è necessario che tutto si svolga come dev'essere. Ho insegnato a Orisa le strade da percorrere, solo quelle, per alleviare la pressione che grava su Athorm, costretto a collegarsi tramite il computer nel laboratorio di Yoser, per gestire i rapporti e le comunicazioni con gli Alti Funzionari della Terra. Ormai è di dominio pubblico che ci troviamo in quella che loro chiamano *Isola della Luna*, e questa realtà li affascina ancora più di prima. Non vi è giorno in cui non facciano domande alle quali non è possibile dare risposte nette: solo le creature aliene presenti sul pianeta conoscono la verità. E non possono rivelarla, poiché conoscono la reale essenza di questo luogo, ma non la sua esatta ubicazione.

"Devo parlarvi, Swaynn." Mi dice Dashy, distogliendomi dai miei pensieri. "Ma non qui. Andiamo nel luogo in cui ci siamo incontrate per la prima volta."

Guardo Athorm, per cercare conferme: Orisa è impegnata altrove e non c'è nessuno che potrebbe occuparsi di Isay e Ghag. Lui annuisce, mostrando la sua mano guantata che stringe l'impugnatura dell'arma con la quale ha neutralizzato Shyia. Il suo mantello scuro nasconde il suo corpo fin quasi alle ginocchia, e comprendo che quella non è l'unica arma a sua disposizione. Gli rivolgo un sorriso, mentre usciamo e lui aiuta Dashy a salire sul mio cavallo. Lo saluto con un lieve bacio e monto anch'io. Quindi mi dirigo verso il nucleo dell'Isola, il luogo inaccessibile per tutte le Vergini, eccetto alcune.

Non posso procedere al galoppo. Non sarebbe rischioso solo per Dashy, ma anche per il bambino che porto in grembo. I movimenti troppo bruschi potrebbero essere pericolosi, e il mio fisico risente di un forte stress che sto accumulando ogni giorno sempre di più. Così, controllo la velocità del cavallo, in modo tale da permettere all'anziana Vergine di continuare a tenersi stretta a me senza fare pressione sul mio ventre. Quando siamo in prossimità del nucleo dell'Isola, avverto immediatamente un'onda elettromagnetica molto forte e indugio, per un attimo.

"Proseguite, Swaynn." Mi dice Dashy, con voce sicura. Obbedisco al comando implicito e mi addentro in quella fitta boscaglia, ricca di vegetazione e dal clima molto umido. Sudo parecchio e la tunica bianca si *appiccica* letteralmente alla mia pelle. Non arriviamo neppure alla radura, ma solo in prossimità di un piccolo bosco che sembra offrire riparo e frescura.

"Fermatevi qui." Dice la Vergine, indicandomi il punto esatto in cui ci troviamo. Sono un po' stupita, ma mi limito ad eseguire ciò che chiede. Sto per scendere da cavallo, ma Dashy mi trattiene per un braccio: "Non sforzatevi, nel vostro stato, Swaynn. Non riuscireste ad aiutarmi a risalire e non desidero che corriate dei rischi."

Mi volto leggermente verso di lei, per guardarla negli occhi:

"Siete così diversa dalla donna che ho conosciuto tempo fa." Osservo, scrutandola. "Sembravate più fragile e mi davate del tu. Con me vi comportavate come se voi foste la madre che non ho mai avuto."

"Eravate come una bambina confusa e vi ho solo dato ciò di cui avevate bisogno." Risponde, con profondo rispetto. "Ma solo ora siete ciò che siete e io non posso più trattarvi come una Vergine qualunque."

"Non dite sciocchezze, Dashy!" La rimprovero affettuosamente. "Io sono sempre la stessa donna che avete conosciuto. Ho solo delle consapevolezze in più, ma non credo che facciano una grande differenza."

"E' ciò che credete o che vorreste credere." Replica, con voce roca. "Ma ora gli Spiriti degli Antenati sono sotto il vostro dominio e voi siete qua per incontrarli di nuovo."

"Hanno trovato pace quando ho riportato ciò che apparteneva loro."

"Swaynn… Chi credete che abbia preservato alcune di noi, quando si è scatenata la bufera, su quest'Isola?" Mi chiede, guardandomi come se leggesse fin dentro la mia anima. "Non siete stata voi, né il vostro sposo… e nemmeno la vostra povera amica. Sono stati loro a condurci in un luogo che si nasconde qui e di cui noi non abbiamo memoria."

"Loro… gli Spiriti?" Mormoro, guardandomi intorno. In questo piccolo bosco l'aria è tiepida e profumata e un senso di pace profonda giunge fin dentro la mia anima.

"Non cercateli altrove: essi sono già dentro di voi. Non dovete far altro che evocarli."

Guardo Dashy, con durezza:

"Hanno fatto una promessa!" Le dico, lentamente. "E ora voi mi dite che l'hanno infranta e che dovrei chiedere ancora che essi si manifestino. Non credete sia una contraddizione? Siete sicura di quello che state dicendo? Forse vorreste qualcosa che io non posso darvi."

"Swaynn… Essi vivono indipendentemente dalla vostra e dalla loro volontà. Athorm Dralt, il figlio di Munn, ne è a conoscenza. Sapeva che ve ne avrei parlato, poiché è giunto il momento. Per questo ha acconsentito che io vi conducessi qui, dove nessun'altra Vergine ha il permesso di accedere: perché sapeste proprio nel luogo in cui tutte noi siamo state protette. Ma non adiratevi con lui: non vi ha mentito. Gli stessi Spiriti hanno chiesto di non essere mai chiamati da voi, se non se ci fosse stata una reale necessità. Alcuni hanno trovato la luce; altri non hanno ancora terminato il loro compito e sono in attesa di poter riscattare se stessi. Non siate stupita: siamo immortali anche quando il nostro corpo solido si trasforma in energia sottile. Dobbiamo attendere ancora del tempo, prima di poter essere accettati in un'altra dimensione."

"Perché mi state dicendo tutto questo, Dashy?" Le chiedo, con gentilezza. "Perché desiderate che io parli con queste anime? Non hanno già vissuto con sacrificio la loro vita?"

"Non sono ancora anime, ma luce che attende." Mi risponde, con reverenza. "Non destereste chi già dorme, ma solo chi ancora vigila su di voi e su questo luogo. Se molte di noi sono ancora vive, è stato solo grazie agli Spiriti degli Antenati. E se siamo riuscite a nasconderci al Potere Oscuro, è stato perché Munn, colei che era la Signora dell'Isola, si è manifestata a noi e ci ha radunate qui, dove un tempo sorgeva la sua dimora."

"Qui?" Chiedo, incredula. "In questo… spazio vuoto?"

"Non è vuoto." Mormora misteriosamente. "E ciò che un tempo sorgeva come il fulcro della nostra esistenza è stato divelto solo per dare a noi Vergini ancora incorrotte un luogo in cui accamparci. Abbiamo costruito un piccolo accampamento, poi case di legno. Infine, quando il pericolo è passato, abbiamo avuto l'ordine di riportare tutto com'era, quando ci è stato consegnato. Non ci è data la possibilità di occuparcene, poiché questo compito spetta alla prescelta che vi abiterà. Spetta a voi, Swaynn."

"Detia era stata designata per questo incarico." Replico, con decisione. "Ci sarà un'altra Vergine in grado di prendere il suo posto."

"La vostra amica non aveva la forza di reggere nemmeno un filo d'erba, quassù." Sussurra Dashy, alitandomi nell'orecchio, come se volesse imprimere nella mia mente le sue parole. "Lei sapeva che questo non sarebbe mai stato il suo destino. Noi tutte lo sapevamo. Ma ne abbiamo apprezzato gli sforzi, poiché è stata mantenuta la pulizia, finché la corruzione non ci ha colpite nuovamente…"

"State parlando di Shyia, non è vero?"

"Di lei… che si è trovata ad essere un tramite, solo poiché era di stirpe umana. Una delle tante giovani Vergini contaminate dagli istinti più deprecabili di questa specie così variegata… Ma lei non ne era consapevole e per questo le è stata risparmiata la vita. E' stata mandata nuovamente nel suo luogo natio, poiché solo laggiù avrebbe ritrovato se stessa, dimenticando tutto ciò che ha vissuto sull'Isola."

Tremo lievemente quando percepisco una sensazione che diventa sempre più chiara:

"Il pericolo risiede qui…" Mormoro, ricordando ciò che aveva detto la mia essenza.

"Sì, Swaynn. E si è celato così abilmente da non riuscire ad essere scovato."

"E' da qui che qualcosa ha interferito sulla consapevolezza dei miei poteri…" Penso ad alta voce. "E' sempre da qui che giungeva una comunicazione costante che Tom riusciva a captare… E' da qui che partiva il disordine che impediva il controllo degli accessi all'Isola… Ed è sempre da qui che il morbo colpiva Detia, rubandole le forze fino a portarla alla morte…"

"Sì, Swaynn. Ma tutto questo si è svelato solo quando voi siete riuscita a domare gli Spiriti che vi conferiscono l'identità di ciò che siete. Anche Detia aveva compreso… ma non sarebbe mai riuscita a portare a termine un compito così terribile. Si è sacrificata consapevolmente, parlandone solo con Yoser, poiché anch'egli era diventato un tramite involontario che riceveva e riportava informazioni utili alla fonte di tale oscurità."

Non riesco nemmeno a guardarla negli occhi quando le chiedo:

"Athorm conosce la sorgente del Potere Oscuro, non è vero?"

"Lo ha capito quando il vostro potere si è rivelato a voi. L'ho visto nella sua anima. Lo ha capito, ma ha creduto che non fosse possibile. Nessuno di noi l'avrebbe mai pensato. Ma voi l'avete rivelato. La vostra essenza l'ha fatto tramite la vostra mente. Ora sapete che cosa dovete fare."

Avverto un rumore, poco distante da me. Io e Dashy ci giriamo e vediamo Athorm, a cavallo, poco lontano da noi. Insieme a lui ci sono Isay e Ghag, strettamente legati alla sella. Sembrano ignari di tutto e mi guardano con i loro visi sorridenti. L'Altissimo Funzionario di Kelenda non parla: mi guarda, come se rimanesse in attesa di un mio cenno o di una sola parola.

Mi sembra di rivivere la visione apparsa ai miei occhi quando ho sfiorato Yoser. Ma ci sono delle differenze: non indosso una tuta argentata, non sono da sola e non c'è fuoco, intorno a me. Non ho nemmeno la mia spada cinta al fianco. E Athorm riesce a leggere i miei pensieri:

"Non chiederti perché ciò che hai intorno sembra così diverso da ciò che hai visto." Mi dice, con un sorriso enigmatico. "Non chiederti perché non hai armi con cui tu possa difenderti. Chiediti come potresti compiere ciò che devi, prima che la fonte del Potere Oscuro continui ad autoalimentarsi e a creare disordine."

Abbasso lo sguardo, indugiando a lungo. So che cosa devo fare, ma è tremendamente ingiusto. Non sappiamo neppure se le nostre ipotesi siano veritiere.

"Non pensateci troppo a lungo, Swaynn." Mormora Dashy, alle mie orecchie. "Ricordate che voi non avreste ucciso vostra figlia, che non vi sareste trovata in fin di vita e che la vostra più cara amica non sarebbe morta."

"Pensavo di dover combattere contro un intero Popolo…" Mormoro a bassa voce, tenendo lo sguardo chino. "Non ero preparata a dover colpire un solo individuo… senza difese."

"Non è solo uno." Mi corregge benevolmente. "Sono tre. E voi sapete chi sono, non è vero? Non è necessario avere un grosso esercito contro cui ingaggiare una guerra. Spesso, il nemico è più subdolo e si nasconde in qualcuno che non potremmo mai ritenere possibile. Ma il nostro intuito comprende: sta a noi rispondere. In base alle nostre decisioni, determiniamo il futuro."

La guardo e guardo anche Athorm, ancora più vicino a noi. E' quasi dentro il fitto fogliame del luogo a cui è proibito l'accesso ai più. So che anche lui potrebbe oltrepassarlo senza subire delle conseguenze, ma non lo fa per rispetto verso le Leggi. Attende ancora, mentre i bambini cominciano ad essere nervosi. Poi prendo la mia decisione e scendo da cavallo. Faccio un cenno alla bestia, affinché porti Dashy poco più lontano e il purosangue obbedisce, spostandosi lentamente. Guardo Athorm e annuisco. Lui prende in braccio i bambini e scende con loro dal suo cavallo. Ora, i due sono visibilmente più agitati.

"Dalli a me." Gli dico, avvicinandomi al limite che nessuno può oltrepassare. Me li porge e Isay mi sorride immediatamente. Anche Ghag sembra felice di vedermi. Questo rende tutto molto più difficile e, per un attimo, credo di potermi sbagliare. Forse non è come penso. Forse le cose sono diverse e c'è una soluzione alternativa che non richieda una tragedia nella tragedia. Forse il segreto si annida altrove, ovunque, ma non qui…

"Swaynn." Athorm mi distrae dai miei dubbi, porgendomi la sua spada. Non ho nessuna scelta. Non posso fuggire dalle mie responsabilità. Detia sapeva, ma non avrebbe mai avuto la forza necessaria per porre fine alla sua agonia. Così, giorno dopo giorno, ha sacrificato se stessa per non dover cancellare l'unico motivo per il quale la sua vita avrebbe avuto senso. Yoser è stato in parte preservato, solo perché rappresentava un valido tramite tra l'Isola delle Vergini e la Terra. Tornava utile mantenerlo in vita, qualunque cosa accadesse, soprattutto in virtù delle sue vaste conoscenze.

Gli Spiriti degli Antenati cercano ancora dei canali tramite i quali comunicare… Questo mi è stato detto e questo è stato. Ma non tutti gli Spiriti erano animati da buone intenzioni. Era inevitabile che qualcuno fosse riuscito a sfuggire al controllo. Tutte le creature viventi hanno in sé un lato legato al Bene e uno continuamente tentato dal Male: non sempre si è in grado di resistere e l'Oscurità approfitta dei momenti di debolezza, qualunque essi siano.

Appoggio i bambini per terra, mentre i loro occhi si fissano su di me, come se fossero ignari di quello che sta per accadere. Ora comprendo perché nella mia visione non vi fosse nessuno ad aiutarli: perché così doveva essere. E comprendo perché io vedessi il fuoco: perché dovrò fare appello a Vegar, capace di dare la vita ma anche di toglierla.

Afferro la spada che Athorm mi porge e lui si allontana di pochi passi. Sono proprio di fronte ai bambini che sgranano gli occhi, nel vedermi con l'arma in mano. Sembrano così puri e innocenti... così come lo era anche Mytia. Ma qualcosa ha fomentato la mia ira, esasperandola. Qualcosa mi ha indotta a reagire con troppa forza. Così, sono riuscita ad uccidere mia figlia con lo stesso fuoco che brucia dentro di me, ora, al ricordo del momento in cui ho realizzato quello che ero riuscita a fare.

"Stiamo giocando alla guerra, Swaynn?" Mi chiede Isay, sorridendo? Ghag non parla ed emette suoni tipicamente infantili, guardandomi con occhi limpidi.

"Sono finiti i tempi dei giochi, Isay." Mormoro, con voce neutra. "E' il momento di affrontare la realtà."

"Ci insegni a lottare?" Mi chiede ancora il bambino, seduto sul terreno vicino al fratello più piccolo.

"Non posso insegnarvi più nulla di ciò che già sapete." Mormoro ancora, accarezzando l'impugnatura della spada. Il sole crea un bagliore di luce che colpisce Isay negli occhi. Ora vedo quella luce inconfondibile riflessa nelle sue iridi. Una luce che dura solo per un breve istante, ma sufficiente, per me, per capire.

"Perché?" Gli chiedo, allontanandomi di pochi passi.

"Perché?" Ripetono i piccoli, insieme, ridendo con gusto.

Alzo la spada e il sorriso scompare dai loro volti. Cercano di alzarsi ma Athorm li ferma con un gesto della mano. E' come se una morsa invisibile impedisse loro di muoversi. Li vedo cercare di divincolarsi, lamentandosi come fanno tutti i bambini che fanno i capricci. Tornano alla mente i ricordi legati al passato, alla nascita di Isay, ai primi anni passati sull'Isola insieme a lui e a Detia, quando la mia cara sorella viveva il dolce inganno del marito che voleva solo proteggerla... e non aveva compreso che il reale pericolo veniva proprio dal figlio che avevano generato, lo stesso figlio che era stato a lungo un canale per gli Spiriti degli Antenati e che non si era mai completamente liberato, arrivando persino a contagiare il fratello minore. Avrei dovuto immaginare che sarebbero riuscite a sopravvivere le Larve più forti. Avrei dovuto mantenere alto il livello di guardia, perché un pericolo non sparisce quasi mai completamente, senza lasciare strascichi.

"Swaynn..." Dicono insieme i due bambini, con uno sguardo supplichevole e il terrore negli occhi. Indugio ancora, ma un bagliore improvviso attira la mia attenzione: sono gli occhi di Athorm. Comprendo che la sua essenza sta per uscire e che se non mi deciderò, sarà costretto ad usare la sua forza: la forza dell'Eclisse.

Mi avvicino a Isay e Ghag che ora mi guardano come se io fossi un mostro. Gridano, piangono, si disperano... e il mio cuore di madre viene colpito profondamente. Poi, lo Spirito di Vegar si manifesta in tutta la sua forza e prende possesso delle mie braccia. Con decisione, esse si abbassano sui bambini e, con un colpo netto, taglio le loro teste che rotolano al suolo, con le palpebre ancora vivide. Non esce sangue, dal loro corpo, ma solo un liquido nero che, cadendo al suolo, sembra volerlo bruciare. Con un gesto della mano, riesco a fermare la forza devastante di quella fanghiglia scura, poiché lo Spirito di Iatho la congela letteralmente, rendendola inoffensiva.

Athorm continua a trattenere i corpi che non hanno smesso di dimenarsi, finché essi non rimangono inerti. Le sue iridi tornano normali, mentre Dashy, scesa dal cavallo con le sue sole forze, si avvicina a me. Mormorando parole a me sconosciute, compie gesti simili ad un rituale di cui comprendo solo in parte il significato. Poi, i corpi e le teste di Isay e Ghag vengono risucchiati da un piccolo vortice scuro che si innalza verso l'alto, scomparendo tra le nubi dense.

Rimango con la spada stretta tra le mani, ancora incapace di credere a quello che ho appena fatto. Penso a ciò che sarebbe potuto succedere se io fossi riuscita a salvare Detia prima che lei comprendesse la verità e me la tacesse. Penso che Mytia potrebbe essere ancora viva, se fossi riuscita a frenare la mia collera. Penso alle mani di Tom, che lui stesso è arrivato a strapparsi, per non commettere mai più una cosa così degradante per lui come quella che ha commesso su di me, fino a desiderare la mia morte pur di avermi. Penso a tutto questo e al fatto di non essere riuscita a comprendere prima degli altri che cosa stesse accadendo. Ma non avrei potuto fare nulla, poiché non sarei stata creduta e io stessa avrei dubitato di me. Athorm mi guarda, rimanendo fuori dal confine che non può essere valicato da chiunque. La mano di Dashy si posa sul mio braccio, tremando lievemente:

"Swaynn…" Mormora. Comprendo ciò che vuole dirmi.

"Puoi entrare." Dico ad Athorm, come in uno stato di trance. Non vedo e non sento nulla. Non provo niente. Non posso permettermi di provare qualcosa proprio ora. E non posso cedere alla fragilità quasi umana che potrebbe impedire ad Athorm di compiere il suo dovere. Quando anch'egli si trova nella folta vegetazione, lascio cadere la spada a terra:

"Questa non serve, ora." Mormoro, come se parlassi a me stessa. Poi alzo lo sguardo verso di lui e continuo a parlare: "Non è possibile potare i rami di un albero malato, finché le sue radici traggono nutrimento dal terreno. E' necessario estirparlo dal luogo in cui continua a sopravvivere e distruggerlo definitivamente."

Athorm impallidisce: ha compreso ciò che gli sto dicendo. E sa che non ci sono alternative.

"Bisogna risalire alla sorgente di tutta questa oscurità." Continuo a parlare, senza rendermene neppure conto. "Bisogna spegnere quell'energia, prima che essa si moltiplichi, dando nuova vita al Popolo delle Ombre."

"Swaynn…" Mormora, con lo sguardo trafitto da un profondo dolore. Dashy gli è subito accanto, e appoggia la mano sul suo braccio, solo per un momento:

"Non è colpa di nessuno, signore." Gli dice, con timore reverenziale misto ad affetto quasi materno. "La sorgente è nell'unico luogo in cui può sopravvivere senza rischiare di essere distrutta. Non conosce il significato della parola *pietà* e voi non dovete averne."

Athorm mi guarda di nuovo, mentre i suoi occhi si velano. Io non posso cedere ora. Non posso impedirgli di portare a compimento ciò che da sola non mi è possibile fare, poiché la mia essenza tende a difendermi, sempre e comunque. Non posso estirpare il male che si annida in me.

"Il bambino che porto in grembo continuerà a nutrire l'Oscurità." Mormoro, con voce incolore. "Fai ciò che devi, Altissimo Funzionario di Kelenda, affinché la morte di Detia e dei suoi figli non sia stata vana. Non voglio che altre madri debbano sacrificarsi a causa di questo Spettro che si è insinuato nel mio utero. Fallo ora, o non ci sarà speranza, né per l'Isola delle Vergini né per Kelenda."

Athorm abbassa lo sguardo. Preferirebbe uccidere se stesso piuttosto che distruggere il bambino che sta crescendo dentro di me. Vive il senso di colpa di aver generato un mostro capace di portare solo morte e distruzione dove ci dev'essere vita e rinascita. E io provo le stesse sensazioni, poiché ne sono la portatrice, colei che sta per uccidere il suo secondo figlio, ancora prima di averlo partorito. Ma avremmo dovuto capirlo, o forse... accettarlo.

"Athorm..." Mormora ancora Dashy. "Non attendete oltre. O Vegar sarà corrotto e non potrete fare più nulla."

A quelle parole, lui sembra destarsi. Alza lo sguardo ed estrae l'arma che ha immobilizzato Shyia. La punta contro il mio ventre, ma esita. Sa che potrebbe farmi del male e che anch'io posso rischiare la vita. La sua mano trema e le dita rimangono ferme.

"Non è colpa tua..." Mormoro, senza emozione. "Non fare di me l'incubatrice di un alieno delle tenebre. Ti prego, Athorm: fai ciò che devi. Ora."

Lo vedo serrare le mascelle, come per inghiottire un boccone troppo amaro. Poi, voltando lo sguardo, fa fuoco. Una sensazione di intenso bruciore attanaglia le mie viscere. Era questo, il fuoco della mia visione, forse?

Mi sento scivolare a terra, ma Athorm corre a sorreggermi. La sua voce è lontana e ovattata. Non riesco quasi a muovermi, né a respirare. Qualcosa, nel mio ventre, si sta muovendo. E' come se stesse lottando con tutta la sua forza contro la luce che sta distruggendo le tenebre in piccoli pezzi. Pezzi così piccoli da scivolare sulle mie gambe, con un fiotto lento e caldo... Com'è liquido, il sangue alieno... e com'è strano sentire tutto questo in un luogo che non ha nulla, di terrestre... E mentre Athorm continua a gridare il mio nome, nel mio cuore c'è solo la certezza che io non morirò oggi. Non così. Non qui. Riesco a guardarlo e ad accarezzare lievemente il suo viso, mormorando:

"Mi dispiace..."

Poi, l'oscurità mi avvolge completamente.

Mi lascio cadere in un dolce torpore che sa di silenzio, mentre mi sembra di scorgere il viso di Detia, finalmente serena, e le sue parole giungono alle mie orecchie come un bisbiglio:

"Non è ancora finita, Swaynn... Resisti... io sono con te."

"Non capisco. Perché devo lasciarvi proprio adesso che Swaynn ha più bisogno della mia presenza?"

Sapevo che Orisa non avrebbe accettato facilmente la mia decisione di fare rotta su Verdrad insieme al mio equipaggio. Ma non ho altra scelta: la situazione che coinvolge le terre annesse a Kelenda non è tra le migliori e gli Alti Funzionari stanno reclamando la mia presenza. Oughm cerca disperatamente di prendere tempo, mentre Smuz e Moraya stanno completando l'addestramento del nuovo esercito nella terra di Yoser.

"Non c'è più nulla che tu possa fare, qui." Rispondo a Orisa, quasi seccamente. "Mi serve la tua presenza nella terra in cui tutti noi ci ritroveremo non appena le condizioni di Swaynn saranno migliorate."

"Non riuscirà a reggere un'altra prova, Athorm." Replica la Signora di Idra, dolcemente ma con decisione. "Sta sopportando troppe cose, tutte insieme. Il suo potere potrebbe rivolgersi contro di lei e io ho il dovere di esserci, per evitare che accada qualcosa di irreparabile."

"Non accadrà nulla che io e Dashy non siamo in grado di gestire." Taglio corto. "Vegar e Iatho sono in perfetto equilibrio. E Sel'nays ha bisogno di un riferimento."

"E' troppo debole per governare l'Isola…"

La guardo, con durezza:

"Non è rimasta sola, qui. E c'è una situazione di emergenza anche sulla Terra che io non posso gestire finché anche tu rimarrai. Devi prendere il comando della nave e portare l'esercito a Verdrad, senza indugio. Una volta arrivata, ti assicurerai che Yoser Nym stia continuando a reagire e a lavorare come ha sempre fatto. Deve riprendere al più presto la sua vita normale, perché ci sarà bisogno anche di lui, se Kelenda dovesse tornare com'era un tempo."

"*Se* dovesse. Hai detto bene." Risponde Orisa, preoccupata. "Ma non c'è nulla e nessuno che sia stato in grado di spezzare la maledizione che aleggia su quella terra."

"Non posso rassegnarmi e tu lo sai." Replico. "Se lasciassimo decidere al tempo, rischieremmo di creare una grossa voragine nel pianeta, ed essa si estenderebbe per centinaia di chilometri. Molte terre verrebbero inghiottite e i mari si sposterebbero di nuovo. Si scatenerebbero nuovi cataclismi e tutto ricomincerà daccapo, un'altra volta. Tutti gli sforzi risulterebbero vani."

"E se non lo fossero già?"

Le rivolgo uno sguardo pieno di collera:

"Non ti è permesso parlare in questo modo!" Esclamo, con forza. "Ricordati chi sei e chi servi! Hai giurato fedeltà a Kelenda ma i tuoi dubbi incrinano la forza della parola che hai dato! Se dovesse avverarsi ciò che hai detto, non dimenticare la fine che farebbe Idra, insieme al tuo Popolo. Vaghereste di nuovo senza una mèta e nessuno vi accoglierebbe con gli onori che vi sono stati riservati, solo poiché non fate parte del genere umano e, per quanto vi sforziate, non riuscirete mai ad adeguarvi ad esso. Se ora godete dei privilegi che vi spettano è solo grazie all'alleanza che avete stabilito con me! Rinnegare la forza di Kelenda significa rinnegare colui che la rappresenta. E se non riconosci la mia autorità, allora, non posso mantenere Idra sotto la mia protezione, qualunque cosa dovesse accadere!"

Le mie parole la colpiscono profondamente:

"Non era mia intenzione sminuire ciò che sei, Athorm." Sussurra, mortificata. "Forse, la vanità ha preso il sopravvento sulla logica. Forse, essere qui mi porta a desiderare più di quanto potessi sperare… Non voglio disobbedire al tuo comando, ma mi chiedo che cosa sarà di Swaynn e di Sel'nays, se la tua sposa dovesse cedere."

"Non cederà." Dico, senza indugio. Poi, vedendo il suo sguardo sempre più chino e sottomesso, addolcisco il tono della mia voce: "Non permetterò che accada nulla di ciò che temi, Orisa." Le dico, appoggiandole le mani sulle spalle. "Hai portato a termine il compito che ti avevo affidato e ci hai aiutati a ristabilire un ordine, su quest'Isola. Ora toccherà a Swaynn decidere che cosa fare. E sceglierà per il meglio, con o senza di noi."

"Mi rendo conto che tu la conosci meglio di me…" Mormora, tenendo lo sguardo rivolto verso il basso. "E so anche che i suoi poteri sono molto più forti dei miei. Così forti che io stessa fatico a contenerli. Ho visto la sua luce e ho compreso il sottile legame che esiste tra di voi." Alza di nuovo il viso, come se una rinnovata consapevolezza fosse nata nel suo cuore. "Qualsiasi cosa accada a Sel'nays o sulla Terra… la vostra missione non si fermerà, poiché voi siete coloro che portano i Messaggi dall'Universo, messaggi di speranza e di luce."

Sorrido:

"Se è ciò che pensi davvero, Orisa, allora fa' come ti dico: porta la mia nave a Verdrad e prenditi cura di Yoser. Spiegagli ciò che è in grado di capire, poiché già conosce gran parte della verità. Non troverai un nemico da convincere, ma un amico da aiutare. Fallo per me e per Swaynn: questo è l'aiuto che puoi prometterci e mantenere, ora."

E' così che la donna mi permette di riportarla a Idra, attraverso la smaterializzazione con cui io solo sono in grado di poterla condurre nella terra in cui il suo Popolo l'attende con ansia. Non dovrà raccontare a nessuno che cos'ha visto e vissuto e so che non lo farà, finché non sarò io a permetterglielo. Se lo facesse, il mio Spirito lo avvertirebbe e l'Eclissi velerebbe la sua luce, per sempre. Ma confido nella sua lealtà, poiché ha dimostrato di essere una delle poche persone di cui possa ancora fidarmi.

Dashy si prende cura di Swaynn da quando la mia arma ha disintegrato il bambino che portava in grembo. La precisione era tale da non aver leso nessun organo interno. La sua fiamma ha colpito solo il feto che attirava l'Oscurità dispersa nello Spazio, proiettandola in coloro che si facevano canali, solo poiché sprovvisti di un sistema difensivo sufficientemente inattaccabile. Isay non si era mai liberato completamente di quella parte oscura che l'aveva contaminato e questo poiché Detia non era in grado di fare più di quanto potesse. Manteneva intatte delle caratteristiche tipiche della razza lunare, ma il sangue corrotto che scorreva in lei le impediva di vedere oltre le apparenze e la rendeva fragile agli attacchi energetici. Ce ne siamo resi conto tutti troppo tardi. E questo è un altro di quei falsi miti che l'essere umano deve riuscire a sfatare, prima o poi: la razza aliena non è onnisciente e può vivere emozioni che abbassino le sue difese, portando cecità interiore e incapacità di reazione. Non siamo diversi da coloro cui vogliamo assomigliare ed essi non sono diversi da noi.

Smuz mi ha fatto sapere che Tom sta riprendendo coscienza di se stesso, lentamente. Ho notato che tutto questo ha cominciato a verificarsi dal momento in cui Detia è morta e Shyia è stata resa inoffensiva. Quado Isay e Ghag sono stati uccisi, è stato come se in lui si fossero risvegliate le antiche consapevolezze che gli permettevano di mantenere il controllo sulle proprie emozioni. E, con la disgregazione del feto che Swaynn portava in grembo, è stato come se le menti di molti si fossero svelate. Solo Kelenda è rimasta la stessa. Nulla è mutato, poiché la scelta deve compiersi. E io non posso forzarla, ma solo trovare una soluzione che non comprenda la presenza di Swaynn, nel caso in cui lei dovesse scegliere di rimanere a Sel'nays.

"Si è svegliata..." Mi dice Dashy, giungendo alle mie spalle con passo silenzioso. Assorto com'ero nei miei pensieri, non mi sono neppure reso conto del tempo che passava. Non c'è più bisogno che io mi rechi ogni giorno presso le Tre Terre per assicurarmi che tutto venga seguito alla perfezione: tutto si sta ricreando, così com'era un tempo. Rivedo i colori che furono, sento i suoni di un tempo, e l'Isola sembra essere tornata alla vita. Manca solo qualcuno che la governi, e quella persona può essere solo Swaynn. So che tutti i segni sono chiari: nessun legame deve allontanarla dal luogo che l'ha cresciuta e scelta. Forse io ho rappresentato un viaggio necessario per giungere ad una conclusione diversa da quella che mi ero aspettato. Dopotutto, è già il secondo figlio che perdiamo, e anche questa volta non è accaduto per caso.

I messaggi sono chiari: devo avere il coraggio di lasciarla libera, prima che sia io ad imprigionarla in un destino che non le appartiene. Qualunque cosa dovesse accadere in futuro, il mio amore per lei non morirà. Continuerò ad essere il suo Uomo della Luna, il protagonista della storia che le ho raccontato quando aveva scoperto che il mio cuore era meccanico e mi temeva. Già allora avrei dovuto capire quanto fossimo simili e diversi, al tempo stesso. Simili, poiché non siamo esseri umani, né lo saremo mai. Non potremo legarci a nessuno, non avremo figli che possano perpetuare la nostra discendenza e non conosceremo la morte, se non dopo aver compiuto la nostra missione. Diversi, poiché le nostre vite devono proseguire su due terre che si cercano ma che sono destinate a non unirsi mai, giacché una di esse è sulla Terra e l'altra è sulla Luna. Ci guarderemo per sempre da lontano, ci desidereremo, ci ameremo, ma senza mai averci. Come nella canzone che la stessa Swaynn aveva cantato quando aveva distrutto la teca della Pietra Lunare...

"Athorm..." Ripete Dashy, accorgendosi della mia assenza di reazioni. Mi ricompongo e le sorrido:

"Grazie, amica mia." Le dico, con riconoscenza. "Voi siete stata l'unica madre che Swaynn abbia mai conosciuto."

La donna mi guarda, scrutandomi fin nel profondo della mia anima:

"Siete troppo severo con voi stesso, mio signore." Dice, con voce roca e lievemente tremolante. "Siete stato troppo a lungo con gli esseri umani da aver dimenticato ciò che siete. E questo luogo è vostro, tanto quanto lo è della Signora dell'Isola."

"Vi sbagliate." Mormoro, sorridendo amaramente. "Io non appartengo a questa terra. Non più, ormai. Voi sapete… L'ho abbandonata molti secoli fa, per vivere sul pianeta che molte creature aliene vorrebbero poter vedere anche solo una volta, prima di dissolversi nello Spazio infinito. Siete l'unica che ancora riesca a ricordarsi di me, dopo molto tempo… e non so come ci riusciate, Dashy."

"Forse perché Munn mi aveva affidato l'incarico di proteggere e custodire questo luogo dal momento in cui i vostri genitori non ne sono più stati capaci e voi avete cercato esseri a voi simili per ripopolarlo. Così come cercate di fare per la terra che giace nella maledizione della Pietra Lunare."

"Abbassate la voce, quando parlate di queste cose!" Esclamo, allarmato. "Le Vergini sono all'oscuro di molti segreti e non voglio che si torni al momento in cui la curiosità ha prevalso e si è giunti molto vicini alla distruzione dell'Isola. Il momento in cui anche la Terra sembrava esalare l'ultimo respiro…"

"Ma l'essere umano è riuscito a salvarsi. E, grazie all'intervento delle creature dell'Universo, è riuscito a ricordare molte cose che pensava di aver dimenticato, così com'è stato possibile impedire che la fine diventasse una realtà concreta, non solo un incubo quasi irreale. Ma… Athorm… voi sapete che l'Isola delle Vergini è destinata alla scomparsa… Lo sapete già da tempo, e l'avete anche sperato, per molti secoli…"

"Ma poi ho incontrato Swaynn, e lei era qui." Dico, assorto nei ricordi. "E questo luogo non mi è più sembrato un nemico da combattere, ma un germoglio di vita da cui potesse nascere qualcosa di nuovo. E speravo che le cose potessero finire come si erano rivelate: con l'amore dell'unica donna che avrà il mio cuore per sempre, una nuova terra su cui gettare le basi per un nuovo futuro e una figlia che adoravo e per la quale facevo progetti."

"Non avete ancora perso tutto."

"Ma accadrà. Perché così è scritto. E, nonostante crediamo di poter godere del libero arbitrio, scopriamo sempre che qualcosa di noi è già scritto nelle stelle. Qualcosa che non possiamo cambiare. Qualcosa che ci apre gli occhi e ci fa capire che – forse – ci siamo sbagliati, e che è meglio aver vissuto un'illusione, piuttosto che non aver goduto nemmeno della dolcezza di un attimo perduto."

Dashy mi stringe le mani. E' così piccola e indifesa, così curva, minuta e instabile… eppure così forte, nelle sue parole:

"Parlate come un uomo che si sta arrendendo, Athorm, e non è da voi. Siete riuscito a sopravvivere a più di quanto vostra moglie sappia e possedete doni che non svelate a nessuno. Nemmeno a voi stesso. Come se fossero delle colpe da espiare, solo perché avete capacità che l'essere umano non è in grado di eguagliare. Ma il Cielo non vi ha dato tanti doni per tenerli nascosti. E non vi ha reso ciò che siete, per vedervi fuggire di fronte a qualcosa che non avete ancora perso del tutto. Non vi siete ancora manifestato completamente, ma solo in minima parte. E vostra moglie si è fidata così tanto di voi da mettersi nelle vostre mani: la vostra arma avrebbe potuto ucciderla, eppure Swaynn non ha esitato un solo attimo. E voi avete dimostrato di essere ciò che siete e che non potrete nascondere ancora a lungo. Non siete un fuggitivo, Athorm: non lo siete mai stato. Non cominciate ad esserlo ora, solo perché credete che sia meglio così. Potreste sbagliarvi e pentirvene. E potrebbe essere tardi, per tornare indietro."

Abbasso lo sguardo, sorridendo amaramente: Dashy ha ragione, e la sua lucidità mi è d'aiuto, in questo momento. Non ho punti di riferimento ai quali poter esprimere i miei dubbi, le mie paure, il senso di impotenza che mi ha portato spesso a chiedermi come avrei potuto dare il meglio di me. Non c'è mai stato nessuno ad insegnarmi la vita: ho imparato da solo, lottando con le unghie e con i denti, spesso eccedendo nella forza e cadendo in molti errori. Ho preservato me stesso dall'amore, poiché temevo di perdermi. Non conoscevo altre creature, se non quelle dell'Universo o le razze miste, gli incroci con gli esseri umani. Ogni preoccupazione è rimasta chiusa nel mio cuore, e così tutti i dolori, finché non ho conosciuto Swaynn: con lei mi sento al sicuro e, al tempo stesso, provo il desiderio di poter essere per lei un rifugio nei giorni più difficili, o la prima persona con cui condividere le sue gioie. Ma l'idea che la libertà possa essere un traguardo più importante di un legame che sembra essere solo fonte di grandi tristezze non mi abbandona. Per quanto Dashy possa cercare di convincermi, apprezzerò i suoi sforzi, poiché sono a fin di bene, ma sarò sempre costretto a filtrare ogni suggerimento con la mia volontà e il mio modo di vedere le cose.

Ritraggo dolcemente le mani dalle sue e le sorrido:

"Potrebbe già essere troppo tardi, amica mia." Le rispondo. "Ma non è troppo tardi per Swaynn."

La vedo scuotere la testa. Non approva ciò che dico e non lo nasconde. Apprezzo la sua sincerità e ne terrò conto, poiché al mondo ho conosciuto ben poche persone in grado di sostenere le proprie idee, anche a costo di andare controcorrente. La saluto con un lieve cenno del capo e mi dirigo verso la stanza in cui Swaynn sta riposando. Il camino è acceso e il tepore che sprigiona mi induce a togliermi il mantello. Mi siedo su un lato del letto e la guardo: nonostante la stanchezza che il volto non riesce a nascondere, sembra dormire serenamente, come se gli ultimi avvenimenti non l'avessero minimamente sfiorata. Mi limito a guardarla, per non disturbare il suo sonno. Vorrei poterla baciare, stringerla a me, tenerla tra le mie braccia per tutto il giorno e anche la notte… ma non faccio nulla. Osservo solo la linea delicata delle sue mani candide, così piccole ma affusolate, apparentemente fragili ma capaci di compiere grandi imprese… E sfioro il suo viso con gli occhi, come se volessi imprimermi quest'immagine di inconsapevole beatitudine che compare sempre più di rado. Una donna così giovane e già costretta a sopportare tanti pesi… E so bene che cosa significhi, poiché anch'io non ho potuto godere di un'infanzia felice, se non per brevi momenti, nei quali i miei genitori tornavano ad essere amorevoli, così come sono quando si manifestano a me come Spiriti degli Antenati.

Come se si fosse accorta della mia presenza, Swaynn apre gli occhi, lentamente. Le sorrido, cercando di trasmetterle serenità e nascondendo il tumulto delle emozioni che si agitano nel mio cuore. Anche lei mi rivolge un sorriso stanco, ma pieno di luce.

"Orisa è tornata a Idra..." Mormora, con voce molto bassa.

"Sì." Le confermo, quasi sussurrando. "Non c'era più nulla da fare, per lei, qui. E Yoser ha bisogno d'aiuto, ora. Lei, le sue Ancelle e il mio equipaggio faranno rotta a Verdrad."

"Athorm." Mormora ancora, deglutendo un paio di volte. "Anche tu non puoi rimanere. Kelenda ha bisogno di te, ora più che mai."

Rimango in silenzio per un lungo istante. La sua sensibilità si è acuita. Riesce a vedere oltre alle parole e al muro che cerco di erigere tra me e il mondo esterno. Forse Dashy aveva ragione: è giunto il momento, per me, di elevare i miei poteri e manifestare almeno a Swaynn ciò che sono in grado di fare. Ma tanta forza richiede una capacità di sopportazione di cui la Terra è sprovvista e per cui l'essere umano non è pronto.

"Athorm..." Ripete ancora, appoggiando una mano sulla mia gamba. "Io sopravvivrò a tutto questo e tu lo sai. Troverò la forza di reagire e tutto ricomincerà di nuovo. Ma anche tu hai dei doveri da compiere e non puoi più attendere."

La guardo intensamente:

"Preferirei avere la certezza che tu stessi bene, prima di ripartire." Le dico, con premura. "Il mio pensiero sarebbe costantemente rivolto a te, nell'attesa di sapere..."

"Sapere che cosa deciderò di fare?" Conclude la frase per me. "So quali sono le mie priorità, Athorm. E sono consapevole di quello che sta accadendo qui e a Kelenda. Tu sei il suo Altissimo Funzionario, il Condottiero dei Mari, e i tuoi uomini non possono sostituirsi a te ancora a lungo. Non ne hanno le capacità. Sanno obbedire, ma non possono comandare al posto tuo. Solo tu conosci i segreti che legato le terre connesse a Kelenda. E solo io conosco i segreti dell'Isola delle Vergini..." cerca di mettersi a sedere e io l'aiuto ad appoggiarsi ai cuscini.

"Potresti smaterializzarti come e quando vorresti, Swaynn." Le dico, guardandola negli occhi. "Ma non ne sei ancora consapevole. Non completamente. E, nella condizione in cui ti trovi, sarebbe pericoloso."

"L'hai sempre detto, ma il pericolo è arrivato da altrove." Replica, sorridendo. "E non siamo stati in grado di prevenderlo, né di fermarlo. Io so che dovrò compiere una scelta e so anche che non potrò farlo con te accanto. E' una scelta che spetta a me sola e che probabilmente segnerà il destino di entrambe le nostre terre. Athorm... perché portare il luogo in cui risiede Kel'Id'a proprio sulla Terra? Io, davvero, non lo capisco. Se l'essere umano sapesse che cosa rappresenta la terra che governi, ne avrebbe paura."

Sono io, a sorridere, questa volta:

"Non ci sono pericoli per gli esseri umani, Swaynn, laggiù." Spiego con dolcezza. "Kel'Id'a è uno Spirito molto potente, tanto quanto lo sono Vegar e Iatho. Ma non ho scelto la Terra per portarvi distruzione: l'ho scelta perché quel luogo prosperasse e potesse riunire creature terrestri e aliene, in grado di convivere pacificamente. Noi non siamo ciò che molti hanno creduto, per troppo tempo. Siamo in grado di insegnare e di imparare, poiché nessuno è maestro di nessun altro. Ci hanno rivestiti di aspettative e raffigurati per ciò che non è parte di noi, ma della fantasia che non conosce limiti. Come lo Spazio. Temevano di essere soli e io sentivo il dolore di chi non sopportava la sua condizione. Lo sentivo e lo capivo, poiché anch'io ero solo. Non c'era nessuno che fosse uguale a me. La mia Stirpe è stata la prima a stanziarsi sulla Luna, ma anch'io provengo dagli abissi più profondi dell'Universo, come te. Lo Spirito di Kel'Id'a ha scelto prima che io potessi comprendere. Ho solo seguito i segni. E continuo a farlo."

Swaynn mi stringe le mani, con forza:

"E allora vai avanti!" Esclama, mentre le guance si colorano lievemente. "Sii ciò che hai accettato di essere, quando hai compreso lo scopo della tua vita! Non posso permettere che il mondo perda le sue leggende, qualunque esse siano e qualsiasi cosa esse portino con sé. Abbiamo tutti bisogno di qualcuno che possa guidarci verso i nostri sogni, anche quando essi possono sembrare irrealizzabili. Detia ha continuato a seguire il suo, sapendo che sarebbe stato solo un'illusione da poco. Ma l'ha vissuto fino alla fine, credendoci e lottando, anche per dare a me la possibilità di scegliere, un'altra volta. Il suo sacrificio non può essere vanificato ma non posso chiederne un altro a te: tu non sei nato per restare qui."

La stringo tra le braccia, come se temessi di perderla:

"Mi sforzavo di pensare a cos'avrei potuto dirti, e tu l'hai fatto senza indugio." Mormoro, accarezzandole i capelli. Poi la allontano e la guardo negli occhi, stringendola per le braccia. "Ma io ho già fatto la mia scelta. Ed è quella di amarti, per il resto della mia vita. Per sempre."

"Non ci stiamo dicendo addio…" Mormora, in un soffio. "Ma devo capire il motivo che mi ha portata fino a qui e che ha permesso che accadesse tutto ciò che abbiamo vissuto, anche con dolore. Tu conosci già molto di quello che io sto iniziando a malapena a comprendere. Forse dovrei chiederti più di quanto tu mi abbia già detto, ma non credo che sia il momento adatto. Ora so chi sono e conosco la mia essenza. E conosco la tua. Questo non è un addio, Athorm…"

"Dipende solo da te." Mormoro, accarezzandole il viso. "Sappi solo che ti aspetterò. Prometti che non lo dimenticherai."

"Lo prometto, Athorm." Mi risponde, aggrappandosi a me.

"Promettilo ancora, affinché l'intero Universo apponga il suo sigillo sul tuo giuramento."

"Te lo prometto." Ripete, con voce ferma.

Il profumo della sua pelle è simile a quello del bosco di primavera, quando sbocciano i primi fiori e la fresca rugiada mattutina si posa sui petali delicati. Così, anche le mie labbra si posano sul suo viso, scivolando sul suo collo, mentre i nostri cuori battono vicini. Dovrei attendere ancora, prima di fare l'amore con lei, ma non conosco la sua risposta e potrei rivederla presto o mai più. Per questo, le mie mani si insinuano nella sua veste, giocano con la sua pelle, si appagano di un tocco che diventa sempre più caldo in ogni istante che passa. I suoi occhi mi guardano come se mi stessero aspettando. Chiudo la porta, affinché Dashy non possa entrare. Swaynn allunga le braccia, per attirarmi a sé. Mi chino su di lei, baciandola con passione. Potrebbe essere l'ultima volta in cui la nostra passione si accende e non voglio sprecarla. Sarò delicato e non le farò male. In quest'unione di corpi e anime, cerco di trasmetterle tutti i pensieri che le labbra non possono esprimere. Faccio appello al legame che ci unisce, consolidandolo ancora una volta, invocando la pulsazione del Cosmo affinché possa illuminare la strada dell'unica donna che ho amato e che amerò. Per sempre.

Ventisette - *Moraya*

Da quando Orisa è approdata a Verdrad, la piccola città di Leyr è stata costretta a subire una trasformazione molto rapida. Lei con le sue Ancelle, e Oughm con l'equipaggio di Athorm, hanno creato un vero e proprio caos che io e Smuz siamo riusciti a gestire solo dopo molti giorni. Sono stati costruiti accampamenti di fortuna, e parte del Popolo di Verdrad si è offerto di aiutarci nell'ampliamento dei confini di questa città che pullula letteralmente di personaggi variegati. Gli abitanti di questa terra sono affascinati e intimoriti dai modi di fare delle donne di Idra, ma esse non si comportano con superbia, né ostentano le vaste conoscenze in loro possesso. Per volere di Orisa, che riporta la decisione di Athorm, tutti dovranno far parte di un unico esercito e il livello di addestramento dev'essere spinto al massimo. Ci domandiamo tutti che fine abbia fatto il nostro capitano. Sappiamo che lui e Swaynn sono rimasti sull'Isola della Luna, e che Detia è morta. Non ci è stato detto altro. Continuiamo ad obbedire agli ordini e a cercare di mantenere i contatti con gli Alti Funzionari dislocati su ogni parte del pianeta. Yoser si è chiuso nel silenzio del laboratorio che condivide con lo scienziato Verlor Torrado e non si muove mai da lì. Il lavoro sembra lenire le sue pene, poiché, da quando è tornato, il suo viso non è più così pallido e scavato. Lo incontriamo molto raramente e solo quando accompagniamo Oughm nei suoi incontri olografici con gli Alti Funzionari che continuano a premere, soprattutto per conoscere le sorti di Kelenda. Non sappiamo più cosa dire, ormai, se non cambiare discorso, portandolo sul grado avanzato di preparazione che sta raggiungendo l'esercito, ogni giorno sempre di più. Abbiamo anche presentato i nuovi elementi che fanno parte della schiera dei pochi prescelti ad affiancare L'Altissimo Funzionario di Kelenda: Lluish e

Onya, due Ancelle di Idra, veloci nel combattimento e dalle grandi capacità percettive; Zoid e Chaz, gli uomini di Verdrad, abili strateghi che sanno trovare soluzioni alternative anche all'ostacolo apparentemente più insormontabile; infine Edena, già parte del nostro equipaggio, in grado di parlare fluentemente la lingua dell'Isola della Luna e di gestire le Arti con grande agilità. Sono proprio loro, quelli che ricoprono gli incarichi più importanti, insieme a me, Smuz e Oughm. E c'è anche Orisa, il cui compito è quello di mantenere l'equilibrio tra le sue Ancelle e il resto dell'esercito. Ma la Signora di Idra non è sempre presente. Anzi, direi che, come Yoser, anch'ella passi gran parte del tempo lontana dalla confusione. Si dice che sia molto vicina al grande amico di Athorm, per il volere stesso del nostro capitano. Non sappiamo di che cosa parlino, ma Yoser accetta la sua presenza, senza permettere ad altri di avvicinarsi. Forse mantengono gli stessi segreti di cui noi non possiamo essere resi partecipi.

La mia storia d'amore con Smuz procede al meglio. Non avrei mai pensato che potesse accadere, eppure, ciò che sembrava dover rimanere solo una lontana chimera, ora si è trasformato in una bellissima realtà. Ma anche Oughm sembra aver trovato in Edena una buona amica, se non qualcosa di più. La rossa guerriera possiede le caratteristiche che la rendono capace di tenere testa al nostro caro amico, sebbene nessuno dei due prevalga mai sull'altro. Sono molto complici nella strategia e nell'organizzazione del lavoro. Si divertono molto, senza stancarsi mai. Non li abbiamo mai visti in atteggiamenti che potessero farci pensare ad un coinvolgimento diverso, ma le premesse sembrerebbero quelle. La mancanza di una conferma ufficiale, tuttavia, ci porta a non domandare più di quanto ci venga detto. D'altronde, non abbiamo proprio il tempo per dedicarci a pettegolezzi o ad interessarci della vita altrui, quando, a malapena, io e Smuz riusciamo a trovare piccoli ritagli in cui dedicarci a noi stessi.

Così, le nostre giornate trascorrono con sforzi sempre maggiori, ma con la fortuna di poterci suddividere i compiti in base alle nostre conoscenze e capacità. La disciplina impone un risveglio mattutino poco dopo l'alba, seguito dalla consueta meditazione. Quindi si intona il Gham e si procede con l'addestramento militare. Prima del pranzo pratichiamo una meditazione più breve, ma non cantiamo. Questo per avere la possibilità di fare pratica con i Chrein e i Tharyd che pullulano ovunque, finché ritorna il momento dell'addestramento militare. Dopo un breve ristoro, si imparano nuove nozioni che le Ancelle di Idra insegnano a tutti noi, e ogni lezioni va ad integrare ciò che già è in nostro possesso. Di contro, esse ricevono altri tipi di informazioni che non ci è dato a sapere. Quando è stato chiesto loro di poter ricambiare, esse hanno risposto di avere già tutto a portata di mano, ogni giorno, sempre di più. Non comprendiamo le loro parole, ma importa solo che l'esercito sia compatto nelle intenzioni. La cena è il momento in cui tutti noi ci ritroviamo e ci rilassiamo, finalmente, dopo un'intensa giornata di esercizi. Non mancano canti e danze tipici di ogni tradizione, e nemmeno piccoli momenti di tensione causati dal forte stato di stress, subito sedati dal giullare di turno che riporta il buonumore. Prima di andare a dormire, terminiamo la giornata con la meditazione e col Gham.

Sembrano giorni infiniti, soprattutto perché gli Alti Funzionari continuano a cercare di avere notizie che non siamo in grado di fornire loro. Abbiamo esaurito tutti gli argomenti a nostra disposizione e, dopo una riunione insieme ai pochi membri prescelti, siamo giunti ad una sola conclusione: dire la verità. E cioè, che da tempo non abbiamo più notizie dell'Altissimo Funzionario di Kelenda. Non sapremmo cos'altro potremo fare, ancora. Non ci vengono date altre disposizioni, se non quelle di proseguire con ciò che abbiamo iniziato. E così continuiamo a fare. Ma, spesso, quando tutto sembra crollare, arriva l'imprevisto che sovverte ogni cosa. Ed è questo che accade anche a noi, in una mattina soleggiata, dove il cielo è così terso da sembrare un immenso mare d'azzurro, tinto da sfumature dorate. Mentre siamo immersi nel solito ordine che non può conoscere alcuna sbavatura – pena il dover ricominciare tutto daccapo, col rischio di andare a dormire molto tardi – con nostra grande sorpresa vediamo sopraggiungere Yoser Nym, accompagnato da Orisa. Arrivano attraverso un mezzo a propulsione aerea e scendono con gran fretta. Io, Smuz e Oughm li guardiamo senza capire, ed è lo stesso Yoser a destarci dal nostro stupore:

"Cessate ogni addestramento e riunite l'esercito, presto!" Esclama, con un tono che non ammette repliche.

"Riunite tutti in cerchio, ma lasciate un grosso spazio al centro." Anche Orisa ci impone un ordine, con autorevolezza ma anche con dolcezza. Il suo atteggiamento non tradisce mai alcuna emozione fuori posto. La invidio molto, per questo.

Ci attiviamo subito, facendo rimbalzare la notizia di bocca in bocca, finché un'immensa moltitudine di guerrieri si assiepa nel luogo in cui ci è stato indicato. Insieme agli altri prescelti, mi trovo su un gradino più in alto di una struttura simile ad una colonna molto larga e molto bassa. Da quassù, solo ora mi rendo conto di quante persone siano entrate a far parte di questo esercito. Credo che siano almeno quattrocento, e fino ad oggi non mi ero accorta di quanta gente fosse stata arruolata per un compito di cui ancora non conosciamo nulla. Non capiamo che cosa stia accadendo. Guardiamo verso l'alto, perché così fanno Yoser e Orisa. Sembra che stiano aspettando qualcosa, ma non vogliono dirci nulla e non sappiamo il perché. Solo dopo molto tempo, un tempo infinito, se rapportato a tutto quello che dovremmo fare, qualcuno comincia a scorgere qualcosa e, man mano, tutti noi ci accorgiamo che, dal cielo, un puntino molto lontano si sta avvicinando sempre di più, dall'orizzonte. E solo quando giunge quasi fin sopra alle nostre teste, vediamo Athorm, nella sua uniforme che indica il grado più alto che un Alto Funzionario possa mai indossare: è completamente bianca, come lo sono anche il mantello e gli stivali, di velluto riccamente impreziosito da decorazioni dorate e riportanti il suo simbolo. Giunge a noi su uno dei rarissimi esemplari ancora esistenti tra i cavalli bionici, un purosangue artificiale, completamente rivestito d'acciaio che risplende ai raggi del sole e che sembra cavalcare l'aria come se essa fosse dotata di una sua densità.

"Che mi prenda un colpo..." Mormora Oughm, incapace di credere ai suoi occhi. "Non vedevo un cavallo così da... Non ho mai visto una cosa del genere!" Conclude, poiché è la verità: per quanto ne abbiamo sentito parlare, nessuno di noi è mai riuscito a vedere uno di questi animali ricostruiti interamente da scienziati di cui non si conosce il nome, ma solo la mente: Yoser Nym di Verdrad. Ed è lui, la prima persona che guardiamo, quando tutti gli altri acclamano il ritorno del capitano. Ma Yoser non ci rivolge neppure un'occhiata veloce: anch'egli sembra rapito da questa visione. E quando Athorm atterra dolcemente proprio al centro del nostro cerchio, il cavallo si impenna, così come farebbe qualsiasi animale della sua specie, in natura.

Nonostante ci troviamo su un gradino più in alto, non possiamo che sentirci piccoli al cospetto dell'Altissimo Funzionario di Kelenda. Tutti si inchinano, in segno di rispetto e devozione. Lui guarda l'intero esercito, con attenzione, come se volesse imprimere nella sua mente il ricordo di tutti i volti che ne fanno parte. I suoi occhi sono ipnotici e non mostrano alcuna emozione. I suoi capelli sono leggermente più corti, rispetto a quando ci siamo visto l'ultima volta. Il suo volto è un po' più scavato, ma ha assunto una durezza che non vedevamo più da molto tempo, ormai: la durezza dell'esperienza che sa segnare anche un cuore destinato a vivere per sempre. Ci guarda, sorride e si inchina, in segno di saluto. Noi facciamo altrettanto, incapaci di parlare. E' passato tanto tempo, soprattutto per me, e mi sembra di avere a che fare con un'altra persona, sebbene riconosca in lui il mio capitano. Ma anche gli altri sembrano impressionati da questo suo arrivo. Nessuno ha il coraggio di fiatare, nemmeno quando Athorm sale dove noi prescelti siamo rimasti in spasmodica attesa, mentre il cavallo scalpita come se fosse vivo, emettendo un nitrito così reale da farlo sembrare come un purosangue vivo, avvolto da un'armatura invincibile.

Athorm si avvicina a noi, e sembra ancora più alto di quanto lo ricordassi. Comprendiamo che vuole parlarci, così gli lasciamo lo spazio di cui ha bisogno. Mi domando come riesca a farsi sentire, in questa distesa di verde, tra tanti guerrieri che lo osservano con timore e reverenza. Ma la mia domanda trova subito risposta, nel vedere che Yoser gli consegna un piccolo dispositivo in grado di amplificare la sua voce, pur rimanendo strettamente chiuso nello spazio di un pugno.

"Avete svolto un ottimo lavoro." Sono le prime parole che pronuncia, con voce decisa. "Sono molto fiero di voi e soprattutto di chi vi ha preparati per quello cui andrete incontro. Vi siete sottoposti ad una disciplina ferrea di cui non conoscevate l'origine, né la motivazione. Ma non vi siete mai arresi, e ora fate parte di un esercito che non avrà eguali, sul pianeta: l'esercito di Sel'nays."

A quelle parole, tutti scoppiano in un grido fragoroso. Athorm zittisce tutti con un cenno della mano e continua a parlare:

"Come molti sanno, ho sempre cercato di allontanare dalla mia nave tutto ciò che rappresentava l'opulenza della tecnologia e della sua capacità distruttiva, se usata nel modo sbagliato. E tutti noi sappiamo quanto gli esseri umani siano così deboli da rendersi schiavi di una vita comoda, fin troppo facile, se lo desiderano. Ma… sulla scorta degli ultimi avvenimenti, e grazie alla presenza di Yoser Nym, cui dobbiamo gran parte di ciò che esiste ancora, in questo mondo, mi trovo costretto a chiedere ciò che non avrei mai potuto pensare di volere. Ed è mio desiderio che la nave venga trasformata in più di ciò che essa sia già, che venga ampliata per accogliere tutti voi, per renderla inattaccabile, invisibile… immortale. Chi troverà la sua dimora in essa, non soffrirà la nostalgia di casa, poiché avrà la possibilità di portare con sé la sua famiglia, senza che i suoi figli debbano temere pericoli. I superstiti di Kelenda continueranno ad abitare a Leyr, in attesa di un nuovo ordine. Qui troveranno un luogo in cui vivere finché lo vorranno, e se il loro desiderio si moltiplicherà anche nelle generazioni future, in qualità di Unico Funzionario della terra da cui essi provengono, essi avranno la mia benedizione e la mia più completa disponibilità."

Ci guardiamo tutti, agitati ed eccitati al tempo stesso: sembra che tutto stia per compiersi, anche se ancora non sappiamo come né dove.

Solo ora ci accorgiamo che si sta avvicinando anche l'Alto Funzionario di Verdrad, Pad Soon. Non sembra sorpreso: forse è arrivato insieme a Yoser e Orisa, ma ha preferito rimanere nascosto, per assistere a ciò che stava accadendo senza farsi notare. Quando fa la sua comparsa, Athorm si inchina lievemente verso di lui e gli rivolge queste parole:

"Ringrazio colui che rappresenta questa terra per avermi acconsentito di giungervi in un modo un po'… insolito. E colgo l'occasione di potergli chiedere il condono della pena del prigioniero Tom, poiché è mia intenzione sottoporlo ad un intenso programma di recupero che possa permettergli di reintegrarsi all'interno dell'esercito!"

A queste parole, Smuz ha un gesto di stizza e Oughm, esclama:

"Non puoi volere questo, capo! Swaynn ha rischiato di morire a causa sua!"

Anche Orisa sembra contrariata:

"Non è una buona idea, Athorm." Gli dice, con rispetto, ma senza nascondere la sua disapprovazione. "Il Popolo da cui è stato tratto in salvo ha lasciato in lui residui troppo pericolosi e che lo rendono vulnerabile alle emozioni. Riportarlo nella tua nave, tra coloro che lui stesso ha tradito, non farebbe che portare disordine e malcontento."

"Il pericolo è cessato, e io non posso vivere col rimpianto di non avergli dato una possibilità per riscattarsi." Replica Athor, con decisione.

"E' davvero ciò che volete?" Chiede Pad Soon, visibilmente stupito.

"E' ciò che chiedo e vorrei che la sua liberazione avvenisse per domani all'alba, affinché anch'egli cominci una nuova vita, ricordando ciò che era, prima che influenze esterne lo destabilizzassero."

Si leva un brusio dall'esercito. E' l'Alto Funzionario di Verdrad a zittire tutti, con un cenno della mano:

"Siamo servitori di Kelenda e di colui che ne è l'egregio rappresentante." Dice, con solennità. "Perciò faremo come desiderate: porteremo il prigioniero ma lo sorveglieremo affinché nessuno abbia di che temere per la sua incolumità."

Athorm guarda tutti i presenti:

"Nessuno ha più bisogno di essere difeso da truppe speciali." Afferma con decisione. "Qui sono tutti in grado di guardarsi le spalle reciprocamente. Non vi è necessità di sentinelle che impediscano ciò che non è mai possibile prevedere. Non datevi pensiero di questo, Pad. L'esercito di Sel'nays saprà come difendersi, se sarà il caso."

E' evidente che il Funzionario di Verdrad non sia d'accordo. Ma il tono del nostro capitano non sembra accettare un rifiuto, né una qualsivoglia soluzione alternativa. Non gli rimane che accettare, quindi:

"Sta bene." Dice, alzando la mano, in segno d'approvazione. "Ogni vostra richiesta è un ordine, per noi, Athorm Dralt. E se potremo esservi d'aiuto in altro modo, contate su di noi."

"Come avete avuto modo di sentire, è mio desiderio che i superstiti di Kelenda trovino in questo villaggio un luogo in cui vivere per sempre, se lo desiderano. Non temete: mi occuperò personalmente di tutto ciò che necessiteranno, anche dal punto di vista economico. Nessun ospite graverà su Verdrad."

"Gli abitanti di Kelenda sono amici, signore." Risponde con decisione Pad Soon. "Non ci dovete più di quanto noi dobbiamo a voi, per tutto ciò che avete fatto in molti anni di onorato servizio."

"Vi ringrazio. E mi trovo a porvi un'altra richiesta: per la revisione completa della mia nave avrò bisogno dei vostri migliori uomini che, sotto la guida di Yoser Nym e Verlor Torrado, si occuperanno di realizzare il progetto che ho già provveduto ad inviare presso il laboratorio di V. Il Condottiero dei Mari non può continuare il suo viaggio a bordo di un'imbarcazione che deve reggere nei secoli. Non baderò a spese, se mi sarete d'aiuto anche in questo."

"Contate pure su di me e su tutto il Popolo di Verdrad!" Esclama Pad Soon, scattando sull'attenti. "Avrete a disposizione i migliori costruttori che esistano su questa terra e anche altrove, se necessario."

Athorm annuisce, scambiando uno sguardo d'intesa con Yoser. Poi riprende la parola e si rivolge di nuovo all'esercito:

"Oggi è un giorno di festa, per voi." Esclama, con voce forte. "Perché il vostro comandante è tornato. E voi sarete chiamati a compiere grandi imprese, poiché è per esse che siete stati addestrati così duramente. Accoglietevi reciprocamente, senza guardare le differenze. Accogliete anche Tom, dimenticando ciò che è passato e che non può più essere cancellato, poiché tutti noi abbiamo fatto degli errori imperdonabili, e, nonostante un'intera vita spesa per cercare di rimediare allo sbaglio, non riusciremo mai a scusare noi stessi fino in fondo, sebbene chi abbiamo colpito profondamente riesca a fare ciò che a noi riesce impossibile. Domani all'alba sorgerà un nuovo giorno, e sarà allora che l'esercito di Sel'nays comincerà ad assumere il suo incarico ufficiale: tutti voi sarete registrati come parte integrante di questo progetto e, come tali, godrete dei favori dell'Altissimo Funzionario di Kelenda. Completerete la vostra formazione e vi saranno assegnate nuove uniformi. E quando la nave sarà pronta, ripartiremo alla volta di Kelenda, dopo aver fatto tappa all'isola Chay, dove renderemo omaggio all'amico Orud e alla piccola Mytia, una piccola stella che ha illuminato il cammino di molti di voi, finché il sui compito non è giunto al termine. Giurerete fedeltà al simbolo che sarà il vostro scudo, la protezione dell'anima e del corpo. Farete parte di una realtà che richiederà più di quanto pensiate di poter dare. E non mi riferisco alla vostra vita, ma ai valori più nobili dell'essere umano: libertà, lealtà, coraggio e dignità."

C'è qualcosa, nella sua voce... qualcosa che dà coraggio e speranza a tutti noi. Qualcosa che pensavamo di aver dimenticato o, forse – solo per un momento – accantonato. E' come se la sua forza penetrasse nel nostro sangue e ci desse una scossa, un brivido che ci incita a combattere per ciò in cui crediamo, per riportare questo pianeta alla vita.

L'intero esercito è in preda all'euforia. Anche l'idea di avere Tom di nuovo tra di noi non ci fa paura: sapremmo come neutralizzarlo, se dovesse rappresentare un pericolo. Ma, dalle ultime voci di corridoio, abbiamo saputo che il suo stato mentale è simile a quello di quando la sua forza di volontà riusciva a dominare la sua anima ribelle. Le sue mani sono state ricostruite ed egli è sottoposto a lavori molto pesanti, in un luogo a noi sconosciuto ma collegato direttamente al laboratorio di Yoser Nym e al sistema di sicurezza di Verdrad. Non ha mai cercato di fuggire, né di ribellarsi, né di porre fine alla sua vita. Avrebbe potuto farlo, poiché il suo sistema di autoconservazione è stato disattivato. Ma Tom non ha mai manifestato tendenze suicide, dopo essersi privato dell'uso degli arti. Non riusciremo a considerarlo un amico. Non abbiamo mai dimenticato la visione di Swaynn riversa sul divano, immersa in un lago di sangue, mentre lui pronunciava parole che vorremmo poter cancellare dal passato... ma non si può. Athorm saluta nuovamente tutti i membri dell'esercito che oggi potranno beneficiare di una giornata di riposo, mentre Pad Soon si accomiata con reverenza. Quando i prescelti rimangono attorno al capitano, insieme a Yoser e Orisa, Athorm si dirige verso il suo cavallo robotico, montando in sella. A parte il suo corpo d'acciaio, staffe e redini sembrano molto simili a quelle di un normale destriero, anche se è chiaro che il materiale di cui sono fatte è molto diverso.

"E Swaynn?" Chiede Oughm, rompendo ogni indugio. Tutti noi avremmo voluto sapere di lei, ma nessuno aveva il coraggio di parlare per primo. Per una volta, i rari momenti di residua impulsività dell'amico vengono in nostro aiuto.

"Sta bene." Risponde Athorm, brevemente. E' chiaro che non abbia alcuna intenzione di dire altro. Ma lo sguardo di Orisa sembra impensierirci.

"Tornerà anche lei, vero?" Chiedo, avvicinandomi al nostro capitano. Lui mi rivolge uno sguardo che non comprendo:

"Avete la giornata a vostra disposizione, Moraya." Mi dice, con un ordine implicito. "Tu e Smuz dovreste trascorrerla in un modo diverso. Non ti pare?"

"Sì, ma…" Cerco di insistere. "Non possiamo andare a Kelenda senza di lei. E a Chay, poi… Lei non ha mai visto dove abbiamo deposto Mytia…"

E' Orisa, a farsi avanti:

"Ogni cosa a suo tempo." Mi dice, appoggiandomi una mano sulla spalla. "Lasciamo che Athorm si metta in comunicazione con gli Alti Funzionari del pianeta, affinché tutti sappiano che egli è tornato. Ci sono priorità che non è possibile rimandare oltre. Domande che avrebbero rischiato di rimanere senza risposta. E' il compito che gli è stato assegnato quando ha accettato l'incarico. Noi possiamo solo obbedire."

Apro la bocca per parlare ancora, ma Smuz mi rivolge un'occhiataccia. Ammutolisco immediatamente, mentre vediamo Athorm riprendere a cavalcare il suo destriero che si eleva sopra di noi, sfrecciando nell'aria.

Non ha mai amato avere a che fare con troppa tecnologia. Ora ha richiesto più di quanto noi siamo in grado di riuscire ad immaginare. Guardo Orisa, perché so per certo che lei sia a conoscenza di qualcosa che noi non sappiamo. Così, tento ancora di capire:

"Swaynn è rimasta con i vostri figli, Yoser?" Chiedo allo scienziato. Lo vedo irrigidirsi e serrare la mascella. Per un attimo credo che possa fare esplodere la sua collera contro di me. Poi, però, riesce a riprendere il controllo delle sue emozioni e a guardarmi. Non dice nulla e mi guarda e io continuo a non capire.

Lo vedo salire in quel mezzo a propulsione, una specie di grossa capsula d'acciaio sospesa nel vuoto, seguito da Orisa. Anche lei mi guarda, e scorgo un imbarazzo che non avevo mai visto prima. Poi, i due si allontanano velocemente, lasciandoci qui, sulla base di questa grossa colonna che, un tempo, forse, accoglieva uno di quegli antichissimi templi dedicati a molte divinità.

Ci guardiamo senza parlare. Io, Smuz e Oughm sembriamo i più disorientati. Lluish e Onya, le Ancelle di Orisa, ci sorridono con la pacatezza che le contraddistingue. Sono sicura che abbiano percepito qualcosa, ma che non ne facciano parola, per obbedienza. Si allontanano a piedi dirigendosi verso le loro tende. Sono tra le poche persone che non hanno accettato di farsi costruire ancora una casa. Non sanno quanto questa missione possa durare e non possono assicurarci che rimarranno per sempre. Così ci hanno detto, un giorno. Ma hanno anche aggiunto che, finché Athorm e Swaynn lo vorranno, esse rimarranno nell'esercito. Zoid e Chaz si affrettano a salutarci e a correre verso le loro piccole case. Sicuramente si recheranno nella capitale, dove le loro famiglie li aspettano da tempo e a cui daranno una lieta notizia. So che non li vedremo fino a domani, e forse è giusto che sia così. Solo Edena rimane con noi. Non so se lo faccia per Oughm o per starci accanto in qualità di membro speciale dell'esercito. Ma c'è, e condivide il nostro stesso stato d'animo.

Nessuno di noi ha il coraggio di parlare o di fare un minimo movimento. Rimaniamo assorti nei nostri pensieri, cercando delle spiegazioni che non sembrano essere abbastanza convincenti da poter essere espresse liberamente.

Riporteremo la vita a Kelenda… ma come? Quel luogo ha smesso di attirare la curiosità dei viaggiatori, e sono state poste mura molto alte che scoraggino ogni tentativo di intrusione. Nulla è cambiato, se non dentro di noi. Forse, l'unica cosa positiva di tutta questa storia è che la nave diventerà come una vera casa, finalmente, dopo tanto tempo. Una casa che non ha radici, né un luogo fisso cui attraccare, ma che, sicuramente, rappresenta più di quanto potessimo aspettarci.

E' Edena a fare il primo passo verso le case che sono state costruite per noi. La seguiamo, in silenzio, finché ci salutiamo ad un crocevia. Io e Smuz entriamo nella casa dove condividiamo una vita come una qualsiasi coppia di esseri umani. La nostra diversità ci unisce ancora più di prima e non ci fa pesare ciò che ci rende simili ad alieni. Ci togliamo le uniformi da combattimento, senza parlare. Solo dopo molti istanti di silenzio, la vita sembra scorrere nuovamente, come tutti i giorni. Così, mano nella mano, usciamo di nuovo, dirigendoci verso la riva del mare. Ci andremo a piedi, benché sia molto distante da qui. Athorm aveva ragione: non c'è niente di più puro della semplicità.

Ventotto - *Yoser*

L'opera di modifica che io e i miei collaboratori stiamo apportando sulla nave di Athorm procede con grande attenzione. Si tratta di aumentare i piani posti sotto il ponte, di aggiungere nuovi dispositivi, di ripristinare il buon funzionamento di tanti altri sistemi elettronici accantonati nel corso degli anni e di rafforzare l'intera struttura, rendendola praticamente invulnerabile. Nessuno sa che utilizzerò un materiale che ho trattato con un esperimento fatto sul DNA alieno, in grado di rigenerarsi e sopportare qualsiasi tipo di condizione atmosferica avversa. Nessuno, a parte Verlor, collaboratore più che fidato e che non rivelerà mai i miei segreti, divulgandoli con o senza il mio permesso. La nave si accinge a diventare la più grande imbarcazione in grado di solcare i mari della Terra, l'unica che non avrà eguali, poiché esiste da secoli e non è mai stata affondata. Athorm mi ha chiesto di apporvi altre modifiche, nel caso in cui si dovessero rendere necessarie. E' un esperimento che compio per la prima volta nella mia vita e di cui non posso garantire la buona riuscita. Se non dovesse funzionare, al massimo potenzierà tutto ciò che stiamo via via aggiungendo, ma la speranza è che il risultato finale valga la pena di tutti gli sforzi compiuti.

Stanno arrivando anche le nuove uniformi, sempre sulle tonalità del grigio dalle sfumature argentee o perlate. Il simbolo di Kelenda, è riportato una volta sola, su di esse, all'altezza del cuore. Solo Athorm può imprimerlo all'infinito sui suoi indumenti, poiché egli è il rappresentante ufficiale di un esercito che sta diventando sempre più forte e compatto.

Tom è stato reintegrato e il suo ritorno è stato accolto con molta freddezza. Nessuno gli ha rivolto neppure uno sguardo e l'uomo ha accettato la situazione senza protestare: ricevere una grazia da parte del marito di colei che ha tentato di ucciderla vale più di mille parole espresse da chi può considerarlo un peso morto, un pericolo, un individuo di cui si potrebbe fare a meno. Ed è sempre stato Athorm, il primo ad addestrarlo, poiché sapeva che nessuno lo avrebbe fatto. Solo dopo molti giorni, l'atmosfera si è rilassata, anche se nessuno rivolge ancora la parola a chi ha giocato con la vita di una persona importante per tutti noi.

Orisa mi è molto vicina. Lei sa ciò che provo, perché ha vissuto una situazione simile con un essere mortale, un uomo di cui si era perdutamente innamorata e che conosceva la sua vera identità. Si è confidata, raccontandomi questo segreto che solo in pochi conoscono, e lo ha fatto con sincera commozione, come se il ricordo di quel vecchio corpo morente fosse ancora vivido e tangibile nelle braccia che lo avevano accolto. Avrebbe voluto avere dei figli, ma lei fa parte di quelle creature aliene che non sono in grado di generare una discendenza e questa consapevolezza l'ha segnata per il resto della sua vita. Le ho proposto di sottoporsi ad un esperimento che potrebbe darle almeno una speranza, se solo lo volesse, e lei mi ha guardato come se la mia idea fosse un'assurdità o un inganno nella quale volevo trarla, per farle abbassare le difese e renderla vulnerabile. Ho scoperto che, nonostante l'apparenza di donna forte e sicura di sé, Orisa nasconde un'anima molto fragile e insicura, incapace di instaurare autentici rapporti tra esseri umani e alieni, per il timore di rimanere ferita o di dover soffrire un'altra volta. Solo dopo averle spiegato in cosa consiste la mia teoria, mi ha promesso che ci avrebbe pensato. Ha escluso a priori, ad ogni modo, che un altro uomo potesse irrompere in modo così forte nella sua vita. Aveva creduto che costui potesse essere proprio Athorm, ma quando si sono conosciuti lui era solo un uomo che non desiderava avere legami stabili e che prendeva ciò che le donne erano disposte a dargli con grande facilità. Anche lui pensava di essere sterile, ma dopo un accurato esame cui l'ho costretto a sottoporsi, ho potuto verificare che il suo corpo funzionava come quello di qualsiasi altro essere umano. Per evitare di riempire il mondo di figli, ha sempre utilizzato prodotti creati da me e dai miei collaboratori, rimedi di altissima efficacia, in grado di "stordire" letteralmente gli spermatozoi e gli ovociti, creando una confusione che poteva durare fino a più di una settimana. Incapaci di riconoscersi, queste piccole scintille in grado di generare una vita si dissolvevano nel nulla. Solo con Swaynn, evidentemente, Athorm ha tentato la sorte. Non so se l'avesse fatto con un reale intento procreativo o perché l'idea di stare con lei fosse più forte della paura. In ogni caso, da quest'unione è nata Mytia, di cui ora ci rimane solo un dolce ricordo.

I giorni passano e il cantiere navale di Verdrad, ormai, si sta dedicando completamente all'impresa colossale che vedrà coinvolto l'esercito di Sel'nays con intere famiglie al seguito. Sono state studiate celle speciali per il trasporto degli animali viventi, soprattutto cavalli, di cui solo pochi potranno avere il controllo e l'esclusiva proprietà. Per il resto, si è scelto di continuare la realizzazione di purosangue artificiali, di cui il grande magazzino sotterraneo su cui poggia l'intera terra di Verdrad è pieno. Ne vengono collaudati sempre di più, poiché sono fermi da molto tempo. Anche di essi saranno scelti solo pochi esemplari che verranno consegnati solo a meno della metà dei guerrieri. Alcuni si muoveranno su speciali tappetini a propulsione aerea, avvolti da uno strato trasparente e simile ad una bolla di sapone, ma molto più resistente e difficilmente attaccabile. Già ci si avvia ai collaudi, perché nessuno è avvezzo a questo tipo di locomozione. L'intera Verdrad è un pullulare di uomini e donne a cavallo o su questi tappetini su cui è montata una piccola plancia anteriore, funzionante tramite comandi vocali.

Ciò che un tempo era Kelenda, ora è Verdrad. Ma non è così, che dev'essere.

Spesso mi ritrovo a guardare Athorm, e vedo nei suoi occhi una luce che non ho mai visto prima. E' come se avesse subìto una trasformazione interiore, e il suo animo da condottiero si fosse rafforzato. La sua autorevolezza è chiara sin da quando si avverte l'avvicinarsi dei suoi passi. Ci fermiamo tutti, per salutarlo con un cenno del capo, e lui risponde con un gesto della mano, mantenendo il suo sguardo serio e fiero, ma mai superbo.

Mi domando che cosa nasconda il suo cuore dietro a quell'apparenza di grande forza. So che l'assenza di Swaynn non lo lascia indifferente. So che il non ricevere sue notizie lo uccide dentro. Eppure continua ad impartire ordini con grande abilità, a lottare, a mantenere contatti costanti con gli Alti Funzionari della Terra che vorrebbero sapere anche di sua moglie. Su queste domande private, così come non risponde al suo esercito, sicuramente farà anche con tutti i più grandi esponenti del pianeta. Ciò che conta per lui, ora, è ripristinare una fitta rete di collegamenti che possano far capo un'altra volta a Kelenda, la terra maledetta di cui nessuno vuole nemmeno più sentir parlare. La paura domina la mente umana e non permette di mantenere viva la speranza. Per questo, Athorm lotta con tutte le sue forze: perché il sogno non debba mai morire, anche quando e condizioni possano sembrare disperate e nessuna soluzione sia possibile.

E' una sera come tante altre e un altro giorno di duro lavoro volge al termine. Mi ritiro nel mio appartamento annesso al laboratorio, mi faccio una doccia e mangio qualcosa. Non ho ancora ripreso del tutto l'appetito, anche se il dolore si sta attenuando. Vorrei poter dimenticare, ma Orisa ha ragione: non è possibile dimenticare i ricordi più intensi e non sarebbe neppure giusto che fosse così. Un giorno ci si sveglierebbe senza più alcuna memoria di aver amato e ci si chiederebbe per cosa si è davvero vissuto.

Mi siedo sulla poltrona che si affaccia sul finto camino. Quelle fiamme proiettate sullo schermo sono prive di vita, così diverse da quelle che vedevo ogni giorno sull'Isola della Luna… Nonostante la mia missione sia quella che mi ha riportato a Verdrad, ho imparato che, nella vita, le cose più banali sono spesso le più belle da vivere e che tornare indietro, fermarsi e aspettare senza fare nulla, senza cercare di manipolare il tempo, può essere delizioso. Ed è per questo che, un giorno, sostituirò questa proiezione olografica con uno camino vero, di quelli molto antichi, per sentire ancora il profumo della legna che brucia, per percepirne le intensità di calore e per lasciarmi avvolgere dall'abbraccio di un ricordo indelebile.

Il dispositivo d'allarme integrato segnala la presenza di qualcuno alla mia porta. E' un segnale luminoso, di colore rosso, non troppo intenso da abbagliare. Mi avvicino lentamente all'ingresso e sfioro uno dei pulsanti manuali posti su un pannello che può riconoscere solo le mie impronte digitali. Non utilizzo comandi vocali, poiché non si può mai sapere chi giunge a me, a quest'ora. Spesso le situazioni devono rimanere un vero e proprio segreto di Stato, e non è prudente che la mia voce venga udita all'esterno. Lo schermo mi mostra la figura grigia di Athorm Dralt ed è solo a questo punto che decido di impartire il comando vocale:

"Concedere l'ingresso all'Altissimo Funzionario di Kelenda."

La porta si apre e Athorm si pone di fronte a me, in silenzio. Solo dopo un lungo istante allunga la mano, affinché io possa stringergliela. E io lo faccio, sorridendo. Poi lo invito ad entrare, mentre la porta si richiude ermeticamente alle sue spalle:

"Hai cenato?" Gli chiedo. "Non ho molto da offrirti…"

Lui alza la mano ricoperta dal guato color antracite:

"Non ti preoccupare." Risponde. "Spero di non disturbarti."

"Sei sempre il benvenuto." Replico, con sincerità. "Se vuoi unirti a me… stavo per bere un bicchiere di vino di fronte al fuoco… o a quello che dovrebbe rappresentarlo…" Concludo, con una sfumatura di desolazione nella voce.

"Accetto volentieri."

Gli faccio strada e lo invito a sedersi accanto a me. Potrei usufruire della tecnologia per avere due calici, una bottiglia di vino rosso e una serie di automatismi che permettano il riempimento continuo dei contenitori di cristallo, ma preferisco fare da solo. Mi muovo lentamente, per assaporare la sacralità di ogni gesto troppo a lungo trascurato. Athorm tiene i calici finché non sono riempiti per metà, poi mi porge il mio e li facciamo tintinnare, alla nostra salute. Il piccolo sorso, assaporato con calma, ha il sapore dell'eternità che si ferma, per un istante, e che si amplifica sprigionando tutte le sensazioni che il gusto può dare. Sapori così forti non sono mai presenti sull'Isola della Luna. Solo tra gli esseri umani è possibile riscoprire questi piccoli miracoli che ci circondano, senza che ne siamo pienamente consapevoli.

"Come stai, Athorm?" Gli chiedo, quasi distrattamente. Anche la sua voce sembra assente, come se i suoi pensieri fossero altrove:

"Tutto va come deve. Non potrei sperare di più."

"E Tom?" Chiedo, degustando un altro piccolo sorso di vino. "Il suo reintegro com'è visto, dal tuo equipaggio… dai tuoi amici?"

Athorm fa girare il calice tra le mani avvolte da guanti di velluto scuro:

"Ci vorrà ancora del tempo prima che tutto torni quasi normale." Risponde, sovrappensiero. "Non è facile dimenticare. Soprattutto per me."

"Ti capisco." Mormoro, guardando l'immagine olografica delle fiamme finte proiettate nello schermo del finto camino. Cala il silenzio, e per parecchi minuti nessuno parla. Poi decido di affrontare l'argomento che credo gli stia più a cuore:

"Hai notizie di Swaynn?" Gli chiedo, quasi con noncuranza. Evito di guardarlo, per non farlo sentire sotto pressione. Non risponde per un lungo istante. Poi, respirando profondamente, dice:

"No. Da poco prima di giungere qui a Verdrad."

"E perché?" Gli chiedo, sempre fingendo disinteresse.

"Deve prendere una decisione e voglio che lo faccia in completa autonomia." Risponde, bevendo un altro sorso di vino.

"Swaynn è in grado di decidere anche in tua presenza." Osservo, riempiendo nuovamente i nostri calici.

"Sapevi che era incinta?" Mi domanda, guardandomi. Bevo un paio di sorsi, prima di rispondere:

"Lo avevo immaginato." Rispondo, giocherellando col bicchiere. "Ma avevo compreso che non era vostro desiderio che si sapesse."

"Già." Mormora, con un sorriso amaro. "E credo che lei non volesse parlare della sua gravidanza proprio perché aveva percepito quello che era davanti a tutti noi e che abbiamo ignorato."

"Che cosa, Athorm?" Chiedo con noncuranza. "Che Isay e Ghag erano come vampiri in grado di privare Detia della sua energia vitale, giorno dopo giorno? Che i miei figli erano ombre con fattezze umane in grado di portare disordine anche nei miei contatti con la Terra o con te? Credevi che non sapessi? No. Io sapevo. E cercavo di convincere Detia a lasciarli al loro destino. Magari ad ucciderli. Shyia era diventata il loro giocattolo. E lei si nutriva della loro forza. Ma mia moglie non aveva il coraggio di porre fine a coloro che considerava parte di sé, forse anche autoaccusandosi di essere uno sbaglio della natura. Perché anche lei aveva compreso di non essere quello che tutti pensavano. Ma ha taciuto fino alla fine."

Finisco di bere il contenuto del mio calice e prendo la bottiglia, un'altra volta. Athorm rimane in silenzio finché non mi sono versato dell'altro vino. Poi dice:

"Isay e Ghag erano solo delle pedine governate da una forza superiore. Una forza che veniva da uno Spirito molto più forte. E la fonte della loro energia non era così lontana come potessimo credere. Il bambino che Swaynn portava in grembo era la sorgente di tanta oscurità. Quando lei ha ucciso i tuoi figli, io ho dovuto uccidere il mio. Non c'erano alternative. Se quest'incubo non fosse stato spezzato, ora non avremmo più avuto alcuna speranza. Tu eri al corrente anche di questo, Yoser?"

"No." Ammetto, sinceramente stupito. "E mi dispiace per voi. Non dev'essere stato facile, per nessuno dei due. Ora comprendo il tuo stato d'animo, fratello mio."

Athorm finisce il suo vino, ma lascia che il suo bicchiere rimanga vuoto. Il suo sguardo sembra perdersi nei ricordi e in sensazioni che si rincorrono così velocemente da impedirmi di comprendere il suo stato d'animo.

"Avrei voluto starle accanto." Mormora, alla fine. "Ma Kelenda aveva bisogno di me, così come l'esercito non poteva rimanere senza una guida. E Sel'nays non aveva più nessun riferimento. Ora è Swaynn a dover prendere le redini di quel luogo, poiché è l'unica in grado di farlo. Lei sola conosce tutte le tradizioni, le arti, le regole, il patrimonio storico-culturale che dev'essere tramandato. Mi dispiace solo… che il suo Chrein sia rimasto qui. Non farà che ricordarmela, in ogni singolo momento della mia giornata."

"So come ci si sente." Gli dico, con autentica partecipazione emotiva. "Ma tua moglie è ancora viva e non ti è proibito recarti nel luogo che tu stesso hai contribuito a creare. Se tu non lo avessi reso abitabile, l'Isola delle Vergini non sarebbe mai potuta esistere."

"Non è solo merito mio, Yoser." Risponde, sorridendo. "Ti sei recato molte volte, insieme a me, lassù, affinché il mio sogno potesse diventare realtà."

"Ma non ero che un giovane ricercatore con tante ambizioni." Osservo. "Troppe, forse. Ed ero così incosciente da pensare di poter sopravvivere a tutto. Anche ad una smaterializzazione di cui stavo testando solo allora la reale efficacia."

"Eri qualcosa di più." Dice Athorm, appoggiando il suo calice sul tavolino di cristallo. "Ma non ne avevi memoria. Ci sono voluti molti anni, prima di comprendere il segreto della tua immortalità. Credevi che dipendesse dalla sostituzione di parte del tuo corpo umano con elementi artificiali, ma, se così fosse stato, non saresti riuscito a sopravvivere così a lungo senza deteriorarti. Come succedeva col mio cuore meccanico, anche i tuoi componenti elettronici non hanno mai avuto la necessità di una manutenzione. Oughm, Moraya, Smuz e Tom, periodicamente, sono costretti a sottoporsi alle tue cure, perché la tecnologia avanza e c'è un costante bisogno di aggiornamento dei sistemi."

"Non proseguire oltre, Athorm." Gli dico, alzando la mano in segno di resa. "Non faresti che riaprire le ferite. Avrei dovuto fare qualcosa in più per Detia, poiché solo io potevo sapere che cosa significasse essere un ibrido. Ma non sono riuscito a salvarla. E il senso di fallimento che mi pervade il cuore non mi lascerà mai. Ho generato due figli che portavano con loro il seme dell'oscurità, e se io mi fossi accorto prima dei segreti che Detia portava con sé, forse, avrei desistito dall'accondiscendere ad una seconda gravidanza. Isay era già sufficientemente ingestibile. Obbediva solo a Swaynn, ma non per i motivi che tu mi hai esposto: lo faceva perché lei è la sola in grado ad evocare gli Spiriti degli Antenati e a domarli. L'unica… oltre a te e a pochissimi altri eletti, nell'Universo. Gli esseri umani mistificano questa capacità di evocazione con trance medianiche che non hanno nulla a che fare con la tradizione di Sel'nays. Se conoscessero i pericoli di queste pratiche, forse, smetterebbero di fare ciò che non devono."

"La tua spiritualità è cresciuta, Yoser." Osserva Athorm, versandosi dell'altro vino.

"L'esperienza sull'Isola mi ha segnato profondamente." Rispondo, avvicinandogli anche il mio calice. "Forse, anche grazie a questa esperienza mi sento più forte contro il dolore. E, per ciò che ti riguarda… fratello mio, preferirei sapere che la donna che amo sia ancora viva, seppur lontana, piuttosto che persa per sempre."

Facciamo tintinnare i due calici, ancora una volta. Beviamo ciò che resta del vino rosso, rimanendo in silenzio di fronte a quelle fiamme finte che comincio a detestare. Da lontano giunge a noi il canto del Gham che segna la mezzanotte. Athorm non muove nemmeno le labbra e reclina leggermente il capo su un lato della poltrona. Sembra un guerriero potente che, nonostante abbia vinto molte guerre, abbia perso l'unica cosa che davvero contasse nella sua vita. Il suo sguardo è duro e quasi privo di emozioni.

Sono passati molti secoli dal nostro primo incontro, ed è cambiato di un solo giorno. Solo pochi segni sul suo viso lo rendono simile ad un essere umano di quarant'anni. Ma tutti sanno chi sia Athorm Dralt di Kelenda, poiché la sua storia non muore mai, così come non muore la mia, o quella dei suoi più fedeli collaboratori. Siamo stati a lungo considerati come fenomeni da baraccone, finché i miei studi hanno spiegato il segreto della nostra immortalità. E l'essere umano è più capace di accettare ciò che è finto ma facilmente spiegabile, piuttosto che qualcosa di autentico ma di cui non sa assolutamente nulla e che non può controllare. In realtà, nulla, in questa vita, può essere davvero programmabile, poiché da noi dipende solo il modo con cui utilizziamo il nostro tempo. Per tutto il resto, comincio a credere che ci sia un disegno prestabilito nel quale noi siamo i colori, ma qualcun altro pone il pennello sulla tela.

Quando il canto del Gham finisce, il silenzio cala su tutta Verdrad. I mezzi a propulsione aerea che ancora viaggiano non fanno rumore. Ogni tanto, portato dal vento si sente il profumo della salsedine del mare e il suono lontano delle onde del mare – un mare molto agitato, questa notte – sembra elevarsi quasi fino al cielo.

"Che cos'hai intenzione di fare?" Chiedo ad Athorm, spezzando il silenzio.

Respira profondamente, prima di parlare. Poi dice:

"La nave è quasi pronta per riprendere il viaggio. Un nuovo viaggio. Ci dirigeremo all'isola Chay, dove il Popolo che ha accolto me e Swaynn attende notizie da molto tempo. Troppo. E poi punteremo a Kelenda, nella speranza di un miracolo."

"Orisa dice che non c'è più nulla da fare. Ma credo che si sbagli." Osservo, cercando di interpretare il suo sguardo.

"Potrebbe avere torto o ragione." Risponde, meditabondo. "Devo rendermi conto di ciò che la mia terra sta subendo. Lo devo sentire con le mie mani, affondare le mie braccia finché esse scompariranno nel fango. Voglio percepirne le vibrazioni e capire i piani di Kel'Id'a, lo Spirito che vi dimora e che riesco ancora a domare. La sua energia è strettamente connessa a quella di Vegar e Iatho. Questi possono decidere di continuare a far parte del Triangolo o di staccarsi completamente da esso, cominciando a vivere separatamente. Se così fosse, anch'io dovrei prendere una decisione molto importante e sarebbe definitiva, poiché devo riportare la vita su quella terra dove un tempo prosperava fertilità e abbondanza."

"Ma significherebbe andare contro Swaynn. E contro ciò che sei."

Mi guarda dritto negli occhi:

"Non posso permettermi di pensare solo a me stesso, Yoser." Mi dice, con voce ferma. "Gli Antenati hanno voluto che l'esercito nascesse per uno scopo ben preciso. Qualunque esso sia, anche i guerrieri saranno chiamati a fare una scelta. Ed essa sarà subordinata alle mie decisioni. Non permetterò che la mia terra sparisca nel mare o inghiottita in una voragine mortale che, un giorno, si trasformerà in un cratere. Da esso, il magma incandescente del nucleo terrestre potrebbe trovare una facile via d'uscita, seminando morte e terrore. E non è per questo che io sono giunto qui."

Pongo una mano sul suo braccio, stringendo forte:

"Non lasciare che il dubbio ti renda cieco, fratello!" Gli dico, con voce molto bassa. "Stai tornando all'antico splendore che ti ha reso ciò che sei. Non permettere che la fragilità umana s'insinui nella tua essenza, ma fa' che sia la tua luce ad illuminare l'oscurità delle anime che vogliono ancora credere in qualcosa."

Mi stringe la mano, sorridendo:

"In virtù di quanto ci lega, ascolterò le tue parole." Replica, con decisione. "Ma devo essere pronto a tutto. Una sola cosa, ti chiedo: fa' che Orisa non mediti di seguirci, nel nostro viaggio. Il suo compito, per ora, è terminato. Presto dovrà fare ritorno a Idra. Partiremo senza avvisarla: il patto di segretezza che lega l'esercito a chi lo guida impedisce che molti piani vengano rivelati. Chi lo fa è considerato un disertore, e per questo sarà rinnegato, così come ogni alleanza con la terra che rappresenta verrà a mancare. Non vi sarà più protezione, ma persecuzione. Non sarà concessa generosità, ma si esigerà il debito che non conoscerà fine. Per questo, le Ancelle di Orisa non mi tradiranno: perché in me riconoscono la guida. Sostienila e aiutala a comprendere, se puoi, Yoser. E poi fa' che torni a casa."

"Te lo prometto, fratello mio." Gli dico, sancendo il patto. "In virtù di ciò che ci lega."

La stessa madre. Lo stesso padre.

Ventinove - *Swaynn*

"Non dovreste affaticarvi, Swaynn." Mi dice Dashy, con apprensione. "Vi siete rimessa da poco e non siete ancora così forte da potervi concedere più di quanto siate in grado di dare. Riposatevi ancora un poco: al resto penseranno le Vergini che voi stessa avete scelto."

E' da qualche giorno, ormai, che la mia vita è ripresa a pieno ritmo e non ho più nessuno, accanto a me, eccetto questa donna troppo avanti con l'età, per potersi fare carico di troppi pesi. So che parla per il mio bene e per placare quell'istinto materno che non è mai stato appagato, ma ho dei doveri verso questo luogo e non intendo sottrarmi ad essi, poiché sono consapevole delle mie possibilità.

"Non temete, Dashy. So badare a me stessa." Rispondo, con decisione. "Aiutatemi a preparare qualcosa da mangiare e da bere, cosicché io possa trovare ristoro mentre sarò via."

"Io vi aiuto... voi lo sapete. Ma non dovreste cavalcare. Non ancora. Io ho visto..."

Le rivolgo un'occhiataccia:

"Non avete visto nulla, vi dico!" Esclamo, con forza. "Pensate, piuttosto, a cercare le Vergini più abili nelle creazioni artistiche: voglio che tutte le regole dell'Isola delle Vergini siano incise su una struttura conica che farò porre proprio dove sorgeva la dimora di Munn." Continuo a prepararmi, mentre parlo, senza nemmeno degnare di uno sguardo la donna che mi segue ovunque.

"In tutta l'Isola non vi è una sola Vergine in grado di possedere le vostre conoscenze..." Insiste, con respiro un po' affannato. Le indico un rotolo di pergamena che ho posto sopra il tavolo della piccola sala da pranzo:

"Non c'è bisogno di ricordare: è scritto tutto lì. Basta solo copiare. Recatevi ad Ecghara, poiché laggiù vi sono allieve promettenti, e le mani di giovani ancora incorrotte hanno più potere di una donna che ha conosciuto fin troppa oscurità."

"Voi non siete stata intaccata nella vostra essenza." Continua Dashy, seguendomi sempre più faticosamente. "Le vostre mani non sarebbero impure."

"Ma ne ho solo due!" Le mostro a lei, fermandomi per un attimo e poi riprendo a sistemare ciò che mi serve per il viaggio. "E non sarebbero sufficienti per ultimare il lavoro in breve tempo. Voi sapete vedere oltre, quindi recatevi nella Terra delle Arti, scegliete le Vergini più dotate e dite loro che devono semplicemente seguire le istruzioni indicate."

"E come porteranno, la struttura?" Chiede Dashy, senza più fiato. "'L'accesso è proibito, voi lo sapete..."

"E' proprio per questo che mi sto recando laggiù."

Dashy si ferma, guardandomi con gli occhi sgranati:

"Pensavo steste scherzando!"

"E dove credevate che volessi andare?" Le chiedo, con lieve ironia.

"Non sfidate la collera degli Spiriti degli Antenati, Swaynn!" Esclama, allarmata. "Potreste pentirvene!"

Continuo ad andare avanti indietro, sistemando le ultime cose:

"Non è mia intenzione disturbare gli Antenati, e voi lo sapete." Dico, velocemente. "Ma sapete meglio di me ciò che è giusto fare, e lo sapevate da tempo. Anzi, credo che lo sapesse anche Athorm e che vi foste scambiati le vostre opinioni, al riguardo. E ora non dire che non è vero, perché mentireste e io lo capirei."

"Non dico questo..." Mormora Dashy, afferrando quello che le porgo e che so possa non essere un peso eccessivo per il suo esile corpo. "Dico solo che forse è troppo presto e che avreste bisogno di più forza, per evocarli. Percepisco la vostra volontà ma non sono sicura che possa bastare..."

"Se non basterà ritornerò qui a dare una mano alle Vergini, con la scultura. Ma, se fossi in voi, non dubiterei delle capacità di chi vi sta davanti. Lo state facendo, forse?" Mi fermo per guardarla e la vedo indietreggiare di un passo, chinando la testa:

"Oh, no, non mi permetterei mai, signora!" Esclama, con rispetto. "Ed è proprio per questo che tengo alla vostra incolumità. Dovete farvi carico di un grande peso ed è necessario che siate in forze."

"Dashy! Sappiamo entrambe che quest'Isola non appartiene solo a chi vi abita o la governa! Altrimenti le Tre Vergini Oscure non avrebbero perso contro un potere molto più grande del loro. Sel'nays non è solo il luogo in cui le prescelte imparano ciò che il mondo non deve smettere di ricordare, ma è anche e soprattutto la terra di chi ha lottato affinché il patrimonio storico e culturale di ogni essere vivente venisse preservato." Addolcisco il tono di voce, vedendo lo sgomento nel suo sguardo. "Sapevate che tutto questo sarebbe accaduto, prima o poi. Sapevate che avrei dovuto affrontare la forza degli Antenati, ascoltare la loro voce, poiché io sola li ho zittiti e l'ho fatto in un modo troppo netto."

"Non avevate scelta." Mormora, mentre i suoi occhi sembrano vedere il mio passato.

"Ma ora le cose sono cambiate." Rispondo, avvicinandomi a lei. "Il pericolo dell'oscurità non è più così forte, sebbene nessuno possa considerarsi mai davvero invulnerabile. Nemmeno gli immortali. Tutto ciò che è successo lo dimostra. Io sono stata preservata dalla fine solo per arrivare ad un compimento, ma il futuro mi è ignoto. Che ne sarà, dell'Isola, e qual è il mio posto, qui?"

"Ne siete la Signora e tutte le Vergini lo sanno." Risponde, con un lieve inchino.

"Eppure vi sono cose che ancora non vanno come dovrebbero, Dashy." Osservo. "Perché? Voi lo sapete? Forse no… o, in parte, forse, lo potete immaginare. Il destino di Sel'nays sembra essere saldamente connesso a quello di Kelenda, sulla Terra. Se quel luogo sarà inghiottito dal nulla, che cos'accadrà, quassù? Credo che ve lo siate già chiesta, così come ha fatto anche Athorm. In entrambi i casi, qualunque sia la scelta, dovremo essere pronti ad un cambiamento. Per questo sono stata chiamata ad insegnare a molti esseri umani ciò che so e che essi stessi sono stati in grado di comprendere. Sì. Athorm sapeva, poiché solo ora posso affermare di non conoscere tutto quello che fa parte del suo potere. Così come non conosco tutto del mio. Ma lui ha il dono della visione e della profezia, tanto quanto questo sta crescendo in me. Al tempo stesso, entrambi sappiamo che nulla è mai davvero deciso, poiché tutto può cambiare."

"Tutti noi siamo solo servi del libero arbitrio…" Mormora la donna.

"E' così. Per questo non possiamo prevedere che cos'accadrà. E sempre per questo è necessario che io mi affretti. Devo recarmi al centro dell'Isola prima che faccia buio."

Riprendo a sistemare le ultime cose in due grosse sacche e mi reco all'esterno, verso il cavallo che mi condurrà nel luogo in cui spero tutto possa chiarirsi.

"Ma dove dormirete?" Mi chiede Dashy, aiutandomi a sellare il purosangue bianco. "Laggiù non vi è nulla."

"Costruirò una tenda." Rispondo, senza guardarla.

"Farà freddo, di notte…"

"Accenderò un fuoco."

"Ci potrebbero volere giorni e notti d'attesa…"

"Aspetterò."

Dashy ammutolisce, comprendendo che risponderò a qualunque suo dubbio. Aiutandomi ad indossare il pesante mantello scuro sopra la mia lunga tunica bianca, simile al lino, mi dice solo:

"Non posso vincere contro di voi, Swaynn. Siete più forte, decisamente. Ma dedicherò a voi la mia meditazione, affinché la vostra volontà continui a vivere nel vostro cuore."

Salgo sul cavallo, sistemando il cappuccio sul mio viso. Poi mi rivolgo a lei, sorridendo:

"Per spegnerla, il mio cuore dovrebbe spegnersi, Dashy. E, come vedete, io sono ancora qui."

Dopo esserci salutate con un cenno del capo, inizio il mio viaggio. Il cielo è tinto del rosso del tramonto, e il vento della notte comincia a soffiare dolcemente. Lungo il mio cammino trovo solo poche Vergini, così come dev'essere, e il silenzio che regna in gran parte dell'Isola è interrotto dal suono degli zoccoli del mio cavallo.

E' passato molto tempo, dal momento in cui ho appoggiato i piedi sul freddo pavimento della casa conica di Detia. Le mie energie sono state quasi completamente risucchiate dalla forza di Isay e Ghag che hanno esercitato un potere più grande di quello che dovrebbero avere due bambini proiettati nel futuro. E se io non fossi rimasta incinta, il mio bambino non avrebbe alimentato la loro forza oscura. Sapere di essere stata per l'ennesima volta la causa di queste morti innocenti riapre una ferita ancora aperta, nella mia anima, una ferita che brucia, come se grossi grani di sale venissero posti sui lembi aperti, senza pietà.

Nessuno osa rivolgermi uno sguardo diretto: chi mi incontra abbassa subito il capo, in segno di rispetto. Credo che sia la prima volta in cui una Signora dell'Isola si manifesti anziché celarsi, e questa novità destabilizza chi abita sull'Isola. Al tempo stesso, anche le giovani leve che non sanno quasi nulla di me mi riconoscono quasi senza bisogno di presentazioni. Le bambine rimangono in silenzio, composte, guardandomi solo per un breve istante e poi abbassando lo sguardo. Rispondo a tutti con un cenno del capo o di una mano, continuando a correre velocemente verso il nucleo di Sel'nays. Arrivo presso il luogo proibito quando la notte è già calata, e il tappeto di stelle è l'unica fonte di luce che mi guida. Da quando sono diventata consapevole dell'ubicazione dell'Isola delle Vergini, l'immagine della Luna ha smesso di comparire di fronte ai miei occhi, come se la grande finzione non avesse più bisogno di lusingarmi con i suoi inganni. Solo le stelle non hanno mai smesso di pulsare, e lo fanno dolcemente, mentre il vento notturno comincia a soffiare con più forza e la fitta vegetazione fruscia rumorosamente. Mi sistemo proprio nel luogo in cui dovrà essere posta la struttura conica, la piccola radura in cui Isay e Ghag sono stati uccisi, insieme al bambino che portavo nel mio grembo. La nuda terra sembra non portare i segni di ciò che è successo, come se fosse stata lavata da una mano invisibile. Scendo dal cavallo, legandolo ad un albero vicino, e comincio a costruire la mia tenda. Ci sono pietre e legna a sufficienza per creare un piccolo fuoco. Non ho appetito e mi limito a bere solo un po' d'acqua, mentre il purosangue bruca l'erba, traendone la linfa che gli serve per dissetarsi e nutrirsi. Poi mi avvolgo nel mio mantello, cercando di entrare in profonda connessione con la Natura. Percepisco lo scudo protettivo che Dashy mi sta dedicando, e che mi avvolge come un abbraccio materno. So che non correrò alcun pericolo, quassù, su questa altura spoglia, dove tutti i miei sensi vengono convogliati per raggiungere un unico scopo: evocare gli Spiriti degli Antenati per poter parlare con loro, ancora una volta. Il silenzio è calato troppo presto, e solo ora me ne rendo conto. Non avrei potuto agire diversamente, ma le cose sono cambiate dal momento in cui ho affidato l'Isola delle Vergini a Detia, una donna che tutti noi credevamo potesse essere un'immortale e che, invece, era il risultato di un incrocio di razze, un incrocio inquinato dall'intervento di un altro essere umano che ha agito nel modo più torbido che possa esistere.

Leggo uno dei libri che ho portato con me, approfittando della luce delle fiamme. Il sonno arriva quasi senza che io me ne accorga, e mi risveglio così, come mi sono addormentata, col viso appoggiato sulle pagine e la cenere ancora fumante nel cerchio delle pietre che ho posto come riparo contro la forza del fuoco.

Dedico la mia intera giornata alla ricerca costante di una connessione che stenta ad arrivare. Non posso muovermi da lì, nemmeno per pochi passi. Posso solo sgranchirmi le gambe e lasciare che il cavallo pascoli senza uscire dai confini. L'animale avverte istintivamente le proibizioni e non oltrepassa mai il limite invisibile. Il tempo sembra non passare mai. Mangio qualcosa, per non rimanere a digiuno. Il silenzio è compagno delle mie giornate, trascorse a leggere, pensare e meditare. Sussurro il Gham, all'alba e a mezzanotte, avvertendo dentro di me il momento esatto in cui questi due momenti giungono al culmine. Leggo molto, ma, dopo pochi giorni, i libri cominciano a ridursi notevolmente, e rimane solo il pensiero fisso, costante, concentrato su ciò che voglio ottenere. Di notte si alza sempre un vento gelido, innaturale, e io comprendo che gli Antenati mi stanno osservando, che vogliono mettere alla prova la mia determinazione, che testano quanta forza di volontà mi sia ancora rimasta. Il fuoco è quasi sempre acceso, perché riporta in me immagini familiari che sembrano molto lontane, come se fossero appartenute a qualcun altro e i un'altra epoca. Non a me. L'acqua a mia disposizione comincia a scarseggiare, e non posso nemmeno allontanarmi per vedere se è rimasto qualche piccolo ruscello nei dintorni.

Non posso neppure lavarmi, e la sensazione degli indumenti sporchi a contatto della mia pelle suscita in me repulsione. Potrei anche rimanere nuda, ma sono in un luogo che conserva la sua sacralità, sebbene nessuno vi si rechi più da troppo tempo. Così cerco di rallentare i ritmi del mio corpo, fino a controllare il battito cardiaco, la respirazione, la temperatura corporea e le energie spese. Riesco ad assoggettare il ritmo naturale al potere della mia mente, finché mi sento come sospesa tra la realtà che mi circonda e la forza della mia determinazione che provoca un distacco da tutto ciò che può ancora essere considerato come zavorra.

Ma è solo quando non è rimasto più un solo goccio d'acqua, né del pane secco, e neppure più alcuna riga da leggere, quando anche il cavallo mi osserva con uno sguardo che dice più di quanto le labbra di una creatura vivente potrebbero pronunciare, quando il giorno e la notte si mescolano insieme, e gli occhi si velano della stanchezza accumulata in questa lunga attesa che non ha mai fine…

Solo allora, quando un'altra notte stellata copre di blu il paesaggio che mi circonda, la mia anima sembra risvegliarsi. L'essenza a lungo trattenuta esplode all'improvviso, senza che io possa fare nulla per controllarla. Il mio corpo si dissolve nella luce che io stessa emano, e, mentre Swaynn scompare, V'aT'Ss si manifesta di nuovo, col calore dei raggi che il suo corpo luminoso diffonde con leggerezza, senza bruciare le sterpaglie secche utilizzate per accendere il fuoco.

E solo allora, nell'oscurità, sagome di luce dai bagliori verdastri si moltiplicano all'infinito, finché il centro di Sel'nays è completamente affollato dagli Spiriti degli Antenati.

"Ora ti riconosciamo." Dice una voce che sento nel cuore. E' la voce di Munn, una voce in cui maschile e femminile si fondono insieme, all'unisono. La sua luce pulsa più delle altre, ma il suo tono è dolce, accogliente.

"Dove sono mio padre e mia madre?" Chiedo. E la mia voce risuona come il soffio del vento primaverile, argentina come il suono di un cristallo, leggera come il cinguettio degli uccelli.

"Sono qua, tra noi, ma non possono avvicinarsi a te. Se lo facessero, li risucchieresti nel vortice della tua energia e la loro luce scomparirebbe. Lascia che essi ti ascoltino e ti supportino, nel modo in cui sono in grado di fare."

Mi sembra di respirare più profondamente di quando ho sembianze umane. La sensazione di estrema libertà e leggerezza non può essere spiegata con le parole.

"Perché avete atteso la mia trasformazione?" Chiedo, senza rimprovero.

"Perché era necessario che noi conoscessimo la tua essenza più profonda." Risponde Munn, con voce lontana. "Quando V'aT'Ss si è manifestata, abbiamo sentito il suo richiamo. Non avremo potuto sottrarci alla Signora di Sel'nays."

"Io appartengo a un altro mondo." Sussurro, e la mia voce si perde nel vento. "Questo luogo non è la mia casa."

"Non lo è, e tu lo comprendi solo ora. Eppure lo è stata comunque, poiché ti ha cresciuta. Ti ha insegnato tutto ciò che sai e che puoi tramandare al Popolo di Sel'nays. Ti ha accolta quando la tua luce era fioca e rischiava di perdersi nell'oscurità di un Universo che non ti avrebbe mai fatta risplendere per come devi."

Allargo le braccia e raggi dorati si espandono fino al tenue bagliore di Munn:

"In me vi è la forza del Sole." Sussurro, in un eco infinito. "Ma anche la Luna mi ha donato la capacità di viverne gli influssi, di domarli, di lasciarmi travolgere da essi."

"E' così. Poiché in te Sole e Luna si fondono insieme, con un'intensità tale da dare la vita... ma anche la morte."

"Mytia..." Sussurro, appoggiando le mani sul petto, improvvisamente.

"Essa vive in te, ora..."

"Isay e Ghag..."

"Le loro anime umane hanno raggiunto un'altra dimensione cui noi non siamo ancora ammessi. E l'oscurità che viveva in loro si è dissolta."

"E io ne ero la sorgente..."

"No. Tu ne eri solo l'inconsapevole portatrice, poiché il figlio che attendevi era puro, ma l'androide che ti ha contaminato quando ha ferito il tuo corpo fisico gli ha instillato la tenebra che i due piccoli umani controllavano da qui. Essi avevano bisogno di una madre, dacché colei che li ha generati era di stirpe terrestre e manteneva poco, in sé, dell'essenza lunare. Erano come piccoli gusci vuoti in cerca di una fonte di nutrimento, una fonte che si rigenerasse continuamente. Una fonte come Swaynn. Un'intensità infinita di luce che solo tu possiedi, V'aT'Ss."

Le mie braccia si allargano nuovamente, con i palmi rivolti verso l'alto. Il calore che esce dal mio corpo potrebbe annientare tutti gli Spiriti degli antenati qui presenti, migliaia e migliaia di sagome luminose che scomparirebbero in pochi secondi... ma non è ciò che desidero:

"Perché mi cercavate?" Sussurro. "Avete ottenuto ciò che vi apparteneva in cambio del silenzio. Swaynn vi aveva restituiti alla luce. Perché, dunque, cercare di nuovo un canale?"

"Perché il nostro compito non è finito, V'aT'Ss. Perché At'n-I'd è legato a te come lo è Kelenda a Sel'nays. Perché entrambe le terre si stanno disgregando, ma solo una può essere salvata. E solo la Pietra Lunare è in grado di riportare l'equilibrio, qui o sulla Terra."

"Essa non appartiene più a questo luogo..."

"Ma appartiene ancora a noi. A tutti noi. E, in quanto suoi custodi, siamo chiamati ad alimentarla con nuova vita, poiché essa non potrà mai essere distrutta, né si potrà mai tramutare in un oggetto senz'anima. La Pietra Lunare è in grado di scegliere se fermarsi in un luogo o se essere portata in un altro. E, qualunque sia la scelta, essa riporterà l'equilibrio delle cose."

"Dov'è, ora?"

"Nello stesso luogo in cui le Vergini rimaste incorrotte hanno trovato rifugio durante la battaglia contro l'oscurità. E' un luogo sospeso tra Sel'nays e lo Spazio, dove la Luce è l'unico nutrimento in grado di tenere in vita chiunque vi sia portato. Un luogo simile ad un utero materno, dove tutto è rallentato, ogni suono è attutito e ogni emozione è placata. Un luogo dove il sonno è simile alla morte, ma non ne conosce il significato più profondo, poiché contiene ancora in sé il germoglio della vita."

"Detia... è stata l'ultima Portatrice."

"Come ti ha detto... lei avrebbe condotto te a Sel'nays. Il suo compito non era legato alla Pietra Lunare poiché essa rispondeva solo alla tua determinazione.

Se Detia è riuscita a portare a termine un compito che non le spettava, è stato solo grazie a te. Tutto veniva da te, V'aT'Ss. Ora lo sai. Lo comprendi. Lo senti. Lo vivi."

"E At'n-I'd? Anch'egli subisce la mia attrazione?"

"Lui si è manifestato a te, con la sua più intima essenza. Tu sai chi è, ora. Potrebbe oscurarti con la sua ombra letale e soffocare la tua luce. Se tu sei il Sole e la Luna, lui è l'Eclissi. E ciò significa che la sua forza può essere ancora più distruttiva della tua. Non ti ha scelta poiché tu l'hai attratto: ti ha scelta poiché con te si sentiva completo. Avrebbe potuto costringerti a seguirlo sulla Terra, ma non l'ha fatto. Avrebbe potuto piegarti con il suo solo sguardo... ma ha chiuso gli occhi. Ti ha lasciata libera di essere ciò che sei, in virtù di ciò che solo poche creature aliene conoscono: la forza dell'amore."

"Ora comprendo il significato della mia scelta." Sussurro, mentre la mia voce echeggia all'infinito. "Ciò che la Pietra Lunare può portare in una terra, può toglierlo all'altra." Poi, dopo un attimo di silenzio, dico ancora: "Io devo scegliere tra Sel'nays e Kelenda."

"Sì, V'aT'Ss. E' così. La Pietra non può servire entrambi i luoghi. E' già accaduto, in passato, che qualcuno tentasse di ottenere di più, ma hai visto ciò che è successo: l'energia si è dispersa, creature viventi senza scrupoli ne hanno fatto ciò che desideravano, pensando di poterla piegare alla loro volontà... e fallendo. Anche noi che ti parliamo abbiamo commesso degli errori. Se Sel'nays non è diventata ciò che sarebbe dovuta essere, è stato anche per colpa nostra. Per questo siamo ancora qui, di fronte a te, a metterti di fronte ad una scelta. E noi la rispetteremo, poiché l'avrai ponderata. E, in ogni caso, un sacrificio si renderà necessario..."

"Che cos'accadrà, se Kelenda sarà sacrificata?" Chiedo.

"Il processo di implosione la priverà del respiro. Il mare la inghiottirà. Ed essendo la terra di Kel'Id'a, questo Spirito si manifesterà con tutta la sua violenza, producendo cataclismi che colpiranno tutti i luoghi che hanno giurato fedeltà a colui che ne rappresenta l'essenza: Athorm Dralt. Egli sarà sovrastato dal suo stesso potere e non riuscirà a domarlo. Potrebbe soccombere. L'unico modo per lui, di salvarsi, è un segreto che non conosciamo."

"Che cos'accadrà, invece, se verrà sacrificata Sel'nays?"

"Questo luogo imploderà, cominciando dal suo nucleo. Il verde scomparirà, la Fonte della Vita cesserà di scorrere, i Fiori del Tempo si seccheranno e moriranno, gli Antri dello Spirito diverranno polvere... le Tre Terre si raffredderanno, finché la superficie lunare si svelerà per ciò che è: una vasta terra grigia e arida, fredda e senza vita, avvolta dall'oscurità e da milioni di stelle che, sbriciolandosi, la colpiranno con forza. Il cratere su cui sorge il nucleo dell'Isola si aprirà e la sua voragine inghiottirà tutto ciò che vedi. Il Lago Moryd tornerebbe ad essere la grande fessura che separa Sel'nays dal resto della Luna e l'ossigeno si diraderebbe, fino a scomparire. Questo luogo diverrà ostile persino alle creature aliene che girano per l'Universo in cerca di una casa.

Poiché non sai… l'essere umano non sa quanti di noi vorrebbero poter trovare la nostra collocazione nel Cosmo…"

Cade il silenzio. L'unico suono udibile in quest'assenza di respiri è la forte vibrazione che i miei raggi producono. Una vibrazione che fa chinare il capo a molte di queste figure spettrali che mi circondano, come se tutti attendessero una mia sola parola.

"Che cosa devo fare?" Chiedo, infine.

"Devi solo scegliere. E noi ti consegneremo la Pietra."

"Che cosa farete, poi?"

"Rimarremo finché ci sarà bisogno… finché la Luce non ci chiamerà a sé. La nostra esistenza è legata a ciò che ancora dobbiamo portare a termine ma che da soli non siamo più in grado di compiere. Non cercheremo canali, e agiremo solo tramite la forza dell'intuizione. Ci collocheremo nella sede dei sentimenti più nobili: il cuore. E quando avrai bisogno di noi, non dovrai fare altro che chiamarci, poiché ora noi ti abbiamo riconosciuta. Sappiamo chi sei e che cosa sarai in grado di fare. La tua missione non finirà con questa scelta."

"Potrò salutare chi non rivedrò mai più, prima che la terra sacrificata scompaia per sempre?"

"Sì. E questa creatura comprenderà, chiunque essa sia."

"Mi state chiedendo molto. Lo comprendete?"

"Non siamo qui per chiedere, ma per servire. Ma comprendiamo ciò che provi, poiché anche noi abbiamo vissuto e continuiamo a vivere. Percepiamo le emozioni di ogni creatura vivente come se si fossero moltiplicate. Questo, per noi, è fonte di grande gioia o di insopportabile dolore."

Rimango in silenzio per un attimo, e li guardo. Nessuno più osa alzare il viso e io non riconosco nessuna di queste anime che accetteranno la mia risposta, qualunque essa sia.

"Quanto tempo ho, per decidere?" Chiedo, infine.

"Solo questa notte." Risponde la doppia voce. "Alle prime luci dell'alba dovrai comunicarci la tua scelta."

Guardo il cielo, scrutando l'orizzonte:

"Non manca più molto, ormai…" Osservo. E, lentamente, il mio corpo di luce si dissolve. Torno ad essere la donna di sempre, con la sua tunica sporca avvolta da un mantello impolverato. E, ora, il bagliore di tutti gli Spiriti degli Antenati è quasi accecante.

"No…" Risponde Munn. "Non manca molto…"

Con un bagliore intenso, gli Spiriti scompaiono. Mi accascio a terra, stancamente. La debolezza degli ultimi giorni è insopportabile, in questo corpo fisico. Mi addormento profondamente vicino al fuoco ormai quasi spento. Non sento freddo, né caldo. Non sento nulla. Un dolce torpore mi avvolge, e io mi lascio cullare dai preziosi minuti di sonno che sarà presto interrotto dalle prime luci dell'alba. Sento già il canto degli uccellini accompagnare l'inizio di un nuovo giorno. E' l'inizio di una nuova vita, per una terra. L'inizio della fine, per un'altra.

Trenta - *Athorm*

"Esercito di Sel'nays: andiamo!"

Il mio comando fa partire la nave, immediatamente. L'equipaggio esulta: dopo molti mesi di addestramento e le numerose migliorie apportate all'imbarcazione, salpiamo alla volta di Chay, per poi fare rotta verso Kelenda.

Da lontano, scorgo le sagome di Yoser e Orisa che ci salutano con la mano, dal porto. Dalla sommità della plancia di comando, si innalza la bandiera che riporta il simbolo della mia terra e che rende omaggio a Verdrad, il luogo che ci ha ospitati per molto tempo. Tom mi guarda timidamente dal ponte. Il suo recupero è lento, ma costante. La sua forza è stata minata da tutto ciò che è accaduto, ma la volontà ha prevalso, e ora anche la sua evoluzione interiore sta subendo una metamorfosi. Anche gli altri cominciano ad avvicinarlo, seppure con molta prudenza. Lui sa di non essere nella posizione per poter ottenere di più e lo accetta. E' già un miracolo che sia ancora vivo e che io non abbia deciso di disattivare tutte le funzioni vitali meccaniche del suo corpo. Dopo quello che ha fatto a Swaynn, le Leggi mi avrebbero dato ragione e io avrei potuto chiedere a Yoser di chiudere il passaggio energetico dei contatti elettronici impiantati nel cervello di Tom. Ho deciso di non farlo, perché ho compreso che qualcosa di più forte si stava approfittando delle sue fragilità. Dopo l'annientamento delle anime oscure, questo pericolo non sembra essersi più ripresentato.

Scendo dalla plancia, lasciando gli addetti ai comandi, rappresentati soprattutto dalle Ancelle di Idra. Questa nave si muove con la forza del mio pensiero, ed è manovrata da pulsanti automatici solo quando dormo o delego qualcun altro a prenderne momentaneamente il controllo. Solo un paio degli uomini di Verdrad sono rimasti nella plancia: Zoid e Chaz. Conoscono perfettamente la tecnologia utilizzata e sanno come intervenire in caso di emergenza. Sul ponte, c'è una zona coperta, in cui i cinquanta prescelti prestano servizio. E' una struttura molto grande, che include diversi settori. Il resto dell'equipaggio è dislocato in punti strategici, anche sottocoperta, dove le stanze si snodano su tre livelli, posti l'uno sull'altro. Il computer centrale è situato al centro della nave, ed è protetto da uno scudo elettromagnetico che permette l'ingresso ai venticinque addetti scelti. Ma vi possono accedere direttamente solo gli otto collaboratori più fidati.

Lo scafo è rivestito completamente d'acciaio trattato con la materia lunare che Yoser ha riprodotto nel suo laboratorio. La stessa materia è parte integrante dello scudo difensivo che avvolge l'intera nave e che la ingloba in una sorta di *bolla* ovoidale, che ci rende invisibili e inattaccabili. Durante la manutenzione, altre imbarcazioni di minore portata sono state costruite, in base ai progetti attuali: sono piccole navi che, in particolari occasioni, possono alzarsi dalla superficie del mare e sorvolare le terre emerse. Questa presenza più massiccia di velivoli natanti ha richiesto l'istituzione di un organismo di controllo, costituito di uomini e donne che hanno ricevuto un addestramento militare e che ho scelto personalmente dal database di V, la capitale di Verdrad. I cieli e i mari si stanno ripopolando, come se gli esseri umani avessero cominciato a lasciare da parte la paura dell'ignoto, per avventurarsi in nuove scoperte. Cammino lungo il ponte, osservando i membri dell'esercito che mi salutano mettendosi sull'attenti, come si usava in tempi molto antichi. Ho deciso di abbandonare l'uso dell'inchino, poiché voglio che i miei sottoposti affrontino la vita con la testa alta e gli occhi rivolti costantemente verso l'orizzonte, il futuro che tutti noi sogniamo.

Tutti mi guardano con rispetto e con la certezza che io sappia ciò che sto facendo. In realtà, neppure io so che cosa sarà di questo grande progetto. Tutto dipende dalla decisione di Swaynn, di cui non so ancora nulla. Se scegliesse di sostenere Sel'nays, la sorte di Kelenda sarà appesa a un filo: mi troverò costretto a lottare contro il mio stesso potere, e Kel'Id'a avrebbe la facoltà di distruggere la terra che governa, privandomi di gran parte della mia forza. Sarei costretto ad attingere alle mie risorse segrete, quelle di cui solo gli Antenati sono al corrente, ma esse possiedono un potere così grande da mettere in pericolo gli abitanti della Terra.

Smuz e Moraya mi rivolgono un sorriso, mentre mi accingo a scendere sottocoperta. Ricambio, con un cenno del capo, dopo essermi assicurato che tutto stia procedendo come da programma.

La nave solca un mare calmo, in una giornata di sole che scalda senza bruciare. I gabbiani volano alti, e il loro grido sembra volerci accompagnare in questa nuova traversata. Tutto sembra perfetto, e il morale dell'equipaggio è alle stelle. L'addestramento continua, ma a gruppi che seguono orari prestabiliti, affinché la nave non si fermi mai, nemmeno quando è il momento della meditazione. Non è più necessario: tutti hanno imparato ad introiettare i pensieri, limitandosi al canto del Gham anche durante le brevi esercitazioni. Vi è una sala, sul ponte, dove sono posti molti Chrein che suonano solamente alcune donne; altrettanti uomini sono preposti all'esecuzione di brani col Tharyd, sebbene l'intero esercito abbia ricevuto gli stessi insegnamenti. Il tempo ha evidenziato le caratteristiche di ogni guerriero e so con assoluta precisione quello che posso aspettarmi da tutti i miei sottoposti che hanno giurato fedeltà alla bandiera di Kelenda. Non siamo ancora in missione, quindi tutti sono liberi di vestirsi come meglio credono. Ma le nuove uniformi sono pronte, e, se si renderà necessario, chi sarà di guardia dovrà indossarle finché non avrà finito il suo turno. I cento prescelti non conosceranno mai più altri abiti; tra essi, cinquanta indosseranno uniformi particolari che proteggeranno ancora di più la loro incolumità; e venticinque di loro avranno il compito di maneggiare armi che nessun altro potrà mai neppure toccare. Gli otto a me più vicini saranno chiamati ad intraprendere azioni speciali di cui è ancora troppo presto parlare.

Non c'è ancora una collocazione per Tom. Pur essendo molto veloce nell'apprendere, la sua indole dev'essere domata con la forza. Mi occupo personalmente della sua disciplina, senza lesinare sofferenze fisiche inferte da un piccolo frustino che rilascia scariche elettriche. Potrebbe sembrare crudele, da parte mia, ma ho capito che in questo momento è l'unico modo per riuscire a schiacciare la forza distruttiva di colui che non è stato in grado di resistere all'oscurità. E' necessario rafforzare le sue difese interiori, portandolo sempre verso la luce. Non ne ha più paura come all'inizio, ma si muove come un bambino smarrito, schiacciato dal senso di colpa che lo rende debole agli attacchi esterni. Non riesce a capire che, se io nutrissi del rancore verso di lui, non gli avrei mai permesso di ritornare a far parte dell'equipaggio. Non conosce il concetto del perdono. Sono costretto ad insegnarglielo ogni giorno, in ogni istante. E i suoi occhi si posano sui miei, increduli e spaventati, come se le mie reazioni dovessero mutare da un momento all'altro.

Solo ora mi rendo conto di quanto il Potere delle Ombre sia riuscito a scavare un buco, nella sua anima. Ma è un vuoto che può essere colmato, e lo percepisco ogni giorno, sempre di più. Per questo, l'idea che tutto il lavoro svolto fino ad ora sia stato vano mi rende nervoso. Nonostante il mio atteggiamento ostenti sicurezza e la mia voce sia sempre ferma, decisa, invulnerabile alla fragilità umana, il mio cuore batte veloce, quando vedo l'approssimarsi della fine.

La mia stanza, una stanza molto grande, è posta sotto la plancia di comando, molto vicina al nucleo in cui è custodito il computer centrale. Ho cercato di conservare intatte le fattezze di quella preesistente, nella speranza che Swaynn tornasse, prima o poi. Ma ho dovuto apportare dei cambiamenti, per renderla più sicura. Il riconoscimento ottico non è più l'unico sistema di sicurezza: uno speciale sensore rileva anche il campo energetico che ogni membro dell'equipaggio è in grado di generare, più o meno intensamente. Questo congegno è in grado di andare oltre le alterazioni emotive e qualsiasi altra condizione psicologica che possa modificare momentaneamente le vibrazioni. Riesce a captarne comunque la provenienza, poiché tarato in modo perfetto sull'individuo cui la stanza è affidata.

Entro e sussulto: di fronte a me, appena vicino al letto, c'è Swaynn. E' seduta sul bordo più esterno e si alza in piedi non appena mi vede. La porta si chiude dietro di me e io stento quasi a riconoscere quella donna vestita di giallo, con una sopravveste nera, aperta al centro. Una tipica veste di Sel'nays. I suoi capelli sono più lunghi, e due ciocche color platino sono apparse sui lati del viso. Ciocche che si estendono dalla radice fino alla punta e che indicano chiaramente la fusione con la sua intima essenza. Mi guarda senza parlare. I suoi occhi scuri sono in netto contrasto con la sua pelle chiara, quasi bianca. L'influsso della Luna ha lasciato segni profondi anche nel suo fisico più longilineo, sebbene le sue fattezze non siano cambiate. Le sue mani cominciano a stringersi convulsamente tra di loro. Vedo che sui dorsi di esse sono comparsi simboli dorati che gli esseri umani non saranno mai in grado di vedere. Il suo sguardo è contrito e comprendo che la scelta è stata fatta. Sono pronto ad affrontare qualsiasi decisione. Sono pronto a correre il rischio, poiché non sembra esserci più speranza, per Kelenda. Swaynn mi guarda in silenzio, e i suoi occhi sembrano voler chiedere perdono. Come gli occhi di Tom. Non vi è nessuna differenza. Sorrido e abbasso il capo, per un attimo. Poi le dico:

"Così, hai deciso."

"State andando verso Chay, vero?" Mi chiede, senza rispondere.

La guardo e mi accorgo che c'è apprensione, nella sua voce. Lei non è mai stata nel luogo in cui Mytia è stata sepolta. Non ha mai partecipato al saluto che tutti noi abbiamo rivolto alla piccola. Non ha visto la sua luce unirsi a quella degli Antenati. E' qui per salutare tutti, anche lei.

"Sì." Le rispondo, con un lieve sospiro, senza aggiungere altro.

Le sue mani continuano a muoversi nervosamente. Vedo le vene stagliarsi sulla sua pelle candida. Vorrei poterla confortare, ma non è possibile: tocca a lei avere la forza di rendermi partecipe della sua decisione. Non posso caricarla di un'ansia in più. Quella che si agita nel suo cuore è già così intensa da sembrare quasi tangibile. Ma non è compito mio, aiutarla a gestire le sue emozioni, poiché ne sono direttamente coinvolto.

"Non è mai facile dire addio…" Mormora, alla fine, con grande sforzo.

"No. Non lo è." Rispondo, nascondendo la fitta di dolore che giunge fino al mio cuore.

"Quando credevo che la mia vita avesse un termine come quella di qualsiasi essere umano, non era difficile abituarsi all'idea di dover dire addio a chi avevo amato." Dice, con l'anima tormentata da mille emozioni. "Quando ho scoperto la mia immortalità, tutto è cambiato. E quando ho visto che anche un immortale non può credere di poter disporre del suo tempo come vuole, è stata ancora più dura. Sono stata l'artefice dello scatenarsi di forze oscure che non pensavo potessero mai venire da me."

"Ed era così, infatti." Rispondo, con voce calma. "Le Ombre si erano insinuate nelle fessure delle tue fragilità. Non avresti potuto fare nulla per fermarle, poiché avrebbe comportato un ostacolo alla conoscenza di chi tu fossi realmente."

Mi guarda, sgranando gli occhi:

"Era necessario che tante vite si spegnessero a causa mia?" Mi chiede, con un filo di voce. "Non vi potevano essere alternative che impedissero la fine di tutto?"

"Swaynn… La vita degli esseri umani è piena di morti inspiegabili di cui nessuno ha colpa." Mormoro, ripensando a tutti coloro cui ho dovuto dire addio. "Sembra che il destino si diverta a lasciare senza risposta tutte le domande che vengono poste al Cielo… e questo non fa che aumentare il peso del rimorso che tutti vivono, prima o poi. Ma bisogna andare avanti, perché la vita non si ferma. Sarebbe ingiusto, per chi rimane, isolarsi nel silenzio e attendere di espiare le proprie colpe, ammesso che ce ne siano. Ingiusto… e fin troppo facile."

Chiude gli occhi, per un attimo, mentre il suo viso mostra lo sgomento della sua anima:

"Non avrei mai pensato di dover scegliere tra l'Isola delle Vergini e Kelenda." Mormora, senza guardarmi. "Credevo che la mia vita sarebbe stata diversa. Avevo rinunciato all'incarico che non spettava a Detia, poiché lei non era nata per quello. Tutto ciò che è accaduto e che anch'io ho contribuito a far accadere... non l'avevo previsto..."

"Nessuno di noi è in grado di vedere il futuro, poiché esso può cambiare." Replico, con voce ferma. "Noi siamo solo i servitori del libero arbitrio."

Mi guarda, colpita dalle mie parole:

"Ho già sentito questa frase." Dice, con un lieve sorriso. "Ma forse non ne avevo compreso il senso, finché non sono giunta ad un bivio. Non è stata una scelta facile."

"Scegliere tra due cose che si amano non lo è mai." Mormoro. "Ma la vita è fatta anche di questo. Hai osservato sempre i tuoi doveri e sei diventata la Signora di Sel'nays. Ora il tuo compito non è più obbedire, ma comandare. E il comando comporta sempre una decisione che non si vorrebbe mai dover prendere."

"Come fai, Athorm?" Mi chiede, avvicinandosi a me. "Come riesci a scindere le emozioni da ciò che è giusto fare?"

"Non ho mai la pretesa di sapere se io stia agendo nel modo migliore. Nessuno può avere la presunzione di poter contare sulle proprie certezze. La superbia è un'arma molto potente e spegne la razionalità."

"Ma le emozioni non ti impediscono di separare ciò che ti coinvolge personalmente da ciò che ti è esterno."

Le sue parole hanno l'effetto di una lama affilata che si conficca nel petto. Ma riesco a nascondere la mia sofferenza:

"Quando si è al comando non è possibile scegliere sempre la strada del cuore." Dico, con voce ferma. "Soprattutto quando si è consapevoli delle ripercussioni che una scelta importante comporta. Sempre. Non si può essere servitori e sovrani al tempo stesso. Non si può vivere a metà, poiché, prima o poi, arriva la resa dei conti. Il momento in cui la vita ti mette con le spalle al muro non è evitabile. Sarebbe profondamente sbagliato, se così fosse. Nessuno si evolverebbe e si commetterebbero sempre gli stessi errori. Siamo nati per imparare, chiunque siamo e qualunque cosa siamo. Fuggire dalle proprie responsabilità è una strada a senso unico che termina sempre con un precipizio."

Swaynn si avvicina ancora di più e mi accarezza il viso, lievemente:

"Hai sempre una risposta per le mie paure, Athorm." Mormora, accennando un sorriso. "Sei sempre stato presente, per me, anche quando pensavo che tu non ci fossi. Invece stavi solo guardando al futuro. Vedevi ciò che sarebbe potuto accadere se ti fossi comportato diversamente e hai compreso ciò che andava fatto. Sei un abile condottiero, ma sei ancora di più. E ancora io non conosco neppure me, fino in fondo. Guardami. Guarda il mio aspetto. Sono giunta fin qua seguendo la tua vibrazione e oltrepassando tutti gli schermi che hai posto intorno alla tua nave. Questi scudi non sono solo una difesa contro i pericoli umani."

"Eppure tu li hai oltrepassati." Osservo, sorridendo. "E questo ti dimostra una volta di più ciò che sei."

E' così vicina che sento il suo profumo. Un profumo familiare, che sa di casa. Vorrei affondare il viso tra i suoi capelli e stringerla a me, anche solo per l'ultima volta prima di salutarla, ma ogni mio gesto potrebbe influenzare le sue parole. Così inghiotto il sapore del desiderio, un sapore amaro che sa di silenzio e finzione.

"Non ho conosciuto nessun'altra casa." Mormora, appoggiando le sue mani sul mio petto. "Non ho ricordo di ciò che è stato prima dell'Isola delle Vergini. Tutto ciò che è ho imparato lo devo a chi mi ha fatto da maestra, anche nelle sue imperfezioni. Ho avuto più di quanto potessi immaginare, senza neppure sapere chi io fossi. Sapere che questo luogo possa scomparire significa perdere tutto ciò che mi rimane di un passato che ora assume un'altra forma, un motivo per ogni mio passo, una ragione della mia esistenza. Il senso di ciò che ho appreso è racchiuso in una sola Pietra che ha il potere di decidere la rinascita e la distruzione. E io sola ho la facoltà di scegliere."

Rimango in silenzio, mentre le sue mani scivolano sul mio viso.

"Baciami, ti prego…" Sussurra, guardandomi negli occhi.

La stringo a me, chinandomi su di lei, sfiorando le sue labbra con delicatezza, perché non c'è nulla di più doloroso di un addio vissuto con l'intensità della passione. Swaynn tiene gli occhi chiusi, ricambiando dolcemente. Poi si scioglie dal mio abbraccio, lentamente. Alza lo sguardo, perdendosi nei miei occhi e io soffoco ogni emozione, chiedendo aiuto al potere che mi impone di mantenere la dignità di un Condottiero dei Mari, fino alla fine.

"Io non ho una patria, sulla Terra." Mi dice, come se volesse giustificarsi. "Chay o Kelenda… non mi appartengono. Io vengo da un luogo che non ricordo, e ho vissuto in un altro che era poco più di un'illusione… e che non ha più nulla che lo possa tenere in vita, se non me. Ho cercato di allontanare da me un compito che nessun altro avrebbe mai potuto svolgere al posto mio. Quando ho visto il caos in cui Sel'nays era immersa, ho compreso quanto le sue abitanti contassero su di me. Ho fatto erigere le Leggi proprio nel luogo in cui sorgeva la dimora di Munn, rendendo quel luogo accessibile a chi avesse il cuore puro e mantenesse salda la sua Virtù. Tu sai quanto questo ideale sia sempre stato importante, e non solo per me. Ho voluto fortemente che tutte le giovani Vergini ne conoscessero il reale significato. Ho desiderato che ogni parola fosse incisa nella pietra, perché non si dicesse che le tradizioni tramandate oralmente non contassero più di pochi minuti di conversazione. Ho parlato con gli Spiriti degli Antenati… li ho attesi a lungo, ed essi hanno risposto a V'aT'Ss, poiché solo l'essenza è stata in grado di evocarli di nuovo. Erano così tanti, Athorm… così tanti… E io non immaginavo quanto la loro esistenza dipendesse dalla mia scelta."

"Sei nata per compiere grandi imprese." Mormoro, cercando di sorridere. "E più si è in alto, più si è chiamati a comprendere il significato di ogni cosa. Tutto viene rivelato affinché la scelta possa essere ponderata. Ora sai che non sarai mai sola e che non lo sei mai stata."

"Non ho mai avuto paura della solitudine, finché non ho incontrato te." Dice, tutto d'un fiato. "Non avevo interesse nel trovare qualcuno che potesse riempire la mia vita, poiché essa aveva già un suo ordine. Eppure, qualcosa già si agitava nella mia anima, sin dal momento in cui Orud si è presentato a Sel'nays, colpito dalla furia del Popolo delle Ombre. Da quel momento in poi, è stato come se tutte le regole che avevo imparato diventassero mie nemiche e io desiderassi scrollarmi di dosso ogni impedimento che potesse minare la mia libertà. Una libertà che tu hai sempre rispettato."

"Se ti avessi impedito di essere ciò che sei, non ti avrei amato davvero." Le dico, appoggiando le mie mani sulle sue spalle. E' l'unico contatto che posso permettermi di lasciar scaturire dal mio cuore e che non porterà confusione nella sua mente.

"Avresti potuto farlo." Mi dice, in un sussurro. "E potresti farlo anche ora, se lo volessi…"

"Ciò che voglio potrebbe non essere ciò di cui il mondo ha bisogno." Rispondo, stancamente. "Qui non si tratta di me, e nemmeno di noi: si tratta di persone che vivono e respirano e che cercano un punto di riferimento. Nessuna decisione sarà mai sbagliata, se vagliata con la mente e il cuore. Ma sarà deleteria, se dettata solo da un bisogno egoistico."

"Lo so…" Mormora, abbassando lo sguardo. "Ed è per questo che la mia decisione non è stata facile. Ma dovevo mettere sulla bilancia tutto ciò che faceva parte del mio vissuto e tutto ciò che poteva servire per riportare una delle due terre alla rinascita. E i pesi si equivalevano. Ho aggiunto altri pesi, ma nulla è mutato. Ho passato notti insonni e lunghe giornate a camminare sulla riva di Moryd, in attesa di un segno… ma l'unica cosa che ho ricevuto è stata l'assoluta consapevolezza che tutto, ormai, era solo nelle mie mani e che io ero e avevo l'ultima risposta. Avevo già scelto. Con dolore… l'ho fatto. E spero che la mia decisione possa essere il simbolo di una nuova luce per chi dovrà ritrovare la speranza in un luogo che l'ha persa."

Qualcosa, nei suoi occhi, sta cambiando. Qualcosa che non avevo previsto. Qualcosa che le emozioni mi impedivano di vedere.

"Swaynn…" Mormoro. "Tu sei qui per dirmi addio. Non è così?"

Mi guarda, con gli occhi colmi di tristezza.

"L'ho già fatto…" Dice in un soffio. "Ho già detto il mio addio…"

Appoggia il suo viso contro il mio petto, stringendomi forte. Non so come sia più giusto agire, ora. Non so se abbracciarla, o se attendere che sia lei, ad allontanarsi. So solo che devo mantenere una coerenza che sta vacillando, ogni istante, sempre di più. Così mi limito ad accogliere questo abbraccio, con gli occhi chiusi, senza reagire. Senza quasi respirare. E passa un lunghissimo istante, prima che Swaynn si stacchi da me, alzando il viso per guardarmi negli occhi:

"La Pietra Lunare è qui con me." Dice con voce tremante. "Kelenda rivivrà."

L'emozione a lungo trattenuta esplode di colpo. La stringo tra le mie braccia, piangendo di gioia e commozione, baciando il suo viso più volte:

"Perché l'hai fatto?" Chiedo, con voce soffocata. "Perché hai scelto di sacrificare Sel'nays?"

Anche Swaynn sta piangendo. Piange per il dolore di questa perdita, per la sofferenza di tante morti con cui crede di aver macchiato la sua anima, per il dolore a lungo trattenuto dopo la morte di Detia, per ciò che rimarrà del luogo che l'ha cresciuta per molti anni... Piange, ma trova anche la forza di sorridere, mentre mi dice:

"Perché la mia casa sei tu."

La stringo di nuovo, sollevandola e baciandola, a lungo, profondamente. La passione a lungo repressa si accende come fuoco in un covone di paglia, e ci troviamo nudi, nel letto, a fare l'amore, dopo una lontananza così sofferta. Rimaniamo a lungo abbracciati, guardandoci negli occhi e sorridendoci reciprocamente, senza parlare.

So quanto le sia costata questa scelta. So che non ha preso la sua decisione sull'onda di facili emozioni. So che la nostalgia si affaccerà continuamente, prepotentemente, nel suo cuore. E voglio esserle accanto, quando questo accadrà, affinché questo sacrificio non sia stato vano.

Ci rivestiamo lentamente, per tornare sul ponte. Quando l'esercito la vede accanto a me, stenta a credere ai suoi occhi e a riconoscerla. Solo i pochi prescelti sanno, ma rimangono in silenzio, sorridendo.

La nave solca il mare, come se stesse volando. Tengo Swaynn stretta a me, al limite della prua. Ci aspetta la prova finale, ora: tornare a Kelenda per ripristinare l'equilibrio che è stato invertito e sperare che tutto vada come deve. Se così non fosse, ogni sacrificio sarebbe stato vano. Ma l'esercito di Sel'nays è pronto, e la sua guida è sulla Terra, ora. Non si piegherà.

Trentuno - *Smuz*

Siamo arrivati a Chay, la piccola isola brulicante di personaggi allegri e variopinti che ci hanno accolti col solito calore. La maggior parte dell'equipaggio è rimasta sulla nave: questo luogo è troppo piccolo per contenere tutti noi, e non ci sarebbe posto nemmeno per piantare delle tende. Meglio rimanere sul natante, decisamente più protetto e ricco di ogni comodità.

Athorm e Swaynn non hanno trovato la stessa accoglienza calorosa, non tanto perché il piccolo Popolo di Chay non li ami, quanto piuttosto perché stenta a riconoscerli, con quegli sguardi così diversi, gli abiti formali e un'aura così altera da suscitare timore e reverenza. Noi stessi che l'abbiamo conosciuta, siamo rimasti di sasso, di fronte a Swaynn: il colore dei suoi lunghi capelli, il suo incarnato pallido, il suo corpo lievemente più esile, e due occhi penetranti che sembrano scrutare fin dentro l'anima di chi riesce a sostenere il suo sguardo... tutto questo e molto di più ci intimidisce e ci fa sentire più piccoli di ciò che siamo. Fino ad ora, solo Athorm è riuscito a sostenere il suo sguardo fiero. Anche lui ha cambiato espressione, e le sue iridi sono sempre più simili a braci ardenti, fiamme rossastre con guizzi dorati che avvolgono tutti noi, dandoci la forza di cui abbiamo bisogno e, al tempo stesso, mantenendo una distanza che non c'era mai stata prima d'ora.

Noi sappiamo chi siano le nostre guide. Conosciamo la realtà che fa parte di loro. Sappiamo che anche le Ancelle di Idra non sono diverse e che provengono da un altro luogo, oltre i confini della Terra. Orisa ha fatto in modo che Swaynn diventasse cosciente della sua identità, ma questo incarico sembra esserle sfuggito di mano: la moglie di Athorm è in parte legata alla Signora di Idra, ma sembra che in lei sussistano due nature diverse, con eguale potenza, e che ella sa dominare e gestire. Sono successe molte cose drammatiche, ed è soprattutto Tom, a risentirne. L'uomo tende ad isolarsi, manifestando apertamente grande vergogna. Non parla molto, non osa disobbedire agli ordini né contestarli come faceva un tempo. Non canta nemmeno più come una volta, come se temesse di far risuonare la sua splendida voce durante l'intonazione del Gham. Io, Moraya e Oughm non lo temiamo più come all'inizio e, inspiegabilmente, stiamo cominciando ad essere preoccupati per lui. Non abbiamo il timore che possa commettere qualcosa di tremendamente sciocco su se stesso: ci troviamo spesso a riflettere sul fatto che ci manchi il vecchio Tom, quello che conoscevamo e a cui eravamo ormai abituati. Tutti abbiamo subìto un'evoluzione interiore. Anche lui. Ma se noi ci siamo aperti verso il mondo, lui si è chiuso ancora di più. Non si rifiuta di rispondere a chi si rivolge a lui, ma non è mai il primo ad iniziare una conversazione. Abbiamo notato che possiede una grande resistenza e che riesce a resistere alla forte pressione che gli impone la nuova disciplina, e questa sua straordinaria dote gli sta permettendo di raggiungere il nostro grado di apprendimento, molto rapidamente. Non sappiamo se lui se ne renda conto o meno: ci limitiamo ad osservare che, nei fatti, potrebbe anche superarci di gran lunga. Siamo certi che non utilizzerebbe ciò di cui sta venendo a conoscenza per fare del male: il suo sguardo è come bloccato da un forte senso di colpa che l'ha piegato, e non l'abbiamo mai visto così, in tanti secoli di convivenza forzata. A volte abbozziamo delle idee per far sì che non si senta un reietto, ma le scartiamo quasi subito, ricordando ciò che egli è riuscito a fare alla moglie del nostro capitano. Nonostante tutto, sia Athorm che Swaynn sembrano averlo sinceramente perdonato e, sebbene tutti noi cerchiamo di trovare dei segnali che possano far vacillare questo atteggiamento accomodante, non riusciamo a trovare neppure una sbavatura, una contraddizione, una qualsiasi cosa che possa farci pensare che le accuse non siano state dimenticate e che il passato sia stato davvero cancellato. Tom sembra essere stato reintegrato a pieno titolo nel nuovo esercito, con la benedizione di entrambe le nostre guide. Così, sappiamo che anche noi dovremmo fare lo stesso, nonostante non sia per nulla facile. Solo le donne di Idra riescono ad avvicinarlo come se il torto fosse stato spazzato via dal tempo, e, in quei momenti, Tom accetta di conversare, timidamente, ma senza sottrarsi. Forse riesce a sciogliersi proprio perché non si sente giudicato da loro. Ma noi non riusciamo ancora a dimenticare. Non siamo alieni in grado di dominare le nostre emozioni: nonostante in noi ci siano meccanismi, fili elettrici, sensori, microchip, siamo pur sempre esseri umani e, di essi, ne continuiamo a conservare le caratteristiche emotive.

Dopo aver ricevuto gli onori da parte del Popolo di Chay, ci siamo recati presso la dimora di Athorm e Swaynn, e, da lì, abbiamo raggiunto il moncone dell'albero cui abbiamo legato il ricordo di Orud. Accanto al moncone è sepolta la piccola Mytia. Una piccola lapide bianca, scolpita nel marmo, riporta il suo nome e cognome. Nient'altro. Quando la vediamo, pulita e lucida, grazie alla gentilezza degli abitanti di Chay che vi si recano spesso per togliere erbacce e per tenere questo luogo pulito, un senso di commozione ci pervade l'anima. L'umanità è racchiusa in quei due simboli di purezza, poiché entrambi la conservavano, seppur in modo diverso. Lluish e Onya, così come le altre Ancelle di Idra, rimangono in silenzio, ma sembra che la loro anima non sia toccata da alcuna emozione. Athorm conserva la sua integrità di Condottiero dei Mari, restando anch'egli in silenzio, con lo sguardo leggermente velato da una sfumatura di malinconia dalla quale non può lasciarsi travolgere. Il suo dolore è sicuramente più vivo del nostro, ed è chiaro che la ferita sia ancora aperta, eppure il suo atteggiamento conserva tutta la dignità che è chiamato a rispettare ed onorare, per non smettere di infondere speranza e forza in chi lo segue. Questa è la prima regola che un capo deve osservare: prima di tutto il suo ruolo. Solo poi, arriva la sua umanità, anche quando si parla di creature che non fanno parte di questo pianeta ma si battono per preservarlo e mantenerlo incorrotto.

La nostra attenzione di rivolge a Swaynn: è la prima volta che si trova di fronte alla lapide della figlia, e non sappiamo che reazione potrà avere. La vediamo rimanere in piedi, in silenzio, col viso reso ancora più pallido dal contrasto con il colore scuro dell'abito lungo che indossa. Non riusciamo a comprendere che cosa si agiti nel suo cuore. Sembra una statua di pietra, imperturbabile, immobile, ferma nel suo composto dolore e in grande controllo nelle sue emozioni. Dopo un lungo istante, si inchina verso il moncone di Orud, in segno di saluto silenzioso. Poi, di fronte alla lapide di Mytia, vediamo che le sue labbra si schiudono per un attimo. Non comprendiamo né riusciamo a sentire le parole che mormora senza emettere alcun suono. Ci sembra solo che il vento soffi più intensamente, portando con sé un alito profumato di erba appena tagliata. Quando Swaynn serra di nuovo le labbra, torna la brezza leggera che sa di mare, e la donna si china sulla lapide, sfiorandola con una mano. Dai suoi occhi velati da una sottile malinconia non scende una lacrima. Il suo volto non tradisce esitazioni. Le sue mani sono ferme e il suo corpo inginocchiato conserva una dignità pari solo a quella di Athorm. Rimane così, per un lungo istante, durante il quale nessuno di noi ha il coraggio di fiatare. Poi si alza, sempre in silenzio, e torna accanto al nostro capitano. Insieme si voltano e lasciano quel piccolo pezzo di terra dedicato al ricordo, per dirigersi nella loro dimora, mentre noi ci disperdiamo per l'isola, camminando in mezzo al mercato che fa parte della tradizione di questo luogo.

Non ci sono state impartite istruzioni particolari. Abbiamo un paio di giorni di riposo su Chay, prima di ripartire per Kelenda. Io, Moraya, Oughm e gli altri pochi prescelti che fanno parte della ristretta cerchia di collaboratori più vicini alle nostre guide, trascorriamo un po' di tempo a rilassarci sulla spiaggia cristallina di questo luogo pieno di pace e vitalità. Non sono previsti addestramenti, e questo ci permette di indossare i nostri abiti più informali, di parlare d'altro e di staccare, anche se per poco, dai nostri doveri quotidiani cui siamo sottoposti da un anno.

Ci sdraiamo al sole, ma Lluish e Onya scelgono di rimanere appartate sotto l'ombra di due grossi alberi posti sopra una piccola altura, a picco sul mare. Chiudono gli occhi, non per dormire, ma per meditare. Sono impressionato dalla loro capacità di estraniarsi dal baccano di questo Popolo vivace che non sembra temere nessun nuovo visitatore.

"Ma come faranno?" Chiedo, riparandomi gli occhi dai raggi del sole, con la mano.

Oughm si è coperto il viso con un fazzoletto di stoffa leggera, e la sua voce giunge biascicata, come se fosse in stato di dormiveglia, appena prima del sonno profondo:

"Non sono come noi, Smuz." Bofonchia. "Non sappiamo neppure da dove vengano. Forse il loro corpo non è abituato a tanto calore."

"Hanno resistito al fuoco prodotto da Swaynn." Osservo. "Orisa non ha risentito affatto di quell'intensità improvvisa. Le sue Ancelle non sono molto diverse da lei."

"Allora non so che dirti." Replica l'amico, brevemente. "Se preferiscono passare il loro tempo libero continuando a praticare esercizi su esercizi... chi siamo, noi, per impedirglielo? Non le abbiamo mai viste rilassarsi e dedicarsi ad attività più ludiche. Sono fatte così."

"Non dovremmo chiacchierare alle spalle di chi fa parte dell'equipaggio." Fa notare Moraya, interrompendo la conversazione. "Le regole sono regole. Abbiamo giurato di seguirle alla lettera e ora non possiamo trasgredire a un ordine, solo perché ci è stata concessa un po' di libertà dal quotidiano."

"No, certo." Convengo, bonariamente. "Anche se ho i miei dubbi, riguardo alla riuscita di questa missione..."

"Parli di Kelenda?" Chiede Moraya.

"Sì." Confermo. "Non ci è stato ancora detto che cosa dovremo fare."

"Quando sarà il momento, penso che saremo messi al corrente di ogni decisione." Borbotta Oughm, prossimo al sonno.

"Mi piacerebbe sapere qualcosa di più." Confesso, pensieroso. "Anche riguardo all'improvvisa apparizione di Swaynn sulla nave, per esempio. Come ha fatto ad arrivare fin sottocoperta, senza attivare il sistema difensivo?"

"Non dimenticarti che lei può smaterializzarsi senza il bisogno di collegarsi a congegni elettronici." Mi fa notare Moraya. "Come Athorm. O Orud. Lo sappiamo tutti, ormai."

"Sì, ma riuscire a eludere un sistema di sorveglianza tanto sofisticato..."

"E' uno di quei misteri cui non sappiamo dare risposta, Smuz, Siamo esseri umani. Modificati, certo, ma sempre umani."

Edena, che era rimasta in silenzio fino ad ora, interviene:

"Ragazzi, credo che queste cose non ci debbano riguardare." Dice, con voce decisa. "Se avere del tempo libero significa fare congetture su chi ci governa, allora, dovremmo fare come Lluish e Onya, che continuano a mettere in pratica ciò che hanno imparato, per affinarlo. Oppure come Zoid e Chaz, che si sono diretti subito sulla nave, per studiare le mappe e sorvegliare i dintorni. Non dobbiamo mai dimenticarci perché siamo stati scelti su tanti membri dell'equipaggio. E non dobbiamo mai perdere di vista l'esempio che ci danno Athorm e Swaynn. A me non interessa chi essi siano e da dove provengano: mi interessa che abbiano a cuore le sorti del nostro pianeta. E anche voi... Ricordate che agli occhi di chi conosce la vostra storia, sarete sempre dei diversi. Perciò, se volete cambiare argomento e cominciare a parlare di come potrebbe essere importante il nostro apporto per questa missione, allora sono con voi. Ma se vi lascerete trascinare da facili congetture, solo perché non siete abituati a rimanere fermi con le mani nelle mani... beh, avvisatemi, che raggiungerò chi continua a comportarsi come un guerriero!"

"Che donna!" Esclama Oughm, deliziato, da sotto il suo riparo.

"Hai ragione, Edena." Mormoro, dopo un attimo di silenzio. "Non avrei dovuto impicciarmi in faccende che non devono più riguardarci. Ma Athorm è cambiato. Non è più quello di un tempo. Intendiamoci, non è mai stato eccessivamente goliardico e pronto alla battuta, ma ora è come se avesse innalzato un muro tra lui e noi."

"Ne sei sicuro?" Chiede la donna. "Perché, allora, vi avrebbe tenuti stretti a sé, se non avesse tenuto a voi? E perché avrebbe reintegrato Tom nel nuovo esercito? Solo perché le vostre conoscenze sulla navigazione erano superiori a quelle di altri? No. Non sarebbe mai stato sufficiente. E Tom, che aveva quasi ucciso sua moglie... perché rischiare di averlo ancora nell'equipaggio? Per la sua forza fisica? Non è più quello di un tempo, e voi lo sapete meglio di me. Sembra goffo, impacciato, spaventato da tutto e da tutti, e, soprattutto, da se stesso. E questo è un bene, perché significa che la sua coscienza ha ricominciato ad urlare con forza, e che lui la sta sentendo. Non vuole zittirla. E Athorm l'ha compreso, o non gli avrebbe dato una seconda possibilità. Non è abbastanza, per voi?"

Rimaniamo in silenzio, e io provo un profondo senso di vergogna. Dette così, in modo chiaro e diretto, le cose assumono un altro significato. Avrei dovuto pensarci da solo, e invece ci ha pensato una donna che non ha mai fatto parte della schiera dei prescelti. Ora che vi è entrata, è come se i suoi occhi si fossero aperti e avesse visto ciò che noi sappiamo da tempo ma che troppo spesso dimentichiamo.

"Il passare dei secoli ci ha resi insensibili..." Mormora Moraya, dopo molto tempo. "L'addestramento intenso ci ha aiutati a comprendere tante cose. Ci ha fatto riflettere su alcuni aspetti della vita ma, allo stesso tempo, noi ci siamo dimenticati della gratitudine, poiché, inizialmente, abbiamo vissuto questa dura disciplina quasi come un obbligo senza alcun fondamento. Quando ne siamo rimasti conquistati, non abbiamo tenuto conto di ciò che l'apprendimento di essa comportava, le responsabilità a lei legate. Era inevitabile che Athorm dovesse staccarsi da noi, anche perché egli è diventato l'Altissimo Funzionario di Kelenda, e le sue giornate sono scandite da numerosi impegni."

"E' così." Concorda Edena. "Eppure riesce a dedicarvi i ritagli del suo tempo, sottraendoli a sua moglie. E anche lei ha pagato molto, in tutto questo. Non voglio e non posso cercare di comprendere la sua natura, ma la sua evoluzione è stata ancora più intensa e dolorosa. Il suo viso è più affilato e i suoi occhi hanno il colore della notte. La notte dell'anima, quella che deve aver vissuto, molte e molte volte, in tutto questo tempo. E ora è qui, di nuovo, per appoggiare Athorm nella missione che ci vede direttamente coinvolti, poiché Kelenda è nel nostro sangue. Ma non è la terra di Swaynn. Eppure l'ha accettata, ci ha insegnato ciò che nessuno avrebbe mai potuto sperare, poiché l'Isola della Luna era una chimera lontana cui tutti gli esseri umani avrebbero voluto accedere. Conosciamo una parte del suo patrimonio storico e culturale, la lingua, gli usi e i costumi, le arti… Conosciamo più di quanto potessimo sperare. Abbiamo avuto molto. Ora dobbiamo restituire. Non vi sembra, amici miei?"

"Hai ragione, Edena." Rispondo, appoggiandomi su un gomito per guardarla negli occhi. "Non facciamo che giudicare e formulare ipotesi, quando abbiamo tutto ciò che potremmo desiderare. Ma non so davvero come potremmo sostenere ancora di più le nostre guide…"

Oughm si risveglia di colpo dallo stato di letargia che l'aveva colto:

"Dobbiamo solo agire per il meglio e fare ciò che ci è stato ordinato, Smuz!" Esclama, con fervore. "Non ci viene chiesto di più. Non ora, almeno. E se succederà… beh, dovremo essere pronti per fare tutto ciò che è in nostro potere, affinché in questo esercito la speranza non si spenga mai. Lo abbiamo sempre fatto, ma in dimensioni molto più ridotte. Ora… guarda dove siamo arrivati! Lo avremmo mai immaginato? No, lo sappiamo bene. Non eravamo che giullari assoldati soprattutto per allietare gli animi di chi vedevamo arrivare e, lentamente, andarsene, mentre noi continuavamo ad esistere. Avete mai visto Athorm cedere? Io no, nemmeno una volta. Qualcosa, dentro di lui, continua a spingerlo verso il futuro, come se tutti gli sforzi valessero la pena, anche quelli più duri e dolorosi. E se ha scelto Swaynn, come sua sposa, è evidente che anche lei è animata dallo stesso entusiasmo."

Ci corichiamo di nuovo, in silenzio, sotto il sole, mentre i gentili abitanti di Chay ci portano frutta e bevande per ristorarci. Solo quando siamo vicini al tramonto, Lluish e Onya, le Ancelle di Idra, terminano la meditazione e si uniscono a noi. Non si sdraiano sulla sabbia bianca, ma rimangono comodamente sedute, con lo sguardo rivolto verso il cielo e gli occhi chiusi, come se assaporassero ogni profumo di questa magica isola. Nonostante le grandi differenze che le portano ad essere molto lontane da noi, non avvertiamo un senso di disagio, quando sono presenti. Non viviamo neppure il senso di inferiorità che provano gli abitanti di Idra, poiché relegati ad un ruolo marginale rispetto alle donne. Ci è stato detto che essi sembrano vivere su un piano più basso, ma, in realtà, questo piano rappresenta le fondamenta su cui si poggia la società matriarcale di quella terra. Non abbiamo compreso appieno questo concetto, ma Lluish e Onya non hanno mai preteso che fossimo in grado di farlo.

Quando giunge la sera, accendiamo un piccolo falò vicino alla riva del mare, arrostendo sul fuoco il pesce che gli abitanti di Chay ci porgono. A noi si sono uniti anche Zoid e Chaz, che hanno lasciato la nave in mano al resto dell'equipaggio che vi rimarrà. Anche noi torneremo nelle nostre stanze, ma abbiamo cominciato a parlare tra di noi, a ridere e scherzare come non facevamo da tempo. Anche le donne di Idra partecipano ai nostri discorsi, e sembrano sinceramente divertite. L'atmosfera dell'isola è così contagiosa da sollevare i nostri spiriti fino a renderli molto più leggeri. Riusciamo anche ad accennare alcuni dei nostri canti tipici, quelli che ci sono stati tramandati da tutti i Popoli con cui siamo entrati in contatto. Moraya si mette a danzare e noi la accompagniamo con melodie spesso anche un po' sopra le righe, ma così trascinanti da farci ridere sonoramente. Quando chiediamo a Lluish e Onya di intonarci qualcosa della loro terra, dapprima si rifiutano, temendo di risultare fuori luogo, in questo contesto giocoso. Poi, sollecitate dalle nostre insistenze, accettano. Nonostante le loro melodie siano molto malinconiche, hanno un non so che di ipnotico. Sembrano fondersi con la notte, senza lasciare tristezza nel cuore, ma un senso di grande pace, serenità e connessione con tutto ciò che ci sta intorno.

Un suono improvviso attira la nostra attenzione: da uno scoglio molto alto, Tom si è gettato in acqua, e ora nuota da solo, seminudo, andando avanti e indietro ma senza mai spingersi troppo oltre. Non comprendiamo il suo comportamento, ma non sembra dettato da una sorta di follia oscura, come quella che aveva caratterizzato ogni suo gesto finché ha raggiunto il culmine con l'attentato alla vita di Swaynn. Sembra più che altro… allenarsi. E lo fa nell'unico modo che gli è concesso, oltre a quello che condivide con Athorm e con lui solo: nuotando.

Ci alziamo, incuriositi, ma Lluish e Onya ci fanno cenno di non fare alcun passo.

"Le forze oscure non sono solo una maledizione." Dice Lluish, con voce soave. "Esse portano con sé molto più di quanto non sembri, così come un tornado attira nel suo vortice polvere e luce, al tempo stesso. Tom ha conosciuto la tenebra, ne è rimasto invischiato, intrappolato, finché, in piena consapevolezza, si è privato di ciò che avrebbe potuto nuocere ancora a chi lo tentava: le sue mani. E nel suo folle nascondersi, nel suo disattivare ogni rilevatore per scomparire dalla Terra, ha compreso che non avrebbe mai potuto togliersi la vita, ma affrontare le conseguenze del suo gesto."

"Così, alla tenebra si è aggiunta altra tenebra." Continua Onya, con lo stesso tono dolce. "Ma quel buio dell'anima era necessario affinché egli potesse conoscere i suoi limiti. E, dopo, accettarli. E quando non ha avuto più alcuna possibilità di fuggire da se stesso, si è arreso. La resa del suo Ego ha permesso alla luce di entrare, con impeto, nella sua anima. Egli ha trovato una speranza, e ad essa si è aggrappato con tutte le sue forze. Quella speranza, quella piccola luce che gli tendeva la mano, ha segnato un nuovo passo, nella sua vita. Athorm l'ha percepito e l'ha accolto di nuovo nel suo equipaggio, poiché ogni traccia di ombra si era dissolta, e Tom è stato in grado di *vedere*."

"Così, grazie ad una rinnovata consapevolezza, Tom ha conquistato un dono che solo pochi riescono ad ottenere." Dice ancora Lluish. "Un dono che può spaventare, indurre alla pazzia, oppure far nascere la superbia nel cuore più avido. Ma, nell'anima che ha ritrovato se stessa, getta i semi per ciò che di più bello ha da offrire. E Swaynn l'ha capito, poiché ella stessa possiede lo stesso dono. Un potere tanto più forte quanto un cuore è in grado di rimanere umile, poiché questo è l'unico modo per mantenerlo vivo, pulito, luminoso."

Le guardiamo in silenzio, rapiti dalle loro voci ipnotiche. Poi, scuotendomi da quello stato di dolce torpore, chiedo:

"E qual è, questo dono? Perché ha scelto lui, un assassino traditore, e non altri più degni?"

"L'Universo conosce più di quanto noi siamo in grado di spiegare anche con la riflessione più profonda, in stretta connessione con la Natura e col Cosmo." Risponde Onya. "Noi non sappiamo quale sia il criterio della scelta: possiamo solo accettarlo, poiché l'unica certezza che abbiamo è che tutto avviene per un motivo e che ciascuno di noi ha un compito ben preciso."

"Colui che avete considerato un amico e che ha portato scompiglio nelle vostre vite, l'uomo che si sta liberando di tutti i suoi fardelli in quest'acqua calma e tiepida, ora ha una responsabilità in più." Conclude Lluish. "Poiché egli, adesso, *vede*."

Rimaniamo in silenzio, senza capire. E, all'improvviso, dal piccolo bosco in cui sorge la casa di Athorm e Swaynn, sembra giungere una luce intensa ma non accecante. E' una luce che sembra pulsare, come il battito di un cuore. Vorremmo andare a vedere, ma, ancora una volta, le Ancelle di Idra ci fanno cenno di fermarci. Nei loro occhi non vi è autorità, né desiderio di prevalere: ci rivolgono solo uno sguardo pieno di dolcezza che ci fa desistere da ogni tentativo di voler veder appagata la nostra curiosità. Così, seduti in riva al mare, mentre il fuoco del falò continua ad ardere e Tom nuota ancora nell'acqua leggermente increspata da una dolce brezza notturna, assistiamo a questo sprigionarsi di bagliori che non suscitano paura, ma solo un senso di unione profonda. E, sebbene non ne conosciamo la fonte e neppure il significato, sappiamo che, in qualche modo, tutto ciò che fa parte di questo mondo debba essere solo accolto come un continuo miracolo, poiché nulla è scontato e tutto è straordinario.

Proprio perché è vivo.

Stiamo attraccando a Kelenda. Ci accingiamo a far breccia nel muro a rifrazioni vibranti che scoraggia l'accesso a chiunque vi si rechi. La terra che ci ha accolti quando non sapevamo dove andare. Il luogo in cui nessuno sarebbe mai invecchiato, se non con estrema lentezza e nell'arco di secoli. Il sogno di chiunque desiderasse una vita prospera, ricca, ordinata e invidiata da qualsiasi altro essere umano…

Ed ora… eccoci qui, in questa estesa scura e brulla, arida e polverosa, degradante verso l'alto. Sulla sommità ci sono gli scheletri di ciò che resta di Kelk, la Capitale, dov'era la dimora di Athorm Dralt, l'Altissimo Funzionario. Vi sono altre case fantasma, sparse qua e là, e l'imponente edificio che rappresentava la Sede centrale è ancora in piedi, seppure molto rovinato. Uno spettro nel nulla, dove anche l'aria sembra essere densa come gelatina.

La nave si apposta poco distante dalla riva. L'equipaggio deve risentire il meno possibile di questi influssi che non lasciano scampo, man mano che ci si addentra. Se si rimane un solo giorno, il corpo perde una grande quantità di energia. Ma questa terra così amata e ambita, ora, non è che un enorme spazio vuoto, un paesaggio ancora peggiore di quello che si era presentato a noi, l'ultima volta che siamo stati qui. Non è stato concesso a tutti di scendere. Solo la ristretta cerchia dei prescelti salirà sui cavalli meccanici che si addentreranno in questo luogo pieno di insidie. Athorm guida la spedizione, e, dietro di lui, c'è Swaynn, che tiene tra le braccia una grossa sacca contenente qualcosa di cui non conosciamo la provenienza. Noi abbiamo il compito di farle scudo con i nostri corpi, com'è sempre stato. E' strano che una creatura aliena come lei, dai poteri straordinari, abbia bisogno di qualcuno che la protegga. Di qualcuno che faccia parte della razza umana. Ma tengo per me questa considerazione e obbedisco agli ordini. Indossiamo tutti le nostre uniformi, tranne Swaynn, che indossa un lunghissimo abito bianco e leggero, su cui scendono i suoi lunghi capelli neri e ribelli. Le sue spalle sono avvolte da un mantello color avorio, di stoffa più pesante. Entrambi gli indumenti sembrano provenire dall'Isola della Luna, dacché non ho mai visto simili stoffe, sul pianeta. Anche Athorm non indossa l'uniforme, ma camicia e pantaloni scuri, come scuri sono gli stivali e il mantello. Solo il simbolo dorato si staglia palesemente su quella notte che tinge i suoi abiti.

Dopo il piacevole soggiorno a Chay, siamo ripartiti in grande fretta, poiché tutti gli Alti Funzionari dislocati in ogni parte del pianeta si aspettano qualcosa di straordinario. In qualità di portavoce, non sono stato estremamente dettagliato nel racconto, poiché così voleva il nostro capitano. Se l'impresa si rivelasse un fallimento, non si tratterebbe solo di fare una pessima figura: il pericolo più grande è la possibilità che lo sgomento porti a compiere azioni sconsiderate e che la paura continui a crescere in questo mondo che ha bisogno di rinascere a nuova vita. Così, per la prima volta in tanti secoli di navigazione, è stato dato l'ordine di procedere tramite la modalità del volo. L'emozione di vederci sospesi nel vuoto, con una mole così imponente, è indescrivibile. Sopra il ponte si è chiusa una cupola in cristallo trasparente e antisfondamento, dotato anche di un sistema in grado di respingere eventuali pericoli o attacchi sgraditi. Non sappiamo chi stia utilizzando natanti in grado di volare, e Yoser Nym ha creduto fosse necessario adottare questa precauzione. Credo che ci siano altre motivazioni segrete, ma noi non ne siamo stati resi partecipi. Solo Swaynn e Athorm sanno, e, per ora, non sembra importante svelare ciò che ci incuriosisce più di quanto possiamo manifestare.

Il volo ci ha portato fino a Kelenda in un tempo molto breve. Nessuno di noi si sarebbe immaginato un simile prodigio. Siamo rimasti tutti bloccati, incapaci di proferire parola o di svolgere una qualsiasi attività, anche la più semplice. Solo l'ordine del nostro capitano ci ha risvegliati dallo stato di trance in cui ci siamo ritrovati, e ci ha riportati alla realtà: avremmo dovuto essere pronti per sbarcare, con le armi a nostra disposizione e con una maschera speciale che ci impedisse di respirare gas letali sprigionati dal suolo.

Così, in sella a questi cavalli meccanici, ci siamo diretti verso il muro che è stato fatto erigere e rinforzare da Verlor Torrado, il braccio destro di Yoser Nym, il quale ci ha comunicato come fare per aprire una breccia senza scatenare il sistema di allarme mondiale. Ed è stato grazie ad un piccolo congegno posto sulle nostre cinture, che siamo riusciti ad entrare in quella terra che – mi rendo conto solo ora – abbiamo sempre amato come se fosse stata la nostra sin dalla nascita. Coperti da queste maschere leggere, mentre i cavalli planano dolcemente sul terreno e corrono come qualsiasi altro destriero animato, non vediamo che i resti di ciò che era una splendida civiltà e di cui non è rimasto quasi nulla. Avvertiamo nettamente le sensazioni che provengono dal suolo e, se non fosse per questi cavalli bionici, non saremmo così protetti dai loro influssi.

L'ordine è chiaro: dobbiamo proseguire fino a Kelk, poiché laggiù avverrà qualcosa di cui non sappiamo ancora nulla. Ci limitiamo ad obbedire, poiché sembra che Athorm e Swaynn siano in perfetto controllo. Anche il fatto che essi non indossino maschere protettive ci fa ben sperare. Abbiamo bisogno di certezze e loro ce le stanno offrendo. Questo ci dà la carica per andare avanti, senza guardare il devastante stato di degrado in cui versa questa terra. Non vi sono alberi, se non qualche rimasuglio di scheletri rinsecchiti, e non troviamo neppure ossa di cadaveri umani che si sono consumati proprio in questa terra, senza lasciare la più piccola traccia.

Resistiamo alla sensazione di angoscia che ci attanaglia l'anima, solo perché le nostre guide non smettono di cavalcare velocemente. Ci aggrappiamo alla loro apparente sicurezza, come fa un bambino che non sa camminare e che si appoggia alle gambe dei suoi genitori per compiere i primi passi. Se non indossassimo le maschere, credo che non riusciremmo a respirare, se non altro per la grande quantità di polvere che solleviamo e che rischia di accecarci, attaccandosi alle maschere. Fortunatamente, esse contengono un congegno in grado di espellere e allontanare tutti i corpi estranei che possano oscurare la visuale o inceppare il filtraggio dell'aria. Lluish e Onya, che erano rimaste insieme ad Orisa a Kelenda per alcuni mesi, avevano inizialmente rifiutato di indossare le maschere, ma Athorm ha detto loro che la situazione è mutata e che nemmeno loro erano più così immuni dalle esalazioni letali. Mi chiedo, quindi, come facciano lui e Swaynn a sopportare quest'aria irrespirabile persino se filtrata, senza risentirne. Forse non dovrei esserne stupito, visto che sono abituati a ben altra atmosfera, ma, a quanto sembra, nemmeno loro sono esenti dagli influssi di questa terra maledetta. E, mentre penso, continuiamo a correre, finché si rende necessario staccarsi dal terreno per cavalcare sospesi nell'aria. Avvicinandoci a Kelk, le radiazioni diventano sempre più intense, come se la Capitale rigettasse maggiormente chi vi si introduce. E' molto difficile continuare, perché ci sembra di lottare contro la furia del vento, sebbene non vi sia neppure una leggera brezza a rinfrescare questa umidità che appesantisce l'aria. Questo nuovo mezzo di trasporto si rivela molto veloce e decisamente più protetto e sicuro: siamo saldamente ancorati alle selle tramite un complesso sistema di cinture che ci impediscono di cadere. Quando ci alziamo in volo, dalle narici di questi animali meccanici si sprigiona un campo magnetico che funge da scudo e ci protegge. Non sappiamo quanto questo possa funzionare, qui. Possiamo solo sperare e agire alla svelta, sebbene non sappiamo ancora cosa ci sarà chiesto di fare. L'unica cosa di cui mi rendo conto solo ora, è che, insieme a noi, c'è qualcuno che ci sta seguendo, qualcuno che riesce a nascondersi alla nostra vista e di cui non riusciamo a scorgere i contorni.

Non sappiamo se si tratti di un essere vivente o di qualche residuo di tipo androide che vaga sperduto nel cielo. Dobbiamo solo pensare ad allontanarci il più in fretta possibile, fino ad arrivare nel luogo in cui sorgeva la dimora di Athorm. Una volta laggiù, forse, ci verrà detto cosa fare. Ma, prima, dobbiamo renderci conto di come stiano le cose. A quanto sembra, oltre a residui di strutture tecnologicamente molto avanzate e macerie di case antiche, non sembra essere rimasto in piedi nulla. Ed è per questo che evito di volgere il mio sguardo verso gli altri: non voglio che, guardandoci reciprocamente, cominciamo ad avvertire un forte senso di nostalgia che potrebbe indebolirci oltremodo.

Man mano che ci addentriamo a Kelk, sfidando le forti onde elettromagnetiche che ci respingono, non possiamo che costatare il forte stato di degrado in cui versa la Capitale: non è rimasto più nulla, anzi, sembra che il processo di inversione temporale l'abbia colpita più di tutte le zone circostanti. Non resta nulla neppure di ciò che conduceva alla dimora di Athorm... e non vediamo nemmeno più quella.

Un forte senso di sgomento ci fa rallentare. Scendiamo e cominciamo a cavalcare più lentamente, ora, per riuscire ad individuare il luogo in cui sorgeva l'edificio. Rallentando ancora, arriviamo a muoverci lentamente, esplorando con estrema cura tutto ciò che ci circonda. Solo quando scorgiamo una sagoma che ci sembra familiare, Athorm si ferma e scende da cavallo. Swaynn lo segue a ruota, portando con sé la sacca. Vorremmo fare altrettanto, ma il nostro capitano si gira verso di noi e ci ordina di non scendere:

"Solo Lluish e Onya sarebbero in grado di sopportare gli influssi di questa terra desolata." Ci dice, con uno sguardo strano. "Rimanete in sella, o non riuscirete più ad allontanarvi da qui."

Obbediamo, osservando la scena che si svolge sotto i nostri occhi. Li vedo avvicinarsi alla fontana che ancora reca quei simboli sconosciuti, e Swaynn fa per aprire la grossa sacca che stringe tra le braccia.

All'improvviso, accade ciò che non avremmo mai potuto prevedere: Athorm estrae una lunga arma, simile ad un fucile, ma più corto e molto stretto. E lo punta contro Swaynn! Non crediamo ai nostri occhi quando, con sguardo fiammeggiante, lui esclama:

"Questa terra è mia! Appartiene a me! Allontanati, dunque!"

E tutto diventa ancora più incredibile, quando Swaynn gli risponde con voce forte:

"Non sei più il signore di Kelenda! Hai perso tutto! Non ti rimane più niente! Io sono la tua unica salvezza!"

Non capiamo che cosa stia accadendo e vorremmo intervenire. Ma Lluish e Onya si pongono di fronte a noi, per impedire che qualcuno di noi commetta un passo falso. Anche i loro occhi sono mutati e l'azzurro delle iridi è diventato così chiaro da sembrare quasi trasparente.

Abbiamo paura, soprattutto quando ci accorgiamo che anche Swaynn ha con sé un'arma: un pugnale che potrebbe sembrare innocuo, perdente contro un fucile laser che ha il potere di distruggere un oggetto in movimento a chilometri di distanza, ma che può riservare delle sorprese, poiché proviene chiaramente dall'Isola della Luna.

"Ti ho detto di allontanarti!" Esclama ancora Athorm, e la sua voce è simile al rombo di un tuono, mentre i suoi occhi si accendono di una luce abbagliante.

"Io sola ho il controllo di questa terra, ora!" Replica Swaynn, e anche i suoi occhi emanano bagliori infuocati. La sua voce sembra alterata, distorta, ma sicuramente impressionante.

Athorm fa fuoco, ma lei si scansa. Lui ci riprova, ma Swaynn si avventa su di lui. La sacca che aveva tra le mani si lega a lei, come se i suoi lacci diventassero simili a tentacoli di una grande piovra, le cui ventose possiedono una forza così grande da non potersi più staccare.

Inizia una lotta che ci lascia senza parole e senza fiato. E, mentre i due tentano di uccidersi a vicenda, i loro corpi sembrano trasformarsi.

"Stai lontana da qui!" Tuona Athorm, e la sua voce sembra provenire dal profondo degli abissi. Il suo viso si allunga, e le iridi scompaiono dai suoi occhi luminosi. Diventa ancora più alto e più forte, e sembra deciso ad uccidere la donna che ha scelto come sposa.

"Tu non sei più nulla!" Replica Swaynn, con la forza di mille campane che spaccano l'udito. Anche il suo viso si allunga, e anche lei diventa più alta. Entrambi sembrano grigi come statue, eppure emanano bagliori così forti da indurci a procedere manualmente con le nostre maschere, per sbloccare le visiere oscuranti che si sono inceppate. I due continuano ad avventarsi l'uno sull'altra, con una tale violenza che potrebbero uccidere tutti quanti noi con un solo colpo. Teniamo le mani strette sulle armi, pronti ad intervenire, se fosse il caso. Ma come si fa a fermare la collera di due alieni, quando altre due creature dello Spazio ci sbarrano la strada?

"Non saresti mai dovuta venire qui!" Sibila Athorm. "Tu non fai parte di questa Stirpe!"

"La tua si è estinta nel momento stesso in cui hai dato a me il compito di scegliere!" Esclama Swaynn, con disprezzo. "Ora è la mia Stirpe, ad imporsi su questa terra!"

"Senza di me, tu non sei niente!"

"Senza di me, tu non sei in grado di governare le tue forze! Hai vissuto troppo a lungo, su questo pianeta! Fatti da parte, perché ho acquisito ogni diritto su questa terra!"

"Se la vuoi… dovrai uccidermi! O sarai tu a morire!"

"Sei patetico, fragile come un essere umano e superbo come la razza da cui provieni! Non fai che affabulare, poiché non sei altro che belle parole, le uniche cose che ti rimangono dei cocci di ciò che hai creato e che ho già distrutto!"

"Non potrai distruggere me, né avere questa terra! Non saresti in grado di governarla, come non lo sono quelli della tua razza: capaci solo di distruggere, mai di costruire!"

La lotta continua, e, a tratti, mi sembra che si levino in aria per poi tronare giù. Non so come Swaynn riesca a schivare i raggi dell'arma di Athorm, poiché uno solo di essi è riuscito a scagliarsi contro un muro d'acciaio, rimasto in piedi finché non è stato colpito e ridotto in polvere. Siamo costretti ad azionare lo scudo protettivo che ora comincia ad avere un senso, e vorremmo allontanarci. Ma Lluish e Onya sono sempre lì, ad impedire ogni nostro movimento. E non sappiamo perché. Il pugnale di Swaynn manca Athorm e si conficca per un brevissimo istante contro una pietra di quelle disposte a cerchio e che ancora rimangono in piedi, seppure corrose e rimpicciolite. La pietra si spacca a metà, e non cade solo perché i due lembi si appoggiano sulle due adiacenti.

"Vattene, intrusa!" Tuona Athorm. "E non tornare mai più!"

La risata di Swaynn ha il fragore di una folgore che si abbatte sul terreno:

"Sono appena arrivata in quella che sarà la *mia* terra!" Esclama, con la voce distorta, simile a un suono acuto disturbato da un fruscio. "*Tu* sei l'intruso! *Tu* sei la spazzatura da cui mi libererò! *Tu* sei l'unico che perderà, in questa guerra, perché sei finito! E tutto ciò che vedi qua intorno, ora, è solo mio!"

Athorm si avventa su di lei, con furia cieca. Swaynn si difende con la forza di un leone. Sembrano due belve inferocite che cercano di ammazzarsi a vicenda, per vedere scorrere il sangue della preda sul terreno scuro come la pece e trionfare su ciò che rimane di un luogo fatto di nulla.

All'improvviso, qualcuno si frappone tra i due: è Tom, a cavallo di uno dei destrieri bionici! Ma non ha armi, non indossa maschere, non ha nessuna protezione, quel pazzo! Non ha niente, se non la ferma intenzione di dividere due creature aliene che lo disintegreranno con un solo sguardo.

Voglio muovermi, ma Lluish e Onya alzano una mano e immobilizzano tutti noi: ora non possiamo davvero più compiere il più piccolo gesto, se non limitarci a respirare e ad assistere a ciò che sta accadendo, in silenzio.

"Ma che cosa state facendo?" Urla Tom, senza scendere da cavallo. "Siete impazziti?"

Con la forza di una sola mano, i due distruggono i fianchi dell'animale bionico, facendo cadere a terra l'uomo. Senza badare a lui, ricominciano a lottare tra di loro, ma Tom si rialza subito, frapponendosi nuovamente tra Swaynn e Athorm:

"Basta!" Grida ancora. "Tornate in voi! Non siete qui per uccidervi, ma per riportare la vita!"

Il ruggito di Athorm è impressionante, pari solo al sibilo felino di Swaynn:

"Stai lontano da noi, terrestre!" Esclamano, all'unisono. "Questa cosa non ti riguarda!"

"E' vero, non mi riguarda!" Dice Tom. "E riguarda solo voi. Ma non vi siete accorti di come il vostro pensiero si sia fuso in una sola voce? Non vi siete accorti della fusione che c'è nelle vostre anime? Uccidete me, se avete bisogno di un colpevole, poiché io solo sono da biasimare, ma non uccidete il vostro amore, perché chi sopravvivrà, quando tornerà in sé, si renderà conto di ciò che ha fatto e non se lo perdonerà mai!"

"Tu parli troppo!" Tuona Athorm, puntando il fucile contro la sua testa. "E io non sopporto gli insetti fastidiosi!"

"Allora uccidimi, Athorm!" Esclama Tom. "Ma non fare del male a tua moglie! E' incinta, non lo vedi?"

Le sue parole hanno un effetto immediato su di noi, ma anche sui diretti interessati. Per un attimo, i due alieni guardano l'uomo, come se non avessero capito. Poi, il ruggito parte da entrambi.

"Togli il tuo lurido piede dalla mia terra!" Esclama Swaynn. "O farò di te una poltiglia, verme!"

"La tua terra?" Continua Tom. "Tu sei venuta qui perché hai scelto di riportarla in vita, per amore dell'uomo che ti ha dato la forza di farlo! E se lo uccidi ora, tuo figlio non avrà un padre!"

"Il bambino è morto!" Ruggisce Athorm, con gli occhi così luminosi da indurre tutti noi a socchiudere i nostri. Mi domando come Tom riesca a sopportare tutto questo.

"I bambini erano due." Spiega colui che ci tradì, cercando di farli ragionare. "Voi non potevate saperlo. Ma io sì. L'avevo sentito a Idra, e anche a Verdad. E Yoser sapeva. Perché anche tra gli alieni esistono i gemelli, non è vero, Athorm?"

Il nostro capitano respira affannosamente, ma non riesce a dire nulla. Guarda Tom che continua a parlare:

"Quando ho colpito Swaynn... tutti pensavano che la mia mente fosse rimasta in balia del Popolo delle Ombre... del bambino che era la Sorgente. Ma non era così. Io sentivo. Ascoltavo. Memorizzavo. Capivo... E sapevo che non c'era un solo figlio in arrivo, ma due. Durante la presa di coscienza di Swaynn dei suoi poteri, c'è stato un momento di grande vulnerabilità che ha colpito uno dei feti. La tenebra ne ha riconosciuto la forza e ne ha stabilito la supremazia. Ma Vegar e Iatho hanno *congelato* il secondo feto, l'hanno addormentato, custodito, protetto... hanno arrestato il suo sviluppo, finché il gemello delle Ombre non fosse stato ucciso. E quando ciò è avvenuto, il processo della vita è ricominciato. L'embrione ha ripreso a vivere di nuovo e ora il suo cuore batte forte, perché non vuole perdere i suoi genitori. Io lo sento. Io! Che credevo di aver commesso il più atroce dei delitti, macchiandomi anche dell'onta di un inganno! Possibile che voi non sentiate nulla? Voi, che sapete ascoltare il suono dell'Universo anche quando il mare è in tempesta e infuria la bufera?"

Lluish e Onya tornano ad assumere le loro fattezze abituali. Ma non ci permettono ancora di muoverci. Athorm e Swaynn ansimano stringendo ancora le armi. Ma non dicono nulla. Non si muovono. Non hanno solo il colore della pietra: ora sembrano davvero simili a statue. Ed è sempre Tom a strappare fucile e pugnale dalle loro mani, senza paura. E' sempre lui ad afferrare quella di Athorm, e dalla smorfia del suo viso comprendiamo che il bruciore dev'essere intenso... ma continua a tenerla e tirarla fino a posarla sul ventre di Swaynn.

"Lo senti, ora?" Chiede, poi, respirando profondamente e abbassando la voce. "Lo sentite? Devo essere io, un umano qualsiasi, con un passato sporco di sangue e un futuro che dipende da fili elettrici e congegni meccanici, ad insegnarvi chi siete? A ricordarvi che *cosa* siete? A riportarvi l'uno tra le braccia dell'altra?"

Athorm smette di ansimare. Anche Swaynn. Il contatto della mano sembra risvegliare qualcosa, in loro. In pochi istanti, il loro aspetto torna quello di sempre e i due si guardano, senza capire.

Tom riconosce le sue guide e sorride:

"So che riceverò una punizione per aver rubato il cavallo e per essermi intrufolato fin qua con l'inganno." Dice, alleggerendo il tono. "So che Lluish e Onya passeranno dei guai, sempre a causa mia, perché ho chiesto il loro aiuto per unirmi a voi e cercare di evitare una catastrofe... ma non pensate che questa notizia possa essere davvero il segno che per Kelenda c'è ancora una speranza? Credete che sarei venuto fin qui senza protezioni e senza maschera, se non avessi avuto fiducia in voi? Io non ho mai desiderato morire. E non lo desidero nemmeno ora."

Athorm e Swaynn si guardano ancora, increduli. Poi, Athorm si rivolge a Tom:

"Quante cose mi hai tenuto nascoste, in tutto questo tempo?" Gli chiede, senza traccia di rimprovero nella voce.

"Quante cose hai tenuto nascoste tu, anche a me, in tutto il tempo che abbiamo passato insieme?" Gli chiede, di rimando, l'interpellato, scherzosamente. "Non avrei potuto dire nulla, perché non mi avresti creduto. Chi avrebbe potuto, dopo ciò che avevo fatto? Ma ho capito che questa sarebbe stata la mia missione: impedirvi di compiere una sciocchezza."

"Gemelli..." Mormora Swaynn, ancora scossa. Poi guarda Athorm e lui abbassa lo sguardo. Non sappiamo che cosa stia pensando, e Tom non vuole rivelare più di quanto abbia già detto. Poi, la prescelta sfiora la sacca che ha aderito al suo corpo, e da essa ne estrae il contenuto: è la Pietra Lunare!

In silenzio, tenendola saldamente tra le braccia allungate, si dirige verso la fontana. Mormora qualcosa a fior di labbra, ma non sentiamo nulla. Vediamo solo che la Pietra comincia ad emanare bagliori verdastri e che un raggio di luce sfiora il centro della struttura. Immediatamente, si apre una piccola voragine. Swaynn vi depone la Pietra Lunare, mormorando ancora qualcosa. Il buco ovoidale si chiude ermeticamente, e i bagliori si attenuano.

Attendiamo per qualche istante un segno che ci faccia capire che cosa stia per accadere. Poi, all'improvviso, la fontana si riempie di acqua che sgorga zampillando, pulita e cristallina. Il paesaggio brullo si tinge di verde, mentre sugli scheletri degli alberi compaiono germogli e boccioli. Un'onda invisibile ci avvolge, sbloccando i nostri corpi e facendo cadere le nostre maschere a terra.

L'aria è pulita e profuma di buono. Scendiamo dai cavalli, e muoviamo qualche passo, increduli: tutto sta tornando come prima. Ci sarà da lavorare, sì, ma i colori, il colore del cielo, il canto degli uccelli, perfino l'elettricità e il destriero bionico che aveva disarcionato Tom, dopo essere stato colpito... tutto sembra riprendere a vivere!

Ci avviciniamo all'uomo che stentiamo a riconoscere. Sembra a disagio, di fronte a noi. Nasconde le mani bruciate, stringendo le braccia contro il petto. Dopo un attimo di imbarazzo, sorridiamo. Poi ridiamo, come bambini felici, prendendoci a pacche sulle spalle, come se il passato fosse stato cancellato in un solo istante.

Dopo averci lasciati sfogare, Athorm e Swaynn si fanno largo tra di noi e si avvicinano a Tom.

"Pensavamo di poter salvare Kelenda." Gli dice il nostro capitano. "Ma stavamo per distruggerla un'altra volta. Non siamo stati noi, a farla rinascere: sei stato tu."

Swaynn gli pone una mano sul braccio, e lui si inchina immediatamente. Ma lei gli solleva il viso, sorridendo:

"Sei tu, il prescelto." Gli dice, stringendo le sue mani. "Non io. Non una creatura proveniente da chissà dove. E' stato l'essere umano a salvare se stesso. E a salvare anche noi che di umano abbiamo solo le fattezze. Ma non la grandezza."

Tom cerca di schermirsi, muovendo le mani, come per dire che il merito non è affatto suo... e la sua sorpresa è grande tanto quanto la nostra, quando vediamo che le ustioni sono scomparse e che la sua pelle artificiale è tornata rosea e liscia. Pensiamo spesso che i miracoli avvengano esternamente a noi. Poi ci accorgiamo che noi stessi siamo gli artefici di grandi cambiamenti. Anche se siamo solo esseri umani.

Trentatré - *Swaynn*

La missione ha avuto successo: Kelenda ha ricominciato a vivere.

Migliaia di persone stanno già affluendo, per ricostruire ciò che è andato perduto e per restaurare il poco che è rimasto ancora intatto. E' stato deciso di togliere ogni limitazione che impediva l'accesso alla terra maledetta, e Yoser ha disattivato lo schermo elettromagnetico che la avvolgeva, definitivamente. Gli Alti Funzionati dislocati in ogni parte della Terra si stanno dirigendo laggiù, per ripristinare la Sede Centrale. Parte dell'esercito addestrato è posto presso i confini, per limitare l'ingresso indiscriminato di visitatori occasionali che vogliono soddisfare la loro curiosità. Si sta procedendo alla rigida selezione di chi potrà stabilirsi nuovamente in questo luogo bonificato, soprattutto a Kelk, dove la dimora dell'Altissimo Funzionario di Kelenda sta per essere ricostruita, sempre nello stesso punto in cui sorgeva, accanto allo stagno che è tornato a riempirsi d'acqua prelevata dalla fontana in cui è nascosta la Pietra Lunare.

La leggenda torna a vivere, ma nessuno sa dove l'oggetto si stato posto. La Pietra è in grado di proteggersi da sola e di schermarsi all'occhio indiscreto. Nessuno riuscirà mai a rilevarne la presenza, poiché non esiste alcun sistema, nemmeno quello più avanzato, in grado di captarne le vibrazioni: solo chi è fatto della sua stessa sostanza può percepirne l'essenza, ma ora sappiamo che anche Tom possiede il dono della percezione. La sua lunga permanenza a Idra ha affinato i suoi sensi e, dopo la prigionia presso un luogo segreto di Verdrad, l'addestramento con Athorm ha fatto il resto.

Per il momento, noi siamo a Chay, in attesa che la nostra casa venga ricostruita, secondo il progetto che abbiamo esposto. Yoser Nym, insieme a Verlor Torreda, si occuperanno personalmente del perfezionamento tecnologico in ciò che sembra essere rimasto intatto. La rinascita di Kelenda continua a manifestarsi, ogni giorno, sempre di più. Ormai vi è l'assoluta certezza che essa tornerà a risplendere come un tempo e che rappresenterà un punto di riferimento per tutti gli abitanti del pianeta. E non solo.

Yoser è riuscito a ritagliarsi del tempo per recarsi da me, e ora è qui, e sta terminando tutti i test cui sono stata sottoposta, per verificare il mio stato. Non ci vuole molto e non c'è nulla di invasivo. Athorm assiste al controllo condotto eseguito tramite un piccolo manipolo costruito solo per le creature aliene e, nonostante cerchi di mantenere il controllo, non riesce a nascondere l'apprensione che i suoi occhi manifestano chiaramente. Alla fine, Yoser esclama:

"Confermo ciò che vi è stato detto da Tom: Swaynn è incinta e il bambino sta bene."

Guardo Athorm, ed entrambi pensiamo la stessa cosa. Ma sono io a chiedere:

"Ne sei sicuro, Yoser? Sei sicuro che non dovrò affrontare un ennesimo lutto?"

"Gli alieni non hanno una grande capacità procreativa." Risponde, sistemando i suoi strumenti di lavoro. "Il fatto che una vita sia presente nel tuo grembo è già, di per sé, un miracolo. Nessuno è in grado di prevedere che cosa accadrà in futuro: tutto dipende da molti fattori, come ormai sapete, ma è certo che la vostra unione abbia un'importanza particolare. Altrimenti non avreste generato tre figli."

"Ma… gemelli… Yoser…" Dico, cercando di capire.

"Gemelli, sì." Conferma, sorridendo. "Ancora più raro… ma può accadere."

Sto per aprire la bocca per fare un'altra domanda, ma lui mi zittisce con un cenno della mano:

"Credo che Athorm possa darti una spiegazione più esauriente della mia." Mi dice, accingendosi ad uscire. "Terrò sotto controllo questa gravidanza, ma per il resto… non posso rispondere. Devo dedicarmi alla ricostruzione di Kelenda e poi mi recherò a Idra, poiché Orisa mi attende."

"Ti attende? Perché?" Chiedo, notando il suo lieve imbarazzo.

"Swaynn, lasciamo che Yoser torni al suo lavoro." Mi dice Athorm, dolcemente. Accompagna lo scienziato fino alla porta automatica e poi torna da me. A differenza di ciò che avviene per molti esseri umani, le *visite* effettuate sulle creature extraterrestri non vengono effettuate con un eccesso di invasività, proprio perché sulla Terra esistono pochi strumenti in grado di far fronte ad eventuali problemi che si possano verificare nel loro organismo. Solo Yoser possiede molto più di quanto io stessa abbia visto, ma tutto è altamente secretato. Se gli esseri umani sapessero che il loro pianeta è già stato colonizzato, si scatenerebbe il panico, o si creerebbero falsi miti che non hanno nulla a che vedere con una fede religiosa. Dello stesso Athorm non è stata resa nota la sostituzione del suo cuore meccanico, e tutti credono che egli sia una sorta di androide, umano solo per metà, così come lo sono Moraya, Oughm, Smuz e Tom. E' un concetto molto più semplice da accettare, poiché tangibile. L'idea di avere un rappresentante della razza aliena a capo di un Governo Mondiale potrebbe essere inaccettabile. E noi non vogliamo che panico inutile venga disseminato. Desideriamo solo che la razza umana continui a preservare se stessa, senza più guerre, né idee di volersi prevaricare a vicenda, poiché non vi è mai un reale bisogno di farlo: il mondo è già in parte ricoperto dalle Ombre che non cessano di esistere, e nutrirle con le paure non gioverebbe a nessuno. In quanto a me… per ora sono vista come una donna di trentatré anni, una Vergine proveniente dall'Isola della Luna, considerata come una *terra promessa* cui tutti vorrebbero poter accedere. Peccato, però, che questa terra abbia cessato di esistere. Mi avvicino a Athorm che mi attende di fronte al camino, sorridendo. Indossa la sua uniforme bianca, quella che gli conferisce il ruolo che egli rappresenta, non solo a Kelenda, ma in tutto il pianeta. Mi appoggio a lui, al suo petto, e le sue braccia mi circondano dolcemente:

"Tu e Yoser siete fratelli, non è vero?" Gli chiedo, alzando lo sguardo verso di lui.

"Sì." Conferma, sorridendo. "Fratelli gemelli. Figli dello stesso padre e della stessa madre."

"Ma allora… come mai conserva tutte le caratteristiche dell'essere umano? Come mai ha dovuto modificare il suo corpo, inserire parti meccaniche, allungare la sua vita con iniezioni di DNA alieno?"

Rimane in silenzio, assorto in pensieri che sembrano sfiorare un passato molto lontano. Poi dice:

"Quando mia madre è rimasta incinta, la sua gravidanza è stata considerata un segno del cielo, un segno molto importante, poiché la sterilità aliena era ancora più diffusa, prima che ci mischiassimo alla razza umana. Quando la pulsazione dei battiti ha rivelato la presenza di due cuori, il Popolo delle Ombre si è scatenato con violenza: la Stirpe di Kel'Id'a avrebbe avuto due discendenti di cui già si conosceva il sesso. Il nostro potere sarebbe stato amplificato, poiché il legame tra gemelli è tra i più forti esistenti in tutto l'Universo. Così, l'Oscurità si è avventata sui miei genitori, e mia madre ha lottato con tutte le sue forze per preservarci dalla distruzione. Ma il Potere delle Tenebre continuava a colpire il mio Popolo, causandone l'estinzione. Non restava che un'alternativa: impiantare uno degli embrioni in un altro utero, possibilmente umano, poiché solo in quel modo sarebbe stato protetto. La scelta è caduta su Yoser, poiché le sue vibrazioni erano più affini a quelle di una donna terrestre. Così… i miei genitori hanno compiuto il primo di una lunga serie di errori che li avrebbe portati a trasformarsi in un'unica entità: Munn. Noi alieni non forziamo mai gli esseri umani, poiché sarebbe contro le Leggi del Cosmo… ma loro l'hanno fatto. Hanno scelto una donna del pianeta, l'hanno trascinata in un laboratorio situato su una nave spaziale, e le hanno riempito l'utero con uno dei feti. Yoser. La donna non avrebbe mai più ricordato i loro volti, poiché aveva un marito dal quale non riusciva ad avere figli. Questo bambino avrebbe portato gioia nella loro vita e avrebbe salvato il mio gemello da ogni altro attacco. Per rendere credibile la gravidanza e le sue tempistiche, anch'egli è stato indotto ad uno stato letargico, come quello che ha preservato il figlio che porti nel grembo. A tempo debito, si sarebbe risvegliato, per poi nascere sulla Terra, insieme ad altri esseri umani, dove non sarebbe mai stato trovato. Ma qualcosa non è andato come avrebbe dovuto: Yoser non è nato immortale. Le sue cellule hanno subìto un cambiamento sostanziale che le ha rese simili a quelle dei terrestri. Ciò che non è stato intaccato, però, è stata la sua profonda intelligenza e capacità fuori dal comune che l'hanno reso sin da subito diverso da tutti gli altri bambini. Il resto… è storia."

"E come avete fatto a riconoscervi?"

Mi guarda, senza parlare. Poi dice:

"Il richiamo del sangue ha una grande forza, anche tra alieni. E' una storia lunga, Swaynn, legata anche alla figura di Chrel, al suo cuore malato, alla conoscenza di un giovane scienziato in grado di conoscere la tecnologia più avanzata, l'unico in grado di ripristinarla e modificarla a suo piacimento, rendendo possibili anche le cose che non mostravano alcuna soluzione. Ma il ricordo di mia sorella brucia ancora nella mia anima, così come quello legato a Mytia e al bambino che ho dovuto uccidere nel tuo utero. In questo momento vorrei solo parlare di futuro e di speranza, perché è ciò di cui tutti noi abbiamo bisogno. E' anche per questo che abbiamo creato l'esercito di Sel'nays."

"Ma l'Isola non esiste più, Athorm." Mormoro, tristemente. "Quando ho deciso di portare la Pietra Lunare a Kelenda, ho assistito alla fine di ciò che è stata la mia casa per molti anni. Ho visto il paesaggio mutare e il verde scomparire. Ho visto il Lago Moryd prosciugarsi, nel giro di una sola notte. E ho visto scomparire tutto ciò che faceva parte dell'Isola delle Vergini, tranne la grande struttura conica che ho fatto erigere dalle giovani allieve, sulla quale sono incise le Leggi. Quando intorno a me non è rimasto che un terreno scuro, freddo, desolato, immerso in una notte stellata, ho toccato con mano il nulla. Non so che fine abbiano fatto le abitanti di Sel'nays: ho solo visto i loro sguardi attoniti, accusatori, poiché sapevano che la sparizione di tutto ciò che rappresentava il loro mondo dipendeva da me. Poi, il giorno dopo, non c'era più nessuno, nemmeno Dashy, che viveva con me nella dimora in cui hanno vissuto Detia e Yoser. Anche quella è stata preservata, forse perché costruita per mantenere un contatto diretto con la Luna, anche se le apparecchiature non funzionavano più. Così, quando mi sono trovata da sola, nel buio di quel luogo che non mi apparteneva più, le uniche luci che hanno rischiarato la notte sono state quelle degli Spiriti degli Antenati."

"Li hai visti?" Mi chiede Athorm. "E che cosa ti hanno detto?"

"Non mi hanno rimproverata. Hanno accettato la mia scelta, poiché aveva richiesto molti giorni di riflessione, durante i quali ho vagliato tutte le possibilità che giungevano alla mia mente. Mi hanno detto che ho scelto con l'equilibrio di cuore, mente e spirito e che così doveva essere. Poi, Munn mi ha consegnato la Pietra Lunare. Ho chiesto se avrei dovuto dirti qualcosa… ma mi è stato risposto che tutto andava bene, perché, finché ci sarà bisogno di loro, noi potremo evocarli in qualsiasi momento e in qualsiasi luogo raggiungeremo."

"E' così, Swaynn." Dice Athorm, abbracciandomi. "Gli Spiriti degli Antenati sono strettamente connessi a noi. Anche Mytia ne fa parte, ora. Tu non puoi vederla, perché vive dentro di te, dal momento in cui ha costretto Iatho a ridestarsi dal suo sonno. Non c'è bisogno che tu la cerchi altrove, poiché è parte della tua essenza, ormai."

Appoggio la testa sul suo petto e rimango in silenzio, a lungo. Poi, Oughm chiede di poter parlare con noi, per questioni legate a Kelenda. Lascio che Athorm si allontani, mentre io raggiungo la riva del mare. Il sole è alto, nel cielo, e la brezza è dolce, profumata di salsedine. Il Popolo di Chay mi accoglie festosamente, come questa gente è solita fare, e io mi lascio avvolgere da questo entusiasmo che riesce a contagiare anche un'anima malinconica… come quella di Tom, che è seduto da solo, su uno scoglio. Il suo sguardo si perde nell'orizzonte, e sembra inseguire qualcosa che non riesco a percepire.

Mi avvicino a lui, lentamente. Quando gli pongo una mano sulla spalla, lo vedo sussultare, pronto a scattare in piedi. Ma lo trattengo:

"No, non preoccuparti, Tom." Gli dico, sorridendo. "Non c'è più bisogno che usi tante deferenza nei miei riguardi." Mi siedo accanto a lui, e lo vedo sgranare gli occhi:

"Non puoi stare vicino a chi ti aveva uccisa!" Esclama, arretrando lentamente. "Non merito questo onore!"

"Io ho ucciso mia figlia, Tom." Gli dico, lentamente. "E ho ucciso anche i figli di Detia e Yoser. Chi sono, dunque, per giudicarti? La differenza è che io sono ancora viva, ma i bambini… no."

"Ma tu non sei un essere umano qualsiasi, mia signora." Dice, chinando il capo. "Tu sei *la* prescelta. Sei viva perché non fai parte di questo mondo, e io ti ho mortificata più di quanto avrei creduto di poter fare. Sono un essere abbietto e non merito la tua considerazione."

"Siamo tutti uguali, in questo mondo, Tom. E sei stato tu, ad impedire che il Potere delle Ombre accecasse me e Athorm, perché tu le hai viste in faccia, e, dopo esserne stato schiavo, le hai affrontate, senza paura. Ti sei messo in discussione, accettando di ripartire da zero, senza mai alzare la testa, nemmeno quando sapevi che avresti potuto farlo, poiché ciò che avevi scoperto aveva un peso… molto grande. Hai saputo attendere il momento giusto, e hai rischiato la tua vita, senza pensarci un attimo."

"Io avevo fiducia in voi, Swaynn."

"Eppure, eravamo diventati schiavi del nostro stesso potere, un potere distruttivo, se in balìa delle emozioni o di forze oscure che attaccano la vulnerabilità di tutte le creature viventi, non importa se esseri umani o alieni: tutti abbiamo delle debolezze e tutti siamo facili prede. Ma tu ci hai creduto fino in fondo. Ci hai creduto più di noi. E ci hai aperto gli occhi, solo come riesce a fare colui che è animato dalla volontà di vivere e lottare per i nobili ideali in cui crede."

"Ma io li ho calpestati…" Mormora amaramente.

"Chi di noi non l'ha fatto?" Gli chiedo. "Chi è mai stato davvero perfetto? Sai… voi terrestri avete vissuto la storia di una religione che parlava di amore e perdono… E' una storia che mi ha affascinata, dal momento in cui Yoser me ne ha parlato. Da quel giorno, non ho mai smesso di portare al collo quel piccolo Crocifisso che, all'apparenza, potrebbe simboleggiare una sconfitta, ma che, in realtà, è solo il preludio di una nuova rinascita. E noi stiamo vivendo una sorta di *resurrezione*, magari diversa, ma ricca di prospettive. Credo che questo mondo dovrebbe ripristinare la sua religione, qualunque essa sia, poiché essa ha sempre rappresentato una speranza in più e la consapevolezza che nessuno di noi è onnipotente, ma siamo tutti uguali, bisognosi di crescere, imparare, evolverci. Il grande errore dell'essere umano è stato quello di considerare noi alieni come se fossimo esseri superiori. Forse conosciamo più cose, forse viviamo più a lungo… ma non sappiamo amare e vivere con la stessa passione di chi fa parte della razza umana. Senza questo corpo, io non riuscirei a vedere le cose per ciò che sono. E senza la mia essenza, non riuscirei a comprendere la profonda connessione che lega tutti noi, senza alcuna esclusione."

Tom abbassa lo sguardo, sorridendo lievemente. Rimane in silenzio a lungo e io lascio che la sua anima interiorizzi le mie parole. Poi mi dice:

"Sai… Ultimamente anch'io ho pensato a quello di cui mi hai parlato… alla fede. E forse è stata proprio quella, a farmi la forza di non lasciarmi andare, di non cedere, di non porre fine alla mia vita, vigliaccamente, ma di assumermi le responsabilità di ogni mio gesto. Se ti dicessi che ciò che provo per te è stato cancellato ti mentirei. Ma posso affermare con certezza di essere riuscito a convogliarlo altrove, forse in ciò di cui stiamo parlando, nella ricerca di un Dio che potesse dare un senso alla mia vita dissipata. Magari, un giorno, lo troverò."

"Sono sicura che sarà così." Gli dico, appoggiando una mano sulla sua spalla. Poi mi alzo, sistemando la tunica azzurra, una delle poche che ancora mi è rimasta dall'Isola delle Vergini. "Permettimi di darti un consiglio, Tom: non isolarti. Nessuno ti è nemico e tu non devi porti in una situazione interiore che ti renda tale agli occhi degli altri. Fai tesoro dei tuoi errori e ricomincia. Ricominciamo di nuovo. Tutti noi. Insieme."

Gli sorrido e lui fa altrettanto. Poi mi dirigo verso la casa nel bosco, dove io e Athorm viviamo ancora, momentaneamente, nell'attesa che la dimora di Kelk sia ultimata. Lascio che il giorno trascorra così, limitandomi a leggere, scrivere e suonare il Chrein. E' da molto che non sfioro le sue corde e tutto mi sembra nuovo, come se anch'io stessi ricominciando un nuovo ciclo della mia vita.

E' già sera, quando Athorm fa ritorno. Mi saluta con un lieve bacio sulle labbra e si siede accanto a me, sul divano posto di fronte al camino acceso:

"Scusa se ho tardato." Mi dice, tenendomi tra le sue braccia. "Ho dovuto parlare con tutti gli Alti Funzionari, fare loro un resoconto di come procedono i lavori, descrivere la situazione dei mari e trovare una storia credibile che potesse giustificare la rinascita di Kelenda."

"E l'hai trovata?" Gli chiedo, divertita.

"Sinceramente… ho preso tempo." Risponde, ridendo.

"Come fai sempre." Commento, ridendo con lui. Ma quando vedo che il Sole scompare all'orizzonte e la Luna comincia a stagliarsi, pallida, nel cielo dal colore simile al cobalto, un senso di malinconia mi assale. Ho detto a Tom tante belle parole, ma ora non so più se io possa davvero crederci o se siano state solo piccole bugie dette a fin di bene. Altrimenti, non mi sentirei così triste.

Athorm mi rivolge uno sguardo enigmatico:

"A cosa stai pensando, Swaynn?" Mi chiede.

"Lo sai." Gli rispondo, laconica.

Cade il silenzio. Mi sento lontana da Chay, lontana da Kelk, lontana da tutto ciò che ha spazzato via l'Isola delle Vergini. So di aver fatto la scelta giusta, ma non riesco ancora ad abituarmi all'idea che quel luogo altrettanto leggendario sia scomparso nel nulla. Vorrei poter trovare la forza per mascherare il mio stato d'animo anche nella mia vita privata, ma non ci riesco.

"Swaynn." Dice poi, Athorm, prendendomi il viso tra le mani e costringendomi a guardarlo negli occhi. "C'è una cosa che devi sapere."

Il suo sguardo è sempre impenetrabile. Non riesco a capire. Rimango in attesa di avere una risposta, in silenzio. E lui mi dice così:

"L'esercito di Sel'nays… non è stato addestrato solo per riportare la vita a Kelenda. Non ti avrei mai chiesto di insegnare le tradizioni dell'Isola a chi non avrebbe mai potuto metterle in pratica. Ho voluto che fosse così, perché tutti fossero preparati a ricostruire anche la terra che sarebbe stata sacrificata in favore di un'altra."

"Che cosa intendi dire?"

"I prescelti non hanno solo il compito di difendere Kelenda, ora, ma anche quello di riportare la vita a Sel'nays."

"Athorm… Nessuno può accedere in quel luogo. E nessuno può viverci, a meno che il suo sangue non sia mischiato con quello della razza aliena."

"C'è una terza possibilità." Mormora, con uno sguardo misterioso.

"E quale?" Domando, con sarcasmo. "Magari trovare un velivolo in grado di raggiungere la Luna, visto che non tutti possono sopportare la smaterializzazione?"

"Un velivolo… o una nave. La nostra, per esempio."

Lo guardo come se mi stesse prendendo in giro:

"Non è divertente, Athorm." Gli dico, con tono molto serio.

"Lo so." Risponde, con altrettanta serietà. "E sapevo che non lo sarebbe stato nemmeno scegliere. Per questo ho predisposto ogni cosa affinché nessuno dovesse perdere le sue radici. Ho chiesto a Yoser di modificare la nave… in modo tale che potesse navigare anche nello spazio. Sei la prima a saperlo, Swaynn. La prima, oltre a Yoser che ha curato il progetto insieme a me. Non ci sarà bisogno di smaterializzarsi. Possiamo andare direttamente lassù e riportare la vita anche a Sel'nays."

"Stai dicendo la verità?" Chiedo, col cuore che batte all'impazzata. "Ma come farà, l'equipaggio, a respirare quell'aria che non conosce più ossigeno? Come farà, a camminare, dove non c'è più gravità? La sopravvivenza per un essere umano è impossibile!"

"La sopravvivenza è possibile… con la Pietra Lunare."

Lo guardo esterrefatta:

"Vuoi strapparla a Kelenda?" Chiedo, stentando a crederci. Lui mi guarda negli occhi, e il suo sguardo è penetrante. Sembra che stia entrando nella mia anima, con una forza così dirompente da farmi girare la testa. Stringe le mie mani tra le sue, e quel contatto suscita una strana vibrazione, in me:

"Gemelli, Swaynn." Mi dice, con voce bassa e penetrante. "Erano quelli che aspettava mia madre. E sono gli stessi che hanno vissuto insieme, nel tuo grembo, finché non si è reso necessario sacrificarne uno. Ma gli Spiriti ad essi connessi hanno risvegliato la Pietra Gemella."

"La Pietra Gemella?" Chiedo, senza capire.

"Un'altra Pietra Lunare. Un oggetto che esisteva già, da molti secoli, e che è stato nascosto quando Yoser, allo stato fetale, è stato impiantato nell'utero di un essere umano. Se riusciamo a trovarla, Sel'nays rivivrà."

Lo guardo, e tutto mi sembra assurdo. La nave che si libra nello Spazio, l'esercito addestrato per far fronte a qualsiasi evenienza, gli esseri umani sulla superficie lunare, la mia gravidanza inaspettata, e ora... un'altra rivelazione che la mia mente vuole rifiutare e che la mia essenza, invece, sembra riconoscere.

Gli occhi di Athorm sono ancora posati sui miei. Sono fermi, decisi. E quella sicurezza autentica scende fin dentro la mia anima. Così, anche il mio sguardo cambia. Le mie labbra si piegano in lieve sorriso. La mia testa torna ad alzarsi, e nella mia essenza si accende una scintilla di fuoco che divampa con violenza.

"Gemelli..." Mormoro, con uno sguardo carico di sottintesi.

"Gemelli." Ripete Athorm, sorridendo, con la determinazione di un grande Condottiero.

Stringo le sue mani, per sancire il patto. Il potere di V'aT'Ss si fonde con quello di At'n-I'd: Sole, Luna ed Eclissi insieme, uniti in un triangolo perfetto, che non ha un'origine e neppure una fine.

L'Universo ci è testimone, e, con esso, gli Spiriti degli Antenati che bisbigliano forte i nostri veri nomi: ricostruiremo Kelenda e poi ripartiremo.

Destinazione... Spazio.

EPILOGO

Quanto può durare, la vita di un essere umano?

Molti anni, oppure non abbastanza da dare un senso all'esistenza di un individuo. Non è più possibile stabilirlo con precisione, da quando il DNA umano si è mescolato con quello alieno. In questo nuovo ciclo di rinascita e speranza, gli Immortali continuano il loro viaggio, alla scoperta di nuove forme di vita che possano ripopolare Sel'nays, l'Isola delle vergini o, più semplicemente, quella che i terrestri chiamano Isola della Luna. Essi scrivono il loro diario affinché le generazioni future possano ritrovare le tracce di antiche civiltà, di storie perdute, di tradizioni quasi dimenticate che devono essere riportate alla luce. E sanno, sì, lo sanno, che ogni loro passo diviene un Sigillo nella storia infinita dell'Universo. Vanno avanti, sempre, accompagnati dagli Spiriti degli Antenati che vivono in tutto ciò che è piccolo, banale, apparentemente insignificante, perché è nella semplicità che si nasconde il potere più grande. E, con loro, vivo anch'io, che continuo a seguire i loro passi, guidato dalla voce incorporea di Detia, il cui Spirito ha subìto una metamorfosi riservata solo ai prescelti. Sarà lei, a condurli verso la Pietra Gemella, custodita da un potere immenso e sfiorata dalla carezza delicata di un embrione. Il mistero di questa storia continua. La mia devozione continuerà ad illuminare il sentiero di coloro che conservano il mio ricordo nei loro cuori, umani e alieni. Perché non vi è differenza, tra le creature viventi presenti nel Cosmo, se esse sono in grado di amare e lottare per gli ideali più nobili: le Virtù. Per essi, io rimarrò per sempre un servo fedele.

Orud – Il Portatore

SEL'NAYS

Capitolo 3

Nell'oscurità di questo Spazio infinito, piccole luci si accendono, ad intermittenza. Il canto che accompagna il loro risveglio è simile al rintocco di una campana, le cui vibrazioni si diffondono nell'immensa vastità di un Universo che pulsa, come un grande cuore. Gli Spiriti degli Antenati iniziano a danzare, creando scie luminose che si perdono nei bagliori delle Galassie. Potrebbe sembrare una festa di stelle, ma queste anime che ancora vivono, in attesa di conoscere il loro destino, si stanno preparando alla battaglia dei cieli, poiché l'essere umano è stato addestrato per conquistare il luogo proibito a molti, concesso solo alle prescelte. Le piccole Vergini si nutrivano già con la linfa aliena, e in esse vi sarebbe stata una sola, in grado di governare Sel'nays, quel luogo di cui le fiabe raccontano da molti secoli, ormai. Ma quando costei ha raggiunto la consapevolezza del suo potere, ha scelto di preservare la Terra, lasciando che l'oscurità portasse via con sé anche l'ultima scintilla di quella che gli esseri umani chiamano Isola della Luna.Il patrimonio dell'antico sapere è stato tramandato a uomini e donne ingabbiati in un corpo mortale e spesso incapaci di elevare la propria anima verso ideali più nobili, quali le Virtù. Nonostante l'esercito scelto porti il nome di ciò che fu un luogo sacro, la sua istituzione non è stata gradita dagli Antenati. Questi Spiriti potenti che continueranno ad esistere finché sarà arrivato il tempo, per loro, di ricongiungersi alla Luce, combatteranno fino ad estinguersi – se necessario – per preservare l'unica cosa che permetterebbe all'essere umano di colonizzare la Luna. Io sono stata scelta come colei che deve giudicare le azioni dei guerrieri che si sfideranno in questa lotta dei cieli, colei che determinerà chi, tra i vincitori o i perdenti, sarà meritevole di ottenere l'oggetto del contendere: la Pietra Gemella.La battaglia è già iniziata. E sarà più dura di quelle mai combattute sul pianeta Terra. Ascolterò le voci degli Immortali e quelle degli Antenati. Solo alla fine, si udirà la mia. E, se dovrò scontrarmi con la prescelta, ogni legame dovrà essere reciso, affinché nessun giudizio possa essere inquinato dalle emozioni.

Detia – l'Osservatrice.

***

Uno - *Swaynn*

"Ma com'è possibile? Siete di Stirpe Aliena! Vivete da secoli! E non avete nessuna risposta da darmi?"

Guardo Yoser e Orisa, giunta da Idra per aiutarmi a comprendere come sia possibile che il bambino nel mio grembo non stia crescendo come dovrebbe. Sono passati mesi, da quando Kelenda è tornata alla vita. Lunghi mesi, durante i

506

quali la ricostruzione è terminata, grazie al benefico influsso della Pietra Lunare che conferisce energia a chiunque transiti in questa terra.

Kelk, la Capitale, è stata resa ancora più potente di quanto fosse prima della devastazione: qui è stata ricostruita la Sede Centrale, a forma conica, proprio al centro della città. La sua base è larga centinaia di metri, e la si altezza sembra sfiorare il cielo. Potrebbe sembrare rivestita di rame acciaio, ma la lega di cui è costituita è ancora più resistente.

La rete tecnologica è pari a quella di Verdrad, che, grazie ad un Decreto emanato dall'Altissimo Funzionario Athorm Dralt, è stata annessa a Kelenda così strettamente, da poter considerare le terre come se fossero gemelle. Pad Soon, il suo rappresentante, ha accettato il patto di alleanza che sancisce questo vincolo indissolubile, con una comunicazione olografica a livello mondiale, direttamente dalla Sede Centrale a Kelk, inaugurata da poco. Anche Idra si è assoggettata spontaneamente alle rigide regole di Athorm, il quale, dopo aver stabilito nuovi incarichi per gli altri Funzionari provenienti dal resto del pianeta, ha imposto l'accettazione totale di ogni decisione presa in comune accordo con tutti i rappresentanti delle terre che chiedono il patrocinio di Kelenda.

Sono sorte nuove città, cinque in tutto, oltre a Kelk, posta su un'altura e protetta da sistemi difensivi praticamente inattaccabili. In essa, vi è anche il fulcro di ogni transazione economica, nonché delle strategie, delle riunioni ufficiali, della vita pubblica e, non ultimo, della costruzione di un primo edificio religioso che riporterà in vita una comunità fedele ad un credo quasi dimenticato. Ancora non si sa quale sarà il prescelto, poiché i piccoli gruppi dislocati sul pianeta riportano informazioni troppo spesso frammentarie, alterate dal ricordo o da esperienze personali. Le cinque città presenti a Kelenda, oltre a Kelk, sono le seguenti: Sos, Awy, Onn, Kol, Nod. Ciascuna presenta delle caratteristiche ben precise, in via di definizione, e un o una Governante che si occupi dell'ordine e dell'osservanza delle Leggi. Le elezioni avverranno democraticamente tramite votazione da parte dell'intera Popolazione, su nomi proposti dagli Alti Funzionari. Questi nomi sono valutati insieme ad Athorm, cui spetterà l'ultima parola. Un compito molto delicato che richiede un lavoro molto maggiore, rispetto alla ricostruzione di edifici, reti, mezzi di trasporto a propulsione, strade sotterranee e creazione di quelle tipiche botteghe artigianali che conservano retaggi di antiche tradizioni che affascinano chiunque si rechi quaggiù. Sempre nella Capitale, vi è la dimora in cui io e Athorm stiamo ricominciando a vivere, grazie al lavoro incessante di uomini e donne che si danno il turno anche di notte. Lo fanno per una rinnovata crescita economica che rende questa terra tra le più floride e quotate, grazie anche all'affluenza di Popoli dispersi nel mare, piccoli gruppi itineranti che abbiamo solo sfiorato, durante i nostri lunghi viaggi, e che hanno maturato usi e costumi, nonché realizzato prodotti di grande interesse. Tutti quelli che vengono ammessi in questa terra hanno l'obbligo di impararne la lingua sin da subito e di depositare ogni dialetto in un archivio di cui la Sede Centrale conserva una copia. L'originale si trova sulla nave ma nessuno lo sa, a parte Yoser Nym. Nemmeno i suoi più fedeli collaboratori ne sono al corrente: solo se egli dovesse essere colpito da qualche imprevisto, in modo molto grave, un microchip istallato nel suo cervello assegnerebbe un codice a uomini o donne di fiducia, pochi, e i cui nominativi sempre aggiornati, man mano che passa il tempo.

E' a lui, che rivolgo la mia frase seccata. A lui e a Orisa, che, grazie alla Sciamana di Idra, è riuscita a percepire il mio stato prima di tutti gli altri. La loro collaborazione continua, e le conoscenze si fondono, creandone una ancora più forte e importante per l'essere umano e per la razza aliena. Ed è anche per questo, che mi sono rivolta al loro sapere, dopo essermi accorta che il mio grembo non cresceva, nonostante il passare dei mesi.

Yoser mi guarda costernato: nonostante le sue vaste competenze, non riesce a trovare una risposta:

"Il cuore continua a battere e questo significa che il bambino è vivo." Mi dice, mentre, nella stanza, vedo entrare Athorm. "Ma la sua crescita si è fermata. Non posso dire che questo sia il segno di una sofferenza fetale: di fatto, non lo è. Il cuore, i polmoni, tutti gli organi vitali... sono in perfetto stato. Anche la temperatura uterina è normale. Non vi sono riversamenti di liquido, e la placenta è pulita."

"Ne percepisco le vibrazioni." Aggiunge Orisa, con voce sommessa. "Vive, non mostra segni di contaminazione da parte del Popolo delle Ombre. Ma è come se fosse stato indotto nuovamente ad uno stato letargico, anche se non riusciamo a spiegarci come gli organi continuino a funzionare, pur senza crescere."

"Ma allora, che cosa sta accadendo?" Chiedo, esasperata. "Non posso rivolgermi a personale sanitario della razza umana: come potrei spiegare la fluidità del mio sangue, l'impossibilità dell'identificazione cellulare, la capacità rigenerativa dei miei tessuti, e le alterazioni delle mie onde cerebrali? Già si parla fin troppo del ritorno della Pietra Lunare e di come essa sia potuta tornare a Kelenda. L'ipotesi aliena serpeggia persino tra gli Alti Funzionari, e sappiamo bene tutti quanti che, tra di loro, vi siano molti incroci con la razza terrestre. Essi lo sanno, e non possono parlare. Non possiamo ridurli all'oblio, poiché perderebbero la consapevolezza della loro identità. Ma non possiamo neanche permettere che, sulla Terra, i Popoli comincino a desiderare di colonizzare altri pianeti, o sperare di potersi connettere con creature extraterrestri: conserviamo troppe testimonianze del passato che ci mostrano la paura dell'ignoto, la mistificazione o il desiderio di vedere in noi degli *idoli* da adorare."

"Io credo che l'essere umano sia pronto per affrontare una nuova realtà, invece." Dice Athorm, rompendo il silenzio con cui ha ascoltato le mie parole. Indossa l'uniforme bianca, bordata in oro e recante il simbolo di Kelenda. Ha appena terminato un'altra udienza con uno dei rappresentanti delle città nascenti, e credo che abbia percepito la mia tensione, anche a distanza. "L'esercito di Sel'nays è già costituito in parte da creature ibride che conoscono la nostra identità. Eppure non la temono, né la considerano un segno divino."

"Vuoi che il mondo intero sappia chi è davvero l'Altissimo Funzionario di Kelenda?" Gli chiedo, con tono provocatorio. Ma Athorm mantiene la sua compostezza:

"Forse qualcuno ha già in mente qualcosa, Swaynn, ma non ha il coraggio di parlarne per non essere preso per pazzo. Ma risponderò alla tua domanda: no, non ho intenzione di raccontare a tutti gli abitanti del pianeta che le Leggi sono state abrogate da una creatura aliena. E non voglio mantenere il silenzio per il timore di essere considerato un sovversivo da combattere: per molti secoli si è parlato di me in tutti i modi possibili, a seconda delle epoche in cui ho vissuto. Sapere che il mio corpo conteneva parti meccaniche mi rendeva un personaggio quasi leggendario, o, a volte, un pericolo da evitare. Ma ha giustificato a lungo la mia immortalità, così come la giustifica con Yoser. Non rivelerò che ora il mio vero cuore è tornato a battere nel mio petto, poiché si scatenerebbe il panico e il desiderio di testare la mia invulnerabilità. E io non voglio vivere dovendo stare costantemente all'erta per la mia vita. Non sono qui per questo."

"Ma io?" Chiedo, camminando avanti e indietro, per smaltire l'irritazione. "Per tutti sono una donna di trentatré anni, *la* Vergine dell'*Isola della Luna* che ha saputo liberare la Pietra Lunare e riportarla indietro, affinché Kelenda tornasse a vivere. Non posso nemmeno celarmi come fanno le donne di Idra, simili l'una all'altra: grazie alle loro caratteristiche fisiche possono far credere al mondo che Orisa non sia il nome di una sola donna, ma che esso rappresenti una carica di quella terra, e che le successioni avvengano periodicamente. Io sono vista come un essere umano che ha avuto il privilegio di andare e tornare in un luogo leggendario da cui nessun'altra Vergine è riuscita a tornare con dei ricordi così vividi. Di me si è saputo che ho avuto una figlia e che la piccola è morta in un incidente accaduto in una terra lontana. Come posso spiegare la presenza di un bambino che continua a vivere dentro di me, senza crescere? Quale donna terrestre possiede le mie stesse caratteristiche? Siete così abituati ai vostri ruoli da non poter comprendere come io mi senta!"

E' Orisa ad avvicinarsi a me, prendendo le mie mani tra le sue:

"Swaynn, non credere che non possiamo comprenderti." Mi dice, dolcemente. "Ciascuno di noi ha dovuto spiegare la sua costante presenza sulla Terra, col passare dei secoli. Ed è stato difficile mentire, poiché non è nella nostra natura. Anche noi abbiamo avuto paura. Le donne di Idra hanno vissuto nel terrore per molto tempo, quando Athorm ci ha strappate a Id'V'Ra. Laggiù vivevamo nel nascondimento, velate quasi completamente. Alcune di noi non potevano nemmeno mostrare gli occhi e altre sono state rese cieche, affinché il nostro potere non sfidasse quello dello Spirito potente che voleva mantenere il controllo su chiunque abitasse laggiù."

"La terra di Vegar..." Mormoro, abbassando lo sguardo. "Poiché, non è, forse, questo, il significato di Id'V'Ra? *Vegar, la distruzione per opera del Sole...*"

"E' questo, sì." Annuisce Orisa. "E tu sei sua figlia. Ma l'hai domato. Noi non avremmo potuto farlo, poiché ci mancava il suo alter ego che solo tu possiedi: Iatho. Questi Spiriti hanno preservato il tuo bambino, quando la Sorgente del

Potere Oscuro che viveva nel suo gemello è stata neutralizzata da Athorm. Ma ora, la Tenebra è scomparsa, e, se essi stanno agendo di nuovo, non riusciamo a spiegarcene il motivo, poiché tutto sta rinascendo e tra gli esseri umani c'è pace e armonia. Nuove terre emergono dai mari, ed esse potranno essere colonizzate, una volta che gli scienziati di Verdrad si accerteranno che non vi siano pericoli per i Popoli che vi si stanzieranno."

Sono disorientata e stanca. Gli ultimi mesi non mi hanno concesso un attimo di riposo, e, in più, ho dovuto adattarmi ad una vita frenetica che mi sta soffocando. Ora si presenta un altro problema che non avevo previsto: il bambino dovrebbe essere già nato da tre mesi, eppure il suo sviluppo si è fermato. Non mi importa nulla delle nuove terre che il mare sta restituendo alla vita, né delle colonizzazioni e di come esse debbano essere regolamentate: nella mia testa risuona l'ipotesi di un possibile nuovo intervento da parte della mia essenza più profonda, in un momento in cui non vi sono pericoli, all'orizzonte.

E' Athorm, a venire in mio soccorso:

"Yoser, Orisa." Dice, avvicinandosi a loro. "Vi ringrazio di tutto ciò che avete fatto per Swaynn, ma forse è meglio che torniate agli alloggi a voi riservati, a Nod. Laggiù c'è bisogno di voi. Ci vediamo presto, amici miei."

I due comprendono il significato di quella richiesta e ci salutano affettuosamente. Quando rimaniamo soli, mi siedo sulla sponda del letto. Athorm si leva il mantello e la giacca dell'uniforme, e poi si siede accanto a me. Non parla e il suo silenzio è più eloquente di mille parole. Così lo guardo e gli chiedo:

"Anche tu pensi che gli Spiriti abbiano nuovamente bloccato questa gravidanza, non è così?"

Lui mi fissa negli occhi. Il suo sguardo è impenetrabile. Da quando ha accettato l'incarico di Altissimo Funzionario di Kelenda e la Pietra Lunare è stata riportata su questa terra, è diventato molto più determinato, silenzioso, spesso distante. Non mi infastidisce la libertà di cui posso godere durante il giorno, anche perché è così ridotta da poter dedicare ben poco tempo a ciò che mi appassiona. Non mi infastidisce neppure che lui trascorra le sue giornate dividendosi tra gli impegni presso la Sede Centrale, l'addestramento dell'esercito e la riorganizzazione delle antiche alleanze. Non so neppure io che cosa stia accadendo dentro di me: forse, essere stata la causa della scomparsa di Sel'nays, l'Isola delle Vergini, mi porta a provare un sentimento tipicamente umano che non pensavo di poter mai conoscere. Vivo la profonda ingiustizia di sentirmi costretta a stare in un luogo che non ha mai fatto davvero parte di me, di vederne la rinascita e di non poter dire al mondo intero quanto tutto questo mi sia costato. E mentre Athorm raccoglie gli onori, io ho costantemente gli occhi addosso, per il mio fisico, il colore dei miei capelli, la mia provenienza, le conoscenze che custodisco nella mia anima e quell'alone di mistero che mi rende un enigma agli occhi di chi non mi conosce. E anche i collaboratori più fedeli sembrano vedere in Athorm un punto di riferimento più importante di me, che sono stata l'artefice di questa resurrezione inaspettata.

Il senso di profonda ingratitudine che vivo costantemente si somma a quello che mi sta capitando. A volte riesco a parlare solo con Tom, l'unico, tra i guerrieri scelti, che riesca a dedicarmi parte del suo tempo prezioso, solo per ascoltare quello che ho da dire e a cui nessuno sembra importare. Per tutto il resto, vivo nell'ombra di un uomo che ho sposato e la cui fama cresce di giorno in giorno, mentre, nel contempo, i miei incarichi di Unica Rappresentante dell'Isola della Luna e Depositaria dell'Antico Sapere sembrano perdere ogni significato.

"Non dici nulla, Athorm?" Gli chiedo, seccamente. Lui mi guarda ancora senza dire nulla, per un lungo istante. Poi, finalmente, risponde:

"Ho cercato risposta chiamando gli Spiriti degli Antenati, ma non ho udito la loro voce. È già successo, in passato, che essi non potessero intervenire, poiché la situazione non poteva essere influenzata in alcun modo. Il Libero Arbitrio è una delle Leggi più importanti che tutti noi siamo chiamati ad osservare. Quando diventi una Creatura di Luce, il significato di questo concetto assume una connotazione ancora più determinante e contro la quale non puoi combattere, nemmeno se si tratta di vita o di morte."

Le sue parole mi sembrano voler eludere la mia domanda. Credo che nella sua mente vi siano pensieri di cui non voglia rendermi partecipe e che nasconde con un'abilità mai vista, fino ad ora. Siamo seduti vicini, ma non potremmo essere più distanti nell'anima. Non ho smesso di amarlo, ma la mia anima scalpita come un cavallo nato libero, tenuto in catene cui non potrà mai abituarsi. Avevo già vissuto questa sensazione, quando Mytia era nata. Allora, Athorm aveva risvegliato Vegar, e, con esso, un potere a me sconosciuto che faceva vacillare tutte le mie certezze, causandomi un'inquietudine interiore dalla quale non riuscivo ad uscire.

"Sei così pieno di impegni da non avere neppure il tempo di pensare a tuo figlio?" Gli chiedo, con tono provocatorio. "Il grande Athorm Dralt, l'Altissimo Funzionario di Kelenda, il Condottiero dei Mari… è così occupato da aver dimenticato di avere un cuore?"

Mi rivolge uno sguardo duro, secco come la sua voce:

"Ciò che dici è ingiusto." Replica. "Abbiamo lottato insieme per un fine comune e il progetto di ricostruire Sel'nays non è mai tramontato. Per questo mi dedico con tutte le mie forze nel tentativo di terminare la riorganizzazione di Kelenda e delle terre annesse ad essa: perché l'esercito possa partire al più presto per la nuova missione."

"Cercare la Pietra Gemella, sì!" Esclamo, con sarcasmo. "Senza neppure l'aiuto degli Antenati e senza sapere che cosa stia accadendo nel mio utero! E con i tuoi compiti che si moltiplicano ogni giorno sempre di più, tanto da farti tornare da me quando già dormo e farti uscire prima che io mi svegli!"

Il suo sguardo si addolcisce:

"Non è mia intenzione trascurarti, Swaynn." Mormora, appoggiando una mano sulle mie. "Hai insistito molto affinché io cedessi alle pressioni degli Alti Funzionari. Hai sempre reclamato la tua libertà e io l'ho rispettata."

"Dimmi quando abbiamo fatto l'amore l'ultima volta." Gli dico, interrompendolo bruscamente. Il suo sguardo cambia e diventa più serio:

"Non mi sono mai sottratto alle tue attenzioni." Risponde, ritraendo la mano.

"Ma nemmeno ti sei più degnato di fare il primo passo!" Esclamo, reprimendo la rabbia. "E' questa, la vita che vuoi farmi vivere da qui all'eternità, Athorm Dralt? E' così, che mi vuoi? Sempre un passo indietro, rispetto a te?"

"Ah!" Replica, con sarcasmo. "Quindi, il problema è questo. Il Popolo ha smesso di vederti come la *prescelta*, abituandosi alle leggende che porti con te, banalizzandole, e relegandoti in un ruolo marginale. Vivi la competizione con me, Swaynn. Un atteggiamento tipicamente umano…"

"Ma si dà il caso che io non faccia parte delle creature terrestri!" Esclamo, balzando in piedi e avvicinandomi al camino. Lo accendiamo di rado, da tempo. Non avremmo la possibilità di apprezzarne la danza delle fiamme, nella tranquillità del silenzio notturno, interrotto solo dal canto dei grilli.

"L'orgoglio alieno comincia a scalpitare in te…" Osserva Athorm, continuando con voce ironica. "Non dovrei esserne stupito. Eri speciale, a Sel'nays, e questo ti faceva sentire un'umana con doti straordinarie che ti rendevano importante, agli occhi delle Vergini. Ed eri speciale sulla Terra, quando la gente ti guardava come se tu provenissi da un altro pianeta, e da esso ne portassi con te i poteri che ti rendevano unica, agli occhi del mio Popolo…"

"Il *tuo* Popolo…" Mormoro, sorridendo amaramente. Poi lo guardo, con stizza. "Non ci sarebbe nessun Popolo, se io non avessi riportato la Pietra Lunare a Kelenda! Questa terra è rinata grazie a me! Senza il sacrificio di Sel'nays, qui ci sarebbe solo mare e una voragine insidiosa, dove il potere di Kel'Id'a sfiderebbe ciò che sei, fino a sfinirti!"

Anche lui si alza, ponendosi di fronte a me:

"E' questo, ciò che vorresti?" Mi chiede, con un lampo negli occhi. "Tornare indietro e trionfare sulla tua terra? Essere la Signora dell'Isola, quale eri, e che ora non sei più? La tua rivalità nei miei confronti è cresciuta così tanto da desiderare di potermi vedere schiacciato dalla mia stessa essenza?"

"Rivalità…" Ripeto, a voce bassa, scuotendo la testa lentamente. "Dimmi, allora." Gli dico, avvicinandomi a lui, quasi come se volessi sfidarlo. "Che cosa sono, io, ora, qui? Qual è, il mio compito, se non quello di assecondare ogni tuo ordine? Che cos'ho ottenuto, se non l'improvviso voltafaccia di tutti i tuoi sottoposti che non riconoscono più nemmeno la mia autorità? Sanno già tutto quello di cui avevano bisogno: cos'avrebbe, Swaynn Osery, da dare loro, ancora? Un figlio? No. Questo figlio continua a dormire nel suo grembo, e nessuno sa spiegarsi il perché. Quindi, Athorm, dimmelo. Dimmelo tu, che cosa rappresento. Dimmelo tu, chi sono. Tu, che hai le risposte per tutti, e dalle cui labbra pende il destino dell'intero pianeta… un pianeta che neppure sa chi sei, perché vivi nella menzogna da secoli e oggi, improvvisamente, decidi che l'essere umano sia pronto ad accettare una realtà che potrebbe sconvolgere il destino delle creature aliene, viventi sulla Terra da tempo immemore…"

"La tua rabbia ti rende cieca." Risponde Athorm, con sguardo fermo e duro. "Non ti ho mai negato il mio cuore e non ho mai sottovalutato le tue richieste. Stai vivendo il conflitto tra il tuo essere diversa dalla specie umana di cui pensavi di far parte e il desiderio di affermarti in essa, come una persona comune. Ma non lo sei, e lo sai. Non posso rispondere per conto di chi mi ha sempre seguito, sin da prima che tu ci fossi. E non posso impedire che i Popoli attendano le mie parole, poiché tu stessa hai fatto sì che io diventassi ciò che sono ora. L'hai voluto, per il massimo bene del pianeta Terra e dei suoi abitanti. E l'hai voluto anche per stabilire un'alleanza con le creature dell'Universo."

"Quindi la colpa è mia? Non solo mi è negata ogni forma di gratitudine, ma devo sopportare il peso di un'accusa velata?"

"Ti sto solo ricordando ciò che ci ha portati a questa situazione. L'abbiamo voluto entrambi e tu più di me. Sapevi che non nutrivo ambizioni di potere."

"Povero Athorm…" Lo schernisco, con un tono decisa ironia. "Costretto da una donna che ha vissuto meno di lui e che non conosce i segreti di questo mondo… non come li conosci tu, vero? Perché questo è ciò che sono: una piccola ombra che ancora non ha finito di imparare. E tu sei il maestro da cui devo trarre insegnamento. Per questo il mio ruolo non ha più alcun senso. Tu sei il guerriero. Tu sei il condottiero. Tu sei il riferimento dell'esercito. E sei sempre tu, il perno attorno al quale gira tutto."

"Ora basta!" Esclama, seccato. "Stai esagerando!"

"Oh, io esagero…" Continuo, schernendolo. "Io oso ribellarmi all'Altissimo Funzionario di Kelenda… Oso sbattergli in faccia una scomoda verità, quando tutti quelli che lo circondano lo lusingano con parole di miele… Oso sfidare la sua autorità, in questo mondo maschilista, dove le donne sono costrette a tenere la testa bassa, come succedeva nei secoli antichissimi… Lo sai? Forse hai ragione. Forse rimpiango la scelta che ho fatto e che mi ha ridotta ad essere ciò che sono: meno della tua ombra. Io ero la Signora dell'Isola. Ero qualcosa. Le mie parole erano ascoltate, tanto quanto le tue, ora. Ma tu hai deciso per me, dal momento in cui mi hai chiesta in sposa a Munn. E io ero troppo ingenua, troppo abituata ad obbedire, per accorgermi di come andasse il mondo. Lo so solo ora, ma è troppo tardi. Non posso più tornare indietro. E tu non sai… quanto lo vorrei…"

Faccio per andarmene, ma Athorm mi blocca, impedendomi di muovermi. Mi solleva, mentre io cerco di divincolarmi, inutilmente: la sua forza è aumentata, e io non riesco a liberarmi dalla sua stretta. Mi fa sdraiare sul letto, stringendo i miei polsi e bloccandomi col suo corpo. La sua bocca si posa sulla mia, e io cerco di serrare le labbra, ma la sua lingua si infila con forza, costringendomi a subire quel bacio che non voglio. Poi mi spoglia, ignorando le mie proteste, e il suo corpo rimane schiacciato contro il mio, mentre cerco di ribellarmi a quello che sta succedendo.

All'improvviso si ferma. Tenendo ancora stretti i miei polsi, mi guarda, ansimando. I suoi occhi sono braci ardenti e il suo viso è simile a quello di un dio incollerito:

513

"Allora, Swaynn?" Mi chiede, con voce piena di rabbia. "Chi di noi rifiuta l'altro? Chi di noi si nega? E' questo, che ti dà fastidio? Che io sia più forte di te? Che io sappia come trattenerti? E' per questo che mi odi così tanto?"

A questa domanda volto il mio viso, di scatto. Non voglio guardarlo. Non voglio ascoltarlo. Vorrei solo poter tornare ad essere ciò che ero e che ora mi è negato. Vorrei la mia libertà.

Vorrei la mia terra…

Athorm continua a guardarmi. Lo sento, anche se i miei occhi fissano un punto nel vuoto. Il suo respiro rallenta, e torna ad essere regolare. Calmo. Come il suo tono di voce. Così calmo da sembrare freddo:

"Molto bene." Mormora, avvicinandosi al mio orecchio. "Avrai ciò che desideri. Non sarai più costretta a rimanere nell'ombra e nell'anonimato. Ma ricorda: sarai tu, ad averlo voluto."

Si alza, coprendomi velocemente. Indossa di nuovo la giacca della sua uniforme e il mantello e si accinge ad uscire di nuovo. Ma, prima, si ferma e si gira verso di me, dicendo:

"Volevi una risposta. Sì, Swaynn: credo che gli Spiriti degli Antenati si stiano negando. E tremo all'idea che anch'essi stiano costituendo il loro esercito, poiché quello che noi abbiamo creato è in grado di colonizzare la Luna, per riportare in vita ciò che potrebbe sembrare morto ma che, evidentemente, non lo è affatto. Li abbiamo sfidati quando abbiamo deciso di cercare la Pietra Gemella. Quindi… sì. Loro sono i nostri nemici, ora."

Se ne va, lasciandomi sola, sconvolta da pensieri ed emozioni contrastanti. Mi chiudo in posizione fetale, avvolgendomi con la coperta. E sento ancora le parole che entrambi avevamo pronunciato, quando le nostre essenze sono state tentate dal colpo di coda del Potere delle Ombre:

"Questa terra è mia…"

Due - *Tom*

Siamo in attesa dell'arrivo di Athorm, stipati nell'ala superiore della Sede Centrale, un piano appena prima del vertice di questo grande edificio conico. Noi collaboratori più stretti sediamo in prima fila, in questa grande sala cui possono accedere solo pochi Funzionari accuratamente selezionati. Il discorso sarà trasmesso in tutto il pianeta, attraverso una proiezione olografica. C'è grande fermento, poiché si tratta della prima riunione a carattere mondiale che si tiene nella nuova sede, completamente rinnovata. Mi guardo intorno, in silenzio, e osservo la quantità di personaggi provenienti da ogni parte della Terra. Credo che saremo circa duecento, tra Funzionari e maggiori rappresentanti locali. Tutti parlano tra di loro, animatamente, e sembrano essere in fibrillazione. Dopotutto, questa sorta di ansia mista ad eccitazione è comprensibile: hanno vissuto circa due anni di sole comunicazioni virtuali, coordinate da Pad Soon di Verdrad, e ora hanno finalmente la possibilità di assistere di nuovo ad un ricevimento ufficiale, nel luogo più importante del pianeta, poiché a Kelk si decide la sorte della maggior parte delle terre emerse. Un margine di autonomia è stato concesso a Verdrad e Idra, ma anche l'isola Chay ha mantenuto una sua identità. Si tratta di luoghi la cui importanza è inferiore solo a quella di Kelenda, anche se all'isola è stata concessa una dispensa speciale solo in virtù delle tradizioni che essa continua a proporre, giacché il suo Popolo variopinto sa gestirsi in modo impeccabile, seppur molto semplice.

Le pareti di questa grande sala sono rivestite di listarelle color avorio, fatte di un materiale lucido e alternate da luci nascoste che simulano una luminosità piacevole, mai diretta, se non verso la parete centrale su cui sono posti due grossi schermi, uno a destra e uno a sinistra. Al centro, vi è un vano molto largo, da cui esce una piattaforma con pavimentazione in acciaio e copertura rettangolare in cristallo infrangibile e antisfondamento: quello è il palco mobile da cui fanno ingresso i Funzionari che prendono parola e che sono riparati da questa protezione, sia per salvaguardare la loro incolumità che per rendere possibile una corretta trasmissione mondiale. Il cristallo, infatti, impedisce la penetrazione di disturbi elettromagnetici che ciascuno di noi porta con sé, tramite piccoli congegni e apparecchiature sempre più avanzate, e che potrebbero interferire con le comunicazioni più importanti. Vi sono molte telecamere incorporate in angoli nascosti, anche piccole spie che controllino il buon ordine dei presenti. Androidi simili a donne, esseri completamente cibernetici ma identici ad un vero essere umano, ci portando bevande con cui ristorarci, nell'attesa della comunicazione ufficiale. Mentre gli altri del piccolo gruppo parlano tra di loro, io rimango in silenzio, lievemente sovrappensiero. Osservo i Funzionari in uniforme che si incontrano e si salutano e penso che il nostro modo di vestire sia molto cambiato, negli ultimi tempi. Ora che siamo qui in qualità di rappresentanti dell'esercito, indossiamo degli abiti sulla tonalità del beige, con colletti, bordi e pantaloni neri. Sia uomini che donne. Il simbolo di Kelenda è apposto come un ricamo dorato sul petto e incute un timore reverenziale in chi lo nota. Improvvisamente, all'ora prestabilita, le luci si attenuano e fari nascosti illuminano l'apertura posta al centro e a mezza altezza della parete che sta di fronte a noi. L'imponente struttura d'acciaio e cristallo avanza, e dentro vi sono Athorm e Swaynn, che indossano uniformi diverse: bianca, per lui, in velluto, e bordata d'oro; una tuta aderente nera, per lei, con uno scollo a V e maniche a tre quarti. A differenza di Athorm, Swaynn riporta il simbolo una sola volta, sul petto, come tutti noi dell'esercito. Ha i capelli raccolti in una coda alta, molto lunga, e un trucco leggero rende il suo viso più pallido, ma non emaciato. Riesco a vedere le sue caviglie sottili, dai grandi schermi che ingrandiscono le due figure, e, con mia sorpresa, noto che non indossa stivali, ma scarpe nere e lucide, con un tacco molto alto. Il suo sguardo è fermo e fiero e mi colpisce più di quanto io stesso non voglia ammettere. Mi piace e la desidero. Non ho mai smesso di pensare a lei. Ma ho imparato a rispettarla e a gestire i miei istinti. Vicino a lei c'è Athorm, con lo stesso sguardo deciso, e con un'autorevolezza che cresce ogni giorno sempre di più, insieme al senso di solidità che il Popolo di Kelenda gli riconosce. E' lui il primo a parlare, dopo un conto alla rovescia riportato sullo schermo che fa da dieci a zero. Inizia, quindi, la proiezione olografica mondiale, dove l'Altissimo Funzionario si rivolge nella sua lingua a tutte le terre emerse del pianeta: "Vi ringrazio di questa partecipazione." Dice, con voce forte e chiara. "E vi saluto, ovunque voi siate. Questa è la prima trasmissione proveniente dalla Sede Centrale di Kelk, ripristinata grazie al lavoro incessante di molti uomini e donne che hanno prestato servizio a qualsiasi ora del giorno e della notte. Colgo l'occasione di questa diretta per rendere voi tutti partecipi della riemersione di nuove terre, già oggetto di studio da parte di scienziati e studiosi che, molto presto, ci sapranno dire la fattibilità dell'opera di bonifica. Insieme a questa buona notizia, comunico a voi tutti che la ricostruzione di Kelenda è ufficialmente terminata, e che sono in via di definizione gli ultimi dettagli per l'assegnazione di nuovi responsabili che si dedicheranno al governo delle altre cinque città appartenenti al luogo che io stesso rappresento. Tuttavia, non sarò io, ad occuparmene, ma Swaynn Osery Dralt, colei che ha reso possibile la rinascita di un luogo che più volte, nella storia, ha conosciuto la desolazione e la resurrezione." Swaynn saluta con un lieve cenno del capo, e i presenti applaudono. Poi, Athorm continua a parlare: "A tale proposito, comunico a tutti voi la mia decisione di conferirle l'incarico di Governatrice di Nod, la città cui è annesso il porto. Sarà lei, ad occuparsi della gestione di chi arriva e chi se ne va da Kelenda. E, insieme a questo compito, le sarà assegnato il difficile lavoro di ripristinare un credo tra i molti che ci sono continuamente proposti. Di fatto, Swaynn Osery Dralt sarà la Guida Religiosa cui fare riferimento, un passo decisamente importante, poiché, nella storia, abbiamo assistito all'avvicendarsi di riferimenti maschili. Kelenda vuole rompere l'antica abitudine di vedere le donne relegate ad un ruolo marginale, in questo ambito, e lo farà nella figura della Governatrice di Nod. Per ultimo, Swaynn comunicherà a voi tutti, proprio ora, i nomi di coloro che sono stati scelti come responsabili delle altre quattro città. Era stato deciso che le elezioni avvenissero democraticamente, su nominativi forniti dagli Alti Funzionari, ma in questi lunghi mesi abbiamo avuto modo di valutare direttamente molti potenziali candidati. Così, per questa scelta, ho creduto opportuno premiare coloro che si erano distinti per meriti particolari, su una ristretta rosa di persone di cui, sono sicuro, nessuno rimarrà deluso. Consideratelo un tentativo, e, se non riuscirà, risponderò personalmente di ogni errore commesso, ripristinando l'elezione popolare. Questi nuovi Governatori rimarranno in carica per un anno, poiché saranno considerati in prova, prima di poter procedere al verdetto finale che confermi il loro incarico per altri quattro anni. Poi si procederà come stabilito sin dall'inizio. Perdonate questo cambio di programma, ma non ci sarebbe stato il tempo necessario per organizzare tutto in poco tempo. Credo che comprenderete." Le fa cenno di avvicinarsi, per darle modo di intervenire, mentre scoppia un altro applauso, un po' più esitante: una donna a capo di una religione si è vista molto raramente, se non in civiltà antichissime, considerate magiche, e completamente estinte. Molti dei presenti storcono il naso, di fronte a questa scelta, disapprovando palesemente. Ma non possono contestare le decisioni dell'Altissimo Funzionario: possono solo prenderne atto e accettare ciò che viene comunicato, soprattutto se non lede i diritti di nessuno di loro.

Swaynn non è una stupida: si rende perfettamente conto di ciò che pensano alcuni. Lo capisco dal suo sguardo. Nonostante, apparentemente, sembri in perfetto controllo, per un attimo, mi sembra di scorgere una lieve esitazione. Ma trova comunque la forza di parlare:

"Grazie a voi, Funzionari che venite da ogni parte del pianeta." Dice, anche lei con voce chiara. "E grazie anche a voi che assistete a questa prima trasmissione ufficiale dalla Sede di Kelk. Possa questa nuova rinascita essere frutto per la prosperità di tutti noi e per una solida alleanza. Grazie all'Altissimo Funzionario di Kelenda per gli incarichi che mi ha conferito: è molto più di quanto mi aspettassi e cercherò di non deludere le sue aspettative. In qualità di Guida Religiosa, non posso che confermare quanto già detto: il desiderio di spiritualità innato, nell'essere umano, lo porta a radunarsi in piccoli gruppi che continuano a perpetuare tradizioni che non vengono manifestate, forse per timore, o forse perché la vita quotidiana porta a concentrarsi su ciò che è più tangibile, soffocando un anelito naturale che non dovrà più essere sacrificato. Perciò, da oggi, è mio desiderio che chiunque professi una fede si rivolga a me, con qualsiasi mezzo a sua disposizione, per darmi la possibilità di prendere una decisione. Ci tengo a comunicare che la nuova religione non sarà l'unica riconosciuta, ma segnerà un primo passo verso una nuova espansione culturale che non ha mai cessato di esistere: si è solamente nascosta troppo a lungo." Fa una breve pausa, poi riprende. "Ringrazio l'Altissimo Funzionario di Kelenda anche per avermi conferito l'incarico come Governatrice di Nod, a cui assicuro sin da subito la mia fedeltà e la mia più completa disponibilità. Avrò bisogno di qualcuno con cui collaborare, per gestire le numerose informazioni provenienti dall'attracco dei velivoli natanti e per tenere il controllo di chi entra e chi esce da questa terra. Per questo, comunico a tutti voi presenti e in collegamento che parte da oggi la mia ricerca di qualcuno che abbia voglia di supportarmi. Potete far recapitare tutti i vostri dati al database della Sede Centrale: vaglierò ogni vostra proposta e deciderò chi mi affiancherà in questo compito. E ora renderò noti i nomi degli altri quattro Governatori che si occuperanno delle quattro città che hanno ripreso a vivere, insieme a Nod." Sfiora il cristallo, in silenzio, come se di fronte a lei vi fossero dei pulsanti che noi non riusciamo a vedere. Rimaniamo in attesa col fiato sospeso, e anche chi aveva mostrato il suo disappunto poco prima, ora è completamente concentrato sui nomi che appariranno sugli schermi, sotto le figure di Athorm e Swaynn. Nessuno di noi è stato avvisato preventivamente, e la scelta potrebbe cadere su chiunque. E' questo che fa crescere le aspettative, man mano che gli istanti passano. Finalmente Swaynn annuncia il primo nome, che compare anche sugli schermi: "Ghan Tiny, Governatore di Sos." Tutti si guardano intorno, ma la donna precisa: "Non è qui tra noi, ora. E' un ingegnere che ha contribuito alla ricostruzione di Kelenda. Apprende ora, insieme a voi, il suo nuovo incarico che dovrà iniziare quanto prima." Sfiora poi un altro punto del cristallo e compare un altro nome: "Agel Brooke, Governatore di Awy. Anche lui non è qui con noi, poiché non fa parte dei Funzionari. E' un giramondo che ha accumulato molta esperienza, e la sua vasta cultura avrà una notevole importanza per la città." Di nuovo sfiora il cristallo e dice: "Dorothy Lindberg, Governatrice di Onn. Artigiana già abitante della città che dovrà coordinare. Grazie alle sue conoscenze, quando la tecnologia dovesse subire dei danni, sarà in grado di trovare valide soluzioni alternative." Manca solo un nome, e viene espresso rapidamente: "Cloud Lull, Governatore di Kol. Si sta specializzando nell'arte medica e saprà essere un valido apporto per la sua città, nella quale già risiede, ma anche per Kelenda. Questi, signori, sono i nomi delle persone scelte dopo un'accurata selezione."

Segue un applauso, e non sembra che vi sia delusione, quanto, piuttosto, curiosità. Sono stati incaricati degli individui che non fanno parte della casta dei prescelti ad accedere alle riunioni ufficiali ma che, da adesso in poi, non potranno più esimersi dal farlo. Ne sono sinceramente lieto, perché credo che ci fosse bisogno di una rivoluzione così significativa. Persone normali che hanno lavorato molto e che tuttora si impegnano con tutte le loro forze, per dare una mano all'intera collettività. So che molti dei presenti – e, probabilmente, anche degli spettatori tramite diretta – non saranno d'accordo su questa decisione, ma Swaynn sa sempre esattamente cosa fare e non sceglie mai a caso. Per questo applaudo con forza, per sottolineare il mio più completo appoggio. Gli altri della fila mi guardano come se io stessi esagerando, ma non me ne curo: credo che abbiano dimenticato l'importanza degli insegnamenti che abbiamo ricevuto da questa donna, offuscati dalla sempre più affermata autorità di Athorm, già considerato leggenda, in passato, e ora visto come un punto di riferimento dal grande fascino e di forte carisma.

Swaynn ringrazia con un cenno del capo e lascia di nuovo la parola al marito: "Un'ultima comunicazione." Dice, lentamente. "A causa dei miei molteplici impegni non mi sarà possibile essere sempre presente per l'addestramento dell'esercito. Pertanto, delego i miei collaboratori più fidati, Smuz e Oughm, per suddividersi i turni di lavoro che saranno concordati direttamente con me. Ringraziamo tutti coloro che hanno assistito a questa prima riunione e salutiamo chi ci ha seguiti da ogni parte del pianeta."

La teca rettangolare si ritira, rientrando nel vano nascosto nella parete di fronte a tutti noi. La trasmissione è ufficialmente chiusa. Gli schermi si spengono e le luci si accendono. Le androidi si pongono ad ogni lato della sala per far uscire tutti noi, con ordine. Veniamo condotti verso una fitta rete di corridoi che si snodano ad ogni nostro passo, perché camminare per le strade di Kelk, in questo momento, non sarebbe possibile, a causa della moltitudine di gente che si è accalcata lungo il perimetro della Sede Centrale. Appena arriviamo all'uscita, ci sono già molti mezzi a propulsione, uno in fila all'altro, che ci attendono. Veniamo divisi in modo ordinato, mentre ripartiamo a tutta velocità per essere condotti nei luoghi in cui dobbiamo riprendere il nostro lavoro. Io vengo lasciato nei pressi dell'immensa costruzione che ospiterà la nuova religione. Sono stato, infatti, designato per volere di Swaynn, a procedere ad una prima scrematura di quelle che sono già numerose proposte che arrivano praticamente da qualsiasi parte del globo.

Le mie giornate trascorrono prevalentemente chiuso in questo luogo, tranne quando siamo chiamati alla meditazione e al canto del Gham. L'addestramento dell'esercito, per ora, è stato ridotto al minimo e riservato solo a cento guerrieri alla volta, che si danno il turno ogni settimana. Così, tutti noi ci addestriamo una volta al mese, in modo molto intensivo. E' un tipo di vita che non mi dispiace, perché mi permette di pensare rimanendo in silenzio, lontano dal movimento frenetico di questa terra in continua crescita ed espansione. La solitudine non mi spaventa e ho ritrovato il gusto di cantare in questo enorme spazio vuoto, dove la voce echeggia naturalmente, creando giochi sonori dalle vibrazioni affascinanti. La sera arriva velocemente, e io posso concedermi del tempo per meditare in solitudine, prima che giunga il momento della cena e quindi dell'incontro collettivo.

Così, anche oggi mi siedo su uno dei morbidi tappeti adagiati sul pavimento in marmo. C'è penombra, ma si riesce a vedere grazie al funzionamento di un sistema che mantiene una luce naturale e soffusa, molto calda. Non fa freddo: l'aria condizionata si attiva automaticamente, senza mai seccare l'aria o renderla umida. La temperatura è mantenuta in modo costante, e non vi sono mai grossi sbalzi tra l'interno e l'esterno. Mi rilasso completamente, respirando a pieni polmoni questo profumo di fiori freschi che vengono cambiati quasi ogni giorno. Sono fiori recisi, ma crescono continuamente, e quelli che vengono rimossi sono subito fatti seccare per la preparazione di profumi molto delicati, che Swaynn ama moltissimo. Per questo mi piace annusare il loro odore: perché mi sembra di averla qui con me.

Quando apro gli occhi, ho un sussulto: lei è davvero al mio fianco e non l'ho neppure sentita entrare! E' vestita com'era apparsa al pubblico, ma i suoi piedi sono nudi. Se il mio udito fosse quello di un normale essere umano, non mi stupirei: l'assenza di tacchi e la capacità di questa donna di camminare come se si sollevasse nell'aria mi impedirebbero di sentire un qualsiasi rumore. Ma ho un udito bionico, e, quando si tratta di lei, si acuisce ancora di più. Per questo sono sorpreso: è riuscita ad eludere nuovamente la mia capacità percettiva, sorprendendomi. La vedo ridere di gusto, nel comprendere la mia incredulità:

"Non guardarmi in questo modo, Tom!" Esclama, divertita. "Non sono mica un fantasma!"

"Non lo sei, no…" Balbetto, sentendomi arrossire.

"A che cosa stavi pensando?" Mi chiede, continuando a sorridere. "Scommetto che lo spettacolo di oggi ti è piaciuto un mondo. O forse no? Dimmi la verità, perché capirò se stai mentendo!"

Il suo sguardo è simile a quello di una bambina che prende in giro un uomo di mezza età, quale in realtà sembro, e questi occhi scuri che mi fissando scherzosamente mi penetrano fin dentro l'anima.

"Ho gradito alcune cose." Rispondo, sinceramente. "Altre... mi hanno lasciato un po' perplesso. Non mi piace quando le tue parole vengono recepite come se avessero minore importanza rispetto a quelle di Athorm. Lo sai."

Il suo sguardo si rabbuia:

"Lui è pur sempre il Capo di Kelenda." Mi dice, con tono serio. "In molti speravano che accettasse questo incarico, e ora è inevitabile che l'entusiasmo sia alle stelle."

"E' vero, Swaynn. E io gli sono devoto, anche perché mi ha accolto nel suo esercito, dandomi una seconda possibilità. Ma il mio cuore va altrove e tu sai a cosa mi riferisco."

Rimane in silenzio, senza guardarmi. Per stemperare l'imbarazzo, decido di cambiare argomento:

"Si sa qualcosa del bambino?" Chiedo, sapendo di toccare un altro nervo scoperto. Ma sono consapevole che lei non abbia nessuno con cui parlarne e nessuno che potrebbe comprendere il suo stato d'animo. Nemmeno io sono in grado di capire a fondo, soprattutto perché sono un uomo. Ma avverto il suo dolore nascosto da questo atteggiamento di falsa sicurezza che le permette di mantenere un controllo di fronte al Popolo.

"No." Risponde, sospirando. "E, ormai, la versione ufficiale per tutti è che la gravidanza non è andata a buon fine. Solo tu sai la verità, perché la senti anche se io non la esprimo. Tutto sembra essere tornato allo stato in cui si è reso necessario eliminare la Sorgente delle Forze Oscure. Il punto è... he esse non sono tornate..."

"Ma c'è dell'altro..."

Mi guarda:

"Sì." Mormora a bassa voce, come se temesse che ci sia qualcuno ad ascoltare. "Ma non posso spiegarti ciò che potrebbe ancora essere un'ipotesi. Forse avremo una certezza quando tutte le città di Kelenda saranno state completate e quando verrà introdotta la nuova religione. Solo allora... l'esercito troverà un'altra missione da compiere. Una missione molto difficile. Per questo è importante che tutti voi siate pronti: vi troverete a scontrarvi contro un nemico molto diverso da quelli contro i quali avete già avuto a che fare, in passato. Non basterà solo l'uso delle armi, per contrastarne la forza. Ci vorrà ben altro."

"Sai... Ho avuto modo di guardare meglio la nave." Mormoro, come se stessi parlando a me stesso. "Ho notato alcune cose che non ho saputo spiegarmi. Mi sono documentato e ho scoperto che si tratta di piccoli congegni utilizzati nella navigazione spaziale. Congegni e sistemi utilizzati molti secoli fa e riproposti nei velivoli natanti che, tuttavia, non possono solcare il cielo, poiché l'ossigeno contenuto nell'abitacolo non è sufficientemente perfezionato e non potrebbe reggere alla pressurizzazione dell'aria..."

Swaynn mi rivolge un sorriso ironico:

"Direi che ti sei documentato più di quanto tu riesca ad esprimere con queste poche parole." Osserva. "Ma non mi stupisce. Sei rimasto molto a Idra e a Verdrad, e il tuo corpo meccanico è stato quello che ha risposto meglio alla manutenzione effettuata da Yoser. Aggiungiamo anche il fatto che la tua capacità percettiva è incredibilmente aumentata. Quindi... che dire? Saresti il migliore dell'esercito, Tom! Dovrò dire ad Athorm di tenerne conto." La frase scherzosa con cui conclude la frase, nel tentativo inutile di sembrare credibile, risulta forzata. Lo avverto, ma decido di non farglielo notare.

"E' questo, il piano?" Le chiedo, decidendo di parlarle in modo diretto. "Questo è il motivo per cui la nave è stata modificata? Volete condurre l'esercito nello Spazio?"

Mi guarda in silenzio, come se stesse riflettendo molto sulla risposta. Poi, abbassando lo sguardo, risponde:

"Sì. Quando ho riportato la Pietra Lunare a Kelenda ho dovuto fare una scelta difficile. La rinascita di questa terra ha portato alla distruzione dell'Isola delle Vergini. Il luogo che voi chiamate *Isola della Luna*. E questo nome non è stato dato a caso, poiché – ormai lo sai – era proprio lassù che esso prosperava. Ora, di quella terra leggendaria, non è rimasta che la base di Yoser e una struttura su cui ho fatto incidere le regole che hanno sempre scandito la vita delle giovani allieve. Quando Kelenda stata risorgendo dalle sue ceneri, Athorm mi ha rivelato di aver pensato a tutte le eventualità possibili e alla scelta che avrei potuto fare. In ogni caso, egli avrebbe ricreato una condizione simile a quella che io ho portato alla distruzione."

"No, scusa, Swaynn, fammi capire." La interrompo. "Lui ti ha chiesto di addestrare tutti noi, rendendoci partecipi delle tue conoscenze, sapendo che avresti potuto scegliere la tua terra?"

"Sì, Tom. Perché?"

"E' molto semplice. Se tu avessi deciso diversamente, Kelenda non sarebbe sopravvissuta. Questo avrebbe comportato la necessità, per lui e per tutti noi, di dover cercare un altro luogo in cui vivere e per cui lottare. Avremmo dovuto riaffermare la nostra supremazia nei mari. Soprattutto lui. Così, cos'ha fatto? Ti ha chiesto di addestrarci come se fossimo allievi dell'Isola della Luna, per renderci invincibili e pronti a colonizzare anche altri pianeti. Gli hai offerto su un vassoio d'argento tutta la tua conoscenza, per un fine che lo avrebbe *comunque* salvato. Ma tu hai sacrificato te stessa e le tue radici, rafforzandoci ancora di più e consolidando la sua immagine agli occhi del mondo intero. Ora è lui, l'eroe che ha salvato questa terra. E' lui, a godere degli onori. E' sempre lui, a potersi permettere di estendere il suo dominio oltre il pianeta. Questo lo porterà ad essere una leggenda, molto più di quanto non lo fosse già."

Mi guarda, sgomenta, e io mi rendo conto di aver detto più di quanto avrei dovuto. Vorrei poter cancellare le mie ultime parole, ma non posso farlo. Non so nemmeno se io abbia parlato senza pensarci o se, inconsciamente, io abbia voluto screditare Athorm ai suoi occhi, sfruttando questo momento di difficile interpretazione. Rimango in silenzio, senza riuscire a sostenere quegli occhi che cercano di capire qualcosa che, forse, è solo nella mia testa. Un retaggio di ciò che è ancora parte di me e di cui non sono mai riuscito a liberarmi completamente. Pensare che lei possa continuamente comprendere le mie debolezze è un errore, e me ne rendo conto. Ma spesso mi dimentico di avere a che fare con la donna che desidero e le parlo con una sincerità eccessiva che non è quasi mai dettata da un reale istinto altruistico.

"Scusa." Mormoro, alla fine, vergognandomi di me stesso. "Non so nemmeno io quello che sto dicendo. E' certo che mi sfugga più di quanto io non pensi e che le mie sono solo supposizioni umane." Appoggio le mie mani sulle sue, istintivamente. Sono affusolate, candide, e sembrano quasi perdersi tra quelle di un uomo provato dalla vita e dalle continue lotte interiori. Vorrei poterle preservare dalla sofferenza... da me. Perché sono stato il primo ad averla delusa e, nonostante tutto, sono sempre il primo da cui lei viene a parlare, quando il mondo non sembra più ascoltarla.

Lei continua a guardarmi, e capisco che la sua anima vive un conflitto ancora più intenso del mio. Poter pensare che il rischio di Athorm fosse stato calcolato fin dall'inizio, in un momento così delicato come questo, non fa che aumentare la sua rabbia verso di lui. Lo sento e mi rendo conto di aver fomentato questo sentimento, senza nemmeno accorgermene.

"Posso fare qualcosa per rimediare?" Le chiedo, imbarazzato.

I suoi occhi sono ancora sgranati, anche se la voce è ferma:

"Rimediare a cosa?" Mi chiede. "Ad una possibile verità?"

"Swaynn, le mie sono solo ipotesi dettate da ciò che provo per te." Confesso, sinceramente. "Forse mi fa comodo vedere il torbido anche dove non c'è, solo per fare un favore a me stesso."

"O forse mi stai aprendo gli occhi ad una possibile alternativa che non ho mai valutato fino ad ora." Replica, mentre lo sguardo diventa duro. Stringo le sue mani, più intensamente, cercando di non farle male. Non mi accorgo nemmeno che il mio viso si avvicina al suo. Lei rimane immobile, rigida come una statua priva di emozioni, e io mi spingo oltre, arrivando a sfiorarle le labbra con un bacio che mi strazia l'anima.

Il suo profumo sembra entrare in ogni poro della mia pelle e il mio desiderio si accende. Vorrei poterla stringere a me, sentire il suo corpo contro il mio, sfiorare il suo collo con mille baci e fare l'amore con lei, almeno una volta. E, mentre le mie labbra cercano le sue, mentre la mia lingua sfiora la sua pelle delicata, mi rendo conto, all'improvviso, che lei non è qui con me. Nonostante la sua bocca si schiuda e io riesca a lambirne le sue dolci profondità, sento una fitta dolorosa nel cuore e la verità si affaccia alla mia mente, prepotentemente.

Mi allontano, scorgendo l'assenza di emozioni nel suo volto e comprendo di essere solo il ripiego di un attimo. Mi accontenterei anche di questo, per amor suo, ma non avrei mai il suo cuore, perché, nonostante tutto, appartiene ancora ad Athorm e questo legame è ancora così solido da resistere alla più dura delle prove. Così la lascio libera dalla mia stretta, senza dire più nulla, e senza nemmeno guardarla.

I miei occhi sono chiusi, quando avverto i suoi movimenti felpati, mentre si allontana da me, lasciandomi solo, nella mia vergogna, e nella consapevolezza di non poter sperare nulla, perché così è sempre stato e così sarà, qualsiasi cosa possa mai accadere. Ma stavolta non le userò violenza. Non cercherò di strapparla ad un altro, solo per privarla della libertà di cui ha bisogno, poiché Swaynn non appartiene a nessuno, se non a se stessa e agli Spiriti che si agitano nella sua anima. Rimango a lungo con gli occhi fissi sul tappeto, incapace di reagire. Nemmeno il canto del Gham riesce a scuotermi. Non sono che un relitto umano, incapace di riscattarsi. E adesso, con le mie stupide insinuazioni, sto rischiando di creare una frattura che potrebbe ripercuotersi su tutto il lavoro che è stato fatto fino ad ora. Non mi rimane che una sola cosa da fare. E sarà la cosa migliore per tutti. Soprattutto per me.

Tre - *Athorm*

Manca solo la firma dei nuovi Governatori di Kelenda, e poi tutto sarà terminato. Questa firma non può essere inviata tramite scansione olografica, ma apposta di persona, in mia presenza e alla presenza di alcuni tra gli Alti Funzionari del pianeta. Nel mio ufficio presso la Sede Centrale, porgo tutti i documenti stampati anche in forma cartacea, per avere un riscontro con la firma digitale e per registrare sulla carta tutti i dati provenienti dal contatto tra la mano di chi scrive e il foglio stesso, fatto di un materiale in grado di captare molte informazioni sensoriali. Il primo a firmare è Ghan Tiny, Governatore di Sos, ingegnere di mezz'età, brizzolato, alto e robusto. E' emozionato e si vede, ma sottoscrive ogni documento con dovizia, leggendone tutto il contenuto. Ripete quindi lo stesso procedimento, tramite sottoscrizione digitale, e, infine, risponde alle domande di rito con affermazioni vocali, registrate dal computer. Quindi avviene la scansione ottica e la rilevazione dei suoi parametri, operazione che permetterà di personalizzare la segretezza di tutti gli archivi a sua disposizione. Dopo tutto questo procedimento, Ghan Tiny arretra di pochi passi, rimanendo in piedi, accanto agli altri.
E' quindi la volta di Agel Brooke, Governatore di Awy. E' un giramondo che ha accumulato grande esperienza. Molto alto, magro, capelli lunghi e barba incolta, occhiali da intellettuale. Si veste come un nomade, ma non ha un'aria trascurata. Con la conferma del suo incarico, il suo abbigliamento cambierà, e, nelle occasioni ufficiali, dovrà indossare l'uniforme della città che egli rappresenta. Ha circa quarant'anni, e i suoi occhi sono diretti e attenti.
Tocca poi a Dorothy Lindberg, Governatrice di Onn. E' una donna bionda, forse tinta, corpulenta, di circa sessant'anni. Le sue guance sono rubizze e il trucco è forse un po' eccessivo. Ma credo che abbia tentato di abbellirsi per la prima volta, nella sua vita, poiché non è mai stata avvezza a troppa formalità. E' un'abile artigiana e conosce molte soluzioni alternative, soprattutto quando la tecnologia subisce dei piccoli cali. Capita molto raramente, ma ci siamo accorti

che non tutti sono in grado di far fronte a questi inconvenienti. Solo pochi sono davvero in grado di sopravvivere senza far conto sulle comodità offerte da tutte le scoperte di Yoser Nym.

Cloud Lull, il Governatore di Kol, è una piacevole sorpresa. E' un ragazzo di colore, uno dei pochi rimasti ancora sul pianeta. Tutte le altre Popolazioni dalla pelle scura si sono incrociate con altre dalla pelle più chiara, ed è molto più facile vedere in giro persone mulatte. La speranza è che Cloud possa dare origine ad una civiltà che mantenga intatte le sue stesse caratteristiche fisiche, anche se non è possibile imporre matrimoni combinati, al fine di ottenere un risultato che potrebbe rendere infelici troppe persone. Chrel soleva procedere spesso con questa usanza tipica dei tempi molto antichi, e molti Alti Funzionari spingono affinché essa venga ripristinata. Io non condivido la loro idea: finché mi sarà possibile, lascerò liberi tutti gli abitanti di Kelenda di contrarre matrimoni basati su un reale sentimento reciproco. Cloud Lull ha poco più di trent'anni e si sta specializzando nell'arte medica. Yoser dice che è molto promettente e che gli insegnerà molte cose che possano tornare utili a questo ragazzo di grande intelligenza. L'ultima a firmare è Swaynn, Governatrice di Nod. Kelk fa riferimento direttamente a me e non c'è bisogno che io apponga la mia firma: il fatto che io sia l'Altissimo Funzionario di Kelenda mi permette di accedere a tutti gli archivi della Capitale a pieno diritto. Così, pongo i documenti alla donna che ho sposato e che mi rivolge un'occhiata di difficile interpretazione. E' come se mi stesse accusando di qualcosa, anche se, dopo quel giorno, non mi ha quasi più rivolto la parola. Ci vediamo molto raramente e mi accorgo che lei tende a rimanere a casa il meno possibile. Ha chiesto e ottenuto di possedere un piccolo alloggio direttamente a Nod, per potervi rimanere e per gestire il buon andamento della città, direttamente sul posto. La vedo scrivere con sicurezza e determinazione, e poi sottoporsi alle scansioni di rito, in silenzio, rispondendo solo alle domande ufficiali. Indossa la sua uniforme nera, senza maniche, con lo scollo a V e i pantaloni stretti, lunghi fino alle caviglie scoperte. Le sue scarpe sono fissate con un cinturino intrecciato e sono nere, lucide, con un tacco molto alto. Il suoi capelli sono raccolti in una coda di cavallo morbida, e il viso è leggermente truccato. Da qualche tempo, sui suoi bicipiti sono comparsi dei segni dorati, simili a tatuaggi, ma provenienti direttamente dalla sua essenza. Non si comprendono ancora i dettagli, poiché sono molto sfumati, ma ogni giorno che passa diventano sempre più visibili.

I suoi poteri stanno lasciando segni evidenti anche esteriori. Continuano a preservare il feto, mantenendolo costantemente in uno stato letargico. Nonostante siano state effettuate altre analisi da Orisa e le sue Ancelle, non si è riusciti a scoprire ancora nulla, se non che il bambino è vivo, il suo cuore batte, la temperatura del suo corpo è normale, ma il tempo sembra essersi fermato. Una situazione simile non è facile da sopportare. Il corpo di Swaynn è continuamente sottoposto a scariche ormonali molto simili a quelle umane, perché l'energia più lenta del suo corpo allo stato solido si adatta all'ambiente che la circonda. Mi chiedo come riesca ad andare avanti, nonostante tutto, e so che dovrei fare qualcosa di più, per lei. Ma mi tiene lontano e mi rendo conto di quanta incapacità ci sia, in me, nel saper gestire questo rapporto così complicato. Non ho mai desiderato legarmi a nessuno, e, ora che c'è lei, non è sempre facile sapere quale sia il modo giusto per comportarmi. Lei non è come una donna umana: la sua mente è imprevedibile. Non posso trattarla come le terrestri, e nemmeno mi è permesso fare di più. Se io facessi leva sul mio potere, la schiaccerei, e la situazione è già molto compromessa. Forzare le cose mi porterebbe a commettere errori ancora più gravi, e ne risentirebbe anche il buon andamento di Kelenda. La vedo completare tutto ciò che le è stato chiesto con obbedienza e attenzione. Quindi ritorna insieme agli altri e io stringo la mano a tutti i nuovi Governatori delle cinque città che, finalmente, sono state ultimate.

"Signori, vi ringrazio della vostra partecipazione." Dico loro, accomiatandoli. "Confido nel vostro lavoro e in ciò che contribuirete a creare nelle città che vi sono state affidate. Vi ricordo che potete fare richiesta di avere dei collaboratori che vi aiutino nel vostro compito, ma vi invito a vagliare ogni proposta con grande cura, poiché le informazioni alle quali avete accesso non possono essere divulgate. Andate, ora, e buon lavoro. Swaynn, tu aspetta qui, per favore."

Li saluto nuovamente, accompagnandoli alla porta che si apre automaticamente, non appena impartisco il comando vocale. Alcuni dei Funzionari Speciali accompagnano i nuovi Governatori presso i mezzi di trasporto che li condurranno nelle loro città, mentre io rimango da solo con Swaynn. Mi appoggio alla scrivania, tenendo le mani dietro la schiena e la osservo a lungo, prima di parlare:

"Non ha senso che tu non mi metta al corrente di ciò che pensi." Le dico, poi, lentamente. "Capisco perfettamente che ci sono cose di cui mi ritieni responsabile. Sei ancora mia moglie e vorrei conoscere i dubbi che ti rendono così distante."

"E vuoi che io ti parli *qui*, Athorm?" Mi chiede, sarcastica. "Nella Sede Centrale?"

"Qui o in un altro luogo… che differenza fa? Ho notato lo sguardo che mi hai rivolto, prima di firmare. Non eri obbligata a farlo, se non lo desideravi."

"Tu non mi obblighi mai a fare nulla, Athorm." Replica, continuando ad essere sarcastica. "Lasci che sia io, a decidere. Ma non so più fino a che punto le mie scelte siano libere o condizionate dalle tue reali intenzioni."

"E che cos'avrei intenzione di fare, secondo te?" Le chiedo, cercando di mantenere la calma. "Che cosa ti avrei indotta a decidere?"

"Vuoi che parliamo dell'esercito? Parliamone. E spiegami perché l'hai istituito, visto che ancora non è stato impiegato in azioni di nessun tipo."

"Sai perfettamente che l'obiettivo è quello di intraprendere una missione spaziale."

"Certo, sì… per trovare la Pietra Gemella e ricostruire Sel'nays. E' ciò che mi hai detto, no? Ma c'è una cosa che mi sfugge: se io avessi scelto di salvare l'Isola delle Vergini, che cosa ne avresti fatto, di questo esercito? A che cosa ti sarebbe servito? Io sarei diventata la Signora dell'Isola e sarei rimasta lassù, a governare la mia terra. E tu, con un intero equipaggio che ora conosce parte del patrimonio culturale di quel luogo... come avresti impiegato, le tue risorse?"

La guardo, senza scompormi:

"Avrei cercato di ripopolare una delle terre che stanno riemergendo dal mare." Rispondo. "Vi avrei stanziato l'esercito e ne avrei imposto la nuova lingua, le nuove usanze e tutto ciò che avevano imparato da te."

"Quindi avresti ricreato un luogo simile a Sel'nays sulla Terra?" Mi chiede, con voce alterata. "Tutto quello che mi hai chiesto di condividere sarebbe servito per te, per fondare una brutta copia dell'Isola e vivere degli onori del mondo intero?"

"E' questo che pensi? Pensi che io avrei calcolato il rischio, sfruttando ciò che da solo avrei potuto insegnare al mio equipaggio?"

"Se ne eri in grado, perché non l'hai fatto?"

"Perché non era nelle mie intenzioni. Perché non amavo Sel'nays, per ciò che era diventata. Perché l'essere umano attribuiva troppa importanza a noi alieni, come se fossimo delle divinità. Perché avrei creato un'illusione troppo pericolosa e perché Chrel avrebbe indetto una guerra contro la nuova terra."

"Così hai aspettato che arrivassi io, per toglierti il peso di ogni responsabilità? Ora Chrel non c'è più, Kelenda gode di una nuova prosperità e tutto ciò che è stato insegnato non sembra servire a nulla. Non hai avuto bisogno di cercare un'altra terra da colonizzare per ricreare le stesse condizioni dell'Isola delle Vergini. Tutto è già qui, ora. A che ti serve, quindi, mantenere un esercito così?"

"Che cosa vuoi dirmi, Swaynn? Che ti ho usata per avere un'alternativa, nel caso in cui tu avessi scelto altrimenti? Dimentichi che avrei dovuto combattere contro Kel'Id'a, dove il mio Spirito risiede, e che si sarebbe ritorto contro di me. Mi avrebbe indebolito e io non sarei stato più in grado di condurre il mio Popolo verso la rinascita."

"Così hai pensato di addestrare il tuo esercito, affinché fosse pronto per stanziarsi altrove, creando un luogo altrettanto leggendario come Kelenda o l'Isola delle Vergini. Forse tu non avresti più avuto la stessa forza di un tempo, ma i fatti avrebbero parlato per te, e la tua fama non ne avrebbe risentito."

Mi avvicino a lei, soffocando la collera:

"Ora basta, Swaynn!" Esclamo. "Mi stai accusando di essere una persona meschina ed egoista! Io vivo su questo pianeta da più tempo di te e ho visto più di quanto tu possa mai immaginare. Non esistiamo solo noi, ma una razza intera di esseri umani che deve riprendere a vivere. Avrei potuto condividere con loro ciò che sapevo, ma come avrei potuto farlo, senza svelare la mia provenienza aliena? Tu venivi da un luogo di cui si è sempre parlato, ricordavi, ed eri la più indicata per trasmettere l'antico sapere. Perché avrei dovuto impedire che ciò avvenisse? Perché continuare a tenere per noi ciò che può servire a far rivivere questo pianeta? Sì, ho cercato di essere pronto per ricreare una nuova realtà, molto avanzata, ma senza la pretesa di riproporre tutto ciò che esisteva a

Sel'nays. Ma ormai dovresti saperlo, poiché conosci la storia dell'Uomo della Luna: l'Isola è stata creata da me, completamente. E quando ho visto che tutto procedeva per il meglio, l'ho lasciata a se stessa e agli Spiriti degli Antenati, per stanziare la sede del mio potere a Kelenda, e, in essa, costruire un luogo che potesse dare vita ai sogni degli esseri umani." Faccio una breve pausa, poi riprendo a parlare. "Non ho mai agito pensando solo a me. Ho lavorato duramente per dare agli abitanti della Terra ciò che hanno sempre cercato in luoghi troppo lontani da loro: la speranza."

"La speranza…" Mormora, con tono di sfida. "Una parola che usi molto spesso, ultimamente. La speranza per questo pianeta e ora… anche per l'Isola delle Vergini. Un condottiero, uno stratega, un conquistatore, un salvatore… un immortale. Che cos'altro si potrà mai dire di te, poi? L'eroe la cui storia si estende nello Spazio, grazie anche alla straordinaria di un esercito nato per… non combattere mai?"

"Se tu avessi scelto la tua terra, il mio potere si sarebbe indebolito. Lo Spirito di Kel'Id'a si sarebbe scagliato contro di me, e io non sarei riuscito a dare ai miei sottoposti quella forza di cui dispongono ora. Ho agito preventivamente, perché era necessario che tutti fossero pronti a qualsiasi eventualità. Ma il tuo gesto ha permesso che l'esercito non dovesse combattere battaglie contro i propri simili, poiché la guerra si svolgerà altrove. Nello Spazio. E sarà ancora più dura di quanto possa sembrare, perché gli avversari saranno fatti di Luce e non potranno essere colpiti così facilmente."

"Sfidi anche gli Antenati, ora." Osserva, ironica. "Che cosa vuoi diventare, Athorm Dralt? Il conquistatore del mondo?"

La mia pazienza ha raggiunto il limite. Mi avvicino a lei e la afferro per le spalle, stringendola:

"Perché mi detesti così tanto, Swaynn?" Le chiedo, esasperato. "Perché pensi che io abbia agito contro di te? Credi che non abbia sofferto per la perdita di Mytia e del nostro secondo bambino? Credi che io non conosca il senso di smarrimento che vivi nel ripensare alla terra che hai dovuto sacrificare? Credi che non mi importi sapere che il bambino nel tuo grembo è nuovamente sotto gli influssi dei tuoi Spiriti? E credi che la distanza che c'è tra di noi non scavi una voragine nella mia anima, o che io non veda ciò che accade con Tom?" Abbasso la voce, mormorando con stizza: "Credi che io non sappia quello che è successo nell'edificio che dedicherai alla nuova religione? Anche lì sono installate videocamere. Ho visto il bacio a cui non ti sei sottratta. Non sono così cieco come credi, né indifferente come vuoi considerarmi. Ho visto quel bacio e avrei voluto strappare a Tom quella lingua che ti ha violata e a cui non ti sei negata. A dispetto di quanto tu possa credere, io non ho mai pensato di tradirti, di cercare un'altra spalla femminile su cui piangere, e non perché le occasioni non mi fossero mai mancate: semplicemente perché ho scelto *te*, come mia sposa, e non altre donne. E non solo ho dovuto sopportare questo strappo che mi ha lacerato l'anima: ora mi accusi di qualcosa che mai avrei pensato di poter fare proprio a te! Rimproverami di non darti il tempo che meriti, di non averti gratificata abbastanza per il sacrificio che hai compiuto, di non riuscire a darti più di quanto ti spetta, in questa società. Ma non rimproverarmi di aver ordito alle tue spalle qualcosa che non ho mai pensato di fare. Non esistiamo solo noi due, Swaynn. Non esistiamo più, da quando abbiamo cominciato a servire l'essere umano." Mi accorgo dello sgomento nei suoi occhi e addolcisco il tono di voce: "Se ti ho deluso... mi dispiace. Non sono meglio di un essere umano, né mai lo sarò. Vivo di contraddizioni e paure, come tutti. Dimmi che cosa posso fare per dimostrarti che ti amo ancora, che non ho mai smesso di amarti e che sei importante per me. Ti prego, Swaynn. Dimmi che cosa posso fare, per non lasciarti volare via da me..." La mia voce si spezza e io deglutisco tutte le emozioni che ho accumulato nel corso di un intero anno. Un crescendo di sensazioni che avrei voluto saper gestire meglio di quanto pensassi e che mi stanno attanagliando la gola.

Il suo sguardo è mutato continuamente. Una vasta gamma di sensazioni si è affacciata ai suoi occhi e ora mi fissa, senza parlare, senza nemmeno muoversi, respirando così piano da non sembrare neppure avere fiato nei polmoni. E' un istante che dura a lungo, e il silenzio è così intenso da sembrare denso come fango. Un muro che ci isola e che allontana, impedendoci di fare un passo l'uno verso l'altra. Poi, inaspettatamente, posa una mano sul mio petto e rimane così, ancora a lungo, con lo sguardo verso il basso e un conflitto interiore che riesco a percepire come se fosse dentro di me. E solo dopo molto tempo, fa scivolare la mano sul mio viso, attirandolo verso il suo. Mi sfiora le labbra, dolcemente, e io assaporo ogni secondo di questo bacio tenendo gli occhi chiusi. Non ho il coraggio di rubare altro, per non rovinare questo momento così intenso. Le sue labbia si schiudono e mi bacia più profondamente, appoggiandosi a me col suo corpo. Ora la stringo, rispondendo alla passione che divora entrambi, a sorpresa, lasciandoci nudi sul pavimento gelido, avvolti solo da piccole gocce di sudore che si formano sulla nostra pelle ad ogni nostro movimento. Lei è ancora mia e io lo sento. Sento il suo amore che non ha mai smesso di esistere. Sento la sua essenza che ha bisogno di esprimersi e che non trova spazio. Sento il suo smarrimento, in questo mondo che non ha mai conosciuto né desiderato conoscere, ma in cui si è trovata a vivere, da quando ho chiesto a Munn di poterla portare a Kelenda e sposarla. Sull'Isola delle Vergini le emozioni sono ovattate e non vivono di intensità come quelle che permeano il pianeta e l'essere umano che vi abita. Anche sul mare, non vi è che un infinito profumo di libertà, di spazio, di avventura, senza costrizioni e nessuno a cui rendere conto, se non se stessi.

Ci guardiamo, ansimanti. Il mio corpo è ancora sopra il suo, e io sono dentro di lei, come i miei occhi, le mie mani, la mia bocca. Affondo il viso tra i suoi capelli sciolti sul pavimento e in essi intreccio le mie dita.

"Sono lunghi..." Mormora, sorridendomi dolcemente.

"Mi piacciono così." Le rispondo, sorridendo anch'io.

"Dovrei tagliarli... ma ogni volta che ci provo, le lame si spezzano..."

"Swaynn. Noi alieni dobbiamo bruciarli col fuoco." Le rivelo, sussurrando. "Non ci sono altri mezzi."

Gioco ancora con quelle ciocche lunari che si stagliano sul nero della sua lunga chioma e lei mi accarezza il viso, avvicinandolo al suo.

"Perché continui a mantenere un esercito?" Mi chiede, con uno sguardo così trasparente da confondermi.

"Perché, prima o poi, avremmo dovuto sostenere una battaglia." Rispondo, sinceramente. "Se tu avessi scelto Sel'nays, avrei comunque dichiarato guerra agli unici nemici che si sono arrogati il diritto di decidere per noi. Nessuno dovrebbe farlo, Swaynn. Forse, solo chi sta al di sopra di noi e regola tutte le Leggi della Vita. Ma non gli Spiriti degli Antenati. Non loro. Sono imprigionati in un corpo di luce che li rende simili a Spettri ma di cui essi non ne hanno neppure la consistenza. Li chiamiamo *anime*, ma sbagliamo: solo chi ha terminato il suo compito in questa vita può raggiungere l'altra dimensione."

"Credevo che li rispettassi…" Mormora, sfiorando le mie labbra con un dito. Lo bacio delicatamente e rispondo:

"Li ho sempre rispettati perché erano i *depositari della conoscenza*. Mi hanno sempre indicato la strada e così hanno fatto con te. Hanno custodito e ottenuto di nuovo la Pietra Lunare ma tu l'hai sottratta dalle loro mani, ed essi si aspettavano che tu scegliessi Sel'nays."

"Mi avevano lasciato piena libertà nel decidere…"

"Tutti erano convinti che avresti sacrificato Kelenda. Lo ero anch'io. Il richiamo della terra che ti ha cresciuta è forte e tu ne eri anche la Signora. Avevi il destino di molte giovani Vergini, nelle tue mani. Ma hai sovvertito ogni aspettativa. Gli Spiriti degli Antenati non avrebbero potuto negarti la Pietra, poiché la tua essenza aveva parlato per te. Affrontare la collera di Vegar e Iatho non sarebbe stato possibile, per creature di luce: i tuoi Guardiani li avrebbero annientati. La tua scelta è stata rispettata, ma questo ha comportato un cambiamento che nessuno di noi si aspettava. E, in più, il gemello che continua a vivere nel tuo grembo, era stato opportunamente occultato dai tuoi Spiriti nessuno era riuscito a percepirne la presenza, se non Tom. Così, abbiamo avanzato la pretesa di poter ottenere ciò che ci spetta di diritto: la Pietra Gemella. E questo significa che il nostro potere è più forte di quello degli Antenati e che essi si dovrebbero assoggettare a noi, poiché Sel'nays tornerebbe nelle mie mani… e nelle tue."

"Perché vuoi sfidarli?" Mi chiede, continuando ad accarezzarmi la schiena.

"Perché ti amo." Rispondo, guardandola negli occhi. "Perché voglio che tu abbia ciò che ti spetta. E l'esercito è stato addestrato per questo: per partire verso lo Spazio e combattere una guerra diversa. Non dovranno confrontarsi con esseri umani o alieni con un corpo solido, ma con nemici di luce, astuti e molto forti."

"E quando vorresti partire?" Mi chiede, avvicinando le sue labbra alle mie.

"Kelenda è stata appena ricostruita. Hai nominato cinque nuovi Governatori, e io sono una di loro. Come lasceresti la tua terra, per condurre un esercito in un luogo che non ha mai conosciuto? Anche le Ancelle di Idra ricordano poco, dello Spazio. Sono qui da molti secoli…"

"Ma non hanno perso le loro caratteristiche aliene. E ci saranno molto utili, soprattutto nei momenti più duri. Per quanto riguarda il quando, credo che dovremo spiegare all'intero esercito quello che ci accingiamo a fare. Dovremo svelarci a tutti loro, Swaynn. Non ci sono alternative."

"Ci temeranno."

"Credo che già molti di loro abbiano compreso più di quanto vogliano ammettere. Riceveranno solo una conferma."

"E chi rimarrà a governare le città di Kelenda?"

Rimango in silenzio, per un attimo. Le sue mani continuano a seguire i contorni del mio viso, e io mi lascio travolgere dalla sensazione di appagamento che riempie la mia anima. Respiro profondamente, prima di rispondere:

"Ci sto riflettendo da tempo, Swaynn. Non è così semplice sapere che molti dipendono dalle mie decisioni. Non voglio abbandonare il mio Popolo al suo destino, ma presto non potrò più evitarlo. Per me, la cosa più importante era riportare in vita la mia terra, darle un ordine, delle Leggi cui fare riferimento e prosperità economica. Manca solo una religione ufficiale. Per questo lavoro molto: per cercare di fare bene e in fretta. Non voglio lasciar trascorrere ancora troppo tempo, prima della missione spaziale. Il bambino ha smesso di crescere perché questo è un segno che ci arriva forte e chiaro dagli Antenati: faranno di tutto per osteggiare la sua nascita. Per questo, i tuoi Spiriti lo stanno proteggendo: per evitare che venga colpito da quest'onda d'urto che non riusciamo a percepire ma che già si sta formando, nell'Universo."

Mi accorgo che i suoi occhi mi guardano sgomenti. Mi ero ripromesso di non farle più vivere un'esperienza senza averle spiegato quello che avrebbe dovuto sapere, per evitare di commettere gli stessi errori del passato. Ma sapevo che non sarebbe stato facile, per lei, accettare cose di cui non ha mai sentito parlare.

"Hai paura?" Le chiedo, dolcemente, stringendola a me.

"Più che paura… Non avrei mai immaginato che i nostri stessi padri e le nostre stesse madri potessero odiarci fino a questo punto." Mormora, sovrappensiero.

"Non ci odiano, Swaynn. Cercano solo di fare ciò che ritengono giusto. Ma non hanno più un corpo, né molti di loro hanno vissuto in mezzo agli esseri umani. Non conoscono questi tipi di emozioni. Essi cercano di stabilire il giusto peso delle cose, senza coinvolgimenti. Non è così difficile, per loro: non hanno più un cuore che batte nel loro petto. Per questo, spero che, quando arriverà il mio momento, io non debba mai unirmi a loro: non voglio dimenticare il significato di un'emozione, come quella che sto provando ora."

Sorride e mi bacia, con trasporto e passione. Viviamo l'amore ancora una volta, tra queste quattro mura impenetrabili, dove le videocamere potrebbero riprenderci in qualsiasi momento, ma non riuscirebbero a vedere nulla, poiché l'energia sprigionata dai nostri corpi è così forte da creare un campo elettromagnetico in grado di disturbare la trasmissione.

Ci rivestiamo lentamente, assaporando la dolcezza di questi attimi da troppo tempo sopiti. Poi mi accomiato da Swaynn, stringendola di nuovo a me, baciandola più volte e lasciandomi travolgere dai suoi abbracci che sembrano cercare in me il conforto di cui ha bisogno.

"Tornerò presto, oggi." Le sussurro, mentre la porta si apre. "Te lo prometto."

La vedo andarsene, voltandosi per sorridermi ancora. Poi, quando rimango solo, ricevo immediatamente la comunicazione della Sorveglianza che ha notato un malfunzionamento delle telecamere interne.

"Va tutto bene." Dico loro, con voce rassicurante. "Se il sistema è stato ripristinato, mi dirigo all'ultimo piano."

"Sistema ripristinato." Mi comunicano immediatamente. "Avete bisogno di una scorta, Eccellenza?"

"Vado da solo, ma vi ringrazio."

"Sempre ai vostri ordini."

Il piano superiore. Il vertice del cono. Il luogo inaccessibile ai molti e dove solo io, per il momento, posso recarmi. E lo faccio attraverso un'uscita secondaria dall'ufficio in cui ho siglato i contratti dei Governatori e fatto l'amore con Swaynn. Sembrerebbe una stanza circolare, con il tetto a punta, molto alto. Una stanza completamente vuota e immersa in una penombra blu come la notte. Una stanza che sembra voler raggiungere il cielo, anche in virtù del fatto che la sua punta può aprirsi verso il tappeto di stelle, quando è notte. Non potrà mai aprirsi, di giorno, tranne quando il Sole è al culmine o in presenza di un'Eclissi. E io sono qui ora.

"So che ci siete anche voi." Dico, ad alta voce. Non ci sono videocamere, quassù, né nessun tipo di invasione della privacy. C'è solo un sistema di chiusura di sicurezza che non può essere aperto dall'esterno, una volta che io sono qua dentro. E io sono la chiave per aprire questa serratura. "So che avete sentito le mie parole." Continuo, camminando per la stanza.

Non c'è bisogno che io attenda a lungo. Di fronte a me, appare un bagliore di luce verde, fosforescente, che conosco molto bene. Il bagliore si intensifica e si divide in due luci distinte, dai contorni sbiaditi.

"Così hai deciso." Dice mia madre, con un velo di tristezza nella voce. La sento dentro di me, nella mia mente. Non vi è alcun suono, nella stanza.

"Avevo deciso sin dall'inizio." Rispondo, cercando di resistere al richiamo del sangue. "Lo sapevate."

"Lo sapevamo." Conferma mio padre. "Ma speravamo che tu potessi cambiare idea."

"Non posso farlo." Dico, con fermezza. "Non voglio. Il destino si deve compiere ed è il momento che io usi ciò che mi è stato donato da quando sono venuto al mondo."

"Tornerà la guerra, figlio mio." Continua mia madre, in un ultimo tentativo di farmi desistere dai miei propositi. "Molte vite saranno sacrificate…"

"Madre… Voi Spiriti degli Antenati non potete capire!" Esclamo, con fervore. "Continuate a sopravvivere perché siete legati a me e io non posso né voglio sterminarvi, perché avete contato molto, nella creazione di Sel'nays. Ma se mi costringerete a farlo… io sceglierò di riprendermi ciò che è mio e di consegnarlo all'Unica prescelta in grado di gestirlo."

"Ma lei l'ha rifiutato!" Interviene mio padre, mentre la sua luce sembra lampeggiare più intensamente.

"L'ha fatto… perché lì non c'era più nessuno per cui lottare." Mormoro. "Non aveva una famiglia. Non aveva l'amore. Ma ora c'è un intero esercito pronto a starle accanto, se lei lo vorrà."

"L'esercito riconosce la tua autorità, figlio mio. Non la sua."

"Perché di lei devono conoscere il lato più vicino all'essere umano in cui essi possano trovare rifugio." Rispondo, immediatamente. "Swaynn è in grado di guidare un gruppo di centinaia e centinaia di creature, qualunque sia la loro provenienza. E voi lo sapete. Per questo pensavate che, dopo la morte della sua più cara amica e dopo aver ucciso i suoi figli, lei avrebbe accettato le vostre condizioni. E lo pensavo anch'io. Chi non l'avrebbe fatto, nella sua situazione?"

"Detia è una di noi, ora." Mormora mio padre, e la sua voce è come un soffio di vento gelido. "Un giorno, forse, si schiererà dalla nostra parte e la tua sposa dovrà affrontarla. Se non riuscirà a distruggerla, sarà privata dei suoi poteri. Credi davvero che Swaynn saprà essere all'altezza delle tue aspettative?"

"Padre mio. Hai detto una cosa vera: *un giorno, forse*. Perché non è ancora detta l'ultima parola."

"Ci stai dichiarando guerra, figlio mio…"

"Vi sto dichiarando guerra, madre. E non dimenticatevi che in me scorre il potere di Id-Am'Ra. Non costringetemi ad usarlo contro di voi: non esiterei a farlo."

Le due luci si intensificano, fondendosi tra di loro. Poi, in un lampo, scompaiono. E' ufficiale. La guerra con gli Spiriti degli Antenati inizia da ora.

***

Nell'oscurità di questo Spazio infinito, piccole luci si accendono, ad intermittenza. Il canto che accompagna la loro pulsazione è simile al rintocco di una campana, le cui vibrazioni si diffondono nell'immensa vastità dell'Universo. Gli Spiriti degli Antenati iniziano a danzare, creando scie luminose che si perdono nei bagliori delle Galassie. Potrebbe sembrare una festa di stelle, ma queste anime che vivono in attesa di conoscere il loro destino, si stanno preparando alla battaglia dei cieli. L'ha chiamata e voluta fortemente colui che un tempo creò quel luogo che l'essere umano conosce come Isola della Luna.

Egli ha sfidato l'essenza di coloro che hanno guidato i suoi passi, che l'hanno servito, che si sono assoggettati al suo volere, poiché così era stato deciso sin dall'inizio: costui era il prescelto. Ma, dopo aver affidato loro il compito di vegliare su questa terra così simile al Paradiso, l'alieno li ha depredati di tutto ciò che avevano: la speranza. Una piccola speranza cui ancora si aggrappavano, per poter credere di tornare a vivere nei corpi solidi di cui non possono più assumere le sembianze. Quell'unica fonte di vita che potrebbe riportare l'antico splendore di Sel'nays, ora, è l'oggetto del contendere tra questi Spiriti di Luce e coloro che hanno creato un esercito, fondandolo sul patrimonio storico custodito dalle Vergini per molti secoli ma che una di loro ha reso pubblico a guerrieri selezionati. Essi, ora, possiedono più di quanto possano immaginare, un'arma potente attraverso la quale possono scontrarsi con gli Antenati, per conquistare la Luna e colonizzarla. Ancora non sanno che le stelle nutrono queste briciole di anime che si stanno riunendo tra loro, per compattarsi sempre di più, creare un muro che l'esercito misto non potrà abbattere tanto facilmente. Non sono consapevoli della loro forza, e nemmeno lo sono gli alieni presenti tra di loro.

L'unico ad esserne a conoscenza è l'Uomo della Luna, colui che ha creato quel luogo, proprio sulla superficie oscura del Satellite terrestre. Egli ha ascoltato le paure segrete dell'essere umano, percependone l'immensa fragilità. Ha custodito nel suo cuore i sogni e le speranze che i sopravvissuti ai cataclismi non riuscivano più ad esprimere, per il timore di vedere morire le illusioni, ancora una volta, l'una dopo l'altra. Ha condotto Kelenda, il suo Spirito più potente, su un piccolo fazzoletto di terra che il mare aveva restituito alla luce, e ne ha fondato la sua base. E, dopo averla ricostruita, ne è diventato il Capo indiscusso, grazie all'intervento prodigioso della sua sposa, l'unica in grado di dominare la Pietra Lunare e il potere che essa contiene. Ora, questo alieno così simile ad un qualsiasi uomo di razza terrestre, ha sfidato gli Antenati, minacciandoli di scatenare l'ira devastatrice di Id-Am'Ra, la Sorgente della sua più intima essenza. Così, per sopravvivere a questa furia che potrebbe ridurli in nulla, gli Spiriti elaborano la loro contromossa, ed essa sarà così intensa da porre a rischio l'intera specie umana.

Un giorno, anch'io dovrò smettere di limitarmi a guardare e mi sarà chiesto di decidere quale delle due forze opposte sostenere. Dovrò scegliere tra coloro che mi hanno dato una seconda possibilità di vita e colei che è stata, per me, come una sorella. Dovrò combattere contro Swaynn. E ucciderla. Era questa, la profezia, sin dall'inizio. Ma nessuno avrebbe mai potuto comprenderlo.

Detia – L'Osservatrice

***

Quattro - *Smuz*

Non ho mai pensato di sposarmi. Una vita da immortale non permette di legarsi ad una donna che si spegnerà tra le tue braccia. Così, come ha sempre fatto il nostro capitano, l'Altissimo Funzionario di Kelenda, Athorm Dralt, ho collezionato una serie infinita di avventure amorose che non dovessero mai far parte della mia vita. Non ho mai sentito la mancanza di una donna, né ho desiderato avere il suo cuore. Ma ora c'è Moraya. E anche lei è un'immortale. Potremo coronare il nostro sogno d'amore, se esistesse una religione ufficiale che ci permettesse di sentirci legati di fronte agli uomini e ad una Divinità. Non che un matrimonio come quelli che si svolgono ogni giorno non abbia valore, anzi: ogni unione viene registrata regolarmente su un database che aggiorna lo stato civile di chi si è legato per la vita alla persona amata. Il rito è deciso in base alle preferenze dei futuri sposi, e, spesso, riceve una benedizione particolare che fa parte della tradizione scelta tra i piccoli gruppi religiosi.

Così, un giorno, ho fatto appello a tutto il mio coraggio e ho chiesto a Moraya: "Vuoi sposarmi?"

L'ho fatto così, senza aggiungere altro, inserendo questa domanda tra mille discorsi apparentemente futili che mi servivano per controllare la tensione. E lei mi ha gettato le braccia al collo, acconsentendo con gioia. E ora attendiamo con ansia la decisione di Swaynn riguardo alla religione che verrà proposta ufficialmente al Popolo di Kelenda, segnando il primo passo verso un ritorno alle nobili tradizioni mai dimenticate, ma solo lievemente nascoste, come se rappresentassero segreti che ciascuno voleva tenere per sé.

I Governatori delle cinque città hanno già scelto i loro collaboratori. Ciascuno di loro si farà aiutare da persone fidate, amici dall'identità pulita che tutti noi sappiamo essere brave persone. Tutti… tranne Swaynn. Lei ha scelto una sola persona che la supporterà e la rappresenterà in sua assenza. Il suo nome è Roseann Tinwhon, una la giovane di venticinque anni, simile ad un elfo, per gli abiti che indossa: tutti su sfumature verdi, con una blusa stretta in vita, che scende sui fianchi con un gonnellino corto. Pantaloni e scarpe senza tacco, con la punta leggermente sollevata verso l'alto, sono anch'essi verdi. Swaynn non le ha imposto di cambiare il suo modo di vestirsi, per ora: le sue particolarità le piacciono e trova che riescano ad esercitare un certo carisma sugli abitanti di Nod. Roseann è una ragazza bionda e leggermente riccia, i capelli lunghi fino alle spalle, il viso da bambola, lievemente rotondo, gli occhi azzurri e la bocca rosata. La corporatura è esile, ma abituata al movimento. E' una giovane apparentemente incline all'obbedienza, ma è evidente che possieda molta determinazione e grande capacità intuitiva. Non si sa da dove venga: sembra che sia una dei pochissimi superstiti di un Popolo di mare. Alcuni dei sopravvissuti si sono stanziati altrove, ma lei è giunta a Kelenda con le sue sole forze, per trovare la speranza in questa terra. Credo che siano state queste, le caratteristiche che hanno colpito la Governatrice di Nod. Swaynn trascorre molto tempo in quella città vicina al porto, per aggiornare tutte le informazioni acquisite e per insegnare a Roseann ciò di cui dovrà occuparsi. A quanto sembra, la giovane le ricorda molto le Vergini più capaci a cui lei insegnava gli argomenti più difficili e che non mostra ambizioni o desiderio di potere: crede in un mondo migliore e vuole fortemente contribuire alla realizzazione di questo sogno comune a tutti noi. A volte può sembrare strana, soprattutto quando si mette a suonare uno strumento a fiato simile ad un antico flauto in legno cavo, muovendosi come un personaggio delle fiabe e rallegrando il Popolo che abita a Nod. Ma è proprio in quelle occasioni che Swaynn la accompagna col Chrein, lo strumento che non toccava più da molti mesi. Tra le due si è stabilita un'alchimia immediata chele rende molto simili, seppure nelle loro differenze. Io e Moraya rimandiamo il nostro matrimonio per un altro motivo: l'esercito di Sel'nays è stato chiamato per intensificare di nuovo l'addestramento. La meditazione mattutina è tornata ad essere profonda e immersa in un silenzio quasi irreale, che troviamo solo ad Awy, la città governata da Agel Brooke. Grazie alla sua esperienza come giramondo, si è deciso di mantenere una struttura molto rustica, quasi rurale, il meno possibile contaminata dalla tecnologia. Vi sono zone boscose con piccole case, molto graziose, e spazi verdi in cui si svolge la pratica, per tre volte al giorno: al mattino, prima di colazione, a mezzogiorno, prima del pranzo, e a mezzanotte, prima di andare a dormire. Il Gham è intonato due volte al giorno: al mattino e a mezzanotte, dopo la meditazione. Ciascuno di noi, per ora, è chiamato a ripassare singolarmente i vocaboli che abbiamo appreso, perché per due o tre ore al giorno, l'intero esercito è chiamato ad addestrarsi. Sempre ad Awy, per volere di Agel Brooke, in accordo con Athorm.

L'addestramento avviene in modo molto singolare: siamo chiamati a confrontarci con mosse lentissime, dove non dobbiamo mai perdere di vista gli occhi di chi abbiamo davanti. Sembrerebbe un esercizio insolito, forse anche banale… ma non lo è: non è facile vedere le mosse dell'avversario, guardandolo negli occhi, ma, paradossalmente, è come se si riuscissero ad anticipare. Se lo sguardo è lo specchio dell'anima, è indubbio che ciascuno di noi manifesta più di quanto non sembri. Per questo si deve prestare molta attenzione alla gestualità, anche perché essa fa parte integrante del vocabolario prettamente onomatopeico. Sapere in anticipo che cosa si farà, inoltre, ci mette spesso a disagio e ci ritroviamo a non sapere più quale movimento compiere, poiché le nostre azioni si limitano all'improvviso. Athorm, che ci ha iniziati a questo nuovo tipo di addestramento, ci ha detto sin da subito che una buona dose di confusione era normale: non è mai facile cambiare abitudini, soprattutto quando si è soliti compierle con estrema velocità, tutti i giorni. Spesso ci viene chiesto di rallentare i nostri movimenti anche quando siamo a casa, alla fine della giornata, per abituarci a prendere consapevolezza di ogni nostro gesto. Tutto questo è molto interessante e difficile allo stesso tempo.

Ci siamo ritrovati a guardarci spesso, io, Moraya, Oughm e Smuz, come se cercassimo tra di noi una spiegazione per questo nuovo addestramento. Poi abbiamo concordato che, evidentemente, il motivo che ci impone di obbedire debba essere molto importante. Lluish e Onya sono molto diligenti, in questa tecnica, e si sono adattate quasi subito al nuovo combattimento che prevede l'uso di spade particolari, dotate anche di raggi laser e fiamme. Sono chiamate Wogha. Sono lunghe e sottili, molto affilate e resistenti, fatte di un materiale simile all'acciaio, unito ad una lega di cui nessuno conosce la provenienza. E' molto probabile che esse siano un'altra creazione di Yoser Nym, insieme alla capace collaborazione di Verlor Torrado, il suo migliore assistente. Le Ancelle di Idra le maneggiano con grande cura e movimenti molto armoniosi. Zoid e Chaz, gli uomini di Verdrad, riescono ad avere la stessa capacità delle due donne, nonché la stessa agilità. Edena, che proviene dall'equipaggio di Kelenda, ha un grande controllo mentale ma, come noi, sembra avere difficoltà nell'uso di queste armi. E c'è anche Tom, ad assistere all'addestramento, non tutti i giorni, come se per lui ci fosse un altro progetto. Rimane in silenzio, a guardarci, per memorizzare tutto ciò che viene insegnato a noi, ma la sua attenzione è sempre maggiore quando Athorm ci mostra nuovi gesti, e lo fa con grazia e decisione, allo stesso tempo, come se il suo corpo volasse sul terreno erboso, senza mai perdere il controllo o l'equilibrio, senza mai scivolare o cedere... senza mai dare la sensazione di poter perdere. E questa sua eleganza nei movimenti possiede un magnetismo che subiamo tutti noi, senza distinzione alcuna. Dopo ogni sua azione, Tom abbassa lo sguardo. Ma solo per un attimo. Poi torna a osservare, in silenzio, senza mai dire nulla.

In questo clima così nuovo, mi è difficile poter parlare di me e Moraya. Attendiamo sempre il momento giusto, ma sembra non arrivare mai. E i giorni passano, tra mille impegni e sudore, finché, all'improvviso, ci arriva una comunicazione da parte della Sede Centrale: l'intero esercito è convocato per ricevere istruzioni importanti. In quattrocento, affolleremo un'altra ala dell'edificio conico, quello riservato alle strategie di battaglia, mai inaugurato fino ad ora. I mezzi a propulsione aerea messi a nostra disposizione ci raccolgono con gran cura e in base all'ordine di importanza che ciascuno di noi riveste. Veniamo condotti velocemente a Kelk, sfiorando altri velivoli che incontriamo, senza mai entrare in collisione. Poi, sempre a gruppi, entriamo in un tunnel in acciaio che si materializza al nostro arrivo, e che impedisce agli sguardi dei visitatori indiscreti di poterci anche solo scorgere. Seguiamo le androidi che ci portano verso l'ala della Sede centrale dedicata all'esercito e, una volta arrivati, rimaniamo favorevolmente colpiti dallo spazio immenso che si estende, in modo circolare, lungo tutto il perimetro interno di questo piano del cono. Un intero piano dedicato a noi, dove possiamo sederci su scalini degradanti verso il basso, e, al centro della sala, vi è una struttura rotonda, posta leggermente più in alto, rispetto al pavimento rosso. Ci sono enormi finestre che ci permettono di guardare tutto ciò che capita all'esterno, ma, conoscendo Yoser Nym, sicuramente il sistema difensivo impedisce a chi è fuori di vedere quello che accade all'interno di questa sala immensa. Veniamo invitati ad accomodarci dalle androidi con fattezze umane che ci consegnano bevande deliziose, mentre si assicurano che vada tutto bene, su questi cuscini morbidi che rivestono la parte della gradinata su cui siamo seduti. Di fronte a ciascuno di noi vi è una struttura in cristallo, non molto alta e cilindrica, sottile. Quando tutti e quattrocento ci siamo sistemati, dalla sommità di questo stelo, compare un piccolo schermo rettangolare, anch'esso in cristallo trasparente. Vi sono dei pulsanti che ancora non conosciamo ma di cui, sicuramente, comprenderemo il

536

significato molto presto. Il lieve brusio scompare, quando le finestre vengono chiuse da tende, anch'esse color porpora, di velluto. La luce artificiale è calda, mai diretta, e la fonte luminosa è nascosta dal materiale di cui sono fatte le pareti e il soffitto, anch'essi rivestiti di tessuto rosso. Dal centro della pedana si apre un varco, e, così com'era successo per la prima comunicazione ufficiale di Kelenda, anche in questo caso, compare una struttura rettangolare in cristallo, chiusa su tutti i lati, che si innalza fino a sovrastarci tutti, sebbene non al punto tale di non permetterci di vedere che, al suo interno, vi sono Athorm e Swaynn. Indossano abiti di velluto rosso, come tutto ciò che ci circonda, ma gli stivali, la cintura e il mantello con chiusura laterale sono in bianco e oro, con decorazioni che riportano il simbolo di questa terra. Li osserviamo con stupore e trepidazione, poiché ci rendiamo conto che questa riunione improvvisa ha un carattere ufficiale molto importante. La particolarità di questa teca è che riesce a riflettere l'immagine dell'Altissimo Funzionario e della Governatrice di Nod su tutti i lati, come se i due fossero sempre rivolti di faccia verso tutti gli interlocutori. E' Athorm, a prendere la parola per primo, e parla a tutti noi con voce chiara, amplificata da un sistema acustico molto complesso che rende la sua voce naturale, mai artefatta:

"Esercito di Sel'nays." Ci dice. "Vi ringraziamo per aver interrotto l'addestramento cui eravate sottoposti, per essere presenti qui, ora. Non vi porteremo via molto tempo, affinché il vostro impegno non sia vanificato. Vi abbiamo condotti fin qua per rendervi partecipi di una decisione molto importante che potrebbe lasciare perplessi molti di voi. Ma si tratta del motivo per cui siete stati addestrati da tempo in modo diverso, e che richiederà tutto il vostro coraggio." Fa una breve pausa, guardandoci. Poi riprende a parlare: "Fino ad ora vi sarete chiesti per quali tipi di battaglie vi state preparando e contro chi. Ora possiamo svelarvi il segreto della nostra missione, un segreto che rimarrà all'interno di questa sala e che non dovrà essere divulgato da nessuno di voi, pena l'oblio eterno. Dal momento in cui siete entrati qui, i vostri parametri sono stati registrati, e le luci che vi avvolgono, hanno posto in voi un piccolissimo chip che monitorerà le vostre parole. Non potete sapere dove esso sia stato posto, né come vi sia stato impiantato. Non perdete il vostro tempo prezioso nel cercare di comprendere questa precauzione, poiché avrete le risposte con il tempo." Guarda Swaynn, facendole un cenno con il capo, ed è lei, a parlare, ora:

"Siete stati addestrati come si soleva fare presso il luogo che voi chiamate *Isola della Luna*, e vi è stato dato ancora di più." Dice, con la stessa cove forte e chiara. "Vi siete accorti che, di recente, il combattimento è cambiato e tutto è stato rallentato. Questo perché voi siate sempre consapevoli di ciò che siete e di dove siete, ma, soprattutto, del fatto che tutto è prevedibile, quando è visto con gli occhi di un guerriero umano. Conoscete molto bene l'arte della guerra, così bene da comprendere le mosse del vostro avversario, e, nella lentezza del movimento, arrivate a pensare a come potreste reagire, finendo, molto spesso, in una contraddizione con ciò che sentite e ciò che pensate di dover fare. Dovrete continuare ad esercitarvi con impegno, poiché il nemico che andremo a combattere non è di questa Terra, ma si spinge oltre. Il nemico è nello Spazio, e le sue armi sono molto potenti."

"Non dovete immaginare guerrieri fatti come voi." Interviene Athorm. "Poiché non lo sono. Voi sarete chiamati a combattere contro bagliori di luci, esseri luminosi come stelle e privi di un corpo solido. In pratica, amici miei, combatterete con gli Spiriti degli alieni che cercano di ostacolarci in ciò che siamo stati chiamati a fare: trovare la Pietra Gemella, un oggetto identico alla Pietra Lunare riportata qui a Kelenda, e che permetterà ai prescelti di poter ricostruire Sel'nays, di cui rimane solo il ricordo."

Un brusio si leva dalla sala. Non riusciamo a capire. Ed è Swaynn, a fornirci la spiegazione:

"Sel'nays... un altro modo con cui viene chiamata l'Isola della Luna. Il luogo che io ho sempre conosciuto come l'*Isola delle Vergini*, poiché ad essa era permesso l'accesso solo a bambine speciali, incontaminate, integre nel loro corpo solido. Ho dovuto sacrificarla, per riportare la Pietra Lunare a Kelenda. E' stata una mia scelta, una scelta dolorosa cui sono stata costretta a dare una risposta nel giro di una sola notte. Così, della mia terra, non è rimasto più nulla. Tuttavia, esiste ancora una possibilità per restituirle la vita: impossessarci della Pietra Gemella che questi Spiriti tengono celata. Essi credono che spetti loro di diritto, poiché erano sicuri che avrei scelto Sel'nays, sacrificando Kelenda. Ma così non è avvenuto. Così, la loro collera è aumentata, quando hanno compreso le intenzioni dell'Altissimo Funzionario, il quale li ha sfidati."

Athorm prende di nuovo la parola:

"La nave non è stata modificata solo per fare più spazio a nuovi guerrieri o perché diventasse inattaccabile dalle forze nemiche. Essa ora è in grado di volare, spingendosi oltre l'atmosfera terrestre, fino a raggiungere lo Spazio, dove si svolgerà la battaglia. Non vi può essere un luogo alternativo, poiché Sel'nays sorgeva e risorgerà ancora in quella parte della Luna che non è mai visibile ad occhio nudo. Sì, amici miei: il luogo leggendario cui tutti volevano accedere ma che operava una rigida selezione solo su poche prescelte, rigorosamente di sesso femminile, non fa parte della Terra, ma del Satellite che tanto amate. I vostri Avi hanno cercato a lungo un segno che potesse dare loro conferma di altre forme di vita, e ora voi l'avete. Combatterete contro alieni, per conquistare nuovamente una terra altrettanto aliena, dove, grazie alla Pietra Gemella, sarà possibile respirare lo stesso ossigeno che respirate quaggiù."

Io, Moraya, Oughm ed Edena ci guardiamo: sta per accadere qualcosa, questo è chiaro. Lo comprendiamo dal fatto che le luci si stanno abbassando, mentre una penombra simile ad una notte senza stelle ci sta avvolgendo. Si leva un leggero brusio tra gli astanti, quando, dai piccoli schermi posti di fronte a noi, partono due raggi sottili che sembrano bloccarci alle gradinate su cui siamo seduti. Sembra impossibile che qualcosa di impalpabile, come un fascio di luce sottile, possa darci una sensazione tattile così forte. Eppure è così.

"E' giunto il tempo che voi prescelti sappiate la verità." Dice ancora Athorm, e la sua voce sembra quasi provenire da lontano, mentre la teca che protegge lui e Swaynn si apre in alto. "E' giunto il tempo, per tutti voi, di scoprire l'identità di coloro che servite e al fianco dei quali combatterete, affinché sappiate che abbiamo un fine comune: la custodia della vita, qualunque essa sia, e l'unione tra Popoli, di qualsiasi razza o specie siano. Non siete stati bloccati perché ritenuti prigionieri, ma per evitare che possiate fuggire, in preda allo spavento: l'emozione potrebbe scatenare in voi la perdita della razionalità e, scappando, rischiereste di calpestarvi a vicenda. Non è ciò che vogliamo. Noi vogliamo la verità e voi, oggi, la conoscerete."

Improvvisamente, le due figure sembrano sfolgorare di una luce che abbiamo già visto il giorno in cui Swaynn e Athorm si sono contesi Kelenda. Allora sembravano grigi come statue, più alti e quasi privi di anima. Ora, i loro corpi si trasfondono e si innalzano fino ad uscire dall'apertura che si è creata. Si levano alcune grida soffocate da parte dei presenti che vorrebbero fuggire ma che non possono farlo, poiché legati da queste catene invisibili. Solo le Ancelle di Idra rimangono ferme al loro posto, e, lentamente, anch'esse cominciano ad illuminarsi di luce bianca, finché non rimangono che i contorni femminili, ma nulla più di ciò che erano poco prima. Siamo terrificati e affascinati da quello che sta accadendo. Athorm ha raggiunto un'altezza impressionante, e così anche Swaynn. Sono entrambi sfolgoranti, anche se in maniera diversa: *lui* emana un bagliore intenso, etero e candido, e non vediamo più i dettagli delle sue iridi, né delle sue labbra, e neppure del suo corpo. Ne distinguiamo a malapena i contorni e i capelli luminosi, molto alti sulla nuca e lunghi fino alla fine della schiena, il punto in cui si perdono in una massa nebulosa di luce fatiscente. Lei è leggermente più bassa, ma non più di tanto, e la sua luce è dorata, come tutto il suo corpo che emana raggi di cui sentiamo il calore sulla nostra pelle. Anche le sue iridi sono scomparse, e sono visibili lunghe ciglia blu, rivolte verso l'alto. I suoi capelli sfiorano quasi il ginocchio e sembrano avvolgerla, lasciando scoperto solo un cuore, al centro del petto, i cui bagliori sembrano provenire da mille diamanti trasparenti che ne determinano la pulsazione. Sono in molti, a voler fuggire. Ma nessuno può farlo. Noi, i collaboratori più stretti, eravamo già stati preparati. Gli altri no. Eppure, proviamo le stesse emozioni di chi conosce la verità per la prima volta, poiché non avremmo mai potuto immaginare quello che avremmo visto. Nessuno di noi sarebbe mai stato pronto per questo. Nessuno.

"Non abbiate paura." La voce proviene dalla figura di Swaynn, e sembra provenire da molto lontano, seppure in modo chiaro. "Non vogliamo farvi del male. Abbiamo ritenuto importante che tutti voi poteste rendervi conto di ciò che siamo, per aiutarvi a comprendere l'identità di chi combatterete. Ma questi Spiriti non si manifesteranno a voi come stiamo facendo noi, ora. Essi si celeranno, per poi attaccare proprio nel momento in cui avrete abbassato le vostre difese."

"Molti di voi mi conoscono da secoli." Dice Athorm, e anche la sua voce sembra provenire dalle oscure profondità dell'Universo. "Ma non sapevano il segreto che serbavo dentro il mio cuore. Non potevano immaginare. Ora, tutti conoscete la verità: gli alieni sono già sulla Terra, da molto tempo. E non sono qui per dominarvi, ma per servirvi. Non sono qui per affermarsi come idoli, ma per unirsi a voi come creature che abitano nello stesso Universo, seppure in forma diversa. Continueremo ad essere ciò che siamo sempre stati, l'uomo e la donna che avete conosciuto, poiché i corpi che vedete non sono maschere, ma energia più lenta che si solidifica e assume le sembianze della razza umana. Non considerateci invasori, colonizzatori o usurpatori: noi siamo allievi e maestri e voi lo siete altrettanto. Questo è ciò che desideriamo: vivere in pace e in armonia, in un mondo dove non vi siano pregiudizi o paure verso ciò che non si conosce. Poiché, così come voi non sapete nulla della nostra razza, anche noi impariamo continuamente dalla vostra. E da questa unione spirituale ha origine nuova vita, non meno importante di quella appartenente ad una Stirpe pura, anzi: essa conserverà in sé le forze e le debolezze che fanno parte di tutti noi."

"Vi lasceremo il tempo per metabolizzare ciò che avete visto." Continua Swaynn. "Ma sarete sorvegliati a vista e non vi sarà possibile uscire dalle vostre case per tre giorni. Non lo facciamo per renderci prigionieri, ma per facilitarvi il confronto con la realtà. Se qualcuno di voi, alla fine, non vorrà più far parte di questa missione, noi comprenderemo e concederemo la più completa libertà e la possibilità di risiedere dove ha sempre vissuto. Solamente, i suoi ricordi saranno alterati, e costui o costei dimenticherà ciò che ha visto oggi e tutti gli insegnamenti ricevuti fino ad ora. Dobbiamo farlo… per preservare anche noi stessi. Perché voi, ora, avete in mano un'arma che potrebbe distruggere anche chi è a capo di questa terra e che vuole agire solo per il bene dell'essere umano e delle creature aliene."

"Chi deciderà di seguirci, invece, dovrà essere pronto." Dice Athorm. "Per questo, il suo addestramento diventerà ancora più intenso, ma non durerà a lungo: l'esercito degli Spiriti degli Antenati si sta già costituendo ed è un esercito molto potente. Affinerete i vostri sensi, siete in grado di farlo. Non proverete più paura, poiché comprenderete che le differenze sono solo uno stato mentale e che ciò che conta davvero sono i valori che ci uniscono, quelli per i quali abbiamo sempre combattuto, insieme."

La penombra comincia a diradarsi e compaiono di nuovo le luci nascoste dal velluto rosso delle pareti e del soffitto. L'Altissimo Funzionario di Kelenda e la Governatrice di Nod tornano ad assumere le sembianze che conosciamo da sempre, e la teca si richiude. Anche le Ancelle di Idra sono quelle di sempre: composte, soavi, docili ma determinate. Nonostante il loro aspetto familiare, tutti noi siamo ancora scossi. E' per questo, forse, che non ci viene concesso di muoverci. Non ancora.

"Noi siamo uguali a voi." Dice Swaynn, e la sua voce giunge a noi come una carezza rinnovata, dopo un'emozione così intensa da sconvolgere qualsiasi essere umano, anche il più forte e temerario. "Andate oltre le apparenze e guardate i fatti. Viviamo come voi. Ci nutriamo come voi. Amiamo come voi. Ma molti di noi non possono avere figli, né possono legarsi per sempre ad una creatura della stessa specie. Entrambi abbiamo qualcosa in più e qualcosa in meno. Insieme, tutti noi ci compensiamo."

"Continuerete a vederci per ciò che siamo ora, perché questa è l'energia che ci è concessa di usare sul pianeta Terra." Continua Athorm. "Non ci sarebbe possibile vivere con il nostro corpo di Luce, quaggiù. Ma voi potrete sopravvivere con i vostri corpi, quando l'Isola della Luna sarà ricostruita e la Pietra Gemella sarà ritrovata. I nemici ci temono perché li stiamo sfidando: stiamo combattendo contro i nostri stessi Antenati. Lo facciamo perché la vita possa perpetuarsi ovunque, nell'Universo. Non solo qui, se gli esseri umani vorranno colonizzare la Luna o altri pianeti. Mentre voi servite noi, noi serviamo voi."

"E c'è un'ultima cosa di cui vogliamo rendervi partecipi." Conclude Swaynn. "La nuova religione è stata scelta. Abbiamo deciso di proporre una delle tre principali fedi monoteiste che sono sopravvissute a lungo, nei secoli. Non crediamo opportuno riproporre troppe divinità, poiché esse sono spesso erroneamente identificate con noi alieni. Vogliamo che questa distinzione sia chiara: noi non siamo Esseri Superiori. C'è Qualcuno o Qualcosa che decide per tutti noi. Ma le fedi minori potranno essere praticate in luoghi specifici, affinché nessun Popolo possa sentirsi inferiore nel suo credo, e i suoi riti possano essere tramandati nella storia, alle generazioni future."

Cade un lungo silenzio, durante il quale le nostre due guide sembrano attendere una nostra risposta. Sanno che nessuno di noi parlerà. Sanno che siamo tutti troppo impressionati, per poter accettare tutto ciò cui abbiamo assistito senza aver bisogno di tempo per riflettere. Così si limitano a guardarci, in silenzio, per molto tempo. Poi, inaspettatamente, essi si inchinano lievemente verso di noi. Rimangono così, ancora a lungo, senza dire una parola, quasi senza fiatare. Sembra che, così facendo, vogliano darci la prova della loro buona fede. Noi, i collaboratori più stretti, percepiamo chiaramente la sincerità delle loro parole, ma non possiamo fare a meno di continuare a guardarli come se li vedessimo per la prima volta. Nel silenzio, la teca si muove verso il basso, scomparendo nella pedana circolare. Le tende si aprono, e il sole entra prepotentemente dai grossi finestroni. I nostri lacci si allentano gradualmente, quando ciascuno di noi riesce a trovare il controllo delle sue emozioni, quel tanto che basta per poter uscire dalla sala, scortati dalle androidi. Non riprenderemo l'addestramento. Veniamo divisi immediatamente e portati nelle nostre case. E, forse, è l'unica cosa giusta da fare. La solitudine di un ambiente familiare ci riporterà alla nostra vita. Poi, saremo chiamati a scegliere.

"Quanti hanno aderito, fino ad ora?" Mi chiede Athorm, appoggiandosi alla scrivania nel suo grande ufficio di Kelk.

"Circa centocinquanta. Più o meno. E per due terzi si tratta di Ancelle di Idra." Rispondo, dopo aver dato un ultimo sguardo ai dati in mio possesso.

"Sono passate più di due settimane, ormai..." Osserva, pensieroso, e non mi sfugge una lieve sfumatura di tristezza nella sua voce. Mi avvicino a lui, appoggiandogli una mano sulla sua:

"Sapevamo che non sarebbe stato facile, Athorm." Mormoro. "I nostri collaboratori più stretti, però, hanno accettato, sebbene non sia ancora stato permesso loro di uscire dalle proprie case."

"Dobbiamo aspettare che rispondano tutti." Sospira. Poi mi chiede: "Qualcuno si è rifiutato?"

"Cinquanta di loro... sì. Sono stati sottoposti immediatamente all'oblio e ora sono tornati alla vita normale. Ma, per evitare che il Popolo di Kelenda ricordasse loro ciò che facevano prima, li ho portati a Nod, dove è stato chiesto loro di dedicarsi esclusivamente alla cura dei due grandi fari costruiti poco tempo fa. Risiedono in essi, ma non vi sarà più posto per altri uomini e donne. Dovremo pensare a soluzioni alternative, se il numero di chi ha fatto questa scelta aumenterà."

"Lo so." Mormora, guardando un punto lontano, fuori dalla grande finestra. Poi si rivolge a me: "Mi dispiace averti messa in questa situazione." Dice, accarezzandomi i capelli. "Ma ora hai tutti gli strumenti che ti servono per guidare un esercito."

"Lo guideremo insieme, Athorm." Sussurro, cercando di sorridere. "E' giusto che tutti abbiano il tempo di cui hanno bisogno per riflettere su una cosa così difficile da accettare."

"Diversi fino alla fine." Mi dice, sorridendo malinconicamente. "E senza mai sapere quando arriverà."

"Tu vivi da molti secoli e immagino che non sia stato facile. Io vivo da molto meno tempo. Tutto è ancora nuovo, per me."

"Swaynn... Ricorda ciò che ti ho detto più volte: il tempo, a Sel'nays, è dilatato. Tu stessa hai potuto costatare coi tuoi occhi i grandi cambiamenti che avvenivano ogni volta in cui andavi e tornavi dal luogo in cui sei stata preparata. Il tempo si fermava solo qui a Kelenda, o nei luoghi in cui abitano razze aliene e incroci."

"Quanti anni ho, davvero, Athorm?" Gli chiedo, finalmente sincera, dopo molto tempo trascorso nell'esitazione. "Che cosa conosci, di me? Io so che ci sono segreti mai svelati, sulle mie origini. So che tu ne sei al corrente. L'Uomo della Luna ha visto la mia nascita, forse..." Concludo la frase, cercando di assumere un tono scherzoso. Voglio sapere e ho paura al tempo stesso. Ma voglio affrontare la realtà, come stanno facendo coloro cui è stata rivelata quasi forzatamente. Mi sento in debito verso di loro e non pretendo di essere risparmiata dalle rivelazioni difficili. Voglio guardarmi in faccia, impedendomi di fuggire. E Athorm lo comprende dal mio sguardo. Così, con un gesto della mano, crea un campo magnetico che disturberà la ripresa delle videocamere, ed esse mostreranno immagini olografiche create appositamente per depistare chi è addetto al controllo della sorveglianza. Lo stesso computer non riconoscerà le vibrazioni aliene, e risponderà come se la finzione fosse la realtà. Mi stringe le mani, come se volesse infondermi il coraggio che ancora mi manca e poi comincia a parlare:

"Il tempo si fermava, sull'Isola delle Vergini. Su Sel'nays." Mi spiega, come se con lo sguardo seguisse ricordi lontani. "Per questo le giovani allieve riuscivano a fare molte cose, durante la loro giornata. Il ciclo sonno-veglia, per noi alieni, è regolato da ciò che siamo e dalle nostre necessità, ma riusciamo a resistere molto di più degli esseri umani, essendo costituiti in gran parte di Luce ed energia leggera. Il corpo solido richiede uno sforzo molto più grande, e la necessità di corroborarlo spesso. A Sel'nays, la linfa che nutriva gli organismi delle allieve proveniva dalla Fonte della Vita e dai Fiori del Tempo. Questi ultimi raggiungevano il culmine della loro esistenza ogni quattro anni e scandivano le età delle prescelte. Così, devi pensare che, ogni vostro anno trascorso lassù, in realtà, ne comprendeva quattro. Moltiplica il tempo in cui sei rimasta sull'Isola. Ventitré per quattro... Novantadue. Per l'essere umano, tu hai poco più di trentatré anni, ora, ma ad essi devi aggiungere gli altri che hai passato nel luogo che ti ha insegnato tutto ciò che sai."

"Avevo cinque anni, quando sono stata strappata dalle braccia dei miei genitori..." Mormoro, con un filo di voce. "Ho lasciato Sel'nays... quando ne avevo novantasette?" Chiedo, poi, incredula.

"Hai dimenticato il resto del tempo che hai trascorso lassù, quando sei tornata per Detia e Isay, e poi di nuovo per riportare la Pietra Lunare... Quindi quando Mytia ci ha lasciati, e, ancora, per assistere la tua più cara amica nel momento della sua morte... e di quella dei suoi figli..."

"Ad opera delle mie stesse mani..."

"Non erano che gusci vuoti, Swaynn. Nessuno avrebbe più potuto fare di loro Creature di Luce, se non per opera di colei che la riportava."

"Ma in me vi era la Sorgente delle Ombre..."

"Ed è stata annientata."

Abbasso lo sguardo:

"Eppure... l'esercito non sembrava cambiare. A parte gli androidi e gli alieni, gli esseri umani non invecchiavano velocemente."

Mi guarda senza dire nulla, come se stesse pensando a quali parole usare. Poi risponde così:

"Kelenda non era l'unica terra dell'*eterna giovinezza*, Swaynn. La Pietra Lunare aveva affermato il suo predominio nel momento in cui aveva sentito battere in me un cuore meccanico, prevalendo su di lui. Il mio Spirito non lo riconosceva. Così, l'essenza lunare si concentrava solo in quell'oggetto bramato da molti, finché esso è stato restituito a Sel'nays, da cui proveniva. La presenza nel mio corpo del cuore artificiale e la forza dei tuoi poteri hanno fatto sì che la materia cominciasse ad inglobare se stessa, implodendo e causando un'accelerazione inversa, finché non mi sono recato a Verdrad per farmi reimpiantare il mio vero cuore, che aspettava da molti secoli di poter tornare a far parte della mia essenza. Solo allora, ciò che è parte di me ha avvolto chiunque mi seguisse, rallentando il processo di invecchiamento. La stessa nave è fatta di questa sostanza, anche grazie all'intervento di Yoser. Di fatto, chiunque decida di far parte dell'esercito non sarà intaccato dal tempo. Non così velocemente. Per questo non hai notato cambiamenti nei corpi di coloro che vivevano sulla mia nave, ed essi non sanno quale prodigio si operi in loro. Un prodigio che cesserà di perpetuarsi, per chi deciderà di negare il suo aiuto."

"La loro vita… dipende da te?" Chiedo, con lieve timore.

"La loro. E quella degli Spiriti degli Antenati. Potrei annientarli per sempre, poiché la loro sopravvivenza è legata alla mia. E' stata la pena cui sono stati sottoposti i miei genitori per aver lasciato che Chrel seguisse il suo destino tra gli umani e che Yoser nascesse dal grembo di una terrestre. E per ciò che riguardava me… per avermi reso ciò che sono…"

"Perché dici così? Perché c'è tristezza, nella tua voce? Non sei nato da Immortali?"

"Non tutti gli alieni lo sono. Al tempo stesso, molti esseri umani hanno cominciato a vivere più a lungo, accorciando le distanze con le creature dello Spazio. Così, le nostre differenze non sono più tanto marcate, Swaynn. Ciò che conta è sempre una sola cosa: il Libero Arbitrio. Ed è per questo che non ho rinnegato gli Antenati: perché potessero vivere in un'altra forma, nell'attesa di ricongiungersi alle anime di coloro che saranno ammessi in un'altra dimensione, qualcosa che nessuno di noi può conoscere, ora, perché non siamo onnipotenti."

"Sì, ma… perché combatterli con un esercito, se puoi dominarli con le tue forze?"

"Swaynn…" Mi interrompe, sorridendo. "Stavamo parlando di te, ricordi? Non vuoi più sapere la storia delle tue origini, ora che sei venuta a conoscenza del secolo in cui sei riuscita a sopravvivere, invecchiando solo di pochi anni?"

"Voglio saperlo, Athorm. E pensavo che mi avrebbe spaventato. Ma non è nulla, se penso a tutto ciò che sei tu."

Mi rivolge un sorriso mesto, mormorando:

"Avrei solo voluto essere come tutti gli altri esseri umani. Così come lo desideravi anche tu. Avrei voluto sentirmi parte di una razza capace di provare emozioni, di creare comunità e famiglie, di vivere tra simili, comunicando reciprocamente. Invece sono cresciuto nella solitudine di uno Spazio troppo scuro e silenzioso, costretto ad imparare ogni linguaggio, per poter avvicinare anche uno solo di quegli esseri umani che vivevano di eterne contraddizioni, ma anche di passioni intense…"

"E le vivi. Io le sento."

"Perché i miei genitori, Swaynn… non erano alieni. Perché la storia dell'Uomo della Luna era vera. E, mentre mio padre e mia madre si riducevano ad essere simili alle Ombre che combattiamo, per cercare di essere ciò che non erano, la mia essenza veniva nutrita dalla Luce e dalla Vibrazione dell'Universo. Non ho scelto io, di essere ciò che sono. E questa è la colpa più grande di cui si sono macchiati i miei genitori: privarmi della sostanza umana e lasciare che la Luna contaminasse il mio sangue."

Rimango in silenzio, colpita dalla sua rivelazione: la sua linfa non ha avuto origine dallo Spazio… ma dalla Terra. E me l'aveva raccontato. Quando avevo scoperto che nel suo corpo batteva un cuore meccanico, quando credevo che lui fosse solo una macchina, mi aveva parlato della storia dell'Uomo della Luna. Ricordo ancora le sue parole:

C'era una volta, lassù, nel cielo, l'Uomo della Luna. Non era nato lì, ma i suoi genitori vi arrivarono da un pianeta ormai prossimo alla distruzione. Sua madre lo partorì in uno dei lunghissimi giorni freddi e bui cui, ormai, lei e il marito si erano abituati. E i loro occhi divennero ciechi, man mano che l'oscurità li avvolgeva, inesorabilmente. Il bambino nacque, ma, a differenza dei suoi genitori che persero anche l'uso degli altri quattro sensi, egli li possedeva tutti, come se li avesse ricevuti in eredità, insieme ad un altro senso, il sesto, che gli permetteva di imparare da solo ciò che nessun altro poteva insegnargli. I suoi genitori divennero presto simili ad ombre e spettri, trascorrendo le loro giornate a guardare le stelle del cielo, senza badare al figlio che cresceva insieme ad altre creature con cui entrava in contatto. Il piccolo sapeva vedere oltre ciò che a chiunque sarebbe apparso un luogo freddo e grigio, senza traccia di vita, poiché il senso che gli era stato donato sin dalla nascita gli permetteva di vedere ogni piccola sfumatura, dalla quale scaturivano simboli e colori di cui imparò il significato. Le altre creature del cielo gli insegnarono tutto ciò che sapevano, creando per lui un luogo che potesse essere simile a quello che i suoi genitori erano stati costretti a lasciare. Così, quando fu più grande, si recò presso di loro, pieno di entusiasmo, per mostrare ciò che i suoi amici celesti avevano fatto per lui, affinché anch'essi potessero ricominciare a vedere, sentire, assaporare, toccare, annusare… ma i due, ormai, si erano abituati all'oscurità; così, spaventati da tanta meraviglia, se ne andarono e lo lasciarono solo in quel luogo troppo grande per lui. Inizialmente, egli si scoraggiò e pensò che fosse giusto smettere di illudersi. Poi, percependo il bisogno di altre creature viventi di trovare un posto che potessero chiamare casa, cominciò ad pensare. Fu così che decise di ripopolare quel lato della Luna da sempre nascosto nell'ombra. Quando divenne uomo, cominciò a sentire il bisogno di amare come non era riuscito a fare, nella sua vita. Cercò per lunghi anni l'anima che potesse congiungersi a lui, ma trovò solo altre creature che cercavano un posto in cui stare. Egli le accolse tutte. Poi, stanco di sperare, decise che, se nell'Universo esisteva colei che lo avrebbe amato per ciò che era, e non per ciò che rappresentava o che possedeva, allora, quest'anima avrebbe dovuto manifestarsi in modo eclatante, affinché egli potesse riconoscerla. Decise anche che l'avrebbe messa a capo del luogo in cui la vita, ormai, prosperava e cresceva da sola, senza che ci fosse bisogno della sua presenza. Ma aspettò invano, poiché nessuna donna si presentò. E ancora adesso, a distanza di molti e molti secoli, l'Uomo della Luna trascorre le sue giornate lassù, da solo, in attesa di un segno che possa ridargli speranza. La vita gli aveva dato molto, ma gli aveva tolto altrettanto. Questo era il prezzo da pagare per aver ricevuto tanti doni, forse troppi: la solitudine.

Athorm mi guarda, come se percepisse i miei pensieri:
"Sì, Swaynn." Mi dice, sorridendo. "Ma non sono più solo, ora. La donna che cercavo è accanto a me, e anch'essa ha una storia molto simile alla mia. Ma non la ricorda. Eppure, tutto era così chiaro, dall'altra parte della Luna, quella immersa dai raggi del Sole. E il calore non era così potente da bruciare la sua pelle delicata. Viveva cullata dai suoi raggi, mentre suo padre e sua madre, divorati dall'ambizione, cercavano di trarre dall'Astro pulsante la fonte della loro vita. Una vita che avrebbero voluto poter avere in eterno, ma che si consumò in fretta, poiché essi si avvicinarono troppo alle tempeste di fuoco che lambivano la sua superficie incandescente, e ne furono avvolti. Sarebbero morti in un solo istante, se la Luna non si fosse mossa a compassione, chiedendo al Sole di non lasciare che la loro figlia crescesse senza amore, quell'amore che non aveva mai conosciuto fino in fondo, a causa dell'avidità umana. E il Sole, per amore di quella bambina, permise che i loro corpi si trasformassero e diventassero Luce. Solo come Spettri, aliti gelidi la cui voce era simile al suono di un sussurro, essi avrebbero potuto continuare a vivere, così come avevano desiderato. Ma solo per prendersi cura di quella piccola anima che ora apparteneva al Sole e alla Luna."
"Ero io…" Dico in un soffio, spalancando gli occhi, come se le sue parole non giungessero nuove ai miei ricordi addormentati.
"Eri tu." Dice Athorm, guardandomi dritta negli occhi.
"Io vivevo dall'altra parte della Luna?" Gli chiedo, dopo un lungo silenzio. "Ero così vicina all'Isola delle Vergini e non lo sapevo?"
"Che cosa ti ricordi di quando sei stata strappata dal luogo in cui abitavi?"
"Poco o nulla… Nulla, direi. Ricordo solo che qualcuno mi ha presa e condotta su un carro, insieme ad altre bambine. Ricordo la consapevolezza di avere cinque anni, e il mio corpo era simile a quello di una piccola umana. Ricordo i paesaggi, il freddo e il caldo, l'acqua… Com'è possibile, Athorm?"
"Vegar e Iatho custodiscono il bambino che porti in grembo e frenano la sua crescita. Lo tengono in vita, ma non gli permettono di svilupparsi. Così è stato per te, all'inizio, perché il tuo corpo umano avrebbe dovuto abituarsi agli influssi di questi due poteri che si prendevano cura di te e ti avvolgevano con la loro essenza. Saresti diventata Figlia del Sole e della Luna, e per questo era necessario impedire che tu subissi la stessa sorte che aveva colpito i tuoi genitori. Sei rimasta allo stato neonatale molto a lungo, nutrita dalla Luce, e poi sei stata condotta sulla Terra, poiché era necessario che tu conoscessi un linguaggio, che socializzassi, che vedessi e sentissi come qualsiasi altro essere

umano… ma con dei poteri in più. Altre persone si sono occupate di te, quando ti hanno vista, piccola e indifesa, abbandonata nel verde di un piccolo bosco."

"Ho avuto dei genitori adottivi?" Gli chiedo, stupita. "Io non ricordo nulla…"

"Li hai avuti." Sorride, accarezzandomi i capelli. "Ma quando sei stata scelta tra le piccole Vergini, Orud era lì ad aspettarti da tempo. Ti ha presa, in una notte d'Eclissi, e ti ha portata al confine tra la Terra e la Luna."

"Ma non mi ricordo affatto, di lui… Ricordo solo alcune donne, altre bambine come me, il suono degli zoccoli dei cavalli, il grande carro… Ricordo che siamo state bendate e poi siamo salite su un'imbarcazione. Solo alla fine del viaggio, ci è stato detto che avevamo attraversato il Lago Moryd. E, ancora adesso, io non so spiegare come potesse esserci acqua dove vi sono solo crateri e aridità."

"Quando ricostruiremo Sel'nays assisterai alla sua creazione e comprenderai." Risponde, con tono rassicurante. "Sono già molte, le cose che ti ho rivelato. Dai a te stessa il tempo per assimilare tutto questo."

"E tu… c'eri già, quando io sono stata condotta lassù?" Gli chiedo, come se non avessi ascoltato le sue parole. "Sì, perché c'era Orud… E magari mi hai anche conosciuta… E i miei genitori adottivi? E la terra in cui sono stata cresciuta? Io sono Swaynn Osery di Vegar, e Orisa mi ha detto che questo Spirito comanda Id'V'Ra. E' lì, che sono cresciuta?"

"Sì." Risponde, diventando serio. "Sei stata cresciuta laggiù, dalle donne di Idra, che, in quel tempo, vivevano nel nascondimento. Ma nessuna di loro poteva immaginare che tu potessi essere colei che poteva domare quello Spirito che le annientava. La società era fortemente bellicosa, e i pochi uomini che la governavano imperavano su quella terra, influenzati dal potere di Vegar che li rendeva spietati con le loro donne."

"Ma… erano aliene!"

"Non tutte. Solo Orisa e quelle che sono diventate le sue Ancelle. Le altre erano creature terrestri, ed erano più forti, più resistenti. Molte di loro diventavano simili agli uomini e, spesso, si facevano togliere seno e utero per rinnegare la loro natura. In questo clima di grande terrore, dove non c'erano che poche manciate di bambini, qualcuno ha cercato di preservarti e di parlare di te a Orud. Lui ha capito che avresti potuto essere una delle prescelte per l'Isola delle Vergini e ti ha portato in un altro luogo ancora, dove hai potuto godere di un'infanzia serena, poiché, laggiù, le protezioni erano ancora più forti: Verdrad. Ma, ancora, la tua crescita è stata fermata, e Yoser Nym ti ha sottoposta a numerosi test, poiché non riusciva a comprendere come tutto questo potesse essere reale. Non eri l'unica, Swaynn: c'erano poche altre bambine, come te. E tutte voi siete state esaminate nello stesso modo. Io non ti conoscevo e non sapevo di te. Non eri che una delle tante. E la mia vita si svolgeva sui mari della Terra, alla ricerca di conquista. Non avevo tempo per pensare ai piccoli umani: avevo la necessità di recuperare ciò che poteva essere riedificato."

Continuo a guardarlo, quasi senza credere a ciò che mi viene detto: io conoscevo Verdrad. E conoscevo Yoser. E non ricordo nulla… perché?

Athorm sembra leggere nuovamente nei miei pensieri:

"Ti stupisce come la nostra esistenza sia strettamente connessa, vero?" Mi chiede, mantenendo un tono rassicurante. "Anch'io ne sono rimasto stupito, quando Yoser, dopo averti effettuato nuovi esami al tuo arrivo sulla Terra come mia promessa sposa, ha visto che tutti i tuoi parametri erano già presenti nel suo database. Anch'io non riuscivo a credere come non mi fossi accorto prima, di te. Le donne di Idra sono state tratte in salvo da quel luogo che le stava distruggendo, e hanno fondato altrove una nuova patria. Quando Orisa ha saputo il tuo nome, è rimasta scioccata: nessun bambino era riuscito a sopravvivere a Vegar. E, invece, tu portavi il suo nome nel tuo, come se questi fosse la tua Stirpe. Un retaggio pesante che ti rendeva un pericolo, ai suoi occhi, perché avresti potuto uccidere tutte le sue Ancelle, con il solo sguardo. Per questo aveva cercato di preservare Mytia. E, sempre per questo, io avevo accondisceso: tu saresti riuscita a dominare quello Spirito, ma non la piccola. Nessuno di noi poteva sapere che nostra figlia era nata solo per risvegliare in te Iatho, e che il suo destino era già scritto."

"Mi gira la testa, Athorm…" Gli dico, appoggiandomi a lui. Athorm mi sostiene immediatamente, facendomi sedere su uno dei due divani sospesi nell'aria, nel suo grande ufficio.

"Lo capisco." Risponde, guardandomi negli occhi. "Per oggi credo che tu abbia saputo abbastanza, Swaynn. Hai saputo che entrambi siamo figli di esseri umani, ma che siamo diventati alieni dopo aver ricevuto dei doni, forse nemmeno per meriti nostri. Non è facile sopportare tutto questo. Continueremo in un altro momento."

Annuisco, e Athorm spezza il campo magnetico che disturbava il sistema di sorveglianza e l'attività del computer. Immediatamente, una voce metallica a metà tra il maschile e il femminile, comunica più volte:

"Ricezione dati."

"Avviare trasmissione!"

Al comando vocale di Athorm, dal soffitto scende uno schermo rettangolare e trasparente. Entrambi leggiamo quello che c'è scritto: aggiornamento reclute. Questo significa che qualcun altro, dell'esercito, ha preso una decisione. Mi avvicino allo schermo, sfiorandolo con la mano. Cominciano a comparire tutti i nomi dei nominativi ancora in attesa di risposta, con le relative foto e i dati personali. Per un lungo istante, il computer elabora tutti i dati che sono stati trasmessi al nucleo centrale. Poi, la stessa voce metallica riporta le seguenti informazioni:

"Aggiornamento parziale. Cinquanta risposte negative, di cui cinquanta procedure già eseguite. Nessun'altra risposta negativa rilevabile. Centocinquanta risposte affermative di cui centocinquanta ancora in attesa di reintegro. Risposte aggiuntive aggiornate in data odierna: cinquantasette. Proseguire con l'isolamento?"

Io e Athorm ci guardiamo: il fatto che non vi siano state altre defezioni è una buona notizia.

"Procedere!" Esclama lui, rinfrancato dagli ultimi dati.

"Isolamento confermato."

"Approfondire i dati. Segnalare infrazioni."

"Nessun'altra risposta rilevabile. Tentativi di infrazione all'isolamento: zero."

"Parametri vitali e psicologici dei soggetti esaminati?"

"In miglioramento. Nessun dato significativo da riportare."

"Molto bene..." Mormora Athorm, sollevato. Poi, ad alta voce, impartisce l'ultimo comando: "Chiudere la trasmissione."

"Chiusura effettuata."

Lo schermo trasparente scompare nel soffitto, e ci guardiamo abbozzando un sorriso.

"Sono buone notizie." Mormoro, avvicinandomi a lui.

"Sì." Risponde, pensieroso. "Ma non sono ancora sufficienti e il tempo passa. L'esercito non può rimanere fermo ancora a lungo, Swaynn. Ogni giorno che passa è un giorno perduto. Ricominciare non è così facile come sembra, perché, ora, tutti loro hanno una consapevolezza in più. Dovranno conviverci a lungo, se non per sempre, e ricordare quello che hanno visto e che li ha colpiti nel profondo." Mi rivolge uno sguardo diretto che arriva fin dentro la mia anima. "Mi domando se io abbia fatto la scelta giusta. Non ho mai avuto dubbi, in tanti secoli della mia vita, se non da quando ho cominciato ad amarti. La mia umanità è esplosa all'improvviso e spesso mi rende goffo e insicuro. Anche adesso... io non so se posso meritarmi il titolo che mi è stato dato dagli Alti Funzionari."

Mi appoggio al suo petto e lascio che le sue braccia mi circondino:

"Le tue fragilità dimostrano i tuoi meriti." Gli dico, dolcemente. "Nessuno può essere un buon capo, se dimentica di essere vulnerabile. Questa è una delle cose più belle dell'essere umano..."

Sei - *Oughm*

Un mese intero trascorso nella solitudine delle nostre case dislocate sulla terra di Kelenda è lungo, quando sei abituato a trascorrere le tue giornate in mare, e, all'improvviso, dopo aver ritrovato la tua patria, ne diventi prigioniero. Non che nessuno di noi sia stato trattato come tale, anzi: non ci è mai mancato nulla, se non la possibilità di uscire, incontrare gente e comunicare con i nostri conterranei. E anche il lungo addestramento, all'improvviso, è cessato. Tutto è cessato, da quando abbiamo visto. Sapevamo chi erano le nostre guide, ma non avremmo mai potuto immaginare la verità. Non così, almeno. E non è stato facile accettarla, se non dopo una riflessione che mi ha privato del sonno per molte notti: anche io, Smuz, Moraya e Oughm siamo dei *diversi*. Nel nostro corpo ci sono pezzi meccanici e fili elettrici. Se la gente ci vedesse davvero per ciò che siamo, non ne avrebbe paura, forse? Eppure, quando si è trattato di aiutare Yoser Nym a riparare i miei arti feriti, Swaynn non si è tirata indietro, né ha mostrato repulsione nel vedere che cosa si nascondeva nel mio corpo. E Tom è stato perdonato, anche dopo il suo folle gesto, sia da lei che da Athorm, come se quel tragico evento non facesse davvero parte di lui. Non siamo mai stati trattati come oggetti, ma come esseri umani. Così, perché io avrei dovuto tirarmi indietro, di fronte alla loro richiesta? Siamo stati addestrati per una missione diversa dal solito, una missione che ci spinge oltre i confini del Pianeta, e senza bisogno di proiezioni olografiche. Siamo stati scelti per ricostruire il luogo da cui le Vergini giungevano a noi come dee, rivelandosi, poi, una delusione. Tutte, eccetto Detia e, soprattutto, Swaynn, la cui umanità ci ha colpiti sin dall'inizio. Ed è stato grazie a lei che anche Athorm ha cominciato a manifestare le sue emozioni, dopo secoli di silenzi, ordini e sguardi severi. Non so che cos'abbiano deciso gli altri. Nessuno di noi viene messo in comunicazione. Trascorro le mie giornate a pensare, leggere, studiare... e, gradualmente, a tornare alla pratica della meditazione, all'intonazione del Gham... e, poi, come logica conseguenza, ho ricominciato a muovermi come mi era stato insegnato: lentamente, ma con grande accortezza. Così, tutto quello che abbiamo appreso ha cominciato ad avere un senso. E una grande importanza, poiché siamo stati scelti fra molti, noi e solo noi, mentre vi erano persone decisamente più esperte, più docili e magari meno impressionabili. Eppure... non vi sono stati dubbi: ci è stata concessa una fiducia quasi cieca, per qualcosa di cui neppure potevamo immaginare la portata.

Come avrei potuto negare me stesso, dopo tante prove di rinnovata stima?

Ma un mese, per un uomo di mare abituato alla forza delle onde che non possono mai essere domante... o come per un giullare – quale sono – perché il mio compito, spesso, è stato quello di intrattenere l'esercito... o, ancora, come parte di un esercito potente, abituato a ritmi duri e regolati da una rigida disciplina... Tutto questo, e anche di più, rende pesante come un macigno questo mese di solitudine spezzata da poche notizie che ci vengono consentite di ascoltare e seguire tramite il uno dei molti schermi posti nelle nostre case.

Non so quanti siano gli uomini o le donne che, come me, hanno deciso di dare una risposta affermativa. Questa spasmodica attesa è un segno evidente che non sono pervenute ancora tutte le decisioni, o sarei già stato libero di riprendere la mia vita. Mi chiedo quanto tempo ci vorrà, ancora, per capire chi e cosa sarà chiamato a fare. Mi chiedo anche che cosa ne sarà, dell'esercito, se tutti gli uomini e le donne che hanno mostrato tanto terrore decideranno di ritirarsi. Più di un anno e mezzo trascorso ad imparare – forse quasi due, non ricordo – non avrebbe più valore. Tutto sarebbe gettato via, con una semplice parola: no.

Man mano che il tempo trascorre, mi rendo sempre più conto di quanto rischiamo di scordarci, finché ci sarà un solo individuo confuso, incapace di decidere. Tempo che non dedichiamo a qualcosa che potrebbe davvero dare una svolta alle nostre vite, renderci capaci di vivere dove non vi è ossigeno, colonizzare la Luna e farne un nostro feudo. Perché la nuova Sel'nays non apparterrebbe più solo a poche giovani prescelte, ma a tutti noi che potremmo essere in grado di conquistarla, se solo lo volessimo con tutte le nostre forze. E, una nuova consapevolezza si fa strada dentro di me, questa clausura diventa sempre più difficile da accettare. Un mese... Tanto ci è voluto, prima che una voce metallica giungesse al mio sistema di comunicazione interno, per dire:

"L'isolamento è finito. Vogliate seguire gli addetti che vi scorteranno presso il luogo in cui vi saranno impartiti nuovi ordini. Avete quindici minuti di tempo per prepararvi."

Senza nemmeno pensarci due volte, infilo velocemente l'uniforme, e mi accorgo di quanto peso io abbia accumulato di nuovo durante quest'immobilità. Ma riesco a fare uno sforzo e a trattenere il fiato, precipitandomi verso la porta che, fino ad ora, si è aperta solo per rifornirmi di cibo, bevande e altre cose di primaria necessità. E ora, questa stessa porta si apre di nuovo, per riportarmi alla vita. Finalmente. Tre figure maschili, puri androidi dalle fattezze umane e vestiti con abiti militari, si pongono intorno a me, inducendomi a seguirli. Io risiedo a Nod, la terra di cui Swaynn è la Governatrice, e non so dove sarò scortato. La mia casa è vicina al porto, e in essa vi abito solo io. E' piccola, forse, per qualsiasi altro abitante di Kelenda, ma è più che sufficiente per me solo. Tutti pensano che io e Edena abbiamo una storia, ma, a parte un primo momento di simpatia reciproca, il nostro rapporto si è trasformato solo in un'amicizia. Nulla di più. Quindi non vivo con lei, e mi chiedo se, in questo periodo di isolamento, gli altri siano stati lasciati presso le loro famiglie o portati in luoghi diversi, per non subire influenze o pressioni esterne. Non ho il tempo di pensarci, poiché un mezzo a propulsione sospeso nell'aria è già in mia attesa. Noto gli sguardi di alcuni passanti che mi osservano incuriositi: non mi hanno visto per un mese intero e non so che cosa sia stato detto loro, riguardo al silenzio dell'esercito. Non ho il tempo di verificarlo, perché il mezzo si chiude non appena io mi siedo su un unico sedile molto ampio e vuoto, e noto che non c'è nessuno ai comandi. Eppure, non appena salgo, si parte con una tale velocità da procurarmi un senso di sballottamento interiore cui non ero più abituato. Mi sembra di volare sfidando la luce, e riconosco appena i confini di Kelk, la sagoma della Sede Centrale, e una sorta di tunnel in cui la portiera si apre e io vengo letteralmente catapultato su un pavimento mobile che mi scorta dentro una sorta di cabina chiusa, rivestita interamente in velluto rosso, illuminata da una luce artificiale tenue e soffusa e dotata di una comoda poltroncina imbottita. Anche questa cabina sembra essere risucchiata da un vortice che arriva dall'interno dell'immensa struttura conica, finché ho l'impressione di rimanere agganciato a qualcuna che mi fa fermare di colpo. Altri rumori simili a quello prodotto dall'arresto del luogo in cui mi trovo mi inducono a pensare che, forse, vi siano altre persone, oltre a me, e che ci stiamo agganciando l'uno con l'altro, sicuramente in cerchio, anche se non ne ho la certezza. Solo quando tutti i rumori cessano, cala un silenzio irreale. E' come se tutti i suoni fossero attutiti dal materiale di cui è rivestita la stretta cabina in cui sono seduto.

Poi, all'improvviso, sulla piccola parete di fronte a me sembra aprirsi un varco rettangolare. Inizialmente penso che si tratti di una finestra con un vetro di cristallo, da cui filtra solo oscurità. Le uniche luci sono quelle artificiali e soffuse di questo piccolo contenitore, e, sebbene io non soffra di claustrofobia, comincio a sentirmi un po' agitato per la situazione. Dal varco rettangolare, posto verticalmente, compare un segnale luminoso che mi fa comprendere si tratti di uno schermo. Poi, vedo i volti di Athorm e Swaynn, molto vicini, come se fossero proprio di fronte a me. I loro sguardi sono molto seri e, dal poco che vedo, indossano entrambi le uniformi di Kelenda.

Il primo a parlare è l'Altissimo Funzionario:

"Vi chiediamo scusa per il poco preavviso che vi è stato dato." Dice, con una voce quasi incolore. "I dati in nostro possesso sono stati ultimati da un paio di giorni, e ora siamo pronti per darvi nuove comunicazioni."

"Vi ringraziamo per aver accettato l'incarico." Continua Swaynn, con lo stesso tono di voce. "La vostra presenza è preziosa, per noi. Purtroppo, da quattrocento elementi, l'esercito si è ridotto a poco meno di duecentocinquanta. Abbiamo discusso a lungo, prima di prendere la decisione di non sostituire nessuno di coloro che si sono negati: non vi sarebbe abbastanza tempo per una preparazione intensiva e ne rimane ancora meno per la partenza. Pertanto, dopo molte riflessioni, abbiamo deciso di mantenere chi è rimasto fedele alla sua parola, vincendo la paura e comprendendo più di quanto essa induca a credere e a far vedere. Comprendiamo la difficoltà di questa scelta e non accusiamo nessuno per aver rinunciato a questa missione. Queste persone sono state trasferite in un altro luogo del pianeta, una terra emersa che è stata bonificata e che rappresenta un buon punto di partenza per ricominciare a vivere. Nessuno di loro sarà lasciato solo, ma sarà accompagnato dalle rispettive famiglie e da Alti Funzionari scelti per guidare il nuovo Popolo."

E poi Athorm parla di nuovo. Non posso fare a meno di notare qualcosa di diverso, nel suo sguardo. Credo che nessuno possa accorgersene, se non chi gli è stato accanto per molti secoli. Ma non so se anche gli altri hanno dato una risposta positiva o se sono l'unico, ad averlo fatto. La tristezza negli occhi del capitano è evidente solo a chi ha imparato a conoscere il suo lato più duro, quello che tutti vedono e che temono. Lo stesso che sembra avere anche Swaynn, ma, stranamente, con uno stato d'animo diverso, come se dentro di lei avesse trovato un equilibrio pari a quello che aveva mostrato sin dall'inizio e che ora è di nuovo visibile.

"La scelta di farvi giungere a Kelk mantenendovi isolati tra di voi non è stata fatta per impedirvi di comunicare, ma per rendervi partecipi dei nuovi ordini senza che si perdesse altro tempo in saluti." Dice il nostro capitano. "Avrete modo di parlarvi di nuovo, e non dovrete attendere molto. Vi è chiesto di preparare i vostri bagagli e di sistemare ciò che vi servirà per la missione che andremo a compiere. Il vostro addestramento comincerà già da domani, ma non si svolgerà più ad Awy, bensì a Nod, dove la nave è ormeggiata e protetta da una struttura d'acciaio che la rende inaccessibile alla vista degli abitanti e dei visitatori. Alloggerete lì, da domani in poi, e quella tornerà ad essere la vostra casa, finché non giungerà il tempo di partire per lo Spazio. E questo avverrà tra poco più di un mese, senza ulteriori ripensamenti. I vostri parametri sono stati registrati nel momento in cui vi siete seduti nelle vostre cabine, e, grazie alle informazioni ricevute, ciascuno di voi riceverà un elmo speciale: questo impedirà che i vostri pensieri vengano captati dagli Spiriti alieni, e non potrete separarvene mai, se non quando sarete al riparo, nell'alloggio a voi destinato sulla nave. Lì è già stato creato uno schermo che dovrete imparare a gestire in assoluta autonomia. Per questo, è indispensabile che l'addestramento cominci al più presto e che sia ancora più intenso di quanto sia stato l'ultima volta. Non potrete portare con voi i vostri famigliari: la missione è troppo rischiosa. E non vogliamo permettere che chi vi ama rischi di seguire una sorte nefasta. Ma non temete per la vostra incolumità: se sarete costanti nella disciplina, rappresenterete una forza che nessuna creatura potrà mai annientare. Non dispiacetevi per chi lasciate, ma gioite, perché potrebbe seguirvi, quando tutto sarà finito e la missione si concluderà con la vittoria. Perché è questo, a cui dovete mirare: combattere e vincere, affinché non si possa più dire che l'essere umano non è in grado di lottare per quello in cui crede."

Le sue parole fanno nascere in me una nuova scintilla. Lo stato di apatia che mi aveva reso quasi apatico sembra svanire. Finalmente si riparte! Finalmente si ha di nuovo uno scopo per cui vivere!

"Kelenda verrà affidata ai Governatori delle sue città." Continua Swaynn. "L'Altissimo Funzionario non cesserà di mantenere i contatti con gli altri rappresentanti del pianeta, ma avrà bisogno di tutti voi... di tutti noi." Si corregge. "Il nostro apporto è determinante, per la riuscita di questa missione e per il continuo contatto che dovremo mantenere con la Terra. Due giorni prima della partenza, al mondo sarà comunicato che la nave salperà per la conquista dello Spazio, e ci aspettiamo che la notizia abbia un impatto molto forte su chi la riceverà. Non sveleremo il segreto che la circonda, poiché non possiamo garantirne il risultato. Non a breve. Ma tutti sapranno che, ancora una volta nella storia dell'umanità, si ripeterà il tentativo che per molti è fallito miseramente: colonizzare altri pianeti."

"Ma non vogliamo che questo sogno si trasformi in una crescente avidità che ha già portato la Terra vicina alla sua distruzione." Aggiunge Athorm. "Vogliamo che il mondo sappia che tutto è possibile, ma che tutti noi dobbiamo fare i conti con i nostri limiti e le nostre capacità. Colonizzare un altro pianeta non significa predominare sull'intero Sistema Solare: significa rendere possibile ciò che potrebbe sembrare solo una triste illusione, ma far capire al mondo che questa possibilità non è data a tutti, poiché ciascuno di noi ha un suo destino, e, nella sua vita, è in grado di compiere grandi imprese."

"Un giorno si saprà che l'Isola della Luna apparteneva al Satellite da cui portava il nome, qui, sulla Terra." Interviene Swaynn. "E quando essa sarà ricostruita, non vi saranno prescelti, ma solo persone desiderose di ampliare le proprie conoscenze, affinché possano rendersi conto che fuori dal loro mondo esiste molto più di quanto non si pensi. E non tutto è tangibile. E ciò che non lo è, non è meno importante di ciò che lo è."

Athorm compie un gesto che infrange in parte le regole di un Capo: appoggia una mano sulla spalla di Swaynn, ed è come se, in lei, cercasse la forza per pronunciare le sue ultime parole:

"Noi siamo le vostre guide, ma voi siete più di quanto rappresentate su questa terra: siete amici. Ed è per questo che ci riponiamo in ciascuno di voi la nostra più totale fiducia. Questa è una nuova famiglia. Questo è un nuovo inizio. Tornate presso i vostri alloggi e siate pronti: domani, l'esercito di Sel'nays tornerà ad esistere."

Lui e Swaynn si inchinano e la trasmissione scompare. Lo schermo viene nascosto nuovamente dal tessuto rosso e morbido e suoni inconfondibili mi fanno intendere che le cabine si stiano sganciando tra loro. Poi, con la stessa velocità con cui sono arrivato fin qui, vengo riportato nel tunnel e quindi nuovamente trascinato all'interno del piccolo mezzo che mi ha prelevato da Nod. Il viaggio a ritroso è altrettanto rapido, e io vengo lasciato proprio di fronte al mio alloggio, dove gli androidi mi stanno già aspettando. Non ho visto nessun altro, nessuno dei membri che faranno parte del nuovo esercito, e non ho neppure il tempo di stare a pensare a quanto è stato detto durante l0incontro segreto. Posso solo accettare l'invito di Athorm e Swaynn, scegliere le poche cose di cui ho bisogno per il viaggio, e tenermi pronto.

Mentre mi affretto, il sistema di protezione del mio alloggio mi avvisa di una consegna. Non avviene attraverso l'apertura della porta, ma da un vano posto sul muro dov'è il pannello dei comandi. Non mi ero mai accorto di quest'apertura invisibile, se non oggi, quando i suoi contorni diventano visibili e si apre, con un sistema che sembra sollevare una sorta di porticina verso l'alto, a scomparsa. Vi è una scatola in acciaio, chiusa ermeticamente a libro, e, non appena la afferro, la porta si abbassa di nuovo, senza lasciare fessure nella parete.

Non ho il tempo di chiedermi come fare per aprire le scatole: come se essa riconoscesse il mio tocco, il contenuto appare immediatamente ai miei occhi. E' l'elmo speciale di cui ci era stato detto durante l'incontro segreto, e ne rimango affascinato: è di forma circolare, ma è cavo e non è come un elmo qualsiasi. Sembra un anello da porre in senso orizzontale tra fronte e nuca, un anello d'acciaio sottile e resistente, con al centro una punta orientata verso il basso. Non appena lo indosso, esso si posiziona immediatamente nel modo giusto, e quella punta è posta proprio tra gli occhi, fino a sfiorare la radice del naso. L'anello si adatta perfettamente alla mia testa e, dopo un senso iniziale di vertigine, non sembra nemmeno di averlo addosso. Non pesa, si adatta alla temperatura corporea e non stringe. Ed è come se, in qualche modo, riuscisse ad arginare i miei pensieri. Ci è stato detto di abituarci a indossarlo sin da subito, così, fino ad ordine diverso, lo terrò anche durante la definizione dei preparativi. Non ho bisogno di molto. Sono abituato a vivere con ciò che ho. Così non ci metto molto a terminare. Non rimane che attendere e quest'attesa è ancora più snervante di quella cui sono stato sottoposto per un mese. Non ho più nulla da fare. Non rimarrò più qui. Mi sento già lontano col pensiero, eppure sono ancora obbligato a stare in isolamento, visto che la mia porta è costantemente sorvegliata e chiusa.

Una voce metallica, quella del sistema difensivo che protegge la mia casa, annuncia all'improvviso:

"Athorm Dralt e Swaynn Osery."

Mi alzo in piedi, di scatto, e vedo entrare i due, con gli stessi abiti che indossavano durante la trasmissione presso la Sede Centrale. In genere sono io a permettere agli estranei di accedere, ma, in questo caso, non c'è bisogno che io faccia nulla. Anzi, credo che, per tutto questo tempo, non ho atteso altro di poterli vedere e parlare con loro, di persona. Ed ora Athorm e Swaynn sono qui, mentre la porta si chiude alle loro spalle, e, nel vedermi, abbozzano un lieve sorriso. Mi inchino istintivamente, in segno di saluto e di rispetto. Athorm si avvicina a me e mi fa rialzare, dicendomi:

"Tieni la testa alta, Oughm. Era questo, il nuovo comando. Te lo sei dimenticato?"

I suoi occhi sembrano divertiti e la distanza che si era creata tra di noi sembra essersi sciolta magicamente. Nel vederlo di nuovo, nel poterlo anche solo toccare – se lo volessi – mi rendo conto che la differenza tra di noi non è stata che una rivelazione tra amici, e che nulla è mai davvero cambiato. Siamo sempre gli stessi.

"Non l'ho dimenticato, signore." Rispondo. Vorrei poter dire di più, ma le parole si affollano nella mia mente e, per la prima volta nella mia vita, mi sembra di non avere nulla di abbastanza importante da riuscire ad esprimere come vorrei. Ed è sempre Athorm, a venire in mio soccorso:

"Sapevo di poter contare su di voi." Mi dice, sorridendo. "Anche gli altri hanno accettato. Voi e i nuovi collaboratori, come Edena, Lluish e Onya, Zoid e Chaz."

"Anche Tom?" Chiedo, esitante.

"Anche lui. Ed è stato tra i primi." Risponde Swaynn, avvicinandosi al marito. "Non ti nego che, all'inizio, abbiamo pensato che la sua risposta fosse stata dettata da un doppio fine, ma siamo appena stati da lui e abbiamo visto la sua reazione. Non c'è stato più alcun dubbio: lui ha visto se stesso nel momento in cui è stato giudicato, e ha saputo andare oltre le apparenze. Non è stato facile per lui, come per nessuno. Per questo vi siamo grati. Io, in particolar modo, per la fedeltà che avete mostrato nei confronti dell'Altissimo Funzionario di Kelenda."

"Anche verso i tuoi, Swaynn!" Esclamo con forza. Non voglio che si senta messa in ombra. Non sarebbe giusto, dopo ciò che ha fatto e di cui solo ora mi rendo conto. Mi rivolge uno sguardo carico di sottintesi, come se avesse intuito i miei pensieri, e mi dice:

"Ciò che conta, ora, è che l'esercito ricominci l'addestramento al più presto. Siamo qui per dirti anche che, se vorrai, dal momento in cui saremo usciti potrai fare ciò che vuoi e non sarai più relegato nella tua casa. Ti chiediamo, però, di non parlare con la gente di questa terra, perché nessuno sa nulla e la possibilità che ti è data è stata concessa solo agli altri amici e non all'intero esercito."

"Posso? Davvero?" Chiedo, quasi incredulo.

"Puoi, sì!" Ride Athorm. "Sembri un bambino cui è stato dato il permesso di mangiare il suo dolce preferito, Oughm!"

"In parte, è come se fosse così!" Esclamo, abbozzando anch'io una timida risata.

"L'importante è che tu non indossi l'elmo fuori da qui." Dice Swaynn, più seria. "Lo farai da domani, in un ambiente più protetto. Ricordati di riporlo nel suo contenitore: tutto è tarato sui tuoi parametri e nessuno potrà forzare il sistema di sicurezza che lo protegge. E' meglio che tu non dia a chi ti incontra l'occasione di porti troppe domande a cui non devi rispondere."

"Obbedirò al comando, Swaynn." Replico, sorridendo. "Ma, se posso domandarvelo… State visitando solo noi?"

"Ci stiamo recando da ciascun membro dell'esercito, per verificare di persona l'autenticità delle risposte e per ringraziare, laddove riusciamo a vederla." Risponde Athorm. "Fino a questo momento, tutti sono stati coerenti. Non abbiamo incontrato ancora nessuna contraddizione, anzi, un grande entusiasmo per ciò che ci accingiamo ad intraprendere."

"Tutti?" Chiedo, quasi incredulo. "Duecentocinquanta persone… nessuna esclusa?"

"Tutti, Oughm!" Ride Athorm, di nuovo. Poi aggiunge, sorridendo: "Non possiamo attardarci ancora, in effetti. Abbiamo un lungo giro per tutta Kelenda, ma a te e ai pochi altri abbiamo voluto dedicare un po' più di tempo."

"Siete stati davvero gentili e io… non vi ho offerto nulla…" Mormoro, guardandomi in giro e rendendomi conto di non averci neppure pensato.

"Non preoccuparti, Oughm." Mi rassicura Swaynn, sorridendo. "Siamo qui in veste ufficiale e non possiamo accettare nulla. Ma è come aver accettato e ti ringraziamo per il pensiero."

La vedo impallidire, improvvisamente, e vacillare. Athorm si accorge di quello che sta accadendo perché mi dirigo verso di lei, istintivamente. Ma lui mi impedisce di toccarla e la sorregge con forza:

"Posso farla sedere sul tuo divano, amico mio?" Mi chiede, evidentemente preoccupato.

"Non c'è bisogno di chiederlo, Athorm!" Esclamo, liberando la seduta dalle cose che ho preparato per il viaggio. "Se posso esservi utile, sono a vostra disposizione."

Quando Swaynn si adagia sul mio divano scapestrato – un divano che mi è stato consegnato intatto, ma che io ho contribuito a rendere simile a quello di un selvaggio – vedo che il suo viso riacquista un po' più di colore, ed è lei stessa, a tentare di rassicurarci:

"Sto bene, non preoccupatevi." Dice, con un filo di voce. "E' solo un po' di stanchezza, ma va già meglio." Poi si rivolge a me. "Scusami per questo inconveniente, Oughm. Come vedi… anch'io ho le mie debolezze…"

"Non scusarti, Swaynn: non con me." Replico, accorgendomi dello sguardo che Athorm le rivolge. E' lo sguardo di un uomo innamorato che non riesce a nascondere la sua apprensione verso la donna che ha voluto accanto, per il resto della sua vita. So anche che non avrei il diritto di assistere a questa intimità emotiva, perché entrambi sono qui in qualità di guide, e non solo di amici. Ma sono anche felice di poter essere con loro, in questo momento di difficoltà: vederli così simili agli esseri umani mi dà un'ulteriore conferma sulla mia scelta.

"Ti sto sottoponendo ad uno stress eccessivo…" Le mormora Athorm, quasi dimenticandosi della mia presenza. Ed è sempre lei, a riportarlo alla realtà:

"Sto bene, davvero." Dice, rialzandosi. "State tranquilli. Possiamo lasciare che Oughm si goda un po' della sua rinnovata libertà e tornare a dedicarci alle nostre visite."

Ostenta sicurezza e non so fino a che punto sia reale, ma il suo sguardo è fermo e sembra aver ritrovato forza. Athorm è perplesso quanto me, e lo comprendo dai suoi occhi. Lo conosco da troppo tempo. So che questa situazione l'ha reso più esposto alle emozioni. Ho visto il suo grande cambiamento, nel corso di questi lunghi anni. Non finge, con me, quando mi rivolge uno sguardo carico di sottintesi: non dovrò farne parola con nessuno, nemmeno con gli altri. E questo mi fa pensare che ci possa essere qualcosa di più di un semplice capogiro.

Rimango zitto e accetto l'ordine implicito. Li accompagno fino alla porta, e ci salutiamo con affetto. Poi, quando si sono allontanati, la tentazione di poter uscire è troppo forte e vince su qualsiasi altro pensiero: mi libero subito dell'elmo, riponendolo nella sua scatola d'acciaio che, al mio contatto, si chiude ermeticamente. Poi, finalmente libero, corro fuori, senza una mèta precisa.

Non mi fermo a parlare con la gente che mi riconosce, obbedendo agli ordini. Siamo vicini al tramonto e il mare, a quest'ora, è splendido.

Respiro a fondo il profumo di salsedine, mentre un senso di leggerezza e di vita pervade la mia anima. Ora si ricomincia a vivere!

Sette - *Swaynn*

Roseann Tinwhon, la mia collaboratrice e portavoce ufficiale a Nod, è di fronte a me, nel mio ufficio proprio di fronte al porto. Ho scelto di rimanere lì, perché il paesaggio è ineguagliabile e riesce a rilassarmi in questi giorni così frenetici. L'esercito si è ormai stanziato in modo permanente sulla nave e l'addestramento è cominciato, al riparo di sguardi indiscreti. Lo scrigno in cui l'immensa imbarcazione è racchiusa impedisce a chiunque di vedere che cosa sia dentro questa struttura che si appoggia al fondale, chiudendosi ermeticamente e negando anche l'accesso anche a chi potrebbe tentare di immergersi e curiosare nelle profondità del mare. L'interno contiene abbastanza acqua da far galleggiare il natante e l'esercito non è privato dell'ossigeno, né della luce naturale: grazie al lavoro di Yoser Nym, apparentemente la protezione esterna sembra costituita di acciaio impenetrabile, mentre, in realtà, si tratta di un cristallo trattato, che non impedisce alla luce di entrare all'interno della nave. Sostanzialmente, chi vi è dentro è in grado di vedere ciò che accade all'esterno, mentre non è possibile il contrario. Queste sono le condizioni in cui l'equipaggio ha dovuto iniziare ad abituarsi, poiché così sarà anche nello Spazio, dove la luce esterna è decisamente inferiore e dovremo fare affidamento sull'impianto perfezionato ad arte. Quando lasceremo l'atmosfera, si cercherà di mantenere una sorta di penombra rischiarata da una luminosità soffusa che non provocherà traumi alla vista dell'equipaggio. Tutti saranno chiamati a sviluppare doti di cui non sono ancora consapevoli, persino le Ancelle di Idra, ormai abituate alla vita sulla Terra.

Guardo Roseann, in piedi di fronte a me: sembra ancora simile a un elfo, ma non le ho mai chiesto di indossare un'uniforme di rappresentanza ufficiale. La sua figura è in grado di catalizzare l'attenzione di chi ha anche solo un contatto visivo con lei, e credo che, se lei fosse stata diversa da un essere umano, sarebbe potuta diventare un'insegnante di Ecghara, in quella che un tempo era l'Isola delle Vergini. Ora discutiamo degli ultimi dettagli prima della mia partenza. Non le ho rivelato nulla di troppo specifico, se non che, con l'Altissimo Funzionario di Kelenda e con l'esercito, partirò per un viaggio. Il resto sarà svelato solo pochi giorni prima.

"Vi incontrerete qui, a Nod, insieme agli altri Governatori e i loro collaboratori più fidati." Le dico, impartendole nuovi ordini. "Questa sarà la sede in cui prenderete le decisioni, insieme, quando noi saremo lontani, seppure costantemente in contatto. Athorm Dralt non farà mai mancare il supporto a questa terra e la tecnologia a nostra disposizione ci permetterà di essere aggiornati e di aggiornarvi in tempo reale."

"Va bene, Swaynn." Risponde Roseann, decisa. "Ma chi, di noi, sarà chiamato a decidere per ultimo? Per quanto le nostre idee possano essere complementari, non sarà facile, senza di voi, qui."

"Non lo è mai, quando si riveste un incarico importante. Ma, poiché voi mi rappresentate, e dacché la mia parola ha un'importanza immediatamente successiva a quella dell'Altissimo Funzionario, sarete voi a tirare le somme, valutare, e, se occorre, sacrificare qualche idea in favore di un'altra."

"Io?" Chiede, lievemente imbarazzata. "Sono la più giovane di tutti i Governatori. Non so se sarò mai ascoltata."

"Non fatevi prendere dall'insicurezza, Roseann: non fa parte di voi. Voi fate le mie veci in mia assenza, e questo vi rende superiore a tutti gli altri. Ciò non significa, tuttavia, che potrete fare di testa vostra, ma che, anzi, dovrete passare ancora più tempo a riflettere approfonditamente su tutto ciò che vi verrà esposto, a costo di perdere il sonno... o di non riuscire a suonare per intere settimane. Ogni vostro errore sarà considerato come se fosse fatto da me, ed è per questo che dovrete porre molta attenzione. Ricordate che non è necessario imporsi con la forza: le buone argomentazioni sono quelle vincenti, proprio perché sono quelle su cui si è pensato più a lungo."

"Siete molto saggia, Swaynn, e io non so se saprò essere alla vostra altezza. Ma ci proverò."

"Sono sicura che ci riuscirete. Piuttosto... non date troppa corda ad Agel Brooke: credo che vi abbia messo gli occhi addosso. Ma so che voi non siete affatto interessata a lui."

Mi sembra di vederla arrossire lievemente, ma il disagio dura solo un attimo.

Roseann trova il coraggio di rispondermi con voce decisa:

"Seguirò il vostro consiglio, anche se lo considero un buon amico e nulla di più." Dice. "Non ho mai desiderato illuderlo né dargli false speranze. Credevo che si fosse capito..."

"... che gradite le compagnie femminili?" Finisco la frase per lei. "Non è stato difficile intuirlo, per me."

"E non vi disturba, Swaynn? Avete stabilito la religione ufficiale e ripristinato quello che gli Antichi chiamavano *Cristianesimo*. Non era contemplato un amore tra individui dello stesso sesso."

"Avete la facoltà di seguire altri ceppi religiosi cui è stata data libertà di culto, con la sola regola di rispettarsi l'uno con l'altro, poiché ogni Fede porta con sé la storia di un Popolo."

"Non mi giudicate, dunque?"

Rimango un attimo in silenzio, immersa nei ricordi:

"Vengo da un luogo in cui ciò che più contava era la Virtù, in ogni senso possibile." Rispondo, poi. "Ed essa non ha sesso. Abbiate sempre l'accortezza di conservare la vostra dignità e di non calpestare mai quella altrui. Se un vostro atteggiamento causa imbarazzo, modificatelo: non dovete conquistare con il desiderio di far prevalere la vostra diversità, ma dovete dimostrare con i fatti che tutti noi siamo uguali, poiché i sentimenti più nobili che ci uniscono sono quelli che non impongono, bensì che accolgono, condividono e completano. E' naturale che non piacerete a tutti, ma nessuno vi chiede questo. Pensate a fare il vostro dovere e a condurre una vita esemplare. Per troppo tempo l'essere umano ha dimenticato i valori più importanti della sua vita, dando priorità a ciò che è destinato ad esaurirsi. Se vogliamo che Kelenda sia un esempio, non possiamo pretendere di chiedere senza dare. Mi rendo conto di chiedervi un grosso sacrificio, anche perché siete molto giovane, Roseann. Ma se non avessi avuto fiducia in voi, non vi avrei affidato un compito così importante."

"Ed io non smetterò mai di ringraziarvi, per questo, Swaynn. Ma non è un sacrificio, per me, seguire ciò che dite: lo fate motivando ogni vostro ordine e con grande chiarezza di intenti. E' impossibile travisare le vostre parole. Siete un grande riferimento, per me, e sentirò la vostra mancanza, quando sarete via."

"Conto di tornare." Replico, sorridendo. "E molto dipende dall'esito del primo viaggio. Potrebbe bastarne uno solo, oppure no: non possiamo saperlo. Ma non vi lascerò mai a voi stessa. Rimarremo in contatto anche da lontano. Solo, dovete muovervi in maggiore autonomia, cercando di portare avanti tutto ciò che vi ho insegnato e che voi avete saputo recepire alla perfezione."

"Lo farò." Promette, chinando lievemente il capo. "Vi chiedo il permesso di congedarmi, ora, Swaynn, affinché io possa iniziare sin da subito a meditare su ciò che avete detto."

"Lo avete." Le rispondo. "Rimanete presso la base e documentatevi su ciò di cui avete bisogno. Io mi ritiro presso il mio appartamento, per ultimare i preparativi. Vi affido il resto del lavoro, Roseann. Avete la facoltà di scegliere i collaboratori che vorrete, ma non fatelo mai sull'onda di un'emozione, qualunque essa sia. E nemmeno per dare un'opportunità a chi sembra aver perso tutto: la fiducia va conquistata col tempo, perché non si può dire di poter conoscere una persona, finché essa non è messa alla prova."

"Obbedisco al vostro ordine. Vi chiamerò solo nel caso in cui dovessi avere davvero un'urgenza, ma cercherò di non disturbarvi oltre. Avete l'aria stanca, se mi è permesso dirlo, e tutto il diritto di concedervi il tempo di cui avete bisogno per voi stessa."

"Vi concedo questa familiarità, ma solo per questa volta, Roseann." Replico, prendendo le distanze col tono di voce. "Vi ringrazio per il pensiero e per le intenzioni, poiché so che erano buone. Ma imparate sin da ora a non instaurare un rapporto troppo stretto con i vostri collaboratori, perché, se dovrete prendere decisioni impopolari, rischiereste di suscitare malcontento inutile. Siate cortese, ma condividete ciò che avete nella vostra anima solo con chi lo merita davvero. E lo capirete solo nei momenti di difficoltà."

"Vi chiedo scusa se sono stata invadente. Ma, in virtù di ciò che avete appena detto, voi mi avete accolta proprio in uno di quei momenti. E, anche se riconosco la vostra indiscussa superiorità, non posso fare a meno di considerarvi una persona verso la quale nutro la più completa fiducia. Con permesso, Governatrice di Nod."

Inchinandosi, lascia il mio piccolo ufficio. Mi appoggio alla scrivania, cercando di rimanere in piedi. Devo solo riuscire a raggiungere il piano superiore, accessibile solo ad alcuni che conoscono la strada, e dov'è il mio appartamento. In questa struttura – anch'essa di forma conica, come tutte le altre basi delle restanti città, seppure in scala molto inferiore rispetto alle dimensioni impressionanti della Sede Centrale – l'ultimo piano, il vertice, è decisamente il più panoramico e suggestivo, e amo il mio piccolo appartamento circolare, rivestito di legno profumato. Lo raggiungo da un'uscita nascosta del mio ufficio, una terza, nascosta agli occhi dei più e del sistema di sorveglianza legato a Nod e all'intera Kelenda: questo ingresso indipendente è stato tarato sui miei parametri e solo io posso accedervi, senza dover passare sotto l'occhio vigile delle telecamere. Ci arrivo grazie ad un ascensore interno che mi porta proprio di fronte all'ingresso. La porta può essere impostata in modo automatico o manuale, ma quando sono fuori casa non scelgo mai la seconda opzione.

Grazie alla scansione delle mie iridi e delle impronte digitali, entro nel mio appartamento e mi siedo sul divano circolare che dà proprio su un grande finestrone. Da qui vedo il mare, l'orizzonte, chi viene e chi va, e la luce entra con forza, di giorno. Di notte, riesco a scorgere le stelle, perché nel luogo in cui sorge la struttura più importante di Nod la luce artificiale è stata resa meno intensa, per non inquinare i colori del paesaggio.

Dopo essermi riposata per qualche minuto, vado in camera e sfilo l'uniforme, preferendo una lunga tunica leggermente rosata, una delle poche che ancora conservo dall'Isola delle Vergini. Il tessuto ha una sfumatura madreperlata e non posso che chiedermi come sia possibile ottenere questo effetto in un luogo così freddo e arido come sulla superficie della Luna.

Sciolgo i capelli e rimango a piedi nudi, guardando le onde del mare infrangersi sugli scogli. Lo fanno con grazia e senza troppa irruenza: non c'è molto vento e la temperatura e gradevole. Eppure, quando arriverà sera, so già che accenderò il camino, immancabile, poco distante dal morbido divano. Potrei usufruire della tecnologia che mi è stata messa a disposizione, ma preferisco trascorrere le mie notti solitarie suonando il Chrein o leggendo uno dei pochi libri che ancora mi sono rimasti. Presto non avrò più molto tempo da dedicare a ciò che più ho amato, e cerco di non perdere un solo minuto di quanto mi sia concesso.

Qualcuno bussa alla porta e mi distoglie dai miei pensieri. So che Athorm mi avrebbe raggiunta, una volta finito con l'esercito, e mi aspetto che sia lui. Potrebbe sembrare strano che una porta d'acciaio rivestita in legno riproduca un suono simile a quello di una qualsiasi, ma è stato così, che ho voluto, quando si è trattato di scendere a compromessi. Per accertarmi che si tratti davvero di mio marito, rispondo con un unico tocco e rimango in attesa. I tre tocchi successivi mi confermano che è lui, e apro manualmente la maniglia.

Sono sorpresa e anche un po' irritata, nel vederlo insieme a Yoser. Non mi aspettavo questa incursione e avrei preferito rimanere da sola con lui, anziché dover sostenere un'altra conversazione stancante con lo scienziato di Verdrad, sebbene io non abbia nulla contro di lui.

"Suppongo che sia stato tu, a chiamarlo." Dico ad Athorm, con uno sguardo di rimprovero, mentre li faccio entrare e chiudo la porta ermeticamente alle loro spalle. "Forse per accertarti che io stia bene."

I suoi occhi si posano sulla mia tunica: è leggera e quasi trasparente e, per un attimo, ho l'impressione che anche lui si sia pentito della scelta. Ma i suoi pensieri vengono spezzati bruscamente dalla risposta di Yoser:

"Non averne a male, Swaynn." Mi dice, facendo scorrere la sua grossa valigia, nella quale – ho imparato – custodisce tutti gli strumenti del mestiere. "Le tue condizioni non ti permetterebbero di stancarti così tanto. E so quanto lavoro tu sia costretta a fare, ogni giorno."

Prendo uno scialle appoggiato ai piedi del divano e lo avvolgo sulle mie spalle:

"Avrei preferito essere stata avvisata." Puntualizzo, senza nascondere la mia disapprovazione.

"Non mi avresti permesso di fare nulla." Ribatte Athorm, riprendendo il controllo delle emozioni.

Vedo Yoser trafficare con gli strumenti che ben conosco e decido di non sprecare altre parole: sarebbe inutile ribadire che tutto è sotto controllo e che sono capace di badare a me stessa. Sembra che i due si siano coalizzati e che io non abbia altra scelta se non quella di sottopormi ai test.

"Rimani pure seduta, come sempre." Mi dice Yoser. "Ci vorrà poco. E poi preleverò una goccia del tuo sangue, per ulteriori accertamenti."

Mentre lui comincia ad operare, e Athorm assiste, in piedi, accanto al camino spento, non riesco ad esprimere una domanda sarcastica:

"Farai così anche con tutti i membri dell'esercito?"

"Devo assicurarmi che tutti siano nelle condizioni migliori, Swaynn." Risponde Athorm, inspiegabilmente divertito dalla mia reazione. "Ma è ovvio che, con tutti loro, la sola presenza di Yoser non sarebbe sufficiente."

"Chiamerai gli scienziati più capaci della Terra?" Chiedo, sussultando lievemente al pizzico dell'ago che preleva una piccola quantità di sangue dal mio braccio. "Yoser sa che cosa stiamo per fare?"

E' l'interpellato, a rispondere, mentre comincia ad elaborare i dati:

"Sono stato messo al corrente e credo che sia una follia." Dice, con voce neutra. "Ma ho imparato che, con voi di mezzo, non è mai possibile prevedere nulla, né impedire che le cose accadano, se vi mettete in testa qualcosa di straordinariamente stupido."

"Sei venuto da Verdrad solo per dirci questo?" Gli chiedo, infastidita.

"Sono venuto perché Athorm mi ha riferito dei tuoi capogiri." Risponde Yoser, ignorando il mio stato d'animo. "E' da un po' di tempo che non ti sottopongo ai test, e, nella tua situazione, con quello che vi accingete a fare, credo che avresti dovuto riguardarti di più e chiedere il mio aiuto già da tempo."

"Se tu ed Athorm sospettate che ci sia qualcosa di grave, forse, dovreste dirmelo." Osservo, cercando di capire qualcosa dai loro sguardi. "Dopotutto, si tratta della *mia* salute. E credo di essere abbastanza grande da poter capire da sola quando sia il caso di rivolgermi ad un professionista specializzato nella razza aliena."

"I parametri non indicano alterazioni rilevanti, fino ad ora." Replica Yoser, guardando i dati che compaiono nel piccolo schermo posto sulla sommità di quella sorta di grande valigia. "Non ci sembrano essere segni che possano determinare la compromissione della salute." Si rivolge ad Athorm. "Su questo puoi stare tranquillo."

Athorm annuisce, ma è come se lo immaginasse già. Lo vedo attendere, e forse comincio a capire quello che passa nella sua mente. Tiene le braccia conserte sul petto e ha un'espressione pensierosa. La sua nera figura – perché egli non sta indossando alcuna uniforme ufficiale, forse per essere più libero nei movimenti durante l'addestramento – è simile ad un'ombra che incombe su questa luce che entra dal grande finestrone. Il suo mantello color antracite avvolge le sue spalle come la sagome delle ali di un corvo che si uniscono sul suo dorso, e i suoi occhi hanno il colore della brace. Lo stesso colore di quando la sua essenza sta prendendo il sopravvento.

Guardo lui, ma poi mi rivolgo a Yoser:

"Tu non sei qua solo per controllare che io stia bene, non è così?" Gli chiedo. "Sei qui per verificare se ciò che tutti noi pensiamo possa essere vero, se il bambino abbia ripreso a crescere e a svilupparsi nel mio grembo. No, non guardare Athorm: guarda me!" Esclamo, non appena mi accorgo delle sue intenzioni. "Rispondi alla mia domanda, Yoser. E' per questo che sei venuto?"

So che vorrebbe cercare rassicurazione da Athorm, ma l'uomo che ho sposato rimane in silenzio, rispettando il mio desiderio di voler sapere. Così, Yoser si trova costretto a rispondermi:

"Ho pensato che potessero esserci degli sviluppi solo quando Athorm mi ha detto che eri più stanca del solito." Dice, tornando a guardare i dati che compaiono sul piccolo schermo. "Se tu fossi un essere umano qualunque potrei pensare che si tratta di stress per il troppo lavoro. Ma sei abituata a sottoporti a sforzi molto maggiori, di qualsiasi tipo, e, inoltre, da un anno il tuo bambino è ancora nel tuo grembo. Dai risultati, però, il suo cuore continua a battere, i suoi polmoni funzionano e non c'è segno di sofferenza fetale. La temperatura intrauterina è nella norma e non sembrano esserci infezioni nel liquido amniotico. Vediamo con una scansione…"

Estrae una sorta di manipolo e lo punta contro il mio ventre. Da un'estremità arrotondata esce un raggio rossastro che circoscrive l'area dell'utero e proietta l'immagine sullo schermo. Yoser sembra sorpreso e io e Athorm rimaniamo in silenzio, in attesa di sapere qualcosa.

"Ingrandisco lo schermo, così potete vedere anche voi." Dice lo scienziato di Verdrad, sfiorando il monitor che, al suo tocco, si estende verso l'alto tramite una struttura cilindrica e sottile, aumentando di dimensioni, ponendosi verticalmente e agevolando la nostra visione. Athorm si avvicina a me, per osservare l'immagine tridimensionale: tutto sembra procedere come sempre, ma c'è qualcosa di diverso.

"Puoi spiegarci, Yoser?" Chiedo, cercando di capire.

"Avete visto, vero?" Replica. "Non è come le altre volte. Quello che pensavate sta accadendo: il bambino ha ripreso a crescere. Stai entrando nel quarto mese, Swaynn, in base a tutti i parametri. Athorm, da quanto tempo non vedi il ventre di tua moglie? Ho notato il suo cambiamento sin da quando sono entrato."

Ci guardiamo imbarazzati: è da un mese, praticamente, che ci vediamo a malapena. Avevo avvertito qualcosa di diverso, nel mio utero, ma credevo che tutto dipendesse dalla stanchezza accumulata. L'addestramento e l'organizzazione del viaggio ci ha strappati alla quotidianità, facendoci dimenticare di essere una coppia e separandoci, di fatto, in due diverse città.

Yoser si accorge dei nostri sguardi e capisce ciò che non gli riveliamo:

"Quando vorreste partire?" Chiede, rimettendo a posto il manipolo e riducendo le dimensioni dello schermo.

"Tra una settimana." Risponde Athorm, con voce distratta.

"No." Replica Yoser, con tono deciso. "E' troppo presto. Non è possibile esporre il bambino ad un rischio così elevato."

"Che cosa potrebbe accadere?" Chiedo, stringendomi nello scialle.

"Non so cosa risponderti, Swaynn. Per questo è meglio che tu rimanga qui. Il tuo caso è molto complesso e io non posso darti la certezza che tutto andrà bene."

"Potresti venire con noi, Yoser." Dice Athorm, dopo un istante di silenzio. "Si tratta soprattutto di un primo viaggio per verificare lo stato dei cieli. L'esercito non è ancora abituato a navigare nello Spazio. Io stesso riprendo questo tentativo dopo molti anni."

Lo guardo, sorpresa: Athorm ha già vissuto un'esperienza simile? Vorrei poterglielo chiedere, ma i suoi occhi parlano da soli: non è il momento di fare domande. E Yoser spezza questa comunicazione silenziosa tra di noi:

"Non avrei il tempo per organizzare nulla." Dice, sovrappensiero. "E dovrei chiedere anche la collaborazione di Orisa. Lei è più preparata di me, sulle razze aliene. Ma deve governare la sua terra e credo che anche lei avrebbe difficoltà nel predisporre tutto, al fine di colmare la sua assenza. Voi state già rischiando molto, lasciando Kelenda in mano a persone che stanno imparando ora il mestiere."

"Roseann è molto preparata." Osservo. "E anche gli altri Governatori. E' Athorm, a non poter essere sostituito con facilità. Per questo dovrà mantenere un contatto costante con la Terra. Senza di lui, gli Alti Funzionari sembrano persi."

"*Credono* di esserlo." Mi corregge lo stesso Athorm. "Ma si accorgeranno di aver imparato più di quanto potessero immaginare. Il sistema di comunicazione è stato collaudato, non è così, Yoser?"

"Tutto è perfettamente funzionante." Conferma lo scienziato. "Tutto è stato progettato per la navigazione spaziale e, se dovessero esserci dei malfunzionamenti, entrerebbero in funzione due supporti diversi alternativi, in modo consequenziale."

"Allora non credo che vi siano impedimenti." Dice Athorm, con tono calmo ma deciso. "E se le condizioni di Swaynn ti preoccupano, ti invito a riflettere sulla mia proposta. Vieni con noi e verifica di persona se le tue paure possano avere un reale fondamento. Non è necessario che Orisa si unisca a noi, in questo primo viaggio. Forse in futuro, ma, come dicevi, lei deve occuparsi di Idra. Tu puoi lasciare il coordinamento di tutto a Verlor Torrado, che si è dimostrato all'altezza di ogni situazione, soprattutto quando hai vissuto a Sel'nays per qualche tempo. Persino da lì, i tuoi congegni elettronici funzionavano. E la tua base è una delle due strutture che ancora rimangono in quel luogo tornato simile ad un freddo deserto di nulla. La seconda è la Legge che regola la vita della terra che vogliamo riportare alla luce, incisa dalle giovani Vergini scelte da Dashy, per volere di Swaynn."

"Se dovesse accadere qualcosa cui io non sapessi fare fronte…" Replica Yoser, facendo una piccola paura. "Non potrei esservi d'aiuto. Non possiedo il sesto senso che fa parte di voi, dal sangue puro: il mio corpo è stato contaminato e ha dei limiti, così come li ha la mia scienza. Se il viaggio non può essere rimandato, il mio consiglio è quello di far rimanere Swaynn qui a Nod."

"Impossibile." Replico, alzandomi in piedi. "Tutto è già stato deciso. Non possiamo più cambiare idea, all'ultimo minuto. Se tutto sta andando bene, come sembra, non risentirò di questo viaggio."

"A meno che gli Antenati non decidano di attaccare il bambino…"

Guardo Athorm:

"Perché dovrebbero farlo?" Chiedo. "Dopotutto, a loro interessa solo che ci manteniamo lontani dalla Luna. La mia gravidanza non rappresenta una minaccia."

"Non possiamo esserne sicuri. E non sappiamo nemmeno come mai il bambino abbia ripreso a svilupparsi. Una percentuale di rischio esiste, ma hai già vissuto un'esperienza molto più dura, quella della smaterializzazione, quando eri incinta di Mytia, e del gemello."

"Mytia ha risvegliato Iatho." Rispondo. "E il feto ucciso è stato la Sorgente delle Forze Oscure, finché non è stato neutralizzato. Se ci fossero dei pericoli, i miei Spiriti manterrebbero questo bambino nello stato letargico in cui è rimasto per più di un anno. Eppure la gravidanza ha ripreso il suo corso."

Athorm guarda Yoser:

"Pensaci, fratello mio." Gli dice, appoggiandogli una mano sulla spalla. Due gemelli… ma non potrebbero essere così diversi, l'uno dall'altro, soprattutto esteticamente. Eppure, qualcosa di forte li accomuna e io non posso ignorarlo.

"Se vorrai unirti a noi, anche all'ultimo momento, sarai il benvenuto. Persone con le tue competenze sono indispensabili, nell'equipaggio. Non saprei a chi affidare la salute dei miei uomini, se non a te, poiché tra essi non vi sono solamente esseri umani, ma anche alieni."

"E' per questo che reputo più appropriata la presenza di Orisa." Osserva Yoser, meditabondo. "Lei e le sue Ancelle sono riuscite a salvare Swaynn, quando ha rischiato di morire per mano di Tom. Io non ho fatto nulla."

"In questo caso i nostri nemici non avranno un corpo solido. Per questo, nemmeno la Signora di Idra è preparata a questo scontro. E così anche le sue Guerriere." Gli rispondo, avvicinandomi a lui. "E' un'esperienza nuova per tutti noi, poiché coloro che dovevano essere dalla nostra parte, ora si stanno schierando contro l'esercito di Sel'nays. Non godremo più della loro protezione, né della Luce con cui sanno rischiarare i dubbi. Il combattimento non avrà un esito garantito, da nessuna delle due parti. Il primo viaggio ci servirà per testare la loro potenza e per intensificare la nostra."

Yoser mi guarda e vedo la preoccupazione nei suoi occhi:

"Se ti succedesse qualcosa, Swaynn, non saprei davvero che cosa fare." Mi dice, semplicemente. "Non sono cresciuto insieme ad altre creature aliene. Ho conosciuto solo la Terra e i suoi abitanti, i loro corpi mortali, ogni loro funzione… Io sono una persona pragmatica e non so combattere contro figure di Luce. Non possiedo il vostro sesto senso. Non ho mai analizzato la loro energia."

"Potresti cominciare da noi." Replica Athorm, con uno sguardo enigmatico.

So che cosa significano le sue parole. Si sta rendendo disponibile per essere studiato così come si è manifestato a me, nella sua essenza. Sta consegnando At'n-I'd in mano a suo fratello, per aiutarlo a comprendere. E anche Yoser comprende. Per questo rimane in silenzio, per un lunghissimo istante. Poi, con voce incerta, risponde:

"Ci penserò, ve lo prometto. Non ho paura di vedere ciò che siete, né di scoprire da dove io venga. Ma datemi almeno un paio di giorni per riflettere sulla vostra proposta. Mi state chiedendo molto e temo di non essere all'altezza delle vostre aspettative."

"E chi lo è mai, davvero?"

Guardo Athorm, e i suoi occhi sono ancora luminosi come la brace incandescente. Si sta aprendo un nuovo capitolo della storia di tutti noi. Non si può più tornare indietro.

***

"Schaw's Sel'nays, Swaynn! Swaynn è la Signora di Sel'nays"
Questo è ciò che grida Id-Am'Ra, la Sorgente dell'essenza di Athorm Dralt, signore di Kelenda. E' il grido che giunge con forza fino agli Spiriti degli Antenati, un grido simile ad un fischio feroce che spezza il dolce pulsare del Cosmo, agghiacciante come la collera di un'anima avvolta da fiamme incandescenti, minaccioso come il potere di colui che ha dichiarato guerra alle Creature di Luce. La sua potenza è amplificata dall'unione dei due potenti Spiriti di V'aT'Ss, Vegar e Iatho, che sostengono la Sorgente rendendola quasi invulnerabile. E gli Antenati la temono, poiché potrebbero esserne devastati, se solo l'Uomo della Luna la dirigesse contro di loro. Ma non può farlo, poiché distruggerebbe anche se stesso e il suo passato, e le emozioni umane lo rendono vulnerabile, quel tanto che basta per aprire una fessura nella sua corazza impenetrabile. E' ciò che l'Esercito della Luce si augura: combattere contro la fragilità umana di colui che potrebbe conquistare la Pietra Gemella e ricostruire Sel'nays, di cui Swaynn rimane l'unica Signora. Se così fosse, gli Spiriti degli Antenati si spegnerebbero lentamente, come luci che sbiadiscono in un cielo pieno di nuove stelle ancora più luminose. Essi conoscono il segreto: lo percepiscono anche ad una distanza così grande. Nessuno di loro può evitare di ascoltarlo, perché la sua vibrazione è già parte del canto del Cosmo. Per questo, si affrettano ad ultimare la loro strategia. Sanno che dovranno combattere contro un esercito addestrato da colei che è stata scelta tra tutte le altre Vergini e che custodisce l'antico sapere, il patrimonio storico della Luna, del Sole e della Terra. Questo esercito fatto di esseri umani, androidi e alieni, non è meno pericoloso del grido tonante di Id-Am'Ra che ammonisce gli Antenati: se essi faranno del male ad uno solo dei Guerrieri, non vi sarà alcuna pietà. Ma gli Antenati sanno che colui che ha vissuto sulla Terra, in un corpo solido, provando emozioni e sensazioni diverse dal semplice esistere, non è una creatura onnipotente. Sanno che non potranno colpirlo direttamente, ma

cingerne i fianchi, fino a metterlo con le spalle al muro. Sanno anche che non sarà facile, perché arriverà il giorno in cui le Essenze si scaglieranno contro l'Esercito di Luce e che quella battaglia scatenerà tempeste solari, eclissi, distacchi di meteoriti che potrebbero alterare il normale flusso degli eventi. Nessuno può andare contro ciò che è. Nessuno può combattere le sue radici. Nessuna creatura, né umana né aliena, può cancellare la sua storia passata. Questo è ciò che racconta la vita e ciò di cui è permeata. Ma la sottile vibrazione che si insinua nella convinzione degli Antenati è così forte da provocare dubbi e ripensamenti. Forse tutto potrebbe ancora essere evitabile, ma significherebbe arrendersi senza neppure lottare, consegnarsi nelle mani di At'n-I'd, diventare servi della nuova Sel'nays e perdere un potere immenso. Per questo, nulla dev'essere fermato. Tutto, ormai, è stato scritto.

Detia – L'Osservatrice

***

Otto - *Moraya*

L'emozione pervade tutti noi. E' giunto il giorno della partenza, e siamo già pronti all'interno della struttura che custodisce e nasconde la nave. Aspettiamo in silenzio, con il cuore che ci scoppia in gola, la sensazione che stiamo per compiere qualcosa di importante, dopo molto tempo, e la paura dell'ignoto che ci affascina, al tempo stesso. Attendiamo in piedi, sul ponte, racchiusi nelle nostre nuove uniformi. Non vi è un solo colore e ciascuna è adattata al corpo di ogni individuo che la indossa. Tutti, però, siamo avvolti da un doppio strato di tessuto elastico e simile alla gomma lucida, ma molto più leggero e traspirante. Dei bottoni che riportano il simbolo di Kelenda partono dalla base del collo, cinta totalmente da una fascia nera, fino a poco sotto l'ombelico. Gli abiti sono aderenti e molto agevoli, e ci permettono di compiere qualsiasi movimento come se non avessimo indosso nulla. Miracoli della scienza di Yoser Nym, unitosi a noi quasi all'ultimo. Anche lui indossa un'uniforme particolare, di colore verde, ma non riporta gli stessi simboli, forse perché egli viene da Verdrad e ne rappresenta l'essenza.

Tutti siamo dotati di doppi cinturoni, intorno ai quali vi sono armi di ogni tipo, ma sottili e non molto lunghe. Non ci serviranno fucili e spade, contro esseri di luce, creature di cui ci è stato raccontato il grande potere mentale: per questo indossiamo i nostri elmi, ed essi sembrano emanare bagliori veloci che non riusciamo a catturare con lo sguardo. Abbiamo stivali molto resistenti e alti fin sopra il ginocchio. Non ci è permesso cambiare abito finché non saremo al sicuro nelle nostre cabine. Solo lì, a turno, potremo riposare e sentirci liberi di indossare quello che vorremo, ma senza togliere l'elmo. Per dormire ci è stata consegnata una specie di tuta, anch'essa aderente, di colore grigio, e fatta dello stesso materiale. Ha la stessa funzione dell'elmo, ma ci permette di non indossarlo mentre dormiamo.

Athorm è in piedi, su una struttura posta sopra la plancia. La sua figura è simile a quella di un antico spadaccino, molto raffinato: ha una camicia bianca e morbida, aperta sul petto, dove spicca qualcosa di luminoso, simile ad un tatuaggio di cui non distinguiamo i contorni. Indossa dei pantaloni neri, anch'essi di materiale simile a quello delle nostre uniformi, ma con una bordatura verticale e laterale di colore grigio e riportante i simboli in rilievo. I suoi stivali sono bianchi e apparentemente molto pesanti, e sui fianchi indossa tre diverse cinture. Sui suoi polsi sono comparsi dei braccialetti che non abbiamo mai visto, di materiale simile all'argento, ma con una lavorazione che non ci è stata resa nota. E, ora, sull'anulare sinistro spicca un anello. Riconosciamo in esso quello che, molti secoli fa, era il più importante degli anelli nuziali di Kelenda, costituito da tre tipi diverse di leghe non note, e intrecciate tra loro per tutto il perimetro. Al centro dell'anello c'è un altro simbolo di cui non conosciamo la provenienza, e un sottile rilievo che crea bagliori molto particolari, in base alla luce. Noi lo conosciamo col nome di Tasxor, e lo vediamo anche sull'anulare di Swaynn, sostituendo e rimpiazzando il vecchio anello nuziale che si era logorato. La Governatrice di Nod è l'unica donna ad indossare un abito lungo, di colore verde, simile a velluto. E' una sopravveste che nasconde un secondo strato più interno, che parte da poco sotto il viso e arriva fino ai piedi, con movimenti molto morbidi e dalle sfumatura madreperlate. I suoi capelli sono sciolti e al centro del suo elmo, come in quello di Athorm, splende il simbolo di Kelenda unito ad un altro di cui non conosciamo il significato. Dai suoi lievi movimenti, ci accorgiamo che i suoi piedi sono nudi e sembrano mostrare tatuaggi simili a quelli evidenziati sul petto del nostro capitano, e alle caviglie indossa gli stessi braccialetti, ma molto più sottili e numerosi. Il suo sguardo è cambiato nuovamente ma la cosa che impensierisce tutti noi è una lieve rotondità sul ventre che ci fa sospettare una gravidanza. Nessuno ci ha detto nulla, al riguardo, ma la presenza di Yoser Nym ci fa pensare che ci possa essere qualcosa di vero. La tensione per la partenza, tuttavia, è così forte da far passare tutto in secondo piano: ci stiamo per dirigere verso lo Spazio, e l'emozione cresce ad ogni minuto. Tutto è cominciato due giorni fa, quando Athorm ha dato l'annuncio al mondo intero:

"L'esercito di Sel'nays sta per compiere un viaggio in cui da troppo tempo gli esseri umani avevano smesso di sperare." Ha comunicato, attraverso una trasmissione in diretta. "Ci dirigeremo oltre l'atmosfera e i confini del pianeta Terra, poiché la nave è stata progettata di nuovo anche per questo: per elevarsi nell'oscurità dell'Universo, attraverso il Sistema Solare. Questo sarà il primo viaggio, quello di ricognizione, che ci aiuterà a comprendere ciò che pulsa attorno a tutti noi. Abbiamo mantenuto il segreto a lungo, poiché la delicatezza di questa missione lo imponeva. Ma ora, il Popolo di Kelenda e di tutto il mondo potrà assistere a qualcosa di spettacolare. Non perderemo mai il contatto con la Terra e vi faremo ritorno sani e salvi. Le famiglie di ogni membro dell'esercito possono stare tranquille: il sistema di protezione è ai massimi livelli. Non vi saranno rischi e si potrà dire che, ancora una volta, il cielo smetterà di nascondere i suoi segreti ed essi diventeranno realtà tangibili. Si dirà che Kelenda, una terra leggendaria, avrà dato una nuova spinta alla navigazione galattica, e questo ritorno al passato segnerà un primo passo verso un nuovo futuro."

Le sue parole sono state accolte con un entusiasmo che non ci saremmo mai aspettati. Migliaia di curiosi da parte di tutto il mondo hanno fatto a gara per correre a Nod, dove la nave era in attesa degli ultimi preparativi. Tutti noi potevamo sentire le loro voci e vedere il numero dei presenti che cominciava a sostare lungo la riva, e non ci è stato concesso il permesso di scendere per nessun motivo: sarebbe stato troppo pericoloso avventurarsi in mezzo a quella folla che cresceva in modo esponenziale e non avremmo comunque potuto perdere tempo prezioso facendoci largo tra i curiosi. Potevamo percepire la loro presenza persino di notte, nonostante un ulteriore sistema difensivo avesse chiuso ermeticamente la struttura che nascondeva la nave. Abbiamo trascorso le ore dell'ultimo giorno nel silenzio più totale, per impedire che il caos esterno penetrasse anche nella nostra anima.

E ora, finalmente, il momento è arrivato. Sappiamo che ci sono rappresentanti di ogni parte del mondo pronti ad immortalare l'evento. Tecniche di comunicazione altamente perfezionate permettono di trasmettere in tempo reale questi istanti quasi magici. L'opinione pubblica è completamente concentrata su di noi. Non resta che una manciata di secondi, mentre il sole comincia a splendere luminoso, in questo nuovo giorno che rimarrà indimenticabile, qualsiasi cosa accadrà. Tutti osserviamo Athorm, posto sulla struttura sopra la plancia. Siamo in più di duecento, sul ponte, e, per un attimo, la folla ci vedrà, perché il sistema di protezione ovoidale che si chiuderà saldamente sopra le nostre teste, rimarrà per qualche istante nascosto all'interno dei fianchi molto spessi. L'Altissimo Funzionario di Kelenda rivolge uno sguardo a Swaynn e lei annuisce. Quindi, pronuncia queste parole, ad alta voce:

"Sel'nays! Si salpa!"

Al suo ordine, molti dei Guerrieri all'interno dell'immensa plancia passano il comando e il sistema difensivo che ha nascosto la nave per tanto tempo si apre, come un fiore, e, mentre si apre, la pavimentazione su cui poggia la chiglia, si abbassa, portando lo scafo direttamente sull'acqua. La luce del sole fa irruzione, mentre un forte boato si eleva dalla riva, resa inaccessibile dall'intensa rete di sicurezza guidata da Verlor Torrado e coordinata dai Governatori delle città di Kelenda. La folla è in delirio e tutti noi siamo stupiti della gran quantità di gente venuta ad assistere di persona a questo evento. Pensavamo che una semplice trasmissione olografica potesse bastare, ma ci sbagliavamo: gli uomini che si occupano della sicurezza delle acque faticano non poco a trattenere la gente che ci guarda con ammirazione e timore, nel vedere innalzarsi una nave di enormi dimensioni, finalmente svelata in tutto lo splendore che riflette in modo naturale.

Tra coloro che sono accorsi a guardarci partire scorgo la figura di Orisa circondata dalle sue Ancelle. Sono avvolte da un mantello leggermente più chiaro e tendente al grigio, in segno di rispetto del colore perlato tipico di Kelenda, e non mi sfugge l'occhiata che Yoser le rivolge dal punto più alto del ponte. Anche in mezzo a una moltitudine infinita di persone, questo filo sottile che sembra legarli riesce a stagliarsi senza difficoltà, come se solo loro fossero presenti e tutti gli altri scomparissero all'improvviso.

Ma non ho il tempo di pensare troppo: Athorm e Swaynn, dalla pedana posta sopra la plancia fanno un cenno di saluto al Popolo di questa terra e a tutti coloro che sono giunti fin qui da molti altri luoghi, anche lontani. Poi, nonostante il gran chiasso, riusciamo a sentire l'ordine di Athorm, chiaro e forte:

"Iniziare la navigazione!"

Passa solo un secondo e la nave si mette in moto, per la prima volta, senza rematori. Cominciamo a solcare il mare, mentre il silenzio cala all'improvviso. Avanziamo lentamente, per testare la stabilità dello scafo, poi l'imbarcazione trova un asse perfetto, regolando automaticamente l'equilibrio causato dall'infrangersi delle onde sui fianchi. Ci allontaniamo solo per poco dalla riva, quindi Athorm impartisce un altro ordine:

"Attivare lo scudo!"

Dai fianchi della nave si alza la struttura ovoidale che avvolge tutto il ponte, fino alla sommità dell'albero maestro. Non abbiamo bisogno di una bandiera: basta il simbolo dorato di Kelenda che risplende sull'estremità della prua. Le due metà del cristallo possente e infrangibile si uniscono e si saldano tra di loro, senza soluzione di continuità, e non è visibile nemmeno una piccola fessura che possa lasciar intendere la divisione tra i due mezzi scudi.

"Prepararsi per la procedura volo!"

Il comando di Athorm, gridato dall'alto della plancia, ci fa rabbrividire: stiamo davvero per solcare i cieli. Guardiamo per l'ultima volta la folla che ci osserva a bocca aperta, mentre il cristallo viene avvolto da un secondo strato protettivo, fatto con un materiale che ha elaborato Yoser in collaborazione con l'Altissimo Funzionario di Kelenda. Da questa seconda struttura che serve a stabilizzare ulteriormente la resistenza dello scudo, e che è come una fitta serie di grate che conferiscono al cristallo un disegno simile a quello di tanti finestroni a cupola uniti tra di loro, facciamo arrivare il nostro saluto a coloro che ci guardano partire. Ci poniamo, poi, come ci è stato detto, nelle postazioni assegnate: noi collaboratori più stretti entriamo in plancia insieme ad Athorm, Swaynn e Yoser, mentre alcuni altri si sistemano nelle altre sale di comando poste nella grande plancia. Chi non è di turno ha il permesso di assistere alla partenza, ma, subito dopo, dovrà ritirarsi nella sua cabina per abituarsi al cambiamento che sta per avvenire. Non c'è alcun timone, nella sala comandi principale: solo una serie di pulsanti e, soprattutto, molti schermi che indicano la rotta già impostata.

"Attivare la procedura volo!" Esclama Athorm, mentre avvertiamo chiaramente rumori interni che dispiegano le ali, otto in tutto, quattro su un lato e quattro su un altro, molto grandi e poste come remi: esse non solo hanno la capacità di dirigere la nave, ma anche di determinarne l'assetto. Come se stessimo letteralmente "remando" nello Spazio.

"Sel'nays: si parte!"

Al comando di Athorm, tutto sembra fermarsi, improvvisamente. Poi, con un senso di paura mista ad eccitazione, ci rendiamo conto che ci stiamo sollevando. Avvertiamo chiaramente la forza dell'acqua diminuire, finché la nave sembra cominciare a galleggiare nell'aria. Ci leviamo verso l'alto in modo lento e verticale, mentre Yoser controlla con attenzione che tutto stia procedendo per il verso giusto e, ogni tanto, rivolge uno sguardo veloce nella direzione di Swaynn che assiste in silenzio, immobile, con gli occhi fissi sull'orizzonte.

"Direzione: Spazio!"

Sappiamo che cosa dobbiamo fare, ora. Prendiamo i nostri posti, concentrandoci sui computer di cui ciascuno di noi è dotato. Tutto è sincronizzato alla perfezione, e, dopo pochi istanti, la nave assume un assetto leggermente obliquo, con la prua rivolta verso l'alto. Tocca proprio ad Oughm schiacciare il pulsante della propulsione decisiva, e lo fa deglutendo più volte e sudando. Quando il suo dito sfiora il comando, la nave schizza letteralmente, facendoci quasi cadere dalle nostre postazioni. Ma ci è stato detto di non perdere mai il controllo, così riusciamo a rimanere ai nostri posti, mentre Edena, attraverso le videocamere di sorveglianza, si accerta che tutti gli altri componenti dell'esercito stiano bene. Athorm le rivolge uno sguardo interrogativo e lei annuisce. Entriamo nell'atmosfera e ci troviamo a dover superare la barriera del suono. Il sistema di propulsione ideato da Yoser ha raccolto le vibrazioni di tutti i nostri strumenti e del canto del Gham, convogliandole in una sorta di "contro barriera" che dovrebbe attutire l'impatto. La fonte sonora decisiva, però, è stata registrata dal suono del Chrein di Swaynn e dalla sua voce, insieme alla melodia del Tharyd di Athorm. La vibrazione così riprodotta dovrebbe essere in grado di amplificarsi e di spingerci ancora più velocemente oltre l'atmosfera.

E' l'attimo decisivo… e anch'esso è superato!

Continuiamo a manovrare gli strumenti, increduli, mentre la nave si immerge nello Spazio. Una strana forma di oscurità ci avvolge, ma la luce delle stelle è sufficiente per abituarci a questa nuova penombra. Accendiamo tutte le fonti luminose della nave che ci sono state indicate, e ci accorgiamo che intorno allo scafo di produce un bagliore tenue ma sufficiente a permetterci di vedere un po' più chiaramente.

"Mantenere la rotta." Dice ancora Athorm, con voce sollevata. "Inserire il rilevamento automatico di detriti Spaziali."

"Rilevamento inserito." Dice una voce metallica che conferma l'avvenuto comando. La scelta di non avere un equipaggio che riportasse l'esito di un'azione, positivo o negativo, è stata fatta per darci la possibilità di poter interloquire con le nostre guide. Non dobbiamo disperdere le nostre energie in qualcosa che la nave è in grado di fare in modo automatico, ma solo cominciare a prendere dimestichezza con la sua gestione. Il rilevamento automatico di detriti che potrebbero trovarsi sulla nostra rotta permette alla nave di evitare collisioni fastidiose, anche se, in base a ciò che sappiamo, è stata costruita per resistere ad impatti molto forti. Tuttavia, la totale invulnerabilità non ci è mai stata garantita, così è necessario che ci sia sempre qualcuno che sia in grado di monitorare ogni movimento. Athorm si avvicina ad un microfono e parla all'intero esercito:

"Primo gruppo: procedere come stabilito. Tutti gli altri scendano sottocoperta, in attesa di istruzioni." Dice, con voce decisa. Poi, allontanandosi dall'amplificatore vocale, mormora: "Non è il momento di dormire, ora…"

"C'è qualche problema?" Mi viene spontaneo chiedere, notando il suo sguardo pensieroso. Athorm mi rivolge un sorriso, per rassicurarmi, e risponde:

"Goditi questo viaggio, Moraya, perché non tutti gli esseri umani hanno avuto la possibilità di vedere lo Spazio così da vicino."

Quello che dice è vero: nonostante io e gli altri siamo impegnati a prestare molta attenzione a tutto ciò che stiamo facendo, non possiamo rimanere indifferenti a quello che vediamo e che viviamo. Stiamo navigando oltre i confini della Terra, e respiriamo ossigeno come se fossimo ancora sul pianeta. Invidio quelli che possono sedersi nella loro cabina per osservare ciò che ci circonda. Rimaniamo tutti in silenzio limitandoci ad eseguire ciò che ci è stato insegnato, mentre Yoser, insieme ad altri membri dell'esercito appositamente addestrati, si assicura che tutto stia procedendo come deve. Controlla ogni parametro che il computer mostra a schermo e confabula a bassa voce con i suoi collaboratori, annotando qualsiasi cosa. Swaynn cammina lentamente, avvicinandosi ad Athorm. Ora che riesco a vederla meglio, non posso non notare la rotondità sospetta del suo ventre, sebbene nessuno ci abbia dato alcuna notizia ufficiale. Il suo sguardo si posa su tutto ciò che si manifesta di fronte a noi, e sembra perdersi in pensieri che non riesco a comprendere. I suoi occhi sono diventati ancora più enigmatici e non è facile riuscire ad interpretare le sue emozioni.

Cammina come se stesse librandosi nell'aria, ma i suoi piedi nudi sono ben ancorati al pavimento. Passa accanto a ciascuno di noi, ci rivolge un rapido sguardo, in silenzio, e poi giunge accanto ad Athorm. Insieme si avvicinano al cristallo che mostra le immagini in diretta di ciò che aleggia nello Spazio, e rimangono a lungo in quella posizione, immobili, mentre noi cominciamo a risentire dei primi effetti della navigazione.

"Ho la nausea…" Mormoro, cercando di dominare questo fastidio crescente. Swaynn si volta verso di me:

"Tieni lo sguardo fisso su un solo punto." Suggerisce, con voce ferma. "Fate così anche voi." Dice agli altri, in evidente difficoltà. "Quello che vedete è straordinario, senza dubbio, ma ricordatevi ciò che vi è stato insegnato. Non potete ancora considerarvi padroni dei vostri corpi. Siatelo delle vostre menti."

"Io vado a controllare gli altri sottocoperta." Dice Yoser, alludendo allo stesso problema che potrebbe verificarsi anche in chi non è ai comandi. Athorm annuisce e lo scienziato si reca immediatamente verso l'ascensore che lo porterà dalla plancia fino ai vari livelli della nave, insieme a due suoi collaboratori. Noi cerchiamo di mettere in pratica quello che Swaynn di ha suggerito, con molta fatica. Non possiamo aprire finestre per fare entrare aria: non c'è ossigeno. Non possiamo nemmeno scendere dalla nave: non c'è gravità. Non possiamo fare nulla di quello che eravamo abituati a fare sulla Terra e solo ora ci rendiamo conto di ciò che comporta questa navigazione nello Spazio. Swaynn si accorge delle condizioni in cui versiamo. Non so come faccia a resistere: anche lei ha un corpo umano e nelle sue vene scorre sangue che abbiamo visto uscire copiosamente quando Tom ha cercato di ucciderla. Eppure, la sua mente è così forte da riuscire a dominare qualsiasi sensazione fisica. Almeno, in apparenza. Anche Athorm è in perfetto controllo, e guarda sua moglie, come se attendesse un gesto da lei. Swaynn fa cenno di attivare di nuovo l'amplificatore vocale che raggiungerà ogni angolo della nave e parla con voce forte e chiara:

"Sappiamo che alcuni di voi stanno accusando malesseri di cui eravate già stati resi partecipi. Cercate di rimanere calmi: Yoser Nym e i suoi collaboratori si stanno recando presso di voi per accertarsi delle vostre condizioni di salute, ove necessario. Vi ricordo di non lasciarvi prendere dal panico, perché tutto rientra nella più assoluta normalità e non durerà a lungo se metterete in pratica ciò che vi è stato insegnato durante l'addestramento. Non cercate di opporvi, ma lasciate che queste nuove sensazioni entrino a far parte di ciò che siete: state cominciando a percepire gli influssi della Luna, e il Satellite esercita su di voi una forza che vi è stato insegnato ad accettare, non a combattere. Non lasciatevi ingannare dalle armi del nemico che cerca di sfruttare le vostre debolezze: usate la meditazione per trovare l'equilibrio e confidate in tutto ciò che sapete fare. Siete pronti da tempo e dovete solo rendervene conto. Questo è un momento molto importante, perché segna un passaggio da quello che faceva parte della vostra vita sulla Terra al cambiamento che state vivendo, per la conquista dello Spazio. Le metamorfosi non sono mai indolori, ma, se affrontato nel modo giusto, ogni sforzo può diventare la sorgente di un nuovo potere che farà parte della vostra identità futura. Perciò, dimenticate le paure e confidate nel vostro senso di smarrimento: le certezze che facevano parte della vostra vita vengono e verranno messe in discussione, ogni giorno, in ogni istante. Siate pronti sin da ora ad affrontarle, poiché siete in grado di farlo ed è anche per questo che siete stati scelti. Avete mostrato capacità particolari che vi hanno permesso di essere qui, ora. E potete lottare sin da subito, perché avete tutte le armi. Dovete solo imparare a riconoscerle, in modo diverso. E potete farlo così come vi è stato insegnato e come avete imparato a fare: in modo impeccabile. Io l'Altissimo Funzionario di Kelenda confermiamo la nostra più completa fiducia in voi. Sappiate che un simile onore è riservato solo a chi è davvero meritevole e voi tutti lo siete. Non ci deluderete mai. Non ci state deludendo neppure adesso. Perciò, fate nascere nella vostra anima la fiamma della volontà, quella che non vi ha mai abbandonato in tutto questo tempo. Voi siete l'esercito. Voi siete Sel'nays."

Non so come, ma le sue parole sembrano sortire un effetto, e non solo su di me. Lentamente, i pensieri diventano più chiari. Il respiro si fa regolare e i battiti cardiaci rallentano. Il senso di oppressione si allenta e tutto ciò che ci è stato insegnato riaffiora nella mia mente. Comincio a muovermi lentamente e così fanno anche gli altri. Il senso di nausea comincia a diminuire, finché scompare del tutto. Swaynn e Athorm ci osservano in silenzio, con fermezza. Yoser li raggiunge poco dopo, riferendo le seguenti parole:

"Tutto sta andando bene, ora. L'equipaggio si sta adattando alla nuova condizione. Non ho terminato il giro, perché sono arrivate comunicazioni in cui l'esercito affermava di non avvertire più alcun sintomo."

Swaynn annuisce e si avvicina nuovamente al cristallo che mostra chiaramente il paesaggio che ci circonda. Athorm la raggiunge, controllando insieme a Yoser tutti i segnali che i computer di bordo stanno rilevando. Non possiamo vedere i loro sguardi, perché sono di fronte a noi e ci danno le spalle, ma sembra che tutto stia andando come deve.

"Beh, che cos'è questo silenzio?" Esclama Oughm, all'improvviso. Anche lui, insieme a me e a Edena, fa parte della prima truppa. Gli altri sono stati assegnati al prossimo turno, a distanza ravvicinata. E' stata presa questa decisione per far sì che tutti noi riusciamo ad abituarci in fretta alla navigazione Spaziale.

Oughm continua a parlare, senza freni: "Ci vorrebbe della musica, no?" Chiede, con lo sguardo distratto dai mille pulsanti sotto le sue dita. "O stiamo qui ad aspettare che qualche meteorite suoni le campane sullo scafo?"

La sua frase riesce a sciogliere la tensione accumulata da molto tempo e, finalmente, tutti noi ci troviamo a ridere sommessamente.

"Direi che hai ragione." Risponde Athorm, divertito. "Al prossimo turno, chi di voi avrà voglia di allietare l'esercito potrà suonare e cantare direttamente sul ponte. La nave è in posizione orizzontale e i vostri stivali sono sufficientemente zavorrati."

"Non è giusto, però!" Protesta Oughm. "Loro godranno di qualcosa che noi non possiamo avere!"

"Non siete qui per divertirvi, ma per combattere." Gli ricorda Athorm, con voce ferma. Poi, addolcendo il tono, continua: "Non avere fretta, amico mio. Ogni cosa a suo tempo. Vi state riprendendo ora da un momento difficile e la nave sta viaggiando molto velocemente. Ve ne siete accorti? Avete preso confidenza con i comandi e siete stati i primi. Potete essere fieri di voi, per questo."

"E potrete dire di essere stati i primi anche nel vedere la Luna..." Mormora Swaynn, rivolgendoci uno sguardo assente. Poi si gira di nuovo e noi guardiamo nella stessa direzione: di fronte a noi, ancora distante, ma non così tanto, cominciamo a distinguere la figura del Satellite. E l'emozione è grande. Rimaniamo in silenzio, ammirati, mentre Athorm la nave rallenta la sua corsa, come se volesse darci il tempo di ammirare ciò che stiamo vedendo.

Sappiamo che l'Altissimo Funzionario dovrà rendere conto a tutti i Funzionari riuniti nella Sede Centrale a Kelenda, non appena la Luna saremo nell'orbita della Luna. Così, Athorm comincia a predisporre ciò che gli servirà per la comunicazione con la Terra. Ma la voce di Swaynn lo ferma:

"C'è qualcosa di strano." Dice, avvicinandosi al vetro.

"Ingrandire l'immagine." Comanda Athorm al computer.

Tutti noi rimaniamo senza parole: da così lontano non sarebbe mai stato possibile scorgere una sorta di nebulosa verde e fosforescente, molto simile ad un'Aurora Boreale terrestre, ma di dimensioni decisamente più grandi. Non so come Swaynn sia riuscita a scorgerla, in questo oceano di luci, detriti e oscurità. Solo grazie a questo ingrandimento è stato possibile notare questo bagliore tenue, ma presente.

"Disattivare la fonte luminosa esterna!" Comanda Athorm, senza perdere tempo. "Non è prudente farsi scoprire ora."

"Disattivata." Conferma Edena, mentre le luci artificiali presenti all'interno della nave sembrano diminuire di intensità.

"Attivazione del Terzo Scudo. Subito!"

Il Terzo Scudo... questo significa che siamo GIA' sulla traiettoria dei nemici, e che Athorm vuole prendere tempo per valutare la situazione. Questo ulteriore sistema difensivo è una sorta di *guscio* che circonderà l'intera nave, attraverso un sistema molto complesso di luci e vibrazioni che disturberanno quella massa informe. Funziona come i mantelli che le immagini olografiche proiettavano sull'Isola della Luna, ma il suo potere è decisamente più amplificato. Questo dovrebbe aiutarci a sembrare *invisibili*, almeno finché non manifesteremo la nostra presenza.

"Spegnere i motori a propulsione!" Comanda ancora Athorm.

"Vuoi che ci fermiamo qui?" Gli chiede Swaynn, con una calma che lascia tutti noi senza parole.

"Non possiamo avvicinarci di più ma non voglio che arretriamo." Mormora l'Altissimo Funzionario di Kelenda, rivolgendo a sua moglie uno sguardo carico di sottintesi. Lei annuisce e lui ripete il comando.

"Motori spenti." Comunica Edena. "Stiamo... galleggiando nel vuoto..." Aggiunge poi, con una lieve sfumatura di timore nella voce.

"Siamo sospesi nel vuoto, sì." Conferma Athorm. "Ma non cadremo. Yoser!" Si rivolge allo scienziato che avvicina subito alle sue labbra l'amplificatore vocale: "Comunicazione all'esercito da parte di Yoser Nym, per ordine di Athorm Dralt." Dice l'uomo, con voce calma, quasi neutra. "La nave rimarrà ferma fino a nuovo ordine. Avvistamento di una massa incerta dalla superficie lunare. Suggeriamo a tutti di rimanere sottocoperta e di non temere questa interruzione del viaggio: la nave sfrutterà le naturali pulsazioni del Cosmo per mantenere il suo assetto. Tutto sta funzionando regolarmente e non vi sono avarie. E' stato attivato il Terzo Scudo per assicurare l'invisibilità alle forze nemiche. Continuate ad indossare l'elmo, fino a nuova comunicazione."

"Swaynn." Dice poi Athorm, rivolgendosi alla sua sposa. Così, è lei, ora, a prendere la parola:

"Questa fermata non deve spaventarvi, Guerrieri." Dice, con voce decisa e dolce, al tempo stesso. E' così carezzevole da indurci un senso di pace profonda. "Tutto è calcolato, così come vi era già stato detto: non appena avessimo avvistato le forze nemiche, non avremmo attaccato, poiché non saremmo stati in grado di valutarne la forza. Così, ora rimarremo qui, al sicuro, e potremo valutare la forza delle vibrazioni che questo flusso è in grado di generare, anche solo a questa distanza. Non abbiate paura e, per ora, limitatevi a fare ciò che vi viene detto. Ma non dimenticatevi di vivere: siamo in una zona protetta. Potete quindi dedicarvi ad attività più ludiche, se ne avete la necessità. Vi chiediamo solo di non smettere di indossare i vostri elmi, così come vi ha già detto Yoser Nym, poiché essi vi proteggeranno. La seconda truppa rimanga pronta a dare il cambio alla prima, come da procedure apprese. Non è ancora il momento della battaglia, quindi non lasciatevi sopraffare dalle paure: tutto sta andando come previsto e finché non sarà dato l'ordine ufficiale, le uniche cose di cui ci dovremo occupare saranno rilevamenti e studio dei dati in nostro possesso."

Si allontana dal microfono integrato e lascia che sia Athorm, a parlare:

"Per motivi di sicurezza, non potrete comunicare con le vostre famiglie sulla Terra finché non vi sarà concesso. I sistemi sono stati disattivati automaticamente. Ma non temete: sarò io stesso a contattare la Sede Centrale, attraverso un canale protetto. Rimarremo qui il tempo necessario, ma vi prometto che non ci nasconderemo, né rischieremo più di quanto siamo in grado di sopportare. Il primo viaggio è una ricognizione: ricordatelo. E ora tornate a seguire ciò che vi compete. Come ha detto Swaynn Osery, Governatrice di Nod, la seconda truppa sia pronta. Chiusura della comunicazione."

Sembra tutto sotto controllo. Sembra. Perché non mi sfugge lo sguardo che Athorm rivolge a sua moglie e allo scienziato di Verdrad. Non so decifrarlo, perché sembra essere una comunicazione in codice, un codice silenzioso e permeato di significati sottintesi che, forse, per ora, è meglio non conoscere affatto.

Nove - *Athorm*

Ho comunicato alla Sede Centrale l'esito positivo della partenza. Ho reso noto che la nave non sta proseguendo il suo viaggio per raccogliere dati, ma non ho fornito ulteriori spiegazioni in merito. Solo il fatto che tutto sia andato meglio di quanto tutti si aspettassero è, di per sé, un'ottima notizia. Ho preferito che la comunicazione fosse più breve possibile, per evitare che le onde elettromagnetiche potessero arrivare fino al bagliore che continua ad aleggiare intorno alla Luna, quasi a volerla proteggere. Una terza truppa si è già avvicendata ai comandi, ricevendo precise istruzioni: rilevare quanti più dati possibili riguardo a ciò che ci circonda, segnalando eventuali variazioni significative. E' necessario monitorare la massa, per comprenderne i movimenti.

Lo scudo che ci avvolge sembra funzionare, e riesce anche a deviare la collisione con i detriti spaziali che, al contatto con l'energia emessa, si dissolvono come se entrassero nell'atmosfera della Terra.

"Loro lo sanno, vero? Sanno che siamo qui."

Guardo Swaynn. E' seduta su una sedia imbottita della nostra grande cabina immersa nella penombra. Con la sua tunica candida e i capelli neri, sciolti sulle spalle, sembra una creatura ultraterrena. Il colore della sua pelle è ancora più chiaro, in netto contrasto con gli occhi scuri e penetranti. Mi osserva senza aggiungere altro, come se attendesse una risposta che già conosce. Non indossa l'elmo. I suoi piedi sono nudi e poggiano lievemente sul pavimento rivestito da un tappeto rosso, ricco di disegni neri e dorati. Ha il viso appoggiato sulla mano sinistra, dove il Tasxor emana lievi bagliori. Mi siedo su un'altra sedia, di fronte a lei. Ci separa solo un piccolo tavolo rotondo, sospeso nell'aria, su cui è poggiato uno dei libri che lei ha portato con sé. Uno dei pochi ancora rimasti intatti dalla distruzione dell'Isola delle Vergini.

"Lo sanno." Confermo, guardando fuori dal grande oblò posto poco distante da noi.

"Non puoi togliere l'elmo." Mi dice, dopo un istante di silenzio. La guardo di nuovo e comprendo che sta ancora aspettando una risposta da me. Una risposta ben precisa. Mi libero dell'oggetto e lo depongo sul tavolino sospeso. Swaynn osserva ogni mio gesto, senza dire nulla. Ho il suo appoggio incondizionato e non so neppure che cosa lei pensi: è come se avesse sviluppato una forte difesa mentale che impedisce persino a me di comprendere le sue emozioni. E sembra leggermi nel pensiero:

"Un giorno avrei imparato." Mi dice, con un sorriso enigmatico. "Era solo questione di tempo. Lo sapevi. Tu mi hai insegnato a farlo e ti ringrazio, di questo."

Abbozzo un sorriso anch'io:

"Non ti ho insegnato nulla di più di quanto fosse già presente in te." Replico, e, con un gesto della mano, impartisco un comando che porta all'apertura di un contenitore nascosto, da cui compare una bottiglia di liquido di colore rosso, con due grossi calici di cristallo.

"Non bevo. Lo sai." Mi dice Swaynn, col suo tono di voce enigmatico.

"Non è vino." Rispondo, versando il contenuto anche nel suo bicchiere. "Questa bottiglia ha attraversato secoli di storia, senza mai essere stata aperta. Il suo contenuto è stato elaborato da un artigiano che avevo incontrato durante un lungo viaggio in ciò che era rimasto delle terre emerse del pianeta. La produzione di uva era stata distrutta quasi ovunque, e gli unici alcolici rimasti erano appannaggio di quei pochi che potevano reggerne gli effetti."

"Come te." Osserva Swaynn, sorridendo e appoggiando le dita sullo stelo del calice.

Sorrido anch'io:

"Come sarei potuto essere un essere umano senza impararne le abitudini?" Domando più a me stesso che a lei.

"E senza essere circondato da donne. Così come lo eri, quando la tua fama ti ha preceduto durante il mio periodo di apprendimento sull'Isola delle Vergini."
Sorrido ancora:
"Non nego di aver conosciuto ogni sensazione tipica della razza umana." Rispondo, avvicinando il calice alle mie labbra per sentire il profumo del contenuto. "Ma tutto ciò che voglio ora è qui con me. E non ti sto adulando. Lo sai."
Anche Swaynn sorride:
"Dimmi di più, di questa bevanda." Mi chiede, giocherellando col calice. Le fermo la mano, tenendola stretta nella mia, e le parlo dolcemente in uno dei rari momenti di calma che ci uniscono, senza il bisogno di compiere grandi imprese: "La moglie di quest'uomo aspettava il suo terzo figlio." Le racconto, rievocando il passato alla mia mente. "Era un periodo di grandi difficoltà. Il cibo scarseggiava e c'era poca acqua potabile. Non ricordo quale fosse il luogo in cui ci siamo incontrati. Non sono rimasto laggiù molto a lungo. Poco tempo dopo, una tempesta marina più forte delle altre l'ha spazzato via, completamente." La mia voce si vela di malinconia. "Nonostante la grande indigenza, quest'uomo che sapeva lavorare il vetro in maniera impeccabile, ha avuto la forza di accogliermi nella sua piccola casa dove cercava di sopravvivere insieme alla sua famiglia. Da una stanza aveva ricavato un piccolo laboratorio, dove, grazie ad un forno, creava dei manufatti straordinari, un tempo richiesti ovunque. Dopo molti cataclismi, le Popolazioni non potevano più permettersi il lusso di circondarsi di realizzazioni artistiche, poiché le necessità primarie erano trovare cibo e acqua pulita, così, quest'uomo era stato costretto a lavorazioni più umili ma decisamente più pratiche. Riusciva a malapena a sfamare la sua famiglia, ma lui e sua moglie si sono dati da fare per preparare un banchetto per me e l'intero equipaggio, come se non aspettassero che noi." Rimango in silenzio per un lungo istante, cercando di ricordare il suo volto, ma è come se il tempi l'avesse cancellato insieme ad altri volti di chi ho conosciuto in molti secoli di vita. Swaynn continua a guardarmi senza parlare, e attende con pazienza che io ricominci il racconto. "Non potevano offrirci del vino e nient'altro di simile." Dico, alla fine. "Non disponevano di campi coltivabili e dovevano lottare ogni giorno con quello che le navi portavano loro. Navi sempre più sporadiche, tra cui la nostra. Ma non avevamo granché da offrire a queste persone, se non un po' di allegra compagnia, dei soldi e alcuni cavalli che avrebbero fatto più comodo a loro che a noi. Pativamo la fame tanto quanto loro, ma riuscivamo a conservare del grano in più. Così abbiamo provveduto a dividere ciò che era nascosto in un luogo segreto della nave in cambio di una cena trascorsa in compagnia di esseri umani come pochi ancora esistevano al mondo."
"E' stato un pensiero gentile, da parte vostra." Osserva Swaynn, sorridendomi dolcemente e sfiorando la mia mano. Sorrido anch'io:
"Non so se lo sia stato davvero." Rispondo, abbassando lo sguardo per un attimo. "Pensavamo solo di poter conquistare un'altra terra... e poi siamo rimasti affascinati da chi vi abitava."

"E questa bevanda, dunque?" Mi chiede, osservando il contenuto profumato nel suo calice. "Come vi è stata consegnata?"

"Anche se avessero avuto del vino, sua moglie non avrebbe potuto berlo." Rispondo, stringendo la sua mano nella mia. "Un tempo, per le donne incinta l'alcol non era considerato qualcosa che potesse supportare la loro salute, ma, anzi, era considerato dannoso, soprattutto per il feto. Ad ogni modo, non c'era il pericolo che la donna potesse sentirne la mancanza, poiché il vino scarseggiava ovunque. Così, suo marito, aveva cercato tutte le erbe che potessero ricordarne il colore e il sapore lievemente dolce, erbe che non procurassero rischi di aborto e che non fossero state contaminate dalle pestilenze. E ci era riuscito. E questo suo preparato era così delizioso da attirare l'attenzione di altre donne incinte che, da esso, trovavano giovamento per i sintomi fastidiosi che dovevano sopportare. Quest'uomo avrebbe potuto creare un vero e proprio commercio di questa bevanda così particolare... ma non ne ha avuto il tempo. Pochi giorni dopo il nostro arrivo, avendo noi deciso di allontanarci senza conquistare quella terra, un maremoto l'ha devastata. Di quella notte trascorsa insieme a lui, alla sua famiglia e al mio equipaggio sono rimasti solo i ricordi... e questa bottiglia che ho conservato a lungo, nel tempo. Una bottiglia preziosa, che mi è stata donata dopo aver ricevuto quello che potevamo offrire loro. Una bottiglia... e questi due calici, nella speranza che io potessi brindare alla sua salute quando avessi trovato la donna che avrei amato per tutta la mia vita." La guardo e le stringo la mano, di nuovo. "E vorrei brindare con te, ora, Swaynn, perché quella donna sei tu."

Mi sorride e facciamo tintinnare il cristallo di questo ricordo prezioso. La bevanda è ancora più dolce e rinfrescante di quanto ricordassi. Una sensazione di casa pervade la mia anima, nonostante ci troviamo nello Spazio. Ma la mia casa è dov'è Swaynn, ed è per questo che siamo qui, ora. Guardo il suo ventre arrotondato e spero che tutto possa andare diversamente, questa volta. Lei non sembra stare male, e, nonostante la stanchezza, il suo viso sembra risplendere di una luce nuova che non avevo mai visto prima.

Un suono ci distrae dalla dolcezza di questi attimi. E' il comunicatore che collega la nostra stanza con la plancia e chi è di guardia. Una voce metallica ripete per tre volte le stesse parole:

"Alterazione del segnale. Richiesta assistenza."

Io e Swaynn indossiamo gli elmi. Vorrei che almeno lei potesse riposare, ma questi sono momenti cruciali ed è necessario che la sua attenzione sia sempre desta. La sua presenza è indispensabile, così, dopo averla aiutata ad indossare un mantello scuro, mi dirigo con lei verso un elevatore interno che ci porta velocemente fino alla plancia.

"Che cosa sta succedendo?" Chiedo, entrando e notando che Yoser è già qui, allertato sicuramente dai suoi collaboratori. Sono loro ad occuparsi in prevalenza del sistema difensivo, e i primi ad accorgersi di qualsiasi cambiamento.

"Guardate qui." Risponde, indicandoci lo schermo principale. "La massa intorno alla Luna si sta espandendo, sebbene dalla Terra non si stia rilevando alcuna attività anomala. Zoid e Chaz hanno i dati registrati dai computer di bordo."

"Condividete le informazioni sullo schermo principale e attivate il comunicatore vocale per un resoconto dettagliato." Comando ai due, situati in due postazioni non molto distanti dalla sala comandi separata da un sottile campo elettromagnetico. Zoid e Chaz obbediscono immediatamente e, mentre scorrono le immagini del Satellite, una voce metallica ne descrive i cambiamenti in atto:

"Intensa attività luminosa, in progressivo e costante aumento. Velocità di crescita pari al centocinquanta percento rispetto agli ultimi dati ricevuti. Si rileva un incremento esponenziale della percentuale in continuo mutamento."

"Stanno avvolgendo la Luna…" Mormora Swaynn, stringendosi nel mantello.

Troppo velocemente!, penso, cercando di mantenere la calma. Poi pronuncio un altro comando:

"Verificare il rischio di vulnerabilità della nave!"

Dopo qualche istante, la voce metallica annuncia:

"La nave è fuori dalla traiettoria della massa. Percentuale di rischio: uno percento."

Uno percento… Siamo qui da poco e rischiamo di essere già quasi sotto tiro!

Yoser e Swaynn mi guardano in silenzio. Hanno compreso che non siamo così al sicuro come potevamo pensare. Gli Antenati stanno creando un vero e proprio muro, uno scudo così forte da renderci quasi visibili.

Non dovrei esserne stupito. Swaynn me l'aveva chiesto poco fa, nella nostra stanza. E io ho risposto vagamente, senza fornire ulteriori dettagli. Ma come avrei potuto spiegare qualcosa di cui anch'io ignoro l'entità? Dovrei manifestare la mia vera essenza, per percepire la forza di questo esercito di Luce, ma questo comporterebbe un rischio per chi è sulla nave: ormai, tutti noi siamo connessi. Una mia sola vibrazione potrebbe portare direttamente a loro. E non posso rischiare la vita di così tante persone.

"Verificare la solidità della copertura con uno spostamento dell'assetto!"

Zoid e Chaz inseriscono immediatamente il comando nelle loro postazioni, e il computer risponde così:

"Copertura garantita con uno spostamento laterale sull'orbita terrestre."

"Quantificare la percentuale di rischio della nave di rientrare nella traiettoria lunare."

"Percentuale verificata: zero percento."

"Determinare la ripercussione sull'asse terrestre e sul pianeta."

"Rischio calcolato: zero percento."

Tiro un sospiro di sollievo e ordino all'equipaggio:

"Allineate la nave sulle direttive del computer!"

I pochi prescelti si accingono ad eseguire il comando, ma uno di loro esclama:

"Presenza di detriti che potrebbero impedire il corretto allineamento!"

"Da quale direzione?" Chiedo, sorpreso da questo imprevisto.

"Da destra…" Risponde il Guerriero. "No, anche da sinistra! Sono dappertutto!"

"Ci stanno già attaccando…" Mormora Swaynn, con le pupille dilatate. I suoi occhi stanno vedendo qualcosa che va oltre ad ogni possibilità umana.

"Che cosa facciamo, Athorm?" Mi chiede Zoid, in attesa di istruzioni.

"Prendo io, i comandi." Rispondo, dirigendomi verso la mia postazione. "Non possiamo rimanere qui."

"I detriti ci colpiranno!"

"Ci colpirebbero comunque." Muovo la leva posta di fronte a me e la nave comincia a muoversi. "Puntiamo alla Luna." Dico, con decisione. "Siamo già stati avvistati: non ha senso indietreggiare. Dobbiamo affrontare questo attacco imprevisto."

"Ci stanno… attaccando?" Chiede Chaz, incredulo.

"Gli Spiriti sono fatti di Luce…" Mormora Swaynn, come in stato di trance. "Si stanno servendo di tutto ciò che lo Spazio rifiuta. Vogliono trasformarlo per renderlo simile ad un corpo solido…"

"Che cosa vuoi dire?" Chiede ancora Chaz, con lieve timore. Swaynn gli risponde, ma non lo guarda. Si avvicina a me, tenendo gli occhi fissi sul Satellite:

"Tra poco non dovremo più combattere solo contro Creature eteree, ma con veri e propri Guerrieri fatti di materia Spaziale…" La sua voce sembra provenire da lontano, ma è forte e chiara.

"E noi andiamo verso di loro?" Chiede Zoid, palesemente nervoso.

"Dobbiamo farlo ora che il loro esercito non si è ancora formato." Risponde Swaynn, con la voce ipnotica della sua essenza. "Sono ancora vulnerabili. Poi… non lo saranno più."

"Avanti a tutta forza!" Comando. I motori si accendono e la spinta propulsiva sposta la nave dal luogo in cui è rimasta per poco tempo. Il Terzo Scudo è ancora attivo, ma servirà solo a distruggere i detriti che entrano in collisione con il velivolo. Gli Antenati sanno che siamo qui e si stanno preparando. Forse nemmeno loro sanno ancora cosa aspettarsi, ed è per questo che sono stati costretti a raccogliere tutti i corpi solidi che galleggiano nello Spazio. E' evidente che hanno compreso di non poter contare solo sulla loro strategia, ma di aver bisogno di qualcosa di più forte, palpabile, resistente. Questo complica le cose, così tengo gli occhi fissi sulla Luna, mentre la massa di colore verde fosforescente comincia a mostrare ciò che nasconde: Figure dai contorni sbiaditi, molto simili a guerrieri su cavalli che si librano nello Spazio, pronti ad organizzare le truppe.

I detriti entrano in collisione con lo scafo, ma si polverizzano all'istante. Procedo avanti tutta, consapevole dei rischi cui sto esponendo l'intero equipaggio, ma confidando sui nostri sistemi difensivi.

"Rilevare dati." Comando, all'approssimarsi dell'orbita Lunare.

"C''è continuo movimento." Risponde Yoser. "Ricevo comunicazioni da quasi tutti gli angoli della nave: ora l'esercito vede quello che si sta ammassando contro di noi e chiede risposte."

"Non abbiamo il tempo di darne, ora." Guardo Swaynn. "Riesci a vedere che cosa stanno facendo?"

Le sue pupille sono ancora molto dilatate:

"Conservano le memorie dell'arte della guerra ricevute dall'essere umano." Risponde, nel suo stato di trance. "Le stanno elaborando in base alle loro conoscenze e a ciò che hanno imparato… dall'Uomo della Luna, osservandolo e obbedendogli nel corso dei secoli. Si stanno adattando ad una morfologia simile a quella dei Guerrieri Terrestri, poiché hanno avvertito la forza dei nostri sistemi di difesa."

"Sono vulnerabili?" Le chiedo ancora, fermando la nave poco distante dall'orbita Lunare.

"In questo momento sì." Risponde Swaynn, con voce lontana. "Ma stanno agendo in fretta, creando scompiglio nei nostri sistemi di rilevamento. Prendono tempo, per allontanarci."

Mi rivolgo ai sottoposti presenti nella plancia:

"Verificare l'affidabilità dei dati. Subito!" Comando, imperiosamente.

"Tutto è alterato…" Mormora Chaz. "Non vi sono risultati che si eguagliano. Sembra che qualcuno stia giocando con i rilevatori."

"Hanno riconosciuto la sostanza di cui è permeata la nave…" Mormoro. Poi mi rivolgo a Yoser: "Procediamo con l'inversione del Terzo Scudo. Disattiva il sistema."

Yoser mi rivolge uno sguardo preoccupato: il comando che gli ho appena impartito implica che la mia essenza si connetta completamente con il sistema difensivo e, se da un lato questo assicurerà l'integrità della nave e di chi vi pera, dall'altro mi esporrà alla furia degli Antenati.

"Fallo ora!" Esclamo, con decisione. Poi spingo i motori al massimo. Yoser obbedisce al comando e, all'improvviso, le luci nella plancia e in tutta la nave si attenuano, quasi fino a scomparire.

"Mantenete la calma." Dice Swaynn, nell'amplificatore vocale. "Non vi accadrà nulla. Non togliete gli elmi, per nessuna ragione al mondo. Rimanete fermi dove siete e non fate nulla che non vi sia esplicitamente ordinato, da ora in poi. Entriamo nell'orbita della Luna. Guarderemo negli occhi il nemico."

La mia mano è saldamente stretta sulla leva che spinge la nave a navigare ad altissima velocità. Le mie fattezze umane non subiscono cambiamenti, mentre la mia essenza si espande fino ad insinuarsi in ogni angolo della nave. La forza si estende fino al Terzo Scudo, fondendosi con esso. E' come se la prua della nave avesse i miei occhi, e, attraverso di essi, riesco a scorgere le figure che si stanno creando, figure simili a Guerrieri a cavallo, Guerrieri di Luce e detriti Spaziali, che, ancora, stanno ultimando la formazione di questi nuovi corpi.

Un bagliore intenso investe queste figure, mentre avanzo con forza, e la maggior parte di esse va in pezzi, riducendosi in polvere ed emanando un lampo veloce. Una dopo l'altra, queste sagome ancora troppo vulnerabili sembrano essere spazzate via insieme ai detriti di cui sono composte, e io continuo ad avanzare, liberando la strada da quella barriera che sembra dissolversi nel nulla.

Le figure ancora integre battono in ritirata, raggiungendo la grande massa verde fosforescente che avanza verso di noi, fino a fermarsi.

Gli Spiriti degli Antenati sono visibili, ora, compatti più che mai. I loro contorni sono sbiaditi, ma le Luci di cui i loro corpi eterei sono fatti splendono con maggiore intensità. Sono creature prive di sguardo e di emozioni, e, forse, fino ad oggi avrei potuto distruggerle anche da solo. Ma ora che ne vedo la portata, non ne sono più così sicuro. Al tempo stesso, comprendo che anche questi Spiriti stanno acquisendo delle consapevolezze che non potevano avere.

"Torna indietro, Athorm Dralt." Mi sussurra una voce incorporea. "Non scatenare una guerra che potrebbe mietere troppe vittime, nel tuo esercito."

"Siamo già in guerra: nulla può più essere fermato." Rispondo, con la mente. "Non sopravvivrete, se vi metterete contro di me."

"Non hai più potere su di noi." Risponde la stessa voce. "Avresti dovuto distruggerci quando ne avevi la possibilità. Ora siamo troppi anche per te."

"Non solo più solo." Replico, facendo risplendere il simbolo di Kelenda, per un attimo. "E voi non avete abbastanza armi per impedirci di avere ciò che ci spetta di diritto."

"La tua forza non viene da coloro che hai scelto per creare il tuo esercito, ma dalla donna che hai in moglie: *Schaw's Sel'nays, Swaynn*. Swaynn è la Signora di Sel'nays. Lo sappiamo tutti noi, poiché tu l'hai detto. Senza di lei, non potresti neppure sfidarci."

"Ed è per lei che combatto: per restituirle ciò che ha sacrificato in nome del suo amore per me."

"Hai arruolato terrestri e alieni per quest'assurdità che causerà molte vittime innocenti. E' questo che vuoi? Intendi scambiare la vita di chi ti ha seguito, solo per dare alla tua sposa l'illusione di poter essere ciò che ha rifiutato di essere?"

"Tutti i membri del mio esercito hanno la stessa importanza. Tutti cercano un passato distrutto dai cataclismi che la Luna stessa ha contribuito a portare sulla Terra. Senza il suo influsso, le maree non si sarebbero alzate, le donne non avrebbero negato la loro femminilità e gli uomini non avrebbero conosciuto solo la forza distruttiva del lato oscuro."

"L'essere umano ha portato se stesso alla distruzione. La Natura ha solo cercato di riportare l'equilibrio dov'era stato tolto. Hai assistito da quassù a tutte le contraddizioni che hanno portato i terrestri a sterminarsi tra di loro e ne hai osteggiato il loro insediamento altrove. Ora li vuoi portare qui?"

"Qui, sì. Dove mio padre e mia madre hanno cercato di dominare ciò che non poteva essere cambiato. Dove i vostri Avi hanno tentato di portare la battaglia per la sopravvivenza che si combatteva sulla Terra. Dove la vostra avidità vi ha resi ciò che siete, solo per poter avere una speranza in più: dare un senso alla vostra esistenza e riscattare il vostro passato."

"Tu ce l'hai comandato. E la tua sposa ci ha permesso di continuare ad esistere. La Pietra Lunare doveva rimanere nel luogo in cui tu l'hai posta, come simbolo di una rinascita cui noi avremmo dovuto far parte. Ma non abbiamo ottenuto i nostri corpi. La promessa non è stata mantenuta."

"Nessuno può disporre della vita, se non chi l'ha creata. E non è l'essere umano, né l'alieno, ma qualcosa che sta al di sopra e che in molti chiamano in modi diversi, ma solo per indicare la stessa Sorgente."

"E, quindi, tu che non sei diverso da noi, vuoi assurgerti a capo di qualcosa che non ti appartiene?"

"La Pietra Gemella… quella sì, appartiene a me, come a Swaynn, poiché si è manifestato nuovamente ciò che è accaduto solo una volta, in un passato lontano. E non ho stabilito io che questo privilegio potesse spettare ad altri, ma chi lo ha voluto e scritto nelle Leggi di Sel'nays: mio padre e mia madre. Coloro che hanno consegnato un neonato umano tra le braccia di un Universo che lo ha reso immortale e gli ha donato il potere dell'Eclissi."

"Riconosciamo questo potere, ma non possiamo concederti ciò che chiedi: senza quella Pietra, noi ci estingueremmo."

"Tutto ha un inizio e una fine. Nessuno può vivere per sempre. E anch'io, nonostante si parli della mia eternità, mi spegnerò, un giorno, insieme alle Stelle. Ma, fino ad allora, combatterò, per il genere umano cui appartengo."

"Possa la tua ambizione non renderti cieco a chi hai accanto, Athorm Dralt. Poiché, se vuoi essere simile alla razza umana, devi imparare a riconoscerne i limiti…"

All'improvviso, un suono lontano spezza l'intensità della mia essenza: riconosco la voce di Swaynn e sembra simile ad un lamento soffocato. Gli Spiriti degli Antenati si allontanano, inspiegabilmente, e io faccio ritorno nel mio corpo solido, in tempo per accorgermi che Yoser è corso in aiuto di colei che mi è accanto e che tiene una mano sul ventre, come in preda a dolori molto forti.

"Ha cominciato ad accusare malessere dal momento in cui ci siamo avvicinati alla Luce." Mi dice, aiutandola a rimanere in piedi. "Non credo di avere a disposizione tutto ciò che mi occorre per esserle di conforto. Dobbiamo tornare sulla Terra, al più presto."

Lascio immediatamente la leva e impartisco il comando:

"Motori al massimo! Direzione: Nod!"

"Usiamo la propulsione Spaziale, Athorm?" Mi chiede Zoid, pronto ad eseguire l'ordine insieme a Chaz e agli altri presenti in plancia.

"Può sopportarla, Yoser?" Gli chiedo, riferendomi a Swaynn.

"Non ci sono alternative." Risponde, con evidente preoccupazione.

"Disattivare il Terzo Scudo e spingere al massimo la propulsione Spaziale." Comando all'equipaggio. "Mantenere il più possibile un assetto orizzontale e verificare la presenza di detriti."

"Assenti." Risponde Chaz, prontamente. "Sembrano essersi dileguati."

"Allora non attendiamo oltre!" Esclamo, sollevando Swaynn sulle mie braccia.

"La Governatrice di Nod è stata attaccata dall'esercito nemico. Qualcosa… ha giocato a nostro sfavore…" Mormoro, osservando i suoi occhi: le pupille sono tornate normali, ma lo sguardo è sofferente. Swaynn mi guarda, in silenzio. So che ha visto più di quanto io possa immaginare, ma sembra voler mantenere questo segreto nel suo cuore, come se raccontarlo potesse farle ancora più male. Guardo Yoser, senza parlare. Entrambi sappiamo che, finché questo bambino non sarà nato, sarà difficile poter pensare ad un'altra missione. Non con lei presente. E ci sarà bisogno di un ulteriore addestramento per l'esercito di Sel'nays. Non pensavo che sarei dovuto arrivare a dover uccidere gli Antenati. Ma sembra che non vi siano alternative.

Dieci - *Orisa*

Sono stata convocata non appena la nave ha fatto ritorno a Kelenda. Non mi ero mai mossa da Awy, dove il Governatore Agel Brooke mi aveva concesso di rimanere, proprio nel luogo in cui l'esercito soleva meditare e dove ora sorgono nuove abitazioni. Ho atteso il ritorno dell'esercito insieme ad alcune delle mie Ancelle, lasciando a colei che ho scelto che mia rappresentante a Idra il compito di prendere il mio posto durante la mia assenza. Ester si è sin da subito mostrata all'altezza del suo compito, così non ho avuto alcuna remora nell'affidarle la mia terra. Io sono rimasta qui, ascoltando tutti gli aggiornamenti che provenivano dalla Sede centrale di Kelk, grazie alla comunicazione continua con Athorm, dallo Spazio.

Non avrei pensato che il viaggio potesse durare solo tre giorni, sebbene si trattasse – ufficialmente – di un volo di prima ricognizione. Credevo che l'esercito avesse qualcosa in mente, soprattutto quando ho saputo che era stata richiesta la presenza di Yoser, due giorni prima della partenza. E' stato lui stesso, a comunicarmelo, ma senza aggiungere altro. Mi ha chiesto solo di raggiungere Kelenda, se avessi voluto e potuto farlo, nel caso in cui la mia presenza si fosse resa necessaria. E, dopo il ritorno dell'esercito, un ritorno accolto con calore e grande curiosità, è passato meno di un giorno, prima che Athorm mi convocasse nella sua casa, a Kelk, dove ho trovato anche Yoser che mi attendeva con aria piuttosto preoccupata. Non ha voluto raccontarmi nulla, se non dopo il mio incontro con Athorm. Anche lui sembrava sovrappensiero. Era tutto così strano, considerando il modo con cui la nave e il suo esercito avevano fatto ritorno: sguardi sorridenti, anche se un po' frastornati, e le guide in perfetto controllo di sé. Anche Swaynn, decisa e fiera, nel suo incedere, anche se lievemente più pallida. Il resoconto ufficiale ha mostrato le immagini di uno Spazio reso quasi tridimensionale dagli schermi di cui ogni abitazione è dotata. Avremmo persino potuto avvertirne il profumo e il senso di freddo o di calore. Solo la Luna ci è stata mostrata brevemente, e da lontano. Questo fatto ha destato molti interrogativi, in me e nelle mie Ancelle, ma per tutti gli altri abitanti di Kelenda, e per il resto del mondo, questo viaggio si è mostrato come un successo e nulla più.

Quando sono stata convocata in via del tutto ufficiosa dall'Altissimo Funzionario in persona, ho compreso che i miei sospetti erano fondati. Ne ho avuto la conferma quando ho visto Swaynn: nonostante mi avesse accolta con una vigorosa stretta delle mani, uno sguardo diretto e deciso e una voce forte e chiara, ho percepito chiaramente una sofferenza interiore che nessuno riuscirebbe a vedere, se non una creatura in grado di riconoscere un suo simile, solo dalla più piccola vibrazione che questi emana.

"Sei stata scomodata per assicurarti che il bambino stia bene." Mi ha detto, con un tono quasi scherzoso che contrastava nettamente con gli sguardi di Athorm e Yoser. "Non hai nemmeno potuto goderti il resoconto del viaggio nella tranquillità di Awy."

Ho guardato Yoser e lui ha rivolto un'occhiata ad Athorm, che ha annuito. Così, lo scienziato di Verdrad mi ha spiegato la situazione:

"Credo che dobbiate verificare voi stessa ciò che per me è difficile comprendere appieno." Mi ha detto, con un tono di voce molto serio. "I parametri vitali del bambino sembrano essere tornati regolari, ora, ma vicino alla Luna si sono manifestati segni evidenti di sofferenza fetale che hanno fatto temere il peggio."

Ho guardato Athorm:

"E' successo qualcosa?" Ho chiesto, intuendo che ci fosse di più di quanto mi venisse detto.

"Ci siamo avvicinati alla Luna quando mi sono reso conto che gli Spiriti degli Antenati sono riusciti a percepire Swaynn." Mi ha risposto. "Pensavo che avessero localizzato la nave, ma mi sbagliavo: non eravamo noi, il loro bersaglio, ma lei. E non so ancora come siano riusciti ad eludere tutti i sistemi difensivi in atto."

"La sua mente è forte…" Ho osservato, captando le vibrazioni della Governatrice di Nod. "L'elmo che indossava amplificava ancora di più il suo potere."

"Questo è ciò che non riusciamo a spiegarci." Ha risposto Athorm. "Riusciva a vedere molto più di quanto io stesso fossi in grado di riconoscere, e non vi è stato nessun cedimento, da parte sua. Eppure gli Spiriti sono riusciti ad accorgersi di noi tramite lei. Ha cominciato ad accusare un malessere molto intenso e, per un attimo, abbiamo temuto che potesse perdere il bambino. Per questo ci siamo affrettati a tornare a Kelenda. Man mano che ci avvicinavamo alla Terra, le sue condizioni miglioravano, ma non potevamo rischiare di riprendere il viaggio. Per questo ti ho convocata. Nel vostro corpo scorre quasi lo stesso sangue, e solo tu puoi aiutarmi a comprendere se ciò che ho creduto fosse possibile. Considerati mia ospite, insieme alle tue Ancelle più fidate, e fai ciò che ritieni necessario. Yoser sarà a tua disposizione, nel caso in cui tu avessi bisogno di lui."

"Non credo di poter fare di più, però…" Ha mormorato l'interpellato, arrossendo lievemente.

Ho guardato Swaynn e sono rimasta colpita dal suo sguardo diretto e fermo, come se non temesse nulla. Non sembrava priva di emozioni, ma in pieno controllo. Non ho compreso se il suo fosse un atteggiamento per non destare ulteriori preoccupazioni nel marito o se provenisse da una consapevolezza interiore che l'ha resa più forte di quanto immaginassi. Si limitava a guardarmi, senza dire nulla, in attesa di una mia risposta.

"Farò quello che posso." Ho risposto, con un lieve inchino.

Sin da subito, per me e per sei mie Ancelle sono state preparate delle stanze proprio nell'immensa dimora di Athorm, a Kelk, dove sarei rimasta finché avessi scoperto qualcosa di più sulle condizioni di Swaynn. L'Altissimo Funzionario di Kelenda doveva occuparsi della sua terra e del riassetto dell'esercito, nuovamente protetto all'interno della grande struttura che protegge la nave quando non è in navigazione. A Nod, Roseann Tinwhon manteneva il comando al posto di Swaynn che, nel frattempo, si sottoponeva agli sguardi di chi l'avrebbe osservata anche senza vestiti, e solo in forma umana, poiché gli Antenati erano riusciti a penetrare attraverso le sue barriere quando il suo corpo era allo stato solido. Non sarebbe stato utile evocare la sua essenza, soprattutto con il bambino in evidente stato di sviluppo.

Non ho mai provato così tanto timore nei suoi confronti come in questa occasione. Nonostante tutto ciò che è accaduto in passato, nonostante le fragilità che si sono manifestate di fronte ai nostri occhi, questa aliena in forma umana ha cominciato ad esercitare un potere che non avrei mai pensato di percepire. Non sentivo la forza distruttiva di Vegar, in lei, poiché lo Spirito ne è completamente soggiogato, né percepivo un eccesso di presenza da parte di Iatho, in perfetto equilibrio. L'unica cosa che io e le mie Ancelle abbiamo sentito sin da subito è stata una forza che non si era manifestata prima, e che mi ha portato a chiedere a Swaynn:

"Credi che gli Antenati siano arrivati al bambino perché ne hanno avvertito il potere?"

"Credo che questo bambino abbia interferito con le vibrazioni di cui la nave e i suoi Scudi erano permeati." Mi ha risposto, con una lucidità tale da impressionarmi. Era calma, consapevole, e i suoi occhi riflettevano i bagliori che la sua essenza porta sempre con sé.

"Le… vibrazioni?" Ho chiesto, cercando di capire che cos'avesse visto al di là delle apparenze.

"Quelle sonore, prodotte da un'abile manipolazione del canto del Gham e del suono del Chrein e del Tharyd." Ha risposto, senza scomporsi, nonostante io e le mie Ancelle ispezionassimo ogni più piccola parte del suo corpo nudo. "Avrei dovuto immaginarlo che le vibrazioni di questo bambino sarebbero state diverse." Ha aggiunto. "Di lui non abbiamo neppure registrato il battito cardiaco. Non abbiamo pensato che una creatura così piccola potesse esercitare un'influenza così grande."

"Yoser e Athorm sono al corrente di ciò che pensi?" Ho chiesto ancora, scrutandola con attenzione.

"Yoser non è il mio confessore." Ha risposto, quasi divertita. "E Athorm sa altre cose di cui mi ha dato solo spiegazioni parziali. Non credo se ne abbia a male, se manterrò anch'io, qualche piccolo segreto. E così spero che facciate anche voi."

"Non violeremo la discrezione di questi momenti." Le ho promesso. "Non è questo, il motivo per cui siamo qui."

"Lo so." Ha replicato, con un lieve sospiro. "Athorm crede che tenendomi sotto una campana di vetro riuscirà a proteggermi da qualsiasi altro attacco io dovessi subire. Ma non riuscirà ad essere sempre presente, né potrà chiedere sempre aiuto a Yoser o a te e alle tue Ancelle."

"Non lo fa perché non si fida della tua forza." Ho commentato, sfiorando il suo ventre. "Lo fa perché ti ama. Vuole che tu non rimanga sola, quando lui è impegnato. E vuole che questa gravidanza si concluda nel migliore dei modi, dopo tanti dolori e una lunga attesa, nella quale il tuo corpo solido ha subito delle trasformazioni. Ora sei ancora più sensibile agli influssi della Luna e alla potenza del Sole. Le tue percezioni si sono acuite a tal punto da permetterti di vedere al di là di ciò che appare. Perché è così, che è successo nello Spazio, non è vero?"

Swaynn non ha risposto subito. E' rimasta in silenzio, come se stesse ricordando qualcosa, mentre io e le mie Ancelle completavamo gli ultimi accertamenti. Solo quando l'ho aiutata a rivestirsi, mi ha risposto quasi sottovoce:

"Io l'ho vista, Orisa."

"Chi hai visto?" Le ho chiesto, allontanando le mie Ancelle.

Swaynn mi ha guardata dritta negli occhi:

"Ho visto Detia." Ha mormorato. "Ho visto il suo corpo tra le migliaia e migliaia di altri corpi luminosi. L'ho riconosciuta. Lei non è morta, come tutti credevamo: è tra gli Antenati."

"Detia Iome, la moglie di Yoser?" Ho chiesto, incredula. "Ma era un essere umano con solo qualche traccia di sangue alieno. Athorm stesso mi ha raccontato di come sia stata accesa la pira che ha bruciato il suo corpo."

"L'ho vista, Orisa. Era lei." Ha ripetuto, con lo stesso tono di voce: calmo, ma deciso. "Ho riconosciuto le sue fattezze, più nitide di quelle degli altri Spiriti. E i suoi colori erano gli stessi. Sembrava quella di un tempo, ma era come se fosse trasparente. Io l'ho vista e lei ha visto me. Ma non avrei mai potuto dirlo. Non così. Non di fronte a tutti. E nemmeno se fossi stata da sola con Yoser. Come avrei potuto spiegarlo? Non era chiaro nemmeno per me."

"E' riuscita a vederti nonostante tutti i sistemi difensivi?" Ho chiesto ancora.

Swaynn ha annuito:

"Ho percepito il legame che ancora esisteva tra di noi. Questo mi ha resa vulnerabile ai suoi occhi. E ha visto il mio ventre. E' stata lei, a dare l'allarme agli altri Spiriti. L'ho intuito chiaramente. Poi... ricordo solo che Athorm è riuscito ad entrare in contatto con loro, avvicinandosi al muro che avevano creato, ma non ho sentito le sue parole. Vedevo solo il viso di Detia che mi guardava, in silenzio, su un cavallo bianco altrettanto trasparente, sospeso nello Spazio. Mi guardava e io non comprendevo le sue emozioni... ammesso che ne avesse. E, ad un certo punto, ha alzato il braccio, indicando il bambino. In quel momento ho sentito un dolore acuto e mi sono sentita mancare. Ed è stato allora che Yoser ha avvertito Athorm. Così abbiamo fatto ritorno sulla Terra." Mi ha guardata dritta negli occhi e ha mormorato: "Nessuno sa nulla, di quello che ti ho detto. Athorm aveva ragione: io sono il bersaglio, ora. Io… e il bambino che attendo. Lui rappresenta il futuro che gli Antenati non potranno più avere, o forse, qualcos'altro che ancora non conosco."

"Manterrò il segreto." Ho promesso, a bassa voce. "Ma sono convinta che Athorm lo scoprirà, prima o poi. Anche lui sa vedere oltre ciò che un essere umano o un alieno riescono a scorgere. Non rimarrà cieco molto a lungo. E se Detia guida questa spedizione, la sua collera diventerà ancora più grande. Il potere dell'Eclissi è solo pari a quello del Sole e della Luna insieme."

Swaynn non ha più risposto. Ha solo chinato il capo, in segno di saluto, e io mi sono accomiatata da lei. Nei giorni seguenti, né io né Yoser abbiamo riscontrato in lei altri segnali che potessero dar luogo a preoccupazioni per la sua salute. L'abbiamo sottoposta a numerosi altri test, collaborando tra di noi e trovando dei punti di incontro insperabili tra la scienza di un essere umano speciale e la conoscenza aliena. Abbiamo confrontato ciò che sapevamo e siamo riusciti ad integrare i dati a nostra disposizione, ipotizzando una possibile fusione tra il patrimonio di Vedrad e quello di Idra. Ne abbiamo parlato con Athorm, e l'Altissimo Funzionario di Kelenda ci ha promesso il suo appoggio incondizionato, dichiarandosi fiducioso nella buona riuscita di questa nostra intenzione. Ho saputo che l'esercito sta perfezionando le sue tecniche d'attacco e di difesa, anche grazie alla presenza di Yoser, il quale sembra sempre più convinto di voler far parte della missione. Non si sa ancora quando verrà intrapreso un nuovo viaggio: tutto dipende dalle condizioni di Swaynn. Ho voluto rassicurare Athorm sul fatto che non vi fosse nulla di anomalo e che il bambino continuava a crescere normalmente. Anche lo scienziato di Verdrad ha confermato le mie parole, mostrando gli esiti piuttosto soddisfacenti di tutti gli esami svolti sulla Governatrice di Nod che, lentamente, ha ripreso il suo posto e il suo lavoro. Così, dopo aver convenuto che non vi fosse nessun rischio per la gravidanza, ho chiesto di poter fare ritorno a Idra. Ma Athorm ha voluto parlarmi in privato, nel suo ufficio di Kelk.

"Non hai considerato l'ipotesi di venire con noi, Orisa?" Mi ha chiesto, una volta rimasti soli.

"Le mie Ancelle sono già a vostra completa disposizione." Ho risposto, rispettosamente. "Ester non può sostituirmi a lungo, a Idra: c'è bisogno che io vada."

Athorm ha annuito:

"Capisco." Ha detto, sovrappensiero. "Ma sono costretto a chiederti di rinforzare il gruppo delle donne aliene nell'esercito."

"Vuoi che vi rifornisca di altre Guerriere?" Ho domandato. Lui mi ha rivolto uno sguardo silenzioso, come se quello che stava per dirmi gli costasse più di quanto potesse ammettere a se stesso:

"Non posso chiedere a degli esseri umani di cavalcare i destrieri bionici nello spazio." Ha mormorato. "Non sarebbero in grado di adattarsi immediatamente a questa nuova situazione. Nonostante le tute e le maschere di ossigeno, non

589

riuscirebbero ad essere altrettanto rapidi e intuitivi in tempi brevi. Ci sarà bisogno di tempo, per loro, per abituarsi. E ci vorrà qualcuno che dia loro l'esempio."

"Se credi che le mie Ancelle possano esserti d'aiuto, hai il mio appoggio." Ho risposto, con un lieve inchino. "Esse sono in grado di imparare in fretta e di battersi con grande coraggio, per portarvi alla vittoria."

Athorm si è avvicinato a me e ha messo una mano sulla mia spalla. Questo gesto così confidenziale mi ha sorpresa, così come il suo sguardo, dolce e triste allo stesso tempo:

"Orisa..." Ha mormorato. "Non ti sto chiedendo di concedermi Guerriere pronte al combattimento, ma anime disposte al sacrificio..."

L'ho guardato, sgranando gli occhi:

"Vuoi usarle come scudi!" Ho esclamato, allontanandomi da lui.

"Non posso rischiare di perdere vite umane..." Ha risposto, mestamente.

"Ma vuoi che io induca le mie donne a morire... per la tua causa?"

"Per la *nostra* causa, Orisa. Non per la mia. Ricordati il motivo per cui siete state tratte in salvo da Id'V'Ra: per ricominciare. E, allora, non avevate paura di morire. Anche voi desideravate trovare la pace e donarla a chi potesse apprezzarla grazie agli ideali più nobili dell'essere umano. Molte di voi sono morte, in virtù di questa nuova speranza. Volevano dare ai bambini che erano rimasti ancora vivi un luogo sicuro in cui vivere. Hanno donato se stesse, in cambio della vita di queste piccole anime che avevano il diritto di credere nel futuro."

"Ma il sacrificio è stato vano!" La mia voce si è spezzata, mentre i ricordi affioravano. "Abbiamo visto queste donne coraggiose morire per mano di altre donne, creature terrestri alle quali le aliene non hanno neppure opposto resistenza! Esse speravano che, immolandosi, queste madri senza più un cuore potessero risvegliare le loro coscienze e riconoscere i loro figli... ma non è successo! Li hanno sterminati, uno ad uno! Noi, superstiti, siamo giunte a Idra per farne una terra materna, accogliente, dalle radici solide e in cui trovare la pace. Ci siamo messe al servizio dei più deboli, perché sapevamo che cosa significasse l'ingiusta persecuzione. Abbiamo custodito e difeso la vita, per quanto possibile e nonostante l'essere umano avesse continuato a metterla in pericolo. Credo che il nostro apporto sia già stato molto più che sufficiente, Athorm. Abbiamo pagato e continuiamo a pagare... con la solitudine. E ora... tu mi chiedi di sacrificare altre vite!"

"So che ti chiedo molto." Ha replicato, avvicinandosi di nuovo a me, lentamente. "Ma non saprei di chi fidarmi. Conosco lo spirito di abnegazione nelle Ancelle di Idra e so che sono le uniche creature in grado di custodire quella vita che non ha mai smesso di battere, insieme al suo cuore..."

"Tuo figlio? Il bambino che Swaynn porta in grembo? Tu chiedi a noi, che non possiamo generare una discendenza, di morire per qualcuno che non conosceremo mai e che non ci ringrazierà?"

"Orisa… Se ti dicessi che non tutti i piccoli di Id'V'Ra sono morti… Se ti dicessi che uno di loro è sopravvissuto, proprio grazie a tutto quello che tu e le tue Ancelle avete fatto…"

"Sai bene che non è così." Ho replicato, tristemente. "Abbiamo cercato di trovare un rifugio per tutti loro, ma sono stati trovati e uccisi, tutti, indistintamente."

"No. Non tutti." Ha ripetuto Athorm, alzandomi il viso e costringendomi a guardarlo negli occhi. "Il sacrificio non è stato vano. Uno di loro… una bambina venuta da chissà dove… lei ha continuato a vivere. E' stata preservata dalla barbarie, anche grazie a ciò che era. E se chi l'ha portata a Verdrad non avesse sacrificato la sua vita per lei, ora, questa piccola anima avrebbe raggiunto le altre."

"Ciò che dici è vero?" Ho chiesto, incredula. "Una vita è stata salvata? E' stato così tanto tempo fa… così tanto… Dimmi dov'è il luogo in cui i suoi resti riposano, affinché io possa riconoscerla e credere alle tue parole! Dimmi se devo chiedere a Yoser, poiché anche lui già viveva, e, forse, potrà aiutarmi a conoscere la sua discendenza… se ciò che dici è vero…"

Athorm mi ha rivolto uno sguardo enigmatico:

"Yoser potrebbe solo confermarti che quella bambina è stata catalogata come la *senza nome* dal computer che non riusciva a trovare nulla, su di lei. Nessun passato, nessuna storia, nessun patrimonio genetico riconducibile a quello di altri esseri umani presenti sulle poche terre emerse. E così è stata chiamata, per molto tempo. Ciò che contava era salvarle la vita e… studiarla. Poiché nessun'altra bambina era uguale a lei. E sembrava non crescere mai, come se la sua età si fosse fermata. Per molto, molto tempo, il suo aspetto simile ad una creatura di soli cinque anni non è cambiato. E' stata isolata e cresciuta in un luogo protetto, da persone senza volto che si occupavano di lei. Tutto ciò che vedeva intorno non erano che ologrammi, ricostruzioni, piante e fiori creati artificialmente, uomini e donne avvolti in tute e col viso coperto da maschere quasi aliene… Nessuno sapeva chi fosse, né potesse sopravvivere in quel corpo infantile che non aveva nulla di diverso da quello delle altre bambine e che, tuttavia, custodiva un segreto."

"Un segreto?" Ho chiesto, affascinata dalla storia di cui non avevo mai saputo nulla. "Quanto è riuscita a vivere, la piccola? Che ne è stato, di lei? Che fine ha fatto? Athorm… che cosa sai, davvero?"

Ha appoggiato entrambe le mani sulle mie spalle. Un tempo – molto tempo fa, quando eravamo amanti – questo gesto sarebbe stato il preludio di un incontro d'amore. O forse, di solo sesso. Ma, in quel momento, assumeva l'unico significato che poteva avere: vicinanza. E nulla più.

"Nemmeno io sapevo." Mi ha detto, lentamente. "Ho scoperto solo da poco la verità. E chi dovrebbe saperla, ancora non ne è stato messo al corrente. Ma tu, ora, sai che la vita che avete cercato di salvare non si è spenta, anzi, ha continuato ad esistere, così come qualsiasi altro immortale, finché *Il Portatore* l'ha riconosciuta e l'ha condotta nell'unico luogo in cui la piccola avrebbe potuto crescere e diventare ciò che era destinata ad essere: la *prescelta*. Ed è sempre questa, la vita che ti chiedo di aiutarmi a custodire, perché la sua terra torni a vivere di nuovo. E perché la realizzazione della sua vita trovi compimento."

L'ho guardato, senza riuscire a crederci: Swaynn? Swaynn era quella bambina che io e le mie Ancelle siamo riuscite a salvare?

"Quando si è presentata a noi, non conoscevamo il suo nome..." Ho mormorato, con un filo di voce. "Nessuno sapeva da dove venisse. Pensavamo che fosse figlia di una di quelle donne senza cuore, disposte ad uccidere i propri figli... da lei si percepiva una forza particolare e speravamo che questa potesse esserle d'aiuto per sopravvivere a Id'V'Ra..."

"Id'V'Ra: il luogo in cui Vegar dominava. Il potere di cui quella piccola creatura era permeata. Per questo l'ira dello Spirito era diventata ancora più grande: perché colei che l'avrebbe domato era giunta laggiù, dove la sua presenza lo sfidava. Così, gli uomini e le donne che si erano dedicati completamente a questo potere distruttivo, cominciavano a sviluppare un'insofferenza sempre maggiore nei confronti dei bambini. Di tutti, indistintamente: Vegar sapeva che tra di loro esisteva chi fosse in grado di piegarlo, ma non poteva capire chi fosse. Per questa ragione, ha scatenato l'odio degli esseri umani, facendo leva sulle loro debolezze, e li ha portati ad uccidere delle creature innocenti, solo per dargli la certezza di non dover mai perdere il suo predominio. Ma quando vi ho aiutate a fuggire e vi siete disperse, un gruppo di giovani Ancelle si è diretto a Verdrad, nella speranza di poter trovare rifugio nella terra in cui un ricercatore di cui tanto si parlava."

"Ma sono morte... Tutte... Sono state seguite ovunque. Ci siamo salvate solo noi, condotte nel luogo che tu ci hai indicato e che è diventato Idra..."

"Ma, prima di morire, queste donne erano riuscite a portare la bambina al sicuro. Così, lei si è salvata. E ora è qui, più vicina di quanto tu potessi pensare. E nemmeno io avrei mai potuto credere che chi avevo contribuito a liberare sarebbe diventata la donna che ho al mio fianco. Swaynn..."

"Io la ricordo!" Ho esclamato, stringendo le sue mani. "Sapevo che non era come le altre! E, quando l'ho conosciuta, avevo compreso che il potere era in lei, poiché non esisteva una Stirpe di Vegar, se non Vegar stesso! Pensavo che fosse legata a Id'V'Ra, ma quando ho scoperto che in lei vi era un altro Spirito, le mie certezze hanno vacillato... Così simile a noi... eppure così diversa, con quegli occhi così scuri e l'altezza molto simile a quella di una donna umana..."

"Non avresti potuto capirlo." Ha detto Athorm, allontanandomi dolcemente. "Nessuno di noi avrebbe potuto. Solo Yoser aveva riscontrato una similitudine con i parametri della *senza nome* giunta a Verdrad secoli fa."

"Swaynn..." Ho mormorato, ancora una volta. "Da dove arriva, il suo nome? Come se n'è ricordata? Sembrava aver perso la memoria, completamente, e non accettava alcun nome che avremmo voluto darle..."

"E' il nome che le è stato dato dal *Portatore*, quando la prescelta è stata condotta sull'Isola delle Vergini... L'Isola della Luna. Ma come si chiamasse prima... questo, Orisa, io non posso dirtelo. Posso solo chiederti di mettere, ancora una volta, a sua disposizione le tue Ancelle. Poiché lei è l'ultima delle vostre Discendenti..."

Sono rimasta in silenzio, a lungo, mentre Athorm accarezzava dolcemente il Tasxor, il più importante degli anelli nuziali di Kelenda. Il richiamo del sangue: ecco che cosa mi portava verso questa donna, legata a me da un passato così lontano, eppure ancora così vivo. Così presente. L'unica donna che avrebbe potuto dominare un potere così grande come quello di Vegar. L'unica, da cui poteva nascere la Sorgente di Iatho, lo Spirito della Luna che porta equilibrio e saggezza. L'unica in grado di condurre un esercito alla conquista di una terra che ha sacrificato, solo per amore di un uomo che l'ha attesa per secoli, senza legarsi a nessun'altra, poiché nessuna era come lei. L'unica che io potessi considerare come... mia figlia.

"Sono a completa disposizione dell'ultima Discendente di Idra." Ho detto, quindi, chinandomi al cospetto dell'Altissimo Funzionario di Kelenda. "E sono disposta a sacrificare la mia stessa vita, pur di assicurarle quel futuro che ogni figlio merita di avere dalla propria madre... se così lei vorrà considerarmi..."

"Credo che già lo faccia." Ha risposto Athorm, sorridendo. "Per questo, Orisa... io la affido di nuovo a te. E, sempre per questo... tu, tra pochi giorni, dimenticherai tutto quello che c'è stato tra di noi. Sarà come se non fosse mai successo, poiché lei è l'unica e sempre lo sarà, anche nella memoria. In cambio, l'Uomo della Luna esaudirà il tuo desiderio più grande che ancora non ha trovato realizzazione: la felicità."

Così, ora, io, la Signora di Idra, so chi è Swaynn. E, forse, in cuor suo, una parte di lei mi ha riconosciuta. Ma ciò che era prima... quello, io non lo saprò mai.

E mentre il ricordo di ciò che io e Athorm siamo stati l'uno per l'altra sbiadisce, una nuova sensazione di libertà accarezza il mio cuore e ciò che un tempo sembrava impossibile, ora diventa una speranza.

Io vedo. Amerò ancora. Servirò colei che potrà proseguire la dinastia di Idra, in qualsiasi modo vorrà fare. E so che le mie Ancelle non si tireranno indietro, poiché questa è l'unica speranza che hanno di poter perpetuare la nostra Stirpe.

Non siamo sopravvssute solo per dare vita a una nuova terra, ma, soprattutto, per preservare quella dell'unica figlia che tutte noi potremmo mai desiderare di avere. E questo, di per sé, è già un miracolo.

***

"Schaw's Sel'nays, Swaynn! Swaynn è la Signora di Sel'nays"
Questo è ciò che ha gridato Id-Am'Ra, la Sorgente dell'essenza di Athorm Dralt, signore di Kelenda. E' il grido che raggiunto gli Spiriti degli Antenati che stanno costruendo il nuovo esercito, truppe che possiedano un'apparenza allo stato solido, e che conservino in sé le tracce lasciate nello Spazio. Si affrettano ad ultimare la loro strategia, poiché sanno di dover combattere

presto contro avversari molto forti, addestrati da colui che era conosciuto come l'Uomo della Luna, e permeati dall'immenso sapere della sua sposa, la donna con cui ho trascorso parte della mia esistenza, in un'altra forma. La Signora di Sel'nays mi ha riconosciuta e io ho riconosciuto lei, in virtù di quel legame che ci ha unite quando ancora facevo parte del suo mondo. Ciò che gli Antenati non sono stati in grado di vedere, io l'ho visto. E ho visto il bambino, il prescelto, colui che segnerà l'inizio di una nuova Stirpe tra le creature dello Spazio, esseri umani e alieni. Ne ho percepito la forza, poiché essa racchiude in sé quella di coloro che l'hanno concepito e che saranno destinati a conoscere una giovinezza senza fine, come accade per chi è nato per compiere grandi imprese, senza morire mai. Gli Antenati cercheranno in tutti i modi di non risvegliare At'n-I'd e V'aT'Ss, le identità più segrete di coloro che appaiono simili agli esseri umani, ma di cui non fanno parte. Gli Spiriti riporteranno la battaglia su un piano fisico, affinché non si debbano usare le armi della mente e dell'essenza, né si renda necessario affrontare i Simboli del Triangolo: essi non sopravvivrebbero. Ne rimarrebbero schiacciati, e questa immobilità cosciente sarebbe una prigione ancora più insopportabile della stessa morte. Non conoscerebbero la liberazione dell'anima: ne rimarrebbero legati finché la forza del Triangolo non decidesse di scioglierli. Ho visto la mia battaglia contro colei che, un tempo, era come una sorella, per me. Quel momento arriverà. Gli Antenati mi impongono di scegliere già da ora da che parte stare, poiché poi non vi sarà più la possibilità di pensare, ma solo di agire. Il mio compito sta per giungere al termine e presto me ne verrà assegnato un altro: sarò io, a condurre le truppe dell'Esercito di Luce, e da me ci si aspetta la vittoria. Nonostante io sia nata dall'unione sbagliata tra due esseri umani che portavano con sé una lieve traccia aliena, sono stata scelta per portare a compimento quella che dovrà essere la battaglia finale. E non dovrò sbagliare, o non avrò una seconda possibilità per sopravvivere. Quando la Pietra Gemella dovrà scegliere quali padroni servire, io dovrò essere pronta per portarla, un'altra volta, al cospetto degli Antenati, ed essi la custodiranno per sempre, nutriti dalla sua energia che non conosce confini, in questo mondo in cui vi è solo nascita o morte, anche per chi, apparentemente, sembra non dover morire mai. Per portare la Pietra, dovrò obbedire, per poter comandare. Altrimenti, questo compito non mi verrà mai affidato.Le emozioni, tra gli Spiriti, vengono sopite: noi non avvertiamo più il dolore di chi dovremo lasciare. Sappiamo solo che siamo chiamati a preservare il luogo che potrebbe farci rinascere, un'altra volta, insieme ad una nuova Sel'nays. E questa terra non dev'essere lasciata in mano a nessun altro, neppure alla prescelta. Io non posso più rifiutarmi. Dovrò uccidere Swaynn.

Detia – L'Osservatrice

***

Undici - *Swaynn*

L'esercito è pronto per ripartire. Nuove Ancelle di Idra si sono unite a noi, imparando in poco tempo ciò che gli altri hanno appreso con anni di addestramento. Anche i cavalli bionici sono stati perfezionati, e così le tute e le maschere di ogni Guerriero. La nave è stata resa ancora più inattaccabile e il Terzo Scudo servirà solo se dovesse verificarsi un pericolo imminente, poiché la lega di cui l'intera imbarcazione è stata rivestita e impregnata ha subìto un processo di alterazione molecolare per opera di Yoser Nym e delle indicazione dategli da Athorm stesso, ma anche da Orisa. La Signora di Idra ha trascorso un breve periodo nella sua terra, poi ha fatto ritorno a Kelenda, per assicurarsi che io stessi bene e per portare i suoi rinforzi. Non so se ci seguirebbe mai in un viaggio: Ester non può prendere a lungo il suo posto a Idra, ora che gli scambi commerciali e i contatti con le altre terre emerse sono diventati ancora più fitti. Un giorno, forse, anche lei sarà costretta a cedere il suo posto, ma questo non sarebbe il momento giusto. Quando incrocia il mio sguardo, a Nod, mi accorgo che i suoi occhi esitano a lungo, e che le parole escono molto dosate, dalle sue labbra, come se volesse parlarmi ma non riuscisse a farlo apertamente. Non posso costringerla a fare ciò che non desidera o che non può. Ciò che conta è che non vi sia nulla di grave che coinvolga me, il bambino, le sorti dell'esercito e le persone che mi sono accanto. Vedo che tra lei è Yoser la vicinanza si è fatta più stretta, e l'idea che tra i due possa nascere qualcosa di diverso rispetto alla sola amicizia mi farebbe piacere, soprattutto per lui, dopo quello che ha dovuto passare, anche per causa mia. L'esercito potrebbe partire in qualsiasi momento, se solo Athorm ne desse l'ordine. Ma non lo fa. E so che la sua decisione di rimandare dipende dalla mia gravidanza. Nonostante l'abbia rassicurato più volte della mia perfetta salute, non sono mai riuscita a smuoverlo dalle sue posizioni. Potrebbe partire da solo, ma qualcosa lo trattiene e credo che sia legato al timore che io possa subire delle ripercussioni qui, sulla Terra, mentre lui è in viaggio. Non sarebbe in grado correre in mio aiuto, se avessi bisogno, se non manifestando la sua reale essenza, perché la smaterializzazione dell'intera nave potrebbe mettere causare delle ripercussioni sui corpi meccanici di Moraya, Oughm, Smuz e Tom, nonché su quelli delle Ancelle di Idra, incapaci di resistere ad una tale intensità radioattiva. E' stato Yoser, a scoprirlo, effettuando dei test su campioni di tessuto e di sangue prelevati sulle singole interessate. Si è reso conto che, seppure la loro fibra sia forte, la resistenza cellulare dei loro corpi è molto labile e incapace di sopportare uno scioglimento molecolare, seppur momentaneo. Così, Athorm sarebbe costretto a lasciare la nave per correre in mio soccorso, contando solo sulla forza della Luce, ma mettendo se stesso in pericolo, entrando in contatto con l'atmosfera terrestre. Il suo corpo di Luce potrebbe provocare un incendio nel cielo, e non sarebbe coinvolto solo lui, nell'impatto, ma tutti gli esseri umani e gli alieni che abitano sul pianeta.

Ma questa, per ora, è solo un'ipotesi: dopotutto, ha già vissuto un'esperienza simile, quando ha lasciato la Luna per stanziarsi a Kelenda, dove risiede il suo potere. Allora il suo cuore non era meccanico, e poteva librarsi nell'aria con più facilità. Ma la mistificazione umana che vedeva negli alieni degli esseri simili a delle divinità, l'ha portato a decidere di non usufruire mai più del suo potere sulla Terra. Così è stato anche per tutte le creature dello Spazio che vi abitano. I corpi sono diventati sempre più pesanti, come dev'essere, affinché nessuno possa dire che la razza umana stia vivendo un'altra Apocalisse. Nei secoli trascorsi, già fin troppi gruppi fanatici hanno mistificato il sacro e il profano, spesso confondendoli tra di loro. Il confine tra il sogno e l'illusione è sottile, e questo non dev'essere più superato. La Natura potrebbe decidere di rivendicare i suoi diritti, così come le spetta, per riportare il giusto equilibrio tra i suoi doni e coloro a cui essi sono destinati.

Mi reco a Kelk, servendomi di un mezzo a propulsione aerea guidato attraverso comandi vocali e dai vetri oscurati. E' uno dei mezzi messi a mia disposizione per potermi muovere in autonomia e totale sicurezza. Non punto alla Sede Centrale, ma alla dimora di Athorm, dove già alcuni androidi sono stati allertati del mio arrivo. La scelta di servirsi di automi con fattezze umane si è resa necessaria solo momentaneamente, poiché il clamore della nave in grado di solcare lo Spazio non si è ancora attenuato. Se un essere umano dovesse prestare servizio nella nostra casa, non avrebbe tregua e rischierebbe una pressione che nessuno di noi vuol far subire a chi collabora strettamente al nostro fianco. E' tutto già abbastanza stressante, per permettere a persone ignare di sentire la loro vita capovolta dalla curiosità morbosa di chi vorrebbe poter creare un caso. Purtroppo, nonostante i molti insegnamenti della storia, certe brutte abitudini non hanno mai cessato di esistere: si cerca di scavare nei segreti per trovarvi la chiave di un successo effimero, solo per godere della sua intensità temporanea. Esistono molte persone che sanno vivere semplicemente anche nelle comodità fornite dalla tecnologia, ma a causa di quei pochi che preferiscono parassitare sugli sforzi altrui, si rende necessario adottare delle precauzioni. Tutto è così diverso dalla vita che avrei sempre desiderato… Mi manca il silenzio dell'Isola delle Vergini, la riflessione che esso porta sempre con sé, la consapevolezza di appartenere a qualcosa di immenso e, al tempo stesso, immediatamente a portata di mano. E mi manca la semplicità di quella vita vissuta nel verde, nel profumo dell'erba e dell'aria pulita, sebbene io non sapessi che quel piccolo angolo di paradiso fosse situato sulla Luna. Tutto era così reale da avermi aiutata ad apprezzare la bellezza di tutto ciò che è semplice, senza cercare più di quanto avessi. Da quando la tecnologia ha fatto irruzione nella mia vita, insieme ai miei poteri, le sensazioni rassicuranti di quella vita scandita dalla disciplina e dal poco che avevo, sembrano un ricordo che si perde in un passato appartenuto ad un'altra persona. Non a me. E la spontaneità – seppure, a volte, un po' rigida – di quei momenti, si è allontanata gradualmente, lasciando dentro di me un modo di vivere più razionale e legato a ciò che richiede il dovere, più che il cuore.

Rifletto con tristezza su questa realtà, mentre gli androidi con fattezze umane mi scortano all'interno della casa di Kelk. Raggiungo la camera da letto e mi sdraio sul morbido giaciglio: tutto è stato lasciato come avevamo progettato sin dall'inizio, con un richiamo al rurale e il camino perfettamente funzionante. Le vetrate permettono di godere di una bellissima vista su tutta Kelenda, e di lasciar filtrare molta luce, durante il giorno. Di notte, si riescono a scorgere le stelle che brillano intensamente, mentre la Luna sembra circondata da un alone luminoso, affascinante ed etereo, e mi sono trovata a chiedermi se, in parte, la presenza degli Spiriti degli Antenati non contribuisca a rendere questo bagliore ancora più dolce di quanto lo sia, in realtà. Potremmo convivere pacificamente, invece siamo costretti ad entrare in guerra con i nostri Avi, ancora strenuamente attaccati a ciò che è materiale... ed è triste. Chiudo gli occhi, cercando di allontanare da me i pensieri legati a questo mondo materiale, per ritrovare quel senso di connessione tra le creature viventi e Natura, ma i continui impegni quotidiani, la routine, il rumore, la pressione costante cui siamo sottoposti mi impediscono di sentire appieno le sensazioni che un tempo facevano parte integrante di me. Partecipo sempre alle meditazioni e al canto del Gham, suono il Chrein insieme a Roseann che mi accompagna col suo flauto e i movimenti di una danza che non ho mai conosciuto prima, partecipo agli incontri con l'esercito per ciò che mi è consentito fare e ogni tanto trovo il tempo per leggere o scrivere qualcosa. Ma nulla è più come un tempo e io stessa faccio fatica a ritrovare in me quella ragazza che scopriva il mondo e i suoi segreti, con l'entusiasmo di una bambina. Ora, spesso, vorrei non sapere nulla di tutto ciò che già è custodito nella mia anima, per potermi sorprendere ancora, provare nuove emozioni e illuminare il mio volto con un sorriso autentico, e non solo con la maschera che il mio dovere mi impone. Comprendo sempre di più ciò che Athorm voleva dirmi, quando parlava della libertà da lui provata navigando per i mari. E vorrei poter vivere ancora con lui come facevamo, prima di accettare gli incarichi di cui io stessa avevo sottovalutato la portata. Forse, l'istintiva ambizione di Vegar ha prevalso sull'umile razionalità di Iatho. Forse, la vita dell'essere umano coinvolge più di quanto non si pensi. Poco importano le motivazioni che mi hanno spinto a volere di più e a chiedere ad Athorm di accettare l'incarico di Altissimo Funzionario di Kelenda. Non è più possibile tornare indietro, ormai: possiamo solo guardare avanti. Ma, davanti a me, c'è un presagio che non mi permette di dormire, a volte, e che mi porta a voler fuggire dalla battaglia. Cerco di allontanarlo da me. Ma so che, prima o poi, vedrò.

Allento i lacci della mia lunga tunica color smeraldo, mentre mi accorgo che la porta automatica si sta aprendo: sento i passi veloci di Athorm avvicinarsi alla camera, e mi raggiunge in pochi istanti. Mi sorride e slaccia la giacca lunga grigia, con un doppiopetto bordato di simboli ricamati in nero e oro, e la appoggia su una sedia. Poi si siede accanto a me, prendendomi la mano. Mi metto a sedere, sorridendo a mia volta: questo è uno dei pochi momenti in cui possiamo stare un po' assieme, e voglio assaporare ogni istante come un dono prezioso.

Athorm fa scivolare una mano sul mio ventre, con molta delicatezza:

"Va tutto bene?" Mi chiede, premurosamente.

"Io mi sento in gran forma." Rispondo, sorridendo. "Anche se sto diventando grossa come una balena…"

"Non sembri una donna incinta di sette mesi." Replica Athorm, avvicinandosi ancora di più a me.

"Un privilegio di noi aliene?" Chiedo scherzosamente. Non mi risponde e mi bacia, dapprima con dolcezza, poi con passione. Il profumo del suo corpo ha perso il classico odore della salsedine che l'ha sempre accompagnato durante i lunghi viaggi in mare, e ora la sua pelle è calda e sa di uomo. Athorm non usa nulla di ciò che i terrestri sembrano non poter fare a meno, eppure è come se portasse con sé il profumo del vento estivo, quando il fieno si secca al sole e la brezza porta con sé la fragranza della resina degli alberi. Le sue mani scivolano su di me, sforando appena il mio ventre, e sollevano la tunica leggera che ancora riesco ad indossare, nonostante la gravidanza. Lo aiuto a spogliarsi, mentre lui spoglia me, e facciamo l'amore a lungo, senza fretta: abbiamo stabilito che quando stiamo insieme nessuno può disturbarci e che non vogliamo avere dei limiti di tempo. E' già così difficile vedersi e poter godere di questi momenti: perché continuare a donarsi agli altri, quando dobbiamo nutrire anche noi stessi?

Athorm mi bacia a lungo, alla fine, e poi mi stringe contro il suo petto. Le cicatrici sono sempre visibili, ma nessuno potrebbe mai dire quali segreti esse nascondano. Solo io e pochi altri abbiamo il privilegio di saperlo, anche se alcuni segni della sua pelle si sono incisi in modo indelebile nel corso dei secoli.

"Hai visto?" Gli chiedo, mostrandogli le braccia. "I tatuaggi di luce continuano a creare disegni che mutano periodicamente. E così accade anche sui piedi e sulla schiena. Sono costretta a non mostrarmi mai nuda di fronte a nessuno, per evitare che la gente si ponga delle domande a cui non potrei rispondere."

"A dire il vero, Swaynn…" Mormora Athorm, tra il serio e il faceto. "Vorrei essere l'unico a vederti nuda. Posso fare un'eccezione per Yoser, ovviamente, o per Orisa e le sue Ancelle. Ma non voglio che nessun altro possa guardarti. E' già stato difficile sopportare la vista del tuo corpo ferito da Tom, a Idra, quando pensavo che saresti morta. Troppi occhi si sono posati su di te, ed è stato come se ti avessero violata."

"Ma nessuno l'ha fatto." Rispondo, sorridendo. "E io sono ancora viva… proprio grazie a Orisa. Chi l'avrebbe mai detto? Colei che è stata la tua amante…"

"… e che ha dimenticato di esserlo, ora."

Lo guardo: i suoi occhi sono enigmatici e molto seri.

"Perché c'è Yoser?" Chiedo, sapendo già che la risposta sarà un'altra.

"Lui c'è perché ogni legame coi ricordi del passato è stato reciso." Mi dice, accarezzandomi i capelli. "Orisa sa solo di avermi conosciuto e di dovere a me la salvezza del suo Popolo. Ma ciò che è successo tra di noi è stato cancellato dalla sua mente."

"L'hai obliata tu?" Chiedo, incuriosita. "E perché mai? Nutriva ancora interesse verso di te?"

"No." Risponde, sorridendo. "Ha accettato di far parte dell'equipaggio, quando sarà il momento di ripartire."

"Verrà con noi, quindi? Ma perché hai ritenuto necessario che lei dimenticasse? Io non avrei pensato che tra di voi potesse nascere di nuovo qualcosa."

"Lo so. E non sarei riuscito a cancellare i suoi ricordi, se i suoi sentimenti per me fossero stati più forti. Ma non c'era amore, tra di noi, e nessun legame ci ha mai uniti così tanto come è accaduto tra me e te. Tu non saresti in grado di dimenticare, perché tutto è vivo nella tua anima. Solo, qualcosa è ancora sopito, per risvegliarsi quando sarà il tempo. Hai vissuto così tanto da aver dovuto immagazzinare molte informazioni. Non avresti potuto farlo, se i ricordi avessero oscurato parte della tua memoria. Così, i tuoi poteri li hanno solo addormentati, in attesa che tutto ciò che hai imparato possa riaffiorare alla tua mente quando arriverà il momento."

"Dimmi la verità, Athorm." Mormoro, seguendo i disegni dei tatuaggi di luce sul suo petto. "Hai voluto che lei fosse presente per me, non è così?"

"Yoser non è ancora in grado di gestire un'emergenza aliena da solo." Risponde, sovrappensiero. "Le Ancelle presenti nell'esercito mi servono per l'eventualità di dover spingere qualcuno nello Spazio, in sella ai cavalli bionici. Ora, anch'essi possono volare in assenza di gravità. Le Guerriere di Idra sarebbero in grado di fronteggiare l'esercito degli Antenati, sicuramente molto più forte di quando ci siamo incontrati per la prima volta. Il rischio è aumentato... e lo sai. Così, non esiterei a chiedere a queste donne di immolarsi per prime, se fosse necessario. E ho bisogno che Orisa sia presente, se tu dovessi avere bisogno."

"Non voglio sacrifici inutili, Athorm." Replico, con fermezza. "Non è ciò che abbiamo promesso."

Lui mi guarda dritto negli occhi:

"Gli Antenati non hanno nulla da perdere, Swaynn." Dice, con tono serio. "Credi davvero che potrebbero voler preservare le nostre vite, ora che li abbiamo sfidati? Senza la Pietra Gemella si ritroverebbero in condizione di schiavitù, e loro vogliono la libertà, ora, perché l'hanno assaporata. Vogliono di nuovo dei corpi solidi: li cercano persino nei detriti dello Spazio. Non si fermeranno di fronte a nulla. E so che non è Munn, a guidarli, perché non ho visto la sua luce: è qualcun altro, forse di più insospettabile." Mi guarda ancora a lungo, in silenzio, come se attendesse una risposta da me. "Tu non credi?" Mi chiede, poi.

Cerco di evitare il suo sguardo:

"Potrebbe essere." Rispondo, fingendo noncuranza. "Ma il punto è capire dove nascondano la Pietra. Dopotutto, è ancora in mano loro."

"Se fosse così, non avrebbero la necessità di scatenare attacchi così feroci. Ti hanno colpita immediatamente, come se sapessero esattamente dove tu fossi. Eppure, la percentuale di essere notati da loro, era molto bassa. Ho pensato a lungo sulla possibile causa che ha sollevato il velo dagli occhi degli Spiriti, e sono giunto ad una conclusione."

"Ah sì? E quale?"

"Questo dovresti dirmelo tu, Swaynn. Non è, forse, il segreto che custodisci nel tuo cuore?"

Continuo a non guardarlo e a nascondere i miei pensieri:

"Segreti…" Mormoro, come se parlassi a me stessa. Poi, finalmente, volgo lo sguardo verso Athorm: "Quante cose mi hai taciuto, in questi anni, e quante ancora mi nascondi?" Gli chiedo. "So che è così: lo percepisco. Tu sai che ho imparato a vedere oltre ciò che sembra. E in me crescono nuovi poteri, sebbene io mi controlli dal farne uso."

"Sono i poteri che competono alla Figlia del Sole e della Luna." Mi risponde, con un sorriso enigmatico. "Ma è giusto che tu non ne faccia sfoggio, per non alimentare la superbia che cerchi di combattere da molti anni. So che non hai dimenticato le Virtù e che continui a conservarle nel tuo cuore. Questa disciplina ti servirà per quando riconquisteremo Sel'nays."

"Potremmo non farcela mai…" Osservo, esitante. "E io comincio a chiedermi se riaverla sia davvero ciò che voglio…"

Athorm si appoggia su un gomito e mi guarda:

"Non senti nostalgia dell'Isola delle Vergini?" Mi chiede, giocando con una delle due lunghe ciocche platinate dei miei capelli.

"Sì, ma non come se fosse una conquista. Mi manca il modo di vivere che ha fatto di me ciò che sono e che non trovo in nessun luogo della Terra. Anche Awy si sta emancipando, sebbene Agel Brooke cerchi di mantenere la città il più possibile allo stato quasi rurale. Il flusso continuo dei nuovi arrivi a Kelenda richiede la costruzione di nuove strutture, l'ampliamento di tutta la rete e il consolidamento dei sistemi difensivi." Lo guardo. "Tutto è così diverso, da ciò che avevamo immaginato. Quel desiderio di libertà che faceva parte di noi sembra essersi inquinato. Viviamo in base ai nostri impegni e ai doveri, e non abbiamo più il tempo per sognare. L'esercito è pronto, quindi partiremo presto…"

"Non partiremo prima della nascita del bambino." Mi interrompe. "Sarebbe troppo rischioso e io non posso permetterti di commettere questa pazzia. Non posso neppure partire da solo, perché è necessario che la Signora di Sel'nays sia presente alla missione. Così… aspetteremo."

"Ma che differenza farebbe? Anche dopo il parto rimanderesti ancora, per tutelare il neonato, io lo so. Così, gli animi di chi attende da tempo, si spazientirebbero e avrebbero ragione: perché preparare un esercito per poi tenerlo inattivo?"

Athorm rimane in silenzio per un attimo. Poi risponde:

"Questo è il conflitto che si agita nella mia anima, Swaynn. So che tu puoi resistere a molto, ma non ho la stessa sicurezza su questo bambino. Per molto tempo è stato tenuto come sopito dai tuoi poteri e credo che abbia risentito di un influsso particolare, lo stesso influsso che è riuscito a scalfire il Terzo Scudo e ad arrivare fino agli Spiriti degli Antenati. Per questo ho chiesto a Orisa di supportarci: non vi sono razze aliene altrettanto evolute, sulla Terra. Gli incroci fortuiti non possiedono le stesse conoscenze."

"L'hai praticamente obbligata a lasciare Idra per seguirci." Osservo. "Chi ti dà la certezza che lei voglia davvero rischiare di non tornare, solo per assecondarti? Lei e il suo Popolo hanno raggiunto un equilibrio, nella loro terra. Vuoi davvero sconvolgerlo?"

"Ester è in grado di sostituire Orisa fino al suo ritorno." Risponde, con tono deciso. "Il Popolo di Idra ha promesso di supportare Kelenda nel momento stesso in cui ha stretto un patto con la mia terra. Quelle donne sapevano a che cosa sarebbero andate incontro, una volta aver accettato le mie condizioni."

"Non puoi disporre come più ti piace della vita di chi ha giurato fedeltà alle Leggi della Sede Centrale!"

"E non è ciò che voglio!" Esclama, quasi stizzito. Lo guardo senza comprendere il motivo della sua reazione e il suo tono si addolcisce. "Perdonami, Swaynn." Mi dice, stringendomi la mano. "Anche per me è dura rimanere qui, a rivestire un incarico che limita la mia libertà, più di quanto potessi immaginare. Prendere delle decisioni che potrebbero mettere a repentaglio la vita di una creatura vivente, a qualunque razza appartenga, mi costa molto. Chiedere aiuto a Orisa, metterla al corrente di quello che potrebbe accadere alle sue Ancelle... avrei voluto poter avere un'alternativa, ma anche noi l'abbiamo detto più volte: siamo qui per servire gli esseri umani. Non siamo qui per dominarli. Io stesso mi immolerei, se tu non mi fossi accanto. Ma ci sei, e ho il dovere di pensare a te e al bambino."

"Lo capisco, Athorm, e condivido la tua sofferenza." Mormoro, accarezzandogli il viso. "Ma arriverà il momento in cui io dovrò accettare il mio destino, e tu lo sai. L'hai visto. L'hai visto prima di me... non è vero?"

Il suo silenzio è una conferma:

"Forse non avrei dovuto trascinarti in tutto questo..." Dice, a voce bassa. "Forse non avrei dovuto neppure risvegliare Vegar. Se non l'avessi fatto, forse saremmo ancora a Chay, insieme a Mytia."

"Ma lei è nata per Iatho, e non sarebbe sopravvissuta comunque." Osservo. "Avresti dovuto prendere questa decisione in ogni caso: era scritto. Tutto si è svolto in funzione della battaglia finale, quella in cui Sel'nays riprenderà vita e, con essa l'Isola delle Vergini che tu stesso hai creato."

"Io ho solo fatto scoccare la scintilla." Risponde, mestamente. "Ho raccolto i sogni più segreti degli esseri umani... e anche i miei. Il resto è stato possibile grazie al contributo degli Antenati, cui devo molto e che non avrei mai voluto sfidare." Mi guarda dritto negli occhi: "Sto andando contro mio padre e mia madre, Swaynn. Sto andando contro Munn, la Signora dell'isola, l'entità che si è presa cura di te sin da quando eri bambina. E sto andando contro me stesso, contro quello che fa parte di me: il mio passato, le mie radici... Ma, ancora di più, privo te di ciò che potresti mai conoscere, se solo noi lasciassimo agli Spiriti la Pietra Gemella. Parlo dei tuoi genitori, che hai solo intravisto per un breve attimo, e di cui non sai nulla. Loro potrebbero darti le risposte di un passato che si perde nel tempo e magari riconciliarsi con te."

"Se non mi hanno voluta prima, perché dovrebbero volermi ora? Vivono ancora poiché hai dato loro corpi di Luce, ma non si sono mai manifestati come avrei voluto. Li ho riconosciuti poiché il richiamo del sangue è forte, ma non ho ricordato la mia storia con loro."

"Non vorresti conoscerli, Swaynn?"

Sono io, a guardarlo, ora:

"Ci sono delle cose che comincio a ricordare, Athorm." Rispondo, rivolgendogli uno sguardo carico di significati. "Frammenti sbiaditi, ancora molto vaghi… ma le sensazioni, quelle, non sbagliano. Ho la sensazione di aver vissuto a lungo in uno stato sospeso tra il sonno e la veglia, e i pochi sprazzi che giungono alla mia memoria non sono ancora così nitidi. Ci sono poche immagini che si stanno imprimendo nella mia anima in modo indelebile, e quelle che sembravano essere solo illusioni dettate da un mio bisogno interiore si stanno rivelando molto di più. La verità è che entrambi siamo stati abbandonati da coloro che ci hanno dato la vita e che continuano a pensare a se stessi, ancora adesso che il loro respiro è appeso ad una fioca luce senza la quale non potrebbero sopravvivere. Io lo so… che tu stai male alla sola idea di doverti trovare nella condizione di dover sterminare coloro che, molti secoli fa, erano esseri umani, come quelli che noi custodiamo e difendiamo. Ma, mentre tu ti struggi al solo pensiero, loro non si fanno alcuno scrupolo nel radunare un esercito che si fa scudo persino coi detriti Spaziali, pur di simulare un corpo simile a quello di chi combatterà contro di loro. Non pensano alla vita che sta crescendo dentro di me: la loro discendenza. Non esiterebbero a sacrificarla, se si dovesse rendere necessaria. Io l'ho vissuto e tu l'hai visto. Tutto ciò che mi è stato insegnato è dentro di me e cresce col tempo. I legami che mi hanno permesso di essere ancora viva… spero di recuperarli. Ma non sono quelli da cui ho tratto il mio primo respiro. Sono altri. Loro, per me, darebbero la vita. Non è così, Athorm?"

Mi guarda a lungo, in silenzio. I suoi occhi sembrano voler penetrare la mia anima, per accarezzarla nelle sue ferite più profonde. Nel suo sguardo mi sembra di scorgere la figura di quel bambino dalle fattezze umane, lasciato a se stesso sin dalla più tenera età, e che, nonostante tutto, non ha mai perso la speranza e la voglia di un riscatto, non solo per se stesso, ma anche per tutti coloro che vivono ancora in solitudine, emarginati poiché considerati dei diversi, qualunque cosa essi rappresentino. Quel bambino non ha mai smesso di vivere in colui che è diventato l'Uomo della Luna, l'amico invisibile dei sognatori che volgono ancora lo sguardo verso il cielo, per chiedere che i loro desideri trovino realizzazione.

Con un tono di voce molto serio, così come seria è l'espressione dei suoi occhi, Athorm mi parla, stringendomi a sé:

"Partiremo tra cinque giorni." Mi dice, come se stesse sussurrando un segreto al mio orecchio. "Hai ragione tu: attendere ancora significherebbe vanificare il duro lavoro dell'esercito. Ma mi devi promettere che non farai nulla di terribilmente stupido e che possa mettere in pericolo te o il bambino. Lascerai che Orisa si prenda cura di te, se ci sarà bisogno, e non cederai a nessun tipo di provocazione da parte degli Antenati. Promettilo, Swaynn, e non dimenticarlo."

"Te lo prometto, Athorm." Sussurro, guardandolo negli occhi. Lui sorride, poi mi dice:

"In qualità di Altissimo Funzionario di Kelenda, stando così le cose, ti ordino di lasciare Nod e di rimanere a Kelk, a cominciare da adesso. Dovrai essere pronta e concentrata, questa volta. Non ti è permesso sbagliare. E, in qualità di marito..." Aggiunge, con voce più dolce. "Ti chiedo di restare qui, affinché io possa prendermi cura di te, prima della partenza."

"Hai dei doveri verso gli Alti Funzionari che ti attendono alla Sede Centrale..." Mormoro, allungando le braccia verso di lui.

"Ma li ho anche verso mia moglie." Replica, chinandosi su di me. "E tu sei la mia priorità. Sempre."

Dodici - *Tom*

Mancano solo due giorni, alla partenza. Tutto ci è stato comunicato così in fretta da lasciarci sorpresi: sono passati più di tre mesi dal nostro primo viaggio, e, nonostante l'addestramento si sia fatto più intensivo, non ci è mai stato reso noto il momento in cui avremmo potuto riprendere il viaggio. Abbiamo vissuto nel nascondimento per più della metà del tempo, potendoci concedere qualche uscita sporadica solo negli ultimi tempi, da quando l'attenzione da parte del Popolo di Kelenda su di noi ha cominciato a calare. Non che la nostra presenza avesse perso il suo fascino, questo no: semplicemente, la vita quotidiana ha cominciato a riprendere il suo corso e, gradualmente, l'attesa trepidante e la curiosità morbosa si sono ridimensionate. Così, a turno, abbiamo potuto cominciare ad avere dei momenti di libertà, dedicandoci a ciò che svagava la nostra mente, da soli o in compagnia. Sono stati mesi molto duri, dove nessuno si è risparmiato... nemmeno Swaynn. Nonostante il suo stato, non ci ha fatto mancare la sua presenza, anche se più defilata, rispetto a quella di Athorm. All'esercito già formato, si sono aggiunte inaspettatamente altre Ancelle di Idra, già molto preparate e dalla grande capacità intuitiva. Sono rimasto affascinato dalla rapidità con cui sono riuscite ad integrarsi perfettamente in un gruppo già affiatato, senza creare confusione, anzi, riuscendo a tenerci tutti ancora più uniti. Mi ha lasciato stupito la consapevolezza di trovarmi di fronte a delle aliene dalle fattezze umane, la cui differenza da noi sta nel fatto che esse sono identiche, l'una con l'altra. Solo un occhio esperto sarebbe in grado di cogliere delle piccole differenze che caratterizzano ciascuna di loro, ma, in battaglia, esse si confondono, creando grossi problemi a tutti noi. Sembra che siano state scelte tra tutte per un compito ben preciso, anche se ancora ci sfugge quale. In realtà, la maggior parte di noi pensa che esse si siano aggiunte per rinforzare l'esercito, e solo pochi si stanno domandando il reale motivo della loro improvvisa presenza. Athorm ci ha comunicato che verranno con noi anche Yoser Nym e Orisa, la Signora di Idra. Sullo scienziato di Verdrad facevamo parecchio conto: avendo progettato tutte le modifiche della nave con il nostro capitano, è in grado di sopperire ad eventuali problemi che potrebbero insorgere. Inoltre, è anche grazie a lui se io, Moraya, Oughm e Smuz siamo ancora vivi: senza il suo intervento, i nostri corpi sarebbero già sotto terra da molti secoli, ormai, e senza nemmeno aver conosciuto le gioie del poterne godere appieno, come ci è stato concesso. Per me, poi, ci sarebbe un motivo in più, per rallegrarmi della sua presenza: quando sono stato prigioniero a Verdrad, nonostante io fossi tenuto sotto osservazione e in isolamento, Yoser veniva a trovarmi, ogni tanto, e non solo per controllare i parametri vitali. Qualcosa, in lui, era mutato, e non mostrava disprezzo nei miei confronti, sebbene io avessi quasi ucciso la moglie del suo migliore amico. Il suo atteggiamento e le poche parole che mi rivolgeva mi aiutavano a ritrovare me stesso e a sviluppare un sesto senso che non avrei mai pensato di avere. Anche per questo, sapere che ha deciso di accompagnare l'esercito mi solleva e mi fa sentire meglio: nonostante sia passato molto tempo, a volte, mi accorgo degli sguardi dei miei compagni di viaggio, e sono sguardi accusatori che sembrano non aver dimenticato quello che ho fatto a Swaynn. E nemmeno io riuscirò a cancellarlo dalla mia mente con tanta facilità: questa è la mia condanna più grande, oltre al non poter amare una donna che appartiene a colui che mi ha risparmiato, quando avrebbe potuto vendicarsi su di me, avendone tutti i diritti. Mi ha lasciato vivere e mi ha accolto nuovamente nel suo equipaggio, perdonando anche i miei approcci nei confronti di sua moglie, soprattutto in un momento di crisi tra i due. E' Orisa, a ricordare tutto ciò che sono, amplificandolo nel mio cuore, come se io guardassi il mio viso riflesso i mille specchi. La sua presenza mi inquieta, perché continua a portare alla mia mente il tempo della mia continua fuga, quando, cercando di resistere all'influsso di forze oscure, per non impazzire sono arrivato a recidere di netto quelle stesse mani che prima avevano tentato di violare il corpo della Governatrice di Nod e poi avevano imbracciato il fucile, facendo fuoco su di lei. Quelle stesse mani che, se Athorm non avesse sfondato quella porta in acciaio, praticamente indistruttibile, avrebbero infierito su quello che sembrava essere un cadavere ancora caldo, col sangue che colava fino a terra schizzando con forza. Gli occhi di Orisa, sebbene non si posino su di me con l'intento di giudicarmi, non fanno che portare alla mente tutto ciò che fa parte della natura del mio Popolo, un Popolo di assassini, e io non sono diverso da loro. Nonostante tutti i miei sforzi, i continui tentativi di dominare i miei istinti, non ho mai smesso di sentirmi costantemente sulle spine, soprattutto quando Swaynn è nei paraggi. Non mi parla più come un tempo, se non per impartire ordini, seppure con dolcezza, e io mi struggo d'amore per lei, soprattutto ora che nel suo ventre cresce un'altra creatura, il frutto dell'amore tra lei e Athorm, una passione che sembra non volersi mai spegnere nonostante tutte le difficoltà che entrambi hanno dovuto attraversare. Forse è per questo che, dentro di me, riesco a trovare la pace solo in un luogo, quasi un rifugio, forse, ma che mi dà la possibilità di attenuare le emozioni, di controllarmi senza mortificarmi, di dare un senso a ciò che vivo, anche senza il bisogno di vederlo realizzato. Posso continuare ad amare Swaynn in silenzio, ma non mi sento struggere, poiché avverto qualcosa di diverso, più appagante, anche se, fino ad ora, non ero mai riuscito a comprendere che cosa. Col passare del tempo e dopo numerose riflessioni che mi hanno privato del sonno per notti intere, credo di essere arrivato ad una conclusione. So che questa destabilizzerà le aspettative, ma ho bisogno di realizzare me stesso e ciò che sento dentro, per consolidare quella serenità che non sono mai riuscito a mantenere molto a lungo: ovunque andassi, ero considerato un diverso, e la mia fama mi precedeva, insieme ai miei crimini. Desidero poter cambiare la mia vita, senza fuggire da ciò che sono, ma solo impedendo che la parte peggiore di me continui a prevalere. Desidero poter rivolgere il mio bisogno d'amore a chi non sa nulla di me e pensa che io sia uno dei tanti valorosi Guerrieri dell'esercito di Sel'nays, un Guerriero saggio che sappia trovare una risposta a qualsiasi domanda. E il paradosso è che mi ritrovo davvero molto spesso ad ascoltare i bisogni della gente, a conversare con chi è straniero e desidera conoscere la storia di questa terra, con la leggenda che essa stessa custodisce! E tutto mi riesce così facile da sconcertarmi.

Recarmi a Kelk per chiedere udienza a Swaynn non è stato semplice, né per le implicazioni affettive che ancora mi rendono poco lucido di fronte a lei, né perché la mia vita potrebbe subire un cambio radicale, e, giacché sono destinato a vivere finché i miei meccanismi interni non si esauriranno – e non avverrà tanto presto, poiché Yoser li ha resi capaci di autorigenerarsi – ciò che ho pensato di voler fare potrebbe rappresentare una svolta davvero molto importante. Ho chiesto udienza, motivandola con l'argomento della partenza imminente. Mi è stata concessa tramite un comunicato ufficioso che io solo ho ricevuto, e con l'ordine di non farne menzione con nessuno, o tutti si recherebbero nella Capitale per subissare le nostre guide di domande o richieste. Ci è stato sempre detto che dobbiamo limitarci a seguire le regole: se faremo così, non ci sarà bisogno di ulteriori chiarimenti, poiché tutto verrà spiegato nei dettagli di ciò che abbiamo il permesso di conoscere. Il resto spetta a chi ha la responsabilità della missione e delle nostre stesse vite. Non viviamo tutto questo come un'imposizione, poiché ci viene fornito ogni tipo di comfort e una retribuzione molto alta, con la quale potremmo assicurare noi stessi e chi desideriamo, per l'eternità. Vengo condotto presso la sala delle riunioni informali da un paio di androidi dalle fattezze umane. Sembrano un uomo e una donna di Kelenda, in uniforme, con armi ai fianchi e tra le mani. Le loro voci sono lievemente metalliche, ma non incutono timore: sono così perfetti da sembrare veri e mi rendo conto di quanta artificiosità è dentro il mio corpo, seppure io conservi ancora parti umane e sangue misto ad un liquido che mantiene in vita il mio cuore meccanico. Quando ho saputo che Athorm era riuscito a farsi reimpiantare il suo vero cuore, ho sperato che anche in me potesse compiersi il miracolo... ma poi, riflettendoci, ho pensato che non avrebbe mai potuto essere possibile: dopotutto, lui non è un essere umano qualunque, e il suo corpo non si rigenera grazie a preparati ingegnosi che Yoser Nym ha messo a disposizione solo ad alcuni di noi, e a se stesso. Athorm possiede una forza diversa, una capacità che deriva dallo Spazio da cui proviene, sebbene nessuno di noi lo avesse mai ritenuto possibile. Era molto più facile credere che il suo corpo fosse altrettanto meccanico e che anche lui poteva essere vulnerabile tanto quanto noi. Non avevo ancora compreso che la sua fragilità risiede proprio in ciò che lui è, così come lo è Swaynn, che mi accoglie con una tunica gialla, lievemente scollata, lunga fino ai piedi e in velluto damascato. Anche le maniche sono lunghe e i capelli sono raccolti in una morbida crocchia che lascia scoperto il suo collo lungo ed elegante, dalla pelle chiara come la luna. Il suo ventre è decisamente gonfio, sebbene meno evidente rispetto a quello di una qualsiasi donna terrestre. Ma il bambino cresce e si vede, e negli occhi di questa donna che non potrò scordare con facilità c'è la profondità di una notte scura, uno questo sguardo che mi fissa serio e che mi tiene lontano, ma senza disprezzarmi. Sto per parlarle, quando, alle sue spalle, vedo arrivare Athorm. Indossa gli abiti con cui l'ho sempre conosciuto: quei colori scuri, il mantello sgualcito dal tempo, i suoi occhi che mi fissano immobili... e la sua voce, ferma e decisa, che si rivolge a me, dicendomi:

"Benvenuto Tom. Ti stavamo aspettando."

Guardo Swaynn, senza capire: avevo chiesto udienza privata con lei, e, invece, non è sola. La Governatrice di Nod comprende subito quello che sto pensando:

"Spero che la presenza di colui che ti ha salvato la vita più volte non ti dia fastidio." Dice, sommessamente. "Ho ritenuto opportuno che anche lui fosse presente, vista l'urgenza con cui hai chiesto di vedermi, a soli due giorni dalla partenza. Non avrei potuto riferire all'Altissimo Funzionario di Kelenda della nostra conversazione in un lasso di tempo così ridotto."

"Lo comprendo e lo accetto." Rispondo, con lieve imbarazzo. "Non potrei mai mostrare insofferenza verso chi è stato clemente con me. Volevo solo parlare con la Governatrice di Nod, con colei che è la Guida Religiosa di questa terra..."

"Puoi farlo liberamente, Tom." Replica. "Sei tra amici. Ricordalo. Le videocamere sono a circuito chiuso, qui dentro: solo certe azioni e determinate parole innescherebbero un allarme immediato, laddove ci dovesse essere bisogno. E noi ci fidiamo di te. Lo sai."

Athorm continua a guardarmi, senza parlare, rimanendo pochi passi indietro. Non vedo giudizio nei suoi occhi, ma il messaggio che mi lancia è chiaro: lei è sua e nessuno potrà mai portargliela via. Costi quel che costi... difenderà la sua unione con ogni mezzo, lecito e illecito, se dovesse rendersi necessario. E non si tirerebbe indietro nemmeno se dovesse scontrarsi con un amico fraterno.

Con questa struggente consapevolezza, chino lievemente il capo e poi comincio a parlare:

"Chiedo perdono se ho osato pretendere un colloquio privato con la Governatrice di Nod." Mormoro. "Ma parlare a cuore aperto con entrambi è il minimo che io mi veda costretto a fare, proprio per non creare equivoci che possano aggravare i miei numerosi torti."

"Siamo qui per ascoltarti." Dice, Swaynn, sorridendo. Athorm mi fissa in silenzio, con le braccia conserte. Si è appoggiato al muro, e sembra in perfetto controllo di sé. Non mi teme: perché dovrebbe? Lei ha scelto lui. E non tornerà indietro. Ora mi è chiaro, più che mai. Non è facile parlare. E quello che sto per dire pesa come un mattone dentro al mio cuore:

"Non voglio nascondere ciò che sento." Mormoro, sentendomi avvampare. "I miei sentimenti sono noti a tutti, e, in modo particolare, a voi. Si trascinano da tempo, ormai, e mi hanno portato ad agire in un modo per cui io stesso non riuscirò mai a perdonarmi, sebbene mi abbiate dimostrato più e più volte che mi sono state date infinite possibilità di redenzione. Ho cercato di dominare i miei istinti, e ho raggiunto un equilibrio che non mi sarei mai aspettato, soprattutto grazie alla fiducia che non mi avete mai più negato, anche quando l'Altissimo Funzionario di Kelenda avrebbe potuto farlo." Lo guardo, e anche lui mi guarda, e comprendo quello che le sue labbra non pronunciano: lui ha visto. Ha sentito. Ha vissuto il mio avvicinamento verso sua moglie, come nemmeno io sarei riuscito a sopportare, dopo avermi perdonato per aver attentato alla sua vita. L'ho tradito più volte, e non ho alcuna giustificazione. Così, mi faccio coraggio e dico d'un fiato: "Chiedo di essere esonerato dall'esercito e di non fare più parte di questa missione."

Swaynn mi guarda sorpresa, e anche Athorm sembra stupito.

"Perché, Tom?" Mi chiede la donna che amo e che non sarà mai mia. "La tua condotta è stata irreprensibile e hai eseguito tutti gli ordini che ti sono stati impartiti. Non possiamo rimanere ancorati al passato, proprio noi, che siamo destinati a vivere una vita più lunga di quella di molti altri. Hai corretto la tua indole e l'hai fatto in modo graduale e costante. Non sei stato l'unico a sbagliare e non devi continuare a punirti, per questo."

"Non voglio fuggire dalle mie responsabilità." Replico, guardandoli negli occhi. "Voglio solo riuscire a mantenere quel senso di pace che riesco a provare solo quando mi trovo in una determinata situazione… da tempo, ormai. E quando vivo quello stato d'animo, io trovo un uomo nuovo, capace di dominarsi, senza soffrirne. Credo, forse, che dopo tanto cercare, io abbia trovato la mia strada. Non è stato un cammino facile e non mi sono comportato come avrei dovuto, per chiedere di lasciare l'esercito e intraprendere questa mia nuova vita. Ma è ciò che sento e ci ho riflettuto molto, prima di decidere. Non volevo che fosse una fuga, ma una mia vittoria personale. E se mi concederete questo privilegio, la mia vita comincerà ad avere un senso."

Athorm si stacca dalla parete e si avvicina lentamente a Swaynn. Le pone una mano sulla spalla e mi parla, per la prima volta, con un tono molto pacato:

"La tua presenza non è un fastidio, per noi." Mi dice, guardandomi dritto negli occhi. "Non lo è per me. Ciò che ha detto Swaynn è vero: ti sei evoluto interiormente e il tuo cambiamento è stato recepito da tutti. Forse qualcuno ricorda ancora l'episodio di Idra, ma il tuo modo di comportarti non è più cambiato, da allora. Hai peccato di fragilità umana, è vero, ma ti sei trovato di fronte ad un sentimento a te sconosciuto, e ti è stato difficile gestirlo in un modo diverso. Ma è stata anche colpa mia se ti sei avvicinato a mia moglie nel modo sbagliato: anch'io non mi sentivo in grado di gestire il nuovo incarico, dando il giusto peso a chi mi è rimasta accanto, rinunciando a tutto."

"No, Athorm." Mormoro, scuotendo la testa. "La situazione è diversa. Anche tu sei diverso. Sappiamo bene tutti da dove io venga, e di quanto il mio Popolo fosse privo di scrupoli. Non ho più memoria di come si chiamasse la mia terra, ma ne ricordo le nefandezze. Nel mio sangue continuerà a scorrere lo stesso sangue di coloro che si sono macchiati di omicidi, spesso senza alcun senso."

"Non vuoi più imbracciare un'arma?" Mi chiede Swaynn. "Non vuoi sterminare il nemico? E' questo, a farti paura? Temi di perdere nuovamente il controllo e di poter esagerare?"

"In parte... sì. Vorrei dimenticare quella sensazione che si prova nel togliere la vita ad un essere vivente, di qualsiasi razza esso sia. Ma c'è una motivazione ancora più grande che mi spinge a voler rinunciare a questa missione, ed è quella che vi ho già esposto: vorrei poter diventare qualcosa di diverso, un riferimento di cui c'è bisogno, poiché l'istituzione è stata creata, ma non la sua organizzazione."

"A che cosa ti riferisci?" Mi chiede Athorm.

"Alla religione." Rispondo, senza indugio. "Le persone si radunano nella Chiesa, recitando antiche preghiere e seguendo i riti di molti secoli fa. Ma nessuno è alla loro guida. Si eleggono a vicenda come rappresentanti, ma non sanno come gestire la vita della comunità."

"Vuoi diventare... un prete, Tom?" Chiede Swaynn, incredula. Annuisco:

"E' il motivo che mi spinge a voler lasciare l'esercito, sì." Confermo, sentendomi più sicuro di me. "Da quando è stato ripristinato l'antica Fede, ho passato tutto il mio tempo libero a studiare e a cercare di conoscere come vivono queste persone che tramandano il loro sapere da generazioni. Ho trovato la pace e, lentamente, ho cominciato a sentire il desiderio di lasciare tutto ciò che aveva fatto parte della mia vita, fino ad oggi, per diventare il primo di una serie di sacerdoti che devono essere necessariamente incaricati di questa missione. Molti secoli fa, esisteva l'istituzione di una figura che accentrava il potere della Chiesa, una figura che veniva chiamata *Papa*, e che era un riferimento per tutti coloro che professavano il Cattolicesimo. Ora, noi non abbiamo più nessuno, nemmeno dei rappresentanti locali, per nessuna delle religioni ammesse a Kelenda. Swaynn è la nostra Guida Religiosa, ed è lei a dover decidere. Per questo sono qui a chiederle di concedermi la dispensa dall'esercito e la possibilità di ripristinare ciò che un tempo era una vera comunità."

E' Athorm, a rispondermi, e lo fa venendomi incontro. Mi ero dimenticato di quanto fosse alto. E oggi lo sembra ancora di più:

"Ciò che chiedi ti fa onore." Mi dice, sorridendo. "Ti ho osservato e so che quanto affermi è vero: hai trascorso molto tempo nel documentarti sull'antica

Fede, e gli achivi virtuali hanno riportato spesso la tua firma ottica. Sono sorpreso... ma, forse, non più di quanto immaginassi. Voglio che tu sappia che la tua presenza nell'esercito non è stata messa in discussione, né ha rappresentato un motivo di scandalo, per me. Sei il Guerriero che più ha appreso, in un tempo più breve di quello che è stato concesso agli altri. E sei l'uomo che più ha riflettuto su se stesso e su ciò che contava davvero, nella sua vita. Non importa quanto essa possa durare: alla fine, tutti noi dobbiamo scegliere. Conosco il sentimento che ti porta a Swaynn e so che, forse, se tu non lo avessi mai provato, non saresti riuscito a percorrere il tuo viaggio interiore."

"Non mi odi, quindi, Athorm?" Gli chiedo, timidamente. "Non provi disprezzo per un disgraziato che ha quasi ucciso tua moglie e che poi ha nutrito speranze segrete, arrivando ad approfittarsi delle sue debolezze?"

Athorm appoggia le sue mani sulle mie spalle:

"Ho desiderato la tua morte, quando pensavo di aver perso Swaynn a causa tua." Mi dice, con un lampo negli occhi, come se il ricordo ancora gli provocasse dolore. "Ma poi ho compreso che anche tu sei stato vittima delle Forze Oscure, e che esse traevano nutrimento da una Sorgente molto più potente della volontà. Non avresti potuto contrastare questo influsso, poiché ti aveva soggiogato, sfruttando il tuo sentimento, un sentimento che non saresti mai stato in grado di gestire da solo. Troppe cose hanno agito contro tutti noi, ed è per questo che ora è arrivato il momento di combatterle."

"Quindi non sarò dispensato dal mio incarico nell'esercito?"

"Sarà Swaynn, a decidere, poiché lei è la Guida Religiosa. Ma, per quanto mi riguarda, il tuo combattimento non sarebbe meno importante di quello che noi ci accingiamo ad intraprendere. Sarebbe solo diverso... forse migliore. Tutti noi sogniamo un mondo in cui regni la pace, anche tra le creature che abitano lo Spazio. E non sono quelle che noi vogliamo vincere, ma molte altre che vivono nella segretezza e nel nascondimento. Sono più di quante un essere umano altamente evoluto possa mai immaginare, ma molte meno della razza terrestre. Nessuna di loro vuole la guerra, e, a questo pianeta così pieno di meraviglie e contraddizioni, desidera solo poter trasmetterne la bellezza, di cui spesso ci si dimentica. L'essere umano dovrebbe imparare ad ascoltare i *Messaggi dalla Luna*: essi non sono altro che il riflesso nascosto della sua anima, segreti che dovrebbe condividere, per rendere migliore questo mondo."

Lo guardo, poi guardo Swaynn, che ha cambiato espressione: sembra rattristata e felice al tempo stesso, e mi chiedo come io potrò mai resistere accettando il fatto di non vedere più i suoi occhi. Ma so che non voglio più commettere gli errori del passato e che, forse, Athorm ha ragione: i miei sentimenti per lei hanno risvegliato in me ciò che cercavo da tanto tempo, senza trovarlo mai.

La Governatrice di Nod si avvicina e mi appoggia una mano sul braccio:

"Io rappresento la Guida Religiosa solo perché l'essere umano ha bisogno di coltivare la sua spiritualità." Mi dice, lentamente. "Presto, però, il mio posto verrà preso da qualcuno che abbia i requisiti necessari per adempiere a questa funzione. Io sono solo l'inizio, ma chi sarà scelto continuerà la sua opera, così com'era stata interrotta secoli fa. C'è solo una cosa che non vorrei accadesse mai più: innescare una guerra per affermare la supremazia di una religione rispetto ad un'altra. Non ce n'è bisogno, se si impara a rispettarsi reciprocamente. So che questa potrebbe essere un'utopia che l'essere umano ha seguito da tempo, senza successo. Alla fine, ha prevalso sempre l'avidità e tutto ciò che non ha nulla a che fare con gli ideali più nobili. Così, le religioni sono entrate in collisione tra di loro, e i fedeli, smarriti, si sono sentiti abbandonati. Io accolgo ciò che mi chiedi, Tom, perché so che puoi portare a termine ciò che ti accingi ad intraprendere. Riuscirai a raccogliere sempre più persone che vorranno seguire la tua strada e, lentamente, spiccheranno quelle personalità necessarie per diventare le nuove Guide Religiose. Ma anche in quel caso, sarà necessario ricordare che nessuno è onnipotente e che tutti noi viviamo grazie a Qualcuno o a Qualcosa che non possiamo identificare, poiché non lo vediamo. E se è stato in grado di creare ciò che ci circonda… beh, non possiamo che costatarne l'immenso potere cui non potremo mai aspirare. Quindi, prometti che ti ricorderai sempre queste mie parole: non assurgerti a divinità, nemmeno quando le gente comincerà a non riuscire a fare a meno di te."

"Te lo prometto, Swaynn." Mormoro, emozionato, stringendo le mani che lei mi porge.

"Allora dovremo affrettarci e far sì che tu possa cominciare al più presto la tua nuova vita." Dice Athorm, sorridendo. "Un tempo, chi diventava sacerdote doveva compiere degli studi molto approfonditi, ma la tua conoscenza è sufficiente e, per ora, non vi è nessuno che ricopra il ruolo che presto sarà tuo. Ma hai scelto l'Ordine del quale vorresti far parte?"

"Non so se ce ne sia uno che possa riportare fedelmente ciò che era un tempo." Rispondo, cercando di ricordare tutto quello che ho imparato. "Credo che, anche in questo caso, sarò necessario fondarne uno nuovo, un Ordine che possa dare speranza a chi giunge su questa terra, anche solo per visitarla."

"Ci penserai quando saremo in viaggio." Replica Swaynn. "Ricordi il tuo cognome?" Mi chiede poi, rivolgendo uno sguardo interrogativo anche ad Athorm, come se cercasse da lui ciò che non potrò darle.

"No." Rispondo, prima che sia l'Altissimo Funzionario di Kelenda a farlo per me. "Dal momento in cui sono rinato, io sono sempre stato solo Tom. Non so ricordo neppure se questo fosse il mio vero nome o una nuova identità che mi è stata data da Yoser, dopo la mia ricostruzione."

Swaynn guarda ancora Athorm, in attesa. Sa che lui potrà darle e darmi una spiegazione. Ma sa di non poterlo pretendere: non di fronte a me. Ma lui decide di rispondere:

"E' come hai affermato." Mi conferma, lentamente. "Il tuo vero nome è stato cancellato da ogni registro, per darti la possibilità di rifarti una nuova vita. Ed è ciò che potrebbe accadere ancora adesso, se tu lo volessi: scomparire per sempre dagli archivi di Kelenda, come Tom, e rinascere ancora, per la terza volta. Questo comporterebbe ripartire da zero, senza più macchie, nemmeno nelle memorie virtuali. Di te rimarrebbe solo la traccia nel computer centrale, poiché hai fatto parte del mio equipaggio per molti secoli e questo non potrà mai essere dimenticato."

"Ma... gli altri? Si ricorderebbero di me?"

"Se deciderai di diventare qualcun altro, sarai cancellato dalle loro menti." Risponde, mestamente. "Ricorderanno di aver avuto un amico, ma non ciò che è stato compiuto e che ha causato la frattura tra di voi. Non riconosceranno in te chi ha viaggiato con loro, ma, allo stesso tempo, il dolore verrà rimosso dal loro ricordo. Conosceranno un nuovo Tom, con un nuovo nome, e lo apprezzeranno per ciò che è diventato, ma come se lo vedessero per la prima volta, come se, in lui, avvertissero una familiarità che sarà scevra dai pregiudizi che ancora li tormentano."

"E io?" Chiedo, sentendo le lacrime pungermi negli occhi. "Mi ricorderò di loro?"

Athorm appoggia nuovamente una mano sulla mia spalla. Anche i suoi occhi sembrano inumidirsi, sebbene la sua voce sia ancora ferma e decisa:

"Tu non sarai obliato, proprio per il nuovo viaggio che ti stai accingendo ad intraprendere. La tua mente conserverà tutto ciò che comporta il significato della tua missione. Questo ti causerà dolore, forse, a volte, ma ti permetterà di godere della fiducia di chi, ora, rivede in te ciò che non sei più. Ma io e Swaynn non smetteremo di rimanerti accanto, e con noi potrai continuare ad essere ciò che sei sempre stato, nel bene e nel male. Però... nessuno, nell'esercito e a Kelenda, ricorderà più chi era Tom. E nessuno, nemmeno a Idra o a Verdrad, o nei luoghi in cui sei stato. La Pietra Lunare agirà di notte, quando tutti dormiranno, e farà calare la nebbia sulla mente di chi ti ha conosciuto. Solo Yoser e Orisa potranno ricordare: il primo, perché è colui che ti ha permesso di sopravvivere; la seconda, perché, quando sarà il tempo, tu sarai colui che celebrerà il suo matrimonio, qui, sulla Terra. E' ciò che ho visto, per lei, leggendo il destino nelle stelle. Potrai accedere ai segreti dell'Universo, ma non potrai parlarne. E rimarrai per sempre a Kelenda, la terra dell'*eterna giovinezza*, dove nessuno ti domanderà il motivo per cui continuerai a vivere, anche dopo molti anni. Ti senti pronto per tutto questo, amico mio?"

Annuisco, senza parlare. Per la prima volta nella mia vita, è come se nella mia anima si stesse creando uno strappo. Ma se questo è il prezzo che devo pagare per lavare l'onta di tutti i miei torti, per ricominciare in un modo diverso, allora, sono pronto a sopportare di essere dimenticato.

"Allora è deciso." Mormora Athorm, avvicinandosi a Swaynn. "Questa notte, la Pietra Lunare ascolterà il comando di chi l'ha riportata in questa terra e di colui che la presiede. Domattina, nessuno più ti riconoscerà. Per questo, sarai condotto sin da adesso nella Chiesa che attende la sua Guida. Rimarrai lì, servito da androidi che obbediranno ai tuoi ordini. Dirai loro ciò che devono farti avere e comunicherai il tuo nuovo nome, affinché esso possa essere memorizzato nei registri virtuali. L'edificio verrà chiuso, ufficialmente per manutenzione, ma, in realtà, per darti il tempo che ti occorre per allestire il luogo sacro nei modi che riterrai opportuni."

611

Guarda Swaynn, ed è lei, a parlare, ora:

"Ti affido sin da adesso il compito di trovare un riferimento per questa nuova comunità religiosa." Dice, con voce lievemente tremante. "Dalle un nome, scrivine le regole e poi assicurati che altri, come te, possano seguire il tuo esempio. La gente affluirà e nuove Chiese nasceranno in altre parti del pianeta, perciò sarà necessario che tu ti avvalga di collaboratori fidati, animati dal tuo stesso desiderio di rinascita."

"Lo prometto." Mormoro sommessamente, chinando il capo per un breve attimo. Swaynn mi sorride e mi stringe le mani:

"Questo è un atto d'amore ancora più grande di quello che potresti fare per una donna." Mi dice, e la sua voce mi sembra lievemente alterata dalla commozione. "Ora tu non sei più solo un Guerriero alle nostre dipendenze, ma una figura di riferimento per molti esseri umani che vogliono tornare a credere in qualcosa. E il tuo compito richiede grandi responsabilità e spirito di sacrificio."

Sorrido anch'io, cercando di trattenere le lacrime:

"Ti ringrazio per le tue parole." Dico, facendomi forza. "Farò tutto quello che mi è possibile per ottenere non solo il tuo perdono, ma anche quello dei Popoli che hanno subìto i torti più terribili da parte della terra da cui provengo."

Athorm si avvicina a me e, con mio grande stupore, mi abbraccia. Non l'ha mai fatto, in tanti secoli. E non avrebbe nemmeno il motivo per farlo ora, dopo tutto quello che gli ho fatto patire, a causa di ciò che sono... o che ero. Rispondo al suo abbraccio timidamente, mentre lui mi parla:

"Che tu sia benvenuto a Kelenda, amico mio." Mi dice, con sincero affetto. "Io sarò sempre qui per te, quando avrai bisogno. L'Uomo della Luna aveva già ascoltato i tuoi desideri più segreti, e ora è felice di esaudirli, poiché essi vengono dal più profondo senso dell'esistenza di un essere umano. Possa tu guidare altri esseri umani verso la salvezza. E possa tu essere un esempio di riscatto per tutti coloro che credevano di non poter avere più nessuna speranza di poter cambiare." Si scioglie dal mio abbraccio e dice: "Io mi inchino a te, mi inchino di fronte a colui sei già e che presto avrà un nuovo nome. Non deludere mai chi crede in te, ma, soprattutto, non deludere mai te stesso: quello – tu lo sai – sarebbe il torto più grande che potresti farci."

Rimango in silenzio, chinandomi a mia volta. La prospettiva di una nuova vita diventa realtà. Ora sono davvero un uomo nuovo. Un uomo libero.

Tredici - *Yoser*

"Non fatevi distrarre dai detriti. La nave è in grado di distruggerli. Procediamo senza indugio e nessuno di voi si tolga l'elmo, per nessun motivo. Mantenete la concentrazione e non ascoltate le voci. Obbedite solo ai miei ordini!"

Athorm lo ha dovuto ripetere una seconda volta, da quando siamo partiti. Lo abbiamo fatto senza comunicazioni ufficiali, questa volta, se non ai soli Alti Funzionari presenti sul pianeta. Non è stata una scelta casuale: non volevamo caricare di troppe aspettative il Popolo di Kelenda, il quale è stato informato che questo viaggio avrà il solo scopo di rodare le nuove modifiche apportate alla nave. Sicuramente qualcuno potrà pensare che non sia così, ma la mancanza del messaggio mondiale da parte dell'Altissimo Funzionario impedisce di avere delle certezze. Anche Orisa è con noi. L'ha voluto Athorm e lei ha accettato. So che la sua mente è stata obliata e che la sua relazione con lui è scomparsa dai suoi ricordi. Non mi è stato spiegato il motivo, ma sembra che la Signora di Idra sia più serena, ora, sebbene la sua preoccupazione nei confronti di Swaynn sia evidente, almeno per me. Anch'io continuo a monitorare questa gravidanza che, per ora, non sembra subire degli attacchi da parte dei nemici, manifestatisi quasi immediatamente dopo essere usciti dall'atmosfera: luci abbaglianti e detriti velocissimi ci vengono scagliati contro, senza sosta, ma la nave riesce a reggere a qualsiasi attacco. L'equipaggio è allertato senza distinzioni, e si avvicendano ai comandi solo i pochi prescelti: Moraya, Smuz, Oughm, Edena, Lluish e Onya, Zoid e Chaz. Tutti gli altri sono chiamati a tenersi preparati, qualunque cosa accada, ma senza attaccare per primi. La voce di Athorm deve essere ancora più forte, da quando vibrazioni sonore simili a sussurri infiniti si stanno insinuando nel silenzio di uno Spazio che sembra pulsare più forte di quanto già faccia. Sono bisbigli incessanti che riescono a penetrare persino le barriere più solide di questa nave. Non fanno paura per ciò che sono, ma per i messaggi che portano con sé, legati alle più intime fragilità che fanno parte di ciascuno di noi, come se questi Spiriti avessero raccolto vite intere di speranze e delusioni, e ora ce le battessero in faccia, ma in modo sottile, graduale. Si insinuano nell'anima con forza, e, se l'esercito non fosse stato addestrato per resistere alle sollecitazioni mentali, grazie alle meditazioni di Swaynn, molti, tra uomini e donne, sarebbero già impazziti. Lo smarrimento è continuo, ma l'incitamento di Athorm è determinante: la sua forza diventa la forza di tutti noi che, gradualmente, riusciamo a resistere a queste voci insistenti, sempre più forti e determinate. Riusciamo ad abbattere il muro di detriti che ci sbarrano la strada grazie al materiale di cui la nave è completamente rivestita. Nonostante gli Spiriti degli Antenati intensifichino il gettito di queste armi disseminate nello Spazio, lo scafo non accusa colpi, e l'asse rimane costante. Così, la pioggia di detriti scompare all'improvviso, e le luci delle stelle cominciano a diventare quasi abbaglianti. Sappiamo che anche questa è una suggestione dell'esercito nemico: uno Scudo apposito avvolge la nave, per impedire che questi lampi incandescenti possano causare problemi alla vista e all'orientamento di chi è ai comandi. Le voci provengono da questi bagliori chiari e mutano all'improvviso, facendosi quasi minacciose. La battaglia interiore è intensa, ed è Swaynn, ad aiutarci a condurla, con le sue parole trasmesse dall'amplificatore vocale in ogni angolo del velivolo:

"Sappiamo tutti che quello che ci viene detto nasconde una parte di verità, quella che spesso neghiamo a noi stessi." Dice con voce forte e chiara. "Sappiamo di avere delle fragilità che ci spaventano, dei sensi di colpa che continuano a tormentarci, dei desideri che sono stati amaramente disillusi.

Sappiamo di aver attraversato momenti bui, nei quali ci siamo chiesti il motivo per cui fossimo ancora al mondo. Sappiamo tutto questo e ancora di più, perché nessuno di noi è esente dalle difficoltà. Ma sappiamo anche che siamo riusciti ad andare avanti, nonostante tutto, che ci siamo evoluti interiormente, che le nostre vite hanno ancora un senso dal momento in cui siamo qui, a combattere contro un nemico comune: un nemico che vuole toglierci la speranza, la fiducia, l'autostima, la motivazione. Coloro che assistevano ai nostri sogni più intimi, coloro ai quali pensavamo di poter confidare l'inconfessabile, coloro di cui avevamo fiducia, ora sono contro di noi. Usano ciò che abbiamo dato loro per rivolgerlo contro di noi, come un coltello, facendoci sentire come degli ingrati per tutto quello che stiamo facendo. Ma nemmeno loro potevano sopravvivere senza i nostri desideri, le nostre passioni, gli obiettivi che ci ponevamo, per sopravvivere, lottare e realizzarci. Siamo intimamente legati ed è questo che dobbiamo fare: liberarci da ogni vincolo. E il vincolo che vuole schiacciarci, ora, è qui presente tra noi, e lo stavamo aspettando. Per questo siamo stati addestrati duramente: per resistere alle voci di creature incorporee che non possono attaccarci in altri modi, se non facendo leva su ciò che abbiamo dentro. Aggrappiamoci alle nostre certezze e non lasciamoci cadere! Nulla può travolgerci, se noi non lo permettiamo. E possiamo farcela: possiamo raggiungere di nuovo quell'equilibrio che sappiamo rispristinare in qualsiasi momento, poiché nulla ci è stato insegnato invano, e tutto, ora, ha un senso!"

Sono rapito dalle sue parole. Lo siamo tutti. Ma solo io, Orisa, e lo stesso Athorm, continuiamo a preoccuparci per le sue condizioni. Apparentemente non sembra essere sfiorata dalla forza di queste luci accecanti, dalle voci che non sembrano voler cessare, e da quest'atmosfera di grande lotta interiore che appesantisce l'oscurità dell'Universo, in assoluto contrasto con questi lampi candidi. E anche l'abito di Swaynn è bianco, lungo fino ai piedi, decorato d'oro sulla scollatura, sui gomiti delle maniche svasate, e sul bordo inferiore del vestito. Nonostante abbia superato il settimo mese di gravidanza, il suo ventre non è come quello delle donne umane nel suo stato, ma lievemente più piccolo e di forma ovale. Orisa non smette di perderlo d'occhio, rimanendo in silenzio e in piedi, aggrappata alla postazione che le è stata riservata, poco distante dalla mia. Potrebbe sedersi sulla sedia sospesa, ma non lo fa. E' come se qualcosa continuasse ad attirare la sua attenzione, ed è la stessa ragione che porta anche me a non perdere di vista Swaynn, che continua a parlare, mentre i colpi delle vibrazioni che agitano lo scafo non sembrano affatto minare il suo equilibrio.

Athorm impartisce comandi molto precisi, soprattutto nei momenti in cui l'equipaggio addetto sembra ritrovare la forza. E' necessario mantenere la nave in costante assetto, proseguire verso la rotta della Luna, analizzare tutti i dati che gli schermi riportano, costantemente e perfettamente, nonostante un lieve stato di alterazione energetica. Sfrutta i tempi di silenzio di Swaynn, per continuare a motivare l'esercito, riportando l'attenzione su tutto ciò che è stato chiesto a ciascuno di fare, e soprattutto sul controllo di eventuali danni agli Scudi di protezione. La sua voce è ancora più decisa, e non mi è possibile comprendere quali fragilità siano colpite, nel suo cuore: i suoi occhi sembrano ardere e non vi è posto per nessuna esitazione. Anche lui rimane in piedi, non molto distante da Swaynn, ma la sua attenzione è costantemente rivolta a ciò che accade all'esterno della nave, e il suo atteggiamento continua ad essere una chiara sfida verso chi ci sta attaccando con violenza. Non manifesta paura e, sebbene si accerti spesso delle condizioni della moglie, questa preoccupazione rimane lontana da ciò che gli impone il suo dovere. Una scossa improvvisa mi fa correre verso i monitor che rilevano eventuali danni, ma tutto sembra essere a posto. Questa vibrazione inaspettata, tuttavia, sembra sortire un effetto di forte distrazione in molti dei presenti nella plancia, e Swaynn cerca immediatamente di riportare la loro mente in uno stato di autocontrollo:

"Sono solo suggestioni!" Ripete, con forza. "Non lasciatevi impressionare da questi trucchi che non possono condurvi alla morte, poiché è solo la pazzia ciò che gli Spiriti vogliono far crescere in voi! Non permettete loro di impadronirsi di ciò che appartiene solo a voi e che niente e nessuno può strapparvi, se non lo vorrete! Siete stati scelti per le vostre capacità intellettive e interiori, avete risposto autonomamente al richiamo di chi chiedeva il vostro aiuto e lo avete fatto dopo aver scoperto qualcosa che per molti esseri umani potrebbe essere insopportabile. Vivete a contatto con esseri alieni da molto tempo, e anch'essi, come voi, hanno paura: non vi sono differenze e voi lo sapete, ora. Per questo dovete continuare ad avere fiducia: perché tutti noi siamo una cosa sola, ora, e ciò che rappresentiamo è una minaccia verso chi vuole impedire con ogni mezzo qualsiasi segno di rinascita! E' questo, che volete? Volete davvero lasciare in mano ad esseri incorporei qualcosa che non ricordano più, da molto tempo, ormai? Non sono che ombre, riflessi delle paure più intime, brutte copie dei tormenti che non hanno più ragione di esistere, poiché noi siamo qui per permettere a tutte le creature viventi in questo Universo, di poter gettare le basi per un futuro dove regni l'armonia, la stessa armonia che tutti voi avete sperimentato durante la meditazione e il canto del Gham! Avete appreso il vocabolario di Sel'nays per comprendere il significato di queste voci, affinché esse possano perdere ogni potere su di voi. E vi è stato permesso di apprendere, poiché gli Spiriti non conoscono la vostra lingua e non sanno parlarla: sanno solo usare le vostre emozioni, se gliene date motivo. Proteggetele, poiché nulla e nessuno ha il diritto di violare ciò che custodite nel vostro cuore e che vi dà la forza di resistere a questi tentativi di minaccia che non possono e non devono spaventarvi! Esercito di Sel'nays, se siete con me, urlate ora il vostro sì, e fatelo con voce forte, così forte da spegnere tutte queste voci che vogliono solo confondervi ma che non potranno mai avervi! Fatelo ora! Fatelo subito, insieme a me! Da questo momento, ogni amplificatore vocale posto in tutti gli angoli della nave trasmetterà il nostro messaggio a chi tenta di averci, invano!" Dopo aver rivolto un'occhiata veloce ad Athorm, chiede di nuovo, a gran voce: "Esercito di Sel'nays, rispondete: siete con me? Volete vincere questa guerra?"

"Sì."

Le voci giungono esitanti, non compatte. Noi stessi, in plancia, ci guardiamo: vorremmo poter avere più forza, ma è come se le nostre corde vocali fossero bloccate. Swaynn ripete ancora una volta:

"Voglio sentirvi con più forza! Volete vincere, sì o no?"

"Sì."

Di nuovo ci guardiamo, increduli: possibile che queste creature riescano a dominarci a tal punto da impedirci persino di parlare? Swaynn non demorde e, per la terza volta, esclama ancora:

"Esercito di Sel'nays, avete solo due scelte: parlare per voi o lasciare che altri parlino per voi o attraverso di voi! Volete davvero essere come dei gusci vuoti, pronti ad essere riempiti con chi non avrà pietà ma si prenderà tutto ciò che trova, pur di non sciogliere il vincolo con una vita che non gli appartiene più? Volete davvero lasciarvi travolgere da ombre, miraggi, suggestioni di un nulla che non può nuocervi? Siete così vigliacchi? Volete davvero lasciare che il vostro destino sia manipolato da stralci di anime che ancora non hanno trovato la pace e che, da sole, si trascineranno dentro un inferno più terribile di quello che voi tutti avete imparato a conoscere? O volete che queste creature senza corpo conoscano ciò che davvero voi siete, valorosi Guerrieri disposti a dare la vita, pur di preservarla? Io credo che voi tutti conosciate la risposta, e questa è una sola: combattere. Combattiamo insieme questa battaglia e lasciamo il segno alle generazioni che verranno dopo di noi, affinché si dica che un esercito fatto da esseri umani e alieni, insieme, ha combattuto e vinto la guerra più importante che possa esistere al mondo: quella contro le paure!" Dopo un breve attimo di pausa, riprende a parlare: "Ora, ditemi di nuovo, e con tutto il fiato che avete nel corpo… gridatelo: volete vincere?"

"Sì!"

Questa volta, la risposta è unanime, forte, chiara, decisa. E il suo effetto è così dirompente da lasciarci sorpresi: l'onda sonora creatasi dalla forza delle nostre voci è così forte da spazzare via, in un istante, tutte le luci e le voci che ci hanno disturbato fino a questo momento. I detriti dello Spazio si diradano e la nave riprende una navigazione perfetta, come sospesa in una bolla di sapone dove i suoni giungono di nuovo ovattati, e la penombra riposa i nostri occhi stanchi.

Ci guardiamo di nuovo, sollevati. Riusciamo persino a sorridere, mentre ci accorgiamo che anche il bagliore verdastro fosforescente all'orizzonte sembra essersi dissolto. Intorno a noi, l'Universo è pulito, limpido, e la pace torna lentamente nei nostri cuori.

"Verificare danni agli Scudi e allo scafo!" Ordina Athorm, quasi immediatamente.

"Nessun danno da segnalare." Risponde la voce metallica del computer.

"Rallentare la navigazione!" Ordina ancora Athorm, questa volta all'equipaggio in plancia. Poi, il suo tono di voce diventa più calmo. "Riprendiamo fiato e forze. Inserite i comandi automatici con la rotta impostata in direzione della Luna. Andate nelle vostre cabine fino a nuovo ordine ma non togliete gli elmi. Per un po' nessuno ci disturberà e io stesso provvederò a fermare la nave, quando ci avvicineremo al Satellite. In plancia rimarremo solo io, Swaynn, Yoser e Orisa, se siete d'accordo."

Ci mettiamo a completa disposizione, mentre i Guerrieri prescelti ai comandi si ritirano per riprendere fiato. Solo adesso troviamo la forza di sederci sulle nostre poltroncine imbottite. Orisa si premura che anche Swaynn si sieda, e la Governatrice di Nod obbedisce, questa volta, col viso provato dall'immenso sforzo di dover gestire quasi trecento persone. Non riusciamo a parlare, ma questa volta solo perché ci sentiamo esausti. Così, ci limitiamo ad osservare tutto ciò che compare silenziosamente davanti a noi, cullati da questo stato di calma inatteso. Ogni tanto mi alzo per controllare i dati riportati dal computer e li mostro ad Athorm che si limita ad annuire, rimanendo fermo sulla sua sedia sospesa nell'aria, posta di fronte al cristallo che mostra le immagini di una piacevole penombra, dove tutto sembra come ho sempre visto dall'Osservatorio di Verdrad. Orisa continua a mantenere salda la concentrazione su Swaynn, che ha chiuso gli occhi, ma non per dormire: è evidente a tutti noi che, nonostante sembri lasciarsi cullare da questo silenzio notturno, la sua mente sia ancora fervidamente accesa, come se la meditazione la stesse portando a cercare di vedere qualcosa che non riesce a mettere a fuoco.

Mi avvicino ad Athorm, destandolo dal suo stato di massima concentrazione, e gli indico sua moglie, con un lieve cenno del capo: gli sto comunicando che dovrebbe andare da lei, per assicurarsi che tutto vada bene. Lui mi guarda, annuendo, e mi lascia il suo posto, affidandomi i comandi. Scorgo appena la sua figura che si china verso Swaynn, per sfiorarle la fronte con un bacio, e lei apre gli occhi, sorridendogli. Poi, quando il bacio arriva alle labbra, torno a guardare di fronte a me, per non invadere la riservatezza di quel gesto così privato e di cui comincio a sentire la mancanza. Orisa si avvicina a me, per lasciare che i due si possano riposare, l'una tra le braccia dell'altro. Mi rivolge uno sguardo veloce, con gli occhi sorridenti, e appoggia una mano sulla mia spalla. Per la prima volta dopo tanto tempo, una strana sensazione pervade la mia anima: dentro di me si fa strada il desiderio di alzarmi, stringerla a me e baciarla, e tutto questo mi stordisce. Dopo Detia, non pensavo che avrei potuto mai più sentire qualcosa di simile per un'altra creatura, ma adesso lei è qui, accanto a me, e mi infonde un calore nuovo, piacevole, familiare. Rimango immobile, rivolgendole un sorriso a mia volta, ma senza osare fare di più. Non sarebbe neppure il momento giusto e non voglio vivere qualcosa di così bello in una situazione così difficile. So che Orisa può sentire quello che provo, e sento il suo profondo rispetto nei miei confronti. Continuiamo la navigazione, in silenzio, lentamente, mentre il tempo riesce a placare le ansie del duro attacco e a dominare le emozioni nuove.

"Swaynn!" Il grido di Athorm ci distrae, improvvisamente, da quel dolce torpore. Ci giriamo di scatto, e ci accorgiamo che la donna sembra in preda a contrazioni improvvise.

"Inserisci i comandi automatici, Yoser!" Mi dice Athorm. "Venite qui, tutt'e due!"

Obbedisco all'ordine e corro verso i due. Orisa sfiora subito il ventre di Swaynn, ma sembra che le sue percezioni siano alterate da qualcosa che le impedisce di capire la situazione. La Governatrice di Nod si fa forza più volte, mentre le sue pupille si dilatano e sembra vedere oltre ciò che appare nello schermo e in tutti i monitor.

"Si stanno avvicinando…" Mormora, con voce lontana e sofferente. "Stanno scagliando contro di noi la prima truppa di Spiriti a cavallo… Hanno corpi solidi, poiché hanno tratto materia dai detriti dello Spazio e li hanno plasmati, come il fuoco plasma la roccia… Sono sempre più vicini…" Un gemito spezza le sue parole e io mi accorgo del liquido che scivola a terra, copiosamente:

"Sta per partorire." Dico subito ad Athorm.

"Non ora…" Mormora lui, con le stesse pupille dilatate. "Non qui…"

"Non possiamo fare ritorno sulla Terra." Replica Orisa, con decisione. "Non c'è tempo."

"E' troppo pericoloso." Insiste Athorm, con gli occhi simile a brace ardente. E' Swaynn, a rispondergli, e il suo sguardo non è diverso:

"Loro vogliono *questo*." Mormora, ansimando. "Vogliono che ci ritiriamo ora. Ma non dobbiamo farlo, Athorm! Devi prendere il comando e lottare contro questa prima truppa: è la più debole, ma è anche quella che è stata mandata per testare la nostra forza. Vogliono sapere. Vogliono vedere con chi hanno a che fare. Vogliono uccidere, e non si fermeranno finché non avranno compreso chi è nell'esercito. Vogliono succhiarne la linfa e puntano agli esseri umani. Sento già il suono delle loro voci: stanno evocando il potere della paura che può rendere debole anche il più forte dei Guerrieri." Si aggrappa alle sue braccia e continua a parlare, freneticamente: "Non glielo devi permettere, hai capito? Non farlo! Stanno cercando di renderti inoffensivo, perché sei chiamato a fare ciò che ti costerà più di quanto non immagini."

"Tu stai rischiando la vita!" Esclama Athorm, con forte preoccupazione. "Tu… ma anche il bambino! Ti costringeranno a sopportare un dolore così forte da farti desiderare la morte!"

"E allora starò zitta, affinché le mie parole non vengano udite, e farò sì che i miei pensieri si fondano con la mia essenza: i miei Spiriti mi aiuteranno. E tu non devi pensare a me, ma solo al nemico che si avvicina."

Athorm la guarda in silenzio, per un attimo. Poi dice:

"E sia. Yoser e Orisa verranno con te, sottocoperta. Userete l'ascensore interno alla plancia, perché non possiamo rischiare di attirare le creature contro te e il bambino. Voi due siete d'accordo?" Ci chiede, e mi accorgo che i suoi occhi sono tornati normali.

"Sono qui per questo." Rispondo, annuendo.

"Vale lo stesso per me." Dice Orisa.

Un lampo improvviso attira la nostra attenzione: da lontano, dei puntini in movimento si stanno avvicinando, e il suono che producono è simile a quello di molti Guerrieri a cavallo, sagome brune circondate di luce soffusa, di colore verde e fosforescente. Swaynn aveva ragione: l'esercito degli Spiriti si sta scagliando contro di noi, e lo fa lentamente, come se non avesse fretta. Che abbiano già individuato i punti deboli dell'equipaggio?

"Andate, che cosa state aspettando?" Chiede Athorm, con un lampo negli occhi. Mentre sollevo sua moglie tra le braccia, lui ferma Orisa e le chiede: "Ho ancora il tuo permesso?"

La Signora di Idra lo guarda per un attimo, senza dire nulla. Sembra vivere un conflitto interiore, e c'è tristezza nei suoi occhi. Poi, con voce tremante, risponde così:

"Fai ciò che devi. Loro sanno. Comanda e obbediranno."

Athorm annuisce in segno di ringraziamento e ci fa cenno di andare, mentre un sistema interno ripulisce il pavimento dal liquido amniotico e l'amplificatore vocale compare di fronte alle labbra dell'Altissimo Funzionario di Kelenda. La sua voce giunge forte e chiara in ogni angolo della nave, persino nell'ascensore che ci porta nel piccolo laboratorio allestito appositamente per me, sottocoperta. Io e Orisa rimaniamo in silenzio, mentre ci dirigiamo nella stanza e ascoltiamo le parole pronunciate con fermezza:

"Equipaggio di plancia: rientrate ai vostri posti. Esercito di Sel'nays: preparatevi per difendere la nave. Stiamo per subire un attacco e il nostro nemico ha lanciato verso di noi una schiera di Guerrieri dai corpi solidi. Mantenete la concentrazione, mentre noi invieremo la nostra risposta! Ancelle di Idra, gruppo numero uno: indossate le maschere e montate sui cavalli bionici: al mio comando, contrattaccherete. Usate le armi che vi sono state assegnate e attivate lo Scudo di Protezione alla massima potenza!"

Avvertiamo confusione e movimento, mentre la porta si chiude alle nostre spalle. Il viso di Swaynn è contratto dal dolore, e Orisa cerca di rincuorarla, stringendole la mano. La sdraio sul lettino e la collego al mio computer, chiudendo la comunicazione con la plancia: qualunque cosa dovesse accadere, Athorm non deve sapere nulla, per non compromettere il buon esito della missione.

I parametri di sua moglie sono lievemente alterati ma non sembrano esserci segnali di pericolo.

"Il bambino non è in sofferenza e il parto sembra procedere in modo normale." Mormoro, accorgendomi della smorfia di dolore sul viso di Swaynn. Così le chiedo: "Soffri molto?"

"E' come se mille spade roventi, una dopo l'altra, continuassero a lacerare il mio utero." Risponde, con fatica. "Non ho un attimo di respiro. So che gli Antenati stanno cercando di debilitare il mio corpo, servendosi dell'attimo che stavano aspettando. L'ho visto: si sono fermati solo per intensificare le forze. Avevano avvertito qualcosa che io non potevo prevedere, ma loro, evidentemente, sì."

"Non morirai, cara..." Mormora Orisa, continuando a stringerle la mano e detergendole il sudore che scorre copiosamente sul suo viso. "Non possiedo le stesse capacità che avete tu e Athorm, ma qualcosa è rimasto in me, del tempo in cui la mia essenza aliena aveva ancora vigore. Lo so con certezza: soffrirai molto, ma non morirai. E non morirà neppure questo bambino."

"E le tue Ancelle?" Chiede Swaynn, col respiro affannoso, guardandola come se volesse scrutare la sua anima. Gli occhi di Orisa si fanno più tristi:

"Eseguiranno gli ordini, come è stato detto loro di fare." Risponde, mestamente.

Non intervengo nel loro dialogo: devo continuare ad assicurarmi che i parametri vitali di Swaynn e del bambino siano stabili e, benché molto provata, la donna sembra mantenere una forza interiore che ho visto solo poche volte, nella mia lunghissima vita. Indosso il mio camice, la mascherina, i guanti in lattice e chiedo a Orisa di fare lo stesso, mentre taglio gli indumenti intimi della Governatrice di Nod, inzuppati di liquido giallastro, con qualche stria rosata. La dilatazione è già a buon punto e, se si trattasse di un parto normale, questo fattore potrebbe essere positivo. Ma, ad ogni contrazione, lo sguardo di Swaynn è completamente stravolto dal dolore, un dolore che viene evidenziato persino dai sensori a lei collegati. In quei momenti, i parametri si alterano in modo così evidente da farmi temere per la sua vita. Ma, ogni volta, senza una spiegazione logica, la moglie di Athorm riesce a superare la fase critica.

"Non sento più la voce del nostro capitano." Mi dice lei stessa, ansimando. "Perché hai spento gli altoparlanti, Yoser? Dobbiamo sapere che cosa sta succedendo."

"Ho bisogno di essere concentrato al massimo su di te." Rispondo, continuando a monitorare la sua situazione. "Non c'è bisogno di sentire altro. Le vibrazioni della nave sono già forti e sono costretto ad utilizzare un generatore di emergenza, per precauzione."

"Ma io sento altro." Insiste Swaynn. "Lo scontro è iniziato. Anche tu lo percepisci, Orisa!"

L'interpellata annuisce, silenziosamente. Comprendo solo ora la serietà di quello che sta accadendo, e il compito che si trovano a dover affrontare le Ancelle di Idra. Dagli sguardi delle due donne, comprendo anche che la loro vita è messa a rischio, forse più di quella della stessa Swaynn e che tutto questo era già stato calcolato sin dall'inizio. Una forte scossa fa abbassare le luci, per un attimo. Cerco di mantenere la calma, mentre lo sguardo della partoriente si stravolge nuovamente in una smorfia di dolore, e questa volta dev'essere davvero insopportabile: i parametri vitali sono schizzati oltre il limite e sono molto in pensiero. Il suo respiro è sempre più affannoso, e il suo viso è pallido, ma non ci sono perdite di sangue che indichino una sofferenza del bambino. In base a ciò che vedo, poi, non sembra neppure in una posizione rischiosa per la sua vita:

"Resisti, Swaynn." Le dico, cercando di infonderle coraggio. "Posso assicurarti che le condizioni di tuo figlio sono perfette. Solo… non riesco a capire il sesso…" Scherzo, cercando di farla sorridere. E lei sorride davvero, nonostante l'enorme sofferenza e le contrazioni continue:

"Vuole mantenere il segreto fino alla fine…" Mormora, fingendo anche lei una tranquillità che nessuno di noi sta provando. Poi guarda Orisa e si accorge del suo sguardo. Non dice nulla, ma le stringe la mano a sua volta, e in questa intesa silenziosa tra le due donne mi sento di troppo. Vorrei potermi trasferire altrove, ma non mi è possibile, anche perché le contrazioni sono sempre più ravvicinate e i parametri vitali di Swaynn mi preoccupano. Sebbene io non dica nulla, Orisa comprende quello che passa per la mia mente, così decide di parlare di nuovo alla moglie di Athorm:

"Non dimenticare ciò che sei e ciò che si nasconde in questo tuo corpo dalle fattezze umane." Le dice, stringendole entrambe le mani. "Non dimenticare nemmeno il motivo per cui sei qui e per il quale noi tutti stiamo lottando. Sei stata la *prescelta* sin dall'inizio e c'è sicuramente un motivo, per questo. Non potevi saperlo, finché non ti sei trovata di fronte a scelte difficili e a situazioni in cui hai rischiato molto più di adesso. Tu lo sai e l'hai detto: queste sofferenze ti vengono date solo perché questi Spiriti devono attaccarsi ai momenti di grande vulnerabilità che ciascuno di noi sta vivendo, in questo momento. Si stanno accanendo su di te, che porti sulle spalle non solo il destino del tuo bambino, ma anche quello di chi darà la vita per proteggere e custodire la razza umana. E si stanno accanendo su Athorm, che non sa quello che accade ora, qui, in questa stanza. Lui ha il dovere di fare delle scelte dure che riguardano la vita e la morte di molte creature viventi, anche aliene. Ha il dovere di farlo indipendentemente dalle sue paure più profonde, legate a te e a vostro figlio. Ma io so… e lo sai anche tu… che puoi farcela. Tutti noi possiamo farcela. Supereremo insieme questo momento, e andremo ancora avanti. Fidati di me e del sangue della terra che ci accomuna: Id'V'Ra. La terra in cui hai vissuto e in cui donne che non potevano avere una discendenza si sono prese cura di te. Per loro, tu sei la prima e l'ultima delle figlie. Per loro, tu sei tutto ciò che incarna il senso della loro vita. Per questo, nessuna di loro si sacrificherà invano, e tu godrai di questa nuova forza che entrerà nella tua anima e non ti lascerà. Mai."

Le sue parole sembrano avere effetto su Swaynn, proprio nel momento in cui il bambino comincia a nascere. Il dolore è sempre più forte e io non guardo più nemmeno i parametri vitali di questa donna che non emette un lamento, nonostante lo sforzo immane, mentre la nave subisce continui scossoni, la luce si abbassa e ritorna, e un frastuono insopportabile penetra all'interno della nave.

Viviamo insieme questo parto che sembra voler annientare questa aliena dalle fattezze umane, e, quando anche l'ultimo barlume delle forze sembra volerla lasciare, finalmente, il bambino esce quasi completamente.

"Ancora un'ultima spinta, Swaynn, e tutto sarà finito." Le dico, mentre nella mia anima si accende una nuova speranza. Tenendo stretta la mano di Orisa, con il viso e il corpo madidi di sudore, il viso pallidissimo e contratto dal dolore, Swaynn respira profondamente e poi spinge ancora e poi ricade sul lettino, esausta, mentre io prendo immediatamente il bambino in braccio, per ripulirlo ed esaminarlo.

"Rimani con lei." Dico alla Signora di Idra, facendo in modo che le due non vedano quello che sto facendo. Il bambino non sta respirando e sembra cianotico, e questo imprevisto mi destabilizza. Procedo con tutte le manovre del caso, finché non vedo i suoi polmoni sbloccarsi di colpo, accompagnati da un grido inequivocabile. Guardo i monitor, e tutti i parametri sono stabili, anche quelli della madre che chiede con voce flebile:

"Yoser... Va tutto bene, non è vero?"

Aspetto un po', prima di rispondere. Aspetto, ma solo perché non riesco a comprendere ciò che vedo. Aspetto e poi avvolgo la creatura urlante in un asciugamano pulito, quindi mi volto verso le due donne e dico:

"Tutto è perfetto, Swaynn, e non sembra nemmeno di soli sette mesi. Credo che pesi tre chili o poco più, e non è poco. Sta benissimo, come tu stessa puoi sentire. Ha i capelli scuri e gli occhi castani, e la sua pelle è rosata. Però..."

"Però?" Chiede la donna, allarmandosi e mettendosi a sedere così velocemente da perdere sangue. Orisa la aiuta a sdraiarsi subito, per evitare che ci siano delle complicazioni. Il sangue alieno è molto più fluido e io non sono in grado di gestirlo. Con Detia non avevo avuto di questi problemi e nemmeno con le altre creature che avevo studiato in molti secoli di ricerche. Ma con Swaynn... tutto si è complicato.

"Non c'è nulla che non vada." Le dico, con voce rassicurante e perplessa al tempo stesso. Tutto è irreale, anche l'atmosfera in cui questo sta accadendo, tra le vibrazioni continue, lampi di luce improvvisi, grida strazianti che vengono dallo Spazio. Tutto. E, forse, non potrebbe essere altrimenti. Termino così il mio pensiero: "Per quanto io abbia cercato di capire, anche attraverso la tecnologia a mia disposizione, c'è solo una cosa che non è possibile definire: il sesso. Questa creatura in perfetta salute, in pratica, non è né maschio né femmina, Swaynn."

Le porgo il frugoletto tra le braccia, mentre lei mi guarda con occhi sgranati. E io non so che altro aggiungere. Un ultimo lampo squarcia l'oscurità dello Spazio. Poi, torna il silenzio.

***

"Schaw's Sel'nays, Swaynn! Swaynn è la Signora di Sel'nays!"

Questo è ciò che ha ripetuto con forza Id-Am'Ra, la Sorgente dell'essenza di Athorm Dralt, signore di Kelenda. E' il grido che raggiunto gli Spiriti degli Antenati che hanno costituito il nuovo esercito, truppe con un'apparenza allo stato solido e permeate di luce lunare. La Signora di Sel'nays mi ha riconosciuta, ancora una volta, e io ho riconosciuto lei, in virtù di quel legame che ci ha unite quando ancora facevo parte del suo mondo. Ma, questa volta, anche il suo sposo mi ha vista, e la sua essenza mi ha investita con forza, un potere così grande da riuscire quasi ad annientarmi. Ciò che gli Antenati non sono stati in grado di vedere, io l'ho visto. E ho visto il bambino, il prescelto, colui che segnerà l'inizio di una nuova Stirpe tra le creature dello Spazio, esseri umani e alieni. Ne ho percepito la forza, poiché essa racchiude in sé quella di coloro che l'hanno concepito e che saranno destinati a conoscere una giovinezza senza fine, come accade per chi è nato per compiere grandi imprese, senza morire mai. Quello era il momento in cui gli Antenati avrebbero potuto scagliare il loro esercito contro quello degli umani misti agli alieni, cercando di piegare la volontà di V'aT'Ss e di indebolire la determinazione di At'n-I'd. E l'hanno fatto, dopo aver tentato, invano, di soverchiare i ribelli con i detriti dello Spazio, con le luci lampeggianti della follia e con le voci che sanno evocare le paure più segrete di qualsiasi creatura vivente. Conoscono ogni debolezza, grazie alla stretta connessione con l'Uomo della Luna, che ha custodito nel cuore dell'Isola delle Vergini ogni speranza non detta, ogni desiderio, ogni fragilità... e gli Antenati hanno ricordato, rimandando indietro ciò che, in una situazione diversa, sarebbe potuto essere il coronamento di un anelito sussurrato a fior di labbra. Credevamo di avere la situazione in pugno, ma, ancora una volta, il potere del Triangolo è riuscito a prevalere e l'esercito degli Spiriti ha dovuto tornare sui suoi passi, in attesa di un mio comando. Io sola avevo avvertito il parto imminente, così ho ordinato di non fare nulla finché il prescelto non avesse urlato il suo grido. E l'ha fatto. Così, prima che il suo volto si affacciasse alla vita, ho impartito il comando all'esercito, e in quel momento, la forza di V'aT'Ss e di At'n-I'd si è consolidata attorno alla nave nemica. Mentre tutto si compiva e le doglie del parto venivano trasformate dagli Antenati in fuoco rovente, donne aliene addestrate in un luogo protetto della Terra si sono scagliate contro le truppe degli Spiriti. Non potevamo sacrificare più di ciò che avessimo: dovevamo solo tentare di verificare la forza del nemico, apprendendone le doti. Lo scontro è stato violento, e l'Universo si è illuminato per molte volte, come se la luce del Sole si amplificasse all'infinita potenza. La forza delle aliene traditrici che combattevano contro i nostri Guerrieri di Luce era straordinariamente incredibile: indossavano solo una tunica leggera di colore scuro, un elmo e una maschera per respirare ossigeno, eppure sembrava fossero protette da un'armatura impenetrabile che non riusciva neppure ad essere scalfitta. Ho compreso solo dopo che molti dei Soldati sono stati abbattuti, che tutto era stato reso possibile anche grazie alle conoscenze di colui che era stato il mio sposo, e che ora sembra nutrire un nuovo interesse verso una creatura che non ha nulla di umano, se non l'aspetto. Così, la mia rabbia è cresciuta, e, con essa, il desiderio di abbattere le truppe nemiche legate a colei che è riuscita a conquistare il cuore di chi ha permesso che i miei figli fossero uccisi, senza alcuna pietà, e senza mai piangerli. Una dopo l'altra, le donne aliene sono cadute sotto i colpi di una rinnovata energia, ma, ad ogni sconfitta, ciascuna di loro veniva riportata immediatamente alla nave, senza dare il tempo all'esercito di Luce di poter succhiare dalle loro essenze tutto il patrimonio che esse hanno sempre custodito, e nemmeno la forza che le aveva sostenute fino a quel momento. Pensavamo di poterle seguire fino alla fine del loro viaggio, ma le porte ci venivano chiuse, e i Guerrieri della Luce si schiantavano contro uno Scudo invisibile che non riuscivamo a vedere. Più volte abbiamo cercato di sfondarlo, ma, ad ogni colpo, il potere del prescelto ci raggiungeva, insieme alle grida di colei che lo dava alla luce. E, quando ormai pensavamo di poter uccidere tutte le ribelli, un lampo di Luce più intensa di quella degli Antenati ha squarciato il cielo, annientandoci. Siamo caduti contro la protezione invisibile che custodiva la nave e il suo equipaggio, e solo quando sono riuscita a riprendere il controllo della situazione ho impartito il comando della ritirata.

Le nostre perdite sono state limitate, ma non abbiamo ottenuto nulla, se non la consapevolezza di trovarci di fronte ad un'altra arma potente che ci impedirà di possedere la Pietra Gemella. Così ho scelto: ho scelto di servire gli Antenati e di pormi alla guida del loro esercito, senza più indietreggiare. Quando la Pietra Gemella dovrà scegliere quali padroni servire, io sarò pronta per portarla, un'altra volta, tra le mani di coloro che troveranno rinascita in essa. E sarò pronta anche per affrontare colei che sembra non voler morire, aggrappata saldamente alla volontà di un potere che cresce sempre di più e che la sostiene: il Potere del Triangolo. Non posso più rifiutarmi. Farò appello a tutto ciò che serve, per preservare Sel'nays dalle mani dell'usurpatore. Spezzerò quella forza che sembra non voler diminuire, ma che, prima o poi, cadrà. Io ucciderò Swaynn. Con ogni mezzo a mia disposizione.

Detia – La Guida

***

Quattordici - *Athorm*

Nella stiva, decine di bare trasparenti accolgono i corpi nudi delle Ancelle di Idra che hanno perso la vita durante lo scontro. Viaggiamo per fare ritorno sulla Terra, ma, prima di raggiungere l'atmosfera, questi corpi ritorneranno a far parte dello Spazio da cui essi provengono, dissolvendosi nel vuoto. Rimaniamo in piedi, in silenzio, io, Swaynn e Yoser, mentre Orisa cammina tra le sue sorelle amate, impartendo loro l'ultimo comando: quello di tornare a Casa. Le donne giacciono su una struttura particolare che le tiene come sollevate da terra e il colore della loro pelle ha cominciato ad assumere una tonalità azzurrina. E' stata la Signora di Idra a decidere di svestirle completamente, affinché, quando esse si dissolveranno come fumo lieve nell'Universo, gli abiti non possano essere un impedimento che possa ostacolare le Guerriere nel ritorno in quel mondo da cui esse provengono, seppure il loro pianeta non sia più rilevabile nemmeno dai radar più potenti. Assistiamo al rito in silenzio, mentre l'equipaggio in plancia esegue il rientro, lentamente, per non disturbare la sacralità di quanto viene compiuto sotto ai nostri occhi. Orisa traccia dei segni sulla fronte e sul cuore di tutte le sue Ancelle che giacciono immobili in queste bare di cristallo, aperte. Spalma un unguento profumato sui palmi delle mani e dei piedi e anche nei capelli, e si assicura che tutte abbiano gli occhi chiusi. Stupisce come quei volti senza più l'elmo sembrano sereni e sorridenti, composti e ancora quasi sul punto di riaprirsi. E mi turba l'idea di essere stato l'artefice di questa carneficina, sebbene queste donne fossero già state preparate al sacrificio sin dall'inizio, e ne avessero accettate tutte le conseguenze possibili. Swaynn sembra intuire il mio stato d'animo e appoggia lievemente una mano sul mio braccio. La guardo, in silenzio: nonostante sia reduce da un parto difficile, e il suo ventre sia ancora lievemente gonfio, ha voluto comunque presenziare a questa cerimonia d'addio, lasciando Auma nel piccolo laboratorio allestito per Yoser, dove il computer continua a registrare tutti i suoi parametri, e una piccola incubatrice simula il calore del corpo materno. Piccoli movimenti lievemente ondeggianti fanno sì che la piccola creatura pensi di essere cullata amorevolmente. Non mi è mai sfiorato il dubbio che potesse trovarsi in una condizione di difficoltà, poiché il laboratorio è un luogo protetto, ed è stato posto un amplificatore vocale proprio di fronte all'incubatrice, per poter sentire sin da qui ogni minima variazione anche solo nel respiro.

Swaynn è vestita come una donna di Idra, e non è stata una scelta casuale. I suoi capelli sono sciolti sulle spalle, e le due lunghe ciocche color platino spiccano come i raggi della Luna in una notte senza stelle. Le stringo la mano, lievemente, poi torniamo ad assistere al rituale, in silenzio, insieme a Yoser, anch'egli con una uniforme scura, molto simile alla mia, ma senza i simboli di Kelenda decorati sul petto e sulle maniche. Guardiamo Orisa, mentre impartisce l'ultimo saluto alle sue Ancelle, e io mi chiedo quante altre vite dovrò ancora sacrificare, prima di raggiungere lo scopo della nostra missione. Quali esse siano... non ha importanza: siamo tutte creature dello stesso Universo, e abbiamo un'anima che ci sopravvivrà, alla fine della nostra esistenza in questo corpo solido. Forse, noi alieni trascorreremo un periodo in cui la nostra essenze si ricongiungerà a quella degli Antenati, ma noi stiamo andando a combatterli, per assoggettarli o sterminarli, quindi le cose cambieranno sensibilmente e non possiamo ancora prevedere come. Orisa termina il suo rituale e si avvicina a noi:

"Queste donne non sono ancora morte." Mormora, tristemente. "La loro essenza dev'essere placata, o non troveranno pace e gli Spiriti se ne serviranno per i loro scopi. Chiedo pertanto alla prescelta di domare i loro poteri e di annientarli... per sempre." Swaynn annuisce, col viso molto pallido e provato, e Orisa continua a parlare: "So che la Figlia del Sole e della Luna è molto stanca e che questo ultimo atto le costerà molta fatica, ma la forza delle Ancelle penetrerà in lei ed esse le restituiranno ciò che ora sembra aver perduto."

Swaynn annuisce ancora, brevemente, poi alza le mani. Chiude gli occhi e mormora delle parole impercettibili, a fior di labbra, mentre i corpi delle Ancelle di Idra si illuminano di una luce azzurrina e si sollevano lievemente dai loro giacigli. Swaynn allunga le braccia, estendendole di fronte a sé, e le donne sembrano essere pervase da una lieve scossa che le fa tremare, sempre più intensamente. Non posso fare molto per aiutare mia moglie: a questo deve pensare lei, e io posso solo assistere in silenzio, sperando che la sua essenza riesca a resistere sino alla fine. Il sudore imperla il suo viso, ma nessuno può detergerlo, in questo momento. Con ciò che le rimane delle sue forze, compie quanto le è stato richiesto, e i corpi cominciano ad elevarsi, nell'aria, mentre i lunghi capelli li avvolgono come se fossero dei bozzoli.

"Ho bisogno di colui che ha voluto che tutto avesse inizio." Dice, quindi, Orisa. "Ho bisogno che il potere dell'Eclissi dissolva completamente ogni traccia delle mie care sorelle, spargendone il ricordo nello Spazio. Solo lui può farlo, ponendo fine alle loro sofferenze interiori, poiché esse non saranno mai davvero morte, finché esisterà una sola molecola in grado di sopravvivere nel Cosmo. E gli Antenati potrebbero servirsene, clonandola all'infinito, plasmandola e facendone un corpo solido. Questa, per tutti noi, sarebbe la fine."

Yoser indossa la maschera che lo aiuterà a respirare ossigeno e ne porge un'altra a Orisa. Poi, giacché io e Swaynn non possiamo muoverci, è lui stesso ad aiutarci ad indossare le nostre.

"Apertura." Mormoro, e il grande ponte posto sul fianco si abbassa, e l'assenza di gravità potrebbe sollevarci a mezz'aria, se i nostri stivali non fossero permeati di una sostanza che ci tiene ancorati al pavimento. Alzo le mani, lentamente, e il mio gesto fa elevare i corpi delle Ancelle ancora più in alto, avvicinandoli tra loro. La luce azzurrina si fa più intensa e la mia forza si connette strettamente con quella di Swaynn, debole, ma ancora presente. Col gesto di un sola mano, indico la grossa apertura, e, uno ad uno, i corpi scivolano verso l'esterno, galleggiando letteralmente nel vuoto.

"Possano le anime delle nostre sorelle trovare pace." Mormoro, mentre il mio potere diventa sempre più forte. "Possano coloro che hanno donato la loro vita per salvarne un'altra ricevere quanto è stato stabilito per il loro gesto. Possa la loro volontà di difendere e mai di uccidere per prime trasformarsi in polvere di stelle, e la loro anima si ricongiunga al luogo da cui esse sono giunte, molti secoli fa, per trovare un rifugio sulla Terra. Id-Am'Ra, la Sorgente del mio Spirito, Kelenda, comanda che i loro corpi si dissolvano nel nulla, affinché il nemico non possa trarne le conoscenze, le virtù e le fragilità."

I corpi si ammassano sempre di più, come se si fondessero tra di loro. Swaynn crea uno scudo intorno a questa sagoma che ha assunto l'immagine del simbolo di Kelenda – forse in un ultimo gesto di riconoscenza nei confronti di chi ha salvato il Popolo di Idra da una Stirpe di assassini –, uno scudo che non permetta agli Antenati di percepire ciò che sta accadendo. Avverto la sua forza intensificarsi, man mano che la vita esce da quei corpi luminosi, ed è allora che pronuncio le ultime parole:

"*Yetu Unala, Idras Oety*! Lasciate questa vita, Ancelle di Idra! Lasciate che il fuoco del Sole vi consumi e che l'Uomo della Luna conservi il vostro ricordo nel suo cure… per sempre!"

Con un gesto della mano, impartisco il comando. La Luce diventa abbagliante, per un attimo. Poi, con una scia impalpabile, del fumo molto lieve serpeggia verso l'alto, fino a scomparire, dissolvendosi nel nulla.

Il portone si chiude, mentre le mie braccia e quelle di Swaynn si abbassano. Non vi sarà una tomba su cui piangere queste donne, ma solo bare di cristallo pronte ad accogliere altre vite che ci lasceranno, in questa guerra contro gli

Antenati. Ma, almeno, questi ultimi non potranno utilizzare nulla di ciò che le donne di Idra portavano con sé.

Togliamo le maschere e ci avviciniamo ad Orisa, stringendole le mani, ma lei sembra accettare solo le carezze di Swaynn, come se tra le due ci fosse una comunicazione silenziosa che né io né Yoser riusciamo a comprendere. Poi, è la stessa Signora di Idra, a parlare, e lo fa con voce tremante, benché ancora ferma: "Dovete andare da Auma, ora." Dice a me e a Swaynn. "Prendetevi cura della vostra creatura. Ha bisogno di voi."

Annuisco, silenziosamente, prendendo per mano mia moglie. Sarà Yoser, ad occuparsi di Orisa, e lo farà finché non avremo raggiunto di nuovo la Terra. E, forse, anche dopo. Io e Swaynn saliamo sull'ascensore che ci porta presso il laboratorio e rimaniamo in silenzio per tutto il tempo. Quando il computer ci riconosce, ci viene concesso di entrare e ci affrettiamo ad avvicinarci ad Auma, che giace ancora dentro la piccola incubatrice, mentre una copertina di lana morbida e bianca avvolge il suo corpicino. Sembra l'immagine della serenità, e i suoi occhi sono chiusi, come beati da un sogno dolcissimo.

Osservo tutti i dati riportati dal computer, mentre Swaynn si accinge a prendere in braccio la creatura: i parametri sono perfetti. Non c'è nulla che possa darci pensiero sulla sua salute. Gli organi sono perfettamente formati, come in un bambino nato nove mesi dopo il concepimento, il cuore batte con vigore, la respirazione è regolare, il sangue è fluido e ricco di sostanze nutrienti e la temperatura corporea è ottimale. Tutto è nella norma, se non di più. Eppure, vi è assenza di gonadi maschili e femminili. I cromosomi non riescono ad essere individuati dal computer, e non potrebbe essere altrimenti: non è possibile che la tecnologia umana sia in grado di comprendere i misteri che avvolgono noi alieni, soprattutto in casi come questo. Rimango in silenzio, ma so che gli occhi di Swaynn sono puntati su di me.

"Ci sono delle novità?" Mi chiede, poi.

"Nessuna." Rispondo, mentre una nuova consapevolezza si fa strada nella mia anima. "Tutto va per il meglio. Nonostante l'attacco e la grossa perdita che abbiamo subìto, le conoscenze antiche sono state preservate e non vi sarà traccia, nello Spazio, di ciò che possiamo rappresentare per il nemico."

"Ne sono lieta ma spero che non saremo costretti a sacrificare altre vite." Mormora, mentre io mi avvicino a lei.

"Non posso garantirti che sarà così." Replico, con tono molto serio. "Gli Antenati sono guidati da qualcuno che non si fermerà di fronte a nulla e a nessuno. Uccideranno a oltranza, per impedire che noi possiamo entrare in possesso della Pietra Gemella."

"L'hai vista anche tu, vero?" Mi chiede, raccogliendo i capelli in una lunga coda, con la mano rimasta libera, mentre, con l'altra, tiene Auma contro il suo seno.

"Detia? Sì, l'ho vista." Rispondo, sedendomi su una sedia imbottita accanto a lei. "Ho percepito le emozioni più basse che un essere umano possa mai sentire, soprattutto nei tuoi confronti. Ma ho avvertito anche il suo odio verso Orisa e

Yoser, forse perché lei stessa ha compreso che tra di loro sta nascendo qualcosa che va oltre un semplice rapporto di amicizia."

"Lei non odia *te*, però. Ti teme, direi."

La guardo:

"Teme me tanto quanto teme te. E ora teme anche Auma."

Anche Swaynn mi guarda:

"Com'è possibile, Athorm?" Mi chiede, quasi in un sussurro. "Come può nascere una creatura senza sesso? E' così comune, tra gli alieni?"

"No." Ammetto, scuotendo la testa. "E questo rende questa piccola vita ancora più misteriosa agli occhi degli Antenati. L'assenza di organi maschili e femminili permette ad un bambino alieno di raggiungere un livello di conoscenza ancora più avanzato, poiché scevro da giudizi provenienti dagli istinti più materiali."

"Come presenteremo, Auma, sulla Terra? Che cosa diremo?"

"Gli esseri umani danno una connotazione maschile a molti generi neutri. Faranno lo stesso con questa creatura. E noi ci adegueremo a questo modo di vedere le cose, per non dover spiegare ciò che quasi nessuno potrebbe comprendere."

"Quindi, per tutti, Auma sarà un maschio... anche se non lo è? Come verrà registrato, nel database?"

"Il computer centrale risiede in questa nave, Swaynn, non dimenticarlo. Nessuno può avere accesso ai dati riservati che riguardano l'Altissimo Funzionario di Kelenda e la sua famiglia. Tutto è protetto da un controllo molto accurato, e un solo tentativo di forzatura farebbe scattare un allarme mondiale, con la conseguente identificazione di chi ha osato interferire in modo illecito. L'infiltrato verrebbe punito così severamente da desiderare di poter passare la sua vita in un eremo, lontano da tutto e tutti, pur di non trovarsi mai più nella condizione di poter sbagliare, a causa della debolezza che fa parte del genere umano."

"E se si trattasse di una creatura aliena?"

"La pena sarebbe ancora più severa. E preferirei non applicarla mai."

Rimaniamo in silenzio a lungo, mentre Swaynn nutre Auma, già molto affamato, e io tengo entrambi stretti tra le mie braccia, per non doverli mai perdere.

"Non so se potrò portarvi con me nel prossimo viaggio..." Dico, poi, sospirando. "Tutto è così imprevedibile, quassù, e io non voglio mettere a rischio la vostra vita."

"Non puoi proteggerci per sempre, Athorm." Mi dice, guardandomi dritto negli occhi. "Ti ho dimostrato di potercela fare anche senza la tua presenza. E il momento della resa dei conti arriverà comunque: Detia mi ha sfidata e non si fermerà, finché non avrà raggiunto il suo scopo."

"Ho visto, Swaynn." Rispondo, accarezzando una manina di Auma. "Ma il mio timore si spinge oltre ciò che ci è consentito vedere. La nascita di una creatura senza sesso è considerata sacra, dagli Antenati. Una piccola anima che non conoscerà corruzione, se non per suo volere, ha un potere che neppure ti immagini. Auma incarna il Triangolo, la sintesi delle nostre forze, ed è in grado di compiere imprese che, per ora, possiamo solo ipotizzare. Inoltre…" Faccio una pausa, indeciso se continuare a parlare o meno.

"Dimmi, Athorm." Mi incalza Swaynn. "Credo di essere preparata a tutto, ora. Quindi… dimmi ciò che devo sapere sin da ora."

Esito ancora, prima di rispondere. Poi, cerco di parlare lentamente per trovare le parole giuste da dire:

"La rarità con cui nasce un essere alieno privo di una sessualità ben definita si perde nella notte dei tempi. Generalmente, gli alieni sono sterili da quando vengono al mondo, benché conservino intatte delle caratteristiche simili a quelle dell'essere umano, una volta che essi decidono di rallentare la loro energia e di farne un corpo solido. Alcuni riescono ad ottenere il privilegio di poter procreare, ma solo se sono imparentati con la razza terrestre o da essa trovino origine, come noi. La maggior parte, però, è destinata a morire lentamente, consumandosi come una stella che perde la sua Luce, e senza lasciare una discendenza. Non è una coincidenza, Swaynn: per molto tempo, le razze non hanno mai potuto unirsi tra di loro, per impedire una reciproca contaminazione che potesse nuocere all'uno o all'altra. Non parlo di malattie o di possibili altre ripercussioni a livello fisico: quelle potevano rappresentare qualcosa in più per entrambi, poiché la conoscenza di ciò che è diverso da noi arricchisce il nostro patrimonio storico e fisico. Sempre. Mi riferisco, invece, alla mente e al cuore, e allo squilibrio di queste due forze. Nell'uomo, il potere diventa devastazione. Nell'alieno, le emozioni si trasformano in debolezza. In molti, nei secoli, hanno affermato di essere stati rapiti da creature extraterrestri, ma tutto ciò non corrisponde a realtà: gli alieni non hanno mai avuto bisogno di prelevare un corpo umano per studiarne le fattezze o per sfruttarne le conoscenze. Hanno cercato sempre e solo un contatto, al fine di poter condividere ciò che essi sapevano e che poteva servire ad un qualsiasi abitante della Terra. Non vi era altro scopo, se non quello di custodire questo pianeta e di restituirne la vita, ogni volta, anche quando l'umanità la rifiutava. E, molti secoli fa, per gli alieni non era necessario sapere di appartenere ad un genere, maschile o femminile: la loro mente era programmata per altro, non per moltiplicarsi e dare la vita ad altre creature simili. Solo quando l'essere umano ha cominciato a voler colonizzare la Luna, le due razze sono entrate in contatto, e questo ha provocato un'alterazione genetica in entrambe le specie. Gli alieni hanno conosciuto le sensazioni di un uomo o di una donna terrestri, e hanno deciso di abbandonare la loro essenza più pura, per far parte delle creature umane." Faccio una pausa, per prendere in braccio Auma che Swaynn mi porge. La sensazione di avere ancora un frugoletto tra le braccia mi emoziona e mi spaventa allo stesso tempo, per ciò che questa creatura comporta. Per questo, mentre cullo questa piccola vita, continuo a parlare, quasi a bassa voce, per non destare il sonno del piccolo alieno senza sesso: "E' così difficile che tra due alieni possa nascere una discendenza…" Ripeto, mormorando quasi tra me e me. "E' molto raro… ma non impossibile. E solo i prescelti riescono ad avere dei figli, il più delle volte nati morti o in procinto di morire. Di solito, poi, è difficile che vi possano essere più gravidanze, proprio perché questa tara genetica è insita nella specie. Chi, come te, è riuscito ad avere già tre vite nel suo grembo, è considerato come qualcosa di speciale, tra le creature aliene. Significa che potrà concepire fino alla fine della sua vita e questa particolarità rende il prescelto o la prescelta come il più grande e potente della sua razza. E' successo, nei secoli passati, che nascessero piccoli ermafroditi, alieni con fattezze umane e con entrambi gli organi genitali, ma mai, da quando ricordo, vi è stato un caso simile ad Auma, prima d'ora."

"E questo... che cosa significa?" Mi chiede Swaynn, con una sfumatura di malinconia nella voce. La guardo negli occhi, poiché so che sarà in grado di comprendere ciò che le sto per dire:

"Significa che non ci apparterrà mai davvero." Mormoro, con la stessa malinconia nella voce. "E che, prima o poi, dovremo lasciare che questa creatura segua il suo destino... indipendentemente da noi..."

Rimaniamo in silenzio, guardando Auma che dorme placidamente tra le mie braccia. Non voglio dire di più, ora. Non posso. Se lo facessi, Swaynn dovrebbe sopportare l'ennesima prova che la vita non sembra volerle risparmiare, una prova che anch'io mi troverò a dover affrontare. Ma esiste sempre l'imprevisto, il libero arbitrio, l'eccezione che può cambiare un destino già segnato e di cui ho imparato a non sottovalutare l'importanza. E questa speranza mi porta a tacere, affinché, questa volta, le cose possano andare diversamente.

La porta automatica si apre ed entrano Yoser e Orisa. Sembrano stupiti nel vederci ancora qui:

"Stanno iniziando le manovre per l'atterraggio." Dice lo scienziato di Verdrad. "Dovresti essere in plancia con l'equipaggio, Athorm."

Le sue parole mi riportano ai miei doveri. Annuisco silenziosamente e restituisco Auma a sua madre. Swaynn si alza per venire con me, ma la fermo subito:

"Andate in cabina." Le dico, con voce decisa. "Non togliete l'elmo finché non avremo superato l'atmosfera. Orisa!" Dico poi, alla Signora di Idra. "Vai con loro e assicurati che tutto vada per il meglio. Al rientro sulla Terra le tue Ancelle saranno ricordate com'è giusto che sia, ma nella segretezza di questa nave e del suo equipaggio. Non voglio che si scateni il panico tra gli abitanti del pianeta. Non vi è stata nessuna comunicazione ufficiale e dobbiamo mantenere la calma, come se il nostro viaggio si fosse svolto solo in via ricognitiva e null'altro. Tu, Yoser: vieni con me."

Le due donne si dirigono verso la stanza in cui alloggiamo io e Swaynn, mentre io e Yoser ci dirigiamo verso la plancia, attraverso uno degli ascensori interni.

"Come pensi di riuscire a mantenere il segreto con gli abitanti di Kelenda?" Mi chiede, quando siamo soli.

"Mi devo fidare del mio esercito." Rispondo, con voce neutra. "Se i Guerrieri sapranno gestire le loro emozioni – come credo – allora nessuno farà più domande del dovuto. Il numero degli uomini e delle donne arruolati in questa nave è segreto, e tale dovrà rimanere."

"Subiremo altre perdite... lo sai."

"Lo so." Mormoro, annuendo brevemente.

"Sacrificherai sempre le Ancelle di Idra, per prime?"

Lo guardo negli occhi:

"Sono nate per questo." Rispondo, con fermezza. "Lo sapevano."

"Orisa ne è devastata..."

"Credi che per me sia un gioco?"

"Non l'ho mai pensato. Anche tu e Swaynn siete un bersaglio, per gli Spiriti. E ora c'è anche Auma. Un motivo in più per desiderare la vostra morte. Non è così?"

Non rispondo, mentre raggiungiamo la plancia. L'equipaggio è in attesa dei miei ultimi comandi, prima di atterrare sulla superficie del mare che avvolge Kelenda.

"Siamo entrati nell'atmosfera?" Chiedo agli addetti ai comandi.

"La stiamo attraversando proprio in questo momento." Risponde Edena.

"Mantenete la nave in assetto." Ordino. "Attivate il primo livello di protezione dello scafo."

"Livello attivato!" Esclama Oughm, alzando il pollice verso l'alto.

"Procediamo con le manovre di ammaraggio." Mormoro, avvicinandomi ai comandi insieme a Yoser. Poi ordino ad alta voce: "Computer: ripristinare la rotta per Kelenda!"

"Rotta per Kelenda: ripristinata." Risponde una voce femminile.

"Smuz: attivare le eliche!"

"Attivate!" Risponde immediatamente l'uomo.

"Computer: rilevare una zona sgombra di navi e di velivoli natanti."

Dopo qualche secondo, la voce femminile parla di nuovo:

"Zona rilevata. Traiettoria impostata."

"Attivare gli ammortizzatori per l'impatto."

"Attivati!" Esclama Oughm.

"Computer: quantificare in secondi la velocità di arrivo."

"Arrivo previsto tra meno di venti secondi."

"Yoser: ci sono danni alla nave?"

"Nessun danno."

"Allora, forza: torniamo a casa!" Esclamo, e mentre pronuncio queste parole percepisco una sorta di sollievo nei cuori degli Ufficiali.

Quando lo scafo sfiora la superficie dell'acqua, sgorga spontaneo un applauso. Prima di avvicinarci a riva, però, do le ultime comunicazioni all'equipaggio:

"Togliete gli elmi e riponeteli nelle apposite custodie." Ordino, attraverso l'amplificatore vocale. "Navigheremo fino al porto nella modalità standard. Disattivate gli Scudi di Protezione e respirate l'ossigeno della Terra. Prima di scendere, ricordate di passare attraverso il tunnel che vi decontaminerà da eventuali radiazioni. Quando uscirete dalla nave, non avvicinate nessuno;

salutate brevemente e poi recatevi presso i vostri alloggi. Gli androidi vi stanno già attendendo sui mezzi di trasporto che vi condurranno a casa. Nessuno dovrà sapere ciò che è accaduto nello Spazio, se non dalla mia stessa voce. Nessuno... nemmeno le vostre famiglie. Siate fermi e non cedete alla tentazione della vanità: siete sempre sotto controllo, non dimenticatelo mai."

Impartisco il comando di avvicinarci alla costa, mentre lo scudo di cristallo che chiude il ponte della nave rientra nello scafo. L'ossigeno e la luce irrompono con violenza, ma non proviamo fastidio: dopo tanta oscurità, dopo la morte delle prime Ancelle di Idra che si sono sacrificate per impedire la perdita di vite umane, dopo la pesantezza di una battaglia che ancora non è terminata... tornare alla vita è un miracolo.

Swaynn si avvicina a me, quando entriamo nel porto. Yoser aiuta Orisa a scendere, e il resto dell'equipaggio si affretta a cambiarsi, per indossare gli abiti di tutti i giorni, quelli che non spaventeranno e che non metteranno nessuno in condizione di fare troppe domande. Prendo in braccio Auma, che, ufficialmente è stato dichiarato appartenente al genere femminile, solo perché non mostra quelle caratteristiche tipiche del genere maschile, mentre Smuz e Moraya vengono verso di noi, quasi timidamente.

"Parlate." Dico loro, sorridendo, come si sorride agli amici più cari. E' Smuz, a dire d'un fiato quello che avrebbe voluto fare molto tempo fa e che non ha mai trovato il coraggio di rendere concreto:

"Col tuo permesso, Athorm Dralt, Altissimo Funzionario di Kelenda, vorrei chiederti il permesso di sposare Moraya, e di farlo il prima possibile, secondo i dettami della nuova religione. E, sempre col tuo permesso, ti chiedo la possibilità di dare ad entrambi ciò che abbiamo perso da tempo: un cognome. Solo così, finalmente, sapremo di avere un'identità."

Guardo Swaynn, e anche lei sorride.

"Permesso accordato." Rispondo. E, nel frattempo, penso che, forse, anche il mio matrimonio dovrebbe essere regolarizzato come richiesto dal nuovo credo. Presto... prima di ritornare nello Spazio, per una nuova guerra.

Quindici - *Oughm*

Siamo a Kelenda da più di tre settimane e già fervono i preparativi per le nozze di Smuz e Moraya. Athorm ha assecondato il loro desiderio e ha assegnato loro un cognome: Niem per Moraya e Schairr per Smuz. E anch'io ho avuto la stessa opportunità: ora il mio nome è Oughm Riss, e, finalmente, la mia identità non sarà legata solo alla mia immortalità, ma a ciò che riuscirò a portare nella storia. Speriamo tutti di lasciare un segno, anche se non è facile e la posta in gioco è alta. Ci sostiene la convinzione che ciò che ci apprestiamo a fare darà la possibilità all'essere umano di poter colonizzare altri luoghi che non fanno parte del pianeta Terra, cominciando dalla Luna. Non dovranno più esserci distinzioni tra le razze, se non quelle dettate dalla storia che ogni Popolo porta con sé e che possono fondersi con la storia di altri Popoli, per creare qualcosa di ancora più grande. Per l'occasione, anche Athorm e Swaynn si risposeranno e faranno battezzare la loro figlia appena nata. La Chiesa, che ancora non segue alcun pensiero in particolare, è presieduta da Padre Tomas Vidh, un uomo che ha combattuto accanto a noi per un po' di tempo ma di cui non ricordiamo quasi nulla. Forse, il suo ruolo era marginale. Questo spiegherebbe perché nelle nostre menti non evoca alcun ricordo. E' un uomo molto possente, calvo, sui cinquantacinque anni. Il colore degli occhi è difficile da interpretare, e le sopracciglia sono grigie e folte. La sua pelle sembra inflaccidita, forse perché ha smesso di combattere da tempo, ed è brunita, molto rovinata dal sole. Il suo sguardo sembra voler scrutare a fondo i suoi interlocutori e, quando canta gli inni, la sua voce è così forte da risuonare ovunque. E' incredibile come, da un uomo così grosso e dall'aria losca, possa scaturire un canto così intenso e delicato. Tutti noi ne siamo affascinati, e non riusciamo a staccargli gli occhi di dosso. Indossa abiti bianchi, tuniche lunghe fino ai piedi, a volte abbastanza leggere da lasciar intravvedere molti tatuaggi, nonostante cerchi di nasconderli in tutti i modi. Si dice che abbia chiesto a Yoser Nym o al suo vice, Verlor Torrado, di rimuoverli tutti, forse perché gli ricordano un passato che vuole dimenticare e di cui nessuno sembra sapere nulla.

E' strano: nel database del computer centrale c'è poco o niente, su di lui, e nessuno sa spiegarsi come sia diventato sacerdote, visto che faceva parte di un esercito che ha spesso vissuto di espedienti. Ma non tutti sono immortali come me, Smuz, Moraya e le Ancelle di Idra, oltre all'Altissimo Funzionario di Kelenda e alla Governatrice di Nod, e, forse, quest'uomo viene da una delle terre che abbiamo conquistato e che, dopo aver prestato servizio sulla nave per un po' di tempo, ha scelto di dedicarsi ad una altro tipo di vita. Sappiamo solo che Swaynn gli ha dato la possibilità di formare una comunità religiosa e di scegliere altri sacerdoti come lui. Durante la nostra assenza, Padre Tomas è stato affiancato da tre uomini di età ed estrazione diverse, gente che praticava già questa religione e che conosce quelle che, un tempo, erano chiamate *Scritture*. Sono uomini che hanno scelto il celibato e che hanno conservato la loro castità, proprio in virtù del Credo che essi rappresentano. Si dice che le donne non fossero ammesse alle celebrazioni, ma Padre Tomas ha aperto le porte anche a loro, e sembra che qualcuna si sia fatta avanti, timidamente.

Yoser Nym è tornato a Verdrad solo il tempo di assicurarsi che tutto procedesse al meglio, ma poi è tornato a Kelenda, insieme a Orisa, dopo che la Signora di Idra ha dato disposizioni precise a Ester, la sua vice, che sta governando quella terra al suo posto. Ci aspettiamo che, da un momento all'altro, lo scienziato chieda la mano della bella aliena, ma l'uomo sembra ancora scottato dall'esperienza vissuta con Detia e i tempi si dilatano. Non ne siamo stupiti, ma sappiamo che in questa battaglia potrebbero essere uccisi altri di noi, e ci domandiamo che senso ha perdere tempo in paure immotivate. Tuttavia, sappiamo anche che ci sono cose che ci vengono taciute, forse per mantenere intatta la nostra concentrazione, così non ci preoccupiamo più di tanto della vita affettiva di altre persone *speciali*. La gente ci ha accolti con molta curiosità e noi abbiamo mantenuto la promessa di non raccontare nulla di ciò che abbiamo vissuto. Sembra che dalla Terra vi sia stata una notte in cui il cielo si è illuminato a giorno, per molte volte, e questa stranezza ha fatto scaturire molte domande nei cuori di chi guardava la Luna, con grande timore. Abbiamo cercato di trovare risposte rassicuranti e di minimizzare l'accaduto, per non innescare il meccanismo letale della paura, e, dopo i primi giorni, la curiosità si è ridimensionata fino quasi a scomparire. Continuiamo a fingere sicurezza, mentre una parte dell'esercito rimane stabilmente nella nave, su turni, per impedire che il Popolo possa avere un'idea di quanti uomini e donne siano effettivamente arruolati. Nel frattempo, i pochi invitati al doppio matrimonio cercano abiti eleganti da indossare per la cerimonia e il pranzo che seguirà. Se per la celebrazione il numero dei presenti sarà accuratamente selezionato, per il pranzo l'intera terra di Kelenda cesserà di lavorare e, ovunque sarà, verrà rifocillata da cibi e bevande di ogni tipo, ricette prelibate, anche se più esigue rispetto alle portate riservate ai soli invitati. Dopo il pranzo, al Popolo verrà concessa mezza giornata di svago, ma non potrà accedere al luogo in cui si svolgerà la festa.

Il tempo sembra volare, perché l'esercito è chiamato ad allenarsi sempre e comunque. Anche Athorm e Swaynn partecipano all'addestramento, ma alla Governatrice di Nod si affianca spesso Orisa. La Signora di Idra si prende cura di Auma quando Swaynn è impegnata attivamente con noi o nella riorganizzazione di Nod. Essendo la Guida Religiosa, ha comunicato che ogni città avrà la possibilità di far erigere una piccola Chiesa, e che, tuttavia, anche le altre religioni *minori* avranno un luogo in cui poter essere praticate. Kelenda sta tornando ad essere una grande potenza mondiale, insieme a Verdrad e Idra, ad essa connesse. Gli scambi commerciali sono fiorenti e le attività sorgono prosperose, soprattutto quelle artigianali che tramandano antiche tradizioni, quelle più amate dai visitatori. La Pietra Lunare continua a diffondere i suoi benefici effetti, anche se, stranamente, si ha l'impressione che non tutti riescano a trarre giovamento dai suoi influssi: mentre alcuni mantengono un vigore invidiabile, infatti, altri risentono del passare del tempo, sebbene molto più lentamente rispetto ad altre terre. Questa stranezza ha destato un certo allarme in Athorm, il quale non ha escluso un attacco da parte dei Guerrieri del Cielo.

"Già dal nostro primo viaggio abbiamo portato con noi una parte della loro essenza." Ci ha detto, durante una convocazione ufficiale. "La Pietra Lunare non è la causa di ciò che sta accadendo, poiché non fa favoritismi ed è imparziale. Perciò, è probabile che, tra le armi del nemico, vi siano anche queste suggestioni che si perpetuano persino a Kelenda. Dobbiamo continuare ad infondere fiducia al Popolo, soprattutto a chi si vede colpito da questi cambiamenti: la paura non farebbe altro che amplificare il potere dell'esercito invisibile, e noi non dobbiamo permettere che accada. Non risparmiamoci in nulla e rimaniamo costanti nel servizio verso chi conta su di noi: se siamo compatti nella determinazione, vinceremo qualunque guerra."

Le sue parole ci hanno infuso la forza di cui avevamo bisogno e ci aiutano tuttora a resistere alla tentazione di raccontare tutto ciò che sappiamo alle persone a noi più vicine. Per ciò che mi riguarda, sono felice di non avere una famiglia: non riuscirei a nascondere con facilità tanti segreti e mi domando come ci riescano gli altri. A volte penso che siano migliori di me, ma poi mi rendo conto che anche queste paure possono solo rafforzare il nemico, e non è ciò che voglio.

Così, il giorno della cerimonia, mi vesto di tutto punto per assistere come si deve ai due matrimoni e al battesimo di Auma. Non siamo in molti a recarci presso la Chiesa: sappiamo che, in tutto, saremo poco più di centocinquanta invitati ufficiali a cui si devono aggiungere i membri dell'esercito con cui banchetteremo sul ponte della nave, aperta al pubblico solo per questa giornata speciale. Arriviamo proprio all'ingresso dove la gente si ammassa per curiosare all'interno dell'edificio. E' un giorno lavorativo, quindi molti dei presenti sono anche semplici visitatori accorsi per assistere all'evento che non è stato reso noto in pompa magna. Il resto della Popolazione mantiene l'ordine così com'è stato chiesto dall'Altissimo Funzionario di Kelenda. Athorm attende insieme a Smuz l'arrivo della sua sposa e sembra più emozionato della prima volta in cui si è celebrato il suo matrimonio. Sia lui che il nostro compagno di viaggio sono molto eleganti, ma la differenza tra i due è evidente: Smuz ha abbandonato il suo ciuffo biondo e i suoi capelli sono curati, così come la barba; il viso è stato completamente rasato e ora i suoi occhi non sembrano più avere un colore tra il grigio spento e il marroncino sbiadito, ma risplendono in tutta la loro sfumatura nocciola; non tocca una sigaretta da molto tempo, ormai, e la pelle ha finalmente un colorito sano; indossa un vestito nero, molto elegante, con pantaloni e cintura argentati e recanti il simbolo di Kelenda, ma, nonostante la sua ritrovata avvenenza, sembra quasi scomparire accanto ad Athorm: l'Altissimo Funzionario ha il viso serio, ma i suoi occhi simili a braci si stagliano sulla sua pelle abbronzata dal sole; i capelli si sono allungati e hanno assunto una sfumatura ambrata, ricadendo sui lati del viso completamente sbarbato e scivolando sulle spalle, avvolte da un mantello corto e dorato, fermato su un lato da una fibbia riportante il simbolo di Kelenda; anch'egli indossa un abito scuro, ma di velluto nero e con cintura e stivali dorati, come il mantello; ai suoi fianchi ci sono tre cinture d'argento, incrociate tra di loro, tra le quali spicca una lunga spada dall'elsa tempestata di pietre preziose; ai polsi vi sono diversi bracciali, anch'essi in argento, così come argentata è una catena che spicca sul suo collo: al centro di essa vi è una mezza Luna fusa insieme a un Sole, e il ciondolo è una splendida fusione di oro e argento che si mescolano tra di loro.

La magnificenza è ovunque, nella Chiesa, dove alcune donne suonano il Chrein e alcuni uomini le seguono con il Tharyd. L'altare, così come le panche morbide, ogni angolo... tutto è adornato di fiori bianchi e gialli, circondati da foglie di un colore verde chiaro, fresco, delicato. La luce penetra attraverso i grandi finestroni e illumina tutte le navate, e le statue in marmo verde e rosa sembrano circondate da un bagliore soffuso: le nicchie in cui esse sono state poste riflettono naturalmente la luminosità che sembra provenire da dovunque, quest'oggi, persino dalle persone. Pietre preziose intarsiate, strutture in oro massiccio, come l'altare, drappi damascati... tutto è sinonimo di potenza. Padre Tomas indossa una tunica color avorio, con una sopravveste dorata, e così anche i suoi concelebranti. Il suo volto sembra illuminarsi quando fanno ingresso le due spose, in perfetto orario. Moraya indossa un abito bianco, rivestito di pizzo e aderente in vita, molto lungo. I suoi capelli sono lasciati sciolti in morbidi ricci, tra cui spiccano perle e piccoli monili che danno luce al suo viso già estasiato. Anche alle orecchie e al collo indossa piccoli diamanti che emanano bagliori bellissimi. Tra le mani stringe gli stessi fiori bianchi e gialli che adornano la Chiesa intera. Ma è Swaynn ad attirare maggiormente l'attenzione, così come Athorm catalizza lo sguardo di tutti i presenti: la donna indossa un abito color avorio, più morbido sulla vita e cangiante come seta; la scollatura quadrata, così come le maniche svasate e il bordo inferiore dell'abito lungo, è decorata d'oro e reca i simboli di Kelenda. I suoi capelli neri sono raccolti a metà in una crocchia e poi lasciati sciolti, e le ciocche platinate sono state sapientemente arricciate ai lati del viso; a differenza di Moraya, Swaynn è leggermente truccata, con gli occhi bistrati di nero e le labbra tinte con un colore molto naturale ma lievemente più scuro, e sui suoi polsi ci sono gli stessi braccialetti che indossa Athorm. Anch'ella, sulla vita, presenta delle cinture, ma sono solo due, una color argento e l'altra dorata, intersecate tra di loro in modo tale da creare una sorta di spirale posta anteriormente, leggermente declinante. Tra le due braccia c'è Auma, già molto cresciuta da quando è nata, avvolta da stralci di raso e seta e dolcemente dormiente sulla spalla della madre. Entrambi gli sposi sembrano pervasi da emozioni molto forti, non appena le rispettive compagne si avvicinano a loro. Padre Tomas, tuttavia, pare non avere occhi che per Swaynn, e questo mi porta a domandarmi se si siano già conosciuti, in passato, per suscitare una tale reazione nell'anima di questo sacerdote di mezza età. La cerimonia ha inizio e, per la prima volta, assisto ad un rito molto antico, dimenticato da secoli. Lo scambio degli anelli è la parte più importante, così come quella delle promesse, a cui segue il battesimo della piccola Auma. Tutto si svolge con felicità ma senza eccessi di commozione, così com'era desiderio dell'Altissimo Funzionario di Kelenda: le emozioni sarebbero state concesse, ma non le lacrime, poiché oggi è un giorno dedicato alla gioia, e sui visi devono comparire solo dei sorrisi. I testimoni degli sposi, Yoser per Athorm, Orisa per Swaynn, io per Smuz e Edena per Orisa, hanno firmato come si faceva un tempo, senza l'ausilio di congegni tecnologici. Abbiamo toccato con mano la carta, la stessa carta che ci ha accompagnato nei nostri lunghi viaggi attraverso i secoli, e, per un attimo, ci è sembrato che tutto fosse come un tempo, quando la tecnologia non aveva ancora preso così tanto potere e la gente si guardava di più negli occhi. Erano i tempi in cui l'essere umano riprendeva a vivere dopo tanti sacrifici, e, lentamente, riscopriva il valore della vita nella sua apparente semplicità. Per questo si è deciso di ripristinare le antiche usanze: per impedire che potessero essere dimenticate ancora una volta e che la tecnologia non venga mai più considerata come la panacea di tutti i problemi. Ma è solo una teoria, e ci vorrà tempo per scoprire se queste abitudini saranno conservate o soppiantate nuovamente con marchingegni di rapido utilizzo. La piccola Auma è molto tranquilla e si lascia bagnare la testolina da Padre Tomas senza emettere un lamento. Anche l'antica Unzione non la scalfisce. Questa bambina assomiglia ai suoi genitori, a differenza di Mytia, che sembrava provenire da un altro pianeta, ed è già in perfetto controllo pur essendo così piccola. Swaynn non ha nemmeno bisogno di cullarla troppo spesso: Auma sembra racchiudere la perfezione che tutte le mamme e i papà vorrebbero vedere in un figlio. Quello che impressiona, tuttavia, è la consapevolezza che sia frutto dell'unione tra due esseri alieni dalle fattezze umane, e che nessuno – a parte l'esercito – sia al corrente di questo.

Non so se Smuz e Moraya abbiano intenzione di avere una famiglia. Non so nemmeno se il loro apparato riproduttore sia funzionante. Non so se Yoser abbia attuato particolari modifiche su di loro. Di certo, anche se decidessero di adottare un bambino, il finale sarebbe uno solo: gli sopravvivrebbero. Almeno fisicamente. Mentalmente ne sarebbero devastati, credo. Io non ho una donna cui legarmi, né il desiderio di essere padre e avere una discendenza. Sarà che la nostra particolarità mi è sempre sembrata così speciale da impedirmi di innamorarmi veramente di qualcuno. Se avessi potuto scegliere, forse, avrei voluto vivere nella terra di Idra, dove le donne sono bellissime e molto gentili con gli Ufficiali di Kelenda. Non so se avrei mai trovato l'anima gemella: laggiù, tutte sembrano uguali, nonostante vi siano differenze caratteriali che solo Athorm e Swaynn riescono a vedere. Sicuramente, però, avrei vissuto in un luogo dove regna ancora la pace e dove solo alcuni rappresentanti del sesso maschile hanno il permesso di accedere a Draert.

La giornata trascorre sulla nave, tra danze, canti e banchetti. Non ricordo di aver visto tante prelibatezze, se non quando è stato celebrato il matrimonio dell'Altissimo Funzionario di Kelenda e della Governatrice di Nod a Chay, anni fa. Eppure, nonostante la grande festa, non vi erano portate così ricche, varie e deliziose. Anche il Popolo delle cinque città di Kelenda banchetta con noi, ma in modo più parco. Sulla nave, invece, si va avanti fino a sera, e il divertimento non sembra dover finire mai. Credo che mi ricorderò di questa giornata come una tra le più deliziose della mia vita e aspetterò un'altra occasione simile per poterne vedere una uguale! Alla fine del giorno, quando ormai tutte le portate sono esaurite e l'allegria ha lasciato spazio al sonno causato dall'abbondanza di vino, tutti fanno ritorno nei propri alloggi, tramite i mezzi a propulsione messi a disposizione dalla Sede Centrale. Ci salutiamo tutti con le espressioni colorite di chi ha alzato il gomito. Tutti, eccetto gli sposi e Padre Tomas, rimasto con noi anche per tutta la festa. Mi ha stupito la sua presenza, visto che non ricordo di averlo mai visto così tanto accanto a noi, ma sembrava che Athorm e Swaynn non la disdegnassero affatto, sebbene il sacerdote non riuscisse a nascondere un certo interesse verso la sposa. Non l'ho mai visto mancare di rispetto a nessuno, né assumere atteggiamenti che mi potessero far temere per l'incolumità della moglie del nostro capitano, tuttavia credo di non essere stato l'unico a vedere il suo sguardo cambiare molte volte, ogni volta che Swaynn si rivolgeva a lui. Ma poi, con l'andare della festa, la mia attenzione è stata distolta dal frastuono e dall'allegria, così ho smesso di preoccuparmi e mi sono dedicato completamente al lato godereccio dell'intero evento. Si è sempre usato fare regali agli sposi, ma Athorm e Swaynn non hanno voluto nulla, se non il rinnovo della nostra promessa, la fedeltà dell'esercito nei confronti del valore di questa missione che sta diventando sempre più importante e più difficile di quanto potessimo pensare. Moraya e Smuz hanno chiesto solo di poter abitare in una casa più grande, così, grazie ad una colletta, abbiamo raggiunto la cifra che ha reso possibile il realizzarsi del loro sogno. La casa è tecnologica ma conserva ancora una parte più *rurale*, per ricordare ai due il passato da cui sono venuti. Avremmo voluto poter entrare nelle stanze e lasciare dei piccoli ricordi, ma il sistema di chiusura è stato tarato immediatamente da Yoser Nym sulle iridi e le impronte digitali dei due novelli sposi, prima che riuscissimo a fare irruzione. La casa di Athorm e Swaynn a Kelk, invece, è stata resa inaccessibile per tutto il giorno e anche nei giorni precedenti, e non è mai stato possibile intrufolarvisi senza imbattersi negli androidi che hanno il compito di difendere l'immensa dimora.

Quando faccio ritorno presso la mia casetta, è già quasi notte fonda. Abbiamo praticato la meditazione e cantato il Gham, ma non so quanti di noi si siano resi conto di quello che stavano facendo. Abbiamo eseguito gli ordini e poi, semidisfatti, ci siamo congedati. Mi levo i vestiti della festa e faccio una doccia leggera, pronto ad andare a dormire. Gli occhi mi si chiudono e un senso di dolce torpore mi pervade. Domani dovrò svegliarmi presto per cominciare un nuovo addestramento, perché tutto sarà come è sempre stato, e nulla cambierà.

Affondo nel letto morbido, spegnendo la luce. C'è sempre un po' di penombra, e la mia vista bionica è in grado di vedere anche dove c'è l'oscurità totale, sebbene le pupille facciano sempre un po' fatica a mettere a fuoco le sagome, in assenza completa di luce. Quando sto per addormentarmi, una sensazione di freddo gelido pervade il mio corpo. Le finestre sono chiuse e il clima è mite: forse ho esagerato col cibo e col vino. Mi avvolgo nella coperta, cercando di prendere sonno, ma un altro soffio gelido sfiora il mio viso. Porto istintivamente la mano sulla parte interessata, ma, ancora una volta, non sembra esserci nulla. Prendo il cuscino e copro la testa, per non dover essere più disturbato da sensazioni fastidiose, ma un sussurro riesce a penetrare anche attraverso le coperte:

"Oughm…"

Mi metto a sedere, di scatto. Mi guardo intorno, ma non c'è nessuno. Ho davvero bevuto così tanto da avere le allucinazioni? Cerco di rimettermi a dormire per l'ennesima volta, ma la voce insiste:

"Oughm…"

Il sussurro sembra ancora più vicino, ora, e mi volto verso la direzione da cui proviene. Ho un sussulto, quando mi sembra di vedere la sagoma trasparente di

Detia sospesa nell'aria. M sembra di vedere un fantasma e, per un attimo, penso di essere impazzito. Stropiccio gli occhi, cercando di rendermi conto se tutto questo sia reale, e la voce giunge di nuovo a me:

"Oughm…" Dice la figura spettrale, avvicinandosi a me, come se si librasse nel vuoto. "Non stai sognando. Tu sai chi sono. Mi hai riconosciuta…"

"Che cosa fai, qui?" Chiedo, quasi gridando, e cercando di afferrare una delle mie armi. Ma, con il solo gesto di una mano, la sagoma fa cadere a terra tutto ciò che potrebbe difendermi, allontanandolo da me. "Che cosa vuoi?" Chiedo ancora, tremando di freddo e di paura.

"Non sono qui per farti del male…" Sussurra Detia, senza nemmeno muovere le labbra. E' perfettamente identica a quando l'avevo vista per la prima volta, con i suoi occhi chiari, i capelli biondi e lunghi scompigliati dal vento, un vestito color verde chiaro, lungo fino ai piedi.

"E allora?" Cerco di dominare la paura, ma il vino ottenebra la mia forza di volontà. Non indosso l'elmo e non posso rischiare di alzarmi per andare a prenderlo: non voglio che Detia sappia dov'è nascosto. Posso solo sperare che non le venga in mente nulla di terribilmente pericoloso. "Come hai fatto a venire fin qui?" Chiedo, ansimando. "I sistemi di protezione non hanno rilevato la tua presenza!"

"Come avrebbero potuto?" Risponde la donna, con un sussurro gelido. "Non c'era nessuno, a badare a me: tutti voi eravate troppo concentrati a divertirvi… Come pensavate di vedermi, se le vostre menti erano ottenebrate da ciò che rende l'essere umano simile alla bestia?"

Deglutisco un paio di volte e poi chiedo ancora:

"Sei qui con l'esercito degli Spiriti?"

"Non ora…" Risponde, in un soffio. "Ho preferito cercare una soluzione diversa… almeno, per il momento… perché, dopo questo avvertimento, sarà difficile che io cerchi ancora di stabilire una tregua…"

"Una tregua?" Ripeto, incredulo. "E quali sarebbero, le condizioni?"

"E' tutto molto semplice, Oughm… Dovete solo smettere questa guerra che vi condurrà alla morte… tutti quanti."

Deglutisco ancora:

"Non è mai detta l'ultima parola…" Mormoro, con poca convinzione. Detia sembra chinarsi leggermente verso di me e io arretro contro la testiera del letto:

"Sono riuscita ad arrivare fin qui…" Sussurra, con un tono quasi minaccioso. "Posso raggiungere qualsiasi luogo di questa terra, Oughm… Il legame che ancora mi unisce a Yoser Nym mi permette di andare ovunque, e di questo dovrei ringraziarlo, suppongo… Ma non credo che lo farò."

"Che cosa vuoi, da me?" Le chiedo, per l'ennesima volta. "Non sono che un Guerriero. Non posso darti quello che vuoi, nemmeno se tu decidessi di uccidermi. E sai bene che non avrei paura di morire, se questo significasse sacrificare la mia vita per difendere quella di…" Mi zittisco di colpo, come se temessi di pronunciare quelle parole. Ed è Detia, a continuare per me:

"Di Swaynn e di Auma? Potrei andare da loro in qualsiasi momento. Li ho percepiti: dormono vicini, e Athorm è altrove. Nemmeno lui potrebbe fare nulla, per difenderli…"

"Lasciali stare!" Esclamo, con forza, riuscendo a recuperare una delle armi che tengo sempre sotto il cuscino. Detia avvicina una mano e riesce a rivolgerla contro di me:

"Non ti servirà a molto, come vedi…" Sussurra, mentre i suoi occhi sembrano accendersi di una luce verdastra. "Questi giochi non hanno nessun effetto su di me… La mia volontà è molto più forte di qualsiasi arma tu possa puntarmi addosso… Non riusciresti ad uccidermi, nemmeno con i raggi inventati da colui che un tempo era mio marito… Io li conosco… So di che cosa sono fatti… E non hanno alcun potere su di me…"

La pistola sottile si avvicina alla mia fronte, pericolosamente, senza che io riesca a controllarla. Se Detia deciderà di far fuoco, il complesso meccanismo dei miei circuiti cerebrali verrà compromesso e io non potrò servire più a nulla. Sarò come un guscio vuoto, un corpo per metà umano e per l'altra metà robotico, e di me, della mia vera anima, non rimarrebbe più nulla. Per un lungo istante temo per la mia incolumità. Poi, Detia allenta la presa e fa cadere l'arma a terra, scivolando leggera sull'oggetto, in modo tale che io non abbia la tentazione di riprenderlo in mano:

"Per questa volta la tua vita ti sarà risparmiata…" Sussurra, col suo alito gelido. "E anche le vite di Swaynn e Auma non saranno messe in pericolo… ma solo per questa volta, come ti ho detto. Vedi di convincere il tuo capo e fa' che questa guerra cessi immediatamente, o porterò l'esercito sulla Terra. Se accadrà… gli alieni dovranno svelarsi e gli esseri umani saranno pervasi dalla paura… E noi conquisteremo la Pietra Gemella… e colonizzeremo il pianeta…"

"Non ci riuscirete mai!" Il grido esce strozzato dalla mia gola. Detia sembra sorridere malignamente. Com'è diversa dalla donna che abbiamo conosciuto… e ora… anche lei fa parte dell'esercito degli Spiriti. Anzi: lo guida.

"Questo lo vedremo…" Sussurra, allontanandosi nell'aria, senza mai darmi le spalle. "Considera questa mia visita… un avvertimento amichevole. Fanne buon uso… o sai già quali saranno le conseguenze…"

"Detia! Aspetta!" Vorrei poter parlare ancora, ma la donna scompare in un piccolo vortice luminoso. Nella stanza torna il tepore familiare, ma accendo la luce per non dover sopportare il peso della penombra. Vorrei avvisare subito Athorm e Swaynn, ma come faccio? Rovinerei loro quello che è rimasto di una festa che li ha rallegrati, dopo tante prove. Non voglio che si preoccupino. Non oggi. Rimango sveglio per tutta la notte, incapace di riprendere sonno. Questa guerra è molto più dura di quanto immaginassi. E, ora, mi rendo conto di avere a che fare con un nemico che non si arrenderà tanto facilmente. Un nemico che non si farà scrupolo nell'uccidere, se sarà necessario. Un nemico guidato da Detia, colei che credevamo morta e che ora è a capo dell'esercito degli Spiriti, e che sembra aver dimenticato ciò che la legava a Swaynn, come se non fosse mai esistito. Guardo sorgere l'alba, in silenzio, dopo una notte insonne. Comincia un nuovo giorno di duro addestramento. E dovremo guardarci le spalle persino a Kelenda, poiché questa terra non ci può più difendere.

Sedici - *Orisa*

"Rimani ancora un po'. E' presto…"
Yoser pronuncia queste parole con desiderio. Per la prima volta dopo tanto tempo, ho concesso il mio corpo ad un uomo, un immortale, come me. Non avrei mai pensato che sarebbe potuto accadere, eppure è successo: nell'accompagnarmi verso l'alloggio che mi è stato riservato ad Awy, le sue mani hanno sfiorato le mie e, non appena abbiamo varcato l'ingresso, la passione ci ha travolti, irrefrenabilmente. Abbiamo fatto l'amore più volte, nella notte, e continuerei a stare con lui, se non avessi un appuntamento con Swaynn.
"Devo assicurarmi che Auma stia bene…" Mormoro, sistemandomi il vestito.
Yoser mi trattiene per un braccio:
"Non vuoi prenderti cura anche di me?" Chiede, con un tono di voce al quale non so resistere. Mi chino verso di lui e lo bacio ancora, appassionatamente, ma rifiuto con dolcezza il suo abbraccio:
"Ti prometto che cercherò di fare il prima possibile." Gli dico, sorridendo. "Poi… riprenderemo il discorso da dove l'abbiamo interrotto…"
Yoser mi bacia ancora e mi invita a sedermi sul letto.
"Non posso…" Mormoro. "Davvero…"
"Voglio solo parlarti. Ci vorrà poco."
Indugio. Poi mi lascio conquistare dal suo invito e mi adagio accanto a lui. Yoser si mette a sedere, e il suo petto nudo evoca in me un nuovo desiderio. Vorrei spogliarmi di nuovo, giacere tra le sue braccia, fare l'amore e lasciare che mi tenga stretta a sé, senza farmi andare via. Mai. Ma ho anche dei doveri e, in un momento delicato come questo, sarebbe molto rischioso prendere ogni avvenimento alla leggera.
"Dimmi, dunque." Mormoro, dolcemente, accarezzandogli una mano. Yoser la stringe e la porta alle sue labbra, sfiorandola con un bacio:
"Voglio sposarti, Orisa." Mi dice, senza giri di parole. "Sono stanco di aspettare, stanco di fingere indifferenza. Tutti hanno compreso, ormai, e sono l'unico ad aver atteso così tanto, prima di decidermi a fare il passo verso di te. Sono stato un codardo… ma ora… non voglio perdere altro tempo."
"Non sei mai stato un codardo." Replico, accarezzandogli il viso. "Hai vissuto un dramma molto intenso e la tua paura era più che giustificata. Anch'io… non riuscivo a darti quelle certezze di cui avevi bisogno. Ma quando ho visto morire le mie Ancelle, ho capito che l'immortalità è un concetto spesso troppo astratto e sopravvalutato, e che le cose belle della vita devono essere colte al volo, prima che sia troppo tardi."
"Allora sposami!" Esclama, stringendomi a sé. "Diventa mia moglie! Non aspettiamo ancora così a lungo: lo desideriamo entrambi, da tempo."
Sorrido e lo guardo:

"Ti prometto che ti darò una risposta al mio ritorno." Gli dico, sfiorandogli le labbra con un bacio. Poi mi alzo dal letto, seguita dalla sua voce che mi ripete: "Attenderò con ansia. Torna il prima possibile."

Lo lascio con un altro sorriso, mentre la porta si chiude alle mie spalle. Ad una settimana di distanza dal doppio matrimonio, Yoser è cambiato ancora e ciò che sembrava dover essere solo un'illusione, invece, è diventato realtà. Entro nel velivolo cittadino che mi porterà a Kelk, dove Swaynn è rimasta, mentre, a Nod, Roseann Tinwhon governa in sua vece, pur mantenendo contatti quotidiani e discutendo insieme degli aggiornamenti che si verificano giorno dopo giorno. Non c'è nessuno alla guida del mezzo di trasporto che mi porta nella dimora dell'Altissimo Funzionario di Kelenda, e non ce n'è bisogno: la direzione è stata impostata automaticamente e io raggiungo la Capitale in tempi brevissimi. Giunta al grande cancello osservato a vista da soldati androidi, l'ingresso si apre e io scendo dal velivolo, dirigendomi verso il grande portone. So che il mio arrivo è stato già annunciato, ed è la stessa Swaynn a venirmi incontro. Mi fa entrare e poi inserisce di nuovo il sistema d'allarme che avvolge completamente l'immenso edificio, poi mi conduce verso la sala dove si intrattengono gli ospiti più importanti o, semplicemente, gli amici più cari. Mi stupisce vedere oggetti antichi, come il camino perfettamente funzionante e con vera legna, e altri oggetti che gran parte del Popolo non utilizza quasi più.

Ci sediamo su un divano molto ampio e curvo, mentre una donna in carne e ossa si avvicina a noi, chiedendoci se desideriamo bere qualcosa. Accetto una specialità tipica di Kelenda chiamata Feug, un liquido a base di bacche rosse e miele, non alcolico, molto dissetante, e poi osservo meglio la donna che è seduta davanti a me: Swaynn è più bella che mai, ma la sua è una bellezza più legata al fascino che a dei canoni particolari. Indossa una lunga tunica gialla, aderente in vita, e i suoi capelli sono sciolti sulle spalle. Gli unici monili sono l'anello nuziale, il Tasxor, una collana d'oro molto sottile e null'altro. Potrebbe permettersi molto di più, ma so che anche questi oggetti non sono di suo gradimento: se fosse per lei, credo che farebbe volentieri a meno, ma il suo incarico le impone un'apparenza che non può e non deve dimenticare.

"Come sta, Auma?" Le chiedo, per sciogliere il ghiaccio.

"Bene, grazie Orisa." Risponde Swaynn, mentre la donnetta ci porta un vassoio con due calici e una caraffa di cristallo, contenente il Feug. Mi lascio servire e bevo un sorso di questa bevanda deliziosa, cercando di ricomporre la mia emozione. Ma Swaynn non è cieca e, se anche lo fosse, non potrebbe rimanere insensibile a certi argomenti. Così mi chiede: "E tu, con Yoser? I tuoi occhi parlano. Finalmente avete fatto un passo l'uno verso l'altra?"

Mi sento arrossire, e mormoro:

"E' come dici. Ma vorrei che rimanesse un discorso privato, per ora, finché la nostra unione non sarà ufficializzata."

"E lo sarà, non è così?"

Arrossisco di nuovo:

"Dipende dalla mia risposta." Dico, cercando di ricompormi, invano.

"Credevo che tu avessi già accettato, Orisa." Osserva, con evidente perplessità. "Invece lo lasci attendere ancora una volta… Forse non avresti dovuto recarti da me, ma, piuttosto, rimanere con lui…"

Sorrido timidamente:

"Avremo tempo tutta la vita per stare insieme." Rispondo, a voce bassa. Swaynn sorride, ma io voglio cambiare argomento. Così le chiedo: "Mi hai convocata per parlarmi di qualcosa in particolare?"

"Oughm non ti ha detto nulla?" Mi chiede, di rimando, sorseggiando il Feug.

"No." Rispondo. "E' successo qualcosa?"

"Sembra che Detia gli abbia fatto visita, una settimana fa, di notte, dopo la fine dei banchetti e delle danze."

"Detia?" Chiedo, incredula. "Ma era davvero lei? Ne è sicuro?"

Swaynn sospira:

"In base alla descrizione che mi ha fatto, non sembrano esserci dubbi." Replica, abbassando lo sguardo per un attimo.

"E che cosa voleva? Come ha fatto ad introdursi sul pianeta?"

"Non c'è nulla come la disattenzione terrena, in grado di distrarre anche l'anima più concentrata, Orisa. Eravamo tutti troppo intenti a banchettare e a divertirci, per riuscire a percepire la sua energia. Non l'ho avvertita neppure io, e neanche Athorm ci è riuscito."

"E si è recata da Oughm…"

"Proprio così. Lui è corso a Kelk la mattina seguente per informarci di quanto aveva visto. Inizialmente non gli abbiamo creduto: com'era possibile che una creatura nemica si spingesse così tanto da rischiare la sua distruzione, sulla Terra? Ma poi abbiamo potuto solo ammettere a noi stessi che la forza di gravità e l'animo umano, spesso, giocano brutti scherzi, e che l'esercito degli Spiriti è più forte di quanto pensassimo."

"Detia lo ha minacciato?"

"Lo ha avvertito di una possibile ritorsione se non decidiamo di ritirarci da questa guerra. Il bersaglio è facile da intuire."

"Tu e Auma…"

"Esatto. Ma non credo che vogliano fermarsi solo a noi. L'Uomo della Luna gode ancora di un potere enorme, un potere che dev'essere neutralizzato. Gli Antenati non si fermeranno finché non avremo deciso di arrenderci. E non è ciò che vogliamo."

Rimango in silenzio per un attimo, sorseggiando altro Feug, finché il mio calice rimane vuoto. Swaynn me lo riempie con altro liquido, giacché la donna che l'ha portato ci ha lasciate sole da quando abbiamo iniziato a parlare.

"Il fatto che Detia sia riuscita ad intrufolarsi in una zona protetta non è un buon segno." Osservo, poi, quasi parlando tra me e me. "Potrebbe farlo ancora e… arrivare fin qui…"

"E' la preoccupazione più grande di Athorm." Risponde Swaynn, annuendo con il capo. "Ma non dobbiamo dimenticare che gli Spiriti lavorano molto sulle paure e sulle fragilità. Cercano di indebolire noi tutti usando questa tattica, ma non possiamo permetterglielo: sarebbe come fuggire. E la fuga li metterebbe tutti sulle nostre tracce. Ci troverebbero e ci annienterebbero."

"Avete bisogno di altre Ancelle?" Chiedo, temendo il peggio.

"No." Risponde, decisa. "Dobbiamo solo mantenere alta la determinazione di chi è già con noi. E dobbiamo far sì che la battaglia continui ad essere combattuta nello Spazio e non sul pianeta. Gli esseri umani, con le loro paure, potrebbero abbassare le difese che con grande fatica siamo riusciti a costruire nell'anima di ogni membro dell'esercito. Questo è ciò che vogliono i nemici: piegarci già partendo da Kelenda, la fortezza inespugnabile che vogliono conquistare per affermare il loro predominio. Ma non lo permetteremo."

"E come pensate di fare?"

"Non credo che Detia sia stata così sciocca da portare con sé delle truppe. Non ora, almeno. Gli Spiriti sono legati a lei e lei è legata a me e Yoser. Questo legame, evidentemente, l'ha aiutata a stabilire una connessione con la Terra, rendendo più semplice la sua irruzione silenziosa. Avrei potuto immaginarlo sin dall'inizio, ma non pensavo che sarebbe arrivata a tanto. Speravo che in lei esistesse ancora qualche traccia dei sentimenti che ci hanno unite per molti anni… Ma è molto probabile che essi si siano trasformati in qualcosa di diverso." Mi guarda dritta negli occhi e poi dice: "Arriverà il giorno in cui io e lei saremo chiamate ad affrontarci. Quel giorno, una di noi due morirà. E non è detto che io riesca a scampare alla furia di Detia, benché Athorm cerchi in tutti i modi di ritardare quel momento."

"Io sono al tuo servizio per difendere te e Auma." Rispondo, chinando lievemente il capo. "Credi che lei lo abbia percepito?" Chiedo, poi, abbassando istintivamente il tono di voce. Swaynn beve un sorso di Feug, rima di rispondere. Poi dice:

"Ne sono certa. Ma non può penetrare fin qui, nel nucleo di questa dimora. Non può, perché è permeata dell'essenza di Athorm, un'essenza molto potente che fa da scudo a tutti noi. Forse a Nod… Forse lì, Detia potrebbe invadere ciò che non le è consentito, ma solo perché vi sono esseri umani che indeboliscono le difese con gli istinti quali la paura e il pregiudizio. Roseann è rispettata poiché fa le mie veci, ma a volte sento dei commenti su di lei che mi fanno pensare molto. E' una ragazza forte e non si lascia abbattere dalle critiche, ma è pur sempre un'umana."

"Lei sa di Auma?"

"No. Tu e Yoser siete gli unici. Tutti gli altri credono che la creatura sia femmina. Ma non permetto a nessuno di avvicinarvisi, e, soprattutto, di cambiare i suoi panni sporchi. Nonostante le apparenze possano far pensare che si tratti di una bambina, vi sono molti punti oscuri che nessuno saprebbe spiegarsi."

"Si narra che gli alieni asessuati siano davvero molto pochi e che la loro vita non appartenga mai davvero a chi li ha concepiti." Racconto, con voce quasi lontana, evocando i ricordi del passato. "I pochi nati sono morti poche ore dopo la nascita e non hanno mai conosciuto una qualsiasi forma di vita. Sicuramente qualcuno di loro è sopravvissuto, ma non ci è dato a sapere come e dove si sia formato, né quale sia stata la sua missione. Queste creature non hanno ghiandole mammarie e i capezzoli sono come piccoli puntini rosa scuro che non contengono latte. Non hanno utero e ovaie, e nemmeno testicoli. Non mostrano labbra, ma solo una fessura molto piccola, l'unico collegamento con l'apparato escretore. Non si sa se possano riprodursi in altro modo: per ciò che mi riguarda, non ne sono mai stata informata. Questo è un mistero che coinvolge solamente pochi prescelti, come te e Athorm, ma non è mai possibile stabilire a priori quale sia la sorte cui Auma deve andare incontro."

"Hai detto che non ci apparterrà e così ha detto anche Athorm." Mormora. "Che cosa significa, questo? Un giorno dovrò lasciare che questa creatura mi venga strappata dalle braccia? Ho già perso due figli, Orisa…"

Le stringo una mano, con affetto:

"Almeno tu puoi dare la vita." Le dico, dolcemente. "Non sei un'aliena sterile e questo è già di per sé quasi un miracolo. Tutto quello che il tuo utero partorirà avrà un significato e, anche se non vedrai i tuoi figli crescere, saprai che essi sono venuti al mondo per un motivo ben preciso, indipendentemente dal tempo che verrà concesso loro."

"Un tempo che con me sembra essersi fermato…"

"Per te, per Athorm… ma anche per me. Invecchiamo di pochi giorni e siamo senza età. Nessuno può stabilire con esattezza quando e come siamo nati. Solo l'Uomo della Luna conosce la sua storia, poiché egli è stato scelto tra miliardi di feti sparsi nello Spazio. Solo lui… e la Figlia del Sole."

"Io non ricordo nulla della mia vita precedente all'Isola delle Vergini…"

"E così dev'essere, poiché non potresti portare a termine la tua missione. Un giorno ricorderai, saprai chi sei e chi eri, e tutto diventerà ancora più chiaro di quanto tu sappia già."

Mi guarda ancora, e il suo sguardo entra nella mia anima come la lama di un coltello molto affilato:

"Mi hai cresciuta tu a Id'V'Ra, non è vero?" Mi chiede, senza mai abbassare il viso. "Tu ti sei presa cura di me insieme alle altre Ancelle. Per questo siete disposte a sacrificarvi al posto mio: perché io sono parte della vostra discendenza. L'unica."

Esito un attimo prima di risponderle. Poi annuisco:

"Sì, Swaynn." Confermo, continuando a tenerle le mani. "Ti abbiamo custodita per ciò che eri e per tutte le particolarità che portavi con te, come se tu fossi figlia nostra. Il Popolo nelle cui trappole eravamo cadute, però, non ci permetteva di fare di più di quanto avremmo voluto. Vegar era uno Spirito potente e sembrava che la sua battaglia si fosse scatenata con violenza proprio in concomitanza del tuo arrivo. Non era un caso, e noi lo sapevamo. Ma non potevamo dirlo agli esseri umani che venivano usati come marionette dal suo immenso potere distruttivo. Uomini senza scrupoli che sapevano uccidere anche i bambini… Uomini da cui l'Altissimo Funzionario ci ha salvato, dopo che alcuni piccoli gruppi di noi hanno cercato di portare al sicuro le piccole creature che vivevano in quel luogo. Tutti quei bambini… sono morti. Tutti. Tranne te. E io l'ho saputo solo da poco, poiché non ti avevo riconosciuta. Nessuna di noi sarebbe mai stata in grado di farlo. I tuoi Spiriti ti custodiscono gelosamente e non è facile penetrare nella tua anima. E tu hai domato Vegar, il distruttore, grazie al sacrificio di Mytia che ha risvegliato Iatho, il quale ha trasformato l'assassino in giustiziere. L'equilibrio è stato ripristinato. Tu l'hai reso possibile."

"Che ne è stato, di Id'V'Ra? E' stata davvero distrutta?"

"Sì. Per mano di Athorm."

"E com'è riuscito a vincere su Vegar? Sulla Terra lui non può combattere manifestando la sua essenza."

"In certi casi è possibile. Ma non so come si siano svolte le cose, in realtà. Noi siamo state tratte in salvo quasi al limite dello strapotere di quel Popolo di assassini. Non ci importava sapere come saremmo riuscite a fuggire: volevamo solo vivere. Nient'altro."

"Un Popolo di assassini…" Mormora, ripetendo le mie parole tra sé e sé. "Come quello da cui è stato strappato…" La sua voce si affievolisce e sono io a finire la frase per lei:

"Tom. Sì. Proprio quello. Padre Tomas Vidh, l'uomo che un tempo era chiamato Tom, ha avuto una possibilità per se stesso e per coloro da cui proveniva."

Mi guarda, sorpresa:

"Allora… lui era lì quando io ero solo una bambina…" Swaynn sembra riflettere ad alta voce, ma i ricordi continuano a non riaffiorare alla sua mente. Non come vorrebbe.

"Lui era lì, ma noi non l'abbiamo mai visto." Rispondo, lasciando le sue mani. "Forse il suo Popolo pensava che la sua sola vista potesse scatenare l'orrore in chi riusciva appena a scorgerlo. Come gli altri, il suo corpo aveva delle grandi deformità e non sarebbe sopravvissuto ancora a lungo, se Athorm non l'avesse portato a Verdrad. Laggiù, Yoser ha operato su di lui e l'ha reso ciò che è ora. Tom ha imparato a dominare ciò che lo ha tentato e ancora continua a tentarlo, e ora ha trovato la sua strada. Che lui ti ami... questo lo possiamo vedere tutti. Ma, mentre prima chi lo conosceva commentava alle sue spalle, ora si limita a pensare che Padre Tomas Vidh possa conoscerti da molto tempo, e il suo affetto nei tuoi confronti sia dettato solo da questo."

"Lui ha conosciuto il potere di Vegar..."

"Sì, ancora prima che tu riuscissi a farlo tuo. E questo vi lega, inevitabilmente e indissolubilmente. Forse... se tu non avessi conosciuto Athorm, Orud avrebbe potuto pensare che un matrimonio con Tom sarebbe potuta essere un'ottima soluzione per tutti: lui, reduce da un Popolo di assassini, da una terra che aveva accolto anche te... e tu, la più forte delle Vergini, una miscela di forza e Virtù che avrebbe potuto smuoverlo dal suo torpore... Non è andata così, ma, alla fine, sei comunque riuscita a cambiare la sia vita."

"Io non ho fatto nulla..."

"Se Tom non si fosse innamorato di te, non sarebbe mai arrivato a dare un senso alla sua vita. Ora lui riesce a sublimare il suo sentimento e a convogliarlo in qualcosa di universale."

Rimaniamo in silenzio, per un lungo istante. Poi, qualcosa sembra destare Swaynn:

"Auma..." Dice solo, dirigendosi al piano superiore attraverso una rampa di scale. La seguo, pensando che questa dimora, pur mantenendo intatte le caratteristiche tecnologiche che Yoser ha voluto apportare, è molto simile alle case di secoli fa, dove gli ascensori erano appannaggio di pochi eletti, persone danarose. Ora, invece, è molto più raro trovare delle scale, come è raro vedere camini veri o procedere manualmente con operazioni per molti considerate piuttosto complicate. Entriamo nella stanza di Auma, dove la piccola creatura si agita nel sonno. Swaynn prende in braccio il frutto del suo amore per Athorm, e intona una ninna nanna nella lingua tipica di Sel'nays. Non comprendo il senso delle parole, perché si tratta di un dialetto ancora più antico di quello che ci è stato insegnato. Sembrano suoni onomatopeici, seppure molto gradevoli all'ascolto, e Auma ne subisce il fascino, chiudendo gli occhietti e abbandonandosi tra le braccia di sua madre. Qualche istante dopo comprendiamo che questa piccola vita è caduta di nuovo in un sonno profondo, e Swaynn la depone nel suo lettino, accanto al quale troneggia un amplificatore vocale di ultima generazione, in grado di captare anche ogni più piccolo sbalzo energetico. Visto così, questo piccolo esserino potrebbe sembrare davvero molto simile ad un essere umano qualsiasi, e in ottima salute. Ha le guance piene e rosse come mele, molti capelli scarmigliati, la pelle rosata ed elastica. La voce è già potente, molto diversa da quella di Mytia: sin da subito avevo compreso che la piccola non era nata per vivere a lungo, poiché essa non apparteneva a questo mondo. Invece, questo bambino o bambina mostra un vigore che lascia presagire un futuro luminoso, anche se ancora pieno di nebbia, poiché, se rimarrà sulla Terra, dovrà scontrarsi contro chi non comprenderà la sua sessualità.

Mi rendo conto solo ora che Swaynn mi sta fissando. Alzo lo sguardo e rimango colpita dai suoi occhi: le sue pupille sono dilatate e comprendo che la donna sta vedendo qualcosa. Non credo di riuscire ad abituarmi a questo sguardo immobile: ogni volta mi intimorisce, poiché sembra provenire da un luogo lontano.

"Che cosa succede?" Le chiedo, cercando di mantenere la calma.

"Torna subito a casa…" Mormora, con un tono di voce che mi spaventa, così immobile, come il suo sguardo.

"Ho fatto qualcosa di sbagliato?" Le chiedo ancora, senza capire.

"Vai, Orisa." Ripete, con lo stesso tono. "Il tuo velivolo ti sta già aspettando fuori dal cancello."

"Ma io…"

"Vai, ho detto!" Stavolta, la voce è imperiosa. Non oso contraddirla, soprattutto in un momento come questo. Arretro di un passo e mi accorgo che il suo sguardo sta cambiando ancora. "Corri a casa, Orisa…" Mormora Swaynn, come se qualcosa la stesse annientando.

Spaventata da questo nuovo atteggiamento, dapprima faccio qualche passo, poi mi precipito letteralmente giù per le scale ed esco. Come lei ha detto, c'è già il velivolo che sembra attendere solo me. Ma io non so come aprire il cancello, né ho il permesso di farlo. Non so come uscire da questa dimora immensa e guardo verso l'alto, nella direzione della finestra da cui Swaynn mi osserva, immobile. Fa solo un cenno della mano e il cancello si apre. Entro immediatamente dentro il mezzo di trasporto senza conducente, e il sistema di protezione della casa di Athorm sigilla la dimora alle mie spalle, non appena pronuncio la direzione verso la quale devo essere condotta.

Il viaggio non dura molto, ma nella mia mente scorrono migliaia di pensieri l'uno diverso dall'altro, ipotesi che non trovano giustificazione, visto che io non ho percepito nulla di anomalo. Tutto sembrava sotto controllo, finché lo sguardo di Swaynn non è cambiato. Non so nemmeno se sia stato per opera di Auma o per capacità appartenenti alla Governatrice di Nod. Non so che cosa lei abbia visto, né perché mi abbia ordinato di tornare a casa con tanta fretta. Provo angoscia, forse perché lei è riuscita a percepire qualcosa che sta per accadere. Qualcosa di terribilmente grave. Arrivo di fronte al mio alloggio, scendo immediatamente, ma il velivolo a propulsione non accenna ad andarsene. Faccio un primo giro di ricognizione intorno all'edificio, ma non c'è nulla di diverso dal solito. Non avverto pericoli, né tentativi di invasioni, di nessun tipo. Mi pongo di fronte alla porta del mio ingresso e il sistema di riconoscimento disattiva la protezione. Entro e la porta si chiude ermeticamente alle mie spalle. Cammino velocemente verso ogni angolo della casa, dopo aver intravisto Yoser steso su un fianco, ancora a letto, con il viso rivolto verso la parte opposta. Non voglio svegliarlo, così cerco di fare piano, mentre ispeziono tutte le altre stanze, alla ricerca di qualcosa che possa darmi un'indicazione di qualsiasi tipo. Ma non trovo nulla. Non percepisco energie negative. Non vedo cambiamenti, né segni che possano farmi capire se qualcuno abbia fatto irruzione nella mia casa.

Mi siedo su una delle poltrone, nella grande sala, e cerco di concentrarmi. Le energie basse del pianeta non mi aiutano, e le mie forze si scontrano contro il muro della gravità. Io non sono come Athorm e Swaynn, in grado di captare ogni più piccolo dettaglio. La mia lunga permanenza sulla Terra ha alterato le mie percezioni, e ora riesco solo a ritrovare parte della mia essenza quando sono nello Spazio insieme all'esercito di Sel'nays. Non avrei mai pensato che potesse accadere, ma è successo, e ora comprendo l'importanza che questo viaggio riveste anche per me: solo ritrovando le mie radici potrò ricordare ciò che sono e ciò che ero. L'energia sottile che permea la mia anima è rimasta per troppo tempo racchiusa in un guscio pesante che, se da una parte permette di provare le emozioni più intense, dall'altra può rappresentare una gabbia, una prigione dove la parte più vera del mio intimo non riesce più a volare. Questo, forse, è il motivo per cui Swaynn ha insistito affinché io tornassi qui? Rimanere ferma, in silenzio, a riflettere su qualcosa che ho allontanato da me, dal momento in cui sono diventata la Signora di Idra? Pensare davvero a ciò che voglio realizzare, da questo momento in poi, nella mia nuova vita, sempre che il tempo mi conceda di averne un'altra? In fondo, Yoser aveva ragione: abbiamo atteso tanto che l'altro facesse un passo e abbiamo scordato l'importanza dell'attimo che, troppo spesso, non torna. Così, quasi senza rendermene conto, mi ritrovo a pensare alla sua domanda di matrimonio e a riflettere sulle mie paure più nascoste. Avrei dovuto accettare, semplicemente, senza farlo aspettare ancora. Non serve più. Potremo morire in qualsiasi momento, anche noi, che siamo immortali, o che dovremmo esserlo, sebbene la storia ci stia insegnando che non esista nulla di davvero scontato.

Non ho mai accettato le proposte di matrimonio dei miei amanti, poiché non volevo che l'amore si trasformasse in pietà, come l'unica volta in cui mi sono legata ad un essere umano. Mentre io continuavo ad esistere, giovane e bella come sempre, lui appassiva e si spegneva. Mai ho sentito dalle sue labbra un lamento, né il rimpianto di non aver scelto una donna terrestre. Mi sono presa cura di lui fino alla fine, e anche dopo, nella cerimonia che lo ha accompagnato verso il luogo in cui noi tutti andremo e che non ci è dato a conoscere in anticipo. Nemmeno gli Spiriti degli Antenati sanno che cosa sia questo luogo, poiché essi, in qualche modo, vivono ancora, e, finché per loro ci sarà un motivo di esistere, la loro Luce non si affievolirà, né potranno oltrepassare il confine con l'altra dimensione per vedere com'è. Mi alzo, lentamente, e mi dirigo verso la camera, dove Yoser è ancora a letto, coperto fin sopra le spalle. Riesco a vedere solo la sua nuca e il suo respiro quasi impercettibile. Avanzo verso di lui, pensando alle parole che vorrei dirgli, ma non riesco a trovare nulla di particolarmente significativo. Forse dovrei solamente dargli una risposta, l'unica cosa che abbia cercato da me... Un ronzio costante desta la mia attenzione e mi dirigo verso la finestra: sotto c'è ancora il velivolo, come in attesa che io torni a sedermi, da un momento all'altro. Non sono ancora avvezza con i mezzi di Kelenda. Conosco la tecnologia ma questa è così avanzata da confondermi. Forse dovrei scendere e impartire il comando di tornare alla base, ma significherebbe lasciare ancora da solo Yoser... e non mi sento di farlo. Parlerò con lui, prima, e poi penserò al resto. Mi volto verso il mio amato. I suoi occhi sono chiusi, come in un sonno profondo. Le coperte lo avvolgono completamente, come se il grande scienziato di Verdrad fosse un infante in fasce. Il suo respiro è molto lieve, e riesco a percepirne a malapena il suono ... E non è normale. Mi chino verso di lui e gli accarezzo la fronte, ma ritiro subito la mano: è quasi fredda, oltre ad essere molto pallida, e un senso di angoscia comincia a pervadere la mia anima. Lo scuoto lievemente, chiamandolo piano, ma lui sembra non sentire la mia voce. Lo scuoto ancora più forte, e sento qualcosa cadere a terra, un suono metallico che rotola vicino alla mia gonna. Mi chino leggermente per guardare, ma l'unica cosa che vedo è del liquido che gocciola sul pavimento, lentamente, e che sembra provenire dal materasso. Il presentimento è sempre più forte, ormai. Mi faccio coraggio e cerco di liberare il corpo di Yoser dalle coperte che lo avvolgono come in un sudario e, man mano che sciolgo gli strati, vedo dell'altro liquido rosso, molto simile a sangue umano. Ne sento anche l'odore, ora, ed è ferroso, intenso, e sono costretta a reprimere conati di vomito per resistere a quell'olezzo. Ma non è nulla, rispetto a ciò che vedo. Quando sciolgo l'ultimo strato di coperte, mi rendo conto di quello che non ero riuscita a percepire e che ora è di fronte a me: il petto di

Yoser è squarciato, proprio all'altezza del cuore, come se una mano spietata gliel'avesse strappato di netto, lasciandogli i soli fili elettrici scoperti e parti metalliche che cercano invano di stabilire un contatto tra di loro. Solo ora comprendo ciò che Swaynn ha visto: qualcuno si stava intrufolando nella mia casa per uccidere l'uomo che avrei voluto sposare ma a cui, per una stupida paura, non sono nemmeno riuscita a dare un'ultima risposta! Sono arrivata tardi e mi sono anche attardata a pensare a me, sempre a me, egoisticamente a me, senza accorgermi che, in questa stanza, il mio amato mi attendeva, per non morire... Vorrei urlare, ma dalla mia gola esce solo un lamento soffocato. Non so neppure se Yoser stia respirando grazie ai suoi congegni o se vi sia un briciolo di speranza per poterlo salvare. E solo ora comprendo che il ronzio viene dal suo petto, e non dal velivolo che, come chiamato da una forza misteriosa, si è elevato fino all'altezza della grande finestra. Spalanco il vetro, immediatamente, e cerco di trascinare l'uomo sui sedili, premendo la coperta sul buco scavato nel suo petto. Yoser è molto pesante, e io ci metto molto tempo, prima di riuscire a caricarlo sul mezzo.

Quando anch'io riesco a salire, ho solo l'ultimo residuo di fiato per mormorare: "Vai dove sai..."

Il velivolo parte immediatamente verso una destinazione che mi è sconosciuta. Non so dove potrò portare l'uomo che solo questa notte era riuscito ad avvicinarsi a me, dopo tanti tentativi andati a vuoto. Non so se potrò resistere alla notizia della sua morte. Non so più nulla, ora, se non che il dolore mi lacera l'anima come se fosse la lama di un coltello arroventato sul fuoco, e il respiro si mozza nella mia gola, impedendomi quasi di essere lucida. Non avrei mai dovuto lasciarlo solo. Avrei dovuto chiedergli di venire con me, o, ancora di più, rimandare la visita che avevo promesso di fare a Swaynn. Se ora Yoser sta morendo... la colpa è solo mia. E non so se riuscirò mai a perdonarmi di aver lasciato il mio uomo tra le braccia di una forza oscura che l'ha strappato via da me...

***

Non è stato difficile ripristinare l'antico legame con Yoser. Il richiamo del sangue possiede ancora una forza immensa che può fare tutto, anche aprire le porte laddove non sia possibile entrare. Ed è così che sono riuscita ad accedere in quella piccola fortezza permeata di sistemi di difesa. Non sarei mai riuscita a penetrare nella fitta rete di protezione, se non avessi fatto leva su ciò che ha unito per anni me e chi fu il mio sposo. Quando lui mi ha vista, non sembrava sorpreso. Era come se mi stesse aspettando da tempo. Non ha mostrato paura, né ha cercato di fuggire. Ho avvertito qualcosa di diverso, nel suo cuore: un'appartenenza ad un'altra creatura, simile a lui, come io non sono mai riuscita ad essere, a causa delle mie origini. Se non l'avessi cercato, sarei arrivata troppo tardi e non sarei riuscita a ripristinare quel legame che ancora esisteva tra di noi, sebbene logorato dal tempo, dalla distanza e dalla presenza di un'altra donna. Yoser mi ha chiesto se mi fossi recata da lui per ucciderlo e io gli ho risposto che quello poteva essere uno dei tanti motivi. Il primo, tuttavia, riguardava il dover fermare l'addestramento dell'esercito che ancora sembra voler sfidare gli Antenati. Lui si è subito rifiutato di collaborare e la sua ostinazione ha causato in me un moto di rabbia che ho controllato solo per non essere individuata da nulla e nessuno. E' difficile muoversi in questa terra, senza fare troppo rumore: ovunque io mi giri, c'è qualcosa che potrebbe rilevare la mia presenza, in qualsiasi momento. Devo agire sempre con calma e prudenza, per non lasciare nulla di intentato. Quando sarò riuscita a sondare il terreno, porterò con me una prima truppa di Guerrieri, in grado di camuffarsi in mezzo al Popolo di Kelenda. In questo modo, forse, sarà possibile espugnare quella che sembra una fortezza inviolabile: la dimora di Athorm Dralt a Kelk. Anche la casa di Nod, dove alloggia Swaynn, è protetta da sistemi molto complessi e in grado di rilevare il più piccolo cambiamento energetico, ma la vicinanza col mare e gli influssi che esso determina potrebbero ostacolare ogni mio tentativo di violazione, riuscendo persino a disorientarmi. Vagherei come un pipistrello cieco cui è stata tolta la capacità di percepire le vibrazioni verso le quali dirigersi e metterei in pericolo me stessa e gli Antenati. Per questo è necessario che io agisca colpendo il nemico ai fianchi e insistendo sui punti più deboli. Quale debolezza maggiore conoscono gli esseri umani o gli alieni che ne hanno assunto le fattezze, se non l'amore? Questa spinta mi ha condotta direttamente verso Yoser che, senza più nessuna difesa, non è nemmeno riuscito a ricordare ciò che ci ha legati così intensamente, un tempo. Nella sua mente vedevo l'immagine di quella larva umana in cui mi ero trasformata, una gabbia da cui non riuscivo a liberarmi, solo per un senso del dovere verso quella che ritenevo potesse essere la mia famiglia in eterno. Ma quando mi sono risvegliata, quando la pira è stata accesa al largo di Moryd, gli Antenati mi hanno chiamata a sé, dandomi la possibilità di esistere nuovamente, in virtù dell'incarico che avevo intrapreso sull'Isola delle Vergini. Su Sel'nays. Così, sono riuscita a sopravvivere, sperando che qualcuno piangesse la mia morte, che mi ricordasse, che costruisse una tomba presso la quale portare in vita la mia memoria, così com'era stato fatto anche per Orud. Ma non è avvenuto, e io non ne ho compreso il motivo. E l'ho chiesto a Yoser, ma lui non ha risposto. L'ho chiesto più di una volta, senza successo, finché ho udito le sue parole nella mia anima:

"Hai generato due figli del Male, due anime appartenenti alle Forze Oscure. L'unico modo per riuscire a sopportare questa realtà era quello di dimenticarti al più presto, a cominciare con tutto ciò che faceva parte di te."

"Tu mi hai giurato amore e fedeltà!" Ho replicato, con rabbia crescente. "E Swaynn era come una sorella, per me! Ma voi avete voluto ricordare solo una parte di ciò che ero, cancellando ciò che ho fatto per tutti voi! Ho accettato un incarico che non mi spettava e ho cresciuto due figli che nessuno voleva!"

"Nessuno ha desiderato che tu morissi." Mi ha risposto Yoser. "Ma i fatti che sono accaduti successivamente hanno richiesto che tutti noi ingoiassimo il nostro dolore, o non saremmo riusciti a sopravvivere ad esso. E ora tu combatti a fianco dei nostri nemici: come potremmo ricordarti, se non per difendere noi stessi da ciò che sei e ucciderti, se si renderà necessario?"

Dalle sue labbra sentivo il profumo dell'altra donna che ha preso il mio posto e che lui voleva con sé, per il resto della sua vita. Lei non avrebbe mai potuto dargli una discendenza, ma a lui non importava: voleva lei, e gli sarebbe bastato. Ho cercato di entrare nella sua mente per cancellare quell'immagine così vivida, ma Yoser mi ha chiuso in faccia l'ultima porta che credevo fosse rimasta aperta. Il suo rifiuto netto ha scatenato in me una furia cieca ed è stato allora che Swaynn mi ha sentita. Ho visto i suoi occhi e ho sentito le sue parole. Ordinava alla donna aliena di far presto ritorno a casa, e io non potevo fare *nulla per impedirle di parlare: il sistema difensivo della grande dimora di Athorm Dralt a Kelk è potente tanto quanto la mente di chi vi abita.*

"Vattene, Detia." Mi ha detto Yoser, comprendendo che stava accadendo qualcosa che non avevo previsto. "Vattene, prima che tu possa soccombere, così come soccomberanno gli Spiriti degli Antenati."

"Uccideresti davvero colei che è stata al tuo fianco per anni?" Gli ho chiesto, con rabbia crescente.

"Sì, se si rendesse necessario." Mi ha risposto, con un tono così calmo da farmi esplodere di gelosia. Se non potevo avere più il suo cuore, nessun'altra l'avrebbe più avuto. Così, senza nemmeno dargli il tempo di comprendere ciò che stava accadendo, ho affondato le mani nel suo petto e gli ho strappato l'organo artificiale che l'ha tenuto in vita per secoli. Yoser non è riuscito a dire nulla: è rimasto come paralizzato, mentre io tenevo sospeso nell'aria il suo cuore bionico. Poi, con un gesto della mano, ho mosso le coperte affinché lo avvolgessero in una sorta di sudario. Volevo che la sua nuova amante lo vedesse per ciò che era: la preda di un ragno velenoso, l'ombra di ciò che avrebbe voluto essere per sempre ma che, ormai, non sarebbe stato mai più.

I suoi occhi mi fissavano, immobili, e sembrava volessero inchiodarmi in quella casa, per farmi scoprire e catturare. Forse anche uccidere. Così, con tutte le forze che avevo, ho consolidato le due dita di una mano, finché non sono riuscita a chiudere quelle palpebre dure come marmo. Solo dopo aver compiuto questo gesto, ho percepito una presenza alla porta. Sono scivolata via, lasciando il cuore sotto il letto, e chiudendo con il potere del Fuoco tutti i piccoli canali che trasportavano quel poco di sangue e linfa presenti in quel corpo quasi completamente meccanico. La mia prima vendetta si è compiuta ma non è ancora finita. Sterminerò chiunque si porrà sul mio cammino, se necessario, ma arriverò a Swaynn, prima o poi. Anche allora, non avrò pietà.

Detia – La Guida

***

Diciassette - *Swaynn*

"Vi prego, Verlor, Ditemi che sopravvivrà!"

E' Orisa a parlare al fido braccio destro di Yoser, e lo fa accoratamente, mentre siamo radunati intorno alla grossa teca cilindrica in cristallo, in cui è stato deposto il corpo di Yoser, dopo un estremo tentativo per salvargli la vita, durato molte ore. Altri scienziati della Terra, i più qualificati, sono giunti qui, a Verdrad, per collaborare insieme con un unico fine: salvare la vita al loro grande collega. Yoser giace con gli occhi chiusi nel grande contenitore, coperto dalla vita in giù con un telo metallico, mentre cavi di ogni tipo sono collegati al suo corpo, soprattutto nella zona del cuore, e una maschera di ossigeno è posta su bocca e naso. I suoi occhi sono rimasti sempre chiusi e, se non fosse per le macchine, è probabile che non respirerebbe neppure.

"L'avete portato qui in condizioni molto gravi." Risponde Verlor, con voce mesta. "Un essere umano qualunque sarebbe morto sul colpo. Lui sopravvive solo grazie ai circuiti elettrici presenti nel suo corpo, ma l'apporto di sangue al cervello e al resto dell'organismo è venuto a mancare per molto tempo. Troppo. Potremmo cercare di riportarlo in vita riattivando insistentemente tutti i meccanismi delicati che gli hanno consentito di arrivare fin qui ancora vivo, ma non posso resuscitare organi vitali di natura umana. Sono quelli, a determinare ciò che sarà. E, per come stanno le cose, dubito fortemente che possa riprendersi."

"Ma ci dovrà pur essere una soluzione!" Esclama Orisa, disperatamente. "Guardate tra le sue cose, leggete nei suoi archivi! Non sarà stata di certo la prima volta in cui si è trovato a lottare contro la morte! La sua tecnologia è la più avanzata che possa esistere ed è riuscito a far rivivere altre persone come lui! Perché proprio lui non dovrebbe farcela?"

"Signora, vi prego…" Verlor Torrado cerca di calmarla mantenendo un tono rassicurante. "Stiamo facendo tutto il possibile, ma le sue condizioni sono davvero disperate. Riposate un poco nella stanza qui vicino. Vi farà bene."

"Non mi riposerò finché non avrà riaperto gli occhi!" Protesta Orisa. "Rimarrò qui e non mi muoverò!"

"Questo non farà bene né a lui né a voi, signora." Le dice ancora Verlor. "Non avete dormito e non siete lucida. Dovrete esserlo, qualunque cosa possa accadere. Perciò, andate a riposare, vi prego, anche solo per pochi minuti."

"Vi ho detto che rimarrò qui!"

Intervengo io, cingendola per la vita con un braccio:

"Fai ciò che ti dice, Orisa." Mormoro, a bassa voce. "Rimarremo io e Athorm, qui. Sai che di noi puoi fidarti e che ti sveglieremo non appena dovessimo notare dei cambiamenti."

Mi rivolge uno sguardo stravolto: i suoi occhi sono cerchiati da occhiaie scure e il viso è ancora più pallido:

"Come puoi chiedermi di dormire mentre Yoser lotta contro la morte?" Mi chiede, con voce strozzata. "Io voglio essere qui… in ogni caso."

"In questo momento non vi è certezza su nulla." Replico, guardandola negli occhi. "Puoi vedere anche tu come tutto sia immobile e difficile da prevedere. Possiamo solo darci il cambio, ed è ciò che faremo. Perciò, non ti chiedo di pensare solo a te stessa e di riposare dimenticandoti di lui, ma di riprendere le forze per stargli vicino, o rischieresti di non esserci, quando ce ne fosse il bisogno."

Orisa esita per un lungo istante, mentre i suoi occhi si posano sul corpo di Yoser. Poi mi chiede:

"Prometti che mi chiamerai, qualunque cosa dovesse accadere? Devi farlo, o non riuscirò a sopportare il peso della mia colpa. Mantieni la tua promessa, perché potrei smettere di concederti la mia fiducia. Per sempre."

Benché sia più alta di me, quando la guardo è come se la sovrastassi:

"Dubiti delle mie parole, Orisa?" Le chiedo, con voce molto seria. "Credi che io potrei nasconderti qualcosa?"

Abbassa lo sguardo, tristemente:

"No, Swaynn. Perdonami." Dice, mestamente. "Mi fido di te. Ma ho bisogno che tu mi dica sempre la verità, in un momento come questo."

"Ed è ciò che farò." Replico, con decisione. "Ma ora, per favore, fa' ciò che ti dico: lascia che il Professor Torrado ti conduca presso la stanza in cui potrai riposare per un po'. Noi rimarremo qui." Guardo il fido collaboratore di Yoser e vedo molta malinconia nei suoi occhi. So che la situazione è molto più grave di quanto possiamo solo immaginare e che lo scienziato non può dire ciò che sia io che Athorm immaginiamo, ma si fa forza per essere di supporto ad Orisa, la più bisognosa dei tre. Ci siamo noi, ma anche il nostro intero esercito che attende con pazienza sulla nave. A Moraya ho affidato Auma, ma non ho voluto che rimanesse sola: con lei ci sono Smuz e Edena, mentre Oughm ha preso momentaneamente le veci dell'Altissimo Funzionario di Kelenda. E' stato concesso anche a Padre Tomas di venire con noi, ma senza coinvolgere il resto della comunità: nessun altro ha saputo quello che è successo, perché non volevamo che si creasse una situazione di panico generale, né un dramma nel dramma. Il sacerdote prega perché tutto si risolva nel migliore dei modi, e chi segue lo stesso credo si unisce a lui, senza sosta.

Orisa mi guarda esitando ancora una volta, e io annuisco col capo, cercando di infonderle quella forza che le sta mancando. Così si lascia convincere e condurre da Verlor presso la stanza in cui si spera possa riposare almeno un poco.

"Rimango con lei." Ci dice lo scienziato, sostenendola rispettosamente. "Voi potete stare qui." Aggiunge, guardandoci con gratitudine.

Quando la porta si chiude alle loro spalle, Athorm si avvicina alla teca cilindrica e appoggia una mano sul cristallo:

"Fratello mio…" Mormora, quasi sussurrando. E' vestito come il giorno in cui ci siamo conosciuti e il suo mantello scuro sembra avvolgerlo come le ali di un corvo. Vorrei poter dire o fare qualcosa, ma mi sento impotente: la ferocia spietatezza con cui a Yoser è stato strappato il cuore mi fa pensare che dietro a questa tragedia ci sia ancora una volta Detia, accecata dalla rabbia, dalla gelosia e dal desiderio di vendetta.

Mi avvicino ad Athorm appoggiandogli una mano sulla sua. Chiude gli occhi e sorride lievemente, ma sul suo viso scende una lacrima leggera:

"E' così, che deve finire?" Chiede, e la sua voce manifesta tutta la tristezza che si agita dentro il suo cuore. "Sono l'Altissimo Funzionario di Kelenda, l'uomo cui più di un Popolo si affida, per realizzare i suoi sogni. Sono colui che condurrà l'esercito verso una nuova epoca, verso lo Spazio… eppure non sono capace di impedire tutte queste tragedie." Mi guarda, e le sue labbra sembrano tremare impercettibilmente: "Sto portando solo morte e distruzione, Swaynn." Mi dice, come se la sua anima fosse stata trafitta da una spada incandescente. "Se io non avessi sfidato gli Antenati, le Ancelle di Idra sarebbero ancora vive e Yoser non sarebbe qui, ora, in questa tomba trasparente dove si spegnerà. Perché lo sappiamo entrambi: questo è il suo destino, ora. Avevo visto qualcosa di diverso per lui e Orisa, ma le cose sono cambiate. Tutto è cambiato. E mi chiedo se ne valga davvero la pena continuare a combattere…"

Mi avvicino a lui e mi lascio stringere tra le sue braccia:

"Possiamo fermarci, se vuoi." Mormoro, con la testa contro il suo petto. "Nemmeno io desidero che degli innocenti paghino per colpe che non hanno mai commesso. Non è importante che rivendichiamo il dominio su Sel'nays. Forse dovrebbe bastarci ciò che abbiamo già."

Rimaniamo così, abbracciati, in silenzio, e come sottofondo alle nostre emozioni c'è il rumore delle macchine che tengono in vita il grande scienziato di Verdrad. Mi sciolgo solo per un attimo, per prendere il viso di Athorm tra le mani e sfiorargli le labbra con un bacio:

"Credi che dovremmo chiedere a Verlor di tentare ciò che ci ha prospettato?" Domando, a bassa voce. "Forse, ripristinando tutte le parti meccaniche, si riuscirà a dare una spinta anche a ciò che di umano c'è nel corpo di Yoser…"

"Non è una macchina, Swaynn." Sospira, passandosi una mano sugli occhi e sulla fronte. Siamo stati svegli a lungo, una notte intera, e non abbiamo avuto la possibilità di riposare nemmeno per un minuto. Abbiamo fatto il possibile affinché nessuno perdesse la speranza o si lasciasse prendere dallo sconforto: l'esercito è stato allertato per un attacco interno da parte del nemico, ed è stato ordinato che si mantenesse il riserbo più stretto. Nessuno, a Kelenda, è stato messo al corrente di quanto è accaduto, perché avrebbe causato il panico e, conseguentemente, un disordine difficilmente gestibile. Così, l'equipaggio è stato chiamato a salpare immediatamente, e solo dopo aver iniziato il viaggio è stata raccontata la verità ai presenti. Non ho mai smesso di stare accanto a Orisa, duramente provata da quello che aveva visto, mentre Athorm ha continuato ad impartire ordini ben precisi, senza mai perdere il controllo di sé. Per lui è stata ancora più dura: non poteva piangere suo fratello, ma solo andare avanti, mettere in pratica quello per cui è stato designato e mantenere la forza interiore, anche solo apparentemente. Dopo molte ore trascorse così, ora comincia a cedere. E non posso nemmeno biasimarlo, per questo. "E non so nemmeno se sia in possesso di un'essenza aliena, dato che quando era solo un feto è stato impiantato in un utero umano." Mi dice ancora, stancamente. "Credo che, in parte, la sua natura lo abbia aiutato a rimanere in vita fino a questo momento, ma ho visto morire già troppa gente, nella mia lunga vita, per non sapere come sia il viso di qualcuno che sta arrivando alla fine. E lui ci è arrivato. Ingiustamente. Ha pagato per qualcosa che nemmeno voleva, e sono stato io ad insistere affinché si unisse a noi… per proteggerti. E l'ha fatto fino in fondo, anche quando avrebbe potuto delegare qualcun altro, al suo posto."

"Se vuoi attribuire delle colpe, fallo con me." Gli dico, appoggiando le mani sul suo petto. "Io sono la causa di tutto e Detia sta uccidendo chiunque si metta sulla sua strada. Lei vuole me e non si fermerà finché non mi avrà avuta. Perciò, Athorm… credo che sia arrivato il momento di affrontarla."

"Non ora, Swaynn." Mormora, tristemente. "Non dire così, in un momento come questo. Non lo sopporterei. Lascia che almeno con te io possa mostrare le mie fragilità. Il peso di ciò che sono chiamato ad essere è troppo pesante, a volte, e averti accanto è una consolazione che mi alleggerisce qualsiasi fardello."

"Vorrei poter fare di più…"

"Nessuno può fare altro, credo. Verlor cercherà di somministrare ad Orisa un calmante ma lei non lo vorrà. Attenderà notizie senza chiudere occhio e solo perché sa che noi siamo qui con Yoser."

Rimango in silenzio e l'abbraccio di nuovo. Restiamo così, per un lungo istante. Poi torniamo ad osservare il nostro fedele compagno di viaggio, accompagnandolo verso il luogo del non ritorno dove sta precipitando, sempre più rapidamente.

Verlor entra solo per un attimo, per verificare che cosa stia accadendo. Dopo aver controllato tutti i parametri vitali, ci rivolge uno sguardo molto mesto, dicendo solo:

"La signora vi manda a dire di avvisarla, qualunque cosa succeda. Le ho detto che avrei riferito e… beh, l'ho fatto. Torno da lei, se per voi non è un disturbo rimanere qui." Sembra voler aggiungere altro ma si frena ed esce dalla stanza. Rivolgo ad Athorm uno sguardo carico di significati e mi accorgo dello sforzo enorme con cui sta affrontando anche questa perdita. Chrel, Orud, Mytia, il bambino che avevo in grembo, l'odio dei suoi genitori… ed ora anche Yoser. La sua umanità si rivela in tanti dolori, l'uno dopo l'altro, prove che l'hanno colpito duramente da quando sono entrata in scena io. Ma far crescere il senso di colpa è il desiderio degli Antenati guidati da una Detia che non riconosco più.

Comincio a pensare che questa nuova Guerriera stia architettando un piano diretto a Kelenda, per sterminarne l'intero Popolo. Perché non dovrebbe farlo? Non ha più nulla da perdere. Non ha nemmeno più una vita. Può solo guadagnare del tempo e la fiducia incondizionata degli Spiriti, pronti anche a sacrificarsi, se solo lei glielo ordinasse. Ed è incredibile vedere che cosa sia riuscita a fare a colui che aveva amato, pur di non lasciarlo ad un'altra donna con cui avrebbe potuto costruire una nuova famiglia. Orisa non può avere figli, ma sa come crescerli e lei e Yoser avrebbero potuto pensare di creare una comunità per piccoli che non hanno più una madre o un padre. Ne esistono tanti e non solo a Kelenda. Bambini che vengono portati a casa da famiglie caritatevoli o che trovano accoglienza presso Padre Tomas, il quale sta allestendo una struttura per chi ha perso qualcuno, su questo pianeta che continua a mutare.

Un suono diverso dagli altri porta me e Athorm ad avvicinarci alla teca. Appoggiamo le mani sul cristallo, come se volessimo stabilire una connessione con colui che, forse, può sentirci, anche se non potrà risponderci. Ora avvertiamo chiaramente il battito del cuore accelerare, mentre il respiro si fa sempre più veloce. Le macchine sembrano non funzionare più come dovrebbero, e il viso di Yoser sembra distendersi. Dopo tre ultimi battiti, forti e distanziati l'uno dall'altro, cala il silenzio.

Yoser Nym, il grande scienziato di Vedrad, il primo che ha conosciuto ciò che ero e che non ricorderò mai più di essere stata, colui che ha salvato la vita di pochi prescelti, lo scopritore di una tecnologia che era andata perduta nei secoli… il fratello gemello di Athorm… non c'è più. Athorm mi stringe in un abbraccio disperato, scoppiando a piangere. Cerco di essere forte per lui, di non lasciarmi travolgere dalle emozioni che si agitano nel mio cuore. E' come se la terra mi mancasse sotto i piedi: non riesco a credere che sia potuto accadere. Non lui. Non così. Non era questa, la fine che avevamo pensato tutti noi. E' terribilmente ingiusto, ma non ho nemmeno la forza di parlare. Verlor entra immediatamente, seguito da Orisa, che sembra aver percepito ciò che noi non siamo ancora riusciti a dirle. La vedo perdere i sensi, sorretta immediatamente dal fedele collaboratore di Yoser che, finalmente, riesce a sedarla e a portarla via sollevandola tra le sue braccia apparentemente esili, ma dalla forza sorprendente. Vorrebbe poter dire qualcosa, ma non sa neppure lui come potrebbe lenire questo dolore. Così, tenendo Orisa tra le braccia, esce di nuovo, lasciandoci soli.

Affronto la disperazione di Athorm come una delle più atroci che hanno colpito la sua anima. Mi stringe forte, e a volte mi sembra di soffocare, ma non ho il coraggio di allontanarlo. Io non ho mai conosciuto chi mi ha partorito. Non ho mai saputo se avevo fratelli o sorelle sparsi per il mondo. Non ho mai conosciuto il mondo esterno, né la durezza del suo percorso quotidiano. Ho vissuto per anni in un luogo protetto, ovattato, credendo che quella fosse l'unica realtà possibile, una realtà facile, poiché bastava solo obbedire. Ma quando la mia natura ha cominciato a ribellarsi, a vedere che cosa c'era oltre l'apparenza, ho conosciuto le sofferenze che il mondo è costretto ad affrontare ogni giorno, e ho visto quanto fosse difficile trovare sempre una motivazione che desse la spinta per vivere una nuova giornata, nonostante i dolori più grandi, intercalati solo da poche gioie.

Abbraccio Athorm, tenendo il mio viso incollato sul suo petto, e solo dopo molto tempo alzo lo sguardo, per prendere il suo volto tra le mie mani e baciarlo, ripetutamente. Athorm mi ricambia con grande difficoltà, inizialmente, poi i suoi baci diventano sempre più appassionati e disperati allo stesso tempo. Mi prende con forza e mi appoggia contro la parete, alzando la mia gonna e cercando nel mio corpo qualcosa che non riuscirà mai più a trovare. Non lo respingo, e lascio che lui mi penetri con tutta la disperazione che leggo nei suoi occhi e che provoca dolore persino nel mio utero, come se un coltello arroventato lo stesse dilaniando, pezzo per pezzo. Poi, quando tutto giunge al termine, mi guarda con occhi sgranati e io so che cosa sta pensando, lo percepisco: travolto dal dolore, incapace di trovare altro sfogo, Athorm ha usato il mio corpo, così come faceva un tempo con le sue molte amanti. Perché non abbiamo fatto l'amore. No. L'amore è un'altra cosa. Quello che è successo va oltre il sentimento e non può nemmeno essere descritto.

Lo vedo arretrare, spaventato dalla sua stessa reazione. Mi ha presa e usata nella stessa stanza in cui suo fratello ci ha appena lasciati, e questa consapevolezza aggiunge un altro peso a quello che grava nella sua anima, ora.

"Perdonami, Swaynn…" Mormora, mentre io cerco di avvicinarmi a lui, inutilmente.

"Non mi devi chiedere scusa." Sussurro, allungando la mia mano verso di lui. "Siamo marito e moglie."

"Non è questo il modo con cui io avrei dovuto comportarmi con te. Non così. Non qui."

"Non tormentarti, ti prego…" Riesco ad aggrapparmi a lui, con tutta la forza di cui sono capace. "Ci sono persone… che attendono notizie. E tu sei il loro capitano. Tocca a te…"

Lo vedo esitare, come se volesse fuggire da me. Poi, però, abbassa lo sguardo e appoggia la fronte sulla mia spalla, mormorando:

"Sono stanco, Swaynn. Sono davvero stanco, ora. Non ho la forza di recarmi presso l'esercito, né di affrontare lo sgomento di chi comincerà ad avere paura."

"Non puoi arrenderti adesso…"

Mi prende il viso tra le mani e mi guarda dritto negli occhi:

"Quando Orud ti la conosciuta…" Mormora. "La prima cosa che mi ha riferito è stata la tua capacità mentale di prendere il distacco dalle situazioni più difficili. Una forza tale da non poterti mai annientare. Mai. La stessa forza che hai ora e che manca a me."

"Tu non sai che cosa io stia provando, però." Replico, stringendogli le mani. "E Yoser non era mio fratello. Era il tuo. Non ho trascorso con lui secoli di storia. Tu sì. Non ho progettato la ricostruzione di un pianeta che sembrava prossimo al collasso. Voi due insieme ce l'avete fatta. Non ho creato una nave in grado di volare nello Spazio, né ho immaginato androidi dalle fattezze umane, organi capaci di autoprodursi, meccanismi di cui non avevo mai neppure sentito parlare. Tu sapevi. Sapevi quasi tutto, di ciò che è stato. Forse… per me è più facile perché lo strappo più intenso della mia anima mi è stato inflitto quando ero una bambina, e i miei ricordi sono annebbiati perché potrei rimanerne schiacciata, se solo mi tornasse in mente qualcosa che ho cercato di rimuovere. Io non sono migliore di te. E tu sei colui che guida questo esercito e di cui tutti noi ci fidiamo. Non abbandonarci, ora, Athorm. Abbiamo ancora bisogno dell'Uomo della Luna."

Mi sorride tra le lacrime e mi bacia teneramente. Poi, cercando di ricomporsi, respira a fondo e appoggia una mano sulla mia spalla:

"L'Uomo della Luna non può non esaudire una richiesta scaturita da un cuore che ama così intensamente… come il tuo." Mormora, e nei suoi occhi vedo tornare quella luce che lo ha sempre sostenuto anche nelle prove più dure.

"Darò la notizia all'esercito e tu ti occuperai di Orisa. Stalle accanto come solo tu sai fare. Anche per lei non sarà facile. Non lo sarà per nessuno."

Mi bacia ancora, dolcemente, e lascia la stanza.

Solo adesso che sono rimasta da sola posso lasciarmi scivolare a terra, come un pupazzo di pezza cui sono stati tagliati i fili. Tutte le emozioni che ho dovuto reprimere mi soffocano e mi fanno girare la testa. Il viso di Yoser è quasi all'altezza del mio, ed è come se stesse dormendo serenamente, come se la notte d'amore trascorsa con Orisa non avesse mai conosciuto una fine, come se stesse continuando, altrove, in un luogo dove potrà trovare la pace.

Mi appoggio al cristallo, come se potessi infondere in quel corpo esanime tutti i sentimenti che si agitano nel mio cuore. Ma lui non può più sentirmi, ormai, e io non posso cercarlo tra gli Spiriti degli Antenati, perché lui non ci sarà, né vorrei mai che ci fosse, poiché saremmo costretti a combatterlo e ucciderlo un'altra volta.

"Yoser... amico mio..." Mormoro, sentendo le lacrime salire ai miei occhi. "Sei stato un fedele compagno per tutti noi. Ma per me, in particolare, sei stato più di un amico. Mi hai ricordato che nessuno è davvero onnipotente e sei stato quello che mi ha dato una Fede da seguire, quella in cui si dice che chi ama è disposto a dare la vita, pur di preservare la felicità della persona amata. Ma tu non ti riferivi mai solo ad un amore esclusivo: hai sempre parlato per tutti noi, che da te cercavamo sempre un consiglio, per ogni piccola cosa. Hai restituito al mondo un patrimonio prezioso e ne hai compreso la limitatezza, quando hai conosciuto l'amore sponsale. Hai sacrificato te stesso e ciò che ti avrebbe restituito la libertà, pur di non abbandonare la donna che ti ha ucciso. Forse conoscevi già il tuo destino, ed era per quello che non avevi il coraggio di parlare ad Orisa: forse, in cuor tuo, sapevi che non avresti potuto essere presente nella sua vita, perché, sebbene molti pensino che noi immortali siamo preservati dalla distruzione, in realtà, non è mai così. Non so che cosa vorrà fare Athorm... tuo fratello. Per quanto mi compete, farò in modo che il tuo ricordo sia sempre vivo nel cuore di ciascuno di noi, soprattutto in chi ha avuto la fortuna di conoscerti. Nulla di ciò che hai fatto verrà distrutto. Farò tutto quello che posso, affinché il tuo lavoro continui, grazie alla preziosa collaborazione con chi non ti ha mai tradito, né ha divulgato le tue conoscenze. Ti ho sempre voluto bene, Yoser... ma solo ora te lo dico. E mi rendo conto di aver sprecato troppo tempo..."

Nascondo gli occhi con le mani, e, improvvisamente, ho come la sensazione che qualcuno stia applaudendo e ridendo sarcasticamente. Alzo lo sguardo: Detia è qui, così come l'ho sempre conosciuta, ma in forma di Spirito. Sembra galleggiare nell'aria, e il suo sguardo è malvagio, come non lo avevo mai visto prima:

"Che scene commoventi..." Osserva, con sarcasmo. La sua voce è chiara, come se il suo corpo fosse tangibile. Ma non lo è. "Potresti scrivere una delle tue liriche, con le belle parole che hai saputo usare. Tu non trovi, Swaynn?"

Mi alzo da terra, avvicinandomi a lei minacciosamente:

"Tu non dovresti essere qui!" Esclamo, con fermezza. "Vattene immediatamente, o ti distruggerò con le mie mani!"

Detia scoppia in una risata sarcastica:

"Io posso essere ovunque, Swaynn, e ora lo sai!" Sibila, ondeggiando come se si prendesse gioco di me. "Come farete, ora che il vostro prezioso alleato non sarà più con voi? Come ci combatterete, senza più armi? Da chi trarrete ispirazione per i vostri Scudi difensivi? Dalle sue memorie? Tu sai che il suo cervello è protetto da un codice e che nessuno può decifrarlo... Nessuno... tranne me!"

"Smettila!" Esclamo di nuovo. "E stai lontana da qui! Stai profanando un luogo dove la tua presenza non è gradita!"

"Tu credi? Eppure il mio legame con quest'uomo mi ha permesso di arrivare fino a qui... un motivo ci sarà, no?"

La guardo con disprezzo:

"Stai giocando col fuoco, Detia." Mormoro, gelida. "Non provocare il Potere del Triangolo, perché non ne conosci la forza. Potrai anche essere legata a Yoser, a me, a chiunque ti abbia conosciuta quand'eri in vita, ma ora non lo sei più. I tuoi ricordi sono alterati: non hai più nemmeno un cervello in grado di distinguere il Bene dal Male..."

"E credi che mi importi?" Risponde, con sufficienza. "Noi abbiamo un solo obiettivo: sterminare tutti voi, uno per uno. E se siamo riusciti ad uccidere le vostre preziose Amazzoni, nonché il più grande scienziato di tutti i tempi, un immortale... pensi davvero che non saremmo in grado di ridurvi in polvere, senza che voi nemmeno vi accorgiate?"

Alzo la mano e, con un solo cenno, convoglio la mia energia verso di lei. La vedo rimbalzare all'indietro, con violenza, e se non fosse fatta di Luce sarebbe andata a sbattere contro uno dei molti bisturi affilati che troneggiano su una mensola apposita.

"Vuoi la resa dei conti ora, Detia?" Le chiedo, continuando ad avanzare, mentre un raggio di Luce dorata esce dalla mia mano, veloce e potente come un fulmine. "Vuoi che chiami i miei Spiriti per annientarti qui, nel luogo in cui non ti fai alcuno scrupolo di apparire, dopo aver causato la morte dell'uomo che amavi?" L'energia che si sprigiona dal mio corpo sembra bloccarla, e il suo viso si contorce in una smorfia di dolore. "E' questo che vuoi' Rispondi!"

Con un gesto veloce la faccio ricadere a terra, come se il suo corpo avesse ancora un peso e io fossi riuscita a domarlo. Detia ansima, guardando le mie mani. Non sto più usando la mia energia contro di lei, ma la luce continua a pulsare sul mio palmo e nei suoi occhi vedo qualcosa di molto simile alla paura.

"Non potrete farcela contro di noi!" Esclama, ma la sua voce sembra affaticata. L'ho privata della sua forza più grande: il desiderio di potermi fare paura. E questo significa che anche Athorm sta combattendo contro i fantasmi della sua anima, mentre riferisce all'esercito ciò che è successo. Le nostre energie sono strettamente connesse e si amplificano, fondendosi l'una con l'altra.

"E' ciò che credi davvero, Detia?" Le chiedo, con tono di sfida. "Non ti basta quello che ti ha appena sfiorato? Non era che l'inizio e ora lo sai. Hai portato il tuo messaggio a Oughm e ora ne hai fatto arrivare un altro, molto più duro, uccidendo colui che è stato tuo marito... ma adesso sarai *tu* a portare il messaggio della Signora di Sel'nays agli Antenati. Dirai loro che noi non ci arrenderemo e che io sono pronta a riprendermi ciò che mi spetta. Dirai loro anche che non mi fermerò e non avrò pietà, perché chi è contro i miei amici è anche contro di me... e io non sono qui ad aspettare una sorte che non farà parte della mia storia. E dirai loro che V'aT'Ss ti sfiderà, un giorno, e che *tu* morirai per opera sua. Perché questo è scritto, ora, nella struttura conica che ho fatto incidere a Sel'nays: qui giace l'ombra di Detia Iome, appartenente alla razza mista, quella che non possiede abbastanza conoscenze per far parte delle creature aliene e che non conosce i sentimenti che contraddistinguono gli esseri umani." Rimango in silenzio per un attimo, mentre lei si rialza, quasi vacillando, con gli occhi sgranati. Poi dico: "E ora vattene, prima che io apponga il Sigillo su quello che ho profetizzato. E, se ciò avverrà, per te non ci sarà più nessuna via d'uscita! Vattene, dunque, e non tornare mai più!"

Emette un grido che posso udire solo io, poiché le creature umane non possono udire una tale vibrazione. Vorrebbe potermi uccidere e io lo sento, ma sento anche che non può farlo e che si è indebolita all'improvviso. E' vulnerabile, e lo sa.

"Ti pentirai di quello che hai detto, Swaynn Osery!" Esclama, con rabbia. "Un giorno, io e te combatteremo, l'una contro l'altra. Ma non sarò io, a soccombere!" Poi, così com'è arrivata, scompare senza lasciare traccia.

Il senso di freddo che mi aveva attanagliato le viscere fino a questo momento sembra sciogliersi, e un calore piacevole, insolito, quasi irreale, pervade la mia anima. Vorrei poter godere di questa sensazione, ma la porta si apre e appare Orisa. Mi guarda con gli occhi sbarrati e io comprendo che lo sa. Corro da lei, non appena la vedo respirare affannosamente, come se stesse soffocando. La Signora di Idra si lascia abbracciare, senza riuscire neppure ad emettere alcun suono. La sedazione di Verlor non è servita a nulla, ma non ne sono stupita: lui non è ancora avvezzo a noi alieni e non conosce la nostra capacità di reagire a ciò che non desideriamo. Riusciamo a distruggerlo in poco tempo e a dissolverlo nel nulla. Yoser lo sapeva. E non posso fare a meno di chiedermi chi riuscirà a prendere il suo posto, ora che l'esercito è ancora più vulnerabile. Nessuno potrà mai eguagliarlo nelle sue conoscenze. Nessuno saprà essere altrettanto imparziale e, al tempo stesso, un grande amico di tutti.

Abbiamo perso un punto di riferimento che non riusciremo a sostituire con tanta facilità, e nemmeno vogliamo che sia così. Orisa vorrebbe parlare, piangere, correre verso la teca in cui giace l'uomo che ha amato segretamente e che è stato suo per una sola notte… ma non riesce a fare altro che aprire le labbra, in un ultimo, disperato tentativo di poterlo chiamare a sé, ancora una volta. Le sue mani stringono convulsamente le mie braccia, mentre la porta si apre nuovamente, e Athorm entra con gli Ufficiali e Padre Tomas, il quale tiene in braccio Auma, ancora dormiente, nonostante tutto. Tutti si dispongono intorno al corpo di colui che ha rappresentato più di quanto potesse pensare, poi Athorm porta la mano tesa sulla fronte, riportando in vita un antichissimo saluto militare, quello che si dava agli eroi uccisi in guerra. Anch'io mi faccio forza e mi sciolgo dalla stretta di Orisa, sussurrandole:

"Credo che Yoser meriti questo e molto altro. Rendiamogli il giusto omaggio che si riconosce solo ai grandi. Vuoi?"

Senza riuscire ad emettere un suono, Orisa annuisce, tremando. Ci avviciniamo ad Athorm, come si conviene a due Signore di terre lontane, diverse, ma pur sempre importanti. I pochi Ufficiali prescelti trattengono a stento le lacrime, e se non si sono ancora arresi al dolore è solo grazie ad Athorm che, con sguardo duro e la mandibola stretta, rimane in piedi, silenziosamente, come si conviene ad un capo.

Così, anch'io respiro profondamente e poi chino lievemente la testa, in segno di saluto e di deferenza. Anche Orisa fa lo stesso, rimanendo accanto a me, come se cercasse quella forza che sembra poterle mancare da un momento all'altro.

Rimaniamo così, in silenzio, per molto tempo. Poi, Athorm impartisce l'ultimo ordine:

"Tutto il mondo renderà omaggio a Yoser Nym." Annuncia, con voce forte e chiara. "E nessuno dovrà mai dimenticare tutto ciò che quest'uomo ha fatto, per molti di noi. Per tutti noi. In virtù del suo coraggio, noi combatteremo, anche per lui. Vendicheremo la sua morte, e non avremo più alcuna pietà."

I suoi occhi sembrano braci ardenti e l'intensità della sua collera è tale da estendersi fino al cielo e anche oltre, negli abissi più profondi dello Spazio.

Questa è la rabbia dell'Uomo della Luna che sterminerà i parassiti della Luce.

Questo è il Sigillo che pone tra le Stelle, dove gli Antenati si nascondono.

Yoser Nym sarà vendicato.

A qualunque costo. Con qualsiasi mezzo.

Diciotto - *Smuz*

Il funerale di Yoser è stato celebrato da Padre Tomas a Verdrad, dove lo scienziato ha vissuto gran parte della sua lunghissima vita. Tutto il mondo lo piange: non siamo gli unici. La notizia rimbalza di Paese in Paese, e, durante la cerimonia, erano presenti anche gli Alti Funzionari delle terre più lontane, nonché gli stretti collaboratori di Yoser che hanno svelato le loro identità per la prima volta. La tristezza pervadeva i nostri cuori con una violenza che non saprei spiegare con le sole parole. Il compagno di una vita è venuto a mancare, così come quando abbiamo perso Orud. E il mondo ha perso una delle menti più brillanti che avesse mai potuto conoscere. Non esistono più i cimiteri come quelli che la religione prevedeva, un tempo. Chi muore viene semplicemente cremato, e chi lo desidera può portare a casa le sue ceneri, conservandole in un contenitore sigillato, custodito in un angolo inaccessibile della sua casa. Ma qui si trattava di una persona che ha segnato una svolta, nella vita di tutti noi, un essere umano modificato che non poteva essere distrutto semplicemente con un po' di fuoco. Per lui è stato necessario utilizzare un miscuglio di materiali incandescenti come la lava di un vulcano, e ci è voluto un po' di tempo, prima che si potessero recuperare alcuni pezzi metallici resistenti ad ogni tipo di attacco, come il cervello. Dopo la cremazione, si è provveduto a portare ciò che rimaneva del corpo umano di Yoser nel punto più alto di quello che è sempre stato il suo laboratorio, incastonandole in un vano costruito da Verlor Torrado, colui che prenderà il posto di Yoser grazie ai meriti acquisiti. Il vano è in oro e argento, e riporta il rilevo del profilo del grande scienziato, oltre a proiettare costantemente un ologramma di ciò che l'uomo ha realizzato nel corso dei secoli. Questo ologramma non verrà mai a mancare, affiche tutti ricordino chi è stato Yoser Nym e che cosa abbia significato per tutti noi. Le parti meccaniche che non sono andate distrutte saranno conservate nel laboratorio di Verdrad, in un luogo inaccessibile ai più e a cui sono ammessi solo Athorm e Swaynn.

Orisa era terribilmente disperata: avevano appena trovato il coraggio di dichiararsi apertamente e poche ore dopo sono stati separati dalla mano spietata di una creatura che non ha più nemmeno un corpo, ma solo rabbia e desiderio di vendetta. Una creatura che ha perso tutto ciò che la rendeva simile a un essere umano e che fa di lei il ritratto di un Male incombente.

Io e Moraya abbiamo cercato in tutti i modi di stare vicini alla Signora di Idra, così come Swaynn ci ha chiesto: lei dovrà dedicarsi ad Athorm, ora, visibilmente provato, sebbene il suo atteggiamento continui ad essere simile a quello di un uomo forte e propositivo. Il suo incarico glielo impone e non gli è concesso il lusso di arrendersi al dolore. Non adesso che il nemico è alle porte e che è riuscito ad infiltrarsi persino sul Pianeta. Abbiamo paura, ma sappiamo che il bersaglio è uno solo: Swaynn. E non ci stupiremmo se ci accorgessimo che anche la sua bambina fosse in pericolo: Detia ha molti motivi per provare rancore, e l'ha dimostrato con già due avvertimenti, il secondo dei quali dall'esito letale. Ci è stato detto di non togliere mai gli elmi, neppure quando scendiamo dalla nave, e che essa stessa potrebbe non essere più un luogo così sicuro. Ci è stato anche raccomandato di mostrarci forti per il Popolo: sono tutti affranti, soprattutto coloro che hanno ricevuto la possibilità di una seconda vita da parte di Yoser, e ci troviamo ancora a dover consolare persone disperate che si rivolgono a noi per avere una parola di conforto. Non pensano che i membri di un esercito possano avere sentimenti come tutti, e non è una sorpresa: noi rappresentiamo la speranza e non possiamo cedere di fronte a chi non riesce più a trovarla dentro di sé. Abbiamo il compito di rincuorare chiunque voglia sentire degli aneddoti sullo scienziato, nascondendo il nostro dolore e prospettando un futuro dove le cose possano cambiare in meglio. Ma cominciamo ad essere pessimisti e stanchi.

Molti di quelli che si rivolgono a noi sono spaventati: Yoser era pressoché immortale, eppure la sua vita è giunta al termine, e nessuno sa perché. Non possiamo raccontare loro come siano andate le cose. Non possiamo dire che uno Spirito alieno è riuscito in ciò che nessuno, nella sua breve vita, ha sempre fallito: uccidere Yoser. Non possiamo nemmeno infangare il ricordo di Detia, poiché da tutti è considerata un essere speciale, e tuttora il suo volto è impresso in molte illustrazioni o oggetti, per ricordare la donna che è stata e il contributo che ha saputo dare al Popolo di Verdrad. Non vogliamo generare del malcontento gratuito, ma, soprattutto, non possiamo neppure spiegare con parole semplici ciò che per molti di noi è stato quasi inaccettabile. La paura regnerebbe sovrana, e sarebbe un terreno fertile per il nemico che avrebbe libero accesso, praticamente ovunque. Così, come d'accordo, continueremo a sostenere la tesi di Verlor, il quale ha affermato che Yoser stesse lavorando ad un nuovo esperimento ma che, purtroppo, ne fosse rimasto coinvolto. Una scusa difficile da accettare, ma pur sempre plausibile, soprattutto per chi non conosce tutta la verità.

Ripartiamo per Kelenda il mattino seguente, alle prime luci dell'alba, senza aver chiuso occhio. Portiamo con noi alcuni oggetti appartenenti a Yoser, tra cui alcuni che hanno fatto parte del suo corpo. Solo Athorm e Swaynn possono maneggiarli, e li custodiscono in un luogo a noi segreto, protetto da un sistema di sicurezza impenetrabile. Viaggiamo in silenzio, in questo mare che si riempie sempre di più di velivoli natanti, con la triste consapevolezza di aver perso un punto di riferimento molto importante. Orisa si isola molto spesso, affacciandosi al parapetto e facendoci temere il peggio, ma non sembra volersi togliere la vita. Non credo neppure che potrebbe farlo. Sappiamo che persino le Ancelle colpite dall'esercito nemico hanno avuto bisogno di ricevere un *trattamento* particolare da parte di Athorm e Swaynn, perché, altrimenti, i loro corpi avrebbero continuato a vagare nello Spazio, come fantasmi. Credo che lo stesso valga per la Signora di Idra e, sebbene il suo istinto voglia portarla verso colui che ha potuto amare solo per una notte, la parte più preponderante della sua mente le impedisce di commettere sciocchezze. Ma credo che, soprattutto, lei stessa decida di affrontare questo lutto così come ha fatto Yoser quando è morta Detia: con dignità e fiducia nel futuro. Ma non è facile, nemmeno per noi.

Athorm impartisce gli ordini come sempre: il suo viso non sembra tradire particolari emozioni, così come quello di Swaynn. Potrebbero sembrare due persone fredde e insensibili, ma solo per chi non li conosce. In realtà, noi tutti immaginiamo come ci si debba sentire nel dover mostrare la parte di sé che deve reagire nonostante tutto, mentre invece ti senti morire dentro. Per questo li rispettiamo ancora di più e cerchiamo di obbedire ai comandi. Le navi che ci affiancano ci salutano con affetto, e noi ricambiamo con il saluto militare di molti secoli fa, e spiegando la bandiera che reca i simboli di Kelenda, in segno di massimo rispetto. Ascoltiamo le preghiere di Padre Tomas, e il suono di quelle nenie ci rilassa profondamente, così come quando si cantava il Gham, quasi all'inizio di questa nuova avventura. Ora, durante la meditazione e l'intonazione del canto, non riusciamo a distogliere la mente da chi non è più tra noi e che speriamo possa aver raggiunto Orud, in un luogo meraviglioso. E' questo che ci dice il sacerdote: ci parla di un mondo diverso, di tre strade che ciascuno di noi si troverà davanti, quando le nostre azioni saranno sottoposte a giudizio nel giorno della nostra morte. In base a ciò che avremo compiuto, ci spetterà una strada diversa: una conduce in un luogo che sembra essere peggiore della morte più cruenta; un'altra conduce in un oblio fatto di sofferenze e aspettative infinite; un'altra, l'ultima, conduce nella felicità eterna che solo pochi possono conoscere. Non sappiamo se tutto ciò sia vero: nessuno è mai tornato da quei luoghi per raccontarci la verità. Gli Spiriti che combattiamo non sono anime trapassate, ma esseri di Luce che ancora vivono e che non hanno trovato ancora la strada che conduce alla fine della loro esistenza. Si dice che essi vivano per opera di Athorm ma che si siano staccati da lui dopo aver accumulato sufficiente energia per diventare autonomi, ma sono solo dicerie che corrono tra i membri dell'equipaggio e che nessuno può confermare con certezza, se non lo stesso Altissimo Funzionario di Kelenda. E lui non risponde mai, al riguardo. Si limita a parlarci di nemici che hanno sviluppato un modo diverso di combattere, seppure abbiamo imparato a destreggiarsi anche con un corpo solido, trasformatosi grazie al loro potere di plasmare i detriti dello Spazio. Una sorta di *ritorno al passato* che mi ricorda la storia Biblica di cui ci parla spesso Padre Tomas, dove si dice che un Essere Superiore ha preso del fango e lo ha plasmato, creando l'essere umano. Una storia un po' strana e molto inverosimile ma che ha resistito per secoli senza mai essere negata. Solo, la scienza ha dato un'altra interpretazione, e per quasi tutta la vita di questo credo religioso, Fede e Ricerca si sono scontrate spesso tra di loro. Nessuna di loro ha vinto, alla fine, e forse la verità è sempre stata nel mezzo. Ma nessuno l'ha mai vista. Nemmeno un grande scienziato come Yoser Nym.

Il mare è lievemente agitato e nuvole grigie si addensano nel cielo. L'aria è fredda ed è insolito, per questa stagione. Io e gli altri ci guardiamo perplessi, ma non diciamo nulla. Ci diamo il cambio per cercare di stare più vicini possibile a Orisa, senza volerla soffocare con la nostra costante presenza. La Signora di Idra sa che siamo stati chiamati a prenderci cura di lei, e ci saluta sempre con molto rispetto, chinandosi al nostro arrivo e salutandoci con un lieve sorriso. Il suo viso è pallido e tirato, e non ha pronunciato più nessuna parola, da quando abbiamo intrapreso il viaggio per il ritorno a Kelenda. Athorm ha deciso di non giungere fin là sollevandoci sul pelo dell'acqua e cominciando a volare: questo viaggio doveva essere effettuato nella vecchia maniera, perché la nave è stata modificata da Yoser solo per lo Spazio, e per ricordarci che nessuno di noi è onnipotente, solo perché ha qualcosa in più degli altri. In plancia ci sono pochi Ufficiali, una piccolissima parte dell'esercito, Athorm e Swaynn. I due non si fanno vedere e si limitano ad impartire ordini attraverso un amplificatore vocale. Non vi sono altri suoni, ad allietare la navigazione. Il canto dei gabbiani sembra triste e malinconico come il nostro stato d'animo. Anche se non ci parliamo tra di noi e cerchiamo di reagire, le nostre speranze stanno vacillando. Le rare volte in cui vedo Moraya, la mia sposa mi riferisce di non notare alcuna differenza nell'atteggiamento nelle nostre guide, come se i due continuassero a lottare contro le fragilità che sanno rendere vulnerabile anche l'eroe più forte, se colpito molto profondamente. Ma Athorm continua a reagire e a non lasciarsi prendere dallo sconforto. Almeno, questo è ciò che vediamo noi.

All'improvviso, l'attenzione di tutti noi è distratta da una vibrazione molto forte che fa oscillare la nave. Perdiamo l'equilibrio ma riusciamo a rimanere in piedi, senza cadere a terra. Le voci allarmate di molti di noi si levano nel silenzio:

"Ma che cosa succede?"

"Abbiamo urtato contro qualcosa?"

"Ci stiamo alzando in volo?"

"Siamo stati attaccati?"

Io, Zoid e Chaz ci avviciniamo istintivamente a Orisa, per proteggerla e allontanarla dal parapetto della nave. La Signora di Idra si lascia circondare senza opporre resistenza, e rimaniamo tutti in attesa, finché la voce di Athorm ci raggiunge, forte e chiara:

"Attivare le procedure di emergenza: onda anomala all'orizzonte!"

Ci disponiamo immediatamente come ci è stato indicato, e invitiamo Orisa a scendere sottocoperta. Ma la donna si rifiuta di obbedire:

"So badare a me stessa." Ci dice, con voce ferma. "Portatemi in plancia: lì potrò essere utile ai vostri comandanti."

Ci affrettiamo a fare ciò che ci chiede, poiché anche lei fa parte della squadra dei Funzionari scelti, e sono io stesso ad occuparmene personalmente. Quando arrivo all'ingresso, la porta automatica riconosce le iridi della Signora di Idra e si apre immediatamente. La scorto fino all'interno della plancia, ma Swaynn mi apostrofa subito, chiedendomi:

"Che cosa ci fai, qui, Smuz? Tu dovresti essere sul ponte!"

"Non dare la colpa a lui, sorella cara." Le risponde Orisa, dolcemente. "Sono stata io a chiedere di essere condotta qui e Smuz ha solo obbedito alla mia richiesta."

"Entrate, allora, e fate presto!" Esclama Athorm, con fermezza. "L'onda si sta avvicinando e lo Scudo di primo livello sta già avvolgendo la nave!"

Lo Scudo di primo livello, quello che utilizziamo nello Spazio per sopravvivere in carenza di ossigeno e che serve per sigillare l'imbarcazione, rendendola impenetrabile... e solo ora, guardando nella direzione verso la quale ci stiamo dirigendo, vedo il mare impennarsi come un cavallo imbizzarrito. L'onda è davvero molto vicina, e viene dritta verso di noi!

"Non possiamo virare!" Esclama ancora Athorm. "Sembra che il muro d'acqua ci stia seguendo. Dobbiamo solo affrontarlo e sperare che tutto vada bene! Attivare il Secondo Scudo di primo livello!"

"Attivato!" Risponde Oughm, prontamente.

"Ci stanno attaccando... via mare?" Chiedo, con un'improvvisa illuminazione.

"Così sembra." Risponde Swaynn, senza staccare gli occhi dall'onda enorme che sta per infrangersi su di noi. Tiene in braccio Auma e Orisa le va subito incontro, per proteggere lei e la bambina.

"Posso esservi d'aiuto?" Chiedo ancora, pronto ad obbedire agli ordini.

"Vai nella postazione di Yoser e controlla i dati che il computer sta ricevendo." Risponde Athorm, prontamente. "Sei in grado di farlo, Smuz?"

"Ho imparato qualcosa." Dico, precipitandomi verso il luogo indicato. Il mio stupore è grande quando vedo arrivare i risultati dei miei comandi. "Il mare è calmo, intorno a noi..." Osservo, con tono sorpreso. "Il vortice d'acqua si sta scagliando solo contro Sel'nays..."

"Lo sapevamo già, Smuz!" Esclama Oughm, quasi infastidito. "Dicci qualcos'altro e alla svelta! Tra meno di due minuti saremo sommersi da questa massa enorme!"

Lavoro freneticamente sui pulsanti – cinque volte tanto quelli che ci sono stati assegnati durante i turni – e poi vedo qualcosa:

"Athorm... è ancora lei: è Detia!"

"Maledizione..." Mormora l'Altissimo Funzionario. "Lei sa come domare gli Elementi..." Poi si rivolge a Swaynn: "Riesci a percepire la sua forza?"

"E' sola." Risponde la donna. "Posso fermarla. Ma solo quando l'acqua si abbatterà su di noi."

"Una portata d'acqua come questa potrebbe incrinare il cristallo?" Chiede Oughm, mentre la nave comincia a vibrare sempre più forte.

"Non possiamo saperlo." Risponde Athorm, con tono serio. Poi si dirige presso l'amplificatore vocale e ordina: "Esercito di Sel'nays: andate tutti sottocoperta, subito! E non togliete gli elmi, ripeto: non togliete gli elmi!"

L'onda ci sta sovrastando e sembra volerci avvolgere. La luce fioca del giorno scompare e vediamo solo questo muro immenso che si piega su di noi, pronto a ghermirci come un pugno stretto.

"Swaynn, stai pronta ad agire non appena l'acqua si abbatterà su di noi!" Esclama Athorm, mentre Swaynn lascia Auma in braccio a Orisa. La Signora di Idra prende la bambina e la stringe a sé, pronta a difenderla col suo corpo, se necessario. "Attivare il Terzo Scudo!" Comanda ancora Athorm. Ed è l'ultimo ordine che riesce ad impartire. Lo Scudo si chiude non appena l'onda si scaglia contro la nave, come se la volesse stritolare. Sentiamo cigolii sinistri e la forza di questa massa che sembra trascinarci verso il basso.

Per un attimo, siamo avvolti dall'oscurità. Poi, all'improvviso, in plancia vediamo una luce che diventa sempre più intensa, e comprendiamo che questa fonte luminosa proviene da Swaynn. La Governatrice di Nod, con le braccia allargate e i palmi delle mani rivolti verso l'alto, sembra simile ad una torcia umana, un fuoco incandescente il cui calore si avverte anche da lontano. La luce diventa così forte che siamo costretti a coprirci gli occhi con le mani. Tutti, tranne Athorm e Orisa. Sento la voce di molti uomini e donne atterriti dalla paura e dall'oscurità che ci avvolge. Siamo sballottati violentemente, ma la nave sembra riuscire a mantenere il suo assetto, miracolosamente, seppure con enorme difficoltà. Scorgo appena la figura di Athorm che si avvicina arrancando verso l'amplificatore vocale:

"Esercito di Sel'nays!" Esclama con voce forte. "Combattete contro la paura! Ciò che state vivendo ora non sarà diverso da ciò che dovrete affrontare nello Spazio! Siate forti e non lasciatevi suggestionare da ciò che appare invincibile! Siamo stati attaccati dal nemico, ma è un nemico debole e non può farcela contro di noi!"

Si interrompe, per rimanere in piedi, mentre un'altra forte scossa sembra voler ribaltare la nave, facendola ricadere all'indietro. In plancia rimaniamo saldi ai comandi, per mantenere lo scafo in posizione orizzontale, controbilanciandone i pesi di cui Yoser Nym ha controllato l'esatta taratura.

Swaynn continua a rimanere fissata al pavimento, come se i suoi piedi fossero saldamente incollati ad esso, e muove le braccia come se stesse segnando dei simboli di cui non conosciamo il significato.

"Ripeto: non lasciatevi intimorire!" Esclama ancora Athorm. "Tutto questo non è che una debole minaccia, un'illusione in cui qualcuno vuole farci cadere, per poterci annientare! Ma nessuno può distruggerci: non ora. Non così Combattete con me per la memoria di colui che ha reso possibile la nostra vittoria: per Yoser Nym di Verdrad! Egli non ha costruito questa nave perché finisse in fondo al mare o sperduta nello Spazio! No. L'ha fatto perché vincesse, sempre e comunque, ma spetta a noi far sì che questo accada! State con me, uomini e donne di Sel'nays! State con me e con la fiducia che non ha mai smesso di battere nel cuore dell'uomo che ci sta ancora proteggendo!"

Le sue parole hanno effetto su di noi, che siamo nella plancia, e credo che sia lo stesso anche per gli altri dell'equipaggio. Ci aggrappiamo alle nostre postazioni, contrastando i movimenti turbinanti che tentano di far rovesciare la nave, invano. Swaynn continua ad apparire più luminosa che mai, e le sue mani sono impegnate in una danza di segni sempre più intensa. Ne percepiamo la forza, e, lentamente, l'oscurità comincia a diradarsi.

"Continuate così, amici miei!" Grida ancora Athorm. "Questo è lo spirito di chi lotta e di chi vince! Chi rinuncia in partenza ha già iniziato a fallire, ma chi combatte con grinta e determinazione conquisterà sempre qualcosa! Piccole battaglie, onori, riconoscimenti… ma, prima o poi, arriverà alla vittoria! Siete stati addestrati duramente perché foste in grado di affrontare prove più difficili di questa: rimanete compatti e saldi nella vostra volontà, e supereremo insieme l'impossibile!"

L'acqua cerca di trascinarci ancora verso il fondo, ma sembra che la sua forza stia calando. Auma dorme tranquillamente in braccio a Orisa, costantemente in piedi poco distante da Swaynn. Anche la Signora di Idra sembra avere i piedi incollati al pavimento e non perde mai l'equilibrio. La sposa di Athorm allarga le braccia, tenendo le mani aperte e i palmi rivolti davanti a sé, come se stesse creando un varco tra la nave e la montagna d'acqua che continua a sovrastarci. La sua Luce viene convogliata nella direzione dell'immensa onda anomala, e, all'improvviso, nel mare si apre uno squarcio da cui la luce inizia a filtrare.

Athorm si avvicina a Swaynn, e si pone proprio dietro di lei. La donna scompare nell'imponente figura dell'Altissimo Funzionario di Kelenda, ma riusciamo a vedere che le sue braccia sono ancora spalancate. Il suo sposo fa altrettanto, unendo le mani a quelle di colei che sta dominando la marea. All'improvviso, un lampo di Luce accecante ci costringe a coprirci gli occhi con le mani, poi l'onda anomala si apre in due, ricadendo nel mare miseramente, e la nave riprende il suo assetto. Gli occhi si abituano con fatica alla fioca luce del giorno, ma quando riesco a mettere di nuovo a fuoco quello che ho di fronte, vedo Swaynn così com'è sempre, con Auma in braccio e Orisa accanto a lei, mentre Athorm osserva i monitor, in attesa di un segnale.

"Verificare i danni." Comanda ad alta voce al computer centrale.

"Verifica in corso." Dice una voce femminile, lievemente metallica. Dopo qualche istante parla ancora: "Nessun danno significativo rilevato."

"Attendo i dati del sistema di rigenerazione."

"Rigenerazione effettuata."

"Verificare la stabilità e le condizione della nave in percentuale."

"Percentuale di verifica: cento percento."

Lo vedo tirare un sospiro di sollievo, e si avvicina nuovamente all'amplificatore vocale:

"Esercito di Sel'nays: abbiamo superato anche questa prova." Dichiara, con voce chiara e forte. "Rimanete sottocoperta finché gli Scudi di protezione non saranno disattivati. Poi riprendete i vostri posti, come da procedure. Grazie a tutti, amici miei."

Chiude la comunicazione e guarda attentamente i monitor che sono posti appena prima il lato estremo della plancia, quello che dà sulla prua:

"Sembra che non vi siano più pericoli…" Mormora tra sé e sé. Solo chi è più vicino a lui, come me e Oughm, riesce a sentire le sue parole. "Verificare la percentuale di rischio di un nuovo attacco. Controllate la condizione del mare. Ci sono variazioni anomale?"

"Tutto sembra tornato alla normalità." Risponde Oughm, dopo aver ricevuto i dati.

"Smuz, dimmi di più, se riesci a comprendere il linguaggio criptato dei computer di Yoser."

Non è facile capire subito come funzioni questo grande pannello di controllo, pieno di pulsanti, indicazioni e comandi vocali. Credo anche di aver visto qualcosa che possa controllare il computer attraverso i pensieri, ma le mie capacità non sono così sviluppate. Ci vuole un po' di tempo, prima di riuscire a vedere qualcosa:

"Non riesco a decifrare tutti questi segni, ma credo di aver compreso che il mare non mostri i sintomi di un'attività anomala." Mormoro, in lieve soggezione. "Ho visto valori cambiare in modo molto evidente quando l'onda si è abbattuta su di noi. Ora sembra che i livelli siano rientrati nella norma."

Athorm si avvicina a me e mi appoggia una mano sulla spalla:

"Ottimo lavoro, Smuz." Mi dice, abbozzando un lieve sorriso. "Rimani in questa postazione e cerca di prendere confidenza con i nuovi comandi. Orisa ti aiuterà laddove tu ne avessi bisogno. Lei conosce in parte le funzionalità di questo pannello complesso e potrà darti delle indicazioni utili."

"Se la Signora di Idra è d'accordo…" Rispondo, esitante, come in attesa della risposta della donna. La Signora di Idra si avvicina a me, rivolgendomi un sorriso mesto:

"Ti aiuterò." Mi dice, con voce dolce e sommessa. "E sarà come se Yoser non fosse mai venuto a mancare."

Sorrido anch'io, rincuorato dalla sua presenza. Tutto sembra essere tornato normale, e sono molti a tirare un sospiro di sollievo. Ma la voce di Swaynn ha cambiato colore e, mentre la Governatrice di Nod si volge verso di noi, mi accorgo che le sue pupille sono dilatate, come accade ogni volta in cui vede qualcosa ancora prima che accada:

"Meteoriti!" Esclama, e la sua voce sembra echeggiare in tutta la plancia. "Sta per arrivare un corpo celeste. E si sta dirigendo a Verdrad!"

"Io non rilevo nulla…" Dico, nervosamente, cercando di premere i pulsanti di fronte a me, senza nessun criterio. Orisa mi viene vicino, con gentilezza, e mi chiede, con voce sottile:

"Posso?"

Le lascio il posto, cercando di imparare dai suoi movimenti decisi:

"E' come dice Swaynn." Riferisce poi. "C'è un attacco dal cielo."

"Indicane la portata." Ordina Athorm, tornando al suo posto di comando.

"Possiamo distruggerlo, ma abbiamo solo una possibilità." Risponde Orisa. "Se dovessimo fallire, Verdrad subirebbe dei grossi danni. Soprattutto la sua Capitale."

"Le armi a nostra disposizione sono in grado di colpire il meteorite?"

"Forse. Ma è necessaria molta concentrazione per abbatterlo quando passa sopra di noi."

Athorm guarda Swaynn:

"Tu potresti farcela." Dice, sovrappensiero. "Ma hai usato già molta della tua energia per affrontare la marea…"

"Sono a tua disposizione." Risponde la Governatrice di Nod, con gli occhi quasi sbarrati. La fissità delle sue pupille è impressionante.

Athorm riflette per un lungo istante. Poi si dirige verso l'amplificatore vocale: "Esercito di Sel'nays!" Esclama, con voce forte. "E' in arrivo un altro attacco, ma stavolta i bersagli non saremo noi. Un meteorite si sta per abbattere su Verdrad, ed è nostro dovere difendere quella terra. Perciò, ora fermeremo la nave e chi di voi è di turno si deve dirigere immediatamente laggiù, utilizzando i mezzi speciali. Create uno scudo attraverso nodi invisibili e rafforzate il sistema difensivo del luogo in cui è sito il laboratorio di Yoser: il corpo celeste è diretto laggiù. Partite subito, senza indugio! Tutti gli altri rimangano in allerta, in attesa di ordini. Colpiremo il meteorite quando si troverà perpendicolare alla nave. E sarà una questione di pochi istanti. Se falliremo, Verdrad subirà grossi danni e noi non possiamo permetterlo! Siate pronti. Sempre!" Si allontana dall'amplificatore vocale e mi chiede: "Riesci a prevedere entro quanto tempo il corpo celeste sarà nell'atmosfera?"

Cerco di comprendere i dati che giungono velocemente, aiutato dalle vaste conoscenze di Orisa, e poi rispondo:

"Un minuto e mezzo. Al massimo."

"Orisa: il cannone è pronto per colpire?"

"E' pronto. Ma i comandi richiederanno più tempo di quello che abbiamo a disposizione."

"Non mi servono i comandi!" La voce di Swaynn attira la nostra attenzione. Continua a guardarci con quegli occhi immobili e sembra sicura del fatto suo. "Il cannone obbedisce solo ad alcune vibrazioni, ed esse sono generate dalla mente e dai pensieri. I comandi servono solamente in caso di attacco strategico, ma non nelle emergenza come questa."

"Ne sei sicura?" Chiede Orisa, come se non fosse a conoscenza di questa rivelazione. Swaynn le porge Auma:

"Tienila tu." Dice alla Signora di Idra. "E rimanete in silenzio. Il meteorite sta entrando nell'atmosfera e ho bisogno di concentrazione."

Obbediamo al comando, temendo persino di respirare. Poi, dall'alto, cominciamo a scorgere un puntino infuocato che si avvicina sempre di più. La nave è ancora avvolta dagli Scudi di protezione, ma ora è Verdrad a rischiare. Attendiamo con l'ansia che sale e senza riuscire a pensare a nulla, solo a rimanere fermi e zitti.

Improvvisamente, il corpo celeste sfreccia con una velocità che sembra quasi raddoppiata. Lo sguardo di Orisa si deforma in una smorfia di paura: è come se vedesse qualcosa che nessuno di noi vuole prendere in considerazione. Swaynn alza lo sguardo verso il tetto della plancia, anch'esso in cristallo, e guarda il cielo. Quando il meteorite giunge quasi sopra di noi, pronuncia parole a fior di labbra che nessuno di noi riesce a udire. Poi, il cannone spara il suo colpo, con decisione. Nel cielo si verifica un'esplosione, e, per un attimo, pensiamo che il corpo celeste sia stato distrutto… ma una parte di esso è ancora integra e riprende il suo viaggio, con una velocità ancora maggiore. Possiamo solo sperare che i nostri inviati riescano a proteggere la Capitale, soprattutto nel punto in cui sorge il laboratorio di Yoser, ma lo sguardo malinconico di Orisa ci fa temere il peggio. Guardo Athorm: il suo viso non tradisce nessuna emozione. E poi mi volgo verso Swaynn: le sue pupille sono ancora dilatate, come se non avesse finito di procedere silenziosamente. Le sue labbra continuano a muoversi, come se stesse parlando con qualcosa o qualcuno, mentre il meteorite si dirige velocemente nella direzione da quale siamo partiti. Siamo tutti in piedi, e guardiamo nel cielo o nei vari monitor che ci stanno mostrando quello che sembra essere inevitabile. Restiamo in silenzio, col fiato sospeso, finché un grido penetrante rompe la tensione di questo momento: Auma sembra in preda all'agitazione e continua ad urlare come mai ha fatto prima d'ora. Ma Swaynn non la prende in braccio: continua ad osservare il cielo con gli occhi sbarrati, e nessuno capisce perché lei non si curi della sua creatura... finché, all'improvviso, dopo l'ennesimo grido della piccola, assistiamo a ciò che non avremmo mai immaginato: l'asteroide esplode, disgregandosi completamente e trasformandosi in polvere finissima e scura, dissolta dal vento che soffia sul mare leggermente increspato.

Il pericolo è stato evitato... per intervento di Auma!

Solo adesso Swaynn sembra tornare in sé. I suoi occhi tornano normali e prende in braccio la piccola che si calma all'istante. Athorm le guarda entrambe, senza dire nulla. Non sembra neppure sorpreso. Si dirige lentamente verso la sua postazione, perdendosi nell'orizzonte:

"Verdrad è salva." Mormora, con voce stanca. "Fate rientrare chi si è recato verso quella terra e assicuratevi che i sistemi difensivi siano stati rinforzati. Riprendiamo la navigazione."

Swaynn si avvicina a lui, con Auma in braccio. La bambina sembra essersi addormentata di nuovo, e io comincio a pensare che in lei vi sia più di quanto tutti noi riusciamo a vedere. Ma Orisa mi scuote immediatamente dallo stato di stupore in cui sono caduto:

"Che cosa aspetti, Soldato?" Mi chiede, con dolce fermezza. "Richiama i tuoi compagni di viaggio e continua a tenere d'occhio tutto ciò che arriverà sui tuoi monitor. Pensi di aver ricevuto un compito facile? No, amico mio. Sei chiamato a prestare ancora più attenzione, ora. Cerca di essere all'altezza del tuo predecessore. Tu puoi farlo."

Ripartiamo, di nuovo, alla volta di Kelenda. Tutti gli Scudi vengono disattivati.

Il silenzio regna sovrano, in questo mare che torna ad essere calmo, mentre un raggio di Sole inizia a filtrare attraverso le nubi grigiastre...

Diciannove - *Athorm*

L'intera Popolazione di Kelenda è duramente provata dalla morte di Yoser. Si pensava che uno scienziato così speciale potesse davvero sopravvivere ancora a lungo, proprio grazie a tutte le sue numerose scoperte, ma quella certezza è sparita, lasciando solo un grande vuoto e tanta tristezza, in tutti noi.

Vorrei poter piangere la sua scomparsa, ma l'esercito ha bisogno di un riferimento forte che possa condurlo ancora avanti, proprio perché questo è il momento in cui tutti noi siamo vulnerabili. Detia sfrutta qualsiasi pertugio nel quale infiltrarsi per sfruttare le nostre debolezze, e noi non possiamo permetterglielo. Così, nonostante la mia anima sia lacerata, non ho altra scelta se non quella di andare avanti, sempre, con la determinazione di cui l'esercito ha bisogno per ritrovare la voglia di reagire. A Kelenda è stata indetta un'intera giornata di lutto, e tutti i Paesi della Terra hanno aderito spontaneamente, senza che io avessi bisogno di invitarli a questa mia iniziativa. Tutti coloro che hanno conosciuto mio fratello sono passati per Verdrad e poi sono giunti a Kelk, per un'udienza privata con me, l'Altissimo Funzionario di questa terra, e io mi sono ritrovato a dover consolare chi con lui non aveva neppure un legame di sangue. E non posso nemmeno raccontare la verità sul nostro grado di parentela, perché il concetto di immortalità diventerebbe troppo difficile da spiegare, e io non potrei più mentire. Ora il suo posto è stato occupato da Verlor Torrado, che si sta mostrando molto efficiente nel decifrare tutti i codici segreti lasciati da Yoser, affinché nessuno potesse accedere agli archivi segreti. Esisterà, tuttavia, un gruppo di dati cui nessuno potrà accedere, se non il sottoscritto. Questa misura precauzionale è stata voluta dallo stesso Yoser quando era ancora in vita, per non lasciare nulla di intentato, soprattutto a portata di mano di gente che non avrebbe compreso, ma mistificato e alterato a suo piacimento. Certe scoperte non possono e non devono essere divulgate con troppa facilità: in esse sono nascosti i segreti dello Spazio, l'origine di molti alieni presenti sulla Terra da secoli, la storia di Sel'nays ma anche tutto ciò che ruota intorno alle terre di Idra, Verdrad e, soprattutto, Kelenda. Se si scoprisse che questo è il nome del mio Spirito e che io faccio parte della razza aliena, nel mondo si scatenerebbe il panico e noi creature extraterrestri saremmo perseguitate senza pietà. E' già difficile riuscire a comprendere il motivo per il quale alcuni degli abitanti della mia terra non risentano degli influssi della Pietra Lunare e comincino a barricarsi nelle loro case, per il timore di essere considerati dei *diversi*. Non so darmi neppure io una valida spiegazione. Yoser aveva prelevato alcune cellule dai loro corpi per sapere qualcosa di più, ma non ha fatto in tempo ad approfondire i suoi studi. Mi sono riservato il diritto di acquisire le sue ricerche per occuparmi personalmente di questa situazione che, ancora una volta, sembra essere causata da un fattore legato all'Universo o persino alla stessa Pietra Lunare. Diventa sempre più importante riuscire a conquistare la Pietra Gemella, per trovare un nesso che possa ripristinare l'equilibrio per tutti. L'alternativa è dislocare i conterranei più sfortunati presso le terre confinanti, al fine di preservare la loro vita, fino al termine naturale del suo percorso. Quest'ultima ipotesi è quella che sto prendendo in seria considerazione: non posso più permettere che, mentre alcuni continuano a vivere con vigore, altri si debbano sentire menomati o rifiutati, e, quindi, decidano di isolarsi sempre di più, fino a lasciarsi morire in solitudine.

I pensieri mi tengono spesso sveglio, di notte, e approfitto di queste ore passate a cercare una soluzione, per stare con Auma. Swaynn se ne occupa spesso, durante il giorno, e voglio che, almeno la notte, possa riposarsi senza doversi sobbarcare altre responsabilità. Ho bisogno che lei sia forte, perché è l'arma più potente che l'esercito ha a sua disposizione. Ma, soprattutto, voglio che i miei problemi non gravino sulle sue spalle: un giorno dovrà affrontare Detia, colei che per molti anni è stata come una sorella, e, quando accadrà, la sua mente dovrà rimanere calma e lucida, o sarà annientata dai ricordi. Anche questa notte rimango in piedi, cercando di mantenere il controllo delle emozioni che mi tormentano. La piccola creatura sta dormendo e non voglio turbare il suo sonno. Cammino nella penombra, senza aver bisogno di una luce artificiale che illumini i miei passi: io so vedere anche in condizioni di estrema oscurità, sebbene nessuno sappia di questo dono che mi è stato dato quando sono venuto al mondo. Solo Swaynn ha intuito qualcosa: l'ho percepito, così come ho percepito il suo sesto senso su altri miei poteri che non metto in pratica, solo per non destabilizzare gli esseri umani che rispondono ai miei ordini, senza ribellarsi, ma affidandosi completamente a me.

Il prossimo viaggio si avvicina. Cercherò di non disperdere troppe vite: Orisa mi ha già confermato la disponibilità delle sue Ancelle per un secondo eventuale sacrificio, ma preferirei che non si arrivasse a tanto. Non so quanto gli Antenati siano riusciti a comprendere, riguardo ciò che abbiamo. Sicuramente ci hanno indebolito molto, dopo la tragedia di Yoser, ma non ci hanno ancora annientato completamente. L'esercito resisterà finché io riuscirò a mantenere alta la determinazione che spinge tutti noi ad andare avanti, sempre e comunque, anche se il futuro ci riserverà ancora molte sorprese sgradite. L'ho visto, ma ancora non sono riuscito a definirne i dettagli. Non posso nemmeno avere la certezza che le cose andranno come credo, perché il futuro è in continuo divenire e il destino è pieno di crocevia agli angoli delle strade. Posso cercare di valutarle tutte, ma so che anche gli Spiriti stanno facendo lo stesso: essi sono strettamente connessi a me, e risentono della mia energia. Ogni volta che la mia mente si concentra per determinare un possibile futuro, sento la presenza di questi esseri incorporei, pronti ad insinuarsi nella mia anima. Sono costretto a schermarmi e spesso avviene anche durante il giorno, col risultato di sembrare spesso troppo severo o privo di emozioni. Non posso spiegare a chi mi segue ciò che vivo: quasi nessuno capirebbe, eccetto gli alieni come me, ma solo in minima parte.

Esco dalla casa e cammino nel parco che la circonda. Nonostante io indossi abiti leggeri – camicia e pantaloni in lino bianco – non sento freddo e non ho bisogno di proteggere i miei piedi con calzari di qualche tipo. Sono stato abituato sin da piccolo alle condizioni climatiche più averse, senza che nessuno si prendesse cura di me. Ora, la mia pelle è come se fosse d'acciaio, e sono poche le ferite sul mio corpo. Esse rappresentano la mia vita lunga secoli, durante i quali ho combattuto duramente contro molti nemici, ma mai così vicini come quelli che abbiamo ora. Se solo l'essere umano sapesse che cosa sta accadendo nei cieli, commetterebbe grosse sciocchezze che noi Funzionari non riusciremmo a gestire. Per questo è necessario che chi rimane sul pianeta sappia che la nostra missione ha un fine positivo, e che eventuali danni debbano essere considerati *normali*, se non addirittura già messi in conto, quando, in realtà, non dovrebbe essere affatto così.

Mi avvicino al laghetto dove troneggia la fontana sotto la quale la Pietra Lunare continua a emanare i suoi influssi. La Luna è piena, stanotte, e il suo alone soffuso sembra fare da sfondo a questo silenzio spezzato solo dal canto dei grilli e dal sottile fruscio di qualche velivolo a propulsione aerea che sfreccia veloce. Sono i lavoratori instancabili che si danno il turno in questo orario tardo, persone operose senza le quali la magnificenza di Kelenda non riuscirebbe a sussistere, nemmeno con la Pietra Lunare nel massimo della sua attività. Raggiungo la panchina di legno che Swaynn ha voluto fosse costruita nel punto in cui abbiamo combattuto, prima che Tom ci riportasse alla ragione, e mi siedo sospirando, perdendomi con lo sguardo in questo nulla fatto di sagome scure che conosco fin troppo bene.

Improvvisamente, l'acqua sembra incresparsi lievemente, e un tenue bagliore verde si manifesta appena sopra la superficie del laghetto. Mi alzo in piedi, mentre la luce diventa più intensa. Munn è qui, e forse non dovrei esserne stupito, eppure lo sono: se i miei genitori sono venuti di loro iniziativa, stanno comunque rischiando la loro vita. E, se hanno deciso di sfidare la collera di Detia, è sicuramente per un solo motivo.

"Siete qui, dunque…" Mi rivolgo a loro con la mente, senza muovere le labbra.

La luce si divide in due bagliori simili tra loro, ma di grandezza differente:

"Siamo qui per cercare di fermare questa carneficina, figlio." Dice mia madre, e la sua luce si intensifica lievemente. "Fa' che il tuo esercito si ritiri e ordina che la guerra cessi."

"Non lo farò e voi lo sapete." Rispondo, con lo sguardo. "E voi dovreste tornare sui vostri passi, poiché la vostra vita qui è doppiamente esposta a molti pericoli. Ci sono rilevatori sparsi ovunque, e Swaynn, ora, è in grado di percepire più di quanto sapesse fare quando è stata addestrata sotto il vostro governo a Sel'nays."

"Sappiamo che la tua sposa ha raggiunto la consapevolezza della sua forza." Risponde mio padre. "Ma la nostra Guida sta affinando le sue armi in base a ciò che ha appreso dagli scontri tra il nostro e il vostro esercito. Non è molto, e tu lo sai: hai fatto in modo che nessuno sapesse più di quanto hai deciso. Sei stato abile. Un grande Guerriero. Per questo ti chiediamo: poni fine alla guerra e lascia a noi la Pietra Gemella. Concedici il privilegio di esistere finché non sarà giunta anche la nostra ora…"

"Voi esistete poiché la vostra essenza è legata alla mia!" Replico con stizza. "Non siete nulla, senza di me! Siete qui per rivendicare qualcosa che non vi appartiene e non sprecate una sola parola su chi è stato sacrificato, a causa di tanta avidità, umana e aliena! Parlo di Chrel, di ciò che l'ha privata della vita, ma anche di Yoser, ucciso dalla Guida di cui avete tanto timore! Sono stati marito e moglie per anni, ma non ha avuto pietà: ha ucciso l'uomo che ha amato, ma, soprattutto, ha ucciso mio fratello! Questo non vi tocca minimamente? Siete stati accecati a tal punto dalla brama del possesso?"

"Ciascuno è artefice del proprio destino." Risponde mia madre. "Noi possiamo essere uccisi tanto quanto voi…"

"Maledizione, madre! Io non sto parlando dell'esercito, ma dei vostri figli! Non vi importa nulla, di loro? Non provate neppure un briciolo di emozione che vi ricordi di quando anche voi siete stati esseri umani?"

"Taci, figlio! Non dire di più! Noi non siamo più umani da tempo immemore, da quando tu ci ha dato questo corpo di Luce e ci hai permesso di continuare a vivere per portare a termine la nostra missione. E noi lo stiamo facendo."

"A quale prezzo, padre? Non provate alcun rimorso! Chi di voi ha permesso che una donna umana diventasse la vostra Guida? La sue essenza è impregnata di un'Oscurità nera come la pece e il suo cuore si è perso per sempre nell'inferno della sua anima! Le permettete di agire come meglio crede, di infiltrarsi ovunque solo per seminare la paura, e poi venite a chiedere a me di fermare la guerra? No, io non lo farò. Non mi arrenderò così facilmente e non lo faranno nemmeno coloro che mi seguono!"

"Eppure sei ancora sveglio, e i pensieri ti tormentato come tarli che non riesci a schiacciare… Noi l'abbiamo percepito. Per questo siamo qui: per aiutarti a chiarire le tue idee. Tu sai che porterai il tuo esercito alla morte: le truppe del Cielo stanno diventando sempre più forti. Non ci sarà scampo per gli esseri umani che vuoi difendere a tutti i costi."

"Questo non è detto, madre, e lo sapete anche voi. Il futuro è ancora da costruire."

"Siete stati resi più vulnerabili…"

"No. *Io* sono stato colpito. Ma sono ancora vivo, e Yoser vorrebbe che continuassi ad andare avanti!"

"Ne sei davvero sicuro, Athorm? Lui conosceva il pragmatismo e la concretezza. Si basava su dati logici e con essi era in grado di prendere delle decisioni che richiedevano estrema lucidità. Tu sei l'opposto di lui: vivi col cuore e ragioni per sopravvivere e comandare. Ma il cuore gioca sempre dei brutti scherzi e, spesso, conduce a risultati estremi…"

"Non sapete nemmeno di che cosa state parlando! Non vi siete curati di noi e non mostrate compassione per chi aveva nelle vene il vostro stesso sangue!"

"Dobbiamo fare affidamento su ciò che siamo ora, figlio. E ora noi siamo creature di Luce che rivendicano ciò che spetta loro di diritto."

"La Pietra Gemella appartiene a me e a Swaynn! Lei ha dato alla luce la creatura sopravvissuta alla Sorgente delle Forze Oscure. Una creatura che non ha sesso e che per questo è ancora più speciale. Conoscete anche voi la tradizione: un alieno asessuato ha un potere ancora più grande di un alieno ermafrodita."

"Una creatura che non vi appartiene, e tu lo sai. Arriverà il momento in cui dovrete lasciar andare quest'anima aliena destinata a compiere qualcosa di diverso e che a voi non è dato sapere. E il momento arriverà molto presto. Per la tua sposa sarà un altro duro colpo e questo la indebolirà. Colei che pensi possa essere la tua arma più forte si rivelerà la bara nella quale voi tutti giacerete, se non cesserai questa guerra."

Li guardo con rabbia e disprezzo per un lungo attimo, in silenzio. Poi, cercando di riprendere il controllo delle mie emozioni, mi connetto nuovamente con loro:

"Se siete così sicuri di voi stessi, perché siete venuti a supplicarmi?" Chiedo, mentalmente. "Dovreste sentirvi forti e con la vittoria in tasca. Non avreste bisogno di chiedermi di deporre le armi. Eppure siete qui e mi prospettate ciò che potrebbe accadere se io non desistessi dai miei propositi… perché? Che cosa cambia? Tutto è già scritto: l'avete detto voi."

"Godiamo del Libero Arbitrio." Risponde mia madre. "E, come sai, esistono molte strade da percorrere. Se riporterai la pace tra te e gli Antenati, la nostra Guida allenterà la morsa che vi sta stritolando e tutti voi potrete condurre una vita normale."

"Questo non riporterà in vita Yoser, e nemmeno chi è morto per mano dei vostri simili."

"Tu non sei diverso da noi. Nemmeno la tua sposa lo è."

"E invece vi sbagliate!" Il grido della mia mente è così forte da zittire per un istante tutti i grilli del grande parco. Poi, ricomponendomi, continuo a comunicare con Munn: "Noi siamo esseri umani, poiché da essi discendiamo. Abbiamo acquisito i nostri poteri solo perché i nostri genitori ci hanno abbandonati nello Spazio, in cerca di qualcosa che non li avrebbe mai soddisfatti. Tenete bene in mente questo: il giorno in cui io me ne andrò, tutti voi verrete con me. Dovreste essere grati solo per il fatto di essere ancora in grado di comunicare, e invece continuate a volere ancora di più! Per fermarmi dovrete uccidermi. E se lo farete, verrete con me."

"Sai bene che il bersaglio di Detia è la tua sposa e la creatura che avete generato. Tu non sei visto come una minaccia, ma come una fonte di nutrimento per tutti noi."

"Se Swaynn morirà, io non sopravvivrò."

"La tua essenza ti impedisce di morire con facilità. Chrel e Yoser non possedevano la tua stessa forza, ed è per questo che sono andati incontro ad un destino diverso. Affronteresti la realtà con un dolore lacerante nel petto, ma non smetteresti di respirare."

"Finché avrò respiro, non smetterò di difendere la mia famiglia, a costo della mia stessa vita!"

"Ma non potrai essere sempre presente, e questo lo sai. Il momento dello scontro arriverà comunque, e Swaynn è già pronta. Non permetterà che tu abbandoni il comando dell'esercito, solo per aiutarla a battersi contro colei che desidera la sua morte. Per quanto tu possa essere accorto, Athorm, l'inevitabile accadrà."

Guardo le due luci con sarcasmo:

"Conosco mia moglie. So che combatterà e che sceglierà di morire lottando, piuttosto che fuggire dallo scontro. Voi non siete venuti fin qui per preservare lei o me, ma voi stessi. Avete paura e cercate di far leva sulle mie fragilità. Ma ho giurato di non arrendermi mai, e non cambierò idea solo perché la resa dei conti arriverà. Quel giorno sarà decisivo anche per la vostra sorte, perché se solo Swaynn verrà colpita, vi sterminerò senza alcuna pietà."

"Osi minacciarci, figlio?"

"Sì, madre." Replico freddamente, avvicinandomi al laghetto. "E ora vi comando di andarvene da qui. Lasciate subito questo luogo: è casa mia e voi non siete ospiti graditi."

"Siamo qui solo per aiutarti a prendere la decisione più giusta…"

"L'avete fatto, ma non come avreste voluto. Ora vi ordino di tornare sui vostri passi e di non farvi vedere mai più a Kelenda, o sarò costretto ad uccidervi con le mie mani."

"Non puoi dire così, Athorm!"

"Invece lo faccio, padre." Mormoro a fior di labbra, troncando la comunicazione mentale e alzando una mano verso di loro. Il vento si alza improvvisamente, e le poche foglie sparse sul terreno cominciano a girare su se stesse, come in un piccolo vortice polveroso. "Non fatemi usare i miei poteri: andatevene spontaneamente. E date un messaggio alla vostra Guida: l'esercito di Sel'nays non si arrenderà e non arretrerà di un solo passo. Continuerà a combattere finché avrà vita. E la Signora dell'Isola non morirà per mano di una umana che voi state usando come se fosse un vostro fantoccio, solo per non essere voi a dover decidere. Diteglielo! Dite a Detia che l'avete scelta per usarla come scudo! Ditele che il potere che pensa di avere è solo un riflesso di ciò che le instillate nella sua anima malata! Ditele anche che vi riparerete dietro di lei, e che sarà lei a morire al posto vostro, perché questo è il vostro piano!"

"Non fare sciocchezze, Athorm! Siamo pur sempre i tuoi genitori!"

"Non più, ormai." Mormoro di nuovo, alzando entrambe le mani. La luce della Luna diventa più intensa e raggi candidi si irradiano nel cielo dai riflessi blu. "Sparite dalla mia vista, ora!" Esclamo, con rabbia. "Tornate da dove siete venuti e non fatevi mai più vedere, qui, o scatenerò una Tempesta Lunare su di voi!"

"Stai commettendo un grosso errore e te ne accorgerai presto!"

"L'errore più grande è stato quello di avervi permesso di vivere quando era giunto il tempo, per voi, di lasciare questo mondo! Non avrò più alcuna pietà contro il mio nemico. E voi, ora, ne fate parte. Perciò ve lo dico un'ultima volta: andatevene, o vi ucciderò!"

Le due Luci sembrano tremare lievemente, mentre la tempesta di vento si fa più intensa. Poi, esse si fondono di nuovo insieme e, con un lampo, scompaiono. Abbasso le braccia e il vento cessa di soffiare. Anche la Luna torna ad essere quella di sempre.

Mi guardo intorno: non percepisco più la presenza di Munn, e la brezza leggera è diventata più dolce. Nessuno degli abitanti di Kelenda o del pianeta si sarà accorto di ciò che è accaduto al Satellite terrestre: la suggestione è visibile solo ad occhi alieni a me legati. Gli Spiriti conoscono il potere dell'Uomo della Luna e ne hanno paura. Sanno che può distruggerli ancora, poiché il suo potere si è modificato. Il dolore si è trasformato in rabbia e la rabbia in determinazione.

Dopo lunghe notti insonni, passate nel tormento e nei sensi di colpa che, ogni volta, cercavano di schiacciarmi sempre di più, ora ho ritrovato il desiderio di rivalsa nei confronti di chi non accetta il limite e che è disposto a spingersi oltre, solo per avere di più. Mio padre e mia madre sono giunti fin qui per cercare una tregua e per instillare dentro di me la paura che potrebbe portarmi a fermare tutto, a impedire che Swaynn faccia ciò che deve, e solo perché gli Antenati non sono così certi dell'esito di questa guerra. Hanno paura, e ora ne ho la prova. Munn non si sarebbe spinta fin qui, se non per tentare una riconciliazione proficua per tutti. La perdita di Yoser è stata un dolore immenso, eppure i miei genitori non sono sembrati minimamente toccati dall'accaduto. Così com'è accaduto con Chrel, anche in questo caso hanno mostrato una lucidità che ha rasentato l'assenza del ricordo di una sola, piccola emozione. E nessuno sa dove siano finite queste due anime. Potrebbero già essere passate in un'altra dimensione, oppure trovarsi altrove, in un luogo che ho conosciuto molti secoli fa, quando ho raggiunto la consapevolezza di ciò che ero e che volevo essere. E' solo un'ipotesi, ma anch'essi possedevano un'essenza aliena, e questa non può essere scomparsa nel nulla, così come quella di Orud. Non ho percepito alcuna traccia di lui, in mezzo agli Spiriti che ci hanno ostacolato, durante il nostro viaggio. E' stata scelta Detia, una umana con pochi mezzi, per guidare questo esercito che si affida a chi non ha mai mostrato una grande personalità. Hanno fatto leva sulle sue fragili emozioni, per fare di lei un burattino nelle loro mani. Hanno scelto lei anche per lo scontro finale con Swaynn, per far accrescere la mia apprensione. Ma ora le cose stanno diventando più chiare e, forse, c'è ancora una speranza.

Affretto il passo e rientro in casa, precipitandomi nella stanza di Auma: la piccola creatura sta dormendo, ma il suo sonno sembra lievemente agitato. Prendo in braccio il frugoletto vestito di bianco e lo cullo per un po', finché il suo respiro torna calmo e regolare. Dovrei lasciare la creatura nella sua cameretta, ma questa notte la porterò con noi. Il tempo che ci è stato concesso non durerà in eterno e presto dovremo separarci da questa vita che dorme tranquillamente sul mio petto. E' dura andare avanti con questa consapevolezza. Swaynn non può immaginare che cosa significhi e temo che, scoprendolo, possa accedere ciò che Munn ha profetizzato.

Quando entro nella nostra camera, la vedo seduta nel letto, con la luce accesa, come se mi stesse aspettando da tempo. I suoi capelli sono raccolti in una lunga treccia morbida, e indossa una tunica bianca, molto leggera.

"Da quanto tempo sei sveglia?" Le chiedo, avvicinandomi a lei e porgendole Auma. Swaynn prende tra le braccia questa piccola anima e mi guarda a lungo, prima di rispondere:

"Ti ho sentito, quando ti sei alzato." Mormora, e il tono della sua voce non mostra traccia di rimprovero. "Ho sperato che tu tornassi, ma il tempo passava. Sei stato lontano più del solito, stanotte."

La guardo sorpreso, sedendomi accanto a lei:

"Credevo che stessi dormendo…" Rispondo, accarezzandole i capelli.

"Dormivo… ma mi sono svegliata quando sei uscito dalla stanza. Così come è successo in tutte queste notti. Credevi che stessi continuando a dormire, ma fingevo: attendevo il tuo ritorno e temevo che le tue emozioni ti travolgessero, strappando dalla tua anima ciò che ti rende quello che sei: la nostra Guida."

"Tutte queste notti, Swaynn…" Mormoro, incredulo. "Perché non me l'hai mai detto? Io non volevo coinvolgerti nelle mie paure, nei sensi di colpa…"

"Pensavi che sarebbe stato meglio affrontare tutto da solo?" Mi chiede, sistemando Auma in una piccola culla accanto al letto. "O forse credevi che il nostro legame fosse così debole da impedirmi di percepire quello che sentivi nel tuo cuore?"

Rimango in silenzio, per un lungo istante. Anche Swaynn non parla e rimane in attesa di una mia risposta. Vorrei poterle dire molte cose, ma la verità è che non so nemmeno io da dove iniziare:

"Tu sai, non è vero?" Le chiedo poi, senza guardarla.

"Sì, Athorm." Risponde a bassa voce, ma decisa. "So con chi eri, nel parco. Ho visto la Luna cambiare forma e aspetto. Non ho udito ciò di cui avete parlato, ma conosco quella vibrazione. Ho vissuto per molto tempo sull'Isola delle Vergini: credi che potrei dimenticare? E' bastato che io intonassi lievemente il Gham, per capire. Eri con Munn. Eri con i tuoi genitori. E loro sono venuti per infrangere le tue certezze…"

"Ma non ci sono riusciti." Rispondo, prontamente. "Ho fatto la mia scelta, e la seguirò fino in fondo."

"Che cosa ti dà questa certezza?" Mi chiede, con uno sguardo enigmatico.

"Nessuno." Replico, sinceramente. "So solo ciò che non voglio possa accadere e per cui mi batterò fino all'ultimo respiro."

"Io non morirò, Athorm. Non ho intenzione di lasciarti qui da solo con Auma."

Rimango in silenzio, senza guardarla. Swaynn appoggia una mano sulla mia e mi chiede:

"Che cosa ti tormenta, ora? Che cosa ti spaventa? Sei accanto a me, ma è come se la tua anima fosse lontana e io non riesco a raggiungerti. Perché mi respingi? Perché non mi parli? Sono tua moglie. Stiamo combattendo insieme. Non ho che te. Perché sei così distante?"

"Swaynn…" Le parole muoiono nella mia gola. Prendo il suo viso tra le mie mani e comincio a baciarla. Sento che la sua mente vorrebbe allontanarmi, ma il suo corpo mi desidera tanto quanto il mio desidera il suo. Le mie labbra si posano sulle sue, e affondo la mia lingua nella sua bocca. La sento tremare lievemente, poi mi stringe a sé e la passione si accende tra di noi come non succedeva da tempo, forse dalla nascita di Auma. Ci spogliamo velocemente e facciamo l'amore a lungo, fin quasi alle prime luci dell'alba. Solo quando ci sentiamo finalmente appagati, la tengo stretta a me. Sono passati anni, dal nostro primo incontro, eppure lei è sempre la stessa donna che ho amato sin dal primo momento in cui l'ho incontrata. Il suo viso è sempre uguale, ma i suoi occhi sono più consapevoli, meno duri, ma determinati. Le due ciocche color platino che si sono create spontaneamente sulla sua lunga chioma nera le incorniciano i lati del volto, rendendolo ancora più simile a quello di una creatura ultraterrena.

Questa è la condanna di noi alieni: rimanere forti e vigorosi per sempre e invecchiare di un solo giorno, finché non arriverà anche per noi il momento in cui il corpo comincerà a cedere e la nostra Luce cercherà disperatamente di tornare verso Casa.

… Ma qual è, la nostra casa, ora?

"Dimmi quello che stai pensando…" Mormora Swaynn, avvicinandosi al mio orecchio. Le sfioro le labbra con un bacio e le rispondo:

"Arriveranno altri momenti molto difficili. Sei convinta di ciò che vuoi portare a termine?"

"Lo sono… perché ci sei tu." Sussurra, appoggiandosi a me.

"Potrei non bastarti... Potresti desiderare che ci fosse anche qualcun altro... e non solo io."

"Parli di Auma?" Mi chiede, senza alzare lo sguardo. "Io lo so... Lo so che un giorno dovrò dire addio a questa creatura che non è venuta al mondo per me... L'ho saputo sin da quando mi è stato detto che cosa fosse. Mi sono chiesta molte volte perché dovessi essere messa alla prova così duramente, perché darmi dei figli di cui non potrò mai vedere il futuro, ma solo sapere che in me ci sarebbe sempre stata la loro prima scintilla, nel bene e nel male... Non ho mai trovato una risposta sufficientemente completa che potesse darmi pace. Non so nemmeno come reagirò, quando accadrà. Ma se Mytia è nata per risvegliare Iatho e il gemello di Auma aveva trovato in me la linfa per alimentare la Sorgente delle Forze Oscure, forse, questa volta, ci sarà un epilogo più felice per questa piccola vita così simile ad un neonato appartenente alla razza umana..."

"Sono ancora in tempo a fermare tutto, se vuoi."

"No. Qui non si tratta più solo di noi, Athorm, ma di tutte le creature viventi che popolano l'Universo."

"Potrebbero non avere interesse nella Pietra Gemella, Swaynn. La Terra è il luogo bramato da molti. Non vi sono altri pianeti, né Lune, che possano interessare ad un alieno..."

"Ma, forse, ad un essere umano sì." Replica decisa, guardandomi negli occhi. "Perciò, perché non dare all'umanità quello che cerca di avere da tanto tempo? Perché non darle la speranza di poter vivere altrove, se lo desidera? Non sempre il luogo in cui nasciamo è quello che noi vorremmo chiamare *casa*. Io stessa pensavo di appartenere a Sel'nays, ma, ad un certo punto, ho desiderato qualcosa di diverso da ciò che avevo sempre visto. Le regole non mi bastavano più: dopo averti conosciuto, ho desiderato conoscere me stessa. E, ancora, io non so chi sono davvero. Il grande buco nero che avvolge il mio passato più remoto è come un tarlo che scava dentro la mia anima in cerca di qualcosa che, forse, non troverà mai. Solo Yoser sapeva, credo. Ma non può più dirmi nulla, ora."

La stringo a me, baciandola ripetutamente. Swaynn si abbandona al mio abbraccio finché mi sdraio accanto a lei per osservarla meglio, quando ricomincia a parlare:

"Non conosco il mio nome, se non quello della mia più intima essenza. Non ricordo nulla di ciò che sono stata a lungo, imprigionata nel corpo di una bambina di cinque anni, rimasta in quello stato larvale per molto tempo... mesi, anni, magari un secolo... Non è importante. Ho creduto di conoscere a fondo il luogo in cui sono stata mandata, l'*Isola delle Vergini*, la terra in cui ho imparato tutto ciò che so ma che credevo fosse un'isola sperduta in un mare terrestre, mentre, invece, era solo un luogo quasi magico, nascosto, nella parte oscura della Luna. Ho visto un mondo completamente diverso, dove la tecnologia può tutto, tranne impedire la morte di una persona, quando il suo tempo è scaduto. Ho visto me stessa, per ciò che questo corpo con fattezze umane nasconde, e ho visto te, per ciò che sei e che sei sempre stato. Ho vissuto il dolore delle perdite, un dolore più o meno grande, ma che, comunque, non pensavo che avrei mai potuto vivere, perché tutto era organizzato, catalogato, ben definito. E ho imparato che nulla rimane così com'è, e che tutto cambia, ogni giorno... ogni minuto. Ho avuto tanto... e tanto voglio restituire. Perciò, Athorm... andiamo avanti. Non possiamo più tornare indietro, ormai, benché tu possa prospettarmi questa alternativa. Sono solo parole: i fatti ci dicono che il destino è stato tracciato. Seguiamolo, dunque. E sia quel che sia... Io non ho paura."

Sorrido, mentre i primi raggi di un Sole dorato cominciano a penetrare attraverso le finestre. Auma dorme ancora tranquillamente nella sua culla, ma presto si sveglierà e avrà fame. Inizierà un nuovo giorno e ci saranno nuove prove da affrontare: da adesso in poi, gli Antenati non si fermeranno più. Sarà un crescendo di colpi che porterà. Inevitabilmente, ad un solo vincitore. Non posso prevedere quante vite ancora ci lasceranno, ma so che, in ogni caso, non faremo ritorno a Kelenda con l'esercito al completo.

Guardo Swaynn e anche lei mi sorride. Poi allunga un braccio e mi attira a sé. Mi chino su di lei, per fare l'amore ancora una volta. Lasciamo il mondo fuori, stamattina: l'esercito può iniziare la meditazione anche senza di noi...

***

Munn ha fallito.

Mi ha chiesto di poter gestire il contrasto con l'esercito nemico in un modo diverso e manifestandosi apertamente ad Athorm Dralt e rischiando di farsi uccidere da lui. Ha cercato una soluzione diplomatica, nonostante avessi già sconsigliato di procedere in questo modo. L'Altissimo Funzionario di Kelenda non ha voluto sentire ragioni e ha permesso che Munn mi mettesse al corrente della sua minaccia, e questo è un oltraggio che non posso più accettare.

Le truppe degli Antenati sono già pronte per attaccare. Presto, i nemici riprenderanno il loro viaggio per prendere possesso di ciò che non appartiene loro, e non siamo ancora riusciti ad indebolirli a sufficienza. Credevo che la morte dello scienziato di Verdrad potesse distruggere la determinazione dell'Uomo della Luna, ma l'ha rafforzata. Dopo un primo periodo di smarrimento, la sua essenza è diventata ancora più potente, e Id-Am'Ra, la Sorgente del suo Spirito, grida con veemenza il suo desiderio di vendetta. La sua voce giunge a me come il fragore di un tuono che precede la tempesta, e mi capita di vedere sempre più spesso quegli occhi di brace sempre più vicini a me, mentre una luce quasi accecante mi abbaglia con la sua intensità.

Non temo le minacce di colui che rimane ancora aggrappato alla razza umana. Per quanto possa cercare di intimidirmi, non sono ancora interessata alla sua sorte. E' una pedina come le altre, se non la migliore, per far cadere Swaynn Osery. La sua essenza diventa ogni giorno sempre più forte e diventa difficile riuscire ad entrare nella sua mente: è come se un muro ne proteggesse i confini, impedendo a chiunque di penetrarvi. Qualunque cosa accada, questo muro sembra solo vacillare lievemente, ma non si è mai incrinato.

L'esercito nemico si è ricompattato, e non ho potuto procedere con il mio piano di annientamento continuo: in questo momento loro sembrano essere i più forti, e io non posso combatterli da sola. Non posso nemmeno schierare le mie truppe sulla Terra: l'allerta generale fa sì che i sistemi difensivi rilevino ogni più piccola variazione, e sono stati attivati dei sensori in grado di captare frequenze molto alte o molto basse. In breve: la nostra presenza sarebbe individuata immediatamente e non potremmo nasconderci.

Athorm vuole che la guerra continui a compiersi nello Spazio, per non coinvolgere gli esseri umani presenti sul pianeta. Pensavo di riuscire ad invadere Kelenda col mio esercito, ma allo stato attuale sarebbe rischioso e difficile. Dobbiamo aspettare e vedere, cercare di capire quali siano le strategie, sebbene il controllo delle menti stia diventando sempre più forte e i Guerrieri nemici abbiano imparato a gestire le emozioni, convogliandole nella determinazione di una vittoria sicura. Ma non posso permettere che tutti noi siamo sconfitti. Per questo, non mi tirerò indietro e non indugerò.

Attaccheremo senza sosta e senza pietà. Non lasceremo respiro, nemmeno di notte. Saremo gli incubi più temibili e i riflessi delle fragilità che tutti cercano di allontanare da sé. Sfrutteremo ogni più piccolo pertugio, per insinuare i dubbi, le insicurezze, le perplessità. Giocheremo d'astuzia e non ci faremo scrupoli. Non guarderemo in faccia chi vorrà scontrarsi con noi, e non faremo favoritismi.

Indeboliremo l'avversario ai fianchi, per poter arrivare al nucleo: Swaynn. Lo scontro finale tra di noi è già scritto nelle stelle e non può essere cancellato, nemmeno dal Libero Arbitrio. Abbiamo solo due scelte: continuare a combattere o fuggire, e nessuno di noi ha intenzione di arrendersi. Sarà uno scontro che non determinerà solo chi potrà possedere la Pietra Gemella, ma segnerà anche la fine di uno dei due eserciti.

Conosco il mondo degli esseri umani, ma, soprattutto, conosco Athorm e Swaynn. So come ragionano. Per questo, l'esercito degli Spiriti si fida di me: perché io so.

Detia – La Guida

***

Venti - *Moraya*

Ricominciare non è mai facile. Ripartire per una nuova missione lo è ancora meno. Padre Tomas ci ha impartito la sua benedizione e ci ha raccomandato di continuare a prenderci cura gli uni degli altri. Il suo carisma è tale da aver attirato altri uomini, ed ora il numero dei sacerdoti è aumentato, anche nella altre città di Kelenda. Le altre religioni non entrano in collisione tra di loro e con quella ufficiale, adottata ormai anche a Verdrad e dall'isola Chay. Idra, nonostante la sua alleanza con la Sede Centrale di Kelk, ancora non ha espresso una sua opinione, al riguardo: il Popolo osserva tradizioni molto antiche e finché Orisa sarà con noi, Ester preferisce non decidere al posto suo. La Signora di quella terra è rimasta in solitudine per molti giorni, prima di accettare la richiesta di ripartire. Lo ha fatto soprattutto per mantenere vivo il ricordo di Yoser Nym e le sue conoscenze, tramandate al Popolo di Idra proprio grazie a colei che lo governa e lo rappresenta. Le sue Ancelle sono pronte per un nuovo attacco, e questa volta speriamo di no dover subire altre perdite.

Continuiamo a indossare l'elmo, anche se ormai sappiamo che questa protezione, da sola, può fare poco o nulla: ciò che conta sono i nostri pensieri e il modo con cui affrontiamo ciò che accade. Se noi siamo forti, anche l'elmo trasmetterà la nostra forza. Se ci lasciamo sommergere dalle insicurezze, la nostra vulnerabilità si amplifica. Riuscire a mantenere la calma in tutto quello che sta accadendo non è facile. Non sappiamo a cosa andremo incontro e, nonostante le prime ad agire saranno le Ancelle di Idra, tutti noi siamo pronti per saltare sui cavalli bionici e affrontare il nemico, con un combattimento aperto. L'addestramento è stato ancora più duro, e gli stessi Athorm e Swaynn si sono messi in gioco più volte. Credo, tuttavia, che l'Altissimo Funzionario di Kelenda abbia cercato un modo per non dover pensare alla morte del suo più caro amico e l'abbia trovato nel desiderio di vendicarlo. I suoi occhi sono simili a braci ardenti e il suo sguardo è tagliente come una lama molto affilata. Persino noi che lo conosciamo da molti anni ne abbiamo paura, a volte.

Non vi sono stati altri attacchi, sul pianeta, dopo l'attentato a Yoser, ma nessuno di noi è rimasto con le mani in mano ad aspettare: ci siamo esercitati soprattutto nell'esercizio della meditazione, per trovare il giusto equilibrio tra mente e corpo. Abbiamo rallentato ancora di più i nostri movimenti, per imparare a mantenere costante la concentrazione, e poi li abbiamo velocizzati tre volte di più. Non abbiamo usato le armi a nostra disposizione, per non ferirci tra di noi: un solo taglio con la spada è in grado di distruggere una pietra molto grossa e pesante, e questo è stato possibile grazie alle conoscenze di colui che ha riportato la tecnologia sulla Terra. Il materiale con cui sono state costruite le nostre armi è una lega di cui solo lui e Athorm conoscevano la composizione, ma ora sembra che anche Verlor Torrado sia stato messo al corrente di molti segreti. Non a caso egli è stato scelto per sostituire Yoser, e lo ha fatto con grande umiltà unita a un forte desiderio di mantenere vivo ciò che il nostro amico ha fatto per tutti noi. Anche Verlor conosce la robotica e rimane spesso sveglio di notte a studiare gli appunti di chi lo ha preceduto. Si è avvalso della collaborazione di chi già conosceva il progetto ma ha aperto anche a nuovi professionisti. La maggior parte di essi, curiosamente, si trova tra gli artigiani e tra i sopravvissuti dei Popoli estinti. Questo patrimonio culturale sarà preservato nella Capitale e tra questi volti nuovi saranno scelti altri collaboratori, sia uomini che donne.

Nascondere questo nuovo viaggio sarebbe stato impossibile. Così, Athorm ha convocato gli Alti Funzionari e ha comunicato loro che intraprenderemo una nuova missione nello Spazio e che non si sa quanto questa essa possa durare. Ha parlato di fronte a loro, in persona, con tutti noi presenti, ma ha nascosto molti dettagli che avrebbero potuto innescare il panico tra i Popoli, poiché già serpeggia un vago sentore generale, soprattutto da quando Yoser è stato ucciso. Lo scienziato ha attraversato molte situazioni pericolose, uscendone indenne: la storia dell'incidente sembra non reggere e questo non fa che aumentare le teorie apocalittiche che tutti noi abbiamo sentito, durante questo mese. Le notizie si sono rincorse, amplificandosi molte volte, e sarebbero aumentate sicuramente, se Athorm in persona non fosse intervenuto. La sua parola ha messo a tacere molte ipotesi complottistiche, ma il dubbio è rimasto. Per questo, ora più che mai, è necessario che l'esercito sia compatto e mantenga la calma. Abbiamo rassicurato chiunque ci avvicinasse, minimizzando le paure e cercando di riportare alla normalità questi Popoli già sufficientemente provati. Così, dopo essere riusciti a zittire i chiacchiericci più martellanti, abbiamo concluso il nuovo addestramento e ci siamo preparati per la partenza. La gente si è accalcata sulla riva come è successo durante il primo viaggio, e molti di noi si sono affacciati con il viso sorridente, per rincuorare chiunque rimanesse a terra, ad aspettare il nostro ritorno. Chi ha una famiglia a Kelenda ha dovuto mantenere il segreto fino ad oggi, e continuerà a farlo finché Athorm non darà il permesso di rivelare ciò che in molti ignorano, ma questo potrebbe non accadere mai. Per non correre il rischio di una divulgazione senza criterio, tutti noi siamo stati sottoposti all'impianto di un piccolo microchip che controlla ciò che diciamo. Questo congegno non lede la nostra privacy: si limita a rilevare solamente alcune parole chiave che possano causare il panico tra la gente. Ha una durata limitata nel tempo e poi viene assorbito dal corpo, grazie alle scoperte del grande Yoser Nym che hanno reso possibile questa nuova tecnica. Tutti noi siamo stati imbarcati prima che il microchip smettesse di funzionare: in questo modo, il controllo ha avuto successo e si è riusciti ad evitare l'esordio di un'ondata di panico collettivo, l'ultima cosa che noi vorremmo e la prima che cerca di causare il nostro nemico. Forse, se il Popolo sapesse di tutti i controlli cui siamo sottoposti, ci considererebbe cavie umane manovrate come marionette da un burattinaio che ha pieni poteri su quasi tutto il Pianeta, ma non comprenderebbe la delicatezza con cui certe situazioni devono essere obbligatoriamente trattate. Se queste precauzioni non fossero adottate, qualcuno, tra di noi, avrebbe commesso un passo falso che sarebbe costato molto più di un piccolo vincolo limitato nel tempo. Abbiamo una responsabilità che non possiamo condividere con chiunque, né dobbiamo farlo: il nostro compito è continuare a mantenere la calma, per non rovinare il fragile equilibrio del pianeta Terra, provato già troppe volte. Per tutto il resto, rimane solo il silenzio e la consapevolezza di essere depositari di segreti che, se divulgati nel modo sbagliato, potrebbero essere mistificati e manipolati, propagandati dai pochi individui senza scrupoli che ancora, purtroppo, serpeggiano un po' ovunque.

Così, siamo in viaggio anche ora, abbiamo attraversato l'atmosfera e ormai sta diventando un'abitudine che non provoca più neppure il senso di nausea del primo viaggio, e, in parte, anche del secondo. Tutto sembra procedere perfettamente: la nave è in assetto e non ci sono ostacoli sul nostro cammino. Lo Spazio sembra sgombro dai detriti che ci hanno colpiti senza sosta, durante l'ultimo viaggio. Le luci penetrano con naturalezza e il silenzio è piacevole, interrotto solamente da sporadici assestamenti dei motori della nave, ronzii che non infastidiscono, ma, anzi, rassicurano.

Smuz è stabile nella postazione che un tempo apparteneva a Yoser. In questo ultimo mese ha lavorato molto per imparare i comandi, dapprima quelli principali e poi approfondendo ulteriori marchingegni di cui non conoscevamo neppure l'esistenza. L'aiuto di Orisa si è rivelato molto prezioso, soprattutto perché la Signora di Idra ha contribuito parecchio per la realizzazione di alcuni sistemi in grado di individuare variazioni esterne e interne.

Athorm è in piedi, nell'estremità anteriore della plancia, e osserva silenziosamente tutto quello che mostra il grande schermo di cristallo. Ha le braccia conserte, e indossa una delle sue uniformi ufficiali, di colore grigio, e le solite tre cinture intrecciate tra loro in vita, oltre a bracciali sui polsi che recano il simbolo di Kelenda. Il suo mantello è nero come i suoi stivali, e alle cinture sono fissate saldamente le sue armi. E' l'unico di noi che non indossa l'elmo e questa differenza ci fa pensare che il suo potere sia molto più grande di quanto possiamo pensare. Accanto a lui c'è Swaynn, anch'essa vestita con una tunica lunga e grigia, stretta in vita e damascata preziosamente. I suoi capelli sono raccolti in una lunga coda, morbida e bassa, e sul suo collo spicca un ciondolo luminoso di cui non si riconoscono le fattezze. E' probabile che sia un retaggio dell'Isola della Luna, ma non ne siamo sicuri. Lei indossa l'elmo, così come lo indossa Auma, dormiente tra le sue braccia. E' la prima volta che vediamo la piccola così protetta. Cominciamo a chiederci se anche lei, in qualche modo, sia coinvolta in questa guerra, e come. Ha solo pochi mesi e i suoi occhi osservano già ciò che le sta intorno, quasi con interesse. Sembra una bimba molto tranquilla, ma sa destarsi ogni volta in cui accade qualcosa di particolare ed è probabile che anche lei possieda delle capacità superiori. Lo abbiamo già visto durante il viaggio di ritorno a Kelenda: Auma ha qualcosa in più, rispetto ad una bimba appartenente alla razza umana. Ma cosa? Ce lo chiediamo in continuazione ma non sappiamo trovare una risposta.

"Smuz: riesci a rilevare la presenza di campi energetici anomali?" Chiede Athorm, senza staccare gli occhi dallo schermo.

"Tutto sembra normale." Risponde il mio sposo, controllando più volte i suoi monitor. "Non ci sono segni evidenti di alterazioni, nemmeno gravitazionali."

"E' tutto molto strano..." Mormora Athorm, meditabondo. Poi, ad alta voce, impartisce un ordine: "Computer: verificare la presenza di masse non identificabili da qui alla Luna! Estendere la ricerca di dieci chilometri, in tutte le direzioni!"

"Presenze non rilevate." Risponde una voce femminile, lievemente metallica.

"Aumentare il raggio di ricerca del cento percento, da qui alla Luna!"

Passano alcuni istanti in cui si avverte l'inconfondibile ronzio che indica un'attività interna, poi la voce risponde:

"Nessun rilevamento significativo. La navigazione procede correttamente."

"Mantenere la rotta!" Comanda ancora Athorm. Poi, quasi mormorando, aggiunge: "Puntiamo dritti alla Luna. Non c'è altro da fare."

"Pensi che ci stiano tendendo una trappola?" Chiede Orisa, ancora a fianco di Smuz.

"Ne sono sicuro." Risponde il nostro capitano. "Tutto questo fa parte di una strategia ben precisa."

"Credi che vogliano farci arrivare sul Satellite per tenderci un'imboscata?" Chiedo, con rispetto.

"Non sulla Luna." Risponde Athorm, voltandosi verso di me. "Non possono rischiare che essa venga distrutta durante la battaglia. E' stata la loro casa per molto tempo, e lo è ancora. No... Ci vogliono trascinare fin là, ma ancora non so perché." Si rivolge poi a Swaynn, che lo guarda come se fosse in attesa di ordini: "Percepisci qualcosa?" Le chiede, scrutandola a fondo.

"Nulla." Risponde la donna, con decisione. "Ma questo nulla è più assordante di milioni di voci. E' innaturale. Sono d'accordo con te: sanno che ci stiamo dirigendo laggiù e, in qualche modo, vogliono che continuiamo a farlo. Ho cercato di pensare a diverse ipotesi, ma credo che dovremo essere pronti a tutto."

Athorm annuisce e la navigazione spaziale continua, nel silenzio e in un'atmosfera quasi irreale. Il tempo sembra fermarsi, dilatarsi, e, a un tratto, è come se mi sentissi immersa in una bolla di sapone. La sensazione è molto piacevole, quasi ipnotica, e faccio fatica a tenere gli occhi aperti. Anche i colori sembrano più vividi e morbidi, e un senso pace mi pervade l'anima. A stento riesco a sentire gli ordini di Athorm e ad obbedire: le mie mani sembrano non riuscire ad afferrare nemmeno una piccola leva. Mi guardo intorno, pensando di essere l'unica a sentirmi così, ma mi accorgo che anche gli altri Ufficiali in plancia lottano contro questa sensazione dirompente. Solo Athorm, Swaynn e Orisa sembrano essere in perfetto controllo. Sento le loro voci e ci chiamano con vigore, ma anche le labbra si serrano e nessuno di noi riesce più a parlare. Anche Smuz ciondola sui suoi comandi, nonostante Orisa cerchi di tenerlo in piedi. La stanchezza accumulata in tutti i lunghi mesi di addestramento, le ultime vicende che ci hanno coinvolto, la rigida disciplina cui siamo stati costretti a sottostare... tutto questo e ancora di più ci fa desiderare di poter dormire, rilassarci, dimenticare tutto e lasciare che le cose vadano come devono. Vorrei potermi sedere sulla poltrona morbida che ciascuno di noi ha in dotazione, ma, ogni volta in cui cerco di farlo, è come se essa mi respingesse, e io sono costretta a rimanere in piedi. Poi, mentre di fronte a noi appare la sagoma della Luna, mi sembra di scorgere delle figure alate, eteree, bellissime, simili ad Angeli. Sono avvolte di una luce soffusa e hanno visi meravigliosi, sguardi che invitano al dolce sonno, e mentre le vedo danzare nello Spazio, la sensazione di stanchezza diventa ancora più indomabile. Mi sento scivolare, ma qualcuno mi sorregge: è Swaynn, e sta gridando il mio nome. Perché lo fa? Vorrei solo poter dormire per un paio di minuti, in fondo… Credo di meritarlo, così come lo meritiamo tutti… Eppure continua a scuotermi, nonostante io cerchi di liberarmi dalla sua stretta. Prima o poi mi lascerà stare: non può impedire a tutti noi di addormentarci, se lo desideriamo. Siamo troppi, per sole tre persone. E siamo stanchi, molto stanchi. E quest'atmosfera paradisiaca, piena di Angeli bellissimi, ci riporta ad un'infanzia da tempo dimenticata. Un'infanzia che molti di noi avrebbero voluto vivere ma che non sono nemmeno riusciti a sognare. E ora, questo abbraccio mentale è dolce come quello di una madre che tiene suo figlio stretto a sé e lo invita a dormire.

In questa sorta di torpore, riesco a sentire solo le parole di Athorm. La sua voce è così forte da darmi una scossa, per un breve istante:

"Seconda truppa scelta: indossate le maschere e uccidete il nemico!" Esclama, con decisione. "Voi siete immuni da questo sortilegio. Andate e non esitate!"

Nemico… sortilegio… uccidere… parole che stonano, in questo contesto così soave. Questi Angeli ci passano vicini e ci sorridono, salutandoci con la mano. Hanno ali bellissime, di colore celeste, molto chiaro. Il loro viso è luminoso, come gli occhi, chiarissimi e quasi trasparenti. Hanno capelli lunghi, morbidi, di colori diversi, come gli abiti. Vorrebbero poter venire verso di noi, ma qualcuno ha attivato il Terzo Scudo, ed essi non riescono a passare. Istintivamente porto la mano sul pulsante che ne comanda l'apertura, ma mi accorgo che non risponde al mio tocco. Com'è mai possibile? Tutti i pannelli sono stati tarati in base alle nostre impronte digitali, e chiunque di noi può dare un ordine…

… A meno che, Athorm non decida di bloccare tutti i dispositivi, per prendere il comando assoluto.

Ho un moto di stizza, ma il viso di un Angelo vicino attrae la mia attenzione. Assomiglia a qualcuno che conosco o che ho conosciuto… non lo so… So solo che sembra parlarmi, ma io non riesco a sentire le sue parole. Continua a sorridermi e a cercare di comunicare con me. Lo guardo senza capire: muove le labbra ma la sua voce non mi arriva. Vorrei poter ascoltare quello che ha da dirmi, ma non so che fare. Ormai la mia attenzione è completamente concentrata su questa figura meravigliosa che si libra nell'aria e che indica la testa. Non comprendo che cosa significhino i suoi gesti, finché non sfioro i miei capelli. L'elmo… sì, l'elmo… Forse dovrei toglierlo? Guardo l'Angelo e lo vedo sorridere, annuire felicemente e volare come se stesse danzando. Avvicino la mano a quello che ormai si è trasformato in un peso inutile, e cerco di sfilarlo dalla mia testa… ma qualcuno mi ferma con decisione, afferrandomi la mano: è Swaynn, e mi guarda con severità. Vorrei divincolarmi dalla sua stretta, ma le due dita sembrano d'acciaio. Il mio corpo è prevalentemente meccanico e io dovrei essere più forte di lei, eppure mi sento fragile come un cristallo.

Guardo l'Angelo, e i suoi occhi sembrano tristi. La tristezza scende anche nel mio cuore: vorrei poter essere dov'è quella bellissima figura eterea ma non mi è permesso. Cerco ancora di liberarmi da Swaynn, quando, all'improvviso, un lampo di luce mi desta da questo torpore: qualcuno o qualcosa si è abbattuto sul mio Angelo, e la mia anima ha subìto una forte scossa. Giro lo sguardo e mi rendo conto di quello che sta accadendo: una delle Ancelle sta combattendo contro la figura alata e io non riesco a capire subito il perché. Ci vogliono lunghi istanti, prima che la mia mente torni lucida: quelli non sono Angeli! Quelli sono gli Spiriti che hanno ordito una trappola ma che sono stati prontamente fermati dall'intervento delle Guerriere di Idra!

Mi aggrappo con fatica alla mia postazione, e mi accorgo che la figura celestiale di prima sta mutando il suo aspetto: man mano che io e i miei compagni di viaggio usciamo da quello stato di trance, la luce soffusa si trasforma in un bagliore verde fosforescente, e i bellissimi Angeli non sono altro che i nostri nemici, il cui corpo ora ha assunto una consistenza solida e brunita, dai contorni sfumati. Swaynn torna da Athorm, dopo essersi assicurata che in plancia gli Ufficiali si siano ripresi.

"Smuz: quanti ce ne sono?" Chiede Athorm, immediatamente.

Orisa lo aiuta a verificare sui suoi monitor, ed egli risponde:

"Un centinaio circa." La sua voce è ancora lievemente impastata, ma lo sguardo è tornato ad essere quello di sempre.

"Orisa: quante Guerriere sono uscite?" Chiede di nuovo Athorm alla Signora di Idra.

"Trenta. Non di più." Risponde Orisa. "Ma c'è un'altra truppa già pronta ad intervenire, se sarà necessario."

"Terza truppa scelta: entrate nel combattimento, subito!" Esclama Athorm, nell'amplificatore vocale. "Il nemico si sta indebolendo, ma c'è bisogno di voi!"

Poi si rivolge al computer: "Identificare i campi energetici nemici!"

"Campi energetici identificati e memorizzati." Risponde la voce femminile.

"Puntare le armi e fare fuoco, ma solo sui bersagli nemici!"

"Impossibile stabilire il bersaglio. Operazione non consentita. Rischio di distruzione di massa."

"Maledizione, c'è troppa luce!" Mormora Athorm. Poi si dirige ad un altro microfono, quello collegato alle nostre truppe che si stanno battendo: "Rimanete nell'ombra!" Esclama, con decisione. "Convogliate l'energia solo sul nemico ma non disperdetela!"

"Athorm..." Mormora Orisa, pallida in volto. "Si indeboliranno..."

"Lo so. Ma è l'unico modo per riuscire a delineare i confini." Risponde, senza guardarla.

Mi giro verso l'oblò che mi permette di vedere che cosa sta accadendo: le Ancelle hanno obbedito al comando, e ora la luce avvolge solo le truppe nemiche che sembrano non voler cedere ai colpi delle Guerriere. Le donne di Idra combattono con grande coraggio, spesso lasciandosi librare nell'assenza di gravità, poiché il nemico non sembra riuscire a staccarsi dal suo cavallo fatto di detriti dello Spazio e chissà che altro.

"Computer: ritentare l'operazione!" Esclama ancora Athorm.

Passano istanti che sembrano non terminare mai, mentre il ronzio in sottofondo ci fa capire che si sta procedendo ad una scansione accurata di tutto lo scenario che ci sta intorno. Nel frattempo, alcune Ancelle vengono abbattute e, prima che i nemici riescano ad attirarle a sé, una bolla rosata le avvolge ermeticamente. L'esercito degli Spiriti non riesce a distruggere questa protezione, né a prelevare le informazioni che vorrebbe: quelle bolle sono un altro strumento inventato da Yoser e Athorm, in grado di proteggere l'essenza di chiunque vi rimanga avvolto.

"Operazione consentita." Dice la voce, finalmente. "Armi puntate."

"Azionare le armi! Ora!"

Al comando di Athorm vediamo raggi simili ai laser dirigersi verso le truppe nemiche. Non appena un Guerriero viene colpito, si polverizza immediatamente, lasciando solo una lieve scia di polvere che subito torna verso la Luna.

"Si nascondono dietro il Satellite..." Mormora Swaynn, e i suoi occhi hanno quello sguardo fisso che già conosciamo, con le pupille dilatate oltre misura e un'espressione del viso che non sembra appartenere a questo mondo. "Raccolgono la polvere di coloro che sono stati abbattuti per poter esaminare la forza delle nostre armi... La polvere verrà riutilizzata per costruire altri corpi solidi, più forti di questi e ancora più astuti... Questo attacco è stato un altro test utile per loro, per capire con chi hanno a che fare... Conoscono i nostri radar e sanno come evitarli."

"Riesci a capire dove si nascondono?" Le chiede Athorm, mentre ci accingiamo ad accogliere le Ancelle colpite e i cavalli bionici fuori uso, senza che gli Spiriti possano penetrare fin dentro la nave.

"No." Risponde Swaynn, con voce lontana. "Le suggestioni che hanno inviato in questo primo tentativo avevano il compito di distrarre tutti gli esseri umani presenti nella nave e parte degli alieni. Allo stesso tempo, hanno reso possibile l'inizio di un contrattacco che stanno già preparando. Questi Guerrieri sono diversivi con l'incarico di farci perdere del tempo prezioso e di creare confusione nelle menti di chi si è lasciato irretire dalle visioni. Anche noi siamo stati indeboliti. Questo era l'obiettivo: renderci inoffensivi. Dobbiamo ritirare le truppe e distruggere i nemici, senza indugiare oltre. Finché non saremo fuori da qui, non riuscirò a vedere nulla di più."

"Grazie, Swaynn." Mormora Athorm, appoggiandole una mano sulla spalla. Poi impartisce un comando al microfono: "Ancelle di Idra: ritiratevi! Immediatamente!"

Le Guerriere obbediscono all'ordine, mentre una serie di colpi viene scagliata contro il nemico. Uno ad uno, gli Spiriti vengono distrutti senza pietà, finché i pochi sopravvissuti decidono di fuggire.

Auma geme lievemente e Swaynn mormora:

"Credo che dovremmo trattenere parte di quella polvere che cerca di tornare alla Luna e analizzarla..." La sua voce sembra provenire da molto lontano, e le sue pupille sono ancora molto dilatate.

"Molto bene!" Esclama Athorm. "Computer: individuare i detriti e prelevarne un campione! Agire con la massima velocità!"

"Operazione eseguita." Risponde la voce. Avvertiamo un rumore diverso ma non riusciamo a comprendere di che cosa si tratti: i cannoni continuano a sparare e ci sono continui lampi di luce, intorno a noi. Le vibrazioni che scuotono la nave sono molto intense e dobbiamo reggerci con tutte le nostre forze per non cadere a terra.

"Smuz: ce ne sono altri?" Chiede, infine, Athorm.

"Nessuno. Si sono ritirati tutti."

"Cessare il fuoco!" Ordina il nostro capitano. Immediatamente la pioggia di colpi termina e i cannoni tornano al loro posto. Le luci sono scomparse e la nave è in assetto.

"Verificare i danni!" Dice ancora Athorm, rivolgendosi al computer centrale:

"Nessun danno rilevante." Risponde la voce femminile.

"Attivare la procedura di rigenerazione!"

"Procedura attivata."

"Smuz: le Ancelle sono rientrate?"

"Tutte. Anche quelle colpite."

"Moraya: apri il passaggio che porta al laboratorio e fai rientrare le Guerriere ancora in vita. I cavalli bionici saranno scansionati dal sistema difensivo."

"Subito, Athorm!"

"Edena: attiva la procedura di rilevazione al passaggio delle Ancelle. Se portano anche una sola traccia del nemico, questa nave può considerarsi sotto grave attacco."

"Procedura attivata."

"Chiudi tutte le porte e trattieni la truppa nella zona di confine."

"Eseguito."

"Smuz: ci sono segni di infrazione?"

"Nessuno: le Guerriere non sono state contaminate. Il campo magnetico è pulito: il computer è in grado di riconoscerle, una ad una."

"Dimmi di quelle ancora nella stiva."

"Le bolle si sono dissolte. Non vi sono contaminazioni."

"Sono già nelle bare di cristallo…" Mormora Orisa, pallida in volto. "Quante sono, Smuz?"

"Poco più di venti, Signora…"

"Venti… Devo andare subito da loro…" Si accinge a lasciare la plancia, ma Athorm la trattiene:

"Non ora." Dice, con decisione. "Attendiamo i risultati della polvere che siamo riusciti a catturare. Non possiamo sapere se sui loro corpi ve ne sia traccia. Le altre Guerriere sono entrate attraverso un altro ingresso e sono già state identificate."

"Ma è mio dovere andare, Athorm!"

"Tuo, come anche mio. Ma non possiamo rischiare più di quanto già stiamo facendo. Attendiamo i risultati. Swaynn." Si rivolge alla Governatrice di Nod e notiamo che le sue pupille sono ancora molto dilatate. "Controlla tu i dati a nostra disposizione."

La donna avanza verso Smuz con passo lieve, con in braccio Auma che sembra guardarci. Si china lievemente sui monitor e legge con attenzione i risultati che il computer sta trasmettendo:

"Ci sono tracce di detriti Spaziali." Dice, con voce neutra. "Granelli di polvere che vengono dalla superficie Lunare. Vibrazioni energetiche continuano ad emanare piccole particelle radioattive, con un'intensa attività. Sembra che vi sia traccia di un organismo ancora vivente e questo lascia supporre che il nemico da noi abbattuto sia riuscito a recuperare parte della sua forza, proprio riportando indietro ciò che rimaneva di lui, nello scontro."

"C'è un pericolo di contagio?" Chiede Athorm. "Che cosa dice il computer?"

Swaynn gli rivolge uno sguardo immobile:

"La tecnologia serve a poco, in questi casi." Risponde, lentamente. "Loro non si basano su ciò che l'essere umano pensa di poter usare per preservare se stesso. Si affidano all'intuito e alla conservazione di ciò che fa parte della loro natura. Per questo non hanno intenzione diffondersi tra di noi: potremmo usare la loro energia a nostro vantaggio, e non è ciò che vogliono."

"Potremmo utilizzare anche questa polvere, quindi?" Chiede Orisa.

"Non servirebbe a nulla. E' programmata solo per dare un corpo a queste creature. Se qualcuno di noi la usasse per i suoi scopi, non diventerebbe altro che polvere. Null'altro."

"Ma c'è ancora un'attività molto forte!" Esclama Smuz. "Perché sprecarla?"

"Questa manciata di polvere che siamo riusciti a strappare al nemico sta solo attendendo di tornare da colei che ha inviato le sue truppe contro di noi, e continuerà a vivere finché gli Spiriti non saranno stati sconfitti. Giacerà inerte e riprenderà vita nel prossimo combattimento. Dobbiamo lasciarla andare e far sì che il destino si compia. Anche noi traiamo forza dalle Ancelle di Idra e dal loro sacrificio: ogni volta in cui esse si dissolvono, parte della loro essenza entra in tutti noi, che ne usufruiamo senza nemmeno ringraziare. Questa polvere non ci appartiene."

"Swaynn ha ragione." Replica Athorm. "Computer: rilascia nello Spazio ciò che è stato introdotto nella nave."

"Comando accettato. Procedo con la dispersione."

Vediamo la scia luminosa scivolare via molto rapidamente da noi e un brivido mi corre giù per la schiena: siamo stati vittime di un'altra suggestione e questo ha causato la morte di altre trenta donne di Idra. Se fossimo stati più accorti, se solo avessimo mantenuto la consapevolezza di ciò che eravamo e di dove ci trovassimo, forse, avremmo potuto evitare questa perdita. Ogni Guerriero che ci lascia è un fallimento in più per tutti noi. E nessuno può restituirci quelle anime che, con troppa superficialità, stiamo condannando alla morte. La colpa, in questo caso, è solo nostra.

"Dobbiamo andare nella stiva, ora." Mormora Swaynn, con lo sguardo ancora immobile. "Rendiamo onore a coloro che devono tornare a Casa. Gli Antenati ci stanno aspettando. Non possiamo indugiare oltre."

Athorm annuisce:

"Attivare lo Scudo Mimetico." Ordina agli Ufficiali della plancia. "Ci farà guadagnare del tempo e riusciremo a nasconderci allo sguardo del nemico quel tanto che basta per restituire allo Spazio ciò che gli appartiene. Auma verrà con noi. Rimanete in allerta, esercito di Sel'nays: non stiamo combattendo contro un avversario incapace e ora lo sapete. Se volete continuare a vivere, non abbassate mai la guardia. Su di voi pesa il merito o la colpa di altre vite: riflettete su queste parole e mostrate rispetto verso chi cerca in voi una protezione."

Rispondiamo affermativamente, mentre i tre si dirigono nella stiva.

Non troviamo parole da poter pronunciare. Non ce ne sarebbero a sufficienza.

Non servirebbero a nulla, in ogni caso…

Ventuno - *Orisa*

Non è mai facile dire addio, soprattutto quando si è consapevoli della propria immortalità e di quella di chi ti sta accanto. Scoprire che, in realtà, questo concetto è puramente relativo fa sentire impotenti, improvvisamente piccoli, e molto ignoranti. Per molti secoli ho vissuto con l'illusione che nulla avrebbe potuto porre fine all'esistenza di un'anima immortale, ma dopo gli avvenimenti appena accaduti, ho dovuto ricredermi. Non è stato facile accettare la morte di Yoser e continua a non esserlo. E' dura anche vedere come molte mie Ancelle abbiano perso la vita in una battaglia fatta di suggestioni e conflitti interiori, e mi consola solo il fatto di sapere che esse abbiano sacrificato se stesse per salvaguardare l'incolumità di molte altre creature viventi che continuano ad operare all'interno della nave.

Non stiamo combattendo solo per difendere Swaynn e Auma: se permettessimo agli Spiriti di prevalere, i messaggi dalla Luna arriverebbero alterati sulla Terra e gli esseri umani vivrebbero solo di illusioni effimere, così com'è successo secoli fa. Se si verificasse questo squilibrio, nessuno più lotterebbe per un nobile ideale, ma si fermerebbe in superficie, desiderando ciò che non potrebbe mai avere, e si sentirebbe continuamente frustrato, inascoltato, inadeguato. La lotta interiore è la guerra più dura che ciascuno di noi possa incontrare sulla sua strada. E' la battaglia decisiva che segna un inizio o una fine, e noi siamo gli unici in grado di combatterla, poiché nessuno può farlo al posto nostro. Questa consapevolezza continua a risuonare nella mia anima, così come in quella delle mie Guerriere, ma ancora di più permea i sentimenti che animano Athorm e Swaynn nel tentare di frenare l'avanzata dell'esercito nemico. Noi li vediamo sempre in perfetto controllo, come se nulla li sfiorasse, ma io percepisco le loro fragilità, le paure che sanno nascondere abilmente, i dubbi, le insicurezze... Ma non sono chiamata a nutrire questi sentimenti che potrebbero indebolirli, così come non mi è concesso cedere al dolore che mi lacera, ogni volta in cui assisto ad una morte ingiusta. Il mio dovere è condurre il mio Popolo ad una nuova rinascita, e questo viaggio non segnerà una svolta solo per l'essere umano, ma per tutti noi che abitiamo nello stesso Universo.

Dopo le suggestioni che hanno colpito l'esercito di Sel'nays, siamo rimasti fermi per un po', affinché l'equipaggio si riprendesse dalla dura prova e per cercare di elaborare una strategia. Le donne di Idra non sono più sufficienti, ormai, e Athorm sarà costretto a scegliere alcuni dei suoi uomini cui affidare un'eventuale prossima spedizione. Io e Smuz abbiamo cercato di individuare il covo in cui si nascondono gli Spiriti, invano: i radar e i sensori non hanno rilevato nulla di anomalo, e questo, secondo Swaynn, è un altro tentativo di depistaggio da parte dell'esercito nemico. Abbiamo ripreso la navigazione dopo aver deciso di avvicinarci alla Luna, ma, più cerchiamo di andare verso il Satellite, più ci sembra che si allontani. Consultando anche i dati che arrivano al computer centrale, non dovremmo essere così distanti... eppure, ogni volta che ci sembra di essere arrivati a destinazione, ci accorgiamo che abbiamo ancora molta strada da fare.

"Stiamo girando su noi stessi..." Mormora Athorm, osservando i monitor. "Qualcosa interferisce con i satellitari... Swaynn!" Dice, rivolgendosi alla moglie. "Riesci a percepire la rotta?"

Swaynn scuote lievemente la testa:

"No." Risponde, pensierosa. "E' come se ci fosse un muro invisibile che mi impedisce di vedere oltre."

"Smuz: i radar continuano a non rilevare nulla di anomalo?"

"Sembra tutto normale, Athorm. Non ci sono campi magnetici che possano disturbare le nostre frequenze, e non vedo depositi di detriti sui sensori."

"Un'altra suggestione..." Mormoro, guardando lo Spazio attraverso i grandi oblò laterali della plancia.

"Che cosa facciamo, Athorm?" Chiede Oughm, con uno sguardo perplesso.

L'Altissimo Funzionario di Kelenda rimane in silenzio per un lungo istante. Sembra riflettere, ma so che sta cercando di connettersi con gli Spiriti degli Antenati. Lo percepisco dall'energia che proviene dalla sua mente:

"Fermiamo la nave." Dice poi. "E' inutile girare a vuoto. Rischieremmo di confonderci ulteriormente ed è esattamente ciò che vogliono i nemici."

Gli Ufficiali eseguono immediatamente il comando e rimaniamo sospesi nel vuoto, come in attesa di una risposta che non sembra di facile intuizione. Athorm continua a studiare la rotta, senza dire nulla, ma dal suo sguardo comprendo che anche lui sembra cercare un solo piccolo segno che possa farci uscire da questo stallo. Guarda Swaynn e, per un attimo, ho l'impressione che stia per dire qualcosa, ma poi decide di tacere. Ma la Governatrice di Nod decide di parlare per lui:

"Athorm…" Dice, con voce limpida. "C'è un solo modo per aprirci un varco in questo muro impenetrabile. E tu sai qual è."

"Ci devono essere delle alternative!" Esclama il capitano della nave, quasi rifiutandosi di prendere in considerazione l'idea che, a un tratto, comincia a sfiorare anche la mia mente. Mi avvicino a Swaynn, come se volessi proteggerla dalle sue stesse decisioni. Ma lei è irremovibile. Mi rivolge uno sguardo deciso e mi porge Auma. Stringo a me la creatura che pare percepire quello che sta per accadere e che si agita lievemente, emettendo piccoli gemiti.

"E' me, che vogliono." Dice, poi, senza tradire alcuna emozione. "Non posso continuare a fuggire. Non ha senso. L'unico modo che abbiamo per trovare la rotta per la Luna è che io mi sveli. Ed è ciò che farò." Alza lentamente una mano ma Athorm la trattiene:

"No!" Esclama, con occhi di brace. "Non sappiamo ancora che cosa ci attende, oltre questo labirinto! Potrebbe essere una trappola, e, se lo fosse, il tuo gesto metterebbe a rischio la vita di tutti noi!"

Swaynn lo guarda sorridendo dolcemente e accarezzandogli il viso:

"Lo sai benissimo che non è così." Mormora, con una lucidità sorprendente. "Questa è l'ultimo gioco che ci concedono. Ora inizia la vera guerra e non possiamo vincerla continuando a scappare. Già troppe vite sono state sacrificate per causa mia. Ora basta. Lascia che io faccia che è giusto."

"Credi davvero che si fermeranno, Swaynn?" Le chiede Athorm, in un ultimo, disperato tentativo di convincerla a desistere dalla sua decisione. "Ci attaccheranno ugualmente e tu lo sai. Il fuoco dei cannoni non sarà più sufficiente: sarò costretto ad inviare altre truppe a combattere contro l'esercito nemico."

"Athorm…" Sussurra Swaynn. "L'esercito è pronto. Che senso avrebbe avuto addestrare tutte queste persone, per poi lasciarle immobili a subire un destino che possono cambiare?" Si rivolge quindi agli Ufficiali in pancia: "Chi di voi vuole restare con le mani in mano, in attesa che accada qualcosa?" Chiede, ad alta voce. "Chi di voi sarebbe disposto ad accettare passivamente questi continui attacchi, senza nemmeno tentare di combattere? Chi di voi accetterebbe una sconfitta, senza aver messo in pratica ciò che ha imparato?" Rimane in attesa di una risposta, ma essa non arriva. "Vedete?" Continua. "Il momento è giunto anche per voi. Questo scontro potrebbe essere quello decisivo, oppure potrebbe preludere ad un altro, ancora più intenso. In ogni caso, non possiamo più tornare indietro, finché questa guerra non sarà finita. E io voglio che cessi al più presto, affinché noi tutti possiamo pensare ad un futuro migliore, senza più paura di sperare in qualcosa che tutti noi meritiamo di avere: la libertà di esistere per ciò che siamo, a qualunque razza apparteniamo e ovunque decidiamo di vivere."

Gli Ufficiali annuiscono, commossi e concentrati al tempo stesso. Athorm abbassa lo sguardo:

"E così… sei tu a decidere al posto mio…" Commenta, con un sorriso amaro.

"Non saresti mai riuscito a ordinarmi ciò che devo fare." Risponde Swaynn, sorridendo dolcemente. "Così, credo di avere il diritto di poter scegliere per me stessa. Dammi la tua approvazione, Athorm Dralt, Altissimo Funzionario di Kelenda. Permettimi di fare ciò che è giusto, ora."

"Hai la mia approvazione…" Mormora Athorm, stringendole la mano. Poi, riprendendo il controllo di sé, si allontana da lei, esclamando: "Attivare il Terzo Scudo e preparare i cannoni! Stabilizzare i sensori, in qualsiasi luogo della nave! Siate pronti ad attaccare, in qualsiasi momento!" Si avvicina poi all'amplificatore vocale: "Esercito di Sel'nays: ciascuno prenda il suo posto, come da procedura! Le truppe si preparino per combattere! Lasciate i cavalli bionici alle Ancelle di Idra e utilizzate i velivoli messi a vostra disposizione!"

Swaynn gli rivolge un ultimo sguardo e Athorm si allontana da lei, con uno sguardo carico di tensione. La Governatrice di Nod si gira verso il cristallo che continua a trasferire l'immagine della Luna a pochi passi da noi, eppure sempre così lontana, e, lentamente, toglie l'elmo dal suo capo.

Improvvisamente, la nave comincia a vibrare. Rimaniamo in piedi solo grazie all'assetto che si mantiene costantemente orizzontale, grazie al complesso sistema di riequilibrio ideato da Yoser. Quando le vibrazioni cessano, cominciamo ad intravedere qualcosa che circonda la Luna. Sono piccoli puntini luminosi che diventano sempre più grandi, fino ad assumere i contorni di uomini e donne a cavallo, sospesi nello Spazio. Un bagliore verde, fosforescente, che circonda anche noi, e che solo ora ci fa capire la moltitudine di nemici che ci sta ingannando da molte ore.

Mi sento rabbrividire, mentre la nave si riempie di sussurri. Ma uno su tutti riesce a penetrare attraverso tutti i dispositivi che hanno una funzione di difesa. E' un sussurro simile al sibilo del vento, e porta con sé una sensazione di gelo innaturale:

"Vogliamo Swaynn e la creatura." Dice la voce incorporea, proveniente da chissà dove. "Consegnatecela e non vi accadrà nulla…"

"Sta mentendo!" Esclama Oughm. "Siamo stati vittima di molti inganni, e non dobbiamo cedere anche a questo!"

"Taci, piccolo terrestre!" Intima la voce, con un soffio più gelido. "Ogni minuto trascorso senza ciò che vogliamo è un minuto a te sottratto dalla tua lunga e triste vita! Credi che non conosciamo la sensazione di solitudine di chi ha una vita senza fine? Il senso di vuoto, di non appartenenza, e i dubbi che attanagliano le viscere quando tutti coloro che si ha intorno se ne vanno e la loro assenza procura lo stesso smarrimento di cui sei vittima anche tu?"

"Non mi fai paura!" Esclama ancora Oughm. "Non ho paura di chi non ha nemmeno il coraggio di farsi vedere!"

"Se tu mi vedessi ora, moriresti…" Sussurra la voce, e l'ultima parola sembra echeggiare all'infinito.

"Morirei comunque, anche restando qui!"

"Basta, Oughm! Taci!" Esclama Swaynn, imperiosamente. Poi, rivolta alla voce: "Puoi avere me, ma non la bambina!"

"Tu lo sai… che non ti appartiene…" Continua il sussurro. "Ed è arrivato il momento di darla a noi…"

"No! Non è questo, il momento!" Mi rendo conto solo ora di essere stata io, ad urlare queste parole. Gli occhi sono puntati su di me. Come sono riuscita a trovare la voce, quando la mia gola sembrava serrata, di fronte a questa moltitudine di sagome senza identità? Alcuni di loro sembrano muoversi verso la nave e, improvvisamente, cominciano ad assumere fattezze umane, corpi solidi con pelle rosata, abiti leggeri, occhi con iridi colorate… e tra loro, scorgiamo le figure di Orud, Chrel e Yoser, come quando erano ancora tra noi. Ma il loro sguardo non tradisce alcuna emozione, e non sembrano neppure riconoscerci.

"Altri inganni! Dannati…" Esclama Oughm. Ma Athorm lo interrompe bruscamente:

"No! Non sono illusioni. Sono coloro che hanno vissuto con noi per molto tempo. Non avevo la certezza che potessero essere ammessi tra gli Spiriti degli Antenati, e in cuor mio avrei preferito il contrario, se avessi saputo che saremmo arrivati a questo punto. Ma ora non ho più alcun dubbio."

Rivolgo uno sguardo triste a colui che è stato mio per una sola notte ma che ho amato per molto tempo, in silenzio, e stento a riconoscerlo. Se non fosse per le fattezze, potrei dire che non è rimasto nulla dell'uomo con cui ho condiviso gioie e dolori. E ora è contro di noi, insieme a tutti gli altri Spiriti che hanno un corpo solido, simile a quello degli esseri umani.

"Non c'è più tempo." Sussurra la voce incorporea. "Dateci quello che chiediamo, o sarete uccisi dai vostri stessi simili."

Swaynn guarda Athorm e l'Altissimo Funzionario di Kelenda sembra vivere una lotta interiore che non ha eguali. Rimane in silenzio, a riflettere, mentre dai suoi occhi traspaiono mille emozioni diverse. Ed è Moraya, a spezzare quest'assenza di suono, così pesante e carica di tensione:

"Se siamo giunti fin qui, è solo grazie all'addestramento che abbiamo ricevuto." Dice, dapprima esitante, e poi con maggiore determinazione. "Non possiamo restare qui, fermi, e lasciare che il nemico si impossessi di noi. Se anche Swaynn dovesse consegnarsi spontaneamente, credi davvero che ci lascerebbero in pace? No, Athorm, e tu lo sai. E sai anche che noi siamo nati per questo: per combattere questa guerra. Per questo, devi permetterci di combattere. Non abbiamo fatto altro, se non per questo. E il momento è arrivato."

"E' vero." Dice Smuz. "Tanti secoli di storia potrebbero finire in un solo istante. Perché dovremmo lasciare che accada con un inutile tentativo di fuga? Non siamo stati preparati per scappare, ma per affrontare chi ci sta minacciando, e non minaccia solo noi."

"Athorm." Interviene Oughm. "Indipendentemente da quello che accadrà, il nostro compito è quello di difendere Swaynn e la bambina. Ci siamo presi cura della Governatrice di Nod sin dal momento in cui ti è stata data in moglie. Perché dobbiamo cedere ora?"

"Non vogliamo voi!" Insiste la voce, quasi con rabbia. "Il vostro sacrificio non servirà, stolti!"

Athorm si volta verso i suoi amici più cari:

"Siete esseri umani." Dice, con profonda gratitudine. "Dovete vivere come tali. Noi siamo qui per servirvi, non per trattarvi come de foste il nostro scudo."

"Non siamo diversi dalle Ancelle di Idra!" Protesta Oughm, sempre più infervorato. "Quelle donne sono morte, ma hanno dato un senso alla loro esistenza! Non voglio rimanere qui, ad aspettare che Swaynn vada incontro ad un destino che non le spetta! Lei è la Signora di Sel'nays, diamine!"

Schaw's Sel'nays, Swaynn! Schaw's Sel'nays, Swaynn! Schaw's Sel'nays, Swaynn!

Sono le parole che sentiamo echeggiare migliaia e migliaia di volte. Parole che gli Spiriti sembrano sussurrarsi a vicenda e che riempiono lo Spazio, senza lasciare nemmeno un pertugio, uno spiraglio.

Swaynn è la Signora di Sel'nays. Questo è il significato. Un significato che sembra colpire profondamente l'esercito nemico.

"Quella terra è nostra!" Il sussurro penetra in ogni angolo della nave, rimbalzando e colpendo le nostre orecchie, quasi come uno schiaffo. "Nessuno ha il diritto di reclamarla, se non noi!"

"No. *Io* ho questo diritto. E sono io a chiederla."

E' Swaynn, a parlare, e lo fa con voce calma e decisa. Il sussurro sembra trasformarsi nel rombo di un tuono, poi, all'improvviso, le figure umane si lanciano contro di noi.

"Esercito di Sel'nays: attaccare!" Comanda Athorm, nell'amplificatore vocale. Mentre dalla nave escono i nostri Guerrieri, io mi avvicino a Swaynn per rimetterle l'elmo, ma la donna mi allontana con una mano:

"Non mi serve." Dice solo, con quello sguardo che conosco molto bene.

Arretro timidamente, stringendo a me Auma e allontanandomi dagli oblò, mentre assisto ad una lotta senza pari. Le nostre truppe con le maschere, esseri umani e alieni insieme, si battono con coraggio contro l'esercito nemico che lotta come, forse, ha saputo fare anche quando era in vita. I cannoni sparano senza sosta, e Athorm stesso dirige la maggior parte dei colpi sugli Spiriti che hanno assunto fattezze umane, ma mi accorgo che non prende mai di mira Orud, Chrel e Yoser. I tre osservano senza muoversi, in mezzo agli altri Spiriti ancora senza un corpo, e non mostrano pietà né altri sentimenti che possano avvicinarli a noi. Sembra che non siano mai stati vivi e che le loro anime abbiano deciso coscientemente di unirsi al nemico, per morivi a noi sconosciuti. Sarebbe stato meglio se anche questo fosse stato un inganno, ma Athorm non ha avuto alcun dubbio sulla loro autenticità, e il fatto di non tenerli mai sotto tiro mi dà un'ulteriore conferma.

Mi sembra di assistere ad una battaglia su un campo di guerra. Ma qui siamo nello Spazio, a pochi passi dalla Luna, e sembra che saremo costretti a dare più di quanto immaginassimo, per riuscire solo a sfiorare il Satellite. Gli Ufficiali rimangono saldamente alle loro postazioni, e ciascuno di loro controlla una spedizione diversa. Molti dei nostri Guerrieri vengono abbattuti, come se gli avversari conoscessero in anticipo le loro mosse, ma questa volta i loro corpi non sono avvolti da una bolla: sarebbe stato troppo prevedibile. La nave estende una sorta di ponte sul quale i caduti e i feriti si raccolgono. Nell'istante in cui essi toccano il materiale di cui è fatto, gli avversari che tentano di accedervi vengono colpiti da un raggio di luce che riesce a scoraggiarli e a farli indietreggiare. Ma sono forti, e ad ogni colpo sembrano acquisire ancora più potere.

"Non stanno mettendo in pratica ciò che hanno imparato…" Mormora Swaynn, con voce lontana. "La loro paura li sta sovrastando…"

"Riesci a fare qualcosa?" Chiede Athorm, prendendo ancora la mira e distruggendo un'altra truppa nemica.

"Posso provare ad entrare nelle loro menti… Ma non so se ci riuscirò: il loro sguardo cambia ogni volta in cui il nemico li guarda. E' come se vedessero le loro stesse fragilità ed esse li dominassero…"

"Fallo, Swaynn!" Esclama Athorm. "Risvegliali dal loro torpore, o moriranno tutti!"

La Governatrice di Nod si gira verso di me, e mi guarda con quegli occhi dalle pupille dilatate. Il pallore del suo viso in contrasto con il colore dei suoi capelli, del suo sguardo e del suo abito nero, è quasi irreale e incute timore:

"Avvicinati." Mormora, facendomi cenno di avanzare. "Ma non lasciare mai Auma."

Obbedisco, e poi assisto a qualcosa che non avrei mai pensato di vedere: Swaynn allarga le braccia, mentre sulla nave cala un'oscurità quasi totale. Le uniche luci che rendono la penombra più sopportabile sono quelle dei cannoni che continuano a sparare, e il verde bagliore degli Spiriti senza corpo che assistono immobili a quello che sta avvenendo. Gli occhi della prescelta cominciano ad emanare scintille, e da esse scaturiscono fulmini rosati che colpiscono i Guerrieri del nostro esercito. Chi viene colpito ha una reazione immediata: come se avesse dimenticato la sua paura, comincia a reagire all'attacco del nemico, lottando con tutta la forza che ha in corpo. Finalmente, anche gli avversari cominciano a cadere, uno ad uno, e il loro potere sembra indebolirsi man mano che il gruppo diventa sempre più esiguo. Un richiamo silenzioso li riporta verso gli Spiriti di Luce, e le truppe di Sel'nays si dirigono verso di loro.

"Non devono seguirli!" Esclama Athorm. "Swaynn, fermali!"

Swaynn è ancora in uno stato di trance, con le braccia completamente allargate e gli occhi che sembrano riflettere i raggi di un Sole che scorgiamo solo nei monitor. I fulmini rosati si trasformano in lacci che avvolgono il corpo dei Guerrieri, senza ferirli, e li riportano verso la nave.

"Aprite le porte, anche per i caduti e i feriti!" Comanda Athorm. "Fate attenzione che non vi siano nemici pronti a colpire!"

"C'è una truppa in arrivo, Athorm!" Esclama Smuz, allarmato. "Si sta dirigendo verso le uscite! Non possiamo portare nulla all'interno della nave: entrerebbero anche gli avversari!"

"Swaynn!" Grida ancora l'Altissimo Funzionario, mentre vediamo arrivare un altro folto gruppo di uomini e donne con le fattezze umane, a cavallo di purosangue che galoppano nello Spazio. La prescelta allunga le braccia in avanti, ma una luce verde riesce a penetrare attraverso il sistema di protezione e la colpisce con forza. Nello stesso istante, Auma si sveglia e lancia un grido acuto che sembra echeggiare in tutto l'Universo. La sua voce non sembra uscire solo dalla sua bocca, ma anche da quella di Swaynn. Non sappiamo più chi dei due stia urlando, ma quel suono intenso è come un'onda d'urto talmente forte da spazzare via gli Spiriti che si erano già aggrappati al ponte in cui giacciono i feriti e i corpi di chi è stato ucciso. Un senso di paura sembra pervadere il resto dell'esercito nemico, e li vediamo ripiegare velocemente, scomparendo nell'oscurità del Cosmo.

I cannoni cessano di sparare e possiamo procedere al recupero dei nostri, mentre Athorm corre verso sua moglie, caduta a terra. E' tornata la luce, all'interno della plancia e in tutta la nave, ma Swaynn ha ancora gli occhi chiusi. Non sappiamo che cosa sia accaduto, e non ci sono segni evidenti sul suo corpo. Se Yoser fosse stato ancora tra noi, se fosse stato dei nostri... avrebbe saputo che cosa fare. Invece lui è col nemico, ora, e conosce tutto ciò che riguarda i segreti di questa nave e di chi la abita. Gli Spiriti non avrebbero potuto avere un'arma più potente, da usare contro di noi.

"Svegliati, Swaynn..." Mormora Athorm, chiudendo gli occhi e appoggiando il palmo della mano sul cuore della donna. "Svegliati..."

Non so se sono l'unica ad avere questo privilegio... ma ho la percezione che una forza straordinaria esca dal nostro capitano, fino a penetrare nel corpo della moglie. Passano lunghi istanti, ma, alla fine, Swaynn comincia a riaversi. Dopo aver tossito, come se i suoi polmoni avessero voluto liberarsi da una grossa massa di fumo nero – quello che mi sembra di veder uscire dalla sua bocca –, apre gli occhi e sussurra:

"Le ho viste..."

"Chi hai visto, amore mio?" La domanda di Athorm non avrebbe mai suscitato in noi un sussulto, se egli non si fosse rivolto a lei con queste parole così intime. Una grande Guida della sua levatura tiene per sé i suoi sentimenti e non li esterna di fronte ad altre persone, per quanto vicini esse siano. Ma Athorm l'ha fatto, e solo ora mi rendo conto della profondità del legame che unisce queste due anime.

"Loro…" Risponde Swaynn, mettendosi a sedere. "Le Vergini."

"Hai visto le Vergini tra gli Spiriti, cara?" Le chiedo, avvicinandole Auma. Lo prende tra le braccia e, appoggiandosi a me e ad Athorm, si alza in piedi:

"Il raggio che mi ha colpito non veniva dall'esercito degli Spiriti." Risponde, mentre la sua voce torna ad essere quasi normale.

"No. Hai ragione. Veniva da altrove." Conferma Athorm, e io lo guardo con sorpresa: da cosa lo ha capito? Non ha distolto lo sguardo dal nemico nemmeno per un istante…

"E' stata Dashy, a colpirmi." Continua Swaynn, lasciandosi condurre su una delle sedie sospese.

"Dashy?" Chiedo, senza capire. "La Vergine che sapeva leggere l'anima?"

"Sì." Annuisce. "Lei e le altre Vergini rimaste a Sel'nays non sono scomparse nel nulla, né sono morte: sono state condotte in un luogo dove regnano oscurità e silenzio. Ma esse vivono ancora! Dashy è riuscita a percepire le mie vibrazioni e io le sue. Lei e le altre Vergini hanno concentrato le loro forze per usare la luce degli Spiriti e darmi un segnale forte. Sapevano che sarebbe accaduto qualcosa… ed è successo."

"Tu le hai viste, Swaynn?" Le chiede ancora Athorm, con molta dolcezza, prendendo in braccio Auma.

"Le ho viste e loro hanno visto me." Risponde, stancamente. "Mi è sembrato che il tempo si dilatasse all'infinito. Non mi hanno parlato, ma ho compreso."

"Il tempo? Sei stata colpita in poco più di un secondo…" Osservo, perplessa.

"Il tempo, a Sel'nays, non è uguale a quello della Terra." Mi spiega Athorm. "Tutto scorre più lentamente." Poi si rivolge nuovamente a Swaynn: "Come ti sono sembrate?"

"Spaventate. Sono prigioniere da quando la Pietra Lunare è tornata a Kelenda. Tu lo sapevi, Athorm?"

"Non ne avevo la certezza. Non potevo connettermi a loro: questo compito spetta solo alla Signora dell'Isola."

"E' stato un pensiero gentile, da parte tua." Risponde Swaynn, sorridendo. "Ma le Vergini hanno pregato a lungo l'Uomo della Luna, affinché egli potesse liberarle."

"Non le ho mai sentite…" Mormora Athorm, impallidendo.

"Non potevi sentirle. Gli Spiriti degli Antenati hanno fatto di tutto per impedire che le loro preghiere arrivassero fino a te."

"Come hai fatto a parlare con loro?" Le chiedo, piena di stupore. "Non ti sei mai mossa da qui… E sembrava che tu fossi stata colpita gravemente…"

"Contatto telepatico." Risponde, pensierosa. "Ho sentito la loro paura. Gli Antenati avevano promesso loro che Sel'nays sarebbe stata ricostruita e che presto esse avrebbero potuto tornare alla vita di prima. Ma ciò non è accaduto. Hanno creduto che l'Uomo della Luna le avesse abbandonate e che la Signora dell'Isola non sarebbe mai tornata per salvarle. Ma nessuno di noi due poteva sapere che cosa stesse accadendo in questo luogo che gravita intorno al Satellite, ma di cui non ho visto l'ubicazione…"

"Ma chi diamine è questo Uomo della Luna?" Chiede Oughm, perplesso. "E com'è possibile entrare in contatto telepatico con qualcuno che nessuno di noi ha visto?"

"Se riusciremo a vincere contro i nemici, saprai ogni cosa." Risponde Athorm, con un tono secco, che non ammette repliche. Poi si rivolge ancora a Swaynn: "Hai saputo qualcos'altro?"

"Sanno di Auma…" Non aggiunge altro: a parte me, nessuno dell'esercito conosce la verità. E questo segreto non può essere spiegato con parole semplici, poiché rimane un mistero anche per noi alieni.

Athorm annuisce silenziosamente:

"Vai in cabina e riposa." Le dice, pensieroso. "Orisa verrà con te. Ai feriti penseranno coloro che sono stati addestrati per prestare soccorso immediato. Io mi occuperò di chi ha perso la vita in battaglia."

"Sono molti, Athorm." Dice Edena, quasi con timore. "Più di quanti avremmo potuto immaginare."

"Credi di farcela, da solo?" Gli chiedo, pensando al cerimoniale necessario per purificare i corpi delle mie Ancelle.

"Non è la prima volta, Orisa." Mormora, perdendosi nei ricordi. Forse dovrei ricordare anch'io il passato che ci ha fatti incontrare, ma ci sono cose che sembrano perdersi nelle nebbie. Che Athorm abbia operato di me una forma di oblio? Non sarebbe la prima volta che lo fa con qualcuno, soprattutto se di razza aliena. Ma non ne ho la certezza e non posso neppure accusarlo di qualcosa che potrebbe non aver mai fatto.

"Che cosa dobbiamo fare, noi?" Chiede Smuz.

"Rilevate eventuali danni subiti." Risponde Athorm, avvicinandosi ai suoi comandi. "Attivate il processo di rigenerazione automatica. Nascondete la nave con tutti i mezzi a nostra disposizione e create uno Scudo che possa impedire ai nemici di localizzarci… anche se, con Yoser tra di loro, credo che potrebbe non servire a molto… ma ci permetterà di guadagnare tempo!" Si avvicina all'amplificatore vocale e dice: "Esercito di Sel'nays: si preparino le altre truppe! Avremo il tempo di riposare, ma non sarà molto. L'avversario è forte e lo avete visto con i vostri occhi. Ma non è invincibile! Smettete di avere paura: vi indebolirete! Non siamo giunti fin qua per perdere la vita, ma per riprendercela! Abbiate dunque il coraggio che non vi ha mai abbandonato nel lungo addestramento che avete ricevuto! Non lasciatevi ingannare da ciò che appare reale ma che non lo è! Non posso combattere senza il vostro aiuto: ho bisogno di voi! Perciò, mettete in pratica tutto quello che vi è stato insegnato e non abbiate alcuna pietà: il nemico non ne avrà, per voi! Siate i primi ad agire e gli ultimi a porre fine al combattimento! Io continuo a credere in voi, Sel'nays! Preparatevi per un altro attacco e smettete di pensare alle fragilità che i Guerrieri del cielo vi hanno sbattuto in faccia: è solo il guanto della sfida, e voi non dovete raccoglierla. Dovete lanciarla! Usate le loro stesse armi, imparate da loro! E ricordate ciò che avete appreso nel combattimento rallentato. I nemici lo conoscono, ma voi avete qualcosa in più: avete la vita che loro non potranno più avere e che cercano di succhiare da voi! Volete davvero consegnare quello che di più prezioso vi è stato donato a chi non vi mostrerà mai gratitudine? Io non ve lo permetterò. Andiamo avanti, amici miei, e continuiamo a combattere anche per conto di chi non è più con noi!"

Si avvicina di nuovo agli Ufficiali in plancia:

"Tornate ai vostri posti." Ordina, con sguardo fermo. "Orisa, vai con Swaynn ed Auma sottocoperta. Prendete l'ascensore interno e non passate per il ponte. Non è sicuro. E… Swaynn…" Si rivolge alla moglie, porgendole il suo elmo. "Indossalo, ora. Fallo per me."

La Governatrice di Nod obbedisce all'ordine e poi si alza in piedi, sorridendo ad Athorm. Poi, mentre io e lei ci accingiamo a dirigerci verso l'ascensore, si volge ancora una volta verso di lui:

"Le Vergini non hanno mai smesso di credere nell'Uomo della Luna." Dice, rivolgendogli uno sguardo significativo. "Esse lo attendono ancora e sanno che presto andrà a liberarle."

Anche Athorm sorride, sotto gli sguardi perplessi degli Ufficiali in plancia. Poi, io e Swaynn scendiamo sottocoperta. Guardo Auma e mille domande si affacciano alla mia mente: che ci sia un nesso, tra la piccola creatura e la missione che cerchiamo di compiere con grande difficoltà? Da dove proveniva quel grido che ha messo in fuga il nemico? Quali poteri nasconde che ancora non sappiamo.

… Chi è, veramente?

Ventidue - *Swaynn*

In questa guerra non è facile riuscire a riposare, nemmeno per un minuto. Ci si rigira continuamente, nel letto, cercando di tenere gli occhi chiusi e continuando a vedere quelle maledette luci che non lasciano tregua. Ci si lava velocemente, a pezzi, e ci si cambia con altrettanta rapidità, per tornare ad osservare il cielo, pronti per difenderci o attaccare. I turni sono massacranti per i Guerrieri, ma ancor più lo sono per le Guide, poiché non si riesce mai a dormire per più di mezz'ora al massimo. E, quando accade, il sonno è tormentato e costellato da incubi feroci, sogni angosciosi da cui non si riesce a fuggire, e la severa consapevolezza di essere il bersaglio del nemico è un forte deterrente. Nonostante io continui a mostrarmi forte, comincio ad accusare una sensazione di malessere che non mi dà pace. La preoccupazione per le sorti di Auma, dell'esercito, ma anche delle mie, è così intensa da darmi la nausea e impedirmi di ingoiare un solo boccone di cibo. Chi può dire di avere davvero fame, qui? Credo nessuno di noi. Facciamo del nostro meglio per nutrire noi stessi e il nostro corpo, ma l'attenzione è costantemente rivolta alla strategia, al modo con cui ci si deve difendere e alle procedure per l'attacco. Nulla è prevedibile. Tutto ciò che riesco a vedere appare al mio occhio interiore pochi minuti prima che accada, o quasi contemporaneamente. Bisogna essere pronti, in ogni istante: un altro errore potrebbe portarci allo sterminio dell'intero esercito, e non è ciò che vogliamo. Limitare i decessi è la preoccupazione maggiore, poiché non possiamo evitare che alcuni di noi sacrifichino la loro vita. Può toccare a chiunque e nessuno può dirsi davvero in salvo, finché non avremo terminato di combattere. Qualunque sia l'esito, sarà solo la fine a darci riposo, ovunque esso sarà. Per il momento, dopo aver congedato Orisa e sistemato Auma in un lettino accanto al mio, vorrei solo poter riposare per pochi minuti, quel tanto che basta per rigenerare il mio corpo e la mia mente. Vorrei poter tenere gli occhi chiusi senza vedere altro che la lieve penombra dello Spazio, unita alla luce artificiale soffusa della nave. Stringo a me il cuscino, come per cercare conforto, ma la sensazione di avere costantemente migliaia di sguardi puntati su di me fa scaturire un senso di agitazione nella mia anima, e avrei voglia di togliere l'elmo, freddo e scomodo, lanciarlo contro quei volti senza corpo e annientare il nemico con le fiamme di Vegar. Ma non mi è possibile usare i miei poteri, contro gli Antenati: qualcosa, dentro di me, mi sta frenando dallo scatenare una tempesta nello Spazio. Forse è Iatho, lo Spirito che dona equilibrio, e che mi sta preservando per lo scontro finale che avrò con Detia. Ormai è inevitabile, e, man mano che passano le ore, lo sento sempre più vicino.

Respiro profondamente, affondando la testa nelle coperte, e, all'improvviso, avverto una sensazione di calore, simile al soffio del vento primaverile, piacevolmente tiepido e profumato di vita. La sensazione si espande, fino a diventare una percezione tattile sul mio corpo. Apro gli occhi e sussulto: di fronte a me c'è At'n-I'd, l'essenza di Athorm, luminosa ed eterea. Ma l'altezza sembra quella che caratterizza Athorm nella sua vita quotidiana.

"Ti sentiranno." Sussurro, mettendomi a sedere.

"Mi hanno già sentito." Risponde, con voce lontana.

"Ti faranno del male." Dico ancora. "Sei completamente vulnerabile, così…"

"Non possono fare nulla, invece." Risponde. "Questo è l'unico modo per tenerli lontani. Non avranno mai il coraggio di avvicinarsi alla Sorgente dell'Uomo della Luna. Essi dipendono da me e io non posso esistere senza di loro. Siamo strettamente connessi. Finché ci sarà Id-Am'Ra, gli Antenati non si avvicineranno."

"Perché ti sei esposto così tanto?"

"Perché è l'unico modo che ho per unirmi a te, senza temere il pericolo."

"E' una cosa impossibile. L'hai detto tu, la prima volta in cui le nostre essenze si sono incontrate: solo l'essere umano è in grado di unirsi. Noi alieni abbiamo un corpo diverso…"

"Esiste un altro modo, ed è questo. La mia essenza non è pienamente manifesta: lo puoi vedere coi tuoi occhi. Ma rallentando le vibrazioni, posso rendere il mio corpo tangibile."

"A parte l'altezza… non sei diverso. Sei sempre un essere di Luce. Non vedo i tuoi occhi, né i contorni delle tue labbra."

"Ma puoi sentirmi, se vuoi." Si siede sul fianco del letto, e, per un attimo, temo che lo brucerà. Ma non accade nulla: semplicemente, il calore che emana raggiunge la mia anima e sembra volerla penetrare. Mi porge la sua mano luminosa e io vi appoggio la mia, quasi con timore. Avverto la sensazione tattile in questa Luce che sembra avvolgere il mio intero braccio.

"Non puoi baciarmi…" Sussurro, ipnotizzata da quel bagliore soffuso.

Senza dire nulla, At'n-I'd si china su di me, e il suo viso si avvicina al mio. Non so che cosa io debba aspettarmi: è la prima volta che vivo questa esperienza. Ma ciò che sento è quanto di più reale io possa immaginare. Non vedo le sue labbra, ma le percepisco sulle mie. La sua lingua scivola nella mia bocca, ed è come se mi stesse penetrando intimamente. Il suo bacio è passionale, se non di più. Le mie mani scivolano sul suo collo e si intrecciano nei suoi lunghi capelli dorati. At'n-I'd mi leva la tunica e mi libera dall'elmo:

"Finché sei con me, non ti servirà." Mormora, con la sua voce calda. Si china su di me, per baciarmi, ancora. Il suo corpo si posa sul mio, ed è quello di Athorm, una sensazione che già conosco, ma ancora più appassionata. La Luce mi avvolge completamente, mentre le sue mani mi accarezzano, mi stringono, mi legano in un abbraccio che sembra echeggiare nell'infinito, e i nostri respiri si fondono, le anime si mescolano, le emozioni si amplificano, in un vortice che mi stordisce. Quando mi apre le gambe lo guardo per un attimo, con paura. Ma ogni timore svanisce quando At'n-I'd mi bacia ancora, penetrando profondamente dentro di me. I nostri corpi si muovono insieme, all'unisono, e la magia che ci unisce sembra non finire mai. E' un piacere che non può essere spiegato con parole umane, perché non esistono termini sufficienti. Il suo calore è il fuoco che divampa nel mio cuore, nel mio corpo, nella mia bocca, tra le mie gambe, e quando sto per arrivare al culmine del piacere, all'improvviso, in me avviene la trasformazione: non sono più Swaynn, ora, ma V'aT'Ss, la sua essenza, che si fonde con quella di At'n-I'd. Una fusione di due corpi alieni, un'unione totale così simile a quella umana, e ancora più intensa. I nostri gemiti risuonano nello Spazio, e quando il flusso vitale dell'Uomo della Luna raggiunge il mio ventre, una moltitudine di voci sembra gridare di paura. Urla di terrore accompagnano il nostro piacere e in esse riconosco il tratto distintivo degli Antenati, e più il desiderio aumenta, più le loro voci si intensificano, come se volessero distrarci, fermarci, impedire che l'unione abbia luogo. Il calore di At'n-I'd mi penetra, così come mi penetra il suo corpo, ancora una volta, e l'estasi non sembra avere fine, ma solo aumentare, mentre la nostra luce di irradia ovunque, fino a raggiungere lo Spazio. E' un attimo eterno, incontenibile, che solo una voce riesce a spezzare:

"Altissimo Funzionario, Athorm Dralt di Kelenda, attendiamo le tue istruzioni per difenderci da un altro attacco!"

La luce si spegne, all'improvviso. Io e Athorm torniamo ad essere quelli di sempre, con i nostri corpi allo stato solido, lievemente imperlati di sudore, gli occhi negli occhi, le mani intrecciate:

"Sono adirati con noi." Mormoro, alludendo agli Spiriti.

"Sono solo spaventati." Risponde, con un sorriso di trionfo. "Un'unione completa tra due alieni non avviene con tanta facilità. Quando accade, si sprigiona una grossa quantità di energia, ed evidentemente essa li ha travolti. Abbiamo guadagnato un vantaggio, Swaynn: ora sono loro, ad essere stati colpiti."

"Che cosa facciamo, allora?" Chiedo, mentre lui si alza dal letto e indossa gli indumenti che ha appoggiato su una sedia poco distante.

"Vestiti e vieni con me." Mi risponde, con decisione. "Indossa l'elmo e tieni in braccio Auma. Ora vedremo quali effetti questa unione ha sortito su di loro."

Obbedisco immediatamente e lo seguo, stringendo la creatura. Auma ha mangiato poco prima che Athorm venisse da me e ora sembra dormire tranquillamente, come succede per gran parte del tempo. E' un frugoletto molto tranquillo, sebbene i suoi occhi siano curiosi e interessati a tutto ciò che succede intorno. Saliamo in ascensore e ci dirigiamo in plancia. Orisa viene subito in mio aiuto e prende Auma con sé, mentre io vado con Athorm alla mia postazione.

"Che cosa succede?" Chiede a Smuz, l'unico, tra gli esseri umani, cui è chiesto un lavoro più pesante, poiché costretto dal suo ruolo, in qualità di sostituto di Yoser Nym.

"Guarda tu stesso." Risponde l'interpellato, ingrandendo l'immagine sul grande schermo. Mi giro anch'io verso il grande cristallo posto sulla parte anteriore della plancia, e soffoco un gemito di sorpresa: la Luna si staglia nitidamente di fronte a noi, e, tra la nave e il Satellite, vi è una truppa capitanata da tre figure che riconosco:

"Le Vergini delle Tre Terre!" Esclamo, incredula. Iasha, la Signora di Mosbury e degli Antri dello Spirito... Yrila, la Signora di Echgara, il regno delle Arti... e Ahona, la Signora di Nather, la terra della Vittoria e del Combattimento... Sono come le ricordavo, con le stesse fattezze, gli stessi abiti, la stessa pelle che avevano quando, da bambina, sono stata catapultata sull'Isola delle Vergini... Sel'nays! Ma com'è possibile che siano ancora vive? Sono state sconfitte molto tempo fa, insieme alle ribelli!

697

"Non rimanerne sorpresa, Swaynn." Mi dice Athorm, guardandomi appena. "Anch'esse fanno parte dell'esercito nemico, ora più che mai. Così com'è accaduto a Detia, la parte aliena che ancora viveva in loro ha fatto sì che non fossero completamente vinte. Esse hanno vissuto ancora, come creature di Luce, finché non è arrivato il momento della resa dei conti. E se sono qui, ora, è per volere di qualcun altro..."

Lo guardo, con aria interrogativa:

"Non si è ancora vista..." Mormoro, sovrappensiero. "Credi che stia tramando qualcosa?"

"Cercheremo di capirlo." Risponde, avvicinandosi allo schermo. "Attivate l'amplificatore vocale esterno!" Comanda ai suoi sottoposti. "E fate sì che io possa sentire le loro voci!"

"L'amplificatore è attivo, Athorm." Risponde Edena. "Da entrambe le parti."

"Molto bene..." Mormora tra sé e sé. Poi, rivolgendosi alle tre Vergini, chiede: "Che cosa volete da noi? Perché vi siete poste sulla nostra strada?"

"Desideriamo parlare con Swaynn!" Risponde Ahona, con la sua inconfondibile voce roca. "Con lei sola!"

"No." Risponde Athorm, con decisione. "Se avete qualcosa da dire, fatelo qui ed ora!"

Ahona si fa avanti, nello Spazio, ed esclama:

"Veniamo per conto di Munn! In nome di colei che è stata la Signora dell'Isola, chiediamo di poter parlare a Swaynn Osery di Vegar, addestrata sin dalla più tenera età secondo le antiche conoscenze!"

"*Schaw's Sel'nays, Swaynn!*" Ripete Athorm, per l'ennesima volta. "E' lei, ora, l'unica degna di questo appellativo! Se non riconoscete la sua autorevolezza, tornate sui vostri passi: l'esercito è pronto ad attaccare!"

E' Iasha, a farsi avanti, questa volta, e parla con la sua voce soave, così com'era quando era ancora in vita col suo vero corpo:

"Veniamo in pace!" Dice, tenendosi un po' più indietro rispetto ad Ahona.

Athorm si volta verso di me e mormora:

"Cercano di contrattare. Te la senti di affrontarle?"

"Io? Da sola?" Chiedo, con un senso di agitazione crescente.

"La mia essenza è con te." Sussurra al mio orecchio. "Non possono farti nulla, ora. Sali sul tetto della plancia: esse potranno solo avvicinarsi quel tanto che basta per poterti parlare, ma gli Scudi non permetteranno che avanzino più di quanto sia loro concesso. Fai attenzione e ricorda che questo è un momento importante, e non devi sprecarlo: potrebbe non ricapitare."

Lo guardo, in silenzio, riflettendo sulle sue parole. Poi annuisco col capo e mi dirigo sul luogo che Athorm mi ha indicato, mentre lui comunica alle tre Vergini la decisione di accettare la loro richiesta. Quando arrivo sul tetto della plancia, la prima sensazione che mi assale è un forte senso di vertigine: riesco a vedere i Guerrieri sul ponte, gli Scudi che ai molti risultano quasi invisibili e una vastità di Spazio che all'interno della immensa nave non è possibile scorgere appieno. Non vi è nulla cui io possa aggrapparmi: devo contare solo sulle mie forze e sulla mia capacità di concentrazione. Mi accorgo che gli sguardi delle truppe in posizione sono puntati su di me e sulle tre Vergini che sono già di fronte ai miei occhi, sospese nell'aria, come se i loro cavalli camminassero su un ponte trasparente, un sentiero che – se volessi – potrei tentare di scorgere, ma, se lo facessi, esporrei la mia essenza ad un pericolo troppo grande.

"Sono qui, dunque." Dico loro, guardandole una ad una. "Che cosa volete da me?"

"Il potere dell'Unione è giunto fino a noi." Risponde Yrila, con un atteggiamento sorprendentemente remissivo. "Un potere che tra noi Figli della Luna assume un significato unico e che non può essere ignorato. Veniamo per conto di Munn, colei che abbiamo servito quando hai ricevuto gli insegnamenti delle Tre Terre. La Signora dell'Isola ti prega di prendere in considerazione ciò che noi siamo qui a riferirti."

"Munn non è più la Signora di Sel'nays." Replico, severamente. "E mi meraviglio che riesca ad opporsi allo strapotere di Detia Iome, una creatura prevalentemente umana che ora guida il vostro esercito, compresa colei che siete qui a rappresentare."

"Munn non si oppone a nessuno, poiché non può giudicare chi lei stessa ha provveduto ad istruire." Risponde ancora Yrila. "Durante i suoi lunghi secoli di governo, non ha mai favorito una Vergine rispetto ad un'altra. Ciascuna si è conquistata il suo posto, con i suoi meriti o le sue colpe. E, dopo che un destino ha iniziato a seguire il suo corso, ha continuato a rimanere coerente con la sua assoluta imparzialità."

"Imparzialità che a me non è stata concessa." Osservo, aggrottando un sopracciglio. "Sono stata costretta a fuggire più volte da un luogo che credevo fosse la mia Casa e che, in realtà, era solo un inganno. E non mi sono state risparmiate colpe che non meritavo di avere, né un destino che si è rivelato diverso da ciò che era stato scritto per me. Se non fosse stato per l'intervento dell'Uomo della Luna, io non avrei mai avuto un passato, né sarei stata in grado di costruire il mio futuro. Voi venite qui, oggi, in forma umana, a chiedermi qualcosa che non vi posso dare, dopo aver attentato alla mia vita, arrivando a trafiggere il cuore di colui che discende da Munn!"

"Noi non sapevamo." Risponde Iasha. "I nostri sensi erano limitati. Non ci era concesso conoscere più di quanto potessimo comprendere, e, in parte, il nostro sangue era mischiato a quello umano. Questo ci rendeva cieche di fronte a molti segreti."

"Avete ucciso e cercato di uccidere!"

"Anche noi siamo state uccise e abbiamo perso la possibilità di riscattare noi stesse. Ci è stato preservato un destino peggiore, solo in virtù del fatto che fossimo Vergini dell'Isola. Ma continuiamo a pagare le nostre colpe, costrette a servire senza chiedere nulla per noi."

"Volete dire che siete qua per chiedermi qualcosa che possa essere utile al mondo intero?" Chiedo, con sarcasmo. "Oppure state assecondando un capriccio della vostra Guida?"

"Siamo qui per rappresentare Munn, lei sola." Risponde Ahona, con decisione. "Anche nel nostro esercito vigono delle gerarchie, e questo è il nostro posto. La Signora dell'Isola ci ha mandate da te per trovare una via per far cessare questa guerra."

"Continui a dimenticare l'identità di chi possiede ogni diritto su Sel'nays!" Esclamo. "Io ne porto i simboli sul mio corpo, e tutte voi potete costatarlo coi vostri occhi!" Mostro loro i palmi delle mani su cui spiccano tatuaggi dorati, visibili solo a chi possiede la capacità di vedere oltre le apparenze, e le vedo arretrare lievemente. "Ricordate con chi state parlando, o non vi sarà data la possibilità di proseguire oltre!"

"Non possiamo rinnegare l'identità di colei che ci ha chiesto di parlarti." Risponde ancora Ahona. "Noi abbiamo conosciuto e conosciamo lei sola.

Possiamo servirla e mai dividerne l'autorevolezza con altre creature, nemmeno qualora esse fossero ancora più forti e dotate di capacità straordinarie. Noi esistiamo grazie a lei e in virtù di lei. Possiamo obbedire solo ad una voce, ma non a più di una. Ma sappiamo percepire i segni, soprattutto quando essi sono inconfondibilmente chiari. Per questo, noi chiediamo che la guerra cessi: perché conosciamo il nostro avversario e ne percepiamo l'essenza."

"Fatevi da parte, allora, e consegnateci la Pietra Gemella."

"Non possiamo, Swaynn Osery Dralt: non ci è dato di poter prendere iniziative personali, ma solo riportare messaggi."

"Così questo è il messaggio di Munn?" Chiedo, osservandole a lungo. "Tornate da lei e ditele che la richiesta non è stata accettata!"

"Abbiamo il compito di tornare da lei solo se in possesso di ciò che chiede: la cessazione di ogni ostilità." Risponde Yrila. "In mancanza di questo, la nostra sorte sarà segnata: torneremo ad essere corpi di Luce, in attesa di trovare un rifugio. E non è ciò che vogliamo."

"Non è un mio problema!" Replico seccamente. "Voi sapete qual è la *mia* condizione: o ci consegnate la Pietra Gemella, o la battaglia proseguirà finché non rimarrà più traccia né dell'uno né dell'altro esercito!"

"Per avere la Pietra è necessario uno scambio." Dice Iasha, avvicinandosi. "Un tale potere non può essere ceduto senza il suo corrispettivo."

"Mi avete detto che non potete prendere decisioni autonome. Ora mi parlate di un'alternativa?"

"Abbiamo detto che non spetta a noi decidere, ma solo di riportare ciò che altri hanno già scritto nel destino."

"Sentiamo, dunque." Replico, rivolgendo loro un'occhiata di sfida. "Che cosa vorrebbe, Munn, in cambio della Pietra Gemella?"

"Ciò che la nostra Signora vuole è solo ciò che tu stessa hai contribuito a rendere manifesto." Risponde Ahona, con un tono di voce deciso ma meno secco. "Munn chiede che sia rispettata la tradizione, fino alla fine. Essa riconosce la superiorità dell'Uomo della Luna e della sua sposa, e si china di fronte alla loro Unione. E' pronta a riunire le creature di Luce per farle desistere dal continuare a seguire colei che ne fomenta l'ira."

"Vuole mettersi contro Detia?" Domando, con sarcasmo. "E come pensa di riuscirci? Non è stata anche lei, a desiderare la presenza dell'umana a capo dell'esercito degli Spiriti?"

"Munn opera in comunione con chi è simile a lei, per non alterare l'equilibrio delle nature presenti nel Cosmo. Non può imporre le sue idee, poiché non è un'essenza onnipotente. Ma può riportare il giusto peso in ciò che essa riconosce. Se questo significherà sacrificare la sua vita, Munn lo accetterà per ripristinare ciò che è stato strappato, e noi la seguiremo. Se, invece, com'è auspicabile, le creature di Luce riconosceranno i Segni, farà abbassare le armi a chi ora le punta contro di voi."

"Non ce la farà mai. L'esercito è già stato costruito."

"Non tutti possiedono ancora un corpo solido. E chi già ce l'ha può ancora tornare sui suoi passi."

"In virtù di cosa, Ahona?"

"In virtù del Libero Arbitrio di cui ancora godiamo, Swaynn."

Rimango in silenzio, ad osservarle. Non riesco a capire se stiano mentendo, se questa sia un'ennesima suggestione o se le loro parole abbiano un fondamento. I loro sguardi sono diretti e non si abbassano mai. Questo significa che non sono giunte fino a me con un intento remissivo. Eppure sembra che vogliano porre fine a questo combattimento o, perlomeno, tentare di farlo attraverso colei che ha governato l'Isola delle Vergini prima che io conoscessi la mia identità. La mia Unione con Athorm ha davvero dato una scossa così forte al nemico? Che cosa c'è da sapere, ancora, e qual è il prezzo di tutto questo?

"Non mi avete ancora risposto." Dico, guardinga. "Che cosa vuole, Munn, in cambio del suo tentativo?"

"Ciò che la tradizione vuole sia restituito al luogo da cui proviene e in cui troverà il suo destino." Risponde Iasha, quasi sussurrando. "Il frutto dell'unione tra te e il figlio della nostra Signora: Auma."

L'ira sale fino alla mia gola:

"Non l'avrete mai!" Esclamo, con veemenza. "Non avete alcun diritto di chiedermi questo!"

"Tu sai che la creatura non ti appartiene, sin dal primo momento che è stata concepita." Continua Iasha. "Il suo destino è altrove. Sul pianeta Terra non potrà essere ciò che è, esercitando appieno le sue capacità. Ti è già stato detto e anche tu sai. E' arrivato il momento, Swaynn. Consegnaci Auma, e Munn indebolirà coloro che ancora vorranno essere vostri nemici. Senza il suo aiuto prezioso, le truppe del cielo non saranno più così forti come lo sono ora. Riuscirete ad arginare le vostre perdite e vi sarà concesso di arrivare alla Pietra Gemella."

"Credete che io sia una sciocca? Voi volete Auma per indebolire *noi*! E io non ho nessuna intenzione di assecondarvi! Non è ancora giunto il suo momento! State cercando di ingannarmi, ma non ci riuscirete! Andatevene, ora, prima che l'esercito di Sel'nays vi distrugga! Siete solo in tre: non scamperete all'attacco!"

"Questo dovrebbe darti la garanzia di ciò che ti diciamo." Risponde Yrila, senza scomporsi. "Nessuno, tra gli Spiriti, desidera abbandonare la propria vita, sebbene essa sia legata ad un solo, piccolo filo di Luce. Chi è disposto a donarla, lo fa per un fine importante che potrebbe cambiare le sorti di questa guerra e dare anche a noi un luogo in cui stare e che possiamo chiamare *casa*. Ma, se ne hai bisogno per mettere a tacere la voce della verità che urla prepotentemente dentro la tua anima, puoi farci prigioniere finché la lotta non sarà giunta a un termine, qualunque esso sia. Ti concediamo di fare di noi ciò che desideri, ma ti preghiamo di riflettere su quello che Munn ti sta chiedendo attraverso di noi."

"Che venga a chiederlo lei, se ha il coraggio!" Esclamo, esasperata. "Per quanto ne so, voi potreste essere qui per conto di Detia!"

"Munn non può lasciare che gli Spiriti si disperdano in un momento come questo." Risponde Ahona. "Ma ti manda a dire che, se tu accetterai, sarà lei a compiere il primo passo. Lei radunerà coloro che vorranno abbandonare questa guerra e li porterà dove non possano nuocervi. Li costringerà ad un sonno che cesserà solo quando avrete conquistato ciò per cui state lottando. Solo allora, Auma inizierà il suo addestramento."

"Ha solo pochi mesi!" Protesto, mentre una spiacevole sensazione di smarrimento si impadronisce del mio cuore. "Non potete pretendere che inizi già a vivere come una creatura adulta!"

"Non eri che una bambina, quando tu sei giunta all'Isola delle Vergini. Eppure conservavi in te tutto ciò che ti avrebbe resa ciò che sei. Per molti anni sei rimasta simile ad una piccola umana che non cresceva mai. Nessuno avrebbe mai compreso il motivo per cui il tempo, per te, non passasse. La verità risiedeva nella tua essenza che chiamava colei che noi serviamo. Allo stesso modo, Auma è una creatura che ha vissuto nel tuo ventre più di quanto un bambino terrestre potrebbe mai conoscere. Mentre ti meravigliavi del fatto che non si sviluppasse mai, la sua anima già iniziava ad apprendere. Ha compreso la differenza tra il Bene e il Male sin dal primo momento in cui la Sorgente delle Forze Oscure si è insediata nel tuo grembo. Ora, nonostante assomigli ad un neonato umano, non è che una crisalide in attesa di aprirsi e trasformarsi in farfalla, per librarsi tra coloro che l'attendono. Non sottovalutare il suo potere, poiché esso è strettamente legato al tuo, e tu lo sai. Sai anche che, ad ogni minuto che passa, il suo destino rischia di perdere attimi preziosi per la sua realizzazione. Non puoi più aspettare, Swaynn. I Segni sono chiari. E' giunto il tempo."

"No…" Mormoro, tremando lievemente. "Voi vi sbagliate… Voi mentite…"

"Domanda al tuo sposo se ciò che ti diciamo è frutto di un inganno." Risponde Iasha, avvicinandosi al cristallo. "Lui sa. Lui ha sentito. E, per questo, ha cercato ciò che di più elevato esista tra le creature del Cosmo: l'Unione fisica tra due esseri alieni. La forma più alta di potere che si possa rendere manifesta. Parla con lui."

"Smettetela!" Urlo, stringendo nervosamente le mani. "Tacete, o vi ucciderò con le mie mani!"

"Swaynn."

La voce maschile alle mie spalle attira la mia attenzione. Mi volto e vedo Athorm, giunto chissà come, in chissà quale momento della conversazione. Lo guardo, quasi disperatamente, mentre lui si avvicina a me, lentamente, con uno sguardo che sembra nascondere un segreto. Mentre appoggia una mano sulla mia spalla, un senso di profonda tristezza penetra dentro di me, così come, poco prima, erano stati il suo corpo, il suo calore, la sua luce, a penetrarmi, in ogni fibra del mio essere.

"Stanno mentendo." Sussurro, rivolta verso di lui, con uno sguardo di supplica. "E' così, non è vero?"

"Swaynn…" Mormora solo. Un senso di angoscia attanaglia le mie viscere:

"Non può essere…" Vorrei gridare, ma la voce esce con fatica dalla mia gola.

"Sapevi che il momento sarebbe arrivato…" Mormora dolcemente, cingendomi le spalle.

"Non così…" Sussurro, quasi senza riuscire a respirare. "Non in questo modo…"

"Questo o un altro… che cosa sarebbe cambiato? Auma non ha visto la Luce per rimanere con noi."

"Siamo in guerra, Athorm!" Esclamo, disperatamente. "Come puoi credere a questi Spiriti che non dispongono neppure di un corpo loro? E' Munn, a condizionarti così tanto?"

Mi accarezza il viso, cercando di sorridere:

"Non c'è nulla che possa influenzarmi, se non la verità." Risponde, con una sfumatura accorata nella voce. "Ricordati sempre il motivo per cui siamo arrivati fin qui: per servire. Non per avere. E dobbiamo pensare solo a ciò che è giusto, non a quello che vorremmo per noi."

"Tu sapevi…" Mormoro, sentendomi mancare. "Sapevi che, una volta iniziata la guerra, avremmo dovuto rinunciare ad Auma…"

"Non possiedo poteri illimitati, Swaynn." Risponde, stringendomi a sé. "Non sono così onnipotente. Nessuno di noi lo è. Questa guerra non sarà vinta solo con il rispetto di ciò che chiede il Cosmo. Una richiesta legittima, così com'è stato legittimo, per noi, rivendicare la nostra identità, dopo aver scoperto la nostra provenienza."

"E' legittimo che il nemico pretenda chi è cresciuto nel mio ventre?"

"Non è il nemico, a volerlo. E' il futuro. E' la speranza."

Lo guardo, cercando in lui qualcosa che mi dia un segno. Vorrei vedere anche solo una traccia di follia nei suoi occhi, l'ombra di una suggestione che lo incatena, l'impronta della stanchezza che sa come creare miraggi e illusioni… ma non vedo che una triste consapevolezza.

"E' così, dunque…" Mormoro, sciogliendomi dal suo abbraccio. "Per la terza volta, io perdo un figlio…"

"No: lo consegni al suo destino. Il destino per cui ha ricevuto una speciale protezione da parte degli Spiriti che tu governi e domini."

Lo guardo ancora:

"Mi atterrisce l'impassibilità con cui accetti tutto questo…" Mormoro, con tono accusatorio, mentre un senso di nausea mi serra la gola.

"Mi atterrisce l'idea di dovermene separare." Risponde, con uno sguardo triste. "Ma non c'è momento più giusto di questo, Swaynn. Puoi percepirlo anche tu. E' l'attimo in cui la protezione è al suo culmine e la sua vita è al sicuro. L'attimo in cui il nemico non può combatterci, ma nemmeno essere attaccato. L'attimo in cui da una separazione può nascere una nuova speranza."

"Tu non sai che cosa vuol dire portare in grembo una creatura!" Esclamo, con rabbia. "Non sai che cosa significhi davvero quello che mi stai chiedendo! Non sei stato tu, a partorirla, allattarla, cullarla! Tu decidi per tutti, anche per me! E mi imponi una condizione che nessuna madre al mondo potrebbe accettare!"

"Credi davvero che io sia così arido?" Mi domanda, amaramente. "Tu mi conosci, Swaynn. Conosci la mia anima, il mio cuore. Auma è una parte di me come lo è di te. Mi sento lacerare dentro, anche solo al pensiero di quello che ci è chiesto di fare. Mi sento morire. Darei la mia vita, in cambio di quella di tutti gli esseri umani e alieni nell'Universo, se servisse… ma non servirebbe. Non cambierebbe le cose. Una scelta dovrebbe essere fatta comunque, prima o poi. E più il tempo si dilata, più il destino di una creatura si allontana. Vorresti che fosse coinvolta in un feroce combattimento, che perdesse la vita durante un attacco del nemico?"

"No… non lo vorrei mai…"

"Ma è ciò che potrebbe succedere, se pensassimo solo a ciò che vorremmo per noi stessi. Ed è questo, il pensiero che mi porta a prendere una decisione difficile per me, più di quanto tu possa mai immaginare. Ho perso già molte persone a me care, e ora, tre di loro sono nell'esercito nemico. Ho perso Mytia, e ho dovuto spezzare l'influenza malvagia della Sorgente che pulsava nel cuore del gemello di Auma. Le mie mani sono macchiate di sangue tanto quanto le tue, e quelle macchie sono come fiamme che bruciano nel cuore. Ma non posso permettermi di pensare solo al mio dolore. Non da quando ho scelto te come mia sposa, né dal momento in cui ho accettato l'incarico che ricopro, quando avrei preferito la libertà cui la mia anima ha sempre anelato."

"Ci deve pur essere un'alternativa!" Protesto debolmente.

"L'unica alternativa che ci rimane già la conosci." Risponde, abbassando lo sguardo. "E io non voglio che la vita di Auma possa rischiare di non vedere mai un futuro."

Rimango in silenzio per un lungo istante. Vivo un conflitto interiore che brucia più di un incendio. Guardo le tre Vergini, ed esse sono ancora in attesa. I loro sguardi non sembrano malvagi, e la compostezza con cui aspettando la mia decisione manifesta l'intento pacifico con cui esse si sono presentate a me. Tengono le armi abbassate e le mani strette alle redini dei cavalli, così simili a quelli veri da lasciare sconcertati. La decisione finale spetta a me: questo è chiaro. Athorm non mi imporrà mai la sua volontà: si limiterà ad illuminare la mia mente quando le mie emozioni cercheranno di prevalere, ma non mi forzerà a lasciare Auma, se mi rifiuterò.

"Avete detto che Munn è disposta a fare il primo passo." Dico alle tre Vergini, cercando di ricompormi. "Lo confermate?"

"Sì, Swaynn." Risponde Ahona. "Se tu accetterai lo scambio, noi torneremo da lei ed essa farà ciò che deve. Quando vi sarà data la prova del suo impegno, verremo di nuovo da te."

"E se io decidessi di cambiare idea all'ultimo?"

"Provocheresti l'ira degli Antenati che avranno accettato di abbassare le armi, ed essi combatteranno senza avere pietà, insistentemente, guidati da colei che scalpita poiché noi siamo qui a contrattare ciò che cercherà di impedire con tutte le sue forze."

Abbasso lo sguardo:

"Andate, allora." Mormoro. "E dite a Munn che accetto lo scambio."

Le tre Vergini chinano lievemente il capo e si allontanano, scomparendo nell'oscurità. Io e Athorm rimaniamo in silenzio, immobili, a lungo. Nessuno dei due riesce a pronunciare una parola. Nessuno dei due riesce a vedere una vittoria, in tutto questo.

"Torniamo in plancia." Mi dice poi Athorm, prendendomi per mano. Mi lascio condurre tra gli Ufficiali che mi rivolgono uno sguardo interrogativo. Non so se essi abbiano ascoltato, ma non ho voglia di chiedere nulla. Orisa mi guarda con affettuosa comprensione, stringendo Auma tra le braccia. La creatura continua a dormire, come ignorando ciò che sta per accadere.

O, forse, è ciò che sta solo aspettando?

La nave rimane ferma per un tempo che sembra infinito. L'esercito continua a darsi il cambio, come sempre, mentre attendiamo un segno da parte di Munn e degli Spiriti che ha mandato a contrattare con me. Sento gli occhi dell'equipaggio puntati, ma continuo a non fornire spiegazioni. Mi limito a guardare Auma, senza riuscire a prenderla in braccio, sapendo che, forse, dovrò dirle addio molto presto. Orisa continua a rimanermi accanto, senza forzare una conversazione. Non mi porge la creatura, per non darmi un peso ulteriore, ma mi permette di averla sott'occhio in qualsiasi momento. Athorm è fermo nella sua postazione, con lo sguardo immobile e duro. Non potrebbe cedere al dolore, in ogni caso. Troppe persone – esseri umani e alieni – dipendono da lui, e non gli è consentito mostrare segni di fragilità, nemmeno in un momento duro come questo.

La Luna si staglia di fronte a noi, circondata da un bagliore verde e soffuso, un alone che solo chi è nato nello Spazio riesce a vedere. Nemmeno l'essere umano più evoluto sarebbe in grado di percepirlo. Gli Antenati non sono in posizione d'attacco e non hanno bisogno di manifestarsi. Non ancora, almeno. Poi, lentamente, mi accorgo che il bagliore comincia ad attenuarsi, sebbene non accenni a scomparire del tutto. Guardo Athorm, e lui annuisce: Munn è riuscita a mantenere ciò che ha promesso, e anche i monitor cominciano a segnalare una diminuzione dell'attività elettromagnetica del Satellite.

"Athorm..." Dice, poi, Smuz, timidamente.

"Ingrandisci l'immagine..." Risponde il suo capitano, come se una spada gli avesse trafitto il cuore.

Smuz obbedisce immediatamente e riconosciamo le figure delle tre Vergini che avanzano verso di noi. Quando giungono di fronte alla nave, volano verso la parte superiore della plancia e rimangono in attesa.

"E' il momento…" Mi dice Athorm, avvicinandosi a me. "Dobbiamo andare."

"No." Rispondo, rimanendo immobile. "Fai ciò che devi, ma non chiedermi di essere presente. Non è ciò che conta. Lo sai."

Sospirando, Athorm comanda:

"Aprite gli Scudi sopra la plancia."

"Ne sei sicuro, Athorm?" Chiede Oughm, allarmato. "Potrebbe essere pericoloso!"

"Non accadrà nulla, amico mio." Risponde il suo capitano, avvicinandosi a Orisa e prendendo in braccio Auma. "Obbedisci ora, te ne prego."

Non ho il coraggio di rimanere a guardare. Non voglio stare qui finché Auma lascerà le braccia di suo padre per raggiungere Munn e gli Spiriti che hanno accettato la resa. Mi allontano in silenzio, scendendo sottocoperta, rifugiandomi nella stanza riservata a me e ad Athorm. Rimango in silenzio anche quando percepisco nettamente lo scambio, e l'essenza della piccola vita staccarsi da me, all'improvviso. Non avverto il suo dolore, né mi sembra di sentire il suo pianto. Così doveva andare… e così è andata.

Mi sdraio sul letto e abbraccio il cuscino, nervosamente, guardando attraverso il grande oblò. L'Universo sembra risplendere di una Luce pulita, e un senso di leggerezza scivola sulla nave e sul suo equipaggio. Qualcuno sarà sicuramente felice di sentire un'oppressione che si allenta, ma nessuno potrà capire il peso del prezzo che è stato pagato. Athorm mi raggiunge poco dopo, sedendosi accanto a me:

"Non voglio sapere nulla." Gli dico subito, senza nemmeno guardarlo. "Non dirmi dove porteranno Auma, né che ora abbiamo un nemico in meno da combattere. Non m'importa."

Athorm non risponde. Si avvicina ancora di più a me e appoggia una mano sulle mia spalla, accarezzandola dolcemente. Mi giro verso di lui e vedo il dolore nei suoi occhi. Un dolore che lo annienta e che mi supplica di ottenere un conforto.

Allungo un braccio verso di lui, e Athorm si china su di me, stringendomi. Vorremmo piangere, ma siamo così profondamente toccati da non riuscire a versare una lacrima. Possiamo solo starci vicini e continuare ad andare avanti, sperando che il nostro gesto porti quella speranza di cui tanto si è parlato. Ma, adesso, per noi c'è solo silenzio.

***

Tradimento…

Dopo aver udito il tuono che ha sancito l'Unione tra i due alieni dalle origini umane, l'esercito degli Spiriti ha cominciato a tremare: questo evento ha lasciato un segno indelebile nella storia degli Antenati e di coloro che abitano nel Cosmo, e il Sigillo apposto ha reso più forte il nemico che dobbiamo combattere. La paura ha innescato una ritirata improvvisa da parte di Munn e dei suoi seguaci, molti più di quanti avessi pensato. Colei che fino ad ora è stata la mia più grande alleata, improvvisamente ha fatto un passo indietro e, nonostante la mia proibizione, ha contrattato con l'avversario, al fine di indebolire le truppe del cielo. Ha strappato dalle mie mani la creatura che avrebbe dovuto seguire il destino di Swaynn, portandola in un luogo inaccessibile, protetto da chiunque provi ad avvicinarsi. Siamo stati traditi e abbandonati a noi stessi, e ora non siamo che poche manciate. Non abbiamo ancora perso la nostra forza, ma siamo stati privati di ciò che avrebbe potuto farci vincere. Ora, tutto è di nuovo da stabilire, e le sorti di questa guerra hanno improvvisamente cambiato il corso del destino. Non possiamo attaccare ora: siamo vulnerabili. E' necessario un riassetto, affinché chi è rimasto fedele alla missione ritrovi potere e colmi le lacune lasciate dai traditori. Questo significa che l'esercito nemico si avvicinerà alla Luna, e, forse, potrà anche mettervi piede. Non riuscirò ad evitare che questo accada: non adesso, almeno. Mi consola il fatto di avere ancora al mio fianco Orud, Chrel e Yoser, coloro che, insieme a me, combatteranno senza sosta, conoscendo ogni punto debole di chi hanno avuto accanto per molti secoli. Grazie alla loro presenza, noi possiamo ancora contare su armi potenti, e il fermo forzato che siamo stati costretti a subire sarà solo una piccola parentesi in una guerra in cui abbiamo vinto già diverse battaglie. Arriveremo fino alla fine, e impediremo a Munn di consegnare la Pietra Gemella nelle mani del nemico. Non sappiamo dove sia nascosta, ma colei che ha operato il tradimento conosce il luogo esatto e lo custodisce con forza: l'ho compreso quando si è staccata da noi, insieme ad altri Spiriti che hanno deciso di seguirla. Fino a quel momento, credevo che la Pietra fosse semplicemente bloccata nel confine dello spazio-tempo, inaccessibile a tutti, fino alla resa dei conti. Invece, ho compreso che Munn ne conosce l'esatta locazione, ma che non rivelerà mai nulla, mantenendo la promessa fatta a Swaynn. Non posso nemmeno sfidarla: i suoi seguaci sono numericamente di più rispetto ai miei, e conservano ancora un equilibrio perfetto che si va via via compattando.

Io non mi arrendo. Porterò a termine ciò per cui sono stata scelta ed intraprenderò la battaglia finale. Ho perso Auma, ma non sua madre. Swaynn è più debole, ora che le è stata portata via la creatura che ha partorito. Se fosse sola, potrei annientarla senza pietà. Ma è circondata da uno stuolo di sciocchi disposti a sacrificare la loro vita per salvaguardare la sua, e la forza di Athorm Dralt è costantemente con lei, la permea completamente, la protegge e la rende inattaccabile. Per questo, è necessario colpire anche lui: se riusciremo a scalfire la corazza del suo potere, riusciremo ad infiltrarci nel sistema difensivo che ci impedisce di sferrare il colpo mortale.

Non sarà facile abbattere l'Uomo della Luna, ma i tre che lo hanno conosciuto quand'erano ancora in un corpo solido ricordano ciò che potrebbe indebolirlo e farlo cadere, una volta per tutte. Non avrò scrupoli nell'usare ogni mezzo a mia disposizione. Sarà il primo a soccombere per mia mano. E dopo, Swaynn non potrà più contare su nessun aiuto. Nemmeno su se stessa. Quando l'avrò sconfitta, tornerò da Munn a rivendicare ciò che mi spetta di diritto. Se si opporrà, sterminerò lei e i suoi seguaci. Non mi fermerò più davanti a nulla e ricostruirò Sel'nays, diventandone la Signora incontrastata. Vincerò io: tutto tornerà a mio favore, molto presto. Questa è solo una battaglia. La guerra, quella vera, sarà vinta da me sola.

Detia – La Guida

***

Regna un'atmosfera triste, sulla nave. Siamo stati resi partecipi dello scambio tra la figlia di Swaynn e Athorm e le messaggere dell'entità che si fa chiamare Munn. Ci è stato concesso un passo avanti, ma ci è stato tolto più di quanto potessimo immaginare. E' stato tolto a noi tutti, poiché Auma era parte di noi, e questa perdita ci ha segnati profondamente, nonostante questo legame fosse appannaggio esclusivo delle nostre Guide. Essi continuano ad indicarci la via, nascondendo il dolore e tacendo, ma noi percepiamo quello che si agita nei loro cuori. Non è difficile comprenderlo: ormai si è stabilita una connessione molto forte che ci unisce come se fossimo una sola realtà. Viviamo in prima persona quello che vivono gli altri e ne siamo toccati come se toccasse noi. Non saremmo umani, se provassimo indifferenza. Eppure, anche le Ancelle di Idra sembrano soffrire per questo distacco improvviso, e il loro sguardo gelido sembra velato di tristezza. Questo le avvicina a chi è nato e cresciuto sulla Terra, cancellando le differenze tra razze e creando una fusione di anime che ci fanno capire quanta poca distanza ci sia tra noi e le creature sparse nel Cosmo.

La via per la Luna è sgombra, e noi puntiamo dritti al Satellite. Il muro impenetrabile di Spiriti con fattezze umane sembra essere stato privato della sua forza, e le suggestioni che ci hanno intrappolati fino adora sono scomparse. Ci accingiamo ad atterrare sulla superficie Lunare, e Athorm l'ha comunicato agli Alti Funzionari dislocati sul pianeta Terra. Ha omesso molti dettagli, per non innescare paure che potrebbero indebolirci, e ha nascosto il dolore che tutti noi riusciamo a scorgere nei suoi occhi. Lo conosciamo da troppo tempo, io, Smuz e Moraya: non può sfuggirci ciò che il suo sguardo ci comunica, anche senza parole. Swaynn è rimasta accanto a lui per tutto il tempo della comunicazione. Immobile, silenziosa, quasi impietrita. Per nascondere ciò che si agita nella sua anima, si circonda di un muro impenetrabile. Conosciamo anche lei, ormai, e le sue reazioni non ci giungono nuove. In questi momenti è quasi impossibile avvicinarla: risponde, ma è come se la sua mente fosse lontana. Noi stessi non sappiamo come parlarle senza sembrare goffi e impacciati, e la severità dei suoi occhi ci tiene lontani da ogni tentativo. Non sarebbe possibile parlarle, comunque, poiché Orisa le sta spesso molto vicina, impedendoci ogni contatto. Non saremmo stupiti se dietro questa rete di protezione ci fosse Athorm: per lui, Swaynn arriva prima di tutto, e non manca occasione che ci ricordi del nostro compito, quello che ci vede coinvolti in prima persona nel fare scudo attorno a sua moglie, per proteggerla dagli attacchi del nemico. Credo che, se potesse, si sostituirebbe a lei, pur di salvarla dal pericolo di trovarsi faccia a faccia con la morte.

Abbiamo saputo da Padre Tomas che la Chiesa di Kelk sta per essere dedicata ad una figura molto importante nella storia dell'antica Religione Cristiana, ma ancora non è stato detto il nome. Sembra che il sacerdote voglia aspettare il nostro ritorno, prima di dare la notizia all'intera terra di Kelenda. L'uomo non sa che noi potremmo anche non tornare mai più. Come potrebbe? Rappresenta un'istituzione religiosa e non conosce l'arte della guerra. Anche le altre città hanno eretto i loro primi edifici che, a breve, avranno una loro Guida Spirituale. La vita continua, a Kelenda, e, purtroppo, sembra che vi siano altre persone che vedono accelerare il loro metabolismo, invecchiando precocemente. Non sappiamo come porre fine a questa strana maledizione che non lascia tregua: pensiamo solo a portare a termine questa missione, in ogni caso. Forse, solo allora tutto troverà una risposta.

Ci avviciniamo alla Luna, lentamente, senza ostacoli da parte degli Spiriti che ci hanno perseguitati fino a poco tempo fa. Noi Ufficiali in plancia siamo affascinati da quello che vediamo e dall'idea che presto potremo toccare con mano quello che ora sembra solo un sogno. Obbediamo agli ordini di Athorm e ci accingiamo a compiere l'allunaggio. Le manovre sono delicate ed è necessaria parecchia concentrazione: la nave deve rimanere orizzontale fino alla fine, e i motori non devono spegnersi mai, nemmeno quando avremo toccato la superficie. Non possiamo sapere che cosa ci attende laggiù e dobbiamo essere pronti per ripartire in qualsiasi momento.

Ci guardiamo reciprocamente, quando stiamo per scendere: questo è un momento che segnerà la nostra storia e quella dell'umanità, ancora una volta. Non trasmettiamo nulla a chi ci segue dalla Terra, perché i nemici potrebbero nascondersi ovunque. Preferiamo registrare ogni dettaglio e poi inviarlo alla Sede Centrale, solo dopo essere risaliti sulla nave. E' più prudente e non vi è rischio di poter innescare il meccanismo pericoloso della paura. Athorm impartisce il comando, e cominciamo a scendere, lentamente. Il momento in cui lo scafo tocca la superficie Lunare, ancorandosi ad essa tramite grossi *artigli d'acciaio*, è contrassegnato da un sospiro collettivo e da un applauso spontaneo. Attendiamo qualche istante, prima di prepararci a scendere. La maggior parte dei Guerrieri rimarrà sulla nave, e solo in pochi si addentreranno in questo territorio nuovo per tutti noi. Io, Smuz, Lluish e Onya, seguiremo Athorm e Swaynn, insieme ad una truppa scelta appositamente per questa prima esplorazione. Il resto dell'equipaggio rimarrà in attesa di ordini, e Orisa farà le veci delle nostre Guide ufficiali. Indossiamo le tute grigie che ci permetteranno di contrastare l'assenza di gravità, e le maschere che ci permetteranno di respirare ossigeno. Athorm e Swaynn si distinguono da noi poiché indossano tute nere bordate in oro e riportanti i simboli di Kelenda. Tutti, però, abbiamo stivali neri e cinture cui sono strette alcune armi e delle luci che ci permetteranno di vedere nell'oscurità, sebbene la nave manterrà accesi i suoi grandi fari, finché non avremo terminato il giro in quel tratto scelto. Quando tutti sono pronti, arriva il comando di Athorm:

"Andiamo!" Esclama, con fermezza. "Rimanete uniti e non disperdetevi per nessuna ragione: se dovesse esserci necessità di fare ritorno, chiameremo i cavalli bionici ed essi giungeranno a noi con ordine."

Scendiamo da due ponti che vengono calati sulla superficie Lunare, con molta emozione. Stringiamo le armi, come se volessimo trarre forza da esse e, con grande timore, posiamo i piedi su un terreno polveroso, avvertendo la forza antigravitazionale che cerca di spingerci verso l'alto.

"Camminate lentamente e cercate di contrastare la forza del Satellite." Ci dice Athorm, attraverso un piccolo microfono incorporato nella maschera. Obbediamo al comando, disponendoci dietro di lui che guida la spedizione, e circondando Swaynn, alle sue spalle. Il computer aziona immediatamente l'archivio che raccoglie i dati, dandoci le seguenti informazioni, tramite una voce femminile, leggermente metallica:

"Questa è la Luna, esercito di Sel'nays. Il suo solo è grigiastro, simile a sabbia di grana grossa, ma anche molto fine come argilla. La superficie si presenta cosparsa di crateri, eccettuati nei *mari*, le vaste zone pianeggianti, i resti di antiche colate laviche, dove i crateri sono più radi. Di questi, ne esistono circa tremila miliardi, con raggio non inferiore a un metro, e i più grandi raggiungono un diametro anche di duecentoquaranta chilometri. Non essendovi forze tettoniche, non si verificano eruzioni vulcaniche né fenomeni sismici. Gli unici episodi sono legati ad impatti con meteoriti. La temperatura può raggiungere, di giorno un massimo di centoventisette gradi, e, di notte, un minimo di meno cento settantatré gradi. Non essendovi atmosfera, mancano i relativi fenomeni di erosione tipici della Terra. Tuttavia, il continuo bombardamento di micro meteoriti, unito all'impatto dei meteoroidi e degli asteroidi, costituisce una forza di erosione che ha levigato e leviga tuttora la superficie Lunare, lentamente. L'acqua allo stato liquido non è presente, ma si trova ghiaccio d'acqua all'interno dei crateri intorno ai poli. La prima sonda ad allunare è stata la sovietica Luna 2, che rimase distrutta nell'impatto. L'uomo vi è arrivato col programma Apollo fra il 1969 e il 1972. Il primo a mettervi piede, nella missione Apollo 11, è stato l'astronauta statunitense Neil Armstrong. Voi, esercito di Sel'nays, siete i primi a toccarne di nuovo il suolo più di quattromila anni dopo."

Un brivido corre giù per la mia schiena. Credo che anche gli altri provino la stessa sensazione. Camminiamo uniti, lentamente, con grande circospezione. Nessuno di noi osa fiatare: continuiamo a guardarci intorno, cercando di prestare attenzione a dove mettiamo i piedi e di contrastare la spinta che cerca di sollevarci dal suolo. Ogni tanto cerco di guardare la Terra: la distanza con la Luna è sempre stata di circa trecentosettantamila chilometri, ma, negli ultimi secoli, sembra essere diminuita. Si dice che questa sia una delle motivazioni per cui le maree sono aumentate, le donne partoriscono di più e la criminalità si è intensificata, nonostante si riesca a contenerla maggiormente, grazie al sistema difensivo di cui il pianeta è stato dotato.

Da qui, non è possibile intravedere i contorni dei continenti, e la Terra dovrebbe apparire come una bella sfera blu con delle piccole macchie gialle dei deserti, oltre a qualche zona verde delle grandi foreste. Così si dice. Ma, sinceramente, io non riesco a vedere nulla, se non crateri e un'oscurità rischiarata dalle luci che indossiamo sulle nostre tute. C'è molto silenzio. Non riesco nemmeno a percepire il suono dei nostri passi. E' come se pesassimo meno di una piuma, e, se non fosse per l'ossigeno contenuto nelle nostre maschere, non riusciremmo nemmeno a udire la voce di Athorm e il suono metallico di quella del computer. Non potremmo neppure comunicare tra di noi, sebbene non riusciamo a trovare nulla da dire. Camminiamo seguendo Athorm e Swaynn, finché la Governatrice di Nod comincia a staccarsi dal gruppo, spostandosi verso un'altra direzione. Cerchiamo di correre da lei, per proteggerla, ma i nostri passi sono rallentati e ci sembra di camminare nelle paludi:

"Athorm!" Comunico al nostro capitano. "Tua moglie sta andando altrove e non riusciamo a seguirla!"

Athorm si gira verso di lei, fermandosi all'istante. Poi, lentamente, anche lui cammina nella stessa direzione:

"Swaynn conosce la strada." Replica, senza timore. "Seguiteci, ma non provate a correre: non ci riuscireste. Camminate lentamente, facendo un passo alla volta, e non disperdetevi!"

Obbediamo immediatamente, raggruppandoci di nuovo intorno alle nostre Guide. Sembra che entrambi sappiano dove ci troviamo. Cerco di consultare i dati che il computer ci manda, ma, a parte i dettagli del suolo Lunare, le informazioni astronomiche e altri parametri che ne spiegano le caratteristiche, non vi è nulla che dica qualcosa che si leghi a luoghi leggendari della Storia.

Swaynn si ferma in un punto ben preciso, dove sembra riconoscere qualcosa. Non sappiamo cosa riesca a vedere, ma è come se percepisse vibrazioni a lei familiari.

"Dove siamo?" Chiede Smuz, con un po' di timore.

"Siamo al limite del *Mare Imbrium*..." Risponde Athorm, a voce bassa.

"A me sembra un cratere..." Osserva Smuz, guardandosi intorno.

"Computer: rivela le informazioni relative al luogo in cui ci troviamo!" Esclama Athorm, connettendosi al sofisticato archivio presente sulla nave. Dopo un lieve ronzio che avvertiamo distintamente nelle nostre orecchie, la voce femminile torna a spiegare:

"Il Mare Imbrium, dal latino *mare delle ombre* o *mare delle piogge*, è un vasto mare Lunare. Con un diametro di millecentoventitrè chilometri, è il più grande mare associato con i crateri da impatto. L'età del Mare Imbrium è più di quattromila milioni di anni. Il cratere è circondato da tre cerchi concentrici di montagne, generate dal colossale impatto che ha generato anche il cratere stesso. L'anello di montagne più esterno ha un diametro di milletrecento chilometri ed è diviso in numerose catene separate. Le montagne della parte nordovest dell'anello non sono così ben sviluppate. L'anello intermedio forma i Montes Alpes e le regioni montagnose vicino ai crateri Archimede e Platone. L'anello più interno, che ha un diametro di seicento chilometri, è stato per la maggior parte sommerso dal basalto del mare lasciando sporgere solo alcune colline che formano una figura approssimativamente circolare. La regione attorno al bacino dell'Imbrium è coperta da materiale proiettato via dall'impatto fino ad una distanza di ottocento chilometri. Attorno al bacino si trova una serie di incisioni radiali chiamate la *scultura dell'Imbrium*, interpretate come solchi lasciati sulla superficie Lunare da grandi massi espulsi durante l'impatto quasi orizzontalmente, che hanno colliso contro il suolo. Inoltre, su tutta la superficie Lunare si possono riconoscere strutture sia radiali che concentriche al bacino dell'Imbrium, formatesi al momento dell'impatto. Nella regione Lunare esattamente agli antipodi del Mare Imbrium si trova una regione di terreno caotico, che si pensa si sia formata quando le onde sismiche causate dall'impatto si sono riunite dopo aver attraversato l'intera Luna provocando in quel punto un gigantesco terremoto."

Quando il computer termina la sua spiegazione, vediamo Swaynn guardarsi intorno, e la sentiamo mormorare:

"Moryd..."

"Moryd?" Chiedo, perplesso. "Ma quello non era il lago in cui la nave ha viaggiato, tempo fa?"

"Sì, Oughm." Risponde Athorm, con voce lontana. "Era quello. E noi vi siamo dentro, ora..."

Un altro brivido scivola giù per la mia schiena: siamo arrivati nel luogo in cui le nostre proiezioni olografiche ci comunicavano ogni sensazione tattile, come se la stessimo provando davvero... Il luogo cui Athorm e Swaynn potevano accedere con una smaterializzazione molecolare a noi proibita, solo perché le nostre parti meccaniche avrebbero rischiato di interferire con le vibrazioni, o magari di non arrivare integre, durante il processo... Vorrei poter fare altre domande, ma Swaynn si dirige senza indugio verso il fianco del cratere, cercando di arrampicarvisi. Rimaniamo completamente spiazzati, senza sapere cosa fare. Solo quando vediamo Athorm andare verso di lei, decidiamo di seguirlo. Ferma la moglie, trattenendola per un braccio, e le dice qualcosa che non ci è consentito ascoltare. Poi, rivolgendosi a tutti noi, ordina:

"Chiamate i cavalli bionici: ci porteranno oltre il cratere."

Mandiamo subito il comando attraverso un pulsante posto sulle cinture, e i destrieri meccanici ci raggiungono con grande rapidità. Quando montiamo sulle selle, facciamo molta fatica a staccarci dal suolo: così come è forte nella sua spinta antigravitazionale, è altrettanto forte quando tentiamo di staccarci da esso. Una volta saliti sui cavalli, seguiamo Athorm che risale lungo il fianco del cratere, alto come una grossa montagna. Grazie alla spinta propulsiva dei cavalli bionici, riusciamo ad arrivare in alto in poco tempo, e, una volta arrivati, vediamo che il terreno non è diverso da quello che ci ha accolti durante l'allunaggio. Tutto sembra sempre uguale, mentre avanziamo, e non comprendiamo la magia che questo luogo stia esercitando su Swaynn: la donna sembra completamente rapita da ciò che vede, e viaggia sicura, affiancata da Athorm, silenzioso e deciso. Il paesaggio alterna parti pianeggianti con colline grigiastre, avvolte dall'oscurità dello Spazio. Milioni – o, forse, miliardi! – di stelle pulsano ad intermittenza, in quest'atmosfera irreale. Il silenzio è così intenso da privarci quasi dell'udito, nonostante riusciamo ad udire perfettamente le nostre voci e quelle delle nostre Guide. Avanziamo a lungo, e io comincio ad avere sete. Non posso togliermi la maschera, così sono costretto a sopportare quest'arsura che diventa sempre più forte. Solo dopo molto tempo, Swaynn si ferma. Scende da cavallo, e si dirige verso una sagoma molto alta che non riusciamo a distinguere. Solo quando anche noi arriviamo presso di lei, ci accorgiamo che la donna è rimasta in contemplazione di una struttura conica, sulla quale sono incisi dei simboli di cui non conosciamo il significato, ma che assomigliano molto a quelli che reca la fontana al centro del laghetto, nella dimora di Athorm, a Kelk.

"Ma che cos'è?" Chiedo, esplicitando il pensiero di molti.

"Sono le Leggi che ho fatto incidere prima che io lasciassi questo luogo per sempre…" Mormora Swaynn, appoggiandovi sopra una mano. "Siamo nel nucleo centrale dell'Isola delle Vergini. A Sel'nays…"

A Sel'nays… La parola risuona tra di noi, rimbalzando di bocca in bocca. Dunque questa è l'Isola della Luna di cui tanto si è parlato, nel corso dei secoli! E' il luogo conteso da noi, un esercito fatto di esseri umani e alieni, e gli Spiriti degli Antenati, o meglio, di quelli che tra loro rimangono ancora fedeli a Detia…

"Com'è possibile?" Chiede Smuz, mentre Lluish e Onya si avvicinano alla struttura, come per trarne forza. La risposta non riesce a giungere, poiché, improvvisamente, Swaynn si toglie la maschera, rimanendo col viso scoperto, come se la mancanza d'ossigeno non la spaventasse. Athorm si allarma immediatamente e comanda a tutti noi:

"Non imitatela! Tenete la maschera ben salda e non fate sciocchezze! Voi non siete ancora protetti dagli influssi della Pietra Gemella e i vostri polmoni non sopporterebbero l'assenza d'ossigeno per più di un secondo!"

"Non è questa, la Pietra?" Chiede Smuz, disorientato, tanto quanto lo siamo noi.

"No…" Mormora Swaynn, e la sua voce giunge a noi come se indossasse ancora la maschera: forte e chiara. "Queste sono le Leggi che regolano la vita dell'Isola, le iscrizioni che ne raccontano la storia… L'unica cosa che è rimasta ancora intatta del luogo in cui sono cresciuta… Dopo aver scelto Kelenda come unica terra depositaria della Pietra Lunare, tutto ciò che esisteva intorno al nucleo ha cominciato a scomparire lentamente, a cominciare da Moryd, descritto come un lago, ma, in realtà, un'esatta proiezione di esso in quello che voi avete appena conosciuto come *Mare Imbrium*, il mare delle piogge… Come l'acqua fosse presente in esso… io non lo so. Non vi è mai stata una spiegazione esauriente che potesse convincermi. Ma c'era, e io ricordo ancora il suo lento ondeggiare e la sua freschezza… così come, un tempo, proprio qui sorgeva la dimora di Munn, la Signora dell'Isola." Si appoggia al grande cono, come se volesse abbracciarlo. Non sappiamo come reagire né cosa pensare. Tutto è così diverso da quello che abbiamo sempre visto durante le nostre proiezioni olografiche… Il paesaggio è brullo e arido, e non sembra adatto per alcuna forma di vita. Ma Swaynn respira come se vi fosse ossigeno, senza risentire dello sbalzo di temperatura che rileviamo tramite i dispositivi annessi alle maschere. Athorm ci osserva attentamente, uno ad uno:

"Siete sorpresi… lo comprendo." Dice, come se parlasse ad amici. E io e Smuz lo siamo, ma gli altri si sono uniti a noi da pochi anni. "Io e Swaynn abbiamo trascorso molto tempo in questo luogo, ma in due modi diversi. Lei l'ha conosciuto quando assomigliava ad un'Isola fiorente, strutturata, con gerarchie ben precise e un patrimonio culturale che conservava la storia di ogni Popolo. La stessa storia riportata su questa struttura conica. La forma è simile a quella degli edifici di Verdrad, e non è un caso. Ma questa faccenda riguarda la vita privata di Swaynn, e non posso rivelarla a voi, se non un giorno, quando lei deciderà di renderla manifesta. Per ciò che mi riguarda… avete già avuto modo di sentire le parole con cui gli Spiriti degli Antenati mi chiamano: io sono l'Uomo della Luna, la figura di cui avete sentito il racconto, forse in molte fiabe per bambini. Ma non si trattava di metafore create solo per rassicurare i sonni degli infanti: tutto ciò che veniva tramandato era reale. Solo, lievemente modificato e spesso alterato. Ho contribuito alla nascita e alla crescita di Sel'nays quando essa era solo un paesaggio desolato e spoglio come quello che vedete. Ha visto la luce grazie ai miei desideri e al potere della Pietra Lunare e della sua Gemella. Ho consegnato agli Spiriti degli Antenati questo luogo allo stato nascente, per fare di lui un rifugio per le anime oppresse e sole, così diffuse sia tra gli alieni che tra gli esseri umani. Quaggiù, gli ideali più nobili e le Virtù avrebbero trovato casa e sarebbero stati tramandati alle generazioni future. Ma il desiderio di potere ha stravolto il mio disegno iniziale, rendendolo completamente diverso da ciò che sarebbe dovuto essere. Così, mi sono allontanato e ho lasciato che esso seguisse il suo corso, trovando un luogo in cui vivere sulla Terra. Tutte le creature aliene vorrebbero poterci vivere, anche ora che il pianeta continua a lottare contro i residui dei cataclismi che ci hanno sempre voluto ricordare una cosa molto importante: nessuno di noi è onnipotente, né può cercare di domare la Natura a suo piacere."

Lentamente, anche lui si toglie la maschera. Poi, respirando a fondo, continua a parlare: "Quando Swaynn ha riportato a Kelenda la Pietra Lunare, la mia terra era ridotta allo stesso modo. Non c'era più vita, né speranza che in essa potesse risorgere. Ed era sulla Terra, dove l'ossigeno è ancora presente. E ora noi siamo chiamati a riportare la vita anche qui, conquistando la Pietra Gemella. Lo faremo per Swaynn, perché lei ha rinunciato a ciò che le spettava di diritto per restituire a Kelenda lo splendore di un tempo, ma non solo: lo faremo anche perché Sel'nays diventi un luogo accessibile anche agli esseri umani che non possiedono capacità straordinarie ma che, semplicemente, vogliono trovare di nuovo la voglia di sognare che hanno perso."

Rimaniamo in silenzio, continuando a guardarci intorno. Ogni passo che facciamo corrisponde ad una consapevolezza in più. Facciamo parte di un disegno che vuole unire tutte le creature viventi, senza che tra esse vi siano distinzioni. Lluish e Onya si avvicinano di nuovo a noi, come per consolidare quello che ci sta unendo in un unico progetto comune, ed esse continuano ad indossare le maschere, proprio come gli esseri umani che fanno parte di questo esercito. Non hanno poteri superiori, qui, nonostante i corpi delle loro simili siano stati dispersi nello Spazio secondo un cerimoniale noto solo al loro

Popolo, di cui non conosciamo nulla, se non l'apparenza. Non le abbiamo mai viste compiere particolari prodezze, ma solo assumere una forma che potrebbe dirsi una via di mezzo tra l'essere umano e gli alieni come Athorm e Swaynn, ma, a differenza delle nostre Guide, esse non possiedono gli stessi poteri, né sembrano volerli ottenere. Sono state tratte in salvo da un luogo della Terra in cui molte di loro hanno lasciato la loro vita, dimostrando ancora una volta che il concetto alieno di *immortalità* è molto diverso da ciò che noi potremmo pensare. Questa, per loro, non è mai assoluta, e non differisce da quella degli esseri umani, spesso più fortunati, pur nei loro limiti. Non possono procreare e nemmeno amare come donne qualsiasi. E anche i terrestri nelle cui vene scorre sangue alieno non sembrano volere di più di ciò che hanno. Alla fine, solo chi non ha nulla, se non un grande Ego, vuole sempre di più, rischiando di perdere tutto, ogni volta.

I miei pensieri vengono distratti da Swaynn che, staccandosi dalla struttura conica, esclama:

"Vicino a Moryd dovrebbe esserci ancora la base in cui Yoser e Detia hanno abitato a lungo, quando sono giunti qui!"

"Forse." Risponde Athorm, senza lasciarsi coinvolgere da questo entusiasmo. "Ma quando siamo risaliti dal cratere non abbiamo visto nulla che la ricordasse. Potrebbe essere celata da qualcosa, quindi, e non credo che sia prudente sfidare la sorte. Rimettiti la maschera, ora."

Swaynn obbedisce a anche Athorm la indossa di nuovo. Poi sale sul cavallo bionico e invita sua moglie a fare lo stesso:

"Torniamo indietro." Dice, quindi. "Avete visto ciò che un giorno tornerà ad essere quell'Isola leggendaria che in molti avrebbero voluto vedere ma che ora si nasconde ai nostri occhi, perché non siamo ancora in possesso di ciò che cerchiamo. Ci è stato promesso che avremo la Pietra Gemella, ma prima dovremo sconfiggere ciò che rimane dell'esercito nemico. Non appena i Guerrieri saranno pronti, la battaglia tornerà ad essere molto dura, ma questa volta abbiamo un vantaggio e siamo riusciti ad arrivare fin qui senza problemi. Abbiamo avuto il segno che cercavamo: Sel'nays può tornare a vivere e ci chiede di continuare a lottare."

"Il segno?" Chiedo, senza capire.

"La struttura conica che ho fatto erigere dalle giovani allieve." Risponde Swaynn, cominciando ad allontanarsi. "Se essa non è stata distrutta, significa che questa terra mi riconosce ancora come la sua Signora. E ci sta dando una speranza."

Athorm si pone accanto a lei e anche noi cominciamo a ritornare sui nostri passi, lentamente. Siamo molto stanchi, come se il tempo trascorso in questo luogo fosse stato lunghissimo. Se non avessimo i cavalli bionici, non riusciremmo a tornare verso la nave. Quando Athorm e Swaynn attivano il comando del volo, anche noi facciamo lo stesso. Sorvoliamo il cammino che ci ha portati fino al nucleo dell'Isola della Luna e poi arriviamo al cratere. Solo ora possiamo renderci conto di quanto esso sia profondo e vasto, e l'idea che qui vi sia stata dell'acqua, della *vera* acqua, mi fa girare la testa. La comprensione umana non è in grado di arrivare a questo. Solo Yoser Nym possedeva qualcosa in più. E ora, avendolo visto tra gli Spiriti che ci combattono, capiamo anche il perché: egli non era solo un uomo, ma in lui scorreva sangue alieno. Quali fossero i suoi rapporti con Athorm... non lo sappiamo ancora. Lui, Orud e Chrel non hanno parlato né si sono mossi, durante l'ultimo attacco. Non sappiamo quale sia la loro forza, né la missione che sono chiamati a compiere. Sappiamo solo che Detia utilizzerà tutto ciò che sanno su di noi per stritolarci nuovamente nella sua morsa, ed essa sarà ancora più letale, poiché non si arrenderà finché non avrà ottenuto ciò che vuole.

Quando rientriamo nella nave, passiamo attraverso un decontaminatore che ci ripulisce da eventuali impurità raccolte durante la nostra permanenza sulla superficie Lunare, quindi ci riuniamo agli altri membri dell'equipaggio che, al nostro arrivo, ci accolgono stupiti:

"Va tutto bene?" È ciò che ci chiedono in molti, continuamente. Ripetiamo che tutto è filato liscio e che abbiamo fatto importanti scoperte. Aggiungiamo che siamo stanchi e affamati, ma felici di come sono andate le cose. Eppure, le domande sono sempre le stesse, come se ciò che affermiamo non fosse abbastanza esauriente. Quando io, Smuz, Lluish e Onya facciamo ritorno in plancia, insieme ad Athorm e Swaynn, ci accolgono gli stessi sguardi stupiti e perplessi. Moraya corre incontro al marito, accertandosi che stia bene, e Edena continua ad osservarmi, come se vedesse un fantasma. Siamo molto stupiti di quest'accoglienza. Tutti, tranne Athorm e Swaynn che, dopo essersi cambiati, sono tornati al comando per analizzare i dati, come se nascondessero un segreto di cui solo noi non siamo al corrente. Quando la stessa domanda mi viene posta per l'ennesima volta, sbotto esasperato:

"Ma che cos'avete, tutti?" Chiedo, infastidito. "Non siamo mica morti! Abbiamo solo fame e dobbiamo riposare! Ci guardate come se fossimo dei fantasmi, ma siamo sempre noi! Vi abbiamo lasciati solo un paio di ore fa!"

Orisa si avvicina a me, mentre Athorm e Swaynn si scambiano un'occhiata d'intesa che non comprendo. La Signora di Idra mi stringe le mani, e, dolcemente, mi dice:

"Devi scusarci, Oughm. Sembriamo insistenti, lo so. Ma forse avete perso la cognizione del tempo. Abbiamo provato a contattarvi molte volte, per accertarci che steste bene, ma la comunicazione era resa impossibile da qualcosa che non riuscivamo a rilevare… Eravamo molto preoccupati per voi, amico mio. Non siete stati via solo per poche ore, come credi: vi abbiamo attesi per circa un giorno intero. Un giorno intero, senza avere vostre notizie. Comprendi, ora, la nostra premura?"

Un giorno? Impossibile. Questa dev'essere un'altra suggestione del nemico.

Ma Athorm si gira verso di me, senza dire nulla. Il suo sguardo è carico di significati, e io comprendo ciò che vuole dirmi: Orisa non si sbaglia. Il tempo che abbiamo trascorso a Sel'nays è quello. Swaynn si accorge del mio smarrimento e si avvicina a me, appoggiando una mano sul mio braccio:

"Non cercare di comprendere, Oughm." Dice, quasi sussurrando. "Cerca solo di accettare ciò che io ho vissuto per molto tempo. Ora sai. Sapete tutti. Questo è uno dei misteri che l'Isola vi ha voluto svelare. Ed è una prova ulteriore che essa stia ancora vivendo. Mi aspettava. Aspettava tutti noi. Per questa ragione, dobbiamo continuare a combattere."

Si allontana da me, tornando alla sua postazione. Smuz mi guarda, e anche Moraya si unisce al nostro smarrimento.

Quanti segreti nasconde, ancora, questo luogo? Cos'altro dobbiamo sapere, di questa guerra? Non credo che riceveremo una risposta a breve. Non so neppure se saremmo davvero disposti ad accettarla. Possiamo solo eseguire gli ordini, così come abbiamo promesso di fare.

Il resto… lo potremo sapere solo alla fine.

Ventiquattro - *Athorm*

Si può amare una persona come il primo giorno, se non di più? Nella mia lunga vita ho assistito a molte separazioni, alla fine di relazioni che sembravano essere indistruttibili e non ho mai cercato un legame che mi coinvolgesse oltre un certo limite. Ma quando ho conosciuto Swaynn, tutto è cambiato. Quel fuoco non si è mai spento, così come non è mai cessato il desiderio che ho di lei. In questa penombra in cui siamo immersi, nella tranquillità di momenti dei respiro che questa guerra ci lascia a disposizione, le mie braccia circondano il suo corpo e i miei baci scivolano sulla sua pelle. Il dolore per la separazione da Auma è ancora vivo dentro di noi, ma la vicinanza e l'unione che ci legano indissolubilmente ci portano sempre l'uno tra le braccia dell'altra, cercandoci come il primo giorno, senza mai fingere o agire solo per adempiere ai nostri doveri coniugali. Sentire il suo cuore battere insieme al mio, muovermi dentro di lei, dissetarmi coi suoi baci... tutto questo, e anche di più, è un miracolo che non ha mai fine. Io stesso mi stupisco dei miei sentimenti, mentre il tempo passa, inesorabilmente. Non avrei mai pensato di poter amare qualcuno così come amo lei, né vorrei mai lasciarla andare. Sapere che la sua essenza è immortale tanto la mia – almeno, lo sarà finché arriverà il tempo in cui la nostra missione in questo corpo sarà finita – mi riempie di pace e di serenità. Poter condividere con qualcuno la mia vita, dopo tanta solitudine, è un conforto. Per questo, voglio che Swaynn sia protetta da tutto ciò che di brutto può capitare, anche se è perfettamente in grado di badare a se stessa e non ha bisogno di avere me, alle sue spalle. Decide di farlo consapevolmente, essendo donna con me, e lasciandomi la possibilità di sentirmi uomo con lei. Non potrei donare il mio cuore a un'altra creatura, se non a un figlio. Ma, se non avessi Swaynn, non cercherei altrove un'altra anima cui legarmi. Esiste un solo, vero amore, nella vita di tutti noi. Una sola metà con cui ricongiungerci. Tutte gli altri legami sono destinati a finire, prima o poi, e ad accompagnarci per un solo, breve tratto della vita.

E' questo che penso, mentre faccio l'amore con Swaynn. E a lei non sfugge il lavoro della mia mente che brucia in mille riflessioni e che sembra spiccare il volo verso lo Spazio:

"Sei qui con me, Athorm?" Mi chiede, prendendomi il viso tra le mani. Sorrido:

"Sono sempre con te." Rispondo, baciandola. Il suo sguardo si posa per un attimo sulla culla vuota di Auma e i suoi occhi diventano tristi:

"Ovunque sia, spero solo che stia bene e che riceva amore..." Mormora, sospirando.

"Sapevamo entrambi che sarebbe dovuto accadere." Replico, accarezzandole i capelli. "Il suo destino si è unito a quello degli Antenati, ora. Crescerà con loro, nel modo in cui potranno essere d'esempio una volta che questa guerra sarà finita. Ma Munn manterrà la parola e farà di Auma ciò per cui ha visto la Luce. Ha salvato molte vite e altrettante ne salverà."

"Questa è solo una tregua momentanea." Mormora Swaynn, guardandomi negli occhi. "Abbiamo la possibilità di rimanere sulla Luna ma non sappiamo ancora per quanto. L'Isola delle Vergini non ha smesso di vivere, ma ha bisogno di un germoglio, e noi non siamo ancora riusciti ad impossessarci della Pietra Gemella. Non sappiamo nemmeno chi la tenga con sé. E dobbiamo liberare anche Dashy e le Vergini che gli Spiriti tengono prigioniere in chissà quale luogo."

"Non hai più percepito altro?"

"No, purtroppo. Sento solo che sono vive e che ci attendono. Tu sei più forte di me, Athorm, e questo luogo non ti è oscuro: forse potresti connetterti a loro."

"Dev'essere la Signora dell'Isola a farlo. Non io. Questa forzatura porterebbe uno squilibrio difficilmente ripristinabile. E' un compito che non posso fare mio: spetta solo a te. Ma non avere fretta, Swaynn: anche l'elmo è un deterrente. Quando potrai toglierlo, le tue percezioni torneranno ad essere ancora più potenti."

Mi guarda con occhi sgranati:

"Ho paura, Athorm." Mi dice, quasi sussurrando. "Per quanto io mi sforzi di apparire forte e sicura di me di fronte all'esercito, non so dove tutto questo ci porterà. Continuiamo ad infondere speranza in tutti quelli che obbediscono ai tuoi ordini, ma spesso mi trovo a chiedermi se tutto questo abbia un senso. A volte mi sembra di sbagliare tutto, e ti confesso che ho anche pensato di tornare indietro… scappare. Non sono invulnerabile e non so che cosa sarà di me. Di noi. Tutto cambia in continuazione e io non riesco ad adattarmi sempre con quella freddezza che so mostrare ma che non provo affatto. Dimmi che non stiamo commettendo un errore…"

"Stiamo facendo ciò che è giusto, Swaynn." Rispondo, stringendola a me. "L'unica cosa a cui dobbiamo pensare ora è cercare di abbattere l'esercito nemico. Abbiamo già ottenuto un risultato con Munn. Possiamo vincere la guerra."

"Ma ci sono Chrel, Orud e Yoser, con Detia! Loro conoscono i nostri punti deboli…"

"Ma non conoscono i punti di forza che abbiamo affinato da quando ci hanno lasciato."

"Yoser sa tutto ciò che gli occorre. E' rimasto con noi fino all'ultimo."

"Esiste sempre il Libero Arbitrio, Swaynn."

Vedo che sta per replicare, ma l'inconfondibile suono dell'altoparlante mi fa capire che qualcuno mi sta chiamando. Il fatto che questa vibrazione non sia accompagnata da alcun messaggio mi fa pensare che possa esserci qualcosa che potrebbe allarmare l'esercito, se venisse annunciata apertamente. Anche Swaynn sembra avere le mie stesse sensazioni. Ci vestiamo rapidamente e corriamo in plancia, dove gli Ufficiali in turno sembrano sconvolti:

"Che cosa sta succedendo?" Chiedo, avvicinandomi ai monitor.

"Il nemico, Athorm…" Mormora Orisa, con le labbra pallide. "Ha attaccato Kelenda."

"Non è possibile!" Esclamo. "Siete sicuri che non si tratti dell'ennesima suggestione?"

"Verlor Torrado si è messo in comunicazione con noi: la Sede Centrale è stata presidiata e le comunicazioni sono state interrotte." Risponde Smuz. "C'è stato un attacco dal cielo, e sembra che l'esercito degli Spiriti stia terrorizzando il Popolo."

"Ci sono dei morti?" Chiedo, analizzando i dati. "Incendi, distruzioni…?"

"Per ora no. Ma la gente ha paura e sta cominciando a collegare la nostra assenza con questo attacco dal cielo. Gli Spiriti hanno corpi solidi, respirano ossigeno e si nascondono dove nessuno riesce a vederli. La paura cresce proprio perché non si sa da dove essi sbucheranno di nuovo."

"Hai le immagini? Verlor le ha mandate?"

"Sì. Ingrandisco sul monitor."

Guardo attentamente le registrazioni che lo scienziato di Verdrad ci ha inviato e non sembra esserci segno di devastazione. Non vi sembra nemmeno essere traccia dell'esercito nemico: le riprese dall'alto mostrano solo i volti della gente, rivolti verso il cielo e pieni di paura. Continuo a far scorrere le immagini, in cerca di una traccia che possa darmi la certezza che non si tratti solo di una suggestione operata dai seguaci di Detia, ma non vi è nulla di apparentemente anomalo.

"Athorm!" Esclama Swaynn. Mi volto a guardarla: le sue pupille sono dilatate. Questo è il segno che stavo cercando:

"Che cosa vedi?" Le chiedo, cercando di mascherare le mie ansie.

"Si sono insinuati ovunque…" Risponde, in uno stato di trance. "In ogni angolo, anche il più piccolo… Sono scesi dal cielo per seminare paura, indebolire il sistema difensivo e renderci vulnerabili…"

"Hanno preso degli ostaggi?" Chiedo ancora.

"No… Non ne hanno bisogno. Ci stanno aspettando. Sanno che andremo… Se non lo faremo, continueranno a disseminare la paura e distruggeranno ciò che sarà alla loro portata… Stanno cercando la Pietra Lunare, Athorm!" L'ultima frase, pronunciata quasi con un grido, mi impone di prendere una decisione immediata:

"Accendere i motori e porre la nave in assetto!" Comando, a tutti gli Ufficiali. Poi, rivolgendomi al computer, ordino: "Direzione Kelenda, porto di Nod! Attivare la navigazione in velocità della luce!" Quindi, mi dirigo verso l'amplificatore vocale ed esclamo: "Esercito di Sel'nays: seguite le procedure per la partenza immediata e restate sottocoperta! Viaggeremo molto velocemente, quindi tenetevi forte!" Quando i motori si sono accesi e la nave ha cominciato ad alzarsi nello Spazio, in posizione orizzontale, impartisco l'ultimo comando: "Andiamo!"

La navigazione che ci accingiamo a compiere sarà veloce tanto quanto la propagazione della Luce. E' un processo molto simile alla smaterializzazione molecolare, ma dosato: la spinta propulsiva è intensa e la nave diventerà simile ad un meteorite incandescente. Prima del contatto con l'atmosfera, però, la velocità diminuirà considerevolmente, per impedire un impatto letale che potrebbe ridurci in piccoli pezzi che ricadono sulla Terra. E' un viaggio molto veloce, ma non esente da rischi. Per questo è importante che tutti noi rimaniamo saldamente ancorati a ciò che ci sostiene.

Vedo i fianchi dello scafo accendersi come torce, mentre ci dirigiamo a Nod. Tengo stretta a me Swaynn, che ancora non è uscita dallo stato di trance, mentre Orisa si avvicina a Lluish e Onya, e, con loro, sembra trovare un equilibrio tipico della loro razza. Quando arriviamo in prossimità dell'atmosfera, bruciando tutti i detriti Spaziali che troviamo sulla nostra strada, la nave si arresta quasi di colpo, e questo brusco cambiamento di velocità provoca una fiammata che divampa spingendosi verso l'alto. Il fuoco si spegne prima di entrare nell'orbita terrestre e la navigazione ricomincia, con una velocità ridotta ma ancora sostenuta. Non ci vuole molto per raggiungere Kelenda. Le immagini sul monitor mostrano una terra ancora in perfetto stato, e non sembrano esserci segni evidenti che possano far temere un attacco alieno. Ma anche le apparenze sono suggestioni e, non appena la nave si pone orizzontalmente, per scendere sulla superficie del mare, Swaynn sembra avere un mancamento. La tengo stretta per impedire che cada a terra, e la sento sussurrare:

"Loro sanno che siamo qui… Gli elmi non servono più a nulla, Athorm… Loro sanno…" La voce si spegne in un soffio e si aggrappa a me, come se qualcosa la stesse terrorizzando. La stringo più forte, cercando di rassicurarla:

"Non avere paura." Mormoro al suo orecchio. "Sappiamo tanto quanto sanno loro. E non abbiamo bisogno degli elmi, sulla Terra. Sii forte, Swaynn: il Popolo ne ha bisogno."

Queste parole hanno un effetto immediato. I suoi occhi tornano ad essere normali e si ricompone, assumendo l'atteggiamento autorevole che tutti hanno imparato a rispettare. Si allontana da me, pronta per scendere. Solo allora ordino:

"Entriamo nel porto di Nod!"

La nave scivola lentamente verso il basso, fino ad adagiarsi sulla superficie del mare. Non appena lo scafo entra in contatto con l'acqua, impartisco al computer un altro comando:

"Aprire il cristallo e riprendere la navigazione terrestre! Disattivare gli Scudi di protezione!", poi, rivolgendomi all'esercito, tramite l'amplificatore vocale: "Togliete gli elmi e tenetevi pronti: i nemici sono dislocati ovunque e ci stanno aspettando. Dovremo dividerci e prestare molta attenzione. Chi non è di turno rimanga sulla nave. Le truppe scelte si dirigano sul ponte. Immediatamente!"

L'esercito si predispone secondo le procedure e il movimento frenetico – ma ordinato – di tutto l'equipaggio, manifesta una determinazione su cui speravo di poter contare. Indossano tutti ancora l'uniforme dello Spazio, ma non c'è tempo per cambiarsi. Solo chi rimarrà nella nave potrà farlo, in attesa di chi verrà a dargli il cambio. Io, Swaynn e Orisa siamo esentati dalle tute protettive. Indossiamo gli abiti che contraddistinguono il luogo da cui proveniamo, ma ci premuniamo delle armi concesse sul pianeta, poiché quelle destinate al volo Spaziale sono state progettate secondo criteri differenti. Deponiamo gli elmi nelle loro custodie e li affidiamo a piccoli vani disposti ovunque, sulla nave, dove un carrello nascosto li porterà al sicuro, proprio vicino al nucleo centrale.

Raggiungo la plancia e salgo sul tetto, insieme a Swaynn e Orisa. I Guerrieri scelti sono già pronti sul ponte. Esseri umani e alieni insieme, uniti da un unico scopo: combattere il nemico e far cessare questa guerra assurda. Prima di parlare con loro, però, mi guardo intorno: non c'è quasi nessuno, ad accoglierci, nonostante il nostro arrivo non possa essere passato inosservato. Questo significa che la paura ha già raggiunto gran parte del Popolo di Kelenda e che tutti si stanno nascondendo all'interno delle loro case o delle loro attività. Qualcuno, forse, soprattutto tra gli Alti Funzionari della Sede Centrale, è costretto a rimanere fermo, forse minacciato da un nemico che non ha lesinato minacce concrete. Non c'è tempo da perdere.

"Esercito di Sel'nays!" Esclamo, guardando tutti i Guerrieri pronti ad agire. "Ci divideremo in piccoli gruppi, ciascuno dei quali capitanato dai capi scelti. Scandaglieremo l'intera terra di Kelenda e saremo pronti a far fuoco quando ci troveremo di fronte al nemico. Quaggiù, le suggestioni non sono così intense come potrebbero essere nello Spazio, ma per il Popolo sono sufficientemente forti da creare un senso di paura generale. Dobbiamo combattere questo sentimento che potrebbe indebolirci, con tutti i mezzi a nostra disposizione! Se gli avversari sono giunti fin qui, significa che le certezze che hanno avuto fino ad oggi sono state spazzate via dai nuovi accadimenti. E' tempo di reagire, quindi, e di tornare vittoriosi da questa missione! Mantenete il collegamento costante con me e Swaynn, e anche con gli Ufficiali sulla nave. Quando vi troverete in difficoltà, non indugiate: ricordate che ogni attimo perso è una possibilità in più per il nemico! Non permettiamogli di insinuarsi dove non gli è permesso! Non permettiamogli di uscire da questa terra... vivo. Io e la Governatrice di Nod ci dirigeremo a Kelk, dove sembra che un nucleo più forte voglia osare più di quanto gli sia consentito. Usate i cavalli bionici di cui la nave è dotata: anche quelli colpiti sono stati riparati dal computer centrale e ora sono stati tarati su altri Guerrieri. Su di voi. Combattete con coraggio, come sapete fare, in memoria di coloro che sono morti in battaglia, umani e alieni, e le cui ceneri sono state disperse nello Spazio. Combattete per loro e per voi, Sel'nays!"

Un grido di approvazione accoglie le mie ultime parole, e i Guerrieri si dividono subito in truppe ordinate, mentre io e Swaynn ci dirigiamo verso un velivolo che ci porterà molto più velocemente fino a Kelk. Prima di partire mi rivolgo a Orisa:

"Tu rimani qui." Le ordino. La nave ha bisogno di una Guida che conosca ogni suo segreto."

La Signora di Idra annuisce, in silenzio. Poi, io e Swaynn partiamo alla volta di Kelk. Durante il viaggio, guardando fuori dai finestrini del mezzo che ci porta verso la Capitale, non possiamo che costatare le condizioni in cui versa Kelenda: in giro non c'è quasi nessuno, se non qualche passante qua e là, che, tuttavia, si affretta per recarsi presso il luogo di lavoro o nel luogo in cui ha un'attività da compiere; le finestre dei grandi edifici sono sbarrate e, se non fosse giorno, la luce delle strade sarebbe completamente oscurata. La tecnologia regge ancora, o non riusciremmo a servirci del velivolo senza conducente. Non vi sarebbero altri mezzi che incrociamo, seppur raramente. Ma tutto sembra essere controllato da qualcosa che non vediamo e che sa come e dove nascondersi.

"Riesci a percepire dove sono gli Spiriti?" Chiedo a Swaynn, che è tornata in uno stato di trance.

"Ovunque e in nessun luogo…" Risponde, con voce lontana, quasi senza colore. "Ci stanno osservando ma da lontano… Non vogliono rischiare: non sono invulnerabili… Ma sanno come muoversi e creare questo clima di paura…"

"Tu li vedi?" Chiedo ancora. "Io non posso connettermi a loro: se lo facessi, svelerei le nostre intenzioni."

"Le conoscono già…" Risponde, in un sussurro. "Sanno che ci stiamo dirigendo a Kelk per difendere la Pietra Lunare… Percepiscono le sue vibrazioni ma l'acqua li distrae ed essi non riescono ad arrivare dove vorrebbero…"

"Quanti sono?"

"Non lo so…" Mormora, sconsolata. "Confondono le mie percezioni e si nascondono alla mia mente… Posso sentirli, ma non li vedo…"

Annuisco:

"Teniamoci pronti." Dico solo. "La truppa che ci segue arriverà con i cavalli bionici a breve."

Swaynn muove appena la testa, senza parlare. Ho l'impressione che veda qualcos'altro e che non voglia rendermi partecipe di quello che la atterrisce. Non voglio chiederle più di quanto non abbia desiderio di dirmi, né di forzare le sue capacità percettive. Quando il mezzo raggiunge Kelk e ci porta di fronte al cancello della mia dimora, scendiamo senza attendere un istante, preparando le armi.

Gli androidi posti a guardia dell'edificio sembrano essere stati disattivati e giacciono in piedi, immobili come pupazzi. Nonostante siano stati costruiti con fattezze umane e con l'uso della tecnologia più avanzata che sa dare un aspetto veritiero persino ai pori della pelle, sembrano bambole con gli occhi sgranati, e questa fissità li rende simili a sagome spettrali, le stesse che gli Spiriti mostrano quando non sono supportati da un corpo solido.

Cerco di aprire il cancello tramite il comando digitale, e, stranamente, il sistema di riconoscimento funziona. Ci addentriamo lentamente, lasciando l'ingresso aperto: la truppa degli alleati dovrà trovare la strada sgombra, e non ha senso chiudere le porte. Il nemico è già entrato, ne percepisco l'essenza anche senza vederlo, e nessuno, a Kelenda, oserà violare l'accesso a questo luogo, sia per rispetto nei miei confronti che per paura di trovarsi faccia a faccia con creature di cui non conosce la provenienza.

Guardo Swaynn e le dico:

"Rimani con me. Teniamoci lontani da tu sai dove. Lasciamo che ci vedano, ma senza avvicinarci troppo."

Annuisce, in silenzio, con gli occhi costantemente in stato di trance. La vedo stringere le armi poste sulla sua cintura, e le sue mani tremano leggermente. So che sta vedendo qualcosa, ma continua a tacere. Non avverto la presenza di Detia, inconfondibile, poiché carica di odio e di energia negativa, eppure Swaynn mostra timore, come se la nemica fosse alle porte, pronta ad attaccare in qualsiasi momento. Entriamo in casa, grazie al sistema di riconoscimento delle iridi, e, anche lì, troviamo gli androidi immobili, come congelati nelle posizioni in cui si trovavano prima di essere disattivati. Non sento la presenza dei servitori umani, e questo mi preoccupa. Swaynn sembra leggermi nel pensiero:

"Sono fuggiti…" Mormora, con voce sottile. "Gli Spiriti li hanno spaventati ed essi sono scappati via… Il nemico non aveva interesse in loro… Non vuole disperdere le sue forze in ciò che non è necessario combattere…"

"Non percepisco la sua presenza, qua dentro." Replico, annuendo.

"Ci aspettano fuori, nel parco…" Mormora, continuando a stringere le armi. "Dobbiamo recarci dove tu sai… Dal momento in cui siamo entrati, hanno connesso le nostre vibrazioni a quelle di tu sai cosa, e sono riusciti a individuare il punto esatto in cui si trova. Ma non possono accedervi."

"Forse non avremmo dovuto valicare il cancello…" Mormoro, pensieroso.

"Dovevamo farlo, invece." Risponde Swaynn, immediatamente, rivolgendomi uno sguardo immobile. "Non avremmo potuto evitare lo scontro. Questa guerra si sta protraendo già da troppo tempo…"

Annuisco ancora, guardandola perplesso. Perché continua a non dire tutto ciò che vede e che a me sfugge? Potrei cercare di entrare nella sua mente, ma, se lo facessi, non riuscirei ad essere lucido e oggettivo. Rimarrei coinvolto nelle sue paure e non sarei più in grado di staccarmene:

"Andiamo, dunque." Dico, alla fine, e torniamo di nuovo verso il parco, dove avverto nettamente la presenza di qualcosa che non dovrebbe esserci e che continua a nascondersi, con una abilità sorprendente. Ci dirigiamo verso il laghetto, e la mia mano scivola veloce sulle armi a mia disposizione, mentre ci avviciniamo alla fontana dove l'acqua continua a zampillare. Ci fermiamo poco distanti, guardandoci intorno: nonostante le vibrazioni siano ancora più forti, non riesco a comprendere da dove essere provengano. Guardo Swaynn, e comprendo che anche lei percepisce la stessa cosa.

"Aspettano che siamo noi, a fare il primo passo…" Mormora, come se stesse rispondendo ad un mio pensiero. "Sfruttano la luce del giorno per disperdere la loro essenza, rendendosi invisibili ai nostri occhi…"

"Allora credo che sia arrivato il momento di portare un po' di oscurità." Replico, alzando un braccio e puntando verso il cielo. La luce del Sole non infastidisce i miei occhi: anch'essi sono Luce, ora, e non possono essere abbagliati da ciò che è simile a loro. Il globo incandescente comincia ad oscurarsi, lentamente, e, dopo alcuni minuti, Kelenda viene immersa in un'Eclissi quasi totale. Rimane solo una lieve penombra, quel tanto che basta per permettere una visuale agli alleati che si stanno avvicinando.

Improvvisamente, avvertiamo un rumore secco: il cancello è stato chiuso da forze che sembrano circondarci. Ed è così: l'oscurità sta ricreando i contorni inconfondibili degli Spiriti, immersi in un bagliore verdastro e fosforescente. L'intero parco ne è immerso, come se tutti quelli che si sono addentrati a Kelenda si fossero concentrati qui.

Mi avvicino a Swaynn, per proteggerla, e li vediamo avanzare lentamente, fino a circondarci. I sussurri ci avvolgono, con grande intensità, ma nessuno di loro sembra volerci attaccare. Bisbigliano i nostri nomi, e le loro voci incorporee giungono alle nostre orecchie, come il soffio di un vento gelido che, sibilando, annuncia la quiete prima della tempesta.

"Dateci la Pietra..." Ripetono, dopo averci chiamati. Le voci non giungono all'unisono, ma quasi disordinatamente, e non è un caso: se fossimo degli esseri umani, ci sentiremmo confusi e smarriti, e staremmo per perdere la lucidità che riusciamo ancora a mantenere, nonostante Swaynn sembri ancora in stato di trance.

"Andatevene da questa terra!" Esclamo, con decisione. "State violando un luogo che segnerà la vostra fine, se non vi allontanerete da qui!"

"Vogliamo la Pietra..." E' la risposta che rimbalza continuamente, in un crescendo che assorda.

"Andatevene, ho detto!" Ripeto. "O mi costringerete ad annientarvi!"

"La Pietra è nostra..."

Alzo una mano verso gli Spiriti che sono di fronte a noi e la Luce che scaturisce dal mio palmo distrugge il muro fitto che ci sta chiudendo in una morsa. Gli Spiriti si zittiscono all'improvviso. La mia mano è ancora alzata e mi giro verso tutte le creature di Luce che arretrano ad ogni mio movimento. Sembrano spaventati e i loro sussurri muoiono in un silenzio irreale. Poi, improvvisamente, tra di loro si apre un varco e vediamo arrivare Chrel, Orud e Yoser, con un corpo solido molto simile a quello umano. Sono a cavallo, e il loro sguardo è immobile.

"Dateci la Pietra." Dice Yoser. La sua voce non è diversa da quella che gli apparteneva quand'era ancora in vita col suo corpo. "Consegnatela spontaneamente a noi, o la prenderemo con la forza." Il tono neutro con cui pronuncia queste parole è diverso dal significato che esse hanno. Forse, è ancora più sinistro.

"Se sai dove trovarla..." Mormoro, estraendo la mia spada. "Perché hai bisogno di noi?"

"Cerco solo di evitare un inutile spargimento di sangue." Risponde, con lo stesso tono. "E non parlo del nostro. Tu lo sai."

"Scendi da cavallo e combatti." Replico, con decisione. "Se sei così sicuro di vincere, perché non ti sporchi le mani, invece di minacciare a vuoto? Sai bene che io non rimarrò fermo, e non permetterò che si dica che Athorm Dralt è morto senza lottare."

Un rumore proveniente dal cancello attrae la nostra attenzione: gli alleati sono qui, ma gli Spiriti hanno creato un muro invisibile che la truppa non riesce ad abbattere. Siamo soli e circondati da nemici che non si arrenderanno facilmente.

E Yoser scende dal suo cavallo, estraendo la spada di Luce sorretta dalla sua cintura.

"Mi costringi a fare ciò che non voglio." Mi dice, con voce priva di emozioni. "Ma se non ho alternative, sono disposto a battermi con te."

Punto la spada verso di lui:

"Fallo, dunque." Mormoro, con un tono di sfida. "Non avrò pietà di chi ha deciso di mettersi contro di noi. Anche se si tratta di mio fratello."

"Per essere fratelli dovremmo avere lo stesso sangue." Risponde, preparandosi all'attacco. "Ma non è questa la realtà."

Guardo Swaynn e riesco solo a dirle:

"Non muoverti per nessuna ragione!" Poi, mi lancio nel combattimento contro Yoser. Anche gli Spiriti arretrano, per assistere al duello. Chrel e Orud rimangono fermi e in silenzio sui loro cavalli, mentre la sfida tra me e colui che era il grande scienziato di Verdrad continua. Yoser combatte con forza, conoscendo perfettamente i miei punti deboli. Scanso la sua spada solo facendo riferimento al mio intuito, ma non è facile evitare i colpi. La violenza con cui si scontra con me è in netto contrasto con il suo sguardo immobile, privo di qualsiasi emozione. Non vi è nemmeno rabbia, la rabbia con cui Detia si avventa su di noi quando vuole distruggerci. Quest'assenza di sentimenti nello sguardo di Yoser mi ferisce più di quanto potrebbe fare la sua lama che scivola veloce, quasi sfiorando il mio corpo. Schivo i colpi e ne restituisco altrettanti, con tutta la forza che ho nel corpo e nella mente. Riesco ad avere la meglio, ma solo perché il corpo solido che il mio nemico ha scelto, in qualche modo, indebolisce le conoscenze che ancora possiede questo Spirito potente, ma quando sto per sferrare un colpo decisivo, un lamento di Swaynn attira la mia attenzione. Mi giro per guardare che cosa stia accadendo, e mi accorgo che una creatura di Luce la sta trattenendo con forza in una morsa che non conosce pietà. Con un cenno della mano scaglio la mia energia contro lo Spirito, e questo scompare nel nulla, mentre mi avvicino a Swaynn, rispondendo ai colpi di Yoser. Quella distrazione mi è costata un attimo molto importante, e ora sono io a giacere sotto i colpi del nemico. La lama di Yoser mi ferisce la mano e la spada cade a terra. Mi chino per raccoglierla ma la punta dell'arma nemica è già contro il mio collo:

"Lasciala." Dice Yoser, con la sua voce incolore. "Consegnami la Pietra Lunare e risparmierò la tua vita."

"No." Ripeto con fermezza. "Preferisco morire combattendo, piuttosto che permetterti di avere ciò che non ti spetta, solo per preservare la mia vita."

Yoser allontana la spada dalla mia gola, per un attimo, e io mi accingo a chinarmi una seconda volta. All'improvviso, la voce di Swaynn risuona con forza alle mie spalle:

"Athorm!"

Il suo grido mi blocca e mi alzo per assistere ad una scena terribile: Yoser aveva tentato di colpirmi, ma tra me e lui si è interposta Swaynn, e la spada è affondata nel suo corpo. La vedo impallidire e cadere su di me, mentre Yoser ritrae la lama, senza una minima traccia di emozione.

"Swaynn!" Esclamo, stringendola a me per evitare che cada. I suoi occhi sono ancora spalancati e le pupille sono così dilatate da sembrare immobili. Sulla sua tunica grigia, il sangue si allarga in una macchia enorme che imbratta anche le mie mani. Il suo respiro è così leggero da sembrare quasi inesistente.

Un grido di rabbia esce dalle mie labbra. Un grido che non ha nulla di umano e che risuona in tutta Kelenda. Un grido che giunge fino al cielo, e, da lì, una pioggia di piccoli meteoriti comincia a cadere come grandine sugli Spiriti presenti nel parco della villa, mentre un vento forte si alza in un turbine di polvere che spazza via molti nemici senza corpo, anche quelli che non sono colpiti dal fuoco. Le truppe di Detia arretrano spaventate, ma la mia collera li colpisce con i piccoli detriti Spaziali. Yoser rimette la spada nel fodero e, insieme a Chrel e Orud, corre via, sospeso nell'aria che si riempie di fumo, un fumo causato dalla cenere che lasciano gli Spiriti, una volta colpiti. Il vento ne solleva i resti, e qualcosa li risucchia con avidità. Nel giro di pochi attimi, il parco rimane vuoto e i fenomeni atmosferici cessano. Rimane solo l'Eclissi.

"Swaynn!" Grido ancora, cercando di risvegliare la donna che ora ha chiuso gli occhi, mentre il cancello si riapre e gli alleati fanno irruzione. Pronuncio il suo nome molte volte, ma lei non sembra neppure udire la mia voce. Il suo respiro è ancora più lieve e i Guerrieri corrono ad aiutarmi, nel cercare di rianimarla. I miei abiti e le mie mani sono imbrattati del suo sangue che sgorga copioso dalla ferita aperta sulla schiena. Tentiamo di risvegliarla con tutti i mezzi a nostra disposizione, mentre un piccolo gruppo corre a chiamare Orisa, dietro mio ordine. Spero che lei possa salvare mia moglie, come ha già fatto a Idra, quando Tom l'aveva colpita a morte.

Quando la Signora di Idra ci raggiunge, Swaynn respira appena. Dopo averla guardata e esaminata, ponendo la sua mano sul suo cuore, mi guarda tristemente:

"Non so se Verlor Torrado sia in grado di fare qualcosa per lei. Mi dice, sommessamente. "Io posso solo medicarla ma non posso fare altro. In quanto a te... devi sperare che la sua essenza riesca a lottare e vincere contro la sofferenza del suo corpo fisico. Ma devi essere pronto a tutto, Athorm. Swaynn è molto debole: puoi vederlo da te."

Una triste consapevolezza si fa strada nella mia mente: che lei conoscesse già ciò che sarebbe successo, tutte le volte in cui il suo sguardo è cambiato e i suoi occhi hanno mostrato un terrore di cui ha voluto condividerne solo in parte le cause, con me? La domanda mi assilla e mi tormenta: avrei potuto impedire tutto questo, se solo lei avesse parlato. Avrei dovuto lasciarla con Orisa, sulla nave, invece di trascinarla con me a Kelk. Sono stato così attento alle sorti di Kelenda, da dimenticarmi di chi avevo accanto.

E ora che potrei perderla davvero, mi domando perché io non sia riuscito a comprendere ciò che, forse, lei aveva già previsto: la sua vita, al posto della mia.

Venticinque - *Tom*

Siamo avvolti dall'oscurità, da giorni, ormai. Questa Eclissi di Sole sgomenta tutto il Popolo di Kelenda e quelli delle terre vicine. L'attacco alieno sembra essere cessato, ma, ancora, la gente ha paura di uscire. Quando lo fa, spesso di rifugia nelle Chiese dislocate nelle città, e, soprattutto, in quella di Kelk, dove io presto il mio servizio. Cerco di confortare tutti quelli che hanno più paura, soprattutto da quando la tecnologia ha cominciato a mostrare delle lacune che nessuno sembra in grado di colmare. Verlor Torrado è giunto fin qui per cercare di ripristinare i collegamenti di prima necessità, ma, sebbene le sue conoscenze si stiamo rivelando più approfondite rispetto a quando è stato chiamato a sostituire Yoser Nym, si trova spesso di fronte a delle situazioni per lui nuove. Ha dovuto chiedere la collaborazione degli altri scienziati che lavoravano già col suo predecessore e alcuni di essi hanno accettato di venire in suo aiuto. Ciò che era necessario ripristinare quasi immediatamente è di nuovo funzionante, ma la mancanza di Sole rallenta molti marchingegni che ne sfruttavano l'attività. Si è dovuti ricorrere a generatori d'emergenza che riescono a sopperire alla mancanza dell'energia Solare, ma piante, fiori, nonché frutta e verdure, risentono di questa mancanza per le loro essenziali funzioni vitali.

Ho ritenuto che questo fosse il momento giusto per dedicare la Chiesa ad una figura molto importante nella storia della Religione Cristiana, e ho scelto questo nome: Mater Dei. L'ho comunicato ufficialmente, alla presenza di molti Alti Funzionari, del Popolo di Kelenda e con la benedizione dell'Altissimo Funzionario. Athorm ha presenziato alla Consacrazione facendo il suo dovere ma nulla di più. La tristezza nel suo sguardo non è sfuggita ai miei occhi, così come la barba, lievemente incolta. Con questa penombra, forse, molti non riescono a percepire il suo dolore, soprattutto perché lui stesso è in grado di mascherarlo con un atteggiamento severo, sicuro di sé, nonostante le gravissime condizioni in cui riversa sua moglie da alcuni giorni. Si è saputo che è stata attaccata dagli invasori provenienti dal cielo e che giaccia in una camera a lei dedicata, presso la dimora di Athorm Dralt. Si dice anche che le macchine la stiano tenendo in vita e che, senza di esse, le funzioni vitali non possano continuare ad essere stimolate. Si dicono ancora molte cose, ma io cerco di non prestare troppa attenzione, per non lasciarmi coinvolgere da quest'atmosfera negativa che permea l'intera Kelenda.

L'esercito è in continua allerta. La meditazione e il canto del Gham sono stati sostituiti da un viavai di truppe che, su turni, si muovono in lungo e in largo praticamente ovunque, anche in chiesa. Molte volte sono distratto durante le mie preghiere, proprio dal loro arrivo, ma li accolgo come fratelli e lascio che compiano il loro dovere. Uomini e donne, esseri umani e alieni, si danno il cambio dopo molte ore di turno, e sembrano non trovare mai un attimo di serenità. Orisa non è tornata a Idra, ma è rimasta ad Awy, dove Agel Brooke le ha concesso alloggio. A quanto sembra, nemmeno lei riesce ad avvicinare Athorm che si è chiuso nel silenzio della solitudine, limitandosi a rarissima apparizioni, solo quelle necessarie per dare delle risposte e infondere coraggio al Popolo, nonostante anche lui abbia bisogno di un aiuto. Ma non chiede nulla, né sembra desideroso di avere qualcuno intorno a sé. Questo, almeno, è ciò che egli mostra a chi lo vede. Nulla sembra averlo scalfitto, e le sue strategie sono sempre molto dettagliate e logiche. Così mi viene riferito da chi, in Confessione, mi racconta ciò che sta accadendo.

Vorrei andare a trovarlo, ma non so se mi riceverebbe. Se non permette a nessuno di avvicinarsi, perché dovrebbe dare proprio a me questo privilegio? Ma il tempo passa, e le notizie che lo riguardano sono sempre più preoccupanti. In giro non lo si vede quasi più e il suo esercito sembra in balia di se stesso. C'è ancora molto ordine, eppure sembra mancare quella motivazione che ha spinto tutti noi a combattere. Dico *noi*, perché anch'io, nel mio piccolo, ho cercato di dare il mio contributo. Non imbraccio e armi convenzionali, ma utilizzo un'altra forma di protezione che, per ora, mi ha consolato molto: la preghiera. Non so se questa potrebbe mai bastare ad un uomo come Athorm. Non credo che possa apprezzarne la profondità, abituato com'è a vivere in un mondo dove i dolori sono più numerosi delle soddisfazioni personali. Lui e Swaynn hanno persino dovuto rinunciare ad Auma, ma al Popolo non è stato raccontato come e perché. Si è solo detto che la bambina è nata con una malformazione congenita e che questa l'ha portata alla morte. Il fatto che sia avvenuto durante il viaggio non ha alcuna rilevanza: il Popolo deve credere che non vi sia alcun nesso tra la missione e la richiesta degli Antenati capitanati da Munn. Eppure, a Kelenda si vocifera già che vi sia un segreto non svelato, alla base di queste partenze improvvise. Dopo l'attacco dal cielo, queste ipotesi cominciano a prendere forma e a diventare realtà, una realtà che sconcerta tutti e che io cerco di minimizzare, per quanto mi sia possibile.

La Sede Centrale è tornata ad essere operativa, ma i messaggi che arrivano sono pochi e molto brevi. Si sente dire che la situazione, a Kelenda, è sotto controllo, che non vi è alcun pericolo nel muoversi da un posto all'altro e che non si può parlare di attacchi alieni, ma solo di un episodio sporadico da parte di alcuni criminali altamente specializzati, che vogliono creare solo una condizione di panico generale. Si consiglia di non lasciarsi prendere da emozioni negative e di continuare a vivere come sempre. I messaggi cercano anche di smorzare la paura causata da questa condizione di Eclissi, definendola un *fenomeno astronomico raro, ma possibile*. In realtà, non ho memoria che il Sole sia rimasto oscurato per così tanto tempo. Tuttavia, per non turbare gli animi, tengo questa considerazione solo per me. Non cerco di avvicinare nessuno dell'esercito, per conferme, né di parlare con Orisa: se lo facessi, il Popolo potrebbe pensare che io stia nascondendo qualcosa, ed è ciò che voglio evitare possa accadere.

Solo quando Athorm comincia a non apparire più, nemmeno per le occasioni ufficiali, limitandosi a delegare i suoi uomini più fidati per fare le sue veci, decido di fare qualcosa. Chiedo udienza all'Altissimo Funzionario, ma mi è negata per tre volte. Athorm deve aver dato disposizione affinché nessuno vada a disturbarlo, per nessun motivo. Ma io non mi arrendo, perché so che lui ha bisogno di me. Così, un giorno, facendomi coraggio, cammino verso la sua immensa dimora, trascorrendo il mio tempo a pregare, nella speranza che i miei desideri possano essere accolti dall'Essere Supremo che rappresento. Quando mi trovo di fronte al grosso cancello, mi accorgo che al posto degli androidi ci sono alcuni dei Guerrieri dell'esercito. Mi guardano subito con sospetto, impedendomi l'accesso:

"Voglio solo parlare col vostro capitano." Cerco di spiegare, con molta pazienza. "Portargli la benedizione. Sono due settimane che non lo vedo a Messa..."

"L'Altissimo Funzionario è molto impegnato." Risponde secco uno degli energumeni presenti. "Non può ricevere nessuno."

"Mi rendo conto di non essere avvezzo all'arte della guerra." Replico, con tono remissivo. "Io mi limito a portare la Parola di Dio a coloro che hanno prestato fedeltà alla nuova religione. Lo faccio anche per obbedienza a colei che è la Guida Religiosa di Kelenda. Voi non trovate che le si debba rispetto, proprio in virtù di ciò che la Governatrice di Nod rappresenta per tutti noi?"

Si guardano tra di loro, con imbarazzo. Comprendo che non sanno come rispondere. Così, uno di loro si limita a dire:

"Vi ringraziamo per la vostra obbedienza, Padre Tomas. Ma gli ordini sono ordini e non possiamo disobbedire. Voi comprendete, vero?"

"Vi comprendo, certo." Rispondo, pacatamente. "Ma credo che anche voi sappiate quanto sia importante mantenere vive le direzioni che Swaynn Osery Dralt ha dato a tutti noi. Le siete fedeli, non è così?"

"Assolutamente... certo."

"Quindi potete capire quanto sia importante per me continuare a rendere omaggio anche ora. E la mia devozione si spinge anche verso l'Altissimo Funzionario, che ora riveste l'incarico che aveva sua moglie prima dell'incidente."

"Comprendiamo… sì."

"Volete, quindi, provare a chiedere al vostro capitano se vuole ricevermi come un umile servitore di colei che gli ha concesso di essere ciò che è diventato?"

Li vedo guardarsi di nuovo, con grande imbarazzo. Poi, uno di loro risponde:

"Posso tentare. Ma non vi garantisco nulla, Padre Tomas."

Mi inchino, in segno di ringraziamento. Il giovane non avrà più di vent'anni, ma sembra sveglio e propositivo. Non ci mette molto, a tornare:

"L'Altissimo Funzionario vi concede il permesso di recarsi presso di lui." Mi dice. "Ma vi prega di non rendere pubblica questa udienza."

"Siete gli unici a saperlo, oltre me." Rispondo, con devozione. "Sapete già che custodirò il segreto come conservo i vostri, in Confessione."

L'imbarazzo è ancora più palpabile, ora, ma mi si lascia la libertà di entrare nel grande parco che circonda l'immensa dimora. Tutto è perfettamente ordinato, grazie ai giardinieri – esseri umani – che si prodigano con grande obbedienza. Quando mi vedono arrivare, mi salutano con la mano e mi chiedono di pregare per loro. Prometto a tutti che lo farò, e io mantengo sempre la parola data. Ho imparato a farlo solo ora che sono diventato sacerdote. Prima, non conoscevo neppure il significato di queste promesse.

Quando giungo presso il portone, vi sono altri uomini dell'esercito, già avvisati della mia presenza. Il rilevatore ottico mi permette di entrare e l'ingresso si apre automaticamente di fronte a me. Mi viene incontro una donna molto anziana e dai modi molto educati:

"L'Altissimo Funzionario vi sta aspettando al piano superiore, Padre Tomas." Mi dice con voce leggermente roca. "Subito a destra delle scale, troverete il suo studio."

"Grazie, signora." Rispondo, chinando la testa. "Dio ve ne renda merito." La donna si fa un segno di croce nell'udire le mie parole, e io salgo, quasi con sollievo: la casa di Athorm è rimasta com'egli e Swaynn volevano, semplice e il più possibile rurale. La tecnologia è presente, ma entrambi hanno desiderato mantenere la bellezza di potersi muovere con la libertà che ogni essere umano dovrebbe avere e che, purtroppo, molto spesso, viene offuscata da un eccesso di scoperte scientifiche. Forse, la dipartita di Yoser è stata utile per riportare il giusto equilibrio tra la sostanza e tutto ciò che la circonda, e questa nuova situazione non è così negativa come la si vuole dipingere. Avere di meno, spesso, permette di godere di ciò che si ha, soprattutto nelle cose semplici.

Quando arrivo di fronte allo studio di Athorm, mi accorgo che non vi sono ingressi automatici e che la porta è socchiusa. Potrei entrare, ma credo che sia più opportuno palesare la mia presenza. Così, busso delicatamente e, all'improvviso, la porta si apre: Athorm mi accoglie in silenzio, rimanendo fermo sull'uscio, osservandomi attentamente:

"Sei cambiato, Tom." Mi dice poi, con voce priva di colore. "Il tuo abito è molto simile a quello degli antichi sacerdoti Cristiani. Non si direbbe mai che, sotto questa veste nera e lunga, si nasconda un corpo meccanico segnato da molti tatuaggi."

Vorrei potergli dire che anch'io lo trovo cambiato. Non solo per il colore tornato cupo dei suoi abiti, il mantello da cui non si separava mai durante i nostri viaggi nei secoli passati e che è tornato a cingere le sue spalle, gli stivali color antracite e i capelli più lunghi, tipici di quando era etichettato come un malvivente: quello che colpisce di più è il suo viso scavato, gli occhi cerchiati e senza più quella fiamma che ardeva dalla sua anima e la magrezza che comincia ad intravedersi sul suo corpo. Mi sembra di trovarmi di fronte ad un uomo completamente annientato che ha perso la voglia di vivere. Ma tengo per me questa considerazione e rispondo così:

"E' vero: nessuno potrebbe mai riconoscere in questo uomo nuovo colui che proviene da un Popolo di assassini, così com'egli stesso è stato, un tempo."

Risponde con un cenno della testa, ma la su mente sembra essere altrove. Non credo neppure che abbia ascoltato le mie parole. Rimane fermo sull'uscio, senza dire nulla, con lo sguardo rivolto verso il basso, e questo non è da lui. Decido di essere io, il primo, a rompere il ghiaccio:

"Come sta, Swaynn?" Gli chiedo, con premura e rispetto.

Athorm mi guarda, in silenzio. Non so che cosa stia pensando. So solo che non l'ho mai visto così distrutto in vita sua. E' come un leone molto potente colpito a morte, che si trascina in attesa della fine. Non so neppure se stia mangiando o se si prenda cura di se stesso.

"Non dovrei stupirmi della tua domanda." Mi dice, con voce neutra. "Sei sempre stato innamorato di lei." Sebbene la frase sia stata pronunciata senza emozione, c'è qualcosa di provocatorio, nelle sue parole:

"Il mio amore si è trasformato, Athorm." Gli dico, con un tono rassicurante. "Grazie a lei ho trovato ciò di cui avevo bisogno, ma ora la mia vita è questa, e mi sento appagato. Ho imparato ad amarla come un'amica o una sorella, e non sono qui solo per lei, ma anche per te."

Sorride amaramente:

"Vuoi cercare di farmi reagire insegnandomi le tue preghiere, Tom?" Mi chiede, con sarcasmo. "Se sei qui per questo, posso già dirti che hai sprecato il tuo tempo: non hanno effetto, su di me. La religione è un bisogno tipicamente umano. Io, di umano, ho solo l'aspetto."

"Sono qui perché ti sono amico." Gli rispondo, avvicinandomi a lui. "E non sei umano solo per le tue fattezze, ma soprattutto per ciò che senti nel tuo cuore. Lo sai e l'hai sempre saputo."

"Eppure non sono riuscito a proteggerla." Mormora, con amarezza, abbassando lo sguardo. "Se io avessi saputo ascoltare il mio cuore, non avrei dovuto permetterle di venire con me, in questa follia. Lei non voleva più continuare questa stupida guerra che solo un arrogante come me poteva pensare di vincere. Swaynn desiderava solo una vita semplice, una famiglia, la possibilità di sentirsi libera e amata per ciò che era. E adesso…"

"Adesso lei è ancora viva, Athorm." Gli dico, interrompendolo. "Non parlare di lei come se non fosse più tra di noi."

"Viva!" Esclama, con sarcasmo. "Viva… sì, ma solo perché nessuno riesce a spegnere la forza della sua essenza che, ancora, mi impedisce di fare con lei ciò che ho fatto alle Ancelle di Idra che si sono sacrificate inutilmente! E io non ho il coraggio di accelerare il processo: non spetta a me. Non so neppure più a chi spetti, in realtà. Non c'è nessuno che possa attuare un cerimoniale sul suo corpo, così come non ci sarà nessuno che potrà farlo sul mio. Siamo destinati a combattere contro ciò che siamo profondamente, finché ci spegneremo, come le stelle. Fino ad allora, non ci sarà che un lungo sonno, per noi. Un sonno che io non conosco più da molte notti, ormai…"

"Posso vederla, Athorm?" Gli chiedo, con delicatezza. "Lascia che io le renda omaggio, te ne prego. E' anche per merito suo, se ora ho trovato lo scopo della mia vita."

Mi guarda torvo, pronto a rifiutare. Poi, qualcosa nella sua anima sembra scuoterlo, ed esce dal suo studio, facendomi cenno di seguirlo. Camminiamo in un lungo corridoio pieno di stanze, finché giungiamo di fronte ad una porta automatica che riconosce l'impronta digitale dell'Altissimo Funzionario di Kelenda. Quando entriamo, mi ritrovo in una camera ampia e immersa in una penombra calda e soffusa. C'è un letto posto vicino alla finestra, sul quale Swaynn sembra riposare. Athorm mi incoraggia ad avvicinarmi a lei, e io mi pongo ai piedi del letto, dove posso osservare la sua figura: la Governatrice di Nod indossa una tunica candida, lunga fino ai piedi lasciati scoperti, come lei avrebbe sempre voluto. I suoi capelli sono sciolti e molto ben curati, come la pelle del suo viso e delle sue mani, candida come la Luna. Sembra dormire, sebbene il respiro sia così lieve da far comprendere solo un istante dopo che la sua vita dipende da macchinari nascosti, collegati a lei attraverso sensori quasi invisibili.

Mi viene quasi spontaneo fare un Segno di Croce e ripeterlo di nuovo su di lei. Non so se stia soffrendo. Non è possibile capirlo. La stanza è piena di fiori freschi, quelli che lei amava di più, e sembra che il profumo di questi la avvolga completamente, come in un bellissimo sogno da cui non doversi risvegliare mai più. Solo dopo molto tempo, chiedo ad Athorm:

"Che cosa si dice, riguardo alle sue condizioni fisiche? Come sta?"

"Verlor Torrado non è ancora in grado di visitare una creatura aliena." Risponde, camminando verso di me, con un tono di voce rassegnato. "Sembra che tutti i dati raccolti su di lei da Yoser siano stati cancellati. O forse si è innescato un nuovo codice criptato… non si sa. Nemmeno Smuz è riuscito a venirne a capo. E Orisa non riesce a penetrare oltre alla barriera che l'essenza di Swaynn ha creato intorno a lei. Nemmeno io sono in grado di penetrarla. Di fatto, le cose non stanno cambiando e, presto, dovrò decidere che cosa fare, se staccare le spine delle macchine e lasciare che la Natura faccia il suo corso o se attendere ancora, sperando in un miracolo."

"L'attesa sta protraendo l'Eclissi." Osservo, rivolgendogli uno sguardo d'intesa. "Il Popolo ha bisogno di Sole…"

"Il Sole è qui, Tom, e si sta spegnendo." Risponde, seccamente. "Il Popolo può aspettare."

"Athorm… So che stai vivendo una situazione terribile, ma sei e rimani sempre l'Altissimo Funzionario di Kelenda. Dipendiamo tutti da te. Questa terra chiede il tuo aiuto. Swaynn lo vorrebbe, per tutti noi."

Mi guarda come se stessi dicendo un mucchio di sciocchezze:

"Non riuscirai a convincermi." Mormora, con ostinazione. "Non voglio lasciare da sola mia moglie, nemmeno per pochi minuti. Qualunque cosa dovesse accadere… io voglio essere qui."

"Tu sai che potrebbe passare molto tempo."

"Sono disposto ad aspettare."

"Athorm… Non puoi chiuderti in questa casa per sempre. Hai dei doveri. Il nemico si sta approfittando della tua debolezza e non ha nemmeno bisogno di forzare la mano. Con te agli angoli, la strada è sgombra. Non puoi lasciare che questa terra cada in mano sua, né che l'esercito si disperda. E non devi permettere che gli avversari continuino a seminare paura, contando sul fatto che tu non alzerai un dito per proteggere il tuo Popolo e quello delle altre terre connesse alla nostra."

"Il Popolo mostrerebbe gratitudine, se sapesse che io faccio parte della razza che ho tentato di combattere? No. Sarei allontanato senza pietà e Swaynn verrebbe tenuta in vita solo per essere studiata, vivisezionata, catalogata tra le creature provenienti dal cielo. E non posso permettere che accada."

Sospiro, ponendo le mia mani sulla sue braccia. Non sono un uomo di piccola stazza, e nemmeno basso, ma Athorm mi sovrasta di più di una spanna:

"Questo non succederà." Gli dico, convinto più che mai. "Se tu fossi lucido lo capiresti."

Mi rivolge uno sguardo accorato:

"Come puoi chiedermi di esserlo, Tom? L'avevo rassicurata, dicendole che tutto sarebbe andato bene e che l'avrei protetta. Invece... guarda! Non sono stato capace di vedere ciò che lei aveva percepito. Non ho voluto scendere a patti col nemico. Ho chiuso la mente, cercando di non pensare, e ora lei combatte tra la vita e la morte."

"Se ha deciso di affrontare comunque ciò che la spaventava, allora, l'alternativa sarebbe stata molto peggiore."

"L'alternativa avrebbe visto me, al suo posto! E lei ha preferito sacrificarsi, per permettermi di continuare a guidare l'esercito!"

"E allora devi farlo, Athorm! Devi farlo anche per Swaynn, o il suo sacrificio sarà stato vano!"

Mi rivolge uno sguardo pieno di rabbia:

"Ma che cosa ne sai, tu, di quello che provo?" Esclama, ruggendo come un leone ferito. "Tu, che l'avevi quasi uccisa, e che hai approfittato di lei nei momenti in cui era più vulnerabile... solo per averla! Che cosa credi di sapere? Non sei che un ammasso di rottami meccanici che tiene in piedi un corpo destinato altrimenti! Non saresti qui, se non ti fossero state date infinite possibilità! E non so nemmeno quanto tu le meriti!"

"Ecco, Athorm, così va bene!" Replico, stringendo le sue braccia. "Sfogati, arrabbiati e prenditela con me, se ti fa stare meglio! Ma reagisci e non rimanere qui, in attesa della morte, perché non arriverà!"

Mi guarda con gli occhi pieni di collera e afferra il bavero della mia tunica, stringendolo forte. Per un attimo temo che mi possa fare del male, forse anche uccidere con le sue mani. Poi, inaspettatamente, appoggia il viso sulla mia spalla e scoppia a piangere. Cerco di avvolgerlo – per quanto mi è possibile – in un abbraccio fraterno, mentre si lascia andare ad un pianto liberatorio, trattenuto, forse, da molti giorni. Vorrei potergli parlare di speranza, ma so che, in questo momento, ogni parola sarebbe sprecata: Athorm sa solo che sua moglie è sdraiata in un letto, trafitta da una spada aliena, e che lotta la sua battaglia più grande: quella con la morte. Se si fossero trovati nello Spazio, avrebbe dovuto seguire la stessa sorte delle Ancelle di Idra. Questa è la consapevolezza più dolorosa, per Athorm. Ma siamo sulla Terra, e nessuno degli alieni presenti sul pianeta ha il coraggio di mettere in pratica questa triste cerimonia. Nessuno vuole accettare la fine di Swaynn, né accelerarla. Tocca a lei, ora, cercare di sopravvivere. Ma le sue condizioni sono così disperate che neppure io riesco a trovare un lieto fine per questo tragico incidente.

Non so che cosa sia successo a Idra, la volta in cui ho sparato alla donna che giace quasi immobile, in questa stanza. Non ho visto il *poi*. Ho convissuto nei miei sensi di colpa, vagando per l'entroterra e arrivando persino a tagliarmi di netto le mani, per punire me stesso, per ciò che avevo fatto. Sono stato catturato quando Swaynn aveva superato quel terribile momento, e solo grazie all'intervento delle Ancelle guidate da Orisa. L'ho rivista, viva e sana, dopo la mia liberazione. Ma adesso sembra che io debba rivivere quei momenti, vedendoli da un'altra angolazione, e solo ora comprendo il male che ho procurato a chi ha saputo perdonarmi, benché ne fossi molto indegno.

Non posso pretendere che Athorm finga che tutto vada bene, sempre e comunque. Non posso chiedergli di andare oltre, di pensare al suo ruolo, di sperare in un lieto fine. Non posso, perché si tratta della sua vita, del suo dolore, del suo aver mantenuto la promessa a tutti noi, per donarci un luogo che ora possiamo chiamare *casa*. Ha continuato ad andare avanti, nonostante tutti i dolori che l'hanno colpito, ma questo, il più duro, l'ha sovrastato, e ora la sua umanità si manifesta in questo pianto che non posso impedire e neppure consolare, perché non potrò mai comprendere appieno l'intensità di questo legame destinato a durare nel tempo, anche oltre la morte. Ho imparato a trasformare i miei sentimenti in affetto paterno, e ho compreso che la mia strada era altrove. Se fossi stato davvero innamorato di Swaynn, a quest'ora non sarei diventato sacerdote e mi sentirei affranto, tanto quanto Athorm.

Dopo attimi eterni, l'Altissimo Funzionario di Kelenda si stacca da me e si volta verso sua moglie, che sembra dormire serenamente in quell'alcova luminosa:

"Che cosa devo fare, Tom?" Mi chiede, con voce rotta. "Il dovere e la logica m'imporrebbero di seguire ciò che è scritto nel nostro destino alieno. Ma il cuore continua a ripetermi che non può finire così e che devo continuare a sperare, fino alla fine. Dino ad oggi ho scelto questa strada, ma non ha portato a nessun risultato. Perciò, dimmi: che cosa devo fare?"

La sua non è una domanda facile cui rispondere. Non posso scegliere per lui, in nessun caso. Non posso arrogarmi un diritto che non mi spetta. Per quanto sia doloroso, solo Athorm può decidere quale sia la cosa giusta da fare. Io devo limitarmi a stargli vicino, offrirgli il mio appoggio e non fargli mancare mai la mia presenza, se non la rifiuterà. Perciò dico:

"La ragione può servire per prendere le distanze e ascoltare quello che il cuore ha da dire. Io so solo questo. Ma nessuna delle due, da sola, può dare una risposta esauriente. Trova l'equilibrio tra esse e saprai che cosa fare. Vorrei poterti dire di pregare, affinché la tua anima sia illuminata e il tuo peso diventi più sopportabile… ma non posso e non voglio obbligarti a fare qualcosa che non senti parte di te. Hai sempre lottato per un ideale di libertà e non posso importi di andare contro te stesso, ora. Anche in questa situazione, io devo rispettare ciò in cui credi, poiché è quello che mi hai concesso anche quando non lo meritavo più. Ti sei mai pentito, di questo, Athorm?"

Scuote la testa, senza voltarsi, e mormora:

"Hai dimostrato che la nostra fiducia era ben riposta."

"Sono lieto di non avervi deluso, allora." Rispondo, inchinandomi anche se lui mi dà le spalle. "Se il tuo intuito non ha sbagliato quando io ero un caso disperato, forse, esso può consigliarti anche ora. Tu non sei ciò che rivesti solo perché era necessario trovare un sostituto di Chrel Dralt: sei la nostra Guida per i meriti che hai saputo conquistare nei lunghi secoli della tua vita e per l'evoluzione che hai saputo accogliere nel momento in cui i sentimenti si sono affacciati al tuo cuore. Ti sei comportato come farebbe qualsiasi essere umano, ma con qualcosa in più che può aiutare tutti noi che crediamo in te. Anche Swaynn non ha mai smesso di avere fiducia nelle tue intuizioni."

"Ma esse l'hanno portata qui, ora…" Risponde, senza guardarmi.

"Sì." Replico. "L'hanno portata nell'unico luogo in cui può essere protetta e accudita. Tu stesso hai detto che era terrorizzata, nel vedere qualcosa di cui non ti ha parlato. Eppure ti ha seguito fin qui. Perché, se avrebbe potuto fare un'altra scelta? Swaynn sa essere molto istintiva, ma è anche in grado di valutare i pro e i contro di ogni situazione. Dici che si è sacrificata per te… ma non hai mai pensato che ci potesse essere altro? Non ti ha detto nulla, riguardo al futuro?"

"Non ce n'è stato il tempo…"

"Io credo che ci sia stato, invece. Però non ti ha chiesto di prenderti cura dell'esercito, nel caso in cui fosse accaduto qualcosa. Non ti ha chiesto di cercare Auma, per farle sapere che sua madre l'aveva sempre amata. Non ti ha chiesto di continuare a lottare, qualunque cosa fosse successa. Ha affrontato il suo destino… e tu non puoi essere certo che la motivazione sia legata solo alla tua sopravvivenza."

Finalmente si gira e mi guarda. Il suo viso è ancora più scavato e i suoi occhi sembrano iniettati di sangue. Ma le mie parole sembrano aver sortito un effetto su di lui:

"E' ciò che senti davvero?" Mi chiede, con un lampo di luce nello sguardo che prima non c'era.

"Io ti devo sincerità, Athorm." Rispondo, pacatamente. "Non posso prevedere il futuro, né scandagliare il passato. Ma posso dirti quello che ho imparato ad osservare e a cercare di vagliare, considerandolo in tutte le sue angolazioni. La mia visione è limitata, ma cerco sempre di trovare una ragione, soprattutto quando ho a che fare con creature che sanno prevedere ciò che solo pochi esseri umani sono in grado di percepire appena."

Rimane in silenzio, continuando a guardarmi. E' ancora un uomo stravolto dal dolore, ma i suoi occhi sembrano guardare attraverso qualcosa che io non riesco a comprendere. Quando mi parla, la sua voce è colma d'affetto:

"La tua evoluzione interiore è quella che ha conosciuto il livello più alto cui un essere umano potrebbe mai poter aspirare. Quando ti ho concesso di nuovo la mia fiducia, speravo solo che tu potessi ritrovare quell'equilibrio che avevi fatto tuo, dopo secoli di lavoro continuo su te stesso. Invece sei andato oltre, e ora tu mi aiuti a fare chiarezza nella nebbia che avvolge i miei pensieri… Forse è per questo che il mio istinto mi ha portato a concederti di parlare con me. Forse sapeva che avresti potuto essermi d'aiuto, in qualche modo…"

"Tu mi dai un onore troppo grande, Athorm." Rispondo, con imbarazzo. "I miei meriti sono ben pochi, se paragonati alle mie mancanze. Io voglio solo che tu possa tornare ad essere ciò che sei sempre stato e che non hai smesso di essere, perché il destino di tutti noi è legato a te. Anche quello di Swaynn. Non so che cosa deciderai di fare, ma vorrei che tu tenessi a mente quello che ti ho detto: se ha deciso di affrontare questo pericolo che avrebbe potuto ucciderla, forse, ha visto qualcosa che le ha dato il coraggio che le mancava. Il fatto che lei sia ancora viva… forse puoi attribuirlo alle macchine, Athorm, ma non ricordo di altre creature aliene che siano riuscite a resistere così a lungo senza cominciare a trasformarsi."

Ma perché sto dicendo questo? Perché voglio dargli false speranze? Sulla base di cosa, si poggia il mio ragionamento? Non è che un essere umano che lotta tra la vita e la morte… Anche le Ancelle di Idra, a quanto mi è stato detto, sono sopravvissute ancora per poco, dopo essere state colpite dai nemici. Quale strano inganno mi ha portato a pronunciare le parole che ho detto?

Athorm continua a guardarmi, come se stesse assistendo al dialogo interiore che si agita nella mia anima. Non mi chiede nulla, ma ho l'impressione che riesca a leggere nei miei pensieri. Mi scruta con un interesse che non comprendo, in silenzio, mentre i minuti trascorrono inesorabilmente, e sembrano attimi eterni. Cerco di reggere il suo sguardo, e, all'improvviso, mi accorgo che, di fronte a me, sta tornando lentamente colui che ha sulle sue spalle la responsabilità di questa terra e dell'intera missione di un esercito, ancora in attesa dei suoi ordini.

"Ti sono grato per tutto quello che hai fatto per me, oggi." Mi dice, alla fine. "Qualunque cosa accada, non dimenticherò mai della tua amicizia sincera e delle tue parole generose."

"Sono un servitore, Athorm." Rispondo, con un lieve inchino.

"Uno tra i più leali, fratello mio." Replica, porgendomi la mano. La stringo timidamente, consapevole di non meritare così tanto onore. Ma Athorm posa anche l'altra e mi guarda con sincero affetto.

So che pregherò per lui, oggi. Per lui e per Swaynn. Pregherò affinché la serenità possa tornare nella loro vita e che il miracolo della vita si ripeta.

Credere in ciò che faccio è il motivo per cui ho deciso di intraprendere questa strada. Non sarei qui, altrimenti.

***

Il compito di colpire Swaynn spettava a me. Chrel, Orud e Yoser avevano un unico dovere: trovare la Pietra Lunare e impossessarsi di essa. Loro, insieme all'esercito degli Spiriti, avrebbero dovuto limitarsi a seminare il panico, indebolendo l'avversario. Isolati, Swaynn e Athorm non sarebbero riusciti a mantenere il dominio sull'oggetto del contendere, e noi avremmo avuto entrambe le Pietre, una volta terminata questa guerra. Ma Yoser ha fatto più di quello che gli era stato comandato, e non spettava a lui colpire la donna che io stessa avrei ucciso con le mie mani, né di cercare di affondare la lama nel petto dell'Altissimo Funzionario di Kelenda.

Comincio a nutrire il sospetto che alcuni Spiriti desiderino creare un esercito a parte, per appropriarsi di tutto, abbandonandomi ad un destino solitario, e prendendosi tutto ciò che non compete loro. Nonostante tutti abbiano continuato a giurare fedeltà nei miei riguardi, ho la sensazione che ciascuno di loro abbia cominciato ad agire solo per se stesso, e io sia diventata solo una prima mossa contro un nemico che si sta dimostrando potente, nonostante tutti i nostri attacchi. Swaynn Osery non ha ancora abbandonato il suo corpo mortale, e gli alieni che la circondano continuano ad indugiare sul da farsi: Athorm Dralt e la Signora di Idra avrebbero già dovuto accelerare il processo di consumazione dell'energia vitale, che continua a scorrere in colei che giace come addormentata tra stupidi fiori e inutili canti. Il suo Spirito avrebbe già dovuto raggiungere il luogo dell'Universo in cui io e i miei seguaci ci nascondiamo e da cui traiamo la forza. Eppure, Vegar e Iatho continuano a pulsare in quelle vene così simili a quelle di una donna umana, e non sembrano volersi staccare dalla sua essenza. La loro forza è così intensa, da riuscire a condizionare le menti di chi gravita intorno a quel corpo, che sembra non poter sopravvivere senza l'ausilio della tecnologia terrestre. Coloro che vi si avvicinano, dopo un attimo di smarrimento, cominciano a sviluppare un sesto senso che appartiene solo alla razza aliena, e i propositi di porre fine a quella vita attaccata ad un respiro artificiale si attenuano, fino a scomparire in una speranza che nessuno dovrebbe avere già più. L'Eclissi continua a perdurare nei cieli di Kelenda, ma non solo in quelli: anche Verdrad e Idra, le terre connesse alla patria di Athorm Dralt, non conoscono più la luce del giorno da molto tempo, ormai. Questa è una condizione altamente sfavorevole, per noi. Il nostro bagliore non può passare inosservato, nella penombra. Non possiamo attaccare senza correre dei rischi, ma non possiamo nemmeno più aspettare: man mano che i giorni passano, il Popolo dimentica la paura e matura un desiderio di riscatto verso colei che rappresenta più di quanto essi stessi potessero mai immaginare. La rabbia nei loro cuori diventa un'arma potente che, nella penombra dell'Eclissi, si trasforma in nuova energia, per opera di colui che è conosciuto come essere l'Uomo della Luna. Athorm Dralt riesce ancora a sopportare il peso di un dolore continuo, uno stillicidio che pensavamo avrebbe potuto ucciderlo lentamente, giorno dopo giorno, poiché compiuto per mano del suo stesso sangue. Eppure, dopo un periodo di smarrimento in cui le sue forze avevano iniziato ad abbandonarlo, è riuscito a riemergere dalle sue ceneri, più potente di prima, e tutto questo solo a causa di un inutile essere umano dal corpo meccanico, capace di nascondersi a noi Spiriti con la sola forza del pensiero. Un essere umano che avevamo sottovalutato e che sembra aver conquistato una capacità extrasensoriale che nemmeno noi riusciamo a spiegarci. Sono arrivata a porgli due Spiriti costantemente alle spalle, per intimorirlo, annientarlo, renderlo come un burattino tra le mie mani... ma, ogni volta, dopo ogni colpo, quest'essere che di umano ha conservato solo l'anima, è riuscito a trovare delle risorse per reagire e trovare in se stesso nuova linfa vitale. Non possiamo neppure abbatterlo: sa nascondersi meglio di quanto saprebbe fare una creatura aliena dai poteri straordinari e infondere, a chi gli chiede aiuto, una Luce che potrebbe distruggere gli Antenati in un solo attimo. E' giunto il tempo che io ponga fine a questa farsa che si è protratta fin troppo a lungo. Voglio capire chi è dalla mia parte e chi opera per se stesso. Voglio mettere a tacere ogni tentativo di individualismo e ribadire la mia indiscussa autorità. Munn si è presa Auma e Yoser ha reso Swaynn inoffensiva.

Ora tocca a me sferrare il colpo mortale. Se qualcun altro dovesse farlo al posto mio, perderei la supremazia che mi è stata concessa senza che io ne abbia mai fatto richiesta. Rischierei di non poter pretendere ciò che mi spetta e per cui ho lavorato molto, e non è questa la fine che desidero per me. Voglio annientare Athorm Dralt, una volta per tutte, e sono disposta a tutto, pur di mostrare a chi lo supporta la natura della sua vera essenza. Solo così, posso avere la speranza di vedere il suo Popolo rivoltarsi contro chi lo rappresenta e governa. Solo, senza più nessuno su cui contare, e senza più nemmeno la donna che ama, né la creatura che, insieme, hanno fatto nascere, questo alieno dalle origini umane non potrà più nemmeno sostenere il mio sguardo. Farò di lui il mio Guerriero migliore, lo plasmerò come è mio desiderio fare, ed egli diventerà il Capo del mio esercito, nella nuova Sel'nays. Assoggetterò i suoi migliori soldati e li renderò miei schiavi. Siano essi alieni o esseri umani... non mi importa. Non vi sembrano essere più differenze, ormai, e gli abissi che un tempo intercorrevano tra le razze si stanno colmando, ogni giorno sempre di più. Con l'Uomo della Luna al mio fianco, insieme a coloro che l'hanno circondato quand'erano ancora anime in corpi mortali, conquisterò il possesso della Pietra Lunare e, con essa, diventerò l'unica Signora della Pietra Gemella. Il mio Impero crescerà così tanto da sovrastare quello della razza umana, ma anche gli alieni che abitano il Cosmo riconosceranno in me il solo punto di riferimento per un mondo nuovo, quello destinato ai vincitori. Non vi sarà più spazio per le emozioni, poiché esse conducono solo verso una vulnerabilità che non conduce a nulla, se non all'autodistruzione. La logica e la forza diventeranno gli ideali e i fondamenti delle nuove Leggi, e la struttura conica che Swaynn Osery ha eretto al centro di Sel'nays verrà abbattuta.

Io sarò l'unica Signora dell'Isola.

E' giunto il tempo di mostrarlo anche a chi pensa di potermi ancora sconfiggere. Chi crede in me, vincerà. Chi mi vuole abbattere, perderà la vita.

Detia – La Guida

***

Ventisei - *Orisa*

La vita è ricominciata, a Kelenda, così come nelle altre terre in cui il Sole è costantemente oscurato. Verlor Torrado è riuscito a ripristinare completamente la fitta rete tecnologica che unisce i punti nevralgici del pianeta che rispondono direttamente alla Sede centrale, dove Athorm ha ripreso la sua attività, con maggiore determinazione. Swaynn giace ancora in uno stato simile al sonno, attaccata alle macchine che cercano di tenerla in vita. I suoi parametri vitali sembrano essersi arrestati, eccetto quelli che supportano lo stato vegetativo. E' la condizione in cui le Ancelle colpite in guerra sono state private della loro essenza e, quindi, bruciate nello Spazio, senza lasciare alcuna traccia di sé che gli Spiriti degli Antenati potessero sfruttare a loro vantaggio. Per come vanno le cose, ho spesso consigliato ad Athorm di porre fine a questa vita che non sembra più appartenere a questo mondo, ma l'Altissimo Funzionario di Kelenda vuole aspettare ancora. Anche Verlor, insieme agli scienziati che un tempo affiancavano strettamente Yoser, ha prospettato un lento e progressivo decadimento organico, senza possibilità di ripresa. La situazione di Swaynn è così critica da aver comportato l'introduzione di una bara di cristallo nella stanza in cui la dona giaceva, una bara dove trova riposo, ma in cui la sua anima è ancora sospesa tra ciò che è stato e ciò che dovrà essere, inevitabilmente. L'anima di questa donna è come un sasso che rotola giù per il fianco di una montagna ripida, allontanandosi inesorabilmente, finché, un giorno, scomparirà nel nulla.

Eppure… non solo Athorm, ma anche l'intero Popolo di Kelenda vuole che Swaynn continui ad essere tenuta in vita, e non sono pochi coloro che vorrebbero passare per renderle omaggio e prometterle fedeltà assoluta, ancora una volta. Roseann Tinwhon ha il permesso di recarsi da colei che l'ha scelta come sua vice a giorni alterni, e circondata da un gruppo di Guerrieri molto fidati che la scortano e poi la riportano a Nod. La ragazza non dice mai nulla: è come se instaurasse un dialogo silenzioso che nessuno vuole mai interrompere. Non sono molte, le persone che possono trascorrere le loro giornate in quella stanza immersa in un'atmosfera irreale. Athorm è una presenza costante, e anch'io ho il permesso di recarmi da Swaynn quando credo opportuno. Ho lasciato Kelk solo per pochi giorni, per recarmi nella mia terra e assicurarmi che tutto procedesse al meglio. Benché Idra sia immersa nella penombra, Ester è riuscita a sostituirmi alla perfezione, e ha persino sedato il panico che ha invaso l'anima delle Ancelle, e quella degli uomini dislocati negli altri anelli di terra – quelli più esterni –, riportando l'attenzione su ciò che era fondamentale: andare avanti, sempre e comunque, preparandosi ad eventuali attacchi indesiderati. Ester è così brava da farmi considerare l'ipotesi di stabilirmi definitivamente ad Awy, se Athorm, dovesse permettermelo. Ma questo potrebbe avvenire solo dopo la fine di questa guerra, e molti segni ci stanno facendo capire che il nemico sia ancora alle porte.

Da qualche giorno, ormai, ci sembra di vedere bagliori verdi illuminare il cielo, ma non vi sono altri tipi di manifestazioni evidenti. L'esercito di Sel'nays è in stato di allerta e la Sede Centrale continua a monitorare la situazione. Dalla nave, Smuz legge tutto ciò che il computer rimanda agli alleati. L'uomo, ormai, è perfettamente in grado di decodificare quasi tutto ciò che Yoser aveva creato, ed è più di quanto io sapessi. Athorm ha riferito a tutti noi che, molto probabilmente, l'attacco avverrà sulla Terra, perché l'Eclissi è una condizione che può segnare due strade: o una battaglia sul pianeta o una lotta all'ultimo sangue nello Spazio, dove, tuttavia, il nemico non sembra avere più la stessa forza di prima. Sicuramente, Detia supponeva che le difficili condizioni di Swaynn avrebbero indebolito l'esercito, e questo è avvenuto quando l'Altissimo Funzionario di Kelenda sembrava aver perso ogni speranza. Il Popolo stesso non riusciva più a capire su chi poteva contare, ma l'intervento di Padre Tomas ha operato il miracolo. Non so che cosa i due si siano detti, durante il primo dei loro molti incontri privati, ma questo dialogo ha sortito un effetto positivo, e ora Athorm sembra ancora più determinato nel voler concludere questa guerra che sta sfibrando gli animi di tutti.

Il Popolo è stato informato della presenza di nemici, ma non è stata rivelata l'identità di essi. Nonostante questa misura precauzionale, tutti parlano di *attacchi alieni*, ormai, e alcuni profetizzano scene apocalittiche con morti che risorgono dalle loro tombe, privati dei loro corpi. Se non vi fosse una procedura ben definita che regola la società delle tre Terre alleate, la gente sarebbe in preda al panico e allo smarrimento. Non vi sarebbero che confusione e caos, e gli esseri umani rischierebbero di danneggiarsi da soli. L'esercito di Sel'nays, invece, col suo atteggiamento propositivo e scanzonato – complici le storie narrate in chiave comica da Oughm e Edena –, riesce a sdrammatizzare una situazione che potrebbe sfuggire di mano in qualsiasi momento.

Per questo, quando i primi meteoriti cominciano a cadere di nuovo sulla Terra, la fitta rete di tecnologia sparsa per il pianeta è pronta a reagire: dalle terre che hanno ribadito la loro assoluta fedeltà a Kelenda partono colpi di armamenti nascosti, i quali creano un vero e proprio *scudo*, sul quale i corpi celesti vanno ad impattare, distruggendosi e riducendosi in polvere, ma senza recare danni a luoghi e persone. Athorm ha spostato quasi tutto il suo operato presso la sua dimora, per non perdere mai di vista le condizioni di salute di Swaynn. Ha aperto le porte a chi gli è sempre stato accanto e all'intero esercito, sebbene i Guerrieri tornino sempre presso le loro case, alla fine del giorno, e alcuni decidano di stabilirsi sulla nave, su turni, per prepararsi ad un eventuale attacco contro il nemico. L'incubo dei meteoriti non ha una vita lunga: la forza del sistema difensivo delle terre annesse a Kelenda riesce a sedare la pioggia dei corpi celesti e a ridurne l'efficacia, finché essi scompaiono definitivamente nel nulla. La prima minaccia sembra essere scongiurata, ma sappiamo che ce ne sarà presto un'altra, e la nostra arma più forte – Swaynn – non è tra noi per renderci partecipi della strategia del nemico. Possiamo contare solo sul nostro intuito e sulla forza di volontà dell'Altissimo Funzionario. Athorm è visibilmente provato dalla sofferenza che le condizioni di sua moglie provocano nella sua anima: smagrito e pallido, continua ad elaborare strategie e a mantenere viva la comunicazione con gli Alti Funzionari del pianeta. Anche l'Eclissi che perdura da settimane sembra privarlo di molte energie, eppure, qualcosa dentro di lui lo spinge a continuare, sempre e nonostante tutto. In molti pensano che lo faccia per mantenere viva la promessa fatta a sua moglie, ma tutti si chiedono come reagirà, quando la donna comincerà a peggiorare e sarà necessario staccare le macchine che la tengono in vita.

Quel momento arriva in un giorno determinante, per la battaglia. Un giorno in cui si fa il punto della situazione e si elabora una trappola nella quale far cadere l'esercito nemico. E la notizia giunge durante l'unica riunione indetta presso la Sede Centrale, la prima dopo molti giorni di attese, nell'attimo in cui lo stesso Athorm deve iniziare una discussione coi suoi alleati riguardo il primo passo da compiere. E' Verlor Torrado, giunto a Kelk per assicurarsi che le condizioni di Swaynn continuino ad essere stabili, a dare l'allarme. Nonostante egli non riferisca nulla, se non la comunicazione che Athorm si diriga al più presto a casa, per tutti noi è chiaro che qualcosa di grave stia per accadere. L'Altissimo Funzionario di Kelenda non dice nulla: si limita a far cenno a me, Moraya, Smuz e Oughm di seguirlo, mentre tutti gli altri dovranno attendere il suo ritorno. Chi è stato convocato si affretta a seguire il suo capitano, mentre una sensazione d'angoscia mi attanaglia le viscere. Quando raggiungiamo la stanza in cui Swaynn giace, Verlor è già vicino ai comandi delle macchine che regolano gli impulsi vitali, quasi completamente compromessi. Anche lo scienziato di Verdrad non dice nulla: si limita a guardare Athorm, immobile, come se attendesse un suo cenno. Ma questo sembra non voler arrivare. Verlor si vede costretto a mormorare quello che non avrebbe mai voluto uscisse dalle sue labbra:

"E' arrivato il momento, Signore…"

Il momento… L'unica discendente della mia razza sta per tornare di nuovo verso quella libertà che ha conosciuto solo per pochi istanti, nella sua lunga esistenza. Il suo viso appare sereno, come se stesse dormendo dolcemente, immersa in un giaciglio di raso color avorio, circondata dai fiori che avrebbe voluto poter continuare a vedere in un luogo diverso, con uno stile di vita più semplice e rivolto verso le meraviglie della Natura. Il momento di dire addio è arrivato, e nessuno può fare più nulla, ormai. Nemmeno io. Nemmeno il suo sposo che si avvicina alla bara di cristallo molto lentamente, come se volesse godere di quegli ultimi istanti, custodirli nel suo cuore per sempre, farli suoi nei suoi ricordi, per tutta la vita che gli rimarrà da vivere.

Padre Tomas riesce ad arrivare appena in tempo. E' lui, a dare la benedizione a quel corpo che ancora vive grazie all'ausilio di artifici umani che non possono donare la vita per sempre. Ed è sempre lui ad avvicinare le mani di Swaynn, unendole sul cuore trafitto, con grossi lacrimoni che, dagli occhi, scendono copiosamente, fino a bagnare la sua tunica. Ma tocca ad Athorm impartire l'ultimo ordine, e l'uomo lo fa con un solo cenno della mano, senza dire nulla, come immerso in un'assenza di emozioni che lo rende simile ad un burattino in balìa degli eventi.

Verlor deve solo sfiorare un pulsante. Lo fa con timore e rispetto, e, non appena il ronzio delle macchine cessa di echeggiare nella stanza, il petto di Swaynn smette di espandersi e contrarsi. Dopo pochissimi secondi, anche il suo cuore smette di battere. Un velo di dolore e di smarrimento scende su di noi che, fino all'ultimo, speravamo potesse accadere un miracolo. L'unico a piangere è Padre Tomas, e lo fa silenziosamente, con discrezione, mentre tutti noi siamo così devastati da non riuscire neppure a respirare.

Athorm è immobile come una statua. Il suo silenzio è più doloroso di un pianto disperato. La dignità con cui sopporta che la sua anima si laceri è difficile da spiegare, e anche da accettare. La terra sembra scomparire sotto ai nostri piedi, mentre Verlor si accinge a premere il pulsante che chiuderà la teca di cristallo.

Solo in quel momento, Athorm si ridesta e gli fa cenno di fermarsi. Verlor non ha il coraggio di fare ciò che la sua posizione gli imporrebbe, così si allontana dalla stanza, lasciando che noi tutti rendiamo omaggio a colei che avrebbe dovuto segnare la fine di questa guerra, portandoci alla vittoria e ad una rinascita. Ora, i suoi occhi non vedranno più gli orrori cui saremo sottoposti, né le torture che saremo costretti a subire, poiché il nostro coraggio sta venendo meno, e l'incedere del nemico si fa sempre più insistente.

Vorremmo rimanere qui, tutti insieme, senza darci un limite di tempo, perché non ce n'è mai abbastanza per una vita che muore, senza averle dato un ultimo saluto. Ma il sistema d'allarme di Kelk comincia a far risuonare il suo trillo inconfondibile, ripetendolo all'infinito, come se stesse preannunciando l'arrivo di un pericolo incombente.

"E' il momento…" Mormora Athorm, a fior di labbra. Poi, voltandosi verso di noi, con l'ultima traccia della forza che ancora scorre nelle sue vene, ordina: "Chiamate a raccolta l'esercito. Andiamo tutti a Nod. E' lì, che il nemico ci aspetta."

E' sempre Padre Tomas, ad obbedire. Noi ci lasciamo trasportare fino al luogo indicato, e, quando arriviamo, vediamo che il cielo ha assunto un bagliore sinistro, sebbene la penombra non abbia cessato di oscurare l'intera terra di Kelenda. L'esercito si raduna sul lungomare, ma anche il Popolo si assiepa alle nostre spalle, per assistere a quello che non pensavamo fosse possibile: dal cielo, all'improvviso, si staglia la sagoma di Detia, sospesa nell'aria. Sembra avere un corpo solido, simile a quello umano, ma emana un bagliore che la rende quasi trasparente, ed è molto più alta di quanto potrebbe essere una donna terrestre. Solo quando scivola lievemente verso il basso, quasi sfiorando la superficie dell'acqua, ci rendiamo conto che potrebbe superare i due metri e mezzo d'altezza, e il suo sguardo è minaccioso, determinato. I suoi capelli biondi e lunghi sembrano lievemente scompigliati dalla brezza che si è alzata improvvisamente, e il suo lungo abito color verde smeraldo non permette di vedere i suoi piedi. I suoi occhi azzurri sembrano quasi trasparenti, e il pallore del suo viso è irreale.

Molte persone del Popolo svengono, alla vista di questo fantasma alieno. Molti altri cercano di fuggire… finché, in groppa ad un cavallo vero, Athorm giunge fino a noi, gridando allo Spirito:

"Vattene, Detia! Sei qui per me! Lascia in pace la mia gente! Loro non hanno colpe, né prezzi da pagare!"

La vediamo ridere, e il suono della sua risata echeggia per tutta la città di Nod:

"Essi sono *vivi*!" Esclama, con voce malvagia. "*Questa* è la loro colpa!"

"Non è per mano loro, se non ti è stato concesso altro tempo!" Esclama Athorm. "Non è di loro, che ti devi occupare! Hai avuto ciò che volevi: ora hai anche me! Vattene da qui!"

"Non me ne andrò finché non mi avrai consegnato ciò che voglio!" Sibila Detia, e la sua voce sembra vicinissima, nonostante la sua essenza si libri nell'aria a poche centinaia di metri da noi.

La gente sembra in preda al panico. Nugoli di persone cercano di scappare ovunque, con ogni mezzo a sua disposizione. Con un cenno della mano, Detia riesce ad abbattere tutto ciò che si muove, con estrema precisione.

"Fermati!" Grida Athorm. "Lasciali stare!"

"No!" Risponde Detia, ridendo. "Voglio vedere quanto riuscirai ancora a sopportare tutto questo, Athorm Dralt, senza impazzire! Puoi sempre decidere di porre fine alla tragedia che colpirà chiunque ti sia accanto in questo momento, consegnandomi il corpo di Swaynn e la Pietra Lunare! Oppure puoi cercare di convincermi, inutilmente, vedendo la tua terra morire, ad ogni secondo che passa."

"Sei così sicura di te stessa... Ma sei sola! Dov'è, il tuo esercito?" Incalza Athorm, mentre il suo cavallo s'impenna più volte.

Detia ruggisce con rabbia, e dalla sua bocca sembra uscire del fuoco. Arretriamo velocemente, stringendoci tra noi. Qualcuno vorrebbe imbracciare le armi, ma Athorm lo blocca con un cenno della mano.

"Che c'è, *Altissimo Funzionario*?" Chiede Detia, con sarcasmo. "Hai paura che i tuoi uomini possano farmi male?"

"Sono stanco di questa guerra!" Risponde Athorm. "Stanco di tutta questa morte inutile! Nessuno di noi si rassegnerà, ma cadrà in combattimento, se io lo permetterò, perché non vi è fine migliore di quella che si può onorare solo lottando!"

Detia scivola velocemente verso di noi, e il suo sguardo ci atterrisce. E' come se non riuscissimo più a muovere nemmeno un muscolo. Come se il respiro si mozzasse nella gola.

"Vuoi vedere la tua nave ardere nelle fiamme, Athorm Dralt?" Sibila. "Mi basta un solo cenno, per ridurre in polvere tutto ciò per cui stai giocando a fare l'eroe... e anche coloro che vi sono dentro! Non possono uscire, ora: gli Spiriti li hanno in ostaggio, da quando tu e i tuoi amici siete corsi a dire addio a colei che non può più fare nulla. Sono destinati a morire, come tutti quelli che ti circondano!"

"Tu vuoi me!" Grida Athorm. "E sono qui, come vedi! Perciò, lasciali stare!"

"La generosità non è una clausola che il mio accordo con te ha previsto..."

"Loro non ti servono, e tu lo sai!"

"Il tuo Popolo sta per morire schiacciato dalla sua stessa paura..."

"Basta!"

Improvvisamente, tutta la Popolazione di Kelenda si immobilizza, come se il tempo si fosse fermato. Athorm ha alzato un braccio e, con rapidi gesti della mano, scioglie il groviglio di corpi che si stavano ammassando l'uno sull'altro. I velivoli planano dolcemente sul suolo, e un silenzio irreale cade sulla terra intera. Solo alcuni di noi sono ancora vigili: io, Moraya, Oughm, Smuz, Edena, Lluish e Onya, Zoid e Chaz... e Padre Tomas. Detia vede il sacerdote e gli rivolge uno sguardo colmo di disprezzo:

"Il traditore è con voi..." Sussurra, velenosamente. "I suoi compagni lo sanno?"

Gli sguardi dei presenti si cercano, ma Athorm interviene con decisione:

"Non hai ancora risposto alla mia domanda, Detia: dov'è, il tuo esercito? Perché sei venuta da sola? Parli a me di *tradimenti*, e tu non hai nessuno che ti copra le spalle! Non hai fatto che nasconderti, per tutto questo tempo... e ora sei qui, su un luogo della Terra che speri di poter conquistare! Non hai più un esercito, perché Munn te l'ha dimezzato e altri hanno agito alle tue spalle, solo per avidità! Sei completamente sola, e non hai più nulla da perdere... come me! Perciò, lascia in pace la mia gente e sfida colui che vuoi annientare, una volta per tutte! O crederò che tu non sia abbastanza coraggiosa da farlo..."

"Sciocco!" Grida Detia, scatenando una serie di fulmini che si abbattono sulla nave. Lo scafo regge ancora, ma vi sono incrinature ovunque. Se lo colpirà di nuovo, si apriranno grosse falle, e l'acqua penetrerà con violenza. La nave affonderà e, con essa, chi è rimasto ancora a svolgere il suo lavoro.

Athorm galoppa verso di lei, fermandosi al limite della costa:

"Come mai non colpisci me?" Le domanda, con tono provocatorio. "Hai paura del confronto, Detia? Temi che io possa essere più forte di te?"

"Più forte? Sei un illuso, Athorm Dralt! La tua debolezza risiede nella parte di te che hai voluto a tutti i costi riavere e che non ti ha portato altro che dolore: il tuo cuore! Mi basta colpirti in ciò che ti è più caro, per averti in pugno! Potrei andare io stessa, a prendermi il corpo di tua moglie, per ridurlo a brandelli... Che ne dici?"

La vediamo voltarsi verso Kelk, dove Swaynn riposa nella sua bara di cristallo, e dirigersi in quella direzione. Athorm getta un fulmine contro di lei, cercando di fermarla. Detia reagisce immediatamente, facendo impennare il cavallo e disarcionandolo. Poi, con rabbia crescente, alza il braccio per scagliare contro Athorm un nugolo di fulmini che creano un vortice sinistro proprio sopra le nostre teste, un vortice che diventa un tornado di energia:

"Morirai, dunque, come desideri!" Esclama Detia abbassando il braccio. Il vortice si avventa contro Athorm, ma, all'improvviso, una luce dorata sembra polverizzarlo letteralmente, e vediamo stagliarsi nel cielo una figura luminosa che si libra velocemente verso lo Spirito.

"Swaynn?" Mormora Detia, come se non credesse ai propri occhi.

"Il mio nome è V'aT'Ss!" Risponde la figura dorata, i cui raggi sembrano accecare la nemica. La sua voce sembra diffondersi per tutta Kelenda, come se giungesse da lontano.

"Tu sei morta!" Grida Detia, ancora incredula. La figura dorata le vola vicina e la sovrasta con la sua luce:

"No: tu sei morta." Risponde V'aT'Ss, afferrandola per le spalle e facendola urlare di dolore. Gli Spiriti che tenevano in ostaggio gli uomini ancora presenti nella nave corrono in soccorso della loro Guida, ma, dalla riva, un'altra figura luminosa si avventa su di loro: è At'n-I'd, e con tutta la sua forza si scaglia contro le sagome che ancora conservano un corpo solido.

La lotta nel cielo si fa più serrata, e io mi occupo dei membri dell'esercito che non sono stati immobilizzati dal potere di Athorm:

"Lluish e Onya: prendete il cavallo e correte a Kelk, presso la Sede Centrale!" Ordino. "Anche se tutto il Popolo di Kelenda giace in uno stato di torpore, è probabile che le videocamere stiano ancora registrando tutto quello che accade! Assicuratevi che, sulla vostra strada, tutti i rilevatori vengano disattivati! Distruggeteli, se necessario!"

"Yoser Nym li ha resi indistruttibili!"

"Siamo sotto l'egida dell'Eclissi! Tutto può essere annientato, ora! Andate, e usate le vostre capacità aliene per celarvi agli occhi del nemico!" Obbediscono immediatamente e, quando le vedo allontanarsi, mi rivolgo agli altri: "Smuz: cerca di collegarti al computer della nave e ripristina il Terzo Scudo! Puoi farlo?"

"Ho sempre con me un piccolo hardware." Risponde. "Posso provarci, ma temo che le frequenze saranno disturbate."

"Provaci comunque! Non possiamo permettere che la nave venga distrutta in questo scontro celeste!"

"Sarà fatto, Orisa!"

"Oughm: corri presso il nucleo di Nod, nel luogo in cui Swaynn e Roseann governano la città! Introduciti nell'edificio e mettiti in contatto con Verdrad e Idra: non credo che siano sotto attacco, ma accertatene!"

"Se anche in quelle terre vi fosse quest'immobilità? Se non potessero rispondere al mio richiamo?"

"Allora ne rinforzerai i sistemi difensivi, affinché il nemico non possa attaccare e distruggere ciò che dobbiamo proteggere! Ma se qualcuno dovesse parlarti, riferirai che Kelenda ha ordinato lo stato di massima allerta!"

"Corro, Signora!"

Non faccio in tempo a parlare con gli altri: una luce accecante mi abbaglia, all'improvviso. Gli Spiriti cercano di avventarsi su di noi, ma At'n-I'd ci fa scudo col suo corpo di Luce, allontanando il nemico con la forza della sua essenza. Quando i miei occhi si riprendono dal lampo violento, vedo Detia cercare di proteggere il suo esercito, sempre più esiguo. Lo Spirito dalle sembianze umane viene trattenuto dalla Luce di V'aT'Ss, che la cinge in vita con un raggio luminoso, simile ad un serpente che stritola la sua preda. Detia emette un gemito di dolore, e altri bagliori verdastri si spengono, dissolvendosi nel nulla.

"Zoid e Chaz!" Esclamo. "Siete uomini di Verdrad e sapete come azionare un velivolo, anche quando è stato reso inutilizzabile! Cercatene uno che non sia già occupato da qualcuno ed entrate: girate per tutta Kelenda, per assicurarvi che il Popolo sia stato immobilizzato in un luogo sicuro! Se così non fosse, provvedete a porre questa gente in condizione di risveglio senza ripercussioni! Nessuno dovrà trovarsi in pericolo, quando questo scontro sarà finito!"

"Ci vorrà tempo..."

"Mettete al sicuro solo chi rischia di essere calpestato o chi è già in una condizione critica! Gli altri... lasciateli: quando si risveglieranno non ricorderanno nulla! Andate!"

Con un inchino, i due uomini obbediscono all'ordine. Moraya si avvicina a me:

"Come puoi essere certa che il Popolo di Kelenda sopravvivrà?" Mi chiede, alzando la voce, a causa del frastuono dei tuoni.

"Non ho nessuna certezza." Rispondo, senza alcun timore. "Ma questo è ciò che vorrebbero Athorm e Swaynn: proteggere il Popolo, a qualunque costo e in qualsiasi circostanza."

"Che cosa posso fare, per essere d'aiuto?"

"Vai con Padre Tomas e preparatevi per accogliere chi vi si recherà, o per piangere i suoi morti, o per ringraziare di essere stato risparmiato. La gente affluirà copiosamente, e bisogna essere in grado di rassicurarla, qualsiasi cosa accada! Abbiamo bisogno di speranza e dobbiamo combattere la paura, con ogni mezzo! Anche la preghiera può essere un'arma potente."

"Come ci arriviamo? A piedi ci vorrà molto tempo..."

Mi guardo intorno: non ci sono altri cavalli in grado di risvegliarsi senza l'intervento di Athorm, e i mezzi a disposizione non possono essere manomessi da chi non è avvezzo alla tecnologia. Non posso neppure usare i poteri che ho a disposizione, perché l'energia che si è creata nell'atmosfera è così forte, da impedirmi di scatenare gli Elementi: essi sono completamente in balìa delle creature che stanno combattendo la loro battaglia nei cieli, e la mia anima è come bloccata da una forza misteriosa. Non so da dove essa provenga, finché Detia non mi rivolge uno sguardo che sembra pesare su di me come un macigno. Anch'io la guardo, e prendo consapevolezza della pressione che essa esercita sulla mia essenza. Detia è potente tanto quanto lo sono le creature di Luce che stanno combattendo contro di lei, e, in un momento di libertà, sfugge dal controllo di V'aT'Ss, per avvicinarsi a me:

"Tu... aliena!" Sibila, con voce sinistra. "Tu mi hai rubato il mio sposo..."

"Ma tu l'hai ucciso, ed egli è con te, ora!" Esclamo.

"La tua presenza mi disgusta e le tue continue interferenze mi hanno stancata!" Replica, con rabbia. "E' tempo che tu dica addio a chi stai cercando di difendere: nessuno è mai davvero immortale!"

Alza la mano e mi accorgo che sta stringendo un grosso pugnale. Sembra forgiato nelle fiamme, e lo Spirito mi impedisce di muovermi, con la sola forza del suo sguardo. V'aT'Ss corre in mia difesa, strappando di mano l'arma a Detia, ed essa si rivolta verso di lei, cercando di colpirla con un altro pugnale comparso misteriosamente nell'altra mano. Ma V'aT'Ss la trafigge per prima, e, in quello stesso istante, uno stuolo di urla assordanti si eleva in cielo. Gli Spiriti sembrano patire lo stesso dolore che Detia mostra sul suo viso, mentre io riacquisto la possibilità di muovermi. V'aT'Ss affonda il pugnale, ancora una volta, e la nemica rimane sospesa nel vuoto, con gli occhi chiusi, come se fosse morta. Un vento forte si alza all'improvviso, e gli Spiriti ne vengono avvolti: è At'n-I'd, a comandare l'Elemento Aria, e lo fa come se stesse tessendo una ragnatela in cui far cadere le sue prede.

Quando apre gli occhi, Detia sembra risvegliarsi da un lungo sonno. Si rialza, di nuovo, rimanendo sospesa nel vuoto, con due grosse ferite ben visibili ad occhio nudo, una nel cuore e l'altra sul fianco.

"Swaynn..." Mormora, e la sua voce è molto diversa da quella che abbiamo udito fino a pochi istanti prima. Anche il suo aspetto è cambiato: il suo sguardo non è più carico d'odio, e il suo viso sembra avvolto da una nuova Luce.

"Il mio nome è V'aT'Ss." Risponde la figura luminosa, da cui si irradiano raggi dorati. La sua voce è come un eco lontano che risuona nell'aria, dolcemente. "Devi andartene, ora." Aggiunge, chiudendo tra le sue mani l'arma di fuoco che si trasforma in fumo leggero, subito spazzato via dal vento forte.

Le tre figure rimangono sospese nell'aria, in un silenzio irreale. At'n-I'd continua a trattenere gli Spiriti rimasti dentro la grossa rete luminosa, e osserva la due sagome femminili fronteggiarsi per la prima e ultima volta, qualunque cosa dovesse accadere. E' Detia, a spezzare il silenzio per prima, e lo fa con voce soave, così diversa da quella che abbiamo sempre udito negli ultimi mesi:

"Io ti riconosco." Dice, rivolta a V'aT'Ss. "Tu sei come lo specchio che riflette i miei torti. Io non posso andarmene, così come non avrei potuto esserci, solo con la mia volontà. Gli Antenati mi hanno resa ciò che sono e io non posso porre termine a ciò che essi hanno costruito. Ora tutto si deve compiere come stabilito sin dall'inizio."

Gli Spiriti prigionieri nella rete di At'n-I'd gridano di paura e di dolore. V'aT'Ss alza un braccio, lentamente, puntando un dito contro Detia:

"Hai ucciso molte persone e fatto di loro ciò che non avrebbero mai dovuto essere." Dice, e la sua voce risuona per tutta Kelenda. "Se io ti uccidessi, ora, la tua anima conoscerebbe un inferno che non ha eguali. E' ciò che vuoi?"

"E' ciò che dev'essere fatto." Ripete Detia, senza abbassare lo sguardo.

"Indicami dove posso trovare la Pietra Gemella." Dice ancora V'aT'Ss.

"Non conosco il luogo in cui essa è stata nascosta. So solo che Munn ne è in possesso."

"Portami da lei."

"Non so dove e come trovarla. Mi è proibito. Fa' ciò che devi, Swaynn. Non perdere altro tempo, o la natura che ha trovato vita dentro di me tornerà, e cercherà di ucciderti. Agisci ora, prima che sia troppo tardi."

"Prima che tutto si compia, c'è qualcosa che devi dire." Interviene At'n-I'd, con voce profonda. "E devi pronunciare quelle parole con il dovuto rispetto, affinché gli Antenati sappiano che tu riconosci colei che ti ha vinta."

741

Detia esita per un momento. Il suo istinto sembra voler prevalere un'altra volta, ma riesce a sedarlo:

"Schaw's Sel'nays, Swaynn..." Mormora, con voce sottomessa.

"Nessuno ti ha sentita." Replica At'n-I'd, con fermezza.

"Schaw's Sel'nays, Swaynn!" Esclama Detia, senza riuscire a frenare un gesto di stizza. Poi, quasi in un sussurro, continua: "E ora si compia il mio destino..."

"Posso chiamare il Sole, ma non posso porre fine all'Eclissi." Dice V'aT'Ss, alzando le braccia verso il cielo. "Chiedo il supporto di Id-Am'Ra, affinché l'oscurità venga dissipata, una volta per tutte."

"E' concesso." Risponde At'n-I'd, levando in alto la mano che non è impegnata a trattenere gli Spiriti che urlano di paura.

All'improvviso, la penombra in cui siamo avvolti da moltissimi giorni comincia a rischiararsi, e, attraverso l'oscurità, filtrano raggi dorati che donano di nuovo respiro a questa terra e alla sua gente. Una Luce accecante ci avvolge, per qualche istante, e, quando tutto torna alla normalità, la vita torna a scorrere come sempre, a Kelenda. Il Popolo si risveglia, senza ricordare il motivo per cui si trova in mezzo alla strada o stipato sui velivoli. La nave torna a riparare se stessa, mentre l'esercito si assiepa per cercare di capire che cosa sia successo.

Alzo gli occhi al cielo e non vedo più quelle sagome luminose che, fino a poco prima, avevano combattuto la loro guerra. Athorm è tornato ad essere un uomo come tanti altri e cammina verso di noi, con passo stanco. E' provato, ma vivo:

"Andiamo a Kelk." Mi dice, ansimando. "Moraya e Padre Tomas si occuperanno del mio Popolo."

Con le ultime forze rimaste, attraverso un comando mentale, chiama i cavalli bionici nascosti in luoghi segreti, ed essi appaiono a noi, pronti per essere montati. Mentre gli altri due amici obbediscono al comando di Athorm, io e lui corriamo velocemente verso la sua dimora. Se V'aT'Ss è apparsa all'improvviso, dal nulla, il corpo di Swaynn dev'essere scomparso dalla bara di cristallo in cui era stato posto. Verlor non può aver assistito a quello che è successo nella stanza, dato che l'intera Popolazione è stata *congelata* dal potere di At'n-I'd, fino ad estendersi quasi oltre i suoi confini. Mentre i nostri cavalli volano letteralmente, senza neppure sfiorare il terreno, incontriamo la gente ancora smarrita, incapace di darsi una spiegazione di ciò che si è trovata a vivere. Passare dalla penombra alla Luce, senza nemmeno rendersi conto di come possa essere capitato, non dev'essere facile. Moraya e Padre Tomas troveranno le parole giuste per calmare questo stato di agitazione e incredulità.

Quando arriviamo all'immensa dimora di Athorm, il cancello si apre ed entriamo con i cavalli. Poi, scendendo velocemente, corriamo come pazzi, e io inciampo nella tunica parecchie volte, tanto che, per riuscire a stare al passo di Athorm, sono costretta a tenerla lievemente alzata. Non ci soffermiamo a parlare con le persone che lavorano in questa grande casa, e che non sanno darsi una risposta per ciò che è accaduto: continuiamo a correre verso la stanza che abbiamo lasciato poche ore fa. Quando arriviamo all'ingresso, troviamo Verlor che, con sguardo smarrito, ci guarda come se fossimo fantasmi:

"Swaynn!" Esclama Athorm, senza quasi più fiato nei polmoni. "Dov'è?" Chiede, dopo aver respirato profondamente.

Verlor continua a guardarci come se non capisse. Non otterremo nulla da lui, questo è chiaro. Perciò ci fiondiamo nella stanza, e, con nostra sorpresa, vediamo la bara vuota.

Un senso di frustrazione attanaglia le mie viscere: Swaynn si è trasformata. Il suo corpo si è dissolto nel nulla, così come dev'essere per qualsiasi individuo di razza aliena, soprattutto se di antichissima Stirpe, e se colei che è tornata all'essenza ha sempre rappresentato qualcosa di molto importante per tutti noi. Athorm si avvicina al cristallo, chinandosi sui sensori che ancora giacciono sul raso, un tessuto bellissimo e immobile, uno sfondo perfetto per questo silenzio che è caduto di nuovo.

Mi avvicino all'Altissimo Funzionario di Kelenda, cercando le parole giuste per dargli conforto, ma non trovo nulla da dire. Non c'è nulla, alla fine, che si possa esprimere ancora a parole. Non c'è nulla che può essere spiegato, ma solo accettato. Athorm rifiuta la mano che gli porgo, senza nemmeno guardarmi. Si alza in piedi, con lo sguardo rivolto verso il basso, come se cercasse dentro di sé una spiegazione che non trova. Poi, il suo viso si alza, e i suoi occhi guardano verso un punto della stanza, pieni di stupore. Mi giro anch'io verso quella direzione: in piedi, aggrappata ad una tenda interna, c'è Swaynn, evidentemente senza vestiti. Si nasconde, con vergogna, e ci guarda timidamente:

"Non ho nulla da mettere..." Mormora, arrossendo per l'imbarazzo.

Athorm corre verso di lei, abbracciandola e avvolgendola nel suo mantello. La bacia ripetutamente, stringendola a sé, con forza. Esco silenziosamente dalla stanza, e la tensione si scioglie. Rimango a stento in piedi, ringraziando il Cielo che, per una volta, tutto sia andato bene...

Ventisette - *Swaynn*

Verlor ha ripetuto i test tante di quelle volte da farmi venire la nausea. Sa perfettamente con chi ha a che fare, eppure continua a stupirsi, come se, ogni volta, la scoperta di avere di fronte un'aliena gli giungesse nuova. Mi sono dovuta recare persino a Verdrad, per controlli approfonditi, e poi sono tornata a Kelk, dove sono si sono stabiliti alcuni scienziati che hanno sempre collaborato con Yoser Nym. I loro nomi sono: Torn Burt, un uomo sui sessant'anni, calvo solo sulla calotta cranica, con una corona di capelli grigi e barba e baffi molto lunghi e disordinati. Incarna lo stereotipo dello *scienziato pazzo*, ma in senso buono. Indossa sempre degli occhialini rotondi, ben saldi sul naso aquilino, e che nascondono occhi grigi, molto attenti. E' magro e molto intuitivo, e fuori dall'ordinario. La seconda scienziata è Agha Snaunn, una donna di quella che, un tempo, veniva definita *mezza età*, ma che ora non è sinonimo di *età matura*. Porta sempre i capelli a caschetto, lisci e non troppo lunghi, tinti con la stessa sfumatura di castano che poco si adatta al suo incarnato un po' spento. Non si trucca mai, bada all'essenziale, e, come Torn, indossa sempre un camice bianco. I suoi occhi sono scuri, la pelle è porosa, poco curata. Ha un carattere un po' ruvido, ma è solo un'impressione del primo impatto, poiché, conoscendola nel tempo, mostra chiaramente quanto sia preparata su ciò che sa. Entrambi hanno condotti ulteriori test su di me, ottenendo lo stesso risultato: nessuna lesione apparente, solo un piccolissimo segno sul cuore, rilevato attraverso scanner ad altissima definizione. La perdita di sangue che ho subìto non sembra avermi privato della forza fisica, e tutti i miei parametri sono normali. Anche questi due scienziati conoscono la mia identità, e sono persone molto fidate che non rivelerebbero mai le informazioni segrete a nessuno che non sia designato da un loro superiore, in questo caso, l'Altissimo Funzionario di Kelenda. In tutto questo tempo, lui è la persona che ho visto di meno, impegnata com'ero a girare come una trottola e a mostrarmi al Popolo, per rassicurarlo e tranquillizzarlo. Ad Athorm e al suo esercito è spettato il compito di minimizzare gli eventi che hanno scatenato il panico, operando anche un'azione di oblio sulle ultime immagini che hanno creato dei traumi molto importanti. Non è mai la prima soluzione cui fare riferimento, poiché un Popolo che non ricorda la sua storia rischia di perdere molto di ciò che ha. Tuttavia, trattandosi di attacchi alieni, si è preferito nascondere la verità, vertendo su fenomeni atmosferici rapidamente rientrati. Anche per Verdrad e Idra si è optato per questa scelta estrema, limitando l'azione di oblio sugli esseri umani. Gli alieni sono chiamati a conservare il ricordo per il resto della loro vita, come monito per eventuali altre guerre. Si spera di non doverne più combattere, ma vi sono ancora delle questioni in sospeso che esulano da Detia, scomparsa chissà dove, insieme agli Spiriti che hanno presidiato Nod, alcuni giorni fa: non sappiamo dove e come entrare in possesso della Pietra Gemella, né come liberare le Vergini prigioniere chissà dove, da qualche parte, sulla Luna o nel Cosmo. E vorrei anche sapere che cosa è stato di Auma, ora che non è più con noi da tempo.

Per ciò che riguarda il resto, invece, sto rientrando molto rapidamente in tutto ciò che fa parte della mia vita quotidiana, compreso il mio incarico nei pressi del porto. Per aggiornarmi su tutto ciò che Roseann è riuscita a realizzare durante la mia assenza, sono rimasta a dormire nella mia casa, a Nod, contro il parere di Torn e Agha, i quali mi avevano consigliato di rimanere ancora per qualche giorno presso il laboratorio che è stato stanziato nella Sede Centrale, a Kelk. Anche Orisa ha insistito affinché seguissi i consigli dei due scienziati, ma le mie forze sono tornate quasi come quelle di prima, e ho ritenuto opportuno dare al Popolo un segnale forte, di ripresa. Se avessi continuato a lasciarmi rivoltare come un calzino, sarei stata costretta a fornire delle spiegazioni che gli esseri umani non sono ancora pronti ad accettare. Il concetto di *diversità* è ancora molto attuale, nonostante siano passati secoli di storia, e si è esteso oltre i confini del pianeta, proprio a causa dell'avvento dei segnali alieni, sempre più evidenti. Credo che il computer presente sulla nave racchiuda in sé molti segreti che ho preferito non conoscere, perché non volevo inquinare ciò che ho appreso nei lunghi anni passati sull'Isola delle Vergini. In quel luogo scomparso, ma il cui Spirito è ancora vivo, ho appreso la Storia dei Popoli terrestri, ne ho conosciuto gli usi e i costumi, ho approfondito il linguaggio e ogni tipo di comunicazione tra loro intercorsa nei secoli. Non avrei potuto sapere più di quanto fosse custodito nelle Tre Terre, e che ancora vive sulla immensa struttura conica che avevo fatto erigere, i cui simboli parlano di tutto ciò che c'è da sapere riguardo all'Universo, all'essere umano e alle creature extraterrestri. Chi accederà a questi simboli avrà bisogno di un lungo apprendimento, prima di poterne decifrare il significato. Ciascuno di essi non simboleggia solo una parola, bensì un intero concetto, una tradizione, un lungo capitolo su qualcosa che nessuno dovrebbe mai dimenticare.

Ritorno a Kelk solo dopo aver riorganizzato l'assetto di Nod, e, dopo tanto tempo, riesco ad avere un incontro privato con Athorm. Durante il mio stato di coma e di morte apparente – ma anche dopo –, ha dovuto farsi carico di molti doveri che avevamo sempre condiviso, e i nostri contatti sono stati limitati finché Kelenda non è tornata ad uno stato di *normalità*. Ci ritroviamo dopo molti giorni, nella camera della grande dimora, dove non vi sono più androidi, ma esseri umani e alieni che lavorano a pieno ritmo, ogni giorno, per assicurare pace e prosperità, oltre che sicurezza e protezione. I cavalli bionici sono diventati la moda del momento, così, per evitare un eccesso di tecnologia e artificiosità, si è deciso di trasformare gli androidi, trasformandoli in destrieri, permettendo alle persone di riconoscersi tra di loro e comunicare. I velivoli sono utilizzati in condizioni climatiche sfavorevoli o per trasporti eccezionali, nonché per tutti gli Alti Funzionari che si recano a Kelenda per le riunioni ufficiali.

Quando incontro Athorm, dopo essere entrata nella stanza in cui quasi tutto è mantenuto ad uno stato rurale, e dove il Chrein e il Tharyd sono conservati intatti, nonostante il passare dei secoli, rimango colpita dal suo aspetto: nonostante non sia ancora possibile stabilire quale età egli abbia, gli ultimi accadimenti l'hanno provato più di quanto potessi pensare. Il viso è ancora scavato e gli occhi sembrano braci ardenti su un pallore innaturale; i capelli si sono allungati, e il corpo è più smagrito. Lo sguardo non ha perso il suo carisma, ma è segnato da cicatrici che solo il tempo potrà cancellare, se lo vorrà. Mi domando se anch'io sia cambiata tanto, da quando ci siamo conosciuti, la prima volta, sulla scogliera al limite di Mosbury. Sicuramente, quella ragazza che credeva di essere cresciuta come un essere umano qualsiasi, ma con delle capacità in più che la rendevano inadatta al matrimonio o a qualunque altro destino, ora, ha lasciato il posto ad una donna la cui identità è sospesa tra due mondi diversi, e che, spesso, non riesce a trovare se stessa, nemmeno quando la sua mente e il suo cuore sono in perfetto equilibrio tra di loro.

"La guerra è finita?" Riesco a chiedergli, senza trovare altre parole.

"Sì, Swaynn." Risponde, con la sua voce inconfondibilmente profonda e carezzevole. Poi mi tende la mano e io gli porgo la mia, avvicinandomi a lui. Indossa l'uniforme che si addice al suo ruolo, così come io indosso uno degli abiti che ho fatto realizzare a Nod, il cui colore predominante è l'azzurro, per richiamare quello dell'acqua che ne lambisce la costa. "Come stai?" Mi chiede, poi, lasciando che la porta si chiuda alle sue spalle.

"So che sei ancora preoccupato per me." Rispondo. "Ma sto bene. Non ricordo che cosa sia successo, ma non posso dimenticare ciò che sapevo di dover affrontare. Ne avevo paura, ma non c'era modo di evitarlo."

"Siediti accanto a me." Mi dice, accovacciandosi sul tappeto morbido e soffice, posto di fronte ad un camino vero. "E raccontami, se vuoi."

Mi lascio scivolare lentamente, assaporando questo momento di calma. Le fiamme del camino sembrano danzare con luci simili a quelle delle stelle. Piccole scintille crepitano sul legno che brucia, lasciando nell'aria un profumo che non sentivo da troppo tempo. Mi avvicino ad Athorm e lascio che mi abbracci, mentre comincio a parlare:

"Non avrei potuto dirti nulla, o non saresti sopravvissuto alle mie rivelazioni. Avresti cercato di sostituire la tua vita alla mia, quando tutto mi diceva che così non doveva essere. Avevo paura… tanta. Ma non potevo evitare che accadesse quello che si prospettava ai miei occhi. Se ti avessi permesso di fare qualcosa, Detia non sarebbe stata vinta e il pericolo incomberebbe ancora su tutti noi, indistintamente."

"Qualcuno ti parlava?" Mi chiede, accarezzandomi i capelli. "Come sapevi che ciò che appariva ai tuoi occhi si sarebbe dovuto realizzare?"

"Non sentivo voci… no." Mormoro, ricordando quei momenti. "Era come se l'intuito mi indicasse la strada. Era la strada più dura, certo, ma non ne vedevo altre. Ho provato a ipotizzare scenari alternativi, ma tutti quelli che si presentavano ai miei occhi finivano con la tua morte e la sconfitta del genere umano. La Terra, così come gli altri pianeti, sarebbe stata colonizzata da Spiriti senza corpo, alla continua ricerca di due Pietre Gemelle che non avrebbero mai trovato. Avrebbero vagato senza sosta, sperando di trovare qualcosa che si sarebbe nascosto eternamente ai loro occhi di Luce. Non ci sarebbe stata più vita, perché ogni nuovo germoglio avrebbe segnato il ritorno dell'essere umano, cui gli Spiriti non avrebbero mai più dato tregua. Avresti mai potuto pensare ad u mondo così, Athorm? Io no. L'avidità umana ha già rischiato di portare la Terra all'autodistruzione, più e più volte… Immagina che cosa sarebbe successo, se esseri incorporei avessero stabilito il loro assoluto predominio su tutto, indegnamente. Tutto sarebbe scomparso in un grande nulla che avrebbe ucciso ogni speranza di rinascita. Così, nonostante il dolore per la perdita di Auma mi avesse stremata più di quanto io stessa potessi mai ammettere, ho deciso di andare incontro al mio destino. Non sapevo che cosa sarebbe accaduto, poi: non potevo vederlo. Ero sicura che sarei andata incontro alla morte, eppure, qualcosa mi spingeva ad andare avanti, come se tutto fosse già stato scritto e io dovessi solo seguirlo." Lo guardo e gli accarezzo una guancia.

"Mi fa male vederti così." Mormoro, facendo scorrere un dito sul suo viso scarno. "Vorrei poter togliere la pressione che ti ha privato di molte energie. Vorrei poter cancellare il dolore e darti la serenità che entrambi sognavamo, quando ci siamo sposati, anni fa. Vorrei che i nostri figli avessero seguito un destino diverso, ma, soprattutto, spesso vorrei poter tornare al tempo in cui la nostra vita era la libertà che entrambi abbiamo sempre cercato e fatto nostra, finché abbiamo potuto."

"Sono stato colpito… ma non sono stato distrutto." Risponde, sorridendomi dolcemente. "E i sogni che avremmo voluto realizzare sono sempre lì ad aspettarci, Swaynn. Non provo interesse nel rivestire questo incarico troppo pesante, per me. Ho accettato di essere l'Altissimo Funzionario di Kelenda solo perché la mia terra aveva bisogno di una Guida, dopo la morte di Chrel, ma, soprattutto, perché qui risiede la Sorgente del mio Potere. Questo è il luogo che lo Spirito ha scelto per me, sin dall'inizio. Il luogo in cui la Pietra Lunare continuerà a tornare, inevitabilmente. E qualcuno dovrà custodirla, finché non arriverà il momento, per me, di lasciare il posto ad una Guida più degna. Forse, allora, questo luogo perderà ciò che lo rende speciale, ora, e diventerà una terra come Verdrad o Idra, ma senza più la spettacolarizzazione che la circonda."

"Gli abitanti che avevano subìto un'accelerazione del tempo hanno fatto ritorno?" Gli domando.

"Sì." Risponde piano. "Ma il loro aspetto è mutato. Quasi tutti sono diventati molto vecchi, in poco tempo, e chi è stato risparmiato da questa fine ha deciso di lasciare questa terra, per sempre. L'equilibrio è stato ripristinato, ora, ma vorrei che Kelenda non fosse più un luogo in cui nessuno debba mai conoscere la morte, né la malattia, né il dolore, perché non conoscerebbe la felicità. La sofferenza è un passaggio inevitabile per l'evoluzione interiore, e, senza di essa, nessuno potrebbe mai conquistare ciò che fa parte dei valori in cui crede."

"Non vi è alcun modo che possa far cessare questa immortalità umana?"

Si avvicina al mio orecchio, sfiorandolo con un bacio:

"Sì." Risponde, quasi sussurrando. "Ed è il solo e l'unico. Ma richiederebbe un altro sacrificio che non posso chiederti."

Lo guardo dritto negli occhi:

"Voglio che tu me lo dica, Athorm." Mormoro, decisa. "Qualunque cosa comporti. Abbiamo tutti bisogno di normalità, nella nostra vita, o rischiamo di perderci continuamente."

Anche lui mi guarda, a lungo, in silenzio, come se valutasse l'ipotesi di tacere ciò che potrebbe ripercuotersi su di me, per l'ennesima volta. Poi, abbassando lo sguardo, mormora:

"Per riportare il tempo in uno stato di equilibrio, è necessario che le due Pietre annullino a vicenda questi influssi che alterano la durata della vita. In sostanza,

Swaynn, dovresti rinunciare alla Pietra Gemella, e, con essa, alla possibilità che Sel'nays torni a splendere come un tempo."

"Da quanto tempo lo sai?" Chiedo, deglutendo a fatica.

"E' una consapevolezza che è cresciuta dentro di me col passare dei giorni." Risponde, amaramente. "Non chiedermi cosa e come sia possibile, perché si tratta della stessa sensazione che ti ha mostrato il tuo destino. Allo stesso modo, anche il mio intuito mi ha portato a questa conclusione, e più cercavo di oppormi, più essa riemergeva nella mia anima. Credevo che si trattasse di una suggestione operata da Detia, ma non è così. Non è cessata nemmeno dopo l'ultimo scontro. Per molte notti questa consapevolezza mi ha tormentato, come in un incubo, senza che io potessi fare nulla per evitarlo. Era come se qualcuno o qualcosa continuasse a ripetermi quello che sarebbe stato giusto fare." Mi guarda, stringendomi le mani. "Ma non è ciò che voglio per te, e sono disposto ad andare contro tutto ciò che mi appartiene, pur di renderti ciò che hai perso."

"E se non fosse la cosa più giusta per me?" Gli domando. "Se anche tu avessi visto qualcosa che – apparentemente – può sembrare la fine di tutto e, invece, potrebbe segnarne l'inizio?"

"Ho pensato anche a questo. Ma l'ultima parola spetterebbe sempre e comunque a te. E' ciò che desidero."

"E' ciò che è giusto, Athorm?" Gli chiedo ancora. "Sei davvero convinto che vi sia possibilità di scelta? Io non credo. Abbiamo auto entrambi delle sensazioni che, in parte, si sono rivelate reali. Ora, forse, anche il tuo intuito ti sta dicendo la strada che dobbiamo seguire. Forse è così che deve andare. Forse, Sel'nays non deve più rinascere."

"No. Sel'nays rinascerà. E' ciò che percepisco, e so di non sbagliarmi."

"Avevi previsto anche che Yoser e Orisa si sarebbero sposati." Mormoro, senza tono di accusa. "Invece le cose sono andate diversamente…"

Mi rivolge uno sguardo enigmatico:

"Continuo ad avere quella sensazione, Swaynn." Mormora, deciso. "Ed è diventata ancora più forte da quando Yoser ti ha colpita."

"Tu sai dove si trova?" Gli domando, incuriosita. "Lui, Chrel e Orud sono ancora *vivi*?"

"Percepisco la loro essenza, quindi credo che non siano stati coinvolti nello stesso destino degli altri Spiriti. Ma non riesco ad individuare il luogo in cui essi possano celarsi."

"Che ne è stato, di Detia e dei suoi seguaci? Sono stati annientati?"

"Non ricordi ciò che hai fatto?" Mi chiede, sorpreso.

"Quando V'aT'Ss è uscita da me, ha agito autonomamente, e io ero nel cielo, così come stesa nella bara di cristallo." Rispondo, evocando i ricordi che tornano alla mia mente. "Percepivo ciò che accadeva a Nod e lo vivevo in prima persona, ma, allo stesso tempo, era come se una parte di me vivesse nella stanza in cui il profumo dei fiori diventava sempre più intenso."

"E' insolito, ma, forse, il tuo corpo si stava risvegliando grazie all'arrivo inatteso di V'aT'Ss. La tua essenza ha combattuto contro gli avversari e l'oscurità che pensavamo ti avesse inghiottita. Per ciò che riguarda Detia… so solo che sono stati inghiottiti dalla Luce, ma non so se abbiano trovato pace. Per tutti loro, spero che vi sia ancora strada da percorrere, prima del trapasso finale. Se davvero esiste un Giudizio, non credo che sarebbe positivo. E non voglio che così tante anime debbano pagare per una responsabilità che pesa prevalentemente sulle mie spalle: io ho contribuito alla rinascita degli Antenati, ed essi sono sempre stati strettamente connessi a me. Se non avessi permesso loro di trarre dalla mia essenza la linfa vitale, non avrebbero ceduto agli istinti umani, ma si sarebbero dissolti nel nulla, come doveva essere. Con l'ultimo scontro, però, ho avvertito il legame spezzarsi definitivamente: ora sono Entità distinte, e risponderanno autonomamente per ogni scelta futura."

"Quindi continueranno ad esistere?"

"Solo quelli che Munn ha strappato all'esercito nemico e che hanno scelto di assoggettarsi ad una nuova Guida che permetterà loro di ricostruire sogni e speranze."

"Auma...?"

"Non lo so, Swaynn. Staccandomi completamente dagli Spiriti degli Antenati, ho scelto consapevolmente di non interferire nelle loro scelte, così come essi si impegneranno a non opporsi al motivo per cui sono stati scelti: la protezione e la custodia di tutti i desideri umani. Non avranno la facoltà di realizzarli, perché questo spetta solo a chi lotta con tutto se stesso per ottenere ciò che vuole, ma aiuteranno chi crede nei suoi sogni a comprendere cosa sia davvero necessario, distinguendolo da un capriccio effimero che potrebbe esaurirsi nell'istante stesso in cui dovesse realizzarsi."

Mi accarezza il viso, guardandomi a lungo, in silenzio. Vorrei poter cancellare dai suoi occhi tutto il dolore che ha dovuto affrontare, anche senza di me. Ma credo che anche lui pensi la stessa cosa:

"Sono stanco di parlare di guerra..." Mormora, teneramente. "Voglio solo stare con te, ora."

Mi sfiora le labbra con un bacio, e le sue mani scivolano lentamente sul mio corpo, come le mie sul suo. Il suo cuore pulsa con forza, quando mi avvicino a lui, mentre gli abiti rimangono a terra, appoggiati con lentezza, per assaporare ogni momento di questo istante unico. Le sue labbra baciano le mie, molte volte, poi si posano sul mio corpo, calde come il fuoco della lama che mi ha trafitta, ma non sento dolore: sento solo il piacere che esse mi sanno dare, dopo tanta tensione, tante prove, tanti distacchi non voluti... Il suo corpo si posa sul mio, dolcemente, e sento il calore familiare che esso emana, il profumo della brezza marina e dell'erba bagnata dalla rugiada, mentre Athorm entra dentro di me, delicatamente. Ci muoviamo insieme, lentamente, guardandoci negli occhi e baciandoci, e la passione infiamma il nostro desiderio mai sopito. Esplode con veemenza, all'improvviso, travolgendoci con le sue spire, e poi ancora una volta, daccapo, come se il piacere non dovesse mai finire... Quando il flusso vitale di Athorm raggiunge il mio ventre, una volta ancora, restiamo sdraiati, sudati, ansimanti sul tappeto morbido, di fronte al camino che crepita e che sembra accompagnare l'estasi che ci ha avvolti in un abbraccio da cui non vogliamo scioglierci.

Ci guardiamo negli occhi, a lungo, ancora, come se da questo sguardo reciproco riuscissimo a ritrovare le forze che ci hanno lasciati solo momentaneamente, dimenticandoci del mondo che continua a vivere, indipendentemente da noi. Poi, Athorm si alza e va nella nostra camera, tornando con due cuscini e una grossa coperta. Rido, quando comprendo il suo desiderio: addormentarci così, su questo tappeto soffice, liberandoci da ogni convenzione. Ma accetto che mi avvolga in questo rinnovato abbraccio, mentre, sui nostri corpi, i tatuaggi dorati sembrano brillare più di prima. Un dolce torpore cala sulla mia mente, appagando l'anima e facendomi scivolare in un sonno ristoratore.

Mi sembra di camminare in un luogo immerso nell'oscurità totale. Cammino, e ho i piedi nudi, su un terreno sabbioso, morbido, in cui i miei piedi affondano solo in superficie. Intorno a me c'è solo buio, ma continuo ad avanzare, mentre una brezza leggera sfiora il mio viso, dolcemente. Da lontano, mi sembra di sentire il suono di un corso d'acqua, ma è come se io fossi avvolta da una fitta coltre oscura, e non riesco a vedere ciò che vi è al di là di questo muro che non mi vuole soffocare, né annientare. Il soffio di un alito fresco sfiora le mie orecchie, e un sussurro veloce mi chiama:

"Swaynn…"

Mi giro, ma non c'è nessuno. Non avverto una sensazione di pericolo, ma non so dove io stia andando. Non so che cosa mi spinga a continuare a camminare nel nulla, mentre il sussurro ripete ancora:

"Swaynn…"

"Chi sei?" Chiedo, e la mia voce sembra echeggiare in uno spazio infinito, rimbalzando da un angolo all'altro di qualcosa che non sembra conoscere limiti.

"Ti stiamo aspettando…" Continua il sussurro, ignorando la mia domanda.

"Quanti siete?" Domando. "E che cosa volete da me?"

"Per avere una risposta a ciò che chiedi, devi portare a compimento ciò che hai iniziato…"

"Di che cosa parli? Chi sei?" Il tono della mia voce si alza ancora, e cammino più velocemente, ma senza inciampare mai nei miei stessi passi.

"Tu sai…" Il sussurro sembra vicinissimo, ora.

"Io non so nulla!" Esclamo, infastidita. "Non mi piacciono questi giochi: manifestatevi a me!"

"Tu comandi… ma vuoi farlo davvero? Hai rinunciato già molte volte a quello per cui sei stata *scelta*… Con quale autorità, ora, ti rivolgi a noi così…?"

"Dove siamo?" Chiedo, voltandomi più volte, cercando inutilmente di capire da dove vengano queste parole pronunciate a bassa voce, la stessa che, in Spirito, mi ha tormentato per anni, durante la mia infanzia.

"La domanda non è corretta, Swaynn… Forse dovresti chiederti: dove potremmo essere…? Perché tutto ciò che era un tempo, ora, non c'è più…"

Mi fermo, ansimante, dopo aver corso nel buio:

"Questa non è l'Isola delle Vergini!" Esclamo. "E voi siete suggestioni residue che nessuno è ancora riuscito a vincere!"

"Lo credi davvero…? Nulla è più come sembra, ormai, e tutto deve ricominciare… Tu lo sai…"

"Ricominciare? Che cosa vuoi dire?"

"Devi fare una scelta, Swaynn… Ancora una volta… Questo luogo deve rinascere, poiché è strettamente connesso a te…"

"Ma chi sei?" Chiedo ancora, esasperata. "Che cosa vuoi, da me, ora? Fammi vedere il tuo volto, affinché io sappia che tu non sei solo un incubo creato dall'anima di Detia!"

"Per vedermi, Swaynn… devi tornare…" Sussurra il bisbiglio, avvolgendomi completamente. "Comprenderai… Saprai… ciò che ora ti rifiuti di ascoltare…"

"Ti sto ascoltando, invece! Parlami! Spiegami!"

"Come puoi spiegare una sensazione…? Puoi solo viverla… Solo così, forse, potrai essere in grado di scegliere…"

"Tu sai dove io possa trovare la Pietra Gemella?"

"Sì…"

"Dimmelo, dunque, poiché mi appartiene! Mi è stata promessa!"

"Tu vi hai rinunciato… Ora, perché dovresti volerla?"

"Ma che cosa stai dicendo? Io non ho rinunciato a nulla!"

"L'hai fatto… Consapevolmente…"

"Smettila! E fammi vedere chi sei!"

"Per vedermi, Swaynn... devi cercarmi... E, per cercarmi... sai che cosa devi fare..."

Il sussurro si spegne nel nulla. La brezza leggera smette di soffiare. Cade un silenzio pesante, e l'oscurità mi avvolge:

"Dove sei?" Grido. "E dove mi trovo?"

La mia voce si perde nel nulla, ovattata da un'atmosfera buia che la spegne, inesorabilmente. Giro su me stessa, più volte, cercando di trovare la strada che possa condurmi verso la Luce, ma scivolo su un terreno scosceso, cadendo nel vuoto.

Mi sveglio di colpo, ansimando. Athorm è chino su di me. Il suo viso è illuminato dal bagliore delle fiamme che ardono impetuosamente nel camino, e io sono ancora sdraiata sul tappeto morbido, avvolta dalla calda coperta. Athorm mi rivolge uno sguardo enigmatico, sfiorando il mio viso con la punta delle dita:

"Non era un sogno, vero?" Mi chiede, sussurrando.

"Credo di no..." Rispondo, ancora ansimante. Poi gli domando: "Tu hai visto qualcosa?"

"Non è importante." Mormora, con un lampo di Luce negli occhi. "La decisione spetta a te, Swaynn."

Lo guardo, e la sua calma penetra nella mia anima, lentamente. Il Legame ritrovato comincia a restituire ciò che il nemico ha cercato di strappare via da noi, invano. Chiudo gli occhi per qualche istante, per lasciarmi avvolgere dalla forza di Athorm che si fonde con la mia, indissolubilmente. Poi, stringendomi a lui, mormoro:

"Partiamo, dunque. Torniamo sulla Luna. Non lascerò cadere nel vuoto il richiamo di Sel'nays."

Athorm mi tiene tra le sue braccia, e il calore del suo corpo è diventato più intenso. Il suo viso non è più pallido e scavato, e il suo sguardo è tornato ad essere quello di sempre:

"Partiremo all'alba." Mi dice, con dolce fermezza. Annuisco, in silenzio, appoggiandomi contro il suo petto, mentre l'eco di un sussurro sembra bisbigliare al mio orecchio:

"Swaynn..."

Ventotto - *Swaynn*

Athorm ha convocato solo una parte dell'esercito in piena notte. Questo viaggio non doveva essere ufficializzato, né richiedeva lo sforzo di tutti i Guerrieri. In tutto, ne sono stati scelti meno di cento, compresi Oughm, Moraya, Smuz, Sedena, Lluish e Onya, Zoid e Chaz. Anche Orisa è stata convocata, e lei ha accettato dopo molte perplessità. Non condivideva questa decisione, soprattutto dopo essere stata messa al corrente di quello che mi era apparso in sogno. Ha ceduto solo quando ho fatto leva su ciò che ci ha sempre legate, dal momento in cui lei e le sue Ancelle mi hanno accolta a Id'V'Ra, crescendomi come una figlia e permettendomi di essere salvata dalla furia di Vegar, lo Spirito che sono riuscita a domare. Nel cuore della notte, anche Padre Tomas è stato invitato ad unirsi a noi. L'ha voluto Athorm, ma non mi ha spiegato il perché. Anche coloro che erano stati i suoi compagni di viaggio non comprendono il motivo della sua presenza, ma l'accettano come ordine impartito dall'Altissimo Funzionario di Kelenda.

Partiamo quando l'alba comincia a tingere il cielo di rosa, dopo aver lasciato disposizioni a chi ci dovrà sostituire. Troveranno gli ordini quando si recheranno al lavoro, ma non dovranno far fronte a situazioni troppo complesse o pericoli incombenti. Dopotutto, siamo noi ad esporci nuovamente all'ignoto, e lo facciamo cominciando con una navigazione normale, in mare, per non destare alcun sospetto. Solo quando siamo già molto al largo, Athorm impartisce l'ordine di chiudere ermeticamente la nave nel suo scrigno, per prepararsi al volo. Ci disponiamo alle nostre postazioni, ma non dobbiamo più usare gli elmi: se tutto è andato come pensiamo, non incontreremo altri nemici sul nostro cammino, e nessuno ci ostacolerà. Un'ipotesi diversa è altamente improbabile: chiunque cercasse di porsi contro di noi sarebbe costretto a contrattare, poiché siamo decisamente più forti. Questo non significa che possiamo adagiarci, ma sicuramente non dovremo far fronte ad attacchi alieni che non riusciremo a contrastare.

L'equipaggio indossa l'uniforme che questo nuovo volo impone. Anche Orisa ha la sua tuta nera, dallo stile simile a quello di Idra, ma dotata di tutto ciò che potrebbe proteggerla in caso di bisogno. Solo io e Athorm ci distinguiamo dalla massa: lui indossa una blusa bianca, stretta in vita da una fascia di seta dalle sfumature perlate; i pantaloni sono neri, come i suoi stivali, e al polso ha i monili della sua terra, così come le tre cinture strette in vita. Il suo mantello nero servirà solo quando scenderemo sulla Luna. Per il momento, si presenta in modo molto diverso da quello che abbiamo visto tutti fino ad ora. Il suo sguardo è tornato ad essere fiero e determinato, come se questi lunghi giorni di forte preoccupazione fossero stati cancellati nel giro di poche ore. Mi sorride, porgendomi il Tasxor che ho lasciato sul tappeto, durante quest'ultima notte d'amore. Lo infila al mio anulare sinistro, e i tatuaggi dorati sembrano brillare ancora di più. Un'altra peculiarità che non passa inosservata agli occhi degli Ufficiali, insieme al mio abbigliamento, tipico dell'Isola delle Vergini: un abito semplice, color avorio, leggermente stretto in vita e lungo fino ai piedi, dove indosso i calzari della tradizione, di colore neutro. Solo Athorm indossa il simbolo di Kelenda: io non ho nemmeno un monile, tranne il Tasxor, e i miei capelli sono sciolti sulle spalle, lunghi e neri come quelli delle donne di Idra, ma circondati da due ciocche color platino che scendono sul mio viso. Non sono truccata: sull'Isola delle Vergini, tutto ciò che serve ad abbellire sulla Terra, non era importante. Ci si dipingeva il viso e i palmi di mani e piedi solo in occasioni particolari, e per le cerimonie significative. La vanità non è mai stata vista come una Virtù, così, nessuna delle Vergini sentiva la necessità di abbellirsi in qualche modo, anche perché non vi erano uomini che dovessero trovarci interessanti. Solo chi era scelta per una vita matrimoniale riceveva insegnamenti adeguati al luogo in cui sarebbe vissuta per il resto della sua vita, nelle modalità che ormai mi sono note.

Ho sempre saputo di non essere una ragazza che avrebbe potuto definirsi *bella*. I tratti del mio viso sono sempre stati mediamente marcati, e, più che la perfezione, era il mio fascino ad attirare anche coloro che potevano definirsi mie *sorelle*. Quando Athorm mi ha manifestato il suo desiderio, per la prima volta, mi sono chiesta a lungo che cos'avesse trovato in me di interessante, finché ho smesso di pormi questa domanda: lui mi amava, e non era necessario sapere altro. Anche Tom mi ha desiderata, prima di trovare la pace nel suo nuovo viaggio. E anche Ahona aveva cercato di avvicinarsi a me in modo diverso. In qualche modo, la stessa Roseann, mia fedelissima collaboratrice e sostituta, ha mostrato interesse nei miei confronti, ma senza mai oltrepassare il limite, conscia della mia posizione, del mio stato civile ma, soprattutto, dei valori in cui ho sempre creduto. Il mio corpo si è modificato, nel corso del tempo: sono più alta e più morbida rispetto al passato, quando non spiccavo per la mia altezza, né per la procacità delle forme. Potevo sembrare un essere a metà, non ancora completamente strutturato, e, forse, il fatto che io fossi rimasta acerba per molto tempo, aveva contribuito a fare di me una creatura che nessuno avrebbe potuto mai identificare in nulla, nemmeno in virtù delle sue capacità. Solo l'incontro con Athorm ha dato un senso alla mia vita, anche se, ancora una volta, sono posta di fronte ad una scelta, e sembra che la voce incorporea che è giunta fino a me, la sera precedente, sappia perfettamente ciò che mi troverò costretta a decidere.

Athorm impartisce il comando per iniziare la navigazione nello Spazio, e attraversiamo l'atmosfera senza problemi, riuscendo persino a nasconderci ai radar terrestri, grazie all'intuizione di Smuz che ha decodificato praticamente tutto ciò che Yoser aveva criptato. Mi sono accorta che l'uomo guarda me, Athorm e Orisa in un modo diverso, anche se non meno amichevole di prima, e anche molte cose che riguardano la sua storia, così come quella dei suoi compagni, sembrano essersi svelate nella sua mente, aprendola d una conoscenza che potrebbe competere solo con quella dello scienziato di Verdrad... e non parlo di Verlor Torrado, sebbene sia un alleato fedele, intelligente e dalle grandi doti intellettuali. Smuz sembra aver assorbito tutto ciò che Yoser avrebbe voluto insegnare ad un suo eventuale sostituto, e mi sorprende la sua straordinaria capacità di saper nascondere tanti segreti, serbandoli nel suo cuore e senza nemmeno condividerli con Moraya, la sua sposa. La donna, dal canto suo, si è avvicinata molto alle usanze di Verdrad, avendo trascorso molto tempo laggiù, per addestrare l'esercito. Mi chiedo se i due vogliano continuare a vivere a Kelenda, dopo tanti cambiamenti avvenuti in loro, ma questo lo sapremo solo col tempo. Oughm ha sempre amato Idra, invece, e non ne ha mai dimenticato le usanze. Credo che, se fosse per lui, tornerebbe a Draert, il nucleo della terra di cui Orisa è ancora la Signora, nonostante Ester sia riuscita a sostituirla egregiamente per tutto questo tempo. Uno dei due, forse, un giorno, tornerà laggiù, ma ancora non saprei dire chi. Tutto dipenderà dall'esito di questa spedizione di cui non conosco il finale, e nemmeno il motivo. Dopotutto, mi sto basando unicamente su una sensazione di un sogno che potrebbe rivelarsi l'ennesima illusione.

Il tempo ha fatto sì che la meditazione e il canto del Gham scegliessero chi dell'esercito fosse interessato a continuarne la pratica: non c'è stata più alcuna imposizione, poiché il motivo per cui tutto era stato insegnato è decaduto, e ora ciascuno è libero di scegliere se continuare a perpetuare la tradizione o se lasciarla in un angolo, anche solo momentaneamente. La lingua di Sel'nays è rimasta appannaggio dei pochi che hanno scelto di continuare a parlarla, ed essi fanno tutti parte di questa spedizione che richiede una conoscenza più approfondita di questo linguaggio particolare, sebbene io non sia più certa di nulla, ormai. I Chrein e i Tharyd sono rimasti sulla Terra, così come era accaduto durante tutti gli scontri avvenuti nel tempo: non avremmo mai potuto permettere che questi oggetti tanto importanti e rari subissero dei danni irreparabili.

Con mia sorpresa – e con altrettanta preoccupazione di Orisa – Athorm non ha voluto troppi cavalli bionici a bordo. In realtà, non ne avrebbe voluti affatto, ma solo su insistenza di Orisa, per attenuare la paura della donna ha acconsentito all'imbarco di pochi esemplari che, tuttavia, spera di non dover usare. Sono state solo conservate le maschere che aiuteranno l'equipaggio a respirare sulla Luna, insieme a poche armi che ancora indossano insieme alle cinture.

La nave prosegue il suo viaggio, in asse perfetto, completamente rigenerata e ancora più forte di prima. Il segreto che nessuno, a parte l'esercito, ha mai saputo, riguarda la possibilità di viaggiare senza l'obbligo di un rifornimento: grazie alla spinta dell'aria, del Sole e delle vibrazioni raccolte dalla forza Lunare, unite al materiale di cui essa è stata fabbricata da Yoser Nym, questo mezzo di trasporto sempre più sofisticato è praticamente immortale, come alcuni dei suoi occupanti. Anche le nostre armi sono alimentate allo stesso modo, ma, in più, sfruttano la frequenza dei suoni del Cosmo, captati dal grosso laboratorio di Verdrad e convogliati in quello costruito a Kelk. Un altro segreto di colui che è ricordato come un grande scienziato, ma di cui nessuno ha saputo la triste fine, arruolato nell'esercito nemico insieme a Chrel e a Orud. E' triste ricordare che il fratello e la sorella di Athorm, nonché il suo più grande amico, gli si sono rivoltati contro, allenandosi con colei che per me era l'unica famiglia con cui avessi mai stretto un rapporto vero, prima di Athorm e Orisa.

Mentre ci dirigiamo verso la Luna, osservo Padre Tomas, vestito con una lunga tunica color panna, e con i paramenti sacri che preludono ad una cerimonia importante. E' seduto su una delle sedie imbottite sospese, e tiene il capo chino, intento a sgranare quello che gli antichi Cristiani chiamavano *Rosario*. Mi stupisce come abbia dato una svolta alla sua vita senza mai essersi pentito della sua scelta, ma sono felice che abbia trovato quella serenità che cercava da tempo, dopo aver creduto di poterla ottenere da me. Grazie al suo esempio, stanno nascendo altre realtà religiose su tutto il pianeta, e i nuovi sacerdoti stanno parlando tra di loro, per istituire di nuovo quella figura che ne rappresentava la Guida e che veniva chiamato *Papa*. L'ultimo di essi è scomparso molti secoli fa, e tutte le Fedi hanno subìto dei forti contraccolpi che hanno portato all'abbandono della preghiera, di qualunque matrice fosse. Ma, ora, anche le minoranze stanno ritrovando l'antico splendore di un tempo, sebbene tutti ci auguriamo che tutte le guerre religiose che nei secoli di storia hanno portato morte e distruzione, vengano abbandonate definitivamente. Non possiamo averne la certezza: la storia dell'umanità è fatta di contraddizioni, ed esse sono destinate a ripetersi, nel tempo, come se nessuno volesse mai imparare dai propri errori.

Mi accorgo che Padre Tomas mi sta guardando e mi sorride, come se i miei pensieri giungessero fino a lui. Ricambio il sorriso, lievemente imbarazzata, e non posso fare a meno di notare lo sguardo di Smuz che si posa sul sacerdote. Che abbia compreso qualcosa? Tutto ciò che faceva parte di Tom è scomparso da ogni archivio, ma esiste sempre un database segreto di Yoser, in cui nessuno è mai riuscito ad infiltrarsi. Lo stesso database in cui sono state registrate le informazioni che mi riguardavano quando, da bambina, sono giunta a Verdrad e, in quel luogo, sono rimasta ferma all'età di cinque anni finché Orud non mi ha trovata. Informazioni che nemmeno io ho mai visto. Smuz ha imparato più di quanto potessimo immaginare, e, a volte, ho la sensazione che gli sappia cose che ha deciso di mantenere riservate, così come un tempo aveva fatto colui che le aveva raccolte e catalogate. I miei occhi incrociano quelli di Athorm, quando lui appoggia una mano sulla mia spalla. Non parla, ma è come se lo facesse. E capisco che è così: Smuz sa. Ha scoperto tutto. Conosce i segreti cui nessuno era mai riuscito ad arrivare. Ma non li svelerà mai, e non perché è costantemente sotto controllo: ormai, con tutto ciò che ha appreso, potrebbe liberarsi del chip in qualsiasi momento. Forse l'ha già fatto. No: non parlerà perché è un amico fedele e sa di far parte di un progetto molto più grande che richiede lealtà e riservatezza. Non tutti sono pronti ad accettare la verità per ciò che essa rappresenta e nel momento stesso in cui viene rivelata: spesso occorre del tempo, per dare modo alle persone di metabolizzare le cose, anche le più banali, soprattutto quando non possono essere evitate poiché rappresentano una realtà scomoda. Diversa. E, nonostante siano passati molti secoli, il pregiudizio è ancora in agguato, così come lo saranno anche il dubbio e la paura.

Non mi accorgo del tempo che passa, mentre io sono immersa in questi pensieri. Mi rendo conto della velocità con la quale abbiamo viaggiato, solo quando giungiamo in prossimità della Luna. Athorm dà inizio alle manovre di allunaggio, ordinando a tutti di indossare già le maschere. Scenderemo solo io, lui, Oughm, Smuz, Moraya e Orisa. Gli altri rimarranno sulla nave salvo ordine diverso. Ci prepariamo per scendere, ma io e Athorm non indosseremo nulla: non ne abbiamo bisogno. Siamo nati e cresciuti in quel luogo e ne conosciamo il clima. I nostri corpi si sono adattati sin da subito a quelle condizioni atmosferiche particolari, all'oscurità che si alterna alla luce, senza il filtro dell'atmosfera terrestre che protegge il pianeta come un grembo materno... Non ho ricordo di quello che sono stata, prima di essere scaraventata nel carro che mi ha condotto sull'Isola delle Vergini. Non so più nemmeno se fosse un carro vero o un mezzo di trasporto simile a questa nave. E' un mistero che non è mai stato svelato e che ho preferito non approfondire: la mia mente si è aperta solo molto dopo aver scoperto chi fossi, e ho dovuto permetterle di metabolizzare ogni cosa senza forzare nulla. Sarei impazzita, altrimenti.

Athorm mi guarda, sorridendo, e io gli rivolgo uno sguardo interrogativo. Non capisco che cos'abbia in mente, perché i suoi occhi parlano per lui:

"Fate scendere la nave." Ordina, continuando a sorridermi. "Tenetela in assetto orizzontale, e procedete con lentezza. Abilitate la navigazione marittima..."

Gli rivolgiamo uno sguardo sorpreso: che cosa sta dicendo? E' uno scherzo, forse?

"Athorm, lo scafo si rovinerà..." Osserva Oughm, manifestando apertamente il suo dissenso. Ma è Smuz a rispondere, e lo fa quasi gridando dalla sorpresa:

"No, Oughm, non succederà! Qui... c'è acqua!"

"Acqua?!" Chiede Moraya, incredula.

Ci guardiamo intorno, come se stessimo assistendo a qualcosa di straordinario: mentre scendiamo lentamente, l'oscurità del Cosmo scompare, e una Luce simile a quella di un giorno pieno di Sole ci investe, quasi accecandoci. La nave plana con dolcezza in un'immensa distesa azzurra, dove molti gabbiani volano liberi, e il loro grido acuto penetra la corazza di questa imbarcazione capace di solcare il cielo e il mare. Increduli, stupiti ed emozionati, assistiamo al prodigio che si compie sotto ai nostri occhi. Lo scafo si adagia sul pelo dell'acqua, cominciando a galleggiare. Guardo Athorm, e lui indossa il suo mantello, continuando a sorridere. Solo quando Orisa emette un sospiro di sorpresa, guardo attraverso i grandi oblò, e trasalgo: questa è la riva di Moryd, così com'è sempre stata e come non ho mai smesso di dimenticarla!

Senza attendere ordini, mi precipito sul ponte e il cristallo si apre al mio arrivo. Tutti mi seguono, muniti delle loro maschere, e mi vedono aprire le braccia, chiudere gli occhi e respirare a fondo quel profumo che ricordo come se il tempo non fosse mai passato. Mi giro verso di loro e dico:

"Togliete le machere, esercito di Sel'nays: questa è l'Isola delle Vergini. Il luogo da cui voi tutti avete acquisito il nome."

Mi guardano, senza capire, e Athorm mi raggiunge, esclamando:

"Fate ciò che vi ha detto! Non abbiate paura!"

Lentamente, uno dopo l'altro, i Guerrieri obbediscono al comando, e, con loro grande sorpresa, si accorgono di poter respirare ossigeno, come se non avessero mai lasciato la Terra.

"Non è possibile..." Mormora Orisa, guardando il paesaggio che le si presenta davanti. "Tutto questo non è reale..."

"Lo è, invece." Risponde Athorm, sorridendo. "Siamo a Sel'nays. L'Isola è rinata, e voi ne siete testimoni."

Non posso aspettare ancora. Scendo non appena il ponte si abbassa, correndo nel tratto di acqua che mi separa dalla riva, come facevo quand'ero una delle piccole Vergini cui veniva lasciato poco tempo per il divertimento, e lo trascorrevo accanto a questo Lago che non è mai stato più vero di quanto lo sia adesso! Corro, e raggiungo la riva, togliendomi i calzari che mi impediscono di sentire il contatto con la sabbia, morbida e calda, fine, dolce, come quella... del sogno... Corro anche sulla riva, mentre l'equipaggio scende dalla nave, e non è più importante chi debba esserci e chi no: chiunque sia stato imbarcato ha il diritto di godere di questo miracolo che non pensavo potesse essere possibile. Corro come una bambina, sentendomi libera di essere ciò che sono, come se non avessi aspettato altro, in tutti questi anni. Sono tornata a Casa, e questa sensazione è così forte da inebriarmi, appagarmi, darmi tutto ciò che mi è stato tolto dal momento in cui me ne sono andata. Corro ancora, seguita dagli altri, finché non scorgo tre sagome che si avvicinano, a cavallo, verso di me. Il respiro si mozza nella mia gola, quando vedo Yoser, Orud e Chrel, così come sono sempre stati, come se i loro corpi non avessero mai conosciuto la morte. Anche Orisa sembra sconvolta. Dopo avermi raggiunta, nel vedere colui che aveva amato, ha cominciato a tremare, e, se Athorm non fosse stato al mio fianco, sarebbe caduta a terra. L'esercito si allerta immediatamente, quando Yoser scende da cavallo. Athorm fa cenno di non fare nulla e di deporre le armi. I Guerrieri e le Ancelle di Idra obbediscono all'istante, senza capire.

"Sei arrivata, dunque." Mi dice Yoser, avvicinandosi a me.

"Quella voce... eri tu?" Gli chiedo, incredula.

"Ero io, sì. E temevo che non mi avessi sentito. Ma sei qui, ora..."

"Sì, è qui, e ora che cosa le vuoi fare, bastardo?" Urla Oughm, paonazzo di rabbia.

"Siamo disarmati." Risponde Yoser, con la sua consueta calma. "E non vi siamo nemici."

"Menti!" Esclama ancora Oughm, puntando il fucile contro di lui. "Non ti permetterò di usare ancora la tua spada contro di lei o Athorm! Non sono stato abbastanza pronto, allora, ma adesso non mi fai paura!"

"Swaynn sapeva a che cosa stava andando incontro." Risponde Yoser, senza scomporsi. "Era stata preparata. Abbiamo cercato in tutti i modi di metterci in contatto con lei, ma la sua mente era così forte da impedirci di giungere alla sua essenza. Così siamo stati costretti a metterla davanti ad una scelta: o lei o Athorm. Sapevamo che avrebbe scelto lui."

"Ma che cosa stai dicendo, pazzo?!" Grida ancora Oughm, fuori di sé.

"Era l'unico modo per far esplodere la sua essenza, nel più alto grado di forza." Spiega Yoser, lentamente. "Sapevamo che, una volta liberata V'aT'Ss, l'energia vitale avrebbe ripreso a scorrere nelle sue vene. E così è stato."

Oughm ha un moto di stizza, ma Athorm lo ferma con una mano:

"Lascialo parlare." Gli ordina, con calma e fermezza. Dopo un attimo di esitazione, Oughm obbedisce, seppure con molta riluttanza. Anche Chrel e Orud scendono da cavallo, e si avvicinano a me.

"Detia ti avrebbe uccisa senza alcuna pietà." Spiega Chrel, e la sua voce ha perso ogni sfumatura di astio nei miei confronti. "Aveva trovato il tuo punto debole: non saresti sopravvissuta, e non avresti potuto aiutare Athorm a vincere la guerra contro gli Spiriti. Sapevamo che avresti cercato di proteggerlo, così abbiamo usato il legame che ci univa a lui per arrivare a te. Se ti avessimo minacciato di colpire colui a cui tieni più della tua stessa vita, forse, saremmo riusciti a dare potere alla tua essenza. Avresti giaciuto come morta per alcuni istanti, poi, V'aT'Ss si sarebbe liberata per sopravvivere. Avrebbe lottato contro Detia e la sua energia si sarebbe sprigionata anche nel tuo corpo che continuava a rimanere immobile in quella bara di cristallo."

"Noi c'eravamo." Dice Orud, con la sua voce roca. "Eravamo lì con te, quando V'aT'Ss si è scagliata contro il nemico. Abbiamo contenuto la tua anima, affinché essa non si unisse a quella degli Antenati. Abbiamo preservato il tuo corpo, affinché la tua essenza potesse trovarvi di nuovo dimora. Così, quando Athorm ha ucciso gli Spiriti, l'energia che si è sprigionata è stata così forte da riunire anima, corpo ed essenza. E ti sei risvegliata."

"C'era Verlor, con me…" Mormoro, ricordando il momento in cui ho riaperto gli occhi. "Ma era come se stesse… dormendo…"

"Athorm aveva immobilizzato l'intera Popolazione di Kelenda, e anche per lui il tempo si è fermato. Il tuo cuore aveva cessato di battere, ma, come aliena, la tua esistenza non era ancora giunta al termine. Siamo riusciti ad ancorarci alle spire del tempo che ti avrebbe risucchiata, e l'abbiamo… congelato. Verlor si è risvegliato solo quando Athorm ha allentato la morsa sul Popolo. Ce ne siamo andati non appena avete aperto gli occhi."

"Così… tutto ciò che noi sentivamo… era per opera vostra?" Chiedo ancora. "Ma voi eravate nell'esercito di Detia!"

"Siamo sempre stati tra gli Spiriti." Risponde Chrel. "Solo, ci era proibito interagire, soprattutto a me. Quando Detia ci ha arruolati, Munn ci aveva già parlato: avrebbe desiderato che questa guerra non fosse combattuta, perché colei che era stata scelta in qualità di Osservatrice era stata fomentata dagli Antenati che nutrivano ancora un desiderio di possesso. La loro rabbia era così forte da rischiare una scissione pericolosa in tutti noi. Non avremmo potuto studiare i passi del nemico, se non gli fossimo stati vicini. Quando il Potere dell'Unione è giunto fino a noi, abbiamo compreso che il tempo di prendere una posizione era arrivato. Così, Munn ha inviato le Tre Vergini, per trattare con voi. Era l'unico modo per salvare Auma. L'unico modo per sottrarre agli Spiriti ciò che cercavano disperatamente di avere."

La mia voce trema, quando mormoro:

"La Pietra Gemella…"

"Esatto, Swaynn. Essa è sempre stata con voi. Auma ne incarnava l'essenza, e questo straordinario potere doveva essere annientato da chi ne aveva paura. Gli Spiriti sentivano il pericolo, ma non riuscivano a percepire da dove provenisse. Sapevano solo che Auma racchiudeva in sé qualcosa che li avrebbe potuti uccidere, ma non riuscivano a collegarlo alla Pietra. Credevano che essa fosse un oggetto… ma era una vita. Per questo abbiamo dovuto proteggerla."

"E dov'è, ora…?" Mormoro, sentendomi mancare. Athorm viene in mio soccorso, per sorreggermi, e Orud mi risponde così:

"E' sempre con noi. Non ci ha mai lasciato. Auma ha visto la Luce per riportare la vita a Sel'nays, una volta finita questa guerra. E ora, come tu stessa puoi vedere, questo luogo è rinato. Ma manca ancora una cosa, prima che tutto torni alla normalità: puoi decidere di riavere la tua creatura, e noi non potremmo proibirtelo, perché ti appartiene. Ma questo luogo smetterebbe di esistere. Non ci sarebbe una seconda possibilità, nemmeno per le Vergini che sono ancora in attesa di essere liberate. Tutti noi torneremmo ad essere Spiriti, e, ora che non siamo più vincolati ad Athorm, vagheremmo senza mèta nello Spazio, alla ricerca di una Casa che non troveremo mai. Ci consumeremo lentamente, senza poter più essere utili a nessuno, nemmeno agli esseri umani che hanno smesso di sperare e di lottare. Non potremmo più portare i messaggi all'Uomo della Luna. La nostra esistenza non avrebbe più uno scopo. Non saremo neppure ricordati, perché di noi si perderebbe ogni traccia."

"E... se io lasciassi Auma con voi?" Mormoro, con un filo di voce.

"Se così fosse..." Risponde Yoser. "L'isola delle Vergini rinascerebbe e tutto tornerebbe come prima... Ancora meglio, in realtà, poiché questa sarebbe la nostra Casa, e noi potremmo viverci finché la morte non busserà alla nostra porta. Ma quel momento sarà dolce, poiché avremmo amato e vissuto, così come fanno gli esseri umani sulla Terra. Non vi sarebbe alcuna differenza. Solo, la nostra vita continuerebbe dal momento in cui è stata spezzata, e potremmo riscattare i nostri errori o portare a compimento la missione per la quale siamo venuti al mondo. Ci prenderemmo cura di Auma, così come altre creature si sono prese cure di te, sin da quando eri bambina. Una bambina che racchiudeva in sé il principio di due sessi opposti. Per questo non ti era stato dato un nome: non era possibile stabilire che cosa tu fossi, se un maschio o una femmina. Quando sei giunta a Verdrad, sei stata isolata anche per questo."

"Quando Swaynn è stata portata a Id'V'Ra, mi era stato detto che si trattava di una femmina..." Mormora Orisa, con le labbra pallide.

"Chi di voi l'ha mai vista?" Le chiede Yoser, sorridendole con dolcezza. "Chi di voi l'ha mai cambiata, lavata, vestita...?"

"A turno... le donne di Id'V'Ra se ne occupavano..."

"Chi, Orisa?" Chiede ancora Yoser. "Chi ti ha mai raccontato di Swaynn? Chi ti diceva di essersi presa cura di lei?"

La vedo impallidire ancora di più:

"Nessuna, in realtà..." Ammette, con fatica. "Tutte pensavamo che qualcuno ne avesse cura..."

"E' così, infatti." Risponde Orud. "Ma nessuna delle tue Ancelle, né una donna umana l'ha mai toccata. Swaynn era affidata agli Spiriti degli Antenati, poiché non si doveva sapere che nel mondo esisteva una creatura aliena di origine umana priva degli organi riproduttivi."

"Ma io sono una donna!" Esclamo, sentendomi soffocare. "Ho avuto dei figli..."

"Tu hai scelto che cosa essere, quando ne hai avuto la concezione." Risponde ancora Orud. "Solo in quel momento, in te è avvenuta la trasformazione. E, sempre in quel momento, io ho riconosciuto in te la Signora dell'Isola... quale tu sei."

Guardo Athorm:

"Tu lo sapevi?" Gli chiedo, spaventata. Mi cinge le spalle col suo braccio forte e rassicurante:

"La mia storia non è diversa dalla tua, Swaynn." Risponde, amorevolmente. "Ma come avrei potuto spiegartelo quando ci siamo conosciuti? Io stesso ho avuto bisogno di molto tempo, prima di accettarlo."

"E Auma?" Chiedo ancora a Orud. "Come crescerebbe? E a Kelenda? L'equilibrio del tempo non sarebbe più ripristinato. Qualcuno vivrebbe a lungo, e qualcun altro morirebbe nel giro di pochi mesi!"

E' Yoser, a rispondere:

"Per quanto riguarda Kelenda: il potere dello Spirito risiede in Athorm. Solo lui può stabilire che cosa fare. Questo squilibrio non può essere riportato alla normalità con un'altra Pietra Gemella, ma con la scelta: Athorm ha accettato di essere l'Altissimo Funzionario poiché non vi erano alternative. Ma ora che tutto è tornato alla normalità, egli può riprendere possessi del suo Spirito e portarlo dove davvero desidera. Non è così, fratello mio?"

"E' così." Risponde, abbassando lo sguardo.

"Fratello?" Chiede Oughm, senza capire.

"Sta' zitto, Oughm!" Esclama Smuz. "Pensa ai fatti tuoi!"

Yoser lo guarda, come se in lui vedesse qualcosa che aveva sempre cercato, e gli dice:

"Tu sei colui che può prendere il mio posto sulla Terra, perché ora sai. Non hai bisogno di imparare tutto ciò che pensi di dover conoscere: il tuo braccio sarà Verlor. Dovrai solo dirgli che cosa fare, e lo farà."

"Non sono degno…" Mormora Smuz, timidamente.

"Chi stabilisce per quale motivo lo siamo?" Chiede Yoser. Poi si avvicina a Orisa e dice: "Avrei voluto sposarti, se ne avessi avuto la possibilità. Ma ho aspettato troppo, e me ne pento. Posso abbracciarti ora, e potrei farlo tutti i giorni, se questo luogo rimanesse in vita e tu rimanessi qui con me. Ma non mi è più permesso decidere…"

Guardo Orisa e i suoi occhi si riempiono di lacrime. Si getta tra le braccia di Yoser, stringendolo a sé, e io non posso fare a meno di chiedermi se la vita debba riservare solo dolori, sacrifici, privazioni…

Come se percepisse i miei pensieri, Chrel si avvicina a me e mi parla:

"Non sono stata giusta nei tuoi confronti. Ho fatto miei i capricci umani più materiali e ho dimenticato il cuore. Lo stesso cuore che ho rifiutato da colui che avrebbe dato la vita, per me, e io l'ho sprecata alla ricerca di qualcosa che potevo già avere, perché nelle cose più semplici e apparentemente banali sta la vera grandezza. Ti chiedo perdono per ciò che non ho saputo darti. E chiedo scusa ad Athorm, per l'amore che avrei voluto dargli e che non sono stata capace di manifestare. Ma so che è in buone mani, ora, e che tutto andrà bene."

Guardo lei, Orud, Athorm… guardo Yoser e Orisa… guardo l'esercito dei *prescelti* che rimane in silenzio… guardo quella terra che mi ha cresciuta e che ha fatto di me ciò che sono… e guardo il cielo, così identico a quello che vedo sulla Terra, come se non vi fossero differenze, ma solo vita. E penso che questa vita debba continuare a scorrere, perché così era scritto nella struttura conica che avevo fatto erigere ed incidere.

"Prendetevi cura di Auma." Dico, quindi, abbassando lo sguardo. "E fate in modo che, almeno qui, vi sia pace."

Una brezza profumata mi avvolge, improvvisamente. E sento le voci lontane che già udivo, quando, poco più che un'allieva, il suono di quelle risate giungeva alle mie orecchie, quasi stordendomi, mentre la sensazione che tutto continuasse ad esistere, da qualche parte del mondo, o, più semplicemente, in una dimensione parallela, mi imponeva di fermarmi e pensare che la vita non è

758

fatta solo di ciò che vediamo o tocchiamo. La consapevolezza di una realtà che va oltre i nostri sensi mi ha accompagnata sin da quando ho sfiorato i petali dei Fiori del Tempo, le corde del Chrein, l'acqua della Fonte della Vita. E ora che tutto si svela, lentamente, ai miei occhi, ne ho una prova ancora maggiore.

Yoser ci sorride, stringendo a sé Orisa:

"Padre Tomas ci sposerà, qui, ora, se anche lui è d'accordo. Ci occuperemo di Auma, finché giungerà il tempo della sua scelta." Ci dice. "In quanto a voi... non siate tristi: state per diventare di nuovo genitori. Non ditemi che non lo sapevate. Siete gli alieni più prolifici che io abbia mai conosciuto. Questo è il punto debole che Detia aveva individuato: avrebbe ucciso la nuova vita che palpitava nel grembo di Swaynn, annientando entrambi."

Guardo Athorm e lui mi sorride. Non gli chiederò se avesse già avuto la percezione di tutto questo. Il misterioso abisso della sua anima è profondo tanto quanto il mio, e non basterebbe una vita intera, per comprenderlo. Così, gli chiedo solo:

"E adesso? Che cosa accadrà, di noi?"

"Adesso siamo liberi, Swaynn." Risponde, stringendomi a sé. "Liberi di credere che tutto sia davvero possibile e che la nostra vita continuerà, come vorremmo che fosse. L'Isola delle Vergini continuerà ad esistere, ma le cose cambieranno, perché tu stessa hai voluto che questo fosse inciso nelle Leggi. Sel'nays non sceglierà solo una parte delle creature che abitano l'Universo, ma si aprirà a tutti, esseri umani o alieni. Chi è solo, vi troverà rifugio. Chi è felice, ne condividerà la pace."

"E Kelenda?"

"Credo che sia giunto il tempo, per me, di tornare ad essere ciò che sono sempre stato. La Sorgente del mio Potere mi seguirà, ovunque io vada. E tu sarai al mio fianco. Tutto andrà bene. Guarda!"

Alzo lo sguardo, verso l'entroterra: dal nulla, compaiono uomini e donne, di qualsiasi età, che si guardano intorno, felici ed increduli, indossando gli abiti che solo l'Isola delle Vergini è in grado di rendere così vivi, una seconda pelle che circonda l'essenza più profonda. E le loro voci si levano nell'aria, in un unico grido di giubilo:

"Schaw's Sel'nays, Swaynn!"

Gli abitanti dell'Isola e l'intero esercito, ma anche Orisa, Yoser, Chrel, Orud... tutti si inchinano di fronte a me. Tutti... tranne Athorm. Ma non ne sono sorpresa: i suoi occhi stanno già progettando il futuro, e, inevitabilmente, At'n-I'd vola già alto, nel cielo, attendendo che V'aT'Ss lo raggiunga. L'Uomo della Luna mi aspetterà sempre, ovunque io sia, e qualunque cosa accadrà. Lui sarà sempre lì, per me, e per i nostri figli. Non attendeva che me, così come io non potrò attendere altri che lui. Poi, abbassando lo sguardo su di me e sorridendomi, mi stringe a sé e mi sussurra all'orecchio:

"Sono gemelli, Swaynn. Sai che cosa significa?"

EPILOGO

Nell'oscurità di questo Spazio infinito, piccole luci si accendono, ad intermittenza. Il canto che accompagna il loro risveglio è simile al rintocco di una campana, le cui vibrazioni si diffondono nell'immensa vastità di un Universo che pulsa, come un grande cuore. Gli Spiriti degli Antenati iniziano a danzare, creando scie luminose che si perdono nei bagliori delle Galassie. E' una festa di stelle, perché queste anime che hanno vissuto in attesa di conoscere il loro destino hanno ritrovato il luogo che ha offerto loro un rifugio per molti secoli. Un grande dono è stato fatto loro, ed essi non dimenticheranno ciò che la prescelta ha concesso, con saggezza e generosità. Essi continueranno a servire colei che può viaggiare da un mondo all'altro, e accoglieranno i sogni e i desideri dell'essere umano che non smetterà mai di sperare e lottare per ciò in cui crede. E porteranno i Messaggi dalla Luna alle anime di chi è già in ascolto, pronto a riceverli, per condividerli e fare di essi il capolavoro della sua vita. Questi Spiriti potenti continueranno ad esistere finché sarà arrivato il tempo, per loro, di ricongiungersi alla Luce. Questo è il volere dell'Uomo che li ha resi liberi di essere ciò che sono, permettendo loro di crescere la creatura concepita con la prescelta, per farne una Guida giusta e consapevole, un tramite tra il sogno e la realizzazione. Questa è la promessa che essi manterranno, fino alla fine della loro esistenza.

Io continuerò ad ispirare mia Madre e a sostenere mio Padre, finché arriverà il tempo, per me, di manifestarmi ad essi, e di comprendere se anch'io, come loro, sia in possesso dell'immortalità, o se la mia esistenza si sia esaurita nelle fiamme scaturite dal Potere dell'Eclissi che ha oscurato il chiarore del Sole. La prescelta dovrebbe sapere... ma non è questo il tempo, poiché, ora, il mio compito è continuare ad annientare la sete di vendetta della Sorgente delle Forze Oscure.

Mio fratello.

Mytia – Lo Scudo di Sel'nays.

Pronuncia italiana

Swaynn = suèinn
Osery = òseri
Vegar = vègar
Athorm = àthorm ("th" inglese)
Dralt = dràlt
Kelenda = kelìnda (la "ì" deve assomigliare ad una "e" molto chiusa)
Chrel = crèl
Kelk = chèlc
Moryrd = mòorid
Detia Iome = dètia iòm
Isay = ìsai
Yoser = iòser
Nym = nìim
Verdrad = vèrdrad
Thraryd = thàarid ("th" inglese)
Orud = òrud
Yrila = irìla
Ecghara = ecgàra
Ahona = ahòna ("h" aspirata)
Nather = nàtheer ("th" inglese)
Isula = ìsula
Munn = mùn
Iasha = iàscia
Mosbury = mòsburi
Chrein = crènn ("h" aspirata dopo la "c") o cràin
Aire = àire
Gham = gàham ("h" aspirata)
Meeg = mèig
Saima = sàima
Oughm Riss = òug'm rìss
Moraya Niem = moràia nì'm
Smuz Schairr = smùz schèrr
Tom / Padre Tomas Vidh = tòm / padre tòmas vìdh ("h" aspirata)
Chay = chèi
Mytia = mìtia
Iatho = iàtoh ("h" aspirata dopo la "o")
V'aT'Ss = V'tss ("h" aspirata dopo le due "s" sibilanti)
At'n-I'd = àt'nd ("h" aspirata prima della "a")
Sel'nays = sèln's
Orisa = orìsa
Ghag = gàag
Mytia = mìitia
Idra = ìdra
Id'V'Ra = idv'rà
Id'aT'hot = idathòot ("th" inglese)
Kel'Id'a = kel'da (schiocco di lingua prima della "d"
Draert = dràert
Shyia = scì'ia
Verlor Torrado = vèrlor torràdo

Dashy = dàasci
Pad Soon = pàd sùn
Leyr = lèar
Lluish = liùish ("sh" come "scelta")
Onya = ònia
Zoid = zòid
Chaz = cèzz
Edena = edèna
Sos = sòs
Awy = àui
Onn = òn
Kol = cò'ul
Nod = nòd
Ghan Tiny = ghèn tàini
Agel Brooke = èghel brùc
Dorothy Lindberg = dòrothi ("th" inglese) lìndberg
Cloud Lull = clàud lùl
Roseann Tinwhon = ròse'en tìn'hun ("h" aspirata)
Wogha = uòg'ah ("h" aspirata)
Tasxor = tàxor
Ester = èster
Auma = àuma
Feug = fòig
Torn Burt = tòrn bàart
Agha Snaunn = àga snàunn

MESSAGGI DALLA LUNA – La Trilogia completa

1) **L'Isola delle Vergini**
2) **Gli Immortali**
3) **Sel'nays**

Di Paola Elena Ferri

www.ingramcontent.com/pod-product-compliance
Lightning Source LLC
Chambersburg PA
CBHW051847170526
45168CB00001B/5